市政工程施工新技术丛书

给水排水构筑物工程施工新技术

焦永达　主编

中国建筑工业出版社

图书在版编目（CIP）数据

给水排水构筑物工程施工新技术/焦永达主编. —北
京：中国建筑工业出版社，2014.7
（市政工程施工新技术丛书）
ISBN 978-7-112-16754-8

Ⅰ. ①给… Ⅱ. ①焦… Ⅲ. ①市政工程-给排水
系统-工程施工-工程技术 Ⅳ. ①TU991

中国版本图书馆 CIP 数据核字（2014）第 074296 号

本书为《市政工程施工新技术丛书》中的一分册。本书在《给水排水构筑
物工程施工及验收规范》GB 50141 实践基础上，汇集了国内给水排水构筑物
工程施工工艺，并以工程实例方式介绍了施工工艺选择和应用实践；可供从事
给水排水构筑物工程建设的专业人员参考，以期帮助读者掌握施工工艺，更好
的用于实际工程实践中。

* * *

责任编辑：于 莉 田启铭 王 磊
责任设计：董建平
责任校对：陈晶晶 党 蕾

市政工程施工新技术丛书
给水排水构筑物工程施工新技术
焦永达 主编
*
中国建筑工业出版社出版、发行（北京西郊百万庄）
各地新华书店、建筑书店经销
霸州市顺浩图文科技发展有限公司制版
北京建筑工业印刷厂印刷
*
开本：787×1092毫米 1/16 印张：45 字数：1120千字
2014 年 10 月第一版 2014 年 10 月第一次印刷
定价：**115.00** 元
ISBN 978-7-112-16754-8
（24299）

前　言

　　近年来我国城乡一体化建设的飞速发展，推动了城镇给水排水工程建设，以 BOT、BT 等市场化建设管理模式加速了现有水厂的升级改造和中小型水厂的建设进程；以给水排水工程建设为标志的城镇建设取得了令人瞩目的成就。在水处理工艺技术不断发展的同时，给水排水构筑物工程技术也在迅速提高。水厂升级改造和新建水厂更倾向于选择技术先进、工艺优化组合、运行管理简便的处理流程，目的在于提高处理效率、降低能耗；给水排水构筑物更多地采取组合式一体化结构设计，以适应处理工艺的要求。新技术、新工艺、新材料、新设备在给水排水构筑物工程施工中推广应用，为保证构筑物耐久性和结构安全性奠定了基础条件。

　　为规范施工工艺标准、提高施工技术水平、保证给水排水构筑物工程施工质量，本书在《给水排水构筑物工程施工及验收规范》GB 50141—2008 实践基础上，汇集了国内给水排水构筑物工程施工工艺，并以工程实例方式介绍了施工工艺选择和应用实践，可供从事给水排水构筑物工程建设的专业人员参考，以期帮助读者掌握施工工艺，更好的用于实际工程实践中。

　　本书在编写过程中，引用了有关规范和技术标准，参阅了国内外行业协会、院校等刊物或网络发表的文章，得到了业内专家、学者的关注和支持，在此一并致以诚挚的感谢。

　　本书各个章节的内容，虽经编者进行了认真的编写，但限于工程实践的复杂性，计算理论的非完整性，以及编者自身水平的限制，难免有不妥和疏漏之处，请广大读者随时将发现的问题和意见邮寄中国建筑工业出版社以供今后修订时参考。

　　本书由焦永达主编，参编人员有：苏耀军（上海市建设工程质量监督站公用事业分站）、姚慧建（天津市自来水集团有限公司）、蔡达（北京城市排水集团有限责任公司）、李俊奇（北京建筑大学）、周松国（杭州市市政工程集团有限公司）、孟庆龙（北京市政建设集团有限责任公司）、焦猛（北京勤业测绘科技有限公司）。

　　本书得到了金友昌（原北京市政工程总公司）、王乃震（北京市市政设计研究总院有限公司）、杨向平（中国城市排水协会）、黄润德（工业给水排水协会）、王洪新（上海城建集团有限责任公司）、宋俊廷（北京城市排水集团有限责任公司）的关注和帮助。

目　　录

第1章 绪 论

1.1 构筑物工程技术现状和发展

1.1.1 给水排水工程技术发展

水是人类生存的基本条件，是国民经济的生命线。日益严重的水资源短缺和水环境污染不但严重困扰着国计民生，而且已经成为制约社会经济可持续发展的主要因素。随着我国市场经济体制逐渐发展，长期作为政府投资建设管理的城市给水排水设施工程，已进入多元投资建设管理新阶段。市场经济体制的深入发展和可持续发展的需求加速了城市给水排水工程建设的进程。21世纪以来，"水工业"已经逐渐形成，水工业是以城市及工业为对象，以水质为中心，从事水资源的可持续开发利用，以满足社会经济可持续发展所需求的水量作为生产目标的特殊工业。

计算机技术、信息技术、材料科学、系统科学等新技术向传统的给水排水工程技术不断渗透，促进了水处理新工艺、新技术，包括超临界水氧化技术、湿式氧化新技术、光催化氧化技术、超滤膜处理技术、污水生物脱氮除磷等给水排水工程新技术及其工艺设备技术的发展。同时，也推动了传统构筑物向组合式构筑物和设备集成化的方向发展。随着水处理技术发展，给水排水处理技术与工艺正在互相融通、协调发展，给水处理技术已被用来进行污水的深度处理和中水处理，而污水处理技术也被用作有轻度污染原水的预处理技术。

但是，我国给水排水工程建设发展是不平衡的；不断扩大规模、常规处理工艺和简单流程的净配水厂面临水源不足和水体污染的严重局面；已建成运行的污水处理厂面临提高处理效率、降低能耗的挑战；城市排水管网遍及率和人均排水管道长度与西方发达国家的差距还比较大。由此可见，我国的给水排水工程建设和发展任重而道远。

给水排水构筑物是水工业技术发展的载体，是城市主要的基础设施。我国城乡一体化进程促进了中小城市的建设与发展，中小型水厂建设正方兴未艾，而已建水厂设施正面临处理能力挖潜改造和处理技术升级的扩建局面。

1.1.2 给水排水构筑物施工技术发展

随着给水处理和污水处理技术水平不断提升，我国给水排水构筑物施工技术得到了飞速发展。20世纪80年代大直径圆形水池大多采用预制装配预应力工艺，从90年代开始逐步改为采用整体现浇有粘结预应力工艺、无粘结预应力工艺。进入21世纪以来，给水排水构筑物防渗、防漏技术和耐久性技术研究发展代表了给水排水构筑物工程技术发展的主流。

给水排水构筑物工程技术发展促进了施工技术进步和新工艺（材料）应用，资料介绍：20世纪80年代给水排水构筑物工程施工技术多体现在模板支架技术和混凝土浇筑技术；90年代给水排水构筑物工程施工技术在预制装配技术和预应力混凝土技术开发应用方面呈现良好的发展趋势；从有粘结预应力技术到无粘结预应力技术，预应力混凝土施工技术得到飞速发展。21世纪以来我国给水排水构筑物工程总体技术达到了国际先进水平，给水排水构筑物整体现浇施工和预应力混凝土施工已有成套技术。

给水排水构筑物工程实践表明：设计容积小于1000m³的构筑物，池底、池壁采取整体现浇施工，钢筋绑扎、支模板、浇灌混凝土可一次完成，结构整体性好、不易渗漏。设计容积1000~3000m³的构筑物采用整体现浇施工，限于工程技术装备，构筑物一次整体现浇施工混凝土量大、浇筑时间长、浇筑高度高，不但会增大施工难度，而且增加施工成本，因此预制装配施工技术得到了发展和应用。设计容积大于3000m³的构筑物采用分缝设计时，无法整体一次现浇施工，必须按照变形缝和施工缝分次施工，促进了单元组合结构设计和配套施工技术的发展。

水池抗渗性、耐久性研究促使工程技术人员积极探索新的设计理念来避免分缝设计与施工存在的弊病，混凝土后浇带或加强带技术、膨胀混凝土技术、预应力技术得到了开发和推广应用。

但是，任何施工技术或施工工艺都有其自身的优点和弊病，必须经受长期工程实践的检验与验证。也可以说任何施工技术或施工工艺都来自实践的总结，如果严格按照其工艺流程和操作规程作业，就能达到预期的工程结果。由此不难理解，时至今日的欧洲工程标准还有混凝土结构一次浇筑高度的限制，如法国标准就规定薄壁混凝土结构一次浇筑高度不超过1.5m。预制装配施工技术、单元组合结构施工技术、有粘结预应力技术还在工程中应用。

同西方国家相比，我国给水排水构筑物综合施工技术虽然处于先进水平，但是配套技术和配套设备机具还有很大差距。如德国预应力筋穿束机，借助应力筋盘的弹放力可轻松实现有粘结预应力筋的穿束；英国的小巧灵活的凿毛机可理想地实现混凝土续接施工界面的处理；形式规格齐全、携带方便的振动器可以适应所有结构形式的施工需要。目前差距较大的是模板支架技术，我国目前应用最为普遍的是木模板和扣件式钢管支架，因其固有的技术缺陷，加上管理方面的缺失，致使构筑物施工质量与安全事故发生率居高不下。木模板周转次数少，多层板组成的面板大多数只能使用3~4次；规格不符合要求、木质较差的方木用作模板加强肋不但造成混凝土外观质量差，而且周转使用次数远达不到施工设计要求；工程施工造成了木材大量消耗，不符合国家的可持续发展战略和绿色施工理念。

有资料分析认为：木模板和扣件式钢管支架之所以目前还在土木工程中普遍应用，主要原因在于其适用于机械装配水平较差和作业人员技术素质较低的工程施工条件，深层原因则是建筑市场过度竞争和工程多层分包所致。

1.1.3 构筑物结构与施工特点

我国给水排水构筑物工程设计规范将水厂构筑物明确分为贮水或水处理两大类型。贮水（又称调蓄）构筑物如清（储）水池、调节池、水塔、水箱等，一般由底板和壁板组成，由于工艺需要，地下或半地下构筑物设有顶盖（固定或浮动），当平面尺寸较大时，池中设有中间支柱。有贮水构筑物顶盖又可细分为平板式、肋形顶盖式、无梁楼盖式、旋转壳顶式等;按照构筑物底板形式可分为平板式、无梁楼盖式、有梁板式、组合底式、旋转壳体式等。水处理构筑物如生物池、澄清池、滤池、沉淀池、曝气池等的结构设计需满足处理工艺和设备要求,并设有辅助构筑物如纵横通道、导流槽、溢流堰等,结构形式较为复杂。

贮水或水处理构筑物按外部形状可分为矩形(有单格的,也有多格的)、圆形和异形(如卵形)等。矩形池相邻两池的隔墙可共用,与圆形池相比,其主要优势在于节省占地面积,布置方式灵活,能较好地适应处理工艺需求,适用于占地面积紧张或占地不规则的城市大中型水处理厂。从池体结构受力角度来看,矩形水池主要靠池壁竖向受弯来传递压力(池壁的长高比超过2时),不因平面尺寸增加而影响池壁的厚度和配筋的变化。

圆形池通常由一个或多个旋转壳体组成,与矩形池相比,其优势是受力条件较好,可提高抗渗抗裂性能。但是,圆形水池的池壁环向拉力及相应的池壁厚度和配筋将随平面尺寸的增加而增大。有介绍表明:从每立方米容量的造价、水泥用量和钢材用量等经济指标来说,容量超过 $3000m^3$ 的矩形水池基本趋于稳定。圆形钢筋混凝土结构无盖水池主要由圆形底板、圆壳壁板两部分组成,采用预应力技术时,壁板一般仅在环向布置预应力钢筋,用以抵抗内水压力及由壁面温(湿)差产生的温度应力;底板埋置于地下,受温度影响较小,主要受竖向水压力及地基反力作用,因此采用钢筋混凝土结构。大直径圆形钢筋混凝土水池方案选择的一个重要内容是确定壁板与底板的连接形式,壁板与底板的连接形式主要有杯口铰接、杯槽半固、半铰和整体浇筑连接;壁板与底板的连接形式确定后水池方案也就有了结果。据资料显示,近年来整体浇筑连接方式不如前两种连接方式应用多,主要原因是对运行十余年的壁板与底板整体现浇的圆形构筑物跟踪观察显示:池底应力集中部位随着时间延长,会出现不同程度的裂缝。

圆形混凝土结构有盖水池,池顶除现浇施工锥壳结构外,梁板结构可考虑预制装配,设有顶盖和池柱的大直径圆形水池,顶盖与池壁的可靠连接是保证水池整体性的关键;构筑物的整体性主要取决于各部分构件之间连接的可靠程度以及结构本身的刚度和承载力。当设防烈度达到9度时,应在预制梁板上浇筑二期钢筋混凝土叠合层,钢筋混凝土池壁的顶部也应设置预埋件,以便于顶盖、池壁通过预埋件相互焊牢。

给水排水构筑物按建造位置不同,可分为地下式、半地下式、地上式及架空式四种。为了尽量缩小构筑物的温度变化幅度,减少温度变形的影响,构筑物应优先采用地下式或半地下式;且现代化处理厂通常要求花园式设计,构筑物多采用地下式或半地下式。

水处理构筑物通常采用半地下式或地上式,给水构筑物上部结构为排架或框架结构,顶部为桁架、网架或预应力棚架;而污水构筑物多数暴露在大气中,为防止臭味气体污染环境,城市中需考虑设置密封盖。

贮水构筑物一般采用地下式或架空式,地下式水池是设有顶盖的构筑物,顶盖以上应覆土保温;构筑物的地面标高应尽可能高于地下水位,池顶覆土本身就成了简单有效的抗浮措施。水塔采用架空式高耸结构,用来保持和调节给水管网的水量和水压,主要由水柜、基础和连接两者的筒身(或支架)组成。

给水排水构筑物除采用混凝土结构外,还采用钢板(玻璃钢)、砖石等材料建造;从建造材料角度来看,给水构筑物与排水构筑物最明显的区别是接触饮用水的池体材料性能必须符合国家饮用水卫生标准的规定。

1.1.4　模板支架技术

在给水排水构筑物工程施工技术中，模板支架（统称模架）技术应是关键技术之一。特别是水处理构筑物的尺寸准确性和施工质量要求是有别于其他混凝土构筑物的最突出特点，取决于模板及支架的材料、构造方法及其支架的承载能力、刚度和稳定性，也取决于结构混凝土的施工工艺和细部技术。

为使给水排水构筑物混凝土结构外形尺寸及外观质量满足处理工艺要求，必须对模板及其支架构造进行系列设计和专业制作；其模板支架的技术基本要求是：刚度大、表面平整、拼缝严密、支撑稳定、承载安全可靠。

用于给水排水构筑物施工的模板支架较多，就模板来讲按材料的性质可分为钢制模板、塑钢模板以及木质模板；按施工工艺条件可分为组合式模板、现场放样加工模板、全钢大模板、跃升模板等。组合式模板，又称系列模板，具有通用性强、装拆方便、周转次数多等优点，用于钢筋混凝土结构施工，可按设计要求和结构模数组合形成池壁（墙）、梁（柱）、顶板施工模板，既可整体吊装就位，也可采用散装拼接。现场放样加工的木模板通常采用竹木胶板、覆膜板、多层板、双面复胶板、双面覆膜板等加工而成，特别钢模板通常在圆形或异形构筑物施工时采用。

随着建筑市场需求和施工技术发展，国外新型模板、支（脚手）架产品及技术陆续进入国内市场。英国的SGB模板公司、奥地利的多卡（DOKA）公司和德国的派利（PERI）公司开发的系列模板支架在国际给水排水构筑物工程模板支架系列中最具有代表性。我国20世纪90年代消化吸收英国SGB模板公司设计制造用于水池施工的模板支架技术，开发了SZ系列模板支架系统，取得了很好的技术经济效益。近十年引进吸收奥地利的多卡（DOKA）模板支架系列和德国的派利（PERI）模板支架系列，开发了适用于卵形池体施工的模板支架系统，不但拼装严密精确、整体变形小，而且施工质量高。

我国目前用于混凝土结构施工的墙体模板有组合式模板、全钢大模板、空腹型钢边框胶合板大模板、木工字梁胶合板模板、爬升模板等系列；插接式支架、盘销式支架、附着升降支架、电动桥式脚手架（附着电动施工平台）等正在迅速发展并逐步替代扣件式支架，促进了构筑物混凝土结构施工工艺及技术的发展。

然而国内的工程模板支架技术发展受制约于目前的建设主体分散局面，模板和支架技术还多属于国外技术产品引进应用，自行开发的新产品较少。

1.1.5　预防裂缝构造技术

研究资料显示：钢筋混凝土在非荷载作用下开裂主要是由混凝土的自收缩、干燥收缩、温度收缩、塑性收缩、碳化收缩等各种收缩变形引起的。各种收缩变形叠加后，混凝土的限制收缩值超过极限拉伸率会导致裂缝的产生。混凝土浇筑初期开裂主要由温度变形和自收缩引起，后期开裂则主要是因干燥收缩所致。给水排水构筑物作为贮水构筑物，预防混凝土结构裂缝是给水排水构筑物工程技术发展的重要课题；其中采用构造缝设计已成为解决超长混凝土结构给水排水构筑物收缩开裂的主要技术之一，得到了不断发展。

1. 变形缝

为了使钢筋混凝土水池适应由于温湿度变化而引起的伸缩或地基的不均匀沉降，在水池的适当部位，根据需要单设或合并设置贯通（或不贯通）底板、壁板和顶板的伸缩缝或沉降缝来防止或减少钢筋混凝土结构裂缝，是给水排水构筑物工程建设首选的综合技术。

当构筑物平面尺寸超过规范规定时，因热胀冷缩的缘故，会导致在结构中产生过大的温度应力，因此需在结构一定长度位置设置伸缩缝；伸缩缝的主要作用是避免由于温差和混凝土收缩而使结构产生严重的变形和裂缝。不同的结构体系，伸缩缝间距不同，《给水排水工程构筑物结构设计规范》GB 50069—2002 规定：对于大型水池，其长度、宽度较大，应设置适应温度变化作用的伸缩缝，伸缩缝间距一般为 15～20m；当超过 15～20m 时或因浇筑施工需要，为减少结构温度裂缝，避免出现有害裂缝，应考虑设置伸缩缝，伸缩缝的间距可按规范的规定选用。

当构筑物的地基土有显著变化或承受的荷载差别较大时，应设置沉降缝加以分割。沉降缝的作用是避免由于地基不均匀沉降而使结构产生有害的变形和裂缝。构筑物的伸缩缝或沉降缝应做成贯通式，在同一剖面上连同基础或底板断开。伸缩缝的缝宽不宜小于20mm；沉降缝的缝宽不应小于30mm。

组合式、一体化的构筑物不同高度、不同地基条件的单体构筑物之间会产生差异沉降，通常采用贯通式沉降缝，即在同一剖面上连同基础或底板一起断开，设置特定形状的橡胶止水带（见图 1-1）以便减少差异沉降对连接部位的破坏。

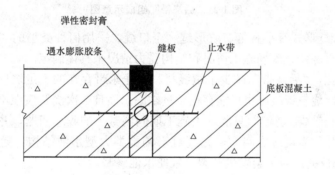

图 1-1　变形缝组成示意图

在有地震设防要求的地区，构筑物要设置防震缝，以利于结构抗震，基础可不断开。行业内通常将伸缩缝、沉降缝、防震缝统称为变形缝。大型水池的长度、宽度超出规范的规定时，应按规范的规定，设置相应的变形缝。变形缝形式多样，其节点构造较为复杂，对于连续浇筑的混凝土水池来讲施工技术和施工人员素质较高。

变形缝是钢筋混凝土水池设计与施工必须面对的技术问题，目前水池变形缝多采用橡胶止水带的变形缝，精心设计的各种类型的橡胶止水带可使水池变形缝在一定变形状态下不致出现裂缝和防止渗水，以满足不渗不漏的功能要求。

工程实践表明：变形缝也存在一些不足之处，主要问题是填缝和橡胶止水带部位处理不当或变形缝部位混凝土浇筑质量不合格。这类问题都会致使池体渗漏，直接影响构筑物使用功能和结构耐久性。而且，橡胶止水带有老化问题、易被酸、碱污水等腐蚀也会影响构筑物使用功能和结构耐久性。

2. 后浇带

"后浇带"是在现浇整体钢筋混凝土结构中,在施工期间保留的临时性温度、收缩沉降的变形缝,属于一种混凝土刚性接缝。设置"后浇带"在一定程度上可避免变形缝出现前述不足,并可降低施工技术难度。

根据工程具体条件,"后浇带"保留一定时间,在此期间早期温差及30%以上的收缩完成,再用比原结构提高一级的混凝土填筑密实后成为连续、整体、无变形缝的结构。《给水排水工程构筑物结构设计规范》GB 50069—2002规定:为了特定需要可不设置变形缝,每隔20～30m设置1.0～2.0m宽的"后浇带"(见图1-2),以便混凝土在硬化过程中产生的收缩拉应力尽可能释放,减少或避免裂缝产生。

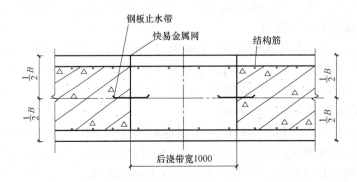

图1-2 "后浇带"组成示意图

"后浇带"接缝形式有平直缝、阶形缝、企口缝,采用何种类型的"后浇带"必须根据工程类型、工程部位、现场施工情况和结构受力情况来具体确定。

与变形缝相比,"后浇带"减少了填缝材料及止水带存在的不足之处,有利于混凝土施工。但是,二次浇筑混凝土也可能存在质量缺陷,而且二次浇筑应在不少于42d之后进行,施工工期较长。"后浇带"只能解决施工期间混凝土的收缩问题,并不能解决季节性温(湿)差所产生的温度应力问题;尤其对于调蓄类大型水池结构,随着使用时间的持续,"后浇带"部位的混凝土会发生开裂,致使水池渗漏。

3. 膨胀加强带

为避免变形缝和"后浇带"存在的不足之处,尽可能实现混凝土连续浇筑,自20世纪80年代起,膨胀加强带技术得到发展,至今在工程实践中得到大量应用,成为解决超长结构钢筋混凝土收缩开裂技术之一。

膨胀加强带的技术原理是在类似"后浇带"部位混凝土中掺加适量膨胀剂(例如高效混凝土膨胀剂UEA、CEA、AEA、FEA等),通过水泥水化产物与膨胀剂的化学反应,使混凝土产生适量膨胀。高效混凝土膨胀剂UEA的主要成分是无机铝酸盐和硫酸盐,当UEA加入到普通水泥混凝土中,拌水后和水泥组分共同作用,生成大量膨胀结晶水化物——水化硫铝酸钙;这种结晶水化物使混凝土产生适度膨胀,在钢筋和临位的约束下,在混凝土结构中产生0.2～0.7MPa的预压应力,这一预压应力可大致抵消混凝土在硬化过程中产生的收缩拉应力,使结构的收缩拉应力得到大小适宜的补偿,从而防止或减少混凝土收缩开裂,并使混凝土致密化,提高了混凝土结构的抗裂防渗能力。

膨胀加强带设置在混凝土收缩应力发生最大的地方,通常是池体长度方向的中间位置，对于超过普通混凝土伸缩缝设置距离且要求连续无缝施工的超长混凝土结构，可以在适当部位设置多条膨胀加强带。

工程实践证明：采用膨胀加强带，可以连续施工，避免"后浇带"施工周期长的弊病。从理论上讲，"后浇带"是采取完全"放"的方法来解决大面积、大体积钢筋混凝土收缩应力问题，从多年的工程实践也证明了这一点。但是膨胀加强带是采取"抗"的方法，由于其自身的作用原理，在构筑物沉降差的控制上存在缺陷，这决定了其不可能完全取代"后浇带"。有资料介绍：对设有膨胀加强带的超长结构工程数年的跟踪观测，发现用膨胀加强带部位都不同程度地出现竖向温度裂缝，加之大型构建物的不均匀沉降也促使裂缝不断扩展。因此，变形缝、后浇带和膨胀加强带设置应依据工程具体条件选用（见表1-1），施工应按照有规范规定和设计要求组织施工。

4. 引发（诱导）缝

受现场条件限制，为满足建设工期和水厂整体运行的要求，在池体结构中可设置引发（诱导）缝，来取代后浇带或伸缩缝。引发（诱导）缝不仅能解决混凝土在施工阶段因温差产生的收缩裂缝，还能调节水池在使用阶段产生的不均匀沉降和季节温差引起的变形和收缩。近年来，工程实践中采用引发（诱导）缝的工程实例常见报道。设计引发（诱导）缝中心通常与池中心重合，底板引发（诱导）缝结构如图1-3所示。引发（诱导）缝分为完全收缩和不完全收缩两种，前者纵向钢筋不连续布置，后者减半切断。

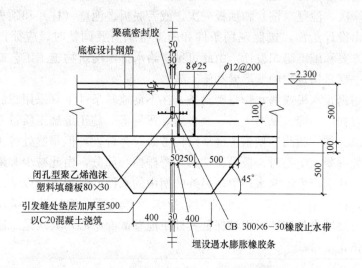

图 1-3 底板引发（诱导）缝详图

工程实践表明：引发（诱导）缝同变形缝一样存在类似不足之处，主要问题是变形缝部位混凝土浇筑质量不合格会致使池体渗漏，直接影响构筑物使用功能和结构耐久性。

变形缝、引发（诱导）缝、后浇带和膨胀加强带可参考表1-1进行选用。

变形缝、引发（诱导）缝、后浇带和膨胀加强带适用条件 表 1-1

类型	结构形式与组成	施工特点	主要缺点	主要适用
变形缝	主体结构断开、橡胶止水带连接，填缝材料密封	橡胶止水带安装、混凝土浇筑及填缝施工要求高	橡胶止水带易老化，施工难度大	伸缩缝、沉降缝、防震缝

续表

类型	结构形式与组成	施工特点	主要缺点	主要适用
引发(诱导)缝	地基加强、主钢筋连接、橡胶止水带连接,填缝材料密封	止水带、钢筋安装、混凝土浇筑及填缝施工要求高	橡胶止水带易老化,施工难度大	伸缩缝、沉降缝
后浇带	钢筋连续、二次浇筑膨胀混凝土	支模、二次浇筑施工要求较高	施工难度较大、周期长	伸缩缝
膨胀加强带	钢筋连续、连续浇筑膨胀混凝土	不同配比混凝土连续浇筑需严格控制	不同配比混凝土易混淆	伸缩缝

1.1.6　设缝续接施工技术

给水排水构筑物混凝土宜连续浇筑,尽可能少留置施工缝。但是受到工程具体条件的限制,现浇施工给水排水构筑物需分次浇筑,分次浇筑混凝土之间形成的缝隙便形成施工缝。从便于模板支架搭设和混凝土浇灌角度讲,设置施工缝是必要的。《给水排水工程构筑物结构设计规范》GB 50069—2002 规定:给水排水构筑物施工缝的位置宜留在结构受剪力较小且便于施工的部位,如池壁底部施工缝宜留在高出底板表面 500mm 或高出腋角 200mm 竖壁(导墙)上,顶部施工缝宜留在顶板下 200~300mm 竖壁上。

敞口的水池,通常分为底板(导墙)、侧墙(挑檐)2 次浇筑施工;设有顶盖的现浇钢筋混凝土与预应力混凝土水池,一般可分为池底(导墙)、池壁(柱)、池顶 2 或 3 次浇筑施工,即底板一次,池壁(柱)和顶板一次,或者底板、池壁(柱)和顶板各一次。施工缝的位置通常由设计给出,按照现场条件和施工组织需要调整时,应征得设计单位同意,并制定施工方案和施工组织设计。由此可见,给水排水构筑物施工工艺或施工流程确定的主要依据之一就是构筑物的变形缝和施工缝。

施工缝可采用钢止水板或遇水膨胀密封条,在不良地基条件下宜采用橡胶止水带。其接缝有多种形式,如凹凸缝(见图 1-4)、高低缝、平缝等。施工缝施工质量不合格会导致缝处渗漏水的隐患。如"凹凸"型施工缝从结构考虑较为合理,但是缝处施工难度大,质量较难保证;缝处混凝土凿毛时,极易将"凸"楞碰掉一部分,由此减少和缩短了渗水的爬行坡度和距离,从而产生渗漏水现象;另外凹槽中的水泥砂浆粉末难以清理干净,使得浇筑新混凝土后,在凹槽处形成一条夹渣层,影响新老混凝土的粘结质量,导致缝处渗漏。橡胶止水带主要缺点是安装时很难保证其处于池壁截面中心;其次是二次浇筑前凿毛混凝土时极易损伤止水带。

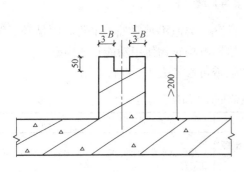

图 1-4　"凹凸"型施工缝

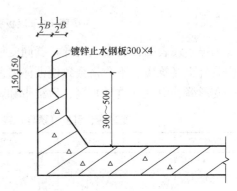

图 1-5　钢板止水带施工缝

近些年给水排水构筑物施工缝设计多采用钢板止水带（见图1-5），在很大程度上避免了橡胶止水带安装、保护存在的麻烦，减少了缝处渗漏隐患发生的几率。但是普通的钢板止水效果差且影响池壁抗剪能力，应采用特制的"]"形专业止水钢板；且应使止水钢板位于池壁截面中心线上，止水钢板的"开口"朝向迎水面，钢板之间的焊接要饱满且为双面焊，搭接不小于200mm。

缝处混凝土继续浇筑施工质量关键是处理好界面，保证两次混凝土紧密结合，满足设计要求和规范规定。目前施工缝施工已有成套技术，技术关键是二次浇筑混凝土前，应清除缝处表面浮浆和杂物，铺设20～30mm厚1：1水泥浆或界面剂、水泥基渗透结晶型防水涂料。

垂直施工缝要比水平施工缝处理更难些，第一次混凝土终凝后，宜用剁斧法将表面凿毛，清理松动石子；二次浇筑混凝土前，用压力水将缝面冲洗干净，边浇边刷素水泥浆或界面剂、水泥基渗透结晶型防水涂料。

施工缝采用遇水膨胀止水条（胶）时，其施工技术关键首先是选择止水条，止水条需具有缓胀性能，最终净胀率宜大于220%；其次是保证其接缝密贴。遇水膨胀止水胶应采用专用注胶器挤出粘结在施工缝表面，均匀、连续、饱满，无气泡和空洞，止水胶固化前不得浇筑。

施工缝还可视工程具体情况，在缝处的迎水面采取外贴防水止水带，外涂抹防水涂料或砂浆等做法增强施工缝防渗漏性能。

1.1.7 预应力施工技术

21世纪以来给水排水构筑物工程推广应用现浇预应力混凝土技术，以减少构筑物结构钢筋率或减薄池体特别是池壁，以便有效防止混凝土裂缝。《给水排水工程构筑物结构设计规范》GB 50069—2002规定：预应力构件抗裂度应满足下式：$1.15\sigma_{ck} - \sigma_{pc} \leqslant 0$。预应力分为全预应力和部分预应力，前者在任何工况下，构件不允许出现裂缝，后者允许在可变荷载作用下出现截面消压乃至裂缝。

大型混凝土矩形水池采用预应力混凝土时，必须隔一定距离设置扶壁，将不利的悬臂结构体系的单向高位水压转变成双向水压；但扶壁与壁板的整体连接在设计施工中还存在一些问题。一般情况下，矩形水池的受力构件大都属于受弯或大偏心的受拉（受压）构件，依据《给水排水工程构筑物结构设计规范》GB 50069—2002的规定，除应满足承载能力极限状态下的强度要求外，在正常使用极限状态下，钢筋混凝土水池应按限制裂缝宽度控制。如果混凝土矩形水池的长度、宽度较大，其水平方向由温度应力作用产生的裂缝可用设置变形缝或采取其他措施来解决，不仅安全可靠，而且经济易行。当池壁为双向板或池体高度较小（<6m）时，无论哪种工况，壁板的支座和跨中弯矩值都不太大，选择适当的壁厚和配筋，普通钢筋混凝土结构形式就可满足强度和裂缝宽度限制的要求，且经济合理，没有必要采用预应力混凝土结构。

水厂处理工艺需要设计容积足够大的矩形水池，特别是城市供水厂的调蓄水池，池容积多在10000m³以上；池壁高6m以上，池壁为单向板时，按静力计算池壁的弯矩相当大；如采用钢筋混凝土结构形式，势必造成池壁加厚，配筋量加大。采用预应力混凝土结构，能明显减小池壁的厚度，较好地保证池体结构整体稳定性。据资料报道：美国人Steven R. Close 率先在矩形水池设计中采用预应力技术，使水池结构满足工艺运行的特殊要求。福建省龙岩污水处理厂生物池设计为矩形水池，长 78.0m，宽 46.0m，高 9.9m，壁板采用双向预应力，是我国目前采用预应力双向张拉设计方案中最大的水处理构筑物。

用预应力来解决结构温度应力难题被一些业内人士认为是从根本上解决水池裂缝问题的有效方法：当池体长度和宽度都较大时，不设温度变形缝，而是在池壁、底板水平方向均施加预应力来解决温度应力问题；混凝土被施加预应力以后，混凝土本身受压，水池抗渗性、耐久性会大为提高。

有粘结预应力体系因具有承载力较高，抗疲劳性能好等优点，20 世纪 90 年代我国在给水排水构筑物中广泛应用。但是有粘结预应力施工工艺较为复杂，工期长；锚固和灌浆使其在薄壁池体结构中的使用也受到了限制。在实际工程中发现传统的灌浆方法还会造成孔道内不密实，也影响结构的耐久性。

无粘结预应力筋由单根钢绞线涂抹建筑油脂外包塑料套管组成，它可像普通钢筋一样配置于混凝土结构内，待混凝土硬化达到一定强度后，通过张拉预应力筋并采用专用锚具将张拉力永久锚固在结构中。与有粘结预应力筋相比，其空间布置灵活，预应力损失少；不需预留孔道和灌浆，施工操作较为简便。在给水排水构筑物中应用较为广泛。但是实践中逐渐暴露出其不足之处：

（1）极限强度。由于无粘结预应力筋与混凝土之间存在滑动，在构件的最大弯矩处预应力筋的实际应变只是平均应变，造成在构件受弯极限状态下的无粘结预应力筋的实际应力远小于相应的有粘结预应力筋的应力。所以在受弯构件中，无粘结预应力筋的极限强度得不到充分发挥。

（2）裂缝。无粘结预应力混凝土受弯构件的开裂较集中，会导致混凝土应变集中，裂缝表现为少而宽。

（3）连续破坏问题。就圆形水池结构而言，池体为多环设计，其中一环预应力筋失效，势必影响其他环的承载能力。

（4）耐久性。无粘结预应力筋全部靠锚具传递拉力，预应力筋、锚固防水密封质量将直接影响水池耐久性和抗腐蚀性。

缓粘结预应力筋是一种新的预应力筋粘结形式，它在预应力筋受张拉前具有无粘结预应力筋的特点，而后期又具备有粘结预应力筋的使用效果。既具有无粘结预应力筋施工迅速、布索灵活、使用方便、无需孔道的设置和压浆过程繁杂工艺的优点，又具备有粘结预应力筋在后期使用上的特点和耐久性高、抗腐蚀能力强等优点。缓粘结预应力筋结构如图 1-6 所示。

由图 1-6 可知，缓粘结预应力筋的结构与有粘结预应力筋很接近。

缓粘结预应力筋的作用机理是在预应力筋与护套之间，填充一种环氧类缓凝材料，这种材料在正常温度下，在一定时间内是几乎无凝结的。在工程现场进行安装、张拉时完全可以采用无粘结预应力筋预应力技术、设备和施工工序。施工完成后经过预定时间，缓凝材料开始逐渐硬化，并达到相当的粘结和抗压强

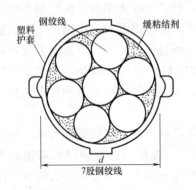

图 1-6 缓粘结预应力筋截面示意

度，对预应力筋产生握裹、保护作用，使得预应力筋和混凝土构件粘结为一体，具备较好的自锚能力，从而后期又具备了有粘结预应力筋的使用效果。据有关资料介绍：缓粘结预应力筋在工程施工过程中容易出现涂包料流失、干枯等问题，施工张拉时应防止对环面筋粘结失效考虑不周而造成施工质量问题。

在工程实践中应与设计方充分沟通，总承包方在选择方案时应充分进行论证，并可参照表 1-2 进行选择。

不同预应力混凝土优缺点对比　　表 1-2

序号	混凝土类别	主要优点	主要缺点	施工难度
1	无粘结预应力混凝土	空间布置灵活、摩阻系数小、预应力损失小	裂缝集中；连续破坏、耐久性差	施工有技术难度、工期较短
2	有粘结预应力混凝土	承载力大、抗疲劳性好、安全可靠性好	安装复杂，张拉易出现断丝和滑丝	施工技术复杂、工期长
3	缓粘结预应力混凝土	空间布置灵活、耐腐蚀性强、安全可靠	缓凝材料不稳定、技术不完善	施工技术难度较小、工期长

对于城市基础设施的构筑物或构筑物业的构筑物来讲，设计使用年限多为 50 年。钢筋混凝土结构使用 50 年以上已经得到工程实践的证实，但是预应力混凝土结构相对而言还缺乏有力的证据。据有关资料介绍，对运行十余年的预应力混凝土构筑物运行维护实例显示：预应力构筑物的耐久性和修复性存在固有缺陷或弊病，这些缺陷或弊病会导致在选择城市基础设施的构筑物方案时放弃预应力混凝土方案。

1.1.8　混凝土施工综合技术

1. 抗渗防裂混凝土配比

给水排水构筑物属于薄壁（壳）混凝土结构，选择抗裂性较好的混凝土是控制结构裂缝的重要途径，选用或掺加外加剂形成的抗渗配比混凝土可在较大程度上消除和降低施工期间混凝土干燥收缩，以及水化热对结构表面开裂的影响。

补偿收缩混凝土技术或在混凝土中掺加抗渗结晶材料已在工程实践中取得实质性进展，据资料介绍：我国近些年新建大中型水处理构筑物 60% 都采用抗渗防裂混凝土配比，在混凝土的原材料选择、配比设计、试验比选等方面积累了大量的工程实践经验。

对有特殊功能要求的结构，在混凝土配比中加入纤维，形成纤维混凝土，能使混凝土承受较高的荷载并产生较大的变形。与普通混凝土相比，纤维混凝土具有较高的抗拉与抗弯极限强度，尤以韧性提高的幅度为大，起到了增强混凝土的抗渗防裂功能实效。

2. 施工技术

（1）大型混凝土水池施工常会涉及大体（面）积混凝土浇筑综合施工技术，首先对施工阶段混凝土浇筑体的温度、温度应力及收缩应力进行计算，确定施工阶段混凝土浇筑体的温升峰值、里表温差及降温速率的控制指标，制定并采取相应的温控技术措施。一般情况下，温控指标数值如下：混凝土浇筑体在入模温度基础上的温升值不超过 40℃；混凝土浇筑体的里表温差（不含混凝土收缩的当量温度）不大于 25℃；混凝土浇筑体的降温速率不超过 2.0℃/d；混凝土浇筑体表面与大气温差不大于 20℃。

水池大体（面）积混凝土浇筑应避开高温季节或时段。工程施工常受到技术层面以外的条件限制，难以避免高温时段浇筑混凝土时，应采取必要的技术措施，如采取棚护，避免模板和新浇筑的混凝土直接受阳光照射等。混凝土入模前，模板与钢筋的温度以及附近的局部气温均应控制在40℃以下。在相对湿度较小、风速较大的环境下浇筑混凝土时，应采取适当挡风措施，防止混凝土失水过快，避免浇筑有较大暴露面积的构筑物。雨期浇筑混凝土时，必须有防雨设施和措施。

（2）控制应力裂缝的施工技术

控制应力裂缝的施工技术较多，其中应用较为普遍的是"跳仓"施工技术。"跳仓"施工技术在给水排水构筑物工程中有着特定含义，与"后浇带"技术相辅相成。

在温度、湿度、干燥收缩应力较大的混凝土池壁部位，设计时常会适当地提高水平分布钢筋的配筋率。池壁混凝土结构易产生结构裂缝的底板分段施工长度不宜大于40m，侧墙和顶板分段施工长度不宜大于15m。

施工方案应在满足设计要求和规范规定的基础上，依据现场条件选用适宜的施工工艺，来控制薄壁构筑物应力裂缝的产生，其中"跳仓"施工是水池施工防裂抗渗综合技术中不可缺少的专项施工技术。"跳仓"法最具有代表性的施工常见于单元组合式清水池工程，跳仓间隔施工的时间不宜小于7d。

模板拆除时间控制也是控制裂缝的重要措施，除需考虑拆模时的混凝土强度外，还应考虑拆模时的混凝土温度不能过高，以免混凝土接触空气时降温过快而开裂，更不能在此时浇凉水养护。混凝土内部开始降温以前以及混凝土内部温度最高时不得拆模；一般情况下，结构或构件混凝土的里表温差大于25℃、混凝土表面与大气温差大于20℃时不宜拆模；大风或气温急剧变化时不宜拆模。在炎热和大风干燥季节，应采取逐段拆模、边拆边盖的拆模工艺。

施工现场常会遇到提前拆模施工难题，应采用早拆模新技术，包括早拆模板支架体系应用，不但能满足施工进度要求，还能避免模板早拆带来的不利影响。

（3）养护（生）技术

养护技术也是水池抗裂抗渗综合技术中不可缺少的组成部分。薄壁、薄壳结构混凝土浇筑完毕，应在12h（终凝后3h）以内对混凝土加以覆盖并保湿养护；对掺加了缓凝型外加剂或有抗渗要求的混凝土，不得少于14d；水池混凝土养护不宜采用涂膜或喷洒养护剂方式。

水池底板通常采用围堰蓄水养护，而池壁则采取带模养护和覆盖塑料膜淋水养护方式。采用塑料膜覆盖养护时，其敞露的全部表面应覆盖严密，并应保持塑料膜内有凝结水；结构混凝土强度到达1.2MPa后，方允许站人养护作业。

养护期间应注意采取保温措施，防止混凝土表面温度受环境因素影响（如暴晒、气温骤降等）而发生剧烈变化。养护期间混凝土浇筑体的里表温差不宜超过25℃、混凝土浇筑体表面与大气温差不宜超过20℃。

3. 保护层控制技术

混凝土保护层控制是水池抗裂抗渗综合技术中的重要组成部分。钢筋混凝土保护层施工质量对钢筋混凝土结构的受力性能、耐久性等具有很大影响，直接关系到构筑物的安全和使用寿命；构筑物中的钢筋位置，不仅对结构的受力性能有重大影响，还涉及结构耐久性的安全问题。构筑物，特别是处理构筑物应用环境中的破坏因素很多，如酸碱离子侵蚀、冻融破坏等。《给水排水构筑物工程施工及验收规范》GB 50141—2008，规定了水池各部位的混凝土保护层厚度，要求其最大误差值不超过允许误差值的1.5倍。严格控制钢筋保护层厚度涉及模板、钢筋安装准确性，反映出综合施工技术水准。

保护层控制技术涉及钢筋下料、安装和混凝土浇筑整个施工过程，主要技术措施包括：钢筋下料长度准确计算；"梯架筋"和马凳筋加工与应用；保护层垫块选择和安装等。

1.1.9 构筑物防水防腐技术

《给水排水工程构筑物结构设计规范》GB 50069—2002，规定：贮水或水处理构筑物、地下构筑物的混凝土，当满足抗渗要求时，一般可不作其他抗渗、防腐处理；对接触侵蚀性介质的混凝土，应按现行的有关规范或进行专门试验确定防腐措施。

《混凝土质量控制标准》GB 50164—2011规定：承受侵蚀作用的结构，混凝土防渗等级应进行专门的试验研究，但不得低于W4（P6）；对严寒、寒冷地区且水力梯度较大的结构，其抗渗等级应按规定提高一个等级。

为预防冻融或微酸碱介质对池壁混凝土的腐蚀，混凝土结构水池除采用适当抗渗等级的自防水混凝土外，通常还采取在内外池壁设防水层或防水防腐层，或在池外壁设保温墙等技术。

给水构筑物如滤池、清水池、水柜，大多在水池内壁水气界面部位或整个池体涂刷水泥砂浆防水层或贴饰面砖，聚氨酯防水层也常在工程实践中应用；水池外壁一般不设防水层或防腐层。必要时，池外壁可采用防水砂浆或环氧沥青类涂料防腐层，防水卷材多见国外资料报道，国内很少采用。

污水处理构筑物相比给水构筑物考虑防腐设计的因素更多些，如消化池、臭氧接触池（间）内壁防腐层多采用柔性涂层，如热熔性聚酯（脲）涂料、环氧涂料和两底两布玻璃钢防腐层。近些年，国内新建污水处理构筑物多采用SBS改性沥青防水卷材和三元乙丙橡胶防水卷材作为防腐层。

基于我国给水排水构筑物运行管理的实践经验，许多处理厂宁愿在新建构筑物投入运行前施做防水或防水防腐层，而不愿在运行数年后进行修补施做防水或防水防腐层。

给水排水构筑物防水或防水防腐层施工多数采用手工作业，施工现场作业环境保护需注意采用严格措施，特别是防毒气和防火安全保护措施。

1.2 构筑物工程新技术应用

1.2.1 高耐久性混凝土

传统混凝土的设计理念主要考虑强度指标，忽视了混凝土的耐久性。统计数据表明，很多混凝土结构过早破坏的主要原因是耐久性差。给水排水构筑物作为设计使用寿命为50年的城市基础设施，使用环境多具有腐蚀性，近些年贮水构筑物多采用高耐久性混凝土。

1. 高耐久性混凝土设计要求

给水排水构筑物通常处于不良环境中，如冻融、腐蚀环境，其混凝土结构的耐久性，应根据工程具体环境条件，按《混凝土结构耐久性设计规范》GB/T 50476—2008进行设计，考虑的环境因素主要有：

（1）抗冻害的耐久性要求

根据不同冻害地区确定最大水胶比；不同冻害地区的耐久性指数 k，受冻融循环作用时，应满足单位剥蚀量的要求；处于有冻害环境的，应掺入引气剂，引气量应达到 4%～5%。

（2）抗盐害的耐久性要求

根据不同盐害环境确定最大水胶比；抗氯离子的渗透性、扩散性，应以 56d 龄期，6h 总导电量（库仑）确定，一般情况下，氯离子的渗透性应属非常低范围（≤800 库仑）；混凝土表面裂缝宽度应符合规范要求。

（3）抗硫酸盐腐蚀的耐久性要求

用于硫酸盐侵蚀较为严重的环境时，水泥中的 C3A<5%、C3S<50%；根据不同硫酸盐腐蚀环境确定最大水胶比；胶砂试件的膨胀率<0.34%。

（4）抑制碱-骨料反应有害膨胀的要求

混凝土中碱含量<3.0kg/m³；给水排水构筑物应采用非碱活性骨料。

2. 主要技术指标

（1）工作性

给水排水构筑物施工现场坍落度通常要求控制为 120～140mm，扩展度≥550mm，倒筒时间≤15s；无离析泌水现象，黏聚性良好；2h 坍落度损失小于 30%，具有良好的充填模板空间和钢筋通过性能。

（2）力学性能

给水排水构筑物施工抗压强度等级≥C40；同时要求体积稳定性高，收缩小，弹性模量与同强度等级的普通混凝土基本相同。

（3）耐久性

应依据工程具体情况，参照《混凝土耐久性检验评定标准》（JGJ/T 193—2009）中提出的指标进行控制。耐久性试验方法可采用《普通混凝土长期性能和耐久性能试验方法标准》（GB/T 50082—2009）规定的方法。

高耐久性混凝土掺加了优质矿物微细粉和高效减水剂，具有良好的施工性能，能满足结构所要求的各项力学性能，耐久性能满足设计要求。

采用优质矿物微细粉和高效减水剂是高耐久性混凝土的特点，矿物微细粉有硅粉、粉煤灰、磨细矿渣及天然沸石粉等，所用的矿物微细粉应符合国家有关标准规定，且宜达到优品级。矿物微细粉等量取代水泥的最大量一般为，硅粉≤10%，粉煤灰≤30%，磨细矿渣≤50%，天然沸石粉≤10%，复合微细粉≤50%。

1.2.2　防水混凝土

给水排水构筑物是承受水压力作用的构筑物，采用防水混凝土浇筑而成。防水混凝土为满足给水排水构筑物的抗渗性能要求，通常采用四种技术：一是改善级配技术；二是加大水泥用量和使用超细粉填料；三是掺外加剂；四是采用特种水泥。21 世纪以来，给水排水构筑物工程以选用或掺加细矿、外加剂来实现水池结构抗裂防渗要求，其已成为给水排水构筑物工程前沿技术之一。技术包括：高性能抗裂外加剂、混凝土的优化设计和新施工方法等，其中应用较多的是通过补偿收缩达到混凝土体积稳定，提高抗裂强度。

1. 材料与配合比

（1）混凝土配合比（以下简称为配比）应根据原材料品质、混凝土强度等级、混凝土耐久性以及施工工艺对工作性的要求，通过计算、试配、现场实验等步骤确定。给水排水构筑物施工图通常给出设计要求：混凝土最小胶凝材料用量不应低于 $300kg/m^3$，其中最低水泥用量不应低于 $220kg/m^3$，配制防水混凝土时最低水泥用量不宜低于 $260kg/m^3$。混凝土最大水胶比不应大于 0.45。

（2）水泥必须采用符合现行国家标准规定的普通硅酸盐水泥或硅酸盐水泥，水泥比表面积宜小于 $350m^2/kg$；水泥碱含量应小于 0.6%；水泥中不得掺加窑灰。水泥的进场温度不宜高于 60℃；不应使用温度大于 60℃ 的水泥拌制混凝土。应采用二级或多级级配粗骨料，粗骨料的堆积密度宜大于 $1500kg/m^3$，紧密密度的空隙率宜小于 40%。高温季节，骨料使用温度不宜大于 28℃。

（3）采用的粉煤灰矿物掺合料，应符合《用于水泥和混凝土中的粉煤灰》GB 1596—2005 的规定。粉煤灰的级别不应低于 Ⅱ级，且粉煤灰的需水量比应不大于 100%，烧失量应小于 5%。单独采用粉煤灰作为掺合料时，硅酸盐水泥混凝土中粉煤灰掺量不应超过胶凝材料总量的 35%；普通硅酸盐水泥混凝土中粉煤灰掺量不应超过胶凝材料总量的 30%；预应力混凝土中粉煤灰掺量不得超过胶凝材料总量的 25%。严禁采用 C 类粉煤灰和 Ⅱ级以下级别的粉煤灰。

（4）采用的矿渣粉矿物掺合料，应符合《用于水泥和混凝土中的粒化高炉矿渣粉》GB/T 18046—2008 的规定。矿渣粉的比表面积应小于 $450m^2/kg$，流动性比应大于 95%，28d 活性指数不宜小于 95%。矿渣粉作为掺合料时，应采用矿渣粉和粉煤灰复合技术。混凝土中掺合料总量不应超过胶凝材料总量的 50%，矿渣粉掺量不得大于掺合料总量的 50%。

2. 复合抗裂防水高性能混凝土

近些年来，给水排水构筑物多采用复合抗裂防水高性能混凝土设计，以提高混凝土的抗裂防渗性能，同时满足混凝土的强度和工作性要求。大型给水排水构筑物多采用材料复合技术，无机-有机多组分复合形式主要有：

（1）无机增强抗裂材料 WJ 掺入普通混凝土中，在水化硬化过程中生成一定量的微膨胀结晶体，降低空隙率，改善混凝土中孔结构分布。其膨胀驱动力是凝胶尺寸的晶体钙矾石吸水肿胀和结晶状钙矾石对孔隙产生膨胀压的共同作用。当 WJ 掺量为 8%～12% 时，在钢筋和邻位的限制下，使混凝土产生 0.02%～0.06% 的膨胀率，可在结构内建立自应力值 0.2～0.6MPa，抵消了混凝土因各种收缩变形造成的拉应力，使混凝土内部的拉应力值降低，从而改善了混凝土的应力状态，体积稳定性和抗裂能力显著提高。

（2）采用有机减水保塑剂，以提高混凝土拌合物的工作性，降低坍落度经时损失；提高强度和抗渗性能，降低混凝土早期水化温升速度，推迟水化热高峰出现，有效地防止早期温度收缩裂缝。

（3）应采用聚羧酸系（TJ）高性能减水剂，并根据不同施工条件、不同施工工艺分别选用标准型、缓凝型或防冻型产品。高性能减水剂引入混凝土中的碱含量应小于 0.3 kg/m^3；引入混凝土中的氯离子含量应小于 $0.02kg/m^3$；引入混凝土中的硫酸盐含量（以 Na_2SO_4 计）应小于 $0.2kg/m^3$。

（4）在普通混凝土中掺加混凝土膨胀剂，用于抵消混凝土干燥收缩或温度降低引起的拉应力，起到良好的补偿收缩作用，能提高给水排水构筑物的抗裂防渗性能。常用的膨胀剂有硫铝酸盐类膨胀剂（如 UEA、明矾石膨胀剂 EA-L 型等）、氧化钙类膨胀剂、复合膨胀剂等。

在工程实践中，必须考虑膨胀剂类型、掺量及其使用条件对混凝土的主要性能影响，特别注意钙矾石 AFt 相延迟性反应（DEF）；预应力混凝土不得掺加任何膨胀剂。

（5）掺加 HEA 高效防水剂会使混凝土产生适度膨胀，在钢筋部位的约束下产生 0.2～0.8MPa 的预应力，能有效地补偿混凝土的干缩和冷缩；同时由于 HEA 水化形成的大量钙矾石晶体，具有填充细孔缝作用，使混凝土中孔径下降，改善了混凝土中孔结构的分布，使混凝土更加密实，能提高混凝土的抗渗抗裂性能及耐久性和抵抗周围环境介质侵蚀的能力，防止钢筋锈蚀。

由于混凝土收缩大部分发生的在早期，掺加 HEA 混凝土的早期强度及 28d 强度比普通混凝土提高 10% 以上，对提高工程结构的安全性及防止混凝土早期膨胀能的损失都是有利的。近些年给水排水构筑物施工采用 HEA 高效防水剂的工程实例较多，特别是应用于后浇带和设缝部位续接施工。

3. 高贝利特水泥混凝土

与硅酸盐水泥混凝土相比，高贝利特水泥混凝土的水化热低，能够降低水化温升；其抗压强度、抗拉强度、极限拉伸值、抗拉弹性模量等力学性能和抗冻融、抗渗、抗侵蚀等耐久性能均优于硅酸盐水泥混凝土。

一些研究结果表明：与硅酸盐水泥混凝土相比，高贝利特水泥混凝土的极限拉伸值大、抗拉强度高、体积稳定性好、抗裂指数大，有利于提高大体积混凝土的抗裂性。

工程研究资料表明：高贝利特水泥混凝土断裂能大，起裂韧度和失稳韧度分别是硅酸盐水泥混凝土的 1.17 倍和 1.24 倍，使给水排水构筑物混凝土抵御裂缝扩展性能大为增强。近年来在给水排水构筑物工程中显示出良好的应用前景。

1.2.3   滑动层技术

滑动层是一种新的设计理念：在建筑物筏板与底面约束的接触面之间设置大面积滑动层，降低对结构的约束，从而减少温度应力。滑动层也是一种新型的底板结构层，在给水排水构筑物工程中，滑动层主要应用于预应力结构或大面积板式基础底部，在混凝土垫层与水池底板之间设置滑动层或隔离层。

一般情况下，天然地基大面积板式基础为减少地基约束多采用一道卷材为主体、辅以防水涂料粘结层的"滑动层"，即在混凝土垫层上铺贴"一油一毡"。采用复合地基的大型构筑物结构设计，多在底板与地基土之间设置双层聚乙烯（PE）卷材滑动层、中间夹砂的双层聚乙烯（PE）膜隔离滑动层。

工程实践表明：滑动层设置在垫层上或取代传统垫层，可以降低地基对基础底板的约束，使得池体由各种原因造成的伸缩变形应力尽可能释放，从而减少垫层以下地基对池底板的约束应力，并减少可能产生的结构附加应力。

1.2.4 钢筋直螺纹连接技术

钢筋直螺纹连接技术系在热轧带肋钢筋的端部制作直螺纹,利用带内螺纹的连接套筒对接钢筋,达到传递钢筋拉力和压力的一种钢筋机械连接技术。钢筋端部的螺纹制作技术、钢筋连接套筒生产控制技术、钢筋接头现场安装技术已在给水排水构筑物工程中推广使用,目前主要采用滚轧直螺纹连接和镦粗直螺纹连接方式。

1. 加工技术要求

(1)钢筋端部应切平或镦平后再加工螺纹;

(2)墩粗头不得有与钢筋轴线相垂直的横向裂纹;

(3)钢筋丝头长度应满足企业标准中产品设计要求,公差应为 $0 \sim 2.0p$(p 为螺距);

(4)钢筋丝头宜满足 6f 级精度要求,应用专用直螺纹量规检验,通规能顺利旋入并达到要求的拧入长度,止规旋入不得超过 $3p$。

抽检数量为 10%,检验合格率不应小于 95%。

2. 现场检验与验收

(1)接头的现场检验应按验收批进行,同一施工条件下采用同一批材料的同等级、同形式、同规格接头,应 500 个为一个验收批进行检验与验收,不足 500 个也应作为一个验收批。

(2)螺纹接头安装后应按《钢筋机械连接技术规程》JGJ 107—2010 第 7.0.5 条的验收批,抽取其中 10% 的接头进行拧紧扭矩校核,拧紧扭矩值不合格数超过被校核接头数的 5% 时,应重新拧紧全部接头,直到合格为止。

(3)对接头的每一验收批,必须在工程结构中随机截取 3 个接头试件作抗拉强度试验,按设计要求的接头等级进行评定。当 3 个接头试件的抗拉强度均符合《钢筋机械连接技术规程》JGJ 107—2010 表 3.0.5 中相应等级的强度要求时,该验收批应评定为合格。如有 1 个接头试件的抗拉强度不符合要求,应再取 6 个接头试件进行复检。复检中如仍有 1 个接头试件的抗拉强度不符合要求,则该验收批应评定为不合格。

(4)现场检验连续 10 个验收批抽样试件抗拉强度试验一次合格率为 100% 时,验收批接头数量可扩大 1 倍。

(5)现场截取抽样试件后,原接头位置的钢筋可采用同等规格的钢筋进行搭接连接,或采用焊接及机械连接方法补接。

3. 安装质量要求

(1)安装接头时可用管钳扳手拧紧,应使钢筋丝头在套筒中央位置相互顶紧。标准型接头安装后的外露螺纹不宜超过 $2p$。

(2)安装后应用扭力扳手校核拧紧扭矩,拧紧扭矩值应符合《钢筋机械连接技术规程》JGJ 107—2010 表 6.2.1 的规定。

1.2.5 新型支架、脚手架

1. 插接式钢管支架

(1)支架组成

立杆、横杆、斜杆、底座等。功能组件包括顶托、承重横杆、用于安装踏板的横杆、踏板横梁、中部横杆、水平杆上立杆。连接配件包括锁销、销子、螺栓。

（2）技术特征

沿立杆杆壁的圆周方向均匀分布有四个 U 型插接耳组，横杆端部焊接有横向的 C 型或 V 型卡，斜杆端部有销轴。连接方式：立杆与横杆之间采用预先焊接于立杆上的 U 型插接耳组与焊接于横杆端部的 C 型或 V 型卡以适当的形式相扣，再用楔形锁销穿插其间的连接形式；立杆与斜杆之间采用斜杆端部的销轴与立杆上的 U 型插接耳组侧面的插孔相连接；根据管径不同，上下立杆之间可采用内插或外套两种连接方式。

节点的承载力由扣件的材料、焊缝的强度决定，并且由于锁销的倾角远小于锁销的摩擦角，受力状态下，锁销始终处于自锁状态；架体杆件主要承重构件采用低碳合金结构钢，结构承载力得到极大的提高。插接式钢管脚手架及支撑架适应性强，除搭设一些常规脚手架外，还可搭设悬挑结构、悬跨结构、整体移动和吊装的架体等。

（3）施工技术指标

立杆规格为 $\phi48mm \times 2.7mm$ 及 $\phi60mm \times 3.2mm$，材质为 Q345B；横杆规格为 $\phi48mm \times 2.7mm$，材质为 Q345B；$\phi48mm$ 立杆套管插接长度不小于 150mm，$\phi60mm$ 立杆套管插接长度不小于 110mm；脚手架安装后的垂直偏差应控制在 3/1000 以内；底座丝杠外露尺寸不得大于规定要求；应对节点承载力进行校核，确保节点承载力满足要求，保证结构安全；表面处理：热镀锌。

2. 盘销式钢管支架

（1）支架组成

盘销式钢管脚手架的立杆上每隔一定距离焊有圆盘，横杆、斜拉杆两端焊有插头，通过敲击楔型插销将焊接在横杆、斜拉杆两端的插头与焊接在立杆上的圆盘锁紧。盘销式钢管脚手架一般与可调底座、可调托座以及连墙撑等多种辅助件配套使用，见图 1-7。

图 1-7　盘销式支架节点

（2）$\phi60mm$ 系列

重型支撑架的立杆采用 $\phi60mm \times 3.2mm$ 焊管制成（材质为 Q345、Q235）；立杆规格有 1m、2m、3m，每隔 0.5m 焊有一个圆盘。横杆及斜拉杆均采用 $\phi60mm \times 3.5mm$ 焊管制成，两端焊有插头并配有楔型插销；搭设时每隔 1.5m 搭设一步横杆。

（3）$\phi48mm$ 系列

轻型脚手架的立杆采用 $\phi48mm\times3.5mm$ 焊管制成（材质为 Q345）；立杆规格有 1m、2m、3m，每隔 1.0m 焊有一个圆盘。横杆及斜拉杆均采用 $\phi48mm\times3.5mm$ 焊管制成，两端焊有插头并配有契型插销；搭设时每隔 2.0m 搭设一步横杆。

（4）主要特点

① 安全可靠。立杆上的圆盘与焊接在横杆或斜拉杆上的插头锁紧，接头传力可靠；立杆与立杆的连接为同轴心承插；各杆件轴心交于一点。架体受力以轴心受压为主，由于有斜拉杆的连接，使得架体的每个单元近似于格构柱，因而承载力高，不易发生失稳。

② 搭拆快、易管理。横杆、斜拉杆与立杆连接，用一把铁锤敲击契型销即可完成搭设与拆除，速度快，功效高。全部杆件系列化、标准化，便于仓储、运输和堆放。

③ 适应性强。除搭设一些常规架体外，由于有斜拉杆的连接，盘销式脚手架还可搭设悬挑结构、跨空结构、整体移动、吊装、拆卸的架体。

（5）技术指标

盘销式脚手架以验算立杆允许荷载确定搭设尺寸。以 $\phi60mm$ 系列重型支撑架为例，步距 1.5m、立杆间距 1.5m×1.5m，3 步架（5m 高）极限承载力为 834.3kN，单根立杆允许荷载为 104kN；5 步架（8m 高）极限承载力为 752.0kN，单根立杆允许荷载为 94kN；8 步架（12.5m 高）极限承载力为 759.8kN，单根立杆允许荷载为 94kN。

工程实践表明，$\phi60mm$ 系列重型支撑架在给水排水构筑物工程中多用作高耸结构中心支撑架或提升架。需注意的是盘销式钢管脚手架目前尚无相应的安全技术规程，多以容许荷载法设计架体。

3. 专项方案要求

（1）依据施工现场条件，编制脚手架或模板支撑架专项施工方案，主要内容包括：施工节点图、脚手架或模板支撑架施工工艺流程和工艺要点。

（2）方案应有详细的荷载和结构计算，确保脚手架或模板支撑架的稳定性。

（3）脚手架或模板支撑架专项施工方案，应按有关规定论证完善。

1.2.6　灌注桩后注浆技术

1. 技术特点

（1）灌注桩后注浆是指在灌注桩成桩后一定时间，通过预设在桩身内的注浆导管及与之相连的桩端、桩侧处的注浆阀注入水泥浆。注浆目的一是通过桩底和桩侧后注浆加固桩底沉渣（虚土）和桩身泥皮，二是对桩底和桩侧一定范围内的土体通过渗入（粗粒土）、劈裂（细粒土）和压密（非饱和松散土）注浆起到加固作用，从而增大桩侧阻力和桩端阻力，提高单桩承载力，减少桩基沉降。

（2）在优化注浆工艺参数的前提下，可使单桩承载力提高 40%～120%，粗粒土增幅高于细粒土。桩侧、桩底复式注浆高于桩底注浆，桩基沉降减小 30% 左右。

（3）可利用预埋于桩身的后注浆钢导管进行桩身完整性超声检测，注浆用钢导管可取代等承载力桩身纵向钢筋。

2. 主要技术指标

（1）浆液水胶比：地下水位以下 0.45～0.65，地下水位以上 0.7～0.9。

（2）最大注浆压力：软土层 4～8MPa，风化岩 10～16MPa。

（3）单桩注浆水泥量计算公式：

$$G_c = A_p d + A_s n d \qquad (1-1)$$

式中 A_p——桩端注浆量经验系数，取值范围 1.5～1.8；

A_s——桩侧注浆量经验系数，取值范围 0.5～0.7；

n——桩侧注浆断面数；

d——桩径，m。

（4）注浆流量不宜超过 75L/min。

在实际工程中，以上参数应根据土的类别、饱和度及桩的尺寸、承载力增幅等因素适当调整，并通过现场试注浆和试桩试验最终确定。设计施工应依据《建筑桩基技术规范》JGJ 94—2008。

3. 适用范围

灌注桩后注浆技术适用于除沉管灌注桩外的各类泥浆护壁和干作业的钻、挖、冲孔灌注桩施工；近些年来在卵形消化池等大型构筑物的桩基工程中应用效果较好。

1.2.7   水泥粉煤灰碎石桩复合地基技术

1. 技术特点

水泥粉煤灰碎石桩（简称 CFG 桩）是由水泥、粉煤灰、碎石、石屑或砂加水拌合形成的高粘结强度基桩，通过在基底和桩顶之间设置一定厚度的褥垫层以保证桩、土共同承担荷载，使桩、桩间土和褥垫层一起构成复合地基。CFG 桩改进了碎石桩承载特性的一些不足之处，具有承载力高，地基变形小，适用范围广，施工简便等优点；近些年在给水排水构筑物工程中应用实例较多。

2. 主要技术指标

（1）桩径宜取 350～600mm。

（2）桩端持力层应选择承载力相对较高的地层。

（3）桩间距宜取 3～5 倍桩径。

（4）桩身混凝土强度满足设计要求，通常不小于 C15。

（5）褥垫层宜选用中砂、粗砂、碎石或级配砂石等，不宜选用卵石，最大粒径不宜大于 30mm；厚度 150～300mm，夯填度不大于 0.9。

在实际工程中，上述参数应根据场地岩土工程条件、基础类型、结构类型、地基承载力和变形要求等条件或通过现场试验确定。对于给水排水构筑物地基处理工程，当基础刚度较弱时宜在桩顶增加桩帽或在桩顶采用碎石+土工格栅、碎石+钢板网等方式调整桩土荷载分担比例，提高桩的承载能力。设计施工应依据现行行业标准《建筑地基处理技术规范》JGJ 79—2012 进行。

3. 适用范围

CFG 桩适用于处理黏性土、粉土、砂土和已自重固结的素填土等地基。对淤泥质土应按当地经验或通过现场试验确定其适用性。就基础形式而言，既可用于条形基础、独立基础，又可用于箱形基础、筏形基础。采取适当技术措施后亦可用于刚度较弱的基础以及柔性基础。

1.2.8 长螺旋钻孔压灌桩技术

1. 技术特点

长螺旋钻孔压灌桩技术是采用长螺旋钻机钻孔至设计标高，利用混凝土泵将混凝土从钻头底压出，边压灌混凝土边提升钻头直至成桩，然后利用专门振动装置将钢筋笼一次插入混凝土桩体，形成钢筋混凝土灌注桩；插入钢筋笼的工序应在压灌混凝土工序后连续进行。

与普通灌注桩施工工艺相比，长螺旋钻孔压灌桩施工不需要泥浆护壁，无泥皮，无沉渣，无泥浆污染，施工速度快，造价较低。

2. 主要技术指标

（1）混凝土中可掺加粉煤灰或外加剂，每立方米混凝土的粉煤灰掺量宜为 70～90kg。

（2）粗骨料可采用卵石或碎石，最大粒径不宜大于 30mm。

（3）混凝土坍落度宜为 180～220mm；提钻速度宜为 1.2～1.5m/min。

（4）钻孔压灌桩的充盈系数宜为 1.0～1.2。

（5）桩顶混凝土超灌高度不宜小于 0.3～0.5m。

（6）钢筋笼插入速度宜控制在 1.2～1.5m/min。

3. 适用范围

长螺旋钻孔压灌桩技术适用于给水排水构筑物基坑围护桩施工，也可用作构筑物的基础桩或抗拔桩；近些年，在水厂升级改造工程中得到了成功的应用。

1.2.9 复合土钉墙支护技术

1. 技术特点

复合土钉墙是将土钉墙与一种或几种单项支护技术或止水技术有机组合形成的复合支护体系，其构成要素主要有土钉、预应力锚杆、止水帷幕、微型桩、挂网喷射混凝土面层、原位土体等。

复合土钉墙支护具有轻型，机动灵活，适用范围广，支护能力强，可作超前支护等优点，并兼备支护、止水等效果。

在实际工程中，复合土钉墙应根据工程具体条件进行有机结合，应满足大型给水排水构筑物基坑施工需要。

2. 技术内容与指标

（1）复合土钉墙中的止水帷幕形成方法有：水泥土搅拌法、高压喷射注浆法、灌浆法、地下连续墙法、微型桩法、钻孔咬合桩法、冲孔水泥土咬合桩法等。

（2）复合土钉墙中的微型桩：

1）直径不大于 400mm 的混凝土灌注桩，受力筋可为钢筋笼或型钢、钢管等；

2）作为超前支护构件直接打入土中的角钢、工字钢、H 型钢等各种型钢、钢管、木桩等；

3）直径不大于 400mm 的预制钢筋混凝土圆桩，边长不大于 400mm 的预制方桩；

4）在止水帷幕中插入型钢或钢管等劲性材料等。

（3）土钉墙、水泥土搅拌桩、预应力锚杆、微型桩等设计施工应符合《建筑基坑支护技术规程》JGJ 120—2012、《基坑土钉支护技术规程》CECS 96：97 等标准的规定。

3. 适用范围

开挖深度不超过 15m 的淤泥质土、人工填土、砂性土、粉土、黏性土等土层基坑；近些年在大型给水排水构筑物放坡基坑施工中不乏成功应用范例。

1.2.10 深基坑施工监测技术

1. 技术内容

基坑围护结构监测：用测斜仪自下而上测量预先埋设在桩墙体内测斜管的变形情况，检测基坑开挖施工过程中基坑支护结构在各个深度上的水平位移情况，用以判断围护体变形。

邻近建（构）筑物沉降监测：利用高程监测的方法来了解邻近建（构）筑物的沉降，从而判断其不均匀沉降状况。

邻近建（构）筑物沉降监测的监测方法、使用仪器、监测精度与建构（筑）物主体沉降监测相同。

2. 技术指标

（1）水平位移报警值：按一级安全等级考虑，最大水平位移$\leq 0.14\%H$；按二级安全等级考虑，最大水平位移$\leq 0.3\%H$。

（2）地面沉降量报警值：按一级安全等级考虑，最大沉降量$\leq 0.1\%H$；按二级安全等级考虑，最大沉降量$\leq 0.2\%H$。

（3）监测报警指标一般以总变化量和变化速率两个量控制，累计变化量的报警指标一般不宜超过设计限值。若有监测项目的数据超过报警指标，应从累计变化量与日变化量两方面考虑。

3. 适用范围

适用于深基坑灌注桩、连续墙等设有围护结构和邻近构筑物的变形位移监测。工程实践表明：现有水厂升级改造通常需要保护邻近现有构筑物正常运行，以及基础埋深较大的城市水厂的组合构筑物施工通常采用设有围护结构的基坑；基坑施工过程中的监测是完全必要的。

第 2 章　施工策划与准备

2.1　进场调查

2.1.1　工程环境调查

（1）给水排水构筑物工程施工前应根据工程设计提供的资料，对工程环境条件进行详细调查，以便掌握下列情况和资料：

1）现场地形及现有建筑物和给水排水构筑物的情况；

2）工程地质资料与水文地质资料及气象资料；

3）工程用地、交通运输及排水条件；

4）在地表水体中或岸边施工时，应掌握地表水的水文资料、航运资料；在寒冷地区施工时，应掌握地表水、冰凌的资料；

5）核实施工影响范围内的地面建筑物、河湖、杆线、绿化、文物古迹等情况；

6）工程范围内地上、地下给水排水构筑物拆移与保护需求及进展状况。

（2）现场施工条件

1）施工供水、供电、供气条件；

2）降排水条件，接入管道与河流；

3）现场与周围交通条件；

4）工程材料和施工机械供应条件。

2.1.2　施工区域现有构筑物调查

（1）应依据工程地质勘查报告、地下管线、地下给水排水构筑物等有关资料，查阅相关专业技术资料，掌握管线和给水排水构筑物的施工年限、使用状况、位置、埋深等数据信息。

（2）对于资料反映不详、与实际不符或在资料中未反映地下管线和构筑物真实情况的，应向有关单位查询，必要时在权属单位人员在场情况下进行坑探以查明现状。

（3）对于基坑影响范围内的现有地下管线和构筑物，必须核实确认，掌握结构形式、使用状态等情况。

（4）将调查的管线和构筑物的位置、埋深等参数按照比例标注在施工平面图上，并在现场做出醒目标志。

（5）分析调查与坑探等信息资料，作为编制施工组织设计、施工方案和采取安全保护措施的依据。

2.2　图纸审查与设计交底

2.2.1　设计图纸初审

（1）进场后，施工单位应及时索取工程设计图纸和相关技术资料，适时组织设计图纸初步审查，掌握设计意图和技术要求。

（2）设计图纸初审要求

1）应审查施工图是否符合相应的标准规定，结合工艺设计图核查结构施工图，掌握工程特点和关键要求；

2）注重审查构筑物结构、工艺管道、设备安装的配套尺寸及标高关系；

3）领会设计意图，掌握施工设计的要求，并形成记录。

2.2.2　设计交底（会审）

（1）工程开工前，建设方应组织设计、施工、监理等方面人员参加图纸会审，由工程项目设计负责人对有关人员进行技术交底。

（2）设计交底（会审）主要内容

1）拟建工程的名称、工程结构、规模、主要工程数量表；

2）工程地理位置、地形地貌、工程地质、水文地质等情况；

3）工程特点、施工环境、工程建设条件；

4）明确工程所使用的规范（程）和质量验收标准，工程设计文件和图纸及作业指导书的编号。

2.2.3　设计变更

设计图纸审查和设计交底过程发现施工图存在错误或与现场条件不符之处，应及时向设计单位和建设单位提出设计变更。

施工过程中发现施工现场条件变化或设计存在问题，应及时向设计单位和建设单位提出设计变更。

变更设计应按相应程序报审，经相关单位签证认定后实施。

2.3　施工组织设计

2.3.1　基本要求

给水排水构筑物工程的施工组织设计应在进场调查分析、会审等前期策划和准备工作基础上进行编制，对施工每个环节做出有针对性的、科学合理的设计安排，必要时应经过论证，从而为工程项目顺利施工和如期竣工奠定基础。

（1）施工组织设计应在开工前编制，目的是指导施工。且应经过调研、策划和技术经济分析；关键的分项、分部工程应分别编制专项施工方案；危险性较大分项（部）工程应编制专项方案。

（2）施工方案是施工组织设计的主要内容，施工方案应结合工程实际，科学合理。

（3）施工方法和施工工艺应成熟可靠，满足质量目标、工期目标、施工安全及文明施工要求。

（4）施工进度计划安排科学、合理、有序，施工工期满足合同约定。

（5）在施工现场平面、空间和时间方面统筹安排，使施工总体部署合理、施工资源优化配置。

（6）根据工程涉及多个单体建（构）筑物以及多个专业的特点，强调施工组织设计的均衡性、连续性和专业性。

（7）施工组织设计和专项施工方案必须按规定程序审批后执行，有变更时要办理变更审批。

2.3.2　编制依据和程序

1. 编制依据

（1）工程设计文件、合同约定、设计变更；

（2）工程建设应执行的法律法规和采用的技术标准；

（3）现场调查和确认资料；

（4）设计图纸会审结论；

（5）企业技术标准和安全技术规程。

2. 编制程序

进场调研→设计会审→工程量计算→难（重）点分析→对策与策划→施工部署→选定施工方案→保证措施→项目组织→资源计划→计划进度、现场布置。

2.3.3　主要内容

1. 工程范围

（1）土建施工

工程建设合同所含土方工程、基础工程、主体结构工程、砌体结构工程、装饰装修工程、屋顶工程、厂区道路及管线工程。

（2）设备安装

处理设备采购与加工，订购设备进场检验、安装与调试。

（3）强电与弱电安装

变配电系统安装与调试，仪表自控系统二次设计、安装与调试。

（4）构筑物单体调试、系统联动和试运行配合工作。

2. 主要内容

施工组织设计应包括项目实施目标、施工部署与进度计划、资源配置计划、主要施工方案与技术措施（包括新技术、新工艺、新材料、新设备应用和特殊季节施工措施）等，主要内容有：

（1）主要分项工程、关键工序与特殊施工过程的施工方案；

（2）危险性较大的分项分部工程专项施工方案；

（3）保证工程质量、安全、工期、降低成本和提高经济效益的技术组织与措施；

（4）施工临时设施设置及总平面布置；

（5）交通组织（疏导或导行）方案与安全保障措施；

（6）施工质量验收的单位（子单位）、分部（子分部）、分项工程和验收批的确定；

（7）绿色施工与环境保护措施；

（8）管线移改配合等。

3. 注意事项

（1）单体构筑物处理功能及其工艺要求；

（2）水、泥线处理流程与设备安装、调试需求；

（3）新建系统与原有系统的关系与接口；

（4）施工进度与现场空间充分利用、调整时限；

（5）施工过程成品保护要求。

2.4   施工方案

2.4.1   工程特点分析

每个工程项目都有其自身的特点，即便构筑物工艺和结构参数相同，但是不同时期、不同地点、不同的施工条件决定了施工难点、重点有所不同。因此，工程项目施工组织设计，特别是施工方案必须针对工程实际情况和具体特点，才能获得所期望的工程实施效果。

工程特点及实施条件分析是制定施工方案的基础，工程特点、难点分析包括：构筑物高、大（体量、跨度等）、新（结构、技术等）、特（有特殊要求）、重（国家、行业或地方的重点工程）、深（基础）、近（与周边建筑或道路）、短（工期）等。

实施条件分析则主要对工程施工合同条件、现场自然条件、周围环境条件进行调查、分析。

施工方案应依据工程特点及实施条件分析来确定，必要时应经过论证和技术经济比较，主要包括对施工方法、施工设备和机具、施工顺序、施工组织、施工进度、现场的平面布置及各种技术措施的比较。施工方案体现了企业（项目部）施工技术水平，也能反映出企业（项目部）施工组织和管理水准。

与其他构筑物工程相比，给水排水构筑物（又称厂站）工程特点和实施条件分析应关注如下内容：

（1）主体结构形式如薄壁（壳）、超长（宽、高），变形缝和施工缝设置；排水构筑物混凝土结构抗渗、抗裂、耐腐蚀要求高，主要靠混凝土结构自身抗裂防渗；辅助性措施是在迎水池壁内面和池顶喷涂耐腐蚀、抗冻融材料。施工工艺要满足设计抗裂、抗渗和抗冻要求。

（2）构筑物工艺管道与设备安装的精度要求；水处理工艺需要在构筑物内安装、调试处理设备和控制仪器；为使设备仪器能够准确安装到位，对混凝土结构和预埋件几何尺寸的精确度提到了精密量测标准。施工工艺必须保证土建结构满足工艺设备安装的要求，选择现浇或预制工艺，确定模板支架和施工机具。

（3）大容积构筑物，如曝气池、沉淀池、清水池、调节池等结构底板、池壁混凝土施工时会涉及大体积混凝土施工，必须进行混凝土模板支架设计和混凝土浇筑试验。

（4）预应力混凝土结构特点：首先是预留孔洞布筋形式、应力筋（束）分段、锚固端与张拉端形式、锚固肋与锚具槽位置；其次是张拉顺序与方法：双向同时张拉、单向一次张拉、顺序张拉、隔环张拉；张拉方法：分次张拉、变角张拉；从预应力筋布设到封锚都与房建、桥梁等土木工程有着不同的规定。

2.4.2　施工工艺选择

（1）给水排水构筑物施工方法（工艺）的选择，应根据工程地质及水文地质条件、现场条件、结构形式、工程量、工艺要求，以保证施工质量、安全为前提，结合施工技术水平、施工机械装备、设备与材料的投入周转和经济可行性等因素和条件，对可能采用的施工工艺进行定性、定量的分析，通过技术经济评价，选择最佳方案。

（2）水厂升级改造工程选择施工方法（包括基坑围护及开挖）时，应首先考虑到新建给水排水构筑物施工对周围既有给水排水构筑物产生的不利影响，同时评价施工方法的适应性及变更的可能性，以免造成工程失误和增加不必要的费用。

（3）给水排水构筑物要依靠混凝土实现结构自防水，因此要确保混凝土抗渗、防裂和耐久性达到设计要求；混凝土浇筑首先应正确选择混凝土配比、确保混凝土浇筑速度和连续性要求的施工方法，并确定混凝土生产、运输和浇筑机具与组织形式；必须从混凝土配比、制备、运输、现场浇筑、养护、成品保护等环节进行筹划、作业，才能确保混凝土内外质量。

（4）为使给水排水构筑物混凝土结构外的形尺寸、外观质量达到较高水平，在确保模板支架荷载、承载力、刚度及稳定性的基础上，选择适用的模板支架体系和施工方法。

（5）对于大型、超长整体现浇钢筋混凝土结构，应与设计方共同确定"后浇带"及施工缝位置，采取"分段、跳仓、限时补档"施工，以减少引发结构开裂的因素，避免出现有害裂缝。

（6）与其他构筑物相比，给水排水构筑物施工涉及多专业之间的协调配合，施工方法应考虑专业施工之间的合理衔接，考虑施工现场和空间的最大限度利用，结合工程实际，使施工方案和施工工艺成熟先进，如考虑工厂化预制、现场拼装和预应力张拉等技术，以满足水厂处理工艺及运行要求。

（7）与其他市政公用工程相比，给水排水构筑物工程的施工工期要求富有一定弹性，应避免主体结构的混凝土涉及冬期、热期施工；避免雨期深基坑施工，防止水池上浮，以降低安全风险。

（8）给水排水构筑物施工应推广应用绿色施工的新材料、新技术、新工艺，以便满足处理工艺要求，提高工程技术经济效益和环境效益。

2.4.3　施工顺序与组织

（1）由于水厂建（构）筑物工程自身特点，施工组织部署必须依据工程施工特点和现场条件，遵循"先地下、后地上"，"先深后浅"，"先土建，后设备"，"先结构，后装修"，"先主体，后管线"等施工部署原则，确定施工总体和阶段部署。

（2）依据工期要求，施工进度计划安排应科学、合理、有序，施工工期满足招标文件要求；在现场条件下，合理安排构筑物施工顺序、组织流水均衡作业，在平面、空间和时间方面统筹安排，使施工总体部署合理、施工资源优化配置；最大限度确保土建施工、设备安装协调配合，为后续工作提供便利。

（3）根据工程涉及多个单体建（构）筑物以及多个专业的特点，强调施工组织设计的均衡性、连续性和专业性。

（4）给水排水构筑物工程验收批、分部工程、分项工程划分原则见《给水排水构筑物工程施工及验收规范》GB 50141—2008 的有关规定，可参考 GB 50141—2008 的附表进行划分，并应在工程开工前确定，以此作为验收依据。

（5）要在保证工期和施工质量的前提下，预先制定特殊季节施工项目的技术措施，确保明挖基坑安全，防止未完成给水排水构筑物上浮和冻胀换变。

（6）大型水厂工程施工方案和施工管理，应采用 BIM 技术；在工程施工阶段，有关各方对在施工管理过程中产生的数据进行汇总分析，为水厂运营维护奠定基础。

2.4.4 施工机具选择

（1）应依据混凝土工程量和浇筑组织形式确定在场内设置或就近选择大型混凝土自动化搅拌站，拟定运输路线，确定运输设备和泵送设备。

（2）依据单体和整体工程施工现场水平和垂直运输需求，统筹考虑在场内设置吊运装备，目前水厂施工多以塔吊为主，配备移动式吊运设备。

（3）有特殊需要的单体构筑物，如水塔施工现场应考虑施工机具和材料垂直运输方式，采用龙门吊、提升架等水平和垂直吊运机具。

（4）龙门吊、提升架等机具应采用定型、通用产品；自行设计加工时，应进行强度、刚度和稳定性计算，并应符合有关规范要求。

（5）构筑物施工采用滑模、提模等特制模板支架时，宜委托专业公司设计加工；自行设计加工时，应有完整的设计计算或验算资料。

2.5 专项施工方案

2.5.1 深基坑支护及开挖

（1）给水排水构筑物基坑通常采用组合钢桩、混凝土灌注桩或地下连续墙作为围护结构，桩墙顶部设有冠（锁口）梁；基坑通常不设内撑，而在冠梁、桩墙等部位设有外拉锚索；土质稳定性较差地域的较深基坑也会设置钢筋混凝土或钢制内支撑。

（2）基坑平面应满足构筑物施工和回填作业需求，开挖深度大于 5.0m 时，应按有关规定编制专项施工方案，且通过专家论证。

（3）设有围护结构的基坑土方开挖与支护施工必须考虑"时空效应"，"先支后挖"、"先锚后挖"，特别是外拉锚索支护设计，必须在锚索混凝土（浆液）达到设计要求后，方可进行下一步土方开挖，以确保基坑围护结构稳定。

（4）基坑周围必须做好地面排水，防止雨水或地面水进入基坑；基坑底部应设有排水盲沟或明渠，积水坑内设水泵排除积水。

（5）基坑施工应编制监测方案，并应制订异常情况应急预案。

2.5.2　模板支架设计与施工

（1）模板支架设计应综合考虑构筑物结构形式、施工工艺、设备和材料等因素。设计主要内容：模板与支撑形式和材料，模板的抗弯承载力、抗剪强度、挠度的计算，支架承载力、刚度和稳定性验算；防止漏浆和跑模技术措施；细部构造；安装与拆除方式。

（2）模板形式和材料选择应依据施工设计要求，选择现有模板的使用和新模板加工，宜采用通用或系列产品；在保证质量、安全、进度的前提下，应尽量减少一次性资金投入，控制施工成本。

（3）板、梁模板与支架承载力、刚度和稳定性，应按最不利部位计算或验算；计算最大荷载时，应考虑浇筑和振捣方式，进行静荷载、动荷载的组合；荷载值和系数应依据有关规范和实践经验选取。模板与支架刚度应验算梁板挠度，最大变形值不超过允许值；支架稳定性验算，在自重和风荷载下抗倾覆系数应不小于1.15。

（4）墙、柱模板与支撑（对拉螺栓）设计，应考虑浇筑和振捣方式，进行静荷载、动荷载的组合计算最大侧向压力和压力分布；荷载值和系数应依据有关规范和实践经验选取；结构较复杂的构筑物，如锥壳、半球形、卵形池体模板支架设计应采用计算机技术进行辅助设计、验算和放样。

（5）设缝部位模板支架应考虑续接施工需要和混凝土浇筑的成活面标高控制，模板应高出混凝土成活面不小于50mm。

（6）对于成活面控制精度要求较高部位（如设有刮泥机的池底板、池壁顶部轨道面，进出水堰顶、布水孔、溢流孔、预留管道孔口等）的模板与支架，应设留毫米级微调与控制装置。

（7）预埋钢制套管、铁件、塑料管、预留孔洞和预应力锚具槽（穴模），必须满足工艺设备安装与运行或张拉施工的要求；模板施工应确保各种预埋管件和预留孔洞按照设计要求或规范规定固定在模板上或与模板嵌合，其支架应提供稳固和刚性支撑。

2.5.3　混凝土浇筑

（1）混凝土施工应编制专项施工方案，涉及大面积或大体积混凝土浇筑应符合《给水排水构筑物工程施工及验收规范》GB 50141—2008 的有关规定。

（2）混凝土配比应在设计配比的基础上，进行适配、调整，并经现场试验确定。浇筑施工方案应依据经现场试验确定的混凝土初凝、终凝时间和坍落度确定。

（3）混凝土施工方案应依据变形缝和施工缝划分施工单元（仓），施工缝应依据设计要求和工程条件进行二次设计。

（4）施工方案应对设缝部位、预留孔洞、预埋管件、预应力埋件安装固定进行细部设计和对标高及位置尺寸进行复核。

（5）构筑物混凝土施工涉及大体（面）积浇筑时，施工组织和施工机具必须保证混凝土在预定时间内连续、均衡、顺利浇筑；并采取控制内外温差措施，做好现场监测及混凝土养护工作。

（6）浇筑过程中应设专人看护模板、支架和脚手架，并制定防止模板、支架变形的措施和应急方案。

（7）及时采用正确的养护方式，有效地防止混凝土裂缝发生。

2.5.4　预制装配施工

（1）依据单体构筑物施工和吊装运输条件，编制专项方案；确定预制装配部位、预制构件规格形式及数量；运输、吊装机具选择及预定路线确定。

（2）宜委托专业厂商进行加工并配合安装；施工现场预制时，应依据有关标准选择加工场地、施工机具，设计加工模板及其支撑。

（3）构件预制与装配应符合设计要求和《给水排水构筑物工程施工及验收规范》GB 50141—2008 的有关规定。

（4）现场浇筑的部分，如底板、杯槽宜一次浇筑成型；杯槽二次浇筑时应满足续接施工要求。

（5）预制构件吊装前，构件之间、构件与底板杯槽之间连接部位应凿毛、清理干净；底板应标识编号和安装控制线；且应检查落实安装、临时固定安全技术措施等事项。

（6）构件之间、构件与底板杯槽之间连接缝的模板、支架应满足混凝土浇筑要求。

（7）设有预应力的池壁、顶板、环梁张拉施工应符合设计要求，并应依据现场条件进行调整。

2.5.5　预应力施工

（1）预应力施工应编制专项方案，从进场验收、下料、布筋、安装到预应力张拉、固定、封锚、灌浆每一个环节都必须进行有效控制；预应力材料和机具应符合有关标准规定，并应按设计要求和规范规定进行进场验收。

（2）无粘结预应力筋的锚固端布置应满足设计要求，凸式张拉和凹式张拉端施工应依据各节点具体条件，对端部选择较合理的设锚形式。当设计图纸深度不具备施工条件时，应进行细部施工二次设计，以保证无粘结预应力锚固节点质量。

（3）构筑物无粘结预应力筋张拉具有对称同时、双向张拉的特点，应按照设计要求或施工方案，确定张拉顺序、张拉方式及控制标准、人力设备组织。

2.5.6　工艺设备、自控系统安装

（1）依据设计及设备安装文件的基本要求，熟悉图纸，从工艺运行和安装工艺角度进行会审，对土建基础进行认真细致的检查，确保设备安装满足工艺设计要求。

（2）依据工艺设计要求，进行仪表自控系统二次设计，采购工艺设备，非标设备设计与委托加工。

（3）工艺设备验收。根据建设单位约定的时间、地点进行设备的交接、开箱检查，且留有书面记录，其内容包括：箱号、箱数及包装情况；设备的名称、型号和规格；装箱清单、设备技术文件，资料及专用工具；设备有无缺损，表面有无损坏和锈蚀等。

（4）自控系统出厂总装，进场验收。

（5）现场安装与编制安装方案、安装技术要求和确定检验与验收标准。

（6）现场临时电源供应与应急发电设备。安装作业范围内的构筑物、设备及管线等应进行标识和保护。

（7）编制工艺设备、自控系统调试方案与计划。

2.6 施工测量

2.6.1 施工测量方案

（1）施工前，熟悉施工设计图纸，收集有关测量资料，明确施工要求，编制施工测量方案。方案主要内容应包括水厂施工涉及的水处理构筑物测量、地面建筑物测量、设备安装测量、管线施工测量、厂区道路等配套设施测量。

（2）建设单位应组织有关单位进行现场控制测量交桩；施工设置的临时水准点、轴线桩及给水排水构筑物施工的定位桩、高程桩，必须经过复核，方可使用，并应经常校核；与已建构筑物衔接的平面位置及高程，开工前必须校测。当发现问题时，应与设计方协商处理，并应形成记录。原测桩有遗失或变位时，应补钉桩校正。

（3）依据现场条件和工程施工需要，应建立和完善场区控制网，再分别建立建（构）筑物施工控制网。建（构）筑物施工控制网，根据场区控制网进行定位、定向和起算；控制网的控制边应与工程设计所采用的主副轴线一致；建筑物的±0.00高程面，应根据场区水准点测设。

（4）水厂工程属于综合性市政工程，使用不同的设计文件时，施工控制网测设后，应进行各类构筑物及相关的道路、管道的平面控制网联测，并绘制点位布置图，标注必要的点位数据。

（5）改扩建工程宜利用原区域内的平面与高程控制网，作为建（构）筑物定位的依据。当原区域内的控制网不能满足施工测量的技术要求时，应新建施工的控制网。

（6）施工测量的允许偏差，应符合表2-1的规定，有特定要求的给水排水构筑物施工测量还应遵守其特殊规定。

施工测量允许偏差　　　　　　　　　　　　　　　　表2-1

序号	项目		允许偏差
1	水准测量高程闭合差	平地	$\pm 20\sqrt{L}$(mm)
		山地	$\pm 6\sqrt{n}$(mm)
2	导线测量方位角闭合差		$24\sqrt{n}$(")
3	导线测量相对闭合差		1/5000
4	直接丈量测距的两次较差		1/5000

注：L为水准测量闭合线路的长度（km）；n为水准或导线测量的测站数。

（7）施工测量应建立复核制度，要求如下：

1）内业复核

开工前，在内业准备基础上进行施工测量，在合同规定日期内，向建设单位提供工程验线的书面报告。所用内业资料需经计算校核合格后履行签批程序，方可用于施工。

2）外业复核

所有放线点位需经过复核确认后方可用于施工。复核人员利用后方交汇、极坐标或更换不同测站点对点位进行复核，并认真填写复核记录。发现所测点位不能满足施工精度要求，应及时进行修改，确认点位无误后方可用于施工。

2.6.2 厂区控制测量

1. 基本规定

（1）建设单位应组织有关单位进行现场交桩，施工单位应依据测绘单位的现场交桩和书面资料，对主要原始基准点进行复核测量；原测桩有遗失或变位时，应补钉桩校正，并应按照有关规定进行确认；

（2）临时水准点和给水排水构筑物轴线控制桩的设置应便于观测且必须牢固，并应采取保护措施；临时水准点的数量不得少于 2 个；

（3）临时水准点、轴线桩及给水排水构筑物施工的定位桩、高程桩，必须经过复核方可使用，并应经常校核；

（4）与拟建工程衔接的已建给水排水构筑物平面位置和高程，开工前必须校核测量。

2. 施工控制网布设

（1）施工平面控制网的平均边长为 100～200m。高程控制的水准点的间距宜在 200m 左右；水准点距离建（构）筑物不宜小于 25m；距离回填土边线不宜小于 15m。

（2）施工平面控制网按两级布设。控制点的相邻点位中误差，不应大于 10mm。对于大型的、有特殊要求的建（构）筑物施工项目，其最末级平面控制点相对于起始点或首级网点的点位中误差不应大于 10mm。

（3）施工高程控制网布设成环形或附合路线，加密导线尽量布设成直伸形。首级施工平面控制网等级应按设计要求或按工程规模选用。城市水厂构筑物的导线和水准测量的主要技术指标应符合表 2-2 和表 2-3 的规定。

场区导线测量的主要技术要求　　　　　　　　表 2-2

等级	导线长度（km）	平均边长（m）	测角中误差（″）	测距相对中误差	测回数		方位角闭合差（″）	导线全长相对闭合差
					2″级仪器	6″级仪器		
一级	2.0	100～300	5	1/30000	3	—	$10\sqrt{n}$	≤1/15000
二级	1.0	100～200	8	1/14000	2	4	$16\sqrt{n}$	≤1/10000

水准测量的主要技术指标　　　　　　　　表 2-3

等级	每千米高差全中误差（mm）	路线长度（km）	水准仪型号	水准尺	观测次数		往返较差、附合或环线闭合差	
					与已知点联测	附合或环线	平地（mm）	山地（mm）
二等	2	—	DS₁	因瓦	往返各一次	往返各一次	$4\sqrt{L}$	—
三等	6	≤50	DS₁	因瓦	往返各一次	往一次	$12\sqrt{L}$	$4\sqrt{n}$
			DS₃	双面		往返各一次		
四等	10	≤16	DS₃	双面	往返各一次	往一次	$20\sqrt{L}$	$6\sqrt{n}$
五等	15	—	DS₃	单面	往返各一次	往一次	$30\sqrt{L}$	—

注：L 为往返测段、附合或环线的水准路线长度 km；n 为测站数。

（4）施工控制网应定期复测，复测精度应与初次测量精度相同。

（5）当控制网跨越江河等水域时，每岸不少于3点，其中轴线上每岸宜布设2点。跨越江河等水域时，根据施工需要，可进行跨河等水准测量。

2.6.3 构筑物施工放样

1. 基本规定

（1）矩形建（构）筑物应依据其轴线平面图进行施工各阶段放线；圆形建（构）筑物应依据其圆心施放轴线、外轮廓线。

（2）沿构筑物轴线方向，根据主线成果表复核无误后，分别在构筑物两侧各算出控制点，用极坐标法精确放出此控制点，为了能够在距构筑物较近的地方进行施工放样，防止在构筑物施工中由于模板支架造成仪器倾角太大，而无法进行构筑物轴线的放样，在基坑上、下均应布设控制点。横轴的布点原理跟纵轴一样，布设控制点时应考虑不受施工的影响，保证构筑物之间的顺利贯通。

2. 矩形水池

（1）按水厂总平面测量控制网，设定水池控制主轴线（侧墙、变形缝轴线、柱网轴线），在竖向主要控制底板和顶板各点的标高。

（2）根据水厂总平面，用坐标法或角度交汇法（要用另一方法校对）设定水池主轴线及其控制桩。

（3）依据水池四角桩设定柱网、变形缝、池壁的施工单元（仓）控制桩（见图2-1）。

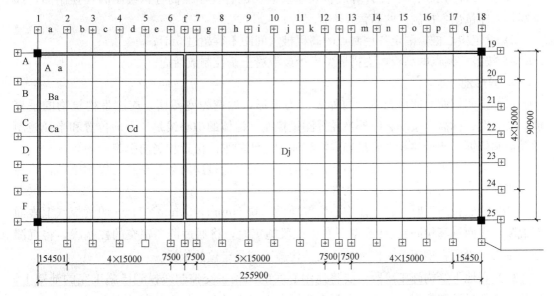

图 2-1 施工单元控制桩示意

（4）水池各部轴线关系及各点标高，按照设计图，事先完成内业，并绘制成轴线与标高关系图。

（5）为便于测量及记录各单元的位置，对水池纵、横单元编序号（见图2-2）。

3. 圆形池

（1）按水厂总平面测量控制网，设定圆形池中心线、外轮廓线及轴向控制桩（呈十字形布置）。

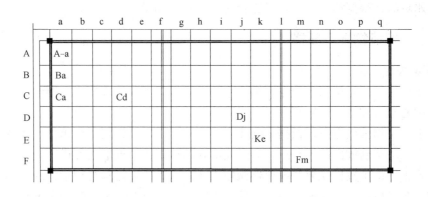

图 2-2　施工单元编序号示意

（2）测设专用水准点，水准点及轴向控制桩埋设加固；根据施工图要求尺寸及标高进行内业准备。

（3）水池中心线及轴线各点标高，按照设计图，事先完成内业，并绘制成轴线与标高关系图。

（4）斜锥形底部高程放线要点：

1）按设计图纸尺寸，先计算底板及垫层表面的各控制点高程，绘制高程控制图，或放实物大样量出各控制点的高程及半径尺寸；

2）设定中心桩，测定各控制点的高程桩（间距不得超过 3m）；

3）按各控制点的高程，支搭环型模板或混凝土饼控制成活面。

4. 异形池

（1）空间双曲面卵形壳体，内外表面为弧形，池壁为变截面，应注重构筑物的垂直度、同心度、标高、壁厚、内外半径等测量控制。池体的中心线是池平面位置和半径控制的关键和依据，测量放线主要是确定沉淀池中心线的平面位置和竖向引测。

（2）引测出每个池中心点的两条正交的控制线，通过这两条控制线可以用全站仪将池中心点随时交汇出来，作为控制池方位的依据。

（3）池底板施工时，在池体中心位置埋设一块 50mm×50mm×5mm 的钢板（上表面与混凝土表面标高相同），待准备下一施工段施工时，将通过两条正交的控制线，将沉淀池的中心线投影在钢板上，作为整个池结构施工测量定位的依据。

（4）在地下结构施工阶段，要将池中心线的两条正交控制线投到已施工完的池壁上，作为池方位的控制依据。水准点也要引到预先埋设在基础底板上的钢筋头上。

（5）在基础底板以上的结构施工中，每次施工前，先用全站仪把底板上的池体中心点投到相应标高中心井架上的操作平台上。然后通过该点挂大线锤，并用钢卷尺测量出所需的各类半径尺寸，标高则通过基础底板上的水准点用钢卷尺引至所需位置。

（6）确保测量放线精确，定期对所用测量设备进行校核，定期通过池外的水准点对池体高程进行校核，严格执行测量复核制度。为了保证投到放置在中心井架上的操作平台池体中心点位置准确，操作平台必须固定牢固。

2.6.4 建筑物施工放样

（1）放样前，对建筑物施工平面控制网和高程控制点进行校核。

（2）各道工序测设的中心线应满足下列要求：

1）中心线端点，根据建筑物施工控制网中相邻距离的指标桩以内分法测定。

2）中心线投点，测角仪器的视线根据中心线两端点决定；当无可靠校核条件时，不得采用测设直角的方法进行投点。

3）在施工的建（构）筑物外围，建立线板或轴线控制桩。线板注记中心线编号，并测设标高。线板和轴线控制桩注意保存。必要时，将控制轴线标识在结构的外表面上。

（3）建筑物放样要求：

1）施工层标高的传递，采用悬挂钢尺代替水准尺的水准测量方法进行，并对钢尺读数进行温度、尺长和拉力改正。

2）传递点的数目，根据建筑物的大小和高度确定，从两处分别向上传递。

3）传递的标高较差小于3mm时，取其平均值作为施工层的标高基准；否则，应重新传递。

4）施工层的轴线投测，使用2″级激光全站仪或经纬仪或激光铅直仪进行。控制轴线投测至施工层后，在结构平面上按闭合图形对投测轴线进行校核。合格后，方可进行本施工层上的其他测设工作；否则，应重新进行投测。

5）施工的垂直度测量精度，根据建筑物的高度、施工的精度要求、现场观测条件和垂直度测量设备等综合分析确定，但不低于轴线竖向投测的精度要求。

（4）建筑物施工放样、轴线投测和标高传递的允许偏差见表2-4。

建筑物施工放样的允许偏差 表2-4

项　　目	内　　　容		允许偏差(mm)
基础桩位放样	单排桩或群桩中的边桩		±10
	群桩		±20
各施工层上放线	外廓主轴线长度 L(m)	$L \leqslant 30$	±5
		$30 < L \leqslant 60$	±10
		$60 < L \leqslant 90$	±15
		$90 < L$	±20
	细部轴线		±2
	承重墙、梁、柱边线		±3
	非承重墙边线		±3
	门窗洞口线		±3
轴线竖向投测	每　　层		3
	总高 H(m)	$H \leqslant 30$	5
		$30 < H \leqslant 60$	10
		$60 < H \leqslant 90$	15
		$90 < H \leqslant 120$	20
		$120 < H \leqslant 150$	25
		$150 < H$	30

续表

项　　目	内　　　容		允许偏差(mm)
标高竖向传递	每　　层		±3
	总　高 H(m)	$H \leqslant 30$	±5
		$30 < H \leqslant 60$	±10
		$60 < H \leqslant 90$	±15
		$90 < H \leqslant 120$	±20
		$120 < H \leqslant 150$	±25

2.6.5　设备安装测量

（1）设备基础竣工后要对中心线进行复测，两次测量的较差应不大于 5mm。

（2）对于埋设有中心标板的重要设备基础，其中心线由竣工中心线引测，同一中心标点的偏差不超过±1mm。纵横中心线进行正交度检查，并调整横向中心线。同一设备基准中心线的平行偏差或同一生产系统的中心线的直线度在±1mm 以内。

（3）每组设备基础，均设立临时标高控制点。标高控制点的精度，对于一般的设备基础，其标高偏差应控制在±2mm 以内；对于传动装置有联系的设备基础，其相邻两标高控制点的标高偏差应控制在±1mm 以内。

（4）设备基础浇筑过程中及时监测，发现位置及标高与施工要求不符时，立即通知施工人员，及时处理。

2.6.6　厂区管线施工测量

1. 管线施工放线

（1）施工前，测设管线中心、高程、井室等设置主要控制基桩，编号绘于现场标志总图上，并注明各有关标志的坐标间距、角度、高程等。

（2）为开槽方便每隔 150～200m 设置一个水准点，设在施工区以外便于引测和保护的地方。

（3）依据技术交底，测放管道上口槽宽及放坡系数。然后用全站仪放出给水井位及中心控制线（见图 2-3），并用白灰撒出上槽口线。

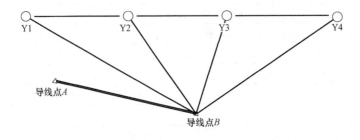

图 2-3　管道中心线控制示意

（4）重力流管道开槽前先引测水准点，并控制槽底高程；开挖时做到及时复测高程和中心。

2. 钉桩与拴桩

（1）先算出设计中线的整桩号，每100m或50m一个坐标点，用极坐标方法精确测设后，将仪器架设在该点上，后视切线方向，根据路宽放出边桩，再用钢尺每10m加密高程桩和中心桩。

（2）钉边桩时考虑道路的结构尺寸，尽量钉在施工用起来方便，又不影响车辆通行和施工的地方；高程桩每钉完一段，应换人和仪器进行复测；以便减小误差概率。

3. 线形计算

（1）直线段可使用坐标正算计算出所需要的坐标，计算公式如下：

$$X = X_1 + D\cos\alpha \tag{2-1}$$
$$Y = Y_1 + D\sin\alpha \tag{2-2}$$

式中　X_1，Y_1——起算点坐标；

$\quad\quad\quad D$——距离；

$\quad\quad\quad \alpha$——方位角。

（2）曲线段算出主点元素的坐标，如圆曲线的 ZY、QZ、YZ 三点，缓和曲线的 ZH、HY、QZ、YH、HZ 五个点以及逐桩坐标。圆曲线利用偏角法进行计算。

1）偏角公式：

$$\delta_i = 90C/\pi R \tag{2-3}$$

式中　C——弧长；

$\quad\quad\quad R$——圆曲线半径。

2）弦长公式：

$$L = 2\sin\delta_i R \tag{2-4}$$

求得以上元素后根据坐标正算计算出所需要点的坐标。

2.6.7　变形观测与竣工测量

（1）应按照设计要求和《给水排水构筑物工程施工及验收规范》GB 50141—2008 的规定进行变形观测，主要内容和要求如下：

1）构筑物在施工过程中主体结构的变形观测，应符合《建筑变形测量规范》JGJ 8—2007 的有关规定。

2）基坑施工过程中构筑物周围环境和受施工影响既有构筑物的沉降和不均匀沉降观测，应符合《建筑基坑工程监测技术规范》GB 50497—2009 的有关规定。

3）变形观测应编制专项方案，专项方案应包括监测的目的、精度等级、监测方法、监测基准网的精度估算和布设、观测周期、项目预警值、使用的仪器设备等内容。

4）当变形监测过程中出现下列情况之一时，应即刻通知主管部门和施工单位采取安全措施：

① 变形量出现显著变化；

② 变形量达到预警值或接近极限值；

③ 建（构）筑物的裂缝快速扩大；

④ 支护结构变形过大或出现明显的受力裂缝且不断发展；

⑤ 周边或开挖面出现塌方、滑坡；

⑥ 地面的垂直位移量（沉降量）突然增大。

（2）竣工测量应符合《工程测量规范》GB 50026—2007 的有关规定，并符合下列要求：

1）平面坐标根据城市控制点按解析法测定，高程用水准仪直接测定；

2）测定各单体构筑物竣工时主要点位（如中心、四角等）的平面位置和高程；

3）隐蔽工程要在回填前进行测量。

（3）根据竣工测量资料编制竣工图应包括竣工总平面图、分类图、断面图以及必要的说明等内容。竣工总平面图的比例尺，宜选用 1∶500；坐标系统、图幅大小、图上注记、线条规格，应与原设计图一致；图例符号，应采用《总图制图标准》GB/T 50103—2010。

（4）竣工总平面图应根据设计和施工资料进行编绘。当资料不全无法编绘时，应进行实测。

（5）竣工总平面图编绘完成后，应经原设计及施工单位技术负责人审核、会签。

2.7　施工现场准备

2.7.1　现场布置

（1）依据施工方案、施工进度计划、施工组织部署绘制施工平面图，把投入的各种资源、材料、构件、机械，水、电、气供应管道，场内道路、生产（生活）场地及各种临时工程设施在施工现场进行合理地布置、动态调整。

（2）地平整的表面坡度应符合设计要求，如设计无要求时，流水方向坡度≥0.2%。

（3）依据施工方案打设施工围挡，搭建各种临时设施，设立警示标志和现场标识牌。

（4）现场电、气、水、暖、通信等设施接通，试运行和安全验收。

2.7.2　地下障碍物处理

1. 迁移与临时改线

（1）施工范围内具有迁移条件的地下管线或构筑物，应在工程施工之前进行迁移，以便减少施工风险源，利于新建给水排水构筑物施工和运行。

（2）施工范围内没有迁移条件的地下管线，应在工程施工之前临时改线，迁移出施工范围，待新建给水排水构筑物施工完成后再恢复位置运行。

2. 加固与支撑

图 2-4　吊管

（1）结构加固法

施工范围内不能迁移的地下管线应在工程施工之前进行管道结构加固，采取改善管道接头方式、设置伸缩节、管内封闭或设套管等措施，增大管线抗变形和防渗漏能力；管道外部设置支撑、支架，确保土体出现一定位移时管道也不致失去使用功能。

（2）吊管法

对一些暴露于基坑内的管线或因土体可能产生较大位移的管线采用悬吊法固

定，注意吊索的变形伸长以及吊索固定点位置应不受土体变形的影响；悬吊管线受力点、位移明确，并可以通过吊索不断调整管线的位移和受力点（见图 2-4）。

（3）支撑法

当土体可能产生较大沉降而造成管线悬空时，应考虑沿管线设置若干支撑点，如设置支撑桩、砖墩等来支撑管线。支撑体既可以是临时的，也可以是永久性的。对于前者，设置时要考虑拆除时的方便和安全。

（4）土体加固法

为预防因基坑开挖或坍塌导致地面沉降和土体位移而破坏管线和构筑物安全性，可采取周围土体注浆预加固方法。

1）施工前对地下管线（构筑物）与施工区之间的土体进行注浆加固，减少土体位移风险；

2）施工结束后，及时对管壁或井壁周围的松散土和空隙进行后补注浆加固。

3. 卸载保护

（1）施工期间卸去管线周围，尤其是上部的荷载或管道内部负荷等，使作用在管道上及周围土体上的荷载减小，以降低管道受力或土体的变形风险，达到保护管道（构筑物）的目的。

（2）施工期间管道导流或构筑物停止运行，施工完毕后恢复运行；保证新建给水排水构筑物安全施工。

第 3 章   土石方与地基基础工程

3.1   工程内容与条件

3.1.1   工程主要内容

（1）构筑物的土石方工程包括筑岛围堰、降排地下水、基坑围护与支撑、土石方开挖、基坑肥槽回填等工程。

（2）构筑物的地基基础工程包括土基强夯处理或换填处理、注浆加固、混凝土灌注桩基施工、复合地基施工等工程。

3.1.2   施工降排水应用条件

（1）受地表水、地下动水压力作用影响的地下结构工程。

（2）采用排水法下沉和封底的沉井工程。

（3）基坑底部存在承压含水层，且经验算基底开挖面至承压含水层顶板之间的土体重力不足以平衡承压水水头压力，需要减压降水的工程。

（4）基坑位于承压水层中，必须降低承压水水位的工程。

3.1.3   基坑围护应用条件

（1）已有构筑物处于新建构筑物施工影响范围内，需对已有构筑物进行保护时。

（2）新建构筑物处在软弱土地层。

（3）新建构筑物埋深较大，现场条件不允许施工放坡。

3.1.4   地基加固处理应用条件

（1）构筑物建在软弱浅层土或回填土土层，且承载力较低，不能满足池体结构传给基础的垂直荷载或水平荷载要求。

（2）构筑物对沉降或不均匀沉降敏感，需严格控制。

（3）构筑物结构复杂或场地地质条件复杂。

（4）构筑物采用抗浮设计。

3.2   围堰施工

3.2.1   围堰类型与技术要求

1. 围堰类型及适用条件

给水排水构筑物工程施工应按照设计要求或现场条件选择围堰类型，常用围堰结构形式及适用条件见表 3-1。

常用围堰结构形式及适用条件　　　　　　　　表 3-1

序号	围堰类型	适 用 条 件	
		最大水深(m)	最大流速(m/s)
1	土围堰	2.0	0.5
2	草捆土围堰	5.0	3.0
3	袋装土围堰	3.5	2.0
4	木板桩围堰	5.0	3.0
5	双层型钢板桩填芯围堰	10.0	3.0
6	止水钢板桩抛石围堰	—	3.0
7	钻孔桩围堰	—	3.0
8	抛石夯筑芯墙止水围堰	—	3.0

2. 围堰施工技术要求

（1）应满足设计要求，构造简单，便于施工、维护和拆除。围堰与给水排水构筑物外缘之间，应留有满足施工排水与施工作业要求的宽度。

（2）土围堰、袋装土围堰、钢板桩围堰的顶面高程宜高出施工期间的最高水位 0.5～0.7m；草捆土围堰的顶面高程宜高出施工期间的最高水位 1.0～1.5m；邻近通航水体尚应考虑涌浪高度。

（3）围堰施工和拆除，不得影响航运和污染临近取水水源的水质。

3.2.2　围堰施工方案

围堰施工应编制专项施工方案，且应包括以下主要内容：

（1）围堰平面布置图；

（2）水体缩窄后的水面曲线和波浪高度验算；

（3）围堰的强度和稳定性计算；

（4）围堰断面施工图；

（5）板桩加工图；

（6）围堰施工方法与要求，施工材料和机具选定；

（7）围堰拆除方法与要求；

（8）堰内排水安全措施。

3.2.3　围堰施工过程检查

施工过程中必须随时对围堰进行检查，并应符合下列规定：

（1）围堰坑内积水、渗水量应进行测算，并应绘制排水量与水位下降值之间的关系曲线，在堰内设置水位观测标尺进行观测与记录；

（2）排水量与水位下降发生异常时，应停止排水，查明原因并进行处理后，再重新进行排水；

（3）排水后堰内水位不下降，甚至上升时，必须立即停止排水进行检查；围堰变形、结构不稳定，必须立即向堰内注水，使其恢复至平衡水位，查明原因并经处理合格后方能抽除堰内水并重新排水。

3.3　施工降排水

3.3.1　应具备条件

（1）依据收集到的工程地质、水文地质勘测资料，确定土的渗透系数、土层稳定性等参数。

（2）已进行基坑渗透性的评定和渗水量的估算，以及地基沉降变形的计算；基坑受承压水影响时，应进行承压水降压计算，并对承压水降压的影响进行评估。

（3）渗透系数及水力坡降曲线已经验证或抽水试验，能确保基坑地下水位降至坑底以下。

（4）确定了施工降排水方法，施工专项方案获准实施。

（5）依据方案选定的机具、材料已通过进场验收。

（6）水位观测孔（井）已布置完毕。

3.3.2　施工要点

（1）降排水施工应遵守国家和地方主管部门的规定。

（2）施工降排水系统的排水应输送至抽水影响半径范围以外的河道或排水管道。

（3）必须采取有效的措施，控制施工降排水对周围构筑物和环境保护的不良影响。

（4）在施工过程中不得间断降排水，并应对降排水系统进行检查和维护。给水排水构筑物未具备抗浮条件时，严禁停止降排水。

（5）冬期施工应对降排水系统采取防冻措施，停止抽水时应及时将泵体及进出水管内的存水放空。

3.3.3　明排水施工

（1）适用于排除地表水或土质坚实、土层渗透系数较小、地下水位较低、水量较少、降水深度在 5m 以内的基坑（槽）排水。

（2）依据工程实际情况，参照表 3-2 选择具体方式。

明排水方式选择　　　　　　　　　　　表 3-2

序号	明排水方式	适用条件
1	明沟与集水井排水	小型及中等面积的基坑（槽）
2	分层明沟排水	可分层施工的较深基坑（槽）
3	深沟排水	大面积场区施工

（3）施工时应保证基坑边坡的稳定和地基不被扰动。

（4）集水井施工

1）宜布置在给水排水构筑物基础范围以外，且不得影响基坑的开挖及给水排水构筑物施工；

（2）基坑面积较大或基坑底部呈倒锥形时，可在基础范围内设置，集水井筒与基础紧密连接，便于封堵；

（3）井壁宜加支护；土层稳定，且井深不大于 1.2m 时，可不加支护；

（4）处于细砂、粉砂、粉土或粉质黏土等土层时，应采取过滤或封闭措施，封底后的井底高程，应低于基坑底，且不宜小于 1.2m。

（5）排水沟施工

（1）配合基坑的开挖及时降低深度，其深度不宜小于 0.3m；

（2）基坑挖至设计高程，渗水量较少时，宜采用盲沟排水；

（3）基坑挖至设计高程，渗水量较大时，宜在排水沟内埋设直径 150～200mm 设有滤水孔的排水管，且排水管两侧和上部应回填卵石或碎石。

3.3.4 井点降水施工

（1）设计降水深度在基坑（槽）范围内不宜小于基坑（槽）底面以下 0.5m，软土地层的设计降水深度宜适当加大；受承压水层影响时，设计降水深度应符合施工方案要求。

（2）应根据设计降水深度、地下静水位、土层渗透系数及涌水量按表 3-3 选用井点系统。

井点系统选用条件   表 3-3

序号	井点类别	土层渗透系数（m/d）	设计降水深度（m）
1	单级轻型井点	0.1～50	3～6
2	多级轻型井点	0.1～50	6～12（由井点层数而定）
3	喷射井点	0.1～2	8～20
4	电渗井点	<0.1	根据选用的井点确定
5	管井井点	20～200	8～30
6	深井井点	10～250	>15

注：多级轻型井点必须注意各级之间设置重复抽吸降水区间。

（3）井点孔的直径应为井点管外径加 2 倍管外滤层厚度，滤层厚度宜为 100～150mm；井点孔应垂直，其深度可略大于井点管所需深度，超深部分可用滤料回填。

（4）井点管应居中安装且保持垂直；填滤料时井点管口应临时封堵，滤料沿井点管周围均匀灌入，灌填高度应高出地下静水位。

（5）井点管安装后，可进行单井、分组试抽水；根据试抽水的结果，可对井点设计作必要的调整。

（6）轻型井点的集水总管底面及抽水设备基座的高程宜尽量降低。

（7）井壁管长度偏差不应超过 ±100mm，井点管安装高程的偏差不应超过 ±100mm。

（8）施工降排水终止抽水后，排水井及拔除井点管所留的孔洞，应及时用砂、石等填实；地下静水位以上部分，可用黏土填实。

3.3.5 基坑内降排水

（1）降排水系统应能及时排除基坑积水，有效阻止地面水进入基坑。

（2）在基坑周围影响边坡稳定的范围内，应对地面采取防水、截水等保护措施，防止雨水等地面水浸入，影响边坡土体稳定。

（3）基坑内采用明沟法排水时，沿坑底四周基础范围以外排水沟和集水坑，汇集基坑渗水，然后用水泵排除坑外；排水沟、集水坑的大小，主要根据渗水量的大小而定。

（4）排水沟应深 0.5m，底宽应小于 0.3m，纵坡为 1%～5%；当排水时间较长或土质较差时，沟内应埋设排水塑料花管并回填砂石形成排水盲沟。

（5）集水坑一般设在下游位置，设置一个或数个，最小边长 0.6m，深度一般应大于 0.7m 或低于进水笼头的高度；集水坑应采用无砂管节等围护，以防止泥沙堵塞吸水笼头。

（6）基坑水泵的抽水能力应为渗水量的 1.5～2.0 倍。

（7）基坑排出的水要按施工方案以管道或水槽（渠）远引排入市政管线。

3.4　基坑施工

3.4.1　基坑形式选择

（1）给水排水构筑物基坑应依据设计要求施工。设计无具体要求时，应根据基坑周边环境条件、开挖深度、工程地质与水文地质条件、施工工艺及设备条件、周边相近条件基坑施工的施工经验、施工工期及施工季节等条件，参照表 3-4 选择一种或两种以上组合形式的基坑。

基坑形式与适用条件　　　　　　　　　表 3-4

基坑形式		适 用 条 件
有围护	桩墙围护	始于基坑侧壁安全等级一、二、三级； 当地下水位高于基坑底面时,应采取降水、排桩加截水帷幕或地下连续墙措施
	土钉墙、喷锚护坡	基坑侧壁安全等级宜为三级； 单一土钉墙支护深度不得超过 10m； 当地下水位高于基坑底面时,应采取降水或截水措施
无围护	自然放坡	基坑侧壁安全等级宜为三级； 施工场地应满足放坡条件； 可独立或与上述其他结构结合使用； 当地下水位高于坡脚时,应采取降水措施

（2）无围护基坑的坑壁形式分为垂直坑壁、斜坡和阶梯形坑壁以及变坡度坑壁，开挖深度小于 5m 时可采用放坡明挖法，使土坡稳定，其坡度大小按表 3-5 规定确定；边坡不能满足表 3-5 的规定时，应采取边坡稳定（土钉墙、锚喷护坡）形式。

（3）在开挖深度大于 5m 及邻近有建筑物、基坑壁土质不稳定、有地下水的影响、受施工场地或邻近建筑物限制，不能采用放坡开挖时应按表 3-6 选用支护方式，防止基坑壁土层变位坍塌。

（4）基坑安全等级分类

有关规范将基坑安全等级分为一级、二级、三级，支护设计施工应根据设计要求，参考表 3-7 选用相应的侧壁安全等级及重要性系数。

3.4.2 施工专项方案

（1）基坑（槽）开挖前，应根据围堰或围护结构、工程水文地质条件、施工方法和地面荷载等因素制定施工方案，经审批后方可施工。施工方案应包括以下主要内容：

1）施工平面布置图、开挖断面图；

2）挖、运土石方的机械型号、数量；

3）土石方开挖的施工方法和开挖方向、顺序；

4）围护与支撑的结构形式，支设、拆除方法及安全措施；

5）基坑边坡以外堆土石方的位置及数量，弃运土石方运输路线及土石方挖运平衡表；

6）开挖机械、运输车辆的行驶线路及斜道设置；

7）对围护结构及周围环境特别是现况管线变形等进行监测，做到信息化施工，确保施工安全。

（2）施工前进行挖、填方的平衡计算，综合考虑土方运距最短、运算最合理和各建（构）筑物的合理施工顺序等，尽量做好土方平衡调配，减少重复挖运；确定土方临时存放场。

（3）在基坑开挖前，对基坑边坡稳定性进行验算，并达到允许的安全系数。

（4）开挖基本顺序应遵循"先深后浅，先两侧后中间"的原则，合理利用施工机械，根据施工场地及施工顺序，安排好流水施工。

（5）土方机械的选型与安排要满足施工进度、开挖形式的需求。开挖较深或面积转大的基坑时，使用大型挖掘机；其余给水排水构筑物基坑开挖量相对较小，可以使用小型挖掘机。

（6）应急预案

1）有防汛、防台风要求的基坑必须制定应急措施，确保安全。

2）基坑抢险措施：当基坑开挖引起流砂、涌水或围护结构变形过大或有失稳前兆时，应立即停止施工，并采取有效的措施，确保施工安全、顺利进行。

3）准备一定数量的应急材料和设备。

3.4.3 放坡基坑

（1）基坑的边坡应经稳定性验算确定，必要时进行有效加固及支护处理。

（2）对于土质边坡的整体稳定性验算，可按平面考虑，采用瑞典条分法计算。对于多级边坡，应验算不同工况的整体稳定性。

（3）基坑整体稳定性验算，其危险滑裂面均应满足公式（3-1）的要求：

$$M_k/M_h \geqslant 1.2 \qquad (3-1)$$

式中 M_h——作用于危险滑裂面上的总滑动力矩标准值，kN·m；

M_k——作用于危险滑裂面上的抗滑力矩标准值，kN·m。

（4）当土质条件良好，地下水位低于基坑底面高程，周围环境条件允许，且深度在5m以内边坡不加支撑时，边坡最陡坡度应符合表3-5的规定。

深度在 5m 以内的基坑边坡的最陡坡度　　　　　表 3-5

序号	土的类别	边坡坡度（高：宽）		
		坡顶无荷载	坡顶有静载	坡顶有动载
1	中密的砂土	1：1.00	1：1.25	1：1.50
2	中密的碎石类土 （充填物为砂土）	1：0.75	1：1.00	1：1.25
3	硬塑的粉土	1：0.67	1：0.75	1：1.00
4	中密的碎石类土 （充填物为黏性土）	1：0.50	1：0.67	1：0.75
5	硬塑的粉质黏土、黏土	1：0.33	1：0.50	1：0.67
6	老黄土	1：0.10	1：0.25	1：0.33
7	软土（经井点降水后）	1：1.25	—	—

3.4.4　有围护结构基坑

（1）围护结构应按设计要求施工；设计无具体要求时，应综合考虑基坑深度及平面尺寸、施工场地及周围环境要求、施工装备、工艺能力及施工工期等因素，并应参照表 3-6 选用围护结构形式。

围护结构形式及其适用条件　　　　　表 3-6

序号	类别	结构形式	适用条件	备注
1	水泥土类	粉喷桩	基坑深度≤6m，土质较密实，侧壁安全等级二、三级基坑	可采用单排、多排布置成连续墙体，亦可结合土钉喷射混凝土
		深层搅拌桩	基坑深度≤7m，土层渗透系数较大，侧壁安全等级二、三级基坑	组合成土钉墙，加固边坡同时起隔渗作用
2	钢筋混凝土类	预制桩	基坑深度≤7m，软土层，侧壁安全等级二、三级基坑；周围环境对振动敏感的应采用静力压桩	可与粉喷桩、深层搅拌桩结合使用
		钻孔桩	基坑深度≤14m，侧壁安全等级一、二、三级基坑	与锁口梁、围檩、锚杆（索）组合成支护体系，亦可与粉喷、搅拌桩结合
		地下连续墙	基坑深度＞12m，有降水要求，土层及软土层，侧壁安全等级一、二、三级基坑	可与地下结构外墙以及板梁等结合形成支护体系
3	钢板桩类	型钢组合桩	基坑深度＜8m，软土地基，有降水要求时应与搅拌桩等结合，侧壁安全等级一、二、三级基坑；不宜用于周围环境对沉降敏感的基坑	可采用单排或双排布置，与锁口梁、围檩、锚杆组合成支护体系
		拉森式专用钢板桩	基坑深度＜11m，能满足降水要求，侧壁安全等级一、二、三级基坑；不宜用于周围环境对沉降敏感的基坑	可布置成弧形、拱形，自行止水

序号	类别	结构形式	适用条件	备注
4	木板桩类	木桩	基坑深度＜6m,侧壁安全等级三级基坑	木材强度满足要求
		企口板桩	基坑深度＜5m,侧壁安全等级二、三级基坑	木材强度满足要求

（2）对于上部采用放坡或土钉墙，下部采用排桩或地下连续墙围护的基坑，放坡或土钉墙支护的高度大于基坑总深度的 1/2 时，应考虑桩（墙）顶部以上土体与桩（墙）支护结构间的相互影响，并应严格控制桩（墙）顶部的水平位移。

（3）基坑围护结构施工技术要点

1）围护墙体、支撑围檩、支撑端头处设置传力构造，围檩及支撑不应偏心受力，围檩集中受力部位应加肋板；

2）支护结构应具有足够的承载力、刚度和稳定性；

3）支护部件的型号、尺寸、支撑点的布设位置，各类桩的入土深度及锚杆的长度和直径等应经计算确定；

4）支护结构设计与施工应参照表 3-7 选用相应的侧壁安全等级及重要性系数；

基坑侧壁安全等级及重要性系数　　　　　　　　表 3-7

序号	安全等级	破坏后果	重要性系数(y_0)
1	一级	支护结构破坏、土体失稳或过大变形对环境及地下结构的影响严重	1.10
2	二级	支护结构破坏、土体失稳或过大变形对环境及地下结构的影响一般	1.00
3	三级	支护结构破坏、土体失稳或过大变形对环境及地下结构的影响轻微	0.90

5）支护不得妨碍基坑开挖及给水排水构筑物的施工；

6）支护构件安装和拆除方便、安全、可靠。

（4）支护安装要点

1）开挖到设计要求深度时，应及时安装支护构件；

2）设在基坑中下层的支撑梁及土锚杆，应在挖土至设计深度后及时安装；

3）支护的连接点必须牢固可靠，符合设计要求。

（5）支护系统的维护与加固

1）土方开挖和结构施工时，不得碰撞或损坏边坡、支护构件、降排水设施等；

2）施工机具、设备、材料，应按施工方案均匀堆（停）放；

3）重型施工机械的行驶及停置必须在基坑安全距离以外；

4）做好基坑周边地表水的排泄和地下水降排；

5）雨期应覆盖土边坡，防止边坡冲刷、浸润下滑，冬期应防止冻融。

（6）围护结构出现险情时，必须立即进行处理，可采取以下措施：

1）支护结构变形过大、变形速率过快时，应在坑底与坑壁间增设斜撑、角撑等；

2）边坡土体裂缝呈现加速趋势，必须立即采取反压坡脚、减载、削坡等安全措施，保持稳定后再行全面加固；

3）坑壁漏水、流砂时，应采取措施进行封堵，封堵失效时必须立即灌注速凝浆液固结土体，阻止水土流失，保护基坑的安全与稳定；

4）基坑周边给水排水构筑物出现沉降失稳、裂缝、倾斜等征兆时，必须及时加固处理并采取其他安全措施。

3.4.5　基坑施工监测

基坑施工应进行量测监控，监测项目应根据设计要求及基坑侧壁安全等级进行选择（见表 3-8），监测控制值和监测频率应符合有关规范规定。

基坑监测项目的基本规定　　　　　　　　　　　　　　　　　　　表 3-8

侧壁安全等级	地下管线位移	地表土体沉降	周围建(构)筑物沉降	围护结构顶位移	围护结构墙体侧斜	支撑轴力	地下水位	围护结构应力	土压力	孔隙水压力	坑底隆起	土体水平位移	土体分层沉降
一级	△	△	△	△	△	△	△	*	*	*	△	△	*
二级	△	△	△	△	△	△	*	*	*	*	*	*	*
三级	△	△	△	△	*	*	*	*	*	*	*	*	*

注："△"为必选项目，"＊"为可选项目，应依据设计要求，并结合工程具体情况选择。

3.5　土方开挖

3.5.1　应具备条件

（1）专项施工方案已经过论证和审批。

（2）围堰、围护结构已经验收合格；安全护栏和防止地表水进入基坑的排水沟符合要求。

（3）施工机具、材料已经过进场验收，车辆设备性能状况良好。

（4）已完成基坑施工放线，施工现场地表硬化、土方开挖运输车道符合施工方案要求。

（5）开挖的施工方法、顺序与机械配备已落实；弃土与场内堆土，弃运土石方运输路线及土石方挖运平衡已确定。

（6）降排水系统已经试运转验证，运行稳定正常。降排水系应于开挖前 2～3 周运行；对深度较大或对土体有一定固结要求的基坑，运行时间还应适当提前。

（7）基坑受承压水影响时，承压水的降压情况符合设计要求。

（8）对全部施工人员已进行安全技术交底。

3.5.2　施工要点

（1）软土地层或地下水位高、承压水水压大、易发生流砂、管涌地区的基坑，必须确保降排水系统有效运行；如发现涌水、流砂、管涌现象，必须立即停止开挖，查明原因并妥善处理后方能继续开挖。

（2）基坑开挖的顺序、方法应遵循"对称平衡、分层分段（块）、限时挖土、限时支撑"的原则，并应符合设计要求。

（3）采用机械开挖时应留 200～300mm 土层改为人工开挖到设计高程，以避免机械施工扰动基底土层。

（4）挖至设计高程后应及时组织验收。

（5）基坑应连续施工，尽量减少基坑裸露时间。

3.5.3　无支护基坑开挖

（1）基坑开挖应根据现场情况采用适当的机械开挖方式，在开挖过程中随时检查开挖尺寸、位置，注意地质变化情况，随时修正基坑尺寸和开挖坡度。

（2）先进行复合地基施工后开挖，地基处理有可能产生孔隙水压力和侧向挤压应力时，基坑开挖应该在地基处理完毕至少 2 周后进行，在开挖前采取降水排出孔隙压力的措施，基坑一次开挖的深度不宜大于 2m。

（3）在坑壁坡度变化处可视需要，留设不小于 0.5m 宽的平台。对于侧壁土含水量丰富地段，不宜在基坑边堆置弃土或其他附加荷载。

（4）对于土质边坡或易于软化的岩质边坡，在开挖时应采取相应的排水和坡脚、坡面与坡顶保护措施。

（5）对于有护坡结构设计的边坡，应按照设计要求和规范规定，及时施工护坡结构。

（6）基底设置排水沟时，应离开坡脚至少 300mm（依土层情况而定），并做防水保护，以免坡脚处出现坍塌。

（7）土石方应随挖、随运，应将适用于回填的土分类堆放备用，基坑周边有动载时，坑顶缘与动载间应留有 1m 的护道；如地质、水文条件不良或动载过大，则应进行基坑开挖边坡验算，根据验算结果确定采用增宽护道或其他加固措施。

（8）采用明排水的基坑，当边坡岩土出现裂缝、沉降失稳等征兆时必须立即停止开挖，进行加固、削坡等处理。雨期施工基坑边坡不稳定时，其坡度应适度放缓；并应采取保护措施。

（9）基底局部扰动或超挖，且设计无要求时可采取下列处理措施：

1）排水不良发生扰动时，应全部清除扰动部分，用卵石、碎石或级配砾石回填；

2）岩土地基局部超挖时，应全部清除基底碎渣，回填低强度混凝土或碎石。

3.5.4　设支护基坑开挖

（1）设有支护结构的基坑，应严格遵循"开槽支撑、先撑后挖、分层开挖和严禁超挖"的原则。

（2）按施工方案在基坑边堆置土方，基坑边堆置土方不得超过设计方案的堆置高度和计算荷载。

（3）施工机械不得碰撞支护结构。

（4）从地下水位以上 500mm 开始，每一层开挖均首先开挖集水沟、集水坑，并使排水沟和集水坑底低于本层基坑开挖底面深度，保证排水通畅。

（5）基坑挖到设计高程时，应及时施工混凝土垫层和底板。

（6）随着构筑物结构封闭，拆除支撑构件。

3.6　地基基础施工

3.6.1　地基加固处理

1. 换填处理

地基采用换填处理时，应按照设计要求和规范规定挖除地表浅层软弱土层或不均匀土层，选择灰土、砂石或粉煤灰类无机材料，并应控制材料配比、含水量、分层厚度及压实度。

设计无要求时，地层遇有局部软弱土层或孔穴，挖除后用无机材料分层填实。配合砖、砌石、混凝土等材料使用时，厚度通常为 300～450mm，分 2 步或 3 步换填，台阶宽高比为 1/1.5。

基槽边角处无机材料不易夯实，每边的实际施工宽度应比设计宽 50mm 以上。砌体所用砌材强度应符合设计要求，石料应质地均匀、无裂缝、不易风化，设计无要求时不得小于 30MPa。

2. 强夯处理

应将施工场地的积水及时排除，地下水位降低到夯层面以下 2m；施工前应进行现场试验施工，确定强夯工艺参数、机械组合形式和适用性，确认加固效果。施工应控制夯锤落距、次数、夯击位置和夯击范围；强夯处理的范围宜超出给水排水构筑物基础，超出范围为加固深度的 1/3～1/2，且不小于 3m；对地基透水性差、含水量高的土层，前后两遍夯击应有 2～4 周的间歇期。

3. 注浆加固

应根据设计要求及工程具体情况选用浆液材料，并应进行现场试验，确定浆液配比、施工参数及注浆顺序；浆液应搅拌充分、筛网过滤；施工中应严格控制施工参数和注浆顺序；地基承载力、注浆体强度合格率达不到 80% 时，应进行二次注浆。

4. 砌石基础

片石的形状不受限制，最小边长及中部厚度不得小于 150mm，每块质量宜在 20～30kg 左右。块石形状应大致方正，其厚度一般不小于 200mm，长及宽不小于其厚度。用作镶面的块石外露面应四边整齐、棱角方正，表面凹入部分不得大于 20mm，且砌筑时应修凿，打去锋棱，石料四边自外露面向后呈内收口，每边不得大于 10mm。细料石应为形状规则的六面体，经细加工表面凹凸深度不大于 2mm，厚度和宽度均不小于 200mm，长度不大于厚度的 3 倍，其加工偏差应符合砌体施工规范规定。

3.6.2　复合地基施工

1. 复合地基桩分类与施工要点

（1）水泥土搅拌桩，应控制水泥浆注入量、机头喷浆提升速度、搅拌次数；停浆

（灰）面宜比设计桩顶高 300～500mm。

（2）高压旋喷水泥土桩，应控制水泥用量、压力、相邻桩位间距、提升速度和旋转速度；并应合理安排成桩施工顺序，避免窜浆；详细记录成孔情况；需要扩大加固范围或提高强度时应采取复喷措施。

（3）振冲碎石桩，应控制填料粒径、填料用量、水压、振密电流、留振时间和振冲点位置顺序，防止漏振。

（4）水泥粉煤灰碎石桩，应控制桩身混合料的配比、坍落度、灌入量和提拔钻杆（或套管）速度、成孔深度，避免施工桩对已成桩的挤压；成桩顶标高宜高于设计标高 500mm 以上。

（5）砂桩，应选择适当的成桩方法，控制灌砂量、标高；合理安排成桩施工顺序。

（6）土和灰土挤密桩，应控制填料含水量和夯击次数；并应合理安排成桩施工顺序；成桩预留覆盖土层厚度：沉管（锤击、振动）成孔宜为 0.50～0.70m，冲击成孔宜为 1.20～1.50m。

2. 复合地基桩技术要求

（1）按设计要求进行工艺性试桩，以验证或调整设计参数，并确定施工工艺、技术参数；复合地基桩施工应控制材料配比，以及桩（孔）位、桩（孔）径、桩长（孔深）、桩（孔）身垂直度的偏差。

（2）复合地基桩施工完成后，应按《建筑地基基础工程施工质量验收规范》（GB 50202—2002 的）规定和设计要求，检验桩体强度和地基承载力。

3.6.3 基础桩与抗浮桩

1. 混凝土灌注桩

灌注桩成孔应达到设计要求直径和深度，并应按照规定清理孔底沉渣。

加工钢筋笼的直径除满足设计要求外，尚应符合下列规定：

（1）沉管灌注桩内径应比套管内径小 60～80mm，用导管灌注水下混凝土的桩应比导管连接处的外径大 100mm 以上。钢筋笼制作和运输过程中应采取适当的加固措施，防止变形。不均匀配筋的钢筋笼，做好迎土面和背土面的标识，防止错放。

（2）吊放钢筋笼入孔时，不得碰撞孔壁，就位后应采取加固措施固定钢筋笼的位置。

灌注桩采用的水下灌注混凝土由商品混凝土搅拌站提供，其骨料粒径不宜大于 40mm，坍落度宜为 16～22mm。

灌注桩各工序应连续施工，钢筋笼放入泥浆后 4h 内必须浇筑混凝土。桩顶混凝土浇筑完成后应高出设计标高 0.8～1.0m，确保桩头浮浆层凿出后达到设计强度。

当气温低于 0℃时，浇筑混凝土应采取保温措施，浇筑混凝土时的温度不得低于 5℃。当气温高于 30℃时，应根据具体情况对混凝土采取缓凝措施。

灌注桩实际浇筑混凝土量不得小于计算体积。套管成孔的灌注桩任何一段平均直径与设计直径的比值不得小于 1.0，泥浆护壁成孔的灌注桩每根不少于 1 组。

2. 泥浆护壁成孔

泥浆制备根据施工机械、工艺及穿越土层情况进行配合比设计，宜选用高塑性黏土或膨润土。泥浆护壁施工期间护筒内的泥浆面应高出地下水位 1.0m 以上，在清孔过程中应不断置换泥浆，直至浇筑水下混凝土；浇筑混凝土前，孔底 500mm 以内的泥浆相对密度应小于 1.25；含砂率不得大于 8%；黏度不得大于 28s；废弃的泥浆、渣应进行处理，不得污染环境。

3. 正、反循环钻孔

泥浆护壁成孔时根据泥浆补给情况控制钻进速度，保持钻机稳定。钻进过程中如发生斜孔、塌孔和护筒周围冒浆、失稳等现象时，应先停钻，待采取相应措施后再进行钻进。

钻孔达到设计深度，灌注混凝土之前，孔底沉渣厚度指标应符合下列要求：对端承型桩，不应大于 50mm；对摩擦型桩，不应大于 100mm；对抗拔、抗水平力桩，不应大于 200mm。

4. 冲击钻成孔

冲击钻开孔时，应低锤密击，反复冲击造壁，保持孔内泥浆面稳定；应采取有效的技术措施防止扰动孔壁、塌孔、扩孔、卡钻和掉钻及泥浆流失等事故发生。

每钻进 4～5m 应验孔一次，在更换钻头前或容易缩孔处，均应验孔并应作记录。

排渣过程中应及时补给泥浆。冲孔中遇到斜孔、梅花孔、塌孔等情况时，应采取措施后方可继续施工。稳定性差的孔壁应采用泥浆循环或抽渣筒排渣，清孔后灌注混凝土之前的泥浆指标符合规范规定。

5. 旋挖成孔

旋挖成孔灌注桩应根据不同的地层情况及地下水位埋深，采用不同的成孔工艺。泥浆制备能力应大于钻孔时的泥浆需求量，每台套钻机的泥浆储备量不少于单桩体积。成孔前和每次提出钻斗时，应检查钻斗和钻杆连接销子、钻斗门连接销子以及钢丝绳的状况，并应清除钻斗上的渣土。

旋挖钻机成孔应采用跳挖方式，并根据钻进速度同步补充泥浆，保持所需的泥浆面高度不变。孔底沉渣厚度控制指标应符合相关规范规定。

6. 水下混凝土的灌注

桩孔检验合格，吊装钢筋笼完毕后，安置导管浇筑混凝土。混凝土配合比应通过试验确定，须具备良好的和易性，坍落度宜为 180～220mm。

使用的隔水球应有良好的隔水性能，并应保证顺利排出。

开始灌注混凝土时，导管底部至孔底的距离宜为 300～500mm；导管一次埋入混凝土灌注面以下深度不应少于 0.8m；导管埋入混凝土深度宜为 2～6m。

灌注水下混凝土必须连续施工，并应控制提拔导管速度，严禁将导管提出混凝土灌注面，灌注过程中的故障应记录备案。应控制最后一次灌注量，超灌高度宜为 0.8～1.0m，以保证暴露的桩顶混凝土强度达到设计强度。

7. 沉入桩

给水排水构筑基础桩在软黏土层采用沉入桩时，宜采用静力压桩方式，并满足环境要求。

3.7 土方回填

3.7.1 回填施工技术

回填材料应符合设计要求或有关规范规定。

1. 基坑肥槽回填

（1）肥槽是指主体结构与基坑壁之间的空隙（见图3-1），肥槽留置宽度应满足构筑物施工和回填作业要求。

（2）回填必须在单体构筑物功能性试验（满水试验、气密性试验）合格，且构筑物的地下部分验收合格后方可进行；设有外防腐和防水层的池体应在防腐层和防水层施工完毕后方可进行。不做满水试验的构筑物，在墙体的混凝土强度未达到设计强度等级前进行基坑回填时，其允许回填高度应与设计方商定。

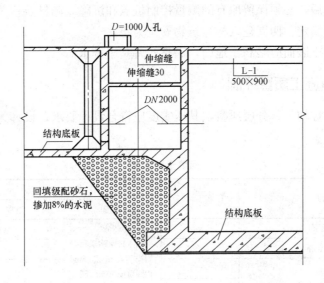

图 3-1　基坑肥槽回填示意

（3）组合式构筑物中相邻单体构筑物基础不在同一高程时，应先按1：1修整肥槽边坡；采用级配砂石掺加8％水泥回填，压实系数不低于0.95即压实度≥95％。

（4）回填土前，将底部的泥水、杂物及软弱土层清理干净，雨期或底部土壤含水量偏大时，先回填500mm左右厚的砂砾，以上部分选用符合要求的土源分层填至规定高度。

2. 管线沟槽回填

（1）水厂工程的工艺管线接入构筑物，管道部分或全部坐落在基坑肥槽回填土上时，回填工作要与管道安装配合进行；对于接入管道对构筑物内部设备安装精度无影响的，如进水井、进水管、清水池出水管和配水泵房退水管等在结构满水试验合格后，立即安排安装就位，以减少回填留茬过多，同时尽量避免二次开挖。

（2）位于水厂道路或绿地的管线沟槽回填时，回填材料和压实度标准应满足设计要求或规范规定。

3.7.2　回填作业要点

（1）回填土的压实，采用小型振动夯，有条件的地段，在保证周围给水排水构筑物安全的前提下，可以使用轻型压路机碾压。

（2）每层回填厚度及压实遍数，应根据土质情况及所用机具，经过现场试验确定，层厚差不得超过100mm。

（3）有钢、木板桩支护的基坑回填，支护的拆除应自下而上逐层进行。基坑填土压实高度达到支撑或土锚杆的高度时，方可拆除该层支护。拆除后的孔洞及拔出板桩后的孔洞宜用砂填实。

（4）雨期应经常检验回填土的含水量，随填、随压，防止松土淋雨；填土时基坑四周被破坏的土堤及排水沟应及时修复。雨天不宜填土。

（5）冬期在道路或管道通过的部位不得回填冻土，其他部位可均匀掺入冻土，其数量不应超过填土总体积的15%，且冻土的块径不得大于150mm。

（6）基坑回填后，必须保留原有的测量控制桩点和沉降观测桩点；并应继续进行观测直至确认沉降趋于稳定，四周建（构）筑物安全为止。

（7）基坑回填土表面应略高于地面，平整，并利于排水。

3.7.3   回填施工质量控制

回填作业应对称均匀、分层压实，其压实度应符合设计要求；设计无要求时应符合表3-9的规定。

回填土压实度   表 3-9

检查项目	压实度（%）	检查频率		检查方法
		范围	组数	
一般情况下	≥90	给水排水构筑物四周按50延m/层；大面积回填按500m²/层	1（三点）	环刀法
地面有散水等	≥95		1（三点）	环刀法
铺设管道	≥93		1（三点）	环刀法
当年回填土上修路	≥95			

3.8   拉森钢板桩围堰施工实例

3.8.1   工程概述

1. 工程概况

某水厂工程建设项目包括循环水排水沟、排水井、排水口等构筑物。排水口基坑支护及围堰工程是在拟建永久性构筑物一期循环水排水口的外围临时修建的，目的是为了创造旱地作业的施工条件。钢板桩内侧设计采用深层搅拌桩支护挡墙结构，为钢板桩围堰提供被动土压力。

围堰采用拉森 WRU26 钢板桩，围堰宽度为10m，周长约540m。外排侧钢板桩顶标高为 6.0m，最大桩长为 28.5m；内侧钢板桩顶标高为 3.0m，最大桩长为 25.5m。在外侧钢板桩中间隔13m插打一根 500mm×300mm 的 H 型钢，桩长大于旁侧钢板桩3m。双排拉森钢板桩采用两道分别位于 +0.3m 和 +2.8m 的直径 40mm Q345B 圆钢拉条对拉，两头采用 32b 型槽钢夹住，钢板桩内侧采用 32b 型槽钢螺栓连接。

在外排钢板桩的内侧贴一层 PE 防渗土工布，从河床泥面起至 +3.6m，上、中、下均压宽 2m。钢板桩围堰内用模袋装土及黏土进行回填，在河床底部及靠近钢板桩的内侧均用模袋装土回填，中间部位回填黏土。钢板桩回填至＋0.3m，靠近外侧钢板桩回填至＋3.6m。

在外排钢板桩前缘堆砌模袋土，以防海水的掏蚀，模袋为纺编织袋，分两层，呈纵向（长边垂直于钢板桩）堆砌。

在围堰两头端部与基岩或原有南护堤处，采用浇筑混凝土挡墙的结构进行围护。围堰结构平面如图 3-2 所示；围堰结构剖面如图 3-3 所示。

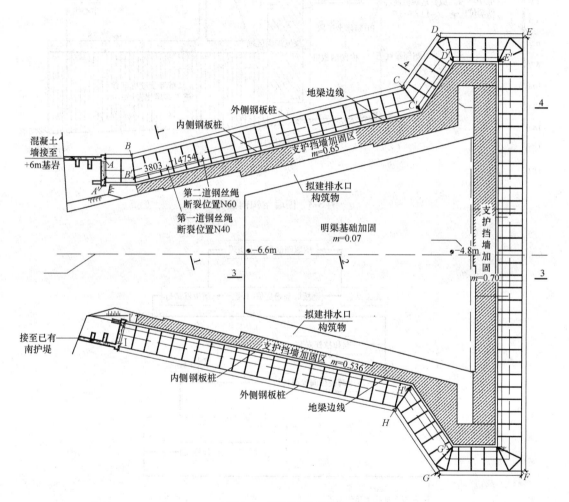

图 3-2 围堰结构平面

2. 施工工艺流程

施工工艺流程如图 3-4 所示。

3.8.2 钢板桩施工

1. 施工准备

海上钢板桩施工，配套设备包括打桩船、运输船、吊装设备及施打设备，设备选择尤其重要。

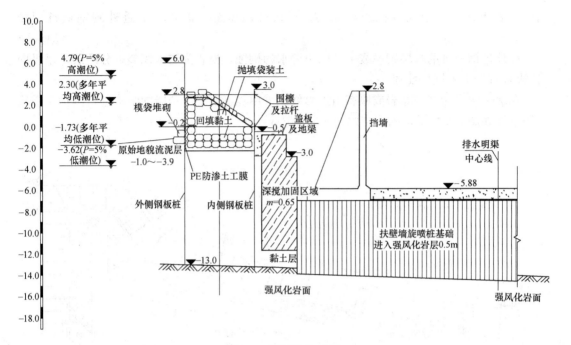

图 3-3 围堰结构剖面

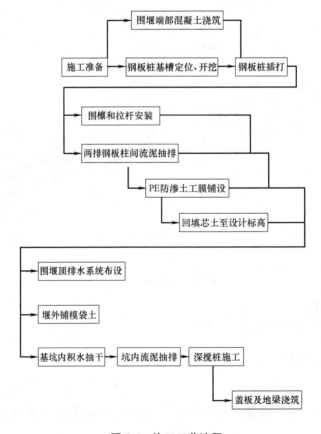

图 3-4 施工工艺流程

（1）驳船的选择

考虑潮位、水深及吊机等要求，配备合适的驳船。工程拟选用两艘 2000t 平甲板驳船，驳船长 46m，宽 18m，型深 3m。驳船上配四台锚机及锚系统，作为船舶定位用。

（2）振动锤的选择

依据地质条件及钢板桩自身特性，选取振动锤。本项目选择 ZD90 型电动振动锤进行沉桩。其振动锤的性能见表 3-10。

<table>
<tr><td colspan="8" style="text-align:right">振动锤的性能　　　　　　　　　　　　　　表 3-10</td></tr>
<tr><td rowspan="2">参数
项目</td><td rowspan="2">型号
单位</td><td colspan="4">DZ90A</td><td rowspan="2">DZ150A</td></tr>
<tr><td>Ⅰ</td><td>Ⅱ</td><td>Ⅲ</td><td>Ⅳ</td></tr>
<tr><td>电机功率</td><td>kW</td><td colspan="3">90</td><td></td><td>150</td></tr>
<tr><td>静偏心力矩</td><td>N·m</td><td>460</td><td>460/368/276</td><td></td><td>635</td><td>1500/2000/2500</td></tr>
<tr><td>振动频率</td><td>r/min</td><td colspan="3">1050</td><td>800</td><td>620/800</td></tr>
<tr><td>激振力</td><td>kN</td><td>570</td><td>570/456/342</td><td></td><td>454</td><td>645/860/1075</td></tr>
<tr><td>空载振幅</td><td>mm</td><td colspan="2">10.3</td><td>10.3/8.24/6.18</td><td>14</td><td>17.6/23.5/29.4</td></tr>
<tr><td>允许加压力</td><td>kN</td><td colspan="3">160</td><td>160</td><td>—</td></tr>
<tr><td>允许拔桩力</td><td>kN</td><td colspan="4">240</td><td>450/680</td></tr>
<tr><td rowspan="3">外形尺寸</td><td>长度（L）</td><td>m</td><td colspan="3">1.25</td><td>1.65</td><td>5.615</td></tr>
<tr><td>宽（W）</td><td>m</td><td colspan="3">1.5</td><td>1.1</td><td>1.71</td></tr>
<tr><td>高（H）</td><td>m</td><td colspan="2">2.33</td><td>2.56</td><td>2.46</td><td>1.43</td></tr>
<tr><td colspan="2">质量</td><td>kg</td><td>6190</td><td>5670</td><td></td><td>6720</td><td>10310</td></tr>
</table>

（3）吊车的选择

本项目采用 2000t 平甲板驳船上安装 70t 履带吊车和 50t 履带吊车进行沉桩施工，在低水位时驳船搁浅在滩地上，吊车可在船的甲板一侧上行走，避免移船或吊车因跨距增加而无法施工的情况发生。本次沉桩的桩顶高程为 +6m，施工时河床高程为 -2m，考虑最长桩长为 31.5m，振动锤（含夹具及吊具约 7m）累计高度为 38.5m，最大作业半径 12m，起吊角度 75°，最大起重量 13.5t，选择 45m 臂长的吊车。

（4）驳船平面布置

驳船平面布置如图 3-5 所示。

2. 钢板桩的加工与运输

（1）钢板桩的加工制作

水厂工程选用拉森 WRU26 钢板桩，宽 65cm，每桩单重 96.2kg/m，水厂工程主要采用 25.5m、28.5m 两种桩长的钢板桩，其余 4～25.5m 桩长不等，对于桩长不等的异型桩以 500mm 长度为标准值，选取上限进行加工。转角处采用 90° 的转角桩。拉森 WRU26 钢板桩在厂家定做后分批水运至现场。

（2）钢板桩的进场检验

对进场的钢板桩进行现场随机外观检验，以防不合格产品进入施工场地。钢板桩运至现场后，进行检查、试验，对存在缺陷的钢板桩及时整修或报废，作记录和标识，按指定地点存放，并报质保部门审核。

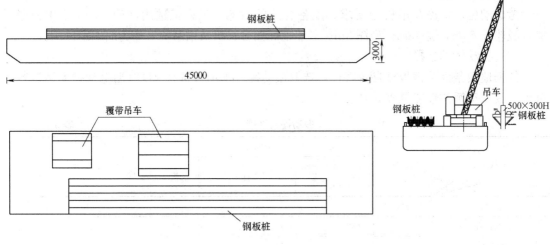

图 3-5　驳船平面布置

（3）钢板桩的保护方法

因各个位置的钢板桩长度不同，钢板桩进场前需要检查整理，根据围堰内、外侧钢板桩展开图，对钢板桩进行编号，根据施打顺序配合钢板桩的水运。对于不同长度的钢板桩需事先用油漆进行标注，发现缺陷随时调整，整理后在运输和堆放时尽量不使其弯曲变形，避免碰撞，尤其不能将连锁口碰坏。

钢板桩在出厂前用黄油或其他油脂涂刷锁口，对锁口变形、锈蚀严重的钢板桩，需进行整修矫正。

钢板桩露出土面部分可涂沥青，以作防腐、锈蚀保护和利重复使用。

（4）钢板桩的吊运与堆放

钢板桩单根均采用整根加工，最长 28.5m，因此装卸钢板桩采用专用吊具吊装，严禁捆吊及兜吊，严禁钢丝绳碰到锁口，以防损坏锁口。装卸吊运时，桩长 28.5m 的钢板桩应控制每次起吊根数，确保吊装作业的安全。

钢板桩用船运至现场，经打桩船的吊车转驳至打桩船上，板桩放置在驳船的外侧。

3.8.3　围堰钢板桩混凝土挡墙施工

1. 结构组成

围堰钢板桩混凝土挡墙为连接岸上段和围堰钢板桩的结构。墙体平面呈 L 形，与外侧钢板桩相连的设计墙顶高程为＋6.00m，与内侧钢板桩相连的设计墙顶高程为＋3.00m。混凝土挡墙基础坐落于基岩上，墙厚 1000mm，内嵌入基岩面 600～1000mm，与基岩面连接采用直径 25mm 钢筋植筋，植筋深度为 250mm。混凝土墙包裹钢板桩的槽口深度为 900mm，保证一根半桩的进入深度。待钢板桩入槽后，灌注混凝土连接钢板桩。

考虑到施工道路影响，首次挡墙制作高度为＋4.00m，后续接高至＋6.00m。为便于后续围堰钢板桩间土方回填等工作，北侧挡墙与岸上连接部分 6m 宽度内，墙顶标高为＋4.00m，北侧挡墙与海域连接的南北向部分挡墙，墙顶标高为＋4.00m；进场道路与南侧挡墙相交的区域，墙顶标高为＋4.00m，如图 3-6 所示，堆土进场道路与挡墙相交的区

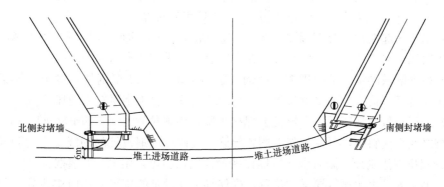

图 3-6　进场道路与南北侧挡墙平面示意

域，挡墙顶标高均为 +4.00m。

2. 打桩船测量放线、抛锚定位

根据厂区坐标，在陆域布设三个测量控制点及一个水准点。测量控制点按轴线上一个，两侧各一个的原则进行布设。水准点按最高潮水时不被淹没的位置布设。

根据控制点的坐标，计算出围堰各拐点的方位角及各导桩的方位角，控制点在使用中要经常复测，防止位移。打桩船在高潮水时用拖轮拖到现场，在陆域测量仪器的配合下进行抛锚定位工作。

利用抛锚艇将打桩船的锚按上述要求抛入海中，在测量仪器的控制下将船移到两侧起点位置进行定位。

当桩形成一段后，打桩船部分锚因围堰障碍，无法抛设到位，可利用振动锤在围堰外侧适当位置打设一根长 15m 左右的 $\phi609$mm 钢管桩，作为地牛（锚）用以系带锚缆，锚缆靠近河床面系在管桩的根部（见图 3-7）。

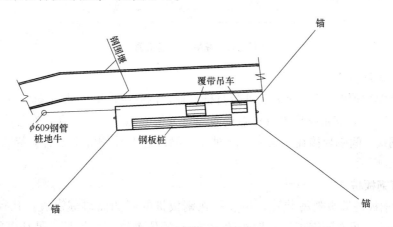

图 3-7　打桩船定位示意

3. 打设导桩及架设导梁

沿围堰轴线每隔 14m 打设 1 根导桩，导桩采用 500mm×300mm 的 H 型钢，每组导梁打设 4 根导桩（见图 3-8）。一般情况下每次以二跨的导梁为一个单元。一个单元长度约 14m 左右，先内后外。导桩施打步骤如下：

（1）利用吊车的副钩将 H 型钢吊起并竖直，沿船舷插入河床中，再将吊钩下的振动锤的液压夹具插入 H 型钢，启动液压夹具，将 H 型钢夹紧。

（2）吊车吊起振动锤及 H 型钢，将 H 型钢吊离河床，观测 H 型钢的垂直情况。如有倾斜时再次插入河床中校正，使钢板桩在夹紧后处于垂直状态。

（3）根据陆域测量人员的指挥，移动或旋转吊车，将 H 型钢移到设定的导梁位置后插入河床，再经测量人员的复测且无误后启动振动锤，将工字钢打入河床。

（4）钢板桩打入河床后，在导桩上焊接牛腿，牛腿位置为 +4.8m 及 +1.8m，牛腿下部与导桩之间焊接斜撑，再在牛腿上搁置导梁，以便控制钢板桩的轴线。牛腿和导梁采用 [25 槽钢双拼焊接制成，同时也兼顾操作平台使用，斜撑采用 I25 工字钢。

（5）测量人员再次测量导梁的位置，确保导梁在设定的位置后用电焊将导梁与导桩的上牛腿焊牢。

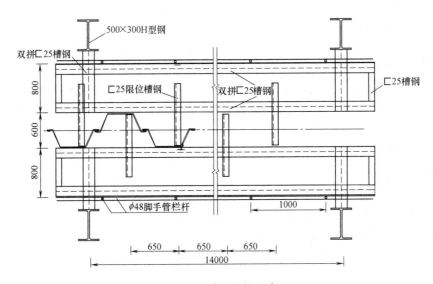

图 3-8   导桩、导梁示意

4. 操作平台的设置

打桩时需要操作人员在导梁上进行对桩作业，因导梁的宽度为 0.8m，加之导梁中间的空隙已有 1.4m，满足操作人员作业的宽度，为便于施工人员作业，在导梁上面铺一层 4mm 厚的钢板，间隔焊接在导梁上，同时在导梁两边的外侧焊上栏杆。导桩、导梁操作平台如图 3-9 所示。

5. 施打钢板桩

（1）在钢板桩端头割吊装孔，吊装孔在钢板桩的两侧面对称设置，孔径为 ϕ40mm，距端头 100mm，另在距钢板桩上端头约 500mm 的位置焊一小吊耳，吊耳可用 ϕ20mm 的钢筋弯制而成。钢板桩吊拔孔与 32B 槽钢大样图如图 3-10 所示。

（2）将一根 ϕ24mm 长度约 2m 左右的钢丝绳对折后用钢丝绳卡子卡住，作为吊装钢板桩的主吊索。

（3）采用两台吊车起吊钢板桩，水平吊起后，将 70t 吊车副钩慢慢收紧吊桩钢丝绳，50t 吊车同步慢慢地松放吊桩钢丝绳，直至将桩垂直吊起。

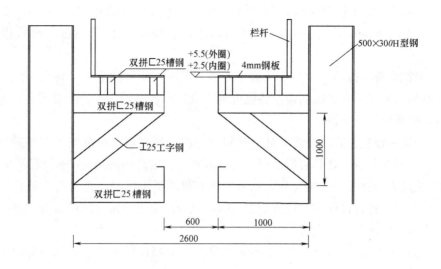

图 3-9 导桩、导梁操作平台

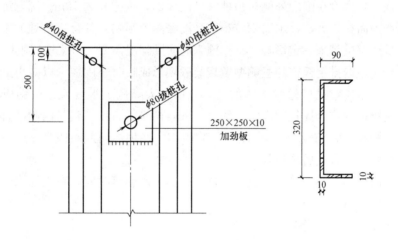

图 3-10 钢板桩吊拔孔与 32B 槽钢大样图（单位 mm）

（4）松开 50t 吊车钢丝绳，旋转吊车，将钢板桩移到导梁的上方，缓缓下落至板桩插入河床。

（5）松开 70t 吊车副钩，使钢丝绳松开，再松开主吊钩上的振动锤，将液压夹具的夹口卡入钢板桩的平面中。

（6）开启液压夹具，使夹具夹紧钢板桩。

（7）再次吊起主吊钩，使振动锤连同钢板桩一起上升，当钢板桩底端吊离河床后停止起吊。

（8）陆域测量人员观测钢板桩的垂直情况，发现倾斜时重新插入河床再次夹桩，直到钢板桩垂直。

（9）移动或旋转吊车，将钢板桩移到设定的位置，在导梁上操作人员的配合下，将钢板桩插入锁口，在靠导梁一侧垫上一块约 50mm 厚的钢保护层塑料垫块，使桩与导梁有 50mm 的间隙（防止桩有误差，如有误差可用保护层塑料垫块调整），再将稳桩杆件安装到平台上，利用稳桩杆顶住板桩平面，使桩在轴线上相对固定，最后指挥吊车下桩。

（10）当钢板桩在振动锤的自重压力下不再下沉时，陆域测量人员再次测量桩位及垂直情况，在确认无误后开启振动锤，将桩沉到比设定高程高约 1m 的位置停止打桩，松开液压夹具，准备打下一根桩。

（11）当第一根桩打完后，按上述方法重新吊桩，将桩底部吊高至已打桩的位置，人工将桩的锁口对准并插入，开启振动锤，将桩沉到比设定高程高约 1m 的位置停止打桩。

（12）按此方法打入一个单元后，如未发现有桩连带下沉时，再将高出的桩一起复打到设计高程；如在打桩过程中发现连带下沉时，立即用电焊将该下沉的桩在设计高程时与相邻板桩焊接，使该桩不再下沉。

（13）当打到拐角处时，根据现场的实际尺寸加工制作异形桩，使拐角部位与直边顺利连接。

6. 合拢口的位置及处理方式

围堰合拢位置拟设在围堰外侧转角处（见图 3-2），内圈长约 18m。围堰沉桩仅剩合拢部位时，围堰内面积较大，过水面积较小，受潮涨潮落影响，其合拢口处的水流较快，可能会对钢板桩的沉桩带来一定影响，根据施工时实际情况需要，可采取以下措施：

（1）在合拢段内排钢板桩的里侧抛填袋装砂坝形成临时小围堰，以减小拢口段的水流流速，既降低了水流对拢口外侧海床的冲刷，也大大降低了水流流速对钢板桩沉桩的影响；该坝长度根据拢口合拢长度而定，约为 21m，两端一直抛填到与内侧已打好的钢板桩含接，坝顶高程在 ±0.0m 左右。在填筑袋装砂前，在坝体两侧每隔 2m 打入一根临时钢板桩，以稳定坝体，合拢后再拔除。

（2）合拢时间的选择。最终合拢处沉桩宜根据潮水涨落时间，在围堰内外水位基本平衡时施工，闭合拢口。

7. 打桩过程中的注意事项及处理方式

（1）为防止在打下一根钢板桩时，可能对前一根已成型的钢板桩造成连带下沉的影响，故第一根沉入的桩需和导梁导桩焊接，焊接位置均在钢板桩的平面上，严禁焊在锁口附近，影响下次使用；其他桩在沉桩过程中发现连带下沉时需进行焊接处理。

（2）开动振动锤，控制振动锤下降的速度，尽可能使桩保持垂直，以便锁口能顺利咬合。

（3）板桩至设计高度前 1000mm 时，停止振动，等一个单元打完后再次送桩。

（4）在打桩过程中要密切观测桩的垂直情况，发现有倾斜时及时调整，防止因倾斜积累造成锁口脱离。调整方法可根据桩的倾斜情况而定，可将下一根桩底部割成斜尖，依靠桩尖的侧压调整桩的垂直。

（5）当钢板桩桩顶未达到设计高程且贯入度为 0 时，可能底部已进入到岩层，故不能强行打入，以防钢板桩损坏。

（6）在钢板桩打设过程中，如果遇到淤泥层中存在大孤石时，应停止打设，拔出钢板桩，对于在表层5m以内的孤石采取吊车配合抓斗开挖后，由潜水员用网兜在水下兜住块石，用吊车将块石吊移到围堰外侧，然后再重新打设钢板桩；孤石埋置深度大于5m时，则应及时跟有关方工程师及设计方联系，最终确定处理方案。

（7）钢板桩在杂填土地段挤进过程中受到石块等侧向挤压作用力的大小不同容易发生偏斜，此时应采取以下措施进行纠偏：在发生偏斜位置将钢板桩往上拔1.0～2.0m，将吊车向反方向偏拉一点后再往下锤进，如此上下往复振拔数次，可使大的块石被振碎或使其发生位移，让钢板桩的位置得到纠正，减少钢板桩的倾斜度。

（8）钢板桩沿轴线倾斜度较大且无法调整时，采用异形桩来纠正，异形桩一般为上窄下宽和宽度大于或小于标准宽度的钢板桩，异形桩可根据实际倾斜度进行焊接加工；倾斜度较小时也可以用卷扬机或葫芦和钢索将桩反向拉住再锤击。

（9）在靠近岸侧均为岩层，其地表高低不平，钻孔勘测也无法完全反应实际岩层情况，故在打桩过程中可能存在桩顶不平整的情况，如高出过多时（2m以上）可用气割将桩割断，较低时可保留，但需有关方工程师同意或采取其他措施进行处置。

（10）部分钢板桩需穿过土层11，该层的贯入击数（N）高达30以上，因钢板桩属于冷轧工艺制作，钢板桩可能承受不了振动锤夹具的应力，导致钢板桩顶部打坏而无法打入。如遇到此情况时应及时与有关方工程师联系，商讨解决办法。

（11）由于钢板桩较长（28.5m），桩体钢板厚度仅为10mm，桩自身刚度较差，在沉桩过程中，可能会发生桩弯曲或桩头损坏等情况。遇此情况时可会同有关人员商讨并提出处理方案。

（12）靠岸侧钢板桩打入土层较少，有可能使钢板桩失稳造成整体倾覆。因此在岸侧打桩时如板桩入土长度小于桩长1/2，可在未拆导梁前将桩的上下层拉杆及围檩安装到位，再在围堰内按设计要求回填后再拆除导梁及导桩。

8. 近岸处钢板桩稳固措施

钢板桩围堰与南北连接墙相连的近岸段基岩面较浅。北侧钢板桩近岸处平面如图3-11所示。北侧钢板桩与连接墙的近岸处，从钢板桩转折点（B、B′点）到槽口位置，基岩面埋深为−5.36～−1.16m，该处平均泥面标高为−0.6m左右，即钢板桩的入土深度为0.56～4.76m。钢板桩设计长度为7.0～12.5m（外侧）、4.0～10.0m（内侧）。

由于钢板桩埋深浅、露出泥面过长，安全稳定性较差；同时近岸段的土层为①4流泥层，土质较软，难以满足钢板桩的自立；同时受潮汐、风浪等环境因素影响，近岸处钢板桩产生晃动，导致下部土体更加松散，泥沙被淘蚀。因此必须采取有效的稳定措施以策安全。

为保证近岸段钢板桩的稳定性，减少不安全因素，拟采取增设支撑的措施。在两排钢板桩之间，用32b型槽钢与对边的围檩槽钢焊接，增强两排钢板桩的整体稳定性，具体措施见图3-12。南侧钢板桩近岸处加固措施视具体情况而定。

9. 淤泥抽排

围堰内的淤泥拟采用水力冲挖方式抽排，按从围堰两端部同时向中间抽排的施工顺序进行，抽出的淤泥直接排入外海建设方指定地点。

抽泥机械由22kW泥浆泵及15kW高压水泵及配套的浮箱组成，工程计划以4台套同时施工。

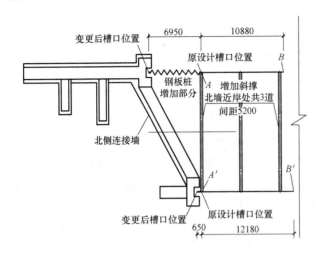

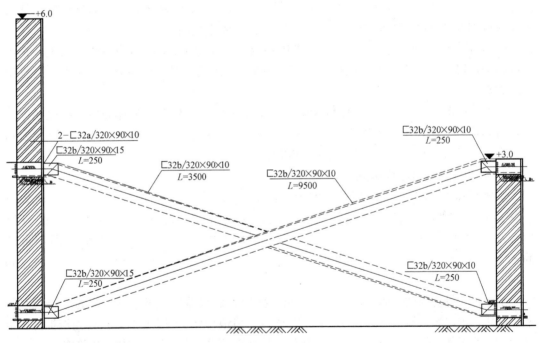

说明：

1. 近岸处的钢板桩入土较浅，为保证回填土施工前稳定性，临时加固。

2. 临时斜撑采用 32b 槽钢制作，近岸处的上下两处围檩施工完成后，在两排的围檩上焊接 32b 槽钢作为斜撑焊接支座尺寸及焊接位置如图所示。

3. 斜撑采用单根 32b 槽钢，长 9500mm，可根据现场实际情况进行调整，与支座三道焊接，焊缝应饱满。

4. 斜撑每 5.2m 一道。共三道。

图 3-11 北侧钢板桩近岸处平面示意

图 3-12 钢板桩加固

10. 围檩拉杆安装

为保证围檩、拉杆的施工安全及质量，以及后续围堰整体的安全性，水厂工程外侧围檩采用双拼 32b 型槽钢，内侧围檩采用 32b 型槽钢，拉杆采用 $\phi 40$mm Q345B 圆钢。围檩拼接方式采用焊接，单面附 10mm 加劲板。外侧围檩共两道，中心标高分别为 $+0.3$m 和 $+2.8$m；内侧围檩共两道，中心标高分别为 $+0.14$m 和 $+2.64$m。拉杆间距为 2.6m，上下层各一根。钢拉杆锚定结构如图 3-13 所示。

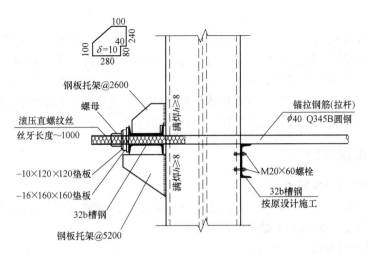

图 3-13 钢拉杆锚定结构示意

3.8.4 防渗土工膜施工

1. PE 防渗土工膜检验

对进场的 PE 防渗土工膜根据原材料进场要求进行相应的外观检测和送检,以保证产品的质量,检验合格后经有关方工程师认可后方可进场施工。

2. PE 防渗土工膜铺设

PE 防渗土工膜采用"两布一膜",铺设施工顺序为:铺膜→焊膜→缝底层布→翻面铺好→缝上层布。

与钢板桩相贴的土工膜因钢板桩为凹凸型,因此应按钢板桩除锁扣以外的展开面积所对应长度予以铺设并保留足够的摊铺面,以防止土方回填后土工膜因延展面不够而撕裂。

在铺膜时,先将土工膜长边的上端头展开,上端头应高出设定高程 2m,用高强磁铁按钢板桩的展开位置贴在钢板桩上,当布下垂到底部时,将底部的布水平放置到泥面上。

上层土工布用同样的方法施工。

3. 膜焊接

膜与膜的连接采用折烷焊接的方式,使用 ZPR-210V 型或改进型自动爬行热合焊机连接。焊接前必须清除膜面的砂、泥等杂物,保证膜面清洁,膜与膜接头处铺设平整后方可施焊。

4. 填土

根据设计要求,钢板桩围堰之间芯土应为含碎石黏土、黏土,严禁回填淤泥。芯土回填施工受潮汐影响较大,下层填土受海水浸泡后难以继续施工,采用一次填土,应先在底部及两侧堆砌袋装土,再向内回填黏土并夯实,上部用袋装土压填。在芯土填筑前,在外排钢板桩处先铺设一层防渗土工膜,上下压边。

芯土上顶面应纵向找坡,坡度按 1/500 向两侧集水坑集水,形成围堰排水系统。如局部钢板桩顶部预留长度较长,可在内侧外凸的钢板桩上开排水孔。孔口位于 PE 土工膜上方。在回填土工序前,将钢板桩围堰岸侧的混凝土接口浇筑完成并达到一定的龄期后再进行施工。

土工膜铺设完成后,进行围堰内侧袋装土的回填,采用人工整理、堆砌的方式。人工堆砌1m左右后开始回填土,回填土运到现场,用皮带输送机运到围堰内,直至填筑到与袋装土相平后再将袋装土填高,再回填土。

当回填长度达到一定值时,可根据围堰顶部的承载能力,考虑小型机动翻斗车进入围堰顶部作为运输工具,以减轻劳动强度,加快施工进度。

3.8.5　围堰保护

1. 围堰外侧抛填模袋土

在钢围堰外侧抛填1.8m×1.4m的模袋土,以防水流冲刷河床,使围堰根部河床被水流淘空。外侧填土拟采用人工抛填的方式进行。

2. 堰顶排水沟布设

围堰芯土回填至设计标高后,在堰顶上顶面纵向找坡,坡度为1/500,向两侧集水井(横断面见图3-14)集水,形成围堰排水(排水沟剖面见图3-15)系统。

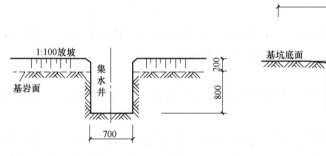

图 3-14　集水井横断面示意

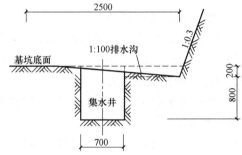

图 3-15　排水沟剖面示意

3.9　土石围堰施工实例

3.9.1　工程概述

某排水构筑物工程,防洪堤内侧延伸至堤外,堤内侧已人工回填砂土至4.3m,堤外侧为滩涂地,地面高程约为−3.6m。堤外部分(包括三孔箱涵一根)由两部分组成,其中近岸侧外尺寸为12.4m×5.2m,壁厚0.6m,长度约94.5m;然后为1m的渐变段,之后的箱涵外尺寸变为12.4m×4.9m,壁厚0.45m,长度约120m。箱涵端部设有消力池,消力嵌及消力池底板采用混凝土现浇结构,尺寸为(12.4+60)m×50m的梯形,消力池范围外部还需进行抛石保护。

堤外部分需先修筑内外围堰与防洪堤闭气土连接后闭气挡水,然后再进行围堰内箱涵开挖现浇制作。部分区域基槽开挖时还需采取岩层爆破方式。

在堤外箱涵与堤内箱涵连接前还需进行破堤施工,在连接段施工完毕,土方回填后进行堤身恢复(见图3-16),最后进行围堰拆除。

3.9.2　围堰与基础施工

工程堤外部分采取明挖现浇方式施工，因堤外地势低，海平面水位高，为实现干地施工，采取在堤外构筑施工围堰＋基础防渗处理的方式以保证箱涵施工。

排水箱涵堤外段海床滩涂地面以上采用土石围堰进行围护，土石围堰防渗采用黏土斜墙＋土工膜防渗处理的施工方法。

据当地水文站历年资料，台风最大涌浪达 1.89m，而排水箱涵的施工期处于台风影响期间，为此，围堰防潮挡水标准按十年一遇的波浪设计频率（$P=10\%$）设防，设计潮水位为 3.35m，考虑台风引起的最大涌浪 1.89m 作为围堰安全超高值，基坑防护围堰的设计防潮挡水标准为 6m 高程。

堤外两侧纵向围堰及横向围堰均采用黏土斜墙土石围堰（见图 3-17），堰顶高程 6m，最大堰高约 9.65m，顶宽 10m，纵、横向围堰堰长 635m。围堰基础置于海床滩涂覆盖层上。堆石体内侧坡比为 1∶1，外侧坡比为 1∶1.5，背水坡面拟采用厚 500mm 碎石、砂垫层和顶宽厚度 5m 黏土斜墙，黏土斜墙坡比为 1∶3，碎石垫层与黏土斜墙之间加铺 $900g/m^2$ 一布一膜土工膜防渗，迎水坡面及堰顶采用四角锥和 2T 扭王字块削浪护面。为加快施工进度，围堰分两期填筑，一期填筑至 4m 高程，二期填筑至堰顶。

图 3-16　围堰施工现场

由于箱涵施工需继续进行基槽挖深，而海积层下的冲洪积及坡积层间夹有中粗砂层，采用高压旋喷桩防渗处理，以截断地下水流向基坑的通道，避免基础砂层发生流砂管涌而危及开挖边坡安全。

防渗处理高压旋喷桩采用两排双管的高压旋喷桩，在黏土斜墙内，高压旋喷桩的深度以达到相对不透水层为止（平均 8m），即达到②₁冲洪积和坡积黏土、粉质黏土及砂质黏土层。

考虑到防洪堤身为块石堆筑，外围堰施工后不能完全闭水。因此还需在防洪堤内修筑内围堰，并使内外围堰防渗土连接，防止海水渗流。

拆除防洪堤 5.0m 高程以下部分前，在防洪堤内侧设置施工围堰，施工围堰采用黏土围堰，堰顶高程 6.0m，堰底高程约为 -4.0m，围堰长度约 100m。

防洪堤拆除宽度为 80m，防洪堤拆除后在两侧防洪堤端头，各浇筑一道 C15 毛石混凝土刺墙封闭堤心石渗漏通道，并与内外侧围堰土工膜和黏土紧密连接形成整体密闭防渗体系。

根据以上围堰设计，在不考虑渗透力以及地震作用下，采用圆弧滑动法（瑞典条分法）进行稳定计算，计算滑动安全系数为 1.227，满足抗滑稳定要求。

围堰施工工艺流程如图 3-18 所示。

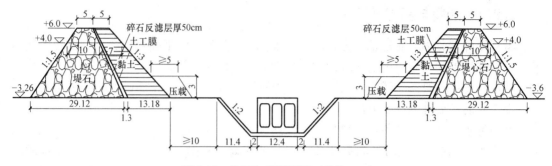

图 3-17　外堰与箱涵断面（单位：m）

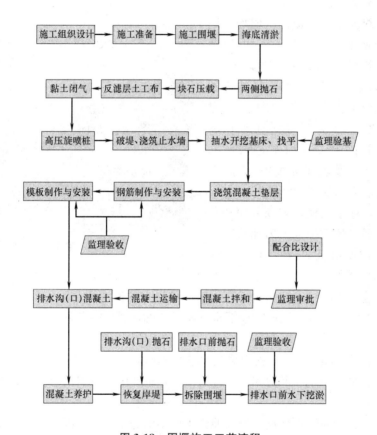

图 3-18　围堰施工工艺流程

3.9.3　外围堰（4.0m 高程以下）施工

1. 防洪堤 4.0m 高程以上堤身挖除

防洪堤 4.0m 高程以上以排水箱涵中心为轴线，拆除宽度为 90m 的堤身上部结构（爆破法施工），后将堤外已安装的四脚锥体吊出转运，为防洪堤外围堰填筑施工提供施工道路。

2. 纵向围堰填筑施工

根据拟定围堰施工图，对围堰施工进行测量放样，定出箱涵轴线及两侧围堰轴线位置后，确定破堤位置和围堰填筑轴线方向。

测量放样确定后对轴线两侧在围堰范围内 4.0m 高程以上堤身进行拆除，然后在防浪墙两侧破口处填筑形成两条围堰填筑施工道路，从两侧同时进行堤外侧 4.0m 高程以下围堰填筑进占施工。纵向围堰填筑施工现场如图 3-19 所示。

为了保证闭气土填筑后不产生滑移，首先采用挖泥船清除闭气土下部的淤泥（厚 1~2m），然后进行围堰块石填筑，块石均取自门前山石料场，挖掘机装料，15t 自卸汽车运输，填筑方式采用 15t 自

图 3-19　纵向围堰填筑

卸汽车卸料进占方法，ZL50 装载机推平。块石填筑坡度内侧（背水面）为 1:1，外侧（迎水面）为 1:1.5，采用挖掘机配合人工理坡。

3. 围堰合拢施工

围堰合拢施工如图 3-20 所示。根据施工实际进度，并根据月降水量和水文、气象预报资料进行综合分析选定最佳截流时段，围堰合拢施工于 2006 年 10 月下旬进行。

戗堤总长约 60m，分别由左、右侧横向围堰向海床进占形成拢口，左、右侧预进占约 60m，形成截流前的最终拢口。戗堤最大堤高约 10.75m，非拢口段长约

图 3-20　围堰合拢

60m，拢口段长约 20m，戗堤上下游坡比拟为 1:1.5，由于戗堤顶需满足交通要求，故戗堤顶宽拟设为 15m。

戗堤块石填筑工程量约 2.37 万 m^3，非拢口段石碴填筑约 1.65 万 m^3，拢口段填筑约 0.72 万 m^3。

进站石料均取自某石料场，由某公路经厂区专用道路运至排水箱涵左、右侧横向围堰至填筑工作面，运距约 8.5km。根据施工强度，机械设备拟采用 2 台 PC400，配 20 台 15t 自卸车，抛填现场用 ZL-50 装载机进行推铺。抛石现场如图 3-21 所示。

4. 拢口段施工

拢口位置抛填物料采用 100~500kg 的大块石，拢口段截流约需 5500m^3 抛填物料，考虑流失及备用料，共需抛填物料 7200m^3 左右。

截流合龙施工道路利用非拢口段进占

图 3-21　抛石

道路，安排机械设备为 2 台 PC400，配 20 台 15t 自卸车，拢口抛填现场用 ZL-50 装载机进行推平。

图 3-22　闭气土方施工

5. 闭气土方施工

拢口段施工结束后进行内侧反滤层填筑和土工膜铺设。

反滤层采用碎石混合料，反滤层厚度 500mm，机械配合人工理坡整平，为防止土工膜被刮破，闭气土紧跟土工膜铺设施工，并且应保证足够的闭气土填筑强度。

闭气土方在低潮位进行填筑，潮水位以下采用进占抛填，潮水位以上采用分层回填，并进行碾压。同时应选用黏度大、含砂量少的闭气土进行填筑。闭气土顶部宽度 5m，坡度为 1 : 3，分层填筑厚度 50~60cm，为防止回填后闭气土受海水浸泡造成滑塌，每层填筑完成后由压路机碾压压实，确保形成一个封闭的防渗体。闭气土方施工如图 3-22 所示。

考虑到围堰填筑闭气后，堤外侧高潮位时，外侧水压力过大，会对内侧土工膜及闭气土产生过大的扬压力，从而引起土工膜破裂以及闭气土滑移，对施工造成较大的影响，因此，在闭气土坡脚填筑大块石进行压载，该压载不仅保护闭气土不产生滑移，同时亦作为围堰坡脚抗滑稳定的配重，保证围堰坡脚稳定。块石压载填筑宽度为 5m，高度为 3m。

图 3-23　内围堰填筑

6. 施工排水

施工排水分闭气后围堰内降水和开挖施工时的长期排水。对于闭气结束后堰内抽水，采用六台 WL150-210-18 离心水泵进行排水，每降水 1m 应停止抽水，然后观察围堰内是否渗漏，如无渗漏则继续抽水。如有渗漏，应立即处理，待堵漏结束后再进行抽水。排水箱涵开挖施工时，还需在压载内侧开挖排水沟。

7. 内围堰填筑

内围堰施工与外围堰闭气施工同时进行。内围堰填筑现场如图 3-23 所示。

为防止内围堰基础层透水，首先将内围堰基础部分砂土层进行挖除至 -8.0m 高程，全部用黏土换填，内围堰填筑顶高程 6.0m，顶宽 1m，内外侧坡度为 1 : 1.5，内围堰采用土工膜、闭气土进行闭气。

3.9.4　外围堰（4.0m 高程以上）施工

1. 开挖与闭气土回填

外围堰二期填筑在一期闭气土填筑合拢闭气结束后进行。内围堰形成后进行防洪堤 4.0～－3.6m 高程堤身部分开挖，开挖完成后，紧接着进行破堤后堤身两侧与内外围堰的 C15 混凝土刺墙浇筑（赶潮水施工）、闭气土回填衔接施工，为防止破堤开挖段两侧与内外围堰闭气衔接施工受外侧海水压力过大而无法闭气，在外围堰与堤身衔接部分的堤身与外围堰外侧各填筑 20m 长的闭气土，至此完成内外围堰的整体闭气。

2. 刺墙施工

内外围堰全部施工至 6.0m 设计高程后进行防洪堤 4.0m 以下部分破堤开挖施工，先开挖至原地面高程，然后在防洪堤两端利用挖掘机进行刺墙基础开挖，开挖深度以达到持力层深度为准，刺墙整体结构由两部分组成，底部浇筑厚度为 2m，高度为 3m，宽度为超出拆除后防洪堤两侧坡脚处 5m 基础，上部厚度为从 2m 至 0.5m 渐变结构，宽度随两侧防洪堤坡度向上渐变。

3. 高压旋喷桩施工（图 3-24）

为满足排水箱涵干地施工要求，排水箱涵开挖线两侧闭气体内布置两排双管的高压旋喷桩，布置于土工膜内侧坡脚处，深度以达到相对不透水层为止，即达到②₁冲洪积和坡积黏土、粉质黏土及砂质黏土层，形成一道密闭防渗幕墙，完全截断围堰底部海水渗透路径，进而防止围堰底部形成管涌，造成围堰滑坡或大面积塌方。

图 3-24 高压旋喷桩施工

高压旋喷桩桩径采用 ϕ750mm，桩间搭接 100mm，桩长平均约 8.0m（陇口段 13m 左右），水泥用量不少于 400kg/m，喷口压力＞30MPa，桩垂直度偏差小于 3％，搅拌桩机钻进/提升速度不大于 24cm/min。为了满足工期要求，在水泥浆液中掺入 0.05％的早强剂（三乙醇胺），以增强高压旋喷桩的早期强度。

3.9.5 围堰道路施工

施工道路主要有：围堰填筑施工道路；下基坑施工道路。

1. 围堰填筑施工道路

按 10％的纵坡从厂区标高延伸至防洪堤 EL4 作为排水箱涵堤外围堰填筑施工道路，填筑料由反铲挖掘机配合 15t 自卸车取自门前山料场，现场 ZL50 装载机推平形成施工道路。

2. 下基坑施工道路

下基坑施工道路土方开挖采用 944 反铲挖掘机配合 15t 自卸汽车装运，石方开挖采用液压潜孔钻配合手风钻钻孔，按先锋槽开挖工艺布置掏槽孔，进行钻、爆、出渣装运，先锋槽宽 15m，在形成下基坑施工道路的同时，也形成排水箱涵基础石方开挖临空面。

3.10　管井降水施工实例

3.10.1　工程概述

（1）某市再生水深度处理工程规模 20 万 m^3/d，一期工程为 10 万 m^3/d；新建活性炭滤池、臭氧深度处理池和泵房等构筑物，除泵房等地面建筑外，全部采用钢筋混凝土结构，完全地下式或半地下式；施工占地 19000m^2；明挖基坑深度 5.0～6.0m，围护结构采用直径 500mm 混凝土灌注桩。

（2）工程地质条件如下：

1）勘察揭露地层最大深度为 40m，地层层序自上而下依次为：

粉土填土①层：黄褐—褐黄色，松散—稍密，湿，含砖渣、灰渣、石块和混凝土块。最大厚度为 3.9m，一般厚度为 2.0m。

杂填土①₁层：杂色，松散—稍密，部分地段表面为沥青、水泥路面，其下为砖块、石子、混凝土块和少量炉灰。一般厚度约 1.0～2.0m，最大厚度为 6.0m。

每层厚度一般为 3.0～4.0m，层底标高为 39.05～42.66m。

2）地下水情况

上层滞水主要赋存于人工填土底部，浅层粉土和粉细砂的孔隙之中，分布不连续，场区含水层主要为粉土③层，水位标高为 34.62～40.90m，水位埋深为 5.03～8.71m。

（3）工程设计时考虑了疏干施工范围内的地下水。结构施工需干槽作业，地下水位降至基坑底部 0.5m 以下。

鉴于施工范围内土层以砂土层为主，渗透系数较大（＞20m/d），施工降水平均深度 5.6m，采用管井井点降水方式较为适宜。经过排水量计算，并经技术经济比较，确定了管井井点降水方案。

3.10.2　降水方案

（1）根据计算分析，确定降水管井设计参数如下：

图 3-25　无砂水泥管与尼龙网包裹

1）管井直径 ϕ700mm，管井内放置外径 ϕ400mm，壁厚 50mm 的无砂水泥管，外包裹 80 目尼龙网，如图 3-25 所示；

2）井深 13.5m，井点沿基坑每隔 10m 设置一个管井，井数 56 个；

3）井壁与无砂水泥管之间空隙填充粒径 2～4mm 滤料；

4）每个管井单独用一台水泵，抽水泵选用 QD15-52/2-4 型。

（2）在距基坑围护结构外缘 2.0～2.5 m 左右呈封闭状布设管井，每 1.0m 设一眼降水井。

（3）当水泵排水量大于单孔滤水井涌水量数倍时，可考虑另加设集水总管，将相邻的相应数量的吸水管连成一体，共用一台水泵。

（4）编制降水专项方案，并附计算书、井位图等资料。

3.10.3 管井施工

1. 现场确定井位

根据降水专项方案提供的井位图、地下管线分布图及现场施工围挡和现场平面图，并参照水厂永中线控制点，在保证降水效果的情况下，现场对井位和井间距做适当的调整。

正常情况下，井位施工偏差≤50mm；遇有地下障碍、地面或空中障碍等特殊情况需调整井位时，应及时通知有关人员到现场协商后调整。为保证安全，定井位后应挖探坑探明井位范围内有无地下管线、地下障碍物，挖探坑的平面尺寸应和钻孔钢护筒相近（稍大一点），深度必须以挖（或钎探）到地层原状土为准。

2. 设备进场准备

投入2台反循环钻机进行施工，施工条件不能满足反循环钻机成井条件的井位处，用小型冲击钻进行处理。

（1）埋设护筒

为避免钻进过程中循环水流将孔口回填土冲塌，钻孔前必须埋设钢护筒。护筒外径1.0m，深度视地层情况而定。在护筒上口设进水口，并用黏土将护筒外侧填实。护筒必须安放平整，护筒中心即为降水井中心点，如上部回填土颗粒较大，则采用人工挖孔护壁，防止钻孔内浆液的流失，保证钻进正常进行。

（2）砌筑泥浆池

为保证钻进过程中水流循环及保存钻孔出渣，并且不破坏现状路面，在水厂路边适当位置采用砌块砌筑泥浆池（容积不小于1.5倍单井体积），泥浆池底部铺垫塑料布防止渗水，墙体在路面结构下应生根。

（3）钻机就位、调整

钻机就位时需调整钻机的平整度和钻塔的垂直度，对位后用机台木垫实，以保证钻机安放平稳。钻机对位偏差应小于20mm，钻孔垂直度偏差应小于1%。

3. 成孔

（1）钻孔

钻孔孔径比滤管外径大200mm。在钻孔过程中应保证孔内泥浆液面高度与孔口平，严防塌孔。在地层条件允许的情况下，尽量使用地层自造泥浆成孔，当钻孔通过易塌孔的流砂层或泥浆漏失严重的地层时，可采用人工造浆护壁钻进，泥浆相对密度调至1.1～1.3。为提高钻进效率，应尽量使用反循环钻进工艺成孔。

（2）换浆

设计深度即钻孔底部（滤水井管深加200mm），钻孔至方案设计深度以下0.5m左右，将钻头提高0.5m，然后用清水继续反循环操作替换泥浆，直到泥浆黏度约为20s为止。

（3）下管

下管前应检查井管是否已按设计要求包缠尼龙纱网；无砂水泥管接口处要用塑料布包严，以防地层中细砂层流失，造成地面下沉。必须确保井管在井孔居中放置，不得歪斜

图 3-26   管井

（见图 3-26）。

（4）洗井

井管下沉前应清洗滤井，冲除沉渣，可灌入稀泥浆用吸水泵抽出置换，或用空压机洗井法，将泥渣清出井外，并保持滤网的畅通，然后下管。本工程采用空压机洗井，按照降水设计要求，降水井要安装自动监控系统，对出水量、井内水位、水泵工作情况等进行监控。

4. 成井

（1）滤水井管应置于孔中心，下端用圆木堵塞管口，井管与孔壁之间用粒径 2～4mm 碎石滤料填充作过滤层，地面以下 0.5m 内用黏土填充夯实。

（2）填料必须从井四周均匀缓慢填入，避免造成孔内"架桥"现象，洗井后若发现滤料下沉应及时补充滤料，填料高度必须符合设计要求。

（3）水泵的设置标高应根据降水深度和所选水泵最大真空吸水高度而定，并经试运行调整。

3.10.4   系统运行

管井运行初期，应经试抽水，检查出水是否正常，有无淤塞等现象，如发现异常，应检修好后方可转入正常使用。

管井井点抽水时，要密切注意水位降低情况，当井内水位不下降，或基坑内有积水时，应考虑更换泵型号。

施工降水期间设有专人值班，负责查看水位情况；当井内无水时，应立即停泵，防止烧泵；一旦水位上升，需立即开泵抽水，确保降水效果；且经常对抽水设备的电动机、传动机械、电流、电压等进行检查，并对井内水位下降值和流量进行观测和记录。

个别井的实际出水量很少时，分析认为是管井施工质量存在问题，如洗井质量不良、井内沉淀物过多等。及时采取重新洗井措施，解决了水量达不到预期目标的问题。

构筑物施工完毕，在肥槽回填时将井管逐根拔出，将滤水井管洗去泥砂后储存备用；所留孔洞随即用砂砾料填实，上部 500mm 用黏性土填充夯实。

3.11   管井与轻型井点组合降水施工实例

3.11.1   工程概述

某雨水提升泵站改造工程新建雨水调蓄池一座，完全地下式，钢筋混凝土结构，明挖基坑顶部平面尺寸 75.52m×24.92m，开挖 16.44m。采用两步放坡开挖方式，第一步开挖深度 12.44m，坡度 1：1；第二步开挖深度 4.00m，坡度 1：0.65。坡面采用网喷混凝土作为护坡结构。

地勘资料显示：主体结构处于砂性土层和砂砾土层，有浅层滞水，地下水位于地面下

9.58m，基坑下部无明显不透水层。

鉴于基坑平面尺寸大、降水量大，且施工周期短，经比较采用管井与轻型井点组合降水方案，先在基坑周围采用管井，以解决浅层滞水为主，并将水位降至地下 13m 左右；在第二步开挖平台上设置轻型井点，对基坑下部进行降水，通过将管井与轻型井点组合的方式实现基坑干槽（水位于基坑下 0.5m）作业要求。

3.11.2　管井设计

1. 基坑涌水量计算

地勘资料表明基坑下部无明显不透水层，因此基坑涌水量应按照潜水非完整井形式进行计算。

对于非完整井的计算，在理论上尚无成熟的计算公式；鉴于地下水有向上流动的性质，其渗流阻力比完整井大，在水位降低值一样时，非完整井的涌水量较完整井小。为安全起见，降水方案按完整井进行计算。

选用裴布依公式：

$$Q = 1.366K[(2H-S)S/(\lg R - \lg r_0)] \tag{3-2}$$

式中　K——土的渗透系数，按表 3-11 取值，当垂直方向上存在多层彼此有水力联系但透水性不同的含水层时，渗透系数可取各含水层渗透系数与含水层厚度的加权平均值 K_{cp}，由相关公式计算得出；

S——基坑中心水位降低值，降水深度为将地下水降低至槽底 0.5m，即 $16.44 - 9.58 + 0.50 = 7.36$m；

H——含水层厚度，按完整井计算，含水层厚度即为降水前地下水位至井点管底的高度，井点管深度按 16.0m 计，$H = 16 - (23.80 - 22.30) - 0.3 = 14.20$m；

R——抽水影响半径，$R = 2S\sqrt{HK}$，代入 $R = 32.51$m；

γ_0——基坑计算半径，$\gamma_0 = \eta[(a+b)/4]$；

系数 η 值查表 3-12，经计算得 $\eta = 1.133$，

$\gamma_0 = 1.133 \times [(75.52 + 24.92)/4] = 28.42$m

$$K_{cp} = \sum k_i h_i / \sum h_i = [2.3 \times 0.5 + 0.5 \times 0.005 + 2.4 \times 0.3 + 9.9 \times 0.5]/14.8 = 0.46\text{m/d} \tag{3-3}$$

式中　k_i——各土层渗透系数，m/d；

h_i——各土层厚度，m。

代入公式（3-2）得，$Q = 1518.57\text{m}^3/\text{d}$。

土的渗透系数 K 值　　　　　表 3-11

序号	土质	渗透系数（K 值）
1	黏土	<0.005
2	粉质黏土	0.005～1
3	粉砂	0.5～1.0
4	细砂	1.0～5.0
5	中砂	5～20
6	粗砂	20～50
7	均质粗砂	60～75
8	卵石	100～500
9	含黏土的中砂	20～25

系数 η 值 表 3-12

基坑长宽比值 b/a	0	0.2	0.4	0.6	0.8	1.0
安全系数	1.0	1.1	1.1	1.1	1.1	1.1
η	0	2	4	6	8	8

2. 单井涌水量计算

单井涌水量计算，根据基合德公式：

$$q=2\pi Lr(\sqrt{K}/15) \tag{3-4}$$

式中 K——渗透系数，m/s；

r——过滤管半径，采用 $\phi500$mm 无砂管，半径 $r=0.25$m；

L——过滤管长度，工程采用无砂管，过滤管长度需要根据水力坡度确定（水力坡度 i 一般为 0.1～0.3，取 0.2），通过水力坡度线图，得 $L=4.2$m。

将各数据代入公式（3-4）得，$q=87.64$m³/d。

3. 井点间距计算

井点数量 $n=1518.57/87.64=17.33$，取 18；井点间距 $a=L/n$，L 为基坑周长。经计算，$a=11.15$m。

管井实际布置时，在基坑四角各布置 1 根，沿基坑宽度方向在中间布置 1 根，沿长度方向等间距布置 6 根即可。

4. 管井埋设深度计算

管井埋设深度：

$$L=H+ir+h+\Delta S \tag{3-5}$$

式中 L——管井埋设总长，m；

H——地面至基底深度，m；

r——封闭降水区引用半径，m；

i——基坑内降水曲线水力坡度；

ΔS——基底至降水后稳定地下水位的高度，m；

h——管井露出地面高度，取 0.3m。

将各数据代入公式（3-5）得，$L=13.84$m<16m，即在井点管布置时，按 16m 深施工，能够满足要求。

3.11.3 轻型井点设计

1. 井点布置

第二步开挖基坑为 62.8m×12.56m，布置环状井点，井点管离边坡 0.8m，要求降水深度 $S=(4+0.5)$ m$=4.5$m。因为一级轻型井点一般降水深度为 4～6m，二步台阶下基坑采用一级轻型井点降水系统即可满足使用要求。总管和井点布置在同一水平面上。轻型井点管长 6.0m，滤管长 1.2m，采用井点管单根总长度为 7.2m。

2. 基坑总涌水量计算

基坑总涌水量计算方法同管井井点总涌水量，按照潜水完整井公式计算。

含水层厚度：$H=7.2$m；

降水深度：$S=(4+0.5)\text{m}=4.5\text{m}$；

基坑计算半径：$x_0=\sqrt{F/\pi}=\sqrt{(62.80\times12.56)\;/\pi}=15.85\text{m}$；

抽水影响半径：$R=2S\sqrt{HK}=2\times4.5\times\sqrt{7.2\times0.46}=16.38\text{m}$；

基坑总涌水量按公式（3-2）计算，$Q=1399.67\text{m}^3/\text{d}$。

3. 计算轻型井点管数量和间距

轻型井点管单井出水量：

$q=65\pi dl^3\sqrt{K}=65\times3.14\times0.05\times6\times^3\sqrt{0.46}=49.98\text{m}^3/\text{d}$；

轻型井点管数量：$n=1.1\times Q/q=1.1\times1399.67\div49.98=30.81$ 根，取 31 根。

轻型井点管在四角处应加密，该工程考虑每个角增加 2 个井点管，即 $31+8=39$ 根。井点管间距 $D=2\times(62.80+12.10)/(39-1)=3.94\text{m}$，取 3.5m。

轻型井点管布置时，为让开机械挖土行驶路线，宜布置成端部开口（即留 3 根井点管距离），因此，实际布置井点管数量为 $n=2(62.80+12.10)/3.5-2=40.8$ 根，用 42 根。

4. 校核水位降低数值

井点管数量与间距确定后，可按公式（3-6）校核所采用的布置方式是否能将地下水位降低到规定的标高。

$$h=\sqrt{H^2-(Q/1.366K)(\lg16.38-\lg15.56)} \tag{3-6}$$

将数值代入公式（3-6），$h=2.7\text{m}$，实际可降低水位 $S=H-h=7.2-2.7=4.5\text{m}$，与需要降低水位数值 4.5m 相符，故此方案可行。

3.11.4　系统组成与降水效果

依据管井涌水量（$q=87.64\text{m}^3/\text{d}=3.65\text{ m}^3/\text{h}$）和管井埋设深度，经过设备性能参数选型，确定每个管井内安装 1 台 QY15-26-2.2 型潜水泵。在下井点管前应严格检查管外包裹的滤网，发现破损或包扎不严密应及时修补；井点滤网和砂滤料应根据土质条件选用；运行中发现井点长时间抽出浑浊水时，应立即停止抽升，并考虑补充井点。

采用 2 套真空泵降水成套设备，井点系统组成：井点管及滤水管为 $DN50\text{mm}$ 的钢管，长 7.2m，21 根；集水总管为 $DN100\text{mm}$ 的钢管，长 75m，与 21 个井点通过软管连接。抽水设备：W5-1 型真空泵、4BA-6A 型离心泵和集水箱。井点运行中发现真空度失常时，应及时停止抽升，进行必要的检查：轻型井点管安装是否严密；降水机组零部件是否严重磨损；井点滤网、滤管、集水总管和滤清器是否被泥沙淤塞等。发现漏气和"死井"等问题应及时处理。

工程实践表明：基坑施工降水应在详细分析地勘报告基础上，对降水范围、深度、时间进行评估，选择设计参数后进行计算，对可供选用的降水系统进行技术经济比选。

采用管井与轻型井点组合的降水方案，随着基坑分次开挖，分层降水满足了工程施工需求，确保了基坑安全顺利施工。管井与轻型井点组合的降水方案，最大限度地发挥了各自的降水能力，较符合工程具体概况，取得了良好的降水效果。

3.12   基坑围护结构施工实例

3.12.1   工程概述

某供水厂扩建工程，新建一组澄清池、过滤池和臭氧接触池，均为钢筋混凝土矩形水池，地下式或半地下式。施工基坑平面尺寸为 68.3m×47.6m，深 8.0～12.4m；邻近现有构筑物，围护结构为围护桩＋预应力锚索（见图 3-27），基础经过强夯加固，底板下设有 500mm 厚天然级配砂石垫层。

图 3-27   冠梁＋预应力锚索支护示意

基坑围护结构：

基坑围护桩为直径 800mm 的混凝土灌注桩，间距 1500mm，桩长 17.0～20.5m，锚固深度不小于 8.0m，混凝土强度等级 C30；桩间挂 $\phi6.5@250$mm 网筋、喷 100mm 厚 C20 混凝土。桩顶设有钢筋混凝土冠梁，冠梁内侧设有预应力锚索。

冠梁、预应力锚索设计参数见表 3-13。

部位	设计项目	设计参数
冠梁	断面尺寸(mm)	1000(宽)×800(厚)
	强度等级	C30
桩间挂网喷混凝土	厚度(mm)	100
	混凝土强度等级	C20
	钢筋网片	$\phi6.5@250$mm×250mm
预应力锚索	冠梁中间	长 6m，直径 15.2mm
	水平夹角(斜向下)	30°

冠梁、预应力锚索设计参数   表 3-13

3.12.2   围护桩施工

1. 混凝土灌注桩施工流程

施工准备→桩位放线→埋设护筒→钻机就位→钻进、掏渣→清孔→成孔检查→钻机移位→下钢筋笼→下导管→水下灌筑混凝土→拆、拔护筒→下道工序。

2. 钻机选择

为保证钻孔灌注桩的施工质量、工期，结合本工程实际情况，选用 3 台旋挖钻机进行施工。

3. 测量放桩位

（1）根据测量控制桩点及图纸，定出桩位基准轴线、桩孔平面位置及高程，进行复测无误后进行施工。

（2）采用护筒规格为 1200mm，护筒中心与桩位偏差≤2cm。护筒中心竖直线与桩中心线重合，除设计另有规定外，平面允许误差为 50mm，竖直线倾斜不得大于 1%，干处可实测定位，水域可依据导向架定位。

4. 设备就位

（1）钻机就位前，将作业场地垫平填实，钻机按指定位置就位；钻机工作面坚实、平整、不塌陷，其标高高于设计桩顶标高 0.5m。

（2）钻机安装就位之后，精心调平，作业场地平整、坚实，保持清洁，设防滑措施。以确保施工中不发生倾斜、移位。

（3）护筒采用钢板制成，钢板厚 4～5mm。护筒坚实、不漏水，内壁平滑无任何凸起，以便于钻孔。护筒长 2.3m，埋深 2m，护筒顶面高出现况地面 0.3m，以防止地面水流入孔内。在挖埋护筒时，挖埋直径比护筒直径大 0.4m，坑底深度与护筒底同高且平整。护筒内径比桩径大 200～300mm。埋设护筒时，护筒中心轴线对正测定的桩位中心，严格保持护筒垂直度。

（4）护筒固定在正确位置后，用黏土分层回填夯实，以保证其垂直度及防止泥浆流失及位移、掉落。护筒高度宜高出地面 0.3m。

5. 成孔

（1）泥浆制备

泥浆池设在基坑外围，采用预制钢板制成，保证焊口饱满，防止泥浆渗漏。成孔质量标准如表 3-14 所示。

<table>
<tr><td colspan="3" align="center">成孔质量标准</td><td align="right">表 3-14</td></tr>
<tr><td>项目</td><td>允许偏差</td><td colspan="2">检验方法</td></tr>
<tr><td>钻孔中心位置</td><td>20mm</td><td colspan="2">用 JJY 井径线</td></tr>
<tr><td>孔径</td><td>$-0.05d$，$+0.10d$</td><td colspan="2">超声波测井仪</td></tr>
<tr><td>倾斜率</td><td>0.5‰</td><td colspan="2">超声波测成井仪</td></tr>
<tr><td>孔深</td><td>比设计深度深 300～500mm</td><td colspan="2">核定钻头和钻杆长度</td></tr>
</table>

泥浆配比如下：水：膨润土：碱＝100：（6～8）：（0.5～1.0）。

（2）钻孔

在施工第一根桩时，钻机慢速运转，掌握地层对钻机的影响情况，以确定在该地层条件下的钻进参数。

旋挖钻机在开孔时慢速进行，至护筒底下 1.5m 时正常钻进。钻进过程中，不可进尺太快，由于采取泥浆护壁，因此，给予一定的护壁时间。在钻进过程中，保持泥浆面不得低于护筒顶 400mm。在提钻时，及时向孔内补浆，以保证泥浆高度。

在钻进过程中，经常检查钻头尺寸。施工过程中，如发现地质情况与原钻探资料不符，立即通知设计、监理等单位并及时处理。

钻孔时的垂直度、孔径、孔深的控制：孔深的检测采用 4～6kg 锥形锤，系以测绳直接测深。垂直度、孔径检测采用长度为 4～6 倍桩径、直径为桩外径的钢筋笼，系以钢丝绳，在钻孔中上下移动，如上下自如说明钻孔的孔径合格，且无弯孔现象。

（3）清孔

在钻进到设计深度时，立即清孔，采用捞渣钻头捞渣，可一次或多次进行捞渣。在清孔后，孔底沉渣不得大于设计要求（200mm），并将孔口处杂物清理干净，方可进入下道工序。

6. 成桩

（1）钢筋笼制作及吊放

钢筋笼制作允许偏差见表3-15。

钢筋笼制作允许偏差　　　　　　　　　　　　表 3-15

项　目	允许偏差(mm)
主筋间距	±10
箍筋间距或螺旋筋螺距	±20
钢筋笼直径	±10
钢筋笼长度	±50

起吊钢筋笼采用扁担起吊法，起吊点设在钢筋笼主筋与架立筋连接处，且吊点对称并一次性起吊。下放钢筋笼及钢筋笼连接时，有技术人员在场指导。现场测设护筒顶标高，准确计算吊筋长度，吊筋采用不小于 $\phi 25mm$ 的钢筋制作，以控制钢筋笼的桩顶标高及钢筋笼上浮等问题。

（2）灌注混凝土

采用导管法灌注水下混凝土。施工采用预拌混凝土，使用 200mm 导管灌注水下混凝土，导管接头无漏水，密封圈完好无损。

预拌混凝土要求：混凝土坍落度控制在（20±2）cm，石子采用 5~25mm 碎石，混凝土初凝时间控制在 6~8h，开盘鉴定在混凝土运输时随车附来。严格把好质量关，每批进场混凝土搅拌站附送级配单。现场仔细核对配合比组成情况，发现问题及时组织更正，要求重拌。搅拌站后期附送混凝土质量证明单。每根桩的混凝土灌注做好坍落度试验，以及混凝土试块试验。

图 3-28　凿桩头与锚索

在灌注首批混凝土前，先在导管内吊挂隔水塞，隔水塞采用橡胶球胆塞。在灌注首批混凝土时，将混凝土全部灌入导管中，确保首批混凝土灌筑量，导管下口至孔底的距离一般为 30~50cm。首批混凝土灌注正常后，连续不断灌注混凝土，严禁中途停工。在灌注过程中设专人量测导管的埋深，并适当提升和拆卸导管，拆下的导管立即冲洗干净。在灌注过程中，当导管内混凝土不满含有空气时，将后续的混凝土徐徐灌入漏斗和导管，不得将混凝土整斗从上面倾入管内，以免在导管内形成高压气囊，挤出管节间的橡胶垫而使导管漏水。

混凝土开始灌注时，初灌量满足规范要求。灌注混凝土过程中，严禁将导管提出混凝土面或埋入过深，测量混凝土面上升高度由机长或班长负责。混凝土连续灌注。

混凝土灌注过程中，导管埋入混凝土最小深度不得小于 3m。

7. 清桩间土

施工完毕，待桩体达到一定强度后（一般为灌注后 3~7d）进行开挖。开挖时，采用小型挖掘机配合人工进行开挖；开挖过程中配专人指挥，保证铲斗离桩身有一定安全距离，避免扰动桩间土和对设计桩顶标高以下的桩体产生损害。

8. 截桩与凿桩

（1）桩施工达到 28d 以后，当开挖到设计标高时进行桩头截取，使用专用混凝土切割机，将桩头截断。在清土和截桩时，避免造成桩顶标高以下桩身断裂和扰动桩间土；注意保护桩间外露锚索，如图 3-28 所示。

（2）施工质量检验主要检查施工记录、混合料坍落度、桩数、桩位偏差、褥热层厚度、夯填度和桩体试块抗压强度等。

3.12.3 预应力锚索施工

1. 设计参数

基坑共设 3 道锚索，在围护桩冠梁处设第一道预应力锚索，3s 筑 15；第二道锚索位于第一道以下 6m，3s 筑 15；第三道锚索位于第二道以下 6m，7s 筑 15。采用高强钢绞线作为预应力锚索，采用二次灌浆工艺（其中第二次为高压注浆），待浆体强度符合设计要求后，进行张拉锁定于型钢围檩之上。

钻孔孔径均为 150mm，下倾角度 30°。钻孔前根据设计要求定出孔位，孔位允许偏差为 50mm，钻孔倾斜度允许偏差为 3%，孔深允许偏差为 ±50mm。锚索成孔采用钻机（见图 3-29）打入，当遇到不明障碍物时报告设计方采取措施处理。

图 3-29 钻机成孔

注浆材料采用 1：0.45 水泥净浆，水泥采用 P.O.32.5R 级普通硅酸盐水泥，加水泥用量 0.3% 的 FDN 高效减水剂，注意拌和均匀，随拌随用。

预应力锚索在注浆体强度达到 15MPa 后，方可进行锚索的张拉锁定。锚索张拉锁定之后，方可开始下一层土体的开挖。

2. 施工前准备工作

锚杆施工前，在设计交底和现场勘察的基础上编制专项施工方案，主要包括：布置图、钻孔方法和设备选型、锚杆制作和安装、注浆方法与设备、张拉锁定设备和方法、施工组织、质量保证和安全措施等。

施工前认真检查原材料品种、型号、规格及锚杆各部件的质量，并具有原材料主要技术性能的检验报告；锚索使用前调直、除锈、除油，自由段涂上黄油。注浆前，先用清水将孔内清洗干净。

3. 施工工艺与流程

锚杆采用 XU-60 型螺旋钻机干作业法成孔，采用 BW250/50 型注浆泵二次灌浆，锚索采用 YC-60 型穿心式千斤顶张拉锁定。锚索施工工艺流程详见图 3-30。

4. 钻孔

（1）钻机干作业法成孔，钻孔过程中要保证锚孔位置正确，防止高低参差不齐和相互交

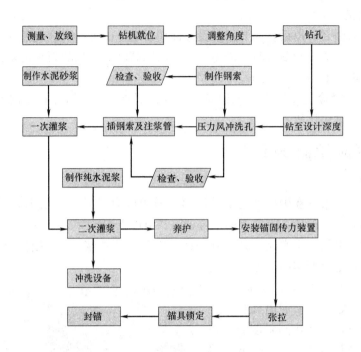

图 3-30 锚索施工工艺流程

错。钻孔时根据地层随时调节钻机回转速度。锚杆钻孔前，根据设计要求定出孔位，孔距水平方向允许偏差为±100mm，垂直方向允许偏差为±50mm；钻孔倾斜度允许偏差为3%；孔深应超过锚杆设计长度0.5～1.0m；如遇到容易塌孔的地段，可套上护壁套管钻进。

（2）成孔后立即进行清孔作业，采用空气压缩机风管冲洗，将孔内残渣废土清除干净。清孔后进行孔深、孔径、孔形检查，不得有塌孔和扰动。

5. 锚索制作

（1）锚索使用前检查各项性能，如有无油污、锈蚀、断线等情况，如有不合格进行更换或处理。加工好的锚索长度基本一致，偏差不得大于50mm。端头焊一个锥形导向帽，一次和二次注浆管与锚索一并安设，安设长度大于锚索长度的95%，且不得超深，以防外露长度不够。注浆管使用前，检查有无破裂堵塞，接口处处理牢固，防止压力加大时开裂跑浆。

（2）锚索严格按设计长度下料，锚筋长度的允许误差为50mm；组装前清除钢材表面的油污和膜锈；锚索自由段裹以塑料布或套塑料管，并扎牢。

（3）锚索安装前检查导向帽、箍筋环、架管环及定位托架是否准确牢靠，锚索自由段外涂上黄油；加钢管，钢管长度不超过自由段，钢管靠锚固端需堵塞牢靠，避免注浆时浆液进入，从而减短自由段长度。

（4）锚索插放之前检查锚索质量，确保符合设计要求；插放锚索时，避免锚索出现扭压和弯曲；锚索插入孔内深度不小于锚索长度的95%，亦不得超深，以免外露长度不足。

6. 锚索安装

（1）注浆管与锚索一起放入钻孔，注浆管内端距孔底宜为50～100mm，注浆必须密实、饱满，当注浆开始返浓水泥浆时，用水泥纸袋或其他材料堵住孔口；第一次注浆要求达到孔中返出浓浆，当出现漏浆时及时补注；第二次注浆是在第一次注浆初凝后进行，注浆压力控制在 2.0MPa 以上。二次注浆管的出浆孔和端头密封，保证一次注浆时浆液不进入二次注浆管内。

（2）注浆后自然养护不少于 7d，待强度达到设计强度等级的 75% 以上，方可进行张拉。在灌浆体硬化之前，不能承受外力或由外力引起的锚索移动。

7. 锚索张拉

（1）按顺序对注浆强度达到设计要求的锚索进行预应力张拉，张拉时双指标控制，以油压表为主，以伸长量进行校核，并控制在 −3%～+6% 之内。张拉前对张拉设备进行检查标定，校核千斤顶，检验锚具精度。张拉采用 YC-60 型穿心式千斤顶，SY-60 型高压油泵，OVM 锚具及其辅助工具。

（2）锚索锚固前进行试拔检验，试拔最大拉拔力为设计轴向拉力的 1.1 倍，按拉力的 1/10 逐级加荷，卸荷时按轴向拉力的 1/5 逐级卸荷。

正式张拉前取设计拉力值的 0.1～0.2 倍拉力进行预拉一次，使各部能接触紧密，锚索体完整平直。预张拉后，直接张拉至设计拉力的 1.0～1.1 倍，持荷 10～15min，观察变化趋于稳定时卸荷至锁定荷载进行锁定，锁定荷载保证符合设计锁定预拉力。如果发现有明显的预应力损失，进行补救张拉，张拉完后用混凝土或砂浆封锚。

（3）在钻孔、注浆、高压注浆、锚索张拉过程中派专人管理详细的施工记录，并在每道工序完成后，经有关方检查签认后，方可进行下道工序施工。

8. 质量检验和监测

（1）质量检验

锚索的质量检验，除常规材质检验外，还需进行浆体强度检验和锚索抗拔力检验。浆体强度检验试块数量每 30 根锚索不少于一组，每组试块数量砂浆为 3 块，水泥砂浆为 6 块。锚索抗拔力检验在锚固体强度达到设计强度的 75% 以后进行。锚索抗拔力检验数量是锚索总数的 5%，且不得少于最初施作的 3 根。

检验锚索要具有代表性，并遵守随机抽样的原则。

（2）抗拔力检验

初始荷载取锚索设计轴向拉力值的 0.1 倍；每级加荷等级观测时间内，测读锚头位移不少于 3 次。锚索承载力检验验收标准：在最大检验荷载作用下，锚头位移趋于稳定。

3.12.4　冠梁施工

（1）钻孔灌注桩顶设置钢筋混凝土冠梁，将其连为一体，冠梁截面尺寸为 1000mm×800mm，混凝土强度等级为 C20。冠梁施工应在灌注桩施工完成后分阶段进行，施工工艺流程见图 3-32。冠梁施工前，测量人员放出开槽上口边线，机械开挖配合人工清槽，开挖至设计标高。

（2）冠梁钢筋绑扎

首先按设计标高凿除围护桩桩头，凿毛处理桩芯顶面混凝土，清除桩顶浮渣，露出桩顶筋，如图 3-31 所示。按设计布设绑扎钢筋，主筋与桩顶锚固焊接，以保证结构整体性；锚索应穿入钢筋骨架。

（3）冠梁模板

冠梁模板采用组合钢模板，背楞采用 $\phi48mm$ 钢管，竖楞采用 $50mm\times50mm$ 方木，注意确保钢模板牢固、可靠。

图 3-31 冠梁钢筋绑扎

（4）冠梁混凝土浇筑

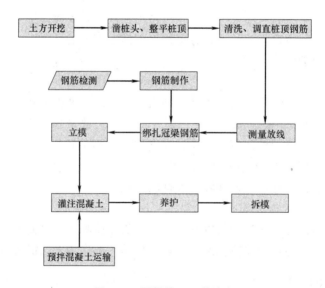

图 3-32 冠梁施工工艺流程

混凝土一次浇筑长度不小于 30m，一次浇筑高度至设计标高，采用滚浆法向前浇筑。成活后，洒水养护不少于 7d。

3.12.5 基坑开挖

基坑开挖严格按照分层、分段施工，且遵循"纵向分块，竖向分层，先锚后挖，水平推进"的原则。在桩顶冠梁环向封闭完成，且第一道预应力锚索施工完毕后方可进行土方开挖。

土方开挖分层、分段进行。预应力锚索施工与土方开挖密切配合，在土方开挖到锚索设计标高下 0.5m 时，及时进行预应力锚索施工。土方开挖施工时，严禁挖土机械碰撞锚具、桩等结构，人工清挖桩身土。

基坑由东向西进行开挖，竖向上分 3 层进行。上部土方采用大型挖掘机开挖、自卸运输车运土的形式，下部土方采用小型挖掘机开挖、人工配合清除表土的形式。最后剩余的不能用挖掘机挖除的土方，只能采用垂直提升吊运的方法施工。土方开挖施工过程中兼顾预应力锚索及桩间喷射混凝土施工。开挖工艺流程见图 3-33。

坑边 2m 范围内严禁堆放土方及重物。

3.12.6　桩间网喷射混凝土

为使围护结构更加稳定，需对桩间土体进行挂网喷射混凝土支护，厚度为 100mm，喷射混凝土强度等级为 C20。

土方开挖完成后，人工对开挖面进行修整，然后喷射 50mm 厚的混凝土，以保证凿桩挂网过程中土体稳定。

喷射混凝土完成后，按照一定的间距将膨胀螺栓打入围护桩桩体混凝土，膨胀螺栓水平间距 1.4m，竖向间距 1.2m，将钢筋网片与其焊接，网片之间绑扎搭接 250mm。

复喷混凝土，表面与桩体侧面齐平。

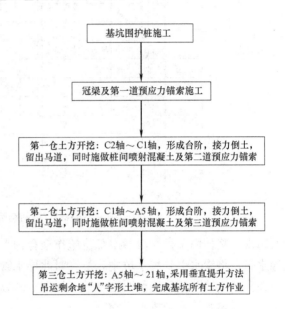

图 3-33　开挖工艺流程

桩间网喷混凝土支护，采用自下而上蛇形喷射，随挖随喷。

挂网采用 $\phi6.5@250mm\times250mm$ 钢筋网片布设。详见图 3-34。

施工工艺流程：修理边坡→第一次喷混凝土→挂设钢筋网→打入膨胀螺栓→第二次喷混凝土。

喷射混凝土在开挖面暴露后立即进行，特别是位于砂层中的桩间部位更要及时喷射混凝土，以防止土体坍塌。喷射混凝土作业分段、分片进行。喷射作业自下而上蛇形喷射。

喷射混凝土分层进行，一次喷射厚度根据喷射部位和设计厚度而定。后喷一层应在先喷一层凝固后进行，若终凝后或间隔 1h 后喷射，受喷面用风、水清洗干净。

严格控制喷嘴与土体的距离和角度。喷嘴与受喷面垂直，有钢筋时角度适当放偏，喷嘴与土体距离控制在 0.6～1.2m 范围以内。

喷射混凝土表面应密实、平整，无裂缝、脱落、漏喷、空鼓、渗漏水等现象。

由于受基坑四周地层中滞水的影响，在基坑开挖过程中侧壁会存在渗漏水情况。拟采用以下方法处理：喷射混凝土的基面清理后，找出渗漏点与渗漏缝，采用速凝型"水不漏"对漏点进行处理。漏水点过大的地方采取插打导水管，进行引排水处理；施作 20mm

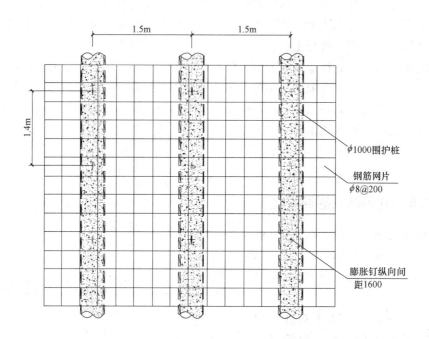

图 3-34　桩间锚喷示意

厚的防水砂浆抹面。再对渗漏水部位施作聚合物水泥砂浆弹性处理。在渗水严重的地方插入导水管，将渗水引到集水坑中，最终对此导水管进行封堵。

在槽底侧墙两侧采取留明沟（填满豆石）的方法进行排水。并在基坑侧壁漏水处插打导水管，将渗水汇集到排水沟内。

3.12.7　基础桩施工

（1）基坑挖土至基础桩顶设计高程，清土整平后，测量放出桩位；钻机进入坑内，就位后开始施工基础桩，施工流程与技术要求同第 3.12.2 条。

图 3-35　分次浇筑底板

（2）采取分区方式，及时施作混凝土垫层，如图 3-35 所示。

3.12.8　基坑施工监测

根据《建筑基坑支护技术规程》DB 11/489—2007 对基坑施工进行监测，除对基坑冠梁和周边构筑物进行位移监测外，还对锚索预应力变化进行监测。

监测锚索数量不少于工程锚索的 2%，且不得少于 3 根；监测锚索应具有代表性。预应力监测采用钢弦式压力盒、应变式压力盒或液压式压力盒等。

锚索监测时间不少于 6 个月；张拉锁定后最初 3d 每天测定一次，以后监测的时间间隔应符合要求，必要时（如开挖出现突变征兆等）加密监测次数。监测结果及时反馈给有关单位，以便采取措施，确保基坑施工安全。依据监测报告，采取重复张拉、适当放松或增加锚索数量，或其他有针对性的措施。

3.13 灌注桩后压浆技术应用实例

3.13.1 工程概述

某城市污水处理厂新建一组卵形消化池，其中地下部分桩基承台结构高 10.100m，钻孔灌注桩长 34.5m，直径 1200mm，强度等级为 C35；桩端持力层为风化岩层，原设计要求桩底进入风化岩层 3~5m。

鉴于风花岩遇有勘查未揭示球形岩，桩进尺难以控制，变更设计要求：采用灌注桩后压浆技术，保证每根桩的承载力都能满足设计要求。

钻孔灌注桩后压浆技术是近年来推广的一种新技术，其原理是在桩身混凝土灌注 5d 后，桩端注浆通过渗透、劈裂和挤密作用使桩端持力层在一定范围内形成浆液和土的结石体，从而改善持力层的物理力学性能，恢复和提高了持力层土体强度，从而增加桩的承载力，并可减少沉降。其优点是无噪声、无振动、无泥浆护壁排污。由于是高压注浆，其桩体很密实，与周围土体有明显的渗透加固作用，其承载力比普通灌注桩大幅提高，有很好的经济性。

3.13.2 压浆桩施工

1. 工艺流程

钢筋笼、压浆管加工制作→按桩孔深配压浆管→钻孔、成孔→随钢筋笼下放压浆管→二次清孔→桩体混凝土灌注→桩体混凝土灌注后的 12~24h 内用清水将喷头冲开→压浆设备检查→同一承台下的最后一根桩体混凝土灌注 5d 后注浆→压浆达注浆压力或注浆量后结束→桩身检测合格后交工验收。

2. 钻孔压浆桩施工技术要点

采用长臂螺旋钻机钻孔，待到达预定的深度后，通过设在钻头的喷嘴向孔内高压喷注水泥浆，同时向上提钻，至浆液达到没有塌孔危险时停止。起钻后在孔内放置钢筋笼，投放粒料至孔口，然后利用补浆管（桩长超过 13m 时放一长一短两根补浆管）再向孔内二次补浆，直至浆液达到孔口为止。

在灌注桩浇筑完成后，通过预埋的压浆管路对桩端及桩侧压注水泥浆液，使桩周及桩底松软土体的强度得到有效加强，同时浆液填充挤扩桩端土体并加固持力层，从而大大提高桩端的承载力与桩周摩阻力。

灌注桩后压浆技术通过高压注浆，成桩的桩体密实，对周围土体有明显的渗透加固作用，其承载力比普通灌注桩大幅提高；不同的工程地质条件有很大的差异，不可能有相同的压浆参数，预先设定的压浆参数往往参考相似工程的经验，压浆参数的最终确定要依赖于试验桩的结果。

3.13.3 压浆管制作与安装

1. 压浆管制作

压浆竖管采用外径为 30mm、壁厚为 3mm 的钢管制作，接长采用接头丝扣连接。加

工前应检查制作压浆管的钢管是否有裂缝、孔洞、堵塞等缺陷。每根桩按轴心对称布置 2
根压浆管，每节压浆管连接丝扣加工长度不少于 30 mm；并保证丝扣的正直，以确保压浆
管连接牢固和正直。下管端出浆部分长为 500mm，制作成压浆喷头（俗称花管），钻 4 排
出浆孔，梅花形设置，孔上下间距 50mm，钻孔完毕应将管内铁屑清理干净，以免将注浆
孔堵塞。出浆孔由防水胶布、橡皮等包裹严密。并用细钢丝将其固定。压浆管的长度根据
桩深确定，一般高出地面 300mm，下部伸出钢筋笼底部以下 200mm，压浆管最上面一个
接头距自然地面不应小于 5m。

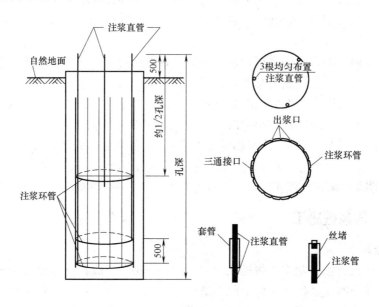

图 3-36   注浆管安装示意

2. 压浆管安装

根据卵形消化池工程实际土层地质情况，共设置两根桩侧压浆管，布设原则是在钢
筋笼圆周范围内分层对称布置，层与层之间压浆管位置错开。桩底注浆管共两根，对称
布置，其中一根为备用管或作为劈裂注浆使用。桩底注浆管应长出钢筋笼 200mm，使
其根部深入孔底部钻头影响范围内土层并伸入持力层，以达到较好的注浆效果。四根桩
侧压浆管均装设单向压浆阀以防止压浆停止后压浆管内浆液出现倒流现象，如图 3-36
所示。

3. 压浆装置绑扎、钢筋笼就位

下放钻孔桩钢筋笼前，后压浆的导管上端用管堵封严，6 根压浆管接顺，绑扎在钢筋
笼上相应的位置，并注水检查是否有渗漏等情况。

钢筋笼分两段吊装，并保持垂直吊起，以防止钢筋笼吊起过程中变形而破坏压浆
管。在两段钢筋笼相接处，注浆管采用硬质厚壁塑料管连接。钢筋笼就位时，严格控
制钢筋笼下放深度，以免桩端压浆阀埋在混凝土中，影响压浆效果。钢筋笼就位后，
从浇筑导管内向孔中投入一定量的碎石。投碎石的目的就是能使注浆管下部的喷浆孔
在泵压作用下有效打开，使浆液均匀地注入土层。碎石层的厚度主要根据桩径大小来
选择。

3.13.4 压浆作业

1. 压浆系统

压浆系统由储浆筒、压浆泵、压力泵、压浆管等组成，其中压浆泵为最大压力不小于 7.5MPa 的 BW-320 型高压压浆泵。另配有水泥浆搅拌筒及其用于测量水泥浆体积的测量尺和筛除水泥中的杂物的筛子，以及地面输送浆液的高压胶管（高压胶管承受压力不小于 7.5MPa）。

2. 压浆施工顺序

每根桩浇筑完混凝土后，在 12~24h 内必须用清水将喷头冲开。同一承台下的最后一根桩浇筑完混凝土后的第 5 天开始压浆，压浆应以同一承台下的桩为一组，压浆时应采用低压（低档）水胶比为 0.6 左右的水泥浆。压浆先施工周围桩位再施工中间桩位，压浆过程中宜采用间歇灌浆，间歇时间根据灌浆情况而定，在小压力大流量的情况下，间歇时间一般为 30min，如间歇灌浆效果不佳，可在浆液中掺加丙凝等速凝材料，加速浆液的凝固，并适当延长间歇时间。

3. 施工记录

压浆时应做好施工记录，记录的内容应包括施工时间、压浆开始及结束时间、压浆罐数和相应的压力、总压浆量和终止压力，以及出现的异常情况和处理措施。

4. 后压浆质量控制方法

后压浆质量控制采用注浆量与注浆压力双重控制，以注浆量控制为主，注浆压力控制为辅。

5. 压浆合格的标准及技术参数

（1）桩底压注水泥浆量应达到设计值。

（2）注浆压力为 1.0~3.5MPa，持续时间为 2h 左右。

3.13.5 桩施工质量检验

后压浆施工完毕后，需对灌注桩进行桩身结构完整性检测。检测方法采用应力波反射法，现场低应变检测数据及最终的检测结果表明：消化池所有灌注桩桩身均完整，属于 I 类桩。单桩承载力试验方面，通过对基桩 $p\sim s$ 曲线、$s\sim \lg p$ 曲线及试验数据分析，当试验荷载达到单桩承载力设计值的 2.0 倍时，基桩竖向抗压承载力仍未达到破坏极限，判定基桩承载力满足单桩承载力设计值 6500kN 的要求。

在消化池满水试验时，对基桩进行了沉降观测。观测结果表明，各观测点沉降值均不大于 10mm，而且从所有的沉降观测点所得出的数据来看，每一个消化池各观测点沉降均匀。

3.14 长螺旋钻孔压灌混凝土桩施工实例

3.14.1 工程概述

某再生水利用工程，建设规模 15 万 t/d，由生物滤池、清水池、配水泵房等 8 个单体建（构）筑物组成；建（构）筑物地上 1～2 层、地下 1 层，基础埋深 3.50～9.10m；勘察报告揭示土质从上到下依次为填土层、黏土层、粉砂土层；地下水位为地面下 4.2m。

新建的生物滤池，其结构外缘尺寸为 73.20m×43.9m，基础埋深为 8.20m；邻近现有给水排水构筑物。明挖基坑围护结构采用直径 800mm、深 10.0m 混凝土灌注桩，桩间加旋喷桩止水结构；底板下设有直径 800mm、深 19.0m 的混凝土抗浮桩。

直径 800mm、深 10.0m 和 19.0m 混凝土灌注桩的混凝土强度等级为 C20，均采用长螺旋钻孔压灌混凝土桩。

3.14.2　施工工艺

长螺旋钻孔压灌混凝土桩又称为长螺旋钻孔压灌混凝土后插钢筋笼灌注桩，是近些年国内给水排水构筑物基坑围护或底板下桩基采用较多的新技术，地方施工技术规程见《长螺旋钻孔压灌混凝土后插钢筋笼灌注桩施工技术规程》DB 11/T 582—2008。

1. 材料要求

（1）混凝土宜采用和易性、泌水性较好的预拌混凝土，强度等级符合设计及相关验收规范要求，初凝时间不少于 6h。灌注前坍落度宜为 220～260mm。

（2）水泥强度等级不应低于 PO32.5，质量符合现行国家标准的规定，并具有出厂合格证明文件和检测报告。

（3）砂应选用洁净中砂，含泥量不大于 3%，质量符合《普通混凝土用砂、石质量及检验标准方法 1》的规定 JGJ 52—2006。

（4）碎石宜优先选用质地坚硬的粒径 5～16mm 的豆石或碎石，含泥量不大于 2%，质量符合《普通混凝土用砂、石质量及检验方法标准》JGJ 52—2006 的规定。

（5）粉煤灰宜选用 I 级或 II 级粉煤灰，细度分别不大于 12% 和 20%，质量检验合格，掺量通过配比试验确定。

（6）外加剂宜选用液体速凝剂，质量符合相关标准要求，掺量和种类根据施工季节通过配比试验确定。

（7）搅拌用水应符合《混凝土用水标准》JGJ 63—2006 的规定。

（8）钢筋品种、规格、性能符合现行国家产品标准和设计要求，并有出厂合格证明文件及检测报告。主筋及加强筋规格不宜低于 HRB335 钢筋，箍筋可选用 HPB235 钢筋。

2. 施工机具

成孔设备：长螺旋钻机（见图 3-37），动力性能满足工程地质及水文地质情况、成孔直径、成孔深度要求。

灌注设备：混凝土输送泵，可选用 45～60m³/h 规格或根据工程需要选用；连接混凝土输送泵与钻机的钢管、高强柔性管，内径不宜小于 150mm。

钢筋笼加工设备：电焊机、钢筋切断机、直螺纹机、钢筋弯曲机等。钢筋笼置入设备：振动锤、导入管、吊车等。其他满足工程需要的辅助工具。

3. 施工工艺流程

纺线定位→钻机就位→钻进成孔→压灌混凝土→插入钢筋笼→清理钻机及土方。

3.14.3 成桩施工

1. 与常规作业方式的区别

长螺旋钻孔压灌混凝土桩技术与常规作业方式不同的是：钻孔至设计深度时，空转钻头；在钻杆不提升情况下将细石混凝土通过泵管由钻杆顶部向钻头压灌入孔；同时按计量控制钻杆提升速度，边压灌浆边提升钻杆直至混凝土不致出现塌孔位置为止；提起钻后向孔内振动插入钢筋笼，然后灌入剩余混凝土（见图 3-38）。

图 3-37 长螺旋钻机

图 3-38 螺杆下料

2. 施工程序

（1）钻机定位后，应进行预检，钻尖与桩位点对中；钻机启动前应将钻杆、钻尖内的土块、混凝土残渣清理干净。

（2）开孔时下钻速度应缓慢；钻进速度应依据成桩工艺试验确定的参数进行控制；钻进过程中，不宜反转或提升钻杆；如需提升或反转钻杆应将钻杆提至地面，对钻尖重新清理调试封口。

（3）在钻进过程中遇到卡钻、钻机摇晃、偏斜或发生异常声响时，应立即停钻，查明原因，采取相应措施后方可继续作业。

（4）钻至设计标高终孔验收后，进行压灌混凝土作业，首次泵入前或停工时间较长时应开机润管。

（5）混凝土压灌时，宜先提升钻杆 200～300mm；确认钻头阀门打开后方可提钻；混凝土泵送迎连续进行，边提钻边泵送；提钻速度应根据试桩工艺参数控制，保持料斗内混凝土高度不低于 400mm 和钻头埋在混凝土面下不小于 1000mm；混凝土接近桩顶时，应及时测量顶面标高。

（6）混凝土压灌结束后，应立即进行钢筋笼插入作业；将振动用钢管在地面水平穿入钢筋笼并与振动装置可靠连接，钢筋笼顶部与振动装置连接，保证安放竖直居中；要保证钢筋保护层符合设计要求。

（7）插进钢筋笼时，先依靠自重插入，然后开启振动装置，使钢筋笼沉入设计位置，断开钢筋笼与振动装置连接，缓慢但连续拔出振动装置；严禁采用直接脱钩方法下放。

（8）灌注后 3～7d 方可进行开槽及桩间土开挖。

3.14.4　应用效果

（1）依据《长螺旋钻孔压灌混凝土后插钢筋笼灌注桩施工技术规程》DB 11/T 582—2008，对桩基施工质量进行检测和试验；承载力试验结果表明其符合设计要求和规范规定，如图 3-39 所示。

图 3-39　承载力试验

（2）长螺旋钻孔压灌混凝土桩施工技术适用条件：桩直径和深度不大，施工场地紧张、环境要求严格。

（3）长螺旋钻孔压灌混凝土桩施工不受地下水位限制，无挤土效应，在桩距较小情况下，施工可连续进行，无需间隔跳孔，不易产生断桩、缩颈、塌孔等质量事故；且单桩承载力高，无需泥浆护壁，现场无需排污。长螺旋钻机配有桶式钻头、耙式钻头，宜采用中高转速、低扭矩、少进刀成孔工艺；适用于人工填土层、黏土层、粉土层、砂土层、卵石层（粒径小于150mm，卵石含量 30％～40％）；采用特制钻头也可进行强中风化岩层作业；通常使用直径为 800mm，最大深度可达 30m。

3.15　混凝土预制桩沉桩施工实例

3.15.1　工程概述

某市新建取水构筑物工程，取水头基础位于软泥层，设计采用混凝土预制方桩 AZH-35-16A，强度等级 C30，设计长度 27.0～30.0m，桩径 350mm×350mm；单桩极限承载能力 600kN，桩顶标高－6.50m；总计 1183 根桩；采用 2 台 ZYZ-600T 静压桩机进行沉桩施工。

混凝土方桩全部分包给专业预制厂加工生产。桩的混凝土强度达到设计强度时方可沉桩，混凝土的龄期不得少于 28d。进场时，依据有关标准进行了验收，检查了质量合格保证资料和试验数据。

3.15.2　施工方案

进场后对桩基施工现场进行了全面踏勘，对施工场地内地上（下）障碍物进行了调查和确认。施工前应编制施工方案，以明确成桩机械、成桩方法、打试验桩（数量不少于 2 根）、选择和确定打桩机进出路线和打桩顺序、做好技术交底、邻近建筑物或地下管线的保护措施等。根据设计的桩型及土层状况，选择好相应的机械设备，并进行工艺试桩。桩基础施工现场轴线应经复核确认，施工现场轴线控制点不应受桩基施工影响，以便桩基施工作业时复核桩位。桩前必须处理空中和地下障碍物，场地应平整，排水应畅通，并应满足打桩所需的地面承载力。

由于沉桩施工时挤土对周围环境将造成一定的影响，桩基施工与施工流水方向和沉桩速率均成正比关系，需安排合理的流水作业和施工速率，既能保证质量和进度，又能降低对周围环境的影响。

施工流程为：场地平整→探桩→地下障碍物清除→定桩位→复核验收桩位→进桩→桩机调试→对位→机身调平→沉桩→送桩。

3.15.3 施工工艺

1. 定桩位

定桩位时必须按照施工方格网实地定出控制线，再根据设计的桩位图，将桩逐一编号，依桩号所对应的轴线、尺寸施放桩位，并设置样桩，以供桩机就位、定位。定出的桩位必须再经一次复核，以防定位差错。

2. 机械就位

混凝土预制桩的接桩可采用焊接、法兰连接或机械连接，接桩材料工艺应符合规范要求。桩锤的选用应根据地质条件、桩型、桩的密集程度、单桩竖向承载力及现有施工条件等因素确定。

根据设计的桩位图，按施工顺序将桩逐一编号，依据桩号所对应的轴线，按尺寸要求验收桩位，并设置样桩，以供桩机就位、定位。

3. 质量控制

沉桩施工过程中必须严格控制设计标高与水平位移，施工过程由两台经纬仪在垂直方向上双向控制桩身垂直度，桩位轴线每天复测，打桩时做好沉桩记录。现场施工员对轴线、桩位、桩身垂直度、送桩标高等严格检查复核，发现问题及时纠正，确保工程质量。

桩打入时，桩帽或送桩帽与桩周围间隙应为 $5\sim10$mm；桩锤、桩帽或送桩帽应和桩身在同一中心线上；桩身垂直度偏差不得超过 0.5%。

桩基停桩标准以标高控制为主，贯入度为辅。施工结束后，应做桩基单桩承载力检验。

3.15.4 沉桩施工

1. 测量放线

打桩区域内应做到场地坚实平整，地面承载力必须满足施工机械运行及施工要求，地下、地上障碍物清除干净，并保证排水畅通。地面承载力一般不应低于 0.08MPa，用 1000mm×2000mm 的厚钢板铺在打桩机下。

根据施工图测放桩位，并撒上石灰线。在定位、放样前，必须对控制点的坐标、高程点进行认真复核与校对，发现疑问应及时确认。放样的样点应按照有关规定进行全数复核，未经复核的样点不准进行施工。

2. 沉桩施工

打桩顺序：先打中心控制室和廊道部位，后打调节池和吸水泵房中心区域；安排现场试验，确定施工控制参数；采用两台正交架设的经纬仪监测桩的垂直度，保证桩身垂直度偏差≤0.5/1000，接桩前应重新校正挺杆和桩身垂直度，以保证桩身垂直度及桩的平面偏差符合规范要求。经纬仪检查和校正桩垂直度，并经复检后方可开始沉桩。在沉桩过程中，随时跟踪检查桩身的垂直度，以便及时调整至符合要求。

采用钢端板焊接法接桩，桩段顶端距地面 0.6～1.0m 停机接桩，管桩端板上如有混凝土、铁锈，则用钢丝刷刷净，露出金属光泽，焊上定位钢筋，然后将上段桩吊放在下段桩端板上，利用定位钢筋将上下段桩接直，接头处如有空隙，应采用楔形铁片全部填实焊牢，拼接处坡口槽电焊应分层对称进行，焊缝应连续饱满，焊后应清除焊渣，检查焊缝饱满程度。接桩时上下段桩的中心线偏差不得大于 5mm，节点弯矢高不得大于桩段的 0.1%。

3. 桩顶标高控制

在送桩器上标出送桩深度标志（红线），在附近建筑物上标出±0.00（或控制点）红三角，先用水准仪对准红三角后再对准送桩器，直到水准仪目镜横线对准送桩器红线为止。允许偏差控制在−50～+50mm 内。为确保桩顶标高达到设计要求，沉桩前需确定基准面的高程，在送桩至桩顶标高后，必须认真丈量送桩器余尺，确保桩顶标高达到设计要求。

沉桩记录方式：沉桩入土 0～10m、15m、16m、17m、18m……作为记录单位，距设计标高最后 1.0m 时，开始以每 100mm 作为记录单位。桩停止锤击的原则：沉桩施工时，以桩顶标高控制为主，贯入度控制为辅，具体控制标准以试沉桩纪要为准。

3.15.5　施工质量控制

1. 桩身断裂控制

施工前应认真清除地下障碍物，必要时可以对每个桩位用送桩器进行探桩；对拟沉桩应检查桩身弯曲情况，当桩身弯曲矢高大于 1‰，且桩尖偏离桩纵轴线大于 20mm 时，桩不宜使用。

桩在初沉时如发生倾斜，应及时纠正，如有可能，应把桩拔出，清理障碍物或回填土后重新沉桩。

桩入土一定深度后发生严重倾斜时，不宜采用移动桩架来校正；桩在堆放起吊、运输过程中，应严格按照有关规定或操作规程执行，若发现桩开裂超过有关验收规定时，不得使用。

2. 桩身倾斜控制

施工作业场地要求平整，对软弱地基要求表面铺碎石再平整，最终坡度小于 1%，必要时在桩机行走装置下加垫板，使桩机底盘保持水平。

插桩时控制垂直精度小于 5‰，初沉阶段应对不垂直的桩及时纠正。

地下障碍物要清理干净；预先检查制作的桩，对于桩身弯曲以及桩尖偏离轴线超过规范要求的桩不宜使用。

3. 质量检测

（1）采用静载法对单桩竖向抗压承载力进行验收检测，检测数量为 12 根。

（2）进行低应变检测以判断桩身完整性，检测数量为总桩数的 20% 且保证每个承台下不少于 1 根。

（3）桩检测应按照《建筑基桩检测技术规范》JGJ 106—2003 的要求进行。

3.16　水泥粉煤灰碎石桩（CFG桩）复合地基施工实例

3.16.1　工程概述

某市新建供水厂，设计供水能力 15 万 t/d，主要由调节池、机械澄清池、臭氧接触池、清水池、加药间、控制室等 7 座建（构）筑物组成。水文地质条件为：新近沉积地层中黏质粉土②层、粉质黏土③层。地基持力层对于水处理池和调蓄池基础，土质相对较软，底板下、柱基下设计采用 CFG 桩复合地基处理：CFG 桩桩径 $D=400$mm，桩间距 1.2~2.0m 不等，桩长 5.6~11.0m。桩端穿透软弱土层，进入下层深度不小于 0.5m；复合地基承载力特征值达到 150~250kPa。根据不同建（构）筑物基础承载力和沉降变形要求，按照设计调整桩长，桩顶和基础之间设置 300mm 厚的中粗砂褥垫层。

CFG 桩设计参数：桩总数 1986 根，平均桩长 11.0m，平均桩径 420mm，混凝土等级 C20，梅花形布置，单桩承载力标准值 750kN，桩间距 1.29m×1.30m、1.39m×1.36m、1.52m×1.42m，褥垫层为 300mm 厚中粗砂层和 250mm 厚砂石。

依据现场地质条件，选用长螺旋钻孔、管内泵压混合料成桩施工工艺。

3.16.2　成桩施工

1. 施工准备

首先平整清理打桩场地，为保证桩基的施工位置，根据设计要求，按桩间距布置准确测量放出桩位，将打桩机及其配套机具运至施工现场安装架设完好。

2. 成桩工艺（逐步拔管法）

（1）桩管垂直对准桩位（活瓣桩靴闭合）；

（2）启动振动锤将桩管振动入土中，达到设计深度，使桩管周围的土进行挤密或挤压；

（3）沉管过程中做好记录，每沉 1m 记录电流表上电流一次，对土层变化处予以说明；

（4）从桩管上端的投料漏斗加入料，数量根据试桩确定；

（5）逐步拔管、边振边拔管，每拔管 1.0~1.5m 停止拔管而继续振动，停拔时间 5~10s，直至将管拔出地面。

3. 施打顺序

采用"隔桩跳打"，复核测量基线、水准点及桩位、CFG 桩的轴线定位点。

4. CFG 材料

桩的主要材料为碎石，中等粒径骨料，当桩体强度小于 5MPa 时，石屑的掺入可使桩体级配良好，对桩体强度起重要作用，相同碎石和水泥掺量，掺入石屑可比不掺石屑强度增加 50% 左右。其他材料为粉煤灰、水泥及水，其中粉煤灰可使桩体具有明显的后期强度。施工时应按设计配比配置混合料，搅拌机加水量由混合料坍落度控制，长螺旋钻孔、管内泵压混合料成桩施工的坍落度控制在 180~200mm，成桩后桩顶浮浆厚度不宜超过 200mm。

5. 成孔施工

(1) 长螺旋钻孔、管内泵压混合料成桩施工在钻至设计深度后，应准确掌握提拔钻杆时间，混合料泵送量应同拔管速度相配合，以保证管内有一定高度的混合料，遇到饱和砂土或饱和粉土层，不得停泵待料；拔管速度应控制在 1.2～1.5m/min 左右，如遇淤泥或淤泥质土，拔管速度可适当放慢。

(2) 施工时，桩顶标高应高出设计桩顶标高，高出长度应根据桩距、布桩形式、现场地质条件和成桩顺序等综合确定，一般不应小于 0.5m。

(3) 沉管灌注成桩施工过程中应观测新施工桩对已施工桩的影响，当发现桩断裂并脱开时，必须对工程桩逐桩静压，静压时间一般为 3min，静压荷载以保证使断桩接起来为准。

(4) 成桩过程中，抽样做混合料试块，每台机械一天应做一组（3 块）试块（边长为150mm 的立方体），标准养护 28d，测定其抗压强度。

6. 铺设褥垫层

CFG 桩施工完毕，待桩体达到一定强度后，将桩头截断，然后铺设厚度为 300mm 的中粗砂褥垫层，并进行静力压实。

3.16.3   开挖与褥垫层施工

CFG 桩施工完毕，待桩体达到一定强度（一般为 7d 左右）后，方可进行基槽开挖。在基槽开挖中，如果设计桩顶标高距地面不深（一般不大于 1.5m），宜考虑采用人工开挖，不仅可以防止对桩体和桩间土产生不良影响，而且经济可行；如果基槽开挖较深，开挖面积大，采用人工开挖不经济，则考虑采用机械和人工联合开挖。以机械为主，人工为辅。开挖时，现场确定预留人工开挖厚度为 800mm，以保障机械开挖造成桩的断裂部位不低于基础底面标高，且桩间土不受扰动。

中粗砂层施工时先虚铺，再采用静力压实。桩间土含水量较高，特别是高灵敏度土，要注意施工扰动对桩间土的影响，以避免产生橡皮土。

当确认基础底面下桩间土的含水量较小时，采用动力夯实法。中粗砂虚铺完成后采用20t 振动碾静力压实至设计厚度，对较干的中粗砂材料，虚铺后中粗砂褥垫层厚度为300mm。施工时虚铺厚度计算 (h)：$h = \Delta H / \lambda$。其中 λ 为夯填度，夯填度不得大于 0.90。经计算虚铺厚度为 300mm。适当洒水后再进行碾压。

为了调整 CFG 桩和桩间土的共同作用，在基础下铺设厚度为 250mm 的褥垫层，材料采用级配砂石，最大粒径不超过 30mm。

3.16.4   施工质量检验

(1) 水泥粉煤灰碎石桩地基竣工验收时，承载力检验采用复合地基载荷试验。复合地基检测应在桩体强度满足试验荷载条件时进行，一般宜在施工结束 2～4 周后进行。

(2) 水泥粉煤灰碎石桩地基检验在桩身强度满足试验荷载条件，且在施工结束 28d 后进行。试验数量为总桩数的 0.5%～1%，且每个单体构筑物的试验数量不少于 3 点。抽取不少于总桩数 10% 的桩进行低应变动力试验，检测桩身完整性。

(3) 桩长允许偏差为 100mm，桩径允许偏差为 20mm，垂直度允许偏差为 1%；满堂布桩基础，桩位允许偏差为 0.5 倍桩径。

（4）第三方检测结果符合设计要求和有关规范规定。

3.16.5　施工注意事项

（1）成孔时，钻杆保持垂直稳固、位置正确，防止因钻杆晃动引起孔径扩大；钻进速度根据电流值变化，及时进行调整；钻进过程中，随时清理孔口积土和地面散落土，遇到塌孔、缩孔等异常情况时，及时处理；成孔达到设计深度后，及时泵送混凝土进行成品保护。

（2）土方开挖时不可对设计桩顶标高以下的桩体产主损害，尽量避免扰动桩间土。

（3）剔除桩头时先确定桩顶标高位置，人工用钢钎等工具沿桩周向桩心逐次剔除多余的桩头，直到设计桩顶标高，并把桩顶找平，不可用重锤击打桩体，桩头剔至设计标高处，桩顶表面不得出现斜平面。

（4）如果在基槽开挖和剔除桩头时造成桩体断至桩顶设计标高以下，必须采取补救措施，可用 C20 豆石混凝土接桩至设计桩顶标高，接桩过程中保护好桩间土。

3.17　土钉墙护坡基坑施工实例

3.17.1　工程概述

某新建配水厂一期工程设计规模为 10 万 m^3/d，新建清水池和配水泵房为一体设计组合式构筑物，地下式，钢筋混凝土结构。基坑开挖平面尺寸为 109m×75m，基坑深度平均为 5.4m，局部深度为 8.2m。

根据岩土勘察报告揭示，基坑开挖范围土层为新近沉积粉质黏土、黏质粉土②层，黏质粉土、砂质粉土②$_1$ 层，重粉质黏土、黏土②$_2$ 层及粉砂、细砂层；粉质黏土、黏质粉土②层普遍分部，层位较稳定，层厚约 3.80～6.50m。基础持力层较软，有浅层滞水；设计采用碎石桩-土复合地基，平板式筏基，板厚 1200mm、外墙厚 1000mm、内墙厚 500mm。

平板式筏基与底面约束的接触面之间设置大面积双层聚乙烯膜加砂滑动层，降低对结构的约束，从而减少温度应力。

现场具有明挖放坡施工条件，但处于粉质黏土、黏质粉土②层，不具备自然放坡条件。根据有关规范规定以及现场水文地质情况，综合判定基坑侧壁安全等级为三级。经过稳定性计算，采用土钉墙护坡设计（见图 3-40）。采用分级开挖方式施工。

施工组织设计要求构筑物下部结构施工在汛期前完工，基坑施工时无需降水，在基坑内设置集水槽、大口井排水系统。

3.17.2　土钉墙施工

1. 土钉结构

基坑开挖大致分两步，开挖总深度为 5.4m，按照 1：0.5 放坡，沿深度设置 4 排土钉，土钉孔径 ϕ100mm，第一排土钉距地面为 1m，土钉垂直间距为 1.2m，水平间距为

1.2m。1～4排土钉长度（含弯钩）从上至下依次为：4.5m、6.0m、6.0m、4.5m，均采用$\phi16mm$钢筋作为中心拉杆，倾角均为$10°$，其内灌注水胶比为$0.45～0.55$的浆液，喷锚面层为$\phi6.5@150mm×150mm$钢筋网，利用$\phi14mm$钢筋作为横向压筋，喷射50mm厚的C20细石混凝土。

槽边缘的土钉墙面板在基槽上口处向外翻边为0.8m，翻边返坡0.01：1；土钉墙结构与细部见图3-41。

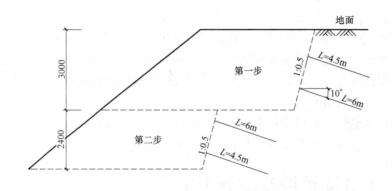

图 3-40 基坑放坡与土钉设置

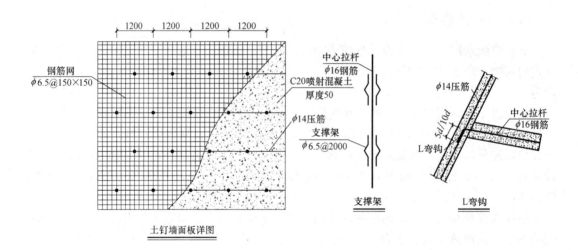

图 3-41 土钉墙结构示意

土钉呈梅花形布置，倾角$10°$，钻机配合人工使用洛阳铲成孔。绑扎钢筋网：钢筋网为$\phi6.5@150mm×150mm$，与土钉连接牢固，保证在喷射混凝土时钢筋不晃动。搭接宽度不小于一个网眼。钢筋网与$\phi14mm$压筋焊接成整体。

2. 土钉安装

钻孔前进行土钉放线确定钻孔位置。钻机干作业钻孔，随时注意钻进速度，避免"别钻杆"；应把土充分倒出后再拔钻杆，以减少孔内虚土，方便拔杆。控制锚索水平方向孔距误差不大于50mm，垂直方向孔距误差不大于100mm。钻孔底部偏斜尺寸，不大于长度的3%，可用钻孔测斜仪控制钻孔方向。检查终孔，应及时安设土钉，以防止塌孔。

土钉钢筋制作应符合设计要求，使用前应调直、除锈去污，弯钩与压筋双面焊接不小于 $5d$，单面焊接不小于 $10d$（d 值按中心拉杆计算）；土钉定位应保证钢筋保护层厚度。

土钉安装之前进行隐蔽检查验收。安放时，应避免扭压、弯曲，注浆管与土钉筋一起放入孔内，注浆管应插至距孔底 $250\sim500$mm，为保证注浆饱满，在孔口部位设置浆塞及排气管。

3. 注浆（压浆）

灌浆材料用水泥为 PO32.5 级普通硅酸盐水泥，水胶比为 $0.4\sim0.45$。水泥浆搅拌后用压力泵、耐高压塑料管，将其注入钻孔内，压力控制在 1.5MPa 以内，并根据试验锚索由设计单位确定注浆技术要求。

喷射混凝土采用 PO32.5 级普通硅酸盐水泥，中、粗砂（使用前过筛），粒径 $5\sim15$mm 的河卵石；经速凝效果试验，确定速凝剂的品种和最佳掺量，要求初凝不超过 5min，终凝不超过 10min。喷射混凝土配比参照类似工程数据：胶骨比 $1:4\sim1:5$，骨料含砂率 $45\%\sim60\%$，水胶比 $0.4\sim0.5$；应增大混凝土与土体的粘结力减少回弹，初喷射时，水泥:砂:石料应取 $1:2:(1.5\sim2)$。配比通过现场试验确定，以满足设计强度和喷射工艺的要求。

喷射作业前，应认真清除受喷面上的浮土等松散积料，用高压风吹净。调整好喷射机的风压、水压，做好准备。喷射作业操作时掌握好适宜的喷射压力，即 $0.12\sim0.15$MPa 水压，一般比风压大 0.1MPa，这样可以减少喷射混凝土的回弹量，增加喷射厚度，保证喷射的质量。

喷射开始，先给水，再送料，结束时先停风，后停水。喷射混凝土应由下而上，从低向高依次进行，按螺旋轨迹均匀分层喷射，螺旋轨迹直径以 300mm 为宜，使料束以一圈压半圈做横向运动，避免松散回弹物料粘污尚未喷射的壁面。喷头基本垂直于受喷面或有不大于 $10°$ 的夹角，距受喷面的距离为 $0.6\sim1$m。每喷完一遍，均需有一定的间歇，一般为前一层混凝土终凝后进行。对悬挂在钢筋上的混凝土结团，应及时清除，保证喷射混凝土的匀质和密实，喷射混凝土应将钢筋全部覆盖。混合料应随拌随用，采用强制式搅拌机在短时间内完成，严禁受潮。

一次喷射厚度，应根据设计厚度和喷射部位确定，初喷厚度不得小于 $4\sim5$cm。回弹率应予控制，应尽量减少回弹量。回弹物不得重新用作喷射混凝土材料。

在喷射作业中，要随时观察喷层表面回弹粉尘等情况，及时调整水胶比。见图 3-42。

图 3-42　喷射混凝土

喷射混凝土终凝 2h 后，应用覆盖淋水养护不少于 5h。

3.17.3 基坑开挖施工

鉴于基坑开挖面积较大，部分基坑深度较深且超过 5m，专项施工方案经专家论证获批准后方可施工。开挖平面布置如图 3-43 所示。

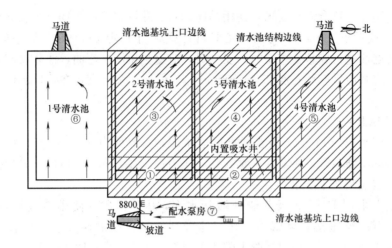

图 3-43 基坑开挖平面布置

开挖顺序：①→②→③→④→⑤→⑥→⑦，阴影部分为一次开挖

1. 土方机械的选型与配备

土方机械的选型与安排要满足施工进度、开挖形式的需求，基坑开挖机械配备见表 3-16。基坑开挖采用铲斗容量 $1.0 \sim 1.6 m^3$ 的履带式液压反铲挖掘机，开挖较深或面积较大的基坑，使用大型挖掘机；开挖浅的基坑，使用小型挖掘机。土方开挖本着合理利用施工机械，根据施工场地及顺序，安排好流水施工，平面开挖遵循先深后浅，先地下后地上的原则进行。

基坑开挖机械配备 表 3-16

序号	名称	型号规格	数量	设备状况
1	挖掘机	PC300	3	良好
2	推土机	TY140	2	良好
3	装载机	ZL50	2	良好
4	自卸汽车	东风 EQ141	10	良好

2. 开挖施工

根据构筑物定位和基坑边缘控制灰线，放出每步土方开挖线，并将高程和建筑物控制线测设到位，及时复撒灰线，最终将开挖下口线测放到槽底。

土方采用机械分段、分步、分层挖土，在土方挖运施工过程中，必须观测边坡稳定变化情况，严禁超挖。基坑开挖时，根据结构形式及便于土方外运，采取自东向西进行开挖。上、中层采用大型挖掘机械在地面位置分步开挖，下层采用小型机械开挖或采用长臂挖掘机进行挖掘。开挖时预留 300mm 厚的边坡支护结构采用人工开挖。

开挖基槽时，分层控制挖土标高，测量跟铲不得超挖。由浅到深依次开挖，每次开挖深度不超过 1.5m，待已开挖部分护坡结构施作完成后方可继续开挖。

机械挖不到的地方，应配合人工随时进行挖掘，并用手推车运到机械挖到的地方，以便及时用机械挖走。土方开挖过程中如遇障碍物，应及时处理后方可进行下步土方开挖。开挖基槽时，及时量测，应确保设计标高以上预留 300mm 厚土方采用人工清底。基础挖至基底设计标高，表面修理平整，轴线及坑（槽）宽长均符合设计图纸要求。

3. 基坑内排水

基坑底部构筑物基础边 0.5m 以外设排水沟，边缘离开边坡坡脚不应小于 0.3m，基坑四角各设一个大口井，内置外径 800mm 的无筋水泥管，管外单层纱网包扎，管外用 10～20mm 石子填充。集水井的设置，根据施工分段及水量大小妥善确定。准备足够的抽水设备，集水井内配备潜水泵，将集水井内积水抽至坑外，经现场施工沉泥池达到三级排放标准后，有组织排至邻近市政管网。

4. 基坑护栏

在基坑上口线 1.5m 处设置高 300mm、宽 250mm 的挡水墙，挡水墙以内 1.5m 范围坡顶进行硬化处理；防止地表水流入基坑内。

防护栏采用 $\phi48mm$ 钢管柱，柱间距 1.2m，高度为地面以上 1.2m，柱间连接钢管三道，柱之间采用密目网封闭。

基坑边缘临时施工设施（如临时电缆、给排水管道、井点、结构施工轴线、高程控制桩点）配备与保护。配备和安装夜间开挖照明设施和警示标志。

5. 应急预案

预见事故发生的可能性，施工前准备一定数量的应急材料，做好基坑抢险加固准备工作。基坑开挖引起流砂、涌水或围护结构变形过大或有失稳前兆时，立即停止施工，并采取确实有效的措施，确保施工安全、顺利进行。

3.17.4 碎石桩施工

基础碎石桩：设计桩长分别为 10m、14m、12m、13.5m，等边三角形布置，间距 1.5m，桩径 0.5m；依据现场条件，碎石桩的施工顺序采用"以外围或两侧向中间进行"的方式。

成孔后振冲器以 1～3m/min 的速度徐徐下降，贯入地层直至到达设计加固深度以上 300～500mm，向孔内加入碎石料，高度至桩身长度 0.8 倍处，留振 1～2min；再以 1～3m/min 的速度徐徐提起沉管至桩长 1/2 处；然后以 1～3m/min 的速度徐徐下降进行反插至设计加固深度，留振 1～2min；再以 1～3m/min 的速度徐徐提起沉管至桩长 1/2 处，进行二次投料，投料高度至桩顶，重复压、拔管 3～4 次；然后将沉管以 1～3m/min 的速度徐徐拔出，制桩完成，进行下一点位施工。

碎石桩施工完毕，处理桩头后铺设 200mm 厚粗砂褥垫层；碎石桩-粗砂褥垫层施工完毕后，桩顶铺设 300mm 厚的碎石垫层，垫层中间夹铺一层 50kN/m 双向钢塑土工格栅，见图 3-44。

3.17.5 滑动层施工

滑动层为两层聚乙烯膜夹中粗砂层，层厚 200mm。施工程序为：混凝土垫层表面清扫检查→滑动层铺设边缘放样弹线→胶粘剂涂刷带放样弹线→底层聚乙烯卷材粘贴铺设→上层聚乙烯膜铺设→碾平压紧。

图 3-44 褥垫层施工

滑动层施工在同一施工单元内由一端向另外一端顺序进行。

滑动层基底清洁、检查：铺设前彻底清扫或用高压水枪冲洗垫层表面，确保滑动层铺设范围内无尖锐异物、浮灰、油污等，且混凝土表面不得有起砂、起皮现象，以免损伤滑动层或影响粘结效果。滑动层铺设时，基面平整度应满足设计要求并保持干燥。

进行滑动层铺设边线放样，并用墨线弹在垫层面上；滑动层应连续整块铺设，铺设宽度应宽出底板宽度每边 50mm，底板施工完毕后应将滑动层外露部分紧贴底板边缘剪掉。滑动层宽度按照滑动层的铺设范围确定。在基底 2.95m 范围两侧及中间各弹出宽 300mm 的胶粘剂涂刷带。

铺设前对垫层表面进行彻底清理，特别是对油污等污染应特别清理，确保基面清洁。滑动层的首尾断头采用粘结或将下层膜上翻叠加在上层膜上，避免杂物进入滑动层。

在胶粘剂涂刷带内刮涂胶粘剂。胶粘剂应涂刮均匀，厚度控制在 0.5mm 左右，要求在聚乙烯膜铺设时随涂随铺，在垫层端及聚乙烯膜对接处不可一次涂刷过长（一般控制在 5m 以内），应在垫层缝及聚乙烯膜对接缝的两侧（横桥向）各涂刷一道 30mm 宽的胶粘剂。

将底层聚乙烯膜放置在已涂刷胶粘剂的垫层面起点上慢慢展开，并用刮尺在聚乙烯膜上刮压几遍，使其与垫层面粘结牢固，严禁有起鼓、起泡等现象。聚乙烯膜幅宽 3.05m，纵向无接头。底层聚乙烯膜铺设时横向可对接，不允许搭接，接缝区域要与垫层面全面积粘结。分块对接时，每块聚乙烯膜的最小长度不小于 5m，在垫层缝宽度范围内，底层聚乙烯膜应断开。将聚乙烯膜在下层聚乙烯膜上展开并刮平，不得起皱，其接缝采用热熔焊机熔接，熔接时应避免损坏下层已铺聚乙烯膜。

图 3-45 聚乙烯夹砂滑动层

接缝处理必须符合设计及规范要求，接缝与下层聚乙烯膜的接缝应错开至少 1m。在聚乙烯膜上摊铺上层聚乙烯膜，上层聚乙烯膜应连续整块铺设，不得对接。

聚乙烯膜铺设完毕后，在其顶面铺放 200mm 厚中砂保护层（见图 3-45），并用轻型压实机具压实（压实度≥85%）以保护聚乙烯层，同时防止滑动层卷材被风刮起。中砂保护层压实整平后铺装第二层聚乙烯膜，施工时应检查铺设好的聚乙烯膜，若有破损必须全部更换。

在第二层聚乙烯膜上浇筑底垫层，施工完毕后将聚乙烯膜外露部分紧贴混凝土底座边缘剪去。

3.18 设有内撑基坑施工实例

3.18.1 工程概述

（1）某市新建水厂取水工程，工程设计规模 30 万 m^3/d，主要构筑物为取水泵站、调节水池、变电站等给水排水构筑物，地下部分为钢筋混凝土结构。采用明挖法施工，基坑最深为地表下 10.5m，采用直径 1200mm 钻孔灌注桩围护结构，直径 1000mm 水泥搅拌桩作为止水。

（2）施工场地内部分地段的第⑤₂层中分布有微承压水，根据区域长期观测资料，微承压水水头高度一般均低于潜水位，水头埋深一般为地面以下 3.0～11.0m，基坑开挖至坑底时候有可能发生突涌，因此必须通过计算得出是否需要降低承压水位及降低的幅度。

3.18.2　降排水措施

（1）基坑开挖后，基坑与承压含水层顶板间距离减小，相应地承压含水层上部土压力也随之减小；当基坑开挖到一定深度后，承压含水层承压水顶托力可能大于其上覆土压力，导致基坑底部失稳，严重危害基坑安全。因此，在基坑开挖过程中，需考虑基坑底部承压含水层的水压力，必要时按需降压，保障基坑安全。

（2）根据基坑位置地质勘探资料，确定基坑底板抗突涌稳定性条件：基坑底板至承压含水层顶板间的土压力应大于承压水的顶托力。即：

$$\Sigma\gamma_s \cdot h \geqslant \gamma_w \cdot H \tag{3-7}$$

式中　h——基坑底至承压含水层顶板间距离，m；

γ_s——基坑底至承压含水层顶板间的土的重度，kN/m^3；

H——承压水头高度至承压含水层顶板的距离，m；

γ_w——水的重度，kN/m^3，取 $9.8kN/m^3$。

（3）依据勘察报告对基坑选择合理的⑤₂层和⑦层参考钻孔；⑤₂层微承压水初始水位取地表以下 4.0m，⑦层承压水初始水位取地表以下 5.0m。土层情况与抗突涌验算结果见表 3-17。理论计算结果表明：基坑需考虑降低下部⑤₂层微承压水水位。降低水位验算结果见表 3-18。

抗突涌验算（⑤₂层）　　　　　　　　　　　　　　表 3-17

给水排水构筑物	地面标高(m)	基坑底部标高(m)	参考钻孔	基坑底所在地质层④		⑤₁₋₁土层		⑤₁₋₂土层		⑤₂土层	
				顶标高(m)	重度(kN/m³)	顶标高(m)	重度(kN/m³)	顶标高(m)	重度(kN/m³)	顶标高(m)	重度(kN/m³)
调节池	3.8	−10.8	271	−9.19	16.7	−15.29	17.4	−23.79	18.5	−25.29	18.4
取水泵房	4.5	−10.1	450	−9.45	16.7	−14.95	17.4	−22.85	18.5	−26.05	18.4

降低水位验算结果　　　　　　　　　　　　　　表 3-18

给水排水构筑物	井号	地面标高(m)	基坑底部标高(m)	参考钻孔	土压力$\Sigma h \cdot \gamma_s$(kPa)	顶托力$\gamma_w \cdot H$(kPa)	需降承压水位(m)
调节池	J8	3.8	−10.8	271	4.49×16.7+8.5×17.4+1.5×18.5=250.633	(3.8+25.29−4)×9.8=245.882	无需降水
取水泵房	J9	4.5	−10.1	450	4.85×16.7+7.9×17.4+3.2×18.5=277.655	(4.5+26.05−4)×9.8=260.19	无需降水

（4）根据现场观察井并参照地质资料，拟在坑底采用 ϕ1000mm 搅拌桩进行 2.6m 裙边加固，以增加基坑底板的抗突涌稳定性。基坑底土压力和顶托力的计算结果表明：基坑无需考虑降低下部⑤₂₋₂层承压水水位，基坑开挖时采用排水明沟的形式进行排水，施工时应加强承压水头观测，根据观测结果采取降排水措施。

（5）基坑内排水

在开挖基坑的两侧或四侧，或在基坑中部设置排水盲沟，在基坑四角各设集水井，使地下水流汇集于集水井内，再用水泵将地下水排出基坑外。排水盲沟、集水井应在挖至地下水位以前设置，且应设在基础轮廓线以外，排水盲沟边缘应离开坡脚不小于0.3m。

排水盲沟深度始终保持比挖土面低0.4~0.5m。集水井应比排水盲沟低0.5~1.0m，或深于抽水泵的进水阀的高度以上，并随基坑的挖深而加深，保持水流畅通，地下水位低于开挖基坑底0.5m。

基坑排水盲沟深0.3~0.6m，底宽应不小于0.2~0.3m，水沟的边坡为1.1~1.5，沟底设有0.2%~0.5%的纵坡，内置排水塑料花管，使水流不致阻塞。集水井截面为0.6m×0.6m~0.8m×0.8m，井壁用钢筋笼和木板支撑加固。至基底以下井底应填充200mm厚碎石或卵石，水泵抽水龙头包以滤网，防止泥沙进入水泵。

抽水应连续进行，直至基础施工完毕，回填土后才停止。如基坑周边为渗水性强的土层，水泵出水管口应远离基坑，以防抽出的水再渗回坑内。

3.18.3　基坑开挖施工

1. 基坑施工的工作量计算

基坑施工应编制专项施工方案，基坑围护结构与土方量计算结果见表3-19。

基坑施工的工作量计算　　　　　　　　　　　　　表3-19

给水排水构筑物	基坑尺寸(m)	围护桩长(m)	开挖标高(m)	开挖高度(m)	开挖土方量(m³)
取水泵房	24.6×13.8	钻孔桩:29.6 搅拌桩:21.6	第一次开挖至2.45	1.35	457
			第二次开挖至－1.30	3.75	1270
			第三次开挖至－5.20	3.90	1320
			第四次开挖至－8.40	3.20	1084
			第五次开挖至－10.80	2.40	813
调节池	φ37.8	钻孔桩:28.1 搅拌桩:20.4	第一次开挖至3.50	1.00	656
			第二次开挖至－3.00	6.50	4269
			第三次开挖至－7.50	4.50	2955
			第四次开挖至－10.10	2.60	1707

2. 支撑施工前的准备工作

基坑开挖支撑施工前，按照方案设计和规范规定做好以下准备工作：

（1）在基坑开挖前，首先施工周边旋喷止水帷幕及进行坑底加固，达到设计强度后，再进行钻孔灌注桩施工，并满足规定的龄期、强度要求。

（2）现浇钢筋混凝土支撑必须在混凝土强度达到设计强度的80%以上，才能开挖支撑以下土方。

（3）土方开挖前，委托监测单位根据监测方案布好基坑围护沉降和位移、地表沉降及建筑物沉降等监测点，并在开挖施工前测好原始值。对各监测点要注意保护，防止在开挖支撑过程中被破坏。

（4）开挖前需备齐检验合格的带有活络接头的支撑、支撑配件、施加支撑预应力的油泵装置（带有观测预应力值的仪表）等安装支撑所必需的器材。禁止发生需要安装支撑时因缺少支撑条件而延搁支撑时间的情况。保证开挖施工一旦开始，能够按照"随挖、随撑"的原则，连续进行。

（5）开挖前准备好排水设备，以保证开挖后开挖面不浸水，基坑周边布置好防止地面水流入基坑内的保护措施：在圈梁外侧砌高出施工便道 200mm 的拦水小坝。

（6）基坑周围设置好合格可靠的安全护栏；基坑周围重物堆载符合施工方案要求，不允许超过 20kN/m^2。

（7）在基坑开挖前，主要工程材料钢筋必须到场，在开挖过程中，进行底板钢筋配料加工，确保在素混凝土垫层浇筑完成后，在尽可能短的时间内完成底板施工，确保基坑安全。

3. 开挖应遵循的原则

（1）基坑开挖与支撑安装、拆除的顺序必须与设计工况一致。

（2）圆形基坑采用中心向外侧对称开挖，确保四周灌注桩受力均匀。矩形基坑由两侧对称开挖，确保基坑内土体稳定。

（3）开挖过程中始终坚持分层、分段、对称、平衡、限时开挖、随挖随撑的原则，尽可能缩短围护墙无支撑暴露时间，减小基坑变形和地面沉降。

（4）开挖过程中临时放坡坡度小于理论计算安全坡度，基坑开挖到坑底标高时放坡坡度为 1∶3，在放坡施工期间（特别是雨天）严密监护坡面，必要时可事先在放坡处加固土体，严防土坡失稳。

4. 机械配备

土方开挖的机具设备：每个基坑配备 HD-0.25 短臂挖机 1 台、1m^3 挖掘机 1 台、抓斗挖机 1 台、15t 土方车多辆。1m^3 挖掘机进行第一层土开挖；抓斗挖机配合短臂挖机进行第二层及以下土方开挖。

基坑开挖以机械挖土为主，人工修挖为辅，在接近坑底 300mm 时用人工挖土修整坑底。如图 3-46 所示。

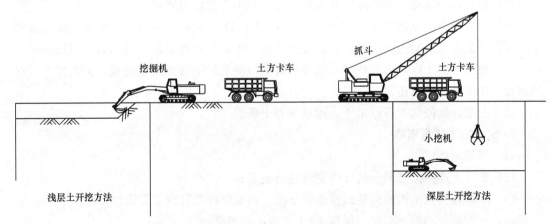

图 3-46　基坑开挖示意

（1）表层土方采用液压挖掘机开挖，土方直接装车外运。

（2）第二层及以下土方采用短臂挖机进行土方开挖，采用抓斗挖机将土方垂直运出坑外装车外弃。

（3）机械挖不到的死角用人工翻挖，出土采用液压挖掘小挖机。

5. 基坑开挖和支撑施工流程

以泵房基坑为例，基坑平面尺寸 24.6m×13.8m，开挖深度为 14.6m。基坑支护体系为四道，第一道为钢筋混凝土支撑，其余为 φ609mm 钢管支撑。

（1）基坑开挖前，搅拌桩止水帷幕、坑底搅拌桩加固及钻孔灌注桩施工结束，并满足规定的龄期、强度要求。

（2）浇筑混凝土围檩，强度达到 80％以上，进行开挖。

（3）基坑开挖起始标高 3.80m，第一次开挖至标高 2.45m，中心标高 3.45m。

（4）第二次开挖至标高－1.30m，架设水平钢筋混凝土围檩，围檩中心标高－0.30m。

（5）第三次开挖至标高－5.20m，架设水平钢筋混凝土围檩，围檩中心标高－4.20m。

（6）第四次开挖至标高－8.40m，架设水平钢筋混凝土围檩，围檩中心标高－7.40m。

（7）第五次开挖至标高－10.80m，浇筑素混凝土垫层及钢筋混凝土底板。

（8）基坑开挖到设计标高后，应于 4h 内浇筑素混凝土垫层，素混凝土垫层初凝后 24h 内浇筑钢筋混凝土底板。底板上须预留内衬侧壁的竖向钢筋。

（9）第四道支撑和围檩在底板强度达到设计强度以后方可拆除。

（10）基坑开挖过程中如发现围护结构有渗漏，必须及时封堵。

（11）每次开挖至支撑中心以下 1m，以便于支撑牛腿安装。第五次直接开挖至坑底标高。

6. 基坑开挖要点

（1）基坑开挖，应有水平标桩严格控制基底的标高，以防基底超挖。

（2）对定位桩、水准点等应注意保护好，挖运土时不得碰撞。并在每层土层开挖时进行复测，检查其可靠性。

（3）为做到坑底平整，防止局部超挖，在设计坑底标高以上保留 300mm 的土方，用人工开挖修平，对局部开挖的洼坑要用砂填实，绝不许用烂泥回填。

（4）开挖最下道支撑以下土方时，在 8～16h 内浇筑素混凝土垫层。要预先将素混凝土垫层及浇筑钢筋混凝土底板的材料、设备、人力等施工准备工作全部做好，以便在基坑挖好后即进行各道工序，力求在尽可能短的时间内浇筑好钢筋混凝土底板。同时做好坑底泄水孔，保证基坑排水正常。

（5）开挖开始便切实备好出土、运输和弃土条件。

7. 挖土施工注意事项

（1）严禁超挖；

（2）平面上严格按已划分的分段宽度进行施工；

（3）严禁各种挖土机械设备碰撞钢管支撑、围檩斜撑及其他工程设施；

（4）在挖除每小段土方时，保持 1：1.5 以上的坡度；

（5）如碰到雨天施工时应及时增加排水沟，挖好集水井，同时派专人排水；

（6）为减少围护结构变形及确保基坑安全，在基坑开挖及结构施工期间，尽量避免挖机及吊车等重型荷载长时间停留在一个位置。

3.18.4 钢支撑安装

1. 技术要求

钢支撑、围檩及装配件应事先加工，按设计位置预埋。钢支撑装配件加工主要有固定端和活接头，预埋件主要是支座固定连接钢筋及预埋钢板，在帽梁内预埋钢板。

2. 钢支撑架设流程

支撑定位放线→支撑部位的围护墙表面凿平→支撑脚焊接→支撑拼装安放就位→施加预应力→支撑端头锚固。

3. 钢支撑架设方法

（1）基坑分层开挖至钢支撑架设的高度后，立即放出支撑位置线。

（2）开挖到设计标高后，安装加工好的钢围檩。钢支撑两端的钢围檩应保持在同一水平位置。

（3）将焊接好的三角形钢支架在钢支撑中心位置与钢围檩相焊接，并与其背后的抗剪加强肋板相焊接。

（4）将由两个工字钢焊接而成的活接头箱室与钢支撑活动端端头板相焊接，组装成为成型的单根钢支撑。

（5）将Ⅱ型钢板组件的活接头安置于由工字钢组成的活接头箱室内，拼装成一端固定一端活动的钢支撑，钢支撑的长度由现场实际长度确定。微调采用特制钢楔。完成钢支撑组装的各种工作。

（6）为防止钢支撑在施加轴力时产生过大的挠度，在对钢支撑施加预应力前先将钢支撑自重挠度校正至水平。

（7）在三角形钢支架下方焊接防坠钢板及千斤顶支托板，完成施加预应力前的各种准备工作。

4. 施加预应力

为有效控制支撑围护结构的位移和地面沉降，在支撑安装完毕后，应及时检查各节点的连接状况，经确认符合要求后方可施加预应力。根据设计要求，第二道支撑的预加压力设计值不小于1180kN，第四道支撑的预加压力设计值不小于1350kN。支撑的最大计算轴力1707kN及施加预应力1195kN。

施加预应力采用在支撑一端设置两台100t以上卧式千斤顶，及100MPa液压自动油泵同步分级进行加压，用标定的压力表控制预应力值。预应力施加完毕，千斤顶伸长后与活络接头的空隙处用钢板楔紧，支撑顶紧墙体后，才能给千斤顶回油。预应力应分级施加，重复进行。

5. 关键节点处理

（1）钢围檩与灌注桩连接：牛腿三角形支架采用28槽钢与$\phi800$mm钻孔灌注桩主筋焊接，双拼型钢围檩采用650mm×650mm×10mm缀板连接，间距100mm，围檩与钻孔灌注桩之间采用C30细石混凝土填实，宽20mm。如图3-47所示。

（2）钢围檩与钢支撑连接：连接处采用900mm×700mm×10mm钢板焊接，端部焊接700mm×200mm×14mm止推钢板；型钢内侧焊接10mm厚加劲肋，间距400mm。

（3）钢围檩转角坡口焊接：转角内侧处上下各焊接一块10mm厚钢板。

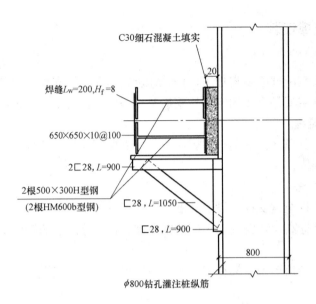

图 3-47   钢围檩与灌注桩连接示意

6. 拆除

钢支撑应随结构施工进程分段、分层拆除。用 25t 汽车吊将钢支撑托起，在活动端设 2 台 100t 千斤顶，施加轴力至钢楔块松动，取出钢楔块，逐级卸载至取完钢楔。最后用汽车吊将支撑吊出基坑

3.18.5   施工要点

（1）由临时水准点向基坑内用吊钢尺法向下传递高程；测量人员要在有标高控制要求的每道工序（每道支撑的施工、内部结构的施工等）施工前，对高程控制点进行复核，经复核无误后，用于施工高程的控制。

（2）基坑开挖到设计要求标高后，要及时支撑，尽量减少无支撑暴露时间，无支撑暴露时间不宜大于 12h。钢支撑安装按设计图纸要求，所有支撑拼接必须顺直。每次安装前先抄水平标高。基坑边挖边安装支撑，严禁无支撑开挖。

（3）钢支撑安装前一定要检查钢管的垂直度，若不垂直要进行矫正；然后将钢支撑安装在牛腿上，并且紧固好，必要时在钢支撑中部架设临时支撑，确保钢支撑吊装上只有很小的自重下挠度，便于加预应力固定。

（4）在进行钢支撑拼装时，轴线偏差控制在 2cm 之内，并保证支撑接头的承载力符合设计要求。钢支撑连接时必须对称上螺栓，按顺序紧固。要有钢支撑支托措施，同时用于微调的钢楔也要串联，防止坠落。

（5）所有钢支撑装配件的钢板加工以及钢管焊接加工都必须双面满焊。在有内肋板焊接过程中无法双面焊接的，宜采用坡口焊接方式。

（6）每道支撑安装后，及时按设计要求准确施加预应力，预应力加至设计要求加钢锲顶紧后，方可拆除千斤顶。支撑下方的土在支撑未加预应力前不得开挖。考虑所加预应力损失 10%，对施加预应力的油泵装置要经常检查，以使之运行正常，所量出预应力值准确。每根支撑施加的预应力值要记录备查。

（7）支撑的安装及允许偏差应符合以下规定：

1）垂直方向作用点位置与设计标高的偏差不得大于 30mm；

2）水平方向的偏差不得大于 30mm；

3）加工支撑轴线的偏心度控制在 10mm 以内；

4）支撑安装前，应在地面上进行预拼装，拼装支撑两端支点中心连接的偏心度不大于 20mm；

5）支撑法兰接头的螺栓要全部凸出，并予以旋紧不留隐患。待施加应力后，再进行第二次旋紧螺栓。

（8）施加预应力前要及时检查每个接点的连接情况，并做好施加预应力的记录；严禁出现支撑在施加预应力后活络头偏心受压的情况。

（9）支撑一旦安装，与监测人员每天及时进行联系，及时掌握支撑应力随开挖的进行而变化的情况，当应力明显减少时，就进行复加预应力的工作，并用钢楔块进行楔入加紧。

（10）地面上有专人负责检查和及时提供开挖面上所需要的支撑及其配件，试装配支撑，以保证支撑长度适当、支撑轴线偏差不大于 2cm。支撑经检验合格后打上合格的标志。严禁出现土方开挖完毕却不能提供合格支撑的现象。

（11）基坑开挖过程中，严禁机械开挖碰撞钢支撑。

3.19　锚喷倒挂法基坑施工实例

3.19.1　工程概述

某市外环路新建雨水提升泵站，泵站平面尺寸为 12m×10.0m，开挖深度为 7.0m，钢筋混凝土结构，底板厚 400mm，混凝土强度等级为 C25；池壁厚 300mm，混凝土强度等级为 C30。根据工程地质报告所揭示的地质情况，经实际现场勘查泵房下部结构处于人工回填土层、砂土、黏土夹砂层，地面以下 2m 有地下水。

施工场地距离护城河仅有 500m，地下水较丰富；经过技术经济比较，采用大口井降水方案，施工基坑四周各设一眼降水井，周边等距离各设 2 眼降水井；距基坑边约为 5.8m，深度为 10.5m；共设 12 眼井，采用 $\phi200$mm 无砂混凝土管作为井壁，设清水泵抽排水。

整平场地后根据泵房的中心坐标定出泵房基坑中心桩、纵横轴线控制桩及基坑开挖边线。

锚喷坑采用钢筋混凝土锁口圈梁＋坑侧壁钢格栅挂钢筋网片倒挂逆作＋钢格栅挂钢筋网片。

3.19.2　围护结构变更设计

（1）泵房基坑原设计为灌注桩围护结构。但是由于现场施工条件和设备问题，没有灌注桩施工条件，经设计变更采用锚喷钢筋混凝土倒挂施工基坑围护结构，基坑上口设置闭合的冠梁。

（2）倒挂围护的结构形式

为确保泵站基坑稳定和安全，提高围护结构刚度，在满足顶管施工操作需要的前提下，尽量减少围护结构长度。

1）锁口圈梁

为保证基坑结构稳定，在井口处设现浇钢筋混凝土锁口圈梁一道，圈梁宽 800mm，高 500mm，圈梁采用 8 根 $\phi 20mm$ 为主筋，$\phi 8@200mm$ 为箍筋，混凝土强度等级为 C25。为了使工作坑下部钢架能与锁口圈梁连接，锁口圈梁向下预留钢筋接头，方法是在槽底向下打孔，插入长 800mm，直径 20mm 的钢筋，间距 1000mm。预留钢筋锚入锁口圈梁长度不小于 400mm。

2）侧壁支护

坑侧壁采用钢格栅挂钢筋网片倒挂逆作法，分层开挖，分层锚喷混凝土进行支护，结构厚度为 250mm，混凝土强度等级为 C20，首榀钢格栅距圈梁 0.35m，以下钢格栅每 800mm 设一道（遇到地下水后每 500mm 设一道），并在坑底设一道钢格栅。每榀钢格栅竖向用 $\phi 18mm$ 钢筋连接（采用搭接焊），间距 1m。钢格栅主筋采用 $\phi 18mm$ 钢筋，每断面 4 根，钢格栅纵筋与横筋之间采用蝴蝶筋连接。

沿钢格栅内、外侧主筋外缘满铺 150mm×150mm 的 $\phi 8mm$ 钢筋网片，并与主筋焊接成一体。基坑施工中在钢格栅位置沿环向设置长 1.5m $\phi 20mm$ 钢筋，起土钉作用，间隔 1.0m，并在喷射混凝土前与钢筋网片及钢格栅焊接牢固，以满足结构受力的要求。

喷射混凝土设计强度等级为 C20，由 PO. 32.5 级普通硅酸盐水泥、中粗砂、豆石（粒径为 0.5～1.5cm）组成，经验配比为水泥：砂子：石子＝1：2：2；速凝剂掺量为水泥重量的 5%，水胶比控制在 0.4～0.5 之间。

3.19.3　围护结构计算

1. 计算模型建立

对于钢筋混凝土格栅梁和工字钢环撑的验算采用 1/2 分担法，即每道梁或撑承担其控制范围内土压力的作用。其中对钢筋混凝土格栅梁计算假定为两端固结梁，工字钢环撑梁假定为四支点三跨连续梁，由于工字钢环撑梁均作用在钢筋混凝土格栅梁位置，起加强作用，可不做计算。

2. 钢筋混凝土格栅梁计算

（1）钢筋混凝土格栅梁最大允许弯矩为：

$$[M] = f_{cm} b x \left(h_0 - \frac{x}{2} \right) + f'_y A'_X (h_0 - a'_s) \tag{3-8}$$

其中：C20 混凝土弯曲抗压强度 f_{cm} 为 15MPa；纵筋抗拉压强度设计值 $f_y = f'_y = 310MPa$；$b = 300mm$，$h_0 = 300mm$，$a'_s = 35mm$，$A_s = A'_x = 628mm^2$，$x = 2a'_s = 70mm$。

将以上数值代入公式（3-8）计算得：

$[M] = 15 \times 0.3 \times 0.07 \times (0.3 - 0.035) + 310 \times 628 \times 10^{-6} \times (0.3 - 0.035) = 135kN \cdot m$

选取 -7.0m 位置，支护高度为 0.7m 的钢筋混凝土格栅梁进行计算。

-7.0m 位置土压力采用朗肯主动土压力计算公式：

$$P_a = \gamma H \tan^2 \left(45 - \frac{\varphi}{2} \right) - 2C \tan \left(45 - \frac{\varphi}{2} \right) \tag{3-9}$$

式中　r——土重度；

φ——土内摩擦角°（均由勘察报告提供）；

H——计算深度 m。

将数值代入式（3-9）计算得：

$$P_a = 18.5 \times 7.0 \times \tan^2\left(45 - \frac{18}{2}\right) - 2 \times 20 \times \tan\left(45 - \frac{18}{2}\right) = 39.297 \text{kN/m}^2$$

（2）钢筋混凝土格栅梁所受均布荷载为：

$$q = P_a h = 39.297 \times 0.7 = 27.5 \text{kN/m}$$

钢筋混凝土格栅梁所受最大弯矩为（以 7m 框架为例）：

$$M_{max} = \frac{1}{24}ql^2 = \frac{1}{24} \times 27.5 \times 7^2 = 56.14 \text{kN} \cdot \text{m} < [M] = 135 \text{kN} \cdot \text{m}$$

钢筋混凝土格栅梁配筋及结构尺寸符合抗弯设计要求。

（3）钢筋混凝土格栅梁所受最大变形为：

$$f_{max} = \frac{ql^4}{384B_s} = \frac{27.5 \times 10^3 \times 7^4}{384 \times 227 \times 10^5} = 0.008 \text{m} < [f] = l/300 = 0.023 \text{m}$$

钢筋混凝土格栅梁配筋及结构尺寸符合变形要求。

其中钢筋混凝土格栅梁短期刚度：

$$B_s = \frac{E_s A_s h_0^2}{1.15\psi + 0.2 + \frac{6a_E\rho}{1 + 3.5\gamma_f}} \tag{3-10}$$

式中　E_s——钢筋弹性模量；

a_E——为钢筋与混凝土弹性模量比 $a_E = 7$；

ψ——裂缝间纵向钢筋应变不均匀系数，$\psi = 1.1 - \frac{0.65 f_{tk}}{\rho_{te}\sigma_{ss}} = 0.19$；

ρ_{te}——有效混凝土截面面积的纵向受拉钢筋配筋率，$\rho_{te} = 0.018$；

σ_{ss}——按荷载短期效应组合计算的钢筋混凝土构件纵向受拉钢筋的等效应力，

$$\sigma_{ss} = \frac{M}{0.87h_0 A_s} = 671 \text{MPa}；$$

ρ——纵向受拉钢筋配筋率，$\rho = \frac{A_s}{bh_0} = 0.007$；

γ_f——受拉翼缘面积与腹板有效面积的比值，$\gamma_f = 0.77$。

将以上数值代入公式（3-10）计算得：$B_s = 227 \times 10^5 \text{N} \cdot \text{m}$。

3.19.4　施工技术要点

1. 锁口圈梁

按设计标高开挖至锁口圈梁底标高后，停止开挖，进行锁口圈梁的绑筋、安设下部锚筋，安设上部结构柱锚筋和护栏预留洞，浇筑混凝土，在浇筑圈梁混凝土之前，要沿圈梁 45°方向打设长 1.5m 直径 ϕ20mm 的钢筋（打设前先调查基坑周围的现况管线，防止破坏现况管线），环向间距为 2.0m，小导管与圈梁钢筋焊接牢固，防止向下挖土时圈梁下沉。待圈梁混凝土强度达到设计强度的 70％以后，先由测量人员在圈梁上设中线和高程控制点，经复测无误后再继续向下挖土施工。

2. 开挖土方

为防止基坑施工时基坑锁口圈梁下移，应采用半断面开挖，利用另一半土作为支撑，待先挖的这一半喷射混凝土完毕后，再开挖另一半，这样交替进行，每次挖深 0.5~0.8m，直至井底。

开挖时，严格按照结构外缘线进行开挖，严禁超挖，圈梁底和井底均须严格按设计高程开挖，不得超挖扰动原状土，榀架间距要严格按设计要求施工。

3. 安装钢格栅，焊接纵向连接筋，挂钢筋网片

土方开挖后立刻挂内层钢筋网片，安装钢格栅，钢格栅位置尺寸布置详见基坑断面图。钢格栅与钢格栅之间用 ϕ18mm 纵向连接筋焊牢，沿内外主筋环向间距每米一根，连接筋焊接时必需满焊并且满足搭接长度的要求。钢筋网与纵向连接筋、钢格栅连接牢固。

钢格栅的安装必须牢固，平面必须保持水平，平面翘曲<2cm。钢格栅架支立完毕后，要沿钢格栅环向与井壁成 45°方向每 1.0m 打设一根长 1.5m 直径 ϕ20mm 的钢筋，钢筋要与钢格栅焊牢，防止基坑下沉。

4. 喷射混凝土

喷射混凝土设计强度等级为 C20，由 PO32.5 级普通硅酸盐水泥、中粗砂、豆石（粒径为 0.5~1.5 cm）组成，经验配比为水泥：砂子：石子＝1：2：2；速凝剂掺量为水泥重量的 5%，水胶比控制在 0.4~0.5 之间。水泥、砂子、豆石用搅拌机搅拌，混合料在喷射机附近掺入速凝剂，混合料随拌随用，不掺速凝剂的干料其存放时间不超过 45min。

在钢格栅安装、纵向连接筋焊接、土钉打设完毕后，挂外层钢筋网片，再喷射混凝土直到设计厚度，基坑喷射混凝土厚度为 25cm。

喷射混凝土前检查开挖断面尺寸，清除开挖面的浮土，尤其是与上一榀钢格栅接茬处，必须将上一次喷混凝土时的回弹料清理干净。喷射混凝土前用高压风清扫开挖面，并埋设控制喷射混凝土厚度的标志。

喷射作业应分层、分段依次进行。喷射顺序应自下而上。先喷设钢格栅的混凝土，后喷射钢格栅之间的混凝土，水平回旋半径应为 300mm 左右，一圈压半圈，一次喷射厚度不得大于 100mm，分三次喷满，直至喷射到设计厚度。

每次喷射混凝土之前，应将前次喷射的混凝土的接茬部位凿毛，清除表面粘附的泥土，以保证接茬处混凝土的密实，力求表面平顺。

喷射混凝土终凝 2h 后，喷水养护，每隔 4~8h 喷水一次。

3.19.5 施工安全措施

（1）每步锚喷混凝土支护结束后，首先挖竖井底中心部位的土方，最后喷完的部位滞后 20min 开挖。

（2）基坑上部周围设护栏和上下钢扶梯，护栏高度不得低于 1.2m。进入施工现场的人员必须遵守各项安全规程，必须走扶梯，上班必须戴安全帽。

（3）当基坑底出现少量积水时，为及时浇筑底板，应挖盲沟填充砂砾加强抽排，然后分块浇筑底板。

（4）坑内所有电路必须安装漏电保护器，并且有接地、接零保护装置。接地电阻不得大于 4Ω；供电线路接头应密封防潮，且绝缘良好。

（5）压实设备、振动器、锚喷设备及其他电器设备，必须有防触电措施或装置。操作人员要佩戴防护用具。

第4章 现浇混凝土构筑物施工工艺

4.1 模板支架设计与施工

4.1.1 模板支架选择

设计方通常对大型构筑物，特别是清水池混凝土的模板施工提出建议或推荐，工程总承包方应依据工程条件进行选择。

1. 常用模板类型

（1）组合钢模板，系按一定的模数设计，钢模板经专用设备压轧成型，具有完整的配套使用的通用配件，能组合拼装成不同尺寸的板面和整体模架，适于机械化程度现场施工。但是建筑工程系列模板适用于直壁混凝土结构施工。这类模板的主要优点是供应充足、配套灵活、施工简便。不足之处在于建筑系列模板用于给水排水构筑物，模数差较大，需要木模板辅助；模板拼缝较多，构筑物外观质量不理想。给水排水构筑物专业模板目前只有 SZ 系列，适用于单元组合式或矩形构筑物施工；但是市场租赁模板因周转次数多，模板变形失修，也导致混凝土外观质量较差。

（2）木质模板，竹胶板、覆膜板等多层板材配合方木肋（楞）的主要优点是现场可裁板加工成型，既可用于矩形水池，又可用于圆形池，适应性强。缺点是加工后面板遇水易变形，市场上方木规格、质量良莠不齐；木质模板周转率低，成本较大。

（3）钢框木模，又称为空腹型钢边框胶合板大模板，具有前两种模板的特点，可按设计事先加工成不同模数、规格，钢框配合竹胶板、覆膜板使用。这类模板的主要优点是模板拼装性好，模板之间的缝隙少。缺点是单块模板的面积需要加工，通用性差，使用频次较低。

（4）全钢大模板又称钢大模板，可按照设计要求或工程条件事先加工，吊装就位，可整体支搭、整体拆除；接缝少，施工快；混凝土外观质量较高。但是，给水排水构筑物预留孔洞、预埋管道等构件较多，使用全钢大模板会造成模板加工与安装复杂化，且一次投入成本较高。

2. 常用支架（撑）类型

（1）SZ 系列模板配套支架：由立杆、可调托架和拉杆组成，配套钢花梁装拆方便、稳固可靠。适用于矩形构筑物梁板、墙体混凝土施工。

（2）碗口式支架应用较为普遍，插销式和盘销式支架也在应用，由装卸灵活的立杆、可调托架和连接件组成。主要用于构筑物的梁板、承重模板的支撑体系，如图 4-1 所示。

（3）扣件式支架，由 $\phi 48mm$ 钢管、扣件和可调装置组成；施工简便、成本较低；可与碗口支架配套使用，适用于非承重梁板和脚手架，是目前现场常用的支架。目前存在主要问题是 $\phi 48mm$ 钢管壁厚达不到《建筑施工扣件式钢管脚手架安全技术规范》JGJ 130—

图 4-1 水池顶板碗扣支架

2011 规定的 3.6mm，施工现场架体设计和安装达不到《建筑施工扣件式钢管脚手架安全技术规范》JGJ 130—2011 的规定，用于承重支架的事故风险较大。据资料介绍发达国家禁止扣件式支架用于承重体系，但可用于非承重支撑体系或脚手架。

（4）对拉螺栓（杆），常用于池壁或隔墙内、外侧模板之间的拉结（支撑），承受混凝土的侧压力和其他荷载，确保内、外侧模板的间距满足设计要求，同时也是模板及其支撑结构的支点。穿墙螺栓的布置关系到模板结构的整体性、刚度和承载力，直接影响混凝土外观质量。

3. 模板支架选择的主要因素

（1）模板主要技术要求

1）模板模数与结构尺寸偏差应符合设计要求和规范规定，模板结构尺寸偏差应控制在 0～－2mm 以内，以保证模板能正确组合拼装。

2）模板内表面平整光洁，模板之间接缝严密，拼装简便、结构坚固；在非同一平面内的模板交接处，视不同情况采取密封构造作法，确保混凝土在拆模后节点的线角清晰、表面平整、整洁、美观。

（2）支架基本技术要求

1）应为模板提供刚性支撑，荷载满足设计要求和规范规定，支撑稳定，可微调，安全可靠；

2）连接节点牢固，拆装简便。

（3）在确保安全及质量要求的基础上，需考虑工程经济条件，特别是加工钢制模板和木模板的一次性投入费用，并与租赁费用进行对比。

4.1.2 模板支架设计

（1）由于给水排水构筑物埋设深度、基坑支护形式以及工艺功能的区别，造成模板支架结构形式差别较大，需要针对池体形式、部位、施工条件分别进行模板和支架设计及安全性验算。

（2）模板支架荷载计算

1）模板、支架设计应按表 4-1 进行荷载组合。

2）模板计算应有计算简图，分别画出弯矩图、剪力图和变形图。木模的面板和方木应分别进行抗弯强度、挠度计算，一般情况下可不进行抗剪强度计算。

3）验算模板、支架和拱架的刚度时，其变形值不得超过下列规定：

① 结构表面外露的模板挠度为模板构件跨度的 1/400；结构表面隐蔽的模板挠度为模板构件跨度的 1/250；支架受载后挠曲的杆件，其弹性挠度为相应结构跨度的 1/400；

② 钢模板的面板变形值为 1.5mm；钢模板的钢楞、柱箍变形值为 $L/500$ 及 $B/500$（L 为计算跨度，B 为柱宽度）。

模板、支架的荷载组合　　　　　　　　　　　　　　　　　　表 4-1

模板构件名称	荷载组合	
	计算强度用	验算刚度用
梁、板的底模及支承板、支架等	①+②+③+④+⑦+⑧	①+②+⑦+⑧
梁、板、柱等的侧模板	④+⑤	⑤
基础、承台、底板等厚大结构物的侧模板	⑤+⑥	⑤
墙壁侧模板	④+⑤+⑥	⑤

注：①模板、拱架和支架自重；②新浇筑混凝土、钢筋混凝土或圬工、砌体的自重力；③施工人员及施工材料机具等行走运输或堆放的荷载；④振捣混凝土时的荷载；⑤新浇筑混凝土对侧面模板的压力；⑥倾倒混凝土时产生的水平向冲击荷载；⑦设于水中的支架所承受的水流压力、波浪力、流冰压力、船只及其他漂浮物的撞击力；⑧其他可能产生的荷载，如风雪荷载、冬季保温设施荷载等。

4）支架的地基与基础设计应符合《建筑地基基础设计规范》GB 50007—2011 的规定，并应对地基承载力进行计算和检验。

（3）设计程序与要点

1）模板的形式和材质的选择应依据具体施工方案来确定，矩形池壁高度≤10m 或圆（卵）形池壁高度≤15m 时，一般情况下应采用组合钢模板或全钢大模板体系（见图 4-2）；圆形池壁高度≥15m 时，宜考虑采用滑升模板或跃升模板体系。

2）在确定了模板形式和材质的基础上，进行面板与肋、楞（龙骨）支承面积的计算，确定面板形式与肋、楞（龙骨）材料。

3）模板承受水平、垂直荷载的计算，应参照表 4-1 进行荷载组合，在荷载计算基础上，进行模板的抗弯（剪）强度、刚度（挠度）计算或验算。

4）在确定了模板参数的基础上选择支撑（架）形式，分别计算出池壁、梁板、支柱的支承面积，确定对拉螺杆间距、支架立杆间距，进行架体强度、刚度、稳定性验算。

5）模板支架设计参数应依据设计要求和相关规范规定选择、确定，必要时应经现场试验确定或参考同类工程实践数据。

6）依据上述设计资料，对模板支架连接节点、细部构造、固定方式等进行设计；池壁对拉螺杆选型应满足防水要求，以及螺栓孔填充的要求；清水混凝土设计时宜选用带防水板和橡胶垫（圆锥头）的对拉螺杆（见图 4-3）。

图 4-2　圆形池全钢大模板

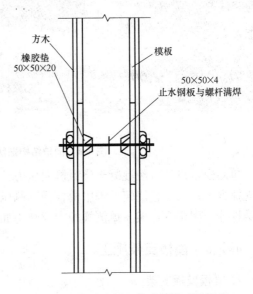

图 4-3　带防水板、橡胶垫的对拉螺杆

7）变形缝、施工缝、预应力锚具、杯（环）槽等部位吊模、穴模制作及固定措施设计，应依据施工图和标准图进行二次施工设计。

8）模板支架安装施工用脚手架、提升架、人行步道应依据有关标准或规定进行设计。

9）模板支架、脚手架、提升架等拆除方式、顺序等应有明确规定和具体要求。

（4）模板支架专项方案应包括以下安全技术措施：

1）预应力混凝土结构模板设计应考虑施加预应力后构件的弹性压缩、上拱及支座螺栓或预埋件的位移等；

2）采用木模时，不得使用脆性木材和过分潮湿易引起变形的木材，木质的横梁、立木（楞）不得使用拼接材料；

3）采用扣件式钢管支撑体系时，钢管壁厚不得小于 3.6mm；扣件在螺栓拧紧扭力矩达到 65N·m 时，不得发生破坏；

4）防止模板及其支架在风载作用下倾倒的技术措施；

5）模板支架施工安装与拆除安全保证技术措施；

6）用电、现场焊接、高空作业等安全管理和防范技术措施。

（5）使用砌筑体作为侧模时，施工前应根据基坑深度、土质、现场环境状况、浇筑方式等对侧模强度、稳定性进行验算，必须符合施工安全要求。砌筑体水泥砂浆未达到设计强度时，严禁受外力推挤。

（6）以基坑围护结构作外侧模，内模单侧支撑时，基坑围护桩墙外侧应进行处理，如贴防水卷材或挂塑料膜，如图 4-4 所示。以现有（池）墙壁作外侧模时，池外壁之间应砌筑加气块进行间隔；或按照界面缝的设计要求，放置闭孔泡沫板等缝板。

图 4-4 围护结构贴防水卷材或挂塑料膜

单侧模板设计应经混凝土浇筑侧向压力计算和验算，应在分析侧向压力分布基础上确定支撑方式；为防止浇筑过程中模板受到侧压力发生变位，通常需要在池底板浇筑时埋设拉结螺栓，固定支撑架。单侧模板支撑结构如图 4-5 所示。

4.1.3 模板支架施工

1. 梁板模板支架

（1）承重模板支架应按专项施工方案施工，支架地基应符合施工方案要求且应平整、

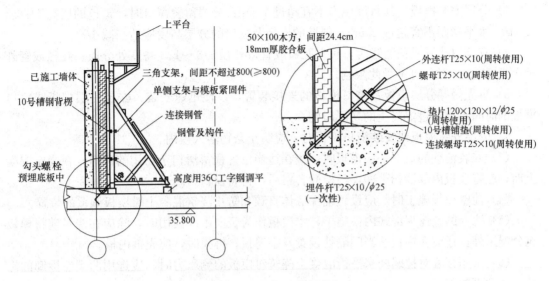

图 4-5 单侧模板支撑结构示意

坚实、排水良好。

（2）面板、主次龙骨（纵横梁）支撑的尺寸公差、拼接质量必须符合设计要求和规范规定。

（3）模板支架的立杆和斜杆的支点应垫木板或方木。

（4）立杆应垂直，设有微调高程的装置；拉杆和剪刀撑的位置应正确，连接应牢固。

（5）顶板与池壁连续浇筑时，池壁内模支柱不得同时作为顶板模板的立柱；顶板支撑的斜杆或横向连杆不得与侧墙、池壁模板的杆件相连，如图 4-6 所示。

2. 池壁、隔墙模板与支撑

（1）目前工程实践多采用木模，典型的池壁模板组成形式如图 4-7 所示，可分有支撑和无支撑模板两种形式。有支撑模板需紧靠池壁搭设一定宽度的支架和三架钢架，无支撑模板采用对拉螺杆固定。池壁内外设脚手架，模板、纵横肋（楞）的尺寸公差、拼接质量必须符合专项施工要求。

（2）可先安装一侧模板，钢筋就位后，随浇筑混凝土随分层安装另一侧模板，或采用一次安装到顶而分层预留操作窗口的施工方法，采用这种方法时，应注意如下事项：

图 4-6 侧墙与顶板支架

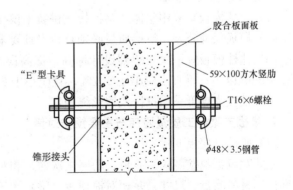

图 4-7 穿墙螺杆安装示意

1) 分层安装模板，其每层层高不宜超过 1.5m；分层留置窗口时，窗口的层高不宜超过 3m，水平净距不宜超过 1.5m；斜壁的模板及窗口的分层高度应适当减小；

2) 有预留孔洞或预埋管时，宜在孔口或管口外径 1/4～1/3 高度处分层；孔径或管外径小于 200mm 时，可不受此限制；

3) 事先做好分层模板及窗口模板的连接装置，以便迅速安装；安装一层模板或窗口模板的时间不应超过混凝土的初凝时间；

4) 分层安装模板或安装窗口模板时，应防止杂物落入模内。

(3) 安装池壁的最下一层模板时，应在适当位置预留清扫杂物用的窗口；在浇筑混凝土前，应将模板内部清扫干净，经检验合格后，再将窗口封闭。

(4) 池壁模板施工时，应设置确保墙体直顺和防止浇筑混凝土时模板倾覆的装置。

(5) 池壁的整体现浇式内模施工，木模板作为竖向木纹使用时，除应在浇筑前将模板充分湿透外，还应在模板适当间隔处设置八字缝板；拆模时，应先拆内模。

(6) 采用穿墙对拉螺杆来平衡混凝土浇筑对模板的侧压力时，应选用两端能拆卸的螺杆，注意事项如下：

1) 两端能拆卸的螺杆中部应设止水环，止水环不宜采用圆形；

2) 螺杆拆卸后混凝土壁面应留有 40～50mm 深的锥形槽；

3) 在池壁形成的螺杆锥形槽，应采用无收缩、易密实、具有足够强度、与池壁混凝土颜色一致或接近的材料封堵，封堵完毕的穿墙螺杆孔不应有收缩裂缝和湿渍现象。

(7) 圆形水池直壁内外模板宜采用定制加工的钢制模板，内外模板对拉螺杆应固定在模板支撑梁带上；钢架、卡具应根据浇筑混凝土的侧压力通过计算确定；内外模板的外侧应采用环形钢架支承，钢架与模板间应采用特制卡具连接牢固，并用环形箍和内撑固定卡牢。

(8) 半球薄壳（倒锥形）水池斜壁模板支架安装时，支承外模的支架必须按施工设计的位置与高程架设，立杆通常采用圆弧形布置，如图 4-8 所示；排架的撑杆与拉杆必须固定牢靠，梯形排架的底脚与地基间应用木质垫板找平；采用整体钢模时，应采用撑杆将整体钢模撑牢并预留混凝土浇筑窗口；内外模板、排架、螺杆拉杆及其支撑结构应根据池壁混凝土结构尺寸与浇筑速度进行承载力、刚度、稳定性的验算。斜壁内模采用钢梁插模方式时，内模的工字钢梁的上下端应固定；梁间插放的模板，两端应用木楔卡牢。

3. 池柱模板支架施工

(1) 池柱模板宜采用整体式钢模板或拼装木模（见图 4-9）。

(2) 模板尺寸公差、拼接质量必须符合设计要求和规范规定。

(3) 池柱模板宜一次安装到设计标高，标高误差应控制在 5mm 以内，轴线误差应控制在 10mm 以内；垂直度应小于 0.1%，且应小于 6mm。

(4) 模板支撑可采用拉杆或钢丝绳固定。

4. 模板支架施工质量通病与主要预防对策

(1) 胀模（模板变形）

主要对策：池壁（柱）面板、肋（主次楞）和对拉螺栓应进行设计计算与验算，按照标准控制材料质量、尺寸公差；对池顶板（梁）面板、龙骨（梁）和支撑必须进行设计计算与安全验算，按照标准控制材料质量、杆件的完好性。

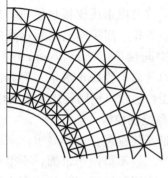

图 4-8　圆弧形布置支架平面示意

图 4-9　池柱拼装木模

（2）跑模、坍塌

主要对策：确保模板定位、连接可靠，支撑（含地基）和拉结体系应满足施工荷载组合的承载力要求，刚度、强度和稳定性需符合施工方案要求和标准规定；施工过程应设有必要的检测和监测项目。

4.1.4　特殊部位模板

1. 吊模

池壁、隔墙第一道水平施工缝到地板浇筑段通称导墙（KICHK，踢脚），通常需要与底板同时浇筑，模板多采用木模做成吊模形式（见图 4-10），用钢筋焊接固定在底板钢筋网架上。圆形预应力结构水池壁底部杯槽也常采用吊模方式施工，但模板常会采用特制钢模，用钢筋支撑或其他型钢悬挑或悬吊。吊模位置、形式应符合设计要求，安装牢固（必要的抗浮措施）、拆除方便。

2. 穴模

预应力张拉端的穴模（见图 4-11），形状为喇叭筒状或碗形，可采用锚具配套产品；也可现场制作，多采用厚度≥1mm 的钢板。穴模需要与模板紧贴固定，以防止浇筑过程中发生变位或灰浆进入锚具中。

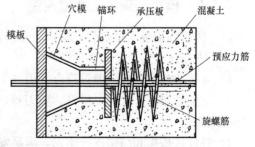

图 4-10　导墙吊模

图 4-11　穴模与模板固定示意

3. "后浇带"侧模

"后浇带"的构造形式（见图 4-12）和位置应符合设计要求，安装牢固、拆除方便。

一般情况下宜采用木质模板封堵，并在模板上下端设齿孔，间距同上下层钢筋的间距。可在中间镶嵌 20mm×40mm 木条，便于浇筑前放遇水膨胀止水条。为方便施工，可选用快易收口钢网替代木质模板。

4. 变形缝端模板

止水带安装应符合设计要求，采取绑丝固定等方式，不得损伤带面，不得在止水带上穿孔或用圆钉固定就位。在止水带（见图 4-13）上下安装端板，端板多为防水木丝板和聚苯板或闭孔泡沫板。端板安装位置应正确，支撑牢固，无变形、松动、漏缝等现象。

图 4-12　"后浇带"模板与内撑

5. 预埋管件与模板固定

池壁预埋管、预埋件（见图 4-14）按设计位置安装后应固定在模板上，模板需现场实测后开孔或紧贴侧模；安装应牢固，接缝应严密；浇筑混凝土过程中不得变位或漏浆。

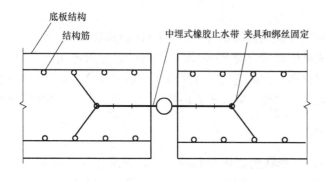

图 4-13　止水带安装示意

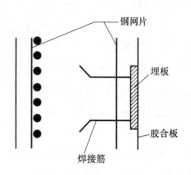

图 4-14　预埋件与模板安装

4.1.5　模板支架施工质量控制

（1）构筑物模板支架安装完毕，应经检查验收。

（2）支架施工质量检验要点：

1）支架的基础处理、埋设符合专项方案要求；

2）支架的布置、立杆、横杆、剪刀撑、斜撑、间距、立杆垂直度等的偏差应满足相关标准规定；

3）各杆件搭接和结构连接牢固，满足安全要求；

4）安全防护设施符合相关规定。

（3）模板安装质量检验方法和允许误差见表 4-2。

现浇混凝土给水排水构筑物模板安装允许偏差   表 4-2

序号	检查项目			允许偏差(mm)	检查数量		检查方法
					范围	点数	
1	相邻板差			2	每 20m	1	用靠尺量测
2	表面平整度			3	每 20m	1	用 2m 直尺配合塞尺检查
3	高程			±5	每 10m	1	用水准仪测量
4	垂直度	池壁、柱	$H≤5m$	5	每 10m(每柱)	1	用垂线或经纬仪测量
			$5m<H≤15m$	$0.1\%H$,且≤6		2	
5	平面尺寸	$L≤20m$		±10	每池(每仓)	4	用钢尺量测
		$20m<L≤50m$		$±L/2000$		6	
		$L>50m$		±25		8	
6	截面尺寸	池壁、顶板		±3	每池(每仓)	4	用钢尺量测
		梁、柱		±3	每梁柱	1	
		洞净空		±5	每洞	1	
		槽、沟净空		±5	每 10m	1	
7	轴线位移	底板		10	每侧面	1	用经纬仪测量
		墙		5	每 10m(每柱)	1	
		梁、柱					
		预埋件、预埋管		3	每件	1	
8	中心位置	预留洞		5	每洞	1	用钢尺量测
9	止水带	中心位移		5	每 5m	1	用钢尺量测
		垂直度		5	每 5m	1	用垂线配合钢尺量测

注：1. L 为混凝土底板和池体的长、宽或直径，H 为池壁、柱的高度；
    2. 表中序号 9 指设计变形缝的止水带，不包括施工缝的止水板；
    3. 仓指构筑物由变形缝、施工缝分隔而成的一次浇筑成型的结构单元。

4.1.6 模板拆除

（1）模板支架拆除应设置安全警戒区，按照施工方案，顺序拆除。

（2）底板、池壁、池顶侧模板拆除时，构件混凝土强度应能保证其表面及棱角不因拆除模板而受损坏；设计无具体要求时，构件混凝土强度应不小于 1.2MPa。

（3）梁底或池顶底拆除时，与构件同条件养护的混凝土试块应达到表 4-3 规定的强度等级。

模板拆模时混凝土强度要求   表 4-3

序号	构件类型	构件跨度 L(m)	达到设计的混凝土立方体抗压强度等级值的百分率(%)
1	板	≤2	≥50
		$2<L≤8$	≥75
		>8	≥100
2	梁、拱、壳	≤8	≥75
		>8	≥100
3	悬臂构件	—	≥100

（4）模板拆除时，不应对顶板形成冲击荷载；拆下的模板和支架不得撞击底板顶面和池壁墙面。

（5）冬期施工时，池壁模板应在混凝土表面温度与周围气温温差较小时拆除，温差不宜超过 15℃，拆模后必须立即覆盖保温。

（6）施工需要早拆除模板时，应采用早拆除模板支架体系。

4.2　非预应力钢筋施工

4.2.1　进场检验与存放

（1）钢筋进场时，应检查产品合格证和出厂检验报告，并按相关标准的规定进行抽样检验：

1）对同一厂家、同一牌号、同一规格的钢筋，当一次进场的数量大于该产品的出厂检验批量时，应划分为若干个出厂检验批量，按出厂检验的抽样方案执行；

2）对同一厂家、同一牌号、同一规格的钢筋，当一次进场的数量小于或等于该产品的出厂检验批量时，应作为一个检验批量，按出厂检验的抽样方案执行；

3）对不同时间进场的同批钢筋，当确有可靠依据时，可按一次进场的钢筋处理。

（2）钢筋存放现场，地面应平整坚实，防止钢筋变形，且应在棚护条件下将钢筋分规格放在条墩上。用标识牌对钢筋规格、产地、检验状态等进行标识，并设专人管理。

4.2.2　下料加工

（1）按设计施工图和规范要求编制钢筋加工单，经复核后下料加工制作，钢筋加工的形状、尺寸应符合设计要求。

（2）钢筋切断和弯曲时应确保尺寸准确，弯曲后平面上没有翘曲、不平现象，钢筋弯曲点处不得有裂缝。对不同直径钢筋弯折，按照加工要求更换不同的芯轴。对于 Ⅱ 级钢筋不能反复弯折，钢筋加工的允许偏差应符合表 4-4 规定。

钢筋制作允许偏差、检验数量和方法　　　　　　　　　表 4-4

	检查项目		允许偏差（mm）	检查数量		检查方法
				范围	点数	
1	受力钢筋成型长度		+5，-10	每批、每一类型抽查 1%，且不少于 3 根	1	用钢尺量测
2	弯起钢筋	弯起点位置	±20		1	用钢尺量测
		弯起点高度	0，-10		1	
3	箍筋尺寸		±5		2	用钢尺量测，宽、高各量 1 点

（3）钢筋加工后，按照使用部位将加工后的钢筋标识，分类堆放整齐，便于使用和管理。钢筋表面做到洁净，无损伤、油渍、漆污和铁锈等，带有粒状和片状锈的钢筋不得使用。

4.2.3 钢筋连接

(1) 常用的钢筋连接方法有：绑扎连接、焊接连接和机械连接。受力钢筋的连接方式应符合设计要求，设计无要求时，应优先选择机械连接、焊接；受力钢筋采取机械连接、焊接连接时，应按设计要求及《混凝土结构工程施工质量验收规范》GB 50204—2002 的相关规定进行。在不具备机械连接、焊接连接条件时，可采用绑扎搭接连接。

(2) 给水排水结构设计规范规定直径大于 28mm 受拉钢筋的不允许采用绑扎连接，这类钢筋应采用机械连接和焊接连接。钢筋焊接连接时，应符合《钢筋焊接及验收规程》JGJ 18—2012 的有关规定。钢筋机械连接时，应符合《钢筋机械连接技术规程》JGJ 107—2010 的有关规定。

(3) 选用钢筋焊接形式与技术要点

1) 电阻点焊，将两钢筋安放成交叉或叠接形式，压紧于两电极之间，利用电阻热熔化母材金属，加压形成焊点的一种压焊方法。

钢筋混凝土结构中的钢筋焊接骨架和焊接网，宜采用电阻点焊制作。以电阻点焊代替绑扎，可以提高劳动生产率、骨架和网的刚度以及钢筋（钢丝）的设计计算强度。适用于 $\phi 6 \sim 16mm$ 的热轧 I、II 级钢筋、$\phi 3 \sim 5mm$ 的冷拔低碳钢丝和 $\phi 4 \sim 12mm$ 冷轧带肋钢筋的连接。

2) 闪光对焊，将两钢筋安放成对接形式，利用焊接电流通过两钢筋接触点产生塑性区及均匀的液体金属层，迅速施加顶锻力完成的一种压焊方法。具有操作方便、受力性能好等优点，钢筋的对接连接宜优先采用闪光对焊。适用于 $\phi 10 \sim 40mm$ 的热轧 I、II、III 级钢筋及 $\phi 10 \sim 25mm$ 的热轧 IV 级钢筋的连接。

3) 电弧焊，以焊条作为一极，钢筋作为另一极，利用焊接电流产生的电弧热进行焊接的一种熔焊方法。可用于平、立、横、仰全位置焊接，适用于施工现场钢筋与钢筋及钢筋与钢板、型钢的焊接。

4) 电渣压力焊，将两钢筋安放成竖向对接形式，利用焊接电流通过两钢筋端面间隙，在焊剂层下形成电弧过程和电渣过程，产生电弧热和电阻热，熔化钢筋、加压完成的一种焊接方法。适用于 $\phi 14 \sim 40mm$ 的热轧 I、II 级钢筋、现浇钢筋混凝土结构受力钢筋的连接。

5) 气压焊，采用氧炔焰或氢氧焰将两钢筋对接处进行加热，使其达到一定温度，加压完成的一种焊接方法。设备轻便，可进行钢筋在水平、垂直、倾斜等全位置焊接。适用于 $\phi 14 \sim 40mm$ 的热轧 I、II、III 级钢筋相同直径或径差不大于 7mm 的不同直径钢筋间的焊接。

6) 埋弧压力焊，将钢筋与钢板安放成 T 型形式，利用焊接电流通过，在焊剂层下产生电弧，形成熔池，加压完成的一种压焊方法。适用于各种预埋件 T 型接头钢筋与钢板的焊接。适用于 $\phi 6 \sim 25mm$ 的热轧 I、II 级钢筋的焊接，钢板为厚 6～20mm 的普通碳素钢 Q235A，与钢筋直径相匹配。

(4) 机械连接形式与技术要点

1) 径向挤压连接，将一个钢套筒套在两根带肋钢筋的端部，用超高压液压设备（挤压钳）沿钢套筒径向挤压钢套管，在挤压钳挤压力作用下，钢套筒产生塑性变形与钢筋紧密结合，通过钢套筒与钢筋横肋的咬合，将两根钢筋牢固连接在一起的连接方法。接头强度高，性能可靠，能够承受高应力反复拉压荷载及疲劳荷载。操作简便、施工速度快。适用于 $\phi18\sim50\text{mm}$ 的 Ⅱ、Ⅲ、Ⅳ 级带肋钢筋（包括焊接性差的钢筋），相同直径或不同直径钢筋之间的连接。

2）轴向挤压连接，采用挤压机的压膜，沿钢筋轴线冷挤压专用金属套筒，把插入套筒里的两根热轧带肋钢筋紧固成一体的机械连接方法。操作简单、连接速度快、无明火作业、可全天候施工。适用于按一、二级抗震设防要求设计的钢筋混凝土结构中 $\phi20\sim32\text{mm}$ 的 Ⅱ、Ⅲ 级热轧带肋钢筋现场连接施工。

3）直（锥）螺纹连接，利用直（锥）螺纹能承受拉、压两种作用力及自锁性、密封性好的原理，将钢筋的连接端加工成直（锥）螺纹，按规定的力矩值把钢筋连接成一体的接头。可以预加工、连接速度快、同心度好，不受钢筋含碳量和有无花纹限制。适用于直径为 $16\sim40\text{mm}$ 的 HRB335、HRB400 级竖向、斜向或水平钢筋的现场连接施工。

4.2.4 安装与绑扎

（1）底板钢筋安装

1）矩形水池底板钢筋安装前，应在垫层上放出结构外边线和主筋控制线，布筋时应先排布纵向主筋；有坡度时，应先排布沿坡向主筋，如图 4-15 所示。

2）圆形水池底板，应在垫层上放出结构外缘线和环筋控制线，布筋时应先排布环向主筋，后排布放射主筋。

图 4-15 沿坡布筋绑扎

（2）池壁、隔墙、池柱钢筋安装

在底板钢筋网架上层筋未全部绑扎前，应在池壁、隔墙位置（弹墨线在垫层并标识在上层筋上）安装导墙（施工缝）插筋，并按照设计位置固定在底板钢筋网架中。续接钢筋绑扎时，应按照设计长度安装；分段施工时应注意保护。

（3）顶板钢筋安装

顶板设有梁或暗梁时，应先绑扎梁或暗梁钢筋，后绑扎顶板钢筋；并按照设计要求底层筋穿过梁钢筋或绑扎在梁钢筋上。如图 4-16 所示，顶板钢筋排放前模板弹放主筋线。

图 4-16 顶板总梁钢筋与模板

（4）钢筋搭接要求

1）相邻纵向受力钢筋的绑扎接头宜相互错开，绑扎搭接接头中钢筋的横向净距不应小于钢筋直径，且不应小于 25mm；并符合以下要求：

① 钢筋搭接处，应在中心和两端用铁丝扎牢；

② 钢筋绑扎搭接接头连接区段长度为 $1.3L_1$（L_1 为搭接长度），凡搭接接头中点位于

连接区段长度内的搭接接头均属于同一连接区段；同一连接区段内，纵向钢筋搭接接头面积百分率为该区段内有搭接接头的纵向受力钢筋截面面积的比值（见图4-17）；

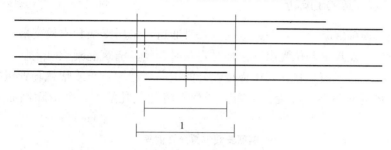

图4-17 钢筋绑扎接头连接方式示意

③ 同一连接区段内，纵向受拉钢筋搭接接头面积百分率应符合设计要求；设计无具体要求时，受压区不得超过50%，受拉区不得超过25%；对于池壁底部和顶部与顶板施工缝处的预埋竖向钢筋可按50%控制，并应按本规范规定的受拉区钢筋搭接长度增加30%。

2）设计无要求时，纵向受力钢筋绑扎搭接接头的最小搭接长度应按表4-5的规定执行。

钢筋绑扎搭接接头的最小搭接长度 表4-5

序号	钢筋级别	受拉区	受压区
1	HPB300	$35d_0$	$30d_0$
2	HRB335	$45d_0$	$40d_0$
3	HRB400	$55d_0$	$50d_0$
4	低碳冷拔钢丝	300	200

注：d_0为钢筋直径，mm。

（5）钢筋安装的保护层厚度应符合《给水排水工程构筑物结构设计规范》GB 50069—2002的相关规定，且应符合下列要求：
1）钢筋的加工尺寸、模板和钢筋的安装位置应正确；
2）模板支撑体系、钢筋骨架等应安装固定牢固，确保在施工荷载下不变形、走动；
3）控制保护层的保护层垫块、架立筋等尺寸正确、布置合理、支垫稳固。

（6）底板、顶板钢筋采取焊接排架的方法固定时，排架固定的间距应根据钢筋的刚度选择。成型的网片或骨架必须稳定牢固，不得有滑动、折断、位移、伸出等情况。

（7）变形缝止水带安装部位、预留开孔等处的钢筋应预先制作成型，安装位置准确、尺寸正确、安装牢固。

4.2.5 施工质量控制

（1）浇筑混凝土前钢筋隐蔽检验应包括以下内容：
1）钢筋的品种、规格、数量、位置等；
2）钢筋的连接方式、接头位置、接头数量、接头面积百分率等；
3）预埋件的规格、数量、位置等。
（2）预埋件、预埋螺杆及插筋等，其埋入部分不得超过混凝土结构厚度的3/4。

（3）钢筋安装位置允许偏差应符合表 4-6 的规定。

4.2.6 成品钢筋的保护

浇筑底板、顶板混凝土时，在其上铺设临时通道，采用支架和木板支搭。浇筑混凝土时，设专人看护，发现钢筋位置出现位移时，及时调整。浇筑混凝土时，临时通道随浇筑随拆除。浇筑柱混凝土前，将柱与梁板接茬处的钢筋，用塑料布或塑料套管包扎好，以免浇筑混凝土时将钢筋污染。混凝土浇筑完毕后，将此包扎解掉，并清除钢筋上的混凝土浮浆。

钢筋安装位置允许偏差 表 4-6

	检查项目		允许偏差（mm）	检查数量		检查方法
				范围	点数	
1	受力钢筋的间距		±10	每 5m	1	
2	受力钢筋的排距		±5	每 5m	1	
3	钢筋弯起点位置		20	每 5m	1	
4	箍筋、横向钢筋间距	绑扎骨架	±20	每 5m	1	
		焊接骨架	±10	每 5m	1	
5	圆环钢筋同心度（直径小于 3m 管状结构）		±10	每 3m	1	用钢尺量测
6	焊接预埋件	中心线位置	3	每件	1	
		水平高差	±3	每件	1	
7	受力钢筋的保护层	基础	0～+10	每 5m	4	
		柱、梁	0～+5	每柱、梁	4	
		板、墙、拱	0～+3	每 5m	1	

4.3 预应力筋施工

4.3.1 进场检验

1. 无粘结预应力筋进场应检验预应力筋的规格、尺寸和数量，逐根检查筋的外包裹层质量及端部配件，并按设计要求或规范规定进行抽查和试验，预应力筋应满足《无粘结预应力混凝土结构技术规程》JGJ 92—2004 的要求。进场检验和试验合格后预应力筋应分类堆放，对包裹层破损的无粘结预应力筋用塑料胶条修补。

2. 预应力筋的质量应符合《预应力混凝土用钢丝》GB/T 5223—2002、《预应力混凝土用钢绞线》GB/T 5224—2003 等的规定。每批钢丝、钢绞线、钢筋应由同一牌号、同一规格、同一生产工艺的产品组成。预应力筋的检验每批重量不得大于 60t，应按设计要求或规范规定进行抽查或试验。

3. 预应力筋用锚具、夹具和连接器的性能均应符合《预应力筋用锚具、夹具和连接器》GB/T 14370—2007 的规定。夹具应具有良好的自锚性能、松锚性能和安全的重复使用性能。主要锚固零件宜采取镀膜防锈。

4. 金属螺旋管和塑料（化学建材）波纹管等管道应内壁光滑，可弯曲成适当的形状而不出现卷曲或被压扁，并应按设计要求或规范规定进行抽查或试验。

5. 测定钢丝、钢绞线预应力值的仪器和张拉设备应在使用前进行校验、标定；张拉设备的校验期限，不应超过半年；张拉设备出现反常现象或在千斤顶检修后，应重新校检。

4.3.2　下料加工

1. 预应力筋下料

（1）计算预应力筋的下料长度时，应根据设计的分段尺寸并考虑工作锚的尺寸以及张拉千斤顶所需要的长度，当采用变角张拉时，尚应考虑变角块的长度。

（2）预应力筋应按计算长度采用砂轮机或切断机切割，不得采用电弧切断；无粘结预应力筋下料时应注意高温，使预应力钢筋外皮保持良好。

（3）钢丝束两端采用镦头锚具时，同一束中各根钢丝长度的根差不应大于钢丝长度的1/5000，且不应大于5mm；成组张拉长度不大于10m的钢丝时，同组钢丝长度的根差不得大于2mm。

2. 预应力筋加工

（1）无粘结预应力筋铺设前应仔细检查预应力筋外皮破损情况，严重破损的预应力筋应予以报废。当存在局部破损时，可用水密性胶带缠绕修补，胶带搭接宽度不应小于胶带宽度的1/2，缠绕层数不应少于两层，缠绕长度应大于破损长度每边100mm。

（2）有粘结预应力筋束应进行绑扎，安装保护装置，以利穿束。预应力筋端部为固定端，挤压锚具制作时压力表读数应符合操作说明书的规定，挤压后预应力筋外端应露出挤压套筒1～5mm。

4.3.3　安装与固定

（1）预应力筋布置应遵循对称、均匀的基本原则。预应力筋架立和固定应符合《给水排水构筑物工程施工及验收规范》GB 50141—2008 的要求。

（2）竖向、水平向预应力筋

1）应按设计要求布置；设计无具体要求时，竖向预应力筋下部应靠近池壁内侧主筋布设，预应力筋上部应布设在池壁中心位置；水平向预应力筋应布设在池底（顶）板中心位置；

2）水池孔（洞）部位，预应力筋分两侧避开洞口铺设。

（3）环向张拉预应力筋

1）应按照设计要求沿构筑物的周长均匀布置，并应靠池壁外侧主筋布设，如图4-18所示。

2）水池人孔（洞）部位，预应力筋可

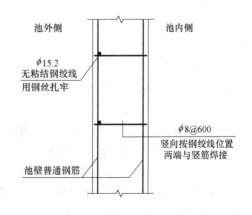

图 4-18　池壁预应力筋布设

分两侧绕过洞口铺设（见图 4-19）。移位后的各环向预应力筋的弯曲半径应大于 3m。预应力筋与洞口边的净距不宜小于 l00mm，预应力筋孔道之间的净距不宜小于 50mm。

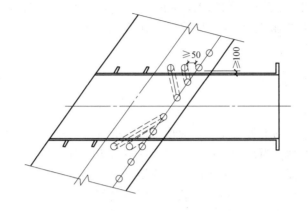

图 4-19　洞口预应力移位布置示意

（4）预应力筋最小混凝土保护层厚度不应小于 50mm，预应力筋保护层允许偏差应符合表 4-7 的规定。

预应力筋保护层允许偏差　　　　　　　　　　　　表 4-7

检查项目	允许偏差(mm)	检查数量		检查方法
		范围	点数	
平整度	30	每 50m²	1	用 2m 直尺配合塞尺量测
厚度	不小于设计值	每 50m²	1	埋厚度标记

4.3.4　有粘结预应力筋安装

（1）有粘结预应力筋穿束可在浇筑混凝土前（先穿法）进行，也可在浇筑混凝土后（后穿法）进行。穿束过程中应注意对孔道的保护，应避免孔道的移位和损伤。浇筑混凝土前穿入孔道的预应力筋应采取防锈蚀措施。

（2）预埋孔道安装

1）安装前，应按设计要求确定预应力筋的曲线坐标位置，孔道的位置应牢固，浇筑混凝土时不应出现移位和变形；预留管（孔）道安装前其表面应清洁、无锈蚀和油污；

2）安装应稳固；孔道安装应平顺，孔道中心线与端部锚垫板面保持垂直；孔道波纹管应密封良好，接头应严密不得漏浆，波纹管外径应与锚垫板口径配套，接头处应封裹严密；

3）孔道波纹管在安装过程中，应避免反复弯曲；

4）安装后应无孔洞、裂缝、变形，接口不应开裂或脱口；环向预应力筋孔道的水平位置允许偏差 $\pm 5 \sim \pm 10$mm；

5）灌浆孔的设置应保证灌浆质量，灌浆孔间距不宜大于 12m，灌浆孔和泌水孔的孔径应能保证浆液畅通，内径不宜小于 15mm。

（3）施工过程中应避免电火花损伤预应力筋，受损伤的预应力筋应予以更换。

4.3.5 无粘结预应力筋安装

（1）锚固肋数量和布置，应符合设计要求；设计无要求时，应保证张拉段无粘结预应力筋长不超过50m，且锚固肋数量为双数；在预留孔洞套管位置的预应力筋布置应符合设计要求。

（2）安装时，上下相邻两无粘结预应力筋锚固位置应错开一个锚固肋；以锚固肋数量的一半为无粘结预应力筋分段（张拉段）数量；每段无粘结预应力筋的计算长度应考虑加入一个锚固肋宽度及两端张拉工作长度和锚具长度。

（3）无粘结预应力筋不应有死弯，有死弯时必须切断；无粘结预应力筋中严禁有接头。

（4）应在浇筑混凝土前安装、放置；浇筑混凝土时，严禁踏压撞碰无粘结预应力筋、支撑架以及端部预埋件。

4.3.6 张拉与锚固端构造

1. 凹进式张拉端

（1）有粘结预应力筋张拉端的圆套筒式夹片锚具或垫板连体式夹片锚具的布置采用穴模构造，凹进混凝土表面的形式，如图4-20所示。

（2）无粘结预应力筋张拉端的垫板连体式夹片锚具的布置可采用凹进混凝土表面的形式，如图4-21所示。

（3）封锚时凹进部分需用膨胀水泥填充。

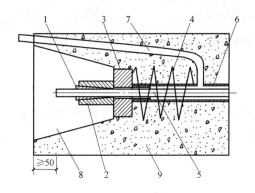 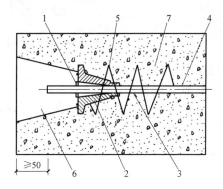

图4-20 有粘结预应力筋张拉端锚固构造示意
1—夹片；2—锚环；3—锚垫板；4—螺旋筋；5—钢绞线；6—孔道预埋管；7—灌浆管；8—穴模（后填充细石混凝土或砂浆）；9—结构混凝土

图4-21 无粘结预应力筋张拉端锚固构造示意
1—夹片；2—锚垫板；3—塑料密封套；4—无粘结筋；5—螺旋筋；6—穴模（后填充细石混凝土或砂浆）；7—结构混凝土

2. 凸出式张拉端

（1）有粘结预应力筋张拉端锚垫板与混凝土结构表面平齐，如图4-22所示这种凸出式通常需外包装修。无粘结预应力筋张拉端布置通常较为困难，需要施工方进行二次设计，如图4-23所示。

（2）凸出式张拉端应确保锚垫板表层与浇筑混凝土表面平整，且应保持预应力筋与锚垫板板面垂直。当锚具下的锚垫板要求采用喇叭管时，喇叭管宜选用钢制或铸铁产品。锚垫板应设置足够的螺旋钢筋或网状分布钢筋。锚垫板与预应力筋（或孔道）在锚固区及其

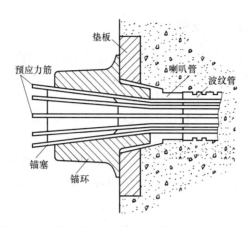

图 4-22   有粘结预应力筋锥塞式锚具张拉端结构示意

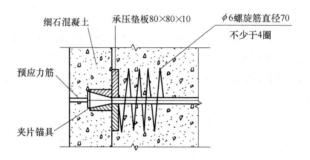

图 4-23   无粘结预应力筋锚具张拉端结构示意

附近应相互垂直。

3. 锚固端结构

有粘结预应力筋固定端的挤压锚具或垫板连体式夹片锚具系统和无粘结预应力筋固定端的垫板连体式夹片锚具系统埋设在结构混凝土中的构造如图 4-24 所示。挤压锚具锚固系统构造见图 4-25。

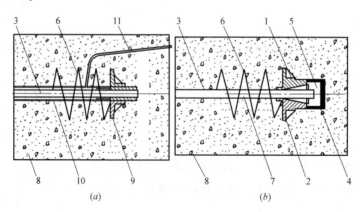

图 4-24   固定端锚固系统构造

(a) 有粘结预应力筋锚固端构造；(b) 无粘结预应力筋锚固端构造

1—夹片；2—锚垫板；3—预应力筋；4—密封盖；5—防腐油脂；6—螺旋筋；

7—塑料密封套；8—结构混凝土；9—挤压锚具；10—孔道预埋管；11—灌浆管

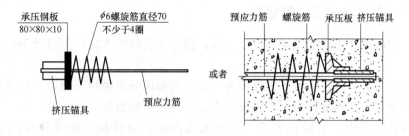

图 4-25　挤压锚具锚固系统构造

4. 环形锚具构造

水平环向预应力筋的锚具采用环形锚具（又称环锚具、游动锚具、中间锚具），是集张拉端与固定端于一体的特殊锚具，适用于预应力筋束末端不能或难于安装普通张拉端锚具的环形构筑物。环形锚具埋入池壁槽形穴位内，槽的弧长应留出安装转角张拉垫块的尺寸；锚具（固）槽细部构造和锚具位置详见图 4-26 和图 4-27。

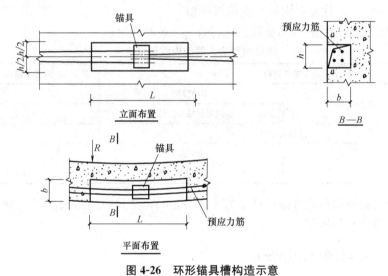

图 4-26　环形锚具槽构造示意

R—池壁半径；b—凹槽深度；h—凹槽宽度；L—槽弧长

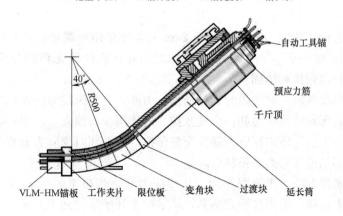

图 4-27　环形锚具构造示意

4.3.7 有粘结预应力筋张拉

（1）张拉时混凝土强度应符合设计要求；设计无具体要求时，不得低于设计强度等级的75%。

（2）预应力筋的伸长值大于千斤顶的行程，可采用分级张拉，即第一级张拉到行程后锚固，千斤顶回程，再进行第二次张拉，直至达到张拉控制值。

（3）张拉顺序应符合设计要求；设计无要求时，可分批、分阶段对称张拉或依次张拉。

（4）张拉应以控制张拉力为主，张拉伸长值作为校核；实测值与理论计算值允许偏差±6mm，超过时应暂停张拉；查明原因并采取措施调整后，方可继续张拉。

（5）采用具有自锚性能的锚具，普通松弛力筋时，0→初应力→$1.03\sigma_{con}$（锚固）；低松弛力筋时，0→初应力→σ_{con}（持荷2min锚固）。

采用其他锚具时，0→初应力→$1.05\sigma_{con}$（持荷2min）→σ_{con}（锚固）。

（6）张拉过程中应避免预应力筋断裂或滑脱，断裂或滑脱的数量严禁超过同一截面预应力筋总根数的3%，且每束钢丝不得超过一根。

（7）张拉端预应力筋的内缩量限值应符合表4-8的规定；

张拉端预应力筋的内缩量限值   表4-8

锚具类别		内缩量限值（mm）
支承式锚具（镦头锚具等）	螺帽缝隙	1
	每块后加垫板的缝隙	1
锥塞式锚具		5
夹片式锚具	有顶压	5
	无顶压	6~8

（8）预应力筋锚固后的外露长度不宜小于30mm，锚具应用封端混凝土保护。预应力筋张拉后，孔道应尽早压浆。

4.3.8 无粘结预应力筋张拉

（1）应按照设计要求和规范规定张拉；设计无要求时，混凝土强度达到设计强度后方可张拉。

（2）张拉段无粘结预应力筋长度小于25m时，宜采用一端张拉；张拉段无粘结预应力筋长度大于25m而小于50m时，宜采用两端张拉；张拉段无粘结预应力筋长度大于50m时，宜采用分段张拉和锚固。

（3）安装张拉设备时，对直线的无粘结预应力筋，应使张拉力的作用线与预应力筋中心重合；对曲线的无粘结预应力筋，应使张拉力的作用线与预应力筋中心线末端重合。

（4）竖向预应力筋与环向预应力筋应交替张拉；水平环向预应力筋宜分二点或三点同步张拉，上下相邻二道预应力筋张拉点应呈60°（45°）或30°位置错开。

（5）采用超张拉方法，张拉程序为：从零应力开始张拉至$1.05\sigma_{con}$，持荷2min，卸荷至张拉控制应力锚固；采用自锁式锚具，从零应力开始张拉到$1.03\sigma_{con}$，持荷2min，卸荷至张拉控制应力锚固。

（6）应采用应力控制和伸长值校核。张拉前计算预应力筋的理论伸长值，实际值与理论值允许偏差±10%，超过时应暂停张拉；查明原因并采取措施调整后，方可继续张拉。

（7）预应力筋张拉过程中有个别钢丝发生滑脱或断裂时，可相应降低张拉力；滑脱或断裂数量，不应超过同一截面预应力筋总量的 2%，且一束钢丝只允许一根。

4.3.9　孔道灌浆

（1）有粘结预应力孔道内水泥浆应饱满、密实，宜采用真空灌浆法。

（2）水胶（灰）比宜为 0.4～0.45，宜掺入 0.01% 水泥用量的铝粉；搅拌后 3h 泌水率不宜大于 2%，泌水应能在 24h 内全部重新被水泥浆吸收。

（3）水泥浆的抗压强度等级应符合设计要求；设计无要求时水泥浆每组试块强度代表值不应小于 30MPa。

（4）水泥浆抗压强度的试块留置：每工作班为一个验收批，至少留置一组，每组六块；试块强度代表值取每组的平均值，每组试块中抗压强度最大值或最小值与平均值相差超过 20% 时，应取中间 4 个试块强度的平均值。

（5）预应力筋保护层、孔道灌浆和封锚等所用的水泥砂浆、水泥浆、混凝土，均不得含有氯化物。

4.4　混凝土施工

4.4.1　原材料控制

（1）给水排水构筑物的混凝土宜使用同品种、同强度等级的水泥拌制；也可按底板、池壁、顶板等分别采用同品种、同强度等级的水泥拌制。

（2）配制现浇混凝土的水泥应符合下列规定：

1）宜采用普通硅酸盐水泥、火山灰质硅酸盐水泥；掺用外加剂时，可采用矿渣硅酸盐水泥；

2）冬期施工，宜采用普通硅酸盐水泥；

3）有抗冻要求的混凝土，宜采用普通硅酸盐水泥，不宜采用火山灰质硅酸盐水泥和粉煤灰硅酸盐水泥；

4）水泥进场时应进行性能指标复验，其质量必须符合《通用硅酸盐水泥》GB 175—2007 等的规定，严禁使用含氯化物的水泥；

5）对水泥质量有怀疑或水泥出厂超过三个月（快硬硅酸盐水泥超过一个月）时，应进行复验，并按复验结果使用。

（3）粗、细骨料的质量应符合《普通混凝土用砂、石质量及检验方法标准》JGJ 52—2006 的规定，且应符合下列规定：

1）粗骨料最大颗粒粒径不得大于结构截面最小尺寸的 1/4，不得大于钢筋最小净距的 3/4，同时不宜大于 40mm；采用多级级配时，其规格及级配应通过试验确定；

2）粗骨料的含泥量不应大于 1%，吸水率不应大于 1.5%；

3）混凝土的细骨料，宜采用中、粗砂，其含泥量不应大于3％。

（4）拌制混凝土宜采用对钢筋混凝土的强度及耐久性无影响的洁净水。

（5）外加剂的质量及技术指标应符合《混凝土外加剂》GB 8076—2008、《混凝土外加剂应用技术规范》GB 50119—2013和有关环境保护的规定，并通过试验确定其适用性和用量，不得掺入含有氯盐成分的外加剂。

（6）掺用矿物掺合料时，其质量应符合国家有关标准规定，且矿物掺合料的掺量应通过试验确定。

（7）混凝土中碱的总含量应符合《给水排水构筑物结构设计规范》GB 50069—2002的规定和设计要求。

4.4.2　混凝土配合比

（1）配合比的设计，应保证结构设计要求的强度等级和抗渗、抗冻性能，并满足施工的要求。

（2）配合比应通过计算和试配确定。

（3）宜选择具有一定自补偿性能的材料配合比；或在满足设计和施工要求的前提下，应适量降低水泥用量。

（4）混凝土拌制前，应测定砂、石含水率并根据测试结果调整材料用量，提出施工配合比。

（5）首次使用的混凝土配合比应进行开盘鉴定，其工作性质应满足设计配合比的要求；开始生产时应至少留置一组标准养护试件，作为验证配合比的依据。

（6）混凝土原材料每盘称量的允许偏差应符合表4-9的规定。

原材料每盘称量的允许偏差　　　　　　　　　　　　表 4-9

序号	材料名称	允许偏差（％）
1	水泥、掺合料	±2
2	粗、细骨料	±3
3	水、外加剂	±2

注：1. 各种衡器应定期校验，每次使用前应进行零点校核，保持计量准确；
　　2. 雨期或含水率有显著变化时，应增加含水率检测次数，并及时调整水和骨料用量。

4.4.3　混凝土浇筑

1. 浇筑施工方案的主要内容

浇筑施工方案应包括以下主要内容：混凝土配合比设计及外加剂的选择；混凝土的搅拌及运输；混凝土的分仓布置、浇筑顺序、浇筑速度及振捣方法；运输车、泵车、振捣机械的型号与数量；变形缝、后浇带、预埋件等部位施工措施，预留施工缝的位置及要求；预防混凝土施工裂缝的措施；季节性施工的特殊措施；控制工程质量的措施；浇筑大体积混凝土时，应有专项施工方案和相应技术措施。

2. 准备工作

（1）混凝土的浇筑必须在模板、支架检验符合施工方案要求后，方可进行；浇筑过程中应有人维护模板、支架安全和稳固。

（2）依据施工方案确定浇筑人员组织和设备配套，保证按照施工方案连续浇筑。

（3）混凝土入模前，应现场测量坍落度和入模温度，保证其满足施工方案的要求。

3. 布料

（1）采用泵车、固定泵等机械布料时，布料管口距浇筑面不应高于 2.0m，以防止混凝土离析；每层浇筑厚度应满足振捣密实的要求。

（2）厚度较大的底板、顶板浇筑时，应由低向高，呈条块状或呈弧形推进（见图 4-28），连续浇筑不得留置施工缝；池壁浇筑时，应分层分段或分层交圈、连续浇筑；倒锥壳底板或拱顶浇筑时，应由低向高、分层交圈、连续浇筑。

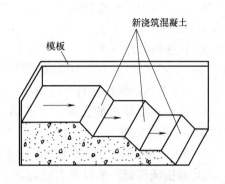

图 4-28　阶梯状分层浇筑示意

（3）设缝部位、预理管件等细部应对称布料，不得造成止水带、管节或埋件变位；如条件允许，可辅以人工插捣。

（4）混凝土运输、浇筑及间隙时间不应超过混凝土的初凝时间；同一施工段的混凝土应连续浇筑，并应在底层混凝土初凝之前将上一层混凝土浇筑完毕；底层混凝土初凝后浇筑上一层混凝土时，应留置施工缝。

4. 振捣

（1）振捣设备要满足施工要求，确定振捣器形式和配备数量。大面积梁板混凝土振捣应采用插入式与平板式相结合方式；池壁与隔墙应采用直径、长度和频率不同的插入式振捣器；钢筋密集且有条件部位，宜采用附着式振捣器进行辅助振捣。

（2）振捣棒的移动间距，不宜大于作用半径的 1.5 倍；振捣器距离模板不宜大于振捣器作用半径的 1/2；并应尽量避免碰撞钢筋、模板、止水带、预埋管（件）等；振捣器宜插入下层混凝土 50mm。

（3）平板式振动器的移动间距，应能使振动器的平板覆盖已振实部分的边缘。

（4）振捣程度应控制在混凝土表面呈现浮浆，并不再沉落为止。

5. 成活与养护

（1）应按照施工方案确定成活方式和配备机具；大面积板面成活应采用机械为主，人工辅助抹平压实。池壁、隔墙和池柱采用人工抹平压实。

（2）不允许撒灰成活。

（3）为防止钢筋附近出现沉陷裂缝，应安排二次压实抹光。

4.4.4　设缝部位浇筑

（1）水池设有变形缝时，应按设计要求分两次浇筑。止水带部位钢筋较密，如引发（诱导）缝除结构钢筋外，还设有固定橡胶止水带的构造筋，混凝土浇筑时应确保止水带不发生位移，且混凝土振捣密实。

（2）因施工需要，底层混凝土初凝后浇筑上一层混凝土时，应留置施工缝；施工缝设置应符合设计要求，设计无要求时，应符合下列规定：

1）池壁与底部相接处的施工缝，宜留在底板以上不小于 200mm 处；底板与池壁连接设有腋角（八字）时，宜留在腋角（八字）上面不小于 200mm 处；

2）池壁与顶部相接处的施工缝，宜留在顶板下面不小于 200mm 处；设有腋角时，宜留在腋角下部；

3）构筑物处地下水位或设计运行水位高于底板顶面 8m 时，施工缝处应设置高度不小于 300mm、厚度不小于 3mm 的特制止水钢板。

（3）设缝部位续接混凝土浇筑应符合下列规定：

1）已浇筑混凝土的强度等级符合设计要求；设计无要求时，混凝土强度不应小于 2.5MPa 方可续接施工；

2）续接混凝土表面应凿毛和冲洗干净，并保持湿润，但不得积水；

3）续接浇筑前，垂直施工缝宜在混凝土面上铺、刷一层水泥净浆；水平施工缝宜在接缝部位铺一层与混凝土强度等级相同的水泥砂浆，其厚度宜为 15～30mm；

4）混凝土应细致捣实，使新旧混凝土紧密结合，且止水带（板）不发生位移。

4.4.5 后浇带施工

（1）水池设有后浇带时，应按后浇带、变形缝位置分仓浇筑；后浇带构造、连接方式应满足设计要求和规范规定。

（2）底（顶）板后浇带宜采用木质模板，池壁（墙）后浇带（见图 4-29）宜采用木质吊模；为减少续接施工凿毛工作量，可选用快易收口网（见图 4-30）替代木模。

图 4-29 池壁后浇带

图 4-30 后浇带两侧快易收口网模板

（3）池壁（墙）后浇带受施工养护和温差影响大时，宜在带两侧设止水钢板。

（4）后浇带二次浇筑通常采用无收缩混凝土，且应在两侧混凝土养护不少于 42d 以后进行，应采用膨胀水泥或掺加膨胀剂，混凝土的强度应不低于两侧混凝土强度等级。

（5）在浇筑混凝土前应将后浇带内的泥浆及杂物清理干净，均匀浇筑 30～50mm 厚与混凝土成分相同的无石水泥砂浆后再浇筑无收缩混凝土；池壁后浇带还应先洒水浸湿，保证砂浆厚度均匀且控制在初凝前浇筑混凝土，浇筑时应仔细振捣。

（6）混凝土浇筑时，应保证混凝土振捣密实，振捣时应尽量避免触及模板、钢筋等。

4.4.6　膨胀加强带施工

（1）用膨胀加强带代替后浇带，可保证超长（＞50m）混凝土结构连续施工；膨胀加强带宽度、构造应满足设计要求和规范规定。加强带一般宽度为 2m，加强带两侧宜采用双层方格钢丝（φ2mm）网或其他材料作临时模板，并用钢筋加固，防止两侧混凝土流入加强带。

（2）底（顶）板膨胀加强带的混凝土应比两侧混凝土提高一个等级，膨胀剂的掺量应经现场试验确定；加强带两侧应采用限制膨胀率大于 0.015％的补偿收缩混凝土，加强带内采用限制膨胀率大于 0.03％的膨胀混凝土；可用连续式或间歇式循环浇筑方式。混凝土浇筑时，必须控制浇筑方向和速度，防止其他部位混凝土进入膨胀后浇带内。为保证膨胀加强带施工质量，混凝土浇筑尽量安排在温差较小时段进行。

（3）池壁（墙）膨胀加强带受施工养护和温差影响大，可在加强带两侧设止水钢板；应在两侧混凝土养护不少于 14d 以后进行，宜采用膨胀率大于 0.03％、强度等级提高一级的膨胀混凝土浇筑。

4.4.7　混凝土养护

1. 技术要求

（1）构筑物混凝土应在收抹平整、浇筑完毕后 12h 以内及时用塑料膜或麻袋片严密覆盖，喷洒水保湿养护；保持环境相对湿度在 80％以上，以减少混凝土干缩；养护时间不得少于 14d。

（2）用塑料膜覆盖养护时，混凝土表面应覆盖严密，并应保持塑料膜内有凝结水；池壁、池柱混凝土表面塑料膜需采取措施固定。

（3）混凝土强度达到 1.2MPa 前，不得在其上踩踏或安装模板及支架。

2. 冬期养护要求

（1）环境最低气温不低于−15℃时，可采用蓄热法养护；对预留孔、洞以及迎风面等容易受冻部位，应采取加强保温措施。

（2）为防止混凝土受热不均匀而引发裂缝，给水排水构筑物现浇混凝土不宜采用电热养护方式；蒸汽养护时，应使用低压饱和蒸汽均匀加热，最高温度不宜大于 30℃；升温速度不宜大于 10℃/h，降温速度不宜大于 5℃/h；掺加引气剂的混凝土严禁采取蒸汽养护。

（3）池内加热养护时，池内温度不得低于 5℃，且不宜高于 15℃，并应保持湿润；同时，池壁外侧应覆盖保温。

4.4.8　施工质量控制

（1）当工艺设备对构筑物结构及施工质量有特殊要求时，必须在构筑物施工设计中予以明确。

（2）现浇混凝土给水排水构筑物施工允许偏差见表 4-10。

检查轴线、中心线位置时，应沿纵、横两个方向测量，并取其中的较大值。

4.4.9　混凝土强度检验

（1）混凝土试块应在混凝土的浇筑地点随机抽取。

现浇混凝土给水排水构筑物施工允许偏差

表 4-10

检查项目		允许偏差(mm)	检查数量		检查方法
			范围	点数	
轴线位移	池壁、柱、梁	8	每池壁、柱、梁	2	用经纬仪测量纵横轴线各计1点
高程	池壁顶	±10	每10m	1	用水准仪测量
	底板顶		每25m²	1	
	顶板		每25m²	1	
	柱、梁		每柱、梁	1	
平面尺寸(池体的长、宽或直径)	$L \leqslant 20m$	±20	长、宽各2；直径各4		用钢尺量测
	$20m < L \leqslant 50m$	$±L/1000$			
	$L > 50m$	±50			
截面尺寸	池壁	+10, −5	每10m	1	用钢尺量测
	底板		每10m	1	
	柱、梁		每柱、梁	1	
	孔、洞、槽内净空	±10	每孔、洞、槽	1	用钢尺量测
表面平整度	一般平面	8	每25m²	1	用2m直尺配合塞尺检查
	轮轨面	5	每10m	1	用水准仪测量
墙面垂直度	$H \leqslant 5m$	8	每10m	1	用垂线检查
	$5m < H \leqslant 20m$	$1.5H/1000$	每10m	1	
中心线位置偏移	预埋件、预埋管	5	每件	1	用钢尺量测
	预留洞	10	每洞	1	
	水槽	±5	每10m	2	用经纬仪测量纵横轴线各计1点
坡度		0.15%	每10m	1	用水准仪测量

注：H 为池壁全高，L 为池体的长、宽或直径。

（2）混凝土抗压强度试块的留置

1）标准试块：每座构筑物的同一配合比的混凝土，每工作班、每拌制 100m³ 混凝土为一个验收批，应留置一组，每组三块；同一部位、同一配合比的混凝土一次连续浇筑超过 1000m³ 时，每拌制 200m³ 混凝土为一个验收批，应留置一组，每组三块。

2）与结构同条件养护的试块：根据施工设计要求，按拆模、施加预应力和施工期间临时荷载等需要的数量留置。

（3）抗渗试块的留置

1）同一配合比的混凝土，每座构筑物按底板、池壁和顶板等部位，每一部位每浇筑 500m³ 混凝土为一个验收批，留置一组，每组六块；

2）同一部位混凝土一次连续浇筑超过 2000m³ 时，每浇筑 1000m³ 混凝土为一个验收批，留置一组，每组六块。

（4）抗冻试块的留置

1）同一抗冻等级的抗冻混凝土试块每座构筑物留置不少于一组；

2）同一座构筑物中，同一抗冻等级抗冻混凝土用量大于 2000m³ 时，每增加 1000m³

混凝土增加留置一组试块。

（5）冬期施工，应增加留置与结构同条件养护的抗压强度试块两组，一组用以检验混凝土受冻前的强度，另一组用以检验解冻后转入标准养护28d的强度；并应增加留置抗渗试块一组，用以检验解冻后转入标准养护28d的抗渗性能。

（6）混凝土的抗压、抗渗、抗冻试块验收合格标准

1）同一批混凝土抗压试块的强度应按《混凝土强度检验评定标准》GB 50107—2010的规定评定，评定结果必须符合设计要求；

2）抗渗试块的抗渗性能不得低于设计要求；

3）抗冻试块在按设计要求的循环次数进行冻融后，其抗压极限强度同检验用的相当龄期的试块抗压极限强度相比较，其降低值不得超过25%；其重量损失不得超过5%。

4.4.10　特殊期施工

（1）炎热天气（高于30℃）浇筑混凝土时，应采用篷盖、洒水等降低混凝土原材料温度的措施，混凝土入模温度应控制在不超过25℃。混凝土浇筑后，及时覆盖，进行保湿养护；条件许可时，浇筑时间应尽量安排在阴天或避开高温段。

（2）冬期浇筑混凝土时，应采用热水拌和、加热骨料等提高混凝土原材料温度的措施，混凝土入模温度不得低于5℃。混凝土浇筑后，及时进行保温保湿养护。

（3）大风天气浇筑混凝土时，在作业面采取挡风措施，并增加混凝土表面的抹压次数，及时覆盖塑料薄膜和保温材料。

（4）雨雪天不应浇筑混凝土；确需施工时，应采取确保混凝土质量的措施。

（5）浇筑过程中突遇大雨或大雪天气时，可及时在结构合理部位留置施工缝，并尽快终止混凝土浇筑；对已浇筑还未硬化的混凝土立即进行覆盖，严禁雨水直接冲刷新浇筑的混凝土。

4.5　水池满水试验

4.5.1　试验条件与准备工作

1. 试验条件

（1）满水试验应编制专项方案，包括单体、系列试验计划，池壁不能全部外露的水池试验方法，试验用水源及周转使用，试验设备与人员组织，池体沉降观测，技术安全保证措施等。

（2）专项方案应经有关方面批准后，方可进行试验。

（3）有盖池体顶部的通气孔、人孔盖已安装完毕，必要的防护设施和照明等标志已配备齐全；有盖池体顶部的通气孔应保持开启状态。

（4）无盖池体或采用减除水池蒸发量计算渗水量时必须设置蒸发量检测设备，试验前固定在水池中。

（5）水池结构混凝土强度要达到设计强度。

（6）现浇施工混凝土水池内外壁应全部暴露，未进行内外防腐（水）层和保温层施

工，预制施工水池外保护层未进行施工。

2. 准备工作

（1）对水池混凝土的缺陷修补完毕，且经验收。

（2）池壁止水螺栓凹槽填充完毕，底板铁埋件涂刷防水砂浆。

（3）池中变形缝的嵌缝填补完毕，池内清理干净。

（4）进出水与排空管道已经过检查确认，其他管道保持封闭状态。

（5）安装并标定水位沉降观测测针，池内墙壁标注设计水位高和三等分线。

（6）选定洁净、充足的水源；注水和放水系统设施及安全措施准备完毕。

4.5.2　池内注水

（1）试验用水应为洁净水。

（2）向池内注水应分三次进行，每次注水为设计水深的三分之一；对大、中型池体，可先注水至池壁底部施工缝以上，检查底板抗渗质量，无明显渗漏时，再继续注水至第一次注水深度。

（3）注水时水位上升速度不宜超过 2m/d；相邻两次注水的间隔时间不应小于 24h。

（4）每次注水应读 24h 的水位下降值，计算渗水量，在注水过程中和注水以后，应对池体作外观和沉降量检测；发现渗水量或沉降量过大时，应停止注水，待妥善处理后方可继续注水。

（5）设计有特殊要求时，应按设计要求执行。

4.5.3　水位观测

（1）利用水位标尺测针观测、记录注水时的水位值。

（2）注水至设计水深进行水量测定时，应采用水位测针测定水位，水位测针的读数精确度应达 1/10mm。

（3）注水至设计水深 24h 后，开始测读水位测针的初读数。

（4）测读水位的初读数与末读数之间的间隔时间应不少于 24h。

（5）测定时间必须连续。测定的渗水量符合标准要求时，须连续测定两次以上；测定的渗水量超过标准允许，而以后的渗水量逐渐减少时，可继续延长观测；延长观测的时间应在渗水量符合标准要求时止。

4.5.4　蒸发量测定

（1）当所试验的池体无顶盖或棚护时，必须进行蒸发量测定；水体无法全部外露时，可采用减去水池蒸发量的方法进行渗水量计算。

（2）测定蒸发量的设备可现场选用非透水材料制成，试验时应使其与水池蒸发条件相同。

（3）每次测定水池中水位时，同时测定水箱中蒸发量水位。

4.5.5　满水试验标准

（1）水池渗水量应按池壁（不含内隔墙）和池底的浸湿面积计算，计算公式如下：

$$q=\frac{A_1}{A_2}\big[(E_1-E_2)-(e_1-e_2)\big] \tag{4-1}$$

式中　q——渗水量，$L/(m^2 \cdot d)$；

A_1——水池的水面面积，m^2；

A_2——水池的浸湿总面积，m^2；

E_1——水池中水位测针的初读数，mm；

E_2——测读 E_1 后 24h 水池中水位测针的末读数，mm；

e_1——测读 E_1 时水箱中水位测针的读数，mm；

e_2——测读 E_2 时水箱中水位测针的读数，mm。

（2）渗水量合格标准：钢筋混凝土结构水池不得超过 $2L/(m^2 \cdot d)$；砌体结构水池不得超过 $3L/(m^2 \cdot d)$。

4.6　水池气密性试验

4.6.1　试验条件与准备

1. 试验条件

（1）需进行气密性试验的池体，应在满水试验合格后，在设计水位状态下进行气密性试验。

（2）工艺测温孔已加堵封闭，顶部的通气孔、人孔盖保持封闭状态，必要的安全防护设施已经过检查确认。

2. 准备工作

（1）测温仪、测压仪及充气截门等安装完成。

（2）所需的空气压缩机等设备已准备就绪。

4.6.2　试验技术要求

1. 精确度

（1）测气压的 U 型管刻度精确至 mmH_2O。

（2）测气温的温度计刻度精确至 1℃。

（3）测量池外大气压力的大气压力计刻度精确至 10Pa。

2. 测读气压

（1）测读池内气压值的初读数与末读数之间的间隔时间应不少于 24h。

（2）每次测读池内气压的同时，测读池内气温和池外大气压力，并换算成与池内气压相同的单位。

4.6.3　池内气压降计算与合格标准

（1）池内气压降按下式计算：

$$P=(P_{d1}+P_{a1})-(P_{d2}+P_{a2})\times\frac{273+t_1}{273+t_2} \tag{4-2}$$

式中　P——池内气压降，Pa；

P_{d1}——池内气压初读数，Pa；

P_{d2}——池内气压末读数，Pa；

P_{a1}——测量 P_{d1} 时的相应大气压力，Pa；

P_{a2}——测量 P_{d2} 时的相应大气压力，Pa；

t_1——测量 P_{d1} 时的相应池内气温，℃；

t_2——测量 P_{d2} 时的相应池内气温，℃。

（2）气密性试验合格标准

1）试验压力宜为池体工作压力的 1.5 倍；

2）24h 的气压降不超过试验压力的 20%。

4.7　防水（腐）层施工

4.7.1　施工条件和准备

（1）必须按图纸设计要求和有关规范的规定选择材料进行施工。用于给水构筑物的材料需符合供水的卫生标准。

（2）图纸设计和有关规范不能满足施工深度要求时，防水、防腐层应进行施工二次设计，并编制专项施工方案，按有关规定批准后方可施工。

（3）防水、防腐层施工质量验收，应在施工前确定检查项目和质量控制标准。

（4）水池满水试验和气密性试验已经合格，设备尚未安装。

（5）现场通风设备和防火、防毒措施符合有关标准或规范规定。

（6）现场施工脚手架和安全措施符合有关标准或规范规定。

（7）防水、防腐层工程不得与其他工序进行交叉施工。

4.7.2　水泥砂浆防水层

1. 施工工艺流程

结构层施工→基层处理（配置砂浆）→涂刷第一道防水砂浆→分次涂抹防水砂浆→分次压光→养护。

2. 基层要求及处理

防水砂浆的基层为现浇混凝土结构时，首先进行表面清理，用钢丝刷或凿毛锤将表面打毛，以便于防水层紧密粘结。如混凝土表面凹凸不平或因施工不良造成麻面、蜂窝、孔洞时必须进行处理，当凹凸不平深度小于 10mm 时，可用凿子剔平成慢坡清理干净即可。当凹凸不平深度大于 10mm 时，还应找平。对蜂窝、孔洞应先凿除松散不牢的石子，并将孔隙四周边沿剔成边坡，用水刷洗干净后，按凹凸不平深度大于 10mm 的方法处理。

防水砂浆的基层为预制板缝现浇混凝土，基面有凹凸不平或蜂窝麻面、孔洞时，应采用预制构件混凝土高一强度等级的细石混凝土或水泥砂浆填平或修补，表面疏松的石子、浮浆等应事先清除干净，以保证防水层和基层牢固结合。

3. 砂浆配置

水泥砂浆配置要严格掌握水胶比，水胶比过大，砂浆易产生离析现象；水胶比过小，则不易施工。聚合物砂浆制备时，先将水泥、砂干拌均匀，再加入定量的聚合物溶液，搅拌均匀即可，一般搅拌时间为 2～3min；每次调制的防水砂浆和防水净浆应在初凝前用完。

4. 砂浆铺抹

为了使基层与防水层粘结牢固，铺设防水砂浆前，基层上应先涂刷一层水泥净浆或界面剂，涂刷要均匀，不得露底或滞留过多。砂浆应分次铺抹，砂浆刮平后要用力抹压使之与基层结成一体；经 12h（常温，下同）再涂抹下一层。涂抹水泥砂浆和水泥浆时，施工缝应互相错开。

4.7.3 聚氨酯涂膜防水层

1. 工艺流程

清理基层表面→细部处理→配制底胶→涂刷底胶 →细部附加层施工→第一遍涂膜→第二遍涂膜防水层施工→防水层。

施工顺序：先池壁后池底。

2. 基层要求与处理

防水层施工前，应将基层表面的尘土等杂物清除干净；基层表面不得有凹凸不平、松动起砂、开裂等缺陷，含水率应不大于 9%。

3. 涂刷底胶

将配制好的底胶混合料，用长把滚刷均匀涂刷在基层表面，涂刷量为 0.15～0.2 kg/m²，涂刷 4h 后手感不粘时，即可涂刷下一层。

4. 涂膜防水层

突出池壁面的管件、出水口，阴、阳角等部位，应在大面积涂刷前，先做防水附加层，两侧各压交界缝 200mm。刷涂膜 24h 后，可进行大面积涂膜防水层施工。

池壁大面积涂刷防水层时，应视需要分 2～3 道刷涂，可用塑料或橡皮刮板均匀涂刮在已涂好底胶的基层表面，用量为 0.5～0.82kg/m²；不得有漏刷和鼓泡等缺陷。每次间隔 24h 后，方可进行下道涂层。

池顶角可采用长把滚刷分层进行相互垂直的方向涂刷，如条件允许，也可采用喷涂的方法，但要掌握好厚度和均匀度。细部不易喷涂的部位，应在实干后进行补刷。

4.7.4 玻璃布-环氧树脂防腐层

1. 工艺流程

清理基层表面→封底→ 细部处理→刮胶泥修补→粘贴玻璃布→涂环氧树脂（胶泥）施工 。

施工顺序：先池壁后池底。

2. 基层要求与处理

基层表面或层面间凹凸不平处，需用刮刀刮胶泥，予以填平修补，24h 后贴玻璃布。用毛刷、滚筒蘸封底料在基层上进行封底，封底厚度不应超过 0.4mm，不得有流淌、气泡等。

3. 粘贴玻璃布

粘贴顺序：先进行管件部位、孔洞、阴阳角等细部，后进行池壁大面积粘贴。搭接应顺物料流动方向，搭接宽度一般不小于 50mm，各层搭接缝应互相错开。铺贴时玻璃布不要拉得太紧，基本平顺即可。

用毛刷蘸上胶料刷一遍后，随即粘贴第一层玻璃布，并用刮板或毛刷将玻璃布压实，也可用辊子反复滚压使其充分渗透胶料，挤出气泡和多余的胶料。待检查修补合格后，不等胶料固化即按同样方法连续粘贴，直至达到设计要求的层数。每幅布应分别压住前一层各幅布的 2/3 幅。

4. 注意事项

环氧树脂、树脂胶泥等应经现场试配，不得随意调整。环氧树脂施工环境温度宜为 15～30℃，相对湿度不宜大于 80%，严禁用明火或蒸汽直接加热。

4.7.5 施工质量检验

（1）防水、防腐层外观不应有裂纹、脱皮、鼓泡、皱皮、流淌现象。

（2）防水、防腐层和饰面砖施工完毕，应在常温下养护 5～7d，养护期内不得蓄水，且应采取防火、防晒等措施。

（3）施工完成后，经过 24h 以上的蓄水试验，未发现渗水现象为合格。

（4）防腐层施工质量检验项目与检验方法参见第 16.2.2 条内容。

第 5 章　现浇钢筋（预应力）
混凝土构筑物施工实例

5.1　钢筋混凝土矩形水池施工实例

5.1.1　工程概述

某污水处理厂新建一组调节池，每个水池设计容积 1500m³，钢筋混凝土结构，池长 21.5m，宽 13.9m，池内净空高度 5.3m。底板厚 450mm，池壁厚 250mm，底板、池壁钢筋混凝土强度等级 C30，抗渗等级 P6。垫层混凝土强度等级 C15、厚 100mm。

为减少因基础不均匀沉降导致的水池结构性开裂渗漏水，提高地基承载力，设计地基加固处理采用换填法，即采用砂垫层的方法，以保证结构沉降为均匀沉降。

原施工方案在池底板以上 500mm（腋角以上 200mm）处设有一道水平施工缝。为保证池体结构抗渗性能，经与设计方协商，池体结构施工采取底板与池壁一次浇筑成型方式，不设施工缝；一次浇筑高度不超过 6m，类似工程实践表明是可行的。结构混凝土强度达到设计强度后进行满水试验。

施工工艺流程：

垫层混凝土→施工放线→底板、池壁钢筋安装→池壁模板安装→浇筑底板、池壁混凝土→底板腋角二次浇筑→满水试验→池外肥槽填土。

5.1.2　钢筋施工

钢筋加工前，仔细核对图纸计算出下料单；较为复杂的钢筋先放出大样，经校核无误后方可制作；钢筋的下料严格按照设计图纸要求及《给水排水构筑物工程施工及验收规范》GB 50141—2008 的规定进行，接头位置应错开，搭接长度及锚固长度应严格控制；锚固长度不够时，设 90°弯钩来解决。因水池有抗震要求，所有箍筋均应作 135°弯钩，平直长度应满足≥10d。

将垫层表面清理干净后根据施工图纸设计尺寸进行放线，定出水池底板及池壁模板的内外边线，划出钢筋分布线，根据图纸要求先摆放底板下排钢筋，依次绑扎钢筋。

底板主筋绑扎完成后，每隔 1.0m 间距在上下排钢筋之间放置梯形排架筋（俗称梯子筋）以保证位置准确性；在排架筋上划出上层钢筋的定位线，按线摆放钢筋，并将钢筋绑扎牢固。为增强底板混凝土表面抗开裂性能，经与设计方沟通还增加了构造钢筋。在绑扎排架筋的同时，放置保护层垫块。在排架钢筋下，每隔 0.8～1.0m 放置一块保护层垫块，以提高钢筋骨架强度，如图 5-1 所示。

施工方案要求采用塑料垫块，但在施工过程中发现塑料垫块（见图 5-2）虽然尺寸准

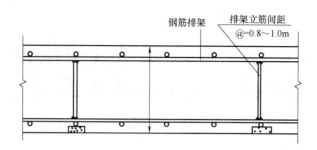

图 5-1   排架筋与垫块示意

确，但是刚度较差，在底板钢筋下使用易变形。

采取补救措施：底板筋网用混凝土砂浆垫块替换变形损坏的塑料垫块，塑料垫块用于池壁。现场制作的砂浆垫块要与结构混凝土同强度（见图 5-3），以承受安装期间施工负荷。

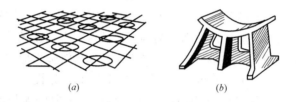

图 5-2   塑料垫块

图 5-3   砂浆垫块

池壁外侧竖向钢筋在水池底板下排钢筋绑扎完后插放，与此同时绑扎底板厚度范围内池壁外侧的水平钢筋。池壁内侧的竖向钢筋在底板上排钢筋绑扎完后安装绑扎。竖向钢筋必须一根到顶，不允许断开。由于钢筋断面大，高度过高，采用 $\phi48\text{mm}$ 钢管在外围搭设脚手架，提供工作平台和固定竖向钢筋。考虑一次绑扎钢筋较长，在绑扎过程中晃动会较大，不易保证钢筋保护层厚度，采用 $\phi10\text{mm}$ 钢筋做成 S 形筋将其固定。预埋件、电线管、

预留孔等及时配合安装，按设计位置固定
在双层钢筋骨架之间。

　　钢筋绑扎时一般用顺扣或八字扣（见
图 5-4），除两根筋的相交点应全部绑扎
外，其余节点可交错绑扎（双向板相交点
须全部绑扎）。

　　用于承托固定侧壁模板的预埋件，按
施工设计位置绑扎在底板钢筋中，两根钢
筋均焊接止水环。池壁钢筋采用塑料保护
层垫块，在模板合拢前，将垫块卡在主筋
上。主筋混凝土保护层厚度：底板、水池
壁均为 25mm。

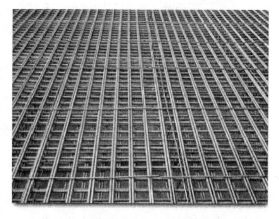

图 5-4　底板钢筋绑扎

5.1.3　模板设计与施工

1. 模板设计

模板采用 SZ 系列组合模板，模板间采用 U 型卡连接，直径 $\phi 48mm$ 钢管作为横楞，
接头应错开设置，搭接长度不应少于
200mm；竖向采用钢花梁支撑固定在垫层
混凝土预埋件上，间距 1000mm，现场施
工图如图 5-5 所示。

　　池体阴、阳角模板均采用配套角模。
支设前，模板与混凝土的接触面应清理干
净，模板隔离剂涂刷均匀，且不得污染钢
筋。模板拉接及壁厚控制采用 $\phi 20mm$ 特
制止水对拉螺栓，对拉螺栓中间设有

图 5-5　水池模板支架

40mm×40mm 止水钢板。

　　混凝土达到规定强度拆模后，对拉螺栓锥纹部分旋出，对外露凹槽填补混凝土，并进
行表面防腐处理。

2. 池壁模板侧压力计算与螺栓布置

　　池壁厚度为 250mm，一次浇筑高度为 5.3m。混凝土浇筑速度控制不超过 1.5m/h，
采用插入式振捣器振捣，混凝土入模温度为 20℃，坍落度控制不超过 120mm。

　　依据表 4-1，模板组合荷载考虑⑤新浇筑混凝土对侧面模板的压力和⑥倾倒混凝土时
产生的水平向冲击荷载。新浇筑混凝土对模板侧压力的标准值计算，根据《混凝土结构工
程施工质量验收规范》GB 50204—2002 的规定，新浇筑混凝土作用于模板的最大侧压力
F_{max} 按下列公式计算，并取二式中的较小值。

$$F_{max} = 0.22 \gamma_C t_0 \beta_1 \beta_2 V^{1/2} \tag{5-1}$$

$$F_{max} = r_C H \tag{5-2}$$

式中　F_{max}——新浇筑混凝土对模板的最大侧压力，kN/m^2；

　　　r_C——混凝土的重力密度，取 $24kN/m^3$；

t_0——混凝土的初凝时间 h；无试验数据时，可按公式 $t_0 = 200/(T+15)$ 计算；

T——混凝土的温度，℃，本工程取 20℃；

V——混凝土的浇筑速度，不超过 1.5m/h；

β_1——外加剂影响修正系数，不掺外加剂取 1.0，掺具有缓凝作用的外加剂取 1.2；

β_2——混凝土坍落度影响修正系数，当坍落度为 110～150mm 时取 1.15；

H——混凝土侧压力计算位置至新浇筑混凝土顶面的高度，m，本工程取 5.3m。

将以上数值代入公式（5-1）得：$F_{max} = 0.22 \times 24 \times 5.7 \times 1.15 \times 1.2 \times \sqrt{1.5} = 50.87\text{kN/m}^2$；

将以上数值代入公式（5-2）得：$F_{max} = 24 \times 5.3 = 127.2\text{kN/m}^2$。

取二式中的小值，故取混凝土侧压力 $F_{max} = 50.87\text{kN/m}^2$。

墙体对拉螺栓竖向间距为 1000mm、600mm、500mm，横向间距为 1000mm，按最不利考虑，竖向间距按最大值 1000mm 计算，即相当于一道拉杆承受混凝土侧压力：$1.0 \times 1.0 \times 50.87 = 50.87\text{kN}$。

$d = 22\text{mm}$ 时，对拉螺栓截面面积 $A = d^2 \text{л}/4 = 3.14 \times 22^2/4 = 380\text{mm}^2$，$F = 50870/380 = 133.9\text{MPa}$。

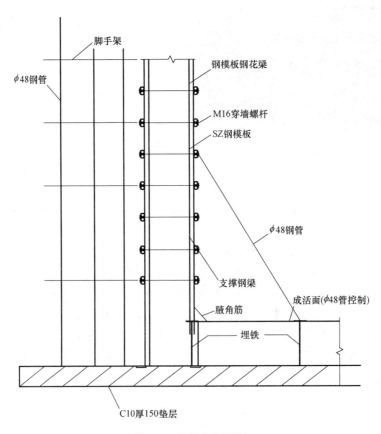

图 5-6　模板支架示意

考虑泵注混凝土产生的水平向冲击荷载，取 1.2 倍的安全系数，$133.9 \times 1.2 = 160.68MPa < 205MPa$。

计算结果：采用 $DN22mm$ 对拉螺栓，竖向间距 1.0m，横向间距 1.0m，能够满足施工要求。

3. 模板支架施工

每个模板面都清理干净，并均匀涂刷脱模剂；按施工方案模板排板图和垫层模板边缘线，从墙角模开始，由两边向墙中间次序安装模板；同一条拼缝上的 U 型卡不宜向同一方向卡紧。

模板间缝隙用 10mm 海绵条填堵，并封堵密封胶，不得漏浆；模板背后按设计要求设置钢管横肋，竖向用钢花梁作主龙骨，间距 1000mm，穿过止水螺杆拉结；再用 U 型卡及钩头螺杆紧固。

池内底板钢筋骨架中固定 $\Phi 20mm$ 钢筋埋件作为托架来固定钢花梁，钢花梁间设置 $\phi 48mm$ 钢管控制底板成活面。模板支架组成如图 5-6 和图 5-7 所示。

模板支撑应牢固可靠，穿墙对拉螺栓、主次龙骨按要求设置；模板截面尺寸准确，位置符合图纸及有关设计变更、洽商要求；墙两侧模板的对拉螺栓孔应平直相对，穿插螺栓时不得斜拉硬顶。模板现场制孔应采用机具，严禁用电、气焊灼孔。预埋管件应加止水环，钢套管外的止水环应满焊严密。

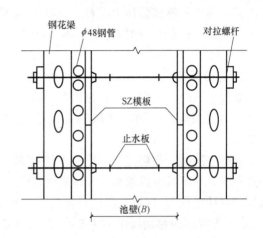

图 5-7　池壁模板组成示意

池壁模板安装过程中，池外采用 $\phi 48 \times 3.2mm$ 钢管扣件式支架搭设 2~3 步脚手架；池壁内外采用拉杆或钢丝绳固定，池内底板设有供固定的预埋件；预埋件均设有止水环。

合模、紧控前，应对钢筋、预埋管件、模板支架安装等进行检查验收，检查项目主要有：组合模板轴线位置和标志；竖向模板垂直度和横向模板平整度；模板的拼缝宽度和错台；脱模剂均匀度；脚手架连接件、支撑件的规格、质量和紧固情况；支撑着力点和模板结构整体稳定性；预埋件和预留孔洞的规格数量及固定情况。模板安装允许偏差应符合表 4-2 的规定。预埋件和预留孔洞的允许偏差、组装模板安装的允许偏差，以及预制构件模板安装的允许偏差应符合《给水排水构筑物工程施工及验收规范》GB 50141—2008 的相应规定。

5.1.4　混凝土施工

混凝土一次浇筑施工难度较大，必须精心策划，悉心组织；施工采取了如下措施：

1. 防渗抗裂混凝土配比设计

使用低水化热及抗酸能力较强的 PO42.5 普通硅酸盐水泥，10~30mm 砾石，中砂；通过试验掺加一定比例的抗裂减水剂、HEA 高效防水剂等外加剂、掺合料，配置出抗渗、抗裂的混凝土。选择商品混凝土供应厂，进行充分沟通。由于 HEA 的活性较大，称量误差大会影响混凝土的强度及坍落度，且不易控制，所以混凝土拌和时应严格控制称量误差，称量误差控制在±1%以内。此外由于 HEA 具有与自身相容性的高效减水成分，搅拌时间控制须比普通混凝土延长 30～60s。

2. 连续浇筑施工方案

底板和池壁一次浇筑混凝土量 170 多 m³，采用两台泵车和 10 辆运输罐车，两个作业队交替作业，预计浇筑时间 10h；从上午 7 点开泵作业，直至下午 5 点收泵车。

经过现场试验，确定的混凝土初凝时间为 120min，控制现场混凝土坍落度在（120±10）mm 左右。

混凝土浇筑顺序：从一侧斜坡连续浇筑底板混凝土，至底板的腋角以上，钢管顶面为成活面，用平板振捣器作为刮杠、人工木抹拉平，铁抹压实撑光；底板成活后停止浇筑 90min；然后在混凝土初凝之前继续浇筑池壁，每环浇筑高度 300mm，每浇筑一层，间隔 45～60min。

3. 充分振捣

底板浇筑时，先用插入式振捣器振捣，然后用平板振动器拉平；底板浇筑从一个方向推进，由远而近；在同一区域的混凝土应按先竖向结构后水平结构的顺序，分层连续浇筑。

池壁浇筑时，每层浇筑厚度应不超过 300mm；50 式与 30 式振捣器交替使用，以保证振捣密实，不能过振或漏振。预埋管件部位采用专人专区负责制；插入式振捣器的操作要做到"快插慢拔"，现场实测振捣器的有效振动长度为 $L=360mm$，分层浇筑厚度不超过 $1.25L$，振捣棒的移动间距为 $1.5R$（R 为有效作用半径）。层间振捣时，振捣棒插入下层混凝土的深度应不小于 50mm，分层厚度用标尺杆控制。

在钢筋密集处，采用 30 型振捣棒振捣，辅以人工插捣；每一插入点振动时间应视混凝土表面呈水平不再显著下沉，不再出现气泡，表面泛出灰浆为准。池壁混凝土浇筑到预埋管件部位时，从管件两侧呈三角形均匀、对称布放混凝土，振捣时应将振捣棒倾斜，并辅以人工插捣，确保振捣密实。

混凝土池壁带模保湿养护，池底蓄水养护；混凝土初凝后即开始浇水和盖麻袋养护，养护期不少于 14d，要始终保持表面湿润状态，以不见白为原则。

5.1.5   细部构造施工

1. 穿墙套管（预埋件）

（1）套管加工

所有套管必须加钢制止水环，止水环要严格根据套管外周壁的弧度放样切割，焊止水环由专业电焊工操作，止水环与套管外周壁相接处两侧必须满焊。当止水环由两块以上拼接而成时，其块与块间必须焊接紧密。预埋铁件和穿壁套管防水做法见表 5-1。

（2）混凝土浇筑

布放混凝土的起始点和结束点需避开套管位置。在套管处布放混凝土时，首先让混凝土从套管两侧流入。当浇筑至套管下部 300mm 时，一边从套管一侧布放混凝土，一边由两名工人在套管两侧用插入式振捣器同时振捣混凝土，直至混凝土从套管另一侧翻出（见图 5-8）。

类别	结构示意图	防水做法
预埋铁件		1. 预埋铁件上焊止水钢板 2. 施工时注意将预埋铁件及止水钢板周围的混凝土浇捣密实,保证质量 3. 预埋铁件较多、较密时,采用多个预埋件共用一块止水钢板的做法
防水套管施工		1. 预埋套管加止水环,止水环满焊严密 2. 混凝土浇筑到距套管下20～30mm时,将套管下混凝土捣实,振平 3. 套管两侧呈三角形均匀、对称浇筑混凝土,振捣棒倾斜,辅以人工插捣 4. 混凝土继续填平至套管上皮30～50mm,不得在套管穿越池壁处停工或接头 5. 管道穿越预埋套管后,用纤维水泥或膨胀水泥等封闭充填
管道直埋施工		1. 混凝土浇捣过程及注意事项同防水套管施工 2. 管道的位置、高程及管道的角度要求相当精确,因为固埋后,没有活动的余地
预留孔洞后装管施工		1. 施工时,在管道通过位置留出带有止水环的孔洞 2. 在孔洞里装管道方法如下: ① 纤维水泥打口方法:像管道接口一样,首先用油麻缠绕在管道上,打入孔洞内,打实后用纤维水泥填塞,然后打口。注意孔洞不宜留的过大 ② 将管道焊上止水环后,放入孔洞内从两面浇筑混凝土,并捣实

注:1—池壁;2—止水环;3—管道;4—焊缝;5—套管;6—钢板;7—填料。

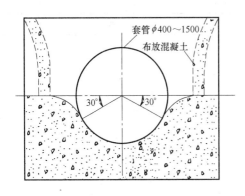

图 5-8　穿墙管件部位浇筑示意

（3）套管与穿墙管之间填止水材料

原设计的套管与穿墙管之间填充密封膏类柔性物质。但考虑到柔性止水材料与钢制品的粘结强度有限，套管与穿墙管之间出现伸缩位移时常导致套管和穿墙管脱开。依据实践经验，套管与穿墙管之间改为填入纤维水泥作止水材料。

填放纤维水泥与填堵穿墙螺杆遗留的锥形孔一样，首先用木楔将穿墙管按设计位置固定于套管内，然后向套管与穿墙管之间填放配置好的纤维水泥（纤维料、水泥、水的重量比为 25∶60∶15），边填放边用錾子击打使之密实，先取出套管两侧的木楔，再取出套管上下的木楔，将木楔孔用纤维水泥填充并使之密实。用铁抹子抹平，最后湿润养护 7d 以上。

2. 穿墙螺杆孔处理

混凝土浇筑完毕穿墙螺杆拔出后，形成的锥形孔用纤维水泥封堵。纤维水泥配比同上，其中水泥强度等级不低于 32.5MPa，优选普通硅酸盐水泥。封堵时人站在池壁内外两侧，同时向螺杆孔内填入配置好的纤维水泥，随填、随用手锤击打 φ18mm 圆钢制成的专用錾子予以密实，螺杆孔填满后，用铁抹子将孔口与墙面压平，确保穿墙螺杆孔不渗不漏。在封堵穿墙螺杆孔前，对螺杆孔的部位、数量进行编号、列表，编制专业工艺做法及作业指导书，配备专业工具。

3. 底板腋角部位的二次浇筑

池壁混凝土达到预计强度后拆除模板；在底板和池壁底部弹出腋角（八字）边线；整理斜托部位 φ20@200mm 斜向加强筋，清除表面浮浆。二次混凝土浇筑采用塔吊-料斗布料，布料前应清洗、清理连接部位表面，保持润湿状态，并喷涂同标号无石水泥砂浆。采用插入振捣器，木抹拉平，铁抹压实擀光；并洒水养护 14d。

5.1.6　满水试验

1. 准备工作

先将池内清理干净，以免充水后池内浮渣漂浮在水面，影响测试精度。池内外缺陷要修补平整，对于预留孔洞、预埋管口及进出口等都要加以临时封堵，同时还必须严格检查充水及排水闸口，不得有渗漏现象发生；安装蒸发测定装置，设置充水水位观测标尺，用以观察充水时水位所达到的深度；水位观测标尺可以用立于水池中部的塔尺，也可在池壁内侧弹线标注标高控制线；准备放水系统，搭设测试平台及出入水池的人行通道。

2. 试验流程

安装蒸发测定装置等→清理检查内壁（标识水深度）→封堵管口→注水浸泡→检查外壁及管周渗水情况→验收→缓慢放水。

满水试验须用清洁水，缓慢地放水试验，发现渗漏点要做好标记。试水水位应放至正常使用的最高水位，经三个昼夜的观察、记录，无渗漏再逐步放水。

3. 充水

水池充水分三次进行，设计水位为 5.3m，第一次充水水位为 1.8m，第二次充水水位为 3.6m，第三次充水水位为 5.3m，每次充水后观测 24h 后再继续充水，如充水过程中和观测过程中发现渗漏及时与相关部门取得联系进行处理。

水池充水完毕 24 小时后进行初读数，过 24 小时后进行后末读数，如测定渗水量符合标准，可继续进行第二次充水；如测定的渗水量超过允许标准，延长第一次充水水位的试验，24 小时以后再次检测的渗水量，符合标准后方可继续充水试验；否则，应再延长时间进行观测。

4. 蒸发量的测定

温度的变化、风力的影响及空气的对流等因素的影响会使池内水量蒸发，水池面积越大，则由于蒸发造成的水量损失越大。在测定水池水位下降的同时，必须对蒸发量进行定量的测定。用薄钢板焊成直径为 500mm，高 500mm 的水箱，经检查无任何渗漏的条件下在其间充水约 300mm 置于水池中部，使水箱内外水位基本保持一致，在测读水池水位的同时测定水箱中的水位。在水池易观测部位设置水位观测工具（千分尺）及测量蒸发量的水箱，蒸发水箱的读数间隔也为 24h。

满水试验期间，水池四周应设置围护设施及警示灯，防止施工人员在值班时掉入水中。

5. 检查记录

在满水试验中应进行外观检查，池壁不得有漏水（线流）现象，洇湿部位应标识记录。水池渗水量按池壁和池底的浸湿总面积计算，钢筋混凝土水池不得超过 $2L/(m^2 \cdot d)$。

试水合格后即可缓慢放水，池内至少要留 500mm 深的水，以保持池体湿润状态。水池闭水试验应填写试验记录，格式应符合《给水排水构筑物工程施工及验收规范》GB 50141—2008 附录 D 满水试验记录表的规定。

6. 试验结果

池体浇筑于 6 月底全部完成，经外观检查，个别池壁外侧有麻面外，未见裂缝、夹层等质量缺陷。因系列设备安装和调试程序需要，池体闭水试验统一安排在 11 月中旬。注水前再次对外露池壁进行外观检查，未见有不合格之处。注水后一次性试验合格。

池体结构一次全现浇方案得到了成功的实施，达到了降低造价及缩短工期的目标，通过制定执行高于规范规定的质量目标，精心组织实施等一系列工作，工程项目最终获得省级优质工程奖励。

5.2 钢筋混凝土双壁水池施工实例

5.2.1 工程概述

某市污水处理厂升级改造工程，新建 MBR 池的处理工艺分为 MBR 生物池和 MBR 膜池（含设备间），其中 MBR 生物池由厌氧、缺氧、变化区、好氧工艺组成；MBR 膜池由膜池和设备间组成。MBR 生物池与 MBR 膜池为一体双池设计，现浇钢筋混凝土结构，池结构尺寸为 $2 \times 79.4m \times 36.4m \times 7.6m$，池体地上部分高 3.3m，底板埋深 4.3m；池壁厚

0.4m，底板厚 0.6m，缺氧、厌氧部分池顶板厚 0.3m；双墙与渠道正交并设有环状止水带，双池中间有 300mm 宽分隔缝。池体结构混凝土强度等级 C30，抗渗等级 P6，水胶比 ≤0.5；池体沿长度方向设有一道后浇带，后浇带宽 1000mm；膜池顶板厚 0.4m，框架梁断面尺寸 600mm×900mm，设备间混凝土排架结构立柱界面尺寸 400mm×400mm，混凝土强度等级 C30。底板垫层混凝土强度等级 C15，厚 200mm；其下铺设 250mm 厚的碎石层，碎石层下设置 150mm 厚的粗砂层，碎石层与粗砂层之间铺设土工布（BO-HAI 300～400g/m²），盲沟部位的土工布直接铺设在沟底上。

施工基本流程：垫层混凝土→底板、池壁导墙浇筑→池壁二次浇筑→缺氧池、厌氧池隔墙浇筑→膜池（设备间）顶板（梁）浇筑→上部排架结构施工→满水试验→外壁装饰→池周填土。

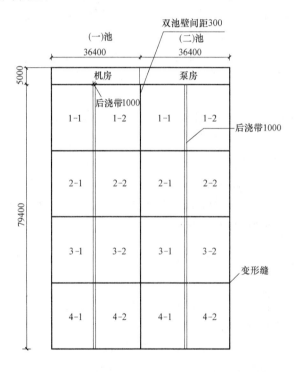

图 5-9　分仓平面示意

底板以变形缝和后浇带分仓（施工单元）、分次浇筑（见图 5-9），池壁、隔墙、导墙施工缝设在底板以上 500mm 处，与底板同时浇筑混凝土。池壁第二次浇筑到距顶板 300mm 部位，隔墙一次浇筑到设计高程；缺氧池与厌氧池顶板与膜池顶板分别浇筑，膜池顶板、梁一次浇筑，上部排架结构与设备间楼梯结构分次浇筑施工。

5.2.2　模板与支架设计

1. 池壁模板支架

池壁（隔墙）模板采用双侧支模，经施工荷载组合计算（参见 5.1.3），模板采用 18mm 厚酚醛覆膜胶合板，竖向楞采用 100mm×100mm 方木，竖向间距 250mm，横向龙骨采用 100mm×120mm 方木，间距 600mm；配套 ϕ16mm 穿墙对拉防水螺杆，按 600mm×600mm 排设。池内外采用 ϕ48mm 钢管扣件式脚手架，为确保模板的垂直度及平整度达到设计要求，还需设置钢管斜撑，如图 5-10 所示。

2. 池顶板梁模板支架

缺氧池、厌氧池与膜池顶板、梁为混凝土浇筑时，支架结构的立柱底、顶板（梁）最厚为 600mm，其模板支架属于最不利的受力状态，取其部位模板支架进行荷载计算与安全性验算；采用系列钢模板：宽 600mm、长 1500mm、厚 3mm，浇筑混凝土最大厚度 600mm，验算模板的强度与刚度。

（1）计算弯矩图

根据《混凝土结构工程施工质量验收规范》GB 50204—2002，按图 5-11 中两种荷载情况计算弯矩，取较大者进行验算。

图 5-10 池壁模板支架示意

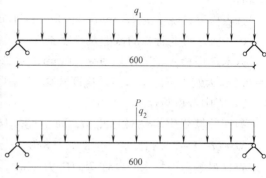

图 5-11 计算弯矩

（2）荷载组合

根据工程实际情况，选择各项荷载的系数；模板及支撑自重系数取 1.5，混凝土和钢筋荷载系数取 1.2，人员设备荷载系数取 1.4，冷弯薄壁型钢结构的调整系数取 1.0。

依据表 4-1，梁板模板的荷载组合为①＋②＋③＋④，各项荷载计算值如下：

① 模板及支撑自重，根据结构部位、模板材质，计算密度取 360N/m²，则模板及支撑自重为 $1.5 \times 360 = 540$N/m²；

② 新浇混凝土密度取 24000N/m³，则新浇混凝土自重为 $1.2 \times 24000 \times 0.6 = 17280$N/m²；

钢筋重量：顶板梁钢筋密度取 1100N/m，钢筋重量 $1.2 \times 1100 \times 0.6 = 792$N/m²；

③ 施工人员及机具（运输或堆放）荷载：均布荷载取 540N/m²；

则计算荷载为 $1.4 \times 2500 = 3500$N/m²；

④ 振捣混凝土产生的荷载：对垂直面模板取 4000N/m²。

模板计算荷载总值：$q = ① + ② + ③ + ④ = 540 + 17280 + 792 + 540 + 3500 + 4000 = 26652$N/m²。

（3）模板强度验算

选用建筑组合模板，板宽 600mm，则：$q_1 = 0.6 \times 26652 = 15991$N/m（全部荷载）；$q_2 = 0.6 \times (26652 - 3500) = 13891$N/m（不记活荷载）；$P = 3500 \times 0.6 = 2100$N。

施工荷载为均布荷载时：$M_1 = \dfrac{q_1 l^2}{8} = 15991 \times 0.6^2 / 8 = 720$N·m。

施工荷载为集中荷载时：

$$M_2 = \frac{q_2 l^2}{8} + \frac{Pl}{4} = \frac{13891 \times 0.6^2}{8} + \frac{2100 \times 0.6}{4} = 940 \text{N·m}$$

$M_2 > M_1$，按 M_2 验算强度。查《组合钢模板技术规范》GB/T 50214—2013 附录，模板净截面抵抗矩 $\sigma = \dfrac{M_2}{M_{xj}} = \dfrac{940000}{13020} = 72.2$N/mm² < 205N/mm²，满足要求。

（4）模板挠度验算

查《组合钢模板技术规范》GB/T 50214—2013 附录：

$I_{xj} = 58.87 \text{cm}^4 = 588700 \text{mm}^4$; $E = 2.06 \times 10^5 \text{N/mm}^2$; $V = \dfrac{5ql^4}{384EI_{xj}} = \dfrac{5 \times 15.667 \times 600^4}{384 \times 2.06 \times 10^5 \times 588700} = 0.22 \text{mm}$。

查表得容许挠度为 1.5mm, 0.22mm<1.5mm, 满足要求。

(5) 方木 (龙骨) 的截面及挠度验算

方木选用杉木, 宽度取 $b = 100 \text{mm}$, 龙骨 (肋) 计算跨度为 0.6m、0.25m, 以跨度 $L = 0.6 \text{m}$ 为例进行跨中弯矩及挠度验算。

1) 跨中弯矩验算

截面计算荷载 $q = 35148 \text{N/m}$, 即 $q = 35.148 \text{kN/m}$。

$M = ql^2/8 = 35.148 \times 0.6^2/8 = 1.582 \text{kN} \cdot \text{m}$。

查材料表得: 杉木的容许弯曲应力 $[\sigma_W] = 13.0 \text{MPa}$, 按 $[\sigma_W]/1.2$ 验算模板的抗弯截面系数 W, 即 $M/1.2 = W \cdot [\sigma_W]$, 则:

$$W = M/(1.2 \times [\sigma_W]) = 1.582/(1.2 \times 13 \times 10^3) = 10.141 \times 10^{-5} \text{m}^3$$

又由 $W = bh^2/6$ 知, 方木高度 $h^2 = W \times 6 \div b = 10.141 \times 10^{-5} \times 6 \div 0.1 = 608.46 \times 10^{-5}$ m^2, 则 $h = 0.078 \text{m}$, 取 $h = 100 \text{mm}$ 即可满足要求。

2) 挠度验算

查表得木材的弹性模量 $E = 10 \times 10^6 \text{MPa}$; $L = 0.6 \text{m}$; $q = 35.148 \text{kN/m}$。

则其惯性矩 $I = bh^3/12 = 0.1 \times 0.1^3/12 = 0.833 \times 10^{-5} \text{m}^4$。

由: $F_{\max} = ql^4/128EI$ 可得: $F_{\max}/l = 35.148 \times 0.6^4 \div (128 \times 10 \times 10^6 \times 0.833 \times 10^{-5}) \div 0.6 = 1/1404 < 1/250$, 符合要求。

(6) 支架验算

选择碗扣式支架系列进行验算。

1) 杆件承载力验算

作用在截面尺寸为 600mm×600mm 模板上的荷载为: $35016 \times 0.6 \times 0.6/1000 = 12.61 \text{kN} < 30 \text{kN}$, 满足要求。

2) 支架强度验算

立杆所受竖向荷载 $N = 12.61 \text{kN}$。

查材料表知: 立杆的贯性矩 $I_x = 12.187 \text{cm}^2$, 截面积 $A = 4.89 \text{cm}^2$, 抗压强度 $[\sigma_a] = 215 \text{MPa}$, 则立杆的截面惯性半径为:

$$I = \frac{\sqrt{I_x}}{A} = \frac{\sqrt{121187}}{4.89} = 15.79 \text{mm}$$

强度检算: $\sigma_a = N/A = 12610 \text{N}/489 \text{mm}^2 = 25.787 \text{MPa} < [\sigma_a] = 215 \text{MPa}$, 满足要求。

3) 稳定性验算

支架的平杆步距为 $L_1 = 1200 \text{mm}$, 碗扣式支架为两端铰接, 所以 $\mu = 1$, 则 $\lambda = L_1/I = 1200/15.79 = 76$, 查表得 $\varphi = 0.744$ (钢结构设计规范附录)。

$\sigma_{cr} = N/\lambda\varphi A = 12610 \div (0.744 \times 489) = 34.66 \text{MPa} < 215 \text{MPa}$, 满足要求。

(7) 模板支架施工参数

按上述计算结果, 确定采用 P6015 系列钢模板 (或 18mm 酚醛覆膜胶合板), 采用 100mm×100mm 方木为主龙骨 (水平), 间距 600mm, 采用 100mm×120mm 方木为次龙骨（竖向），间距250mm。

采用碗扣式支架系列，立杆间距600mm×600mm，平杆步距1200mm，上口安装U型顶托（可调托撑）来调节高度，底部安装可调平口底托；主龙骨应在U型顶托中心，不得偏心受力。横向每隔5m设置一道剪刀撑，由底至顶连续布置，每道剪刀撑跨越立杆的根数不应超过7根，与纵向水平杆呈45°~60°角，最下部的斜杆与立杆的连接点距地面的高度控制在300mm以内。剪刀撑的杆件连接采用搭接，其搭接长度≥1000mm；并用不少于2个旋转扣件固定，端部扣件盖板的边缘至杆端的距离≥100mm。

3. 池壁单侧模板支架设计

MBR池双墙净距离为300mm，一侧池壁混凝土浇筑完成，拆除模板和螺栓，孔处理填充后用加气混凝土块砌筑250mm间隔，两侧放置25mm厚聚苯板。浇筑另一侧池壁时，池的内墙模板采用单侧支模方式。

单侧模板以86系列钢模为主，采用ϕ48mm钢管为次龙骨，间距250mm（水平），型钢三角支架为主龙骨，间距750mm（竖向）。新浇筑混凝土的最大侧压力可依据《建筑工程大模板技术规程》JGJ 74—2003附录B.0.2的规定进行计算，经对混凝土浇筑最大侧压力验算后加工型钢三角支架，固定在池底板预埋件上。

（1）池壁单侧模板荷载计算

混凝土对模板的侧压力随混凝土浇筑高度的增加而增加，当浇筑高度达到某一临界值时，侧压力就不再增加，此时的侧压力即为新浇筑混凝土的最大侧压力，此时的浇筑高度称为混凝土的有效压头。

根据《建筑工程大模板技术规程》JGJ 74—2003附录B中大模板荷载及荷载效应组合B.0.2的规定，可按式（5-1）和式（5-2）计算新浇筑混凝土对模板的最大侧压力，并取两者小值：

计算结果：$F_1 = 0.22 \times 25 \times 5.71 \times 1.2 \times 1.15 \times \sqrt{2} = 61.3 \text{kN/m}^2$

$F_2 = 25 \times 7.6 = 190 \text{kN/m}^2$

（2）混凝土侧压力的验算

取上述计算值中的较小值$F = 61.3 \text{kN/m}^2$作为混凝土侧压力的验算值，乘以分项系数和调正系数后，其设计值为$F = 61.3 \times 1.2 \times 0.85 = 62.53 \text{kN/m}^2$。

入模混凝土产生的水平活载荷标准值为4kN/m²（泵送混凝土），乘以分项系数和调整系数后，其设计值为：$4 \times 1.4 \times 0.85 = 4.76 \text{kN/m}^2$（混凝土产生的水平活载作用于有效压头高度以内）。

则在有效压头高度以内，作用于模板的最大侧压力为$62.53 + 4.76 = 67.3 \text{kN/m}^2$。

单侧模板支架主要承受混凝土侧压力，取混凝土最大浇筑高度为7.6m，侧压力取标准值$F = 67.3 \text{kN/m}^2$，有效压头高度$h = F/\gamma_c = 67.3/25 = 2.692 \text{m}$，浇筑混凝土对模板的侧压力分布如图5-12所示。

（3）单侧模板三角支撑体系受力分析

支架间距750mm，大模板采用86系列钢模板（厚6mm），模板按交叉梁系计算，支撑桁架采用8号槽钢组焊而成，其节点可

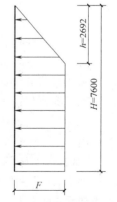

图5-12　模板侧向压力分布示意

视为刚接节点。

（4）计算条件设定

1）荷载传递途径可简化为：

2）假定条件

① 单榀桁架视为平面桁架结构，节点视为刚接。

② 桁架体系支座与预埋件的节点视为固定铰支座；另一端与地面滑移铰接。

③ 纵向水平钢管连接视为桁架的平面外滑移铰支座。

④ 施工荷载平均施加于传力范围内桁架节点上。

（5）计算依据

侧墙受力分析图如图 5-13 所示。

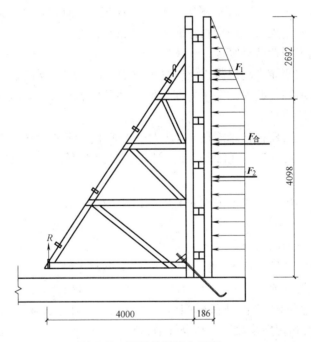

图 5-13   模板单侧受力示意

支架间距 750mm，地锚螺栓间距 750mm，支架与墙面间距 186mm，以锚固点为支点建立弯矩平衡方程：

$$(4.0+0.186) \times R = F_1 \times (2.69/3+4.91) + F_2 \times 4.91/2$$

式中 $F_1 = 67.3 \times 0.75 \times 2.69 \times 1/2 = 67.9$ kN；

$F_2 = 62.53 \times 0.75 \times 4.91 = 230.3$ kN；

$F_合 = F_1 + F_2 = 298.2$ kN；

支架后支点的压力 $R = 229.3$ kN；

二者的合力即锚筋拉力 $T = 376.2$ kN。由 F 合分解成两个互为垂直的力，与地面成 45° 的力为 $T45° = 376.2$ kN ；$T45°$ 共有 2 个埋件承担，其中单个埋件最大拉力为：$FL =$

$T45°/(2+1)=125.4\text{kN}$

（6）锚固筋计算：

地锚（预埋在底板中）螺栓为 28mm 钢筋（含止水环 40mm×40mm），屈服强度为 320MPa，截面积 $A_0=615\text{mm}^2$，轴心受拉应力强度：

$T45°/A_0=125400×10^6/615=216.1\text{MPa}<3201\text{MPa}$，即每榀支架范围预埋 2 根 $\phi28\text{mm}$ 地锚，符合要求。

（7）埋件锚固强度计算

对于弯钩螺栓，其锚固强度的计算，只考虑埋入混凝土的螺栓表面与混凝土的粘结力，不考虑螺栓端部的弯钩在混凝土基础内的锚固作用。

锚固强度：
$$FM=\pi dh\tau_b>FL \tag{5-3}$$

$3.14×28×h×3.0>125400$，符合要求。

式中　FM——锚固力，作用于地脚螺栓上的轴向拔出力（N）；

　　　d——地脚螺栓直径（mm）；

　　　h——地脚螺栓在混凝土基础内的锚固深度（mm），$h>569$，取值为 600mm；

　　　τ_b——混凝土与地脚螺栓表面的粘结强度（N/mm²），一般在普通混凝土 τ_b 取值 2.5～3.5N/mm²。

4. 柱模板

柱模板采用 18mm 厚酚醛覆膜胶合板时，主龙骨采用钢花梁，间距 600mm，次龙骨采用 100mm×100mm 方木，间距 250mm，支撑体系采用碗扣式支架，且由钢丝绳配合校正施工。为了确保模板整体稳定，在模板外侧加设 $\phi10\text{mm}$ 钢丝绳，并配合花篮螺杆紧固施工。

5.2.3　模板支架安装

1. 底板与导墙模板

底板侧模采用 18mm 厚酚醛覆膜胶合板，50mm×50mm 方木作次肋，100mm×50mm 方木为主肋，用方木三脚架固定在垫层上。底板导墙吊模采用 18mm 厚酚醛覆膜胶合板，50mm×50mm 方木作次肋，用 $\phi20\text{mm}$ 钢筋埋筋进行悬吊固定；底板与导墙模板支架如图 5-14 所示。

2. 池壁双侧模板支架

池壁双侧模板的面板采用 18mm 厚整块覆膜胶合板（竖放），竖向楞采用 100mm×50mm 方木，竖向间距 300mm，横向龙骨改用双排 $\phi48×3.5\text{mm}$ 钢管，间距 500mm；配套 M16 穿墙对拉防水螺杆，按 500mm×500mm 排设，如图 5-15 所示。

池内外各设 2 步扣件式钢管脚手架，随钢筋和模板施工进度安装。

3. 双墙单侧钢模板

单侧模板选用 86 系列钢模拼装，采用 $\phi48\text{mm}$ 钢管作为次龙骨，型钢三角支架作为主龙骨；型钢三角支架固定在池底板预埋件上。单侧钢模板及支撑形式如图 5-16 所示。

4. 顶板模板及梁模板

（1）支架搭设

图 5-14　底板与导墙模板支架

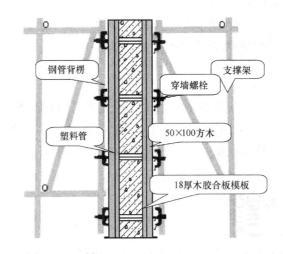

图 5-15　池壁双侧模板与对拉螺杆

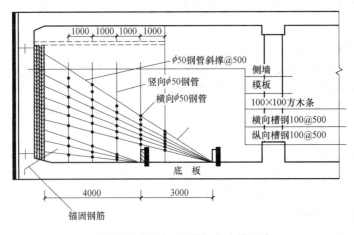

图 5-16　双壁单侧模板与支撑示意

采用碗扣式支架，满堂红方式布设。工艺流程如下：架设立杆→安可调底座→搭设水平杆→搭设剪刀撑→安放顶托。

配合施工进度搭设，一次搭设高度不宜大于一步架；立杆的排距和间距经计算确定。立杆要保证平杆能顺利安装，顶部要保证模板顶面平整，顶托上架设 100mm×100mm 方木作为主龙骨，方木要挂线检测是否满足设计标高的要求，调平后安装 100mm×100mm 方木作为次龙骨，间距 250mm，再次调平后，即可铺设模板。立杆的最顶部和最底部必须安装平杆，当结构高度与步距之间存在差异时，在顶部第一步平杆下增设一步平杆。

（2）模板安装

模板安装工序：复核轴线、高程→支模→模板预检→模板验收。在池墙上弹出模板上口标高线，作为铺设模板的依据，便于控制顶板模板的标高。模板支模前先在池壁弹好板面 500mm 控制线，拉线调整顶板模板的方木、龙骨及板面。

边龙骨必须与墙壁面紧贴，龙骨调整完毕后铺设 P6015 钢模板，铺设从一边开始顺序铺贴，相邻两张板的接缝要求硬顶严密。模板铺好后通过工序联检再进行下道钢筋绑扎工作。

5. 柱模板

柱模板采用 18mm 厚酚醛覆膜胶合板，四角竖向木楞改为双排 50mm×100mm 木方，间距 200mm，横向龙骨采用 16 对拉螺栓紧固双根 25mm 钢筋或双根 48mm 钢管，四周侧向用 ϕ10mm 钢丝绳配合校正，确保模板整体稳定，如图 5-17 所示。

6. 模板支架拆除

（1）拆模时间

墙体模板拆除时间应根据现场同条件养护试块的强度确定，试块强度达到《给水排水构筑物工程施工及验收规范》GB 50141—2008 的规定强度时施工人员方可进行模板拆除。冬期施工拆模完成后，立即对混凝土用塑料薄膜和草帘被进行保温养护。

（2）墙体模板拆除

钢模拆除顺序与安装顺序相反，先外部墙后

图 5-17　柱模板组成

内部墙，先拆除外部墙外侧模板，再拆除内侧模板，先大模板后角模。内墙首先拆除下穿墙螺杆，再松开地脚螺杆，使模板向后倾斜与墙体脱开。顶板拆除，应先松可调托，抽出钢板、松卡具；钢板不得抛掷。

酚醛覆膜大模板拆除顺序：先拆除上口卡子，然后松开穿墙螺杆，轻轻敲打螺杆梢头使螺杆退出，再将模板上吊环挂在塔吊挂钩上，松掉斜支撑，将大模板吊出，放置在下面模板区内。外墙螺杆锥形螺母必须采用专用拆卸工具进行，以便周转使用。

门窗洞口模板在墙体模板拆除结束后拆除，先松动四周固定用的角钢，再将各面模板轻轻振出拆除，严禁直接用撬棍从混凝土与模板接缝位置撬动洞口模板，以防止拆除时洞口的阳角被破坏，跨度大于 1000mm 的洞口，拆模后要加支撑回顶。

角模的拆除：角模的两侧都是混凝土墙面，吸附力较大，当角模被混凝土握裹时，先将模板外表面的混凝土剔除，然后用撬棍从下部轻轻撬动，将角模脱出。

脱模后准备起吊大模板前，再一次检查穿墙螺杆是否全部拆完，确认无障碍后再吊离。各种类型的模板必须分区、分类型整齐码放，搭设钢管架子作为支架，及时派专人用腻子刀、砂轮抛光机进行模板清理和涂刷脱模剂。

5.2.4　钢筋加工安装

1. 下料加工

（1）依据设计图纸确定钢筋（上下双向筋、池壁、隔墙、顶板节点、箍筋）的交叉（上下、内外）关系；计算钢筋的下料尺寸与形状；确定影响主要钢筋位置的控制线；确定底板筋、池壁竖向主筋位置的支架与固定方法。

（2）核对半成品钢筋的规格、尺寸和数量等是否与料单相符，准备好绑扎用的绑丝、钢筋钩等绑扎工具和材料，并按各部位保护层的厚度，准备保护层垫块；池壁保护层采用塑料卡环，底板、顶板梁保护层垫块平面尺寸为 50mm×50mm，水泥砂浆（强度同混凝土）制作。

（3）确定影响钢筋施工质量的关键：保护层厚度、上下（内外）层排距、交叉结点关系、接头位置、固定方法、排架筋间距、垫层厚度与安放位置。

2. 底板与导墙钢筋安装

（1）垫层混凝土强度达到 1.2N/mm² 后，开始测量放出轴线、边线；将池壁、隔墙、柱的轴线控制点，底板、池壁与柱的内外边线弹墨线在垫层表面；为检查垫层混凝土的表面高程和便于控制与调整底板上层钢筋的高度，用水准仪将垫层表面的高程实际误差值标注在交底单上和垫层混凝土的表面。

（2）钢筋绑扎

1）按放线排布底板主筋、墙插筋、构造筋，注意接头错开；检查无误后绑扎成整体。上下层钢筋用排架筋或几字铁凳（又称马凳）筋承托并绑牢，以保证上下层钢筋网间距正确和不变形。排架筋间距应根据钢筋直径确定，一般为 500～1000mm；排架筋的高度根据底板厚度、钢筋直径与保护层厚度计算确定。保护层垫块间距 1000mm，呈梅花状放置。

2）在绑扎钢筋时按设计位置放好支承内模用的预埋件（钢筋支架），每 500mm 放一个，并焊止水片。

3）在施工缝处，安装钢板止水带，并焊接固定，如图 5-18 所示。

3. 池（墙）壁钢筋绑扎

（1）施工要点

1）按施工图纸核对各型号钢筋的直径、长度、成型尺寸。控制好钢筋的搭接长度与搭接关系；控制好竖向钢筋顶部的高度；控制好池壁内外层钢筋的净距尺寸；保持整体钢筋骨架的稳固。

图 5-18　池壁导墙钢筋中间止水板安装固定

2）导墙插筋的位置必须准确，为控制池壁竖向筋的上顶高度，在池壁底板腋角侧面上，测量高程控制线，标明到池顶上皮的高度，据此绑扎竖筋。

3）双壁池钢筋绑扎时，应先安装一侧模板（或塑料膜），如图 5-19 所示，然后再绑扎。视情况搭设内外脚手架，一般为 3～4 步，以满足现场施工需要。

（2）钢筋绑扎

无顶板的池壁和内墙二次浇筑到顶面设计标高，为控制好内外层钢筋的净距尺寸和防止竖向主筋扭转可采用 S 筋固定；保护层宜采用塑料卡环，采用水泥浆垫块时，其厚度误差不大于±3mm，排架筋的间距不大于 1000mm。

绑扎后的池壁钢筋，稳固不变形，竖向筋保持垂直，横向筋保持水平。特别注意池壁转角部位的垂直度与钢筋的保护层不超标，绑丝扣向内侧弯曲，不得影响保护层的厚度，以保证模板安装顺利进行。

图 5-19　侧模板与池壁筋

4. 柱钢筋绑扎

（1）工艺流程：放出柱线→剔凿柱混凝土表面浮浆→修理池柱筋→套柱箍筋→搭接绑扎竖向受力筋→划箍筋间距线→绑箍筋。

（2）套柱箍筋：按图纸要求间距，计算好每根柱箍筋数量，先将箍筋套在下层伸出的搭接筋上，然后立池柱钢筋，在搭接长度内，绑扣不得少于 3 个，绑扣要朝向柱中心。

（3）搭接绑扎竖向受力筋：池柱主筋立起后，绑扎接头的搭接长度、接头面积百分率应符合设计要求。箍筋与主筋要垂直，主筋与箍筋转角部分的相交点均要绑扎，主筋与箍筋非转角部分的相交点成梅花状交错绑扎。

（4）柱箍筋绑扎：按已划好的箍筋位置线，将已套好的箍筋往上移动，由上往下绑扎，可采用脚手架或活动支架配合；宜采用缠扣绑扎，箍筋的弯钩叠合处，沿池柱竖筋交错布置，并绑扎牢固。有抗震要求时，柱箍筋端头弯成 135°，平直部分长度不小于 10d（d 为箍筋直径）。如箍筋采用 90°搭接，搭接处焊接，焊缝长度单面焊缝不小于 10d。

（5）柱基、柱顶、梁柱交接处箍筋间距按设计要求加密。柱上下两端箍筋加密，加密区长度及加密区内箍筋间距应符合设计图纸要求。如设计要求箍筋设拉筋时，拉筋钩住箍筋。

（6）柱筋保护层厚度应符合规范要求，柱筋外皮为 25mm，保护层塑料卡环应固定在柱竖筋外皮上，间距一般为 1000mm，以保证柱筋保护层厚度准确。

5. 顶板、框架梁钢筋绑扎

（1）在顶板模板上划出主筋和梁箍筋间距，摆放主筋、箍筋。

（2）先穿框架梁的下部纵向受力钢筋及弯起钢筋，将箍筋按已划好的间距逐个分开；然后穿次梁下部纵向受力钢筋及弯起钢筋，并套好箍筋；放主次梁的排架筋；隔一定间距将排架筋与箍筋绑扎牢固；调整箍筋间距使间距符合设计要求，绑排架筋，再绑主筋，主次梁同时配合进行。当梁高度超过 800mm 时，放置在梁口面绑扎后入模。

（3）框架梁上部纵向钢筋贯穿中间节点，梁下部纵向钢筋伸入中间节点的锚固长度及伸过中心线的长度要符合设计要求。框架梁纵向钢筋在端节点内的锚固长度也要符合设计要求。

（4）绑梁上部纵向筋的箍筋，宜用套扣法绑扎；箍筋在叠合处的弯钩，在梁中交错绑扎，箍筋弯钩为 135°，平直部分长度为 10d；如做成封闭箍时，单面焊缝长度为 5d。

（5）梁端第一个箍筋，设置在距离柱节点边缘 500mm 处。梁端与柱交接处箍筋加密，其间距与加密区长度均应符合设计要求。

（6）在主、次梁受力筋下放置保护层塑料卡环或保护层塑料水泥砂浆垫块（板垫厚 15mm），保证保护层的厚度。受力筋为双排时，用短钢筋垫在两层钢筋之间，钢筋排距应符合设计要求。

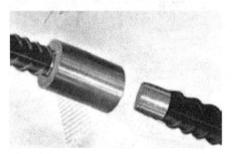

图 5-20　滚轧直螺纹连接

6. 钢筋连接

（1）直径≥18mm 的受力钢筋，设计要求采用滚轧直螺纹连接，如图 5-20 所示。直螺纹连接套，材质为Ⅰ级钢筋。先用直螺纹套丝机将钢筋的连接端头加工成直螺纹，然后通过直螺纹连接套，用力矩扳手按规定的力矩值把钢筋和连接套拧紧在一起。

（2）直螺纹连接钢筋接头强度应达到钢材强度值，钢筋套丝质量应符合要求，小端直径不得超过允许值，钢筋螺纹的完整丝扣数不小于规定丝扣数，接完的钢筋接头用油漆作标记，其外露丝扣不得超过两个完整丝扣。

（3）直螺纹接头均按规范要求，分批进行质量检查和验收，所有接头分批抽取试件进行力学试验，经检验合格后，方可进行下道工序施工。

7. 预埋件及预留孔洞的处理

钢筋绑扎过程中，根据设计图纸布设各种预埋管路、预埋铁件及预留孔洞，并对其位置进行复测，以确保定位准确性，而后采取有效措施（如焊连、支撑、加固等）将其牢固定位，以防止其在混凝土浇筑过程中变形移位。

预埋件、预埋螺杆及插筋等，其埋入部分不得超过混凝土结构厚度的 3/4。

混凝土浇筑前，报请现场验收，对照图表复查，防止遗漏。

5.2.5　混凝土施工

1. 防裂抗渗混凝土配比

设计配比：水胶比≤0.5；混凝土碱含量（Na_2O）不超过 $3kg/m^3$；最小混凝土的水泥用量 $320kg/m^3$；最大氯离子含量 0.1%。混凝土设计考虑了预防混凝土中胶凝材料水化引起的温度变化和收缩而导致有害裂缝的措施。

（1）混凝土中掺入优质的粉煤灰，以改善混凝土拌和物的流动性、黏聚性和保水性，同时可补充泵送混凝土中粒径在 0.315mm 以下的细集料，使其达到占 15% 的要求，从而改善可泵性。主要考虑掺加粉煤灰之后，可以降低混凝土中水泥水化热，减少绝热条件下的温度升高。粉煤灰应符合《用于水泥和混凝土中的粉煤灰》GB/T 1596—2005 的规定，不得使用高钙粉煤灰。

（2）掺加具有减水、增塑、缓凝、引气的泵送剂，以改善混凝土拌和物的流动性、黏聚性和保水性。由于其减水作用和分散作用，在降低用水量和提高强度的同时，还可以降低水化热，推迟放热峰值出现的时间，从而减少温度裂缝。

（3）"后浇带"和施工缝部位补偿收缩混凝土

1）补偿收缩混凝土的配合比设计，应满足设计所需要的强度、膨胀性能、抗渗性、耐久性等技术指标和施工工作性要求。配合比设计应符合《普通混凝土配合比设计规程》JGJ 55—2011 的规定。使用的膨胀剂品种根据工程要求和施工要求事先进行选择。

2）膨胀剂掺量根据设计要求的限制膨胀率，并采用实际工程使用的材料，经过混凝土配合比试验后确定。配合比试验的限制膨胀率值比设计值高 0.005，试验时，混凝土膨胀剂用量为 $30\sim50\text{kg/m}^3$。

2. 垫层施工

地基按照设计要求验收合格后，方可浇筑混凝土垫层。为便于后浇带施工，后浇带位置的垫层采用细部做法（见图 5-21），垫层下凹部位设置是为了保证后浇带浇筑施工质量。

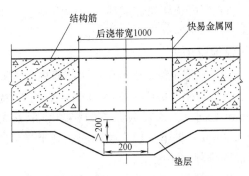

图 5-21　后浇带位置的垫层及细部做法

垫层混凝土表面高程与平整度的精度，直接影响到上部结构的质量水平。为使大面积垫层混凝土表面高程与平整度符合标准要求，垫层模板采用分条进行控制标高，条型模板的顶面标高，要按水池底板坡度和相应的标高，用水准仪测量检测。垫层混凝土表面高程控制在标准（允许偏差±10mm）以内，控制垫层侧模板高程的误差值≤5mm（用水准仪测量）。

在分条浇筑垫层过程中，用平杠尺和抹子对混凝土表面进行整平。浇筑一条后，即拆除临时侧模，并继续浇筑下一条垫层，如此直到全部完成。为检查垫层混凝土的表面高程

图 5-22　底板混凝土浇筑现场

和便于控制与调整底板上层钢筋的高度，用水准仪将垫层表面的高程实际误差值标注在垫层混凝土的表面。

3. 池底板浇筑

（1）采用混凝土固定泵、混凝土泵车单一方式或组合方式浇筑。泵送混凝土坍落度不大于 120mm；混凝土浇筑从低处开始，沿长边方向自一端向另一端进行（见图 5-22）；混凝土整体推移式连续浇筑，尽量减少间歇时间，并在前层混凝土初凝之前，将次层混凝土浇筑完毕。

（2）层间最长的间歇时间不大于混凝土的初凝时间；混凝土的初凝时间通过试验确定，浇筑段接茬间歇时间，当气温小

于 25℃时，不超过 2.5h。当层间间歇时间超过混凝土的初凝时间时，层面按施工缝处理。

（3）根据底板厚度和混凝土的供应与浇筑能力，来确定浇筑宽度和分层厚度，以保证间歇时间不超过规定的要求。混凝土浇筑层厚度，根据所用振捣器的作用深度及混凝土的和易性确定，整体连续浇筑时为 300～500mm。

（4）池壁底角吊模部分的混凝土浇筑，在底板混凝土浇筑 30min 后进行，防止底角部分的混凝土由吊模下部底板面压出后造成蜂窝麻面。为保证池壁底角部分的混凝土密实，在混凝土初凝前进行二次振捣，压实混凝土表面，同时对底角吊模的根部混凝土表面进行整平。

（5）底板表面的整平与压实；设置底板混凝土表面高程控制轨；在稳固的底板钢筋排架上，安装临时控制轨；在浇筑底板混凝土时，用杠尺对混凝土表面进行整平。

（6）混凝土浇筑完成后，及时清除混凝土表面的泌水，进行二次抹压处理；覆盖并洒水养护，养护时间不少于规定的 14d。特别是池壁的施工缝部位，覆盖严密，洒水养护。

4. 池壁浇筑

（1）浇筑前施工缝充分湿润，铺垫与混凝土配比相同的水泥砂浆。竖向浇筑时，泵管应进入墙体内，且管口距浇筑最低点的距离不大于 1m，混凝土的坍落度控制在 100～140mm 之间。插入式振捣器的移动间距不大于 300mm，振捣棒插入到下一层混凝土内 50～100mm，使下一层未凝固的混凝土受到二次振捣。用溜筒灌注混凝土的自由下落高度（从溜嘴算起）不大于 2m。

（2）混凝土浇筑平台与池壁模板连成一体时，须保证池壁模板整体稳固，避免因模板振动变形而影响混凝土的硬化。浇筑混凝土时，将混凝土直接运送到浇筑部位，避免混凝土横向流动。

（3）池壁混凝土分层连续浇筑，每层混凝土的浇筑厚度不超过 400mm，沿池壁高度均匀摊铺；每层水平高差不超过 400mm，并严格控制竖向浇筑速度不超过 0.8～1.0m/h。每层混凝土的浇筑间歇时间不大于 1h。

（4）池壁转角、进出水口、洞口是配筋较密集难操作的部位，按照混凝土捣固的难易程度，采用小直径振捣棒，禁止用振捣棒碰触钢筋或埋件。

（5）池壁混凝土浇筑到顶部暂停 0.5～1.0h，待混凝土下沉收缩后再作二次振捣，以消除因沉降而产生的顶部裂缝。

5. 柱混凝土

（1）泵送混凝土坍落度控制在 80～100mm 之间，溜管浇筑混凝土坍落度不大于 80mm。

（2）浇筑前施工缝充分湿润，铺垫与混凝土配比相同的水泥砂浆。

（3）柱身混凝土浇筑一次到顶，分层不超过 400mm。

（4）为使混凝土沉实，浇筑到柱帽底部时，暂停后二次振捣，待全部浇筑完成后，再作二次振捣。

6. 池顶板混凝土浇筑

（1）顶板混凝土浇筑时，作业人员应站在所铺设脚手板上，禁止踩踏钢筋。

（2）泵送混凝土坍落度控制在 120～140mm 之间。顶板混凝土的浇筑顺序为从较短的一侧开始分条浇筑，先浇低处。分条宽度根据混凝土的供应量与接茬的间歇时间确定。

（3）有坡度要求时，混凝土表面应设有控制标志。混凝土浇筑完成后，及时清除混凝土表面的泌水，进行二次抹压处理。

7. 混凝土施工温度控制

因施工总体计划滞后，有 3 仓池壁浇筑进入高温期，大气温度高达 34℃；为此采用遮盖、洒水等降低混凝土原材料温度的措施，混凝土浇筑避开当天温度最高时段，入模温度控制在 28℃以下。测温监测点的布置范围，以所选混凝土浇筑体平面图对称轴线的半条轴线为测试区，在测试区内监测点按平面分层布置。沿混凝土浇筑体厚度方向，布置外表、底面和中心温度测点，其余测点按测点间距不大于 600mm 布置。混凝土浇筑体的外表温度，为混凝土外表以内 50mm 处的温度。混凝土浇筑体底面的温度，为混凝土浇筑体底面以上 50mm 处的温度。混凝土浇筑体的里表温差（不含混凝土收缩的当量温度）不大于 25℃；混凝土浇筑体的降温速率不大于 2.0℃/d；在混凝土浇筑后，每昼夜不少于 4 次；入模温度的测量，每台班不少于 2 次。

混凝土浇筑后及时进行保湿保温养护，初期采取覆盖、蓄水养护；5 天后底（顶）板应覆盖塑料膜保湿养护到 21d；池壁采用挂麻袋片花管淋水养护，养护 21d。

5.2.6　后浇带施工

1. 底（顶）板后浇带

池体延长向设一道后浇带，每座池均从底板到池壁在中线位置设置宽 1000mm 的后浇带，为避免传统后浇带施工的模板支拆、两次混凝土结合部位凿毛难题，采用了快易收口网模板新技术。

快易收口网模板由网格部缝和 V 形截面密肋骨架组成，可与常用的模板支承系统一起使用，安装时可纵向或横向使用，相接网片应以骨架瓦套来结合，相邻的模板应重叠搭接，前后网片之间应有 150mm 以上的搭接，模板的边缘应超出支承 150mm 以上；当需支撑的后浇带侧面为异形时，可利用快易收口网模板易弯曲、易成型的特点，制成适当形状的钢筋进行支撑。

后浇带快易收口网模板安装，应先根据后浇带的尺寸裁好适当的收口网模板进行拼装，安装完成后用 ϕ18mm 的钢筋根据后浇带的位置线支撑固定（钢筋与收口网模板的 V 形骨架垂直），收口网模板与钢筋之间及 ϕ18mm 的钢筋与底板钢筋之间均用绑丝绑牢，一侧支完后再支另一侧模板，然后用 50mm×100mm、间距 600mm 的木方作支撑。

快易收口网模板（见图 5-23）是作为永久消耗性模板来固定的，当混凝土在模板后浇筑时，砂浆通过网孔渗透到界面形成一种粗粒界面，从而增强了其抗剪性能，网眼上的斜角片就嵌在混凝土里，模板表面呈凹凸波纹状，与邻近浇筑块相连形成一个机械式楔，接缝的质量得到严格的控制，其粘结及剪切方面的强度可与经过良好处理接触面相媲美，所以安装时骨架必须朝向接受混凝

图 5-23　快易收口网实物

土的一面，支架与骨架必须成 90°角。快易收口网需绑扎牢固，搭接宽度不小于 150mm。

2. 池壁后浇带

池壁后浇带与池底（顶）后浇带相连，后浇带两侧设有 300mm×3mm 镀锌止水钢板（见图 5-24），无法使用快易收口网模板时，采用 18mm 厚酚醛覆膜胶合板，50mm×100mm 木方固定支撑。二次浇筑时双侧模板形式见图 5-15。

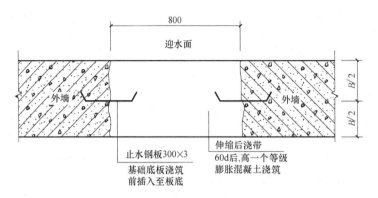

图 5-24 池壁后浇带做法

3. 二次浇筑

后浇带在一期混凝土浇筑完成后 42d，开始进行二次混凝土浇筑；所用的混凝土比两侧一期混凝土（C25）高一个强度等级（C30），并掺入微膨胀剂；先浇筑 1000mm 的池底板后浇带，后浇筑池壁和顶板后浇带。

底（顶）板浇筑混凝土时从一侧向另一侧分层循序推进，即采用自然流淌形成斜坡的浇筑形式，混凝土浇筑到快易收口网模板时稍停歇一下；在振捣混凝土时，振捣棒插入应采取行列式或交错式直至混凝土表面水平、不再出现下沉、不出现气泡为止；振捣棒距快易收口网的距离宜大于 450mm，从而降低其所受的冲击荷载，并确保模板后的混凝土振捣密实，避免产生蜂窝等质量问题。

池壁后浇带处双侧支模，为防止混凝土离析，采取边浇筑边支模方式。对掺有缓凝型外加剂或有抗渗要求的混凝土，其连续养护时间不得少于 14d。在混凝土强度达到 1.2N/mm² 前，不得拆除梁侧模，不得在混凝土上面踩踏或安装模板，不得在支架上存放重物及其他易造成的冲击荷载等。

工程实践表明：快易收口网模板作为永久性模板，不用拆模或进行接缝处理，只需清理便可直接浇筑二次混凝土，施工方便，接口施工质量也可得到保证。

5.2.7 设缝部位施工

1. 变形缝止水板安装

底板变形缝构造和细部做法如图 5-25 所示，止水带为中埋式橡胶止水带，缝板为防腐防水闭孔泡沫板。

变形缝止水带应在设计位置准确安装，通常采用将止水带一侧用绑丝固定在主筋上，另一侧固定在侧模中的方式；缝的细部结构和模板支架形式如图 5-26 所示。

2. 施工缝止水板安装

外购定型止水钢板进场时和安装前均需进行检查，发现表面有缺陷或弯曲者不得使

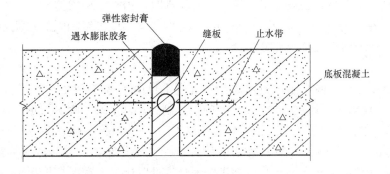

图 5-25 变形缝细部构造

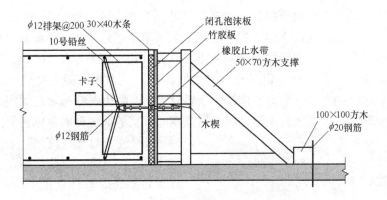

图 5-26 变形缝结构与施工模架示意（mm）

用。止水钢板安装时安排专人操作，细部结构如图 5-27 所示。

3. 界面凿毛处理

在导墙（施工缝）混凝土浇筑完毕达到一定强度时，应安排将续接部位凿毛，人工凿毛时，不低于 2.5MPa；机械凿毛时，不低于 10MPa。人工凿毛时，先用剁斧将施工缝混凝土界面通凿一遍；机械凿毛时，注意不要破坏棱角和止水带。凿掉浆皮，露出新茬后用空压机将凿下的混凝土渣吹净，然后再将漏凿的地方仔细补凿，在模板合拢前将整个混凝土界面清理干净。

4. 贴堵浆条

续接浇筑支模板前，在施工缝下部（水平施工缝）或外部（竖向施工缝）30mm 处，用胶粘剂粘贴海绵条或厚度不大于 3mm 的聚苯乙烯板条，防止浇筑混凝土时出现漏浆现象。

5. 界面润湿和铺水泥砂浆

续接混凝土浇筑前 1~2h，结合界面应

图 5-27 止水钢板安装现场

采用清水充分润湿，当润湿过程中发现局部有积水时，用空压机吹清干净。续接浇筑混凝土时，施工缝界面先均匀铺撒 150～300mm 厚与混凝土强度等级相同的水泥砂浆或均匀涂刷界面剂，以保证两次混凝土充分结合。

6. 混凝土浇筑

为防止混凝土布放时产生离析现象，当混凝土自由下落高度大于 2m 时，每隔 2.5～3m 设置溜管，溜管采用厚度不小于 1mm 的钢板制成，其上端呈喇叭口形，溜管管身直径 120～180mm。布放第一层混凝土时，沿墙长方向由一端向另一端顺序进行，布放厚度以 150～200mm 为好。过薄不易使混凝土中骨料与砂浆充分融合，进而造成局部骨料不足，易使施工缝附近形成裂缝；过厚使振捣操作困难，难以让工人掌握振捣手感，造成过振或漏振。

7. 嵌缝处理

嵌缝填充前应填补缝混凝土的缺欠处，切除凸出、多余缝板（见图 5-28）；嵌缝前应将缝内清洗干净，并保证缝内干燥，控制混凝土含水率不超过 6%，含水率过大时，用电热远红加热器或喷灯烤干。嵌缝材料选用无毒、延伸（长）率不小于 200%、拉伸强度不小于 0.2MPa 的聚硫（聚氨酯）密封膏。嵌缝填料前要清理好混凝土基层、涂刷粘合剂（基层要干燥），嵌缝的背衬（缝宽）应隔粘塑料薄膜，以防止嵌缝与聚乙烯闭孔泡沫塑料板（聚苯板）粘结；以便形成自由滑动层，增强 30mm 宽的嵌缝膏的整体延伸能力。

图 5-28   水平构造缝的缝板凸出表面

水平缝密封膏（胶泥）采用分层灌注（嵌抹），自下而上分段、两次成型；纵横向缝交叉处应整体浇筑，每个方向灌缝（嵌抹）长度不少于 150mm，表面贴一层玻璃布进行保护。垂直缝灌注（嵌抹）前，外立面用环氧胶泥贴玻璃丝布封闭，经 12h 后在外面用木板临时撑固，分段连续浇筑完成。浇筑完毕的变形缝及时检查，如有脱落或粘结不良现象，应及时处理。

5.2.8   满水试验

分系列进行满水试验，每个系列满水试验水量 13320m³，三个进水口进行注水，注水时间预计 12d。每个系列之间倒水采用 6 台 4 寸潜水泵，预计 5d 时倒完。每座膜池水量为 531m³，选用 6 台潜水泵从生物池进行倒水，注水时间 4d。

设计要求每个单体给水排水构筑物都必须在其主体结构混凝土强度达到设计强度后，并在防水层及防腐层施工前进行满水试验，用以检验给水排水构筑物的渗水量是否达到标准要求，以免渗漏水，而且也避免钢筋混凝土结构内钢筋遭受腐蚀，影响结构安全。

充水之前首先将池内清理干净，以免充水后池内浮渣漂浮在水面上，影响测试精度。池内外缺陷要修补平整，对于预留孔洞、预埋管口及进出口等都要加以临时封堵，同时还必须严格检查充水及排水闸口，不得有渗漏现象发生；在池内壁贴上充水水位观测标尺或在池壁内侧弹线标注标高控制线，用以观察充水时水位所达到的深度；准备好充水和放水系统，搭设测试平台及出入水池的人行通道。

两座 MBR 池分别进行满水试验，对双壁两侧池壁进行外观检查，边放水边对双壁处进行水纹观察，进行渗漏判断；在满水试验中进行外观检查，未发现漏水现象。

渗水量按池壁和池底的浸湿总面积计算为 1.3L/(m² • d)。因此一致判断合格。试水合格后即可缓慢放水，池内至少要留 0.5m 深的水，以保持池体湿润状态。满水试验合格后及时进行池壁外的其他工序及回填土施工。

5.3 水池顶板局部预应力施工实例

5.3.1 工程概述

某中水处理厂新建的清水池和臭氧接触池为一体结构，地下式，其结构外缘尺寸为 10.3m×38.5m，基础最大埋深为 9.5m；池体结构为钢筋混凝土结构，池底板厚度为 700mm，池壁、隔墙厚度为 500mm，顶部加强部位厚 800mm；顶板厚度为 250mm，混凝土强度等级 C35，抗渗等级 P8；池内侧均匀涂抹防水砂浆，以满足臭氧接触池的耐腐蚀环境要求。

由于水池上部为气密性设计，为满足工艺运行的抗裂防腐要求，池顶板及与池壁结合部位采用无粘结预应力混凝土结构，池中隔墙顶与顶板部位做成光滑面。预应力顶板在浇筑混凝土后，随着其强度增加，利用无粘结预应力筋可在结构混凝土内纵向滑动的特性，施加预应力后可平衡混凝土变形应力，控制混凝土变形的危害。

池壁、隔墙非预应力钢筋：竖向筋 $\phi25$mm，水平向外墙主筋 $\phi20$mm、内墙主筋 $\phi18$mm；预应力束采用 $f_{pk}=1860$MPa 低松弛钢绞线，$d=15.2$mm。采用垫板连体式夹片锚具，承压板采用 Q235 钢。预应力筋布置：顶板沿长度方向布置，$2\times\phi15.2$mm，间距 500mm；池壁与顶板结合（加强）部位（从顶板向下 1800mm）与顶板同方向布置，$4\times\phi15.2$mm，间距 500mm。模板外露预应力筋如图 5-29 所示。

(a)   (b)

图 5-29 池顶部预应力筋安装
(a) 顶板预应力筋；(b) 池壁加强部位预应力筋

5.3.2　施工方案

1. 施工部署

池体沿高度方向分为三次浇筑，池底板与池壁、隔墙一次浇筑到池底板上 500mm，设水平施工缝（设 300mm×3mm 止水钢板）；池壁混凝土续接施工浇筑到池壁加强部位斜托以下 200mm，设水平施工缝（设止水钢板），中隔墙一次浇筑到设计标高；池壁加强部位斜托以下 200mm 与池顶板一次浇筑。

施工工艺流程：

垫层混凝土→底板（导墙）混凝土→池壁（中隔墙）混凝土→顶板混凝土→池顶预应力施工。

2. 模板支架

面板全部选用 18mm 厚表面覆膜竹胶合板。主要考虑因素：一是水池混凝土施工进入冬期，竹胶合板的导热系数为 0.17W/(m·K)，是钢模板的 1/360，远小于钢模板，保温性能好；二是覆膜竹胶合板密度适中，表面平整光滑，吸水率低，不易变形，对混凝土的吸附力仅为钢模板的 1/7～1/8，易于脱模；三是竹胶合板规格为 2440mm×1220mm，幅面大，拼缝少。面板全部采用新材，以保证混凝土外观质量好，满足清水混凝土的设计要求。

竖向龙骨选用 50mm×100mm 方木，参照类似工程实践，方木间距不大于 300mm；横向龙骨采用双 ϕ48mm 钢管，对拉螺栓选用直径 ϕ16mm 对拉防水螺杆，拉杆的布置及强度验算：依据表 4-1，拉杆螺栓受④振捣混凝土荷载、⑤新浇筑混凝土对侧模压力及⑥倾倒混凝土产生的水平向冲击荷载影响。荷载分别取值：

④ 振捣混凝土荷载取 4.0kN/m²。

⑤ 新浇筑混凝土对侧模压力可采用公式（5-1）计算：

计算⑤=0.22×25×8×1×1.15×0.81/2=45kN/m²

⑥倾倒混凝土产生的水平向冲击荷载取 2.0kN/m²。

计算池壁模板最大的侧压力 F_{max}=④+⑤+⑥=51kN/m²。

每根拉杆螺栓可承拉模板面积 $S=F_{拉}/F_{max}$，

其中，$F_{拉}$=1/4×πd²×210=42223N=42kN，（Q235A f_y=210N/mm²）

S=32/51=0.627m²。

模板支撑如图 5-30 所示。

面板尽可能使用整块竹胶合板，边角模板现场放样加工，模板的尺寸偏差控制在 0～－2mm 以内，以保证模板接缝严密。池壁顶部与顶板平面的模板交接处，采取密封构造做法，以确保混凝土外观平整、美观。

池顶板支架采用碗扣式系列，满堂红搭设，池外两步脚手架采用扣件式钢管支搭。

3. 混凝土配比

池体采用防渗混凝土设计，掺加水泥基渗透结晶性防水材料，抗压强度等级 C35，抗渗等级 P6，水胶比不大于 0.40；

图 5-30　模板支撑

防水材料符合《水泥基渗透结晶型防水材料》GB 18445—2012 的规定；池壁加强部位斜托以上至池顶、顶板为预应力混凝土，不得掺加膨胀型外加剂。

混凝土配合比按照设计要求及施工工艺，通过试验室试配、现场试验调整确定。现场坍落度控制不超过 140mm。

5.3.3 预应力筋安装

1. 下料加工

无粘结预应力筋按照施工图纸要求经计算核对无误后下料。按施工图结构尺寸和数量，考虑预应力筋的长度、张拉设备及组装要求，确定下料长度。在下料过程中，遇钢绞线有死弯的应去除死弯部分，以保证每根钢绞线通长顺直。在制作过程中，应根据预应力筋的长短及所铺设位置逐根编号，并在堆放过程中分号堆放，以免造成施工时的混乱。

2. 安装次序

铺底模板→底板非预应力筋安装→按设计图纸依次铺放无粘结预应力筋→预应力筋支架、绑扎固定→安装固定张拉端与固定端→绑扎上层非预应力筋。

3. 安装要点

(1) 顶板预埋管件应在预应力筋布置好后铺设，并尽量为预应力筋让路。张拉锚固端部预留孔应按设计施工图中规定的无粘结预应力筋的位置、编号和钻孔；预应力筋穿入钢筋骨架时，注意尽量避免与钢筋发生摩擦。每穿好一束预应力筋，待位置调整无误后，利用绑丝将其固定，除了将其固定在定位筋上，还应在每两个定位筋上设一定位点（与普通筋绑牢）。

(2) 预应力筋的张拉端，采用凹入式构造（塑料穴模，见图 5-31）的，安装时穴模应紧贴板端模板，承压钢板要垂直，并与顶板钢筋点焊固定。

(3) 张拉锚固端的锚垫板、螺旋筋应保持与张拉作用线相垂直，承压钢板与螺旋筋点焊固定，挤压锚的承压钢板与螺旋筋用扎丝固定；采用上、下各一根 $\phi8mm$ 通长钢筋将承压板与锚固筋焊接连为一体，并与非预应力筋焊接，以确保其不产生位移。在安装穴模或张拉锚固端锚具时，各部件之间不应有缝隙。

(4) 无粘结预应力筋绑扎要求位置准确，预应力筋位于顶板钢筋骨架中间，池壁加强部位预应力筋应位于池壁钢筋骨架中间，固定方式见图 5-32。

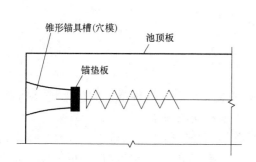

图 5-31 张拉端构造示意

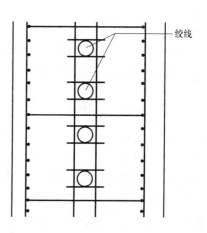

图 5-32 池壁加强部位预应力固定示意

（5）敷设各种预埋管线不得将无粘结预应力筋的垂直位置抬高或压低；顶板管孔部位预应力筋应顺滑地避开，预应力筋转弯位置在水平方向上与孔洞距离不得大于 500mm，且预应力筋距管孔最小不得小于 50mm。

（6）预应力筋束外露模板长度根据张拉机具所需要的长度定为 300mm。

5.3.4　池顶板混凝土浇筑

1. 浇筑前检查

（1）预应力筋铺放完成后，应由有关人员对预应力筋与锚具的品种、规格、数量、位置及锚固区局部加强构造等进行预应力隐蔽工程检查，重点检查无粘结预应力筋塑料外皮有无破损；无粘结预应力筋束是否位于板中间、与设计要求一致；张拉端的安装是否妥当；张拉端外露长度是否足够；无粘结预应力筋远看是否为一条直线。

（2）清查预埋管件、孔洞位置是否准确，固定是否可靠。

（3）垫块是否破坏，底层筋有无触底现象。

（4）施工垃圾是否清理干净。

检查后作记录备档，发现问题安排专人进行纠正后方可立侧模。确认合格后，方可浇筑混凝土。

2. 浇筑施工

（1）混凝土采用泵车和固定泵配合浇筑，控制现场坍落度不超过 140mm。机械振捣采用平板式和棒式，并辅以人工插捣。

（2）浇筑时，严禁踏压无粘结预应力筋及触碰锚具，确保预应力筋的束形和高度的准确。

（3）由中间向两侧进行，一次连续浇筑完成；浇筑方式采取斜向推进，先采用振捣棒后采用平板振捣器振捣密实。混凝土浇筑时，严禁踏压撞碰无粘结预应力筋、固定架以及锚固端部预埋部件。混凝土浇筑时应认真振捣，保证混凝土的密实。尤其是张拉锚固端、固定锚固端、锚垫板周围的混凝土必须振捣密实，严禁漏振和出现蜂窝孔洞，以免张拉变形。

（4）在混凝土初凝前，采用机械压光。混凝土顶板连续浇筑；池顶混凝土连续浇筑最小间隔时间为 2h。

3. 试块留置

在浇筑中除留置竣工需要的标样试块外，还应留置两组施工试块，并与构件同条件养护，以确定张拉时间。

5.3.5　张拉与封锚

1. 准备工作

（1）预应力张拉前对各套张拉千斤顶及油泵的配套校验，在标准试验机上进行标定，给出设备标定曲线以确定千斤顶张拉力与油泵压力表读间的关系。

（2）浇筑混凝土后一定时间，混凝土达到拆除端模强度时，先拆除端头模板，派人清理端部，拔去塑料穴模的锥形前套，检查张拉端承压钢板上与锚环的接触部位混凝土是否清理干净等。

（3）安装张拉锚具前应清理锚垫板面，剥除张拉端承压钢板外露的塑料套管，清理端部，安装锚具夹片；安装时应保证夹片清洁无杂物。

2. 张拉专项方案

（1）按设计要求，混凝土浇筑 7d 内张拉 20％预应力筋（根据以往经验，从第五天开始张拉），强度达到设计标准值的 75％后方可进行其余预应力筋的张拉。张拉前按混凝土张拉强度要求提供混凝土强度报告。

（2）张拉伸长值按下式计算：

$$\nabla L_P = \sigma P_e^* L_P / E_P \tag{5-4}$$

式中　　∇L_P——预应力筋理论伸长值；

　　　　σP_e——预应力筋扣除摩擦损失后有效应力平均值；

　　　　E_P——预应力弹性模量，由钢绞线厂家提供；

　　　　L_P——预应力筋在混凝土结构中的长度。

预应力筋的张拉伸长值应按施工图和规范要求进行计算（计算值后补）。

（3）确定张拉顺序

每束预应力筋两端同时张拉，从池顶长度方向中心线向两侧对称张拉。施工组织形式：4 台千斤顶（两台备用），两组人员。

张拉程序：$0 \rightarrow 0.2\sigma_{con}$（初读数）$\rightarrow 0.6\sigma_{con}$（中间读数）$\rightarrow 1.0\sigma_{con}$（最后读数）。

（4）采用张拉时张拉力按标定的数值进行，用伸长值进行校核，即应力应变双控方法。预应力筋的张拉控制应力 $\sigma_{con} = 0.75 f_{ptk}$，预应力筋的张拉控制力 $N_{con} = \sigma_{con} \cdot A_p$。

预应力张拉专项方案应经申报批准。

3. 张拉施工要点

（1）穿筋：将预应力筋从千斤顶的前锚固端穿入，直至千斤顶的顶压器顶住锚具为止。

（2）张拉：油泵启动供油正常后，开始加压，张拉至初应力（$0.2\sigma_{con}$）时记录初读数，停止加压，调整千斤顶的位置；继续张拉至 $0.6\sigma_{con}$ 时记录中间伸长值，张拉至 $1.0\sigma_{con}$ 时记录伸长值，卸荷锚固。当千斤顶行程满足不了所需伸长值时，中途可停止张拉，作临时锚固，倒回千斤顶行程，再进行第二次张拉。

（3）实际伸长值与计算伸长值偏差应在 ±6％之内，否则应暂停张拉，查明原因并采取措施后方可继续张拉。

（4）锚具张拉回缩值应控制在 6～8mm 范围内。

4. 注意事项

（1）张拉前根据设计和预应力工艺要求的实际张拉力对机具进行标定并由专人使用和管理。实际使用时，根据此标定值作出"张拉力—油压力"曲线，根据该曲线找到控制张拉力值相对应的油压表读值。两锚固端均应拉到控制值，伸长值合并计算。

（2）安装张拉设备时，对直线段预应力筋，应使张拉力的作用线与无粘结预应力筋中心线重合。

（3）无粘结预应力筋张拉时，应逐根编号填写张拉记录。

（4）张拉完成后应待 24h 后，查看锚固情况；如一切正常后，可将锚固端部剩余无粘结预应力筋用无齿锯切掉，余留长度不小于 30mm。

5. 封端保护

张拉后的预应力筋应立即进行封端保护，用手提砂轮切割机切除张拉后多余的预应力筋。在穴模的凹槽先套入特制塑料盖帽，再用微膨胀混凝土封填穴孔，外面包封 C30 细粒混凝土。

5.3.6　试验与防腐

1. 满水试验

水池于 11 月完成土建施工，直至翌年 3 月进行满水试验。向池注水时，应开启池顶的通风孔和人孔。试验用水应为洁净水，不可使用污水。

2. 气密性试验

满水试验合格后，关闭池顶的通风孔和人孔，继续进行气密性试验；试验压力应为池体设计压力的 1.5 倍；24h 气压降不超过试验压力的 20％为合格。

水池功能性试验达到了设计要求和规范规定的标准，已投入运行两年；经对池顶防腐层观察，未见有裂缝、脱皮等现象。

3. 防水层施工

防水层采用聚合物砂浆，强度等级 MU10，厚度 6～8mm；施工参照《聚合物水泥、渗透结晶型防水材料应用技术规程》CECS 195—2006 的有关规定。

5.4　预应力混凝土污泥浓缩池施工实例

5.4.1　工程概述

某水厂新建污泥浓缩池，圆形池体，半地下式；池体外径为 38.0m，高 7.5m，池中心设有直径 1300mm 中心筒柱；池底垫层为 300mm 厚级配碎石层和 100mm 厚 C15 素混凝土。

钢筋混凝土底板的杯槽部位厚 500mm，其余部位厚 400mm；倒锥形底板（坡度 1％）在池半径中部设有一道 1.5m 宽环向后浇带，底板混凝土强度等级 C30，抗渗等级 P8，抗冻等级 F150。

池壁采用无粘结预应力混凝土，厚 300mm，高 6.5m；壁顶部设计有走道板（宽 1200mm），池壁顶部内侧有集水槽；中心墩、水槽及走道板等结构的混凝土强度等级 C30，抗渗等级 P8，抗冻等级 F150；池壁混凝土强度等级 C35，抗渗等级 P8，抗冻等级 F150。池壁无粘结预应力筋采用的钢绞线规格为 7φ5，公称直径 15.24mm，标准强度 $f_{ptk}=1860\text{N/mm}^2$，张拉控制应力 $\sigma_{con}=1300\text{N/mm}^2$，截面积 139.98mm²，重量 1.101kg/m，润滑油脂重 50g/m；无粘结预应力筋为低松弛产品，主要力学性能见表 5-2。

预应力筋主要力学性能　　　　　　　　　　　　　表 5-2

钢绞线级别	公称直径 (mm)	公称断面积 (mm²)	最小拉断载荷 (kN)	伸长 1%最小载荷(kN)	最小伸长率 (%)	1000h 最大松弛损失	
						70%F	80%F
1860	15.24	140	260.7	234.6	3.5	2.5	4.5

池壁外圈等距离设四个扶壁柱（宽 500mm，凸出池壁 300mm）杯口；扶壁柱预埋锚垫板及螺旋筋，如图 5-33 所示。池壁环向设置预应力筋束，每环采用 180°包角，上下相邻预应力筋张拉端错开 90°，张拉端均锚固在相邻的两根扶壁柱上。

施工工艺流程：

垫层→底板（杯槽）→池壁非预应力筋绑扎→铺设预应力筋→检查、调整及筋束→扶壁柱锚固肋安装固定→支设池壁模板→浇筑池壁混凝土→池底"后浇带"施工→池壁预应力筋张拉→封锚→中心筒、走道板、水槽二次浇筑→满水试验。

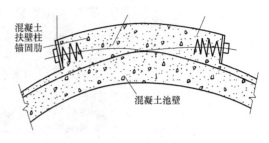

图 5-33 扶壁柱两侧张拉端布置示意

5.4.2 底板施工

钢筋有环向筋和辐射筋两种，设置上下两层。环向筋的加工，应根据设计圆弧按环数分别放出大样，然后按照大样弯曲成型，以保证弧度的准确性。钢筋接头采用绑扎接头。钢筋绑扎前，应先在混凝土垫层上定出基础中心点，并通过中心定出纵横十字轴线，再定出 8 或 16 等分线，然后再标出辐射筋和环筋的间距和环数，经检查无误后，再按划线摊铺钢筋绑扎，以保证位置和间距正确。环筋与辐射的接头位置应按 1/4 错开，上下层钢筋间用架立筋保持间距，适当点焊并加适当架立筋以构成坚固的骨架。

保护层砂浆垫块绑在辐射钢筋的下部。绑扎中心筒环壁插筋时，应保证顶部竖向位置的准确，以便筒身的竖向筋续接施工；为此，在环壁口的上部和下部安装 2～3 道固定环向筋。固定环向筋可接其所在位置的设计半径成型，安装时按半径尺寸准确定位，在固定环向筋上绑扎池壁竖向筋，并用电焊点焊牢固。

底板钢筋绑扎完成后，在水池的中心位置预埋 ϕ48mm 钢管，钢管高出底板面 300mm，管顶焊接直径 150mm×8mm 钢板，作为水池施工控制中心。

底板侧模、杯槽、中心筒导墙吊模采用木模，侧模除采用对拉螺杆紧固外，外模还采用 ϕ48mm 钢管撑在基坑壁上。后浇带模板使用快易收口网钢模板，固定在两侧钢筋上。

底板除后浇带外一次浇筑成型，浇筑时现场控制坍落度在 140～160mm 之间，入模温度控制不超过 28℃。采用两台泵车同时直接入模浇筑，布料应均匀，特别是杯槽的吊模和后浇带快易收口网模板附近，力求避免集中布料或布料过快。

混凝土自由倾落高度不超过 2m，浇筑混凝土由池中心向四周分段、分层连续推进，每层浇筑高度不超过 500mm。使用插入式振捣器应快插慢拔，插点要均匀排列，逐点移动，顺序进行，不得遗漏，做到均匀振实。移动间距不大于振捣棒作用半径的 1.5 倍（一般为 300～400mm）。振捣上一层时应插入下层 50mm，以消除两层间的接缝。平板振动器的移动间距，应能保证振动器的平板覆盖已振实部分边缘。在中心筒导墙、杯槽、预埋管件部位布料、振捣都要设有专人负责，以保证吊模不变位，且混凝土密实。

底板浇筑终凝后，蓄水并覆盖麻袋片养护 14d。

5.4.3 池壁模板与钢筋安装

参照类似工程经验，池壁模板全部采用木模；面板选用 16mm 厚覆膜竹胶板，竖楞采用 100mm×120mm 方木，间距不大于 500mm。环向楞采用双 ϕ48mm 钢管，采用直径 ϕ16mm 防水型对拉螺杆紧固，如图 5-34 所示。ϕ48mm 钢管按照计算结果弯成合适的弧度来控制木模的弧度，以达到设计要求；钢管现场加工，热弯成弧形，如图 5-35 所示。

图 5-34 池壁模板与支撑

图 5-35 热弯成型的钢管

池体为圆筒形状，四根扶壁柱位置必须准确。池壁模板每块都存在弧度，为保证模板拼接的弧度准确一致，先在基础垫层上用墨线弹出模板的位置，方木竖肋、双 ϕ48mm 钢管环肋布置与底板类似。扶壁柱模板的竖肋采用 50mm×100mm 方木，间距不大于 300mm；张拉端穴模固定在面板上。池中心筒模板内外均采用特制钢模。池内外搭设两步脚手架，采用扣件式钢管支架，对池壁模板提供支撑，满足施工需求。模板面板接缝应严密，为防止漏浆，避免影响混凝土施工质量，所有接缝都经过密封处理。

后浇带两侧模板采用后浇带快易收口网模板，首先根据后浇带的尺寸裁好收口网模板进行拼装，安装完成后用 ϕ18mm 的钢筋撑住。

池壁非预应力钢筋安装前先在杯槽中用 C30 细石混凝土找平，凝固后铺上 4mm 厚橡胶板作为张拉时池壁下端的滑动层，其后再进行池壁、扶壁柱钢筋的安装；为保证滑动层效果，需对池底相应部位进行整平处理，铺设薄层 1：2 水泥砂浆，如图 5-36 所示。图中斜线部分一次浇筑。池壁预应力张拉完成后应及时在池壁内测向杯槽灌入膨胀防水砂浆；并及时浇筑池壁下端外侧二次混凝土。池壁张拉施工完毕后 42d 浇筑底板的后浇带。

非预应力筋安装时要严格控制预埋管件的位置、标高，并保持牢固，可以焊接在壁板钢筋上以防止浇筑混凝土时位置偏移。在走道板及集水渠上设有伸缩缝，插筋安装及模板衔接要符合设计要求和规范规定。

池壁非预应力筋安装后，进行预应力筋安装。环向预应力筋为环向水平布置，筋束应尽可能靠近外侧主筋固定，以便受力状态满足设计要求。施工要点如下：

（1）每束钢绞线必须严格按照设计图纸位置沿池壁钢筋安装，以保证上下截面的有效预应力总值尽可能均匀；设计图纸规定沿池壁高度的预应力筋孔道的间距是不同的，安装固定时必须注意调整，使其满足设计要求。

（2）钢绞线束位置应按照设计要求标识在池壁主筋外侧，穿入预应力筋束时沿池壁圆周方向每隔 2～3m 设置定位支架，管道定位支架采用直径 ϕ12mm 钢筋按预应力筋间距变化焊成梯格，用绑丝固定。

（3）预应力筋束的间距：应满足张拉锚固端锚固区局部承压要求，一般不小于 200mm；且最大不应超过 3 倍池壁厚度；遇到池壁预埋孔洞可绕过孔洞形成下凹或上隆的空间曲线，其曲率半径不宜小于 3m。

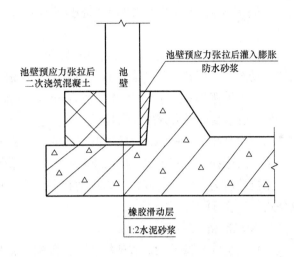

图 5-36　池底板与池壁杯槽细部

（4）扶壁柱同一截面上锚固筋的数量不大于钢绞线总数的 50%，安装时注意锚固肋两侧的预埋管道口平面必须垂直于锚垫板和钢绞线轴心以确保应力筋张拉后末锚固端在池壁环形切线的延长线上。

（5）张拉锚固端采用无穴模后浇混凝土包封的构造形式，锚垫板必须固定在扶壁柱两侧模板上，以保证预锚垫板按照设计要求位置留设。

池壁模板合拢安装时，必须避免作业导致预应力筋束的松动、损坏，特别是对拉螺杆及保护层垫块的安装，一定要注意避开筋束。

在模板安装后期要再次对预埋件、锚垫板位置进行检验确认；扶壁柱和锚固区钢筋应检查螺纹筋和管道位置的准确性；检查合格后进行混凝土施工。

浇筑池壁混凝土时，混凝土应从四边分层交圈均衡下料，以防止混凝土出现偏压；特别是池壁底部，应采用溜管，避免集中布料对池壁模板产生过大的冲击荷载。扶壁柱钢筋密集，螺旋筋、锚固区布料振捣必须作为施工质量关键工序。振动棒不得触及筋网下预埋管件、筋束，以免破损和移位。在振捣混凝土时，应有专人或预应力施工人员进行跟班指导，每层浇筑厚度不得大于振动棒头的 1.5 倍，沿池壁环向浇筑，随时观察，混凝土终凝后要立即采用花管淋水覆盖麻袋养护，拆模时间不宜少于 5d，养护时间不得少于 14d。

由于浇筑正值暑期，虽然选在低温时间段浇筑完成的，但是气温升高很快，养护必须及时，采取两层土工布、花管淋水、外敷塑料膜方法，以保持充分湿润，防止水分过早蒸发。

在浇筑中实验人员除留置竣工需要的标养试块外，还需留置五组施工试块，并与构件同条件养护，以确定最佳张拉时间。混凝土浇筑后应在保证不损伤混凝土棱角前提下及时拆除锚固端部模板，以便清理张拉锚固端。

中心筒混凝土续接施工是在后浇带二次浇筑后 14d 一次浇筑成型的。池壁和中心筒壁混凝土成活面采取两次浇筑，以满足工艺设备安装的精度和进度要求。

5.4.4　环向预应力张拉

1. 编制专项方案

确定人力设备组织、张拉顺序及控制要求；张拉顺序自下而上；每束筋须两端同时张拉，同一环两根钢绞线束同时同步张拉；需采用六台（两台备用）千斤顶，4 组人员。

张拉前应对张拉设备、高压电动油泵进行检查，委托有资质的试验检测单位在万能机上按主动态（与张拉工作状态一致）方式对千斤顶与油表进行配套标定。

预应力筋张拉控制应力为 $1300N/mm^2$，超张拉 3％后每根预应力筋最终张拉力为 186kN。根据设计要求分两次张拉：

第一次张拉：0→20kN（量初值）→50kN（量终值）→锚固；

第二次张拉：0→50kN（量初值）→187kN（量终值）→（$1.03\sigma_{con}$）锚固。

张拉控制为应力应变双控，以应力控制为主，以伸长值校核；预应力筋理论伸长值采取公式（5-6）计算。

2. 现场准备

（1）现场安装脚手架，清理扶壁柱锚固端，张拉现场准备如图 5-37 所示。

（2）技术安全交底，作业人员培训考核。

（3）按照设计要求，试块强度应达到设计值的 100％。

3. 环向预应力筋张拉

（1）环向预应力筋自下而上进行张拉，遇到孔洞的预应力筋加密时，自孔洞中心向上、下两侧交替进行。

（2）张拉应力在 $1.03\sigma_{con}$（张拉时的控制应力值，包括预应力损失值）下的伸长值与理论值误差不超过±6％时，持荷 2min 锚固。

（3）张拉过程中每束钢绞线断丝、滑丝数量不得超过 1 丝。

4. 锚固

锚固完毕经检验合格后，在扶壁柱锚固肋处夹片锚具露出混凝土表面，张拉完预应力筋后将预应力筋端部外露部分在距锚具 50mm 处切断，然后对外露预应力筋、锚具和锚板尽快涂刷防腐涂料，并随即浇筑混凝土封闭（见图 5-38）。

图 5-37　扶壁柱预应力张拉准备

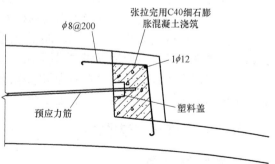

图 5-38　扶壁柱封锚示意

5.4.5　满水试验

在进行设备安装前，组织了满水试验。第一次注水高度应在池底板杯槽上部 2000mm；24h 内观察池壁外侧有数条洇湿部位（见图 5-39），延长 24h 后观察，洇湿面积明显变小。

第二、三次注水，池壁无洇湿现象，表明预应力池壁满水试验结果是很理想的。

水池现已投入运行近 6 年，经委托第三方对运行状态下池体沉降和池底裂缝观测，发现池底板邻近池内壁约 1000～2000mm 范围内有个别裂缝，裂缝宽度最大 0.34mm；池体下沉最大值 20mm。

图 5-39　满水试验池壁洇湿状况

5.5　预应力混凝土调蓄水池施工实例

5.5.1　工程概述

某水厂新建调蓄水池，池体高 5.5m，内径为 48.3m，地下式混凝土构筑物，顶板覆土 500mm。池壁为无粘结预应力混凝土结构，采用 120°包角，沿池壁外圈等距离设有 6 根扶壁柱，柱宽 1500mm，厚度凸出池壁 300mm。池壁环向布置无粘结预应力低松弛钢绞线，每环预应力筋束为 $4\times15.2mm$；钢绞线标准强度 $f_{ptk}=1860MPa$，$d=15.2mm$；张拉锚固端采用夹片式自锚性锚具，与锚具配套使用的垫板尺寸为 100mm × 100mm，厚度为 14mm，材质为 Q235B；采用无穴模后浇混凝土包封的构造形式，设在扶壁柱两侧，如图 5-40 所示。

池中设有 21 根支柱，顶板为预应力双向板，厚 180mm；池壁、支柱混凝土强度等级 C40，池壁抗渗等级 P8；底板、顶板混凝土强度等级 C35，抗渗等级 P8；池底垫层厚 100mm 混凝土强度等级 C15，所有混凝土的抗冻等级均为 F150。

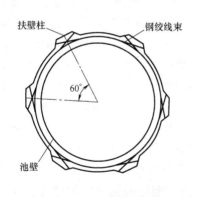

图 5-40　扶壁柱示意

底板沿径向均匀设 4 道宽 2000mm 的膨胀加强带，其他部位混凝土掺加膨胀剂。

施工工艺流程：

底板、池壁杯槽（内侧）、立柱根部施工→池壁钢筋绑扎→铺设环向钢绞线→扶壁柱张拉端穿线→浇筑池壁混凝土→浇筑立柱混凝土→池顶钢筋绑扎→铺设顶板钢绞线→浇筑池顶混凝土→池壁预应力筋张拉→池顶预应力筋张拉→池壁杯槽（外侧）混凝土（杯槽灌浆、防水）→满水试验。

5.5.2　模板与支撑

模板组装前将混凝土垫层面清洗干净，测量员放出水池纵横中心线、水池池壁轮廓线，标出杯槽、立柱控制线。

池底板侧模采用组合钢模板，其规格为 P3045、P3075，按模板应错茬接缝进行内外安装。环形杯槽采用吊模方式，采用覆膜竹胶板，现场放样弯成合适的角度来控制弧度，以满足设计要求。模板底面用间距 500mm、φ16mm 钢筋固定，φ16mm 钢筋焊接在杯槽钢筋上，杯槽钢筋用点焊连成整体，以保证混凝土浇筑时模板不发生位移。

池壁采用钢模板的标准模板尺寸：长为 900mm、1200mm、1500mm；宽为 100mm、150mm、200mm、250mm、300mm。扶壁柱部位选用角模配合安装；使用前逐一校正、刷隔离剂。模板采用 U 型卡连接，内外模板环向用两根直径 22mm 的螺纹钢筋沿着模板弧度进行布置，竖向间距为 300mm；在水平环向钢筋之后加竖向双 φ48mm 钢管，环向间距 600mm，用直径 16mm 防水对拉螺栓和 E 型扣件紧固。底板侧模还采用钢管支撑在基坑壁上。

顶板施工时，池内搭设满堂红扣件支架，立杆间距 1.0m，水平杆步距 1.8m。搭设满堂红脚手架的同时，进行池壁钢筋的绑扎。

池壁模板组装顺序：搭设内支架/外脚手架→安装内模板→绑扎钢筋→安装外模板→安装内外脚手架及挂安全网（现场照片见图 5-41）。

图 5-41　池壁模板与钢筋

池壁内外侧模板的穿墙止水螺杆间距为 600mm（竖向）×600（环向）mm；外模以内模间距为准调整穿墙止水螺杆位置，用双排扣件钢管固定。施工前做具体模板配置方案，施工中严格按方案支模，确保模板拼缝严密。模板安装先安装内模板，而内模板先装标准宽模板，再装角模和调整模板。模板应沿圆周对称布置，每对方向应相反，搭接处不得漏浆。绑好一段高度的钢筋，接着用同法安装外模。主筋的接长采用锥螺纹工艺，横向箍筋现场绑扎成型。模板安装后，应及时检查、核对半径、位置、壁厚和钢筋保护层等，并作记录。模板装置安装完后对整个模板中心线位置、标高、垂直度及刚度等进行一次全面检查；核对合格后浇筑。

扶壁柱张拉锚固面的模板为现场放样加工木模，以便满足张拉端固定要求：位置准确、牢固，防止在浇筑混凝土时发生移位变形。与池外壁模板结合部位连接牢固，边缝应采取隔离和密封措施，以便防止漏浆和混凝土进入锚具。

池内立柱原设计为 400mm×400mm 方柱，鉴于现有内径 400mm 圆柱钢制模板，经协商变更设计为直径 400mm 圆柱。

模板安装注意事项如下：

（1）要严格控制钢筋的保护层厚度，特别是注意底（顶）板下层筋，不得触底；如发现有触底现象，需及时更换损破垫块和修整。

（2）在对拉螺杆及张拉端预埋件作业不得造成预应力筋的松动、损坏，发现预应力筋塑料套管有损害要及时处理，并记录。

（3）内外模板合拢紧固前，应再次对预埋件、锚垫板位置进行检验确认。

5.5.3 钢筋与预应力筋安装

在池底杯槽内放置 4mm 厚工业硫化橡胶板后，绑扎池壁非预应力钢筋，并分段拉接；随绑扎进度，在池内外搭设扣件式钢管脚手架。

预应力筋每束钢绞线的包角为 120°，锚固在池壁钢筋骨架中，设计要求：每环分为 2～3 束；相邻（上、下）钢绞线束锚固端错开 60°。预应力钢绞线位于池壁外侧主筋内侧，采用钢筋绑扎固定方式，不得使用焊接固定。为保证预应力筋位置正确，沿圆周方向每隔 1.5～2.0m 设置定位支架。定位支架采用 ϕ12mm 钢筋按预应力筋间距变化焊成梯格，固定在池壁骨架筋中。

池壁预埋管孔部位处理：直径小于 300mm 管孔部位钢绞线束按喇叭状扩大，在紧靠孔洞处上下绕过。为减少这部分钢绞线束的磨损，喇叭状长度应为孔洞高度的 6 倍，并在该部位适当加配垂直构造钢筋，以使孔洞部分的荷载有效地传给孔洞上下的钢绞线。直径大于 300mm 管孔按照设计要求进行构造加强处理。

池壁扶壁柱穿预应力筋束前，应对扶壁柱沿逆时针方向进行 A、B、C、D、E、F 编号，穿筋从下往上进行：第一环从扶壁柱 A 左端穿入，沿逆时针方向，隔一个肋从肋 C 右端出来，即肋 A 左肋 C 右，依次为肋 C 左肋 E 右，肋 E 左肋 G（A）右，肋 G 左肋 A 右。

第二环从肋 B 左端穿入，沿逆时针方向，肋 B 左肋 D 右，肋 D 左肋 F 右，肋 F 左肋 H（B）右，肋 H 左肋 B 右。每环错开 45°或 60°，依次类推，铺设其他各环钢绞线。

顶板钢筋骨架完成后，再将预应力束按照标记在环线主筋位置穿入，以避免钢筋和管件安装产生的损坏；遇有不能绕过的管道、孔洞时，应与设计方协商处理。

池壁预应力筋张拉端采用凸实式无穴模后浇混凝土包封的构造形式，顶板采用凹进式穴模封填混凝土构造形式。

预应力筋安装后应检查确认：预应力筋末锚固端在环形切线的延长线上、张拉面垂直于锚固端部钢绞线束、张拉机具及施工操作空间及锚具封堵等构造是否符合设计要求和规范规定。

5.5.4 底板浇筑

底板混凝土采用普通硅酸盐水泥配制，并掺入 UEA-H 膨胀剂，混凝土的坍落度控制在 140～180mm 之间。膨胀加强带内和两侧混凝土配比，在设计给出配比基础上，经过现场调试确定，以保证提高混凝土的抗伸缩能力及强度。混凝土的初凝时间一般控制在 2～3h 左右，终凝时间控制在 4～6h 左右。混凝土采用搅拌站集中拌和、罐车运输、泵车直接入模的浇筑方式。

浇筑底板混凝土前，先将模板内，特别是膨胀加强带内杂物清理干净；钢筋、模板安装完毕经检验合格后，方可进行混凝土的浇筑。两台泵车从两侧同时分层浇筑，每层厚度为 300mm；布料口距离混凝土面不得高于 2m，均匀、对称地进行，控制好速度，保证其连续性，在下层混凝土初凝前浇筑完上层混凝土。采用 PZ50 插入式振捣棒和平板振捣器进行振捣，在控制的成活面上人工抹压后，用盘式抹光机（见图 5-42）成活。

图 5-42　盘式抹光机

底板浇筑混凝土时，在环形杯槽部位，布料管应在两侧均匀布料，混凝土面应低于杯槽模板中线；振捣器应从两侧插入振捣；待混凝土面不再沉陷，再继续浇筑。

膨胀加强带内钢筋不断开，且上下另附加 15％的附加纵向钢筋，钢筋两端伸出加强带不小于 1000mm；混凝土强度比两侧提高一个等级。膨胀加强带两侧采用快易收口网封堵，为防止浇筑混凝土压坏收口网，在上下主筋之间焊接 $\phi 8@400mm$ 双向钢筋骨架加强。

除膨胀加强带外底板采用微膨胀混凝土，两台泵车从两侧浇筑；在接近膨胀加强带位置时，提前 1.5h 由另外两台泵车进行膨胀加强带混凝土浇筑。等膨胀加强带混凝土浇筑完毕后，再接着浇筑加强带两侧；在混凝土浇筑至膨胀加强带附近时，注意提醒作业人员将振动棒插捣点与密目快易收口网保持距离不小于 300mm，不得过振，以免破坏收口网。在混凝土浇筑时，严防其两侧混凝土进入膨胀后浇带内，以免影响混凝土结构质量。正式布料前或间歇时应将泵车布料管移到池外，严禁混凝土散落在尚未浇筑的部位，避免形成潜在的冷缝或薄弱点。

膨胀混凝土浇筑完毕后应加强前 14d 保湿养护（达到全过程淋水保湿要求）。混凝土收抹平整后及时用塑料膜或盖麻袋片严密覆盖一层。在养护期布置花管喷洒雾状水保持环境相对湿度在 80％以上，保持充分湿润，防止水分过早蒸发，以减少混凝土干缩。

5.5.5　池壁、顶板浇筑

池壁防渗混凝土采用普通硅酸盐水泥配制，不得掺入膨胀剂，混凝土的坍落度控制在 140～180mm 之间。采用三台（一台备用）泵车和固定泵配合浇筑，控制现场坍落度不超过 140mm。机械振捣采用插入式振捣棒振捣，并辅以人工插捣。

池壁混凝土应沿池壁分层、对称、交圈均匀进行布料，每一浇筑层的混凝土表面应在一个水平面上，分层厚度一般为 200～300mm，应有计划、匀称地变换浇筑方向，避免将混凝土倒在模板上的一侧，使模板挤向一边。布料管距浇筑面必须低于 2m；不得集中下料，要防止池壁模板局部受力大而变形；振捣棒不得触及预应力筋，以免破损和移位。PZ30 或 PZ50 插入式振捣棒交叉捣固密实。振捣时移动距离不得超过振捣棒作业半径的 1.5 倍，与侧模保持 50～100mm 的距离，且做到不欠振、不过振，振捣棒插入下层混凝 50～100mm；每一点应振捣至混凝土不下沉、不冒气泡、平坦泛浆为止，振完后徐徐拔出振捣棒，振捣过程中不得碰撞模板和其他预埋件，防止其位移、损伤。

在振捣扶壁柱混凝土时，应有预应力施工人员进行指导。混凝土浇筑后及时拆除锚固端部模板，清理张拉锚固端。

在混凝土浇筑过程中对混凝土的质量进行严格把关，保证混凝土具有良好的和易性、流动性，并控制混凝土的坍落度基本相同，以保证混凝土表面颜色一致。浇筑过程中有专人看护模板及支撑，防止螺栓等松动导致跑模影响混凝土质量。

混凝土终凝后要立即布置花管洒水养护，保持充分湿润，防止水分过早蒸发；拆模时间不宜少于 5d，养护时间不得少于 14d。在浇筑过程中除留置竣工需要的标养试块外，现场还需留置五组施工试块，并与构件同条件养护，以确定预应力最佳的张拉时间。

5.5.6　预应力施工

按照设计要求，混凝土强度达到设计强度时方可进行预应力施工。先张拉池壁环向预应力筋，再张拉池顶双向预应力筋；依据现场需要，配备 6 套张拉设备（YCN-25 前卡式千斤顶和配套油泵）和 6 组人员。张拉前，对张拉设备进行标定，对人员进行培训考核，特别是规定了张拉记录格式，执行一表一顶，以保证张拉过程中数据的准确性。

池壁环向预应力筋和池顶双向预应力筋下料长度均超过 50m，需采用同束预应力筋两端同时张拉方式；池壁每 3 束预应力筋两锚固端同时张拉，组成一环预应力筋。

张拉前应根据设计要求对孔道的摩阻损失进行实测，以便确定张拉控制应力值，并分别计算出预应力筋的理论伸长值。张拉控制以环向应力为主，伸长值为辅；池壁预应力筋自下而上进行张拉，但遇到孔洞的预应力筋加密时，自孔洞中心向上、下两侧交替进行，顶板预应力筋由中心向两侧进行。

张拉程序：$0 \rightarrow 0.1\sigma_{con}$ 量测初始伸长值，至 $1.03\sigma_{con}$ 持荷 2min 锚固，量测张拉伸长值。预应力筋张拉控制应力：$0.7 \times 1860 = 1302N/mm^2$；单根预应力筋张拉力为 $1302 \times 140 = 182.28kN$，实际施工张拉力为 $1.03 \times 182.28 = 187.7kN$。张拉控制应力达到稳定后方可锚固。

锚固完毕经检验合格后，方可切割端头多余的夹片锚具；在扶壁柱锚固肋处夹片锚具露出混凝土表面，张拉完预应力筋后将预应力筋端部外露部分在距锚具 50mm 处切断，然后对外露预应力筋、锚具和锚板尽快涂刷防腐涂料，并随即浇筑混凝土封闭（见图 5-38）。顶板预应力筋封锚做法见第 5.3.5 条。

5.5.7　底板后续施工

按照设计要求，池壁预应力筋张拉完毕，池壁板底部应处于铰接状态，可进行池壁板外侧杯槽口混凝土浇筑；考虑后续施工安排，待顶板预应力筋张拉完毕，拆除脚手架和支架后安排施工。浇筑前在池外接茬部位进行剁斧凿毛，清理、清洗杯槽内部和插筋表面的浮浆和灰尘，涂刷界面剂。采用料斗布料，插入式振捣密实，形成完整杯槽结构后拆除侧模和支撑；先用同强度等级水泥浆液灌浆，然后采用聚硫密封膏封填杯槽上口的缝隙。为防止渗漏，池底板与池壁结合部位刷涂两遍聚合物水泥浆。

满水试验结果表明：采用上述方法处理后的水池，在首次注水浸泡时，未出现渗漏现象。

5.6 缓粘结预应力混凝土沉淀池施工实例

5.6.1 工程概述

某污水处理厂新建一组 2 个圆形沉淀池。地下（4/5 池身）式，采用筏板基础。池外径为 39.5m，池深 5.2m，壁厚 250mm；底板最大厚度 450mm，混凝土强度等级：池壁为 C40，其他部位均为 C30；抗渗等级 P6；抗冻等级 F200。

池壁设有环向预应力，与钢筋混凝土底板以杯槽形式连接；设计张拉预应力筋时池壁底端为滑动链杆，张拉预应力筋后池壁底端应为固定铰支座。

为减少预应力池壁和钢筋混凝土池底结合部位的裂缝发生几率，池壁环向预应力筋采用缓粘结预应力钢绞线 UPS15.7—1860MPa 级（公称截面积 152mm²），标准强度 f_{ptk}＝1860N/mm²，为低松弛钢绞线。采用单孔夹片锚具。

依据设计理念：张拉缓粘结预应力筋时池壁底端会产生滑动，有利于在阻力很小的条件下对池壁施加应力；同时预应力对底板不至于产生次应力。缓粘结预应力筋张拉后，池壁底端为固定铰支座，有利于底板对池壁底端水平环向固定铰向约束，以便减少池壁的拉应力。

池壁缓粘结预应力筋采用 180°包角，设计沿圆周均匀设 4 个扶壁柱，用以进行预应力筋的锚固。钢筋混凝土底板为斜锥形，沿径向均匀设 3 道宽 1000mm 的后浇带；设计要求在缓粘结预应力钢绞线固化龄期后，即张拉结束 45d 后浇筑后浇带。缓粘结预应力钢绞线固化龄期为 3 个月。

施工工艺流程：

底板（杯槽）浇筑→池壁非预应力筋绑扎→铺设预应力筋→检查、调整及筋束→扶壁柱锚固肋安装固定→支设池壁模板→浇筑池壁混凝土→池底"后浇带"施工→池壁预应力筋张拉→封锚→池底板二次浇筑→满水试验。

5.6.2 混凝土施工

模板采用建筑组合钢模板进行组装，钢模板间用"U"型卡连接。池内外组合钢模板间用 φ16mm 防水对拉螺栓、直径 20mm 螺纹钢筋双环箍和 E 型卡具紧固。

为预防圆形池壁外观质量出现蜂窝、麻面、气泡、泛砂、混凝土色泽不一致等缺陷，采取如下技术保证措施：

（1）防渗混凝土配合比在满足施工条件下，应尽量降低含砂率和水胶比。

（2）选择合格混凝土供应方，罐车运输，泵车连续浇筑，现场实测坍落度不超过 160mm。

（3）底板杯槽和后浇带、池壁和扶壁柱混凝土布料、振捣设专职人员，上岗前培训考核；插入式振捣为主，其他振捣方式为辅。

（4）浇筑混凝土时，设专人巡视模板支撑，掌握振捣程度，以混凝土表面无泛砂、侧面混凝土无流泪的现象为准。

（5）分层浇筑，层厚能满足振实要求，在前层未凝固前进行下层的浇筑。

（6）尽量选择在阴天或低温时段浇筑混凝土，浇筑过程洒落在钢模板上被烫干形成的

"死灰"应随时清理干净。

（7）混凝土浇筑完成后，立即进行覆盖草袋淋水养护，拆模后用塑料薄膜裹敷养护；养护时间不少于14d。

5.6.3 钢筋与预应力筋安装

缓粘结预应力筋与无粘结预应力筋有所不同。在运输、装卸预应力筋盘时，吊绳应为外包橡胶、尼龙带等的柔性材料，并且需轻装、轻卸。缓粘结预应力筋进场验收后应按不同规格堆放在通风良好的仓库里，不得直接堆放在地面上。并由专人保管。

鉴于缓粘结预应力筋的缓凝料早期流淌性较强，下料时应首先观察筋束的端部缓凝料有无流淌形成中空现象，若有中空现象应切除。按计算长度裁截的缓粘结预应力筋端头应及时采用聚乙烯胶带严密封裹，防止缓凝涂料流淌。对缓粘结预应力筋轻微破损处可采用聚乙烯胶带修补，若破损严重或是缓凝料溢出现象比较严重则不得采用。锚固端挤压成型后，预应力筋包皮离挤压锚的套管根部应小于5～10mm，同时用聚乙烯胶带封裹。

缓粘结预应力筋下料加工后应及时进行安装。底板混凝土强度达到设计强度的75%之后，在池底杯槽内放置3mm厚橡胶板，先绑扎池壁非预应力钢筋，并分段拉接；随绑扎进度，在池内外搭设扣件钢管脚手架，安装缓粘结预应力筋束、安装模板。

缓粘结预应力筋布置和张拉端的构造与有粘结预应力筋类似，预应力筋在圆形水池池壁内沿其高度设有14环，应严格按设计图纸标出的环间距安装。

预应力筋每环由两段长度近70m的缓粘结预应力钢绞线组成，分别锚固在沿圆周间隔90°布置的4个扶壁柱上。缓粘结预应力筋应按照设计位置固定在池壁竖向主筋内侧，应用绑丝与非预应力筋固定，固定筋间距约2m，确保筋束平顺，处于同一个标高。每段预应力筋间隔锚于相隔180°布置的2个扶壁柱锚固端。张拉锚固端采用无穴模后浇混凝土包封的构造形式，锚垫板应固定在扶壁柱两侧模板上，以保证预锚垫板位置正确。

安装模板和模板穿螺杆时切记不能损伤预应力筋包皮。插入振捣混凝土时应避免触及预应力筋包皮。

5.6.4 预应力筋张拉

根据现场实测结果，缓粘结预应力筋损失计算有关参数：$\kappa=0.004$，$\mu=0.152$；预应力筋内缩值$a \leqslant 5$mm（有预压）。经现场实际摩擦损失试验确定相应系数，进行缓粘结预应力钢绞线伸长值的计算和校核，并根据实际情况对张拉方案进行调整。

控制缓粘结预应力筋张拉时间的主要因素：一是池壁混凝土强度达到设计强度的85%时，方可进行缓粘结预应力筋张拉作业；二是预应力筋本身要求必须在缓凝料未固化前张拉，最佳张拉时间在整个固化龄期的1/3～1/2之间（有资料介绍可在1/4～1/2之间进行张拉）。工程实践需满足以上条件。

缓粘结预应力筋张拉控制以应力为主，伸长值为辅。预应力筋张拉控制应力：$\sigma_{con}=1415$N/mm^2，单根预应力筋张拉力$F=212.25$kN。

缓粘结预应力筋张拉顺序：先自上而下隔环张拉，再自下而上隔环张拉；施工时应依据具体情况，安排先自上而下或先自下而上张拉顺序张拉作业。每环两根缓粘结预应力钢绞线同步张拉，需要6套（两套备用）张拉设备，在扶壁柱每侧同时作业。

张拉前专项方案应经批准，张拉设备标定和人员培训应合格，现场脚手架应调整，以适应张拉需要。

首先，工具锚穿入割掉锚固面外露包皮的预应力筋；剥皮过早，缓凝料容易流出；剥皮过晚，缓凝料逐渐固化，剥皮难度加大。剥皮时，同时清理掉钢绞线表面的缓凝料，防止张拉时由于钢绞线表面杂物进入，而降低工具锚的锚固性能。

依据设计要求，正式张拉前进行预拉，单端抽动钢绞线至另一端发生移动 20mm 以上为止。预应力筋张拉程序：$0 \rightarrow 1.03\sigma_{con}$（张拉时的控制应力值，包括预应力损失值），缓步张拉，伸长值与理论值误差不超过 $\pm 6\%$ 时，持荷 2min 锚固。

张拉控制应力达到稳定后方可锚固。油脂用塑料长封套密封，混凝土结合面凿毛，并配拉结钢筋，用后浇细石微膨胀混凝土对缓粘结预应力筋端头及锚具进行保护（见图 5-38）。如设计未要求，后浇细石微膨胀混凝土强度应不低于 C30。

5.6.5　工程结果

因施工计划调整，缓粘结预应力筋张拉完成后 25d 即进行后浇带二次混凝土浇筑；后浇带二次混凝土养护 14d 后安排满水试验，2 座水池均一次试验合格。

水池运行 3 年后，放空检查未发现池底有害裂缝。实践结果表明：采用环向缓粘结预应力筋技术在圆形水池实践中取得了成功，可为类似工程借鉴。

第6章 预制装配构筑物施工

6.1 结构与施工特点

6.1.1 结构形式

钢筋混凝土水池，特别是圆形水池的侧壁可采取预制装配结构形式，池壁与底板、顶板、池柱等部分采取分开施工，池壁等可在现场或工厂精准预制成构件。现场浇筑的水池底板设有杯口或环槽（统称杯槽），预制构件被吊装在杯槽内，池壁、池顶施加预应力后形成水池结构。

据资料报道，除池壁采用预制装配结构外，顶板、支柱甚至底板预制装配也不乏成功的工程实例。相对而言，预制装配式底板因承受荷载最大，且连接施工复杂，工程实践较为少见。给水排水构筑物无论采用预制装配工艺还是整体现浇工艺，其混凝土结构的抗压强度、抗渗强度与抗冻融性能都必须满足设计要求和规范规定。

预制装配施工工艺主要优点：能充分利用施工空间，加快工程施工进度，构件尺寸精准、质量好。缺点是：水池接缝多，渗漏隐患较大；喷射混凝土层密实度差，影响池体使用寿命。预制装配施工优点导致伞板、滤板、集水槽、走道板等工艺要求高的水池结构部位，始终首选预制装配工艺；其缺点则常会导致水池主体结构选择时放弃预制装配工艺。

预制装配结构的节点在于预制部分与现浇部分的衔接，以及预制件之间的衔接。预制部分与现浇部分的衔接形式：预制池壁嵌入现浇底板预留杯槽内，壁板与杯槽之间先填充柔性填料，池壁施加预应力后再浇筑刚性填料；杯槽可分为直壁式（见图 6-1）和斜壁式（见图 6-2）。

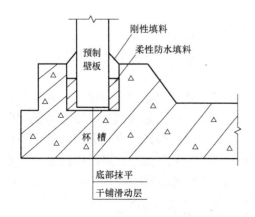

图6-1 底板直壁杯槽示意

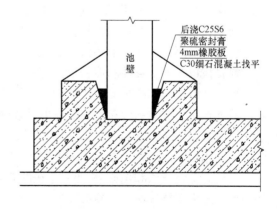

图6-2 底板斜壁杯槽示意

预制件之间的衔接方式：结合部位凿毛，去除浮渣；预留钢筋搭接、绑扎，插入竖向主筋，内外模板采用防水对拉螺杆紧固后浇筑补偿收缩混凝土，形成固结刚性结构（见图6-3）。

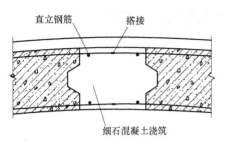

图 6-3   预制壁板接缝细部

设计理念：预制池壁施加预应力后壁板下端为铰接状态，柔性防水填料可利于壁板下端受力后微调；浇筑混凝土刚性填料后成为固结状态。圆形装配式预应力水池池壁不设置施工缝，防渗性能也能得到保证，因此，圆形水池采用预制装配式施工工艺不失为较好的选择。

预制装配结构主要靠混凝土自身防水，池壁外部施加预应力后应力筋采用喷水泥砂浆层（或细石混凝土）保护。按照圆形预应力水池的静力计算和构造要求，壁板与底板的外侧杯（槽）口要在预应力张拉后再浇筑。预应力筋外砂浆或细石混凝土保护层，应在池内满水的情况下进行喷射施工。预制柱承托顶板或水槽，下端嵌入杯（槽）口，上端要现浇施工混凝土环梁，使上部结构具有良好的抗震能力。地下式水池顶部还需要施工防水层，并填土覆盖。

喷射混凝土保护层质量是目前业内有争议之处，有人认为喷射混凝土密实程度不如模筑混凝土，防腐效果不够理想。但是也有人持相反观点，PCCP 管采用喷射混凝土作为保护层，其优越的防腐性能和耐久性已经工程实践验证。

6.1.2   施工策划

沉淀池、浓缩池等大直径圆形混凝土水池采用预制装配式结构，现场施工与异地预制可同时或交叉进行，在施工场地和施工工期等特定的条件下，选择预制装配工艺对工程建设有关方来讲是可取的。

预制装配式结构水池的前期施工策划是非常重要的，首先应考虑如何将池壁分成适当的构件，其尺寸和重量应满足预制、运输、吊装条件需要；其次考虑底板和顶板结构形式。现场浇筑底板侧模可采用曲面钢模、组合模板、木模板；结合吊模，池底板与杯槽可一次进行模板安装，混凝土可一次浇筑，也可分次浇筑。池顶板、支柱可在工厂或异地加工，以保证准确尺寸和获得较好的施工质量；也可现场浇筑施工。

池壁、顶板、圈梁等构件吊装在杯槽口内固定并浇筑连接缝混凝土，池壁、圈梁的环向预应力可采用绕丝法、电热张拉法或径向张拉法等工艺进行施工；顶板预应力可采用预应力筋张拉以获得抗裂性和严密性良好的水池。

预制装配结构水池预应力张拉施工工艺应结合工程具体情况选择，如绕丝法和电热张拉法的优点是预应力钢丝布置在池壁的外表面，受力均匀，施工速度快；缺点是布筋间距过密，净距小于 5mm 时，常会造成喷浆层不密实。与绕丝法相比，电热张拉法不需专门设备，使用标准的设备机具组合就能在较小的场地实现预应力施工。采用径向张拉法施工，可以避免绕丝法和电热张拉法存在的缺点。然而工程实践表明：对于内径小于 25m 的圆形水池采用绕丝法和电热张拉法还是具有明显的技术经济效益的。

预制装配结构预应力张拉施工工艺的主要优缺点比较参见表 6-1。

预制装配结构预应力张拉施工工艺对比 表 6-1

施工工艺	主要优点	主要缺点
绕丝法	操作较简便、施工速度快	需专用设备、施工成本大
电热张拉法	设备简单,操作方便	施工速度较慢,费用较高
径向张拉法	设备简单,施工质量好	操作复杂,施工速度慢

6.1.3 工艺流程与技术要点

预制装配式预应力结构圆形水池施工的一般工艺流程如图 6-4 所示。

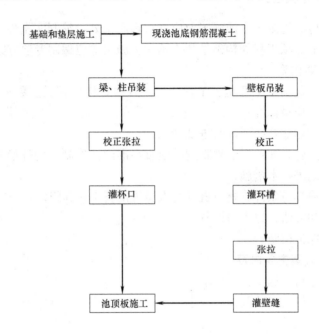

图 6-4 施工流程示意

预制装配式预应力混凝土构筑物施工技术要点:

(1) 池底板外侧模板宜采用定型钢模板,杯口或环槽的吊模宜采用木模,可同时安装。池内设有支柱时,柱基部分与池底板垫层分部浇筑。安装底板钢筋时,先安装插筋,后绑扎底板钢筋。底板与壁板杯槽宜一次浇筑,也可分开浇筑。柱杯口、壁板杯槽二次浇筑前应注意接茬部位凿毛、清理、钢筋调整、涂刷界面剂。

(2) 预制件加工宜优先选择专业构件厂预制,装配节点细部应进行二次施工设计。必须现场预制时,预制场地和条件应符合设计要求和规范规定。预制件混凝土强度达到设计要求时,方可吊运;设计无要求时,不得低于设计强度的 75%。

(3) 构件安装前,应标注中心线;现场底板的杯口、环槽应弹出中心线、标高线。构件吊装、调直,经检测合格后方可固定,并临时支撑。柔性连接时,应清理杯槽、杯(槽)口缝内壁,保证干净、干燥,灌沥青玛蹄脂填缝后浇筑壁板接缝和杯槽、杯(槽)口二期混凝土。池壁板、环梁混凝土强度达到设计强度后,方可安装预制顶板;安装顶板宜从外环向内环顺序进行。

（4）施加预应力前应清理池壁表面，磨平凸起处，保持平整、洁净，按照设计顺序进行壁板预应力施工；设计没有具体要求时，预应力施工应遵循"对称、均匀"原则。预应力施工后及时进行内壁板缝防水砂浆施工及池底修补、封闭进出水口等满水试验准备工作。

（5）满水试验合格后，喷射水泥砂浆或细石混凝土前，应对预应力筋进行检查、对受喷面进行清理；进行喷射作业时应先池壁后顶板；水泥砂浆或细石混凝土凝结后及时遮盖麻袋片和塑料布，保持湿润状态养护不少于 14d。

6.1.4　主要专项方案

预制装配式预应力混凝土水池施工前应进行精心策划，编制实施性施工方案，对关键或施工风险性较大的分项工程如构件吊装、预应力施工等应编制专项方案。

1. 吊装方案主要内容

（1）工程概况，包括施工环境、工程特点、规模、构件种类、数量、最大构件自重、吊距以及设计要求、质量标准；

（2）吊运机械、运输路线、吊装进度计划；

（3）主要技术措施，如壁板的垂直度、池直径准确性控制、构件稳固临时支撑、板缝混凝土浇筑质量控制等技术措施；

（4）吊装、运输环境条件、材料机具与人员等准备工作和组织；

（5）吊装流程和方法、组织与设备；

（6）质量安全保证措施。

2. 预应力施工方案主要内容

（1）预应力筋下料、加工技术要求；

（2）预应力筋、锚具安装及锚固技术要求；

（3）张拉机具与人员组织；

（4）池体张拉顺序、程序和控制要求；

（5）张拉施工技术安全措施和保证措施。

6.2　预制安装工艺

6.2.1　底板与杯槽施工

在池底垫层混凝土强度达到 1.2MPa 后，可进行底板、杯槽施工准备；依据图纸校核水池中心位置，弹出十字线，校对集水坑、排污管、杯槽的控制线；杯槽吊模位置需准确；圆形池需在垫层上弹出杯槽里侧吊绑弧线及加筋弧线的墨线，矩形水池要在垫层上弹出池底板与 L 形壁板接头位置线。按设计图纸在垫层表面弹线布筋，圆形水池先布放弧形筋；矩形水池先布放长向筋，然后再布放短向筋；然后再布放射状筋绑扎成整体。上下层钢筋骨架应采用排架筋固定，保证间距准确。应保证每平方米至少有一块混凝土砂浆垫块，保护层厚度满足设计要求。

底板的模板宜采用钢模，模板拼装接头严密，支撑要牢固；底板与杯槽一次浇筑时，杯槽宜采用吊模，除上、下部位靠排架筋外，左、右位置均在池底预埋角钢用作吊模固定支撑。安装杯槽模板应复测检查，杯槽模板必须安装（支撑）牢固。

浇筑混凝土应采用泵车入模，杯槽应与底板的混凝土同时浇筑，不应留置施工缝。圆形池宜由中心向四周分层推进，矩形池宜由一端向另一端分层、分段推进。采用连续浇筑作业时，两层接茬时间控制在初凝时间内，池壁、杯槽可交替施工，环槽、杯口内壁与外壁宜分次浇筑，一次完成，不留施工缝。池底板及杯口、环槽的技术要求应符合表 6-3 的规定。

6.2.2 构件预制

（1）水池壁板等构件应采用定型钢制模板、配套支架，以保证预制构件尺寸精度和内在质量。

（2）现场加工时，场地条件需符合技术要求；采用木模时，模板内面应均匀涂刷无机脱模剂；混凝土坍落度控制不超过 120mm，插入式振捣器和平板式振捣器结合振捣，保证混凝土的密实度。

（3）圆形水池壁板宜按设计模数制成弧形板，池壁板缝连接处应设有齿槽。

（4）吊运前，构件应按设计要求编号和标识。

（5）吊运前，应对构件质量资料进行检查汇总，并对外观质量进行检查确认。

6.2.3 构件吊装

构件吊装前准备工作（见表 6-2）：壁板等构件接茬部位应凿毛，预留钢筋应进行调直、清理；杯槽两侧凿毛、清理干净；测好杯底标高，超高处应凿除；环槽上口弹出构件安放控制线。构件根据预制构件设计的部位或施工次序进行排布、就近堆放，堆放场地平整夯实，有排水措施。构件应按设计受力条件支垫并保持稳定，构件上的标志和吊环朝向外侧。对构件外观检查，有裂缝的构件应进行鉴定。

吊装及准备工作 表 6-2

项 目			要 求
准备工作	环槽杯口、杯口		1. 杯槽两侧凿毛、清理干净 2. 测好杯底标高，超高处应凿除
	环槽上口弹出壁板安放线		根据设计及预制壁板尺寸进行排列
	每块壁板		两侧凿毛
吊 装	准备工作	构件吊装混凝土强度	≥70%设计强度
		构件堆放	1. 就近堆放，堆放场地平整夯实，有排水措施 2. 构件应按设计受力条件支垫并保持稳定 3. 构件上的标志和吊环朝向外侧
		构件检查	1. 复查合格后方可使用；有裂缝的构件应进行鉴定 2. 柱、梁、壁板应标注中心线
	顺序	池内	柱 $\xrightarrow{\text{（校正）}}$ 灌杯口 → 曲梁 $\xrightarrow{\text{（焊接）}}$ 扇形板
		池壁	壁板 $\xrightarrow{\text{（校正固定）}}$ 灌环槽杯口 → 最外 → 圆扇形板（内侧部分）
	安装	构件安装就位	应采取临时固定措施，曲梁应在梁的跨中临时支撑，待上部二期混凝土强度达到设计强度的 70%以上时，方可拆除支撑
		安装的构件	必须在轴线位置及高程进行校正后焊接或浇筑接头混凝土

吊装机具正式作业前应经过现场试验，柱、梁、壁板吊点应准确；吊装入杯槽经校正微调后就位，柱、板可采用加楔法临时固定，扇形板（内侧部分）构件安装就位应采取支撑临时固定；曲梁应在梁的跨中临时支撑，待上部二期混凝土强度达到设计强度的 70％时，方可拆除支撑；安装的构件必须在轴线位置及高程进行校正后焊接或浇筑接头混凝土。

6.2.4 构件连接施工

1. 环槽杯口混凝土浇筑

构件就位并固定后，应清理内壁杂物、污物，验收合格后灌注细石混凝土或微膨胀混凝土，达到设计强度后拔出加楔后补充灌浆。构件与杯槽固定具体做法如图 6-5 所示。

2. 壁板接缝混凝土施工

接缝宽度不宜超过板宽的 1/10；壁板接缝部位连接筋应按设计要求进行焊接或绑扎。壁板接缝的内模在保证混凝土不致离析的条件下，可一次安装到顶。分段浇筑时，外模应随浇、随支，分段支模高度不宜超过 1.5m；壁板接缝模板形式如图 6-6 所示。设计无要求时，接缝细石混凝土或膨胀混凝土强度应比壁板混凝土提高一级（或 5MPa）。应根据气温和混凝土温度，选择壁板缝宽较大时进行浇筑作业，浇筑前接缝的壁板表面应洒水保持湿润，模内应洁净；混凝土坍落度应控制在 120mm 左右，宜采用漏斗进行浇筑。浇筑前如发现混凝土离析现象，应进行二次拌和；混凝土分层浇筑厚度不宜超过 250mm，应采用小直径插入式振捣棒，配合人工捣固。

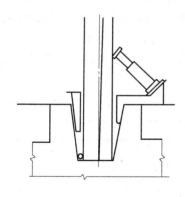

图 6-5 构件与杯口（槽）加楔固定示意

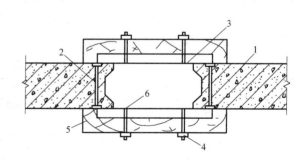

图 6-6 壁板间竖缝支模
1—壁板；2—预埋件；3—模板；4—φ12
螺栓；5—木肋；6—拉结螺栓孔

6.3 预应力张拉工艺

6.3.1 绕丝法

采用绕丝法施加预应力的圆形装配水池，需要的主要设备——绕丝机装置，由提升架、绕丝桁架、行走小车、绕丝机和工作平台等部分组成；绕丝机由池底提升到池顶，自上而下进行绕丝。绕丝开始时，由于牵制器初拉力要不断调整，每环须进行数次应力检测；当应力波动变化不大时，每环测一次。绕丝施工速度较快，直径 50m 的辐流式沉淀池，预应力施工不到 30h。

绕丝施加预应力前，应先清除池壁外表面的混凝土浮粒、污物，壁板外侧接缝处宜采用水泥砂浆抹平压光，洒水养护；且应在池壁上标记预应力钢丝、钢筋的位置和次序号。在池壁周围，必须设置防护栏杆和作业区。缠绕机、提升机固定在池顶或池中钢架上，调整桁架和行走装置，绕丝机应进行试验，以确定施工参数。缠绕预应力钢丝，应由池壁自上而下进行，第一环距池顶的距离应按设计要求或按绕丝机性能确定，并不宜大于 500mm；施加预应力时，每缠一盘钢丝应测定一次钢丝应力，并应按《给水排水构筑物工程施工及验收规范》GB 50141—2008 附表 C.0.2 的规定作记录。已缠绕的钢丝，需避免尖硬或重物撞击；预应力钢丝接头应密排绑扎牢固，其搭接长度不应小于 250mm 预应力钢丝接头；池壁两端不能用绕丝机缠绕的部位，应在顶端和底端附近局部加密或改用电热张拉。

资料分析认为，绕丝法施工速度快，但施工成本还是较高的；且喷锚砂浆保护层施工质量难以保证，尤其是当水池环向拉力较大，绕丝预应力钢筋配置较密时。主要弊病有：钢丝内侧有砂浆喷不到的死角、砂浆层空鼓等。已有资料报道：池体投入使用不到 10 年就发现钢丝锈蚀，导致水池局部砂浆层开裂。

6.3.2 电热法

与绕丝法相比，预应力电热法张拉工艺采用结构钢筋，且不需要专用设备；在机械式张拉不方便或不具备预应力钢绞线应用条件的工程实践中有着实用价值。

1. 电热法张拉前准备工作

壁板灌缝混凝土强度达到设计强度；清除预制池壁上混凝土灰浆和接缝混凝土表面凸出部分；测量池外壁的实际周长，沿上、中、下三个部位进行仔细丈量，确定下料长度，钢筋下料加工；安装各类电气设备及仪表；现场搭设脚手架和安全防护装置。

钢筋下料长度应现场量测池外壁环向长度并考虑电工、热工等参数计算的伸长值后确定；并应安排现场张拉试验：取一环钢筋进行张拉，以便确定钢筋下料长度、预应力筋的弹性模量、钢筋对焊时的接头烧失量等参数；并依据现场条件选择锚具。

张拉顺序：应按设计要求，依序张拉；设计无要求时，可由池壁顶端开始，逐环向下或自底部向上张拉。每一环必须依次张拉完才能张拉另一环，以保证池壁受力均匀。

通电张拉：在钢筋安装就位拧紧螺帽后就可开始进行通电张拉。在钢筋表面上用测温蜡笔的颜色变化来观察钢筋表面升温情况。控制钢筋表面温度在 175℃ 左右（钢筋内部温度可达 250℃）。为减少池壁对钢筋的摩阻力，在张拉过程中，沿钢筋全段范围内，用木槌不断敲击钢筋，使钢筋克服摩擦向前延伸和使钢筋各段应力调整均匀。

采用直径大于 18mm 的钢筋作为预应力筋，张拉时应根据水池直径，沿外壁分为 4～8 个区段，并在相应的预制池壁上设锚固肋板；钢筋端头对焊螺栓端杆，经冷拉后，穿入池壁外的锚固肋板中，拧紧螺丝后，逐环通电，使钢筋受热伸长，并根据伸长值进行应力控制，如图 6-7 所示。且应在每环钢筋中选一根钢筋，在其两端和中间附近各设一处测点进行应力值测定；初读数应在钢筋初应力建立后通电前测量，末读数应在断电并冷却后测量；电热张拉应按《给水排水构筑物工程施工及验收规范》GB 50141—2008 附表 C.0.3、

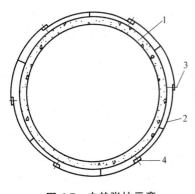

图 6-7 电热张拉示意

1—池壁；2—预应力钢筋；3—锚
固肋板；4—端头短杆

附表 C.0.4 的规定作记录。

2. 张拉作业注意事项

（1）与锚固肋相交处的钢筋应进行良好的绝缘处理，端杆螺栓接电源处应除锈，并保持接触紧密。

（2）通电前，钢筋应测定初应力，张拉端应刻划伸长标记；通电后，应进行机、具、设备、线路绝缘检查，测定电流、电压及通电时间。

（3）每一环预应力筋应对称张拉，并不得间断；张拉应一次完成；必须重复张拉时，同一根钢筋的重复次数不得超过 3 次，出现裂纹时，应更换预应力筋。

（4）伸长值允许偏差不得超过 ±6%；经电热达到规定的伸长值后，应立即进行锚固，锚固必须牢固可靠。

（5）张拉过程中，发现钢筋伸长时间超过预计时间过多时，应立即停电检查；妥善处理后方可继续张拉。

6.3.3 环向（径向）张拉法

径向张拉工艺，采用切-径向张拉使装配水池形成环向应力混凝土结构，实际上也属环向张拉工艺类型。切-径向张拉即将装配式水池壁外预应力环筋在径向拉离池壁，增加环筋拉力的一种预应力施工方法。张拉操作时，先将预应力筋用套筒连接，一环一环的箍紧在池壁上，再用简单的张拉器把钢筋拉离池壁一定间隙，按一定距离用可调撑垫住，使池壁受压，环筋受拉，最后用测力器逐点调整到设计要求的径向力，水池径向张拉机具如图 6-8 所示。

采用结构钢筋作为预应力筋时，径向张拉工艺可显示出其优点：机具简单，操作方便，能以较小的径向张力产生较大的环向拉力；因其张拉力为逐步调整建立，可达到设计所需要的精度和均匀度；采用多台张拉机具同时张拉一环，既可使张拉力均匀一致，又可减少径向张拉的应力损失。有资料报道：同一个单体构筑物预应力方案技术经济对比分析表明，径向张拉法施工费用较低，相当于绕丝法和电热法的 15%～23%。径向张拉工艺在机械式张拉不方便或不具备预应力钢绞线应用条件的工程实践中有着实用价值。

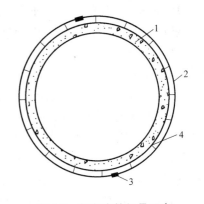

图 6-8 径向张拉机具示意

1—池壁；2—预应力环筋；3—连
接套筒；4—可调撑垫

径向张拉准备工作：预制壁板灌缝混凝土强度达到设计强度；清除预制池壁板上混凝土灰浆和接缝混凝土表面凸出部分；检验张拉设备与测量仪表，依据有关规定进行配套试验和调整；现场搭设脚手架和安全防护装置。

预应力筋进场验收和复验合格后方能使用。采用结构钢筋时，对焊接头应在冷拉前进行，接头强度不低于钢材本身，冷弯 90°合格；螺丝端杆可用同级冷拉钢筋制作，如用 45

号钢，热处理后强度不低于 700MPa，伸长率大于 14%。套筒用不低于 Q235 钢材质的热轧无缝管制作。螺丝端杆与预应力钢筋对焊接长，用带丝扣的套筒连接。螺杆与套筒精度应符合标准要求，公差配合良好，配套供应。施工过程中应采取措施保护丝扣免遭损坏。

环筋分段长度，主要考虑张拉设备、场地条件，一般每环宜分为 2～4 段，长约 20～40m。逐环张拉点数视水池直径大小、张拉器能力和池壁局部应力等因素而定，点与点的距离一般不大于 1.5m，预制板以一板一点为宜。每点径向张力 P_y（N）可根据环筋面积 A_y（mm^2）、张拉控制应力 σ_{con}（N/mm^2）按公式（6-1）确定：

$$P_y = \frac{2\pi A_y \sigma_{con}}{n} \tag{6-1}$$

环筋拉离池壁的间隙 δ（mm）根据环筋的弹性模量 E_g（N/mm^2）、混凝土的弹性模量 E_c（N/mm^2）、水池半径 R（mm）、壁厚 t（mm）、环与环间距 d（mm）等按公式（6-2）计算：

$$\delta = \frac{\sigma_{con} R}{E_g} \left(1 + \frac{A_y E_g}{t d E_c}\right) \tag{6-2}$$

计算出的 δ，仅供施工操作时参考，不能作为控制张拉力的标准，应以直接测定径向张力 N 控制预应力为宜。

预应力筋按设计位置安装，尽力挤紧连套筒，再沿圆周每隔一定距离用简单的张拉将钢筋拉离池壁约计算值一半的距离，垫保护层砂浆垫块。最后用测力张拉器逐点调整张力达到设计要求，再用可调撑（见图 6-9）顶住。

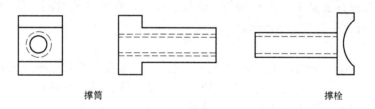

撑筒   撑栓

图 6-9 可调撑组成示意

为了使各点离壁的间隙基本一致，宜用多个张拉器均匀地同时张拉。径向张拉系数（考虑张拉操作损失）一般取控制应力的 10%，即粗钢筋≤120MPa，高强钢丝束≤150MPa。张拉点应避开对焊接头，距离不少于 10 倍钢筋直径，不进行超张拉。电阻仪实测的环向拉力 S 与径向张力 N 之比值，即 $\beta = N/S$ 应低于计算值。径向张拉应按《给水排水构筑物工程施工及验收规范》GB 50141—2008 附表 C.0.1、附表 C.0.4 的规定作记录。

近年来，圆形预制装配式水池采用环向预应力张拉形成设计构造的工程实例，时见报道。预应力张拉锚固端设在扶壁柱（锚固肋）上，扶壁柱采用现浇施工；池壁采取构件预制拼装形式，浇筑板缝后进行预应力筋安装、张拉、锚固施工。此种工艺的优点在于减少现场浇筑工作量、可以充分利用施工空间、张拉作业可连续施工，有利于专业施工作业。

6.3.4 满水试验

满水试验前，应对池壁混凝土表面缺陷处进行修补，对板缝涂刷防水层和封堵管口，准备工作应满足《给水排水构筑物工程施工及验收规范》GB 50141—2008 中关于满水试验的规定。首次注水可至池杯槽上不小于 100mm，检查渗漏情况，24h 无渗漏可继续注水试验。

预制装配式水池在满水试验时，可采用百分仪检测径向变形，并与张拉施工检测值进行对比分析：池体预应力径向压缩检测值大于水池满水状态外张检测值时，表明预应力效果较好。

满水试验合格后应尽快进行预应力筋保护层的施工，在池内满水条件下进行喷射水泥砂浆保护层作业。

6.3.5　预应力筋保护层

1. 材料与配比

（1）水泥砂浆配比

水泥选用普通硅酸盐水泥，砂子粒径不得大于 5mm；细度模数应为 2.3～3.7，最优含水率应经试验确定；配合比应符合设计要求，或经试验确定；无条件试验时，其灰砂比宜为 1：2～1：3；水胶比宜为 0.25～0.35；水泥砂浆强度等级应符合设计要求，设计无要求时不应低于 C30。

（2）细石混凝土配比

应根据原材料性能、喷射工艺和设计要求通过试验选定，无条件试验时，灰砂比宜为 1：2～1：2.5，水胶比宜为 0.40～0.50。宜采用粒径 0.3～0.5mm 的中粗砂，含砂率宜为 45%～60%；选用普通硅酸盐水泥，水泥用量不宜小于 400kg/m；混凝土强度不应低于 C25。

水泥砂浆和细石混凝土应拌和均匀，随拌、随喷，临时存放时间不得超过 2h（初凝时间），细石混凝土不得大于 30min。

2. 喷射作业

为保证保护层施工质量，施工前应进行试喷，以确定施工参数和施工机具；同时必须对池体受喷面进行除污、去油、清洗等处理。人工喷射施工时，喷嘴宜与喷射面垂直，其间距宜为 0.6～1.8m。喷嘴应连续、缓慢作横向环形移动，喷层厚度应均匀。应沿池壁的圆周方向自下而上分层喷浆；受障碍物影响时，喷枪与喷射面夹角不应大于 15°；喷浆时应连续，层厚均匀密实；喷浆宜在气温高于 15℃时进行，有大风、冰冻、降雨或当日气温低于 0℃时，不得进行喷浆作业。

砂浆或细石混凝土的厚度应满足预应力钢筋的净保护层厚度要求，且不应小于 20mm。砂浆或细石混凝土保护层凝结后应加遮盖，保持湿润并不应少于 14d；在进行下一道工序前，应对砂浆或细石混凝土保护层进行外观和粘结情况的检查，有空鼓、开裂等缺陷现象时，应凿开检查并修补密实。

砂浆或细石混凝土抗压强度试块留置：喷射作业开始、中间、结束时各留置一组试块，共三组，每组六块；每个构筑物、每工作班为一个验收批。

6.4　施工质量控制

6.4.1　预制构件制作允许偏差

预制构件制作的允许偏差应符合表 6-3 的规定。

预制构件制作的允许偏差　　　　　　　　　　表 6-3

检查项目		允许偏差（mm）		检查数量		检查方法
		板	梁、柱	范围	点数	
长度		±5	−10	每构件	2	用钢尺量测
横截面尺寸	宽	−8	±5			
	高	±5	±5			
	肋宽	+4，−2	—			
	厚	+4，−2	—			
板对角线差		10			2	用钢尺量测
直顺度（或曲梁的曲度）		$L/1000$，且不大于20	$L/750$，且不大于20		2	用小线（弧形板）、钢尺量测
表面平整度		5	—		2	用2m直尺、塞尺量测
预埋件	中心线位置	5	5	每处	1	用钢尺量测
	螺栓位置	5	5			
	螺栓明露长度	+10，−5	+10，−5			
预留孔洞中心线位置		5	5		1	用钢尺量测
受力钢筋的保护层		+5，−3	+10，−5	每构件	4	用钢尺量测

注：1. L 为构件长度，mm；
　　2. 受力钢筋的保护层偏差，仅在必要时进行检查；
　　3. 横截面尺寸栏内的高，对板系指其肋高。

6.4.2　池底板及杯槽的允许偏差

钢筋混凝土池底板及杯槽的允许偏差应符合表 6-4 的规定。

钢筋混凝土池底板及杯槽的允许偏差　　　　　　表 6-4

检查项目		允许偏差（mm）	检查数量		检查方法
			范围	点数	
圆池半径		±20	每座池	6	用钢尺量测
底板轴线位移		10	每座池	2	用经纬仪测量，横纵各1点
预留杯口、杯槽	轴线位置	8	每5m	1	用钢尺量测
	内底面高程	0，−5	每5m	1	用水准仪测量
	底宽、顶宽	+10，−5	每5m	1	用钢尺量测
中心位置偏移	预埋件、预埋管	5	每件	1	用钢尺量测
	预留洞	10	每洞	1	用钢尺量测

6.4.3　预制构件安装允许偏差

预制壁板（构件）安装允许偏差应符合表 6-5 的规定。

预制壁板（构件）安装允许偏差　　　　　　　　表 6-5

检查项目	允许偏差（mm）	检查数量		检查方法
		范围	点数	
壁板、墙板、梁、柱中心轴线	5	每块板（每梁、柱）	1	用钢尺量测
壁板、墙板、柱高程	±5	每块板（每柱）	1	用水准仪测量

续表

检查项目		允许偏差 （mm）	检查数量		检查方法
			范围	点数	
壁板、墙板及柱垂直度	$H \leqslant 5\text{m}$	5	每块板（每梁、柱）	1	用垂球配合钢尺量测
	$H > 5\text{m}$	8	每块板（每梁、柱）	1	
挑梁高程		$-5, 0$	每梁	1	用水准仪量测
壁板、墙板与定位中线半径		± 10	每块板	1	用钢尺量测
壁板、墙板、拱构件间隙		± 10	每处	2	用钢尺量测

注：H 为壁板及柱的全高。

6.5　绕丝预应力装配式水池施工实例

6.5.1　工程概述

某水厂新建圆形半地下式储水池，水池容量为 13000m³，池内径为 51.5m，壁高 5.8m，池中心水深 6.9m，采用预制装配式预应力混凝土结构。池底板呈圆盆状，池壁与底板杯槽剖面如图 6-10 所示。水池结构除底板、板缝和圈梁等部分为现浇钢筋混凝土外，顶板、壁板、柱、梁均为预制装配式混凝土结构。

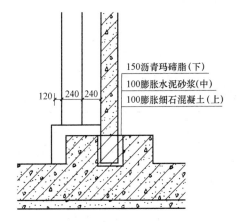

混凝土垫层厚 100mm，混凝土强度等级 C15；现浇混凝土底板厚 600mm，混凝土强度等级 C25，抗渗等级 P6；预制池壁厚 300mm，预制顶板厚 150mm，混凝土强度等级 C30，抗渗等级 P6；预制柱、梁混凝土强度等级均为 C30。池底、池壁混凝土采用抗渗设计。

柱、壁板与底板设有嵌入式柱杯口和环形杯槽，嵌入式柱杯口采用水泥砂浆填充，杯槽下半部采用沥青马蹄脂，上半部填充水泥砂浆

图 6-10　池壁与底板杯槽剖面

使壁板下端为铰接状态（见图 6-1）。柱与环梁之间埋件焊接，并浇筑二次混凝土，使上部结构具有良好的抗震能力。水池壁板外部缠绕预应力碳素高强钢丝，直径 5mm，$f_{ptk} = 1860\text{N/mm}^2$，张拉控制应力允许值为 $0.7 f_{ptk}$。

保护层为喷射水泥防水砂浆层，外砌砖保温墙。池顶上部由中心向外放坡形成泛水，表面为水泥砂浆防水层，池顶覆土 1.0m。

工程量：土方 10000m³，现浇钢筋混凝土 8000m³，预制安装构件 3400 件，喷射水泥防水砂浆 5700m²。

水池施工工艺流程：

垫层、土模→底板（杯口、环槽）→构件预制与安装→池壁缝浇筑→应力缠丝→满水

试验—喷射保护层。

施工现场设有 2 台塔吊，构件预制和运输委托专业公司完成。

6.5.2 底板与杯槽

在验收合格的基槽上放线、支搭垫层模板。在池底板外缘、柱基下凹处，支搭模板以控制垫层混凝土浇筑面。柱基下凹部分，先支侧模预留柱基加深部位，待周围垫层浇筑完成后，重新放线，再浇筑柱基垫层，以便控制柱基标高、中心。

柱杯口的混凝土分为两次浇筑，第一次浇筑下凹部分，第二次与池底的底板同时浇筑。壁板的杯槽深 400mm，内壁一次浇齐，第一次浇筑 100mm 高，以便底部绕丝处理；预应力施工完毕再续接其余部分。进出水口处底板与侧坪留设水平施工缝。侧墙的导墙与水池底板同时浇筑。施工缝位置与施工顺序如图 6-11 所示。

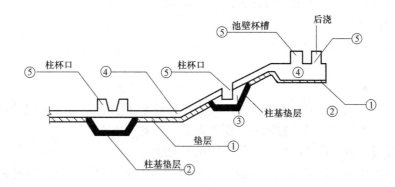

图 6-11 池底垫层浇筑示意
①—垫层；②—柱基下凹部位；③—柱杯口；④—底板；⑤—杯口（槽）

为满足上部结构施工需求，应按照施工方案在垫层适当位置预埋插筋和预埋铁件，并做好防水处理。

在混凝土垫层的表面上标注高程误差值（用"＋"、"－"表示高于或低于设计标高），以便调整钢筋保护层的垫块厚度。弹放钢筋环向、径向及柱中位置墨线。排布、绑扎钢筋，用排架（或马凳）筋支撑与固定上下层钢筋网。排架筋不应小于 $\phi12$mm，排架间距不应大于 600mm。将下层部分筋与垫层预埋铁（筋）固定点焊，以防止钢筋网变型移位。柱杯口、池壁杯槽的插筋的纵横、环向筋绑扎准确、牢固（或点焊），并按放线位置绑扎固定；位置误差满足表 6-4 的要求。

为准确控制柱基及柱杯口、池壁杯槽的插筋位置，底板的柱基凹下部分，应先施工垫层面以下的柱基混凝土部分。底板外侧模板采用钢模板，杯槽（口）部分木模做成吊模。施工时应确保底板钢筋的厚度，保护层和杯槽（口）插筋位置应满足设计要求。

混凝土浇筑采用 3 台混凝土泵和 8 辆混凝土罐车作业方式。两台泵车由低处向高处、由边缘向中心呈扇形推进，连续浇筑，两层的间歇时间不超过 2.5h（混凝土初凝时间经现场试验确定）。混凝土捣固采用插入式振捣棒，应按厚度分层，二次重复振捣后采用平板振动器拉平，并用木抹压实、铁抹压光。

6.5.3　构件安装就位

1. 准备工作

吊装的构件包括柱、梁、顶板及池壁板全部委托预制。进场前，有关方对预制构件进行强度、抗渗试验复验，并对结构尺寸、外观质量及试验数据资料进行检查验收；在构件上标注中心线和标高控制线。

2. 构件安装顺序与要求

(1) 杯（槽）口底高及中心测量放线；清理杯（槽）口，按设计标高修整；

(2) 预制柱吊装调正，浇筑第一次细石混凝土；

(3) 拆除柱杯口的临时加楔，浇筑第二次缝；

(4) 预制梁吊装、找正、焊接；梁接头绑筋、支模及浇筑二期混凝土；

(5) 预制顶板吊装（内部）及浇筑圈梁二期混凝土；

(6) 预制壁板安装；

(7) 预制外圈顶板安装；

(8) 池壁缝填充、处理。

3. 预制柱吊装

(1) 吊装前，柱杯口上放十字柱中心线。对柱杯口底进行检测，欠缺处用灰浆修补，柱长和柱身垂直度量测；误差超标的，要事先进行剔凿或修补。

(2) 构件进场后，直接用塔吊吊至预定位置安装。

(3) 构件要预先就位和编号，并将柱头部分加设木箍或角钢箍（用螺杆固牢），以便固定和支撑用。

(4) 吊装时，将柱中心对正杯（槽）口上的十字线，并调好垂直。先用硬木楔在柱口背紧，上部再用支撑支牢（支撑固定在预制柱箍上）。

(5) 重新调整时，用两台测量仪器，垂直向对支柱中心及垂直度进行校核调整。

(6) 固定后，在杯口内分两次灌注细石混凝土，同时加强养护。

4. 预制梁吊装（曲梁或直梁）

(1) 吊装前，对构件尺寸进行检查。弹出梁端的中心线。梁端施工缝要进行凿毛处理。

(2) 吊装时，对准中心线。为防止曲梁重心偏移失稳，在梁中部加支撑。待端头焊牢、二期混凝土浇筑完成并达到设计强度后，再拆除下部支撑。

5. 预制顶板吊装

按型号，在板面上编号；事先检验沿环梁周长分环定位。梁与板搭接处，铺水泥砂浆，并严格控制板上顶高。以免上部出现过大的错台，造成上部防水砂浆的厚度不均。

6. 预制池壁板吊装

(1) 在吊装前，对每一环壁板尺寸偏差和外观质量做严格检查，并进行整修。

(2) 在环形杯槽部位弹放墨线，标出每块池壁板的位置和编号，以保证壁板直径和壁板之间填缝的尺寸准确。

(3) 为了确保壁板的垂直，对每块壁板都要做垂直度量测，杯槽下部用木楔背紧，上部用拉杆与内环顶板钢筋吊钩拉接；然后吊装外环顶板，并与壁板顶部预埋铁件点焊固定。

6.5.4 缝部处理

1. 壁板缝的处理技术要求

（1）板缝不允许开裂。预制装配式预应力圆形水池要保证预应力钢筋或钢丝不被腐蚀，特别是预应力水池的混凝土壁较薄，满水时须满足不渗漏要求；耐久性设计还要考虑混凝土的碳化、钢筋的腐蚀，因此要求板缝不允许开裂。

（2）为防止裂缝，还要消除振动对壁板的影响；在浇筑板缝混凝土时，顶板与壁板要全部安装完毕，并与内环顶板拉接完毕。

（3）确保板缝间新旧混凝土的良好结合。关键是对池壁板侧向施工缝做好凿毛处理，凿毛时需将旧混凝土表面的浮浆去除，使其露出坚固新茬；不得破坏混凝土棱角，应使用钢丝刷刷净表面浮砂和灰渣。

2. 板缝混凝土施工

（1）内模一次支齐，外模随浇筑、随支设；内外模板采用止水螺杆拉接固定，模板、支架连接、工作台架方式如图 6-12 所示。混凝土应分层浇筑、振捣，在浇筑后 4～6h 止水螺杆松扣、抽出，遗留的螺杆孔眼用特制水泥砂浆填充密实。

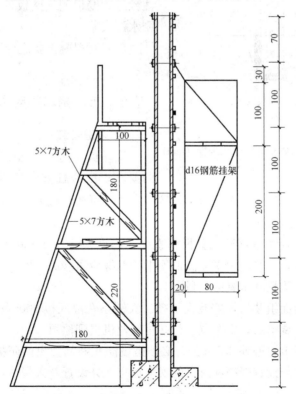

图 6-12 壁板缝模板与支架示意（单位：cm）

（2）板缝混凝土宜选用微膨胀水泥或掺加微膨胀剂拌和的混凝土。水胶比不大于 0.5，坍落度控制在 800～100mm 之间。每条板缝在浇筑混凝土前，应洒水浸湿；板缝底部在灌注混凝土前要清除积水；且注入水泥素浆或刷涂界面剂，以利新旧混凝土界面结合牢固。板缝混凝土要连续浇筑，一次浇筑到顶部设计标高。

（3）壁板缝二期混凝土浇筑后养护，沿池壁上顶安装环状花管淋水养护，板缝处覆盖麻片或草帘保湿养护，时间不少于14d。

（4）养护结束，应及时进行杯槽缝的处理。

（5）缠丝由池壁顶向下依次进行，每二环锚固一次。

（6）绕丝预应力完成后，内壁板板缝处抹250mm宽的水泥砂浆防水层；壁板缝要凿毛，迎水面刷浆并按防水砂浆的五层作法处理。

3. 池壁环形杯槽的处理

（1）清理干净杯槽的泥砂和灰浆。用高压空气吹净、吹干杯槽。杯槽内在绕丝前灌150mm深的柔性防水填料（玛蹄脂或密封膏），槽侧下部刷沥青冷底油。

（2）绕丝后，在环形杯槽外灌柔性防水填料，内侧填注应力水泥砂浆或微膨胀细石混凝土；见图6-13所示。

（3）杯槽外上部，则将二期混凝土直接灌注预应力壁板侧（壁板外壁清刷干净），并蘸刷水泥素浆。

（4）对混凝土要进行重复振捣和淋水覆盖养护。

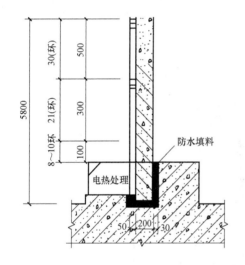

图6-13　池壁板预应力筋与杯槽结构示意（mm）

6.5.5　绕丝预应力施工

1. 设备安装

绕丝机及其配套机具安装应符合施工方案的要求；中心柱安装应准确，中心柱、回转臂、回转吊臂、绕丝小车吊架等各部的连接应牢固、可靠；施工安全技术交底符合规定。

2. 作业前检查与试运行

（1）从上到下检查池体直径、壁板垂直度，容许误差在10mm以内。将外壁清理干净。壁缝填灌混凝土，毛刺应铲平，高低不平的凸缝应凿磨成弧形。

（2）检查钢丝的质量和卡具的质量。

（3）绕丝机在地面组装后，安装大链条。大链条在离底板500mm高处沿水平线绕池一周。穿过绕丝机，调整后，空车试运行并将绕丝机提到池顶。

（4）绕丝小车行走轨迹外2.5m处，必须搭设防止断筋弹出的防护栏杆柱，经检查确认安全；作业现场必须设置围挡和醒目的安全标志，并设置专人警戒，非作业人员禁止进入围挡内。

3. 钢丝接头

预应力钢筋的接头宜采用电动绑扎机进行。绑扎前，应先安设锚具将预应力钢筋锚固，绑扎接头位置距离锚固槽中心不得小于1.5m；搭接长度不得小于预应力钢筋直径的

50 倍；绕丝绑扎的长度不得小于预应力钢筋直径的 40 倍。

4. 预应力绕丝技术要点

（1）绕丝自上而下进行，第一圈距池顶的距离应按设计要求或依绕丝机设备能力确定，且不宜大于 500mm。

（2）每根钢丝开始绕丝，卡具是越拉越紧的。末端使用同一种卡具，但方向相反，绕丝机前进时，末端卡具松开，钢丝绕过池一周后，开始张拉、打卡具。

（3）一般张拉应力为高强钢丝抗拉强度的 65%，控制在 1kN 误差范围内，要始终保持绕丝机拉力不小于 20kN，当超张拉在 23～24kN 之内时，应不断地调整大弹簧。

（4）应力测定点从上到下宜在一条竖直线上，以便于进行应力分析。可在一根槽钢旁选好位置。打卡具、测应力同时进行。

（5）池壁两端不能用绕丝机缠绕的部位，应在顶端和底端附近部位加密（见图 6-13）或改用电热法张拉；施加应力时，每绕一圈钢丝应测定一次钢丝应力，并作记录。

6.5.6 满水试验

预应力张拉结束后，按照满水试验方案注水进行满水试验；分次注水，每次间隔 24h；杯槽缝和壁板缝是水池渗水的关键部位，必须仔细观察，以保证严密无渗漏。

第二次注水后发现 2～3 条壁板缝渗水，经过 48h，渗水处已不见水滴；继续注水达到设定水深后未见渗水处再出现水滴。

对板缝渗水的成因分析如下：

（1）壁板竖向施工缝结合部位混凝土不够密实；

（2）板缝混凝土振捣不够密实；

（3）由于温差或振动影响，造成板缝开裂；

（4）预应力钢丝的张拉控制应力不足或预应力值损失过大，致使池壁在满水后向外变形，板缝拉裂。

经对施工记录和现场情况综合分析，认为属于上述第一种情况；虽然持续充水状态已导致密实不足之处得到改善，但在投入运行前，还应及时进行修补。

6.5.7 池壁喷射保护层

满水试验合格后在满水条件下，及时安排喷射水泥砂浆保护层。施工前安排专人对喷射面进行处理，重新搭设脚手架。

经与设计方协商，原设计水泥砂浆变更为 C20 细石混凝土，在现场试验的基础上确定了施工配比、初凝时间和终凝时间。

人工喷射混凝土保护层自上而下，分层交圈施工；池壁保护层厚度设有控制标志，专人检测。

水泥砂浆保护层达到设计或施工方案要求的强度后，安排专人切断孔洞处预应力钢筋；作业前，孔洞处应安设防止预应力钢筋切断后回弹伤人的安全防护措施；剪切预应力钢筋时，应站在孔洞侧面，避开预应力钢筋回弹方向；剪切应自孔洞中心位置开始，上下对称或交错进行。

地下部分池体外壁按照设计要求，涂刷沥青冷底子油防腐层。

6.6　电热张拉预应力装配式水池施工实例

6.6.1　工程概述

某水源工程配水厂新建两座半地下式圆形沉淀池，池内径为 35.0m，池内有效深度 5.0m。斜锥底板钢筋混凝土现浇施工，厚 600～400mm，强度等级 C25、抗渗等级 P6；壁板由 88 块 5.5m×1.0m，厚 200mm 内直外弧的预制混凝土板装配而成，混凝土强度等级 C30、抗渗等级 P6。

预制壁板的下端插入水池底板预留的杯槽中，预制板之间采用预留套筒内插 $\phi28mm$ 主筋连接，板缝混凝土为 C35 细石混凝土，壁板接缝内外模板为钢模，防水对拉螺杆紧固。

环绕整个水池壁板外表面自下而上设有 45 环预应力钢筋，预应力钢筋采用 $\phi18mm$ Ⅱ级钢筋，每环分 4 段张拉，主筋 180 根，采用钢筋滚轧直螺纹等强度连接；预应力筋张拉为电热张拉工艺。主筋两端采用螺丝杆固定，螺丝端杆 M20×1.5 L＝320mm，为冷拉Ⅱ级钢筋；通电加热后用卷扬机冷拉施加预应力。

水池壁板外侧的预应力钢筋采用喷射水泥砂浆封闭作保护层。

施工工艺流程：

垫层→底板（杯口、环槽）→构件预制与安装→池壁缝浇筑→预应力筋电热张拉→满水试验—喷射保护层。

6.6.2　地基处理与底板施工

冬期施工需考虑池底基础防冻措施，通过对多个方案进行技术经济分析比较，确定采用换填处理地基方法：采用天然级配砂石，换填深度为 300mm。通过冬期考验，验证了防冻胀预期效果。

150mm 厚 C15 混凝土垫层浇筑施工，是保证底板施工质量的关键环节，必须控制好混凝土表面标高和按照施工方案的位置设置预埋件。

池壁与底板连接处设有环形杯槽（见图 6-14），因此池底结构和受力都较为复杂，致使设计配筋也相当复杂。壁板环形杯槽为独立配筋，底板为不连续的双层钢筋网。施工方案确定水池底板（杯槽）一次浇筑成型，不设后浇带。施工技术要求如下：

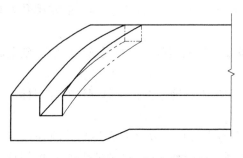

图 6-14　环形杯槽剖面示意

（1）底板各部位几何尺寸的精确度控制，模板采用钢制模板，采用三角形钢架支撑固定在垫层预埋件上，池壁环形杯槽采用木模吊模，固定在侧模支架和钢筋上。

（2）底板预埋管件位置准确，在钢筋骨架中部位焊接止水环，保证衔接部位的抗渗性能。

（3）底板混凝土裂缝控制：混凝土配比经现场试验，控制水胶比不超过 0.45，现场坍落度控制在 120～140mm 之间；入模温度不超过 25℃。

钢筋安装前先在垫层上弹出池结构控制线和钢筋分布线，底板钢筋应一次绑扎完成；先绑扎下层筋，再绑扎上层筋；要控制上下层钢筋的间距和保护层，在上层钢筋和下层钢筋支架上设置排架筋，排架筋下加混凝土保护层垫块，每平方米必须设有一块；防止垫块不足或损坏导致钢筋触底，以保证池底混凝土的抗渗性能。

底板混凝土（池壁杯槽）一次浇筑；确保壁板外侧与壁板缝结合严密，保证池底与池壁连接部位的抗渗漏性能。

环形钢模板整体刚度高，钢模外两侧焊有 L50 角铁，角铁上端固定在悬挑钢管上。为防止混凝土浇筑过程中跑模，影响杯槽浇筑质量，环形钢模底和侧面固定水泥砂浆垫块。在环形钢模板底部每延米开有直径 10mm 孔，以防止模板底部混凝土窝气，确保杯槽混凝土施工质量。

底板浇筑混凝土时，在环形杯槽模板两侧均匀布料，不得将泵管对准吊模布料。振捣时，插入式振捣器从吊模两侧斜插振捣，不得将振捣器碰撞吊模；布料时，一次使混凝土面超过吊模底约 100mm，振捣使其表面沉陷，并包裹吊模底部，不使吊模承受过大浮力。间歇半个小时后，再次浇筑混凝土到底板表面高程。

6.6.3 壁板安装就位

预制壁板安装顺序：底板（杯槽）→立壁板→池壁接缝处理→灌注壁板立缝→电热张拉→喷射保护层。在上一道工序的现浇混凝土达到一定强度要求后方可进行下一道工序。

壁板吊装前，水池底板的混凝土杯槽上应按壁板的实际宽度逐块弹线，按照设计图纸在池底板处标注安装控制线和标高线，确保壁板对称就位，标高一致，以使预应力钢筋位于相同的标高。

壁板采用塔吊顺序吊装，待壁板下端进入杯槽后对准控制线后落地，在吊绳吃劲状态下用手摇千斤顶进行轻微调整，使壁板准确就位后背紧木楔，用气泡式水平池检测调整，使壁板垂直。

壁板全部吊装就位后，应复核水池环向尺寸；设计要求池壁上下周长尺寸偏差不得大于 100mm，经实测上下周长尺寸偏差为 10～60mm。保证了水池上下各环预应力钢筋基本等长。

6.6.4 电热预应力施工

根据设计要求和现场条件，冷拉设备选用慢速卷扬机配套滑轮组（定滑轮和动滑轮各一个），现场设有锚桩来固定卷扬机，提升架移动装置为滑轮组和专用卡具。

冷拉设备最大拉伸能力按公式（6-3）计算：

$$Q=S/K-F \tag{6-3}$$

式中　Q——冷拉设备最大拉伸能力，N；

　　　S——卷扬机吨位，N；

　　　F——设备系统阻力，本设备系统按 19.6kN 计算；

　　　K——滑轮组省力系数，按公式（6-4）计算：

$$K=\frac{f^n(f-1)}{f^n-1} \tag{6-4}$$

式中　f——单个滑轮的阻力系数，取 1.04；

　　　n——系统滑轮组工作线数，本系统为 9。

　　K 计算值为 0.134。

　　经计算施工所采用的冷拉设备系统的最大拉伸能力为 182.7kN。

　　冷拉速度应按公式（6-5）计算：

$$v=\pi DM/n \tag{6-5}$$

式中　v——冷拉速度，m/min；

　　　D——卷筒直径，340mm；

　　　M——卷筒转速，7r/min；

　　　n——滑轮组定轮数。

　　经计算，所采用的冷拉设备系统的冷拉速度 $v=0.83$m/min。

　　电热张拉伸长值可按公式（6-6）计算：

$$\Delta L=\Delta L_1+\Delta L_2$$
$$\Delta L_1=\sigma_k+30/E_s\times L$$
$$\Delta L_2=绝缘垫片数\times1mm \tag{6-6}$$

式中　ΔL——电热张拉伸长值，mm；

　　　ΔL_1——预应力筋伸长值，mm；

　　　ΔL_2——绝缘垫伸长值，mm；

　　　σ_k——张拉控制应力，MPa；

　　　L——锚固肋间长度，mm；

　　　E_s——钢筋弹性模量，MPa。

　　经计算电热张拉伸长为 57.5mm。

　　钢筋张拉达到计算值时，所需电热温度可按公式（6-7）计算：

$$t=\Delta L/\alpha L \tag{6-7}$$

式中　t——钢筋电加热温度，℃；

　　　α——钢筋线膨胀系数；

　　　L——锚固肋间长度，m；

　　经计算出施工采用的钢筋电加热温度为 178℃。

　　考虑环境温度等因素，确定施工所需电热张拉设备功率，并取 1.15 倍安全系数。每根钢筋加热时间约 15～18min，满足施工要求。

　　电热张拉前，用拧紧螺母的方法使各预应力筋松紧一致，建立相同的初始应力（即 10%），并做出测量伸长值的标志；在建立初始应力后的钢筋两端安上电夹具使钢筋构成通电回路，通电前读输入电压、电流，通电后立即读输出电压、电流，并做好记录，注意仪表读数的变化，根据这些数据判断电热进程是否正常，有无分流现象，发现异常立即断电检查，排除分流原因，再行通电张拉。钢筋通电受热而伸长，当略超过计算伸长值后，应断电迅速拧紧螺帽，取下电夹具，这段钢筋的电热张拉即告结束，钢筋反复电热次数不宜超过 3 次。

预应力筋的螺栓端杆与螺帽的焊接应在断电 2～3h 后进行。电热过程中，钢筋温度不得超过 250℃。为减少池壁对钢筋的摩阻力，使钢筋伸缩自如，应建立均匀的预应力。在通电前、通电过程中、断电后 5～10min 内，均要认真用木锤敲打钢筋，并及时填写电热记录表。张拉应力采用应力和伸长值双控，设计冷拉控制应力为 450MPa，拉伸率不大于 5.5％。

电热张拉顺序：先张拉底下一环，再张拉顶上一环，然后按自上而下、自下而上的顺序，交替进行张拉，把最大环拉力区段即池底 0.3～0.5H（H 为壁高）、底部以上 1.5～2.5m 之间的钢筋安排在最后张拉。

实践表明：选用的紫铜卡具过电流面积和 3mm 厚胶木绝缘板绝缘性能均满足施工要求；电热张拉过程中应严格控制预应力筋的水平布置，若出现预应力筋段下垂很难调平，应在壁板上标出每根钢筋的准确位置，用水泥钉固定，如图 6-15 所示。在电热张拉过程中必须密切配合加热、紧螺杆、木槌敲打钢筋。

6.6.5 满水试验

水池分三次注水到达预定水位，第一次向池内注入清洁水至杯槽以上 200mm，发现池周有数条板缝有不同程度的渗水现象，尽管未形成线流，但是洇湿面积最大达 0.34m²。经分析，认为其原因在于板缝混凝土浇筑过程中，对拉螺杆直径不够，因承受较大拉力产生变形，拆模时螺

图 6-15 池壁固定预应力筋

杆复原，造成螺杆周围发生混凝土微裂；虽然螺杆设有止水环，水在压力下仍会从缝隙中渗出。经现场试验确定，对渗漏缝隙进行高压注浆后喷涂水泥基渗透结晶型防水剂。

修补后再次满水试验显示：防渗处理效果很好，满水试验合格。水池运行 5 年后检查，未发现渗漏现象。

工程实践表明：电热张拉预应力张拉工艺在一定工程条件下是可以选用的，严格按照工艺流程和标准作业，就会取得较好的技术经济效果。

6.7 环向张拉预应力装配式水池施工实例

6.7.1 工程概述

某水厂新建两座调节池，水池内径 42.5m，池高 5.3m，半地下式。钢筋混凝土底板厚 550～350mm，混凝土强度等级 C25，防水等级 P6，抗冻等级 F150，采用现浇施工工艺。池壁由预制壁板装配而成，预制池壁板宽 1050mm，厚 250mm，混凝土强度等级 C30，防水等级 P6，抗冻等级 F150；预制板接缝宽 150～200mm，混凝土强度等级 C35，

防水等级 P6，抗冻等级 F150。

设计采用环向张拉法预应力，池壁外侧环向布置有粘结预应力筋 24 环，锚固在 4 根现浇扶壁柱（宽 1050mm，厚 450mm）上，混凝土强度等级 C35，防水等级 P6，抗冻等级 F150，扶壁柱预埋锚垫板及螺旋筋（见图 6-16），现场按逆时针方向一次编号。

池壁环向预应力筋束，每环采用 180°包角，上下相邻预应力筋张拉端错开 90°，张拉、锚固在相邻的两根扶壁柱侧面，如图 6-16 所示。有粘结预应力筋束直径 ϕ15.24mm，标准强度 $f_{ptk}=1860\text{N/mm}^2$，每根预应力筋张拉力为 $1860\times0.7\times140=182.0\text{kN}$；采用夹片式锚具。

图 6-16　现浇扶壁柱与张拉锚固

为了使池壁获得足够的预压应力，在施加预应力阶段将池壁与底板之间做成滑动连接，张拉完毕后，封填杯槽，在壁板外侧喷射 50mm 厚 C30 细石混凝土。

施工工艺流程：

底板现浇──→预制板安装──→板缝混凝土──→现浇扶壁柱──→现浇池顶圈梁──→穿入预应力筋──→预应力张拉──→喷射混凝土保护层。

6.7.2　底板、扶壁柱现浇施工

底板一次混凝土现浇施工，4 根现浇扶壁柱需在底板上 250mm 处设施工缝，导墙和环形杯槽外壁采用木质吊模，固定在顶板钢筋上。杯槽外壁、导墙与底板的混凝土应同时浇筑，不应留置施工缝，施工有较大的难度。

为控制底板混凝土施工精度，在垫层施工时采取了控制轨、刮杠（尺）等高程控制措施。底板下垫层混凝土达到预定强度后，即安排高程检测，以调整底板混凝土保护层垫块厚度。

钢筋加工制作前应认真核对图纸，严格按技术规范和设计要求确定下料长度，确定钢筋接头位置，主筋接头全部采用锥螺纹连接，每根主筋都编号，现场和图纸等级一致。为控制底板钢筋的间距，现场绑扎时采用卡环，杯槽外壁和扶壁柱导墙插筋的位置必须保证准确，上层筋与下层筋之间采用梯形排架筋固定。排架筋底部以梅花形安放保护层砂浆垫块，竖向筋外侧与模板内侧之间使用四氟聚乙烯垫块。

现浇混凝土底板侧模采用厚 18mm 覆膜板，现场放样加工，50mm×100mm 方木作背楞角，50mm×100mm 三脚架作为刚性后背支撑在垫层埋置的钢筋上；环向设有两道由 ϕ22mm 螺纹钢筋做成的箍筋。在底板的杯槽安装模板前，应复测杯槽中心线位置；杯槽

吊模必须安装牢固，并用砂浆垫块挤住。

底板浇筑时正值夏季，日最高气温达 35℃；浇筑施工选在清晨 6 点钟开始，两台泵车配备 10 辆混凝土运输搅拌车；现场坍落度控制在 140～160mm 之间，入模温度控制在 23～25℃，气温升高时及时采取加冰措施。混凝土采取不分层由池中向外扇形推进，6 台插入式振捣器和 3 台盘式抹光机进行振捣压实作业，地板表面高程控制措施同垫层施工。

底板保湿养护 14d 后，即开始预制池壁安装和扶壁柱续接施工；4 根扶壁柱分次与装配式池壁构件缝混凝土交替浇筑成型，混凝土保湿养护至混凝土强度达到设计强度的 75% 时开始安排壁板安装与板缝混凝土浇筑。

6.7.3 壁板预制与安装

1. 预制与运输

预制池壁板分包给专业构件厂生产，构件生产前，施工、设计、监理等方面人员共同确认了预制构件与现浇结构之间、预制构件之间的连接方式和节点细部做法。

预制构件混凝土强度达到设计强度后，移动到构件厂专门的堆放场地，并按照设计要求进行支垫；每块板都按照事先确定的方案统一编号。吊运前有关人员到场进行外观检查、验收相关出厂检测合格证明资料，有裂缝的构件应进行鉴定。

所有预制构件由构件厂的运输部门采用专用拖车运输进场，按照预定位置布放、支垫。

2. 安装施工

经进场复验合格后，在壁板上标注安装控制线；同时在底板上测放控制线和控制高程线。并将连接部位的混凝土凿毛，清除浮渣、松动的混凝土。按照施工方案，现场设有移动式塔吊，采用三点法吊装，吊绳与构件平面的交角不应小于 45°；设有专人指挥起吊。

构件按照安装顺序就位，落底前安装人员应用手稳住板下端将其插入杯槽口对准安装线徐徐下落，对线时，应先对准两个小面，然后平移板对准大面；再次，复查对中线后落地。落地后先不松吊绳，使壁板在保持垂直状态下背木楔紧固，每面设有钢管临时支撑；安装的构件安装就位后，采取型钢架设置临时固定。待壁板构件预留筋焊接并浇筑板缝混凝土，混凝土强度达到设计强度的 75% 及以上时，方可拆除支撑。

6.7.4 板缝混凝土施工

壁板接缝部位凿毛露出新茬，拔直调整侧面的预埋筋，按设计要求进行连接（或焊接）。壁板接缝的内外模均采用木质模板，ϕ14mm 防水止水对拉螺栓固定，每层 2 根，池高度方向中心距不大于 900mm，预先加工成长为 1000mm 的模板块。在保证混凝土不致离析的条件下，宜一次安装到顶；采用微膨胀细石混凝土接缝，混凝土强度 C35，水胶比应小于 0.5。现场坍落度控制不得超过 100mm，采用塔吊料斗和流管，混凝土分层浇筑厚度控制在 200～250mm，采用 30 型长轴插入式振捣棒，配合人工插捣。

接缝混凝土浇筑应根据气温和混凝土温度，选择当日壁板缝宽较大时段进行；板缝混凝土浇筑完成后立即采用水浇草帘养护，持续 16d。

池壁预应力施工结束后及时进行池壁杯槽灌缝，施工顺序：先灌外杯槽混凝土，后灌内杯槽；在灌缝前应将槽杯清洗干净，接缝的壁板表面应洒水保持湿润，模内应洁净。

6.7.5 预应力施工

有粘结预应力筋选用高强度低松弛预应力钢绞线，$f=1570\text{MPa}$，$d=15.2\text{mm}$。锚具采用垫板连体式夹片锚具，选用连接器性能均符合《预应力筋用锚具、夹具和连接器》GB/T 14370—2007 的规定，主要锚固零件采取镀膜防锈。

预应力筋束按设计位置安装，为保证预应力筋同环水平一致，在安装好的壁板上放出控制线，在预制池壁用水泥钉固定钢绞线，如图 6-17 所示。

图 6-17 预应力筋固定

（1）张拉准备工作

两组人员 4 台套前卡式千斤顶，施工前所有张拉设备、仪表进行配套标定。全体作业人员经过安全技术培训合格。现场搭设一步脚手架和工作平台，满足安全作业要求。

（2）张拉顺序

一组两台套千斤顶先在 1 号和 2 号扶壁柱两端相向同时张拉，并自上而下张拉；然后另一组两台千斤顶在 3 号和 4 号扶壁柱两端相向同时张拉，并自下而上张拉。

（3）张拉程序

第一步，张拉应力控制在 35% 设计值；第二步，继续张拉至 60% 设计值；第三步，继续张拉至设计值后超张拉 3%，持荷 2min 锚固。

采取应力和伸长值双控指标，如伸长值达不到预定值时，应停止继续张拉作业，分析原因确定具体措施后再作业，或反复张拉直至达到预定值。

扶壁柱张拉端封锚参见图 5-38。

6.7.6 满水试验

水池试水前，对池体结构及进出水管、闸门进行全面检查和试验，防止出现漏水、爆管、水淹等事故，造成地基下陷、池体破坏。

第一次注水至池深 1.5m，第二天观察发现距水池底板约 100mm 处有漏水点，静置 24h 后漏水点不再出现；继续注水直至试验合格。水池已经运行 6 年，未出现渗漏现象。

第7章 清 水 池

7.1 结构特点与施工工艺

7.1.1 结构组成特点

清水池是给水厂中容积最大，也是最重要的构筑物之一，有着调节水量、消毒反应器和贮水等多重作用，被称为调蓄构筑物。通常为地下式或半地下式，采用钢筋混凝土结构，池内设有立柱、导流墙；池顶板通常采用无梁楼盖结构形式，底板与顶板之间设有现浇的方（圆）形截面的池柱。柱与底板的连接形式根据地基承载能力和底板厚度情况，采用放大柱脚或等柱截面的做法。池顶部设有通气孔、人工（检修）孔。容积数万立方米的钢筋混凝土清水池的长度（直径）超过50m时为避免出现温度收缩裂缝造成渗漏，必须设计变形缝（引发缝）或后浇带，将池体分成若干结构（施工）单元，需要分次浇筑后形成池体结构。

采用一定模数设计将池体分成若干结构单元的清水池被称为单元组合式结构清水池。矩形清水池多采用平面尺寸15m×15m为单元模数，将水池底板、池壁、顶板设计为不同组成的单元组合式结构，以满足不同容量的大型水池结构设计与施工需求。圆形水池则通过池底板的后浇带设计将池底板（壁）划分成数个单元，如图7-1所示。

图 7-1　圆形清水池底板后浇带施工单元划分

单元组合式结构简化了钢筋混凝土现浇作业，有利于模板支架定型化，便于流水作业，提高施工功效；不但降低了建筑材料不必要的消耗，而且水池抗裂防渗性能良好。20世纪80年代西方国家在大型钢筋混凝土水池工程中开始采用全现浇"单元组合式"结构。我国在20世纪90年代消化吸收国外水厂工程先进技术，"单元组合式"水池结构设计及施工形成了成套的综合技术。21世纪以来，英国、德国等西方国家的大型调蓄水池采用单元组合式结构仍时见报道。

21世纪以来，我国水厂新建的大型清水池，基本上采取全现浇钢筋混凝土结构。为满足建设工期要求和适应建筑市场需求，设计采用单元组合式结构较少，更多采用设置变形缝和后浇带，而后浇带常被变更为膨胀加强带，形成混凝土连续浇筑，尽可能减少结构设缝，以保证池体防渗漏功能。为避免大型水池施工产生温度收缩裂缝，还采用在底板下设滑动层或采用预应力混凝土等新技术。

为了节省占地、节约工程费用和便于运行管理，将工艺处理流程相接的数个单体构筑物组合在一起形成组合式构筑物。如格栅间、集水池、提升泵房组合为一组构筑物（见图7-2）；进水井、预臭氧接触池、机械混合井组合为一组构筑物；机械加速澄清池、膜池、主臭氧、炭吸附池组合为一组构筑物；清水池、吸水井、配水泵组合为一组构筑物。

组合式构筑物采用现浇钢筋混凝土结构，平面或立体由多个单体构筑物组成，结构组成较为复杂。组合池体通常属于超长结构，底板、池壁厚度或不增加，但是结构受力复杂，需考虑差异沉降等影响，在不同单体构筑物之间设有变形缝或引发缝（又称诱导缝、控制缝）。

组合式构筑物在工艺上能够单独运行，可以满足工艺流程要求，增加运行管理的灵活性；且有效地利用了空间，节省占地。组合式构筑物能适应城市水厂分期建设、分系列运行的建设管理模式，适用于现有城市水厂的升级改造工程和城乡中小型水厂分期投资建设。

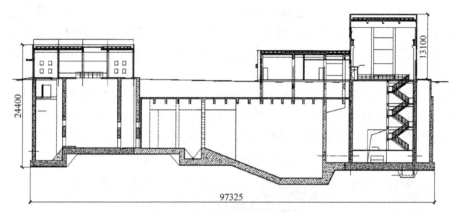

图 7-2　组合式构筑物剖面示意

7.1.2　单元组合式水池施工工艺

1. 施工特点

将钢筋混凝土水池分成若干单元结构（施工单元），在设计模数标准化和通用性的基础上，实现单元组合式水池结构体系，可适用于容积不同的水池设计与施工。单元结构连接采用设有中埋式止水带的变形缝，充分发挥了变形缝的结构特点，能有效地控制温度、湿度收缩裂缝，从而避免池体渗漏。将整体水池分解成若干个单元施工，模板、钢筋、混凝土一次施工量较少且相对固定，有利于组织流水和均衡作业，降低施工成本，有效地控制施工质量。

单元组合式水池与系列如"SZ"系列组合模板支架等体系相辅相成，不但保证了施工质量，提高了施工效率，而且降低材料消耗，有利于节能减排。但同时对施工机械化程度和作业人员素质均有较高要求。

单元组合式水池设计与施工所形成的综合技术代表给水排水构筑物工程技术发展方

向，在给水排水构筑物建设中有着推广应用前景。

2. 配套技术

（1）模板支架技术

与单元组合式水池施工配套的模板支架技术，如按照标准模数设计加工的定型钢模板、连接配件、支撑花梁和可调杆件，适用于一定尺寸（如 15mm×15m）单元划分的矩形水池施工，装拆快捷，连接牢固，配套性好，适应性强。国内开发的 SZ 模板支架体系在矩形水池应用的基础上还发展了曲面组合钢模板，使其不但适用于矩形水池施工，也可适用于圆形水池施工。

国内给水排水构筑物施工在采用 SZ 系列模板或建筑组合模板基础上，发展了钢大模板和钢框覆膜多层板大模板体系，可保证水池施工质量，适用于清水混凝土设计要求。但是，采用厚钢板作为面板、型钢加工成为龙骨（肋愣），施工前需要针对不同工程条件，放样委托加工；现场需设有较大吨位的调运设备，且模板周转次数少，基本上一次摊销；成本高，适应性差。

工程实践表明：模板支架技术与施工工艺配套程度越高，施工质量安全越易得到保证，不但提高施工工效，而且材料消耗量小。反之，模板支架技术与施工工艺配套程度差，如大量采用木模板和扣件式支架，模板刚度差，模板、支架连接复杂，施工质量较差，施工效率大为降低，而且材料消耗量大。

（2）变形缝施工技术

变形缝施工是单元组合式池体施工的关键技术，变形缝通过止水带形成的严密性和结构变位自如是水池抗裂和防渗功能的基本保证。止水带可发挥柔性材料的高弹性，在各种压力荷载下产生弹性变形，从而可有效地预防水池温度和湿度引发的裂缝并起到减震缓冲作用。

国产橡胶止水带以天然橡胶和各种合成橡胶为主要原料，掺加各种促进剂及填充剂，经过硫化模压制成系列止水带产品（CB 型橡胶止水带如图 7-3 所示）。按型号可分为：CB 型橡胶止水带（埋入式中间有孔型，通称中埋式）、CP 型橡胶止水带（埋入式中间无孔型）、EB 型橡胶止水带（外贴式中间有孔型）、EP 型橡胶止水带（外贴式中间无孔型）。按材质可分为：天然橡胶止水带、氯丁橡胶止水带、三元乙丙橡胶止水带。按使用情况可分为：中埋式橡胶止水带和背（外）贴式橡胶止水带、钢边橡胶止水带、遇水膨胀橡胶止水带、平板式止水带。

橡胶止水带在工厂预制成型，现场对个别节点进行热融连接。根据水池单元设置情况，在每一个单元的一个边，只设一个中间接头，在底板与池壁间则不留接头，全部加工成十字形（见图 7-4）。

变形缝细部结构：埋置缝板（隔离板），如聚苯板或软木防腐板，缝的迎水面（顶部）填塞遇水膨胀胶条，缝隙上部注入密封膏（聚

图 7-3 中埋式止水带

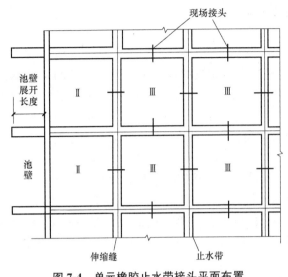

图7-4   单元橡胶止水带接头平面布置

硫或聚氨酯）；止水带下部以及腋角下部浇筑混凝土，振捣密实以保证止水带不发生位移。

止水带安装是个技术性较强的环节，需要作业人员有较高的技术水平。在绑扎钢筋之前应在垫层上或下层混凝土上弹出伸缩缝定位线，以确定伸缩缝位置；钢筋绑扎完成后安装止水带，止水带两端用定位钢筋（丝）或扁钢固定，以保证止水带中间空心圆环与变形缝中心重合。垂直设置的止水带应在定型钢筋上绑扎一定间距的混凝土垫块固定，并要保持其界面部位平展。水平设置的止水带中心标高需要严格控制，应在模板上弹出控制线来检查安装标高。浇筑混凝土时注意排出止水带部位空气，且不发生位移。

（3）流水均衡施工技术

单元组合式池体施工工艺流程：

开挖及地基处理→池底防渗层施工→浇筑池底混凝土垫层→池内防水层施工→底板分块浇筑→池壁分块浇筑→中心支柱浇筑→底板嵌缝→池壁防水层施工→功能性试验。

单元组合式池体施工在工艺上分解为若干个施工过程，按照施工过程可组建专业工作队（或组），并使其按照工艺流程依次连续地投入到各施工段，完成各个施工过程。相对固定的施工人员和设备依次、均衡、连续地完成工程项目的施工全过程，流水施工组织方式既能充分利用时间又能充分利用空间，是一种先进有效的作业方式。流水作业方式与专业化施工相辅相成，作业人员的技术熟练程度、机具配套水平是单元组合式池体施工方式的重要因素。

7.1.3   组合式构筑物施工工艺

为避免组合式构筑物中不同单体构筑物之间的不均匀沉降，设计上采用结构缝或构造缝。通常采用变形缝（抗震缝）或界面缝，变形缝（抗震缝）由橡胶止水带、缝板和密封剂组成；界面缝通常由缝板和密封剂组成。

组合式构筑物施工时，应依据变形缝和后浇带来具体划分施工单元（仓），并依据施工条件设置施工缝；应尽可能将施工单元分为类似形式，以便设计加工模板支架，促进定型模板重复利用和流水均衡作业。

变形缝施工流程：

缝位置放线→钢筋施工→止水带安装→模板封闭→先浇混凝土→先浇混凝土侧模拆除→成型填缝板定位→后浇混凝土。后浇混凝土即沉降缝另一侧混凝土浇筑，止水带须按设计就位固定，钢筋位置必须准确。

小断面构筑物变形缝的中埋式橡胶止水带通常需要在工厂内预制加工成型（沿池断面

的封闭环），底板和池壁钢筋绑扎时严格按照设计位置安装，现场施工时要务必保护好止水带，需要采用悬吊和临时支撑方式，使封闭的橡胶止水带在施工过程中完好无损，如图7-5所示。

小断面构筑物变形缝的中埋式橡胶止水带则需要在工厂预制成型的基础上，现场热熔连接。

组合式构筑物施工缝设置不但应考虑结构剪力和弯矩因素，还要考虑施工工艺需要。通常情况下，施工缝应由设计方确定，如现场施工条件变化，需变更原设计预留施工缝位置时，应与设计方洽商。

组合式构筑物编制施工方案时必须充

图 7-5　沉降缝止水带悬吊和临时支撑

分掌握组合结构的设计意图和工艺流程，施工部署与施工缝设置要考虑到钢筋绑扎、模板安装和混凝土浇筑等环节质量、安全要求。组合式构筑物底板浇筑施工最少分为两次，两条变形缝中间部位可一次浇筑，两条变形缝以外部分可一次浇筑，也可分次浇筑。

7.1.4　施工质量控制

清水池须经满水试验（见第4.5节）合格后方可投入运行。结构混凝土施工质量应符合表4-10的规定。

7.2　单元组合式清水池施工实例

7.2.1　工程概述

某净水厂新建清水池为大型钢筋混凝土水池，现浇普通钢筋混凝土无梁楼盖水池结构，设计容量38000m³，平面尺寸为90m×90m，组合结构净高度为5.6m，地下式；池顶覆土1.0m，池底板厚0.8m，池壁厚0.5m，顶板厚0.25m。池体混凝土强度等级C35，抗渗等级P8，水胶比≤0.5。清水池位于净水厂东侧，是净水厂中占地面积最大的一个单体构筑物（见图7-6）。

池体由36个单元（底板平面尺寸为15m×15m）组成，单元之间由变形缝中橡胶止水带连接；每个单元设有9根柱，池内设隔墙，隔墙设有溢流堰2处，墙厚300mm，墙顶距底板3.85m；池外壁地下部分刷防水水泥砂浆，内壁迎水面采用聚氨酯防腐层。

地质报告显示：池底持力层为软黏土层，地下水位于地面下4.0m，采用抗浮设计；基础抗浮桩为直径500mm混凝土灌注桩。底垫层为100mm厚C15混凝土。

7.2.2　施工方案

施工工艺流程：

灌注桩施工→土方开挖及支护→浇筑池底混凝土垫层→池内防水层施工→单元分块浇筑→立柱浇筑→池顶浇筑→池壁防水层施工→满水试验。

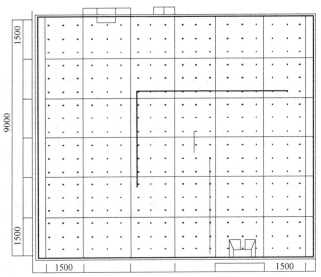

图 7-6   单元组合式清水池平面

　　施工现场地下、地上构筑物调查、确认、迁移后，进行混凝土灌注桩施工，先施工基坑护壁桩；基坑开挖到设计标高时进行基础桩施工。

　　浇筑混凝土垫层后进行灌注桩的桩头处理；钢筋混凝土底板、池柱、池壁、顶板施工分别按单元进行；水池底板应根据开挖及垫层施工进度分次浇筑完成，底板应"跳仓"施工；底板施工顺序：中单元（设有 9 根立柱）→角单元（设有 1～2 面池壁和 9 根立柱）→带隔墙单元（设有立柱和墙）→中单元→角单元。

　　水池施工工艺流程：

　　底板→池壁→池柱→顶板，池壁、柱、导流墙随底板施工及时跟进，最后进行顶板施工。

　　底板与池壁水平施工缝设在底板腋角上 300mm 处，顶板与池壁水平施工缝设在顶板腋角 250mm 处，池柱和隔墙水平施工缝位于底板以上 300mm 处。柱身、柱帽分两次浇筑，第一次浇筑至柱帽下，第二次连同柱帽一起浇筑至池顶板。

　　水池基坑边设置塔吊（见图 7-7）负责材料机具垂直运输。因施工现场距离商品混凝土场较远，场内设置混凝土自动化搅拌站，配备混凝土运输罐车和泵车。

图 7-7   现场塔吊配合施工

7.2.3   灌注桩与垫层

　　围护结构和池底抗浮设计采用直径 500mm 混凝土灌注桩，围护桩间加旋喷桩作为基坑止水结构。灌注桩施工如图 7-8 所示。

　　池底抗浮桩为摩擦-端承桩，密集桩呈梅花形布置；桩身混凝土设计强度 C30，桩长 27.5～32.5m。采用长螺旋钻机成孔，灌注混凝土后压入钢筋笼施工新工艺。

混凝土桩头按设计位置截桩（见图7-9），沉桩质量不合格的桩，按设计要求进行补救处理。

图7-8 灌注桩施工

图7-9 桩头处理与垫层浇筑

截桩施工完毕后，应随即浇筑混凝土垫层，垫层厚100mm，其侧模板采用50mm×100mm方木，垫层平面尺寸为底板结构尺寸周边增加100mm，混凝土强度等级为C15；垫层混凝土浇筑前，应按施工方案埋置用于支撑模板的预埋件。采用罐车浇筑、平板振捣器拖平、振实，混凝土随浇筑随压平抹光。垫层高程应严格控制，以保证底板施工精度。

垫层浇筑完成后，待混凝土强度达到1.2MPa后喷刷2遍沥青冷底子油，既可作为防水层，又可作为滑动层降低垫层对底板的约束，预防水池底板出现温度裂缝。

7.2.4 底板与导墙

底板的侧模采用木模板、100mm×120mm方木三脚架支撑（见图7-10），池壁和中隔墙的导墙采用木模吊模，用钢筋固定（见图7-11）。首先清除垫层表面泥土和积水；对垫层表面标高及平整度进行检验，弹出模板安装边线、中线的墨线；排布侧模板。调整好侧模位置后，用直撑和斜撑分别固定在垫层预埋件上。侧模支搭完成后，对其平面位置、尺寸和侧模顶部标高用仪器分别校核和调整。使其标高误差不超过5mm，轴线误差不超过5mm。

图7-10 底板侧模与支撑

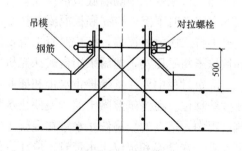

图7-11 隔墙的导墙吊模形式

　　底板钢筋为双向双层配置，应按照地板弹出的墨线排布主筋，主筋为 $\phi22mm$ 的 HB325 钢筋（见图 7-12）；带池外壁（或隔墙）的底板除预留柱插筋外，还要预留池壁导墙插筋。上下层钢筋骨架用梯架筋固定。混凝土砂浆垫块呈梅花状布置在梯架筋底部，间距 0.8m。

　　底板变形缝的缝板用绑丝固定在木板上，绑丝也甩在混凝土内，用以固定缝板使其在拆模后不致脱落。在定位止水带时，一定要使其在界面部位保持平展，止水带不得翻滚、扭结；橡胶止水带的接头采用现场电热硫化法连接，如图 7-13 所示。止水带端头，采用绑丝、钢卡或钢筋固定，确保止水带在混凝土中的位置准确。施工过程中要加强对止水带的保护。

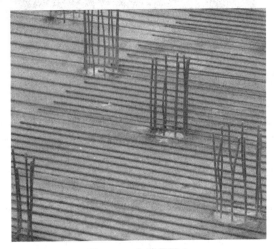

图 7-12　底板筋排布

图 7-13　止水带现场熔接

　　抗渗混凝土浇筑采用泵车入模，分层、分条浇筑，每层厚度 200～300mm；第一层混凝土的浇筑高度要稍高于止水带的高度（约 50mm），以防止水带下窝气。第二、三层浇筑到底板面；每层先采用插入式振捣棒按梅花状插捣，振捣棒的移动间距为 0.4m，在止水带部位要设专人插捣和排气。在混凝土表面不再沉落时，采用平板式振捣器将混凝土表面振实拉平。为控制好底板表面标高和平整度，事先在底板钢筋上设置标高控制轨，即用 $\phi48mm$ 钢管固定在可调高度的（带螺纹支架）支架上。支架临时固定在底板钢筋上。支架及控制轨的表面标高，事先按底板标高及坡度用水平仪调测完毕。在浇筑混凝土时，采用钢板刮尺在轨道上滑动，以控制其表面高程。

　　浇筑带池壁或中隔墙底板混凝土时先浇筑到池壁（墙）施工缝（导墙）；为防止池壁根部在浇捣时下沉，应在底板混凝土初凝前，再次浇筑到施工缝（导墙）顶面高度，同时还要进行二次重复振捣，底板混凝土也要两次振捣。在拆除高程控制钢管后，先用木抹子和铁抹子粗平压实，然后采用盘式抹光机压平压实。

　　浇筑过程中要注意保护止水带和插筋，布料和振捣要充分，但不得损伤止水带，不得使插筋移位。在浇筑混凝土前，要使止水带在界面部位保持平展，接头部分粘结紧固；浇筑过程中，适度的振捣使止水带在混凝土中定位，使其与混凝土良好的结合，以保证其止水效果。在浇捣和定位止水带时，应注意浇捣的冲击力，以免由于力量过大而刺破橡胶止水带，如发现有破裂现象应及时修补。

底板混凝土成活后，待表面硬化至手指按压无印痕时及时覆盖塑料薄膜。次日在底板上围砂堰放水养护，养护时间不少于 14d。

7.2.5　池壁（隔墙）施工

池壁由导墙、立壁（流水槽）组成，一般分两次支模浇筑，导墙采用吊模（见图 7-14）与池底板一次浇筑。从导墙到顶板下施工缝的池壁支模方式如图 7-15 所示。

池壁采用 SZ 组合模板或整体钢模板、花梁（或槽钢）作肋支撑，对拉螺栓平衡浇筑混凝土侧向水平压力，从导墙到池顶施工缝整体模板按照模数一次拼装成型，采用吊车整体移动。内外侧模板采用防水对拉螺栓紧固，并用 $\phi48$mm 钢管拉撑。单元池壁混凝土浇筑后视气温情况（一般不超过 24h）松开模板对拉螺栓，3d 后拆移模板，由塔吊或轮胎吊车纵向移动模板到另一单元池壁，继续下一个施工循环。

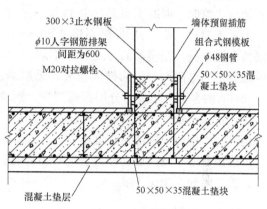

图 7-14　导墙吊模示意

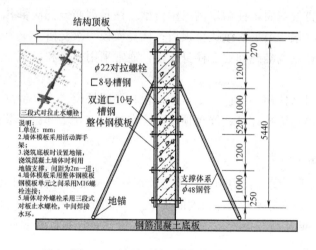

图 7-15　池壁（墙）模板安装示意

模板就位前，应对模板进行调整、除锈、涂刷脱模剂，对施工缝进行清洗并整修止水带。模板就位时，安装止水带，固定端头模板和缝模；调整模板位置及池壁模板厚度；逐根检查与调整内外模板的对拉螺栓，使丝扣拉结一致；校测和调整池壁模板的顶部标高以及模板位置。

内外脚手架采用扣件式管架，内外脚手架上标出池壁变形缝中心线或端头模板控制线；并加设池壁端头垂直方木，以控制水平筋位置；为控制钢筋骨架长向稳定和不变形，在绑定完成后，加设斜向"剪刀撑"钢筋。为使池壁内外模板对拉螺杆位置准确，可调整钢筋位置。池壁钢筋绑扎完成后，应固定保护层垫块或塑料卡环，每平方米应不少于 1 块。池壁钢筋经检验合格后，合拢内外模板，紧固对拉螺栓。

池壁单元与池底单元一样,采取间隔(跳仓)法浇筑,采用混凝土罐车和泵车的组合入模方式。现场通常留置一个单元作为出入池的运输通道,待其他部位浇筑完成后,最后进行封闭浇筑。

为保证池壁水槽施工精度,采用与池壁分开浇筑方式;水槽插筋弯折紧贴池壁内模板,待浇筑拆模后再调直。

池壁续接浇筑施工前,在施工缝处满铺一层 10～20mm 厚与混凝土同强度的水泥砂浆;池壁浇筑时,混凝土泵通过布料管直接伸入模板内布料浇筑;为保证混凝土分层下料,落差不超过 2m,每层厚度不超过 300mm,将池壁顶部钢筋套松开,采用长轴插入式振捣棒分层振捣。振捣器的移动间距不超过 400mm,每次插入下一层混凝土内。为消除池壁混凝土因湿陷而产生的横向裂缝,采取两次振捣和中途(浇筑 2.5～3.0m 高)暂歇 30～45min 的办法。然后再分层振捣到顶。到顶 30～45min 后,再对混凝土插捣一次,并用平尺、木抹子及铁抹子找平压实压光表面。

浇筑过程中应限制浇筑速度不超过 1.25m/h,以便降低模板侧压力和消除裂缝,消除水平沉陷微裂缝。浇筑后立即覆盖池壁顶部混凝土,以防日晒;并根据气温、覆盖、洒水养护,养护时间不少于 14d。

7.2.6 池柱施工

(1) 柱身为正方形截面,柱帽呈倒正棱台型。柱身钢筋分三次绑扎,混凝土分两次浇筑:第一次浇筑筑柱根,第二次续接至顶板;柱身模板一次支搭。

(2) 为了保证柱轴线准确和固定柱身模板,通常采用插筋和吊模方式与底板一起浇柱根或导墙混凝土。

(3) 第二次柱身(柱帽)续接施工,在柱根和导墙部位凿毛、清除表面浮浆,调整插筋位置,清理施工缝;绑扎柱身钢筋至顶板下;在柱根或导墙部位安装模板,浇筑混凝土后及时养护。

(4) 施工注意事项

1) 柱的轴线及垂直度、柱的顶面标高与顶板标高及坡度符合设计要求;

2) 在柱根混凝土强度达到设计强度的 25%(7.5MPa)后,方可剁斧凿毛;

3) 柱身钢筋长度及搭接位置按施工图预留,锥螺纹连接;柱身钢筋与底板预埋插筋按 50% 截面错开配置;

4) 为保证保护层厚度,需严格控制箍筋外缘加工尺寸,柱每侧 2 块,竖向间距不大于 0.8m 设保护层塑料垫块。

(5) 柱身模板采用特制钢模(见图 7-16),截面分为两半,用螺栓紧固。柱模板每侧加可调斜撑,斜撑下脚用拉杆互相索定;上部(柱帽部分)用水平支杆拉结,以确保柱身间距和垂直(柱模板支架见图 7-17)。柱轴线及垂直度用经纬仪放线校测。为保证柱帽上沿与顶板标高相符,每根池柱要事先按照顶板底皮的标高计算好,并用水准仪测量和标注在底板混凝土上,以便在安装模板时调整。为保证模板缝的严密性,采取软泡沫塑料条夹填在模板接缝处。

(6) 柱身续接浇筑前,应在模板内泵入同强度水泥浆 200～30mm 厚;混凝土的现场坍落度不超过 140mm,每次浇筑厚度不超过 500mm,分层灌注与振捣。柱帽浇筑完成后,

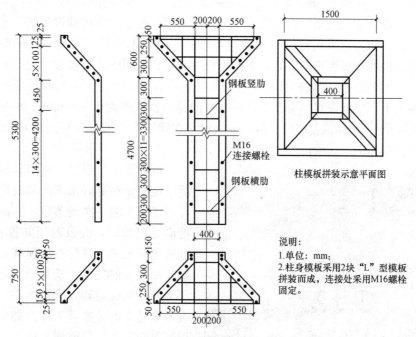

图 7-16 特制柱模结构示意

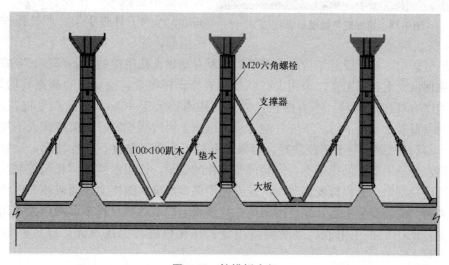

图 7-17 柱模板支架

要用平尺对柱顶混凝土找平，不使其高度伸入顶板内，并用木抹子对其表面拍实、搓毛。

（7）柱混凝土强度达到设计强度后，方可拆除模板；柱外包封麻布和塑料薄膜，淋水养护时间不少于 14d。

（8）柱模板拆除后，对柱轴线、尺寸、平整度及垂直度做全面的逐根的检验和记录。

7.2.7 顶板施工

池顶模板采用 SZ 系列钢模，支架为碗扣式支架，底部和顶部均设可调托撑。无梁楼盖顶板支架纵横向间距为 0.9～1.2m，沿 4 个侧面设置立面剪刀撑，每道剪刀撑的宽度不应小于 4 跨，且不应小于 6m，斜杆与地面的倾角在 45°～60°之间。

顶模安装前，应先检测、调整支架顶部副梁高程，合格后方可铺设模板。根据结构部位的特点，底模板分别采用钢模和木模两种形式。采用木模时，满铺 16mm 厚覆膜多层板，柱顶与底板的连接组装固定后，下部用钢管锁定；按照测量投点位置安装单元变形缝侧模板。采用 SZ 钢模板时，模板背面接缝肋板安装 A 型卡子，卡子的间距≤400mm。

顶板钢筋上下层间设置梯架筋支撑，且横向排列密度不大于 1000mm。梯架筋高度控制在计算高度的±2mm 误差之内。砂浆垫块设置在排架下，间距不大于 1000mm。顶板筋与池壁筋绑扎如图 7-18 所示。

图 7-18　顶板筋与池壁筋绑扎

混凝土采用混凝土罐车运输，根据混凝土浇筑量控制好罐车间隔时间。混凝土在现场每车测一次坍落度，实测坍落度不能满足要求时，应及时通知搅拌站调整。如有离析现象，进行二次搅拌，严禁私自加水搅拌。混凝土浇筑开始，混凝土泵的压力和各系统运转正常后，方可泵送。混凝土泵送应保证连续工作，如中断，必须保证混凝土在初凝前恢复浇筑。为保护顶板钢筋不受践踏，在顶板钢筋上宜铺设 30mm 厚的工具脚手架，严禁操作人员践踏钢筋。

浇筑过程中，对于设缝结构的伸缩缝附近及有池顶人孔吊模的薄弱部位，要安排专人操作，确保混凝土振捣密实。采用 PZ-30 插入式振动棒振捣，振动棒的插点要均匀排列，按浇筑顺序有规律地移动，不得漏振，插点间距不得大于 400mm，插点呈梅花形布置，振捣时间以混凝土不再下沉、不冒气泡为止，振捣上层混凝土时，振捣棒深入下层混凝土 50mm，以保证两层混凝土结合良好。为保证混凝土表面平整度、高程精度，设置表面高程控制轨，在稳固的钢筋排架上，安装可调高程的支架，使用水准仪调整至控制高程，支架上方架设控制轨。分幅宽度相对应，端部使用调整准确的侧模上表面或相邻已浇筑完毕的底板表面。浇筑混凝土后，先使用架设在控制轨上的滑动杠尺找平，然后人工用木抹子抹平压实，铁抹子拍压出光，终凝前使用盘式抹光机进行二次压光，以提高板面抗渗能力。

顶板采用与底板相同的养护方法，养护时间不少于 14d。

7.2.8　变形缝

变形缝嵌缝目的在于保护橡胶止水带和减缓其老化速度，同时防止水中泥沙进入缝内。嵌缝材料选用无毒、延伸（长）率不小于 200%、拉伸强度不小于 0.2MPa 的聚硫密（聚氨酯）封膏。施工时，要清理好混凝土基层、涂刷粘合剂（基层要干燥）。嵌缝的背衬（缝宽）应隔粘塑料薄膜，以防止嵌缝与聚乙烯闭孔泡沫塑料板（聚苯板）粘结；以便形成自由滑动层，增强 30mm 宽的嵌缝膏的整体延伸能力。

可采用防腐软木板、纤维板等作为缝板，现场裁剪粘结；且应在浇筑混凝土之前安装固定。

变形缝分两次浇筑，第一次浇筑，将缝板和止水带按设计要求安装和固定（见图 7-19）；第二次浇筑前，需清除止水带和缝板表面的灰浆、浮渣和污物。

嵌缝浇筑时，水平缝采用分层灌注，带坡度的分两次成型。由低处开始自下而上分段浇筑成型，每段长 1.5m，接缝采用斜槎，纵横向缝交叉处应整体浇筑，每处灌过 150mm，表面贴一层玻璃布进行保护，如图 7-19 所示。

垂直缝浇筑前，外立面用环氧胶泥贴玻璃丝布封闭，经 12h 后在外面用木板临时撑固，分段连续浇筑完成。浇筑完毕的变形缝及时检查，如有脱落或粘结不良，应及时处理。

图 7-19 止水带部位浇筑

嵌缝填充前应填补缝混凝土的缺欠处，嵌缝前应将缝内清洗干净，并保证缝干燥，控制混凝土含水率不超过 6%，含水率过大时，用电热远红加热器或喷灯烤干。刷涂与密封材料相容的基层处理剂，如冷底子油。冷底子油配合比为煤焦油：二甲苯＝1：（3～4）（重量比），刷好后用塑料薄膜覆盖，待冷底子油干后，立即浇灌胶泥（或密封膏），胶泥用半自动胶泥加热炉熬制，用文火缓慢加热，极限温度不得超过 140℃，灌注温度不得低于 110℃。

7.2.9 满水试验

单元组合式清水池满水试验，安排在水厂分系统的最后，以节约用水。第一次注水高度应超过池底施工缝 100mm，观察未发现漏水现象；继续注水至设计水位，两侧池外壁个别竖向缝附近出现洇湿现象；延长 48h 后观察，洇湿部位已不再明显。

满水试验合格后第 5 天开始防水防腐层施工，同时安排肥槽回填，冬期到来前已完成池周回填。

到目前为止，水池已安全运行近二十年，仍处于较好的状态；池内检查结果：除个别嵌缝部位曾进行修补外，未发现有害裂缝。

7.3 整体现浇清水池施工实例

7.3.1 工程概述

某净水厂新建清水池，设计容积 20000m³，分为四座；每座清水池平面尺寸 65m×60m，池高 5.3m，钢筋混凝土结构，采用整体现浇施工工艺。

池主体结构沿长度和宽度中心部位各设一道宽 30mm 的沉降缝，内设中埋式橡胶止水带；水池顶板为无梁楼盖结构，底板为倒无梁楼盖结构；池底板厚 600mm，池壁厚 400mm，顶板厚 250mm；池顶板与池底板之间设有 156 根支柱，截面尺寸 400mm×400mm。底板、池壁、顶板混凝土强度等级 C35、抗渗等级 P8；支柱混凝土强度等级 C40；所有混凝土抗冻等级 F150。

地质勘察报告揭示，清水池基础持力层为新近沉积层：黏质粉土②层，中下密，湿-饱和，可塑-硬塑，厚度 2.1～3.6m，承载力标准值 $f_{ka}=90$kPa；粉质黏土③层，饱和，可塑，厚度 1.0～3.1m，承载力标准值 $f_{ka}=80$kPa。设计认为对于大型水池，基础土质不能满足承载力要求，需采用 CFG 桩复合地基处理，以提高地基承载力。

7.3.2　施工方案

（1）根据沉降缝将每座水池分成 4 个施工单元，共 16 个施工单元；沿池高度，即底板的腋角以上 200mm 和顶板的腋角以下 200mm 部位设施工缝，埋设 300mm×3mm 镀锌止水钢带。

（2）底板、池壁、顶板混凝土结构抗渗性能及清水混凝土的外观质量要求高，应尽量减少模板拼缝。池壁模板采用特制钢大模板，池内池柱采用定型钢模板。池壁特制钢大模板设计如图 7-20 所示。

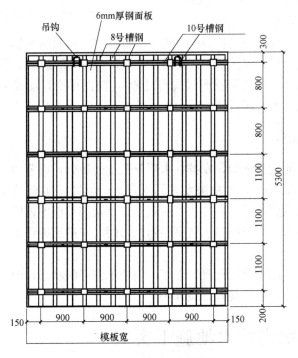

图 7-20　特制钢大模板

面板使用 6mm 热轧钢板，四周边框为Ⴭ8 槽钢（即 8 号槽钢），内部纵肋（通长）使用Ⴭ8 槽钢，中心间距为 300mm。内部横肋为 L75mm×50mm×6mm 的角钢，中心间距为 550mm。水平背楞为 2Ⴭ10 槽钢，出缩边搭接尺寸为 20mm。

选用直径 22mm 的防水对拉螺栓，经验算每个螺栓支撑面积为 0.9m²，水平间距 600～900mm，竖向间距 1000～1200mm。

池壁模板（高 5.35m）竖向设置 6 道穿墙螺杆，间距分别为 200mm（距下口）、1100mm、1100mm、1000mm、800mm、800mm。

隔墙模板（高 3.53m）设置 4 道穿墙螺杆，间距分别为 200mm（距下口）、1100mm、

1100mm、800mm。当螺栓支撑面积大于 $0.9m^2$ 时，采用 $\phi48mm$ 钢管、可调托撑、方木进行加固。

（3）施工工艺流程

基坑开挖→CFG 桩→褥垫层→混凝土垫层→底板→池柱→池壁→顶板→砌筑导流墙→水池满水试验→基坑回填。

（4）水池施工顺序

1）浇筑底板及导墙（见图 7-16）、池柱基础，水平施工缝位于底板腋角上 300mm。

2）池壁（墙）、池柱同时进行钢筋绑扎、模板支搭；同时支搭顶板模板支架；分别浇筑侧墙、池柱混凝土。

3）顶板模板支架（碗扣、满堂红）安装，绑扎顶板钢筋，浇筑顶板混凝土。

4）混凝土达到设计强度后，拆除顶板支架及模板。

7.3.3 模板支架施工

1. 底板侧模和导墙吊模

在垫层上弹出模板控制线，钢筋、止水带等施工项目检验合格，沉降缝、施工缝部位处理完毕后按照模板施工方案安装侧模。安装模板前，面板应均匀涂刷隔离剂。合拢前要清除钢筋网架内杂物，焊接或修整模板的定位预埋件，抹好模板下的找平砂浆。侧模采用组合钢模板，用 $\phi48mm$ 扣件式钢管支撑和固定，如图 7-21 所示。池壁导墙模板采用组合模板作吊模，用钢筋固定。

2. 池壁（墙）模板

池壁（墙）模板采用全钢特制大（简称钢大）模板，池壁模板安装流程：模板定位→垂直度调整→模板拼装→支架加固→混凝土浇筑→拆模。

钢大模板采用吊车运至现场水池边侧，清理面板，均匀涂刷隔离剂。同时，要对池壁导墙接茬处进行凿毛，用空压机清除墙体内的杂物，做好测量放线工作。为防止池体模板根部出现漏浆"烂根"现象，钢大模板就位后，采用 $\phi48mm$ 钢管支撑紧固在底板和垫层预埋件上，如图 7-22 所示。在底板上根据放线尺寸贴海绵条，做到平整、准确、粘结牢固，并注意调整穿墙螺栓位置，不得随意开孔。

图 7-21 底板侧模安装支撑

图 7-22 钢大模板吊装和就位

内外模板合拢前，应拆除安装钢筋用的脚手架，安装防水对拉螺栓，放置保护层垫块，调整模板使其满足施工方案的要求，如图 7-23 所示。

每个施工单元的池壁模板一次安装到位，外模板拼装组合效果如图7-24所示。内墙模板在支搭顶板满堂红支架前，全部移开，脱离墙壁后垂直吊升移出池外，再运至安全地带。外墙模板需待池顶混凝土强度达到设计强度后移开并运走。

图7-23　调整池壁内外模板

图7-24　外模板拼装组合效果

3. 池柱模板

池柱、连墙柱，柱混凝土外尺寸400mm×400mm，采用特制钢模，不设穿墙螺杆。模板外采用对拉螺栓扣φ48mm钢管紧固；池底柱放大基础（简称柱基）采用特制钢模和配套支撑杆件见图7-25。池柱浇筑效果见图7-26。

柱模板安装流程：

搭设脚手架→柱模就位安装→安装柱模→安设支撑→固定柱模→浇筑混凝土（含柱顶扩大部分）→拆除脚手架、模板→清理模板。

特制柱模板使用前，先用吊车放置在地板上，对两片模板竖向接缝进行处理，拼接加贴海绵条，做到平整、准确、粘结牢固，在模板的面板均匀涂刷隔离剂，清理栓孔和紧固螺栓，并抹润滑油；合拢后安装螺栓时拧紧支撑体系将柱模固定。

图7-25　池柱基础模板与支撑

图7-26　浇筑成型池柱

浇筑混凝土后，应在混凝土强度达到设计强度后，松开螺栓，移开模板。

4. 顶板模板

顶板模板采用建筑组合模板，支架采用碗扣式支架，顶部设有可调托撑，均通过可调丝杠插接组成架体。"满堂红"碗扣式支架纵横向间距为 0.9m，步距均为 1200mm，沿 4 个侧面设置立面剪刀撑。

顶模安装前，应先用水准仪检查调整支架顶部次（方木）梁高程，合格后方可铺设模板。根据结构部位的特点，底模板以组合钢模为主，木模补充。

顶板模板安装流程：

"满堂红"碗扣式支架→可调托撑→工字梁→槽钢→清理钢模板→拼装底模→绑扎钢筋→支侧模。

5. 模板施工质量检查

（1）模板表面应平整、接缝严密、隔离剂均匀；应符合设计方案要求；

（2）模板组成部分的外观和尺寸应符合设计要求；

（3）支架杆件应平直，应无严重变形和锈蚀；连接杆件应无严重变形和锈蚀，并不应有裂纹；

（4）现浇结构允许偏差、预留在模板上的埋件和预留洞等允许偏差应符合设计和规范要求；

（5）支架支搭和杆件连接应符合有关标准的规定。

7.3.4 钢筋安装

1. 技术要点

（1）钢筋绑扎顺序

底板钢筋与墙柱插筋→池壁钢筋→柱、隔墙钢筋→顶板钢筋。

（2）钢筋连接

主筋直径≥22mm 时，采用直螺纹机械连接方式；小于 22mm 时采用绑扎连接或焊接。结构主筋的机械接头，应按照规范要求取样进行试验。

钢筋绑扎完成后，应该进行隐蔽检查验收，经检验合格后，方可进行下道工序，即混凝土的浇筑施工。混凝土浇筑、模板吊装时均安排专人负责看护，若发现钢筋位置变化或被碰撞移位后，立即修整。

2. 底板钢筋绑扎

（1）底板钢筋绑扎顺序：放线→绑扎定位钢筋→补档绑齐。先排布纵向主筋，后排布横向主筋，绑扎上层钢筋之前，应先安装钢筋梯架，钢筋梯架按照设计图纸尺寸和间距施工，详见第 4.2.4 条。绑扎成型后的整体刚度要满足浇筑混凝土过程不变形；各部位保护层的准确；上部预留插筋位置的准确、牢固。绑扎前量测垫层误差并标识在垫层部位，依据误差选用混凝土垫块调整。

（2）底层钢筋绑扎后，按 800mm×800mm 间距，布设砂浆垫块，在人行搭板下等部位，垫块要适度加密。

（3）钢筋的绑扎固定与连接：钢筋接头应隔根错开（见图 7-27）。主筋绑扎搭接接头的绑扣不少于三道，所有的绑扣丝头，要做到下层钢筋朝上，上层钢筋朝下。

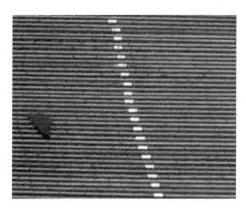

图 7-27   锥螺纹接头间隔排布

3. 池壁、隔墙钢筋绑扎

（1）池壁（墙）导墙插筋均在底板钢筋内固定，浇筑底板混凝土前，测放出准确位置及尺寸，并拉线调直。续接钢筋前，应清理预留插筋表面灰浆，调整预留筋的垂直度。

（2）绑扎前，首先测设高程控制线，随绑扎随搭设内外脚手架。

（3）池壁（墙）导墙钢筋应控制好钢筋的搭接位置与搭接长度、钢筋的垂直度与保护层厚度、竖向钢筋顶部的高度；池壁（墙）内外层钢筋净距使用梯架钢筋控制，梯架间距不大于 1.0m ，绑扎过程中丝头应向内侧弯曲，不得影响保护层厚度。

（4）工艺管道预留洞口处的钢筋绑扎，应符合设计要求；当洞口小于 300mm 时，受力主筋弯曲绕行；当洞口大于 300mm 时，钢筋距洞边 25mm 处切断，绑扎洞口加固钢筋，其加固钢筋位置、间距、直径、长度等按设计的洞口加筋详图实施。

（5）绑扎后的池壁（墙）钢筋，应稳固不变形，竖向钢筋保持垂直，横向钢筋保持水平，特别要注意池壁转角处的垂直度与钢筋保护层在允许偏差内；绑扎后的钢筋成品应及时拆除脚手架，进行模板安装，且应视高度适当采取临时支撑措施（见图 7-28）。

4. 池柱钢筋绑扎

（1）柱钢筋每根主筋的直螺纹接头要相互错开，同截面的接头率不应大于 50％。

（2）柱主筋架立后应按照柱箍间距尺寸划好箍筋分档线，按实际个数套好箍筋，将柱箍绑扎到梁底部位后再绑扎加密区柱箍筋。箍筋与主筋要垂直，箍筋转角处与主筋交点均要绑扎，主筋与箍筋非转角部分的相交点成梅花形交错绑扎。

（3）绑扎柱主筋时要调正后再绑扣，柱筋绑扎完毕后，按照每面 2 块，竖向间距 1.0m 安装垫块；绑扎池柱筋时搭设临时架子，不准蹬踩钢筋。

图 7-28   池壁钢筋安装

（4）柱筋在浇筑混凝土前拉通线校正找直，通过钢筋定位保证钢筋位置准确，并固定其与模板的相对位置。

5. 顶板、走道板钢筋绑扎

（1）顶板、走道板底模板支好后，在顶板上按图纸间距要求弹出钢筋纵横向位置线。

（2）对于顶板、走道板结构，先绑扎梁筋后再绑扎板筋，主筋的搭接处应位于板跨的 1/3～1/4 且错开搭接；由于顶板、走道板钢筋绑扎后抵抗变形能力差，要特别注意对钢筋成品的保护；在绑扎顶板、走道板上层钢筋的同时，架设 ϕ12mm 梯架钢筋，间距为 500mm。

（3）钢筋绑扎成型后派专人看守，禁止直接在钢筋上面行走，并派专人负责随混凝土浇筑随检修；施工人员不得随意踩踏、掰动、攀爬及割断钢筋。

（4）为方便人员行走或搬运材料，应架设木制临时走道板，以防踩踏钢筋造成钢筋变形。

7.3.5　混凝土浇筑

1. 底板

底板混凝土量大，且底板较厚，涉及大体积混凝土浇筑。施工方案经过技术经济论证，混凝土运输、浇筑精心策划和充分准备；选择在清晨 6 点开始，控制入模温度不超过 25℃，现场坍落度控制在 140～160mm 之间；采用 4 套泵车、固定泵联合浇筑设备，从两侧相向分层分段推进浇筑混凝土，为保证施工单元的底板变形缝与导墙插筋部位混凝土浇筑质量，设专人指挥布料和振捣；插入式振捣和平板振捣相结合，大面积混凝土采用人工粗平、抹压，机械压光成活方式。

2. 池壁（墙）、池柱

池壁（墙）混凝土采用混凝土泵车直接入模浇筑，3 台泵车，从两边相向分层、分段浇筑，插入式振捣器移动式和固定式相配合，长棒和短棒互相补充，保证混凝土得到充分振捣。池壁（墙）水平施工缝部位，浇筑前用无齿锯将施工缝边缘切割，以保证施工缝顺直，切割时严格控制切割深度，不得触动钢筋。续接混凝土浇筑前，先泵入 300～500mm 厚与结构同强度的无石砂浆。浇筑时分层交圈布料，防止对侧模产生过大压力；振捣棒不得触动钢筋和预埋管件。浇筑时应有人随时敲打模板检查是否漏振和跑浆，并有人专职修复。

池柱混凝土采用混凝土泵车直接入模浇筑，混凝土分层浇筑，分层振捣，每次浇筑厚度不大于 400m；每个柱各配备一台 HZ-30 和 HZ-50 振捣棒；每根柱必须连续浇筑到顶。

3. 顶板

采用混凝土泵车和固定泵联合浇筑方式，顶板混凝土与池底板浇筑方式相同，同时有两台泵车和两班人员同时作业。顶板整体混凝土一次连续浇筑，不留垂直施工缝。顶板与四周池壁或池柱接头接合部位应用 HZ-30 振捣棒振捣密实，振捣时不得触动钢筋，并加密棒点。振捣完毕后用 2m 刮杠刮平，用木抹子抹平，并拉线检查板面标高，严格控制平整度；采用盘式压光机成活。

4. 细部浇筑

变形缝、吊模、预埋管件部位，应确保混凝土振捣密实。混凝土布料要均匀，插入式振动棒的插点要均匀排列，按浇筑顺序有规律地移动，不得漏振，插点间距不得大于 400mm，插点呈梅花形布置，振捣时间以混凝土不再下沉、不冒气泡为止，振捣上层混凝土时，振捣棒深入下层混凝土 50mm，以保证两层混凝土结合良好。浇筑过程应有专人指导监督作业。

5. 养护

混凝浇筑完毕后，底板及顶板混凝土在 12h 内必须用塑料薄膜覆盖并浇水，保持混凝土湿润状态养护不少于 14d。池壁、池柱浇筑后应带模覆盖麻袋片浇水养护 21d。

7.3.6　工程效果

采用钢大模板施工，现场布置整齐、规范；采用钢大模板浇筑的混凝土外观质量要好得多，不但表面平整、密实、光洁，而且对拉螺栓孔间距大，错落有致。

四组水池的满水试验都是一次合格，水池外壁无任何渗漏状况，表明水池施工质量确实达到了内实外美。

7.4　组合式构筑物施工实例

7.4.1　工程概述

某水厂改扩建工程新建的清水池及出厂泵房（上层为设备间），为组合式大型给水构筑物，如图 7-29 所示。其中清水池为完全地下式，顶板覆土 1.5m 左右，局部地面上为变配电室；受水处理工艺限制，组合式构筑物中伸缩缝间距均超过规范规定的 30m。

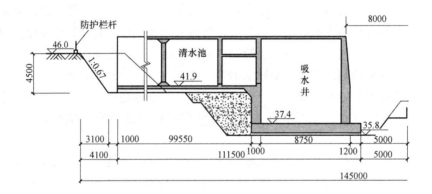

图 7-29　清水池与泵房组合构筑物

根据工艺要求清水池采用独立两池，池内设 256 根池柱，沿长度中心设一道后浇带。池顶板为无梁楼盖体系，底板为倒无梁楼盖体系，顶板与池壁、池柱为整体连接。组合式底板施工面积为 8265m²。

清水池总体高度为 6.0m，采用筏形基础，池底垫层采用 100mm 厚 C15 混凝土；底板厚 600mm，池壁厚 350mm，池顶厚 300mm，混凝土强度为等级 C30；池柱断面 300mm×300mm；混凝土强度等级为 C35，抗渗等级为 P6；池顶设 4 个通风孔，通风孔上部为通风帽；清水池内还设有钢筋混凝土溢流堰 2 处，溢流堰墙厚 300mm；池外壁地下部分刷防水砂浆，水池内壁迎水面刷涂水泥基渗透结晶型防水涂料，以增加混凝土抗渗、抗裂能力。

组合式大型给水构筑物属于超长设缝的贮水结构，且工程施工工期较长，需经过热期施工。因此，施工方案必须精心策划，采取必要的技术措施，保证池体的抗裂、抗渗性能满足设计要求。

组合式构筑物施工工艺流程：

吸水井底板浇筑→吸水井池壁二次浇筑（至清水池底板上 300mm）→与清水池连接处

肥槽回填→清水池底板（池壁导墙）浇筑→吸水井池壁三次浇筑（至顶板下 200mm）→清水池壁（隔墙）和柱二次浇筑（至顶板下 200mm）→顶板浇筑→满水试验。

7.4.2 施工方案与技术措施

由于组合式构筑物长度、宽度、深度都较大，施工方案经过技术经济比选，确认工程施工重点和难点：一是组合式构筑物分次浇筑部位和层次（施工缝）划分；二是超长结构抗裂防渗对策与措施。

施工方案：

组合式构筑物基坑一次施工，放坡开挖至泵房吸水井土基，一次性整体浇筑吸水井底板和井壁导墙（底板上 300mm）；将 11.5m 高的井壁分两次浇筑：第一次浇筑到清水池底板以上 300mm（浇筑 6.0m）处，第二次整体浇筑至顶板下 200mm（浇筑 5.5m）处。清水池底板浇筑（至底板上 300mm 壁、隔墙施工缝），续接施工至池顶板下 200mm 施工缝（浇筑 5.5m）；组合式构筑物顶板一次浇筑成型。为保证吸水井一侧肥槽填土质量，采用 C8 混凝土灌注至垫层底下。

施工缝中预埋 300mm×3mm 镀锌止水钢板，在迎水面贴遇水膨胀止水条，以提高池壁施工缝处的抗渗性能。水平施工缝浇筑混凝土前，应清除表面浮浆和杂物，铺 200～300mm 厚 1∶1 水泥砂浆。

为减少结构裂缝，避免出现有害裂缝，组合式构筑物的施工技术措施如下：

（1）为降低地基对基础底板的约束，在底板与地基土之间设置中间夹砂的双层 PE 膜滑动层隔离措施，使得池体由于各种原因造成的伸缩变形尽可能释放，减少可能产生的结构附加应力。

（2）针对清水池壁混凝土结构易产生结构裂缝的问题，在清水池中间部位设宽为 800mm 的后浇带；将池体分为 4 个施工单元。为消除和降低施工期间材料干缩和水化热对混凝土开裂的影响，后浇带等部位的补偿收缩混凝土 42d 后再进行填补施工。

（3）为保证吸水井一侧肥槽填土施工进度和施工质量，变更设计采用 C8 混凝土灌注至垫层底下。

（4）池壁一次浇筑高度 5.5～6.0m，浇筑时间长达 20 多小时；选择低温时段进行连续浇筑施工，骨料采用棚盖，控制入模温度不超过 25℃。

7.4.3 模板支架施工

（1）池底板、池壁、池顶板和池柱的模板均采用木模，面板采用 14mm 厚覆膜胶合板，竖向木楞为 50mm×100mm 方木，间距不大于 300mm；横向楞采用双 ϕ48mm 钢管，ϕ16mm 防水对拉螺栓紧固（见图 7-30）。模板使用前，根据结构形状与尺寸现场加工。模板表面要平整，重复使用的面板应清理灰浆等杂物，补好钉孔，涂刷脱模剂，以保证混凝土结构表面光滑平整，颜色一致。模板安装前，应设定安装测量控制点，以利模板组装准确顺利地进行。

底板混凝土浇筑时，按池壁模板设计的斜撑、横撑位置预埋铁件。模板安装要边就位，边校正，边安装连接件。

池壁模板安装过程中应随时支撑固定，防止倾覆。对拉螺栓中间加焊止水钢板（双面满焊，不得烧穿钢板），止水钢板尺寸为60mm×60mm，位于池壁中心线，如图7-31所示。螺栓两侧螺母加润滑油，防止拆模时因扭矩过大而使混凝土中的对拉螺栓旋转而破坏墙体的防水性能。模板接缝严密，如缝隙较大，应在模板里侧粘贴胶带密封，以防止混凝土漏浆。

图7-30　池壁模板支撑

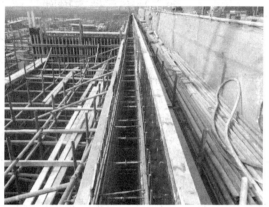

图7-31　池壁模板与顶板满堂红支架

（2）池柱模板和柱跟扩大部位模板均采用木模板，面板采用14mm厚覆膜胶合板，每面四根50mm×100mm方木竖楞；采用对拉螺杆锁固φ48mm钢管支撑，柱基模板及插筋如图7-32所示。

（3）池顶梁板的模板为木模，面板采用18mm厚覆膜胶合板，次木楞为50mm×100mm方木，间距不大于300mm；主木楞为100mm×100mm方木，间距不大于600mm。支架为"满堂红"碗扣式支架，依据荷载计算结果：碗扣式立杆间距900mm，步距1200mm；斜撑采用扣件钢管，如图7-33和图7-34所示。

图7-32　柱基模板与插筋

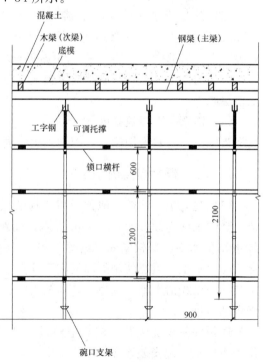

图7-33　顶板模板支架示意

图 7-34 顶板模板与柱顶筋

为保证钢筋保护层的厚度，在混凝土顶板、底板钢筋下及墙、梁、柱、钢筋的外侧，均设置与结构混凝土同强度的保护层砂浆块。混凝土浇筑前，对钢筋、模板、支撑系统检查加固，确认无误后方可进行下道工序。

7.4.4 混凝土浇筑

1. 优化混凝土施工配比

依据混凝土设计配比，结合现场施工条件，经过试验、调整和优化，确定了施工配比：采用 P.O42.5 普通硅酸盐水泥，骨料严格控制氯离子含量不超过规范规定；掺加 5% 的 DS-U 膨胀纤维抗裂防渗外加剂，外加剂符合《混凝土外加剂应用技术规范》GB 50119—2013 的有关规定。

2. 细化混凝土浇筑方案

组合式构筑物混凝土施工前进行现场浇筑试验，确定混凝土现场坍落度控制在120～140mm 之间，混凝土浇筑最大间隔时间不超过 2.0h；在此基础上确定浇筑顺序和方法，以及混凝土浇筑人力和设备组成。本着就近择优原则，选择商品混凝土供应商，确定混凝土运输车路线和组织形式。

3. 底（顶）板混凝土浇筑

采用两台泵车，10 辆混凝土罐车，分为三个作业组依次轮流作业。从池一端开始，分层推进；采用插入式振捣棒和平板振捣器振捣密实；底板成活面安置 ϕ48mm 钢管、钢刮杠控制高程；在人工木抹粗平基础上，采用盘式压光机成活。

4. 池柱浇筑

池柱分两次浇筑，扩大基础和柱身分别浇筑；续接柱身浇筑，一次浇筑至柱顶（见图 7-34）；柱顶扩大部分与顶板一次浇筑（见图 7-18）。

采用泵车或吊斗布料，插入式振捣器振捣；浇筑结束时应及时清理露出的钢筋表面。

5. 池壁（墙）浇筑

池壁（墙）分层浇筑。泵车入模、交圈布料，每层浇筑高度不大于 300mm；为使模板受力均匀，防止向一侧倾斜，同一标高送料尽量保持均匀，避免集中卸料，防止预埋件移位。用振动器分层振捣密实，振动棒插入间距不大于 450mm，振动时间 20～30s，使多余水分和气体排出，表面泌水应及时排干；振动棒不得碰钢筋、埋件，更要避免直接将振动棒放置在钢筋上振动，以免埋件移位；振捣效果观察应使混凝土表面呈现浮浆，不再下沉为止。

浇筑时随时检查模板变形漏浆情况、拉杆的松紧程度；特别是套管埋件的位置有无移位，发现情况及时纠正。

7.4.5　细部施工

1. 止水带和缝板安装

组合式构筑物底板和顶板设有 30mm 宽变形缝，由中埋式天然橡胶止水带、防腐软木板填缝板和聚硫密封膏嵌缝密封材料组成。墙壁设有界面缝，由防腐软木板填缝板和聚硫密封膏嵌缝密封材料组成。在进行模板钢筋安装时，严禁在止水带附近焊接作业。

浇筑混凝土前应检查止水带宽度和材质的物理性能是否符合设计要求；其次控制止水带中心线要和缝中心线重合；检查表面清理及损坏修补情况，发现偏差及时纠正，保持止水带位置正确、平直、无卷曲现象。

为使止水带在浇筑时不致移位，浇筑混凝土时，采用振捣器结合人工插捣方式，确保止水带位置正确。浇筑混凝土后应及时清理、理顺橡胶止水带。

防腐软木板填缝板在钢筋安装和支垫保护层块时应注意保护，不得破坏。内外壁凹槽处填注密封胶泥应使用专用机具作业，以使其与混凝土粘结良好，保证密封胶的密封效果。嵌缝密封料填充前应填补混凝土缺欠，保证缝干净、干燥；刷涂与密封材料相容的基层处理剂——冷底子油，以使粘结密实牢固。

2. 聚氯乙烯胶泥嵌缝

待冷底子油干后，立即浇灌胶泥，胶泥用半自动胶泥加热炉熬制，用文火缓慢加热，极限温度不得超过 140℃，灌注温度不得低于 110℃。水平缝采用分层灌注，带坡度的分两次成型；由低处开始自下而上分段浇筑成型，每段长 1.5m，接缝作成斜槎，纵横向缝交叉处应整体浇筑，每处灌过 15cm，表面贴一层玻璃布进行保护。垂直缝浇灌前，外立面用环氧胶泥贴玻璃丝布封闭，经 12h 后在外面用木板临时撑固，分段连续浇筑完成。浇完的伸缩缝及时检查，如有脱落或粘结不良，应及时处理。

3. 池壁后浇带与预埋管

垂直后浇带模板的侧模为覆膜多层板，50mm×100mm 木模支撑，池壁后浇带模板应采用单独支撑，与池壁模板支撑分开。预埋管件应尽可能不设在池壁后浇带内。位于后浇带的预埋管件（见图 7-35）应焊接锚固筋（见图 7-36 所示），与池壁后浇带内主筋连接固定。

图 7-35　池壁后浇带与预埋管

图 7-36　管件锚固筋

后浇带内浇筑混凝土前，应清除表面浮浆和杂物，刷水泥基渗透结晶型防水涂料后，灌注膨胀混凝土。

7.4.6 水池满水试验

按照设计要求和《给水排水构筑物工程施工及验收规范》GB 50141—2008 的规定，进行组合式构筑物满水试验；清水池和泵房吸水井分两次进行满水试验。试验前，清除池内施工遗留物及其他杂物；检查混凝土结构表面、预埋管件、引发缝等，对缺陷部位进行修补；除注水管外，封堵其余进出管道，达到不渗水、漏水。

注水分为三次进行，注意观察设缝部位渗漏情况。后浇带两侧个别部位有洇湿现象，延长 48h 试验后逐渐消失。分析原因是后浇带未能按施工方案进行二次浇筑，个别部位二次浇筑混凝土结合部位有缺陷，局部进行了修补。

第8章 污泥消化池

8.1 结构特点与施工工艺

8.1.1 特点与发展趋势

污泥消化池是污水处理工艺中至关重要的构筑物，池体大多采用钢筋混凝土结构，但池内污泥本身就具有弱腐蚀性，加之污泥消化过程中产生的气体对钢筋混凝土结构的强腐蚀性，池内壁防腐和气密性要求较其他水处理构筑物要高些；因而污泥消化池施工也是给水排水构筑物工程施工中难度较大的。污泥消化池结构外形较多，常用的基本形式有传统圆（柱）筒形、平底圆筒（柱）形、卵形、龟甲形四种。

龟甲形消化池在英、美国家采用的较多，其优点是土建造价低、结构设计简单；缺点是搅拌系统要求高，相配套的设备投资和运行费用较高。

传统圆筒形消化池，我国和中欧国家用得较多，较常见的是圆筒状池中部，圆锥形池底部和顶部；其主要优点是搅拌系统技术要求较低；缺点是底部面积大，需要定期进行停池清理；更重要的是在形状变化的部分存在尖角，应力较聚中，结构处理较困难；底部和顶部的圆锥部分施工难度大，易产生渗漏。

平底圆筒形是一种土建成本较低的池形，圆筒部分的高度与直径比≥1，要求池体形式、机械装备和功能之间要有很好地相互协调，在欧洲已成功地用于不同规模的污水处理厂。我国污水处理厂已投入运行的平底圆筒形消化池大都采用可在池内多点安装悬挂喷入式沼气搅拌设备的形式。

大容积圆筒形消化池，池壁采用环向张拉预应力筋，通常设扶壁柱；而卵形消化池的结构采用双向（环向和竖向）预应力体系不设扶壁柱，池壁设有张拉槽。卵形消化池在德国从20世纪60年就开始采用，80年代欧洲应用较普遍。

与圆筒形消化池相比较，卵形消化池有着显著优点：池体结构受力均匀，结构裂缝也得到较好的预防，且造型美观；池体表面积相对较小，保温材料耗费少，保温效果好。

卵形消化池缺点主要是：结构较复杂，施工技术要求高，造价不菲。两种池形对比情况见表8-1。

卵形消化池与圆筒形消化池对比　　　　　　　　　　　　　　表8-1

序号	对比内容	圆筒形消化池	卵形消化池
1	适宜容积	<10000m³	≥15000m³
2	占地面积	较大	较小
3	工艺运行	内壁有死角，运行效果差	内壁平滑，运行效果好
4	预应力体系	环向预应力	环向、竖向双向预应力
5	施工难度	较小	较大

　　由于卵形消化池的处理效率较高且运行成本较低，对处理厂建设方而言，常在大容量（大于10000m³）消化池方案比选中受到青睐。据资料介绍，1993年济南市污水处理厂建成3座万吨级卵形消化池，单池容积为10536m³，内径最大处为24m，总高为44.5m（地下埋深为15.1m）；2001年厦门市本岛东部海滨污水系统一期工程——石胄头污水处理厂建成3座高达30m以上的大型卵形消化池；2004年济宁污水处理厂设计建成2座据认为是当时国内容积最大的卵形消化池，其后杭州、石家庄、北京相继建成10000m³左右的大型卵形消化池；至今卵形消化池在国内的应用已有20余年的时间，建设技术水平有了很大的发展。

8.1.2　圆筒形消化池施工工艺

　　圆筒形消化池通常由平板（或锥形）池底、圆筒池壁和圆锥池顶三部分组成。大直径圆筒池壁采用预应力混凝土，底板通常采用钢筋混凝土，设置后浇带来减少应力裂缝；为满足气密空间的工艺要求，圆锥形池顶需设预应力筋来减少裂缝。

　　圆筒形消化池采用整体现浇施工工艺，施工缝设在池底板上和池顶板下弯矩较小部位。采用预制装配施工工艺，池壁和顶板采用预制构件，施加预应力后形成设计结构，池底多采用钢筋混凝土现浇施工工艺。圆筒形消化池施工技术较为成熟，模板支架宜用特制钢模，可采用通用型组合模板拼装；池内通常支设满堂红支架作为顶板混凝土支撑。池壁预应力筋采用环向张拉，顶（底）板应力筋则采用双向张拉或单向张拉工艺。

　　对于圆筒池壁，采用组合钢模和适量的特制异形钢模相组合而成的模板系统，一次投资少，会成为施工较好的选择。组合钢模应符合《组合钢模板技术规范》GB/T 50214—2013的规定，模板拼装及模数差异是施工方案设计必须解决的难题。特别是变厚池壁模板应根据池体形状，将池壁竖向分成若干水平段（层），每水平段近似为一圆台，每层内外壁模板可按圆台周长进行差异配板。通过配板设计、计算，合理划分模板分块类型。池壁模板主次肋用防水对拉螺杆紧固。模板环向楞宜用型钢在现场放样、热弯成型；钢楞接头应错开布置，且搭接长度不应少于200mm；对拉螺杆中间焊接防水环（板），内外楞的弧度及对拉螺杆尺寸必须精确无误。

　　高度超过15m的圆筒池壁混凝土浇筑可采用滑模工艺或提模工艺施工，可减少模板支架工作量，滑模或提模系统需专门设计和专业加工，现场施工技术要求也较高。

8.1.3　卵形消化池施工工艺

　　卵形消化池通常由池顶锥体、中部筒体、池底锥体三部分组成，池体为空间双曲面体，地面以上为薄壳部分，池壁沿高度变厚度。地面以下为台阶式厚壳部分，基础常采用桩基。变厚池壁的水平及垂直方向均需施加预应力，以满足池上部壳体部分承受高达260kN/m²的水气压力。

　　卵形消化池通常采用整体现浇施工工艺，池体施工的垂直度、同心度、标高、壁厚、内外半径等不易控制，施工难度较大，需应用先进的施工技术和装备，关键技术主要是模板（如双曲面模板）支架技术和预应力施工技术。

　　双曲面模板体系不但一次性投资较高，而且需要其他技术配套；钢模板的面板设计按双向板考虑，横肋作为次肋受力，纵肋作为主肋需承受次肋传递的荷载，并将荷载传至对拉螺栓。支撑系统主要分为：中心平面以下和以上模板的支撑，中心平面以下的结构向外侧倾斜，外侧模板封闭成环形，以保持稳定。横肋在圆周范围内不得与其他影响到荷载分布的装置连接，防止环形支撑受力不均；在横肋设计时需综合考虑浇筑时侧压力产生弯矩引起的应力和环向受力产生的轴向拉应力，进行最不利点核算。

池体中心平面以下的池壁结构向外侧倾斜，须在池外设有可靠支撑；池体中心平面以上的池壁结构向内侧倾斜，须在池内设有可靠支撑。模板环向受力应均匀一致；可采用加强环梁，加强环梁与内模板连接为一体。环肋加工时，严格控制每根环肋的半径、弧度、弦长、拱高等各部位的加工误差，端头连接板与环向槽钢必须严格垂直，保证拼装时环肋整体的圆度；环肋采用对拉螺栓连接紧固方法，受力应均匀。

支架体系，特别是植根于池底的井（多边）形中心架，直选择碗扣式、盘销式等支架体系，但必须进行设计计算与安全性验算。井形中心架可在基础底板施工前安装在垫层上，用毕可将伸出底板部分割除。周围设伞形满堂红支架与其连接的立杆呈放射状相连；水平杆靠近池壁处应形成水平支撑桁架。池外应搭设弧度落地支架和脚手架，脚手架用双排架，且与模板系统分离，穿墙螺杆宜采用双止水环设计，在支架和脚手架上应设置横向斜撑和环向剪刀撑。

在混凝土强度达到设计强度后方可拆除模板。应先拆内外楞，然后轻撬模板逐块拆除。池内支撑脚手架可在池壁内防腐和管道安装完成及满水、气密性试验结束后，自上而下分段拆除，从人孔或池顶运出。外脚手架的拆除应待池壁保温、装饰完成后方可进行。

卵形消化池采用双向（环向、竖向）预应力体系，选用低松弛钢绞线；环向张拉采用环形锚（又称活动锚、游离锚）具，竖向张拉多采用夹片式锚具，安装张拉技术水平要求较高，设备配置要求高。目前预应力筋束多采用无粘结预应力钢绞线，有粘结预应力筋较少应用。有资料介绍，无粘结预应力方案要比有粘结预应力方案节省预应力筋 1/5 左右。

卵形消化池预应力筋张拉锚固槽多采用穴模埋置式（见图 8-1），外露预应力筋部分应涂专用防腐油脂或环氧树脂，并罩帽盖进行封闭，该防护帽与锚具应可靠连接；然后应采用后浇微膨胀混凝土或专用密封砂浆进行封闭。

图 8-1

无粘结预应力筋及其两端的锚具系统组成的预应力筋组件应有一套完整的防水密封装置，该装置安装后应采用与构件同强度等级的细石混凝土或使用无收缩混凝土灌筑料加以保护。封锚处混凝土保护层的厚度不应小于 50mm。

消化池内壁防腐工程施工前应对基层进行检查和处理，以使基面混凝土坚固、密实、干净，不得有起砂、脱壳、裂缝、蜂窝麻面等现象，严禁渗漏。防腐涂料的基面应干燥，湿度应控制在 85% 以下；防腐涂料应喷刷均匀，防腐层不应出现漏刷、脱皮、流坠、皱皮、厚度不均、表面不光滑等现象。防腐工程的施工和验收应符合《建筑防腐蚀工程施工及验收规范》GB 50212—2012 的规定。

板材保温材料施工时，板块上下层接缝应错开，接缝处嵌料应密实、平整。整体保温层施工时，应安装并紧固饰面板后喷注保温层，以保证铺料厚度均匀、密实、平整。

饰面工程施工时，龙骨及饰面板应根据池体各部位的尺寸在现场放样、加工。安装应牢固准确，确保安全、美观、耐久。

8.1.4　施工质量控制

消化池须经满水试验（见第 4.5 节）和气密性试验（见第 4.6 节），合格后方可投入运行。结构混凝土施工质量应符合表 4-10 的规定。

8.2　圆筒形消化池工程实例

8.2.1　工程概述

某污水处理厂新建一组圆筒形消化池，单池设计容积达 10000m³，设计高度 23.50m，外径 24.0m，内径 23.4m；平底板厚 600mm，池壁厚 300mm，顶部为锥壳形，厚 220mm；混凝土强度等级均为 C35、抗渗等级 P8、抗冻等级 F200；池体采用整体现浇施工工艺。

池基础为桩承台，ϕ800mm 钻孔灌注桩，桩长 39.0～45.0m，满堂布置，桩顶标高随边坡的变化而变化，钢筋混凝土承台厚度最小为 1600mm。混凝土垫层厚 100mm，混凝土设计强度等级 C10；钢筋混凝土池底板沿圆周等距离设三道宽为 800mm 的后浇带；预应力混凝土池壁自上而下设有 67 环预应力束；池顶环梁和暗梁设有预应力筋，暗梁采用单方向水平张拉，池壁和环梁采用环向张拉；所有预应力筋均为无粘结预应力钢绞线，规格为 $7\times\phi15.24$mm，强度标准值 $f_{ptk}=1860$N/mm²，低松弛钢绞线；每环预应力束分为两段，锚固在四根扶壁柱上，错开 90°，间隔 200～300mm。设计张拉控制应力 $\sigma_{con}=$ 1390N/mm²。

池内壁采用无毒环氧防腐涂料防腐，外壁采用聚氨酯发泡保温、钢龙骨彩钢板饰面。

施工方案：

设计留设施工缝 2 道，第一道水平施工缝设在底板面以上 500mm 处，第二道水平施工缝设在池顶环梁以下 300mm 处，缝内设 300mm×4mm匚形钢板止水带。底板、池壁、锥壳顶及环梁分为三次浇筑，一次浇筑混凝土最大高度为 19.5m。

分析认为：池壁一次浇筑混凝土最大高度为 19.5m，虽然减少了施工缝，加快了施工进度；但是池体混凝土强度等级 C35、抗渗等级 P8，不宜一次浇筑高度过大，因此施工难度较大。

施工基本流程：

池体定位→基坑开挖→凿除桩头→混凝土垫层→底板→池壁→锥壳顶板→池壁预应力张拉→封堵锚头→满水试水→附属安装→基坑回填。

经与设计方协商，沿池壁高度增加 3 道水平施工缝。第一道施工缝以上每道施工缝距离 4880mm 以降低施工难度和节约施工成本，满足模板的面板材料——竹胶板的模数要求。

池壁模板的面板采用高强覆塑竹胶板，规格为 1220mm×2440mm×16mm，竖向楞采用规格为 2000mm×100mm×50mm 的方木，环形支撑采用双 ϕ48mm 钢管，现场热弯为圆弧，池壁内外模板采用 ϕ14mm 焊有止水环螺杆拉接紧固。

8.2.2 模板支架设计与安装

1. 池底侧模支架

在垫层混凝土强度达到 1.2MPa 后，在垫层表面测放池底板中心线，弹出内外模墨线及扶壁柱位置线后搭设外模固定架；外模固定架为两排扣件式钢管脚手架，固定架搭设后架设圆弧水平管，圆弧水平管垂直间距 600mm。先安装底板侧模，底板钢筋和导墙插筋完成后安装立内模，固定导墙吊模。

后浇带采用快易收口网模板支护，裁好适当的收口网模板，现场拼装，安装完成后用 ϕ18mm 的钢筋支撑固定（钢筋与收口网模板的 V 形骨架垂直），收口网模板与钢筋之间及 ϕ18mm 的钢筋与底板钢筋之间均用绑丝绑牢，一侧支完后再支另一侧模板，然后用 50mm×80mm 方木支撑。

2. 池壁模板支架

池壁外搭两排扣件式 ϕ48mm 钢管脚手架，根据施工缝的位置分四次搭至预定标高；池壁内搭设 ϕ48mm 钢管扣件式支架，立杆在池内满堂红布置。按照施工方案要求池壁内侧周边支架设一道剪刀撑至上环梁底部，剪刀撑连接 4 根立杆。池壁钢筋绑扎、预应力筋和配件安装完毕后拼装外模。外模根据施工缝的位置安装，每次安装至施工缝以上约 300～500mm 处，经验收合格后浇筑池壁混凝土。

混凝土沿池壁向上每次浇筑高度约 5.0m，直至与池顶模板相接。池壁混凝土达到预定强度后，拆除内外模板，安装池顶部模板支架。

3. 池顶模板支架

满堂红布置支架的立杆安装至圆壳状池顶板下，按照设计给出的高程截管，安装可调托撑，托撑放置预弯成环状工字梁，固定 2000mm×100mm×100mm 方木后在方木上拼装底板模。绑扎顶板钢筋。圆周外侧模一次全部装好，预留浇捣口。预应力筋张拉完毕后，方可拆除池顶锥壳的支撑及模板。

4. 池壁模板对拉螺杆强度验算

（1）拉杆螺栓支撑荷载组合：参照表 4-1，池壁模板强度计算的荷载组合为④＋⑤＋⑥。④振捣混凝土时的荷载（P_1），⑤新浇筑混凝土对侧模板的压力（P_2），⑥倾倒混凝土时产生的水平向冲击荷载（P_3）。

（2）荷载取值与计算

P_1 荷载取值 4.0kN/m^2；P_2 采用公式（5-1）计算：

计算 $P_2 = 0.22×25×8×1×1.15×0.81/2 = 45$kN/m^2；

P_3 取值 2.0kN/m^2。

计算模板最大的侧压力 $F_{max} = P_1 + P_2 + P_3 = 51$kN/m^2。

每根拉杆螺栓可承拉模板面积 $S = f_l / F_{max}$。其中，$f_l = 1/4 × \pi d^2 2 × 210 = 32314$N ＝ 32kN（螺杆 Q235A，$f_y = 210$N/mm^2，$d$ 取 14mm）。因此，$S = 32/51 = 0.627$m^2，采用 ϕ14mm 对拉螺栓，竖向间距 0.6（0.9）m，横向间距 0.9（0.6）m，能够满足施工要求。

8.2.3 钢筋与预应力筋束安装

1. 非预应力钢筋安装

ϕ20mm 以上的主筋接头采用直螺纹连接方式，其余采用绑扎或焊接连接方式。

池底非预应力钢筋安装尺寸、位置要求准确，地下承台部分钢筋由多层环向、竖向和径向钢筋形成立体网状结构，底板锥形部分钢筋为 2 层由环向和竖向钢筋组成的网片。钢筋是在现场大样的基础上进行下料和弯曲制作，其误差控制在 5mm 范围内。环向钢筋下料后弯曲成型，现场连接形成封闭式的圆环。环向筋和竖向筋形成锥形网状结构，安装成型后难以校正，所以对钢筋尺寸、位置要求准确，否则模板无法就位。桩顶钢筋应按照设计要求，弯成 45°与承台钢筋绑扎。

池底（顶）板钢筋安装前，先在承台（底模板）表面放出环向主筋、池壁插筋和模板位置、中心控制线；在安装过程中，先放置环筋、后排放放射筋。底板上下层钢筋采用几字形马凳筋固定；将竖向筋、环向筋和径向筋点连接成整体，形成立体骨架体系。

池壁部分采用 ϕ10mm 钢筋制成的环形梯架，拉结内外两层钢筋；钢筋仍按原设计两个施工缝的长度下料安装。施工缝浇筑混凝土时必须注意对钢筋的保护，浇筑完毕后应及时清除钢筋表面灰浆。钢筋安装比模板安装要提前一个施工时间段。钢筋安装的顺序是先安装结构钢筋网片，然后开洞及安装洞口加固筋。安装前计算出竖向筋每隔 500mm 高度间距，并标注在钢筋支架上。安装时，先每隔 500mm 固定竖向筋位置，然后再安装环向筋。为增强结构钢筋的整体性，可适当将结构筋与支架点焊连接。

2. 预应力筋安装

钢筋安装、绑扎、就位后，安装预应力筋；无粘结预应力筋采用低（Ⅱ级）松弛钢绞线，锚具选用夹片式锚具（HVM）。张拉端与固定端配套采用承压钢板和螺旋筋。

预应力筋应按设计要求布设安装，池壁环向预应力筋用 ϕ10mm 钢筋作为钢束支托筋，与普通骨架钢筋相连；池壁筋束呈半圆形水平布置，180°包角张拉；预应力钢束在四个扶壁柱上交错布置。池顶暗梁预应力束安装应保持水平。预应力钢束用绑丝固定在钢筋上；安装过程检查筋束外聚乙烯包皮是否受损，如有受损应及时用封胶带密封。

3. 张拉端与锚固端

扶壁柱的张拉端采用凹进杯式（见图 4-21）构造，穴模采用钢板现场制作。安装时应先安螺旋筋，再按图纸位置固定承压钢板，钢绞线与承压钢板面需保持垂直；按照图纸设计要求，螺旋筋后不补网片筋。固定端 P 锚与承压钢板贴紧，承压钢板与周围普通钢筋焊牢。张拉端模板应按施工图中位置埋设穴模，承压板应用钉子固定在模板上或用点焊固定在钢筋上。无粘结预应力筋末端的切线应与承压板相垂直，曲线段的起点至张拉锚固点应有不小于 300mm 的直线段。

4. 预应力筋安装质量检查

无粘结预应力筋的表面如有破损，可用塑料胶带缠绕修补；胶带搭接宽度不应小于胶带宽度的 1/2，缠绕长度应超过破损长度 50mm。严重破损的部分应切除无粘结预应力筋，应严格按设计要求的曲线形状就位并固定牢靠。

钢绞线挤压组装时，剥皮长度 70mm，压力读数在 30~40MPa 之间，挤压成型后钢绞线端头与挤压锚齐平，硬钢丝螺旋圈不外露，钢绞线内凹不得超过 5mm。张拉前应检查筋束的规格、外包皮的质量、所在的位置（垂直、水平）是否准确，每根筋要在同一水平面上（误差不超过±10mm），端部应垂直于锚压板，每束钢筋不得相互扭绞，绑扎要牢固，应保证其在浇筑混凝土后位置不变。

8.2.4　混凝土施工

池体结构混凝土采用抗渗配比，为提高混凝土抗裂、抗渗性能，混凝土掺入一定比例的抗渗高效复合外加剂，施工配比应经现场试验后确定，混凝土初凝时间4～6h。混凝土限制膨胀率：底板0.02%～0.030%，池壁0.025%～0.030%。现场混凝土坍落度为140～160mm，满足泵送需要。

底（顶）板浇筑采用3台泵车直接入模，分层、分段浇筑，插入式振捣棒和平板振捣器相结合，以保证充分振捣；人工两次抹平压实后，采用盘式磨光机成活，一次浇筑成型。地板后浇带是在预应力筋全部张拉后采用膨胀混凝土浇筑。

池壁分次浇筑，每次采用2台泵车，配备固定泵，根据圆环池壁的特点，在两侧分层、对称浇筑；为避免模板朝一个方向倾斜，采取分层、交圈布料；为保证混凝土振捣密实，沿环向每6m布置一台插入式振捣棒。为避免产生冷缝，在先浇筑混凝土还未初凝时后续混凝土必须立即跟上。

混凝土浇筑时，预先布设临时人行木板，严禁踏压钢筋骨架；混凝土振捣棒不得撞碰无粘结预应力筋、支撑钢筋及端部预埋件。扶壁柱的张拉端与固定端混凝土钢筋密集，布料时采用溜筒，振捣采用细长插入式振捣棒或人工用钢筋插捣，以使混凝土密实。

底（顶）板混凝土浇筑后，蓄水或铺盖土工布洒水养护14d。池壁模板拆除后及时用覆盖淋水方式养护，使混凝土内水分不蒸发散失，养护时间不少于14d。不便淋水覆盖养护的混凝土，应在混凝土终凝后，及时涂刷UEF混凝土养护剂，此种养护剂为水溶性，涂刷后有效期为15.2d，并随下雨溶解面消失，对混凝土表面粉刷无影响。

8.2.5　预应力张拉

1. 技术要求

池体结构混凝土强度达到设计强度后方可进行张拉。池壁180°包角环向筋两端要同时张拉，并控制两端的张拉力值相等；同一环内的两束预应筋应同时张拉，即每环需4台设备同时张拉。对局部张拉空间不够的钢束，采用千卡型千斤顶逐根张拉，环向筋采用一端对称张拉，另一端对称补足。为了弥补混凝土的压缩徐变造成的预应力损失，应超规定张拉控制力3%后锚固。

计算单根预应力筋的张拉控制力：

$f_{ptk}=1860MPa$，$\delta_{con}=0.75\times1860=1395MPa$；$p_{con}=140\times1395=195.3kN$；考虑实际张拉时超张拉3%，控制张拉力$P=201.2kN$。

张拉步骤：$0\to0.2P\to0.6P\to1.03P$（持荷3min，锚固）。

张拉顺序：池壁环向筋应从池壁上端往下隔环张拉，或按池壁设计标高对钢绞线束分批张拉。池顶应先张拉暗梁预应力筋，再采用对称张拉方式张拉弧梁预应力筋。

2. 计算伸长值

均匀升压至0.2P时暂停，测量千斤顶活塞初伸长量；均匀升压到0.6P时测量伸长量；继续升压至 1.03P 测量终伸长量。测量出来的千斤顶活塞终伸长量减去初伸长量，即为该项张拉从 0.2P 到 1.03P 间钢绞线的实测伸长值。与理论伸长值比较，符合 −5％～ +10％要求，继续下一钢束张拉。

张拉端预应力钢筋计算伸长值为 110mm（池壁）及 114mm（弧梁），如实际伸长值大于计算伸长值 10％或小于 5％时，应暂停张拉，待查明原因并采取措施予以调整后方可继续张拉。

3. 张拉端切割及封锚

无粘结预应力筋张拉完毕后，整理张拉记录，在实测伸长值符合规范要求的情况下，对张拉端部外露的钢绞线进行切割，预留长度距离工作夹片口不少于 30mm。钢筋张拉完毕后，应及时清除锚具及外露钢筋上的油污，及时用细石混凝土封堵严实，并尽快把后浇混凝土完成。

8.2.6 功能性试验

根据设计要求及《给水排水构筑物工程施工及验收规范》GB 50141—2008 的规定，消化池主体结构施工完毕，混凝土强度达到设计强度后，必须进行满水、气密性试验。满水、气密性试验是施工质量验收的主控项目。

1. 满水试验

各项准备工作全部完成后，即可进行满水试验，满水试验方法及要求见《给水排水构筑物工程施工及验收规范》GB 50141—2008。分为三次向池内缓慢注水，相邻两次充水时间间隔不小于 24h。注水时，应打开池顶阀门通气。满水试验时应有专人观察池壁，发现渗漏隐患，及时采取补救措施。

2. 气密性试验

满水试验合格后，在试验水位下继续进行气密性试验。气密性试验采用的试验压力为 1.5 倍的工作压力，即 9kPa。将池内充气后，测定池内气压和温度作为初次读数。间隔 24h 后，再测定池内气压、温度及池外大气压。气压降满足《给水排水构筑物工程施工及验收规范》GB 50141—2008 的规定，即为合格。

8.2.7 内壁防腐

（1）防腐工程基层由两道腻子组成。施工前要测定钢筋混凝土主体结构的含水率，含水率不大于 10％时方可施工。施工前必须对消化池内表面进行全面检查，不平处适当用水泥砂浆修补，用砂纸或钢丝刷或磨光机等将表面附着物刷光、磨光、进行整平，直至露出混凝土的坚实面为止；表面的粉尘用吹风机吹扫干净。表面的金属埋件进行除锈、防锈处理。

腻子一般由 A、B 双组分拌和而成。拌制时确保比例正确，拌和均匀，颜色一致，每次拌和量以 2h 用完为准，拌和工作由专人负责。每道腻子涂抹厚度要一致，每道厚度以 1mm 左右为宜，确保平整密实，两道腻子接缝处相互错开 5cm 以上。第一道腻子实干后（一般不少于 24h），方可涂抹第二道腻子。

（2）防腐工程面层由三度或四度涂料组成。当第二道腻子实干后方可进行第一度涂料的施工。第一度涂料涂刷前必须将第二道腻子用砂纸磨平，粉尘用吹风机吹扫干净。

涂料一般由 A、B 双组分拌和而成，拌和时确保比例正确，拌和均匀，颜色一致且不少于 5min，一次拌和量以 2h 内用完为准，拌和工作由专人负责。

涂刷工作一般以人工配合滚刷进行，每度涂料厚度要均匀一致，以不漏刷、不漏底、不流淌为准。每度涂料在结合处要搭接 5cm 以上。每度涂料实干（一般不少于 24h）后，方可进行下一度涂料的涂刷。防腐工程完工后，应及时对质量进行验收评定，合格后经自然养护 15d 后方可使用。

8.2.8　防雷系统安装

依据池体防雷设计，在池中顶部装设避雷带，避雷针高 10m，避雷带为 ϕ10mm 镀锌圆钢，沿池避顶部敷设，防雷引下线与避雷带和避雷针可靠焊接。利用结构主筋作自然引下线，结构基础内钢筋作自然接地体，底板环形梁内钢筋作连接线，环形梁内钢筋焊接成通路后与结构主筋及各桩内钢筋可靠焊接成电气通路。在室外地坪下 1m 处设连接板以便连接。同时每根引下线在室外地坪上 0.8m 处设测量连接板。所有引下线、金属设备、构架、栏杆及金属工艺管道均应与避雷带可靠连接。电气装置外露可导电部分和电缆保护管以及所有正常不带电的金属导体，金属预埋件都必须可靠接地。接地电阻要求不得大于 4Ω，采用自然接地，基础施工完毕后应实测，如达不到要求应增加室外人工接地直至满足要求。接地线采用镀锌扁钢 40mm×4mm，距池外壁不小于 3m，接地极采用镀锌角钢 ∟50mm×5mm×2500mm，室外接地体埋深 0.8m。施工时电气人员应与土建专业密切配合，做好预埋和焊接工作。

8.3　卵形消化池工程实例

8.3.1　工程概述

某水处理扩建工程新建 3 座卵形消化池，三维变曲面蛋形壳体，上部和下部为圆台体，中间部分由最大直径 24m、弧度 85° 的圆弧旋转而成。池体埋深 13.6m，池顶标高 39.1m，壳体池壁 700～400mm 渐变厚度，单池容量为 10500m³。基础为桩基承台，下设 50 根 ϕ1000mm 钻孔灌注桩，桩长 45m，钢筋混凝土承台最小厚度为 1.6m。池壁内无粘结预应力筋采用 7ϕ15.2mm，f_{ptk}＝1860N/mm²，低松弛钢绞线；竖向均匀布置 64 束（3×7ϕ15.2mm）预应力筋，其中长束和短束各 32 束，池壁上端为张拉端，池壁底部设固定端；环向共设置 122 圈（由呈半圆形的两束组成）预应力筋，且为分段均布（分 5×7ϕ15.2mm、4×7ϕ15.2mm、3×7ϕ15.2mm 三种规格）；每圈分为两束，包角 180°，锚固在池壁外侧锚具槽内。

采用抗渗混凝土，掺 4% 聚羧酸抗渗外加剂。池体结构混凝土等级：除钢筋混凝土结构地下基础混凝土强度等级为 C30、抗渗等级为 P8 外，池体预应力混凝土强度等级均为 C40、抗渗等级均为 P8。

池壁外侧采用 100mm 厚聚氨酯发泡保温层保温，彩钢板饰面。池壁内侧采用无毒环氧防腐涂料防腐。3 座消化池通过高架连廊与中间的污泥控制室相连。

施工工艺流程：

基础工程→主体结构工程→预应力筋张拉→池体内防腐→满水试验→气密性试验→保温及饰面工程→竣工验收。

其中，主体结构施工根据池体的高度分段进行，工艺流程：

搭设支架→钢筋工程→布置环向预应力筋→预埋竖向预应力筋→模板安装→混凝土浇筑→搭设支架→循环施工。

8.3.2　结构钢筋与预应力筋安装

1. 结构（非预应力）钢筋安装

（1）结构钢筋绑扎成型是卵形消化池施工的关键工序，在施工中着重解决两个问题：钢筋绑扎成型的依托及控制钢筋绑扎成型后的形状尺寸。根据工程特点必须采用钢筋支架。基础底板部分由于混凝土量比较大，配筋少，施工中采用 ϕ48mm 钢管构成支架作为底板上部钢筋的成型依托，如图 8-2 所示。

（2）基础承台部分由于承台内部环向和竖向钢筋间距较小，在施工中采用点焊将承台内部环向和竖向钢筋形成支架，作

图 8-2　地下壳体结构钢筋与支架

为池壁钢筋的成型依托；地上壳体部分钢筋支架由 ϕ20mm 的钢筋构成。支架每次成型高度 750mm，由 750mm 的垂直短管（或粗筋）控制其标高，由水平短管（或粗筋）桁架控制壳体的截面厚度及壳体半径。短管（或粗筋）支架是池体的骨架，是控制池壁钢筋和模板位置的依据，支架位置以通过池体中心线为基准进行定位控制。

（3）钢筋绑扎按施工缝的位置分段进行施工。绑扎要牢固，要充分利用水平环筋可形成封闭箍的特点，每隔 500mm 将一道环筋焊成封闭箍，并与竖筋点焊连成整体。

钢筋绑扎按先下后上、先外后里的顺序进行，在纵横相交部位，适当采用点焊与钢筋支架焊接。基础底部和承台外侧钢筋的保护层垫块，采用与混凝土同强度的砂浆制作，基础承台内侧及地上壳体内外侧钢筋保护层厚度在与模板上下端相对应的钢筋骨架上采用 ϕ16mm 环向筋控制。ϕ16mm 环向筋位置要准确，且必须很牢固，要通过它控制池壁模板的位置（即模板限位）。

对所有非预应力筋、预埋铁件及预应力筋的位置、半径、标高、弧度要进行技术复核，特别要对绑扎的牢固程度进行检查，防止浇筑混凝土时钢筋位置、形状发生变化。地下承台部分每次施工高度较大，且不垂直，为此要在承台内部的水平钢筋网上临时留设 400mm×400mm 的人孔，便于人员进入承台内振捣混凝土。在即将浇筑到相应位置时，把孔洞处的钢筋补上。

2. 预应力筋安装

（1）7ϕ15.2mm 钢绞线标准强度为 1860N/mm^2，公称直径为 15.2mm，公称面积为 15.20mm^2，Ⅱ级标准型（即低松弛）。无粘结预应力筋进场复试合格后，在工地现场按计算的每束筋长度（包括两端张拉预留长度）下料，采用砂轮切割机切断，并将预应力筋理

顺、端头对齐，按照不同要求将 5 根（或 4 根或 3 根）预应力筋编成束，每隔 1m 用 18 号绑丝编扎，在端部标明 J1、…、J122、JV1、…、JV64 等。

（2）环向预应力筋最长 43.3m，竖向预应力筋最长 33.5m。在非预应力筋绑扎成型和预应力筋支架焊接固定检查合格后，预应力筋整束由人工穿入池壁钢筋骨架内，将其理顺，确定位置，随即用 18 号绑丝将其固定在支架筋上，避免产生整体扭绞现象。预应力筋就位后，在预应力筋两端安装上锚垫板和锚具槽。锚具槽（见图 8-3）是用于预应力张拉、锚固的装置，可在现场用 3mm 厚铁板焊制成张拉孔形状的铁盒，与锚垫板一道预埋在池壁内，并永久留在池壁中不再取出。

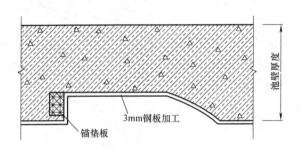

图 8-3　锚具槽剖面示意

锚垫板位置对预应力筋张拉至关重要，锚垫板可先与锚具槽焊在一起，再进行安装就位；只要锚具槽与周围非预应力筋焊接牢固且位置准确，就能确保锚垫板位置正确。锚垫板有 180mm×180mm×25mm（5 孔）、160mm×160mm×25mm（4 孔）、140mm×140mm×20mm 三种规格，可在现场用 Q235 钢板加工制成。

（3）卵形消化池采用双向（环向和竖向）无粘结预应力体系。其中环向无粘结预应力筋可按施工图要求绑扎固定在钢筋上，竖向无粘结预应力筋则一次下好料，随主体结构分段施工、分段固定，未能固定的则及时保护好。特别注意钢筋焊接时，应有防止烧伤无粘结预应力筋塑料包皮的安全措施。

8.3.3　模板与支架安装

1. 模板安装

依据施工方案：采用定型组合钢模配板单元，并设计加工特殊异型钢模，模板体系由定型组合钢模基本单元与异型钢模拼装而成。整个池体模板按施工缝划分：基础 4 段，壳体 22 段。每段模板设计通过计算及现场放样、排板后确定。定型模板与异型钢模的型号和数量随半径（即高程）变化而变化。

模板安装：模板按施工段划分，分段支设。待钢筋绑扎完成后，模板先依托在钢筋骨架上，然后通过对拉螺栓（或勾头螺栓）、E 型卡与支撑系统连成整体。模板安装的位置以通过池体中心线为基准进行定位控制，在每一段池壁施工前，用经纬仪将池体底的中心点投影到位于相应标高的脚手架的靶板上，以确定池体的中心线。通过每段模板上下端处的池壁半径进行模板位置控制。

异型钢模委托专业工厂加工，在使用前要按不同的规格进行编号，内外楞（φ48mm 钢管）则在现场用弯管机加工。在成型的钢筋骨架两侧每段模板进行对称拼装，与内外楞连接好后，通过对拉螺杆连成整体，最后通过支撑杆件将内模的外楞与池体内满堂红脚手架连成一体。安装初步就位后，要对标高和半径进行检测，池体中心用激光经纬仪控制。钢模板的安装应严格按操作规程进行，在同一拼缝上的 U 型卡方向要相互错开，边肋上 U 型卡的间距应不大于 300mm。

模板安装好后应进行检查，检查的内容包括：模板的外形尺寸和中心位置、模板的平整度和缝隙、模板连接的牢固程度以及整个池内脚手架支撑系统的稳定性、预埋件、预留孔的位置。模板之间的拼缝宽度超过 1.5mm 时，将采用海绵条进行嵌填。

为了保证模板对拉螺栓孔准确，每一施工段内外模板的对拉螺栓孔都要一一对应。内外模板随高度变化上升速率不同，导致池壁内外模板上口不平，对拉螺栓孔不能对应。为此特制一批 100mm×300mm 的组合钢模，在内外模高差大于 80mm 时用此钢模调整。

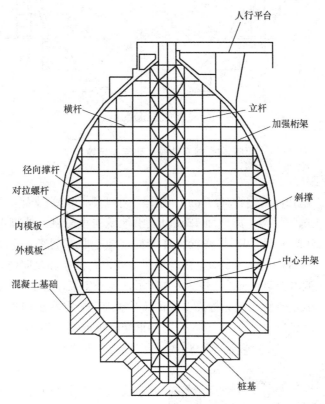

图 8-4 池内支架、脚手架示意

2. 穿墙螺栓选择

卵形消化池正常运行时内部工作水头为 39.861m，对池体结构的抗渗漏性能要求较高；另一方面，消化池外壁要施加环向及径向预应力，因此对池壁模板安装所用穿墙对拉螺栓提出要求：既满足防渗要求，又不影响预应力筋埋置。为了更好地解决施工过程中穿墙螺栓处渗漏问题，最大限度地减少对预应力筋埋置的影响，对入选的无止水环有塑料套管型、有止水环长型和有止水环短型 3 种 φ18mm 穿墙螺栓进行现场试验，比较分析抗渗性能认为：3 种穿墙螺栓在 0.8MPa 水压作用下均可满足抗渗要求，使用有止水环短型穿墙螺栓较适宜；在没有钢绞线部位或钢绞线比较少的部位也可采用有止水环长型穿墙螺栓。

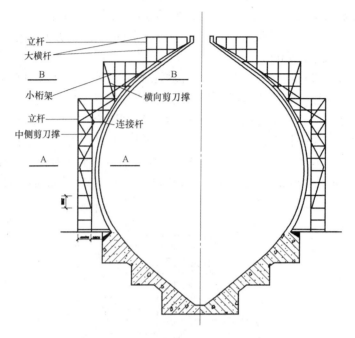

图 8-5 池外支架、脚手架示意

3. 支架与脚手架

池内支架全部采用扣件式钢管（$\phi48mm$，壁厚不小于 3.5mm）支架，双排全封闭脚手架形式，下部为普通双排脚手架，离地面 12m 以上沿池壁向里悬挑。外脚手架与模板系统分离，与池壁间距约 300mm，利用对拉螺栓将连墙杆与池壁联系起来。连墙杆环向间距 3m，纵向间距为两步架高（每步架高 1.8m）。在脚手架上要设置侧向和纵向剪刀撑，剪刀撑与水平面成45°～60°角。池内支架、脚手架如图 8-4 所示；池外支架、脚手架如图 8-5 所示池内脚手架主要作为池壁模板的支撑系统，标高 8.2m 以下基础部分混凝土体积较大，内模系统主要承受浇筑混凝土时由混凝土侧压力产生的径向轴力和向上浮力。故支撑系统设计成伞形骨架形式。标高 8.2m 以上壳体部分的支撑系统除减少了部分斜杆及增加了立杆外，平面结构形成与 8.2m 以下基础部分基本相同。

池体结构浇筑完成后，池内外分段拆除模板。池内模板拆出后，支架径向钢管需与池壁顶牢；池外模板拆除后，除满足施工人员上下的外脚手架外，其余应逐段拆除；并在池壁锚具槽两侧补搭支架平台，以便满足张拉作业需求（见图 8-6）。

池内支架和脚手架搭设注意事项：

（1）确保每根径向钢管指向圆心、竖向

图 8-6　池外锚具槽与脚手架

杆垂直。

（2）确保满堂红脚手架位置准确、形状规整、结构稳定。每次搭设高度超出作业层5～10m。

（3）按图纸对称搭设竖向、横向杆件。

（4）支撑系统的各杆件随内外模板安装同步搭设。

（5）为了抵抗向上的浮力，标高8.2m以下基础部分内脚手架立杆要与预埋在混凝土中的铁件进行焊接，以限制立杆向上位移。

8.3.4 预应力筋施工

1. 预应力筋与锚具安装

采用现场模拟试验、计算机对比分析等技术措施，进行环向和径向预应力筋布放、移动锚具、锚穴定位。每束环向预应力筋均为一次性安装就位，而每束竖向筋均要分成若干次就位，即每一束竖向筋一次下料、一端安装就位后，还需将未安装部分理顺盘放在高于正在施工的施工段脚手架上，以避免损坏其外包皮；随着池体结构施工，逐段就位固定。

移动锚具的锚固槽尺寸为500mm（弧长）×200mm（宽）×150mm（深），现场用1.5mm厚铁板制作；安装时注意控制其位置准确，并与模板固定。

除标高33.45m处的池体竖向筋张拉锚固端采用杯槽式外，其余部位预应力筋张拉锚固端则采用锚具槽式。选用移动锚具主要考虑以下因素：

（1）减少了预留穴模的数量，使结构受力损失相对减小，施工相对方便。

（2）无需为锚固而设置突出于结构表面的扶壁柱，使结构外表线条更加顺畅、美观。

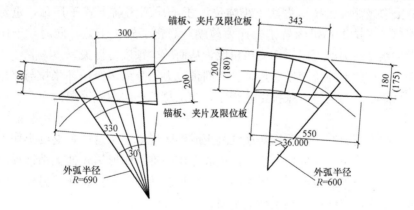

图 8-7　环向筋变角张拉示意

（3）预应力损失值相对比较小，变角张拉后构建的预应力体系更合理。

2. 预应力筋张拉

除标高33.45m处的池体竖向筋张拉端外，其余均采用变角张拉，不同部位所采用的变角的角度也不相同。预应力筋张拉采用OVM15.2—5、4、3型锚具及张拉用变角块。根据变角张拉试验结果，变角损失在10%左右。为此，设计要求张拉控制应力取$0.8f_{ptk}=1488N/mm^2$，同时还要求待消化池整体混凝土强度达到设计强度后，采取每圈两束筋四端同时张拉，且为整束张拉。张拉顺序：环向筋J1→J3→J5→…→J121，竖向筋JV2、JV4、JV6、…、JV64按对称大循环张拉，环向筋J122→J120→…→J112，竖向筋JV1、JV3、…、JV63按对称大循环张拉，环向筋J110→J108→…→J2。环向筋变角张拉如图 8-7 所示；竖向筋变角张拉如图 8-8 所示。

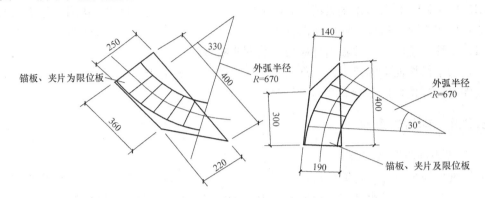

图 8-8　竖向筋变角张拉示意

在正式开始张拉之前应先做好试张拉，以确定张拉工艺及注意事项，为全面张拉顺利进行做好准备。在预应力筋张拉过程中，还要进行张拉力抽样检测、有效预应力和预应力损失测定、张拉过程混凝土应力应变测定等。

预应力筋张拉后，外露预应力筋在距锚具槽 300mm 处将超长部分用手提砂轮切割机或氧乙炔焰（须做好降温保护）切除。除净锚具及外露预应力筋上的油脂和张拉孔杂物，并在张拉孔口焊 2φ12mm 短钢筋后支模，用 C45 微膨胀混凝土填实。

施工中采用了"在可调型分体式变角器协助下，小吨位液压千斤顶及配套油泵、每圈预应力筋分束多级循环张拉"方法。小吨位液压千斤顶为前卡式千斤顶，重量轻、体积小，操作简单。张拉工具锚内置于千斤顶前端，简化了施工工艺。同时，千斤顶前端细小，部分无粘结预应力筋可以减小变角角度，从而减少预应力损失。

实践证明：采用小吨位液压千斤顶、每圈预应力筋分束多级循环张拉与采用大吨位液压千斤顶、每圈预应力筋整束张拉工艺相比，施工总工期由 90d 缩短为 50d。

3. 封锚

无粘结预应力筋封锚一般采用普通混凝土或膨胀混凝土，这两种混凝土均由于骨料粒径较大，灌注空间狭小，需要振捣密实，造成操作困难。卵形消化池无粘结预应力筋封锚采用高强无收缩自流平灌浆料，不用振捣，可自行流动到位和自密实；另外，该材料不收缩，具有微膨胀性，与结构混凝土粘结牢固、不开裂。

8.3.5　混凝土浇筑

根据施工段的划分，标高－1.50m 以下池体结构混凝土强度等级为 C30、抗渗等级为 P8，其余部分混凝土强度等级为 C40、抗渗等级为 P8；所需混凝土均采用集中搅拌站商品，并采用混凝土输送泵输送，现场坍落度控制在 120～140mm 范围内。

混凝土浇筑前要做好以下工作：非预应力筋和预应力筋铺设、安装完毕后，应进行隐蔽工程验收和模板工程技术复核工作，当确认合格后方能浇筑混凝土；混凝土浇筑时，严禁踏、压、碰预应力筋、支撑架以及预埋部件；张拉孔端部混凝土必须振捣密实。泵管转弯宜缓，接头应严密。泵送前先用适量水泥浆润滑泵管内壁。泵送间歇时间超出 45min 或混凝土出现离析现象时，应立即用压力水冲洗管内残留混凝土。混凝土输送泵料斗内应有足够的混凝土,以防吸入空气造成阻塞。

混凝土采用插入式振动棒振捣,因池壁不垂直,给混凝土浇筑振捣带来困难。在标高 −8.2m 以下部分混凝土浇筑时,振捣工下至钢筋网内振捣,地上部分采取减少施工段高度的方法进行振捣,以保证混凝土振捣密实。施工缝处设置 400mm 宽、3mm 厚的止水钢板。

混凝土养护:基础底板采用蓄水养护,其余部位混凝土养护均为待拆除模板后采用 UEF 混凝土养护剂涂刷其表面。UEF 混凝土养护剂属于水溶性材料,有效期为 15.2d,满足防水混凝土养护时间规定,并对池壁防腐层施工无影响。

8.3.6 满水与气密性试验

1. 满水试验

满水试验所用的水为自来水,采用 $DN100$mm 的镀锌管从市政给水管引至消化池,由于消化池的池顶距地面 32m,还专门采用 TPG100—200 型管道离心泵进行增压处理。

注水分三次进行:第一次充水至设计容积的三分之一水位,即标高 14m 处;第二次充水至设计容积的三分之二水位,即标高 22.5m 处;第三次充水至设计容积水位,相邻两次充水间隔时间为 24h。每次充水水位既可以通过水表读数来控制,也可以从池顶孔用长 30m 带浮球钢卷尺来测读。为了准确测定渗水量,现场采用镀锌铁皮水箱作为测定蒸发量的设备。水箱使用前应仔细检查,不得渗漏。水箱悬挂在池中的设计水位上方,水箱中充水深度约 20m 左右,用钢尺测定消化池中水位的同时,测定水箱中的水位。

渗水量的测定:在充水至设计容积水位 24h 后,通过固定在排泥井壁上的钢尺测得水位初读数,再间隔 24h 后,测得末读数,同时还通过安放在排泥井中的水箱测出蒸发量。如第一天测定的渗水量符合要求,应再测定一天;如第一天测定的渗水量超过允许标准,而以后的渗水量逐渐减少,可继续延长观测。渗水量按《给水排水构筑物工程施工及验收规范》GB 50141—2008 中的计算公式计算,即:

$$q = A_1 / A_2 [(E_1 - E_2) - (e_1 - e_2)] \tag{8-1}$$

在满水试验过程中,要对池体进行沉降观测:在每一个池的外壁埋设 4 个沉降观测点,在满水试验前建立原始数据,然后在满水试验过程中每天观测一次,并做好记录工作。

2. 气密性试验

当消化池满水试验合格后,池内的水暂不排除,紧接着对设计水位以上部位的气室部分进行气密性试验。气密性试验前,将与气室连通的孔口除预留安放温度计的孔及进气孔外,全都封堵严密。气密性试验的主要试验设备有:

压力计:用以测量池内气压的 U 型管水压计,刻度精确至 mmH$_2$O。温度计:用以测量池内气温,刻度精确至 1℃。大气压力计:用以测量气压,刻度精确至 dapa(即 10Pa)。空气压缩机:一台(0.3m^3)。

气密性试验采用的试验压力为 1.5 倍的工作压力(即设计压力 6.0kN/m^2),其值为 9.0kN/m^2。池内充气至试验压力并稳定后,测读池内气压值即初读数,间隔 24h 测读末读数。在测读池内气压的同时,需测读池内气温和大气压力,池内气压降按公式(8-2)计算:

$$\Delta P = (P_{d1} + P_{a1}) - (P_{d2} + P_{a2})(273 + t_1)/(273 + t_2) \tag{8-2}$$

8.3.7　防腐、保温及饰面

1. 防腐施工

（1）防腐层材料采用环氧封闭漆 Q587、环氧厚浆漆 H508 和 SH 聚氨酯环氧防腐漆。施工程序为：基层（混凝土表面）处理→刷环氧封闭漆 Q587（一道）→刮环氧腻子（一道)→刷环氧厚浆漆 H508（三道，其中气室部分增刷一道)→刷 SH 聚氨酯环氧防腐漆（五道，其中气室部分增刷一道）。

（2）基层处理

对混凝土基层进行全面检查，基层表面要充分干燥，且 20mm 厚度层内的含水率不得大于 6%，否则需要用喷灯进行烘干；混凝土表面要基本平整，凸出池壁部位混凝土用铁钻或电动角磨机磨平。

基层表面要洁净，先用钢丝刷将混凝土表面的水泥浆、油污等杂物清除，然后用软毛刷或棉纱将灰尘除净。其中要特别注意清除凹进部位的灰尘等杂物。

（3）刷漆（涂层）

为了确定涂料用量、涂层厚度及涂刷方法，需在现场做样板。做样板是在钢板表面进行，先将钢板表面铁锈及杂物清除干净，然后涂第一道环氧涂料，待涂层干燥 24h 后，再涂第二道，共涂刷九道。每次要详细记录涂刷涂料的用量。最后用测厚仪测出每遍和总的漆膜厚度。

涂层施工：采用滚筒滚涂。待基层符合要求后，立即在基层表面涂刷环氧封闭漆。待封闭漆固化 24h 后，满刮环氧腻子层，待其固化 24h 后，表面用砂纸打磨平整，然后涂刷第一遍涂料（涂刷时用棉纱将基层表面灰尘擦净）。

所用涂料均为双组分，使用前两组分应按规定比例（主剂∶固化剂＝1∶1）调配。要现配现用，施工有效时间为 10h。每道涂料施工间隔时间为 48h 以上。

在施工过程中用排风机使池内通风，采用防爆灯作为池内施工照明。防腐施工操作利用结构施工所用的钢管脚手架，待防腐施工结束后拆除。

2. 保温及饰面工程施工

（1）由于消化池外形呈双曲面，聚氨酯发泡保温层只能现场喷涂，其厚度为 100mm。挂彩钢板用的钢龙骨架及其彩钢板必须根据现场的尺寸在工厂里加工，然后运到现场进行安装。

施工工艺流程：消化池池壁外表面处理→放线→安装镀锌连接件→安装钢龙骨架→喷聚氨酯发泡保温层→安装彩钢板、打密封胶→清理彩钢板→检查验收→脚手架拆除。

（2）钢龙骨架制作与安装：由于该工程外形特殊，龙骨在不同部位呈现不同的弧形，加工难度较大。为此，采用在工厂加工成型（包括镀锌），现场拼装的方式。钢龙骨架均为 A3 类钢材。

钢龙骨架安装施工操作是利用结构施工中的外脚手架。先根据消化池的外形尺寸制作五道环向工艺圆，外径分别按上、中上、中、中下、下所在部位的外径加 100mm，在工厂加工成型后，将其分若干段运到工地。按各自位置进行安装。先根据消化池结构施工中心控制轴线，利用经纬仪测出每道工艺圆的基准点，以保证五道工艺圆的水平投影为同心圆，用点焊临时固定。同时在五道工艺圆上标出 48 等分点。

按五道工艺圆的 48 等分点，安装 48 道竖向龙骨，并通过连接件使其与预埋在混凝土池壁上的预埋件固定。连接件与预埋件之间采用焊接，龙骨与连接件之间采用 M12×80 螺栓连接（便于调整）。待对 48 道龙骨竖向和环向的弧度曲率检查验收合格后，开始安装环向水平龙骨（次龙骨），水平龙骨沿竖向龙骨外侧每 1.1m 弧长设一道，水平龙骨与竖向龙骨之间采用电焊连接，水平龙骨弧度要与相应标高的竖向龙骨外侧的水平曲率相一致。最后安装加强肋，加强肋的两端与水平龙骨点焊连接。加强肋的弧度与相应段的竖向龙骨竖向曲率一致。钢龙骨安装完成后，要对焊缝、预埋件等部位进行除锈、防锈处理。

（3）喷聚氨酯发泡保温层

聚氨酯发泡保温原材料由 A、B 双组分组成，其配比为 1.1：1（重量比），A 组分为硬质"JP"型组合聚醚材料，B 组分是 PAPI（多异氰酸酯）。

施工工艺流程：

$$A 组分 \rightarrow 搅拌桶 \rightarrow 压力泵 \rightarrow 喷枪 \rightarrow 发泡成型$$
$$B 组分 \qquad 空压机$$

喷涂时混凝土表面要求干燥、无锈、无粉尘和无油渍。在聚氨酯现场喷涂过程中，发泡流量控制在 1~5kg/min，空气压力为 4~6kg。发泡保温材料采用分层喷涂，每一层喷涂厚度不超过 20mm，每层喷涂后 60s 即可喷涂下一层，直到喷涂到符合工程要求厚度（100mm）为止。由于喷涂为手工操作，喷涂前用 10 号铁丝制成厚度卡尺，以便操作人员控制。施工环境温度 20℃ 以上为宜，当环境温度低于 20℃ 时，可采用碘钨灯对 PAPI（B 组分）适当加热。严禁在雨天进行聚氨酯发泡保温层施工。安装彩钢板前要对聚氨酯发泡保温层进行验收。

彩钢板饰面加工与安装：所采用的彩钢板是由上海宝钢生产的成卷产品。其根据现场龙骨尺寸在工厂加工成型，现场拼装。彩钢板加工包括下料、折边、曲面处理三方面，以及上下端曲线度的处理。

根据加工成型的彩钢板编号，将其安装在相应位置，彩钢板安装自上而下进行，彩钢板与龙骨（竖、环龙骨）之间用自攻螺丝紧固，待彩钢板安装固定就位后，彩钢板与彩钢板之间 20mm 宽缝隙先填泡沫条，然后满打密封胶。待密封胶固化后，要对彩钢板表面进行清洗，并对局部涂层破坏处进行修复处理，最后分段拆除脚手架。

8.4 卵形消化池施工新技术应用实例

8.4.1 工程概述

某污水处理厂新建 5 座污泥消化池，单池设计容积 12300m³，卵形结构，每座高 44.861m，其中地下部分桩基承台结构高 10.100m，地上部分为薄壁壳体结构（见图 8-9），高 34.761m，最大内径 25.800m，外径 26.970m。采用全现浇施工工艺。

池体为无粘结预应力混凝土结构，池壁厚度从底部 700mm 渐变到顶部 450mm；

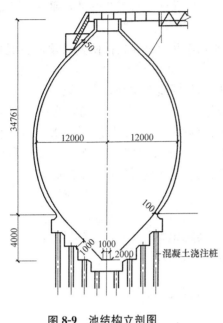

图 8-9　池结构立剖图

消化池正常运行时最大水头高度 39.861m，池内气压 10kPa，池内温度保持在 35℃ 左右。池内气体对钢筋混凝土结构具有强腐蚀性，池内污泥具有弱腐蚀性，内壁设有防腐层。

施工工艺流程：

基础工程→池体结构施工→预应力筋张拉→池体内防腐→满水试验→气密性试验→附属构筑物施工→竣工验收。

根据卵形消化池的结构特点、施工条件和进度要求，每座消化池可分为 14 次浇筑：地下部分，高程 25.600m 至高程 35.700m，分为 3 次浇筑，最大浇筑高度为 3.667m，最小浇筑高度为 3.182m；地上部分，高程 35.700m 至高程 70.461m，分为 11 次浇筑，最大浇筑高度为 3.667m，最小浇筑高度为 2.000m。

分次浇筑部位设施工缝，设有 300mm×3mm 镀锌止水钢板。混凝土浇筑分层与模板组成见表 8-2。

混凝土浇筑分层与模板组成　　　　　　　　　表 8-2

浇筑分层	最大浇筑层高（m）	模板组合	支撑形式
1～3	3.667	内模曲面小模板	有固定装置
4～11	3.500	双曲面大模板	内外模横肋与环撑
12～13	3.667	内模曲面小模板、大模板	内模加强环撑
14	2.000	曲面筒形大模板	环向自稳

8.4.2　耐久性混凝土

根据设计要求，池体结构采用耐久性混凝土；在设计配合比基础上，对原材料选择、优化配合比、支搭模板、搅拌、运输、浇筑、养护等进行分析研究，并经现场试验后，确定了抗渗性混凝土的施工配合比，制定了混凝土搅拌、运输、浇筑的保证措施。

1. 原材料选择

对可供选用的水泥、外加剂、砂、粉煤灰，利用圆环试验方法进行了净浆、砂浆和混凝土抗裂性试验。通过试验研究，从提高混凝土的抗裂防渗性能出发，选择 PO42.5 普通硅酸盐水泥（用于 C30 以上强度等级）和 PO32.5 普通硅酸盐水泥（用于 C30 以下强度等级）、Y 外加剂、中粗砂、I 级粉煤灰。鉴于当时建材市场原材料供应的天然砂偏细的情况，掺加一定比例的优质人工砂。

2. 配合比优化

根据所确定的原材料，在设计配合比基础上对混凝土施工配合比进行优化，优化结果详见表 8-3，碱含量控制结果见表 8-4。

混凝土配合比 表 8-3

序号	混凝土强度与性能	使用部位	每立方米混凝土材料用量(kg)					
			水泥	掺和料	外加剂	碎石	砂	水
1	C35、P8	承台	323(PO42.5)	63	11.56	1082	783	150
2	C40、P8	壳体	355(PO42.5)	62	14.77	1164	655	164

3. 碱集料反应控制

控制碱集料反应可分为：集料（砂、碎石）碱活性成分和混凝土综合碱含量。每立方米混凝土综合碱含量计算值见表 8-4。从计算结果看，每立方米混凝土最大综合碱含量均小于 3kg，满足要求。通过混凝土浇筑阶段、预应力张拉施工期间及以后的不间断观察和验证，没有发现裂缝出现。

每立方米混凝土综合碱含量计算情况汇总 表 8-4

序号	混凝土强度与性能	水泥		掺和料		外加剂		综合碱含量(kg)
		用量(kg)	碱含量(%)	用量(kg)	碱含量(%)	用量(kg)	碱含量(%)	
1	C35、P8	323	0.51	63	0.15×0.12	11.56	5.8	2.42
2	C40、P8	355	0.51	62	0.15×0.12	14.77	5.8	2.77

8.4.3 模板支架设计与安装

1. 受力分析与结构设计

经技术经济论证，主体结构采用环向受力双曲面整体钢模板设计。双曲面大模板由板面、横肋、纵肋、对拉螺栓孔及联结件等组成，主要由模板体系自身刚度和强度来承受浇筑混凝土重力及钢筋、模板自重等荷载；支搭扣件支架解决池壁下放和上敛部位模板稳定支撑问题；同时搭设脚手架供作业人员使用。地下基础部分采用曲面小模板拼装成倒卵形，地上部分采用双曲面大模板方案；地上第 6 层（施工段）及其以上部分采用环形支撑大模板；采用对拉防水螺栓固定模板，使其在混凝土浇筑侧压力下保持稳定。双曲面整体钢模板每一层模板在高度方向为整块，在环向分块，主要考虑吊装方便，每块重量控制不超过 1.2t。拼装好的池下半部外模板和池外脚手架如图 8-10 所示，池上半部外模板和池内脚手架如图 8-11 所示。

图 8-10 池下半部外模板和池外脚手架

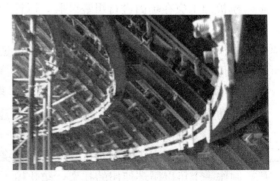

图 8-11 池上半部外模板和池内脚手架

分析卵形消化池结构特点，将池壁模板分为两个受力体系，以抵抗混凝土浇筑过程对模板侧向压力和提供刚性支撑。采用对拉防水螺栓平衡浇筑过程模板受到的侧向压力，支撑系统由环形横向梁（肋）和钢管支架组成，为环向受力模板支撑系统。池体中心平面以下结构外模板横肋整体环向受拉，中心平面以上结构模板整体环向受压。

池壁模板支撑形式大致分为两种：池体中心截面以下模板支撑和中心截面以上模板支撑。参照第 4.1.2 条，以中心截面为例分析计算模板荷载，横肋形成的圆环承受由纵向小肋传递的荷载，肋间距控制在 400mm 以内。环向受力采用无力矩假设条件计算，荷载的作用方向为横肋所在位置的法向向外，每一条横肋的受力情况均与所在位置的池壁结构厚度、壳体半顶角、水平圆半径大小有关，需单独验算，受拉横肋设计以强度控制为主。

双曲面大模板的面板按双向板考虑，横肋作为次肋受力，设纵向小肋传递板面荷载，纵向大肋为主肋承受纵向小肋传递的荷载，并将荷载传至对拉螺栓。每个规格的模板中横肋为两端带悬臂的两跨连续梁，纵肋为两端带悬臂的三跨连续梁。

横肋设计时需综合考虑在浇筑时侧压力产生弯矩引起的应力和环向受力产生的轴向拉应力，进行最不利点计算；横肋在设计时按两端带悬臂的两跨连续梁计算受力最不利弯矩，满足工程施工要求且具有安全储备。

双曲面模板控制内模横肋变形是上半部模板设计主要考虑因素，针对第 12、13 层（施工段）倾斜角度大、荷载大的特点，采用加强环梁设计。加强环梁与内模板连接成一体，承受环向受压，增加抗变形能力；模板横肋则抵抗侧压力产生的弯矩和部分轴压。双曲面模板外模封闭成环形，需要支撑的荷载有浇筑混凝土重力、钢筋、钢绞线、模板自重以及施工荷载、风荷载等，组合荷载作用于外侧模板，以环形受力状态保持稳定；而环向受力主要由横肋连接形成的封闭水平圆环承载。

2. 加工与组装

经计算确定面板选用 4mm 厚钢板，板格长与宽均不大于 400mm。横肋为槽钢，纵向小肋为扁钢，纵向大肋为双槽钢组合，对拉螺栓为 $\phi18$mm 加止水环，螺栓孔 $\phi30$mm；对拉螺栓最大控制间距：水平间距 1000mm，竖向间距 900mm。模板的纵向边框选用角钢，模板与模板之间每条横肋开 2 个"跑道"形连接孔，长轴 25mm，短轴 18mm。加强环梁由双槽钢组合弯曲而成，间距为 850～900mm，沿内模板纵肋布置。

加工环肋需严格控制每根环肋的半径、弧度、弦长、拱高等部位的加工误差，端头连接板与环向槽钢必须严格垂直，保证拼装时环肋整体的圆度。

模板加工应在场内进行组装试验，以检验设计加工的质量。

3. 现场安装

模板安装应按照拼装图准确定位，重点是控制高程和对应的半径。每块模板拼装后及时校核位置，防止误差累积影响同环最后一块模板就位。组装过程将模板预留设计的 100mm 高度范围与下部已浇筑混凝土贴紧，与环向模板之间同样用密封胶条封闭。

环肋连接采用螺栓连接，横肋相邻两个连接板接触紧密，受力均匀。环肋拼装要求：整体圆顺、无内凹外凸、高程一致，处于同一平面，不得呈波浪状或翘起。

内外模板之间用止水型对拉螺栓固定。浇筑一层混凝土后，用已浇筑层最上一排螺栓孔，制作一个可以循环使用的托架，防止模板下滑、偏移等情况发生。

内模环向用径向布置的加强 $\phi50$ 钢管与模板撑住，这些径向支撑杆应与扣件式脚手架协调，不得妨碍人员通行，如图 8-12 所示。

脚手架为施工人员提供操作平台和通道，脚手架与模板间可以有接触支撑，但不得有固定连接，其稳定性不受结构模板系统影响；同时在模板系统出现意外情况时具备缓冲消能和防止坠落的功能，施工人员可在高位平台安全作业。

8.4.4 混凝土浇筑

为控制混凝土入模温度与大气温度差不超过 15℃，现场料堆采取棚护、洒水等措施，尽量降低原材料，特别是碎石的温度，

图 8-12 池中部内模板支撑与脚手架

因为混凝土中碎石所占比重最大。搅拌混凝土前设专人检测当天碎石、砂的含水量，校核当天的投料比，控制混凝土出盘和现场坍落度符合施工方案的要求。经现场试验确定了混凝土初凝时间，依据运输距离和浇筑速度确定了浇筑方案。

混凝土浇筑采用泵车入模方式，现场混凝土坍落度控制在 120~160mm 之间，严禁现场加水。控制合理的振捣时间，不能因为混凝土含气量大而随意延长振捣时间。混凝土自高处倾落的自由高度不得超过 2m，当超过 2m 时应加串筒等辅助下料。在下料过程中，控制两下料口间的距离不大于 3m。

控制混凝土浇筑速度，圆周内浇筑过程最大高差不大于 300mm，分层交圈，特别注意池体圆周范围内混凝土浇筑和其他活荷载分布均匀，防止环形支撑受力不均。

混凝土养护要保持其适当的温度和湿度条件。有计划的埋放温度感应器，量测混凝土凝结过程的温度变化情况，随时了解混凝土内外温度差值从而确定拆模时间。

8.4.5 预应力筋施工

（1）池壁为无粘结预应力混凝土结构，预应力筋分别沿池壁径向、环向布置。采用计算机技术布筋锚穴定位：在设计图纸的基础上，结合现场条件进行二次设计。经过现场模拟试验、计算机对比分析等手段，进行环向和竖向预应力筋布放和环形锚具槽定位。

采用 $7\phi15.2mm$ 的低松弛预应力钢绞线，标准强度为 $1860N/mm^2$。设计要求浇筑混凝土强度达到设计强度后，方可进行预应力张拉；按照设计要求，环向预应力筋张拉从池上部向下部隔环采用卡式千斤顶对称张拉作业（见图 8-13）；环向预应力筋采取分批、分阶段对称张拉；竖向预应力筋在池顶部进行对称、循环张拉。张拉控制原则是采用应力应变双控，以控制张拉力为主，伸长值作为校核。张拉加载流程：$0.2\sigma_{con} \rightarrow 0.5\sigma_{con} \rightarrow 0.7\sigma_{con} \rightarrow 1.0\sigma_{con} \rightarrow 1.03\sigma_{con}$，持荷 2min，锚固。

张拉前应逐根测量外露预应力筋的长度，依次记录作为张拉前的原始长度。张拉过程中按分级加载要求再次测量预应力筋的外露长度，减去张拉前测量的长度，根据实际伸长值，用以校核计算的理论伸长值。

无粘结预应力筋张拉过程中，应有专人填写施加预应力记录，作业人员签字后备查。

（2）环向预应力张拉采用变角张拉技术：在可调型分体式变角器协助下，小吨位液压

图 8-13 上部张拉作业

千斤顶及配套油泵、每圈预应力筋分束多级循环张拉。小吨位液压千斤顶为前卡式千斤顶，重量轻、体积小，操作简单。张拉工具锚内置于千斤顶前端，简化了施工工艺。同时，千斤顶前端细小，部分无粘结预应力筋可以减小变角角度，从而减少预应力损失。

卵形消化池环向预应力筋具有分布密集的特点，张拉过程中千斤顶就位和移位困难。环锚张拉时利用变角器把需要张拉的钢绞线从环状中分出来，采用 YCN 系列千斤顶进行张拉。由于采用环锚，各根预应力筋的张拉端和锚固端不在同一受力直线上，很容易使锚具歪斜。张拉时按加载分级要求多次循环张拉，保证锚具与预应力筋垂直。

环向预应力筋在池体中部每圈由呈半圆形的 2 束筋组成，采用 $180°$ 张拉；在池体顶部每圈由 1 束筋组成，采用 $360°$ 张拉。环向预应力筋每圈双向同步张拉。竖向均匀布置的预应力筋底端固定，顶端采用单侧对称张拉。

环向预应力筋张拉顺序应隔圈张拉，两个循环均自下而上进行，补足张拉孔应待其他孔预应力筋全部张拉完毕后，再行张拉。将预应力筋从千斤顶的前端穿入，直至千斤顶的顶压器顶住锚具为止。变角张拉则需先将变角器穿入，再穿千斤顶。环向各圈每根筋均采用一端先张拉，另一端补足的方法进行张拉。具体是在每束筋的两端均装上锚具和夹片，然后在一端装上变角垫块，可采用手提式千斤顶（YCN-25 型）逐根进行预紧张拉，同时在另一端派专人查看每根筋夹片的跟进顺序，并用色笔在池壁上做好记号，最后在另一端装上变角垫块，用千斤顶逐根进行补足张拉。

在张拉过程中，测读 $0.2\sigma_{con} \to 1.0\sigma_{con}$ 之间的伸长值，并按正比例关系推算出实际伸长值（$0 \to 1.0\sigma_{con}$ 之间的值）。油泵启动供油正常后，开始加压，直至达到设计要求的张拉力。当千斤顶行程满足不了所需伸长值时，中途可停止张拉，作临时锚固，倒回千斤顶行程，再进行第二次张拉。张拉时，要控制给油速度，给油时间不应低于 0.5min。

（3）无粘结预应力筋张拉完毕后切除外露预应力筋多余长度。无粘结预应力筋的封锚应符合设计要求，当设计无具体要求时，在夹片及无粘结预应力筋端头外露部分应涂专用防腐油脂或环氧树脂，并罩帽盖进行封闭，该防护帽与锚具应可靠连接；然后应采用后浇微膨胀混凝土或专用密封砂浆进行封闭。无粘结预应力筋及其两端的锚具系统组成的预应力筋组件应有一套完整的防水密封装置，该装置安装后应采用与构件同强度等级的细石混凝土或使用无收缩混凝土灌注料加以保护。封锚处混凝土保护层的厚度不应小于 50mm。

8.4.6 基桩后压浆补强

在池底基础灌注桩浇筑完成后，通过预埋的压浆管路对桩端及桩侧压注水泥浆液，使桩周及桩底松软土体的强度得到有效加强，同时浆液填充挤扩桩端土体并加固持力层，从而大大提高桩端的承载力与桩周摩阻力。不同的工程地质条件有很大的差异，不可能有相同的压浆参数，预先设定的压浆参数往往参考相似工程的经验，压浆参数的最终确定要依赖于试验桩的结果。

后压浆施工完毕后，对灌注桩进行桩身结构完整性检测；检测方法采用应力波反射法，根据现场低应变检测数据，最终的检测结果表明消化池所有灌注桩桩身均完整，属于Ⅰ类桩。单桩承载力试验方面，通过对基桩 $p \sim s$ 曲线、$s \sim \lg p$ 曲线及试验数据分析，当试验荷载达到单桩承载力设计值的 2.0 倍时，基桩竖向抗压承载力仍未达到破坏极限，判定基桩承载力满足单桩承载力设计值 6500kN 的要求。

8.4.7 工程效果

工程实践表明：环向受力双曲面整体自稳大模板应用是成功的，通过采用双曲面模板组成的环向受力系统的刚度和强度来承受混凝土工程中的各项荷载，解决卵形池壁特殊结构形式模板稳定问题，避免了架设专用支撑架。并且浇筑高度不受模板自身限制。模板系统更轻便，更能提高结构的内在和外观质量，同时，组装性强，使用方便。体现出良好的先进性，有力地推动了同类特种结构施工的技术进步。

与奥地利 RSB 公司的整体钢模板体系相比，自行开发设计的模板体系轻便，能保证结构施工的内在和外观质量；且可组装性强，使用方便。

分池分次进行满水试验，试验过程中未发现池壁有渗漏现象，满足《给水排水构筑物工程施工及验收规范》GB 50141—2008 中规定的满水试验的合格条件。同时对池体结构和桩基进行了沉降观测，检测结果表明，各观测点沉降值均不大于 10mm，而且从所有的沉降观测点所得出的数据来看，每一个消化池各观测点沉降均匀。

在设计水位情况下分池进行气密性试验，结果满足《给水排水构筑物工程施工及验收规范》GB 50141—2008 中规定的气密性试验的合格条件。

投入运行已近 6 年，运行状况良好，如图 8-14 所示。

图 8-14 运行中的卵形消化池

第9章 澄 清 池

9.1 结构特点与施工工艺

9.1.1 结构组成特点

澄清池的不同工艺条件导致其种类和形式较多，但基本上可分为两大类：循环（回流）泥渣型和悬浮泥渣（泥渣过滤）型，前者可分为悬浮澄清池和脉冲澄清池，后者可分为水力循环澄清池和机械搅拌澄清池。悬浮澄清池和脉冲澄清池的处理效果影响因素较多，不适用于大型水厂。水力循环澄清池的处理效果较机械搅拌澄清池差，适用于中小型水厂。

机械加速澄清池是目前大型城市水厂中应用较多的澄清池。其通过机械搅拌将混凝、反应和沉淀置于一个池中进行综合处理（见图 9-1）；悬浮状态的活性泥渣层与加药的原水在机械搅拌作用下，增加颗粒碰撞机会，提高了混凝效果。经过分离的清水向上升，经集水槽流出，沉下的泥渣部分再回流与加药原水机械混合反应，部分则经浓缩后定期排放。其优点是：对水量、水中离子浓度变化的适应性强，处理效果稳定，处理效率高，适用于大型水厂；缺点主要有：机械搅拌耗能较大，结构复杂，施工与维修难度大。

除脉冲澄清池和部分机械搅拌澄清池采用矩形钢筋混凝土结构外，其余形式澄清池多采用圆形钢筋混凝土结构。

钢筋混凝土结构的机械加速澄清池特点：圆形直壁通过上环梁与薄壳斜壁相接，薄壳斜壁通过下环梁连接半球底座或环形直壁底座，形成整体池体结构。

半球性薄壳底座（板）需满足池底刮泥机运行条件，混凝土池底必须平滑密实，允许偏差不应超过 5mm，需要二次混凝土浇筑。作为给水处理工艺的重要构筑物，澄清池的设计使用年限为 50 年，采用耐久性和抗裂防渗混凝土。

影响钢筋混凝土池体使用寿命的主要因素：一是冻融，钢筋混凝土结构暴露在冬期低湿环境中，混凝土的毛细孔中水在反复冻融的情况下，导致结构被冻融破坏；二是腐蚀，混凝土碱骨料反应导致钢筋锈蚀、结构裂缝会加速碳化腐蚀。目前采用的对策：针对冻融对混凝土池体损坏，澄清池周围均设有框架或排架结构厂房，以保持运行所需条件；对于腐蚀破坏则采用对混凝土中氯离子严格控制、抗渗混凝土配比控制和设防水防腐层等技术措施。

机械加速澄清池内设有第一反应室、第二反应室、机械设备间，由斜撑、直柱、牛腿柱、吊板、伞板、导流板、走道板及平台组成。水循环系统由总出水槽、环形集水槽、钢辐射集水槽、排泥（空）管等组成。池主体结构由池体、直壁、上下环梁及悬挑走道板组成。

薄壳钢筋混凝土结构的池体施工难点首先在于半球薄壳（或斜锥）池底曲面的控制，

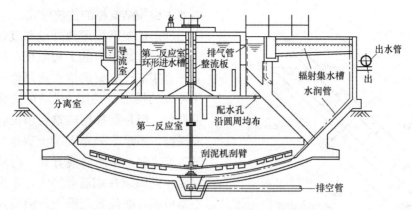

图 9-1 机械加速澄清池结构示意

其次在于环形集水槽堰的高程精确控制。由于池体抗裂防渗的要求，施工应尽量减少施工缝，设计通常要求澄清池下环梁以下半球薄壳（或斜锥）底部不得设置施工缝，球缺状壳体或斜锥体部分应一次浇筑成型。

受施工条件或工期限制，澄清池的环形集水槽（堰）、导流板、伞形板（罩）、走道板等部位常会选择预制拼装施工，以便保证构件制作精度要求或满足施工进度要求。预制构件预制、运输、安装见本书第 6 章有关内容。

9.1.2 施工工艺

1. 工艺流程

澄清池施工前，要依据设计要求和现场条件，编制专项施工方案，主要包括施工缝留设、现浇部分与预制部分划分、模板支架设计与施工、施工机具配置等。半球薄壳（或斜锥）池底曲面施工和精度控制是施工方案的技术关键。

圆形斜壁澄清池的施工工艺流程：

底座（集水井）→池底板（至下环梁）→半球薄壳池壁→上环梁→圆环直池壁→斜撑、内柱→机械间→平台→满水试验→设备安装。

2. 模板与支撑

圆形斜壁澄清池模板支架设计与安装是施工工艺的重要组成部分，外露池壁部分多采用清水混凝土，设计推荐采用钢模板；钢模板需放样加工成曲面板块，拼装严密，才能保证混凝土内坚实外美观。目前工程中多采用木模：防水型覆膜多层板为面板，50mm×100mm 方木作为竖肋；特制曲面钢模板应放样加工，以便保证模数和拼接质量达到清水混凝土标准。支撑形式：防水型对拉螺杆、E 型卡具紧固双排热弯成弧形的双 φ48mm 管作环向支撑；也可采用 φ25mm 螺纹钢筋做成箍筋作环向支撑，竖向采用型钢（双 φ48mm 管）作竖向加固支撑。

圆形斜壁澄清池施工难点在于斜壁（碗口）段模板支架设计与安装，斜壁外模板支撑形式主要分为两种：一是直接采用碗扣式支架，立杆成环网状或多边环形布置，可调托撑上安装 100mm×100mm 方木，方木上固定木楞和防水型覆膜板形成外模；二是环网状或由多边环形布置立杆上安装型钢或由方木依据池形制作的梯形排架，在梯形排架上安装外模板。斜壁内模板多采用随浇筑、随安装模板的方式或无内模板方式，也可采用对拉螺杆

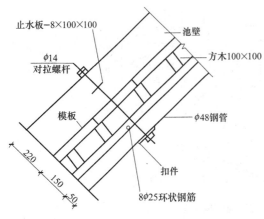

图 9-2   斜壁模板支撑示意

内外木模拉结支撑的传统模式。

梯形排架需按照池外壁斜度制作，适合于量大、模数相似的工程采用；但不如采用立杆直接搭设支架灵活和适用性强。内模采用传统的模板（见图 9-2）对拉固结方式简单易行，但是需根据浇筑要求设置窗口进料或振捣，不足之处是混凝土表面易产生"窝气"等缺陷。采用插模方式，内模以工字钢完成环梁固定在钢筋骨架上，木模预先裁出小型板面，随浇筑混凝土，随插入上下相邻工字钢翼缘内；可保证浇筑质量，但操作较为麻烦。采取无内模方式，需采用坍落度70～90mm 混凝土浇筑，随布料、随振捣密实、随压光成活；施工人员技术素质要求较高。

斜壁模板与支撑要满足分层、连续、快速浇筑混凝土的要求；内模骨架支撑体系的强度、刚度要既可承受连续浇筑混凝土的侧压力（向斜上方），又能承受作为操作平台所产生的向下的荷载，需要进行受力计算或验算。

环形集水槽、导流板、伞形罩等部分为钢筋混凝土结构时，宜考虑预制、拼装工艺。必要时，应在设计图纸基础上，进行二次施工设计。

在土质较好或经过处理符合承载要求的地层，半球薄壳施工可采用土模加环状侧模施工方法，即按斜壁外模锥壳面的坡度尺寸，做成模壳以代替外侧模板。

池内附属结构如斜撑梁、立柱和机械间模板支架多采用木模拼接和碗扣式支架支撑，但必须保证混凝土浇筑质量达到清水混凝土标准。

3. 混凝土浇筑

（1）垫层或底座

垫层混凝土浇筑前应按照规范规定进行验槽，检测基础土质是否与设计资料相符或被扰动；如有变化时，应按设计要求处理；如原状土稍湿或松软且设计无要求时，且考虑冬期防冻，可换填 100mm 厚，粒径 30～50mm 砾石，找平后振动夯实，并验收合格。浇筑应具备条件：对设计标高和轴线校正，并应清除淤泥和杂物；池底埋管应验收合格；地下水位应低于作业面 0.5m 以上，保证作业面无水；浇筑混凝土从低向高，分环分层浇筑，控制垫层表面高程；现场应有防止地面水冲刷已浇筑混凝土的措施。

（2）池底板

半球薄壳（或斜壁）池体底部结构混凝土浇筑，应采用弧形刮尺成活来严格控制曲面高程；外直壁、内半球壳池体底部也可采用二次混凝土浇筑成型。应在垫层混凝土表面弹放池底中心线和轴线，并根据设计要求放出池壁边线；钢筋混凝土底板采用土模作底模时，池壁外应支搭侧模；池底采用模板支架浇筑时，模板支架、钢筋和预埋管件应验收合格；底板应一次浇筑成型，不留施工缝；施工间歇时间不得超过混凝土的初凝时间；池壁与底板连接处（环梁）施工缝的位置应符合设计要求，施工缝应设镀锌止水钢板；底板混凝土成活面应采用弧形刮尺成型或采取二次混凝土浇筑成型方式；底板浇筑后，其强度未达到设计强度的 20% 时禁止振动，不得在底板上搭设脚手架、安装模板等。

（3）池壁施工

模板宜采用定型曲面钢模板，模板拼缝用密封胶条粘贴，保证模板拼缝严密；宜采用软套管或中间焊有止水环的对拉螺杆紧固模板。

池壁支模前应先将导墙施工缝的混凝土表面凿毛，清除浮料和杂物，用水冲洗干净保持湿润；接续浇筑池壁混凝土时，应先泵入同强度混凝土的无石水泥砂浆 30～50mm 厚；池壁混凝土应一次浇筑到设计高度，不得留施工缝；布料口距浇筑面超过 2m 时应采用溜筒，防止混凝土离析；池壁预埋管件或钢筋稠密部位浇筑混凝土时，宜采用强度和抗渗等级相同的细石混凝土；池壁混凝土在浇筑完成后应及时养护，保持湿润，养护时间不得少于 14d，拆模时池壁表面温度与周围气温的温差不得超过 15℃。

4. 预制件安装

（1）集水槽、导流板、伞板（罩）、走道板等构件场地应符合设计要求、采用定型钢模板确保结构尺寸准确，混凝土密实，平整光洁；

（2）预制构件之间与池体结合部位应凿毛，清除干净，涂刷界面剂；

（3）伞板安装应根据设计要求在斜撑梁弹出墨线；吊装顺序：从里向外吊装焊接端头，灌 1∶2.5 水泥砂浆，与斜撑梁、牛腿预埋铁焊接；

（4）预制集水槽安装时，应准确控制集水槽预埋件位置，并采取控制模板孔口精度细部措施；

（5）预埋铁件应按设计要求选择塑钢件或设有防腐涂层的成品；现场安装时要保护防腐层；

（6）现场加工钢构件或焊接部位，应按构件原标准进行现场防腐施工。

9.1.3 施工质量控制

施工质量控制应满足表 4-10 的规定，并满足下列要求：

（1）混凝土表面的标高误差：不超过 ±5mm；

（2）平整度不超过 5mm，用 2m 样板靠尺检查；

（3）池中心轴预埋件位置偏差＜3mm；结构厚度偏差为 −5～+10mm；

（4）斜撑梁、斜壁的预留筋位置及保护层的偏差 ±3mm，倾斜角度符合设计要求。

水池须经满水试验，合格后方可投入运行。

9.1.4 满水试验

满水试验应在水池主体结构施工完成后、池内设备安装前进行，池体（除采用土模施工底板外）应完全暴露，目的在于检验结构安全度和抗渗防裂性能，判定施工质量，因此池内主要设备安装应在池体满水试验合格后进行。

注水前，先封闭池体进水、出水管道口和排泥、排污口（见图 9-3）。根据

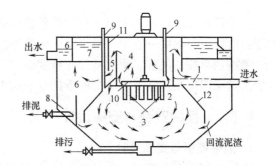

图 9-3 机械加速澄清池进出管口示意

1—进水管；2—进水槽；3—第一反应室；4—第二反应室；
5—导流室；6—分流室；7—集水槽；8—浓缩室；
9—加药管；10—搅拌器；11—导流板；12—伞形板

工程具体情况在池壁上标设进水高度，注水分为三次，每次注水到预定高度应进行池体外观检查，做好记录；如无特殊情况可继续注水到设计水位。

注水到设计标高后，停水 1d（24h），观察外表面；直至池体无渗漏、水的蒸发量符合设计要求为合格。

9.2　半球形钢筋混凝土澄清池施工实例

9.2.1　工程概述

某净水厂升级改造工程，新建系列占地 65 亩，设计规模 100 万 t/d。新建 4 座机械加速澄清池为半球薄壳钢筋混凝土结构，外径 25m，池壁高 7.5m，球壳底板最厚 200mm，池壁厚 150mm，内有由 16 根斜柱支承的反应室，结构形式见图 9-4。半球薄壳底板、倒锥形池壁等主体结构采用抗渗混凝土设计，强度等级 C35、抗渗等级 P8，水胶比不大于 0.5。池内壁均匀涂刷防腐涂料。

澄清池外设置了全封闭式围护结构。围护结构采用环形框架梁柱结构，顶部棚盖采用网架结构。

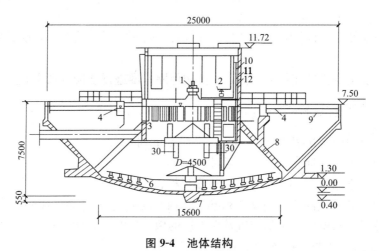

图 9-4　池体结构

依据设计要求，池体上、下环梁处各设一道施工缝，池主体结构分为三次浇筑，施工顺序：池底板→斜壁→直壁。整个水池施工流程如图 9-5 所示。

考虑到伞板、吊板、集水槽尺寸精度要求高，现场浇筑施工难度比较大；与设计方协商后决定采用预制拼装方式。为此委托专业加工厂加工制作。

9.2.2　模板安装与支撑设计

1. 池壁模板与支撑设计

池体全部采用木模板，面板为 16mm 厚覆膜竹胶板，用 100mm×50mm 方木作为竖楞，间距 250~300mm；环向采用热弯成环形的双 ϕ48mm 钢管作支撑。经池壁荷载计算，选用 ϕ16mm 粗纹对拉螺杆，间距 300mm×600mm，E 型卡具紧固双 ϕ48mm 钢管，模板螺杆孔现场组对后确定位置方可用钻机开孔；模板按照定线现场放样加工，以确保结构的

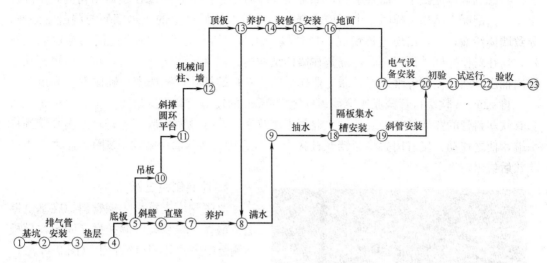

图 9-5　施工工艺流程

各部位尺寸准确。加工好的模板和预弯成形的钢管码放在池边备用（见图 9-6）。

为抵抗新浇混凝土对模板产生的环向拉力，在外侧模板还设置环向箍筋（$\phi25$mm 螺纹钢筋），以减小池壁的变形；箍筋截面确定根据浇筑混凝土对模板产生的环向合力与箍筋受力后其允许的弹性变形来计算，其计算公式如下：

（1）环向拉力计算

图 9-6　模板与弯曲钢管

$$P = F_{max} \cdot b \quad (kN) \tag{9-1}$$

式中　F_{max}——混凝土对模板产生的侧压力的合力，kN；参见表 4-1；

　　　b——池壁厚度，m。

（2）箍筋净截面计算

$$A = \frac{PL}{E \cdot \Delta L} \quad (cm^2) \tag{9-2}$$

式中　P——箍筋环拉力，kN；

　　　E——箍筋弹性模量，N/mm^2；

　　　L——箍筋周长（$L = 2\pi R$），mm；

　　　ΔL——允许变形值，mm。

（3）箍筋允许变形值验算

$$\Delta L = 2\pi \cdot \Delta b \quad (mm) \tag{9-3}$$

式中　Δb——池壁厚度允许的变形值，mm；池壁厚度的最大允许偏差为 2mm。

池体的上、下直壁均采用双侧支模，模板依据池体高度及混凝土浇筑高度进行加工制作。

（4）$\phi16$mm 螺杆选择与安装

考虑到墙体混凝土抗渗要求高，如果将穿墙对拉螺杆永久浇筑在墙体结构内，实际施工中，当混凝土结构拆模时，由于应力释放易导致对拉螺杆上的止水钢环与混凝土脱离，导致墙体渗漏，一旦出现这种情况，处理极为困难。因此，水池施工选用的穿墙防水螺杆，均在对拉螺杆外设置套管，浇筑在墙体结构内。混凝土浇筑完毕后，将对拉螺杆从套管内抽出，然后使用纤维水泥，派专业作业队将对拉螺杆孔填塞严密，确保不渗不漏。

将 ϕ25mm 软塑料管截成比穿墙螺杆短 100mm 的短节，套在穿墙螺杆上。支模板时将套有软塑料管的穿墙螺杆安装就位。混凝土浇筑完毕，拆除模板后，先轻轻敲击穿墙螺杆一端，使之移动，接着用力将穿墙螺杆拔出，然后转动塑料管一端 2～3 圈，使之拧成麻花状后拔出。

图 9-7　侧模支撑

2. 池底侧模支撑

池底侧模支撑采用钢管斜撑在基坑壁上，钢管一端装有可调托撑，固定在模板外侧竖向方楞和锁口钢管上（图 9-7）。

3. 上下环梁、斜壁模板

外模支架要按照弹放在地板上的定位线和高程控制桩安放立杆，立杆的高程及中心的半径距离，随安装随校对。为解决池壁浇筑混凝土的环向水平推力，池外模设箍筋（ϕ25mm）拉结与支撑，间距 600mm 以克服环向变位。

碗扣式立杆围绕池壁成环形布置，杆顶部安装可调托撑。在托撑上放置梯形木排架，上面铺装方木和 16mm 厚覆膜竹胶板作为面板。木排架采用 50mm×100mm 方木和扒钉连接而成，为满足底板传递的压力，经计算木排架的间距为 300～500mm，顶面标高比底板低 50mm，预留了排架的沉降量。模板拼缝严密不漏浆，板面平整；大于 1mm 模板缝要进行细部封闭处理，以防止其漏浆，保证混凝土浇筑质量。

4. 机械间顶板、圆形平台模板支架

采用碗扣式支架，可调顶托横放 100mm×100mm 方木，在上面顺放 50mm×100mm 方木，方木上铺 16mm 厚覆膜胶合板作为面板。如图 9-8 所示。

5. 立柱模板

池内矩形立柱、矩形柱上牛腿、走道板下圆柱全部采用木模，涂刷隔离剂，拼装严密，以提高混凝土施工质量。柱底与柱中留设检查口、进料口保证浇筑前清仓与浇筑时进料。支撑采用对拉螺杆、E 型卡具、ϕ48mm 钢管；采用钢管斜撑在池底板和池壁上。

9.2.3　主体结构施工

1. 垫层

机械挖土至球壳形斜壁底板环形基础

图 9-8　顶板模板支架

底以上 300mm，然后机械退场，采用人工清挖至垫层底部标高。人工整平基底后由测量人员测放出球壳底中心，用人工将土方挖至设计标高，将高程引至基底，在基底设高程控制桩，确保开挖一次完成，不得扰动持力层。在挖土见底前，先行设定中心位置及标高控制桩。然后边开挖、边用弧形样尺检测，至基底设计高程，有关方按规范规定进行基底验收。垫层采用 C10 混凝土，厚 100mm。受底板变截面的影响，中心部分呈扁球壳形，为使垫层标高误差控制在 10mm 以内，采取如下措施：

(1) 依据设计图纸，先计算球壳底板及垫层表面的各控制点高程，绘制高程控制图，或放实物大样量出各控制点的高程及半径尺寸。

(2) 设定中心桩，测定各控制点的高程（间距不得超过 3m）。

(3) 按各控制点的高程，支搭环型模板。中间的环型侧模板，在浇筑垫层过程中拆掉，外缘侧模板在养护后拆除。

(4) 浇筑时，振捣采用平板式振动器，以混凝土表面均匀出现浆液为准结束振动。移动时平板式振动器依次振捣前进，前后位置和排与排间相互搭接 30～50mm，防止漏振。

(5) 混凝土垫层表面浇筑完成后，用靠尺（与垫层表面相同弧度）环向搭在环型模板上将混凝土表面刮平，用抹子压光成型。为控制上部钢筋位置，在垫层内按照施工方案设预埋铁件，作为上部结构施工固定点。

2. 半球壳底板

混凝土垫层强度达到 1.2MPa 后，由测量人员在垫层表面弹出墨线，标识池中心、池轴线、底板外缘线、斜撑中心及外缘线、斜壁下脚线，以及钢筋环向筋、径向筋的位置。同时，用水平仪每 3m 一点检测垫层混凝土面标高，并在垫层面逐点标明正负误差值（以mm 计）；以便对底板的钢筋保护层，在规定允许的范围内加以调整。

底板环向主筋，应按设计图纸中平面及纵向曲率半径要求，事先弯制成弧形筋，并用样板逐一检验，以避免在安装绑扎过程中弹性变形，影响绑扎质量，接头连接位置要事先布置好。

上下两层钢筋的排架与保护层的控制，用马凳筋及水泥砂浆垫块支垫。马凳筋应按实样和预定要求在加工厂内事先成型；安放绑扎下层筋，同时垫放垫层块。

安放绑扎上层钢筋及斜壁插筋。为保证斜壁插筋位置及斜度，要详细计算或用放实样办法确定插筋根部和底部的具体位置，并用环筋加以固定（其环筋位置是通过对池中心的量测得来的）；斜壁插筋的外露部分，用环筋临时拉结固定。预埋塑料管道位置要准确，用钢筋固定在骨架中（见图 9-9）。

图 9-9　环形筋与预埋管

图 9-10　底板混凝土成活

半球壳底板要连续浇灌一次完成，施工间歇时间不得超过 2h；灌注混凝土的顺序，可以采取扇形推布顺序，也可以采取由中心向外环逐渐扩展的方式。前者有利于运用弧形靠尺找面成型和减少操作人员的往返运动；后者则适用于混凝土供应量小，以减少浇筑宽度的方法来保证施工缝间歇不超规定时间。根据底板混凝土工程量，安排一组人员负责摊铺、振捣（二次振捣）工作；另一组人员负责找面、压光、覆盖养护等操作。现场坍落度严格控制在 100~120mm 之间，泵车料管距底板不超 2m，混凝土分两层摊铺、振捣；混凝土表面标高用弧形靠尺检验。尺底面距表面留有 10mm 的间隙，以便用量尺和抹子找高压平。混凝土表面要多次压实赶光；底板与斜壁施工缝处，拉平、赶光、成活（见图 9-10），但必须振捣密实、平整，以便于施工缝的密实。

3. 下环梁、斜壁

池壁外侧填土夯实至预定高度，铺设二灰砂砾压实后作为支架基础。经过强度、刚度的稳定性计算，支架采用弧形布置，支架可调托架上放置三角形型钢托架，呈辐射状沿池外壁布设。施工时将斜壁内外径、斜撑中心线、模板支架中心及标高控制桩逐一投放在底板上和池外基础面上。

在外模板上弹线：将环筋、辐射状钢筋及穿墙管、预埋件等位置的加固筋全部标注到外模上。将环向筋按不同的曲率半径加工成弧形筋（用实物样板比），事先计算环向主筋的接头连接位置和确定下料度，以保证搭接长度和位置符合标准要求；其他钢筋加工后，按编号码放整齐待用。为保证锥壳钢筋的保护层和排距达到标准要求，采用梯架筋支撑上层钢筋；采用工具式的垫筋，来控制保护层厚度和临时固定斜面上的环向筋的间距。

钢筋绑扎先安装穿墙套管；敷设工具式垫筋；垫好临时保护层垫块，并使工具筋上的环筋档与模板上的环筋线对齐固定，其最大间距不超过 1.5m；在工具式筋上，敷设绑扎环筋和竖向筋。注意使环筋的绑扎接头位置，在同一截面内不超过 25%，并随时垫好保护层塑料垫块，其间距不超过 1m；在竖向筋位置上（每间隔 1.2m 左右），绑扎固定钢筋排架，既作为竖向筋，又作为上层的架立筋。在钢筋梯架上，绑扎上层钢筋网；同时安装预埋管件，并封堵管头以免被水泥砂浆堵塞；完成斜壁钢筋验收后，安装斜壁的内模板。

斜壁的内模板采用插模方式安装，8 号工字钢热弯成环梁固定在钢筋骨架上，木模预先裁成小型板面。按照施工方案，工字梁随安装随即用上下拉杆固定。为确保浇筑混凝土的模板安装顺利进行，在正式施工前，全部的斜壁小模板由上至下试安，加工插模与工字钢梁木楔，以保证安装密贴。小模板按位置编号码放整齐待用。第一层模板安装高度不超过 800mm，以上模板每层安装高度不超过 600mm；混凝土浇筑一层，随即安装一层模板，模板与工字梁用木楔将模板次楞与工字钢梁的上翼缘撑紧。

沿池壁外侧搭梯形环形排架和脚手架，在池壁内侧的环向工字钢梁上，设移动式的挂架，见图 6-12，挂架随着浇筑高度，随即向上拆移，随插模板。混凝土采用泵送方式直接入模浇筑，两台泵车相背

图 9-11　斜壁续接浇筑

浇筑，沿池周围均匀进行，每层的厚度不超过 400mm；尽可能避免混凝土的横向流动，如图 9-11 所示。

对混凝土的振捣采用插入式振捣器插入到下一层新浇筑的混凝土中，振捣棒的移动间距为 150～200mm；振捣时间不要过长，一般为 5～15s，以混凝土内部的浮浆上来为止。混凝土要连续浇筑，施工缝间歇时间不超过 2h；每一层振捣完成后，随即安装上层模板，直到全部筑完成成；最后一层模板的混凝土浇筑完成后，应停歇 1h 左右，再重复振捣一次，以避免混凝土沉陷造成水平裂缝。

4. 上部环型直壁

上环梁斜壁与直壁的施工缝处，用剁斧凿毛方法，将混凝土表面凿成毛面，凿去全部灰浆皮，露出新茬，清除松动石子和浮砂，并用压缩空气或高压水清洗掉灰渣与粉尘。

环型外直壁是澄清池结构外露部位，清水混凝土设计标准；选用面板时，要根据水池直径选用适合的模板宽度。内外模板固定是用穿墙螺杆拉结；内外径不同而形成的内外模板的周长差，可在每组模板的竖缝间，加设贴缝模予以调整。为防止模板缝漏浆，应采取拼缝、封胶措施以保持接缝不漏浆和防止接茬遇水膨胀。

清水混凝土的壁顶面混凝土要用木抹压实后再用铁抹子赶光压实；浇筑后及时覆盖麻袋、塑料布洒水养护，养护时间不少于 14d。

9.2.4　附属结构施工

1. 池内附属结构

主体结构完成后进入池内吊板、导流筒圆环、内外池柱、搅拌机平台、斜撑、机械间、总出水槽和走道板等结构施工。

斜撑梁（柱）、牛腿柱、吊板、圆环、平台交叉搭设模板，采用木模板、碗扣式支架"满堂红"支撑（见图 9-12）。用水准仪将高程引测至立杆上，先按照斜撑梁（柱）、吊板、平台底面高程搭设水平杆，铺底模。钢筋绑扎完毕后再立斜撑、牛腿柱、吊板、圆环、平台侧模。

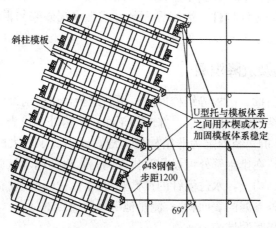

斜柱模板

U型托与模板体系
之间用木楔或木方
加固模板体系稳定

φ48钢管
步距1200

69°

图 9-12　斜撑梁模板与支撑示意

操作间梁、板一同支模。支模前搭设满堂红支架，立杆间距不大于 1.2m，步距不大于 1.5m。纵向扫地杆采用直角扣件固定在距底座上皮不大于 200mm 处的立杆上，横向扫地杆采用直角扣件固定在纵向扫地杆下方的立杆上。

施工顺序：将斜撑、吊板高程线投放到斜壁和底板上；吊板；导流筒圆环、内池柱、机械平台内模及斜撑底模一次支撑完成；钢筋绑扎及斜撑侧模支撑、圆环外模支撑；混凝土浇筑到圆环上顶（内池柱底）；外池柱及平台混凝土浇筑。

2. 池外围护结构

池外框架结构厂房在池主体结构完成后，与池内附属构筑物同时施工。框架钢筋混凝

土厂房结构，先浇筑下部基础、墙，然后浇筑框架柱、梁，如图 9-13 所示。模板支架应按承受上部结构及施工的全部荷载计算，脚手架采用扣件式钢管脚手架，内外各两步架设置。

图 9-13　框架围护结构施工

9.2.5　预制构件安装

1. 集水槽

辐射集水槽和环形集水槽均为预制钢筋混凝土结构，水孔采用钻机加工成孔，孔径较塑料管外径大 1mm。

集水槽安装前，对安装支座要作高程及中心量测放线；支座高程要较设计标高低 10～15mm 左右，以便填塞水泥砂浆；集水槽安装高度的调整，采用临时性或永久性可调吊挂螺杆方法控制；其高程用水准仪逐端逐点检测；严禁用挂线方法检测高程，以保证其高程误差限定在±2mm 以内；高程全部检验后，在支座上填塞水泥砂浆，并焊接固定。

2. 伞板、导流板安装

要按设计图纸要求，对伞板等构件及结构的净空尺寸、标高逐一核对、量测、定线，以保证其位置的正确。安装前对构件本体及构件上的埋件要剔凿清除灰浆并清刷至金属本色，焊接质量要满足设计要求和规范规定；焊接工序作为一项隐蔽工程项目验收。

对钢件的防腐作法应按照设计要求施工，采用水泥砂浆抹面作为防腐层，具体作法：清除和刷净结合面、预先湿润构件、涂刷界面剂（增强水泥砂浆与混凝土表面的粘结力）后，勾缝及分层抹水泥防水砂浆及三角灰。

9.2.6　满水试验及沉降观测

（1）满水试验是在斜撑、吊板等结构拆除模板后进行，试验前准备工作包括：

拆除满水试验部分结构的全部模板，并清扫干净；结构外观检查，对结构的施工缺陷（裂缝、蜂窝等）检查分析，经确定为非结构性裂缝，或不属于较大的施工缺陷时，可进行修补；封闭各种管口，在排空管外可设临时排水阀门，以便满水试验后放空水池；设置水位测针，固定于池壁结构上，水位测针的读数精度为 1/10mm；计算结构混凝土的浸湿表面积（指有可能向池外渗漏的表面积）；测量池沉降观测点的标高（沿外圆设四点）。

（2）满水试验及沉降观测试验

1）向池内充水，按池深分三次进行；每次充水 1/3 高度，每次间隔 24h，外观检查无渗漏时，继续下一次充水直至设计水位高。

2）第一次观测读数，在达到设计水位高 24h 后进行；第二次观测读数在第一次观测

24h 后进行。

3）沉降观测：充水前，记录四点高程原始数据；满水后进行第二次观测，24h 后再进行第三次观测；如设计文件无特殊需要，可在工程交验前，再进行一次观测，并整理好记录，作为工程原始资料。

4）在满水过程中，如无外观可见渗漏、沉降观测及水位观测读数无不正常变化，即可进行水池渗水量的计算。

5）结构满水试验合格的标准：结构外观无渗漏，按池壁和池底的浸湿总面积计算，钢筋混凝土水池渗漏量不超过 $2L/(mm^2 \cdot d)$。

9.3 碗形钢筋混凝土澄清池施工实例

9.3.1 工程概述

某新建水厂的机械加速澄清池设计规模 55 万 m^3/d，分为 2 个系列，每个系列由 6 座机械加速澄清池组成，2 个系列对称布置，共 12 座。每个系列的机械加速澄清池施工基坑平面尺寸为 93m×75m，每座澄清池底板需埋设 5 根 DN150 排泥管和 1 根 DN400 放空管；结构形式如图 9-14 所示。

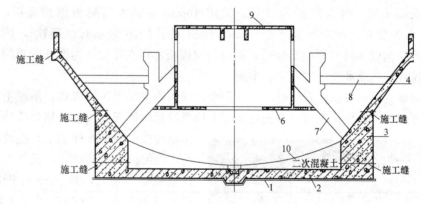

图 9-14 池体结构剖面

每座机械加速澄清池内径 29000mm，高度 8150mm；垫层厚 90mm，混凝土强度等级 C15；底板厚 600mm，池壁厚：直侧壁 500mm、斜壁 250mm，直壁 200mm；池体结构混凝土强度等级 C35，抗渗等级 P8，抗冻等级 F200。

主体结构和池内附属结构均采用现浇混凝土施工，只有水槽、平台梁采用预制装配式施工。

施工工艺流程：

1 基坑→2 底板→3 直侧壁→4 斜壁→5 池顶直壁→6 池内吊板→7 池内斜撑、柱→8 平台板→9 设备安装→10 半球池底二次混凝土浇筑。

施工缝设置：

第一道位于池底直壁距底板 300mm 处；第二道位于池底直壁与斜壁连接部位；第三道位于上环梁与上直壁结合部位，如图 9-14 所示。

施工部署：

机械加速澄清池基坑土方开挖及结构施工方向为自东向西，南北系列机械加速澄清池同步施工，总体施工方向为自东向西。南系列（或北系列）机械加速澄清池分仓及施工顺序如图9-15所示。

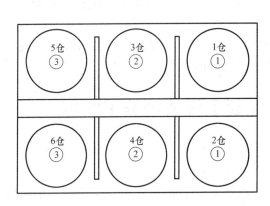

图 9-15   分仓及施工顺序

9.3.2   模板支架

全部采用木模，经荷载组合计算，采用16mm厚防水覆膜板作为面板，50mm×100mm方木为竖楞，间距不大于300mm；环向采用M16防水对拉螺栓，间距300～600mm。由于池壁为圆筒形或半球形，所以每块模板都存在弧度，为保证壁板的尺寸和弧度就要求模板的弧度准确一致，安装牢固。

底板和池直壁导墙模板安装时，先支侧模，导墙内模采用吊模方式，吊模上口采用撑板和拉结方式固定钢板止水带。事先在垫层上用墨线弹出模板的位置，然后按照设计要求排布模板；现场放样加工，随就位、随拼装，确保模板拼装严密，板缝均匀。为保证模板受力均匀，将$\phi22mm$钢筋按计算结果现场弯成合适的弧度（见图9-16），用导链拉紧后焊接成箍筋，环向用防水对拉螺栓、E型卡具拉结双$\phi22mm$箍筋以控制木模的弧度满足设计要求。

图 9-16   底部直壁模板与支撑

池模板全部就位及拼装完毕后，校核整体模板的平整度及垂直度，紧固穿墙螺杆，调整内外模板间距小于池壁设计宽度值在3mm之内，以便在混凝土略有膨胀时确保墙体截面尺寸。模板拼缝粘贴海绵条、涂刷水质脱模剂时，注意不得污染钢筋。模板全部验收合格后，方可就位安装。

斜壁外模板全部采用扣件式支架，立杆呈圆弧形布置，形式如图9-17所示。立杆上部按照圆锥形池外裁截，顶部设置可调托撑实现高程微调，以满足环型斜壁模板顶面高程要求。斜壁上层模板与下层模板按同样方式配模，为保证斜壁壁厚，上下层模板间用对拉螺栓拉固，见图 9-18。

为便于混凝土下料浇筑及振捣，在斜壁内模板上预留进料（振捣）窗口；灌注混凝土后，采用插入式振动棒振捣，当施工至上一层窗口时封闭该窗口。预留窗口沿斜壁自下而上共留设 3 排，间距不大于 1m，交替布置。

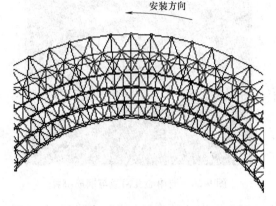

安装方向

图 9-17 圆弧形支架   图 9-18 直壁与斜壁模板与支撑

除走道板下圆柱采用特制钢模板外，斜撑梁、牛腿柱、池内吊板、平台模板等全部采用木模，采用扣件式支架以满堂红方式进行支撑。

支架（池体）和脚手架（池外）采用 $\phi48mm$ 钢管，立杆下必须设置垫板及纵横向的扫地杆。纵向扫地杆采用直角扣件固定在距底座上皮不大于 200mm 处的立杆上，横向扫地杆采用直角扣件固定在纵向扫地杆下方的立杆上。立杆上的对接扣件交错布置。两根相邻立杆的接头不设在同一步内，同步内每隔一根立杆的两个相隔接头在高度方向错开不小于 500mm。立杆大横杆的接头应错开，搭接长度不得小于 50cm。立杆间距不大于 2m，大横杆步距不大于 1.2m，小横杆间距不大于 1.5m。每道剪刀撑宽度不小于 4 跨，且不小于 6m，斜杆与地面倾角在 45°～60° 之间。满堂红模板支架四边与中间每隔四排支架立杆设置一道纵向剪刀撑，由底至顶部连续布置。

9.3.3 钢筋安装

钢筋在钢筋场制作运至现场绑扎。钢筋绑扎顺序：清仓→弹线→摆筋→绑扎→调整→校验。在垫层上弹放环向主筋和辐射筋位置，先放环向筋，后放辐射筋，如图 9-19 所示。直径大于 22mm 的主筋采用锥螺纹连接，主筋接头位置错开 $35d$，有接头的钢筋面积占受力钢筋总截面的 25%。池底板、直斜壁均为双层钢筋，先按间距绑扎下层钢筋再绑扎上层钢筋，先按间距绑扎外层钢筋再绑扎内层钢筋。两层钢筋之间，设 $\phi8mm$ 拉筋控制其间距及保护层厚度，拉筋按梅花形布置，间距不大于 1m。

底板钢筋施工顺序：在垫层表面标出池中心和每环钢筋位置，先绑扎底板钢筋，同时预留好导墙插筋，放置几字形马凳筋，保证双层筋网位置准确；底层钢筋下梅花状布置水泥砂浆垫块。池直壁双排钢筋在绑扎斜壁上环梁时预插在环梁中。插筋时先在上环梁箍筋顶部按直壁双排位置绑扎 2 道直壁水平筋，在水平筋上划出立筋间距线，依线绑扎内外排立筋，两排立筋之间设置拉筋。池底中心泄水孔钢筋绑扎与吊模形式如图 9-20 所示。

图 9-19　底板底层筋绑扎

图 9-20　池中心孔吊模与钢筋绑扎

　　池壁下直壁筋与斜壁、斜梁插筋一次绑扎成型；先绑扎池壁外钢筋，再绑扎内壁钢筋；确保池壁和插筋的位置、角度符合设计要求。上直壁双排钢筋在绑扎斜壁上环梁时预插在环梁中。插筋时先在上环梁箍筋顶部按直壁双排位置绑扎 2 道直壁水平筋，在水平筋上划出立筋间距线，依线绑扎内外排立筋，两排立筋之间设置拉筋。为满足施工需要池外搭设脚手架，如图 9-21 和图 9-22 所示。

图 9-21　池壁钢筋与脚手架

图 9-22　斜壁钢筋与斜撑梁插筋

9.3.4　混凝土浇筑

1. 浇筑方式与顺序

池体混凝土浇筑顺序：

垫层→底板和直壁导墙→直壁、斜壁→斜撑、吊板→平台→环形水槽。

池体混凝土浇筑方式：

采用两台混凝土 37m 长臂泵车直接入模浇筑，局部辅以固定泵进行浇筑布料。

2. 不同部位的浇筑要点

（1）底板、下直壁导墙浇筑

底板混凝土浇筑前依据底板坡度和保护层厚度，设置标高控制灰桩；两台泵车在池体两侧同时相背浇筑，成梯形分层推进，每层浇筑厚度为 300～500mm；现场混凝土坍落度控制在 120～140mm 之间。混凝土直接布料到浇筑部位，避免混凝土横向流动；混凝土浇筑必须连续进行，在下层混凝土初凝前浇筑上层，以免产生施工缝。

下直壁导墙吊模部分的混凝土浇筑，在底板平面混凝土浇筑 30min 后进行，防止腋角部分的混凝土由吊模下部底板面压出后造成蜂窝麻面，为保证池壁导墙部分的混凝土密实，在混凝土初凝前进行二次振捣，压实混凝土表面，同时对吊模的根部混凝土表面整平。混凝土浇筑采用插入式振动器振捣，振捣时间为 20～30s，以混凝土表面呈水平，不再显著下沉，不再出现气泡，表面泛出灰浆为准。插入式振捣器的移动间距不大于 300mm，振捣棒插入到下一层混凝土内 50～90mm，使下一层未凝固的混凝土受到二次振捣。底板混凝土用平板振捣器拉平后，人工抹压成活。

（2）斜壁、直壁浇筑

池壁混凝土分层连续浇筑，每层混凝土的浇筑厚度不超过 400mm，沿池壁高度均匀摊铺；严格控制竖向浇筑速度不超过 0.6～0.8m/h。每层混凝土的浇筑间歇时间不大于 1h，用溜筒灌注混凝土的自由下落高度（从溜嘴）不大于 2m；池壁混凝土浇到顶部暂停 0.5～1.0h，待混凝土下沉收缩后再作二次振捣，以消除因沉降而产生的顶部裂缝。

斜壁、直壁的浇筑，分两面进浆，平行赶浆法，一层层向上浇筑。斜撑、吊板等部位自下而上浇筑，一次浇筑至预定高程。施工缝二次浇筑前，应先泵入同强度水泥砂浆。

池壁转角、进出水口、洞口等配筋较密集、难操作的部位，按照混凝土捣固的难易程度，划分每作业组的浇筑长度和责任范围。

为方便混凝土浇筑作业，池内外搭设脚手架，满铺木板，供人员走动或放置振捣棒等小型机具。斜壁浇筑时，预先在钢筋网上架设 ϕ48mm 钢管（见图 9-23），以固定施工挂架，满足浇筑人员作业需要。

池内附属结构浇筑顺序：机械间→走道板→斜撑梁→牛腿立柱。采用 37m 长臂泵车和溜管布料，30 插入振捣器与附壁振捣器进行振捣密实。

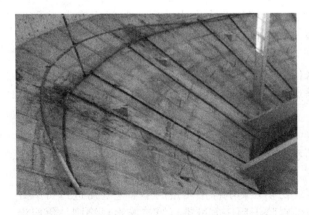

图 9-23 斜壁浇筑预置的 ϕ48mm 钢管工作架

图 9-24 机械间与斜撑梁

图 9-25 池外壁混凝土表面

浇筑完毕的池内壁、池内附属构筑物如图 9-24 所示；池外侧混凝土外观如图 9-25 所示。

3. 养护

在每次混凝土浇筑完毕 24h 内，进行覆盖土工布、塑料薄膜喷雾保温保湿养护；池内附属构筑物采取带模包封土工布、塑料薄膜；保湿养护的持续时间不得小于 14d，并经常检查塑料薄膜或养护剂涂层的完整情况，保持混凝土表面湿润。

在保温养护中，对混凝土浇筑体的里表温差和降温速率进行现场监测，当实测结果不满足温控指标要求时，及时调整保温养护措施。养护期满后，保温覆盖层的拆除分层逐步进行，当混凝土的表面温度与环境最大温差小于 20℃时，可全部拆除。

9.3.5 满水试验

(1) 满水试验按照《给水排水构筑物工程施工及验收规范》GB 50141—2008 的规定，安排在防腐层施工和设备安装前进行。

(2) 试验流程

施工准备→清理检查内壁→封堵预留洞口→注水浸泡→检查外壁及预留洞口渗水情况→验收→放水。

(3) 准备工作

充水之前首先将池内清理干净，以免充水后池内浮渣漂浮在水面上，影响测试精度。池内外缺陷要修补平整，对于预留孔洞、预埋管口及进出口等都要加以临时封堵，同时还必须严格检查充水及排水闸口，不得有渗漏现象发生，在完成上述工作后即可设置充水水位观测标尺，用以观察充水时水位所达到的深度。

池壁内侧弹线标注标高控制线，搭设测试平台及出入水池的人行通道。

满水试验用清水，根据单池设计容积，分系列逐池放水试验。观察重点：施工缝、穿墙管部位，发现渗漏点要做好标记。

(4) 充水时的水位上升速度不超过 2m/d。相邻两次充水的间隔时间不应小于 24h；每次充水测读 24h 的水位下降值，计算渗水量，在充水过程中和充水以后，应对水池作外观检查。

(5) 分三次注水至正常使用的最高水位，施工缝未见渗漏，只有 2 个穿墙套管处有水迹，经三个昼夜水迹已不再明显；观察结束并保留记录。

9.3.6 防水防腐层

澄清池分次分池，逐池分系列进行满水试验。试验合格后，在混凝土表面含水率小于 6% 时，即可进行防腐防水涂料施工。

涂刷前，需清理干净混凝土表面灰浆、污物，影响涂层质量的不平整处需进行打磨处理。防腐防水涂料分三遍涂刷，待第一遍涂料晒干后，方可进行第二遍涂料涂刷。每层涂料必须涂刷均匀，无透底、起皮等现象。

第 10 章 滤 池

10.1 结构特点与施工工艺

10.1.1 结构特点

在水处理过程中，经混凝或澄清处理，除掉一部分较大颗粒或容易下沉的杂质之后，需要通过过滤的方法去除水中更细小的杂质和部分细菌。过滤工艺所需构筑物通称为滤池。过滤的目的，有的用来去除水中的悬浮物，以获得浊度更低的水；有的用来去掉污泥中的水，以获得含水量较低的污泥。过滤机理为机械筛滤和接触凝聚。滤池运行一段时间后，滤池滤料就需要进行反冲洗以使滤池恢复工作性能。

过滤装置有多种形式，分类方法也不相同。按滤料种类可分为砂滤池、活性炭滤池、纤维（D 型）滤池、滤布（转盘）滤池、膜滤池。按滤料结构层可分为单层滤料（石英砂）滤池、双层滤料（石英砂＋白煤）滤池、多层滤料滤池（双层滤料＋重粒料，多用于旧滤池改造挖潜）。按工作条件不同，可分为压力滤池、重力滤池。给水处理常用滤池有：普通快滤池、虹吸滤池、移动冲洗罩滤池、V 型滤池、D 型滤池；其工艺、结构特点与主要优缺点见表 10-1。

常见混凝土结构滤池分类、特点和适用条件　　　　　　　　　　　表 10-1

滤池类型	工艺特点	基本组成	结构施工	主要优点
普通快滤池	下向流、砂滤料	滤料层、承托层、配水系统、排水槽	钢筋混凝土结构,施工难度低	可降速过滤,水质较好
虹吸滤池	上向流、反冲洗	滤料层、承托层、真空泵、真空罐、冲洗虹吸管	钢筋混凝土结构,施工难度低	运转管理简便
移动冲洗罩滤池	上向流、进水和冲洗水排出均由虹吸管完成	滤料层、承托层、移动桁车与冲洗罩	钢筋混凝土结构,施工难度低	占地面积少,节能
V 型滤池	两侧 V 型槽流入,槽下部有水平的配水孔	均质滤床,冲洗后仍保持均质;水头损失小	钢筋混凝土结构,施工要求高	滤速高、运行周期长、效率高、节能
D 型滤池	同 V 型滤池	DA863 纤维滤料,高效气-水反冲洗	钢筋混凝土结构,施工要求高	滤速高、运行周期长、效率高、节能

滤池通常为地面式矩形钢筋混凝土无顶盖的水池，一组滤池分为四个单体池，与相邻管廊连接，池体各单元采用设有橡胶止水带的变形缝连接，各单体滤池与管廊通过管道连接，组成滤池系列。施工通常根据设缝划分若干施工仓。

V 型槽底部设有配水孔，配水孔有倾角，且应在同一水平线上，否则直接影响处理工艺效果。混凝土 V 型槽、滤板、滤梁、排污槽（见图 10-1）结构较薄，与钢筋混凝土池壁一起施工难以保证安装质量。混凝土 V 型槽、滤板、滤梁施工以及安装是滤池施工的突出特点。

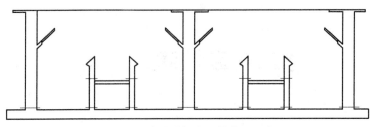

图 10-1 滤池壁板施工缝留设示意

10.1.2 施工工艺

1. 施工工艺流程

垫层→底板→廊道→池壁→走道板→满水试验→滤板安装→滤头安装→承托层与滤料铺设→功能试验。

2. 技术要点

(1) 滤池特别是侧墙内壁结构尺寸，应满足过滤系统的工艺精度要求。

(2) 模板尺寸准确、拼装平顺、接缝紧密，吊模位置应准确，支撑牢固可靠。

(3) 池壁腋角、橡胶止水带、穿墙套管等部位，浇筑时要确保不发生位移，混凝土密实。

3. 滤梁、滤板、水槽施工

(1) 滤梁、滤板、水槽和配水（气）孔等施工精度要求高的部位，宜与池体结构分开施工；先施工主体结构，然后二次浇筑水槽、滤板、滤梁等附属构筑物。

(2) 预制装配滤板时，场地条件应符合要求，采用特制钢模板、低流动性混凝土、附着式振捣方式；确保制作的质量、精度和吊装的方便。预制成品如图 10-2 所示。

图 10-2 现场预制滤板

(3) 滤板整体现浇施工时，底模应采用 ABS 型板或特制钢模板，按设计要求选用专业的滤头锁母螺栓和固定螺母，将滤头预埋件固定并浇筑在滤板混凝土内；待混凝土强度达到设计强度的 30％时，将螺栓拧出。滤板钢筋安装位置正确、绑扎牢固。浇筑后的滤板混凝土应保湿养护，养护时间应不少于 28d。

(4) 均匀布水的薄壁堰、进出水槽在浇筑混凝土前，要对模板顶面进行高程校测。在浇筑与表面成活时，要准确控制其表面高程和平整度。

(5) V 型槽与池壁板一起浇筑时，宜设插筋、二次浇筑；采用特制的钢模时，在池壁上预埋螺栓固定模板，以保证浇筑过程不产生位移；钢模下端支撑设有微调装置，以便控制表扫孔和堰口的高程。

(6) 表扫孔高程、间距，管与进水槽的垂直度应精准控制。V 型槽底面高程即表扫孔的底面高程，V 型槽底面混凝土的高程误差应≤±2mm。

(7) 表扫孔可一次埋设就位，也可分次安装就位。一次埋设就位时，采用与设计管径相同的塑料管作为工具式埋管，预先按高程安放在模板预留孔内，待混凝土浇筑完成后

3～6h，用手轻轻转动，取出工具管，留出孔道。分次安装就位时，采用大于设计管径的塑料管作为工具管，在混凝土中预留孔洞。在拆除工具管后按设计高程，重新安装、固定表扫孔。

10.1.3 安装工艺

坚持先上后下的施工程序，在滤池上部四周加围护栏杆和护网、挡脚板，以防杂物坠落。

1. 滤板安装

（1）预制滤板安装前，上部结构施工及装修应全部完成，并将滤池作彻底的清理、冲洗；应逐件检查板的平面尺寸与板厚，按设计要求逐件弹放位置及高程控制墨线。

（2）滤板下的支撑柱（梁）及滤板锚栓做法应符合设计要求，滤板的板缝堵塞密实；所用填料应符合设计要求。板间锚栓、垫板材料应符合防腐要求。

（3）吊装滤板时，为保护混凝土棱角，所用吊索要加胶套管或专用夹具。吊索与夹具要安全可靠，有防脱落辅助吊索。

（4）滤板安装后，应对其高程、平整度、板间错台、板缝密封以及锚栓固定、防腐等项指标，进行检查验收。经检查验收合格后，再进入下一道工序。

2. 工艺管道安装

（1）进水、排水、虹吸及配水系统等工艺管道的管材、接口及其防腐做法应符合设计要求和规范规定。

（2）管道可一次埋设就位，也可分次安装就位。一次埋设就位即采用与设计管径相同的塑料管为工具式埋管，预先按高程安放在模板预留孔内，待混凝土浇筑完成后3～6h，用手轻轻转动，取出工具管，留出孔道。

（3）虹吸管接口应严密不漏气。

3. 滤杆、滤帽及滤头安装

（1）安装前应拆除预埋座、清理滤板表面和板下的空间，滤头、滤帽及滤杆要逐件按设计要求检查；安装时用专用扳手，逐个紧固。

（2）安装后用手逐件检查验收；做到不松动、无裂缝、滤头完整。

（3）滤帽安装应满足要求，合格后方可装填滤料。

4. 承托层与滤料铺装

（1）承托层砾石应按设计要求分层铺装，分层检查验收。承托层所用砾石粒径与铺装厚度应符合设计要求，其粒径规格分别为：2～4mm、4～8mm、8～16mm、16～32mm、32～64mm（自上而下）。所用砾石应为天然河卵石，应具有足够的机械强度和抗腐蚀性能，不得含有害成分，各项指标应不低于混凝土粗骨料的质量技术要求。

（2）滤层铺装前，应对滤池内外、上下进行清理，在池壁侧面将各层铺装厚度用墨线弹出，以便分层铺装。铺装后的顶面高度应较设计高出20～30mm，以备在反冲洗对滤料进行水力分级后，刮除表面不合格的细颗粒。反冲洗表面刮砂应进行多次，直至合格为止。

（3）滤料规格（粒径、不均匀系数）应符合设计要求，滤料应有足够的强度和化学稳定性。在使用前应按设计要求，对滤料做筛分试验和物理、化学特性的检验。滤砂地板顶面宜高出设计高程30～50mm，在经过2～3次反冲洗刮除表面较细颗粒后整平；与原设计高度有差异时，应修整至设计高度。

（4）滤布转盘应按设计要求位置，逐单元、逐层安放并及时固定。

10.1.4　施工质量控制

滤池主体结构施工允许偏差应符合表 4-10 的规定，并满足以下要求：

（1）施工质量应符合设计要求；设计无要求时，滤板尺寸制作误差不得大于±2mm；滤料顶面标高误差≤3mm；梁中心和锚固筋之间距离误差不得大于±2mm；滤板安装允许误差为：板错台≤±2mm，高程偏差≤±5mm，平整度≤3mm；各滤池间的水平误差不得大于±5mm。

（2）管道安装的允许偏差要求：中心位置≤5mm；高程≤±5mm；虹吸管的进、出口高程≤±10mm。

10.1.5　功能性试验

1. 满水试验

过滤系统安装前，池体满水试验应合格。满水试验具体规定见本书第 4.5 节。

2. 反冲洗试验

（1）滤头安装完毕，在滤板面上铺设 50mm 厚砾石承托层，然后向池内注入清洁水至承托层上 100mm，进行反冲洗试验，主要检查反冲洗时气体（泡）是否均匀；

（2）每次试验一格，充气后滤池水花均匀，表明滤池反冲洗时运营正常；

（3）每格滤池气冲洗试验合格后，方可铺填滤料；

（4）铺填到设计高度，应分段、分池进行气-水混合反冲洗试验；

（5）打开反冲洗泵；气-水混合反冲洗 4min，关掉鼓风机后继续水冲 4min；

（6）气-水混合反冲洗试验合格：气-水上喷均匀，滤床稳定，满足设计要求。

10.2　钢筋混凝土 V 型滤池施工实例

10.2.1　工程概述

某水厂建设规模 50 万 m³/d，新建的两组（廊道两侧）V 型滤池是水厂处理工艺流程的核心部分。滤池和廊道均为钢筋混凝土结构，廊道东西两侧各设一组 V 型滤池，每组由 4 座单体滤池组成（见图 10-3）。每座滤池长 13.5m，宽 7.6m，高 6.3m（地下部分 2.6m，地面部分 3.7m）。筏形基础，垫层厚 100mm、混凝土强度等级 C15，池底板厚 550mm，池壁厚 300mm，隔墙厚 250mm；池体混凝土强度等级 C30，抗渗等级 P6，抗冻等级 F150。廊道框架、柱混凝土强度等级 C35。

根据设计要求和现场条件，确定施工工艺流程：

垫层→廊道底板、导墙→廊道顶板、柱→两组 8 池交替浇筑→满水试验→附属构筑物→肥槽回填→滤系安装→试运行。

每座滤池设三道施工缝，施工部署如下：

第一次浇筑，池底板一次浇筑，池壁安装滤板凸台处（第一道施工缝）；第二次浇筑，

图 10-3 滤池与廊道施工

浇筑至池壁 V 型槽插筋部位（第二道施工缝）；第三次浇筑，浇筑池壁顶板、走道板（第三道施工缝）；第四次浇筑，浇筑 V 型槽、排污槽、滤梁、滤板。现场控制坍落度在140～160mm 之间，初凝时间 3h，池壁每次浇筑高度不超过 2.0m。为防止墙壁施工缝部位出现渗漏，在施工缝处设置 300mm×3mm 钢板止水带，用电焊加焊在池壁钢筋中间，钢板止水带应居中设置，使钢板止水带处于施工缝之间，固定方法见图 5-18。施工缝处继续浇筑时应凿毛、扫浆、湿润，再铺上一层 10mm 厚的 1∶1 水泥砂浆一道，其配比与混凝土内砂浆成分相同。

10.2.2 池体施工

垫层施工完毕，即在垫层表面放出滤池和廊道中心线和控制边线。滤池和廊道底板设有两道变形缝，先浇筑廊道底板和框架柱根部，然后浇筑两侧滤池底板及池壁、隔墙至伸缩缝、施工缝。依次循环施工，完成滤池和廊道结构施工。

廊道框架柱和顶板模板均采用木模，16mm 厚覆膜多层板作面板，50mm×100mm 方木为竖楞。经荷载计算，防水对拉螺杆直径 16mm，横向间距 700～800mm，纵向间距一般为 600～700mm。螺杆固定在模板横向楞（双 φ48mm 钢管、E 型卡具）上，竖向楞为 2 根 20 号槽钢。顶板下搭设满堂红碗扣式支架，如图 10-4 所示。

滤池池壁和隔墙施工精度要求高，结构尺寸需严格控制，以便满足工艺运行要求，因此模板支架是施工方案的关键部分。池壁、隔墙以建筑组合钢模为主，因结构尺寸与模板模数不符，专门加工一批钢模板作为补充；池内壁水槽和滤板插筋处模板宜采用木模，侧壁安装丝网盖板的埋件位置要准确、外露钢板面应平整，固定在钢筋骨架和木模上；安装滤板的凸台部位设为第一道施工缝。

池壁钢筋绑扎后再支搭池内侧模板；为平衡池壁内外侧模板受力，除采用防水对拉螺杆外，池壁两侧搭设扣件式钢管脚手架，内外各两步架。施工缝以下第一排对拉螺杆的横向间距为 350mm，且应间隔使用，余下的一半用于施工缝以上模板的固定。

为加强模板的稳定性，在施工缝上下模板相接处，用"U"型环扣住，以加强上下模板连接处的强度和刚度；防止模板在浇筑上层混凝土时受到侧压力，产生胀模。对拉螺杆的设置间距与施工缝下部对拉螺杆错开 350mm，以使上部模板支撑系统的钢管下延到施工缝以下模板支撑系统第一排预留对拉螺杆处，以达到将施工缝处上部模板支撑系统与下部模板系统联成一体的目的。

导墙施工缝采用木制吊模，专用钢板止水带按照施工方案加工成一定的长度，在施工现场安装就位后进行焊接即可；止水板下部可焊接钢筋固定，不得支承在对拉螺杆上。脚手架模板搭设需满足钢筋绑扎安装要求，脚手架在池壁两侧支搭 2～3 步，满铺木板，设置防护栏和安全网（图 10-4）。

廊道框架柱沿高度方向平均每 600mm 设一层（4 道）直径 14mm 对拉螺栓，外加 ϕ48mm 钢管，柱箍间距不大于 600mm，根部可利用 ϕ25mm 钢筋地锚，用短方木、木楔固定上部拉顶结合。

每组滤池池体钢筋一起安装，应事先测设钢筋标高控制线，支搭脚手架。池壁墙体钢筋净距控制采用钢筋梯架，梯架采用 Ⅱ 级 ϕ12mm 钢筋制作，架间距 1000mm，钢筋交叉点均逐点绑扎，绑丝头一律扣向里侧。结构各部位混凝土保护层厚度必须符合设计要求和规范规定，垫块呈梅花形错开，保护层垫块采用与结构混凝土同强度等级的细石混凝土制作。为保证竖向钢筋骨架稳定，不发生扭转，可根据需要加拉结钢筋，其形式、数量、间距等由施工方自行确定。构造钢筋不得与受力钢筋焊接。墙体预埋管件应在其防水环部位加设钢筋，防止产生位移（图 10-5）。

图 10-4　廊道框架柱和顶板模板支架

图 10-5　预埋管止水环

图 10-6　廊道框架柱、顶板浇筑

先浇筑廊道混凝土（图 10-6），后浇筑滤池混凝土。浇筑时采用泵车布料入模，现场坍落度控制不超过 160mm；放料胶管口浇筑面不宜超过 2.0m，环壁分层浇筑，厚度不大于 300mm，由池一端向另一端推进浇筑，控制浇筑速度在 2.0m/h 左右。

池壁第一次混凝土浇筑到内壁下部四周的凸台（与滤板连接处，见图 10-10），凸台宽 20mm，且应密实平整。设缝处混凝土放料应高出标高 40mm 左右，模内混凝土经振捣棒振捣，分层明显，水泥砂浆浮在上面，会形成数毫米厚的砂浆层和沉陷；接缝处混凝土面二次浇筑前需用剁斧凿毛，应凿除混凝土坚固面，且清除混凝土面和预留筋上灰浆；在浇筑混凝土 24h 后即可凿毛。

浇筑预埋管件、预埋孔洞时，由于混凝土的离析和沉陷，接近施工缝处的水泥砂浆偏多，而粗骨料偏少，会使相接处存在一层新老水泥砂浆层相接的素混凝土薄弱层。由于混凝土的收缩远小于砂浆层，而混凝土中的粗骨料对水泥砂浆的收缩有约束作用，致使这层素混凝土薄弱层内产生裂缝。预防措施：设置钢筋网片和采用专人振捣等措施防止这种裂缝的产生。

二次混凝土续接时，应先泵入同强度等级砂浆，按规范要求严格控制混凝土一次浇筑的高度；混凝土振捣应注意插入位置和振捣时间，以免产生对模板过大的侧压力致使其变位。

池壁墙、廊道框架柱均需带模养护，洒水保持湿润状态，养护时间不少于 14d，以防止表面裂缝产生。

10.2.3 水槽及表扫（冲管）孔施工

V 型滤池两侧内壁进水槽与池壁有一定角度，且钢筋混凝土结构较薄，与主体结构一起浇筑难以保证精度，采取设施工缝和二次浇筑方法。池壁浇筑时在 V 型槽与壁板连接处，留有插筋；池壁模板拆除后弹出 V 型槽壁板端部的上、下线（包括表扫孔底标高线），并用剁斧方式将墨线以内的混凝土表面凿毛。

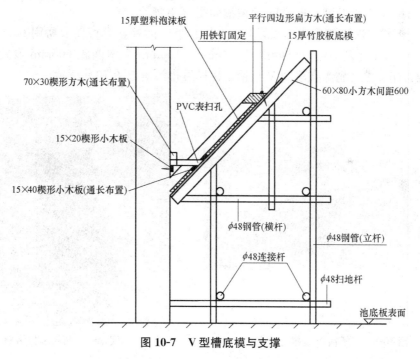

图 10-7　V 型槽底模与支撑

支设 V 型槽底模，用 $\phi48mm$ 钢管作支撑，横向采用 60mm×80mm 方木，间距 600mm 设置一道，模板支撑如图 10-7 所示。支模时，底模下端对准预先弹好的 V 型槽底脚线，并根据 V 型槽角度局部调整底模，直至符合设计要求的角度为止。为使浇捣的表扫孔与壁板装饰面相平，在模板上铺设一层 15mm 厚的塑料泡沫板，表面应平整，板缝之间应严密可靠，防止出现漏浆现象。

表扫孔应在同一水平状态，靠近池壁处用 15mm×20mm 的小方木固定，使其表扫孔搁置在小方木上，小方木标高误差控制在±1mm 以内。用水准仪测量。根据设计间距逐个对表扫孔定位，因池壁表面平整度不一定很好，可能会有些凹凸不平，表扫孔 PVC 套管应根据现场平面实际长度下料，为使表扫孔定位方便，可取壁板至模板的长度，多余部分可在拆模后截断。表扫孔在模板一端上下可用凹凸形楔形板固定，另一端用断面为 70mm×30mm 的楔形板向下固定。为控制 V 型槽截面尺寸和顶部标高，顶部用断面为平行四边形扁方木控制，用铁钉固定在模板上。

绑扎 V 型槽底板分布筋，绑扎前应根据表扫孔水平间距作适当调整，以免壁板钢筋与表扫孔相碰。浇筑混凝土前，应严格检查表扫孔的间距与标高，对不符合设计要求的，应作重新调整，同时还应将 V 型槽模板根部的垃圾，碎泡沫清理干净。

采用与池壁混凝土同强度，骨料粒径不大于 30mm 的细石混凝土；二次混凝土浇筑前，应洒水湿润模板，以免混凝土干缩出现渗漏现象；并用 1∶1 水泥浆在 V 型槽根部凿毛处涂刷一遍。浇筑混凝土时，采用吊斗布料，插入振捣密实；人员站在模板外侧工作平台作业。V 型槽浇捣后应对表面孔进行逐个检查，如发现施工中出现偏位、上翘的表扫孔应及时进行纠正。

浇筑时气温最高 32℃，12h 后及时遮盖连续淋水养护；保持湿润养护不少于 14d。混凝土强度达到设计强度后方可拆模，拆模时应自上而下进行，不得碰撞 V 型槽壁和表扫孔，以免出现 V 型槽开裂；拆模后 V 型槽如图 10-8 所示。

池底排污槽二次浇筑采用木模，16mm 竹胶板作面板，模板横向楞用 60mm×80mm 方木间距 300mm 设置一道，竖向楞用 100mm×100mm 方木间距 600mm 设置一道；用 φ48mm 钢管作支撑。施工方法同 V 型槽。拆模后排污槽如图 10-9 所示。

图 10-8　拆模后 V 型槽与管孔

图 10-9　拆模后排污槽

10.2.4　现浇滤梁和滤板

为保证滤池工艺效果，采用现浇混凝土滤板和滤梁方式，并编制专项施工方案。按照专项施工方案在池壁等处弹模板支承面上的安装位置、滤板与池壁交接的顶面和底面位置墨线；为 ABS 不拆制底模的安装、滤板混凝土浇筑成活面高程控制提供依据。

预埋在池壁的 φ12 钢筋（图 10-10）需调直，与滤板筋连接为一体。

对池壁竖直面与滤板端头侧面交接位置进行人工凿毛，清理、清洗池壁混凝土表面松散浮渣；浇筑滤板混凝土时，按浇筑顺序在池壁界面涂刷纯水泥浆或界面剂。浇筑滤板特制 ABS 底模应垂直滤梁依次排放固定，模板间压盖叠合 50mm，模板叠合处用 ABS 胶粘

图 10-10　池壁凸台和滤梁预留钢筋

图 10-11　整体浇筑滤板效果

接，设置专业的滤头锁母螺栓和固定螺母，将滤头锁母（预埋座）固定并浇筑在滤板混凝土内；待混凝土强度达到设计强度的 30% 时，卸下预埋座，依序安装调节滤杆。

根据测量弹放的控制线，在每条滤板与隔墙或滤梁顶部支撑面上弹出相邻模板中心墨线，然后安放定型特制模板。钢筋绑扎或焊接作业时，宜在作业处下面垫放隔离材料，如木模板等，以防止焊接作业时高温溅落的焊渣损坏 ABS 底模。

C30 混凝土可采取泵送或漏斗浇筑，混凝土要求同池壁结构混凝土，现场混凝土坍落度控制在 60～80mm 之间，用附着式振动方式振捣密实后用平尺仔细整平表面后压实。在压实整平中，使滤头锁母的螺栓头部露出表面。滤板配钢筋位置要用塑料卡环固定。滤板混凝土浇筑应搭设吊架式工作平台，避免作业人员直接踩在滤头预埋座上而引起预埋座损坏；同格滤板的混凝土必须一次连续浇筑，不得留施工缝。

小型插入式振捣器振捣密实，特别注意对边角处和新老混凝土交接处的振捣，确保结构混凝土的密实；滤板混凝土初凝后、终凝前，在隔墙（或滤梁）位置放置跳板，人工踩在板上对混凝土表面进行抹面压光，连续压光不少于三次，以避免产生表面收缩裂缝和利于新老混凝土的结合；浇筑后的滤板混凝土应按时保湿养护，养护时间不少于 28d。

滤板填料前，应用吸尘器清理干净、干燥，按设计指定的填料与方法施工。当调整滤杆时，应用专用工具。滤板底部应干净无杂物，以保证安装。施工完毕的滤板如图10-11所示。

10.2.5　过滤系统安装

1. 滤杆安装

滤杆为可调节式，其可调螺距为 70mm，上下调节范围不小于 50mm，调节水平后，滤杆还有 15～20mm 的预留量，以供滤池长期运行后可能出现构筑物不均匀沉降时调节使用。滤杆安装方法如下：

（1）打开施工盖，然后在滤头的滤座内插入可调节螺杆，其调节精度（最小调节量）为 0.4mm，并具有防松动自锁功能。

（2）封堵住滤池所有进出孔后，从滤池布水区进水，检查封堵处是否渗水；如有渗水先行处理完毕，然后根据静止水面来调节滤杆的上端平面在同一水平高度，从而保证进水孔在同一水平面（图 10-12）。

2. 滤帽安装

按照螺纹拧动固定在滤座上即可（图 10-13）。滤帽顶面水平度的控制方法同滤杆。

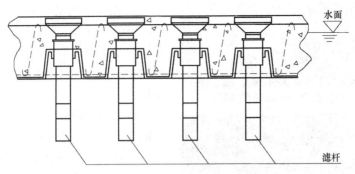

图 10-12　滤杆安装示意

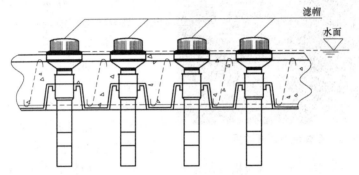

图 10-13　滤帽安装调平示意

3. 滤板与滤头调试验收

（1）对滤池布水系统的几何尺寸、平面、高程、水平度和滤头滤板按施工方案逐项进行复核，看其是否满足设计要求。

（2）在现浇混凝土滤板强度达到设计强度后，对滤池进行布气、布水、满水试验，要求进水进气（泡）均匀、无死角，池壁无渗漏现象。

（3）观察滤板混凝土是否振捣密实，有无漏气现象，特别是与池壁相交处；一旦发现漏气现象，予以处理；在滤板强度达到设计强度前，不得在其上填装承托层和滤料。

4. 承托层铺装

V 型滤池滤头缝隙窄（0.25～0.3mm），开孔比小（约 0.008～0.01），配水较均匀；滤料一般采用均粒（0.10～1.2mm）石英砂，砾石承托层可简化为一层（粒径 2～4mm，厚 100～150mm）。如图 10-14 所示。

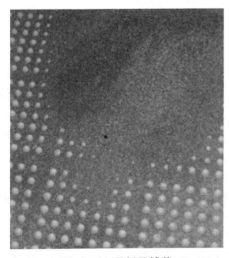

图 10-14　承托层铺装

10.2.6　反冲洗试验

满水试验合格且滤床、滤料摊铺完毕后，按照本章第 10.1.4 条规定进行反冲洗试验。进行 4min 的气-水联合反冲洗时，滤料均有不同程度流失，气-水冲洗强度超过 4L/(s·m²) 后，滤砂的流失量明显增加，满足设计要求。反冲洗试验

图 10-15 反冲洗试验

如图 10-15 所示。

10.3 钢筋混凝土 D 型滤池施工实例

10.3.1 工程概述

某水厂改扩建一座 D 型滤池,池长 73.4m,宽 32.8m,深 6.0m;半地下式矩形钢筋混凝土水池。池中沿长度方向设 20mm 宽变形缝一道,将池体分为两部分,每部分分为 4 格,每格为 8m×4m 水池,采用预制滤板、863 纤维填料,池体结构剖面如图 10-16 所示。水池中间设 5.0m 宽廊道。水池底板厚 450mm,池外壁厚 300mm,隔墙厚 250mm,混凝土强度等级 C30,抗渗等级 P6,抗冻等级 F150;垫层混凝土厚 100mm,混凝土强度等级 C15,廊道独立柱结构截面 300mm×300mm,混凝土强度等级 C30。钢筋保护层:底板厚 30mm,池壁、廊道厚 25mm。

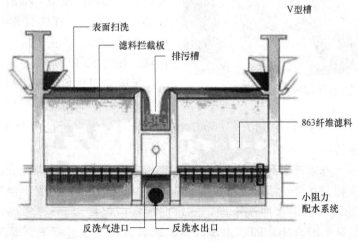

图 10-16 滤池结构剖面示意

水池内壁涂刷厚 20mm,1:2.5 水泥砂浆,掺加 5% 防水剂;外墙涂刷沥青防腐涂料。

(1)施工工艺流程

垫层→廊道底板、导墙→滤池底板→廊道顶板、柱→满水试验→滤池内外防水→暗沟→滤系安装→试运行。

（2）施工控制重点

模板支架安装与拆除，池壁平直度，进气（水）孔中心标高、间距、方向，进出水溢流堰顶水平度及标高，预留孔（件）的位置。

（3）施工部署

滤池底板、池壁、隔墙以变形缝和施工缝划分施工单元；池壁导墙、柱根部与底板一起浇筑。

（4）滤池施工缝

第一道设在池壁凸台上 100mm 处；第二道设在进水槽底；第三道设在池壁顶走道板下 100mm 处。

10.3.2　池壁、滤梁施工

池壁模板采用 15mm 厚覆膜多层板，50mm×100mm 方木作竖向肋；E 型卡扣双 ϕ48mm 钢管作水平拉结，防水对拉螺杆间距 600mm 一道固定；底部用 ϕ48mm 钢管斜撑将整体模板固定在水池底板的预埋件上。池壁、隔墙内外搭设 2 步脚手架，采用扣件式钢管，满铺木板。池壁及隔墙模板一次支齐，其轴线及断面尺寸按测量放线位置严格控制。

池壁模板在池壁竖直面局部（与滤板侧面交接处）中间位置埋木条，以使交接面部位池壁拆模去掉木条后形成高 60mm、宽 20mm 的凸台，以便安装预制滤板。

图 10-17　安装滤板前池内状况

滤梁模板沿长度方向平均每 600mm 设一道对拉螺杆，距离梁柱节点、梁节点 150mm 处必须设一道对拉螺杆和支撑，沿梁长度加设 ϕ48mm 钢管背楞，梁底支撑间距不大于 1200mm。为保证梁几何尺寸，采用槽钢作模型，槽钢表面误差控制在 1mm 以内，预埋螺杆通过固定拉杆与模板连接牢固，防止浇筑、振捣致使螺杆位移。如图 10-17 所示。

池壁采用泵车浇筑，每 500mm 一层，分层浇筑，上下层混凝土施工间隔时间不得超过 2h；现场坍落度控制在 140～160mm 范围内，每一流水段用两台泵车同时浇筑，从池中间向两侧推进。

滤池壁、底板与滤梁连接筋采用植筋方式，模板采用木模，钢筋绑扎完成后合拢内外模板，采用方木支撑。在浇筑滤梁混凝土前，应准确标出成活面。混凝土浇筑前接触表面应凿毛，剔除浮动石子，用水冲洗干净，浇筑前模板应保持湿润；浇筑时先泵入 15～30mm 厚与结构混凝土配合比相同的水泥砂浆，然后继续浇筑混凝土；混凝土应分层振捣，使用插入式振捣器时每层厚度不大于 500mm，振捣棒不得触动钢筋，确保混凝土密实、平整。

10.3.3　预制滤板安装

安装顺序：滤板放置在滤梁上→不锈钢螺杆套入压板、紧固→板缝、板与池壁缝用水泥密封→安装滤头。滤板安装前，滤池满水试验应合格，池壁装修应全部完成。滤板下的支撑柱（梁）及滤板螺栓应严格按设计要求施工，滤梁顶面高程满足滤板安装要求：平整度≤5mm，板间错台≤2mm。

　　将滤池做彻底的清扫、清洗以避免交叉施工而堵塞、损坏滤孔和滤头；将预制滤板吊装入池，按照安装顺序，排放在滤梁上，调整位置；注意轻拿轻放，不得损伤滤板、滤梁边楞。滤板安装后，应对其高程、平整度板、间错台、板道密封以及锚栓固定、防腐等项指标，进行细致全面的检查验收。

　　安装滤板时，用水准仪测量每块滤板的四个角，各个滤池之间滤板标高误差为±4mm。每一个池内，所有滤板的标高误差不得大于±2.5mm，可用塑料板、不锈钢片垫平，再用水准仪复查一次。

　　滤板安装合格后采用水泥进行滤板浇筑灌缝，板缝堵塞密实、均匀，不得妨碍滤头安装。在安放每格池子的最后一块滤板之前，每格池子均应彻底打扫干净，不得有砂粒、杂物等，以防堵塞滤头。所用材料应符合设计要求，板间锚程，垫板材料应符合防腐要求。如图 10-18 所示。

　　滤板制作的外表质量（指单块表面平整度、外形几何尺寸误差等）是保证安装质量的前提条件之一，其目的是使滤板安

图 10-18　滤板安装板缝

装后上、下表面尽可能水平、光滑，所有滤头杆上的气孔、配水条形孔保持在同一高度上，以提高气-水混合反冲洗均匀性和稳定性。安装平整度测试在滤板安装后进行。用水平仪抽检（以 mm 刻度的钢直尺为标尺）滤板的上表面，要求单块滤板安装平整度误差≤1mm，单格滤池内安装平整度误差≤5mm。

　　滤板嵌缝养护完成后，嵌缝应平整、无气孔、无裂纹；不锈钢压板安装应平稳牢固。试验池内全部滤头座拧上堵头（除其中一个接出气压表外），向池内注水，水深没过堵头顶约 200mm，开动反洗鼓风机或空压机供气，通过排气阀调整滤板下压力。试验压力 0.04～0.05MPa，恒压 10min；所有嵌缝均无气泡冒出为合格。试验应详细记录漏点位置，排水修复后重新试验直至合格为止；务必控制好试验压力，压力过高会导致滤板、滤梁损坏。

10.3.4　过滤系统安装

图 10-19　滤帽安装

　　将装有滤帽螺母的滤板在滤池内安装、固定后，将滤帽小心的拧紧。安装滤帽时，宜从一侧开始向另一侧装；也可以两侧同时开始向中心装，但认真检查，不得遗漏，如图 10-19 所示。滤帽装完后要进行安装质量检查，滤头应调整在一个水平面，误差小于 2mm。合格后在滤板拧

入 M8×90mm 双头螺杆。

池壁埋铁清理后，按设计要求焊接丝网盖板支撑角铁。滤网板套入双头螺栓放置在撑板上，滤网板厚度应符合设计要求，应按设计要求分层铺装、分层检查验收。滤网板间隙小于 2mm 的缝用 PP 焊条焊堵；大于 8mm 的缝用环氧纤维粘堵。

DA863 纤维滤料铺装前应对滤池内外上下进行清理，在池壁面将各层铺装厚度用墨线划出以便分层铺装，铺装后的顶面高度应较设计高出 2～3cm，以备在反冲洗对滤料进行污水力分级后，刮除表面不合格的细颗粒和粉末。DA863 纤维滤料高度标准：650，—800mm。

10.3.5　功能性试验

1. 满水试验

在水池主体结构完成后，在滤板、滤梁安装前按照设计要求进行了满水试验。

2. 管道空气吹扫

气动蝶阀控制，压缩空气经过仔细的过滤、干燥后通过管道输送到各气动阀门的电磁阀上。空气管道有压缩空气管、反冲气管及曝气管，在通水冲洗、压力试验并排干水分后均需使用空气进行吹扫；曝气管吹扫应在曝气头安装前进行。

试验依据《工业金属管道工程施工规范》GB 50235—2010，吹扫风速宜不低于 20m/s；应先吹扫压缩空气管道，后吹扫反冲气管及曝气管。

吹扫气源分别采用已安装好的空压机、反洗鼓风机和曝气风机，吹扫顺序为（离气源）先近后远，逐段吹扫（其余段应关闭相应支管的控制阀门）。验收合格的标准是：待出风口目测无水渍、粉尘后，在该处放置一块涂上白漆的木制靶板，5min 内靶板上未发现铁锈、尘土、水分及其他杂物，即为合格。

3. 滤头配气均匀性测试

滤头配气均匀性测试前应先卸下堵头拧上滤头；滤头安装应由有经验者使用扭矩扳手进行，用力要均匀；然后检查滤头有无损坏，位置是否正确，安装是否牢固。向池内注水，水位以淹没所有滤头顶部为准（此时已有足够水量通过滤头渗至滤板下面）。开动反洗鼓风机向池内供气，风机运转正常后，观察滤头有无损坏、松脱，判断反冲洗配气是否均匀。合格后方可进行下道工序。

10.4　滤布滤池施工实例

10.4.1　工程概况

某污水处理厂中水处理系统新建滤布滤池一座，地上式，钢筋混凝土结构；池体分为 6 格，每格内净尺寸为 9.6m×5.2m×4.8m；池底厚 400mm，池壁、隔墙厚 300mm，混凝土设计强度等级 C35，抗渗等级 P6，抗冻等级 F150。

施工基坑邻近正在运行的辐流式沉淀池（图 10-20），基坑围护采用直径 800mm 混凝土灌注桩，基坑最大深度 5.4m。

基本施工程序：

池底板→侧墙及隔墙→池顶平台→滤梁等部位二次混凝土浇筑→滤池上部结构整修及清理→安装滤盘、滤头→设备安装、试运行。

水池不设垂直施工缝。水平施工缝设留：底板一次浇筑成活，池壁、隔墙浇筑到底板以上凸台设施工缝，施工缝设300mm×3mm止水钢板；池壁、隔墙第二次续接浇筑到设计高程。池内钢筋混凝土滤梁现浇施工，上面直接铺放滤布盘。

图 10-20 新建滤池与邻近沉淀池

10.4.2 池壁、隔墙浇筑

池壁模板采用竹胶覆膜板，尺寸为 2440mm×1220mm，整块拼装；竖向肋采用100mm×100mm方木，横向间距不大于 300mm。横向支撑系统采用防水对拉螺杆、E 型扣件紧固双 ϕ48mm 钢管。防水对拉螺杆经计算直径 16mm，竖向间距均为 600mm；杆中间焊接 80mm×80mm×2mm 止水板。

木模板加工成拼装板块，模板开孔穿止水螺杆时，外模根据内模间距调整穿墙止水螺杆位置，用双排钢管固定。为保证截面尺寸符合设计要求，在紧固穿墙止水螺杆时，注意池体截面尺寸不得小于设计尺寸 5mm。

按照施工方案的模板配置方案现场放样排模，要求：模板的连接及支承要牢固，拼缝要严密，模板拼缝均放海绵条，保证混凝土浇筑过程中不变形、不漏浆。模板安装时把加工好的一侧模板按位置线就位，安装支撑和穿墙螺杆，清扫墙内物，安装另一侧模板，调整支撑和花篮螺杆使模板垂直后拧紧穿墙螺杆。

施工方案要求：结构模板尺寸准确、接缝紧密、平顺，导墙吊模安装要牢固可靠。池内壁垂直度和净空尺寸是模板施工质量控制的关键，误差要求控制在±2mm以内，滤盘与池壁四周边角密封才能满足工艺要求。

池壁模板垂直度的控制：先支设内模板，支每层模板时均应用线坠控制其垂直度，上口用钢拉尺调整模板垂直度，固定好模板；外模板以已加固的内模板为准进行调整加固。在支模过程中，由测量配合测定预埋件及预埋套管的准确位置和标高，然后将预埋件及预埋套管和池壁钢筋焊接牢固。模板支撑加固后，在模板上测放、标识混凝土浇筑成活面。

底板导墙以上续接施工准备：测设钢筋标高控制线，支搭池内外脚手架，清理导墙插筋表面灰浆，调整插筋垂直度与倾斜度。池壁墙体钢筋净距控制采用钢筋排架，排架采用 ϕ12mm 钢筋制作，架间距 1000mm，钢筋交叉点均逐点绑扎，绑丝头一律扣向里侧。钢筋保护层厚度严格按设计要求控制，严防出现因保护层过薄而侵蚀钢筋的现象。各部位混凝土保护层厚度必须符合设计及施工规范要求，每隔 1m 放置一个保护层塑料垫块，并呈梅花形错开。

为保证钢筋骨架间的排距尺寸满足设计要求，根据需要和条件，焊接钢筋骨架系统及拉结钢筋，注意构造钢筋不得与受力钢筋焊接。

池壁（墙）混凝土二次浇筑前，施工缝处应清理干净，剔除软弱松动部分，并洒水湿润，先浇灌一层 50～100mm 厚与混凝土强度相同的水泥砂浆后再继续浇筑混凝土。

池壁、隔墙一次浇筑量较大，时间较长；现场混凝土坍落度控制在（120±20）mm；入模温度不大于 25℃。采用 3 台混凝土泵车（1 台备用）直接入模浇筑。为防止混凝土对侧模产生过大压力，泵车布料胶管必须深入钢筋骨架，以保证下料自由落差不大于 2m，事先准备布料口，即将墙顶部钢筋松开，浇筑到顶部时再绑扎固定。

池壁、隔墙一次浇筑，预计连续浇筑作业时间 14h。采取三班倒、三个作业队交互作业方式，浇筑分端、分层、交圈，每层混凝土不超过 300mm 厚，浇筑速度每小时不超过 500mm；3 套插入式振捣棒紧跟 1 台泵车作业；对于模板转角、穿墙套管及水平预埋件等部位，应采取人工辅助插捣措施和导气措施，以保证细部振捣密实，避免拆模后的构筑物表面出现蜂窝麻面现象。

10.4.3 滤梁浇筑

滤梁施工精度控制直接影响到滤盘安装质量，因此必须精确控制梁顶高度和水平度，在底板施工时，必须保证其支墩位置准确；底板同时浇筑到横梁底部。滤梁二次浇筑前，支墩顶施工缝处应清理干净，剔除软弱松动部分，并洒水湿润，先浇灌一层 50～100mm 厚与混凝土配合比相同的水泥砂浆后再继续浇筑混凝土。滤梁顶部有固定钢筋：$\phi12@$150mm，高出滤梁面 200mm（图 10-21）；如何保证滤梁顶面成活面水平度和高程偏差不超过 2mm，已成为施工质量控制的关键，宜采用自流平混凝土施工技术。

混凝土凝结后立刻进行洒水养护，充分保持湿润，养护时间不得少于 14d。拆模时池壁表面温度与周围气温的温差不得超过 15℃。

10.4.4 滤块安装

滤布滤池的特点和先进性使得安装精度要求也相应提高。水池内场地相对滤块的长度而言，显得十分狭小。滤块采用分池分段组装，将其按照顺序排布，如图 10-22 所示。对于每段滤块底部的垫片大小约为 200mm×400mm，四角用地脚螺栓固定，其水平度偏差不大于 1/1000，其前后两片之间水平偏差不得大于 1mm。

图 10-21 池内现浇滤梁

图 10-22 滤梁与滤盘

安装要求：

（1）不应跨越地坪伸缩缝、沉降缝。

（2）找正采用拉钢线吊线坠或用经纬仪测量检查（见图 10-23）。

（3）水平度用水平仪测量，检测选择在精加工面上，为消除水平仪本身误差的影响，每次测量在同一位置正反方向（水平仪调整 180°）各测一次，计算出设备水平度偏差并加以调整。

（4）对安装中水平度以垂直度保证的设备，检测时使用框式水平仪。

（5）设备安装标高采用水准仪和标尺检测。

每个滤模块垂直于滤梁依次安装在梁上，上面覆以平面滤布，滤盘中央为中心旋转抽吸管。每个独立的过滤单元安装在中心支撑架上，通过单独的出水管与总出水管（或分路出水渠）相连接。安装和更换滤布时，只需打开滤块侧端排水管与池壁上固定支管的连接，即可将扇片与滤梁支架分离并取出。每个过滤单元独立出水，因此可监测每个独立单元的工作状况。当某一独立模块的过滤性能降低和发生损坏时，可对此盘模块进行更换。

图 10-23 滤块安装检查

图 10-24 滤布池内视

完整配套的滤布滤池系统包括：装配完整的过滤模块（包括滤盘、主轴、安装支架等）、控制系统、驱动装置、反抽吸装置（见图 10-24）、排泥装置、所有阀门（进水阀、反抽吸阀、排泥阀等）、系统管路、管件、支架等，以及系统内部的全套动力和控制电缆。

10.4.5 满水试验与试车

1. 满水试验

在滤块安装前进行满水试验，试验合格后方可进行后续施工。

2. 试车

滤池注水前，先关闭各池进水闸门，打开超越管线将管道内杂物彻底冲洗干净，将池内杂物彻底清扫干净，同时仔细检查滤布是否有破损情况；滤池采用逐个进水逐个试验的方式，初始进水时控制进水闸门不要开得过大，待池中液位达到滤布顶端后再将进口闸门开启到最大状态。

根据实际总进水量，调整单个滤池进水到设计流量，待池内液面运行稳定后找出正常运行液位。当滤池内液位到达反洗液位时，观察反洗系统浮球液位计、反洗水泵、驱动电机、电动球阀是否自动正常工作，检查阀门及管道是否有漏水现象，同时观察反冲洗水管内是否有污水排出。根据现场实际运行情况设置各工作液位。根据现场水质情况适当调整反洗液位高度和池底排泥时间。

第 11 章 稳 定 塘

11.1 稳定塘处理工艺

11.1.1 发展趋势

稳定塘是一种充分利用自然能力的高效、低耗污水处理技术。稳定塘又称氧化塘，是将土地经过适当的人工修整，设围堤和防渗层的污水池塘，主要依靠自然生物净化功能使污水得到净化。

稳定塘的主要处理原理是利用菌藻的共同作用去除废水中的有机污染物。氧化塘可直接利用旧河道、河滩、沼泽等荒地进行改造，具有投资少、运行管理简单、能耗及处理费用低的优点。但污水停留时间长，占地面积大，热损耗大，冬季污水处理效果下降的问题比其他生物处理工艺要突出。

我国于 20 世纪 50 年代就开始了对稳定塘污水处理技术的研究。20 世纪 80 年代，国家环保局主持了被列为国家"七五"和"八五"科技攻关项目的稳定塘技术研究，在稳定塘的生物强化处理机理、设施运行规律、设计运行参数等方面，取得了许多有价值的研究成果。

除了污水处理稳定塘之外，近年来用于雨水控制利用的雨水塘也得到了快速发展。本章重点对污水稳定塘和雨水塘的结构特点、塘体设计和防渗施工做简要论述。

11.1.2 传统稳定塘

传统稳定塘可根据水中微生物优势群体类型和塘中溶解氧工况分为：好氧塘、兼性塘、厌氧塘和曝气塘。

1. 好氧塘

深度较浅，一般不超过 0.5m，阳光能透入塘底，主要由藻类供氧，塘内水呈好氧状态。塘内存在着细菌、原生动物和藻类的共生系统，由藻类的光合作用和塘表面的风力搅动提供溶解氧。好氧微生物对有机物进行降解，而好氧微生物的代谢产物 CO_2 作为藻类光合作用的碳源。其优点是净化功能较好，有机物降解速度快，污水在塘内停留时间短。由于好氧塘体较浅，因此所需的占地面积大，且需除藻处理。

好氧塘表面形状以矩形为宜，长宽比取值（2～3）：1，塘堤外坡 4：1～5：1，内坡 3：1～2：1，堤顶宽度取 1.8～2.4m。以塘深 1/2 处的面积作为设计计算平面，应取 0.5m 以上的超高。

2. 兼性塘

深度较大，一般深 1.0～2.0m。塘面上层阳光能透入，藻类光合作用旺盛，呈好氧状态，为好氧区；中间层为兼性区，溶解氧量很低，存活着大量兼性微生物；塘底为厌氧区，沉淀污泥在此进行厌氧发酵。在兼性塘中除有机物降解外，还能进行如硝化和反硝化反应等比较复杂的净化反应。

兼性塘还应考虑污泥层的厚度以及为容纳流量变化和风浪冲击的保护高度，在北方寒冷地区还应考虑冰盖的厚度。塘形以矩形为宜，长宽比以 2：1 或 3：1 为宜。兼性塘宜采用多级串联，第一塘面积大，约占总面积的 30%～60%，采用较高的负荷率，以不使全塘都处于厌氧状态为限。

3. 厌氧塘

塘水深度一般在 2m 以上，整个塘水基本上呈厌氧状态，在其中进行水解、产酸以及甲烷发酵等厌氧反应全过程。净化速度慢，污水停留时间长。

厌氧塘表面形状仍以矩形为宜，长宽比（2～2.5）：1。塘的有效深度为 3～5m，当土壤和地下条件适宜时，可增大到 6m。塘底略具坡度，堤内坡为 1：1～1：3。厌氧塘的进口一般设在高于塘底 0.6～1.0m 处，使进水与塘底污泥相混合。

4. 曝气塘

曝气塘是经过人工强化的氧化塘，塘深在 2.0m 以上，由表面曝气供氧，并对塘水进行搅拌。人工曝气装置多采用表面机械曝气器。根据曝气装置的数量、安设密度和曝气强度，曝气塘又可分为好氧曝气塘和兼性曝气塘两类。曝气塘的塘深与所采用的表面机械曝气器的功率有关，一般介于 2.5～5.0m 之间。

11.1.3 新型稳定塘

针对传统氧化塘存在诸如水力停留时间较长、占地面积过大、积泥严重和散发臭味等问题，人们对氧化塘进行了改良，出现了许多新型稳定塘。

1. 活性藻系统

根据菌藻共生原理，在系统内培养合适的菌类和藻类，利用藻类供氧以减少人工供氧量，从而进一步降低污水处理能耗和运行成本。活性藻系统又称为高速率稳定塘。

2. 高效稳定塘

高效稳定塘（AIPS）是在传统稳定塘系统的基础上开发的一种强化的污水稳定塘处理工艺。该塘由兼性塘、高效藻类塘、藻类沉淀塘和熟化塘组成。不同于传统稳定塘的特征主要表现在四个方面：塘深较浅，一般为 0.3～0.6m；有一个垂直于塘内廊道的连续搅拌的装置；较短的停留时间，一般为 4～10d 左右，比一般的稳定塘的停留时间短 7～10倍；高效稳定塘的宽度较窄，且被分成几个狭长的廊道。

3. 水生植物塘

利用生长速度最快和改善水质效果最好的高等水生维管植物如水葫芦、水花生、美国爵床和宽叶香蒲等，提高氧化塘处理效率，控制出水藻类，除去水中的有机毒物及微量重金属。

4. 悬挂人工介质塘

在稳定塘内悬挂比表面积大的人工介质，如纤维填料，为菌藻提供固着生长场所，提高其浓度来加速塘内去除有机质的反应，从而改善塘的出水水质。

5. 超深厌氧塘

深度超过传统厌氧塘正常值范围的厌氧塘称为超深厌氧塘。加大水深最主要的作用是能形成悬浮污泥层。实际上这种情况与上升流厌氧污泥床（UASB）相似，入流污水通过这一密集有大量厌氧微生物的污泥区而得到很好的净化。超深厌氧塘可节约用地，还可减少对环境的不良影响，同时减少表面积可减少冬季塘表面热量的散失，有利于保存塘中的热量。由北京建筑工程学院主持并承担的"八五"国家科技攻关项目"稳定塘新型工艺的研究"表明，超深厌氧塘比常规厌氧塘 COD 去除率平均提高 10%。

11.1.4   雨水塘

雨水塘也是一种具有生态净化功能的天然或人工生态水塘，其区别于污水塘的关键在于其除了具有净化作用外还具有调蓄径流雨水的功能。雨水塘可分为干塘和湿塘。

1. 干塘

干塘也称调节塘，用于临时汇集储存一定量雨水，以延缓洪峰及防止下游侵蚀，雨后池中雨水再以一定的设计速率缓慢地排到下游水体，重新回到排空状态，它并不是一直有水。主要作用是暂时滞留雨水，多用于解决由于城市开发后大片硬化地面或建筑而引起的径流量迅速增加。虽然最终排放的雨水总量是一样的，但延缓了排放时间。从其设计目的可以看出，干塘主要是控制洪峰流量降低下游洪涝风险，除对悬浮物具有一定的去除外，对其他污染物的去除作用甚微。雨水在干塘内的调节停留时间一般为 24～36h。干塘适用于地下水位较深且坡度很缓的场地，要求土壤孔隙率较大或有排水管渠。在土质渗透系数大的条件下需要作防渗层以防携带污染物的雨水径流污染地下水。

2. 湿塘

湿塘也称滞留塘，一般池中常有水，当塘水水位高度超过蓄水能力时，才会向外排。它也是人工设计用来控制暴雨径流和防止下游侵蚀的，但由于塘中种植植物，可以起到生物净化与其连接的河流、湖泊及港湾等水体的水质作用，同时补给地下水，提高环境美观作用。

在没有安全保护措施的情况下，雨水塘内侧坡度一般不陡于 3：1，若坡度为 4：1 或更高时则必须设置安全边岸或其他边坡稳定措施。一般地，沿雨水塘的整个周围边坡由两个边岸组成：安全边岸带和水生植物带。对于较大的雨水塘，安全边岸带在常水位边缘的外侧其宽度可能会超过 4.5m，安全边岸带边坡最大为 6%。水生植物带是在常水位边界以内约 4.5m 的范围内且最大深度为低于常水位 0.5m，雨水湿塘的典型边坡几何形状如图 11-1 所示。

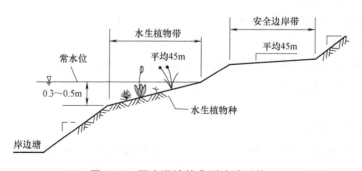

图 11-1　雨水湿塘的典型边坡形状

预处理及进水口：雨水塘应在每个进水口前设一个沉淀前置塘或采取相当的上游预处理措施。前置塘在雨水径流进入较大的塘体之前去除进水中的沉淀物。前置塘是一个单独的池子并适当设有格栅，并且前置塘的底部最好经过硬化处理以便于清除沉淀的颗粒物。雨水塘进水口需要采取消能措施以保证在雨水输入塘内的过程中不会引起塘底和堤坝的侵蚀，减少上场降雨径流沉淀的颗粒物再次悬浮的情况，并且促使颗粒物在进水口附近沉淀。进水口可设置跌水窨井、挡板槽、在底部附近设置带有消能装置的减速斜槽、设有前置冲击坑的管道或根据塘的形状采取其他类型的分散布水设施。通向雨水塘的进水通道周围铺设碎石以稳固，进水管可以采用部分淹没式。

雨水塘出水口：雨水塘的出流量控制是通过混凝土或波纹金属材质的立管和横管结合完成的（图 11-2）。立管应该设于堤坝内以便于维护清掏、安全和美观。与立管相连的是反坡的横向管道。由于出水口很容易堵塞，横向管道进水口低于塘的有效高度约 0.3m 且设置盖帽以防止漂浮物堵塞出水口，并且避免塘表面经阳光直晒的温度较高的雨水排出。

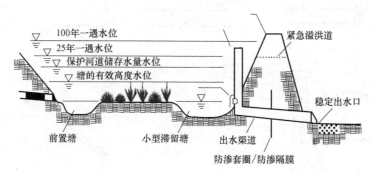

图 11-2 雨水塘构造

11.2 塘体结构

11.2.1 塘体形状

塘的平面几何形状一般为矩形，也可采用圆形或方形。矩形塘与圆形塘或不规则形状的塘相比，进水分布要均匀些。当采用矩形时，应根据水力特性和内衬表面积等因素进行综合技术经济分析来确定长宽比，一般不宜大于 3∶1～4∶1。若过于狭长，则会由于水流与塘的接触面积增大使得塘内死区体积增加，且易形成股流，从而造成平均停留时间下降和处理效率降低。利用旧河道和坑洼淀淀塘修建塘体时应尽量利用原有地形，适当调整长宽比，但此时应考虑使内壁总面积尽可能小，以减少衬砌，降低造价。当水力条件不利时，可设置导流墙。

11.2.2 堤坝结构

堤坝宜采用不易透水的材料建造。当具有足够数量的黏性土或壤土时，应优先考虑均质土堤。否则应做成斜墙或心墙土堤。此外，当塘深较大、地价较高时，也可作经济比较，选用石堤或钢筋混凝土堤。也可以是地下式或半地下式。如图 11-3 所示。

1. 结构断面

堤坝结构应按相应的永久性建（构）筑物标准设计，满足表 11-1 的要求。

（1）梯形断面：塘坝采用浆砌毛石，厚 400mm；塘底下铺一层塑料布，上垫 0.15m 夯实黏土层，如图 11-3（a）、（b）所示。

（2）矩形断面：塘壁采用钢筋混凝土结构，条形基础，基础下为素混凝土垫层和级配砂石；塘底做法同梯形断面，如图 11-3（c）所示。

（3）组合断面：上部梯形塘壁砌毛石，厚 400mm；下部矩形塘壁采用钢筋混凝土结构，条形基础，基础下为素混凝土垫层和级配砂石；钢筋混凝土与毛石接茬处做圈梁，并甩筋，将钢筋砌在石体中；塘底做法同梯形断面，如图 11-3（d）、（e）所示。

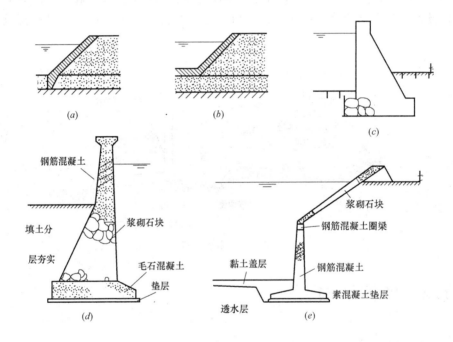

图 11-3　塘体堤坝断面形式

（a）防渗斜墙堤坝（斜墙与齿墙相连）；（b）防渗斜墙堤坝（斜墙与铺盖相连）；
（c）浆砌石堤；（d）、（e）组合断面墙

堤坝断面尺寸要求	表 11-1

项目	要　　求		
顶宽	土堤		≥2.0m
	石堤、钢筋混凝土堤		≥0.8m
	堤顶允许机动车行驶		≥3.5m
边坡	土堤	外坡	4:1～2:1
		内坡	3:1～2:1
	石堤、钢筋混凝土堤		直角或斜面

续表

项目	要　　求		
超高	波浪侵蚀高度		见注
	安全超高	土堤、干砌石堤	≥0.7m
		混凝土堤、浆砌石堤	≥0.5m

注：

$$he=3.2K_nh_b\tan\alpha \tag{11-1}$$

式中　he——波浪侵蚀高度（m）；

α——堤坝与水平线夹角（°）；

K_n——边坡粗糙系数，对于混凝土、浆砌片石、水泥砂浆及光滑上质边坡，$K_n=0.9\sim1.0$；对于干砌片石及草皮护坡，$K_n=0.75\sim0.8$；卵石堆砌 $K_n=0.5\sim0.6$；

h_b——风浪高度，m；按下式计算：

$$h_b=0.0208V^{5/4}tD^{1/3}（m）\tag{11-2}$$

其中 V——风速，m/s，按当地年最大风速多年平均值的 $1.25\sim1.5$ 倍计算，但不大于可能出现的最大风速；

t——当地温度，℃；

D——浪程（km），通常为在水面高程沿风向从堤坝到对岸的最大直线距离。

2. 防护

塘坝设计要针对风、雨、冰冻、浪击以及掘地动物等的破坏，分别对堤顶、边坡等部位采取防护措施。

（1）堤顶防护。堤顶应具有坡向一侧或两侧的排雨水坡度，一般采用 2‰～3‰。对土堤，为防雨冲，可在堤顶铺一层粗砂或碎石。

（2）边坡防护。边坡防护种类很多，其做法和设计要点见表 11-2。应根据塘体可能受到的损害选择防护方法和防护范围。

为防波浪冲击，土堤内坡一般应在设计水位上、下 0.5m 间做护坡；在单塘面积大于 $4\times10^4m^2$、迎主导风向的塘堤面和塘水位经常变化这三种情况下，应加大衬砌范围。堤坝迎水面的砌筑材料以石块和混凝土为宜。

边坡防护做法和设计要点　　　　　　　　　　　　　　表 11-2

护坡类型	做法和设计要点	优缺点及适用条件
卵石堆砌护坡	1. 厚度为 0.5～0.9m 2. 下铺 0.4～0.5m 厚的砂砾石垫层 3. 为保证边坡稳定，卵石级配要好，最大粒径 150～200mm	1. 施工简便，但缝隙较多，防鼠害不利 2. 不利于机械除草，用石较多
干砌石护坡	1. 厚度为 0.25～0.4m 2. 下铺 0.1～0.2m 厚的碎石或砾石垫层，为防止堤身材料被淘汰，有时需设反滤层 3. 在寒冷地区，最好在边坡距结冰水位以上 1.5m 左右范围设置一层非黏性土防冻层	1. 稳定性优于卵石堆砌护坡，不用水泥 2. 对防鼠害不利，抗冻能力较差
浆砌石护坡	1. 厚度为 0.25～0.4m 2. 下铺 0.15～0.2m 厚的碎石或砾石垫层，粒径 20～80mm 3. 为节省水泥，也可采用干砌石勾缝，勾缝深度 0.15m 左右 4. 每隔 10～15m，设置一条变形缝	1. 抗风浪冲刷和抗冰冻性能好，但水泥用量大 2. 寒冷地区勾缝易脱落，不易采用
沥青砂浆胶结块石护坡	在坡面上浇筑厚为 80mm 的渣油混凝土，其上浇筑厚为 50mm 的沥青砂浆层，随即错缝摆上块石，留缝 20mm，缝间灌以沥青砂浆，全部或部分填满	1. 柔性和抗浪击性能好，施工简便 2. 兼有防渗作用

续表

护坡类型	作法和设计要点	优缺点及适用条件
水泥砂浆护坡	1. 现场做成 2m×2m 的护坡块,厚 0.15m 左右 2. 底脚做成 0.5m×0.5m 的浆砌块石底坎,顶部伸入坡面内 0.5m	1. 整体性好,但不利于沉降 2. 多用于缺石料地区
混凝土板护坡	1. 厚度一般为 0.15～0.2m 2. 预制板一般采用方形或六角形;平面尺寸为:方形边长 0.8～1.5m,六角形 0.3～0.4m;现浇板尺寸 5m×5m～10m×10m,大尺寸应配筋 3. 混凝土强度等级不低于 C20 4. 预制板下垫层同浆砌石;寒冷地区现浇板下也应全铺垫层,若无冻胀,则只在板接缝处设置垫层或反滤层 5. 寒冷地区需在板下铺设非黏性土防冻层	1. 整体性优于浆砌石护坡,抗浪击和冰冻性能好,但造价高 2. 沉降易遭破坏 3. 兼有防渗作用
水泥土护坡	1. 厚度 0.6～0.8m,相应水平宽度为 2～3m 2. 配比为:土:水泥(体积)=(85～90):(15～10) 3. 砂土、砂壤土及风化页岩粉渣均可,黏粒含量不超过 13%;防冲刷护坡应尽量选砂土,且含有一定数量卵石 4. 施工时按水平分层夯实,每层压实厚≤0.15m,填筑下层前,将前面层打毛约 20mm 深,养护≥10d	1. 价廉,施工简便,维修方便 2. 适用于温和地区,不宜冬季施工 3. 兼有防渗作用
草皮护坡	1. 将草皮切割成 0.2m×0.2m～0.25m×0.6m 的矩形或 0.25m×2.5m 的长条形,厚 0.05～0.1m,在堤坡面全铺或用草皮条铺成边长 1m 的方格,在方格中播种草籽 2. 在坡上铺表土层,或在坡上沿等高线挖锯齿沟,其上撒布腐殖土和肥料,种下草籽	1. 价廉,但只能减轻浪击和风雨侵蚀的危害,不利于防鼠害和抗渗 2. 多用于背水坡

防止风雨和冰冻的侵蚀,在内坡一般作到堤顶。当筑堤土为黏土时,为避免冻胀,应在结冰水位以上换置非黏性土。外坡可作简易铺盖,如采用厚约 0.1～0.15m 的碎石、砾石护坡或草皮护坡。

塘址所在地区掘地动物较多时,应尽量选用整体性好的材料和做法。

(3)堤脚防护。堤脚的稳定程度直接影响堤坡的稳定。一般采用砌石护脚,也可采取混凝土或钢筋混凝土圈梁、打桩护脚、铅丝石笼护脚等。

此外,塘体外侧应设排水沟,如有发生管涌的可能,则应设反滤层。

3. 塘底设计

塘底应尽可能平整并略具坡度,坡向出口,以便清塘时排水,塘底平均高程与竣工高程之差不得超过 0.15m。

塘底应是难于压缩和紧密的。当最佳含水量为 4% 时,至少压实到 90% 标准葡氏密度。当塘底原土渗透系数大于 0.2m/d 时,应采取防渗措施。

11.3　防渗结构与施工

11.3.1　防渗结构

塘体需要良好的止水措施以防止渗漏。如果防渗措施不完善,对地下水系统的污染相当严重，不但会引起土壤盐碱化，而且影响氧化塘的使用寿命。良好的防渗是塘体设计和建造的关键。塘体的防渗包括堤坝、塘底以及穿堤管、涵闸等特殊部位。渗透所导致的水位降落值不得大于 2.5mm/d。在塘体采取任何防护、防渗措施之前，首先要保证土方工程的质量。防渗措施有很多种，大体上分为以下三大类：合成防渗材料和措施，如复合土工膜；土和水泥混合防渗材料和措施；自然的和化学处理防渗方法和措施。这里主要介绍复合土工膜防水层和膨润土防水层的施工。

11.3.2 堤坝防渗

堤坝防渗包括岸坡、坝体和堤基防渗。传统做法是采用不易透水材料做成斜墙、心墙或隔水墙。

斜墙铺设在迎水岸坡上，必要时跟地基中的齿墙或与塘底的铺盖相连接（见图 11-4 (a)、(b)）。斜墙根据其变化特征，可以是刚性的（如混凝土、钢筋混凝土、浆砌块石等）、塑性的（如黏土、膨润土、水泥土、沥青混凝土、沥青聚合物混凝土等）和柔性的（土工膜、沥青薄膜等）。也可根据需要做成单层的、双层的或组合式的。

防渗工程的面积往往远远超过防护工程，前述一些防护做法，如混凝土板、沥青砂浆胶结块石、水泥土、水泥砂浆等均兼有防渗作用，照此做成斜墙即可形成岸坡防渗面层。薄膜斜墙、土工膜锚固及复合斜墙做法示意见图 11-4～图 11-6。

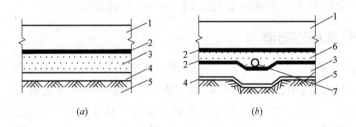

(a) (b)

图 11-4 薄膜斜墙示意

(a) 单层薄膜斜墙；(b) 双层薄膜斜墙

1—保护土层；2—土工膜；3—垫层；4—经除锈剂处理过的地基土层；

5—地基土；6—排水层；7—排水管

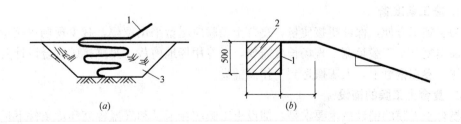

(a) (b)

图 11-5 土工膜锚固示意

(a) 堤坝的土工膜与黏土地基锚固形式；(b) 土工膜

1—土工膜；2—回填夯实黏土；3—混凝土或填土

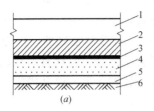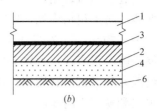

(a)　　　　　　　　　　(b)

图 11-6　复合斜墙示意

(a) 双层覆土式；(b) 单层覆土式

1—保护土层；2—黏土层；3—土工膜；4—垫层；5—经除锈剂处理过的地基土层；6—地基土

11.3.3　塘底防渗

在不透水地基或透水地基较浅并已用斜墙或心墙做好坝体防渗层后，可以不作塘底防渗；反之应作塘底防渗。

塘底防渗一般可做成层状铺盖。堤坝防渗斜墙的做法均可采用层状铺盖。一般选取同防渗斜墙相同的材料，以便于同堤坝连接，厚度有时可适当调整。如水泥土铺盖仅需 0.15～0.3m；也可采取在土工膜上、下各铺一层厚为 0.15m 的水泥土复合铺盖的做法等，但薄弱部位应加厚。

另外，在缺土料地区，还可在粉煤灰中掺入 3%～6% 的硅酸盐水泥和 2%～3% 的石灰制成拌和物，分层夯实，做成厚度为 0.15～0.3m 的铺盖层。

11.3.4　特殊部位防渗

（1）管道穿堤防渗。管道穿堤应设防渗环，环突出管外皮 0.6m。堤顶至少应高出管外皮 0.6m。穿堤管的内槽必须回填夯实。防渗环可以采用混凝土或钢板。

（2）闸基防渗。闸基防渗一般也可采用防渗铺盖。铺盖材料可以是黏土、黏壤土、钢筋混凝土或沥青混凝土，应较塘底防渗有所增厚。黏土和黏壤土铺盖层上应设置 0.2～0.3m 厚的砂砾石垫层和 0.3～0.5m 厚的干砌块石。也可采用垂直板桩防渗或齿墙防渗。

11.3.5　复合土工膜施工

复合土工膜是利用聚乙烯或聚氯乙烯的增强性，压延成膜与涤纶针刺土工布热合而成，具有抗拉、抗顶破、抗撕强度高、延伸性能强、变形模量大、防渗性能好等优点。

1. 施工前准备

为了施工方便，保证拼接质量，复合土工膜应尽量采用宽幅，减少现场拼接量。施工前应根据复合土工膜幅宽、现场长度需要，在专用场地剪裁，并拼接成符合设计要求尺寸的块体，卷在钢管上，人工搬运到工作面铺设。

2. 复合土工膜的铺设

复合土工膜的铺设技术要求是：铺设土工膜应在干燥和气温较高环境条件下进行；为了便于拼接和防止应力集中，复合土工膜铺设采用波浪形松弛方式，并留有一定的富余度，摊开后及时拉平、拉开，要求复合土工膜与坡面吻合平整，无突起褶皱。在抗滑槽与截水槽处尽量使得土工膜有一定的富余量，为了防止土工膜下滑，同时在抗滑槽、截水槽处用砂袋将土工膜压紧，用包皮将土工膜包好并覆盖一定量的细砂，以免阳光曝晒降低土工膜质量性能。施工时如发现土工膜破损，应及时进行修补，保证土工膜铺设及防渗效果。

3. 复合土工膜的拼接

复合土工膜焊接质量的好坏是复合土工膜防渗性能的关键，因此务必做好土工膜的焊接，确保焊接质量。拼接包括土工膜的缝接、土工膜的焊接，为了确保焊接质量，焊接应尽量由厂家选派专业技术人员到施工现场进行焊接操作、指导、培训。土工膜焊接采用专用焊接设备、缝包机、专用缝合线等进行施工。为保证焊接质量，在焊接部位底部垫一条长木板，以便焊机在平整的基面上行走。拼接焊缝两条，每条宽 10mm，两条焊缝间留有 10mm 空腔，用此空腔检查其焊缝质量。主要检查两条焊缝是否清晰、透明、有无气泡、漏焊、熔化或焊缝跑边等，对不合格缝必须要进行补焊。同时对每条焊缝进行水压试验（$P=0.6$MPa），确保无渗漏。复合土工膜上回填土厚 500mm，要求黏性土压实度不小于 0.90，非黏性土相对密度不小于 0.60。

11.3.6 膨润土防水毯施工

膨润土防水毯（Geosynthetic Clay Liner，简称 GCL）是一种新型的土工合成材料，目前有三种产品，一是针刺法钠基膨润土防水毯，是由两层土工布包裹钠基膨润土颗粒针刺而成的毯状材料。二是针刺覆膜法钠基膨润土防水毯，是在针刺法钠基膨润土防水毯的非织造土工布外表面上复合一层高密度聚乙烯薄膜。三是胶粘法钠基膨润土防水毯，是用胶粘剂把膨润土颗粒粘结到高密度聚乙烯板上，压缩生成的一种钠基膨润土防水毯。膨润土防水毯的主材为钠基膨润土颗粒或粉剂，膨润土是一种分子粒径为纳米级的天然黏土，以蒙脱石类矿物为主要组分，单个颗粒由云母状薄片堆成。钠基膨润土中的钠离子对水分子中的氢氧根离子有很强的吸引力，使水分子充满片状层间空间，引起体积膨胀，其膨胀可达自身重量的 5 倍、自身体积的 13 倍左右。利用这个特性，采用钠基膨润土制成的膨润土防水毯，其遇水膨胀所形成的凝胶体在两面受到局限的情况下达到自然密实，像一堵防水墙，能有效防止水的入侵。

与黏土和土工膜相比，膨润土具有如下优势：（1）比压实黏土衬体积小、重量轻、施工简便、抗剪强度和抗拉强度高。（2）与土工膜相比膨润土柔性好，能较好地适应不均匀沉降；具有更好的界面摩擦性，对铺设场地的要求比土工膜低；因为有外裹织物的保护，使其不易被划破而导致失效；与管道和建筑物周边连接时施工更简便，接缝处的密封性更好。

1. 膨润土防水毯基层处理

膨润土防水毯可以直接铺设在夯实的素土或者混凝土上。膨润土防水毯的施工应在基础及底层工程验收合格后进行。由于防水毯遇水膨胀时，需两侧有足够的压力，因此对基面平整度和密实度要求较高。如果是素土，设计密实度应不小于 90%，且要求平整、清洁，表面无显著凹凸，无树根、石子、混凝土颗粒、钢筋头、玻璃屑等可能损伤防渗毯的杂物。膨润土防水毯的施工应在无雨、无雪天气下进行，施工时如遇下雨、下雪应用塑料薄膜进行遮盖，防止防水毯提前水化。

2. 防水毯铺设及搭接

（1）塘底铺设

防水毯铺设一般采用机械吊装进场，人工搭抬。按规定顺序和方向分区分块、从相应施工段最低处开始铺设。采用人工铺设，在铺设时需多人均匀用力，不得撕扯、拖拉，平展摊开。材料按设计要求就位后，人工拉平展铺，无纺布面朝向迎水面；有纺布面作为背水面（基面）有利于基面渗漏水的临时引排。理论上讲，单块膨润土防水毯的渗漏量接近于零，但防水毯的搭缝、与边界物体的连接缝是渗漏的主要途径。因此，尤其注意了对防水毯的搭接、锚固和与穿越防水毯的管线、结构物的封闭连接的设计，如管道穿墙、墙体倒角、桥墩、进出水口等等，提供了相应的节点防渗处理办法。搭接时沿水流方向上幅压下幅，搭接缝宽度不小于 300mm；搭接缝应错开，错缝距离不小于 600mm。膨润土防水毯采用水泥钉和垫片固定，平面上应在搭接缝处固定。

（2）堤坝铺设

梯形堤坝铺设时应沿斜坡从顶向底方向铺设，并平行搭接；搭接应平整且搭接长度大于 300mm。搭接处均匀撒上 0.4～0.6kg/m 的膨润土粉。边缘铺设高度高出设计水位 100mm。钉孔部分和重叠部位要涂抹膏状膨润土密封剂进行处理（图 11-7）。堤坝铺设完成后，在底面留下足够长度的防水毯（≥2m）以便于与湖底大面积防水毯的搭接，并在边缘用 PE 膜进行保护，避免防水毯提前遇水膨胀。堤坝最下面的防水毯要和底面的防水毯搭接、固定，以形成一个完整的防水体系。

堤坝的立面和斜面上的固定间距宜为 400～500mm。搭接处的膨润土干粉应先喷水活化，粘合后压实，并保持平整。为防止坡面施工时防水毯滑动，一般在坡顶设置 1m×0.5m 左右的锚固防滑沟槽，将防水毯在顶部进行固定，锚固槽内防水毯呈"U"型铺设，人工铺设平整。

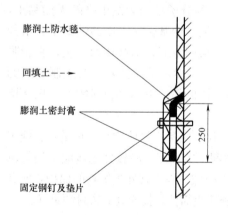

图 11-7　立面搭接

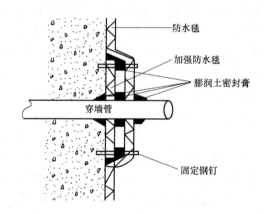

图 11-8　穿墙管道的处理

3. 回填土保护层

膨润土防水毯需要在有约束条件下才能发挥作用，可通过回填保护层来局限其膨胀的空间。防水毯铺设进度应与回填土进度相配套，防水毯铺设后应当天按设计要求回填 300mm 厚的素土覆盖并压实，碾压密实度大于 80%。

4. 特殊部位处理

穿透基础的管道部位的加强处理（图 11-8）。裁切以管道直径或者基础长度加 500mm 为边长的方块防水毯，在其中心裁剪直径比管道或构筑物池柱直径稍小的圆孔，修理边缘，以便使之紧密套在管道上。然后在管道周围和毯的边缘均匀撒布或涂抹膨润土密封剂。不立即进行底面大范围铺贴时，须在上层加铺一层 PE 膜作临时保护。

11.4 氧化塘防渗衬砌结构施工实例

11.4.1 工程概述

某城市水系染综合治理工程，利用荒废的河滩地段建设氧化塘污水处理系统。土建工程包括氧化塘及其附属构筑物，塘体结构长 750m，宽 34～37m，以土石结构为主，钢结构为辅，包括穿孔集水槽、支撑钢管、穿墙水管以及钢步梯和防护铁栏杆。

氧化塘防渗衬砌结构形式自上而下为：厚度 50mm，强度等级 C25，防渗等级 P6，抗冻等级 F100 混凝土预制板；25mm 厚 M7.5 水泥砂浆过渡层；0.4mm 厚聚乙烯复合土工膜。预制混凝板衬砌每隔 6.0m 设横向伸缩缝，缝宽 30mm，缝内充填聚氯乙烯胶泥及水泥砂浆，板与板之间充填 C20 混凝土。

复合土工膜下支护层：复合土工膜下铺设 300mm 厚 3∶7 灰土垫层，压实度不小于 95%；灰土层底面设 300mm 厚原状素土层。

氧化塘衬砌施工流程：

塘底及边坡土方修整→复合土工膜铺设→铺 25mm 厚 M7.5 水泥砂浆→混凝土预制板铺设→板缝现浇 C25 混凝土→伸缩缝处理→清理→竣工验收。

复合土工膜展铺顺序：

塘底部防渗复合土工膜铺设顺序：从下游向上游，由氧化塘一岸向另一岸铺设；边坡防渗复合土工膜铺设顺序：从下游向上游，由边坡底向边坡顶铺设；复合土工膜的连接采用搭接法。

复合土工膜施工流程：

塘底及边坡土方修整→铺膜、裁膜→试焊与检验→焊接施工→取样检测→修补→锚固→复检→验收。

11.4.2 土方施工

1. 塘底及边坡土方修整

塘底及边坡土方修整采用人工修整方式，修整时在塘底坡脚处和边顶处设控制桩点，根据设计高程，挂线施工，修整顺序为自上而下，最后平整塘底，如有局部超挖，应采用原土回填、洒水、夯实；清理出的土方及时运出塘外。修整、清理工作完成后，及时验收，合格后进行下道工序。

2. 支护层的铺设

土方按照施工方案开挖后，首先组织人工捡除砖石、瓦块及硬质杂物和有机植物后，使用旋耕机旋第一遍；其次采用推土机整平河床底，人工捡除砖石、瓦块及硬质杂物和有机植物后，旋耕机旋第二遍；再次用平地机整平，人工捡拾后旋第三遍，最后用旋耕机打三遍，平地机整平，光轮压路机压实 6～8 遍至压实度达到设计要求。

11.4.3　复合土工膜施工

1. 运输及储存

复合土工膜采用折叠装箱运输时，不得使用带钉子的木箱，以防运输途中受损；采用卷材运输时，则要注意防止在装卸过程中造成卷材表面的损害。复合土工膜运输过程中及运至工地后要避免日晒，防止黏结成块，并将其储存在库房内，库房尽可能设在方便取用的地方，以尽量减少装卸次数。

2. 复合土工膜进场验收

先进行现场检测，再取样复测，合格后方可用于工程中。现场检测：检查复合土工膜卷材的货包上是否标明制造厂名称、制造批号（或组装号）、安装号、类型、厚度、尺寸及重量；是否附有专门的装卸及使用说明书、质量证明资料。取样复测：复合土工膜入场后，按连续生产同一牌号原料、同一配方、同一规格、同一工艺的产品，以重量不大于 5t 为一批取样复测，按规范要求做物理、性能、水力学性质、力学性能和耐久性检测，合格后方可用于工程中。

水泥砂浆：采用机械搅拌，水泥及砂均要按要求做复试，鉴定合格后方可用于搅拌，并按配比单严格各种骨料的计量，搅拌过程中严格控制搅拌时间，以确保水泥砂浆的质量满足设计要求。

3. 复合土工膜铺设

（1）复合土工膜铺设前的准备工作

检查并确认基础支持层已具备铺设复合土工膜的条件；做下料分析，画出复合土工膜铺设顺序和裁剪图；检查复合土工膜的外观质量，记录并修补已发现的机械损伤和生产创伤、孔洞、折损等缺陷；每个区、块附近按设计要求的规格和数量备足保护层用料，并在各区块之间留出运输道路；进行现场铺设试验，以便确定焊接温度、速度等施工工艺参数。

（2）复合土工膜的铺设

为了施工方便，保证拼接质量，复合土工膜应尽量采用宽幅，减少现场拼接量。施工前应根据复合土工膜幅宽、现场长度需要，在专用场地剪裁，并拼接成符合设计要求尺寸的块体，卷在钢管上，人工搬运到工作面铺设。驳岸采用自上而下（复合土工膜长幅平行于坝轴线）铺设，水平方向上由坡脚向外端铺设；接缝排列方向要平行或垂直于最大坡度线。铺设时复合土工膜两侧放置人行木板，并注意张弛适度，要求复合土工膜与垫层结合面务必吻合平整，避免人为和施工机械的损伤。施工人员均应穿平底布鞋或软胶底鞋进行铺设，严禁穿钉鞋以防踩坏复合土工膜，复合土工膜铺设要与保护层铺设相协调，做到随铺、随压。铺设复合土工膜时，要适当放松，并避免人为的硬折和损伤；膜块间形成的结点，要为 T 字型，不得为十字型；根据当地气温变化幅度和工厂产品说明预留出温度变化引起的伸缩变形量；并在铺膜过程中随时检查膜的外观有无破损、麻点及孔眼等缺陷，若有孔眼等缺陷须用同种新鲜母材修补，补疤每边要超过破损部位 $100 \sim 200\text{m}$；铺设后的复合土工膜要自然松弛与支持层贴实，不得褶皱、脱空。在铺设期间所有复合土工膜均用砂袋或软性重物压住其四角，直到保护层施工完毕，当天铺设的复合土工膜要在当天内全部拼接完成。

（3）技术要求

铺设时膜应适当放松，应预留3％～5％的富余度。做成凸起的波浪形松弛方式，以适应气温变化及基础沉陷；并避免人为硬折合损伤。坡面上复合土工膜的铺设，接缝排列方向应平行或垂直于最大坡度线且应按由上而下的顺序铺设。坡面弯曲处应使膜和接缝连接。两侧挡水墙同槽底一次铺设完成。复合土工膜应自然松弛与支持层贴实，不应褶皱脱空。按需要尺寸裁剪拼接，两幅连接处要平整无褶皱。现场搭接：设计要求接头采用搭接法，接缝宽度不小于150mm。

复合土工膜应边铺边压，以防止风吹起。未覆盖保护层前应在膜的边角处每隔2～5m放一个20～40kg重的沙袋。为了施工方便，保证拼接质量，复合土工膜应尽量采用宽幅，减少现场拼接量，根据需要在专用场地裁剪。

复合土工膜应在室外气温5℃以上，风力4级以下无雨雪天气时进行铺设。

若遇雨雪天气应停止施工，并对已铺好的复合土工膜用彩条布或塑料布遮盖。

复合土工膜与挡水墙的连接采用粘结剂粘结（粘结剂由沥青乳胶涂料、水泥、水拌和而成），粘结完毕后，在水位线以上锚固。

4. 焊接

（1）双焊缝搭接，焊接前用干净的纱布或棉布擦拭或用吹风机吹焊缝搭接处，做到无水、无尘、无垢。复合土工膜平行对齐，适量搭接，宽度为100mm；焊膜机的行走速度一般为1.5～5m/s，施焊温度为180～200℃。焊接处复合土工膜应熔接为一个整体，不得出现虚焊、漏焊或超量焊。

（2）虚焊、漏焊时必须切开焊缝，使用焊接机对切开损伤部位用大于破损直径一倍以上的母材焊接。

（3）焊接双缝宽度宜采用2mm×10mm；相邻接缝错位尺寸≥500mm；焊接完成后报检验收，验收前施工单位自检，承包单位进行抽检。

5. 复合土工膜的检测

（1）目测：对铺设的HDPE复合土工膜外观、焊接质量、T型焊接、基地杂物等进行细致的检查。

（2）现场检漏法：双焊缝长采用充气法（充其长度30～60m）对焊缝进行检测。试验方法：将待测段两端封死，插入气针，充气至0.25MPa，静观5min后观察真空表，如气压下降＜20％，表明不漏。

（3）现场破坏试验按每1000m²取一组试样进行，其强度不低于母材的80％，且试样断裂不得发生在接缝处，否则接缝质量不合格。

6. 复合土工膜的修补

检测完毕，应立即对检测时所作的充气打压穿孔全部用挤压焊接法补堵，对检测发现不合格的部位应及时用新鲜的母材修补，经再次检测合格后，立即缝合上层复合土工膜。T接头宜采用母材补痕，补痕尺寸为300mm×300mm；现场破坏试验焊接好的试样，焊缝不被撕拉破坏，母材被撕裂认为合格。

7. 为防止复合土工膜滑动，在坡顶设置800×400锚固沟，浇筑混凝土，见图11-9

11.4.4　复合土工膜保护层铺设

复合土工膜铺设及拼接完毕后，及时报监理验收，合格后立即进行复合土工膜保护层施工，要求复合土工膜铺设 12h 内进行砂浆保护，否则应采取措施进行临时防护，以防紫外线照射加速复合土工膜老化。在复合土工膜铺设及焊接试验合格后，应及时铺设保护层，保护层的铺设速度应与铺膜的速度相匹配，保护层铺设过程中不得破坏已铺设完工的复合土工膜。

保护层施工工作面不宜上重型机械和车辆，宜铺放木板用手推车搬运土方材料，推平后人工压实。

为更好地保护复合土工膜不受机械或其他人为因素破坏，并结合实际情况，故膜上 300mm 厚素土压实采用平板振动器进行分层夯实。

（1）主控项目：土工合成材料强度、土工合成材料延伸率、地基承载力应符合土工合成材料地基质量检验标准。

（2）一般项目：土工合成材料搭接长度、土石料有机质含量、层面平整度、每层铺设厚度应符合土工合成材料地基质量检验标准。

（3）其他质量控制要求

所用土工合成材料的品种与性能和填料土类，应根据工程特性和地基土条件，通过现场试验确定；土工合成材料如用缝接法连接，应保证主要受力方向的连接强度不低于所采用材料的抗拉强度。

图 11-9　氧化塘防渗层边坡固定方式

11.4.5　衬砌施工

1. 衬砌施工方案

氧化塘底及边坡铺砌：先进行氧化塘底铺砌，再进行边坡铺砌，自下而上进行施工；混凝土板铺砌完毕后进行板缝 C20 混凝土灌注；板缝施工完毕后进行伸缩清理施工；最后检查验收。

2. 混凝土预制构件的制作

混凝土预制构件均在附近现场制作。

底模台座：夯实后浇筑 200mm 厚混凝土，上铺铁皮，涂刷脱模剂，侧模采用定型钢模板。所有钢模必须经监理检查后才可使用。预制场地设置必要的排水设施。

混凝土在拌和站拌制，由小翻斗车运至施工现场，人工入仓。为保证混凝土板预制时混凝土达到充分密实，浇筑时，用插入式振捣器充分振捣密实，从一侧开始下料，直至浇筑完毕。随后，顶面用平板振捣器加强振捣、整平、收浆，从而保证混凝土板达到充分密实。

在预制件达到终凝之后，立即进行洒水养护，养护时间不少于 14d。预制件应标有构件的编号、制作日期和安装标记。

3. 材料要求

（1）预制构件：预制混凝土构件，装卸及运输过程中均要采取有效措施，以尽可能减少损坏；运至现场后，在现场附近的平地上堆放，破损的构件严禁运往施工现场。

（2）铺砌水泥砂浆：采用机械搅拌，水泥及砂均要从合格的厂家采购，并按配比单严格各种骨料的计量，搅拌过程中严格控制搅拌时间，以确保水泥砂浆的质量满足设计要求。

4. 安装要求

（1）预制混凝土板采用汽车运输，人工装卸，运至塘堤，使用滑槽逐块滑至塘内铺砌段；滑槽底部放置一个内装沙土的麻袋，以避免预制板冲击塘底造成防渗膜及预制块的破损，根据铺设面的大小确定堆放的数量，避免重复运输以影响进度。

（2）正式铺设前选取 100m 氧化塘段作为试验段，进行铺设，对拟定的铺设方式进行试验、改进和确定。混凝土预制构件的砌筑，必须有次序地进行，先塘底及圆弧段，后塘坡，分塘段及单元逐次进行。

（3）M7.5 水泥砂浆拌和后，采用混凝土罐车运至塘堤，用泵车或溜槽送至塘堤浇筑点，人工提升至施工面，任何时候施工设备均不得直接在复合土工膜上行驶或作业，要保证不损坏复合土工膜；砂浆的铺设要按设计标高铺平拍实，避免大量堆积，一次拌和的砂浆须在凝结前用完。砂浆的铺设强度要与下部复合土工膜铺设及上部预制板的铺设速度相配合，避免复合土工膜裸露时间过长及水泥砂浆凝结时还未进行预制混凝土板的铺设。

（4）铺砌前，预制混凝土板要洒水充分湿润；铺砌时，底浆要座实，均匀，并敲击密实，板间缝宽控制在 40mm 左右，采用标准木块控制，偏差不得大于允许偏差；铺砌预制板的板面标高按设计高程挂线控制。

（5）铺砌后的板缝混凝土灌注要按施工详图的填缝深度填充饱满、密实、光滑、砌筑平整、美观，混凝土预制板表面溅染的砂石要清除干净。

（6）铺砌完毕，C25 混凝土灌缝凝结后及时进行养护，养护采用加覆盖物的方法，保持覆盖物处于水饱状态，养护时间不小于规范规定时间，在干燥或炎热气候条件下，要延长养护时间至少 28d 以上。

（7）伸缩缝的清理及施工：伸缩缝在用聚氯乙烯胶泥填缝前，先清理干净，无杂物、浮尘；胶泥及沥青砂浆的填缝要严格按设计要求施工，并派专人负责，以确保质量。

第12章 泵 房

12.1 结构特点与施工工艺

12.1.1 类型与结构

（1）给水构筑物工程按泵站在给水处理系统中的作用分为：原水取水泵站、送水泵站、加压泵站、循环水泵站、进厂泵站和出厂泵站、输配系统的提升和增压泵站。排水构筑物工程按水泵启动前能否自流充水分为自灌式泵房和非自灌式泵房。按集水池与机器间的组合情况，可分为合建式泵房和分建式泵房。常见类型：雨水、污水集输系统的提升和输送泵站，污水处理厂进厂提升泵站，雨水、污水排放泵站等。从泵站进出水管道内压力大小和经济性来看，一般情况下，给水泵站埋设较浅（进水管道为压力流），而排水泵站埋设较深（进水管道为重力流）。

泵站按照水泵机组设置的位置与地面的相对标高关系，可分为地面式泵站、地下式泵站与半地下式泵站；按泵房平面形状可分为矩形泵房、圆形泵房和半圆形泵房。泵房的类型取决于进水管渠的埋设深度、来水流量、水泵机组的型号与台数、水文地质条件以及施工方法等因素。

（2）给水泵房的基本组成包括：进水池、机器间、辅助间；污水泵房的基本组成包括：机器间、集水池、格栅、辅助间。机器间内设置水泵机组和有关的附属设备。

（3）泵房土建工程包括：泵房下部结构、地上框架建筑、集水池、进出水井及工艺管道配套等。

1）泵房集水池和进出水井等钢筋混凝土结构，属贮水的地下结构，需进行满水试验。地下工程施工包括：基坑围护（钢板桩墙、型钢水泥土桩墙、钻孔浇筑桩墙、地下连续墙等结构）与土石方开挖、沉井施工等。

2）地面建筑分为框架或排架结构、钢筋混凝土结构（现浇、装配）、砌筑结构、钢结构等。

3）泵房底板通常较厚，且宜整体浇筑，因此涉及大体积混凝土浇筑施工；闸槽和流道等特殊部位施工应按专项施工方案进行；底板应与机座一起浇筑，机座需支搭吊模；安装设备基面应采用二次浇筑，以满足设备安装精度要求。

12.1.2 施工特点

对于安装大、中型立式机组的泵房工程，可按泵房结构并兼顾进、出水流道的整体性设计，自下而上分层施工；层面应平整，如出现高低不同的层面时，应设斜面过渡段。泵房下部结构浇筑，在平面上一般不再分块，如泵房较长，需分期分段浇筑时，应以永久变形缝为界面，划分数个浇筑单元施工。泵房内部的机泵座、隔墙、楼板、柱、墙外启闭台、导水墙等，可分期分次浇筑。

泵房的地下和水下部分，如集水池、进出水井应按防水构筑物工程技术要求施工，其内壁、隔墙不得渗水，穿墙管应采用预制防水套管，且应预埋就位。泵房底板混凝土施工，特别是沉井施工的水下混凝土宜整体浇筑。设备地脚螺杆应预埋入底板混凝土结构中，也可采用钻孔植入法安装。

工艺管线应待泵房不再明显沉降后安装或设置套管安装。采用套管安装时，管道与套管间应预留足够的沉降空隙，待泵房沉降平稳后再做防水填塞，填塞宜采用柔性防水材料，防止因泵房沉降造成管道受剪力损伤。

泵房上部结构多为钢筋混凝土框架结构，主要由现浇混凝土柱、横梁、顶板组成；预制柱、梁装配施工及墙体砌筑施工时应待地下主体结构施工完毕再进行，且做好下部结构施工成品保护。

12.2 施工工艺

12.2.1 基本规定

（1）泵房施工应编制施工方案。流道、渐变段等外形复杂的模板与支撑，大体积混凝土浇筑应编制专项施工方案。

（2）深基坑或沉井施工，高、大模板支架（脚手架）搭设、拆除等危险性较大的分部分项工程应按照有关规定编制专项施工方案。

（3）结构混凝土施工前应会同设备安装单位，对相关的设备锚杆或锚板的预埋位置、预留孔洞、预埋件等进行检查核对；预埋管件和预留孔洞模板应位置准确，且安装紧固、支撑可靠。

（4）集水池、进出水井满水试验合格后，方可安装设备。

（5）在施工的不同阶段，应对泵房以及主要单体构筑物进行沉降、位移监测。

（6）泵房地面建筑部分应按建筑工程要求施工和验收。

12.2.2 底板、墙壁施工

泵房地下部分混凝土通常采用抗渗（防水）混凝土。垫层施工前，地基与基础工程项目应检查验收合格；设计无要求时，垫层厚度不应小于 100mm，混凝土强度等级不应低于 C10；平面尺寸每边宽于底板应不小于 300mm。

底板混凝土应连续浇筑，不宜分层浇筑或浇筑面较大时，可采用多层阶梯推进法浇筑，其上下两层前后距离不宜小于 1.5m，同层的接头部位应充分振捣，不得漏振；在斜面基底上浇筑混凝土时，应从低处开始，逐层升高，并采取措施保持水平分层，防止混凝土向低处流动。涉及大体积混凝土浇筑时，应按照相关规范规定或设计要求施工。

墙壁结构施工应按设计要求设置施工缝，但应尽可能减少施工缝。混凝土应分层、交圈浇筑，每层厚度小于 300mm；布料应均匀，不得冲击侧模。混凝土浇筑应从低处开始，按顺序逐层进行，入模混凝土上升高度应一致、平衡；混凝土表面应抹平、压实，防止出现浮层和干缩裂缝。

混凝土浇筑完毕应及时保持湿润状态养护，养护时间应不少于 14d。

12.2.3　特殊部位施工

1. 设缝部位

（1）结构缝

结构缝设置、构造和施工应满足设计要求，缝板、止水带安装必须保证浇筑混凝土时不产生变位，结合部位混凝土密实。

（2）施工缝

墙、柱底端的施工缝宜距离底板不小于 200mm，其上端施工缝宜设在楼板或大梁的下面；与其嵌固连接的楼层板、梁或附墙楼梯等需要分期浇筑时，其施工缝的位置及插筋、嵌槽应与设计方协商。

与底板连成整体的大断面梁，宜整体浇筑；如需分期浇筑，其施工缝宜设在板底面以下 20~30mm 处，板下有梁托时，应设在梁托下面。

有主、次梁的楼板，施工缝应设在次梁跨中 1/3 范围内；结构复杂的施工缝位置，需要变更时应取得设计方同意。

2. 流道部位

（1）流道模板安装前宜进行预拼装检验；流道的模板、钢筋安装与绑扎应作统一安排，互相协调。

（2）曲面、倾斜面层模板底部混凝土应振捣充分，模板面积较大时，应在适当位置开设便于进料和振捣的窗口。

（3）变径流道的线形、断面尺寸应按设计要求或规范规定控制。

3. 闸槽部位

（1）闸槽安装位置应准确，闸槽定位及埋件固定检查合格后，应及时浇筑混凝土。

（2）采用转动螺旋泵进行螺旋泵槽开挖成型时，应将槽面压实抹光。槽面与螺旋叶片外缘间的空隙应均匀一致，并不得小于 5mm。

4. 机座部位

（1）水泵和电动机的基础与底板混凝土应分开浇筑，其接触面除应按施工缝处理外，底板应按设计要求预埋钢筋和螺杆；地脚螺杆采用植筋时，应通过试验确定。

（2）地脚螺杆埋入混凝土部分的油污应清除干净；灌浆前应清除灌浆部位全部杂物。

（3）地脚螺杆的弯钩底端不应接触孔底，外缘距离孔壁不应小于 15mm；振捣密实，不得撞击地脚螺杆。

（4）浇筑二次混凝土前，应对一次混凝土表面凿毛清理，刷洗干净。

（5）混凝土或砂浆配比应通过试验确定；浇筑厚度大于或等于 40mm 时，宜采用细石混凝土灌注；小于 40mm 时，宜采用水泥砂浆灌注；其强度等级均应比基座混凝土设计强度等级提高一级。

（6）混凝土或砂浆强度达到设计强度的 75% 以后，方可将螺杆对称拧紧。

12.3　地下部分沉井施工

12.3.1　沉井施工工艺

处于软土、富水地层，或邻近已有构筑物的泵站地下部分施工，宜采用沉井施工工艺。沉井施工的混凝土结构，在保证其使用功能的前提下，可被设计成为矩形、圆形或者其他形状，通常由刃脚、底梁、隔墙以及井壁等组成，且根据需要设置进出水管或其他特殊结构。

沉井施工是在井壁的挡土和防水的围护作用下，在井内开挖取土，借助结构自重使之下沉至预定标高。与明挖法相比，无需基坑围护结构，所需机械设备简单，单体造价较低；主体结构混凝土在地面上浇筑，施工质量较好，整体刚度大，防水可靠。

沉井施工可分为制作和下沉两个过程。根据不同情况和条件（如沉井高度、地基承载力、施工机械设备等），沉井可采取一次制作（浇筑），一次下沉；分段制作、接高，一次下沉；或制作与下沉交替进行。也有在陆上制作，浮运至水中沉放地点后下沉和接高的浮式沉井施工。

为避免沉井倾斜或不均匀沉降而产生裂缝，对于大型结构沉井施工，当表土地基承载力很低时，于制作第一段沉井前，应在地基表面铺设砂垫层，并沿井壁周边刃脚下铺设承垫木。当沉井下沉之前，应分区、依次、对称、同步地将承垫木抽除。

沉井的下沉方法应依据沉井所穿过的土层和水文地质条件而定，一般分为排水下沉和不排水下沉两种。当土质透水性很小或涌水量不大时，可采用排水（或不灌水）下沉；当沉井穿过涌水量较大的亚砂土或砂层时，为了防止砂子涌入井中影响施工，则采用不排水（或灌水）下沉。下沉时常采用抓斗或水力机械等方法取土。

沉井施工顺序：先在现场平整地面或筑岛，分段（或一次）制作井筒；然后从井内不断取土，随着土体的挖深，沉井因自重作用克服井壁和土体之间的摩擦力和刃脚下土的阻力而逐渐下沉；达到设计标高后，用混凝土封底；并按使用要求修筑内部结构。

12.3.2　沉井施工流程

1. 沉井施工专项施工方案主要内容

（1）施工平面布置图及剖面（包括地质剖面）图。

（2）采用分节制作或一次制作，分节下沉或一次下沉的措施；沉井制作的地基处理要求及施工方法；刃脚的承垫及抽除的设计；沉井制作的模板设计；沉井制作的混凝土施工设计。

（3）分阶段计算下沉系数，制定减阻、加荷、防止突沉和超沉措施；排水下沉或不排水下沉的措施；沉井下沉遇到障碍物的处理措施；沉井下沉中的纠偏、控制措施；挖土、出土、运输、堆土或泥浆处理的方法及其设备的选用；封底方法及质量控制的措施；施工安全措施。

（4）沉井施工应有详细的工程地质及水文地质资料和剖面图，并查勘沉井周围有无地下障碍物或其他建（构）筑物、管线等情况；地质勘探钻孔深度应根据施工需要确定，但不得小于沉井刃脚设计高程以下 5m。

（5）施工基本流程如图 12-1 所示。

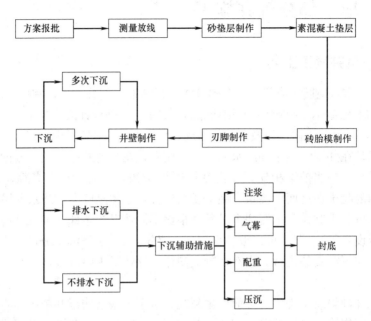

图 12-1　沉井施工流程

2. 现场准备

垫层施工为沉井施工最先开始的分项工程，由于涉及土方开挖作业，须在开始前实际摸探清楚地下管线情况，若存在管线，应对其进行搬移，搬移空间有限的还要在其搬移后进行必要的保护。

若沉井施工范围地表土承载力较低，则需要对土体进行改良，一般采取的方法为开挖基坑，在基坑内铺设中粗砂来提高承载力，确保沉井制作阶段的安全。工作流程如图 12-2 所示。

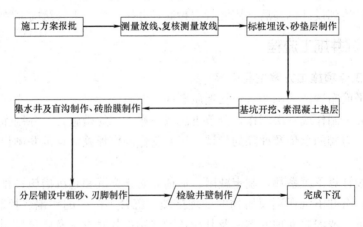

图 12-2　准备工作流程

垫层施工前，应根据设计图纸坐标及建设方提供的基准点测量定位，同时在沉井周围，且在施工影响范围之外布置坐标控制点和临时水准点，建立的控制点精度为 ±1mm。并应填写测量复核单，由建设方和监理认可，施工过程中控制点应加以保护，并应定期检查和复测。

按施工方案要求，进行施工平面布置，设定沉井中心桩、轴线控制桩、基坑开挖深度及边坡；在沉井四周设置龙门桩（板），并用石灰粉划出井中心轴线、基坑轮廓线，作为沉井制作和下沉定位的依据。导线控制点和高程控制点均应远离沉井下陷区，保持 100m 以外的安全距离，桩应深埋，并设置保护装置，定期检查和校核。

沉井施工影响附近建（构）筑物、管线或河岸设施时，应采取控制措施，并应进行沉降和位移监测，测点应设在不受施工干扰和方便测量的地方。

3. 施工基坑开挖

根据工程沉井平面尺寸和地质情况，确定基坑底面尺寸、开挖深度及边坡大小，定出基坑平面的开挖边线，确定好开挖深度。在沉井基坑底面设 0.3m×0.3m 碎石盲沟，并设数个集水井，呈均匀分布。底面浮泥应清除干净并应保持平整和疏干状态。基坑开挖采用机械挖土和人工修整相结合，挖土应严格控制标高，开挖至距坑底标高 300mm 左右时应采用人工修坡、平底，防止扰动基地土层，坑底如遇淤泥或松软土质应彻底清除并采用砂性土回填、整平夯实，施工时应尽量减少基坑暴露时间。

基坑开挖过程中，应利用排水沟结合集水坑进行排水。挖出土方应及时运走，不得堆置在坑边。

4. 垫层施工

垫层含砂垫层以及素混凝土垫层，其作用是将沉井重量扩散，避免沉井在制作过程中发生倾斜或不均匀沉降而产生裂缝；垫层的结构厚度和宽度应根据土体地基承载力、沉井下沉结构高度和结构形式，经计算确定。当土地基承载力低时，应在制作第一段沉井前，在地基表面铺设足够厚度的中粗砂垫层；完成后沿井壁周边刃脚下浇筑素混凝土垫层。在沉井下沉之前，应分区、分次、对称、同步地将素混凝土垫层凿除。

（1）砂垫层铺筑

基坑开挖结束后，经验收合格，应及时铺筑砂垫层。砂垫层应采用承载力较高的中粗砂，中粗砂按每层 300～400mm 厚分层铺筑，每层夯实后铺下一层使其达到中密，用环刀法测试干容重，干容重应不小于 1.6t/m³。第一层达到要求后，方可进行第二层铺筑。在铺筑砂垫层前在基坑底部设置盲沟将水收集至集水井后由水泵抽出，施工期间应连续抽水，严禁砂垫层浸泡在水中。砂垫层铺筑完毕经干容重测试合格后，即可在砂垫层上浇筑素混凝土垫层。

（2）素混凝土垫层浇筑

素混凝土垫层强度等级不小于 C20，厚度应不小于 100mm，宽度分别取井壁外 150～200mm。素混凝土垫层表面应水平，误差小于 5mm，以便模板施工，且表面抹光以此作为刃脚的底模。

5. 沉井制作

（1）地下水位应控制在沉井基坑以下 0.5m，基坑内的水应及时排除；采用筑岛法制作时，岛面标高应比施工期最高水位高出 0.5m 以上。

（2）制作沉井的地基不能满足沉井制作阶段的荷载要求时，除对地基进行加固外，刃脚的垫层可采用砂垫层上铺垫木或素混凝土，且应符合下列要求：

1）砂垫层分布在刃脚中心线的两侧范围，应考虑方便抽除垫木；

2）垫木铺设应使刃脚底面在同一水平面上，并符合设计起沉标高的要求；平面布置要均匀对称，每根垫木的长度中心应与刃脚底面中心线重合，基坑开挖应分层有序进行，保持平整和疏干状态；垫木的布置应使沉井有对称的着力点。

（3）沉井刃脚采用砖模时，其底模和斜面部分可采用砂浆、砖砌筑；每隔适当距离砌成垂直缝。砖模表面可采用水泥砂浆抹面，并应涂一层隔离剂。

（4）沉井结构的钢筋、模板、混凝土工程施工应符合有关规定和设计要求；混凝土应对称、均匀、水平、连续、分层浇筑，并应防止沉井偏斜。

（5）分节制作沉井

1）每节制作高度应符合施工方案要求，且第一节制作高度必须高于刃脚部分；井内设有底梁或支撑梁时应与刃脚部分整体浇捣；

2）设计无要求时，混凝土强度达到设计强度75%后，方可拆除模板或浇筑后节混凝土；

3）混凝土施工缝处理应采用凹凸缝或设置钢板止水带，施工缝应凿毛并清理干净；内外模板采用对拉螺栓固定时，其对拉螺栓的中间应设置防渗止水片；钢筋密集部位和预留孔底部应辅以人工振捣，保证结构密实；

4）沉井每次接高时各部位的轴线位置应一致、重合，及时做好沉降和位移监测；必要时应对刃脚地基承载力进行验算，并采取相应措施确保地基及结构的稳定。

（6）分节制作、下沉的沉井续接高施工

1）应验算接高后稳定系数等，并应及时检查沉井的沉降变化情况，严禁在接高施工过程中沉井发生倾斜和突然下沉；

2）后续各节的模板不应支撑于地面上，模板底部应距地面不小于1m。

6. 沉井下沉

（1）下沉前准备

1）将井壁、隔墙、底梁等与封底及底板连接部位凿毛；

2）预留孔、洞和预埋管临时封堵，防止渗漏水；

3）在沉井井壁上设置下沉观测标尺、中线和垂线；

4）采用排水下沉需要降低地下水位时，地下水位降水高度应满足下沉施工要求；

5）第一节混凝土强度应达到设计强度，其余各节应达到设计强度的70%；对于分节制作分次下沉的沉井，后续下沉、接高部分混凝土强度应达到设计强度的70%；

6）应实施信息化施工。各阶段的下沉系数与稳定系数等应符合施工方案的要求，必要时还应进行涌土和流砂的验算；沉井下沉方式应根据沉井下沉穿过的工程地质和水文地质条件、下沉深度、周围环境等情况进行确定；施工过程中改变下沉方式时，应与设计方协商。

（2）凿除混凝土垫层或抽除垫木

1）凿除或抽除时，沉井混凝土强度应达到设计要求；

2）凿除混凝土垫层应分区域按顺序对称、均匀、同步凿除；凿断线应与刃脚底边齐平，定位支撑点最后凿除，不得漏凿；凿除的碎块应及时清除，并及时用砂或砂石回填；

3）抽除垫木宜分组、依次、对称、同步进行，每抽出一组，即用砂填实；定位垫木应最后抽除，不得遗漏；

4）第一节沉井设有混凝土底梁或支撑梁时，应先将底梁下的垫层除去。

（3）排水下沉施工

1）应采取措施，确保下沉和降低地下水过程中不危及周围建（构）筑物、道路或地下管线，并保证下沉过程和终沉时的坑底稳定；

2）下沉过程中应进行连续排水，保证沉井范围内地层水疏干；

3）挖土应分层、均匀、对称进行；对于有底梁或支撑梁沉井，其相邻格仓高差不宜超过0.5m；开挖顺序应根据地质条件、下沉阶段、下沉情况综合运用和灵活掌握，严禁超挖；

4）用抓斗取土时，井内严禁站人，严禁在底梁以下任意穿越。

（4）不排水下沉施工

1）沉井内水位应符合施工设计控制水位要求；下沉有困难时，应根据内外水位、井底开挖几何形状、下沉量及速率、地表沉降等监测资料综合分析调整井内外的水位差；

2）机械设备的配备应满足沉井下沉以及水中开挖、出土等要求，运行正常；废弃土方、泥浆应专门处置，不得随意排放；

3）水中开挖、出土方式应根据井内水深、周围环境控制要求等因素选择。

（5）沉井下沉控制

1）下沉应平稳、均衡、缓慢，发生偏斜应通过调整开挖顺序和方式"随挖随纠、动中纠偏"；

2）应按施工方案规定的顺序和方式开挖；

3）沉井下沉影响范围内的地面四周不得堆放任何东西，车辆来往要减少振动。

（6）沉井下沉监控测量

1）下沉时标高、轴线位移每班至少测量一次，每次下沉稳定后应进行高差和中心位移量的计算；

2）终沉时，每小时测一次，严格控制超沉，沉井封底前自沉速率应小于10mm/8h；

3）如发生异常情况应加密量测；大型沉井应进行结构变形和裂缝观测。

7. 辅助下沉

（1）目前使用较多的助沉方法有侧壁注浆法、气幕降阻法、配重法以及压沉法，国内有些工程已经将压沉法作为沉井下沉的主导工法；当沉井外壁采用阶梯形以减少下沉摩擦阻力时，在井外壁与土体之间应有专人随时用黄砂均匀灌入，四周灌入黄砂的高差不应超过500mm。

（2）采用触变泥浆套助沉时，应采用自流渗入、管路强制压注补给等方法；触变泥浆的性能应满足施工要求，泥浆补给应及时以保证泥浆液面高度；施工中应采取措施防止泥浆套损坏失效，下沉到位后应进行泥浆置换。

（3）采用空气幕助沉时，管路和喷气孔、压气设备及系统装置的设置应满足施工要求；开气应自上而下，停气应缓慢减压，压气与挖土应交替作业；确保施工安全。

（4）沉井采用爆破方法开挖下沉时，应符合国家有关爆破安全的规定。

8. 预防突沉措施

（1）沉井施工前，摸清沉井所在位置地质情况至关重要。沉井范围若存在不均衡土体，可采取单边加载和型钢顶撑相结合的办法，也可有效纠正单边突沉。

（2）经过地质报告及相应下沉计算分析，土体承载力确实无法满足要求可对其进行分层注浆处理；经过土体改良其密度通常可提高10%～20%，承载力可提高0.18～2倍。

（3）下沉过程中由排水下沉转为不排水下沉。

9. 干封底施工

（1）在井点降水条件下施工的沉井应继续降水，并稳定保持地下水位距坑底不小于0.5m；在沉井封底前应用大石块将刃脚下垫实。

（2）封底前应整理好坑底和清除浮泥，对超挖部分应回填砂石至规定标高。

（3）采用全断面封底时，混凝土垫层应一次性连续浇筑；有底梁或支撑梁分格封底时，应对称逐格浇筑。

（4）钢筋混凝土底板施工前，井内应无渗漏水，且新、老混凝土接触部位应进行凿毛处理，并清理干净。

（5）封底前应设置泄水井，底板混凝土强度达到设计强度且满足抗浮要求时，方可封填泄水井、停止降水。

10. 水下封底

（1）基底的浮泥、沉积物和风化岩块等应清除干净；软土地基应铺设碎石或卵石垫层。

（2）混凝土凿毛部位应洗刷干净；浇筑混凝土的导管加工、设置应满足施工要求。

（3）浇筑前，每根导管应有足够的混凝土量，浇筑时能一次将导管底埋住。

（4）水下混凝土封底的浇筑顺序，应从低处开始，逐渐向周围扩大；井内有隔墙、底梁或混凝土供应量受到限制时，应分格对称浇筑。

（5）每根导管的混凝土应连续浇筑，且导管埋入混凝土的深度不宜小于1.0m；各导管间混凝土浇筑面的平均上升速度不应小于0.25m/h；相邻导管间混凝土上升速度宜相近，最终浇筑成的混凝土面应略高于设计高程。

（6）水下封底混凝土强度达到设计强度等级，沉井能满足抗浮要求时，方可将井内水抽除，并凿除表面松散混凝土进行钢筋混凝土底板施工。

12.3.3　集水池满水试验

（1）泵房集水池是水厂埋深较大的构筑物，除设计有明确要求外，应按《给水排水构筑物工程施工及验收规范》GB 50141—2008 作满水试验。

（2）满水试验前对空池检查观测时，为防止由于排除地下水的设备或电源障碍造成突发地下水位增高或者特大暴雨径流造成池外水位增高，宜在集水池壁底部或底板设置单向阀，池外水注入池内时打开，以防止在空池时池外水位的突然增高发生浮池事故。

（3）不具备满水试验规定条件时，可采取内渗（反渗透试验）等方法进行试验。

12.3.4　施工质量通病与对策

1. 外壁粗糙、鼓胀

为保证模板整体刚度模板的纵横向支撑必须稳定、牢固，内模和外模表面必须平整，支模前应均匀涂抹脱模剂。

2. 井壁裂缝

（1）优化混凝土配合比设计；浇筑时缩短运输距离；防治混凝土的离析。

（2）浇筑过程振捣充分、不漏振、不过振、不留死角。

（3）根据现场条件，调整拆模时间；拆模后采用覆盖养护，养护充分；温度过低时，覆盖保温养护。

3. 井筒歪斜

（1）浇筑前，通过计算确定刃脚下的基础形式，并保证其尺寸和构造。

（2）沉井制作时，模板支设和钢筋绑扎必须符合设计要求和规范规定。

12.4　进厂泵房施工实例

12.4.1　工程概述

某水厂新建进厂泵房一座，进厂泵房为卧式泵房，前端为格栅、集水池（井），联体组合设计。集水池（井）上部设置配电室。进厂泵房内设置水泵 6 台，4 大 2 小，大泵采用调速电机，小泵采用定速电机。采用大小泵搭配结合大泵调速设施，可以满足不同工况水量时水泵在高效区工作，增加运行管理的灵活性。

集水池（井）平面尺寸 20m×12m，池（井）最深处深 16.0m，泵房平面尺寸 25m×7m，房地下部分深 10.2m，剪力墙结构；地上部分排架结构，高 13.8m。素混凝土垫层厚 200mm，强度等级 C20；池（井）底板厚 450～1100mm，集水池（井）侧墙厚 300mm；泵房底板厚 500mm，侧墙厚 350mm；混凝土强度等级 C30，抗渗等级 S6，抗冻等级 F150；泵房底板与集水池（井）底板设有沉降缝。

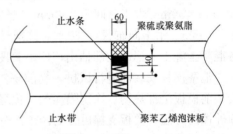

图 12-3　变形缝组成示意

地勘报告显示：主体结构位于粉质黏土夹砂砾层，除有少量浅层滞水外，无需降水。

单体结构间设变形缝，中埋式橡胶止水带，并固定在侧模上，如图 12-3 所示，技术要求见本书第 5.2.8 条。

图 12-4　剖面图

采用明挖法施工，基坑最大深度 16.0m，基坑围护采用直径 800mm 灌注桩，设 4 道锚索，如图 12-4 所示。

施工工艺流程：

基坑开挖与支护→底板、墙（壁）导墙→地下部分墙（壁）→±0 梁板→框架柱→安装预制梁→砌筑墙体→满水试验→设备安装。

12.4.2　集水池（井）施工

1. 集水池（井）施工方案

（1）集水池（井）施工顺序

垫层→底板→池（井）壁下部→池（井）壁上部→顶板→地面建筑。

（2）施工阶段与施工缝

沿水池（井）高度设两道施工缝，分为三次浇筑。

第一次施工位置：钢筋混凝土池（井）壁导墙施工至底板顶面 500mm；

第二次施工位置：池（井）壁从导墙顶施工至顶板下 6500mm；

第三次施工位置：池（井）壁从顶板下 6500mm 施工至顶板，如图 12-5 所示。

2. 模板支架施工

集水池（井）壁、隔墙分为两次浇筑，最大浇筑高度 6.0m；鉴于施工工期紧迫，下部壁（墙）混凝土强度达到设计强度的 40% 时，即开始搭两侧支架。

支架体系采用扣件式钢管脚手架支撑体系。侧墙内侧立杆采用 $\phi 48mm \times 3.5mm$ 钢管，长度 6m。横向水平杆采用 6m、3m 长钢管，配底座（5m×10m 方木）。集水池侧墙内侧采用满堂红支架，立杆纵横向间距 0.9m。立杆在距地面 200mm 处设一道纵扫地杆，立杆在扫地杆以上每隔 1.2m 设纵、横剪刀撑。剪刀撑、扫地杆、锁口杆、斜撑选用 $\phi 48mm \times 3.5mm$ 钢管。

侧墙模板均采用 15mm 厚覆膜板现场放样加工，模板外设两层加强楞，次楞采用 100mm×50mm 方木，间距 300mm（竖向间距），主楞采用双 $\phi 48mm \times 3.5mm$ 钢管，间距 600mm（水平向布置）；防水对拉螺杆直径 16mm，拉杆外套 $\phi 25mm$ 的 PVC 塑料管以备混凝土施工完毕后拉筋抽出；E 型卡具紧固。

池壁模板安装前进行试拼，提前解决模板接缝、错台、连接等方面可能出现的问题；安装前模板全部除锈、涂刷隔离剂，板缝加海绵条。混凝土壁的中部和上部模板均采用内顶外撑的方法，模板支撑可分为两个部分：控制混凝土壁厚的支撑部分和保证混凝土壁轴线的支撑部分。高强螺杆作为外拉，内撑采用与壁等宽的木条，随浇筑、随拔除。

3. 混凝土施工

施工流程：底板、导墙浇筑→池壁续接浇筑→池壁与顶板浇筑。

集水池（井）挖至设计深度，验槽后铺筑碎石层及 C15 素混凝土垫层，铺筑碎石层时，应确保槽底内无积水、无流砂、无翻浆等现象。碎石层应做到平整密实。碎石层铺筑完成后，在其上浇筑素混凝土垫层。素混凝土垫层应保证表面平整，无地下水上冒现象。垫层混凝土每边应宽于底板 500mm，以利后续工序施工，避免搅动地基土。垫层浇筑完成 3d 后进行底板及侧墙的防水层的施工。

导墙施工缝位于底板顶面 500mm；钢筋绑扎应保证导墙插筋与底板钢筋的连接、上下两层钢筋的间距。底板上、下层钢筋骨架网应使用具有足够强度和稳定性的架立筋，上部结构相连接的插筋与上部钢筋的接头应错开。在浇灌施工缝钢筋混凝土时，加厚 3mm、高 300mm 钢板止水带，且第一步混凝土只能浇灌埋至钢板止水带 150mm 处。

底板混凝土采用输送泵及软管浇筑方式，由一侧向另一侧斜层浇筑，采用多层阶梯推进法浇筑。池壁分层交圈浇筑，上下两层前后距离不宜小于 1.5m，同层的接头部位应充分振捣，不得漏振；在斜面基底上浇筑混凝土时，应从低处开始，逐层升高，并采取措施保持水平分层，防止混凝土向低处流动。

混凝土浇筑过程中，应及时清除粘附在模板、钢筋、止水片和预埋件上的灰浆，同时注意预埋件的布设。为保证混凝土的整体性，施工时注意振捣质量。底板混凝土浇捣完成后应及时养护，确保表面湿润，以免底板出现收缩裂缝，影响底板的施工质量和使用功能。

浇筑侧壁、隔墙的导墙时，应待底板浇筑完毕停歇0.5~1h，使其初步沉实后，再继续进行；浇筑混凝土时应指派专人负责检查模板和止水带，发现有变形迹象，应及时加固纠正。

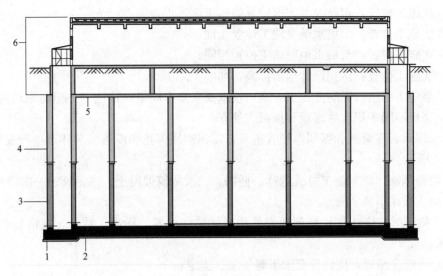

图12-5 集水池浇筑顺序
1—混凝土垫层；2—混凝土底板；3—混凝土墙体下部；4—混凝土墙体上部；
5—集水池顶板；6—上部结构施工

待第一次混凝土强度达到一定强度后（不磨损混凝土表面为原则），及时安排接茬部位凿毛，并清除浮渣，进行续接施工。

搭设满堂红支架的同时进行池壁钢筋的绑扎，支架施工进度应满足钢筋绑扎要求。池壁内外钢筋网之间采用支撑钢筋（采用直径为12mm的螺纹钢筋，环向间距2m、水平步距0.5m）。

池壁（墙）钢筋绑扎时，竖向筋先立，主筋的接长采用锥螺纹方式连接，横向箍筋现场绑扎成型。主筋下料长度根据模板高度和混凝土浇筑高度计算确定，施工用的钢筋端部必须调直，要求切口的断面与钢筋轴线垂直。保护层的塑料垫块固定在墙外排钢筋上，呈梅花形布置，间距1000mm。

为使混凝土具有防渗性，应在其中加入外加剂，其配比经现场验证性试验确定。浇筑前对池壁模板支架、预埋管件进行全面检查，经验收合格后，方开盘浇筑。

池壁与顶板采用两台泵车对角分层连续浇筑，上下两层前后距离不小于1.5m，同层的接头部位应充分振捣，采用插入式振捣棒、并辅以人工插捣。混凝土浇筑过程中，及时清除粘附在模板、钢筋、止水片和预埋件上的灰浆，以利于施工缝继续浇筑。浇筑速度控制在1.5m/h左右，为防止浇筑速度过快，控制坍落度不大于160mm和入模温度不超过25℃；浇筑作业严格按照施工方案执行。浇筑后及时挂土工布、塑料膜淋水养护14d。

12.4.3 泵房下部结构施工

（1）进厂泵房施工顺序：
垫层→底板→墙→中部墙体→墙顶部与顶板→排架结构。
（2）施工阶段与施工缝

设计施工缝两道，为平衡现场施工进度，减少施工交叉，增加一道施工缝；混凝土结构分为四次浇筑。

第一次施工位置：钢筋混凝土池壁导墙施工至底板顶面 500mm；

第二次施工位置：与集水池壁施工位置相同；

第三次施工位置：与集水池壁施工位置相同；

第四次施工位置：达到设计地面标高，如图 12-5 所示。

（3）泵房下部结构混凝土施工方案、技术要求基本同集水池施工。但是泵房的设备间和控制间底板不同于积水池底板和顶板之处有：

1）预埋水、气管道和强弱电线管道多，需在钢筋绑扎和模板安装环节进行安装固定，如图 12-6 所示。

2）设备基座（础）施工方式选择：插筋、二次浇筑混凝土；或吊模、一次浇筑成型。

3）施工技术措施

① 立侧模时，应认真复核预埋管件和插筋轴线位置、标高、数量、规格是否符合施工图要求；

② 弯管应先翻样，按设计要求下料加工、固定；

图 12-6　预埋管件

③ 适当微调管之间距离，保证墙、基础底板、顶板钢筋保护层厚度和防渗效果。

12.4.4　地面建筑施工

（1）地面建筑施工应保证集水池的安全，应编制施工方案和制定技术保证措施。

（2）施工工艺流程

混凝土基面清扫→墙体位置放线→验线→框架基础模板→框架基础浇筑→预制柱安装→基础处理→砌砖排列→砌筑及墙体拉结筋→预制梁安装→砌筑及圈梁→扣板及封顶→验收→墙体抹面。

（3）框架条带基础

条形基础垫层上绑扎钢筋、安装柱杯口吊模；浇筑前进行模板钢筋检查和清理，并验收合格。在浇筑混凝土过程中，设专人看护钢筋和模板，观察模板、钢筋、支架、预埋件和杯口模板情况，当发现有变形移位时，应及时采取措施进行处理。

混凝土浇捣后，及时浇水养护，保证混凝土表面湿润。高温季节施工时，采用草袋覆盖，混凝土浇筑后养护时间不得小于 7d，每天养护不得少于 4 次。

（4）预制柱安装固定，杯口浇筑混凝土；预制梁安装固定。

（5）砌体施工工艺

1）所有砌筑砂浆均采用预拌砂浆，且应符合《预拌砂浆应用技术规程》JGJ/T 223—2010、《砌体结构工程施工质量验收规范》GB 50203—2011 的相关规定；采用蒸压灰砂砖和蒸压粉煤灰砖，砖的品种、强度等级必须符合设计要求，并应规格一致；有进厂合格证和复试单。

2）框架结构填充墙为砌筑混水墙，按照设计图纸及相关图集要求，预留门窗、洞口，设置垫层及圈梁。施工时，随墙体砌筑，向上搭接施工脚手架，待墙体砌筑完毕后，再逐层拆除。

3）砌筑砂浆为干拌砂浆，强度等级为 M7.5；材料进场前由厂家提供材料合格证、检验报告、材料复试报告，进场使用前进行复试，复试合格后方可使用。搅拌时间不得少于 2min，掺外加剂的砂浆不得少于 3min，掺有机塑化剂的砂浆应为 3～5min。同时，砂浆还应具有较好的和易性和保水性，一般稠度以 5～7cm 为宜。外加剂和有机塑化剂的配料精度应控制在 ±2% 以内，其他配料精度应控制在 ±5% 以内。

4）砌前清理基底，用灰浆铺设垫层；先用干砖试摆，以确定排砖方法和错缝位置，使砌体平面尺寸符合要求；预留孔洞应按施工图纸要求的位置和标高留设。

5）砌筑时，应先铺底灰，再分皮挂线砌筑，铺砖按"一丁一顺"（满丁、满条）砌法，做到里外咬茬，上下层错缝。竖缝至少错开 1/4 砖长，转角处要放七分砖（即 3/4 砖），并在山墙和檐墙两处分层交替设置，不能同缝。砖墙转角处和抗震设防建筑物临时间断处不得留直茬。最下与最上一皮砖采用丁砌法，先在转角处及交接处砌几皮砖，然后拉通线砌筑。

6）内外墙基础转角处和纵横墙交接处应同时砌起，对不能同时砌起而必须留茬时，应砌成斜茬，斜茬长度与高度的比不得小于 2/3。

7）纵横墙交接处如留斜茬确有困难，除转角处外，可留直茬，但直茬必须做成凸茬，并加设拉结钢筋，拉结钢筋的数量为每半砖厚墙放置一根直径 6mm 的钢筋，间距沿墙高不得超过 50mm。临时间断处的高度差不得超过一步脚手架的高度。

8）砌筑时，灰缝砂浆要饱满，水平灰缝厚度宜为 10mm，但不应小于 8mm，也不应大于 12mm。每皮砖要挂线，与皮数杆的偏差值不得超过 10mm。

9）预留洞口及预埋管道，其位置、标高应准确，需采取券砌方式（图 12-7），避免凿打墙洞；管道上部应预留沉降空隙。

10）从低处砌起，接茬高度不宜超过 1m，高低相接处要砌成阶梯状，台阶长度应不小于 1m，其高度应不大于 0.5m，砌到上面后再和上面的砖一起退台。

11）砌完基础，应及时清理基槽内杂物和积水，在两侧同时回填土，并分层夯实。

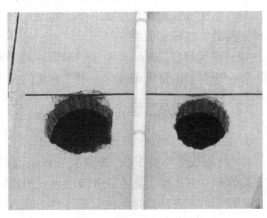

图 12-7　预留管道

（6）砌筑技术要点

1）砌筑的砂浆必须用机械搅拌均匀，随拌随用。水泥砂浆和混合砂浆分别应在 3h 和 4h 内使用完毕。细石混凝土应在 2h 内用完；砌筑砖砌体时，砖应提前 1～2d 浇水湿润。灰砂砖、粉煤灰砖含水率宜为 5%～8%。

2）砖墙砌筑前应先弹墙体轴线及门窗洞口边线，并根据位置线进行排砖。外出墙第一层应排丁砖，前后纵墙排顺砖。山墙两大角排砖应对称。窗间墙、扶壁柱的位置尺寸应符合排砖模数，若不符合模数，可用七分头或丁砖排在窗间墙中间或扶壁柱的不明显部位进行调整。门窗洞口两边顺砖层的第一块砖应为七分头，各楼层排砖和门窗洞口位置应与底层一致。

3）对每种强度等级的砂浆或混凝土，应至少制作一组试块（每组六块）。当砂浆和混凝土的强度等级或配合比变更时，也应制作试块以便检查。

4）立皮数杆要保持标高一致，砌墙角时要均匀掌握灰缝，砌筑时小线要拉紧，不得一层线松，一层线紧，以防水平灰缝大小不匀。

5）在砌筑过程中，要经常校核墙体的轴线和边线，当挂线过长时，应检查是否达到平直通顺一致的要求，以防轴线产生位移。

6）当砌砖工程采用铺砂浆砌筑时，铺浆长度不得超过 750mm；施工时气温超过 30℃时，铺浆长度不得超过 500mm。

7）溢出墙面的灰渍（舌头灰）应随时刮净，刮平顺；半头砖应分散使用；首层或楼层的第一皮砖砌筑要查对皮数杆的层数及标高；一砖厚墙砌筑外面要拉线，以防出现墙面玷污、通缝、不平直以及砖墙错层形成螺旋墙。

8）不得在墙体或设计不允许留置脚手孔（眼）的部位设置脚手孔（眼）；脚手孔（眼）的补砌灰缝应填满砂浆，不得用干砖填塞。

9）砌筑时先盘角，每次不得超过 5 层，随盘随吊线，使砖的层数、灰缝厚度与皮数杆相符；应根据墙体类别和部位选砖；正面砌筑时，应选尺寸合格、棱角整齐、颜色均匀的砖。

10）砌砖宜采用一铲灰、一块砖、一挤揉的"三一"砌砖法或采用铺浆法（包括挤浆法和靠浆法）。砖要砌得横平竖直，灰浆饱满，做到"上跟线，下跟棱，左右相邻要对平"。每砌五皮左右要用靠尺检查墙面垂直度和平整度，随时纠正偏差，严禁事后凿墙。

11）水平和竖向灰缝厚度不小于 8mm，不大于 12mm，一般为 10mm。竖向灰缝不得出现透明缝、瞎缝和假缝。

12）砌筑门窗口时，若先立门窗框，则砌砖应离开门窗框边 3mm 左右。若后塞门窗框，则应按弹好的位置砌筑（一般线宽比门窗实际尺寸大 10～20mm）。

12.4.5 屋面工程

1. 坡屋面

08BJ1-1 坡屋-13G-PU，挤塑聚苯板保温层厚 65mm，$K < 0.43$。设有架空层、保温层、防水层，屋面卷材防水、II 级防水（耐用 15 年）；重量 3.76kN/m²，钢结构复合彩板屋面，根据厂家产品确定，保温层传热系数 $K \leqslant 0.45$。施工中，严格按照《屋面工程技术规范》GB 50345—2012 和《屋面工程质量验收规范》GB 50207—2012 的相关规定进行

控制。

2. 防水卷材施工

施工工艺流程:基层清理→附加层施工→卷材与基层表面涂胶→卷材铺贴→卷材收头粘结→卷材接头密封→蓄水试验→保温层铺贴保护层。

基层清理:施工卷材防水层前,将已验收合格的防水涂料表面清扫干净。

附加层施工:阴阳角、管根、水落口等部位,先做附加层。

卷材与基层表面涂胶:①卷材表面涂胶:将卷材铺展在干净的基层上,用长把深刷蘸CX-404 胶滚涂均匀,留出搭接部位不涂胶,边头部位空出 10mm。涂刷胶粘剂厚度均匀,不得有漏底或凝聚块类物质存在;卷材涂胶后 10~20min 静置干燥,当指触不粘手时,用原卷材筒将刷胶面向外卷起来,卷时端头平整,卷劲一致,直径不得一头大、一头小,并防止卷入砂粒和杂物,保持洁净。②基层表面涂胶:已涂底胶干燥后,用长把深刷蘸 CX-404 胶在其表面涂刷,不得在一处反复涂刷,防止粘起底胶或形成凝聚块,细部位置可用毛刷均匀涂刷,静置晾干即可铺贴卷材。

卷材铺贴:卷材及基层已涂的胶基本干燥后(手触不粘,一般 20min 左右),即可进行铺贴卷材施工。卷材的层数、厚度应符合设计要求。

卷材平行屋脊从檐口处往上铺贴,双向流水坡度卷材搭接顺流水方向,长边即端头的搭接宽度;如空铺、点粘、条粘时,均为 100mm;满粘法均为 80mm,且端头接茬错开250mm。卷材从流水坡度的下坡开始,按卷材规格弹出基准线铺贴,并使卷材的长向与流水坡向垂直。注意卷材配制减少阴阳角处的接头。

铺贴平面与立面相连接处的卷材,由下向上进行,使卷材紧贴阴阳角,铺展时卷材不可拉得过紧;且不得有褶皱、空鼓等现象。

蓄水试验:卷材防水层施工后,经隐蔽工程验收,确认做法符合设计要求,做蓄水试验,确认不渗漏水,方可施工保温层和保护层。

3. 挤塑聚苯板保温层

施工工艺流程:基层清理验收→拉坡度线→设控制厚度的标准塌饼→铺设保温层→检查验收→保护层。

铺设挤塑聚苯板之前,将防水层上的垃圾清理干净,基层平整、干燥。在经验收合格的基层上,铺设挤塑聚苯板。挤塑聚苯板铺设时采用空铺法,接缝尽量严密且相互错开。铺贴顺序:先细部,后大面积。铺贴挤塑聚苯板时,在分隔缝处断开 20mm;且在板四周边缘铺至女儿墙 200mm 左右处,不得直接伸至女儿墙边。板接缝处用胶带贴严。

采用粘贴挤塑聚苯板专用胶。对专用胶的要求:保水性佳,工作时间长,适合于大面积涂布。粘着效果好,抗垂流性强。

4. 细石混凝土保护层施工

卷材防水层经检查合格后,立即进行保护层施工。在细石混凝土保护层施工前,在防水层上铺设一道隔离层。支设好分隔缝的木条,绑扎焊接钢筋网片 $\phi4@200mm$ 双向,下垫砂浆垫块,浇筑细石混凝土。振捣采用铁辊滚压或人工拍实。振实后随即用刮尺按排水坡度刮平,终凝前用铁抹子压光。

保护层大面积施工前,基层与突出屋面结构及管道的交接处和基层的转角处,找平层均做成圆弧形,圆弧半径≥50mm。终凝前取出嵌缝木条,注意不能损坏棱角。

保护层施工完毕后，立即进行养护，用草袋、锯末覆盖后浇水养护，养护时间不少于14d，养护期间保证覆盖材料的湿润，并禁止人员在屋面踩踏或在上面继续施工。

12.4.6　工艺管道与水泵安装

1. 管道安装

（1）首先安装主体结构施工预留孔位置的管道，后期管道应按施工设计图纸进行准确放线、定位后进行安装；管道安装时应控制好标高和尺寸长度。

（2）需要进行吊装的管道，应设专人进行指挥，不得碰撞管道，以免损伤，造成管道失圆，无法安装。

（3）安装的管道，必须符合设计规范和施工要求。

（4）在整个管道施工完毕后，应进行管道水压试验，试验的过程中，应做好试验记录。

2. 管道安装应符合的要求

（1）管道内部和管端应清洁干净，清除杂物时不得损坏密封面和螺纹。

（2）管道与泵连接后，应复检泵的原找正精度，当发现管道连接引起偏差时，应调整管道。

（3）管路与泵连接后，不应再在其上进行焊接和气割。如需焊接和气割时，应拆下管路和采取必要的措施，以防焊渣进入泵内和损坏泵的零件。

3. 水泵安装

（1）泵基础的配筋、混凝土的标号及配合比应符合设计要求和规范规定。基础减振的设置应严格按照设计图纸进行。

（2）泵地脚螺栓的安装

1）地脚螺栓的不铅直度不应超过 10%；地脚螺栓任一部分离灌孔壁应大于 15mm。

2）地脚螺栓上的油脂和污垢应清除干净，但与泵相连的螺纹部分应涂油脂；螺栓底端不应碰孔底。

3）螺母与垫圈和垫圈与设备底座间的接触应良好；拧紧螺母后，螺栓必须露出螺母，其露出长度宜为螺栓直径的 1/3～2/3。

4）拧紧地脚螺栓，应在预留孔中的混凝土强度达到设计强度的 75% 以上时进行，各螺栓的拧紧力应均匀。

（3）垫铁的安装。承受主要负荷和较强连续振动的垫铁组，宜使用平垫铁。每一垫铁组应尽量减少垫铁的块数，且不宜超过五块，并少用薄垫铁。放置平垫铁时，最厚的放在下面，最薄且不小于 2mm 的放在中间，并应将各垫铁相互间定位焊牢，但铸铁垫铁可不焊。每一垫铁组应放置整齐平稳，接触良好，设备找平后每一垫铁组均应被压紧，并可用0.25kg 手锤逐组轻击听音检查。

设备找平后，垫铁端面应露出设备底面外缘，平垫铁应露出 10～30mm，斜垫铁宜露出 10～50mm。垫铁组伸入设备底座底面的长度应超过设备地脚螺栓的中心。

4. 泵清洗和装配

（1）设备上需要装配的零部件，应根据装配顺序清洁洗净，并涂以适当的润滑脂，设备上原已装好的零部件，应全面检查其清洁程序，如不符合要求，则应重新进行清洗。

（2）设备需拆卸时，应测量被拆卸件必需的装配间隙和与有关零部件的相对位置，并作出标记和记录。

（3）设备装配时应先检查零部件与装配有关的外表形状和尺寸精度，确认符合要求后，方可装配。

5. 泵就位前应作的复查

（1）基础尺寸、位置、标高符合设计要求。

（2）设备不应有缺件、损坏和锈蚀等情况，管口保护物和堵盖应完好。

（3）盘车应灵活、无阻滞现象和无异常声音。

（4）出厂前已装配调试完善的部分不应随意拆卸，确需拆卸时，应会同有关部门研究后进行，拆卸和复装应按设备技术文件规定执行。

6. 泵的找平应符合的要求

整体安装的泵纵向安装水平偏差不应大于 0.1/1000，横向安装水平偏差不应大于 0.2/1000，并应在泵的进出口法兰面或其他水平面上测量；解体安装的泵纵横向安装水平偏差均不应大于 0.05/1000，并应在水平中分面、轴的外露部分、底座的水平加工面上测量。

7. 复核

泵与管路连接后，应复核找正情况，如由于管路连接而不正常时，应调整管路。安装好的泵房间如图 12-8 所示。

图 12-8　泵房间

12.4.7　泵的调试运转

（1）泵试运转前，应作下列检查：

1）电动机的转向应符合泵的转向要求。

2）各紧固连接部位不应松动。

3）润滑油脂的规格、质量、数量应符合设备技术文件的规定。有预润要求的部位应按设备技术文件的规定进行预润。

4）预润、水封、轴封、密封冲洗、冷却、加热、液压、气动等附属系统管路应冲洗干净，保持畅通。

5）安全、保护装置应灵敏、可靠。盘车应灵活正常。

6）泵启动前，泵的进出口阀门应处于下列开启位置：入口阀门为全开，出口阀门如为离心泵的则全闭。

7）泵的试运转应在各独立的附属系统试运转正常后进行。泵的启动和停止应按设备技术文件的规定执行。

（2）泵在额定工况点连续运转不应少于 2h，并应符合下列要求：

附属系统运转应正常，压力、流量、温度和其他要求应符合设备技术文件的规定。运转中不应有不正常的声音。各静密封部分不应泄漏，各坚固连接部分不应松动。滚动轴承的温度不应高于 80℃，滑动轴承的温度不应高于 70℃，特殊轴承的温度应符合设备技术文件的规定。填料的温升应正常，在无特殊要求的情况下，填料密封的泄漏量应不大于表

12-1 的规定,机械密封的泄漏量不宜大于 5mL/h。电动机的电流不应超过额定值。泵的安全保护装置应安全、灵敏。振动应符合设备技术文件的规定。其他特殊要求应符合设备技术文件的规定。

填料密封的泄漏量

表 12-1

设计流量(m³/h)	≤50	50~100	100~300	300~1000	>1000
泄漏量(mL/min)	15	20	30	40	60

(3) 泵安装工程验收时,应具备下列有关资料:

1) 按实际完成情况注明修改部分的施工图。

2) 修改设计的有关文件。

3) 主要材料和用于重要部位的材料的出厂合格证和验收记录或试验资料。

4) 各工序的检验记录。

5) 试运转记录。

6) 其他有关资料。

(4) 水泵安装的一般规定

1) 设备就位前应作下列检查:

① 基础的尺寸、位置、标高应符合设计要求,核对设备的主要尺寸与设计图纸是否相符。

② 设备不应有缺件、损坏和锈蚀等情况,管口保护物和堵盖应完好。

③ 盘车应灵活,无阻滞、卡住现象,无异常声音。

2) 出厂时已装配、调试完善的部分不应随意拆卸。确需拆卸时,应会同有关部门研究后进行,拆卸和复装应按设备技术文件的规定进行。

3) 电机与泵直接相连接时,应以泵的轴线为基准找正。

(5) 与泵连接的金属管道安装除应符合管道安装要求外,还应符合下列要求:

1) 管道内部应清洗干净,清除杂物,密封面无损坏;

2) 管道均应有各自的支架,其重量不应直接承受在水泵上;

3) 管道与泵连接后,应复检泵的找正精度,发现偏差及时纠正;

4) 管道与泵连接后,不应再进行焊接和气割,以防止焊渣进入泵内。

12.5 取水泵房沉井施工实例

12.5.1 工程概述

某水源地区水头工程沿线新建 3 座取水泵房,鉴于泵房集水池埋深较大,结构处于软土地层,设计采用沉井法施工;其中 2 座圆形沉井、1 座矩形沉井,沉井基本情况见表12-2 和表 12-3。

12.5.2 基坑施工

(1) 施工准备阶段,在对工程地质情况分析、计算基础上,得到沉井垫层计算结果如表 12-4 所示,计算示意图见图 12-9。

沉井结构尺寸 表 12-2

井位	沉井类型	沉井尺寸		制作高度(m)	下沉深度(m)
		内壁(m)	外壁(m)		
1号泵房	矩形沉井	16.5×9.5	18.2×11.2	18.52	18.37
2号泵房	圆形沉井	$\phi 18$	$\phi 19.8$	18.59	18.39
3号泵房	圆形沉井	$\phi 22$	$\phi 24$	18.83	18.63

沉井续接高度 表 12-3

沉井	第一节制作高度(m)	第二节制作高度(m)	第三节制作高度(m)
1号泵房	4.60	7.92	6.00
2号泵房	4.75	7.84	6.00
3号泵房	4.85	7.89	6.00

沉井自重与砂垫层厚度 表 12-4

每延米重量(kN)		设计面积(m²)		承载力(重量)设计(kN)		砂垫层厚度(mm)		砂垫层厚度取值(mm)
一次下沉	二次下沉	底梁垫层	刃脚垫层	下卧层承载力	沉井重量	二次下沉	一次下沉	
332.4	231.1	37.5	113.5	100	22825.2	100	900	1200
274.3	209.3	68.2	89.9	100	28928.4	500	1000	1500
289.2	217.1	91.2	116.5	100	37561.7	500	1100	1500

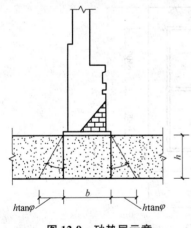

图 12-9 砂垫层示意

通过上表计算可以看出，将沉井的制作确定为三次制作，一次下沉是可行的。但根据以往某地区施工经验，矩形沉井在制作过程中，容易产生不均匀沉降，所以1号泵房采取第一、二次制作完成后进行首次下沉的两次下沉方式。

(2) 对多次制作，一次下沉进行验算

$$P = \frac{g}{b + 2h\tan\varphi} + \gamma_{\text{砂}} h \qquad (12-1)$$

式中　g——单位长度沉井自重（详见表12-4）；

　　　b——素混凝土垫层宽度，伸出刃脚外200mm；

1号泵房为1.2m，2号泵房为1.5m，3号泵房为1.5m；

　　　φ——取30°；

　　　$\gamma_{\text{砂}}$——取16kN；

　　　h——砂垫层厚度（详见表12-4）；

　　　P——下卧层为②₁粉质黏土，$[\delta] = 100\text{kPa}$。

(3) 下卧层承载力验算

1) 第二节制作完成后

$P_{8号} = 231.03/(2.2 + 2 \times 1.2 \times \tan30°) + 1.2 \times 16 = 83.6\text{kPa} = 100\text{kPa}$

$P_{9号} = 209.39/(1.6 + 2 \times 1.5 \times \tan30°) + 1.5 \times 16 = 86.8\text{kPa} = 100\text{kPa}$

$P_{1号}=217.11/(1.5+2\times1.5\times\tan30°)+1.5\times16=91.2kPa=100kPa$

由于 g 的取值为第一节与第二节的重量之和，考虑到底梁对下卧层承载力的分摊（第二节制作完成距离第一节制作完成时间超过 14d，强度超过 70%），下卧层承载力满足要求。

2）第三节制作完成后

由于底梁在第三次制作时强度已达到设计强度（时间超过 28d），下卧层承载力计算引入底梁的面积，经计算，第三节制作完成后 3 号泵房及 1 号泵房下卧层压力分别为：

$P_{9号}=274.36/(1.5+2\times1.5\times\tan30°)+1.5\times16=108.9kPa<220kPa$

$P_{1号}=289.28/(1.6+2\times1.5\times\tan30°)+1.5\times16=110.8kPa<220kPa$

砂垫层极限承载力取 220kPa，超过临界荷载 100kPa，将有略微沉降。在第三次浇筑过程中做好观测及时调整浇筑部位。

（4）施工过程技术要点

1）机械开挖过程中应利用水准仪跟踪观察，以随时调整开挖深度，严禁超挖。

2）开挖过程中如遇下雨，应立即停止开挖，并用塑料布遮盖，避免雨淋。

3）为防止土方滑坡及塌方现象的发生，基坑边坡一律按 1∶1 放坡。

4）基坑开挖过程中，应利用排水沟结合集水坑进行排水，以保证基坑施工的需要。挖出土方应及时运走，不得堆置在坑边。沉井基坑底面设 0.3m×0.3m 碎石盲沟并设集水井。

1 号泵房（基坑）和 2 号泵房（基坑）设 4 个出口，3 号泵房（基坑）设 6 个出口；底面浮泥应清除干净并应保持平整和疏干状态，如图 12-10 和图 12-11 所示。

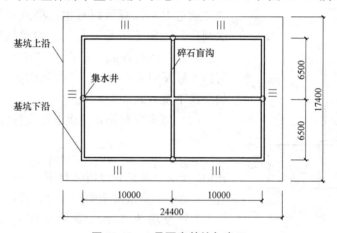

图 12-10　1 号泵房基坑与出口

（5）基坑施工质量应按表 12-5 进行控制。

1）砂垫层铺筑

基坑开挖结束后，经验收合格，应及时铺筑砂垫层，砂垫层厚度：1 号泵房为 1.2m，2、3 号泵房皆为 1.5m。为了保证砂垫层质量，砂垫层采用中粗砂，按每层 300mm 分层铺筑，按 15% 的含水量边洒水边用平板振动器振实，使其达到中密，用环刀法测试干密度，密度应不小于 1.56t/m³；铺筑第二层前必须保证下层达到要求。为防止雨天等因素对砂垫层质量产生影响，在铺筑砂垫层前在基坑底部设置盲沟将水收集至集水井后由水泵抽出。施工期间应连续抽水，严禁砂垫层浸泡在水中。砂垫层铺筑质量控制见表 12-6。

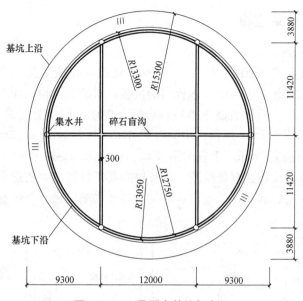

图 12-11 3 号泵房基坑与出口

基坑施工质量控制   表 12-5

项目	允许偏差(mm)			检查方法
	柱基基坑、基槽管沟	挖方场地平整		
		人工施工	机械施工	
标高	0～50	±50	±100	用水准仪检查
长度、宽度	>0	>0	>0	用经纬仪、线和尺量检查
边坡偏陡	不应	不应	不应	观察或用坡度尺检查
表面平整	—	—	—	用 2m 靠尺和楔形塞尺检查

砂垫层铺筑质量控制   表 12-6

井位	地面标高(m)	砂垫层顶标高(m)	砂垫层深度(m)	砂垫层铺筑底标高(m)
1 号泵房	+4.00	+3.20	1.20	+2.00
2 号泵房	+4.00	+3.50	1.50	+2.00
3 号泵房	+3.95	+3.45	1.50	+1.95

2）素混凝土垫层浇筑

为了扩大沉井刃脚的支承面积，减轻对砂垫层的压力，在砂垫层上，底梁及刃脚下铺一层 C15 素混凝土垫层，素混凝土垫层的厚度为15cm。素混凝土垫层宽度分别取井壁外200mm，砂垫层铺筑完毕经干密度测试合格后，即可在砂垫层上浇筑素混凝土垫层，素混凝土垫层保证水平，误差小于 5mm，以便模板施工，且表面抹光以此作为底梁及刃脚的底模。混凝土垫层如图 12-12 所示。

图 12-12 混凝土垫层

12.5.3　模板支架验算

1. 模板安装

(1) 模板采用组合式定型钢模，由 "U" 型卡连接。在预留洞、井壁底板等特殊部位采用木模，在沉井插筋部位用 50mm 木板间隔拼装，拼装的木模表面应进行刨光，拼缝严密、平整、不漏浆，所有模板表面平整后符合规范要求。围檩立筋采用 ϕ48mm 钢管或 8 号槽钢，对拉螺杆采用 ϕ14mm 螺杆，中间设置 60mm×60mm，δ=3mm 的止水片，周边焊；螺杆设置水平间距 750mm，垂直间距 600mm，如图 12-13 所示。为防止浇筑混凝土时跑模，应加强支撑及模板接缝处检查，所有拼缝及模板接缝处要逐个检查嵌实，防止漏浆，模板架立好后应进行验收，验收重点是平面尺寸和断面尺寸、平整度、预埋件、穿墙洞等项目。

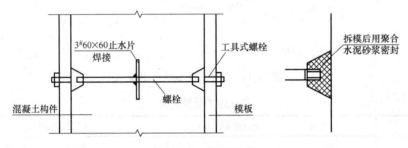

图 12-13　模板固定

模板拼装、围檩、立筋应按模板的翻样图施工，预埋件及穿墙洞应在内模架立后完成，并应确保其位置、标高、轴线的正确；内外模板立模顺序，原则上先立内模，后立外模；模板与钢筋安装应相互配合进行，若模板妨碍绑扎钢筋，则应待钢筋安装完毕后再立模。

(2) 模板对拉螺杆强度计算

依据表 4-1，螺杆受振捣混凝土荷载、混凝土对侧模压力、倾倒混凝土产生的荷载等的影响，荷载组合分别取值：

振捣混凝土时产生的荷载 F_1 取 4.0kN/m²。

混凝土对侧模压力 F_2 按公式（5-1）计算，参数取值：

混凝土重度为 25kN/m³；

混凝土的初凝时间为 6h；

外加剂影响修正系数取 1.0；

混凝土坍落度影响系数取 1.15；

浇筑速度取 0.5m/h

$$F_2 = 0.22 \times 25 \times 6 \times 1 \times 1.15 \times 0.5^{1/2} = 26.8 \text{kN/m}^2$$

倾倒混凝土产生的荷载取：$F_3 = 2.0 \text{kN/m}^2$

倾倒混凝土产生的荷载取：$F_3 = 2.0 \text{kN/m}^2$

则模板最大侧压力

$$F_{max} = F_1 + F_2 + F_3 = 32.8 \text{kN/m}^2$$

模板拉杆承受的拉力 $P = F \times A$

式中 F——混凝土的侧压力（N/m²）

A——模板拉杆分担的受荷面积（m²）

$$P=F×A=32800×0.6×0.75=14760N$$

拉杆 M14 其容许拉力为 17500N＞14760N，符合要求。

（3）现浇结构模板安装的允许偏差及检验方法如表 12-7 所示。

现浇结构模板安装的允许偏差及检验方法 表 12-7

项 目		允许偏差(mm)	检验方法
轴线位移		5	钢尺检查
底模上表面标高		±5	水准仪或拉线、钢尺检查
截面内部尺寸	基础	±10	钢尺检查
	柱、梁、墙	+4，−5	钢尺检查
层高垂直度	不大于 5m	6	经纬仪或吊线、钢尺检查
	大于 5m	8	经纬仪或吊线、钢尺检查
相邻两板平面高低差		2	钢尺检查
表面平整度		5	2m 靠尺和塞尺检查

注：检查轴线位置时，应沿纵、横两个方向测，并取其中较大值。

2. 脚手架安装

（1）施工期间，为安全起见，脚手架与井壁是脱离的，距离约 300mm；在沉井下沉期间，内、外脚手架都需拆除。水源工程内、外脚手架均为落地扣件式钢管脚手架，脚手架下铺设木模板，钢管为外径 48mm、壁厚 3.5mm 的高频焊接钢管。外脚手架沿沉井井壁四周组成整体框架结构，每 4m 设斜撑一根，外侧用粗眼安全网封闭，内、外脚手架满铺木板。

（2）脚手架验算

脚手架为双排脚手架，搭设高度为 24m，立杆采用单立管；搭设距离为：立杆的纵距 1.20m，立杆的横距 1.05m，立杆的步距 1.80m。采用的钢管类型为 $\phi48mm×3.5mm$，连墙件采用 2 步 2 跨，竖向间距 3.60m，水平间距 2.40m。施工均布荷载为 3.00kN/m²，同时施工 2 层，脚手板共铺设 3 层。

（3）大横杆验算

1）均布荷载值计算

静荷载的计算值：$q_1=1.2×0.038+1.2×0.079=0.140kN/m²$

活荷载的计算值：$q_2=1.4×1.575=2.205kN/m²$

2）抗弯强度验算：选择支座弯矩和跨中弯矩的最大值进行强度验算：

$$\sigma=0.392×10^6/5080.0=77.165N/mm²$$

大横杆的计算强度小于 205.0N/mm²，满足要求。

3）挠度验算

三跨连续梁均布荷载作用下的最大挠度：

$$V=(0.677×0.117+0.990×1.575)×1200.0^4/(100×2.06×10^5×121900.0)=1.353mm$$

大横杆的最大挠度小于 1200.0/150 与 10mm，满足要求。

（4）小横杆验算

1）荷载值计算：
$$P=1.2\times0.046+1.2\times0.095+1.4\times1.890=2.815\text{kN}$$

2）抗弯强度验算：
$$\sigma=0.745\times10^6/5080.0=146.654\text{N/mm}^2$$

小横杆的计算强度小于 205.0N/mm²，满足要求。

3）挠度验算

最大挠度：$V=V_1+V_2=1.974\text{mm}$

小横杆的最大挠度小于 1050.0/150 与 10mm ，满足要求。

（5）扣件验算

荷载的计算值：
$$R=1.2\times0.040+1.2\times0.095+1.4\times1.890=2.808\text{kN}$$

扣件抗滑承载力可取 8.0kN，满足要求。

（6）立管荷载计算

1）静荷载标准值计算
$$N_G=N_{G1}+N_{G2}+N_{G3}+N_{G4}=3.565\text{kN}$$

2）活荷载标准值计算
$$N_Q=3.000\times2\times1.200\times1.050/2=3.780\text{kN}$$

3）风荷载标准值计算
$$W_k=0.7\times0.450\times1.250\times0.600=0.236\text{kN/m}^2$$

4）立杆验算

考虑风荷载时，立杆的稳定性计算：

钢管立杆抗压强度计算值 $\sigma=118.12\text{N/mm}^2$

钢管立杆抗压强度设计值 $[f]=205.00\text{N/mm}^2$，满足要求。

（7）最大搭设高度计算

考虑风荷载时，按照稳定性计算得到的搭设高度 $H=80.65\text{m}$，脚手架搭设高度 H_s 等于或大于 26m，按照规范调整且不超过 50m；水源工程搭设高度不超过 20m，满足要求。

（8）地基承载力验算

立杆基础底面的平均压力 $p_k=38.28\text{N/mm}^2$

地基承载力特征值为 170kN，设计值为 $f_g=68.00\text{N/mm}^2$，满足要求。

3. 刃脚砖模

（1）砂垫层混凝土达到预定强度后，根据设计井位在垫层上精确测放沉井平面位置，进行砖砌胎模施工。

（2）砌砖时应采用 M5 水泥砂浆，并确保刃脚斜面平整，用石灰和少量水泥拌和物粉刷砖砌胎模。

（3）砖砌胎模应预留沉井壁模板拉杆螺丝的孔位。

12.5.4 沉井制作

1. 钢筋与预埋件

（1）钢筋施工工艺流程图如图 12-14 所示。

进场验收：按规格分批挂牌堆放在有衬垫的钢筋堆场上，防止底层钢筋锈蚀。对进场钢筋应按批按规格抽样试验，严格遵守"先试验、后使用"的原则。

钢筋表面清理：钢筋表面应洁净，粘着的油污、泥土、浮锈使用前必须清理干净。

钢筋调直：用机械调直钢筋，调直后的钢筋不得有局部弯曲、死弯、小波浪形。

钢筋弯曲：钢筋按设计和规范要求弯钩。

钢筋下料：钢筋下料长度应根据构件尺寸、混凝土保护层厚度、钢筋弯曲调整值和弯钩增加长度等规定综合考虑。

钢筋焊接：钢筋采用Ⅰ、Ⅱ级钢筋，分别采用E43、E50焊条，钢筋连接时严格按规范和设计要求进行，直螺纹操作工、焊工必须持证上岗，持证人员应先制作试件，确认操作方法、焊接参数。试件检验合格后方可正式操作。各种接头施工前，编制施工作业指导书指导施工，确保接头质量。接头按规范要求取样，合格后方可投入使用。

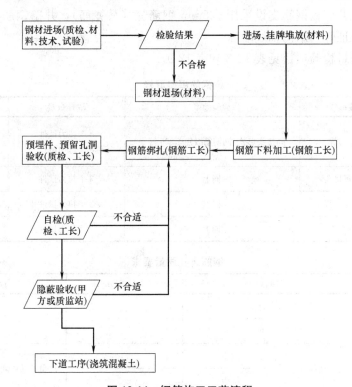

图 12-14 钢筋施工工艺流程

上岗培训：培训合格者方可上岗操作。采用有闪光对焊接头时，上岗人员须进行现场考核，合格者方可上机作业。

制作成型的钢筋，按其规格，绑扎先后顺序，分别挂牌堆放，对其成型的具体尺寸、规格由工地质量员抽样检验把关。对直径16mm以上的钢筋均采用闪光对焊或电弧焊接，对直径小于16mm的受拉钢筋接头，其位置要互相错开，同一截面的钢筋接头要严格按施工操作规程要求执行。

(2) 质量控制

钢筋质量：钢筋的品种和质量、焊条、焊剂的牌号、性能以及接头中使用的钢板和型钢均必须符合设计要求和有关标准规定。

钢筋外观质量：钢筋的表面应保持清洁，带有颗粒状或片状老锈经除锈后仍有麻点的钢筋严禁按原规格使用。

钢筋下料：钢筋的规格、形状、尺寸、数量、锚固长度、接头位置必须符合设计要求和施工规范规定；钢筋焊接：钢筋对焊和焊接接头制品的机械必须符合钢筋焊接及验收的专门规定。

钢筋绑扎：钢筋半成品的质量要符合设计图纸要求，采用 22 号镀锌铁丝绑扎钢筋，钢筋绑扎部位的所有杂物应在安装前清理干净。钢筋绑扎应严格按施工图纸、验收规范、操作规程以及施工技术交底进行，严格控制钢筋绑扎接头的部位和绑扎长度，同时留出混凝土保护层，垫好细石混凝土保护层垫块。钢筋绑扎完毕后及时自检，合格后办理隐蔽验收。

钢筋凳：沉井底板钢筋支设采用 $\phi28\text{mm}$ 钢筋凳（马凳筋），井壁钢筋必须定位准确，绑扎牢固，以保证竖向结构轴线准确。

钢筋施工质量检验项目见表 12-8 和表 12-9。

钢筋焊接取样　　　　　　　　　　表 12-8

序号	焊接形式	检验频率	取样数量	备注
1	闪光对焊	同接头形式、同钢筋级别≤300 接头	3 个拉力试件 3 个弯曲试件	检验批
2	电弧焊接头	同上	3 个拉力试件	检验批
3	电渣压力焊	同上	3 个拉力试件	检验批
4	单双面焊	同上	3 个拉力试件	检验批

钢筋绑扎质量要求　　　　　　　　表 12-9

序号	主要项目		允许偏差（mm）	检验方法
1	骨架的宽度、高度		±5	尺量检查
2	骨架的长度		±10	
3	受力钢筋	间距	±10	尺量两端中间各一点取其最大值
		排距	±5	
4	受力钢筋保护层	基础	±10	尺量检查
		梁柱	±5	
		墙板	±3	

2. 混凝土工程

（1）施工方案

混凝土采用商品混凝土，泵送到位的方法。在使用混凝土前，应对商品混凝土的质量进行试验，试验不合格拒绝接收。混凝土浇筑时浇筑的自由高度不应大于 2m，如超过 2m 应加溜筒浇筑。混凝土浇筑时应对称平衡进行，采用分层平铺法，分层厚度控制在

300mm 左右，振捣时防止漏振和过振现象，以确保混凝土的质量。

（2）主要技术要点

混凝土布料由专人统一负责指挥，并按规定顺序进行混凝土布料，由于井壁较薄，必要时为便于振捣，应在井壁模板上适当部位留口，位置视实际情况而定。

在浇筑过程中，应加强对沉井平面高差、下沉量的观测，随着混凝土浇筑总量增大，测量密度相应增大，如出现意外情况立即采取相应措施确保沉井施工安全。

每次浇筑混凝土前充分做好准备工作：根据规范规定做好坍落度、抗渗、抗压的试验工作；钢筋、模板及各类预埋件应经隐蔽验收合格。

混凝土开始浇筑前全面检查准备工作情况并进行技术交底，明确各班组分工、分区情况，混凝土入仓前清除仓内各种垃圾并浇水湿润，合格后方可浇筑混凝土。

施工中严格控制层差，杜绝冷缝出现，混凝土振捣时振捣器应插入下层混凝土100mm 左右，钢筋密集处加强振捣，分区、分界交接处要延伸振捣 1.5m 左右，确保混凝土外光内实。

3. 施工缝处理

在沉井上、下节井壁间设置施工缝，施工缝止水带采用钢边氯丁橡胶止水带，有 T 字接头、十字接头、Y 字接头等接头方式；工厂加工成型，现场接头采用热熔连接，接缝应平整牢固，不得有裂口，脱胶现象。

沉井接高前，应将施工缝处的混凝土表面凿毛，清除浮粒和杂物，用钢刷洗干净，保持湿润，再铺上一层 20～25mm 厚的 1：1 水泥砂浆。

4. 施工质量要求

沉井混凝土结构制作质量要求，见表 12-10。

沉井制作尺寸的允许偏差   表 12-10

检查项目		允许偏差(mm)	检查数量		检验方法
			范围	点数	
平面尺寸	长度	±0.5%L，且≤100	每座	每边 1 点	用钢尺量测
	宽度	±0.5%B，且≤50		1	用钢尺量测
	高度	±30		方形每边 1 点	用钢尺量测
				圆形 4 点	
	直径(圆形)	±0.5%D₀，且≤100		2	用钢尺量(相互垂直)
	两对角线差	对角线长 1%，且≤100		2	用钢尺量测
井壁厚度		±15		每10m 延长 1 点	用钢尺量测
				方形每边 1 点	用经纬仪测,垂线、直尺量
井壁、隔墙垂直度		≤1%H		圆形 4 点	
预埋件中心线位置		±10	每件	1 点	用钢尺量测
预留孔(洞)位移		±10	每处	1 点	用钢尺量测

注：L 为沉井长度，mm；B 为沉井宽度，mm；H 为沉井高度，mm；D_0 为沉井外径，mm。

沉井钢筋混凝土保护层最小厚度须符合相关规范规定，见表 12-11。

钢筋混凝土保护层最小厚度   表 12-11

构件类别	工作条件	保护层最小厚度(mm)
墙、板	与水、土接触或处于高湿度	30
	与污水接触或受水汽影响	35
梁、柱	与水、土接触或处于高湿度	35
	与污水接触或受水汽影响	40
沉井底板或沉箱顶板	有垫层的下层钢筋	40
	无垫层的下层钢筋	70

注：1. 梁柱内箍筋的混凝土保护层最小厚度不应小于 25mm；
    2. 表列保护层厚度是按混凝土强度等级不低于 C25 给出的，如果混凝土强度等级低于 C25，保护层厚度应增加 5mm；
    3. 当沉井（箱）位于沿海地区，受盐雾影响时，其最外层钢筋保护层的厚度不应小于 45mm；
    4. 其他不与水、土接触或不受水汽影响的构件，应按《混凝土结构设计规范》GB 50010—2010 执行。

5. 拆模施工

混凝土浇筑完毕后，须覆盖草袋片，当混凝土达到一定强度并不少于《混凝土结构工程施工质量验收规范》GB 50204—2002 中给出的周期才能拆除模板，一般需养护 72h，承重模板在第一节达到设计强度，第二节达到设计强度的 70％后方可拆除。

12.5.5　下沉施工

1. 下沉方式选择

排水下沉是沉井下沉最常用的施工方法，具有下沉速度快、偏差易于控制、施工成本低的优点；沿海地区常使用水力机械设备，即井内用高压水枪将泥冲成泥浆，再用泥浆泵将泥浆吸出井外，通过排泥管道排入泥浆池，沉淀后的渣土外运弃置，如图 12-15 所示。

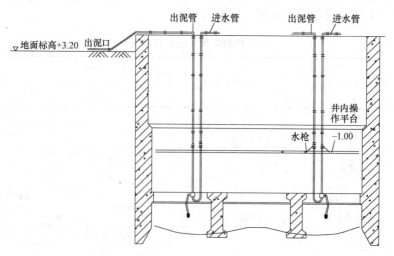

图 12-15　水力吸泥下沉

在一些不适宜采用泥浆运输的施工地段，还有一种排水下沉的方法就是利用抓斗将泥从井内抓出，将干土进行外运，如图 12-16 所示。

沉井随着下沉深度的增加，受地下水的影响也越来越大。下沉中若地下水水量较大，可能引起周围土体的扰动，将对周边土体及建（构）筑物产生不利影响，为了削弱这种不

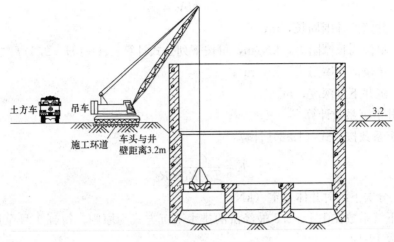

图 12-16　挖土下沉

利影响，往往使用不排水下沉的方式。

　　不排水下沉取土方式常用水下抓斗、空气吸泥或其他水下清泥机械设备在不排水的情况下直接从沉井刃脚、底梁下将土体取走。

　　以空气吸泥为例，冲吸设备装置包括：进气管路、空气吸泥器、排泥管路、高压射水装置等，以及供水、供气、吸泥、起重等大量的配套设备。空气吸泥器包括约 $500mm \times 600mm$ 的圆柱状空气箱、$\phi200mm$ 吸泥管、$\phi50mm$ 进气管，并有两根 $\phi50mm$ 的高压射水管经过，在空气吸泥器上打设直径 $\phi5mm$ 的小孔眼，其中孔眼总截面积为进气管截面积的 $1.2\sim 1.4$ 倍。当空气吸泥装置工作时，压缩空气沿气管进入空气箱以后，通过内管壁上的一排排向上倾斜的小孔眼进入混合管，在混合管内与水和泥形成密度小于 $1g/cm^3$ 的气水混合物，当送入的压缩空气充足，空气箱在水面以下又有相当的深度时，混合管内的混合物在管外水气压力的作用下，顺着排泥管上升而排出井外，如图 12-17所示。

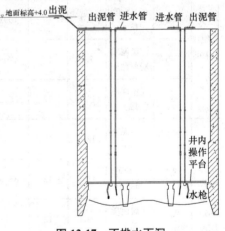

图 12-17　不排水下沉

　　本工程沉井穿越的土质主要为软土层、淤泥层。

2. 下沉参数计算

　　在确定沉井分节制作的高度以及其与下沉的关系时，不仅要结合沉井周边地质情况，还需要对沉井的结构进行必要的分析，以适宜沉井制作，易于控制沉井制作质量，满足施工要求为准；在满足上述内容的前提下，还必须满足沉井的下沉以及接高（如必要）的安全性要求，比如下沉系数是否合适，或者沉井接高时的稳定性能否满足要求。

　　以 1 号泵房施工为例，对沉井下沉系数进行分析：

　　（1）下沉中土层与井壁的总摩阻力计算

　　沉井下沉时，土层与井壁的总摩阻力按公式（12-2）计算：

$$T=UA \tag{12-2}$$

式中　U——井壁的外围周长，m；

　　　A——单位周长摩阻力，kN/m，可按下列公式计算：$A=(H-2.5)f$；

　　　f——单位面积摩阻力，kN/m²；

　　　H——沉井下沉深度，m。

（2）沉井下沉系数计算

沉井下沉系数按公式（12-3）计算：

$$K=\frac{G-B_1}{T+R_1+R_2} \tag{12-3}$$

式中　G——分次下沉时井体自重（kN）；

以控制下沉系数在 1.1～1.2 最经济的排水下沉方式为原则，得到 1 号泵房下沉系数分析表，见表 12-12。

1 号泵房下沉系数分析　　　　　　　　　　　表 12-12

施工工况	地质情况	沉井下沉深度（m）	沉井井壁单位摩阻力（kPa）	井外壁总摩阻力（kN）	井内土塞摩阻力（kN）	极限承载力（kPa）	沉井总重（kN）	浮力	下沉系数 K 不掏刃脚 A=102.24	下沉系数 K 掏底梁 A=45.83	下沉系数 K 掏刃脚踏面 A=25.13	备注
第一、二节制作 11.1m	1.5 砂垫层	1.5	20	622	—	264	28928.42	—	1.05	2.27	3.99	水面至刃脚底
	0.6 ②1 粉质黏土	2.1	18	1092	—	220	28928.42	—	1.23	2.59	4.37	水面至刃脚底
	5.5 ③淤泥质粉质黏土	7.6	13	4205	3133.5	154	28928.42	173.92	1.18	2.57	3.58	土塞高度为 2m
	3 ④淤泥质黏土	10.6	12	5773	2892.5	143	28928.42	1739.92	1.17	2.35	3.09	土塞高度为 2m
第三节制作 5.63m 一次下沉	2 ④淤泥质黏土	12.6	12	7039	2169.4	143	28928.42	1304.94	1.16	2.13	2.72	土塞高度为 1.5m
	2 ④淤泥质黏土	14.6	12	8306	2169.4	143	28928.42	1304.94	1.10	1.41	1.54	土塞高度为 1.5m
	2 ④淤泥质黏土	16.6	12	9573	2169.4	143	28928.42	1304.94	1.05	1.33	1.44	土塞高度为 1.5m
	1.39 ④淤泥质黏土	17.99	12	10453	1446.2	143	28928.42	869.96	1.06	1.34	1.45	土塞高度为 1m

由表 12-12 结合计算分析，沉井特点是刃脚厚度大，自重相对较轻，采取排水下沉工艺。综合考虑，沉井采取三次制作，一次下沉（3 号泵房两次下沉）的施工方案。该方案具有工期短、工序交接清楚的优点；另一方面，由于工程外围有隔水帷幕，适宜采取排水下沉的施工方式。

（3）沉井第三次接高稳定性可按下式计算：

下沉稳定系数：

$$K_2 = \frac{G-B_1}{T+R_1+R_2} < 1 \qquad (12-4)$$

式中：G——井位自重，kN，沉井前三节混凝土共浇筑 1695m³；自重 42375kN；

    T——井壁总摩阻力，11388kN（详见沉井下沉系数分析）；

    B_1——地下水浮力，15900，kN；

    R_1——刃脚踏面及斜面下土的支承力，11352kN；

$$R_1 = U_o \left(a + \frac{b}{2} \right) R_j$$

    U_o——沉井外壁轴线周长，m；

    a——刃脚踏面宽度，m；

    b——刃脚斜面与井内土壤接触面的水平投影，m；

    R_2——底梁下土的支承力，9790kN；

$$R_2 = A_1 R_j$$

    A_1——底梁下土的总支承面积（m²）；

    R_j——土的极限承载力，水源工程取 200（kN/m²）。

经计算：$K_2 = \dfrac{G-B_1}{T+R_1+R_2} = 0.81 < 1$

满足沉井接高稳定性要求。

3. 下沉系数分析与工程实用举例

有些沉井的周边土质情况变化比较大，或者下沉深度较深，就需要采用排水下沉的方法。

工程实例：某工程沉井平面尺寸 Φ18.6，制作高度 24.9m，内径 Φ16.0m，钢筋混凝土结构，沉井法施工。沉井分为 1 个台阶，井壁厚度为下部 1.3m，上部为 1.0m，沉井台阶形式为内台阶。井内设置两道底梁成 "二" 字形，底梁截面尺寸为 3.5m（高）×1.5m（宽），"工" 字形截面。

对其下沉系数进行分析如下：

由 1 号泵房的下沉系数分析表可以看出若采用排水法下沉，则下沉系数过大，容易发生突沉、倾斜现象，因此，从此分析表可以得出结论，该沉井需要采用不排水法进行下沉作业。

另一方面，1 号泵房中沉井采用三次制作，二次下沉的施工工艺，还需要对第三节井壁制作过程中的沉井稳定性进行复核。

工程实例表明：沉井第一次下沉 15.5m，由于沉井下沉系数较大，在沉井第一次下沉到计划标高后，为增加稳定性回填 2.00m 厚砂，并在沉井内灌水到地下水位标高。

4. 沉井下沉前应做的准备工作

将井壁、隔墙、底梁等与封底及底板连接部位凿毛；预留孔、洞和预埋管临时封堵，防止渗漏水；在沉井井壁上设置下沉观测标尺、中线和垂线；采用排水下沉需要降低地下水位时，地下水位降水高度应满足下沉施工要求；第一节混凝土强度应达到设计强度，其余各节应达到设计强度的 70%；对于分节制作分次下沉的沉井，后续下沉、接高部分混凝土强度应达到设计强度的 70%。

5. 沉井下沉施工质量要求

刃脚平均标高与设计标高偏差不超过 100mm；水平位移不超过下沉总深度的 1%；任意两角的高差不得超过两角水平距离的 1%。

12.5.6　下沉与纠偏

1. 排水法水力机械下沉

（1）出土顺序：由内向外，先取内圈，再取外圈，根据下沉情况掏除底梁下的土，最后形成全刃脚支承的大锅底，使沉井安全下沉。

（2）严格控制刃脚外土塞，为保证沉井受力均匀，内部应力没有集中现象，在刃脚全支承不能满足下沉要求时，需在刃脚处取土，做到均匀、对称，层层剥离，循序渐进。

（3）通过水准仪和经纬仪两种方法对下沉量、四角高差、偏位进行测量，及时了解下沉速度，并进行纠偏，当沉井达到允许偏差值的 1/4 时必须纠偏，确保沉井在初始下沉阶段形成良好的下沉轨道。

（4）观测水位情况，严防涌砂现象的发生；对周围建（构）筑物等布点监测，随时掌握由于沉井下沉引起的环境影响问题。

（5）水力机械装置在运转中常见的故障及消除方法

① 水力吸泥机吸泥效果不佳

发生这种情况的原因是：吸泥龙头的网罩堵塞；水力吸泥机喷嘴的射水孔局部堵塞；或者是喷嘴处的水压过大或水压不足。解决的办法是：清除吸泥龙头网罩上的堵塞物；从混合管上拆下弯管清洗喷嘴的射水孔；或者适当地降低或提高水压，使水力吸泥机吸泥效果得到改善。

② 水力吸泥机不吸泥

发生这种情况的原因是：吸泥管堵塞或者喉管堵塞。解决的办法是：将吸泥管中堵塞的泥砂清除或者用反冲法将喉管中的障碍物冲掉。

③ 水倒流入井内

发生这种情况的原因是：喉管及喷嘴堵塞。解决的办法是：清洗喉管及喷嘴。

④ 泥浆断续地不均匀地从出口处喷出

发生这种情况的原因是：集泥坑中的泥浆没有淹没吸泥龙头。解决的办法是：增加冲泥水量，使泥浆填满泥浆坑，并淹没吸泥龙头。

⑤ 在水力吸泥机正常工作时，井内有很多积水

发生这种情况的原因是：水力冲泥机喷嘴直径过大。解决的办法是：调换水力冲泥机的喷嘴，减少冲泥时的水量。

⑥ 水力冲泥机喷射出的水柱不急和破坏力不强

发生这种情况的原因是：水力冲泥机喷嘴堵塞或磨损。解决的办法是：拆下喷嘴清除障碍物或调换新喷嘴。

⑦ 水力冲泥机的刚性活络接头（填料筒）处大量漏水

发生这种情况的原因是：刚性活络接头内的填充料未塞紧或填料磨损。解决的办法是：拧紧轴承座的螺杆或更换填料。

⑧ 水力冲泥机转动困难

发生这种情况的原因是：刚性活络接头上得太紧或垂直活络接头发生倾斜。解决的办法是：拧松轴承座的螺杆或纠正刚性活络接头不正确的位置。

2. 不排水法抓斗取土下沉

(1) 当素混凝土垫层敲拆后，沉井重心偏高，沉井井壁的四周无摩擦力，沉井的下沉系数较大，掏挖刃脚下的土若不均匀，将会造成沉井很大的倾斜，所以在沉井挖土前，沉井的刃脚先采用人工全面分层掏挖，挖除的土方先集中在仓底中央，让沉井逐渐部分下沉，使沉井刃脚埋在土层中，降低沉井重心。由于沉井在第一次下沉过程中，下沉系数较大，故采取挤土下沉。

(2) 吊车抓斗取土，应对称进行，使其均匀下沉，仓内土面高差不宜过大。履带吊抓土时，锅底深度不得深于 1.5m。沉井锅底应均匀出土，下沉过程中应根据测量资料进行纠偏，当沉井偏移达到允许偏差值的 1/4 时必须纠偏。为了使抓斗能在井孔靠边的位置上抓土，可在井孔顶部周围预埋几根钢筋挂钩。偏抓时，当抓土斗落至井底后，将抓土斗张口用的钢丝绳挂在钢筋钩上，并将抓土斗提起后突然松下，抓土斗即偏向井壁落下，再收紧闭口用的钢丝绳，即可达到偏抓的目的。

(3) 当沉井刃脚四周及局部地区难于定点取土时，可由人工辅助出土，这时为保证施工人员安全不应同时进行抓斗挖泥与其他起吊作业。

(4) 沉井初期下沉可采取井内排水下沉，当沉井下沉一定深度后，井内水位难于疏干，这时采用吊车带水抓土下沉，必要时潜水员水下冲泥配合清理局部死角。

(5) 沉井下沉中局部穿越较硬土层或局部遇到障碍物，可采取以下方法处理：

① 抬高抓斗下落高度，增大下落时的冲击力。

② 在抓斗上面加配重，以加大破坏硬土层的力度。

③ 安装潜水电钻，破碎硬土层。

④ 刃脚预埋高压射水管破坏硬土层。

3. 不排水法水力机械下沉

(1) 供气量越大，气、水、土混合物的密度越小，压差越大，吸泥效果越好；水深越大，吸泥效果也越好。但是，过大的气量将使每单位体积空气的有效除土量降低，而且效果反而不好，往往造成浪费。

(2) 当下沉过程中遇到障碍物或较硬的土层时，要采取以下必要的技术措施，确保沉井快速、平稳、安全地下沉至设计标高。

1) 增大水枪压力，加大破坏该土层的力度；增大气压使块石等障碍物能顺利吸出井外。

2) 潜水员配合施工，对井下泥面标高情况作出较为准确的反应，并清除井底垃圾、石块等障碍物。

3) 刃脚预埋高压射水管破坏该土层。

4) 吸泥器底部设置水平水枪，增大破坏范围。

5) 定点冲泥，按泥面标高测量数据控制冲泥位置。

6) 用空气幕助沉。

7) 安装潜水电钻，破碎硬土层。

8) 分析高差、位移等资料，及时纠偏。

在下沉过程中，采取控制井内水位、减小浮力、防止堵管等措施，确保下沉的顺利进行。

4. 纠偏

（1）造成沉井产生倾斜偏转的常见原因

沉井刃脚下土层软硬不均匀；没有均匀除土下沉，使井孔内土面高低相差很多；刃脚下掏空过多，沉井突然下沉，易于产生倾斜；刃脚一角或一侧被障碍物搁住，没有及时发现和处理；由于井外弃土或其他原因造成对沉井井壁的偏压。

（2）纠偏方法

沉井在下沉过程中发生倾斜偏转时，应根据沉井产生倾斜偏转的原因，采用下述的一种或几种方法来进行纠偏，确保沉井的偏差在容许的范围内。

1）偏出土纠偏

沉井入土较浅时，容易产生倾斜，但也比较容易纠正。纠正倾斜时，一般可在刃脚高的一侧冲刷，必要时可由人工配合在刃脚下除土。随着沉井的下沉，在沉井高的一侧减少刃脚下的正面阻力，在沉井低的一侧增加刃脚下的正面阻力，使沉井的偏差在下沉过程逐渐纠正，这种方法简单，效果较好。

纠偏位移时，可以预先使沉井向偏位方向倾斜。然后沿倾斜方向下沉，直至沉井底面中轴线与设计中轴线的位置相重合或接近时，再将倾斜纠正或纠至稍微向相反方向倾斜一些，最后调正致使倾斜和位移都在容许范围以内。

2）破坏单向摩阻

当沉井入土深度逐渐增大时，沉井四周土层对井壁的约束力亦相应增加，这给沉井纠偏工作带来很大的困难。因此，当沉井下沉深度较大时，若纠正沉井的偏斜，关键在于破坏土层的土压力。

这时可根据偏位情况启动纠偏泥浆润滑减阻，破坏井壁与土体间的摩阻力，使土层的被动土压力大为降低。这时再采用井内偏除土方法，可使沉井的倾斜逐步得到纠正。在有条件时，还可以采取在沉井顶部加偏压重的方法来纠正沉井的倾斜。

通过井外钻入旋喷钻杆高压喷水破坏局部摩阻力同样可以起到纠偏的作用．

3）压重纠偏

在沉井高的一侧压重，最好使用钢锭或生铁块，这时沉井高的一侧刃脚下土的应力大于低的一侧刃脚下土的应力，使沉井高的一侧下沉量大些，亦可起到纠正沉井倾斜的作用。这种纠偏方法可根据现场条件进行选用。

4）沉井位置扭转时的纠正

沉井位置如发生扭转，可在沉井偏位的二角偏出土，另外二角偏填土，借助于刃脚下不相等的土压力所形成的扭矩，使其在下沉过程中逐步得到纠正。

5. 泥浆套助沉减阻措施应用

1号泵房沉井是外阶梯形，对土体的侧向摩阻力破坏较为明显，1号泵房分两次下沉，下沉系数较小，拟采用触变泥浆辅助下沉。触变泥浆助沉法是一种较好的助沉减阻方法，且在施工时能在较大程度上降低沉井对周围土体的扰动影响。触变泥浆主要靠两种因素维持土体稳定，其一是靠触变泥浆对土体的静力作用，基本上按三角形分布；其二是触变泥浆的凝胶状态，即触变泥浆的分子排列形成一定的网状结构骨架，其值和触变泥浆的静切力及一定压力有关。所以，触变泥浆在沉井下沉中起着减少摩擦力和维护土壁稳定的作用。

根据现场情况，利用工法桩制作时需要使用泥浆箱，拌浆棚布置拌浆机 1 台，压浆泵 2 台。输浆管道用 $\phi50$mm 的胶管和钢管，竖管均采用 $\phi25$mm 镀锌管，水平管采用 $\phi15$mm 镀锌管。每一排有 4 个独立的水平管，共两排，高度分别为刃脚以上 3.4m 和 9.15m。每根竖管与每道水平管单独连接，并有独立的球阀。水平管的混凝土保护层厚度为 3cm，水平管喷气孔在气管位置用于手枪钻在水平管上打出 $\phi5$mm 的孔，小孔间距 1.5m。为防止压浆时泥浆直接冲射土壁和减少压浆出口处的堵塞，在射口处设角钢 100mm×100mm×8mm，长度为 200mm 组成射口围圈。为防止地面土层坍塌而破坏泥浆套，设地表围圈。地表围圈采用钢板、角钢焊接，安装高度为顶口高出地面 500mm，围圈外侧用黏性土回填分层夯实。如图 12-18 所示。

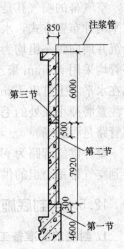

图 12-18　泥浆套布浆孔示意

泥浆采用优质膨润土、CMC、纯碱和水调制而成，其配比按重量比为 11：0.3：0.4：100，土质变化处稍微做了调整。施工控制泥浆指标：①比重：采用比重计测定，控制在 1.05～1.08 之间；②黏度：采用量筒量测，将 6000mm³ 泥浆装入黏度计，泥浆黏度不大于 100s；③胶体率：要求达到 100%；④pH 值：采用 pH 试纸测试，其值控制在 6～8 之间。对失水量及泥皮厚、静切力、含砂量按常规控制。当泥浆箱内泥浆存放过久，泥浆老化出现泥皮时，须洒水保养。

压浆采用压浆泵，正常压注压力为 100～800kPa，启动时压力稍高，压浆采用逐孔压注，并随沉井下沉不断补浆，使泥浆面始终保持在地面以上 0.3m 左右。压浆时泥浆流动半径约为 5m 左右，流动坡度约为 5%～10%，在整个施工过程中，未出现泥浆漏失现象。

沉井下沉完毕后，应对沉井外侧的环带进行灌浆以置换膨润土泥浆。灌浆应从底向上穿过井壁上的灌浆孔。水泥浆由水胶比不超 0.45 的普通硅酸盐水泥浆组成。灌浆应是水泥和水的均匀混合物，它们的稠度应有足够的流动性但不能过度，以保证灌浆在中等压力下填满所有间隙部分时能流动通畅。

注浆浆液要求：浆液不得出现水分离析现象；泥浆必须具有触变性；根据失水率要求低、泥皮厚度要求小的特点，膨润土：CMC：纯碱：水设定为 11：0.3：0.4：100。

6. 气幕助沉减阻法应用

气幕法是一种简单、易用、成本低的助沉减阻方法，且在施工时能在较大程度上降低沉井对周围土体的扰动影响，除此之外，采用气幕法还有两方面的好处：可以利用气幕的不均衡压气减阻来达到下沉纠偏的目的；沉井下沉到标高后，为防止沉井超沉，可通过气幕管路进行侧壁压浆，来达到阻沉、稳定沉井的目的。

气幕系统组成，包括空压机、气包、井壁中的预埋管（图 12-19），气龛以及地面供气管路等。气龛是空气幕系统的关键设施，它直接

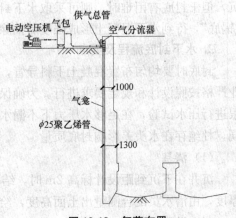

图 12-19　气幕布置

决定空气幕的使用效果，气龛是预设在沉井外壁上的凹槽，气幕气孔即开口于此，它对喷气孔有保护作用，并便于由喷气孔射出的高压气扩散，沿沉井壁上升，形成气幕，水源工程所采用的倒梯气龛设置在沉井外壁 100mm 的混凝土层内，气龛排列在水平方向，以 5m 为标准间距，考虑到气龛位置如放的过低，可能会导致高压气流沿刃脚底进入井内引起翻砂，因此气龛从离刃脚 3m 处开始布置，为便于施工压气和纠偏，全部气龛沿沉井周向划分为四个组，每组均由独立的竖向供气支管供气。

空气幕的喷气孔是在供气管上用手枪钻打出的，这些带有喷气孔的管路通常有竖直和水平两种布置方式，水源工程考虑到纠偏和控制下沉速度的需要，采用水平布置方式，即沿沉井周向每一组均为水平管，相邻两根水平管利用三通与一根竖向供气管相连，所有水平管均采用 $\phi25$mm 聚乙烯管，竖管均采用 $\phi25$mm 无缝钢管。喷气孔在气管位置用于手枪钻在水平管上打出 $\phi3$mm 的孔，根据以往经验，为便于气体扩散，气孔位置宜稍偏上，同时注意磨掉小孔处的毛料，以防止堵塞气孔，下沉施工前，要进行压气试验，以检验气孔及管路是否通畅。

壁外供气管路为 $\phi100$mm 无缝钢管，搁置在井壁顶部的牛腿上，通过空气分流装置连接到空气幕每个组的供气支管上，在分流装置上设有阀门和气压表以便于控制。

12.5.7　封底施工

1. 封底前的准备工作

导管上部由 2～3 节长度为 1m 左右的短管组成，随着水下浇筑的升高，导管提升后便于拆卸，其余部分导管为减少接头漏水现象，可由长导管组成，其最下部一节底端不应带有法兰盘，以免破坏水下混凝土和管端部的防水效果，导管内壁表面应力求圆滑，误差应小于 ±2mm，导管应有足够的抗拉强度，能承受导管自重和盛满混凝土后的总重量，拼接后试验拉力不小于上述总量的 2 倍。

沉井下沉到位后，应进行 8h 的连续观察，如下沉量小于 10mm，方可进行封底。沉井封底主要有干封底和水下封底两种方法。沉井下沉到位并符合终沉条件后，应立即进行封底。当沉井穿越的土层透水性低、井底涌水量小，且无流砂现象时，沉井应力争干封底，即按普通混凝土浇筑方法进行封底，因为干封底能节约混凝土等大量材料，确保封底混凝土的强度和密实性，并能加快工程进度。当沉井采用不排水下沉，或虽采用排水下沉，但干封底有困难时，则可采取水下封底。水下封底是使用导管将混凝土导入沉井开挖"锅底"，待到水下混凝土形成强度后抽除井内水，完成水下封底。

2. 水下封底流程及要点

封底时要均匀布置混凝土下料导管，用泵车对称连续浇筑，一次浇筑到标高。封底作业严格按照设计和规定要求进行。为确保大体积水下混凝土浇筑的质量，导管安装前应逐根进行压水试验，在足够水压力下不漏水的导管方可使用。封底时要保持沉井内外水位相同，杜绝存在水头差影响封底质量。

（1）清基

沉井在下沉到距设计标高 2m 时，结合封底要求控制基底土塞高度，确保混凝土封底厚度，由潜水员配合测量出土面高度，绘制出土面高程图，进行针对性清基。

（2）抛石和找平

根据土面高程图,先抛一层块石,再抛碎石由潜水员配合找平,达到设计要求封底标高。水下封底如图12-20所示。

3. 设备准备

导管采用 $\phi 250$ mm 特制加厚的无缝钢管,丝口连接,保证有足够的强度和刚度。导管安装前逐根进行压水试验,在 0.6MPa 的压力下不漏水的方可使用,导管安装时每个接口内放置两根密封圈,确保不漏水。导管拼装长度约 32～33m,用 50t 履带吊起吊。工作井每根导管配一只 2.5m×2.5m×2.5m 的料斗储备,保证有 15m³ 的混凝土初灌量,接收井每根导管配一只 2.5m×2m×2m 的料斗储备,保证有 10m³ 的混凝土初灌量。

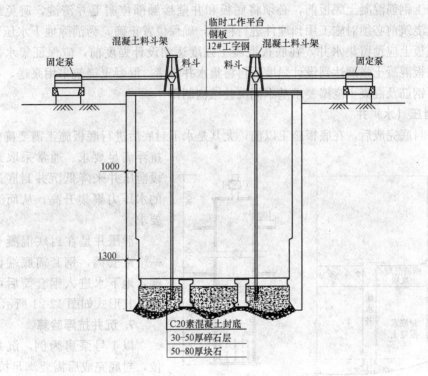

图 12-20 水下封底

4. 沉井封底施工方法

施工时,导管底距井底土面 300～400mm,在导管顶部布置 1.5m³ 左右的漏斗,以确保浇筑时的下料需要。在漏斗的颈部安放球塞,并用绳索或粗铁丝系牢。球塞安放时球塞中心应在水面以上,在球塞上部先铺一层稠水泥砂浆,使球塞润滑后,再浇筑混凝土。漏斗先盛满坍落度较大的混凝土,然后将球塞慢慢下放一段距离。浇筑时割断绳索或粗铁丝,同时迅速不断向漏斗内灌入混凝土,此时导管内球塞、空气和水受混凝土重力挤压由管底排出,混凝土在管底周围堆成圆锥状,将导管下端埋入混凝土内。

为了达到要求的混凝土扩散半径,混凝土坍落度一般为 20～22cm,在开始浇筑时,为了保证导管底部立即被混凝土堆包围埋住,坍落度可适当减小。在水下混凝土浇筑过程中,导管的提升也是一个关键问题,做到慢提快落,并严防将导管拔出混凝土外的事故发生,导管插入混凝土内深度一般以控制在 1m 以上为宜,当漏斗已达到最大高度不能再提升时,可拆卸上部的短管,以缩短导管的长度。为此,当导管内的混凝土下降到预备拆卸的管节下口时，应迅速降低导管，使混凝土停止从导管内流出，然后进行拆除工作。拆除短管的时间应控制在 20～30min 以内。待漏斗内继续装混凝土后，方可将导管提高恢复浇筑工作。

在浇筑工作快要结束时，可采用活动性较大的混凝土，但不应改变水胶比，并适当增加导管埋在混凝土内的深度。当混凝土表面标高已达到设计标高时，多浇筑 100～200mm，然后将导管从混凝土内拔出，并冲洗干净。

在水下混凝土浇筑过程中，应经常不断测量水下混凝土面的上升情况，以及扩散半径和施工进度，并根据测量资料控制导管的埋入深度。

5. 底板施工

在施工钢筋混凝土底板前，必须将底板和井壁接触部位凿毛并清洗，避免封底后渗漏，底板浇筑前必须对施工用预埋件进行检查，确保位置正确。为消除地下水压对底板的影响，底板上应预留集水井，在底板混凝土强度达到设计强度前，应保证集水井连续运转。在底板混凝土强度达到设计强度后再将集水井封堵。混凝土浇筑采用泵送，导管或串筒送料，钢筋及混凝土浇捣要求基本同沉井结构制作。

6. 泄压（水）井

沉井封底完成后，在底板施工以前，尤其是水下封底后进行底板施工需要确保沉井的抗浮满足要求。通常采取封底内埋设泄压井来降低沉井封底过程导致的水压力聚集升高，从而满足抗浮要求。

泄压井是在封底混凝土内埋设一个缸套筒，钢套筒底端设置滤水端，地下水进入钢套筒后可集中处理，其形式如图 12-21 所示。

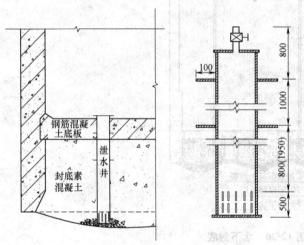

图 12-21　泄水井示意图

7. 沉井抗浮验算

以 1 号泵房为例，沉井下沉到位，封底完成后需要满足抗浮要求，底板施工前后沉井抗浮验算如下。

在不计沉井侧壁摩阻力的情况下，抗浮系数 $K_f > 1.0$。

$$K_f = G/B \qquad (12-5)$$

式中　G——相应阶段沉井的自重，kN；

B——按施工阶段的最高水位计算得到的浮力，kN；地下水位取埋深 0.5m，取 +3.5m；

（1）底板施工前

1 号泵房抗浮系数 $K_f = (37561+18866)/(3.14 \times 12^2 \times 17.68 \times 10) = 0.71 < 1.0$。验算合格。

（2）底板施工后

1 号泵房抗浮系数 $K_f = (37561+22244)/(3.14 \times 12^2 \times 17.68 \times 10) = 0.75 < 1.0$。验算合格。

因沉井降水水位主要处于②₁层褐黄～灰黄色粉质黏土和③层灰色淤泥质粉质黏土，

这两层土体的渗透系数分别为 3.0×10^{-6} cm/s、5.0×10^{-6} cm/s，渗透系数比较小，不太适宜采用轻型井点降水，根据水源工程沉井的实际情况和以往施工经验，在封底之前，在每个沉井底部设置 4 个泄压孔，以满足沉井干封底和底板施工前后抗浮的需要。

12.5.8　沉井施工质量控制

沉井下沉阶段的允许偏差和终沉的允许偏差分别见表 12-13 和表 12-14。

沉井下沉阶段的允许偏差　　　　　　　　　　表 12-13

检查项目	允许偏差(mm)	检查数量		检 查 方 法
		范围	点数	
沉井四角高差	≤下沉总深度的1.5%~2.0%，且≤500	每座	取方井四角或圆井相互垂直处	用水准仪测量(下沉阶段：≥2次/8h；终沉阶段：≥1次/h)
顶面中心位移	≤下沉总深度的 1.5%，且≤300		1 点	用经纬仪测量(下沉阶段：≥1次/8h；终沉阶段：≥2次/8h)

注：下沉速度较快时应适当增加测量频率。

沉井终沉的允许偏差　　　　　　　　　　表 12-14

检 查 项 目	允许偏差(mm)	检查数量		检查方法
		范围	点数	
下沉到位后，刃脚平面中心位置	≤下沉总深度的 1%；下沉总深度<10m 时应≤100	每座	取方井四角或圆井相互垂直处各 1 点	用经纬仪测量
下沉到位后，沉井四角(圆形为相互垂直两直径与周围的交点)中任何两角的刃脚底面高差	≤该两角间水平距离的 1%，且≤300；两角间水平距离<10m 时应≤100			用水准仪测量
刃脚平均高程	≤100；当地层为软土层时可根据使用条件和施工条件确定		取方井四角或圆井相互垂直处，共 4 点，取平均值	用水准仪测量

注：下沉总高度系指下沉前与下沉后刃脚高程之差。

12.6　提升泵站施工实例

12.6.1　工程概述

某水厂工程新建提升泵房，设计形式为半地下式，其中集水池、水泵及阀室间均设置在地表以下，抗浮设计基础底板；集水池、水泵及阀室间底板间设有沉降缝；进出水管道与现状管线接通；地下部分结构平面尺寸为 25.0m×30.4m，深 8.30m；C30 抗渗钢筋混凝土结构，池壁厚 800mm，底板厚 1320mm，内部隔墙厚 600mm，地平顶板厚 300mm；地上部分为单层建筑，用于安装电气控制设备、悬挂起吊单梁及作为简易管理房等，采用斜屋面单层砖混结构，层高 5.5m。

地质勘察报告显示：施工场地土层自上而下依次为回填土、黏土、砂质黏土、粉砂土，地下水位为地面下 2.0m。

泵房下部结构明挖基坑深度约为 8.80m，采用管井井点进行降水，基坑采用二次放坡

开挖，坡度均为 1：1；第一次开挖深度 4.5m，设置 400mm×400mm 排水明沟，每隔
10m 设 1 眼管井；第二次放坡开挖至基坑底设计标高后，在基坑底部开设 400mm×
400mm 的排水明沟，每隔 5m 设 1 眼管井。

管井 $\phi800mm$，内置 $\phi600mm$ 无砂混凝土管，四周外裹两层滤网；滤网外填充碎砾
石；每个井内设排水泵进行抽水，以保证基坑在底板施工时处于干燥状态。为了防止施工
期间基坑边坡出现滑坡现象，设计采取网喷混凝土措施，以确保边坡稳定。

施工流程：

放出泵房桩位→地面管井→开挖→二层管井→二次开挖→垫层→底板→墙壁→地面→
上层建筑→满水试验→设备安装。

地下结构设两道施工缝，分别位于底板以上 500mm 及顶板以下 300mm 处；混凝土浇
筑施工分为三次：底板（导墙）一次浇筑，7.2m 高池壁一次浇筑，地平板（杯口）一次
浇筑。

12.6.2 基坑施工

1. 降水井点布置

根据施工方案要求，井点管沿基坑周边环形封闭布置，按照设计间距现场微调确定井
位，单根井点管长 6m（不包括滤管）；井点系统主要由无砂管、进水及排水管、高压水泵
和循环水池等组成。

根据工程设备配备及土质情况，采用螺旋钻机成孔，成孔深度比滤管深 0.5～1.0m
左右。成孔后及时沉放无砂管，管孔对中，管孔间隙填充碎砾石。

管井投入运行前应洗井合格，应保证连续不断地抽水，正常出水规律是"先大后小，
先浑后清"；如未上水或水质较浑，或出现清水后又浑浊等情况，应及时停止清洗；分析
真空度，判断井点系统良好与否，妥善处理后投入运行；施工过程中设专人经常观测。

结构工程完工并进行回填土后，拆除井点系统，拔管采用杠杆式起重机，所留孔洞用
砂或土填塞，地面下 2m 用黏土填实。

2. 降水井点施工的质量要求

（1）施工前，做好井点管滤管的质量检查，观察纱网的孔眼大小是否符合抽水要求，
纱网不得破损，滤管外包铁丝是否扎紧，否则应重新更换和加固；

（2）井管填料质量应符合要求；

（3）黏土封孔应严密，深度不小于 1m，不得有漏气缝隙产生；

（4）井点管与集水总管连接用软管，不得有漏气现象发生。

3. 井点抽水的安全和应急措施

（1）备用 2～3 台真空吸泵，损坏时可及时更换；

（2）施工期间专人管理井点降水系统，发现问题如黏土封孔、漏气、井点管堵塞等及
时检修。

4. 基坑开挖

待井点将水位降至基坑预定深度时，采用反铲、翻斗车分层分部开挖，将土运至弃土
场地，基坑附近严禁堆置土方。

机械挖土至接近设计标高时，预留 300mm 原状土，人工挖土至设计标高，经有关方

验槽并确认后，方可进入垫层混凝土浇筑。

土方开挖过程中，应穿插进行排水明沟施工；并及时修正坡度，有条件的及时挂网、护坡施工。

12.6.3　大体积混凝土底板施工

1. 混凝土垫层

由于泵房底部垫层面积比较大，为了减少混凝土垫层高程施工误差，且便于施工，混凝土垫层施工前设置高程控制桩，采用分块浇筑的方法，控制模板顶面高程和垫层厚度。

采用商品混凝土，通过泵车布料，泵车布料管不够到位时，采用过溜槽将混凝土滑入基坑内，再用人力手推车在基坑内运输；混凝土垫层随铺随用平板振动机振实，收水前人工刮平、压实。

2. 泵房底板

底板混凝土一次浇筑量达到 1000 多 m^3，属于大体积混凝土浇筑，底板混凝土浇筑制定有专项施工方案。

采用定型组合钢模和钢管支架组成内外模板支架体系，侧墙、隔墙、导墙设在地板上 500mm 部位，采用木质吊模。

测量人员在垫层上弹出纵横向钢筋和埋件位置的控制线，先布纵向主筋，后布横向主筋，绑扎形成钢筋骨架；为确保底板上下层钢筋的间距，采用架立筋或短钢筋固定两层钢筋的间距。在绑扎好的底板筋上行走时，必须垫竹篱笆或木板，防止底板面层筋下挠触底。

控制盘基座宜与底板一次浇筑成型。底板预埋管线、基座吊模、预埋固定螺栓位置必须符合设计图纸要求，绑扎钢筋时应采取固定措施，防止浇筑过程中变位，如图 12-22 所示。

图 12-22　底板钢筋和预埋件

底板混凝土采用两台泵车下料，考虑泵车一次浇筑不到位的局部，需搭设固定泵和混凝土输送管道。

取水泵房下部结构底板厚达 1320mm，施工方案将底板分为六个部分，每块底板混凝土浇筑量约为 162m^3，浇筑时应分层一次连续浇筑完成。

浇筑底板混凝土的方式：

（1）泵房底板混凝土浇筑时沿宽度方向进行，采取分层分段（每 2m 为一段）的浇筑方法平行流水作业，底板混凝土分段浇筑示意见图 12-23。

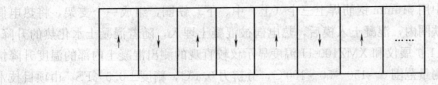

图 12-23　底板混凝土浇筑分段示意

（2）厚 1320mm 底板，浇筑时分三层进行：第一层厚 500mm、第二层厚 500mm、第三层厚 320mm。

按图 12-23 标注顺序，并分为三层呈阶梯状浇筑底板混凝土，确保相邻混凝土浇筑搭接时间控制在混凝土初凝时间内；混凝土浇筑过程中控制浇筑速度，并随时检查模板（预埋管件）有无漏模、移位现象。

底板混凝土浇筑数量大，质量要求高，浇筑时必须统一指挥按照施工方案、顺序进行。作业人员分为四个作业队，交替作业。现场施工人员随时与混凝土搅拌站沟通，在混凝土浇筑过程中保证混凝土均匀、连续。现场坍落度控制不超过 160mm，严禁罐车加水。振捣作业采用插入式和平板式组合，由专业人员操作。二次浇筑插筋和预埋管件部位的振捣由专人负责。

3. 大体积混凝土的防裂措施

混凝土施工应严格控制入模温度不超过 25℃，混凝土拌制后，水和水泥起化学反应，产生很大的水化热，加之混凝土导热性能差，大量的水化热散发不了，积聚在混凝土块体内，使混凝土块体内的温度很快集聚，其应力远大于混凝土表面抗拉强度，而使混凝土开裂。要防止大体积或大方量、大面积混凝土浇筑时的裂缝，就必须严格控制混凝土温度变化的全过程，通过了解混凝土升温→冷却→稳定三个阶段的特性，来延缓升温时间，达到消除和减少混凝土裂缝的出现。

底板混凝土浇筑前，在试验的基础上调整混凝土配比，确定施工时间和浇筑方式，主要技术措施：

（1）控制温度

采用低热的水泥品种；进行合理的配比设计，在保证强度的前提下尽量减少水泥用量；掺用高效缓凝剂，延缓水化热散发时间，使其逐步散发；控制混凝土入模温度和增加作业面通风。

（2）材料与配比

1）采用合理的骨料级配，建议尽量增加粗骨料；计算 UEA 微膨胀剂的掺量，控制过量膨胀的不利影响，使其真正起到对混凝土收缩的补偿作用；采用连续级配，增加混凝土内聚力和抗渗能力。

2）砂石料的质量要严格控制，有机质、碱含量都要控制在允许范围之内；石料要符合级配要求，砂子模数必须大于 2.3；石料的针片状含量要控制在 8～9 之内。

3）浇筑混凝土前基底必须浇透水，基底垫层要平整；混凝土要分层浇筑，要充分振捣，尽量采用二次振捣；及时用海绵洒水覆盖土工布养护，手摸湿润即可；否则即应洒水，直至混凝土湿润为止。

（3）测温方法

在混凝土中用 $\phi 16mm$ 钢筋焊上三个（上、中、下）铁圈，组成一个支架，将热电偶铜固定在支架铁圈内，混凝土入模后，热电偶被混凝土埋入，随着混凝土水化热的升降，通过 SMZ100-11 扩展仪和 XMZ100-11 温度显示仪较直观的测出混凝土内部的温度升降情况，该显示仪测量范围 0～150～50～100℃，分辨力 0.1℃，精度±0.5%FS，由项目技术负责人负责指导及若干名工程技术人员检测并记录。

（4）测温与反馈

1）自浇筑时起，分别测定混凝土入模温度，按早上 7：00、中午 12：00、晚上 6：00、深夜 24：00 四次测定并做好记录；

2）混凝土入模后，自浇筑时起 7d 内每 2h 测定各测温点的温度，并做好记录，8～14d 每 4h 测定一次，并做好记录；

3）测温人员应及时提供温度变化信息报告表给现场有关负责人；

4）测温人员应对各测温点的累计值进行测算，对具有代表性的测温点要测算与混凝土表面及内部之间的温度差，画出温度变化升降曲线；

5）凡混凝土表面与混凝土内部温度差超过 25℃，及混凝土区段之间的内部温度差超过 25℃时，必须及时上报有关负责人，以便及时采取措施。

12.6.4 池壁与顶板施工

1. 池壁模板支撑

泵房（集水池）地下部分墙壁一次浇筑高度为 7.2m；从底板导墙浇筑至地平板下 300mm。

采用组合钢模板，钢模板必须具有足够的强度、刚度和稳定性，能可靠地承受施工过程中可能产生的各项荷载，保证结构各部位形状、尺寸准确；在模板安装前，应正确定出模板内侧位置，并测出底部标高，检查无误后，方可立模；安装模板时，考虑防止模板发生移位；底板混凝土预埋铁件，用以固定外侧模板时需设支撑，两侧模板用防水对拉螺杆固定，模板垂直度用脚手架控制。

内外脚手架搭设应按施工方案和操作规程施工，设斜撑和剪刀撑，外杆间距为 1.2m×1.2m，横杆（操作面）每层间距控制在 1.8m，内外脚手架距井壁 500mm，脚手架主杆下用木块垫实，以免脚手架下沉。

模板用防水对拉螺杆，经验算选用 φ18mm 的螺杆，为使拉杆端部不露出混凝土表面，两端采用"锥形螺母"，锤形螺母拆除后形成的空穴，用水泥砂浆填实。

两模板间加设内撑以防模板因承受荷载而变形，内撑采用与池壁等厚方木；随混凝土浇筑面的提高及时拆除，不得留在混凝土中。

模板安装与钢筋绑扎工作应配合进行，妨碍钢筋绑扎的模板应待钢筋绑扎完毕后安装，模板安装完毕后，应保持位置正确，浇筑混凝土时，发现模板有超过允许变形偏差值时，应及时纠正。模板表面均匀涂刷脱模剂，并防止污染钢筋。

2. 顶板支架搭设

支架采用扣件式钢管制作，并设置适当的斜撑杆以增强支架的稳定性，钢管支架的纵横向间距需根据施工图计算布置，设于池内的支架底部需设置薄钢板，以减小钢管支撑对池底板的应力，防止损坏底板，而池壁外侧支架底部需设置小槽钢，防止支架由于受力不稳而倾倒。

搭设支架过程中要及时设置斜撑杆、剪刀撑，避免支架和脚手架在搭设过程中发生偏斜和倾倒。

支撑立杆上下两端头隔 100mm 放一道横杆，为了使钢管底部有较大的接触面，防止立杆直接立于混凝土表面应力过分集中而使混凝土损坏，需要在立杆底焊接一块150mm×

150mm×10mm 的钢板。

立杆与横杆必须用直角扣扣紧，不得隔步设置或遗漏，相邻立杆的接头位置应错开布置在不同的步距内，与相近横杆的距离不宜大于步距的 1/3，上下横杆的接行，位置应错开布置在不同的立杆纵距中，与相近立杆的距离不大于纵距的 1/3，相邻步距的横杆应错开布置在立杆的里侧和外侧，以减少立杆偏心承载情况。

剪刀撑沿高度连续布置，横向也连续布置，纵向每隔 5 根立杆设一道，每片架子不少于三道，剪刀撑的斜杆除两端用旋转扣件与支架和脚手架的立杆或横杆扣紧外，在其中间应增加 2~4 个扣结点。

由于支架搭设是依靠扣件螺杆紧固完成的，因此，在每个节点的扣件螺杆施工中都必须用力矩扳手进行检查，只有当力矩达到 6kN·m 时才能通过，对顶端放槽钢的托撑与立杆之间的扣件应作重点检查，每跨抽检 50%，对其他扣件每跨抽检 10%。

3. 钢筋安装

钢筋必须按不同钢种、等级、规格及生产厂家分别验收，分别堆放，不得混杂。钢筋的表面应洁净，使用前将表面油渍污垢、鳞锈等清除干净，应平直、无局部弯折，盘圆和弯曲的钢筋须均匀调直。钢筋的弯制和末端的弯钩应符合设计要求。

钢筋接头采用焊接，焊接前，须进行试焊，合格后方可正式施焊。对适宜于预制钢筋骨架或钢筋网的构件，宜先预制成钢筋骨架片或钢筋网片，在工地就位后进行焊接或绑扎；现场绑扎钢筋应注意有关设计和规范规定，严格按图纸要求绑扎。

为保证保护层厚度，应在钢筋和模板间设置混凝土保护层塑料垫块，保护层垫块与钢筋绑扎紧并互相错开，在浇筑混凝土时，应对已安装好的钢筋进行检查。

为确保池壁内外层钢筋的间距，采用定位钢筋固定两层钢筋的间距。

4. 混凝土浇筑

采用商品混凝土，配制混凝土的材料应符合质量要求，配合比经过试验确定，坍落度控制不超过 140mm；初凝时间为 2h。

浇筑混凝土前，应对支架、模板、钢筋等进行检查，模板内的杂物、积水和钢筋上的污垢应清理干净；模板如有缝隙，应填塞海绵或封胶。

泵送混凝土连续进行，有间歇时应保持混凝土泵转动，以防输送管堵塞，间歇时间过长时，应将管内混凝土排出并冲洗干净。向模板内布放混凝土时，控制落差不超过 2m，当倾卸高度超过 2m 时，应采用滑槽、导管或串筒等，在使用前必须用水湿润。混凝土入模后及时进行捣实，特别是在钢筋和预埋件周围，以及模板的角隅处要避免漏振、欠振和超振，并避免碰撞钢筋模板和预埋件。

在对角线部位进行混凝土布料时，应按顺序、相向、分层浇筑，每层约 300mm；应在下层混凝土初凝前浇筑完成上层混凝土。振动棒移动间距不应超过振动器作用半径的1.5 倍，与侧模应保持 50~100mm 的距离；插入下层混凝土 50mm，每一处振动完毕后应边振动边徐徐提出振动棒；应避免振动棒碰撞模板、钢筋。浇筑过程中不允许将混凝土顺着倾斜表面直接滑下或流向其最终浇捣位置。

为避免模板漏浆、走动、变形、保护层垫块脱落等现象，浇筑过程中，应派专人负责看管模板及钢筋，一旦发现问题及时纠正或调整。

混凝土浇筑完成后，在收浆后尽快进行土工布膜覆盖和洒水养护。当气温低于 5℃时，不得进行洒水；混凝土拆模后表面应基本无色差，且平整光洁，没有蜂窝、露筋、空洞现象，且无硬伤等缺陷。

5. 施工缝二次浇筑

施工缝继续浇筑混凝土时，已浇筑混凝土的抗压强度应不小于 1.2MPa；在已硬化的混凝土表面上，应清除水泥浮浆和松动的石子，冲洗干净，并加以充分湿润，不得积水。浇筑前，施工缝处宜先铺上一层与混凝土相同强度等级的水泥砂浆，厚 20～30mm。混凝土浇筑后，要求细致捣实，使新旧混凝土紧密结合。另外还应按照设计要求设置遇水膨胀的止水条。

12.6.5 水泵与管道安装

1. 水泵安装

（1）水泵安装工艺流程：现场准备→基础复验交接→水泵检验→水泵搬运吊装→水泵就位→校正调平→基础灌浆找平→靠背轮找正、连接→二次精平→机泵附件及防护罩安装→试运转→交工验收。

（2）安装作业

1）待水泵基础坚固后，清理表面使其光滑平整，先在基础面和底座面上划出水泵中心线；水泵就位前逐台进行检修，清除内部杂物，检查内部装置、部件是否符合要求；将地脚螺栓插入预留孔，把泵组放在基础上，套上地脚螺栓、垫圈、螺母，如图12-24 所示。

2）在水泵底座下放垫铁，调整水泵标高，以进口法兰水平中心线为准测量；调整底座位置，使底座中心线和基础上的中心线一致；用水平仪在底座加工面上检查，不水平时可调整底座下的垫铁进行找平。

3）找平后，拧紧地脚螺栓上的螺母，并对底座水平度、水泵纵横轴线、进出水口标高中心线复核调整；对基础地脚螺栓灌浆并让其坚固。

图 12-24 安装中的泵房

4）靠背轮找正、连接：用调整螺钉调整泵和电机在连轴器处精确地对中；安装防护罩；水泵加润滑油脂，检查润滑油脂标号是否符合产品技术文件规定。

（3）试运转，交工验收。

2. 管道、阀门

（1）管道安装工艺流程： 现场准备→支架预制→预埋件找正、找平→管道除锈第一遍防腐→管道安装→支架安装→找正、找平→管道刷漆防腐→管道试压→管道冲洗→系统运行调试。

（2）安装作业

1）管道支吊架的形式、材质、加工尺寸及精度应符合设计图纸的规定。

2）根据施工图纸及现场情况，将管道管件扩大组合成管道组件；管道连接质量应符合设计要求。

3）管道支吊架固定可靠。

4）容器、阀门接替检查、试验合格；安装位置准确，符合设计要求。

5）各类管道安装完毕后，应按设计要求对管道系统进行严密性试验，以检查管道系统及各连接部位（焊缝、法兰接口等）的工程质量。

6）管道系统投入使用前，应进行清洗。

12.6.6　起重机安装

泵房设有 LH 型电动葫芦双梁桥式起重机，如图 12-25 所示。

图 12-25　电动葫芦双梁桥式起重机

1. 安装和调整

起重机安装前，首先按装箱单清点零、部件是否齐全。检查桥架部件、小车及其他零部件在运输过程中是否有损坏或变形，如有则应先修复完毕再进行安装。

（1）桥架的拼装

为了便于运输和贮存，桥架分成两根主梁和两根端梁；安装时先将主、端梁用螺栓拼装成桥架，选用 20 和 24 两种高强度螺栓，材料是 45 号钢。主端梁拼装前，要求将接触面的浮锈用钢丝刷清理干净，拧紧螺母的力矩：当其直径为 20mm 时是 456N·m，其直径为 24mm 时是 798N·m。拧紧螺母时要按一定的规程进行。桥架拼装后，其主要尺寸偏差应满足《电动葫芦桥式起重机》JB/T 3695—2008 的要求。

（2）小车安装

把整台小车安放在已拼装好的桥架轨道上，主动轮应和轨面接触，被动轮和轨面的间隙应满足《电动葫芦桥式起重机》JB/T 3695—2008 的要求。

（3）桥架其他附属部件的安装

走台、走台栏杆、电缆滑车架、大车缓冲器底座、大车导电线挡架、小车撞头架和吊笼及大车导电架等部件应按设计图纸的要求进行安装。

（4）外购成品的电动葫芦，应检查其环链安装是否符合附给的电动葫芦使用说明书中的要求，有不符合要求的部分需加以改正。

（5）电气设备安装

电气设备在安装前，应严格检查元件是否完整无缺，绝缘、触点等性能是否完好，电动机、控制器、保护箱、电阻器等电气设备导线连接处是否有松动和脱落以及潮湿等现象。导线的敷设应按设计图纸要求进行，导线的接头和导电轨应保证接触性能良好，所有电气设备的外壳均应可靠接地。

2. 试运转准备

在起重机运转前，必须认真检查机械和电气设备的各部件安装是否符合要求，各零、部件连接是否有松动，各润滑部位是否已加油，润滑情况是否良好；必须检查电动机正反转方向是否符合要求，特别是起重机运行机构的两只电动机旋转方向必须一致；当确认起重机处于完全正常的情况下，就可以试运转了；此时端梁栏杆门及平台均应关上，控制手柄均在零位，然后合上紧急开关，再按下启动按钮，把电路接通，起重机即进入运转的预备状态。

3. 起重机的空载试车

用手转动各机构的制动轮，使最后一根轴（如车轮轴）旋转一周时不能有卡住现象。

（1）小车行走：空载小车沿轨道来回行走三次，车轮不应有明显打滑现象；主动车轮应在轨道全长上接触；启动和制动应正常可靠；限位开关的动作准确；小车上的缓冲器与桥架上的撞头相碰的位置准确。

（2）空钩升降：开动起升机械，使空钩上升、下降三次，此时起升机构限位开关的动作应准确可靠。

（3）把小车开到跨中，起重机沿泵房全长行走两次，以验证框架和轨道是否安全，然后以额定速度往返行走三次，检验行走机构的工作质量，此时启动或制动时，车轮不应打滑，行走平稳，限位开关的动作准确，缓冲器工作正常。

4. 起重机的静载试车

进行超载试车时，必要时可以适当调整起升机构的制动器，静载试车程序和要求如下：

（1）将小车开到端部极限位置，待机平稳后，标记出主梁中点的零位置。

（2）将小车开到主梁中部，然后平稳的提升，逐步加载到额定起重量，离地100mm，悬吊10min，然后测量主梁中部的下挠度。此时中部的下挠度不得超过跨长的1/800，如此试验三次，且在第三次试验卸载后不得有残余变形，每次试验间歇时间不得小于10min。

（3）在上述试验满足后，做超额定载荷25%的试车（即提升1.25倍起重量），方法与要求同上。

（4）上述试验结束后，起重机各部分不得有裂纹、连接松动或损坏等现象出现。为了减少吊车梁弹性变形对试车检测记录的影响，静载试车时，应把起重机开到泵房的柱子附近。

5. 起重机的动载试车

（1）先进行起重机提升额定起重量试验，试验时应同时开动两个机构，按起重机的工作类型规定的循环时间作重复的启动、停车、正转、反转等动作，时间不少于1h。此时，各机构的制动器、限位开关及电气控制应准确可靠，车轮不打滑，桥架的振动正常，机构运转平稳，卸载后各零、部件无裂纹和损坏，各连接处不得有松动。

（2）上述试车结果良好时，可在超额定载荷10%的情况下，做与上述方法和要求相同内容的试车。

第 13 章　水塔、水柜

13.1　水塔施工工艺

13.1.1　结构与施工特点

水塔、水柜属于调蓄构筑物。水塔按照外部形状可分为蘑菇形水塔、伞形水塔、倒锥壳水塔、球形水塔；按照设计功能可分为供水水塔、冷却水塔、保温水塔。

水塔主体结构组成包括：基础、塔身（又称支筒、支架）、水柜（又称水箱）；荷载作用主要集中在上部。水塔的塔身形式，主要有砖塔壁、砖柱、钢筋混凝土塔、钢筋混凝土柱、钢柱、钢架等。水柜采用钢筋混凝土或预应力混凝土结构、钢结构、玻璃钢结构。基础可分为圆板基础、环板基础、壳体基础和桩基础等基础形式；壳体基础常用形式有正圆锥壳、M 型组合壳、内球外锥组合壳等。

水塔高度达到数十米，是一种高柔构筑物，施工难点是塔身、水柜和环梁。施工前应根据设计要求，复核拟建水塔、水柜以及连接管道的位置坐标、控制点和水准点。依据有关规定，编制施工组织设计和施工方案，合理安排施工工序及安全技术措施。

钢筋混凝土结构水塔，采用常规的模板支架施工难度大，宜采用滑模、倒（翻）模、提模等模板及施工工艺。按照国家建设主管部门的有关规定，水塔、水柜施工应编制专项施工方案，包括高空、起重作业及基坑支护、模板支架工程等危险性较大的分部分项工程。施工过程中还应对影响范围内的建（构）筑物、地下管线等进行监控量测，避免出现影响结构安全、运行功能的差异沉降。

钢筋混凝土水柜可在水塔顶部设计位置整体现浇施工；也可在地面基础上整体预制或划分构件预制后再提升至设计位置安装或拼装，不但施工质量易得到保证，且可在地面进行满水试验，降低施工作业难度。

预应力混凝土水柜在水塔顶部设计位置整体现浇施工，模板支架需专门设计加工，高空张拉作业难度较大，对施工技术装备和施工人员素质要求较高。

13.1.2　基础施工

（1）工程基础桩

桩基施工应满足设计要求和规范规定，承载力检测和桩身质量检验应合格。

（2）壳体基础施工

1）基础土质和承载力满足设计要求，且应避免扰动。

2）挖土胎宜按"十"字或"M"字型布置，用特制的靠尺控制；先挖成标准槽，然后向两侧扩挖成型。

3）土胎表面的保护层宜采用1：3水泥砂浆抹面，其厚度为15～20mm，表面应平整密实；浇筑混凝土时不得破坏。

4）混凝土浇筑厚度的允许偏差：+5mm、-3mm，混凝土表面应抹压密实。

（3）圆环形或板形基础施工

1）基础土质和承载力满足设计要求。

2）垫层表面应弹放基础中心位置和结构外缘控制墨线。

3）圆环形或板形基础应分次浇筑。

4）基础的预埋螺栓及固定模板支架的埋件位置应准确，并采取防止发生位移的固定措施。

5）基础完成后应及时回填压实，以便排水、搭设支架或作为水柜预制场地。

（4）应按照设计方案在基础底板适当位置埋设测量控制点和沉降观测点。

13.1.3 塔身施工

1. 现浇钢筋混凝土塔身

（1）应按有关规定编制模板支架安装、拆卸的专项施工方案，并经专家论证和批准。

（2）采用滑模或倒（翻）模施工工艺，支撑体系和提升系统应安全可靠，每节模板的高度应依据施工设计加工，但不宜超过2.0m；钢筋主筋应采用机械连接方式，接长的长度应与每节模板高度匹配，应有避免钢筋扭转的措施。

（3）安装模板前，应核对圆塔或框架基础预埋竖向钢筋的规格、基面的轴线和高程；施工过程中，应有控制圆塔或框架垂直度或倾斜度的措施。

（4）混凝土浇筑应制定专项施工方案；浇筑前，模板、钢筋安装质量应检验合格，混凝土配比应符合设计要求。

（5）混凝土输送入模应满足浇筑方案要求，整个浇筑过程中应设专人检查模板及支撑体系情况。

（6）施工缝应凿毛，清理干净；续接施工前应在界面处铺同强度水泥浆。

（7）混凝土浇筑完成后应及时进行保湿养护。

2. 钢筋混凝土预制装配塔身

（1）应按有关规定编制专项吊装方案，并经专家论证和批准。

（2）装配前每节预制塔身的质量验收合格。

（3）采用上下节预埋钢环对接时，其圆度应一致；钢环应设临时拉、撑控制点，上下口调平并找正后，与钢筋焊接；采用预留钢筋搭接时，上下节的预留钢筋应错开。

（4）圆塔或框架塔身上口，应标出控制的中心位置；圆塔两端钢环对接的接缝应按设计要求处理；设计无要求时，可采用1：2水泥砂浆抹压平整。

（5）圆塔或框架塔身采用预留钢筋搭接时，其接缝混凝土强度应比主体混凝土强度高一级，表面应抹压平整。

3. 钢架、钢圆塔身

（1）应按有关规定编制专项施工方案，并经专家论证和批准。

（2）安装前，钢构件的制作、预拼装质量经验收合格；钢架或钢圆塔身的主杆上应有中线标志。

（3）现场拼接组装应符合国家相应规范的规定和设计要求；钢构件采用螺栓连接时，主要技术要求：

1）螺栓孔位不正需扩孔时，扩孔部分应不超过 2mm；不得用气割进行穿孔或扩孔；

2）钢架或钢圆塔构件在交叉处遇有间隙时，应装设相应厚度的垫圈或垫板；

3）用螺栓连接构件时，螺杆应与构件面垂直；螺母紧固后，外露丝扣应不少于两扣；剪力的螺栓，其丝扣不得位于连接构件的剪力面内；必须加垫时，每端垫圈不应超过两个；

4）螺栓穿入的方向，水平螺栓应由内向外；垂直螺栓应由下向上；

5）钢架或钢圆塔身的全部螺栓应紧固，水柜等设备、装置全部安装以后还应全部复拧。

（4）钢构件焊接作业应符合国家有关标准规定和设计要求；钢构件安装时，螺栓连接、焊接的检验应按设计要求执行。

（5）钢结构防腐应按设计要求施工。

4. 整体吊装单塔身全钢水塔

（1）吊装前，对吊装机具设备及地锚规格，必须指定专人进行检查。

（2）主牵引地锚、水塔中心、桅杆顶、桅动地锚四点必须在同一垂直面上。

（3）吊装离地时，应作一次全面检查，如发现问题，应落地调整，符合要求后，方可正式吊装。

（4）水塔必须一次立起，不得中途停下；立起至 70°后，牵引速度应减缓。

（5）吊装过程中，现场人员均应站在离塔高 1.2 倍的距离以外。

（6）水塔吊装完成，必须紧固地脚螺栓，并安装拉线后，方可上塔解除钢丝绳。

5. 砌筑结构塔身

（1）预制砌块和砖、石的质量应满足设计要求和规范规定。

（2）砌体结构施工参见第 12.4.4 条内容，且应符合《给水排水构筑物工程施工及验收规范》GB 50141—2008 第 6.5 节的规定和设计要求。

13.1.4　水柜施工

（1）钢筋混凝土结构水柜宜在地面整体预制或分件预制时，地基承载力或地基处理应符合设计要求。

（2）钢筋混凝土结构水柜在塔身顶部整体现浇施工时，应编制模板支架专项施工方案，按有关规定经过专家论证、批准后方可施工。

（3）钢筋混凝土结构水柜现浇施工应连续进行，一次浇筑完毕，不能留施工缝；分次浇筑时，应设置止水板和止水条。

（4）预制钢筋混凝土结构水柜下环梁设置吊杆的预留孔应与塔顶提升装置的吊杆孔位置一致，并垂直对应；水柜及其配管穿越部位，均不得渗水、漏水。

（5）预制水柜吊装或装配应制定专项施工方案，主要包括吊装方式的选定及需用机械的规格、数量；吊装架的设计；吊装杆件的材质、尺寸、构造及数量；保证平稳吊装的措施；吊装安全技术措施。

（6）混凝土水柜的保温层施工应在水柜的满水试验合格后进行喷涂或安装；采用装配

式保温层时，保温罩上的固定装置应与水柜上预埋件位置一致；采用空气层保温时，保温罩接缝处的水泥砂浆必须填塞密实。

13.1.5 满水试验

（1）施工完毕的贮水水塔、水柜应依据设计要求和规范规定进行满水试验。贮水水塔、水柜的满水试验应符合《给水排水构筑物工程施工及验收规范》GB 50141—2008 第 6.1.3 条的规定，并应编制测定沉降变形的方案，在满水试验过程中，应根据方案测定水塔塔身的沉降变形量。

（2）设有保温层的水柜满水试验，应在保温层施工前进行；向水柜充水应分三次进行，每次充水宜为设计水深的 1/3，且静置时间不少于 3h；充水至设计水深后的观测时间：钢丝网水泥水柜不应少于 72h；钢筋混凝土水柜不应少于 48h。

（3）水柜设在地下时，满水试验应对基础内地下室底板及内墙采取防渗漏措施，并有观察塔身壁渗漏情况的条件。

（4）预制水柜在地面满水试验合格后，可不再进行满水试验；如有必要，应在水塔施工完毕后，重新进行试验观测。

13.2 水柜施工工艺

13.2.1 混凝土水柜

1. 钢筋（预应力）混凝土水柜现浇施工

（1）钢筋（预应力）混凝土水柜施工应符合设计要求。

（2）倒锥壳、下球壳模板支架安装应符合施工方案设计要求，并应通过强度、刚度和稳定性验算。

（3）正锥壳顶盖模板的支撑点应与倒锥壳模板的支撑点相对应。

（4）钢筋混凝土倒锥壳水柜的混凝土施工缝宜留在中环梁内，球形水柜的混凝土施工缝宜留在半球位置。

（5）混凝土浇筑应从水柜壁上对称的两个点同时进行，分层（厚约 400mm）交圈，均匀下料，防止模板支架的变形和位移。

（6）采用插入式振动器，附以人工插捣，防止出现"窝气"或漏振现象。

（7）预应力张拉必须在混凝土强度达到设计强度后进行，且应采用多次张拉技术。

（8）水柜内壁设有防水层时，应用钢丝刷将混凝土表面打毛，以利与防水层紧密粘结；如混凝土表面有凹凸或麻面、蜂窝、孔洞时，必须进行妥善处理后方可涂抹防水层。

2. 钢筋混凝土水柜预制施工

（1）钢筋混凝土水柜的预制施工应符合设计要求，且参照本书第 5 章相关内容。

（2）钢筋混凝土水柜的吊装应符合设计要求，且参照本书第 6 章的相关内容。

3. 钢丝网水泥砂浆水柜整体预制

（1）主要材料要求：宜采用普通硅酸盐水泥，不宜采用矿渣硅酸盐水泥或火山灰质硅酸盐水泥；其强度不应低于 32.5MPa；砂的细度模量宜为 2.0～3.5，最大粒径不宜超过

4mm，含泥量不得大于 2%，云母含量不得大于 0.5%；钢丝网的规格应符合设计要求，其网格尺寸应均匀，且网面应平直。

（2）模板安装参照本书第 4 章有关规定执行，其安装允许偏差应符合表 13-1 和表13-2 的规定。

<table>
<tr><td colspan="2">钢丝网水泥砂浆倒锥壳水柜模
板安装允许偏差　　表 13-1</td></tr>
<tr><td>项　　目</td><td>允许偏差(mm)</td></tr>
<tr><td>轴线位置(对塔身轴线)</td><td>5</td></tr>
<tr><td>高度</td><td>±5</td></tr>
<tr><td>平面尺寸</td><td>±5</td></tr>
<tr><td>表面平整度(用弧长 2m
的弧形尺检查)</td><td>3</td></tr>
</table>

<table>
<tr><td colspan="2">钢丝网水泥砂浆倒锥壳水柜预制
构件模板安装允许偏差　　表 13-2</td></tr>
<tr><td>项　　目</td><td>允许偏差(mm)</td></tr>
<tr><td>长度</td><td>±3</td></tr>
<tr><td>宽度</td><td>±2</td></tr>
<tr><td>厚度</td><td>±1</td></tr>
<tr><td>预留孔中心位置</td><td>2</td></tr>
<tr><td>表面平整度(用2m 直尺检查)</td><td>3</td></tr>
</table>

（3）筋网绑扎：筋网的表面应洁净，无油污和锈蚀；低碳冷拔钢丝的连接不应采用焊接；绑扎时搭接长度不宜小于 250mm；纵筋宜用整根钢筋，绑扎须平直，间距均匀；钢丝网应铺平绷紧，不得有波浪、束腰、网泡、丝头外翘等现象；钢丝网的搭接长度，环向不小于 100mm，竖向不小于 50mm；上下层搭接位置应错开；绑扎结点应按梅花形排列，其间距不宜大于 100mm（网边处不大于 50mm）；严禁在网面上走动和抛掷物件；绑扎完成后应进行全面检查。

（4）水泥砂浆技术要求：水胶比宜为 0.32～0.40；胶砂比宜为 1:1.5～1:1.7；拌和应均匀，拌和时间不得小于 3min；应随拌、随用，不宜超过 1h，初凝后的砂浆不得使用；抹压中的砂浆不得加水稀释或撒干水泥吸水。

（5）钢丝网水泥砂浆施工：抹压砂浆前，应将网层内清理干净；施工顺序应自下而上，由中间向两边（或一边）环圈进行；宜采用机械注浆、人工压浆方式；钢丝网内砂浆应压实抹平，待每个网孔均充满砂浆并稍突出时，方可加抹保护层砂浆并压实抹平；砂浆施工缝及环梁交角处冷缝处应细致操作，交角处宜抹成圆角。

（6）机械振动时，应根据构件形状选用适宜的振动器；砂浆应振捣至不再有明显下沉，无气泡逸出，表面出现稀浆时为止。

（7）喷浆法施工应符合《给水排水构筑物工程施工及验收规范》GB 50141—2008 第 6.4.12 条的规定。

（8）水泥砂浆表面压光应待砂浆的游离水析出后进行；压光宜进行三遍，最后一遍在接近终凝时完成；水泥砂浆的抹压宜一次连续成活；不能一次成活时，接头处应在砂浆终凝前拉毛，接茬前应把该处浮渣清除，用水冲洗干净。

（9）钢丝网保护层厚度应符合设计要求；设计无要求时，宜为 3～5mm。

（10）砂浆试块留置及验收批：每个水柜作为一个验收批，强度值应至少检查一次；每次应在现场制作标准试块三组，其中一组作标准养护，用以检验强度等级；两组随壳体养护，用以检验脱模、出厂或吊装时的强度等级。

（11）压光成活后及时进行养护，自然养护应保持砂浆表面充分湿润，养护时间不应少于 14d。蒸汽养护：温度与时间应符合表 13-3 的规定；水泥砂浆达到设计强度的 70% 方可脱模。

蒸汽养护温度与时间 表 13-3

序号	项 目		温度与时间
1	静置期	室温 10℃以下	>12h
		室温 10～25℃	>8h
		室温 25℃以上	>6h
2	升温速度		10～15℃/h
3	恒温		65～70℃,6～8h
4	降温速度		10～15℃/h
5	降温后浸水或覆盖洒水养护		不少于 10d

4. 整体预制水柜吊装

（1）水柜中环梁及其以下部分结构强度达到规定后方可吊装。

（2）吊装前应在塔身外壁周围标明水柜底面的坐落位置，并检查吊装架及机电设备等，必须保持完好。

（3）应先作吊装试验，将水柜提升至离地面 0.2m 左右，对各部位进行详细检查，确认完全正常后方可正式吊装。

（4）水柜应平稳吊装。

（5）吊装水柜下环梁底超过设计高程 0.2m 时，及时垫入支座调平并固定后，使水柜就位与支座焊接牢固。

5. 预制构件水柜装配

（1）准备工作

1）预制的构件宜侧放，支架垫木应牢固稳定；

2）下环梁企口面上，应测定每块壳体构件安装的中心位置，并检查其高程；

3）应根据水塔中心线设置构件装配的控制桩，用以控制构件的起立高度及其顶部距水柜中心距离；

4）构件接缝处表面必须凿毛，伸出的连接钢环应调整平顺，灌缝前应冲洗干净，并使接茬面湿润。

（2）装配施工

1）吊装时，吊绳与构件接触处应设木垫板；起吊时严禁猛起；吊离地面后应立即检查，确认平稳后，方可继续提升。

2）宜按一个方向顺序进行装配；构件下端与下环梁拼接的三角缝应衬垫；三角缝的上面缝口应临时封堵，构件的临时支撑点应加垫木板。

3）构件全部装配并经调整就位后，方可固定穿筋；插入预留钢筋环内的两根穿筋，应各与预留钢环靠紧，并使用短钢筋在接缝中每隔 0.5m 处与穿筋焊接。

4）中环梁安装模板前，应检查已安装固定的倒锥壳壳体顶部高程，按实测高程作为安装模板控制水平的依据；混凝土浇筑前，应先埋设塔顶栏杆的预埋件和伸入顶盖接缝内的预留钢筋，并采取措施控制其位置。

5）倒锥壳壳体的接缝宜在中环梁混凝土浇筑后进行；接缝宜自下而上浇筑、振动、抹压密实，并应由其中一缝向两边方向进行。

（3）水柜顶盖装配前，应先安装和固定上环梁底模，其装配、穿筋、接缝等施工可按照本条的规定执行，但接缝插入穿筋前必须将塔顶栏杆安装好。

13.2.2　非混凝土水柜

（1）钢（不锈钢）水柜

1）钢（不锈钢）水柜的制作、检验及安装应符合《钢结构工程施工质量验收规范》GB 50205—2001 的相关规定和设计要求；对于球形钢水柜还应参照《球形储罐施工规范》GB 50094—2010 的相关规定执行。

2）水柜吊装应视吊装机械性能选用一次吊装，或分柜底、柜壁及顶盖三组吊装。

3）吊装前应先将吊机定位，并试吊，经试吊检验合格后，方可正式吊装。

4）水柜内应在与吊点的相应位置加十字支撑，防止水柜起吊后变形。

（2）玻璃钢水柜安装

1）玻璃钢水柜分为 FRP 组装式水柜和 SMC 组合式水柜，玻璃钢水柜应符合相关标准的技术性能要求和《生活饮用水输配水设备及防护材料的安全性评价标准》GB/T 17219—1998 的要求。

2）玻璃钢水柜应坐落在同一水平面上，误差不得超过 5mm。

3）玻璃钢水柜与塔身安装应牢固稳定，符合设计要求。

4）装配式玻璃钢水柜应根据设计要求，采用螺栓组装。

（3）水柜安装完毕，进行检查、调整；除设计有要求外，水柜应满水试验合格。

13.2.3　附属结构物

（1）水塔避雷针的安装

1）避雷针安装应垂直，位置准确，安装牢固。

2）接地体和接地线的安装位置应准确，焊接牢固，并应检验接地体的接地电阻。

3）利用塔身预埋钢筋作导线时，应作标志，接头必须焊接牢固，并应检验接地电阻。

（2）铁梯、溢水管、上落水管等预埋管件位置和高程，应在内外模板安装时检查、确认，且固定得当。

13.3　施工质量控制

13.3.1　钢筋混凝土圆塔或框架塔身施工的允许偏差

钢筋混凝土圆塔或框架塔身施工的允许偏差应符合表 13-4 的规定。

钢筋混凝土圆塔或框架塔身施工允许偏差　　　　　表 13-4

检查项目	允许偏差（mm）		检查数量		检查方法
	圆塔塔身	框架塔身	范围	点数	
中心垂直度	1.5H/1000，且不大于 30	1.5H/1000，且不大于 30	每座	1	钢尺配合垂球量测
壁厚	−3，+10	−3，+10	每 3m 高度	4	用钢尺量测
框架塔身柱间距和对角线	—	L/500	每柱	1	用钢尺量测

续表

检查项目	允许偏差（mm）		检查数量		检查方法
	圆塔塔身	框架塔身	范围	点数	
圆塔塔身直径或框架节点距塔身中心距离	±20	±5	圆塔塔身 4；框架塔身每节点 1		用钢尺量测
内外表面平整度	10	10	每 3m 高度	2	用弧长为 2m 的弧形尺检查
框架塔身每节柱身水平高差	—	5	每柱	1	用钢尺量
预埋管、预埋件中心位置	5	5	每件	1	用钢尺测量
预留孔洞中心位置	10	10	每洞	1	用钢尺量测

注：H 为圆塔塔身高度，mm；L 为柱间距或对角线长，mm。

13.3.2 钢架及钢圆塔塔身施工的允许偏差

钢架及钢圆塔塔身施工的允许偏差应符合表 13-5 的规定。

钢架及钢圆塔塔身施工允许偏差　　　　　　　　　　表 13-5

检查项目		允许偏差（mm）		检查数量		检查方法
		圆塔塔身	框架塔身	范围	点数	
中心垂直度		$1.5H/1000$，且不大于 30	$1.5H/1000$，且不大于 30	每座	1	垂球、钢尺量测
柱间距和对角线差		$L/1000$		两柱	1	用钢尺量测
钢架节点距塔身中心距离		5	—	每节点	1	用钢尺量测
塔身直径	$D_0 \leqslant 2m$	—	$+D_0/200$	每座	4	用钢尺量测
	$D_0 > 2m$	—	$+10$	每座	4	用钢尺量测
内外表面平整度		—	10	每 3m 高度	2	用弧长为 2m 的弧形尺检查
焊接附件及预留孔洞中心位置		5	5	每件（每洞）	1	用钢尺量测

注：H 为钢架或圆塔塔身高度，mm；L 为柱间距或对角线长，mm；

13.3.3 预制砌块和砖、石砌体塔身施工的允许偏差

预制砌块和砖、石砌体塔身施工的允许偏差应符合表 13-6 的规定。

预制砌块和砖、石砌体塔身施工允许偏差　　　　　表 13-6

检查项目		允许偏差（mm）		检查数量		检查方法
		预制砌块、砖砌塔身	石砌塔身	范围	点数	
中心垂直度		$1.5H/1000$	$2H/1000$	每座	1	垂球配合钢尺量测
壁厚		不小于设计要求	$+20，-10$	每 3m 高度	4	用钢尺量测
塔身直径	$D_0 \leqslant 5m$	$\pm D_0/100$	$\pm D_0/100$	每座	4	用钢尺量测
	$D_0 > 5m$	± 50	± 50	每座	4	用钢尺量测
内外表面平整度		20	25	每 3m 高度	2	用弧长为 2m 的弧形尺检查
预埋管、预埋件中心位置		5	5	每件	1	用钢尺量测
预留洞中心位置		10	10	每洞	1	用钢尺量测

注：H 为塔身高度，mm；D_0 为塔身截面外径，mm。

13.3.4 混凝土水柜制作的允许偏差

混凝土水柜制作的允许偏差应符合表 13-7 的规定。

混凝土水柜制作允许偏差 表 13-7

检查项目	允许偏差(mm)	检查数量		检查方法
		范围	点数	
轴线位置(对塔身轴线)	10	每座	2	用钢尺、垂球量测
结构厚度	+10,-3	每座	4	用钢尺量测
净高度	±10	每座	2	用钢尺量测
平面净尺寸	±20	每座	4	用钢尺量测
表面平整度	5	每座	2	用弧长为 2m 的弧形尺检查
预埋管、预埋件中心位置	5	每处	1	用钢尺量测
预留孔洞中心位置	10	每洞	1	用钢尺量测

13.3.5 水柜吊装施工的允许偏差

水柜吊装施工的允许偏差应符合表 13-8 的规定。

水柜吊装施工允许偏差 表 13-8

检查项目	允许偏差(mm)	检查数量		检查方法
		范围	点数	
轴线位置(对塔身轴线)	10	每座	1	用垂球、钢尺量测
底部高程	±10	每座	1	用水准仪测量
装配式水柜净尺寸	±20	每座	4	用钢尺量测
装配式水柜表面平整度	10	每 2m 高度	2	用弧长为 2m 的弧形尺检查
预埋管、预埋件中心位置	5	每件	1	用钢尺量测
预留孔洞中心位置	10	每洞	1	用钢尺量测

13.4 倒锥壳水塔翻模施工实例

13.4.1 工程概述

某市新建一座倒锥壳钢筋混凝土水塔，设计容量为 $1000m^3$，有效高度（内存最低水位）为 41.0m；水塔主体由基础、塔身和水柜三部分组成。

基础为圆板整体钢筋混凝土结构，混凝土强度等级 C30。

塔身为现浇钢筋混凝土筒状结构，混凝土强度等级 C30，外径为 5000mm，壁厚 300mm；混凝土强度等级 C30。设计推荐采用滑模施工工艺。

水柜为钢筋混凝土薄壳结构，混凝土强度等级 C35、抗渗等级 P8；外径 2220mm，厚 140～170mm；高 9650mm，下锥壳斜度 1：2。

经技术经济比较，并经专家论证，确定施工方案：

圆板基础采用钢筋混凝土常规工艺施工。塔身采用三节翻模施工方式，塔顶部及底部实心部分分别一次浇筑成型，其他段采用翻模施工。

翻模施工是采用自下而上逐层上翻循环施工的特制钢模，由三节模板组成施工单元，并配有随模板升高的工作平台。当浇筑完上层模板的混凝土后，将最下层模板拆除翻上来装在第三层模板上而成为第四层模板。依此类推，循环施工，直至水塔施工完毕。

模板为特质钢模，委托专业厂家加工，模板的强度、刚度、表面平整度满足设计要求。圆板基础混凝土强度达到预定强度后，进行塔身位置的测量放样，检修预埋的塔身钢筋，对塔身所在位置基础混凝土进行凿毛处理。在塔身一侧设置塔吊，作为水塔施工提升材料及模板的垂直运输机械。在施工中，同时也作为塔身施工的垂直运输机械。

水柜在地面基础现浇预制，正锥和反锥分两次立模浇筑；在塔身施工结束后，围绕塔身在地面预制水柜，下环梁与筒身之间间隙为50mm，设计要求混凝土强度达到设计强度后将其提升到预定标高。最后依次施工支承环梁、顶盖并进行外粉刷。

施工工艺流程：

基础施工→塔身翻模施工→搭设模架→预制水柜→环托梁施工→水柜吊装→内防水→满水试验。

13.4.2 塔身翻模施工

1. 首段塔身施工

地面基础混凝土浇筑完毕及时进行顶面覆盖和洒水养护，达到设计强度的75%后准备下步塔身施工；在圆板基础顶面放样塔身中心和四个角点，并用墨线弹出印记，找平塔身模板底部，清除塔身钢筋内杂物。安装塔身实心段模板，在塔身四侧面搭设脚手架施工平台，绑扎塔身钢筋，加固校正模板。

首节模板安装技术要点：

（1）模板安装前，通过控制网测放塔身中心点和塔身四个角点，并进行换手测量，确保无误后，在圆板基础面上用墨线弹出塔身截面轮廓线和立模控制十字轴线。

（2）沿塔身轮廓线施作30mm厚砂浆找平层，以调整基顶水平，达到各点相对标高不大于2mm；待第3节塔身施工完毕，可凿除砂浆找平层，以利底节模板的拆除。

（3）外模安装后再次进行抄平、校正，达到模板顶相对高差小于2mm，对角线误差小于5mm后，上紧所有螺栓和拉杆、支撑。

（4）圆板基础混凝土施工时，在塔身轮廓线以外800mm左右处埋设 ϕ16mm 短钢筋头，以利塔身外模的支点加固。

2. 第2、3节段塔身施工

塔身实心段混凝土浇筑后，模板暂不拆卸，然后开始搭设塔身四周的钢管脚手架，同时在第1节模板顶上安装支立好第2、3节共4.0m高内、外模板，第2、3塔身高均为2.0m，共高4.0m，同时安装。

第2、3节外模用塔吊分块吊装，支撑就位于第1节外模顶上，同时安装内模。利用拉杆对拉加固塔身模板。搭设内模施工平台，接长塔身脚手架施工平台，采用塔吊提升塔身钢筋，主筋接头采用机械直螺纹套连接，以减少现场焊接时间，保证施工质量。

采用混凝土泵车浇筑第2、3节段塔身4.0m高混凝土。

3. 其余节段塔身施工

第 2、3 节段塔身施工后，待第 2、3 节模板内的塔身混凝土强度达到设计强度的 75%后，先后拆除第 1、2 节模板（第 3 节模板暂不拆除），利用塔吊提升模板，提升到要求的高度后悬挂于吊架上，将第 1、2 节模板依次安装支立于第 3 节模板顶上，绑扎塔身钢筋，浇筑塔身混凝土。

循环交替翻升模板、绑扎钢筋、浇筑混凝土，每次翻升 2 节共 4.0m 高模板，浇筑 4.0m 高塔身，依次周而复始，直至完成整个薄壁高塔身的施工；即塔身按每 2 节 4.0m 标准段循环施工，直至塔顶。

4. 模板翻升

每当上两节段塔身混凝土浇筑完成后，即可进行模板翻升、钢筋安装等。

（1）模板解体

在安装钢筋的同时，可以开始拆下面一节外模工作。拆模时用手拉葫芦将下面一节模板与上面一节模板上下挂紧，同时另设两条钢丝绳拴在上下节模板之间。拆除左右和上面的连接螺栓，然后通过两个设在模板上的简易脱模器使下节模板脱落。脱模后放松葫芦，使拆下的模板由钢丝绳挂在上节的模板上。然后逐个将四周各模板拆卸并悬挂于上节模板上。

（2）模板提升

利用塔吊将模板提升至安装节，安排工人对模板表面进行去污、涂油、清洁。提升过程中应有专人监视，防止模板与周边固定物碰撞。

（3）模板安装

将上层塔身混凝土面凿毛、清理后，用塔吊吊装提升，人工辅助对位，将模板安装到对应位置上，安装底口横向螺栓与下层模板连接，并以导链拉紧固定。内模板同步安装就位后，及时与已安装好的内外模板用拉杆连接。模板整体安装完成后，检查安装质量，调整中线水平，安装横带四角螺栓固定。

（4）技术要求

塔身各部位混凝土按照内实外美的要求，立模前认真清洗钢模，涂刷脱模剂，以利于拆模，保持混凝土外表色泽一致。模板整体拼装时要求错台<1mm，拼缝<1mm，模板接缝采用建筑专用双面止水胶带。安装时，利用全站仪校正钢模板两垂直方向倾斜度和四个角点的准确性，模板安装完毕后，检查其平面位置、顶部标高、垂直度、节点联系及纵横向稳定性，经检查确认后，浇筑混凝土。模板加强清理、保养，始终保持其表面平整，形状准确，不漏浆，有足够的强度、刚度。任何翘曲、隆起或破损的模板，在重复使用之前应经过修整，直至符合要求时方可使用。模板在运输、拆卸过程中，一定要轻拆轻放，防止变形。模板提升时应做到垂直、均衡一致，模板提升高度应为混凝土浇筑高度。塔身模板安装应稳固，设计拉杆数量不能随意减少，倒角拉杆严格按要求设置。

5. 混凝土施工

混凝土运输车运至现场，通过泵车（料管）或塔吊（料斗）入模。

（1）泵送混凝土掺入缓凝适当的减水剂，以改善混凝土的可泵性，延长水泥的初凝时间。混凝土的配合比满足耐久性和抗渗性能要求。现场严格控制泵送混凝土坍落度在 120～160mm 之间。

（2）混凝土泵送过程中尽量少停顿，短时间停泵要注意观察压力表，逐渐过渡到正常泵送；长时间停泵，应每隔 4～5min 开泵一次，以防混凝土离析。如果停泵超过 30min，则将混凝土从泵管中清除。泵送结束后，先将混凝土压完，再压入水，将管道冲洗干净。

（3）混凝土自由卸落高度控制在 2.0m 以内，按每层 400mm，水平分层布料，并根据混凝土供应情况及时调整布料厚度，在下层混凝土初凝前浇筑完上层混凝土。

（4）使用插入式振动器振捣，振捣时移动距离不得超过振动棒作业半径的 1.5 倍，与侧模保持 50～100mm 的距离；插入下层混凝土 50～100mm。振捣过程确保快插慢拔，每一点应振捣至混凝土不下沉，不再冒气泡泛浆、平坦为止。

（5）采用覆盖土工布和环管洒水养护不少于 14d。

13.4.3　水柜预制与吊装

倒锥壳水柜为钢筋混凝土结构，采用钢模围绕塔身在基础表面就地预制方式，由设在塔顶的起吊架整体吊装就位。

1. 现场预制

（1）预制工艺流程：

下环梁底模及内侧模安装→下环梁（锥壳）钢筋绑扎→外模安装→内模安装及混凝土浇筑顺序并进→顶壳内模安装→顶壳钢筋绑扎→混凝土浇筑→混凝土养护→水柜外表涂饰。

（2）工艺要点

水柜下锥壳混凝土浇筑必须连续作业，施工缝只能留在中环梁的上部，以保证水柜容水部位的抗渗要求；水柜下环梁底模的平整及水平度是吊装就位顺利的控制条件；用样尺测定模板上口圆周使之与塔身外表距离相等，以保证特制钢模板的组装精度。

（3）预制施工

预制模板采用特制钢板，现场放样、委托加工，模板外框采用型钢环箍。下锥壳外模板采用桁架、辐射梁及 ϕ48mm 钢管作支撑（参见本书第 8 章相关内容）；支架通过强度、刚度和稳定性验算。立杆基础经过处理，立杆间距依据施工方案支搭，模板搭接必须平顺，弧度准确。用于吊装的预埋的 ϕ25mm 圆钢应与环梁满焊。

混凝土强度等级 C35、抗渗等级 P8，采用泵车布料入模，由塔身两个对称点均匀布料，由底向上，分层、交圈浇筑，每层浇筑厚度为 300mm 左右，采用插入式高频振捣器精心振捣；水柜壁（底）混凝土浇筑要连续，严禁管道穿越部位停工或接茬；混凝土一次浇筑至施工缝；作业人员从水柜上环梁和塔身空隙中出入。

混凝土施工振捣后的混凝土面用圆弧把持器成形、压光。混凝土终凝后 3h 进行覆盖淋水保湿养护不少于 14d。

2. 水柜吊装

（1）准备工作

水柜混凝土强度达到设计强度；施工人员应经技术和安全交底；水柜周围设置 30m 半径的安全警戒区，上下指挥联络畅通；吊装点、设备节点全部检查合格。

（2）起吊开始离地时即停止并进行检查，48h 后继续提升；到 800mm 高度时停止，将水柜下环梁与筒身的 50mm 间隙清理干净。

（3）正常提升，每班提升前需做一次检查和交接，整个施工过程中有专人对气温、提升标高、倾斜方位及调平过程、时间、设备状况等作记录。正常提升每天 4m，换杆人员在水柜内作业，换下的吊杆从塔身窗进入塔身运至地面。

3. 灌注托梁、就位

到达规定标高前 100mm 时，进行一次严格的调平，到位时再调平一次。施工人员从塔身窗口处进入悬挂在水柜下的吊篮中，将 8 只钢销插入塔身上均布的预留孔钢套中同时焊接，钢销再与水柜底部埋件焊接，存在高低差时用钢板垫实后再焊接。水柜底与壁接茬处理时先用与混凝土同强度等级的砂浆打底一遍，然后浇筑混凝土，接茬处应仔细振捣，使新浇筑的混凝土与旧茬结合密实，并做好养护工作。

下环梁内壁和塔身外壁接茬处理前要将接茬凿毛，清除槽内的杂物，并冲洗干净，按设计浇筑沥青防水层，最后用砂浆浇筑。

13.4.4　施工脚手架

翻模施工工艺：利用具有一定工作强度的混凝土实体作为固定支撑体，各种材料用塔吊机械提升，通常不需要搭设脚手架。但是，鉴于工程条件和现场需求，沿塔身搭设两步脚手架，采用扣件式钢管。

水塔施工脚手架安装依据专项施工方案，浇筑模板支架与脚手架是相互分隔的，以求减少施工活动对结构成形过程的影响，满足施工工作人员操作、材料运输和堆放的需要；具有稳定的结构和足够的承载能力，和作业面的高度相适应，能保证安全作业需要。

搭建脚手架所使用的材料和构件必须符合有关技术规定的要求，自行加工的构件必须符合设计要求，并经过检验、试验后方可使用。

脚手架配合翻模工作平台使用，以满足工程进度需求。脚手板要铺满、铺平、铺稳，不得留有空头板；按规定设置挑出式完全网，确保操作人员的人身安全。

严格控制使用荷载，同时必须具有良好的漏电保护设施和装置，垂直运输要设置避雷装置。

脚手架暂不使用，短期又不能拆除时，应保持完整性，严禁乱拆，需要继续使用时，使用前要做严格的安全检查。

13.4.5　水柜满水试验

水柜注水前清理水柜内杂物，并封堵临时预留孔洞，检查水柜配管穿越部位的处理质量。

满水试验采用洁净的水源，水柜充水分三次进行，按水柜容量的 50%、25%、25% 计量，每次中间间隔时间不少于 30min；每次充水后静置不少于 8h，其间观察水柜内壁、穹底无片状潮痕迹，无渗漏，一次判定为合格。

在进行满水试验的同时进行沉降及倾斜增量的测定，最后测定水柜满水负荷 24h 以后的沉降量及塔身倾斜量；观测结果符合规范规定。

13.5　倒锥壳水塔滑模施工实例

13.5.1　工程概述

某配水厂新建一座钢筋混凝土倒锥壳水塔，容积 500m³，水塔基础为钢筋混凝土圆底板基础，埋置深度为 5.0m，底板直径为 12.00m，环壁上口外径为 5m，基础环壁上口外挑散水斜坡。水塔基础垫层散水采用 C15 混凝土，水塔基础为强度等级 C30、抗渗等级 P8 的防水混凝土。

塔身依据《钢筋混凝土倒锥壳保温水塔》04S801-2 国家标准图集制作，为钢筋混凝土塔体结构，内半径为 2.25m，外半径为 2.50m，壁厚为 250mm，钢筋混凝土强度等级为 C30。沿塔身竖直方向设有 9 个采光窗。

水柜外径为 14.8m，厚为 170mm，由下锥壳、上锥壳、下环梁、中环梁和上环梁组成；最高水位 48.4m。水柜由气窗顶盖、顶盖支柱、正锥壳、中环梁、倒锥壳、下环梁和支撑环梁组合而成；采用抗渗混凝土，混凝土强度等级为 C30、抗渗等级为 P8，水胶比为 0.32～0.45。

水塔基础施工采用常规施工方法，塔身施工采用滑模施工工艺，水柜先在地面预制好后再提升安装就位。

工程施工工艺流程：基础部分施工→塔身部分施工→水柜部分预制及吊装→水柜现浇部分施工→钢结构施工→塔身外装饰→收尾。

基础施工工艺流程：施工测量放线→垫层混凝土施工→基础钢筋安装→基础模板安装→插筋安装→基础混凝土施工→杯口钢筋安装→杯口模板安装→杯口混凝土浇筑→模板拆除。

塔身滑模施工工艺流程：塔身外竖井架组装→滑模平台组装、调试→塔身滑模施工（避雷系统安装、钢爬梯安装）→塔身顶部支柱施工→滑模平台拆除。

水柜预制及吊装流程：场地平整→排架搭设→模板工程→钢筋工程→混凝土浇筑→防水层施工→水柜外装饰施工→水柜吊装→排架拆除。

水柜整体预制流程：钢支架安装→环板施工→平台施工→气窗顶盖施工。

钢结构部分：塔身内钢爬梯安装→水柜内爬梯、栏杆安装。

工程施工计划工期为 136d。

13.5.2　基础施工

水塔基础分为两次施工，基础和环壁导墙分两次浇筑混凝土，施工缝设有钢板止水带。施工顺序：

垫层浇筑→侧模→钢筋绑扎→支模板→滑模地锚筋预埋→基础下部混凝土浇筑→钢筋绑扎→支模板→基础上部环壁混凝土浇筑。

基础底设有 100mm 厚、C15 混凝土垫层，钢筋混凝土基础圆底直径为 12.0m。底板侧模和导墙模板采用建筑组合钢模板，基础环壁采用木模板；模板拼装前，模板面均涂脱模剂。按照垫层上弹出的基础尺寸线安装模板。

基础底板模板用 2 道 $\phi22mm$ 钢筋环箍紧箍，并沿环向设置钢管支撑，间距约 1m，钢筋箍与钢管间用扣件连接牢固。浇筑混凝土时用泵车直接入模，分层浇筑，用平板振动器振密振平，抹灰工随后压平收光。

基础环壁内外模板均采用 $\phi14mm$ 对拉螺栓，间距不大于 0.6m×0.6m，紧贴环壁内外模板竖向放置 $\phi48mm$ 钢管和 50mm×50mm 方木作为楞，然后在每层对拉螺栓所设置标高处用两圈 $\phi22mm$ 钢筋在内外模板上抱箍，钢筋箍与对拉螺栓间用 E 型卡连接紧固。

沿环壁内模板周圈设置水平及斜向钢管支撑，并将其与中心井架连接，以确保内模板的整体稳定性。环壁模板支设完毕后，即在其根部与底板结合处抹一道水泥砂浆（掺加 107 胶水），以堵塞模板缝，防止在混凝土浇筑过程中出现漏浆现象。模板与支架组成如图 13-1 所示。

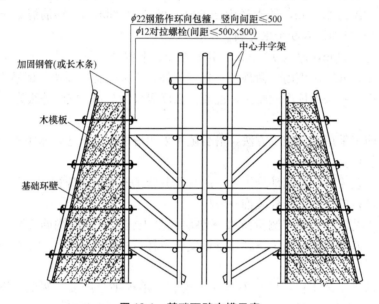

图 13-1   基础环壁支模示意

塔身中心井架可在基础底板施工前安装在垫层上，用毕可将伸出底板部分割除。混凝土要求一次浇筑完成，不能随意留施工缝。混凝土浇筑时先外后内，自下而上，分层浇筑，每层混凝土厚度宜控制在 400mm 左右。混凝土振捣应密实。导墙续接浇筑前应用清水充分湿润施工缝接缝位置，并用水湿润模板。浇筑混凝土前底部应先浇筑 100mm 厚与混凝土成分相同的水泥砂浆一层，以免底部产生蜂窝现象。混凝土要求一次浇筑完成，不能随意留施工缝。浇筑顺序为：自下而上，分层交圈浇筑，每层混凝土厚度宜控制在 400mm 左右。混凝土振捣应密实，杯口与筒身接合处凿毛。

13.5.3   滑模系统现场组装

（1）滑模系统委托专业公司设计并加工。施工期间，专业公司派员现场配合。滑模系统由操作平台系统、模板系统、液压提升系统、电气控制系统和垂直运输系统组成，如图 13-2 所示。

先根据塔身中心放置鼓圈，鼓圈中心和塔身中心一致，然后安装门架；依次安装内外钢圈、斜拉索、模板托架、内外模板、围檩等，铺设平台板、安装千斤顶、小扒杆；最后安装液压控制台、油管路、电气控制台、动力电缆、料斗、吊架、安全网等。组装程序与要求如下：

1）操作平台系统由钢圈、鼓圈及斜拉索组成空间桁架结构。根据组装处塔壁半径及平台施工时荷重选用14对门架、2道钢圈（其中内外钢圈各1道）、12根斜拉索，鼓圈高度1.2m，平台铺50mm厚平台板。

2）模板系统由门架及内外模板、围檩、移动挂架组成。选用14只门架，每只门架内外分别安装固定模板。

3）液压提升系统由液压台、油管路、千斤顶及支承杆等组成。每对门架上布置1只千斤顶，沿环向布置。

4）垂直运输系统由塔身一侧设置的提升架、起重桅杆、卷扬机及钢丝绳组成（提升架为专业设计加工），利用1台卷扬机提升料斗作垂直运输。

5）电气控制系统由动力电缆和上、下电气控制台等组成。

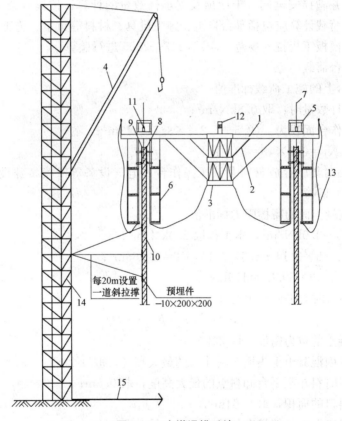

图 13-2　水塔滑模系统

1—平台；2—斜拉索；3—鼓圈；4—提升架桅杆；5—门架；6—移动挂架；
7—支撑杆；8—内模；9—外模板；10—塔身；11—千斤顶；12—电气控制台；
13—安全阀；14—提升架；15—卷扬机钢丝绳

（2）模具组装

模具组装前，应对钢模及所有构配件进行认真检查和核对，符合要求后方可进行安装。检查核对基础轴线、标高、伸出基础钢筋的数量、位置、长度和施工预埋孔件。为便于施工安装，以基础上表面作为起滑点；安装滑模前在混凝土表面测放出四条主轴线的位置以及远近控制点，同时测放管道、门窗洞口提升门架、内外模板等位置中心线用油漆做出标记，加以保护。

（3）平台组装

1）操作平台系统由钢圈、鼓圈及斜拉索组成空间桁架结构。根据组装处塔壁半径及平台施工时荷重选用 14 对门架、2 道钢圈（其中内外钢圈各 1 道）、12 根斜拉索，鼓圈高度 1.2m，平台铺 50mm 厚平台板。其中液压系统采用 HQ-35 滚珠式千斤顶，支承滑升爬杆采用 $\phi25$mm 圆钢。

2）提升架内外立杆采用 $\subset$ 8 槽钢加工，与 $\subset$ 12 槽钢桁架连接，提升架横梁采用 $\subset$ 12 槽钢。模板系统采用 1500mm×150mm 特制钢模板，沿周设 4 环 $\phi48$mm 钢管（热弯成型），扣件连接，周围与模板用 E 型勾头螺栓连接。环形平台水架内平台宽 1200mm，外平台宽 1200m。起吊脚手架选用脚手架自制角钢吊架，50mm 厚木板作脚手板，当平台滑升到一定高度后组装，并满挂安全网。千斤顶及支承杆数量的计算：按提升架沿塔壁 1.50m 左右间距均布，其荷载计算应包括平台自重、施工机具、材料等重量、施工荷载、模板摩擦阻力。按《滑动模板工程技术规范》GB 50113—2005 进行验算。

（4）核定平台荷载

1）操作平台上的施工荷载标准值

当计算支承杆数量时：取 0.8kN/m²；

因本工程操作台面积为：$(2.5+1.2)^2 \times 3.14 = 43$m²；

则集中荷载 $N_1 = 0.8 \times 43 = 34.4$kN。

2）平台上临时集中存放材料及液压操作台、电气设备等滑模特殊设备总自重为 3t，即：$3000 \times 10 = 30$kN。

3）模板与混凝土面的摩擦阻力标准值

钢模板：1.5～3.0kN/m²，本工程取 2.0kN/m²；

摩擦面积为：$(5 \times 3.14 + 4.5 \times 3.14) \times 2 = 59.66$m²；

则摩擦阻力为：$2 \times 59.66 = 119$kN。

4）混凝土卸料时对平台产生的冲击力

$$W = r[(h_0 + h)A + B] \tag{13-1}$$

式中 r——混凝土的重力密度，取 22kN/m³；

h_0——料斗内混凝土上表面至料斗口的最大高度，取 0.2m；

h——卸料时料斗至平台卸料点的最大高度，取 0.8m；

A——卸料口的面积，取 0.64m²；

B——卸料口下方可能堆存的最大混凝土量，取 0.384m³。

将以上数值代入公式（13-1）得 $W = 22.5$kN。

总垂直荷载 $Q = 1) + 2) + 3) + 4) = 34.4 + 30 + 119 + 22.5 = 205.9$kN。

5）确定爬杆数量

爬杆尽可能采用同批号的 $\phi25$mm A3 圆钢，调直后割除两端扁头，在现场对焊。接头打磨后备用。依据经验，出于安全考虑，取动载系数 $k = 2$，爬杆需用数量为：

$$N = kQ/[\sigma]A_0 = 2 \times 205.9 \times 10^3/(155 \times 10^6 \times 4.91 \times 10^{-4}) = 6 \text{根}$$

考虑滑升同步性能差造成的负载不均匀以及门架布置，采用 12 根爬杆，均匀布置，每根爬杆平均承载力为 13kN。

6）核定配用的千斤顶

按总垂直荷载计算，即按最小提升能力计算，单只千斤顶最低承载力 3t（即 30kN），考虑千斤顶的同步差异等因素，按千斤顶承载力的 50％考虑，即：30×0.5＝15kN，共需千斤顶数量为：

$$n＝205.9＝14 只$$

考虑门架布置确定采用 14 只千斤顶，满足滑模施工要求。

（5）荷载试验

平台组装完成后，需进行荷载试验，检查各部件受力情况是否符合要求。试验荷载均为计算荷载的 120％。

q 为静载＋施工荷载；p_1 为模板与混凝土接触面的摩阻力；p_2 为集中荷载＝斗重＋混凝土重＋导索张力＋钢丝绳重。

荷载试验分两次进行：

第一次试验，目的是检验千斤顶和支承爬杆在滑升状态时的承载性能。试验先加 $(q+p_1)$ 的荷载，加荷完毕后将平台提升 1～2 个行程，观测检查后再加 20％ $(q+p_1)$ 的荷载。每次加荷要认真检查支承爬杆有无变形或失稳，千斤顶爬升是否正常，特别要检查相邻两台千斤顶是否同步上升，另外还要检查油管网路系统是否漏油等。

第二次试验，目的是检验操作平台结构在非滑升状态即在浇筑混凝土时的荷载。先加 $(q+p_2)$ 的荷载，加荷完毕后要观测检查结构挠度及杆件节点情况，然后再加 20％ $(q+p_2)$ 的荷载。每次加荷应检查拉杆是否有过载变形（如丝口变形等），并检测鼓圈的变形量，卸载后还要测量构件的残余变形量。

13.5.4 塔身滑模施工

1. 滑模顺序

滑模施工利用支承杆和千斤顶承重和提升，支承杆埋在混凝土内，千斤顶套在支承杆上，平台固定，由液压控制台控制千斤顶带动操作平台提升，平台上的门架固定内外模板，平台提升时带动模板滑升，实现滑模施工。

主要施工顺序：浇筑混凝土→滑模系统提升→对中→调扭→绑扎钢筋、安装预埋件→混凝土养护→循环滑至设计标高。

2. 始滑

第一层混凝土浇筑高度根据气温情况而定，一般为 200～300mm，等该层混凝土浇筑完成后，滑升 1～2 个行程，接着浇筑第二层混凝土，高度 500mm，再滑升 1～2 个行程，检查平台各部位的连接情况，千斤顶是否漏油，爬杆是否弯曲，平台受力是否均匀等，若一切正常，则再浇筑第三层混凝土，浇至内模上口（低于内模上口 50mm）即完成始滑。进入正常滑模施工。滑升时密切注意千斤顶的升差，使千斤顶的升差控制在 20mm 内，避免对平台产生附加荷载。

3. 平台水平中心和扭转控制

（1）水平控制

平台上堆放的材料和机具设备要均匀摊开，不要放在一处，不用的材料及时送回地面。平台的标高打到爬杆上，记下刻度，每次升平台，各个千斤顶升到相同标高，平台的水平度用水平仪校正，每天2次。

（2）中心纠偏方法

利用调整平台倾面法来控制中心垂直偏差和扭转。在中心偏差方向，用液压千斤顶增加提升行程，使平台偏向方向有意升高，使平台倾斜，利用其倾斜产生的水平力使平台向原偏向的反方向偏移，达到中心还原。纠偏时应注意：每次纠偏倾斜值不超过35mm，较大的偏差，要分数次纠偏，不能一次纠正，以防塔壁突变。中心偏差要随时纠正，不要积少成多以致纠偏困难，纠偏结束应将平台重新调平。为了减少中心偏差，要求在施工过程中平台上荷载分布均匀，模板坡度一致，调径对称进行，并注意风向、风力对平台的飘移影响。

平台中心在滑升过程中要始终和塔身中心相吻合，垂直总偏差不得超过塔高的0.1%，塔身外径误差不得超过1/500。平时应保证平台平衡、稳步上升，爬杆承载力控制在1.5t以内，且每次平台滑升不宜过高，否则会使平台飘移。混凝土的浇筑应有规律的交换起始点，每升台一次测中一次，测中利用线锤来测，线锤钢丝绳经过鼓圈铁板中心孔放下，测中时应注意钢丝绳在中间不得与其他物件相碰，以防产生假象。

（3）产生中心偏差原因

平台荷载的不均匀分布、模板不对称、混凝土浇筑时未对称、千斤顶爬升行程不均匀，及风向和风力的影响。

（4）扭转控制

施工时为了防止扭转，混凝土浇筑顺序应对称，同一辐射梁上千斤顶应同步；还可用短钢丝绳和花篮螺丝将门架外立柱作相对固定，随着塔身滑升，花篮螺丝应同时收紧，保持门架垂直。

（5）调扭方法

平台扭转时支承杆之间用螺纹钢筋每500mm撑一道，既可防止扭转又可增加塔壁强度。

采用双千斤顶法调扭，通过调节两个千斤顶的不同提升高度来纠正扭转，当操作平台和模板发生顺时针方向扭转时，先将顺时针扭转方向一侧的千斤顶提高一些，然后全部千斤顶滑升一次再重复提升数次即可。如图13-3所示。

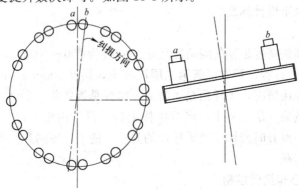

图13-3　扭转控制示意

4. 滑模速度控制

滑模速度对塔壁混凝土质量和外观影响较大，滑升速度慢，混凝土与模板间粘结力大，混凝土易拉裂，千斤顶易损坏，爬杆易弯曲，造成中心偏移，平台扭转等现象；反之速度过快，混凝土出模强度低（低于 0.2MPa），塔身内壁易发生局部混凝土坍落，支撑爬杆失稳，会造成重大工程质量事故和人身安全事故。

根据施工经验，一般日平均气温高于 20℃时，每昼夜滑升速度不超过 4～6m；日平均气温为 10～20℃时，每昼夜滑升速度不超过 3～5m。

5. 质量控制

混凝土施工质量应符合表 13-4 的规定，滑模施工允许偏差：圆形塔壁结构直径偏差都不得大于塔壁直径的 1%，并不得超过±30mm；标高偏差不得超过±30mm；表面平整度（2m 靠尺检查）偏差不得超过 5mm；门窗洞及预留洞的位置偏差不得超过 15mm；预埋件位置偏差不得超过 20mm。

6. 停滑

塔身滑模施工中应尽量避免中途停滑，因为停滑后混凝土随强度增加和模板粘结力增大，再次滑升时容易造成模板把混凝土拉裂，同时由于混凝土的收缩，再次滑升时，容易产生新老混凝土结合处出现错台现象。然而施工工艺要求或其他意外事件（雷雨、大风天气，现场意外停水、停电等）也会造成停滑。

停滑时，首先将当层混凝土浇筑，每隔 1～1.5h 提升千斤顶 1～2 个行程，混凝土初凝后，每隔 1h，提升一次平台，直至模板与混凝土无粘结力存在，方可停滑。

在恢复继续滑模施工前要对老混凝土面进行打毛处理、清理、冲洗，把拆下的模板清理干净，涂刷隔离剂。

7. 塔顶部施工

支塔滑模施工至顶部后，在施工支塔平台时预埋支塔顶部支柱竖向插筋，待支塔顶部平板施工完毕后，绑扎支柱箍筋，然后以现浇平板为支撑平台，支设顶部支柱木模，用钢管扣件加固，浇筑支柱混凝土，等混凝土强度达到设计强度时，拆除支柱模板。

8. 塔身内平台施工

塔身内共设有 10 个平台，从低到高搭设满堂红脚手架，每层浇筑混凝土 7d 后，再施工下个平台。

13.5.5 水柜预制

1. 场地平整

水柜预制支模前，依据施工方案处理地基，使其达到承载要求，以防止因地基下沉而引发水柜裂纹。具体处理措施：基础肥槽边回填土，边压实；在水柜投影外边线再增加 2m 范围内，采用中型钢碾压实，压实度达到 90%（重型击实标准）。

2. 支架搭设

在验收合格的地面上围绕塔身搭设扣件式钢管满堂红支架，并按水柜倒锥形壳体预留水柜位置。水柜为倒锥形壳体、板厚为 170mm。经荷载计算：支架立杆间距为 700mm，立杆下放置木方，并设置扫地撑，上下横杆间距为 1.2m，加设足够的剪刀撑，以满足安全稳定性要求。

待下锥壳混凝土强度达到设计强度时，以塔壁为整体水平支撑面在壳内二次搭设钢管支架（支架立杆间距为 900mm），为挡板及上锥壳施工提供支撑。预制水柜模板和内外支架布置如图 13-4 所示。

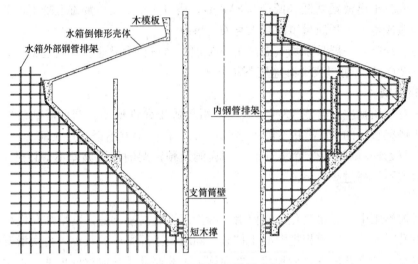

图 13-4   预制水柜模板支架

3. 施工缝设置

按设计要求，水柜壳体仅在中环梁的顶端设置一道水平施工缝；在施工下壳体时，挡板与台阶连接处设置水平施工缝，沿环向周圈埋设钢板止水带，确保在后续挡板混凝土浇筑时在此施工缝处不漏水。

4. 模板设计与安装

水柜壳体、环梁、顶盖支柱及挡板施工采用 18mm 厚覆膜板，支架为扣件式钢管。

根据工程结构形式和特点及现场施工条件，对模板进行设计，确定模板平面布置，纵横龙骨规格、数量、排列尺寸，连接节点大样。验算模板和支撑的强度、刚度及稳定性。确定模板的合理配制数量。

按模板设计图纸进行拼装，按水柜设计尺寸检查水柜圆度中心与塔身同心。木模板拼缝处采用封胶，防止漏浆。模板与混凝土接触表面清理干净并涂隔离剂，严禁隔离剂玷污钢筋与混凝土接茬处。

5. 钢筋加工安装

钢筋的规格、形状、尺寸、数量、锚固长度和接头设置，必须符合设计要求和施工规范的规定。钢筋弯钩朝向正确，绑扎接头、搭接长度符合规范规定。钢筋、钢网采用排架筋固定，保护层砂浆垫块每平方米一块。预留孔洞部位采用加筋措施。塔身竖向钢筋采用单排 $\phi25mm$ 钢筋，采用绑扎搭接，接头按照 25％错开。

6. 混凝土浇筑

采用强度等级 C30、抗渗等级 P8 的混凝土，控制现场混凝土坍落度在 120～140mm 之间，采用泵车布料，控制好布料与机械振捣速度。

水柜壳体一般分两次浇筑。第一次浇筑下部支承环梁、倒锥壳下部和中环梁上部，待混凝土达到一定强度后，再支水柜顶部和上环梁的模板，绑扎水柜顶部和上环梁的钢筋，然后浇筑混凝土。

下壳混凝土浇筑过程中，采用斜面堆积法施工，确保下壳里表面的斜度及表面平整度；挡板根部留设施工缝，二次浇筑，最后浇筑中环梁及上壳体混凝土。水柜壳体采用振动器振捣。

水柜拆模后，内壁按设计要求做好防水处理。水柜外形尺寸和厚度应符合设计要求，直径误差不得超过 1/500，厚度误差不得超过 1/20，水平偏差不大于 0.2%。

7. 水柜内防水层及外装饰工程

水柜下壳及挡板防水层按设计要求的做法分五层，三层防水水泥浆，两层防水砂浆。水柜上壳施工完毕后，外部做好抹灰装修水柜的工作后，按设计要求涂刷装饰涂料。第一层：刷防水水泥浆，厚度 2~3mm（50kg 水泥掺加 1kg 防水粉）。第二层：第一层刷完后即抹防水砂浆，厚度 5mm（水泥:粗砂=1:2），要求压密，待砂浆初凝后将表面扫成条纹。第三层：第二层凝固后，刷防水水泥浆，做法同第一层。第四层：第三层刷完后抹防水砂浆，厚度 8~10mm，配比同第二层，要求抹压两次。第五层：刷防水水泥浆，与第一层相同，紧接第四层进行，要求压实抹光。

13.5.6 水柜吊装

1. 吊装程序

吊装机械采用滑模系统液压滑升控制整套提升设备，把已滑模完成的塔身作为支承导架，将水柜提升到设计高度。

吊装程序：地面焊接支承吊杆钢筋→安装千斤顶→油泵与千斤顶接通→接通电源、关闭油泵针形阀→液压油泵调试。液压千斤顶活塞顶升带动水柜提升，直至水柜到达塔顶设计高度。

2. 荷载验算与机具选择

（1）荷载计算

经计算，水柜自重（包括内外粉刷）为 400t，使用 ϕ25mm 圆钢作吊杆，重 18t，悬挂吊篮等约 2t，共计 420t，即 4200kN。

千斤顶每一顶升行程结束，液压系统卸荷，水柜回降过程产生的动荷载不能忽略。回降控制基于千斤顶排出油缸中相对于回降值的油液和下卡体锁紧吊杆，类似重型设备运行中的制动，时间取决于排油的速度。根据以往经验，出于安全考虑，取动载系数 $k=1.4$。

（2）确定吊杆数量

吊杆尽可能采用同批次的 ϕ25mm A3 圆钢，调直后割除两端扁头；现场对焊接质量实行抽样检测，合格率为 100%，接头打磨后备用。

需吊杆数（N）计算：

$$N = KQ/[\delta]A_0 = 1.4 \times 420 \times 10^4/(155 \times 10^6 \times 4.91 \times 10^{-4}) = 77 \text{根}$$

在计算基础上，结合施工经验，考虑施工活荷载、风荷载和水柜塔身之间产生的摩擦等不利因素，以及悬挑走道板上容许布置的数量，拟定用 100 根吊杆，分 2 圈均匀布置，每根吊杆平均承载力为 42kN。

（3）配用千斤顶数量

按水柜自重计算，即按最小提升能力计算，单只千斤顶承载力不超过 3t（即 30kN），考虑千斤顶的同步差异等因素，千斤顶承载力取其设计值的 50%；即：$30 \times 0.5 = 15 \text{kN}$，共需千斤顶数量为：

$$n = 4200/15 = 280 只$$

考虑充分利用吊杆承载力，在每根吊杆上串接 3 只千斤顶，所以 $n = 100 \times 3 = 300$ 只，选用 HQ-35 滚珠千斤顶 300 只，YKT-36 液压控制台 2 台。

（4）液压设备布置

遵循"均衡"原则，将走道圆周平台均分为 6 个区，配 300 只千斤顶。油泵集中在塔身上部，电路集中并联操纵，一边系统同步。在施工中如发现水柜倾斜，只需关闭油压较高的区，就能迅速调平。

3. 提升施工

地面预制水柜时，在水柜底板中间隔层处预埋 $\phi 25 \text{mm}$ 吊环 4 个，沿周均匀设置。水柜底板混凝土强度达到设计强度以后，开始提升，提升之前，把水柜底部装饰油漆全部施工完，并把吊环处对称挂 2 个 3T 葫芦，$\phi 12 \text{mm}$ 钢丝绳穿入葫芦内。

水柜提升到设计高度时，进行调平。在底下搭设吊篮，沿塔四周搭设。搭设完毕后，在架子上面满铺 50mm 厚木板。钢丝绳一端捆绑在架子边，另一端在卷扬机上，塔的另一端同样如此；2 个卷扬机同步把吊篮吊起，施工人员站在吊篮内到指定高度进行施工。

4. 拆除提升装置

提升装置的拆除，应在水柜安装就位固定可靠后进行，利用水柜上施工用的起重桅杆或其他起重机具，将起重架解体，逐渐由水柜顶孔运至地面，吊杆从 U 型吊环处割断。

5. 环梁施工

环梁施工前在塔身设计部位预留 16 个 60mm×150mm 的洞，环梁底板就支撑在这 16 个预留洞口，14 个钢支架均匀焊上，绑扎钢筋，支设内外模板，浇筑强度等级为 C30 的混凝土。施工材料利用另一个卷扬机垂直运输。

待预制水柜安装就位后，焊接安装钢支架，确保各个构件间焊接牢固。然后支设环板木模，浇筑环板混凝土，由于环板承受的竖向荷载较大，在施工过程中应确保其尺寸准确，且环板与支塔中点同心。

6. 气窗顶盖施工

水柜安装就位后，利用水柜上壳顶盖支柱形成的孔洞，人进入其中搭设钢管支撑，支设气窗顶盖底的木模板，浇筑混凝土。浇筑时采取措施确保顶盖上表面的坡度及其表面平整度。混凝土施工结束后，即在顶盖表面按设计要求做卷材防水。

13.5.7 满水试验

水柜在地面预制完成后，在混凝土强度达到设计强度之后，进行了满水试验，一次达到合格标准。

水柜提升安装好，设计要求再次进行满水试验，主要目的是检验水柜底部安装施工质量。

水塔顶气窗顶盖施工完毕，水柜全部内模板及杂物清理干净，分次向水柜内注水，每次注水量不得大于 1/4 容量，且间隔时间不得小于 12h，观察接缝部位有无渗漏现象；并在注水过程中观测结构的沉降，并做好记录。

13.6　伞形水塔提模施工实例

13.6.1　工程概述

某小区新建水塔，基础是圆板杯口型现浇钢筋混凝土结构，基础埋置深度为 2.6m，基础外缘半径为 4.5m，垫层混凝土厚 100mm。

塔身为等截面、等壁厚、整体现浇钢筋混凝土结构，塔身顶部标高为 35m，塔身外径为 2.4m，内径为 2.04m，壁厚为 180mm；在塔身顶部搭设模板现浇环板，环板作为水柜模板的支承平台。

水柜为壳壁式整体现浇混凝土结构，混凝土设计强度等级 C35、抗渗等级 P8。拆模后水柜混凝土表面先用水泥砂浆混合灰打底压光，然后花饰大面积部分刷涂白色乳胶漆。凹槽及中环梁按花饰图样刷涂两遍蓝色乳漆。

水柜最低水位为 32.3m，最高水位为 37.2m，水柜最大直径为 11.04m，水柜最大容量为 200m³，水柜下壳壁厚 120mm，上壳壁厚 100mm，水柜迎水面采用五层防水一次性粉刷完毕，不留施工缝。

水塔防雷电设计，在基础底板下埋入 6 块 1.0m 长 50mm×5mm 角钢，且与上部基础的钢筋焊牢，保证焊接截面积满足设计要求，总电阻不大于 12Ω；用 2 块 40mm×4mm 扁钢伸出基础混凝土面 1.2m，位置定在塔身外缘 0.05m 处，作塔身引线搭接临时避雷，用于施工期间防止雷击事故发生。

依据设计要求，结合现场实际情况，经技术经济对比，确定 35.0m 高塔身现浇混凝土采用提模施工工艺，利用现有的钢架拼装成提升架，人工采用 4 个 3t 倒链提升。

施工工艺流程：

基础施工→塔身提模浇筑→下环梁（平台）浇筑→水柜现浇施工→满水试验→附属与装饰。

13.6.2　施工工艺

1. 工程项目划分与施工顺序

为便于验收，施工组织设计中划分的分部分项工程及其施工顺序为：基础土方、垫层、基础混凝土、塔身主体、环板、人井、水柜、气窗、顶盖、水电、管道安装和内外粉刷装饰。

为保证工程如期竣工，在塔身主体完成后就开始支塔顶环板平台和内粉刷爬梯，进行管道安装；水柜现浇完成后，其后工序按自下而上的顺序进行，采取流水或交叉施工作业方式。

2. 施工阶段划分

（1）基础施工：放线、挖土，垫层，安装钢筋、预埋管件、支模，搭设筒身架、捣混凝土，拆除支架模板、安装地下设施，回填土方。

（2）塔身施工：塔架安装、滑模安装、调试，浇筑混凝土、滑升，预埋件及预留孔位，拆模、养护等。

（3）水柜施工：塔顶安装悬挂三脚架，支模、布钢筋、浇筑混凝土，内壁五层防水做法，盖模浇筑、养护、拆模、栏杆安装，满水试验等。

（4）附属施工：管网安装与抹灰装饰等，可立体交叉作业。

3. 施工设备与机具

（1）提模施工利用现有的钢架拼装成提升架（塔），提升架还可用来垂直提升运输料斗吊笼，人工操作倒链提升。

（2）伞形水柜现浇施工，采用特制钢模和支撑钢架。

（3）高空混凝土浇筑采用运输料斗吊笼。

13.6.3　塔身提模施工

（1）塔身提模施工顺序为：挖基础土方→提升架（塔）基础→组、立提升架（塔）→基础施工→安装吊盘及钢模→筒身提模法施工→环梁支木模浇筑混凝土→砌护壁及水柜壁提模施工→封顶→拆上部提升塔→封底→拆下部提升塔→落吊盘、安装管路、铁梯等。整个施工过程除环梁处支木模外，其余均是提模施工。

（2）塔身混凝土提模施工工艺：先在塔身内架设好提升架（塔），提升架（塔）固定在基础底板预埋件上；在提升架（塔）上挂好内吊盘（见图13-5）作为操作平台。内外模板均由四扇弧形特制钢板组成，每扇之间采用螺栓连接。内模由绞车提升（随吊盘上升），外模由 4 个 3t 倒链人工提升。

（3）施工机具

1）单筒卷扬机 2 台，振捣棒 4 台（2 台备用），3t 倒链 4 台。

2）特制模板，内外模采用 5mm 钢板制作，高度 800mm。外模肋为 50mm×50mm 角钢，内模除用 50mm×50mm 角钢加固外，每个钢模上下两端共用 4 个小桁架加固，以增强钢模刚度。

内模浮置在吊盘上，将螺丝松开（松紧范围为 60mm）后，可随吊盘提升而提升。当松紧螺丝紧好后，吊盘仍可自由落下。外模的周围用 ϕ16mm 钢筋焊制脚手框（间距 1.2～1.5m），下铺木板，周围用安全网围住，施工人员可站在上面作业，如处理接缝或松紧螺丝。

3）吊盘（平台）

吊盘钢架由 8 榀 L-1 金属桁架和 4 根 Q-1 角钢撑组成。围绕提升塔用 75mm 〔形框和 ϕ14mm 拉筋，根据筒身内径大小做成圆形工作吊盘，如图13-5所示。

工作吊盘采用两点提升，由 ϕ12.5mm 钢丝绳提动，设有 3t 滑轮。

4）外模起吊井字架由 4 根 ϕ200mm 钢管组成，钢管由两根⊏100 槽钢支撑，下部用槽钢支撑在吊盘框上。井字架随吊盘升降。井字架四角各挂 3t 倒链 1 台以提升外模。井字架四角设 4 根无极稳绳以承受倒链的作用力，如图13-6所示。

5）吊笼设在提升塔内，规格按井字架内孔大小设计，顶部设有安全抱刹。

（4）浇筑与模板提升

在浇筑塔身混凝土前，在混凝土设计配合比基础上进行现场试验，确定施工配合比和初终凝时间、分层浇筑厚度、振捣方式；浇筑混凝土顺序是在塔身壁上的两个对称点布料，顺时针和逆时针方向进行；模板提升顺序是先提升外模，后提升内模。

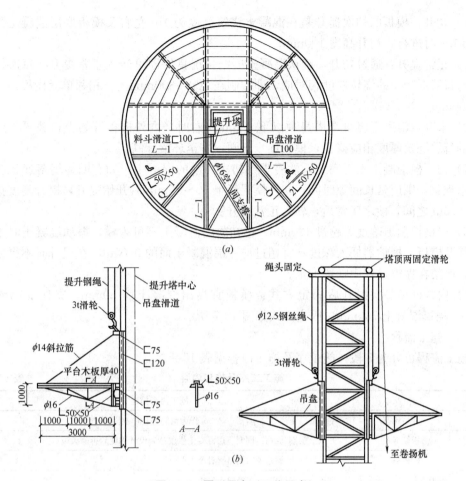

图 13-5 圆形吊盘（工作平台）

（a）工作吊盘平面布置示意；（b）工作吊盘安装与提升系统示意

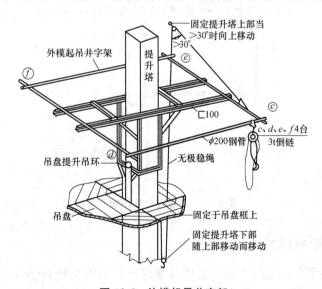

图 13-6 外模起吊井字架

1) 初升：模板的初次提升是在混凝土浇筑高度为 1m 左右及模板底层混凝土强度达到 10MPa 时进行；初升高度 100mm。

2) 正常提升：通过初升，确认混凝土凝结情况良好即可转入正常提升。每次提升的高度与每层混凝土的浇筑厚度相对应，即控制在 200～300mm 内。相邻单元模板顶标高不超过 50mm。

3) 末升：混凝土浇筑至塔身顶以下 0.5m 左右时，内外模板开始上口找平。此时混凝土的每层浇筑厚度相应减小，模板逐步交圈，直至环梁标高。

4) 初入模混凝土不得满筑，然后观察初次出模的混凝土，如有明显坍落或下沉及变形泌水现象，则应延长间隙时间；初入模混凝土 20～30min 后开始提升，提升高度控制在 0.3～0.5m 之间，使之正常后，转入正常提升。

5) 严格控制坍落度不超过 120mm，已初凝的混凝土不可入模，振动混凝土时不得振动钢筋及模板，振动器插入深度不宜超过前一层混凝土面的 0.05m，在提升时不得使用振动器，严禁在振捣过程中随意加水。

6) 内、外模每次提升后固定方式：模板宜高出混凝土面 50mm，夹住下部混凝土 50mm，浇筑混凝土 700mm；固定方式如图 13-7 所示。

（5）施工流程

施工流程可分为 5 段，施工序及施工内容见表 13-9。

施工工序及施工内容

表 13-9

序号	工序（状态）	施工内容描述
1	开始状态	下层混凝土浇筑完毕，留空 3.0m 作为钢筋绑扎作业面
2	钢筋绑扎	开始上层钢筋绑扎，同时下层混凝土强度达到设计强度后拆除模板
3	模板提升	模板拆除后，通过 4 台倒链提升至上层
4	模板支设、浇筑混凝土	进行模板支设作业，并浇筑混凝土
5	提升状态	待混凝土达到一定强度后，千斤顶液压，提升钢平台和挂架，完成一个标准流程；重复工序，持续向上

注：现场实际施工时，为满足水塔施工垂直运输需要，调整进度，在水塔附近安装塔吊。

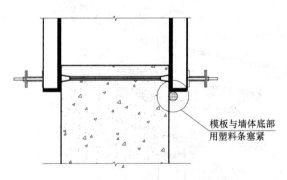

模板与墙体底部用塑料条塞紧

图 13-7　塔身壁内外模板固定

13.6.4　水柜现浇施工

（1）浇筑环梁平台。混凝土浇筑至塔身顶以下不小于 500mm 时，应在塔环形壁内埋置支撑杆和水柜斜插筋，以便为浇筑下环梁搭设平台；挂架及模板安装如图 13-8 所示。

（2）水柜采用现浇混凝土整体结构，模板制作安装及支撑必须牢固可靠。综合考虑各方面因素，确定模板构造为：内、外模板按圆弧周长分为不同等份。外模板由组合钢模板、40mm×55mm×1200mm方木、63mm×6mm角钢围圈组成。内模板弧长1538mm，由定型组合钢模板、2道63mm×6mm角钢围圈组成。内模次肋用63mm×6mm角钢，主肋为厚6mm、宽60mm[型钢。外模次肋用75mm×8mm角钢，主肋为厚8mm、宽70mm]型钢。

（3）支模前首先将模板清理干净，涂刷一层脱模剂；将环板上口托模位置找平，保证水柜的中心位置和塔身的重点位置在一条线上，然后按顺序、角度拼装水柜模板，同时注意模板的平整度和承受强度，防止混凝土浇捣时变形；钢筋焊接绑扎上下层应错开，搭接长度应满足设计要求。

（4）抗渗混凝土，强度等级C35、抗渗等级P8；最大水胶比不超过0.5，坍落度以50mm最佳，水泥最低用量不得低于370kg/m³，混凝土的粗骨料最大粒径不得大于30mm，骨料要注意级配得当，骨料中杂质含量应限制在：砂中含泥量不超过3%，石中含泥量不超过1%。

（5）为了保证混凝土的抗渗性能，防水混凝土不允许使用人工振捣，必须采用插入式振动器，仔细振捣密实，不漏振、不欠振。

水柜浇筑混凝土时要连续施工，一次性浇捣完成，不得留有施工缝，仅在中环梁的顶端设置一道施工缝；凡施工缝要妥善处理，在浇筑时下料要均匀，最好由水壁上的两个对称点同时同方向下料，以防模板变形。水柜顶盖模板支撑要牢固可靠，保证混凝土浇筑时模板不下垂变形，一般要求预先起拱20～30mm。

13.6.5　满水试验

满水试验分三次进行，每次注水量为水柜容量的1/3，注水水位上升速度不宜超过2m/24h；相邻两次充水的间隔时间不少于24h，严禁一次注满。

每次注水后测读24h的水位下降值，同时检查柜体外部结构混凝土情况、池体外壁混凝土表面和管道穿越部位渗漏情况。当渗水量较大时，停止注水；待检查、分析处理后，再继续注水。渗水量达到要求后，仔细观察注水构筑物外表面，达到无渗漏积水、无明显降落方为合格。

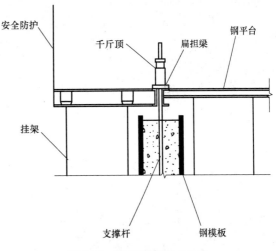

图13-8　塔身顶部平台示意

在施工过程中和进行满水试验时，同时进行水塔沉降和水平位移观测。

13.6.6　装饰工程

装饰依据施工方案划分程序自上而下进行。水柜盖及顶盖等用1：2的水泥砂浆找平一次性压光，水柜中环梁及下壳外表面1：0.5：2的水泥石灰砂混合打底抹平压光，养护期满后，按照《水塔图集》S844 花饰涂刷蓝、白两色乳胶漆于环板上。

塔身用 1∶2 水泥砂浆一次性抹平压光，在装饰刷乳胶漆前清洗壁上的粘结物，然后把塔身分成 8 块长形直线，间块错位刷蓝、白两色乳胶漆至 4m 处，以下刷水泥本色混凝土面油漆。

散水坡面用 1∶3 水泥砂浆找平压光，爬梯、栏杆及铁件等刷淡黄色防锈漆 2 遍，木门、百叶窗刷调和漆 2 遍。

水管线路安装及装配应符合施工设计要求，在基础混凝土完成后，回填土之前，各种地下给水排水管道和线路均一道配合施工，留出地面管道封口，水柜主体完成以后，自下而上安装水管，线路一次完成，在浇捣水柜、塔身的同时，安装好各种预埋件，避免二次打洞补修。

第 14 章 取水与排放构筑物

14.1 地下水取水构筑物施工工艺

14.1.1 分类与构造

地下水取水构筑物通常可分为：管井、大口井、辐射（复合）井及渗渠等。

管井是采集深层地下水的取水构筑物，通常用凿井机械开凿，按其过滤器是否贯穿整个含水层，可分为完整井和非完整井，如图 14-1 所示。

常见的管井由井室、井壁管、过滤器及沉淀管等组成。当有几个含水层、且各层水头相差不大时，可采用多层过滤器管井，如图 14-2 所示。当抽取结构稳定的岩溶裂隙水时，管井也可不装井壁管和过滤器。

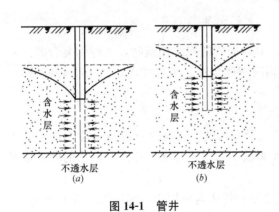

图 14-1 管井

（a）完整井；（b）非完整井

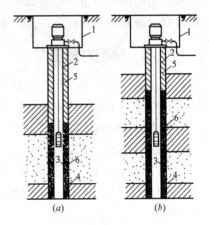

图 14-2 单层、双层过滤井

（a）单层过滤器井；（b）双层过滤器井

1—井室；2—井壁管；3—过滤器；

4—沉淀管；5—黏土封闭；6—填砾层

14.1.2 大口井施工

（1）大口井适用于埋藏较浅的含水层，井的口径为 3~10m，井身用钢筋混凝土、砖、石等材料砌筑。

（2）大口井施工工艺

1）井筒施工

井壁进水孔的反滤层必须按设计要求分层铺设，层次分明，装填密实；采用沉井法下沉大口井井筒，在下沉前铺设进水孔反滤层时，应在井壁的内侧将进水孔临时封闭；不得采用泥浆套润滑减阻；井筒下沉就位后应按设计要求整修井底，经检验合格后方可进行下一工序；当井底超挖时应回填，并填至井底设计高程，其中：对于井底进水的大口井，可采用与基底相同的砂砾料或与基底相近的滤料回填；对于封底的大口井，宜采用粗砂、砾石或卵石等粗颗粒材料回填。

2）井底反滤层铺设

宜将井中水位降到井底以下；必须在前一层铺设完毕并经检验合格后，才可铺设次层；每层厚度不得小于该层的设计厚度。

3）大口井周围散水下填黏土层

黏土应呈现松散状态，不含有大于 50mm 的硬土块，且不含有卵石、木块等杂物；不得使用冻土；分层铺设压实，压实度不小于 95％；黏土与井壁贴紧，且不漏夯。

4）施工期间应避免地面污水及非取水层水渗入取水层。

5）抽水清洗

抽水清洗前应将构筑物中的泥沙和其他杂物清除干净；抽水清洗时，大口井应在井中水位降到设计最低动水位以下停止抽水；渗渠应在集水井中水位降到集水管底以下停止抽水；待水位回升至静水位左右应再行抽水；抽水时应取水样，测定含砂量。

设备能力已经超过设计产水量而水位未达到上述要求时，可按实际抽水设备的能力抽水清洗；水中的含砂量小于或等于 1/200000（体积比）时，停止抽水清洗；应及时记录抽水清洗时的静水位、水位下降值、含砂量测定结果。

14.1.3   辐射井施工

（1）辐射井是由大口井与辐射（水平）管复合而成的取水构筑物，又称为复合井。新建辐射井应先施工管井，建成的管井井口应临时封闭牢固。大口井施工时不得碰撞管井，且不得将管井作任何支撑使用。

（2）辐射管施工工艺

1）应根据含水层的土壤类别、辐射管的直径、长度、管材以及设备条件等确定施工方法，选用锤打法、顶管法、机械钻进法、水射法、水射法与锤打法或顶管法的联合以及其他方法。

2）每根辐射管的施工应连续作业，不宜中断；埋入含水层中，辐射管应有不小于 4‰ 的坡度坡向出水口。

3）辐射管施工完毕，应采用高压水冲洗；辐射管与预留孔（管）之间的缝隙应封闭牢固，且不得漏砂。

4）采用锤打法或顶管法施工

辐射管的入土端应安装顶帽，施力端应安装管帽；锤打方向为千斤顶的轴线或合力作用线方向，应位于辐射管的施力端中心；千斤顶的支架应与底板固定；千斤顶的后背布置应符合设计要求。

5）采用机械钻进法施工

大口井井壁强度达到设计要求后，方可安装钻机设备；钻机应可靠地固定在滑道上；钻孔均匀进尺，遇坚硬地层，钻进量不能过大；钻进和喷水必须同步，及时冲出钻屑。

6）采用水射法施工

高压胶管与喷射水枪的连接，必须过水通畅，安全可靠，且不得漏水；水压不小于0.3MPa，水枪的喷口流速：中、粗砂层中，宜采用 15m/s；卵石层中，宜采用 30m/s；辐射管开始推进时，其入土端宜稍低于外露端；配合水枪射水，应缓缓推进辐射管。

14.1.4 渗渠施工

（1）渗渠取水系统通常包括集水井、人工滤层集水管、检查井和泵房；通常用于河床或延边的砂砾冲积层截取河床渗透水和潜流水。

（2）渗渠沟槽施工

1）槽底及槽壁应平整，槽底中心线至槽壁的宽度不得小于中心线至设计反滤层外缘的宽度；

2）当采用弧形基础时，其弧形曲线应与集水管的弧度基本吻合；

3）集水管与弧形基础之间的空隙，宜用砂石填充。

（3）预制混凝土枕基的现场安装

枕基应与槽底接触稳定；枕基间铺设的滤料应捣实，并按枕基的弧面最低点整平；枕基位置及其标高应符合设计要求。

（4）预制混凝土条形基础、现浇管座

条形基础与槽底接触稳定；条形基础的位置及其标高应符合设计要求；条形基础的上表面凿毛，并冲刷干净；浇筑管座时，在集水管两侧同时浇筑，集水管与条形基础间的三角区应填实，且不得使集水管移位。

（5）集水管铺设

下管前应对集水管作外观检查，下管时不得损伤集水管；铺设前应将管内外清扫干净，且不得有堵塞进水孔眼现象；铺设时应使集水管无进水孔眼部分的中线位于管底，并将集水管固定；集水管铺设必须保证一定的坡度，其坡度应符合设计要求。

（6）反滤层铺设

现浇管座混凝土的强度达到 5MPa 以上方可铺设反滤层；集水管两侧的反滤层应对称分层铺设，每层厚度不宜超过 300mm，且不得使集水管产生位移；每层滤料应厚度均匀，其厚度不得小于该层的设计厚度，各层间层次清晰；分段铺设时，相邻滤层的留茬应呈阶梯形，铺设接头时应层次分明；反滤层铺设完毕应采取保护措施，严禁车辆、行人通行或堆放材料、抛掷杂物。

（7）沟槽回填

1）反滤层以上的回填土应符合设计要求；当设计无要求时，宜选用不含有害物质、不易堵塞反滤层的砂类土；若槽底以上原土成层分布，宜按原土层顺序回填；

2）回填土时，宜对称于集水管中心线分层回填，并不得破坏反滤层和损伤集水管；冬期回填土时，反滤层以上 0.5m 范围内，不得回填冻土；回填土应分层夯实。

（8）渗渠施工完毕，应清除现场遗留的土方及其他杂物，恢复施工前的河床地形。

（9）渗渠抽水清洗要求同大口井。

14.1.5 施工质量控制

（1）抽水清洗后测定产水量

　　测定大口井或渗渠集水井中的静水位；抽出的水应排至降水影响半径范围以外；按设计产水量进行抽水，并测定井中的相应动水位；含水层的水文地质情况与设计不符时，应测定实际产水量及相应的水位。测定产水量时，水位和水量的稳定延续时间应符合设计要求；设计无要求时，岩石地区不少于 8h，松散层地区不少于 4h；宜采用薄壁堰测定产水量；及时记录产水量及其相应的水位下降值检测结果；宜在枯水期测定产水量。

　　（2）预制井筒的制作尺寸允许偏差应符合表 14-1 的规定。

预制井筒的制作尺寸允许偏差　　　　　　　　　　　　表 14-1

检查项目		允许偏差（mm）	检查数量		检查方法
			范围	点数	
筒平面尺寸	长、宽（L）	±0.5%L，且≤100	每座	长、宽各 3	用钢尺量测
	曲线部分半径（R）	±0.5%R，且≤50	每对应 30°圆心角	1	用钢尺量测
	两对角线差	不超过对角线长的 1%	每座	2	用钢尺量测
井壁厚度		±15	每座	6	用钢尺寸量测

　　（3）大口井施工的允许偏差应符合表 14-2 的规定。

大口井施工的允许偏差　　　　　　　　　　　　表 14-2

检查项目	允许偏差（mm）	检查数量		检查方法
		范围	点数	
井筒中心位置	30	每座	1	用经纬仪测量
井筒井底高程	±30	每座	1	用水准仪测量
井筒倾斜	符合设计要求，且≤50	每座	1	用垂线、钢尺量，取最大值
表面平整度	≤10	每 10m	1	用钢尺量测
预埋件、预埋管的中心位置	≤5	每件	1	用水准仪测量
预留洞的中心位置	≤10	每洞	1	用水准仪测量
辐射管坡度	符合设计要求，且≥4‰	每根	1	用水准仪或水平尺测量

　　（4）渗渠集水管施工的允许偏差应符合表 14-3 的规定。

渗渠集水管施工的允许偏差　　　　　　　　　　　　表 14-3

检查项目		允许偏差（mm）	检查数量		检查方法
			范围	点数	
沟槽	高程	±20	每 20m	1	用水准仪测量
	槽底中心线每侧宽	不小于设计宽度			用钢尺量测
基础	高程（弧形基础底面、枕基顶面、条形基础顶面）	±15			用水准仪测量
	中心轴线	20			用经纬仪或挂中线钢尺量测
	相邻枕基的中心距离	20			用钢尺量测
管道	轴线位置	10			用经纬仪或挂中线钢尺量测
	内底高程	±20			用水准仪测量
	对口间隙	±5	每处		用钢尺量测
	相邻两管节错口	5			用钢尺量测

　　注：对口间隙不得大于相邻滤层中的滤料最小直径。

14.2 地表水取水构筑物施工工艺

14.2.1 分类与施工特点

（1）地表水取水构筑物按构造形式可分为：岸边固定式、水中活动式和水中固立式取水等方式。岸边固定式取水构筑物一般由进水口、导水管、集水井和泵房组成，其又可以分为分建式和合建式两种；一般适用于岸坡较陡、深水线靠近岸边的江河。

水中活动式取水构筑物，又可分为浮船式和活动车架式。水中定固式取水构筑物可分为江式、直吸式和斗槽式。

（2）取水构筑物因取水方式不同、构造不同，施工方法也有所不同。但是都会受到水源的流量、流速、水位影响，通常施工组织应考虑洪水季节的保证措施和安全防护措施。

（3）施工方法选择

水下基坑（槽）开挖，可采用挖泥船开挖、空气吸泥机开挖或爆破法开挖；主体结构施工，可采用围堰法、沉井法等方法；沉井法施工，可采用筑岛法、浮运法施工。

14.2.2 取水头部预制施工

（1）取水头部预制的场地要求

场地周围应有足够供堆料、锚固、下滑、牵引以及安装施工机具、机电设备、牵引绳索的地段；地基承载力应满足取水头部的荷载要求，当达不到荷载要求时，应对地基进行加固处理；混凝土预制构件的制作应按《给水排水构筑物工程施工及验收规范》GB 50141—2008 的有关规定执行。

预制构件沉放完成后，应按设计要求进行底部结构施工，其混凝土底板宜采用水下混凝土封底。

（2）取水头部水上打桩施工允许偏差见表 14-4。

取水头部水上打桩施工允许偏差 　　　　　表 14-4

序号	项目		允许偏差(mm)
1	上面有盖梁的桩轴线位置	垂直于盖梁中心线	150
2		平行于盖梁中心线	200
3	上面无纵横梁的桩轴线位置		1/2 桩径或边长
4	桩顶高程		+100，−50

（3）取水头部的定位，应采用经纬仪三点交叉定位法；岸边的测量标志，应设在水位上涨不被淹没的稳固地段。

（4）取水头部沉放前，应做下列准备工作：

拆除构件拖航时保护用的临时措施；对构件底面外形轮廓尺寸和基坑坐标、标高进行复测；备好注水、灌浆、接管工作所需的材料，做好预埋螺杆的修整工作；所有操作人员应持证上岗，通信指挥系统应清晰畅通。

14.2.3 浮运法取水管安装

1. 浮运

（1）取水管安装前，可用两艘浮吊根据沉管吊装位置组织抛锚定位；先由拖轮在平潮时把浮管拖运到浮吊前，每艘浮吊各用两个大钩四点抬吊沉管的吊耳。

（2）沉管起吊出水后，拆封头板人员乘交通艇靠近管端系好船缆，将浮吊小扣钢丝用千斤顶扣着吊耳吊起。电焊工用气割将连接管端封头板的螺杆割断；先割下方螺杆，后割上方螺杆，以免封头板落下时砸伤人；封头板螺杆割除后，用撬棍撬动封头板，使封头板支管口脱开，浮吊将封头板吊起放在驳船上运回钢管制作场地重复使用。

（3）在沉管吊装前必须先安装下哈夫（half），从管口外侧向管段 350mm 处焊接 1 根哈夫固定螺栓，下哈夫割预留孔与螺栓紧固就位；首节沉管安装下哈夫两个，其他管段安装下哈夫一个。

（4）沉管封头板拆除后，将橡胶圈套入管的两端，每根管端套管形橡胶圈 3 根；管口边到第一根橡胶圈间距为 200mm，其他两根间距可为 300mm。

2. 沉管

（1）上述工作就绪后，浮吊按测量人员控制位置定位、松钩将沉管下水；沉管搁置在支座上后，潜水员下水进行检查，调整刚性支座与管段的位置，同时用水准仪复测管顶标高；用钢垫板垫实支座与管底间隙；使其满足设计要求后继续安装下节沉管，并控制好相邻管之间接口间隙不超过 20mm，再将上哈夫下水，潜水员配合将上下哈夫间橡胶垫块孔位对齐，安装螺栓，用加力杆将上下哈夫紧固；最后将每根横梁支桩管座系统连接紧固。

（2）安装顺序：由江侧向岸侧进行安装。特别需要指出的是：在进行弯管段安装时，潜水员应水下冲吸泥、电氧切割工具头，实测顶管与直管段之间长度，按实测长度制管，最后敷设上述两段管。

3. 取水头安装

（1）取水头安装应在平潮、流速小的情况下进行。

（2）首先将加工好的取水头吊放到方驳上，然后在测量员的指挥下由拖船拖弋方驳在指定位置定位，起重船同时在相应位置定位。

（3）起重船起吊取水头，将取水头按测量方位定位于设计轴线位置开始下沉，在下沉至支座后，潜水员下水观测取水头位置，起重船在潜水员指挥之下调整取水头与支座的相对位置，确保接口管位置和桩帽与底板位置相对应。

（4）当取水头位置调整正确后，潜水员开始水下钻孔，从取水头底板的预留孔起钻，在桩帽上开孔；开孔完毕后，潜水员用螺栓连接桩帽与取水头底板；螺栓连接完毕后，安装即告结束。

4. 回填、抛石

取水头部定位后，应进行测量检查，及时按设计要求进行固定；施工期间应按设计要求对取水头部、进水间等给水排水构筑物的进水孔口位置、标高进行测量复核。给水排水构筑物施工完成后，应按《给水排水构筑物工程施工及验收规范》GB 50141—2008 的相关规定和设计要求进行回填、抛石等稳定结构的施工。

14.2.4 取水口垂直顶升

取水口从出水管道内垂直顶升施工，应符合《给水排水管道工程施工及验收规范》GB 50268—2008 第 6.3 节的规定，并应符合下列要求：

(1) 顶升立管完成后，应按设计要求稳管、保护；

(2) 在水下揭去帽盖前，管道内必须灌满水；

(3) 揭帽盖的安全措施准备就绪；

(4) 排放头部装置应按设计要求进行安装，且位置准确、安装稳固。

14.3 取水头立管垂直顶升施工工艺

14.3.1 施工流程

1. 竖顶总顶力分析与施工方案

竖顶总顶力由竖顶钢帽与隧道四周的摩擦力、竖顶钢帽正上方土体阻力、竖顶管四周与土摩擦力三部分组成。在实际施工中，当竖管初顶时，竖顶钢帽与隧道四周的摩擦力是比较大的，当克服四周摩擦力后，竖顶钢帽正上方土体由于逐步压缩到极限后，上方土体将向河床隆起，此时，总顶力达到最大后会逐渐减少。在竖顶泵顶力分析基础上，编制施工方案。

2. 设备安装

(1) 垂直顶升设备安装

将垂直顶升设备整体移位到垂直顶升穿墙管下方，调整垂直顶升反力架中心及位置与穿墙管中心及位置一致，然后调整垂直顶升反力架水平度，调整好后的反力架应适当固定。

(2) 止水系统安装

1) 顶头竖顶管与法兰通过小车牵引到垂直顶升反力架上穿墙管下方，启动顶升千斤顶向上顶升，用螺杆将其与钢封门连接成整体，再转向法兰与顶头竖顶管法兰螺杆连接处的空隙进行填充并用水泥砂浆抹平封堵。顶头管节安装时，应正确安装下法兰的位置，其不需嵌木板条的方向应沿隧道轴线的方向，以后每节管节安装均应如此。

2) 安装止水轧兰，止水轧兰分上下两片，两片之间缠绕 3 道或多道油盘根止水，下轧兰片与穿墙管法兰用螺杆连接。

(3) 拆除封头螺杆

拆除封头螺杆前，首先将千斤顶伸出顶升的顶头管节，支撑封头。顶力应控制在 400~500kN 之间，当钢封头开始向上抬升时，拆除四周连接螺杆，拔出螺杆后要及时装上铁闷头，牢牢紧固，检查无误后进入顶升阶段。

3. 管节就位

管节采用小车运输就位，在垂直顶升时，将垂直顶升底座上轻轨轨道与隧道内轻轨轨道连接起来，管节通过电瓶车运输到隧道末端垂直顶升位置后，利用千斤顶使管节与已顶升管节连接。

4. 顶升施工

（1）开始顶升时，由于钢封门与管节之间有一定的摩阻力，顶力可能较大，此时应调好溢流阀，以便控制总顶力在合适的范围，在顶升过程中，再逐步调高油压。

（2）在初顶阶段应密切观察，若发现竖管垂直度略有偏差应及时调整总顶力作用点，确保竖管垂直度。

（3）当管节顶升到一定高度时，须注意垂直顶升顶力，若静止反力大于 800kN 应继续顶升 100~200mm，静止 5min 后，回缩千斤顶 100~200mm，此时静止反力会降下来。当静止反力小于 800kN 时，再用钢支撑固定竖管下法兰的四个角，检查安全后，开始回缩千斤顶，先回缩中间两只千斤顶，然后回缩四角千斤顶，在四角千斤顶回缩 10~15cm 时停下 3min 左右，查看垂直度等之后，把千斤顶回缩到底。

（4）在千斤顶回缩到底后，打开卷扬机拉下一节管节到位后进行对接，串齐螺杆后用千斤顶上升进行顶紧，然后拧紧螺杆，用已经搅拌好的混凝土进行封孔。另外用木板把管节连接处的凹槽垫平，最后四角涂抹黄油来减少与油盘根的摩擦。

5. 顶升底座处理

（1）当底座管节顶升至设计高度时，从底部预留压浆孔向穿墙管外压水泥浆进行注浆处理。

（2）待浆液凝固后再拆除止水轧兰，并焊接制动压板及撑板，最后回缩千斤顶。

14.3.2　技术措施与实施要点

（1）隧道底部加固

由于垂直顶升时，在立管处隧道将受集中荷载，该处荷载主要由电气施工设备荷载、管节自重、正面土压力、管壁摩阻力、水压力等组成，顶力较大。为防止竖顶引起隧道破坏，故需在竖顶区域底部通过隧道压浆孔预先对隧道外侧进行压密注浆加固，以增加隧道特殊段底部土体强度。

（2）顶升架安装

顶升装置由底座扩散块、刚性顶升架、千斤顶、油泵车等组成。顶升装置安装时，首先要平整、垫实、强制对中，确保立管的准确度。竖顶反力架应形成钢性整体。

（3）止水橡皮框安装

垂直顶升前，应先在每节管段的上法兰顶头管节的外接法兰处涂聚氯乙烯胶泥，将止水橡皮框固定在管节上法兰处，然后用球形榔头敲出螺杆孔。在进行管节安装时，在止水橡皮框面上应按设计要求涂两层聚氯乙烯胶泥，并安装好止水膨胀橡胶圈，再安装垫圈将螺杆拧紧，拧紧螺杆时应对称均匀拧紧。顶头管节以下的管节在安装时，除了按上述要求将相邻的两管节进行螺杆连接外，还应当在螺杆紧固完成后，将立管相邻两节管段法兰连接处的间隙用防水水泥砂浆充填。

（4）封堵板处进出水管路的设置

为了减小竖管的顶升阻力，可在隧道封堵板上埋设 $\phi50$mm 高压冲泥苗子 1 只，另外设置 $\phi50$mm 出泥泄压孔一只，当垂直顶升压力较大时，可以通过 $\phi50$mm 高压冲泥苗子进行冲泥，冲出的泥浆从 $\phi50$mm 出泥泄压孔中排出，这样可以减小垂直顶升时的顶进阻力。排出的泥浆通过管路排至泥水箱中后运出管外。

（5）立管顶升

顶头管定位后，向上顶升与管片临时封堵连接后，解除封堵与隧道管片的联系，控制顶力逐渐加大，管节行程末端用龙门架支撑管节底部，退回油缸安装就位次管节。在竖顶施工过程中，应对隧道沉降进行观测。

当末节管节顶到位后，立管与隧道管片焊接固定后，将穿墙管与立管之间的间隙用快凝止水浆液填充，作永久处理。

（6）特殊管段处理直顶升范围内的特殊管段，其结构形式应符合设计要求，结构强度、刚度和管段变形情况应满足承载顶升反力的要求；特殊管段土基应进行强度、稳定性验算，并根据验算结果采取相应的土体加固措施。

顶进的特殊管段位置应准确，开孔管节在水平顶进时应采取防旋转的措施，保证顶升口的垂直度、中心位置满足设计和垂直顶升要求；开孔管节与相邻管节应连接牢固。

14.3.3 垂直顶升作业

（1）顶升架安装

顶升架应有足够的刚度、强度，其高度和平面尺寸应满足人员作业和垂直管节安装要求，并操作简便。

传力底梁座安装时，应保证其底面与水平管道有足够的均匀接触面积，使顶升反力均匀传递到相邻的数节水平管节上；底梁座上的支架应对称布置。

顶升架安装定位时，顶升架千斤顶合力中心与水平开孔管顶升口中心宜同轴心和垂直；顶升液压系统应进行安装调试。

（2）顶升前，应对下列事项进行检查，检查合格后方可顶升：

1）垂直立管的管节制作完成后应进行试拼装，并对合格管节进行组对编号；垂直立管顶升前应进行防水、防腐蚀处理。

2）水平开孔管节的顶升口设置止水框装置且安装位置准确，并与相邻管节连接成整体；止水框装置与立管之间应安装止水嵌条，止水嵌条压紧程度可采用设置螺杆及方钢进行调节。

3）垂直立管的顶头管节应设置转换装置（转向法兰），确保顶头管节就位后顶升前，进行顶升口帽盖与水平管脱离并与顶头管相连的转换过程中不发生泥、水渗漏；垂直顶升设备安装经检查、调试合格。

（3）垂直顶升

应按垂直立管的管节组对编号顺序依次进行；立管管节就位时位置应正确，并保证管节与止水框装置内圈的周围间隙均匀一致，止水嵌条止水可靠；立管管节应平稳、垂直向上顶升；顶升各千斤顶行程应同步、匀速，并避免顶块偏心受力；垂直立管的管节间接口连接正确、牢固，止水可靠；应有防止垂直立管后退和管节下滑的措施。

（4）垂直顶升完成后，应完成下列工作：

做好与水平开口管节顶升口的接口处理，确保底座管节与水平管连接强度可靠；立管进行防腐和阴极保护施工；管道内应清洁干净，无杂物；垂直顶升管在水下揭去帽盖时，必须在水平管道内灌满水并按设计要求采取立管稳管保护及揭帽盖安全措施后进行；外露的钢制构件防腐应符合设计要求。

14.3.4　顶升施工质量控制

1. 主控项目

（1）管节及附件的产品质量应符合国家相关标准的规定和设计要求。

检查方法：检查产品质量合格证明书、各项性能检验报告，检查产品制造原材料质量保证资料；检查产品进场验收记录。

（2）管道直顺，无破损现象；水平特殊管节及相邻管节无变形、破损现象；顶升管道底座与水平特殊管节的连接符合设计要求。

检查方法：逐个观察，检查施工记录。

（3）管道防水、防腐蚀处理符合设计要求；无滴漏和线流现象。

检查方法：逐个观察；检查施工记录，渗漏水程度检查按《给水排水构筑物工程施工及验收规范》GB 50141—2008 附录 F 第 F.0.3 条执行。

2. 一般项目

（1）管节接口连接件安装正确、完整。

检查方法：逐个观察；检查施工记录。

（2）防水、防腐蚀层完整，阴极保护装置符合设计要求。

检查方法：逐个观察，检查防水、防腐蚀材料技术资料、施工记录。

（3）管道无明显渗水和水珠现象。

检查方法：逐节观察。

（4）水平管道内垂直顶升施工的允许偏差应符合表 14-5 的规定。

水平管道内垂直顶升施工的允许偏差　　　　　　　　　表 14-5

检查项目		允许偏差（mm）	检查数量		检查方法
			范围	点数	
顶升管帽盖顶面高程		±20	每根	1	用水准仪测量
顶升管管节安装	管节垂直度	≤1.5‰H	节	各1	用垂线量测
	管节连接端面平行度	≤1.5‰D_0，且≤2			用钢尺、角尺等量测
顶升管节间错口		≤2			用钢尺量测
顶升管道垂直度		0.5‰H	每根	1	用垂线量测
顶升管的中心轴线	沿水平管纵向	30	顶头、底座管节	各1	用经纬仪测量或钢尺量测
	沿水平管横向	20			
开口管顶升口中心轴线	沿水平管纵向	40	每处	1	
	沿水平管横向	30			

注：H 为垂直顶升管总长度，mm；D_0 为垂直顶升管外径，mm。

14.3.5　阴极保护

设计要求进行阴极保护时，应在隧道通水前对隧道特殊段及垂直顶升立管安装牺牲阳极保护块；牺牲阳极材料可选用铝、锌、铟、镁、钛合金。

特殊环每两环的纵向联系梁和止水框架侧板上设阳极块，竖管处的阳极块从内侧焊接在管节法兰上，并尽量使阳极块保持水平放置。在焊接前，阳极背面（紧贴被保护体一侧）涂两道防锈漆，以防阳极脱落，阳极工作面严禁涂漆。如果阳极工作面有油污，应清除后才可使用。

牺牲阳极采用平贴焊接法安装，将阳极两端的外露铁芯直接焊接在指定位置上，阳极铁芯每端两侧的焊缝长度不小于90mm，焊缝高度不小于12mm或14mm。牺牲阳极在垂直顶升施工的同时进行安装。牺牲阳极安装焊接完成后，应全面检查焊接质量，不得有假焊和焊接缺陷，同时，电焊部分应彻底清除焊渣，并涂环氧沥青漆两遍。

施工步骤为：①清洁牺牲阳极表面；②在安装部位焊支架；③将牺牲阳极焊接到支架上。

取水头如果也采用牺牲阳极保护，则可分别在顶盖板内外各安装一块，安装位置位于顶盖板中部；格栅座外壁安装两块，内壁安装两块，共四块，均匀对称分布。牺牲阳极与取水头连接形式采用牺牲阳极支撑脚与取水头焊接连接，要求焊缝高度均不小于8mm。

14.3.6　工程应用简介

某发电厂4×600MW新建工程，新建循环水进水头及隧道工程包括一座隧道工作井、2条钢筋混凝土进水隧道及16根竖向进水口。取水头采用的施工方法为：驳配拖轮浮运至施工现场，浮吊吊放安装。安装前先对立管周围进行水下吸泥，潜水员配合，基槽边坡采用水下挖泥，基槽边坡按设计要求放坡，并根据实际水流等情况作相应调整。

基槽开挖后对河床进行检查验收，以保护立管不受损坏。水上抛石前先进行水上定位，块石抛好后，潜水员下水整平。

隧道工作井为地下钢筋混凝土结构，外形尺寸26m×14m×19.07m，采用沉井法施工。循环水进水隧道为2条内径4840mm、壁厚330mm的自流引水管道，进水隧道单长707.5m，其中标准段长659.7m，特殊段长47.8m，采用盾构法施工。

每条隧道端部设置8根竖向进水口，采用垂直顶升工艺，垂直顶升管为矩形断面，内尺寸1.54m×1.54m，壁厚180mm，其中近岸的4根顶升管由一节顶头管节、七节标准管节和一节底座管节组成，标高为−20.36～−9.51m，高度10.85m；远岸的4根顶升管由一节顶头管节、六节标准管节和一节底座管节组成，标高为−20.36～-10.715m，高度9.645m。

垂直顶升管头部安装进水格栅、取水头，取水头中心间距为5.73m。进水口四侧泥面采用水下抛块石保护。隧道特殊段钢结构管片及立管采用牺牲阳极保护。根据地质资料反映，垂直顶升段上部覆土约8～9m，均为淤泥质土，土质比较松软，呈流塑状态，并且压缩系数比较大。

垂直顶升管顶进结束，验收合格后即进行上部取水头的安装。

14.4　排放构筑物施工工艺

14.4.1　施工特点

排放构筑物按构造形式可分为岸边排放的出水口护坡及护坦、水中排放的出水涵渠

（管道）和出水口等构筑物。

排放构筑物施工应结合排放地点和构造形式，选择适当的施工方法；由于会受到受纳水体的流量、流速、水位影响，施工方案中应有洪水季节的保证措施和安全防护措施。

排放构筑物的施工应符合设计要求和《给水排水构筑物工程施工及验收规范》GB 50141—2008 第 5.3 节的相关规定。

14.4.2   出水口施工

排放构筑物应根据工程水文地质条件、设计文件编制施工方案，土石方与地基基础、砌体及混凝土结构施工应符合《给水排水构筑物工程施工及验收规范》GB 50141—2008 第 4 章和第 6 章的相关规定。施工要点：

（1）基础应建在原状土上，地基松软或被扰动时，应按设计要求处理。

（2）排放出水口的泄水孔必须畅通，不得倒流；翼墙变形缝应按设计要求设置、施工，位置准确、设缝顺直、上下贯通；翼墙临水面与岸边排放口端面应平顺连接；管道出水口防潮门井的混凝土浇筑前，其预埋件安装应符合防潮门产品的安装要求。

（3）在混凝土强度或砌筑砂浆强度达到设计强度后，方可进行翼墙后背填土。填土时，墙后不得有积水；墙后反滤层与填土应同时进行；回填土分层压实，压实度满足设计要求。

14.4.3   护坡、护坦施工

（1）石砌体铺浆砌筑

水泥砂浆或细石混凝土应按设计强度等级提高 15%，水泥强度不宜低于 32.5MPa，细石混凝土的石子粒径不宜大于 20mm，并应随拌、随用；封砌整齐、坚固，灰浆饱满、嵌缝严密，无掏空、松动现象。

（2）石砌体干砌砌筑

底部应垫稳、填实，严禁架空；砌紧口缝，不得叠砌和浮塞。

（3）护坡砌筑

施工顺序应自下而上、分段上升；石块间相互交错，砌体缝隙严密，无通缝；

具有框格的砌筑工程，宜先修筑框格，然后砌筑；护坡勾缝应自上而下进行，并应符合《给水排水构筑物工程施工及验收规范》GB 50141—2008 第 6.5.14 条的规定。

（4）混凝土护坦浇筑

混凝土护坦宜分块、间隔浇筑；砂浆、混凝土应加强养护，在达到设计强度前，不得堆放重物和受强外力；如遇中雨或大雨，应停止施工并采取保护措施。预埋件、预留孔洞、排水孔、反滤层、防水设施以及沉降变形缝等，应按照设计要求留置。

（5）水下抛石施工时，按《给水排水构筑物工程施工及验收规范》GB 50141—2009 第 5.4 节的相关规定进行。水中排放出水口从出水管道内垂直顶升施工，应符合《给水排水管道工程施工及验收规范》GB 50268—2008 第 6.3 节的规定，并应符合下列要求：顶升立管完成后，应按设计要求稳管、保护；在水下揭去帽盖前，管道内必须灌满水；揭帽盖的安全措施准备就绪；排放头部装置应按设计要求进行安装，且位置准确、安装稳固。

（6）砌筑水泥砂浆、细石混凝土以及混凝土结构的试块验收合格标准

1）水泥砂浆应符合《给水排水构筑物工程施工及验收规范》GB 50141—2008 第6.5.2、6.5.3 条的规定；

2）细石混凝土，每 100m³ 的砌体为一个验收批，应至少检验一次强度等级；每次应制作一组试块，每组三块；并应符合《给水排水构筑物工程施工及验收规范》GB 50141—2008 第 6.2.8 条第 6 款的规定；

3）混凝土结构的混凝土应符合《给水排水构筑物工程施工及验收规范》GB 50141—2008 第 6.2.8 条的规定。

14.4.4 施工质量控制

（1）岸边排放构筑物出水口的施工允许偏差应符合表 14-6 的规定。

岸边排放构筑物出水口的施工允许偏差 表 14-6

检查项目			允许偏差（mm）	检查数量		检查方法
				范围	点数	
轴线位置	混凝土结构		±10	每段或每10m 长	1	用经纬仪测量
	砌石结构	料石	±10			
		块石、卵石	±15			
翼墙	顶面高程	混凝土结构	±10		2	用水准仪测量
		砌石结构	±15			
	断面尺寸、厚度	混凝土结构	+10，−5			用钢尺量测
		砌石结构 料石	±15			
		块石	+30，−20			
	墙面垂直度	混凝土结构	1.5%H			用垂线量测
		砌石结构	0.5%H			
护坡、护坦	坡面、坡底顶面高程	砌石结构 块石、卵石	±20		1	用水准仪测量
		料石	±15			
		混凝土结构	±10			
	净空尺寸	砌石结构 块石、卵石	±20		2	用钢尺量测
		料石	±15			
		混凝土结构	±10			
	护坡坡度		不陡于设计要求			用水准仪测量
	结构厚度		不小于设计要求			用钢尺量测
	坡面、坡底平整度	砌石结构 块石、卵石	20		2	用 2m 直尺、塞尺量测
		料石	15			
		混凝土结构	12			
预埋件中心位置			5	每处	1	用钢尺量测
预留孔洞中心位置			10	每处	1	用钢尺量测

注：H 系指墙全高，mm。

（2）水中排放构筑物出水口的施工允许偏差应符合表 14-7 的规定。

水中排放构筑物出水口的施工允许偏差   表 14-7

检查项目		允许偏差(mm)	检查数量		检查方法
			范围	点数	
出水口顶面高程		±20	每座	1	用水准仪测量
出水口垂直度		0.5%H			用垂线、钢尺量测
出水口中心轴线	沿水平出水管纵向	30			用经纬仪、钢尺测量
	沿水平出水管横向	20			
相邻出水口间距		40			用测距仪测量

注:H 为垂直顶升管节的总长度,mm。

14.5   取水头部施工方案设计实例

14.5.1   工程概述

某新建水厂工程江中进水箱位于防汛堤外侧 45m 的江河中,取水箱平面尺寸为 $\phi5.0$m,井壁总高度为 12.4m,分三节制作安装,每节高度分别为:第一节 4.25m、第二节 4.3m、第三节 3.85m,井壁厚度 0.35m。井壁顶面标高为 -5.50m,底部(即刃脚)标高为 -17.90m。为了确保施工结束后的进水箱在今后使用过程中的稳定性,则对进水箱内 -10.60m 标高以下部位浇筑 C20 水下混凝土,进水箱周围采取抛石围护,具体位置详见设计图。

由于水厂工程取水箱壁在岸上预制,水上起重船吊运安装,施工难度比较大,尤其是取水箱壁就位、下沉过程中的精度控制;施工过程应采用较为先进的水上定位设备,辅以先进的测量设备进行控制。

取水箱壁吊运、沉放期间应派专人负责航运交通指挥,并在进水箱四周设警戒标志和保护桩,确保航运交通安全。

施工流程:

基坑开挖至 -14.40m(原河床标高 -14.40m)→碎石中平→吊装第三节混凝土箱壁,沉放稳定后吊装第二节混凝土箱壁→下沉至设计标高→浇捣水下混凝土至 -10.60m→井内抛石至 -9.60m 整平→吊装第二节混凝土箱壁→安装喇叭管→吊装顶格栅→进水管安装前井壁外抛石至 9.50m 标高。

14.5.2   进水箱涵预制

1. 预制场地

根据现场实际情况,选定 1 个进水箱预制场地。

进水箱预制场地:选在距进水箱拟建位置最短距离的防汛墙内侧。

进水箱预制场地先用推土机整平,然后用压路机分层进行压实,然后铺筑 100mm 厚碎石,面层采用 C20 混凝土浇筑。

2. 模板支架安装

在模板拼装前,先搭脚手架,支架底铺设垫板,脚手架采用满堂红支架,扣件式支架的钢管、扣件质量符合规范规定，支架邻边与井壁的最大距离为 1.5m，以防生成弯矩影响质量。横钢管每 1.8m 一道，竖钢管每 2.0m 一道，另外采用剪刀撑加强，以保证支架稳定。井壁钢模板采用定型钢模板组装而成，以保证拼缝严密，不漏浆。内外模的稳定采取竖向和横向分节支设，内外模板横围檩、竖围檩采用脚手管。

防水对拉螺杆采用 ϕ14mmA3 钢，并在对拉螺杆中间设 50mm×50mm×3mm 止水片；还应在墙壁两端用 4mm 厚方木块，拆模后将木块凿除，并割除外露钢筋部分，然后用 1：1EA 微膨胀水泥浆抹平。

横围檩和竖围檩的每一道间距都为 0.75m，内模板与内脚手架作支撑稳定，钢模板组装，支架搭设，通过计算，并经监理部门同意后方可施工。

模板支架施工要求：

（1）模板应具有一定的强度、刚度、表面平整，以保证施工质量；模板固定件及支撑必须牢固，能承受施工时的竖向荷载和水平荷载。

（2）模板安装时，模板表面应涂隔离剂，使模板面与混凝土面分开，且严禁隔离剂污染钢筋。

（3）模板接缝应严密合缝，防止振捣混凝土时发生漏浆现象。

（4）支撑时必须挂垂球，随时校正模板平面位置、平整度和垂直度。

（5）固定在模板上的预理件均不得遗漏，安装必须牢固，位置准确。

（6）模板及支架在安装过程中，设置斜支撑，防止倾覆现象的发生。

3. 钢筋安装

钢筋在现场制作，进场的原材料钢筋必须有钢材保证书、试验报告，并批量做好原材料试验，经现场技术部门及监理单位认可后方可使用，进场成型钢筋的质量资料需齐全。

钢筋进场后，对钢筋外表锈蚀、麻坑、裂纹、夹砂等现象进行检查，原材料按建设方要求分批取样做机械性能试验，全部指标合格后，进行钢筋加工，并向监理代表呈交质保书及相应检查报告。对于焊接接长使用的钢筋，按相应规定做机械性能试验，普通混凝土中直径大于 25mm 的钢筋和轻骨料混凝土中直径大于 20mm 的Ⅰ级钢筋，以及直径大于 25mm 的Ⅱ、Ⅲ级钢筋均应采用焊接接头。向监理代表呈交试验报告，用于绑扎。

钢筋应分规格堆开，中间隔好，留下的短料亦按规格堆开，以便加工时用。另外，严格按设计施工图和国家规范的规定编制出钢筋加工的清单规格，按清单进行来料加工制作。加工好的钢筋必须进行整理、分类，按照施工设计划分堆放整齐，并挂牌标明种类及使用部位。

严格按照设计图纸进行翻样，并按翻样图进行弯配钢筋，确保每根钢筋的尺寸准确。钢筋加工时，均由专人负责，立签标志，防止混淆。每种近似的成型钢筋件需设置明确标志，归类堆放。而且需有专人保管、提货。

钢筋绑扎应保证每根钢筋位置准确，绑扎必须牢固，特别是箍筋角与主钢筋的交接点均应扎牢，对必要地方应用电焊焊接加强。

为了保证上层钢筋的位置正确不下挠，应按图纸设置架立钢筋，考虑到混凝土料入模的冲击力，若按图纸设置仍不够时，应另行增加，也可在模板上铺设横楞，用 8 号铁丝吊住面层钢筋，以不使面层钢筋下挠为目的。壁部内外层的钢筋间距用 ⌐ 型钢筋来控制。

钢筋保护层将严格用砂浆保护层、垫块控制，在墙上的砂浆保护层垫块应预埋入绑丝。对于墙板施工缝处钢筋粘结浆体应认真清理干净；墙板钢筋绑扎时，需设置活动脚手架。每次钢筋绑扎成型后，经隐蔽工程后方可支模浇筑混凝土。浇筑混凝土时，应派专人看管，及时纠正钢筋偏差。

钢筋绑扎技术要求：

（1）模板验收合格，轴线及截面尺寸必须符合设计施工图纸要求。

（2）绑扎钢筋时，弹出钢筋绑扎控制线，以保证钢筋间隔尺寸，其偏差值应控制在允许范围内，钢筋质量应符合规范要求。

（3）钢筋绑扎后，立即进行隐蔽工程验收，合格后方可进行下道工序施工，以免造成返工，影响进度要求。

（4）预埋件应有足够锚固强度，钢筋的搭接长度符合设计和国家的规范规定。

（5）所有钢筋应在浇捣混凝土前，按设计图纸绑扎完毕，并在适当部位加以电焊固定，防止振捣混凝土时，钢筋移位。

（6）各种预埋件位置要准确。

4. 混凝土浇筑

浇捣前对模板、钢筋、预埋件完成后，必须由监理单位进行隐蔽工程验收，经合格签证后才能进行混凝土浇捣。商品混凝土选择质量有保证的搅拌站，混凝土到达后核对报码单，并在现场做坍落度核对，允许有 20mm 误差，超过者立即通知搅拌站调整；严禁在现场任意加水，并按规定做好抗压和抗渗试块。

在浇捣之前检查模内是否干净。经检查无问题后方可浇捣，浇捣采用泵送，插入式振捣器振捣密实，振捣过程中应快插慢提，移动间距不大于振捣棒作用半径的 1.5 倍。不得碰挂模板、钢筋、预埋件。同时还应控制好每层初凝时间，每层混凝土浇捣厚度应控制在 0.5m 以内，并应均匀向上。严禁单侧浇捣，并有专人负责商品混凝土质量，严格按操作规程施工，以保证混凝土的浇捣质量。

混凝土振捣时有专人用木槌轻击模板外侧以检查混凝土密实度，若发现模板有漏浆走动、变形、保护层塑料垫块脱落等现象，应停止操作，进行处理后方可继续施工。混凝土浇捣时施工人员操作平台不得与模板、钢筋连接。

浇筑混凝土落差高度不宜超过 2m，控制混凝土对模板最大侧压力，若超过，宜采用滑槽、导管或溜筒等方法来解决。

混凝土浇筑间隔时间不得超过初凝时间，否则应按施工缝处理，施工缝具体形式应符合设计图纸要求。在第二次浇捣时必须将松散部分除去，并用水冲洗干净，充分湿润，然后铺上一层同级配（除去骨料）的水泥砂浆，厚约 20～30mm，再浇捣混凝土，要求仔细振捣，保证新老混凝土结合良好，以防施工缝渗水影响质量。

混凝土浇捣后的 12h 以内应及时养护，对混凝土覆盖处浇水湿润。养护期间应防止阳光暴晒，温度骤变。对于用普通水泥拌制的混凝土不得少于 7d，对于用矿渣水泥拌制的混凝土不得少于 14d，对于有抗渗要求的混凝土不得少于 14d。

混凝土质量保证技术措施

（1）由项目部专人负责混凝土施工全过程，确保混凝土浇捣顺利进行。要求各尽其职，责任明确，奖罚分明。

（2）对供料搅拌站统一混凝土配合比，严格控制水泥用量，优选同厂标号，低水化热品种水泥，合理使用外掺剂，砂、石、粉煤灰、外掺剂等原材料质量要达到国家规范要求。

（3）严加控制混凝土坍落度，严禁有任意加水现象出现；向搅拌站反馈现场混凝土实际坍落度、可泵性、和易性等质量信息，以有利于控制搅拌站出料质量。

（4）按照浇捣方案，组织全体操作人员进行技术交底会，使每个操作工人对技术要求、混凝土下料方法、振捣步骤等做到心中有数。

（5）混凝土搅拌车进场，对混凝土品质严格把关，检查混凝土装车时间、混凝土坍落度、混凝土到场时间等是否达到规定要求。对不合格者坚决予以退车，严禁不合格混凝土进入泵车输送。

（6）按规定要求批量制作混凝土试块，按 R7、R14、R28 三个期试压检测混凝土强度。

14.5.3 进水箱涵浮吊

1. 基坑开挖

设计图纸显示：原河床面标高为 −13.50m，进水箱涵拟下沉的基坑面标高为 −14.40m。

基坑开挖前由经验丰富的测量员，进行水上测量，确定基坑拟开挖的位置后设置测量标杆，由挖泥船进行基坑开挖，再由潜水员对基坑进行整理，然后铺设一层碎石层。

2. 进水箱涵吊运

（1）施工策划

确定吊运路线、吃水深、拖运动力等。妥善地组织施工，制定周密计划。严格控制取水头部每节进水箱涵壁的尺寸及自重。了解和掌握水文、航道、交通、气象等相关资料。吊运利用潮位、潮落所需时间（包括调平、压载、达到设计吃水深所需时间）。

（2）测量标志设置

设在取水头部基坑四周的测量标志，在下沉后，应露出水面；在距设计位置上游 2～5m 处停止浮运，以便在下沉定位时有调整距离的余地；岸边的测量标志，应设在水位上涨不被淹没的稳固地段；设专人观测，达到设计要求；设置进水箱涵基坑定位的水上标志。

（3）吊运准备工作

取水头部的混凝土强度达到设计强度，并经验收合格。掌握取水头部，下水后纵、横倾斜的吃水平衡，预计调整所需时间。当侧面遇到强风时，横倾角控制值（可由试运测定）及利用潮流高平转落。

起吊船、导向船及测量定位人员均应做好准备工作，做好具体布置方案，留备用的跟随，在拐向、掉头时协助。施工应由操作熟练的专业队伍进行。对规定使用的各种信号应事先演习和熟悉掌握。吊运前应与航运、气象部门取得联系和配合。吊运应在白天无 2 级以上的风雨天进行，并设置信号标志。

（4）浮吊施工

由于水厂工程进水箱涵是在黄浦江内沉放，因此会受到潮位的影响，吊运、沉放时应避开半日潮中最大落潮流量和最大涨潮流量。应选择在落潮憩流点前后，此时流速、流量最小，为最佳时间选择，相应的转向、平移、就位工作在涨潮落潮流中进行，调整、收缆工作在涨潮落潮流中完成。

（5）吊点布置

根据设计要求箱涵采用四点吊，吊钩尺寸为$\phi40mm$，在浇筑进水箱涵壁时预留好，其伸入进水箱涵壁内的长度为0.65m。起吊时，应使各吊点同时受力，并应防止预制件扭曲。吊绳与"构件"水平夹角不宜小于45°。

（6）浮船定位

水下基坑施工完毕后，在基坑周围设定桩位，并用漂在水面上的浮箱或竖起的钢管显示。作出基坑表面的水深标尺。按需设定位船，船上设有马口及将军柱、复式滑车组、绞车、固定座等。主锚及拉缆一般为4~6个。船上另设工作室、通信及信号等。导向船可由两艘相当吨位铁驳组成（对特大取水构筑物施工时），以万能杆组成的连接梁连接，上设起吊塔架、辅助吊架、机电、通信、指挥等设备；导向船设于头部拼装船两侧，导向船外侧须以片石压舱均衡连接梁所受的力矩。

（7）锚碇设备及布置。头部拼装目的工装驳船及定位船也视为锚碇设备系统。锚缆最好用单根，定位船与主锚方向应与当地最大流向相同；锚碇设备位置以岸上三角点用视距法或前方交会法测定，精度为±5m；主锚在定位船就位前抛设，其他锚于就位后再抛；钢筋混凝土锚以吊船吊放河底。锚缆受力较小时则松弛，故浮船初步定位时应稍偏上游。

（8）拖缆。两根拖缆一端分别连于两导向船上，另一端挂在拖力较大的拖轮自动脱缆钩上；当拖轮将头部拼装用的工装驳船拖到设计位置（定位船在上游，即基坑上游10m处）后，将连接缆绳递至定位船上进行连接，拖轮就撤走。浮运拖轮须事先计算出所需的功率，来确定拖轮吨级。

（9）头部拼装船（工装驳）就位固定。在基坑上游10m处，偏离中线不超过10m处，进行抛锚；先抛尾锚，后抛边锚，进行测量；并绞紧各钢丝绳，临时将头部拼装船固定。将其定位在基坑上游一倍水深处，并在水流方向的中线上，以交会法测定位置，精密度至±1m。

3. 吊船起吊下沉

拆除导向船与拼装船连接钢丝绳及连接梁下枕木。将4个定量辅助吊架平衡重吊离船面，调整使其接近挑梁最高处并在同一高度。微松构件的稳定风缆绳，做好随时收放准备。

主吊塔复式滑车系将构件吊起离开拼装船，同时辅助吊架平衡重开始下降，平衡重落至最低位置时，开动电动绞车将平衡重送回至原位高度。如此反复进行，即将构件吊离拼装船。

自下游拖出拼装船，准备下沉。4个平衡重调整接近水面，并在同一高度。

将其中一个定量辅助吊架固定，作为普通吊架，以调整构件倾斜。放松吊塔复式滑车，构件徐徐下沉，同时辅助架平衡重上升，随时再开动电绞车，使平衡重再落至原位，如此重复进行，构件即可陆续下沉。

构件下沉中应随时测量。构件下沉完毕后开始正式定位，定位测量以前方交会法进行，精度应符合设计要求。

14.5.4 进水箱涵下沉就位

1. 挖土下沉

当进水箱涵就位后，再由高压水枪配合潜水员在进水箱涵内取土下沉，下沉施工过程中必须严格控制其垂直度、倾斜度、标高等各项指标，确保其偏差在规范容许的范围内。

采用高压射水枪与空气吸泥器组合为一体的空气吸泥机，进行挖土下沉作业。

（1）空气吸泥的机理

空气吸泥机结构比较简单，包括：进水管路、进气管路、空气吸泥器及排泥管路。

当空气吸泥机工作时，压缩空气沿进气管路进入空气包后，通过内管壁上的小孔眼进入混合管，在混合管内与水混合，形成密度小于 $1g/cm^3$ 的气水混合物。当送入的压缩空气充足，空气包在水面下又有足够的深度时，混合管中的混合物在管外水头压力的作用下，便顺着排泥管上升而排出井外。同时，吸泥管管口处被高压射水枪冲击形成的泥浆，由于气水混合物顺着混合管向上流动而被吸入管内，在混合管内与压缩空气混合后被排出井外，完成空气吸泥的工作。

由上可知，供气量、水深、空气包在水中的深度是吸泥效果好坏的决定因素。供气量越大，气、水、土混合物的容量越小，吸泥效果越好；水深越大，压差越大，吸泥效果也越好。

（2）空气吸泥装置

空气吸泥装置的主要组成部分，包括：吸泥器、吸泥管、排泥管、高压水管、高压射水枪，以及压缩空气供应管路等。其中，空气吸泥器的混合管用 $D200mm$，$\delta=8mm$ 的钢管，钢管壁上设四排气孔，孔径为 5mm，共 24 个，50°向上，孔截面积为二寸管的 1.2～1.4 倍；空气包选用 $D500mm$，高度 h＝600mm 的钢筒，空气由一根 $D50mm$ 钢管输送；气包上附设两根水枪，每根水枪分别由一根 $D50mm$ 钢管高压供水，水枪口径为 15mm；出泥管及吸泥管均采用 $D200mm$、$\delta=8mm$ 的钢管。所有管路均采用法兰盘连接。

空气吸泥机的空气由设在工作船上的空气压缩机站供应，每台吸泥机的供气量，根据有关公式及施工经验计算确定。

（3）下沉施工技术措施

下沉采用空气吸泥机冲吸，潜水员水下操作。下沉过程中由于每节进水箱涵重量较重，滞沉现象可能不会发生，只需严格控制好下沉速度，加强观察，直至设计标高（根据实际情况考虑到达设计标高后还会下沉，适当抛高一定的高度）。除此之外，还应注意合理安排吸泥设备，保证"大锅底"的形成；吸泥管口离开泥面高度一般为 15～25cm，水枪压力大于 2.0MPa；在吸泥时，要经常移动泥位置，以提高泥浆浓度；及时纠偏，避免出现大的偏差，防止平面位移。

2. 进水箱涵对接

当第一节进水箱涵入土 2m 后，即可吊装第二节进水箱涵，具体吊运方法与第一节类似。在第二节进水箱涵就位时，应严格控制好上下节螺杆孔的位置，应使上下螺杆孔在同一垂直线上，然后由潜水员进行水下螺杆对接，再通过高压水枪配合潜水员进行进水箱涵内取土下沉。待第二节进水箱涵壁露出河床 1m 左右时，再进行第三节进水箱涵壁螺杆对接。

14.5.5 取水头施工

1. 进水箱涵内水下混凝土浇筑

进水箱涵内水下混凝土强度等级为 C20，采用导管法进行施工，导管的数量、位置和导管上漏斗箱的容积等，均应根据进水箱涵的内径及导管灌注的作用半径等计算确定。

导管。由钢制法兰短管连接而成，直径为 200～300mm，应有足够的强度和刚度，导管内壁应光滑，内径一致，接头应密封良好，不漏水，且便于拆装。

在浇筑水下封底的混凝土前，将混凝土导管按预先设定的位置准确地放在进水箱涵内。导管下端距井底土基的距离，当采用球塞时，应比球塞直径大 5～10cm；采用隔板或扇形活门时，其距离宜不大于 100mm。导管的有效作用半径一般为 3m 左右，布置时应使各导管的浇筑面积相互覆盖。在导管内用铅丝吊住安放略小于导管直径的球塞，然后向导管灌注混凝土。每根导管及漏斗内均应储备足够的混凝土量，以便在开始浇筑前，能够尽快地一次将导管底口埋住。

水下混凝土封底的浇筑顺序应从低处开始，逐渐向导管周围扩大。每根导管的混凝土应连续浇筑，直到完成不得间断。边浇筑混凝土，边逐步提升导管，当导管漏斗提升到最大高度时，可拆卸上部的导管。导管埋入混凝土的深度宜始终保持在 1m 左右。各导管间混凝土浇筑面的平均上升速度不应小于 0.25m/h；相邻导管间混凝土面上升速度宜相同，终浇时混凝土面应略高于设计高程。

当水下混凝土灌注至 −16.25m 标高时，停止灌注，然后由潜水员对混凝土面进行整平，待达到一定强度后，安放底板钢筋骨架，再继续浇筑水下混凝土直至 −10.60m 标高。

2. 抛石施工

当水下混凝土浇筑至 −10.60m 标高，并达到一定强度后，才可进行抛石施工，抛石所采用的石块尺寸应符合设计图纸要求，抛投结束后，再由人工进行整平至 −9.60m 标高。

取水头部喇叭口管直径为 1400mm，主要由钢管短管及合金钢套管安装而成，具体施工方法参见相关技术规范，此处不作详述。

顶隔栅由工厂预制加工而成，由起重船吊至进水箱涵顶部后，再由潜水员将其锚固在进水箱涵壁预埋螺杆上。

取水头部及其周围抛石施工：石料尺寸和质量应符合设计要求（块石每块重≥50kg）；抛石前，应测量抛投区的水深、流速、断面形状等基本情况；必要时应通过试验掌握抛石位移规律。

若是船上抛石应准确定位，自下而上逐层抛投，并及时探测水下抛石坡度、厚度。

14.6　污水处理厂出水口施工实例

14.6.1　工程概述

某污水处理厂对出水排入护城河管道和排水口进行改造，工程施工内容包括闸室、箱涵（包括出水口）。由于出水口设在护城河岸边，出水口外设有消力池及格宾石笼等构筑物，因此施工期间必须在护城河内设置临时围堰，以保证施工区域内为无水作业。

施工方案：出水口施工分为两个阶段：岸上工程阶段，施工直径 2200mm 排水管道；岸下工程阶段，施工箱涵式出水口、桥式水闸、消力池等。

岸上工程阶段需在河道内设置小型围堰，以便隔离河道对施工的干扰；小型围堰形式采用拉森桩结构，设计尺寸为 3m×15m×12m（长×宽×高）。拉森桩两侧采用钢板桩（40b 工字钢采用丁拐设置）围堵闭水，尺寸为 3m×2m×12m（长×宽×高），钢板桩与拉森桩之间填土。自钢板桩迎水面起沿垂直河岸方向设置一排旋喷桩，总长度 6.0m，以便辅助封闭水域（图 14-3）。

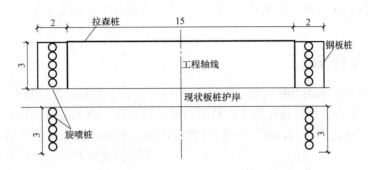

图 14-3 小围堰示意（单位：m）

14.6.2 围堰结构

岸下工程阶段，施工闸室、箱涵主体结构需设置临时围堰，临时围堰（图 14-4）采用箱式结构，箱体宽 4m，迎水面长 59.2m，垂直堤岸方向为 31.6m。箱体采用工字钢与钢管桩组合，钢管桩直径 800mm，桩长 20m。每 2m 打设钢管桩 1 根，两边打设工字钢（40b 工字钢采用丁拐设置）；箱体剖面结构详见图 14-5。

桩顶高程 3.0m，下部 1m 设置围檩。每 2m 设 1 根钢丝拉纤，箱体内侧设置两道闭水结构，采用复合土工膜：土工布 600g/m²、膜厚 0.2mm。箱体中间填满黏土，以便辅助复合土工膜闭水。

钢板桩采取水上打桩船进行作业，围堰拆除土方采用水上挖泥船开挖装驳，拖轮牵引泥驳船外运至 25km 外临时码头（需搭建），码头陆地挖掘机卸船上岸，汽车陆运至排泥场（陆地排泥场需征地）。

钢板桩施工与土工膜安装需潜水员配合作业。钢板桩围堰计划工期 15d，拆除钢板桩围堰计划工期 5d。护城河内淤泥开挖施工方案：在建成的施工围堰内用 4 台 2.5 寸潜水泵进行排水，形成干场后即开始修筑临时施工坡道；坡道采用附近挖方土填筑压实，工程量约为 1000m³；采取斗式挖掘机装车、汽车外运方式清挖堰内的淤泥。清淤后对坡道土方进行拆除外运，运距为 25km。

14.6.3 土方开挖

闸室、箱涵部位土方开挖采取挖掘机开挖，汽车外运 25km 的施工方法进行。开挖前挖掘机进场进行场地平整、现有地下构筑

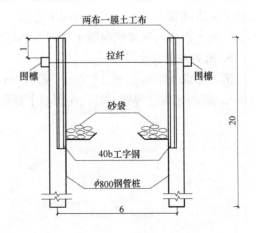

图 14-4 临时围堰平面图（单位：m）

物坑探，保证坐标点和水准点准确无误后进行测量放线，闸室、箱涵施工明挖基坑两侧采用 8m 高 HN400mm×200mm 型钢围护垂直开挖。

为实现施工作业面无水作业，基坑开挖前打降水大口井，将地下水位降至建基面以下 50cm。机械开挖到设计高程以上 200mm 左右时，为防止地基受到扰动，采取人工开挖，同时在基坑两侧设排水沟、集水井，将雨水、雪融水排到地下排水系统，保证施工作业面无水作业。

14.6.4　基础桩施工

闸室、箱涵基础采用混凝土灌注桩形式，直径 800mm 混凝土灌注桩钻孔深度 18.8m，在原地貌 4.6m 高程上进行钻孔施工，其中闸室、箱涵建基面上部为空钻，下部为有效混凝土灌注桩，有效桩长为 15.0m，4 排 10 棵桩，桩位平面示意如图 14-5 所示。

为保证成桩有效长度，在持力层下对设计桩底高程加深 500mm 进行混凝土灌注。灌注桩施工后做超声波桩身完整性检测。

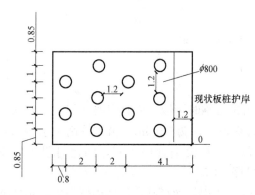

图 14-5　桩位平面示意（除桩位外其余为 m）

14.6.5　结构施工

1. 箱涵混凝土浇筑

箱涵为三孔独立箱涵，结构尺寸自上游至下游分别为 1.2m×1.2m、0.8m×0.8m、0.3m×0.3m，施工采用商品混凝土，混凝土强度等级 C25。箱涵及闸室混凝土结构分两次浇筑：第一次浇筑箱涵底板，由于下游两个涵洞内径较小，故采用等截面积的预制混凝土管，上游 1.2m×1.2m 涵洞浇筑到腋角（八字）以上 200mm，设施工缝；第二次浇筑箱涵侧墙和顶板，混凝土强度达到设计强度后方可拆模。

2. 闸室混凝土工程

闸室上部为钢筋混凝土板工字桥架，侧板厚 300mm，混凝土强度等级 C25。闸室结构混凝土一次浇筑。为防止护城河河水渗流，三孔涵洞临水面用钢筋混凝土直墙连接。对原钢筋混凝土板桩与新浇筑混凝土之间的结构缝进行防渗处理。

3. 消力池混凝土工程

消力池深 11.0m、长 11.2m、宽 7.6m，钢筋混凝土结构，底板厚 600mm，池壁厚 50mm，混凝土强度等级 C25。在围堰干场条件下进行消力池混凝土施工。

第 15 章　附属构筑物

15.1　细部结构、工艺辅助构筑物

15.1.1　结构特点与施工工艺

1. 工艺与结构特点

附属构筑物包括水（泥）处理的附属构筑物，如配电间、加药间、干化场、小型沉砂池；各类工艺井（吸水井、泄空井、浮渣井）、管廊、管沟、桥架；闸槽、水槽（廊）、堰口、穿孔、孔口等的工艺辅助构筑物；主体构筑物的走道平台、梯道、设备基础、导流墙板（槽）、支架、盖板、栏杆等的细部结构。

附属构筑物通常为现浇混凝土结构、砌筑结构；上部结构如柱架采用预制时，基础多为独立墩形式（见图 15-1）；工艺辅助构筑物、主体构筑物的细部结构多采用预制装配式混凝土结构或非混凝土（钢、塑料）结构。

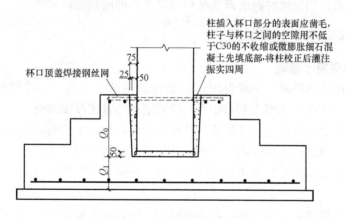

柱插入杯口部分的表面应凿毛，柱子与杯口之间的空隙用不低于C30的不收缩或微膨胀细石混凝土先填底部，将柱校正后灌注振实四周

杯口顶盖焊接钢丝网

图 15-1　独立（排架）柱基础杯口

设备、电气等管廊（沟）可分为通行和不通行两类形式，其中通行管廊大多与水池，如生物池和滤池一起修建，是主体构筑物的一部分。单独建设的通行管廊（沟），通常采用现浇钢筋混凝土结构，或现浇、预制组合结构；预制盖板或混凝土顶板表面与所在地面相同。过路段采用现浇箱涵结构或整体预制混凝土方涵。不通行管沟，如供热、燃气、供电等管沟，通常敷设在区内道路一侧或下方，多采用砌筑结构或砌筑、现浇、预制组合结构。

管廊通常用于连接构筑物与设备间，廊道内布置线缆和支架，没有其他设备，功能是向厂区大多数建（构）筑物提供所需管道和电缆的敷设场所；同时要求所敷设的管道和电

缆检修和检查方便。

2. 施工工艺

附属构筑物中抗渗等级较高的小型钢筋混凝土构筑物，宜采取一次浇筑成型的施工工艺，详见本书第 5.1 节内容。施工前，应对与其相关的已建构筑物进行测量复核；合理安排与其相关的构筑物施工顺序，确保结构施工安全。

地基基础受到已建构筑物的施工影响或处于已建构筑物的基坑范围内时，应按设计要求进行地基处理；构筑物水平位置、高程、结构尺寸、工艺尺寸等应符合设计要求。

薄壁混凝土结构或外形尺寸控制精度高的构筑物，模板及支架应进行设计，确保拼接严密，支撑牢固，避免混凝土缺陷的出现；进出水的堰、口、孔、槽等高程和线形需严格控制的构筑物，宜采取预制装配或分次浇筑方式施工。

附属或细部结构与主体结构采用刚性连接时，其变形缝设置应一致、贯通；

与已浇筑结构衔接施工时，应调正预留钢筋、插筋，钢筋接头应符合《给水排水构筑物工程施工及验收规范》GB 50141—2008 第 6.2.4 条的相关规定；混凝土结合面应按施工缝要求处置。

设备基础、穿墙管道、闸槽等采用二次混凝土浇筑或灌浆施工时，宜选择流动性好、早强快凝的微膨胀混凝土或灌浆材料；振捣应得当；穿墙部位施工，其接缝填料、止水结构应符合设计要求。

施工过程中为避免地下管沟进水，可在方沟与构筑物的进口连接部位，砌筑挡墙以切断其进水通道。穿过挡墙的管道与电缆可预先按设计位置和尺寸大小，预留穿墙短管。在管道、电缆完成后，用绝缘材料或弹性材料对穿孔管的间隙加以封闭。

15.1.2　现浇混凝土管渠施工

1. 现浇圆形混凝土管渠

（1）浇筑混凝土基础时，应埋设固定钢筋骨架用的架立筋、内模箍筋地锚和外模地锚；基础混凝土抗压强度达到 1.2MPa 后，应固定钢筋骨架及管内模。

（2）管内模尺寸不应小于设计要求，并便于拆装；采用木模时，应在圆内对称位置各设八字缝板一块；浇筑前模板应洒水湿透；管外模直面部分和堵头板应一次支设，直面部分应设八字缝板，弧面部分宜在浇筑过程中支设；外模采用框架固定时，应防止整体结构的纵向扭曲变形。

（3）管渠变形缝内止水带宜在厂内预制成型，位置应准确牢固，与变形缝垂直，与墙体中心对正；架立止水带的钢筋应预先制作成型。

（4）管渠钢筋骨架的安设与定位，应在基础混凝土抗压强度达到规定要求后，将钢筋骨架放在预埋架立筋的预定位置，使其平直后与架立筋焊牢；钢筋骨架段与段之间的纵向钢筋的焊接与绑扎应相间进行。

（5）管渠基础下的砂垫层铺平夯实后，混凝土浇筑前不得踩踏；浇筑管渠基础垫层时，基础面高程宜低于设计基础面，其允许偏差应为 0～−9mm。

（6）圆形管渠两侧混凝土浇筑到管径之半的高度时，宜间歇 1～1.5h 后再继续浇筑；浇筑管渠混凝土时，应经常观察模板、支架、钢筋骨架预埋件和预留孔洞，有变形或位移时应立即修整。

2. 现浇钢筋混凝土矩形管渠

（1）现浇钢筋混凝土矩形管渠的施工缝应留在墙底腋角以上不小于 200mm 处；侧墙与顶板宜连续浇筑，浇筑至墙顶时，宜停留 1~1.5h 的沉降时间，再继续浇筑顶板。

（2）混凝土浇筑不得发生离析现象，管渠两侧应对称浇筑，高差不宜大于 300mm。

3. 现浇混凝土拱形管渠（沟）

模板宜采用钢制模板，拱架结构应简单、坚固，便于制作、安装与拆装。倒拱形渠底流水面部分，应使内模略低于设计高程，且拱面模板应圆整光滑。采用木模时，拱面中心宜设八字缝板一块；浇筑前模板应洒水湿透。

4. 变形缝施工

（1）变形缝内应清除干净，两侧应涂刷冷底子油一道。

（2）缝内填料应填塞密实。

（3）灌注沥青等填料应待灌注底板缝的沥青冷却后，再灌注墙缝，并应连续灌满灌实。

（4）缝外墙面铺贴沥青卷材时，应将底层抹平，铺贴平整，不得有拥包现象。

5. 现浇钢筋混凝土结构管渠浇筑与养护要求

（1）管渠顶及拱顶混凝土的坍落度宜降低 10~20mm。

（2）宜选用碎石作混凝土的粗骨料。

（3）增加二次振捣，顶部厚度不得小于设计值。

（4）初凝后抹平压光。

6. 现浇混凝土结构管渠施工质量控制

现浇混凝土结构管渠施工质量允许偏差应符合表 15-1 的规定。

混凝土结构管渠施工允许偏差 表 15-1

检查项目	允许偏差 (mm)	检查数量		检查方法
		范围	点数	
轴线位置	15	每 5m	1	用经纬仪测量
渠底高程	±9	每 5m	1	用水准仪测量
管、拱圈断面尺寸	不小于设计要求	每 5m	1	用钢尺测量
盖板断面尺寸	不小于设计要求	每 5m	1	用钢尺测量
墙高	±9	每 5m	1	用钢尺测量
渠底中线每侧宽度	±9	每 5m	2	用钢尺测量
墙面垂直度	9	每 5m	2	经纬仪或吊线、钢尺检查
墙面平整度	9	每 5m	2	用 2m 靠尺检查
墙厚	+9,0	每 5m	2	用钢尺测量

注：渠底高程在竣工后的贯通测量允许偏差可按 ±20mm 执行。

15.1.3 装配式混凝土结构管渠

1. 整节预制管涵

（1）整体预制拼装的管节混凝土强度等级、抗渗等级和高强螺栓应符合设计要求和规范规定；预制管节基础承载力应符合设计要求，垫层上应均匀摊铺 9mm 厚中砂，以利于垫层找平和减少摩擦。

（2）预制管节吊入沟槽后，应按照测量放线位置和高程就位，注意保护好防水带；管节水平位置和垂直方向可采用千斤顶和垫钢板微调。

（3）在纵向施加拉压力情况下，安装弧形螺栓，先对角后全面紧固到规定力矩（如0.9kN·m）。管节顺序向一侧安装，每节就位后应及时检查，如有偏差应及时调整，直至满足设计要求和规范规定为止；沟槽设有内撑时，应根据管节长度，调整移位支撑。

2. 预制构件装配管涵

（1）装配式管渠的基础与墙体等上部构件采用杯口连接时，杯口宜与基础一次连续浇筑；采用分期浇筑时，其基础面应凿毛并清洗干净后方可浇筑。

（2）矩形或拱形构件进行装配施工时，其水平接缝应铺满水泥砂浆，使接缝咬合，且安装后应及时勾抹压实接缝内外面。

（3）矩形或拱形构件的安装要求：

1）基础杯口混凝土强度达到设计强度的 75％以后，方可进行安装；

2）安装前应将与构件连接部位凿毛清洗，杯底应铺设水泥砂浆；

3）安装时应使构件稳固、接缝间隙符合设计要求。

（4）后浇杯口混凝土的浇筑，宜在墙体构件间接缝填筑完毕，杯口钢筋绑扎后进行；后浇杯口混凝土强度达到设计强度的 75％以后方可回填土。

（5）管渠顶板的安装应轻放，不得振裂接缝，并应使顶板缝与墙板缝错开。

（6）管渠侧墙两板间的竖向接缝应采用设计要求的材料填实；设计无要求时，宜采用细石混凝土或水泥砂浆填实；填缝或勾缝应先做外缝，后做内缝，并适时洒水养护；内部填缝或勾缝，应在管渠外部回填土后进行。

15.1.4　砌体结构管渠（沟）施工

1. 技术要点

（1）砌体结构管渠的砌筑施工应符合《砌体结构工程施工质量验收规范》GB 50203—2011 的有关规定。

（2）砌筑前应将砖石、砌块表面上的污物和水锈清除。砌石（块）应浇水湿润，砖块应用水浸透。

（3）砌体中的预埋管洞口结构应加强，并有防渗措施；设计无要求时，可采用管外包封混凝土法（对于金属管还应加焊止水环后包封）；包封的混凝土抗压强度等级不小于C25，管外浇筑厚度不应小于 150mm。

2. 砌筑拱圈

（1）拱胎的模板尺寸应符合施工设计要求，并留出模板伸胀缝，板缝应严实平整；拱胎的安装应稳固，高程准确，拆装简易。

（2）砌筑前，拱胎应充分湿润，冲洗干净，并均匀涂刷隔离剂。

（3）砌筑应自两侧向拱中心对称进行，灰缝匀称，拱中心位置正确，灰缝砂浆饱满严密；应采用退荏法砌筑，每块砌块退半块留荏，拱圈应在 24h 内封顶，两侧拱圈之间应满铺砂浆，拱顶上不得堆置器材。

（4）采用混凝土砌块砌筑拱形管渠或管渠的弯道时，宜采用楔形或扇形砌块；当砌体垂直灰缝宽度大于 30mm 时，应采用细石混凝土灌实，混凝土强度等级不应小于 C20。

3. 反拱砌筑

（1）砌筑前，应按设计要求的弧度制作反拱的样板，沿设计轴线每隔 9m 设一块；根据样板挂线，先砌中心的一列砖、石，并找准高程后接砌两侧，灰缝不得凸出砖面，反拱砌筑完成后，应待砂浆强度达到设计强度的 75％时，方可踩压。

（2）反拱表面应光滑平顺，高程允许偏差为±9mm。

（3）拱形管渠侧墙砌筑养护完毕安装拱胎前，两侧墙外回填土时，墙内应采取措施，保持墙体稳定。

（4）砌筑后的砌体应及时进行养护，并不得遭受冲刷、振动或撞击；当砂浆强度达到设计强度的 75％时，方可在无振动条件下拆除拱胎。

4. 砌筑管渠抹面

（1）渠体表面粘结的杂物应清理干净，并洒水湿润。

（2）水泥砂浆抹面宜分两道，第一道抹面应刮平使表面造成粗糙纹，第二道抹平后，应分两次压实抹光。

（3）抹面应压实抹平，施工缝留成阶梯形；接茬时，应先将留茬均匀涂刷水泥浆一道，并依次抹压，使接茬严密；阴阳角应抹成圆角。

（4）抹面砂浆终凝后，应及时保持湿润养护，养护时间不宜少于 14d。

5. 盖板涵预制盖板安装

（1）安装前，墙顶应清扫干净，洒水湿润，而后铺浆安装。

（2）安装的板缝宽度应均匀一致，吊装时应轻放，不得碰撞。

（3）盖板就位后，相邻板底错台不应大于 9mm，板端压墙长度，允许偏差为±9mm。

6. 盖板涵防水

（1）侧墙顶面、侧面和预制盖板的搭接面，要清理干净，使其表面露出混凝土的新茬；板缝上抹弧形带，板缝下用水泥砂浆勾平缝；板与侧墙抹三角灰（图 15-2）。

（2）侧墙和顶板外侧喷涂防水涂料或涂抹防水砂浆，具体做法见本书其他章节。

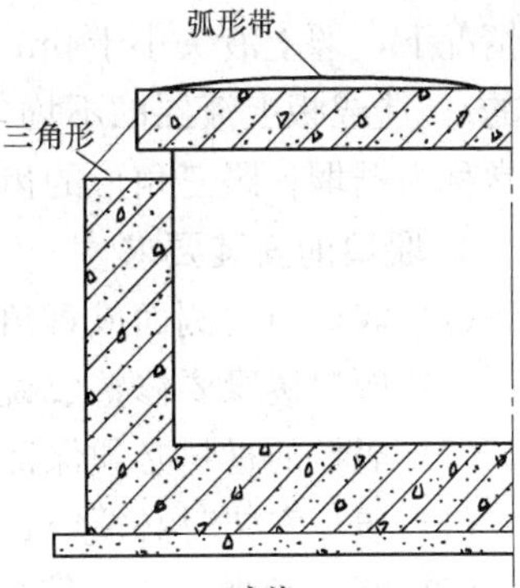

图 15-2 盖板涵三角灰防水做法

7. 质量控制

（1）砌体结构管渠的变形缝、砖石砌体结构管渠质量验收应分别符合相关规定。

（2）砌体结构管渠施工质量允许偏差应符合表 15-2 的规定。

砌体结构管渠施工质量允许偏差　　　　　　　　　　　　　　　表 15-2

检查项目	允许偏差(mm)				检查数量		检查方法
	砖	料石	块石	混凝土砌块	范围	点数	
轴线位置	15	15	20	15	每5m	1	用经纬仪测量

续表

检查项目		允许偏差（mm）				检查数量		检查方法
		砖	料石	块石	混凝土砌块	范围	点数	
渠底	高程	±9	±20		±9	每5m	1	用水准仪测量
	中心线每侧宽	±9	±9	±20	±9	每5m	2	用钢尺量测
墙高		±20	±20		±20	每5m	2	用钢尺量测
墙		不小于设计要求				第5m	2	用钢尺量测
墙面垂直度		15	15		15	每5m	2	经纬仪或吊线、钢尺检查
墙面平整度		9	20	30	9	每5m	2	用2m靠尺检查
拱圈断面尺寸		不小于设计要求				每5m	2	用钢尺量测

15.2 水（堰）槽与导流墙

15.2.1 水堰安装

1. 结构组成

水堰由堰板和堰槽构成，当水经堰槽流过堰板的堰口时，根据堰上水头的高低即可计算出流量。水处理厂一般都是采用钢或玻璃钢制成，堰口的形状有齿形与平直形两种，一般情况下，堰上液头小于6mm时，溢流会不稳定，且容易产生偏流（堰不可能是完全水平的），造成板上液层的不均匀分布，进而影响工艺效率，应采用齿形堰口。平直形堰口通常称为栅堰，跟三角形的齿堰一样，都是用于溢流强度比较小的工况。

2. 堰口的安装要求

（1）堰口与内侧面成直角，唇厚2mm，向外侧倒45°倾斜面，毛刺应清除干净。

（2）堰口棱缘要修整成锐棱，不得呈圆形，堰板内侧面要平滑，以防发生乱流。

（3）堰板的材料必须保证不生锈和耐腐蚀。

（4）堰板安装时必须铅直，堰口应位于堰槽宽度的中央，与堰槽两侧壁成直角。

（5）90°三角堰的直角等分线应当铅直，直角允许偏差为±5′。形堰和全宽堰的堰口下缘应保证水平，堰口直角允许偏差为±5′，堰口宽度允许偏差为±0.001b。

15.2.2 水槽安装

1. 结构组成

水槽是用来均匀收集溢面清水的设备，主要用于沉淀池的出水端，常采用条形孔式或锯齿式。水槽与池壁贴建，为周边集水，单侧堰板集水；水槽与池壁脱开，也是周边集水，但是双侧堰板集水。水槽槽体采用优质不锈钢板经大型数控设备剪切、冷冲、焊接而成。具有高强度，高精度，耐腐蚀，外形美观，使用寿命长，安装简便等优点。

2. 水槽的安装要求

（1）堰槽要坚固，不易变形，否则会使测量产生误差。

（2）在堰槽上游设置适当整流装置，以减少水面波动。

（3）堰槽的底面应平滑，侧面和底面应垂直。

（4）全宽堰槽堰的两侧面应向外延长，延长壁应和两侧面一样的平滑，与堰口下边缘垂直，直角允许偏差为 $\pm 5'$。延长壁上应设置通气孔，通气孔应靠近堰口并在水头下面以保证测量时水头内侧空气畅通。

（5）堰进水部分的容量应尽可能大些，这部分的宽度和深度不能小于整流栅下游的宽度和深度，导水管应埋设在水中。

3. 不锈钢水槽安装

由于不锈钢板比较薄，且集水槽长宽比较大，因而钢板容易产生变形。但作为水处理工艺构筑物，规范对水槽安装精度要求比较高，必须控制拼装变形才能保证工程质量。

通过工程实践和现场调查分析，认为造成不锈钢变形的主要原因有：

（1）设计不锈钢厚度太薄，自身易产生变形。

（2）水槽拼装板采用开屏板下料，下料后由于长宽比失调，造成拼装板产生变形，最小长宽比为 $4.5/0.7=6.4$，最大长宽比为 $9.4/0.31=30.3$。

（3）焊接过程中造成板材变形。

4. 水槽安装方法的选择

水槽安装通常有两种方法，一种是在土建结构上分单块拼装成槽，另一种是在加工场集中制作成槽，然后吊装运输到池内进行安装。

第一种施工方法的优点是：水槽底先固定，槽壁板与底板焊接产生变形量小；缺点是：施工操作不安全，安装调整较为困难。

第二种施工方法的优点是：集中制作质量易得到保证，流水安装作业可缩短施工工期，有利于保证工程质量并降低施工成本；缺点是吊装运输较为麻烦。

实际工程中，应根据设计要求和现场条件，选取安装的施工方案。

5. 防止水槽变形控制措施

（1）合理设置槽内支撑，控制板材自身变形：在槽内，采用 DN32mm 不锈钢管每间隔 1m 设一道支撑，支撑设在槽高 2/3 位置（为最佳受力位置），能较好地控制集水槽侧板的变形。

（2）控制焊接变形

1）电焊机选择：采用直流氩弧焊机，直流反焊，如焊接件为负极，电焊机为正极，可减小焊接变形。

2）焊条：采用直径相对较小的不锈钢焊条，焊条焊接前应干燥，现场应配备电焊条烤箱。

3）施焊方法：焊接采用小电流、快速焊，并对称进行，可减小焊接变形。

（3）适当的调校方法

水槽拼装成形后，对局部变形采用冷校法进行校正，根据集水槽变形弧度大小采用相应的调校方法。小弧度变形采用煨弧扳手配合手锤敲打调直，大弧度变形采用千斤顶配合校正架调直，部分弧度通过等离子切割将弧处钢板切割释放其内应力，然后补焊成槽再调校顺直。

15.2.3 导流墙砌筑

1. 工艺与结构特点

导流墙的作用：一是保证有充足的时间进行消毒。设导流墙可相对沿长水流的流程，防止短流，可以在一定程度上保证水流与消毒剂有至少 30min 的接触时间，使余氯达标，保证杀毒效果；二是尽可能避免死水区。圆形或方形大容积水池，水池截面大，进水和出水流量相对较小，如果没有导流墙，在倒角处或离出水管较远处，会存在停滞死角，设置导流墙可确保池内没有死水残留；三是便于清洗。清水池底设有坡向集水坑方向的坡度，目的是清洗时是重力排水。

清水池一般设有 2～3 个导流墙，无梁楼盖式水池可采用砌筑导流墙，梁板式水池导流墙应采用钢筋混凝土结构，并应在导流墙上开设通气孔。

2. 作业条件与准备

弹好墙身线、轴线：根据现场砌材的实际规格尺寸，弹出洞口位置墨线，经验线符合设计图纸的尺寸要求，办完预检手续；按标高立好皮数杆，皮数杆的间距以 15～20m 为宜。

砖（砌块）浇水：砖（砌块）必须在砌筑前一天浇水湿润，一般以水浸入砖（砌块）四边 15mm 为宜，含水率为 9%～15%；常温施工不得使用未浸湿的砖（砌块）；雨季不得使用含水率达到饱和状态的砖（砌块）砌墙；冬期浇水有困难，则必须适当增大砂浆稠度。

砂浆搅拌：应优先使用预拌砂浆，宜用机械搅拌，搅拌时间不少于 1.5min。

3. 操作工艺与要求

组砌方法：砌体一般采用"一顺一丁"（满丁满条）、梅花丁或"三顺一丁"砌法，砖（砌块）柱不得采用先砌四周后填心的包心砌法。

排砖（砌块）撂底（干摆）：一般外墙第一层砖（砌块）撂底时，两山墙排丁砖（砌块），前后纵墙排条砖（砌块）。

选砖（砌块）：砌清水墙应选择棱角整齐，无弯曲、裂纹、颜色均匀、规格基本一致的砖（砌块）；敲击时声音响亮，焙烧过火变色、变形的砖（砌块）可用在基础及不影响外观的内墙上。

盘角：砌砖（砌块）前应先盘角，每次盘角不要超过五层，新盘的大角，及时进行吊靠，如有偏差要及时修整。盘角时要仔细对照皮数杆的砖（砌块）层和标高，控制好灰缝大小使水平灰缝均匀一致。大角盘好后再复查一次，平整度和垂直度完全符合要求后才可以挂线砌墙。

挂线：砌筑一砖（砌块）半墙必须双面挂线，长墙如果几个人使用一根通线，中间应设几个支线点，小线要拉紧，每层砖（砌块）都要穿线看平，使水平缝均匀一致，平直通顺；砌一砖（砌块）厚混水墙时宜采用外手挂线，可以照顾砖（砌块）墙两面平整，为控制抹灰厚度奠定基础。

砖（砌块）：砌砖（砌块）宜采用一铲灰、一块砖（砌块）、一挤揉的"三一"砌法，即满铺满挤操作法；砌砖（砌块）时，砖（砌块）要放平，里手高，墙面就要张；里手低，墙面就要背；砌砖（砌块）一定要跟线，"上跟线、下跟棱，左右相邻要对平"。

灰缝：水平灰缝厚度和竖向灰缝宽度一般为 9mm，但不应小于 8mm，也不应大于 12mm。为保证清水墙面立缝垂直、不游丁走缝，当砌完一步架高时，宜每隔 2m 左右水平间距在丁砖（砌块）立楞位置弹两道垂直立线，以分段控制游丁走缝。在操作过程中，要认真进行自检，如出现偏差，应随时纠正，严禁事后砸墙。清水墙不允许有三分头，不得在上部任意变活、乱缝。砌筑砂浆应随搅拌随使用，水泥砂浆必须在 3h 内用完，水泥混合砂浆必须在 4h 内用完，不得使用过夜砂浆。砌清水墙应随砌随划缝，划缝深度为 8～9mm，深浅一致，清扫干净，混水墙应随砌随将舌头灰刮尽。

留槎：外墙转角处应同时砌筑。内外墙交接处必须留斜槎，槎子长度不应小于墙体高度的 2/3，槎必须平直，分段位置应在变形缝处；隔墙与墙或池柱同时砌筑时可留阳槎加预埋拉结筋。沉墙每 500mm 预留 φ6mm 钢筋 2 根，其埋入长度从墙的留槎处算起每边均不小于 500mm，末端应加 90°弯钩。隔墙顶应用立砖（砌块）斜砌挤紧。

木砖、预留孔洞和墙体拉结筋：木砖预埋时应小头在外，大头在内，数量由洞口高度决定。洞口高在 1.2m 以内，每边放 2 块；高 1.2～2m 每边放 3 块；高 2～3m 每边放 4 块。预埋砖的部位一般在洞口上下边四皮砖，中间均匀分布。木砖要提前做好防腐处理，墙体抗震拉结筋的位置、钢筋规格、数量、间距长度、弯钩等均应按设计要求留置，不应错放、漏放。

安装过梁、梁垫：安装过梁、梁垫时其标高、位置及型号必须准确，坐灰饱满，如坐灰厚度超过 20mm 时要用细石混凝土铺垫，过梁安装时两端支承点的长度应一致。

构造柱做法：凡设有构造柱的结构工程，在砌砖（砌块）前，先根据设计图纸将构造柱位置进行弹线，并把构造柱插筋处理顺直。砌砖（砌块）墙时与构造柱连接处砌成马牙槎，每一个马牙槎沿高度方向尺寸不宜超过 300mm（即五皮砖块）。砖（砌块）墙与构造柱之间应沿墙高每 500mm 设置 2 根 φ6mm 水平拉结钢筋连接，每边伸入墙内不应少于 1m。

4. 冬期施工

在预计连续 9d 内平均气温低于 5℃或当日最低气温低于 −3℃时即进入冬期施工；冬期使用的砖（砌块）要求在砌筑前清除冰霜，水泥宜采用普通硅酸盐水泥，灰膏要防冻，如已受冻要融化后方能使用；砂中不得含有大于 9mm 的冻块，材料加热时，砂加热温度不超过 40℃，水加热温度不超过 80℃。

砖（砌块）正温时适当浇水，负温时即要停止，可适当增大砂浆稠度。冬期不应使用无水泥砂浆，砂浆中掺盐时，应用波美比重计检查盐溶液浓度；但对绝缘、保温或装饰有特殊要求的工程不得掺盐；砂浆使用温度不应低于 5℃，掺盐量应符合冬施方案的规定。采用掺盐砂浆砌筑时，砌体中的钢筋应预先作防腐处理，涂防锈漆两道。

15.3　走道、梯步、平台、栏杆

15.3.1　施工要点

（1）原材料、成品构件、配件等的产品质量保证资料应齐全，并符合国家有关标准的规定和设计要求。

（2）位置和高程、线形尺寸、数量等应符合设计要求，安装应稳固可靠。

（3）固定构件与结构预埋件应连接牢固；活动构件安装平稳可靠、尺寸匹配，无走动、翘动等现象；混凝土结构外观质量无严重缺陷。

（4）安全设施应符合国家有关安全生产的规定。

（5）混凝土结构外观质量不宜有一般缺陷，钢制构件防腐完整，活动走道板无变形、松动等现象。

15.3.2　施工质量控制

（1）梯道、平台、栏杆、盖板（走道板）安装的允许偏差应符合表 15-3 的规定。

梯道、平台、栏杆、盖板（走道板）安装的允许偏差　　　　表 15-3

检查项目		允许偏差（mm）	检查数量		检查方法
			范围	点数	
梯道	长、宽	±5	每座	2	用钢尺量测
	踏步间距	±3	每处	1	用钢尺量测，取最大值
平台	长、宽	±5	每处/每 5m	1	用钢尺量测
	局部凹凸度	3	每处	1	用 1m 直尺量测
栏杆	直顺度	5	每 10m	1	用 20m 小线量测，取最大值
	垂直度	3	每 10m	1	用垂线、钢尺量测
盖板（走道板）	混凝土盖板	直顺度	10	每 5m	1	用 20m 小线量测，取最大值
		相邻高差	8	每 5m	1	用直尺量测，取最大值
	非混凝土盖板	直顺度	5	每 5m	1	用 20m 小线量测，取最大值
		相邻高差	2	每 5m	1	用直尺量测，取最大值

（2）构筑物上行走的清污设备轨道铺设的允许偏差应符合表 15-4 的规定。

轨道铺设的允许偏差　　　　表 15-4

检查项目	允许偏差（mm）	检查数量		检查方法
		范围	点数	
轴线位置	5	每 10m	1	用经纬仪量测
轨顶高程	±2	每 10m	1	用水准仪量测
两轨间距或圆形轨道的半径	±2	每 10m	1	用钢尺量测
轨道接头间隙	±0.5	每处	1	用塞尺量测
轨道接头左、右、上三面错位	1	每处	1	用靠尺量测

注：1. 轴线位置：对于平行的两直线轨道，应为两平行轨道之间的中线；对于圆形轨道，为其圆心位置；
　　2. 平行两直线轨道接头的位置应错开，其错开距离不应等于行走设备前后轮的轮距。

15.4　进水井、格栅间

15.4.1　进水井

进水井主要作用是将各管道的来水汇集在一起，通过进水井可以改变不利的进水方向，保证进水平稳，避免滞留、涡流，使吸水管能均匀的抽升。进水井形式可以分为圆形、矩形、梯形，也可以与进水闸井、溢流井合并成一个构筑物，其具体尺寸可根据来水管沟的断面尺寸和数量决定，但直径不得小于 1.5m，矩形时为 1.2m×1.5m，以便于管理。

井底高程可与最低来水管（沟）底平，其设计水面不应淹没所有来水管道的管顶，进水井一般可设置在格栅间内，通常采用钢筋混凝土结构现浇施工。

进水井通常与格栅间、除砂池等组合为一体构筑物，单体构筑物之间设有界面缝（图15-3）。采用钢筋混凝土结构时，宜采用整体现浇施工，施工工艺见本书第5章有关内容。

15.4.2 格栅间

1. 工艺与结构特点

格栅间是原水预处理最重要的构筑物，也可以说格栅间是水处理的第一道工序，常设置在水处理工艺流程中的核心处理设施如进水渠道上或提升泵站集水池的进口处之前，主要作用是去除水中的悬浮物或漂浮物，对改善和提高后续核心处理设施的功效有着举足轻重的作用，直接影响到后续工艺的正常运行。

图15-3　组合构筑物的界面缝

格栅间主要设备包括格栅除污机、滤网、栅渣压实机、栅渣输送机及吊运设备。根据格栅底与地面高差、格栅的安装位置，格栅间可分为地面式（图15-4）和半地下式（图15-5）。

地面式格栅间可将栅渣压实机、栅渣输送机安装在地面上，运行和维护方便，减少工程投资和降低施工难度，在满足格栅除污机机械强度、刚度及除污能力的条件下，一般会优先考虑。

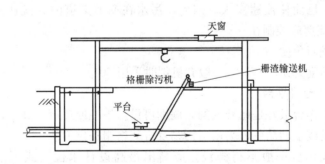

图15-4　地面式

2. 格栅的选用

格栅由一组平行的金属栅条或筛网制成，安装在污水渠道上、泵房集水井的进口处、污水处理厂的端部或排水泵站的水泵之前，用以截留雨水、生活污水和工业废水中较大的悬浮物或漂浮物，如纤维、碎皮、毛发、果皮、蔬菜、塑料制品等。一般情况下，分粗细两道格栅，粗格栅的作用是拦截较大的悬浮物或漂浮物，以便保护水泵；细格栅的作用是拦截粗格栅未截流的悬浮物或漂浮物。在水处理流程中，格栅是一种对后续处理构筑物或泵站机组具有保护作用的处理设备，选择参数如下：

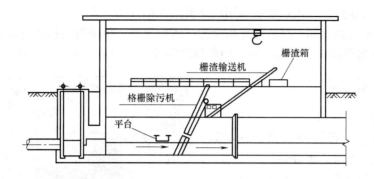

图 15-5　半地下式

（1）栅条断面

应根据跨度和拦污量计算确定，一般可采用 9mm×50mm～9mm×90mm 的扁钢制成，后面横向支撑可以使用槽钢（80～90mm），每隔 800～900mm 加一个，通常预先制成 500mm 左右宽度的栅条现场组合而成，栅条也可以使用铸铁制造。

（2）栅条间隙

可根据水质和水泵性能确定栅条间隙总面积，也可根据计算确定，当用人工清除时应不小于进水管渠有效断面的 2 倍；机械清除时应不小于进水管渠有效截面的 1.2 倍。

（3）流速

合理控制过栅流速，能够使格栅最大限度地发挥拦截作用，保持最高的拦污效率。一般来讲，污水过栅越缓慢，拦污效果越好，但当缓慢至砂在栅前渠道及格栅下沉积时，过水断面会缩小，反而使流速变大。因此，污水在栅前渠道内的流速一般应控制在 0.4～0.9m/s，过栅流速应控制在 0.6～1.0m/s。

（4）格栅倾斜角度

格栅倾斜角度为 45°～75°，一般有机耙时采用 70°。

3. 格栅工作台（平台）

（1）格栅工作台最好是敞开式的，周围可设防护栏或矮墙（高 1m），工作台上应安装工字钢梁、电动或手动葫芦，为吊运污物及拆装格栅提供方便。

（2）格栅工作台一般不得淹没，应高出最高设计水位（或可能出现的最高水位）0.5～1.0m；并应不低于溢流管水位，在利用干管蓄水时，应不低于蓄水水位。但工作台至格栅底高差不应太大，用人工除污时一般不超过 3m；用机械除污时不超过 4m，高差太大时应设上下双层格栅。

（3）格栅与水泵的吸水管之间，最好不留敞开部分，以防物件掉入和保证操作人员的安全。可设铸铁箅子（或带梅花孔的混凝土板）用以泄水，检修时须便于打开。

（4）工作台要设楼梯，向上至地面宜为混凝土阶梯；向下至池底可设人孔（直径为 1.5～1.8m）加盖铸铁踏步。

（5）在工作台约 1m 高的墙壁上，可设不小于 φ25mm 的水龙头，以便冲洗。工作台地面应设 1% 坡度坡向泄水孔，平台迎水面应设防滑栏杆。

（6）格栅工作台平面尺寸

人工清除：格栅工作台沿水流方向的长度不应小于 1.2m；

机械清除：格栅工作台沿水流方向的长度视清污机的尺寸而定，最小不得小于 1.5m。

4. 机械格栅

大型水厂泵站，应尽量采用机械格栅。当格栅宽度小于 4m 时，一般使用固定式清污机；当宽度大于 4m，且格栅分为几个格时，可使用移动式清污机。

在目前情况下，使用机械清污的同时，仍要考虑人工清污的可能性，以便在机械出故障时，保证泵站正常运行。

5. 污水厂站格栅

（1）机械格栅

当格栅截污量大于 $0.2m^3/d$ 时，应采用机械格栅，与机械格栅配套的电动机应安置在高处，在任何情况下也不致被水淹没。

（2）栅条间隙

栅条间隙的大小，随水泵的构造而变，应小于离心泵内叶轮的最小间隙；当采用 PW 型及 PWL 型水泵时，可按表 15-5 选用。

PW 型及 PWL 型水泵前格栅的栅条间隙　　　　　　　　　　　表 15-5

水泵型号	栅条间隙(mm)	截留污物量[L/(人·a)]
$2\frac{1}{2}$PW、$2\frac{1}{2}$PWL	≤20	人工：4~5 机械：5~6
4PW、4PWL	≤40	2.7
6PWL	≤70	0.8
8PWL	≤90	0.5
9PWL	≤19	<0.5
32PWL	≤150	<0.5

（3）水泵前格栅的栅条间隙在 25mm 以内时，处理构筑物前可不设格栅。采用立式轴流泵时：20ZLB-70，栅条间隙≤60mm；28ZLB-70，栅条间隙≤90mm。采用 Sh 型清水泵时：14Sh，栅条间隙≤20mm；20Sh，栅条间隙≤25mm；24Sh，栅条间隙≤30mm；32Sh，栅条间隙≤40mm。

当污水泵站将抽升之污水送往处理厂时，除根据水质和泵型外，还应按处理要求确定栅条间隙，使其不仅要保证水泵能正常工作，而且要保证处理构筑物能正常工作。

6. 格栅参数与选择

（1）水泵前格栅的栅条间隙，应根据水泵要求确定。水处理前格栅的栅条间隙，应符合下列要求：人工清除，25~40mm；机械清除，16~25mm；最大间隙，40mm。

（2）水处理厂可设置粗、细两道格栅，栅渣量与地区的特点、格栅的间隙大小、水流量等因素有关，在无当地运行资料时，可采用：栅条间隙 16~25mm，0.9~0.05m^3 栅渣/m^3 污水；栅条间隙 30~50mm，0.03~0.01m^3 栅渣 m^3 污水。

（3）在大型污水处理厂或泵站前的大型格栅（每日栅渣量大于 $0.2m^3$），一般应采用机械清渣。格栅间设置格栅不宜少于 2 台；如为一台时，应设人工清除格栅备用。过栅流速一般采用 0.6~1.0m/s；格栅前渠道内的水流速度一般采用 0.4~0.9m/s；格栅倾角一般采用 45°~75°。人工清除的格栅倾角小时，较省力，但占地多。通过格栅的水头损失一般采用 0.08~0.15m。

（4）格栅间必须设置清除栅渣的工作台，台面应高出最高设计水位 0.5m，工作台上有安全和冲洗设施；格栅间工作台两侧过道宽度不应小于 0.7m，工作台正面宽度：

1）人工清除，不应小于 1.2m；

2）机械清除，不应小于 1.5m。

（5）机械格栅的动力装置一般宜设在室内，或采取其他保护设备的措施。

设置格栅的给水排水构筑物，必须考虑有良好的通风设施。格栅间过水渠道是有毒有害气体产生和聚集的主要场所，极易发生中毒事故。为消除事故隐患，在格栅间内应增设机械排风系统，取风口设在过水渠道内。在检修前先打开排风机，排除有毒有害气体。

格栅间内应安设吊运设备，以进行格栅及其他设备的检修，栅渣的日常清除；由于格栅较高，所需起吊高度较大，增加了格栅间的高度，土建造价高；设计时考虑厂房高度可仅满足栅渣外运的要求，对于格栅检修，可在屋顶设置天窗，天窗的尺寸满足格栅长、宽要求，适当地降低格栅间高度。

（6）格栅的栅条断面形状可按表 15-6 选用。

栅条断面形状及尺寸　　　　　　　　　　　　　　　　　　　　表 15-6

栅条断面形状	一般采用尺寸(mm)
正方形	
圆形	
锐边矩形	
迎水面为半圆形的矩形	

栅条断面形状	一般采用尺寸(mm)
迎水、背水面均为半圆形的矩形	(图：三个半圆形矩形栅条，宽均为10，高50)

（7）常用的格栅参数计算公式见表15-7。

格栅参数计算公式　　　　　　　　　　　表 15-7

名　　称	公　　式	符 号 说 明
栅槽宽度	$B=S(n-1)+bn$(m) $n=\dfrac{Q_{max}\sqrt{\sin\alpha}}{bhv}$(个)	S—栅条宽度，m； b—栅条间隙，m； n—栅条间隙数，个； Q_{max}—最大设计流量，m^3/s； α—格栅倾角，(°)； h—栅前水深，m； v—过栅流速，m/s
通过格栅的水头损失	$h_1=h_0k$(m) $h_0=\varepsilon\dfrac{v_2}{2g}$(m)	h_0—计算水头损失，m； g—重力加速度，m/s^2； k—系数，格栅受污物堵塞时水头损失增大倍数，一般采用3； ε—阻力系数，其值与栅条断面形状有关
栅后槽总高度	$H=h+h_1+h_2$(m)	h_2—栅前渠道超高，一般采用0.3m
栅槽总长度	$L=l_1+l_2+1.0+0.5+\dfrac{H_1}{\tan\alpha}$(m) $l_1=\dfrac{B-B_1}{2\tan\alpha_1}$(m) $l_2=\dfrac{l_1}{2}$(m) $H_1=h+h_2$(m)	l_1—进水渠道渐宽部分的长度，m； B_1—进水渠宽，m； α_1—进水渠道渐宽部分的展开角度，一般可采用20°，由此得 　$l_1=\dfrac{B-B_1}{0.73}$(m) l_2—栅槽与出水渠道连接处的渐窄部分长度，m； H_1—栅前渠道深，m
每日栅渣量	$W=\dfrac{Q_{max}W_1\times86400}{K_z\times1000}$(m³/d)	W_1—栅渣量，m³ m³ 污水，格栅间隙为 $10\sim25$mm 时，$W_1=0.1\sim0.05$，格栅间隙为 $30\sim50$mm 时，$W_1=0.03\sim0.01$； K_z—生活污水流量总变化系数

15.4.3 格栅除污机选择

1. 格栅除污机的类型及特点
格栅除污机的种类很多，可按表15-8分类，各种类型的使用条件与特点见表15-9。

格栅除污机分类　　　　　　　　　　　表 15-8

按格栅的形式分	弧形
	倾斜
	垂直

续表

按齿耙动作的形式分	臂式	伸缩臂	
		旋回臂	
		摆臂	
	链式	湿式回转链	正面除污式
			背抓除污式
		干式回转链	
	钢索牵引式	二索式	
		三索式	
		四索式	
按安装的形式分	固定式		
	移动式	悬挂式	
		台车式	

格栅除污机的使用条件与特点比较　　　　　　　　　　　表 15-9

设备名称	使 用 条 件	特　　　点
高链式格栅除污机	用于泵站进水渠(井),拦截、捞取水中的漂浮物,以保证水泵正常运行,一般作中、细格栅使用	1. 水下无运转部件,使用寿命长,维护检修方便 2. 构造简单,运行可靠,适用于水深不大于 m
反捞式格栅除污机	用于泵站前,特别是泥沙沉淀量较大的场合,拦截、捞取水中的漂浮物,一般作粗、中格栅使用	1. 齿耙耙后下行,栅前上行捞渣,不会将栅渣带入水下,捞渣彻底 2. 当底部沉淀物较多时,不会堵耙,避免造成事故
回转式格栅除污机	捞取各种原水中的漂浮物,一般设在粗格栅之后,用作中格栅	1. 结构紧凑,缓冲卸渣 2. 耐磨损,运行可靠,可全自动运行
阶梯式格栅除污机	是一种典型的细格栅,适用于井深较浅,宽度不大于 2m 的场合	1. 水下无传动件,结构合理,使用寿命长,维护保养方便 2. 采用独特的阶梯式清污原理,可避免杂物阻卡缠绕
钢丝绳牵引式格栅除污机	主要用于雨水泵站或合流制泵站,拦截较大的漂浮物或较大的沉积物,一般作粗、中格栅使用	1. 捞渣量大,卸渣彻底,效率高 2. 宽度可达 4m,最大深度可达 30m 3. 易损件少,水下无运转部件,维护检修方便,运行机器安全可靠
内进式鼓形格栅除污机	主要用于去除城市污水和工业废水中的漂浮物,该机集截污、齿耙除渣、螺旋提升、压榨脱水四种功能于一体	1. 集多种功能于一体,结构紧凑 2. 过滤面积大,水头损失小 3. 清渣彻底,效率高 4. 全不锈钢结构,维护工作量小,但设备价格相对较高
旋转式齿耙格栅除污机	主要用于城市污水和工业废水处理中截取并自动清除污水中的漂浮物和悬浮物,一般设在粗格栅之后,是典型的细格栅	1. 无栅条,诸多小齿耙相互连接组成一个较大的旋转面,捞渣彻底 2. 卸渣效果好 3. 齿耙强度高,有尼龙和不锈钢两种材质 4. 有过载保护措施,运行可靠

2. 旋转滤网的选择

旋转滤网的作用是拦截及排除作为水源的淡水或海水内大于网孔直径的悬浮脏污物和颗粒杂质,为供水系统中的主要拦污设备,一般设在粗格栅或者格栅除污机之后;其传动部分应设置在最高水位以上。

常用的旋转滤网大致分为三种类型：板框形旋转滤网、圆筒形旋转滤网、连续传送带型旋转滤网。滤网可用不锈钢丝、尼龙丝、铜丝或镀锌钢丝编制而成；网孔孔眼大小根据拦截对象选用，一般为 0.1~9mm。由于旋转滤网截流的污物颗粒较小，一般可顺排水沟内流出。

3. 栅网起吊设备的主要形式

栅网起吊设备主要用于平板滤网、格栅的抓取和放下；大部分可选用已经定型生产的通用设备，只有少数栅网由于起吊深度大和某些特殊情况，需要专用起吊设备。

（1）单吊点重锤式抓落机构

适用于栅网的高宽比大于 1，起吊力在 1t 以下，且安装较深的小型栅网的起吊。该机构主要由吊环、横梁、支撑架及带有平衡重锤的挂钩等组成；具有结构简单，操作方便等特点，其动作如下：

当提升时将拉簧挂在钩上，放下抓落机构，待其碰到栅网上起吊耳环时，挂钩抬起，继续下放抓落机构至定位（由预先标定在该抓落机构起吊钢丝绳上的标记而定），挂钩在弹簧作用下复位，即可自动挂钩，提起栅网。

当放下栅网时，必须先将拉簧摘掉，然后挂钩钩住栅网上起吊耳环，吊起后再放下栅网，待栅网达到预定位置后（由预先标定在该抓落机构起吊钢丝绳上的标记而定），挂钩与栅网上的起吊耳环脱开，借助于平衡重锤的偏心力，重锤下落，抬起挂钩，此时即可提起抓落机构，抓落机构的上升或下降，视具体情况可手动或电动操作。

（2）双吊点双重锤式抓落机构

该机构用于抓取和放下面积较大且高宽比小于 1，起吊力在 1t 以上的栅网等深水设备，其动作如下：

当提升栅网时，将旋转扳把放在上侧，然后放下抓落机构，当碰到栅网的提梁时，吊钩被吊起，当起吊机构继续下降到一定位置时（由预先标定在该抓落机构起吊钢丝绳上的标记而定），吊钩在扭簧作用下恢复原位，钩住栅网起吊耳环，此时便可提起栅网。

当放下栅网时，将旋转扳把放在下侧，然后挂到栅网提梁上，放下栅网，待栅网下放到预定位置后（由预先标定在该抓落机构起吊钢丝绳上的标记而定），支撑架继续下放一定距离（直到限定位置），此时挂钩脱离提梁，靠扭簧作用抬起挂钩。

（3）双吊点单重锤连杆式抓落机构

该机构的特点是用一个平衡重锤通过中间连杆，使双吊钩同时张开或合拢，实现抓落动作，其动作为：

当提升栅网时，把平衡重锤拨向右边，使吊钩处于垂直工作状态。当下落碰上栅网的起吊耳环后，耳环顺挂钩斜坡滑入吊钩内，同时吊梁达到限位状态，即可吊起栅网。

当放下栅网时，把平衡重锤拨向左边，当栅网下降到预定位置（由预先标定在抓落机构起吊钢丝绳上的标记而定），靠重锤之偏心力，使左、右挂钩向中心收拢而脱开起吊耳环，即可提起抓落机构。

4. 栅渣压实机和栅渣输送机

栅渣压实机和栅渣输送机大部分可选用已定型生产的设备，根据国内的污水水质，栅条间隙大于 25mm 的粗格栅清除的栅渣，多数为塑料薄膜等大块杂质，不经压实便可收集外运，在格栅间内不需要安装栅渣压实机，但应在栅渣收集箱周围做排水坑和冲洗设施。

15.5 配电间与加药间

15.5.1 基础施工

1. 混凝土条形或独立基础施工

模板可采用 900mm×300mm 和 900mm×200mm 两种钢模板组拼，也可采用木模，外背 ϕ48mm 钢管，方木斜撑与土墙固定。

采用平板振动器振实，表面木刮杆搓平，终凝后用棉毡片覆盖养护。为保证垫层厚度、表面标高准确，边缘支设 90mm 宽的钢模板，中间每 4m 设纵横短钢筋标高点控制，中间拉线找平控制。

2. 砖（砌块）基础施工

砖（砌块）的品种、强度等级必须符合设计要求，并应规格一致，砌筑砂浆采用机械拌和，拌和时间从投料完成算起，不得少于 1.5min，严格控制砂浆的配合比，确保砂浆强度，并按规范做好混凝土强度试块。

15.5.2 构造柱施工

构造柱的钢筋施工应满足设计要求，构造柱与墙体连接处沿强高每隔 500mm 设 2 根 ϕ6mm 拉结筋，拉结长度不小于 900mm。

构造柱模板可采用 1500mm×300mm 钢模板组拼或木模板，侧模采用钢管扣件加固（图 15-6）。

图 15-6 构造柱模板与支撑

在浇筑构造柱混凝土之前，先在池柱底部铺 50mm 厚的与混凝土内砂浆同成分的水泥砂浆，以防出现缝隙夹层；混凝土浇筑分层进行，每次下料高度不大于 500mm，当浇筑高度超过 2m 时，采用串筒下料，插入式振捣器振捣密实。混凝土振捣插棒距离不大于其作用半径的 1.5 倍，振捣时间不少于 30min，振捣时不得振模板和钢筋，上层混凝土振捣时，插入下层混凝土的深度不少于 50mm。柱顶标高的控制，提前在模上尺量划线标注，将模板配置到浇筑标高表面；待混凝土拆模后，检查无蜂窝麻面等缺陷后，采用塑料膜全封闭养护或表面挂土工布洒水养护不少于 7d。

15.5.3 屋面梁、板施工

1. 模板工程

模板采用组合钢模板，支撑可采用扣件式管架，其布置要求根据计算确定，梁侧模采用钢管扣件加固；底板模根据梁间尺寸，可采用 1500mm×300mm 和 1200mm×300mm 两种钢模板组拼，对边角不合模数的锯割小竹胶板模，所有板面铺设平整，接缝、接头处全部用塑胶带粘贴，保证不漏浆、不变形；满堂支架作支撑，控制梁模板的垂直度和底模板的平整度。梁底模根据其跨度大小按规范规定起拱。模板拆除：梁侧模以保证混凝土不被损坏，棱角整齐；混凝土强度达到规范规定方可拆除。待混凝土强度达到设计强度的 90％方可拆除支撑，上部施工荷载大于设计活荷载时，下部另设支撑加强。

2. 钢筋的制作、绑扎

钢筋现场制作前，必须认真核实配料单，对钢筋的材质、规格进行检验；钢筋水平接长采用闪光对焊，新制作的半成品，分类挂牌堆放，不得混放。

梁与梁接头处和梁与构造柱接头处钢筋密挤，必须保证梁筋内侧锚固长度，板底钢筋不得在跨中搭接，其在支座的锚固长度为 15d，且应伸过梁或墙中心线；板顶钢筋不得在支座搭接，板顶钢筋弯钩的下弯长度比板厚小 20mm，在边支座的锚固长度为 L_a，可查标准图集；楼板上如有孔洞则应预留，当洞口不大于 300mm 时，不另加钢筋，板内钢筋洞边绕过，不得截断。

钢筋的绑扎规格、间距等质量要求符合设计和规范规定，并自检、互检、共检验收后方可进行下道工序施工；保护层的控制方法：梁、板底、侧全部垫水泥砂浆块，间距不大于 1m，高梁中间另加设 ϕ14mm 以上钢筋梯架，放在对拉螺杆间隔空内，控制梁侧模尺寸。

3. 混凝土浇筑

现场坍落度应经常抽查，发现偏差及时调整。浇筑前应仔细计算每次混凝土的浇筑量，对人员组织、设备运转、材料供应、混凝土搅拌和输送等进行过程能力分析，并制定出相应的保证措施，预防冷缝出现。混凝土浇筑时应派专人随时检查模板的支撑情况，如出现异常随时通知，混凝土浇筑应立即停止，进行模板加固措施。混凝土浇筑前应提前用水湿润模板和施工缝，必须等施工缝处的明水晾干后才能浇筑混凝土，防止施工缝处出现"烂根"现象，影响混凝土表面的观感质量。

待混凝土拆模后，检查无蜂窝麻面等缺陷，采用塑料薄膜全封闭养护、表面挂盖棉毡洒水养护不少于 7d。

15.6 电缆沟、桥架

15.6.1 施工要点

（1）准备工作

弄清设计图纸的设计内容，对图中选用的电气设备和主要材料等进行统计，注意图纸提出的施工要求；考虑与主体工程和其他工程的配合问题，确定施工方法。为了工程施工，不要破坏建筑物的强度和损害建筑物的美观。

施工前由工程技术人员向施工人员进行详细的技术交底，使施工人员弄清技术要求，采用的技术标准和施工方法。设备安装后不能再进行有可能损坏已安装设备的装饰工作。

（2）施工流程

配合土建预埋预留→电气设备安装→电缆沟、电缆桥架、管路施工→电缆敷设→校接线→试验调试。

（3）电缆沟土建施工见第 15.1.2 条、第 15.1.3 条和第 15.1.4 条要求。

（4）桥架安装应符合下列要求：

1）桥架底座的支承结构、预埋件等的加工、安装应符合设计要求，且连接牢固；

2）支架与管道的接触面应平整、洁净；

3）有伸缩补偿装置时，固定支架与管道之前，应先进行补偿装置安装及预拉伸（或压缩）；

4）导向支架或滑动支架安装应无歪斜、卡涩现象；安装位置应从支承面中心向位移反方向偏移，偏移量应符合设计要求，设计无要求时宜为设计位移值的 1/2；

5）弹簧支架的弹簧高度应符合设计要求，弹簧应调整至冷态值，其临时固定装置应待管道安装及管道试验完成后方可拆除。

15.6.2　桥（支）架敷设

1. 电缆沟施工

对于混凝土浇筑的电缆沟，首先开挖并放线找平，浇筑电缆沟时，注意下好预埋铁，预备将来焊接电缆支架用；电缆沟应平整、不得倾斜，电缆支架焊接每隔 1m 一只，焊接完毕清除焊渣，刷防腐油 1 道。

2. 电缆沿支架或桥架敷设时固定

水平排列的电缆每隔 1～2 个支架；线路转弯处或余留长度两侧；进入盘柜前 300～400mm 处；进入接线盒 150～300mm 处。

3. 电缆桥架施工

（1）根据设计图纸标高及走向敷设电缆桥架，桥架应平整、无毛刺，采用螺杆连接固定且连接盒应在桥架外侧；桥架转弯时其半径应大于槽内最粗电缆的 9 倍，电缆由桥架直接引出时应用机械开孔并设护圈保护电缆；槽架长度超过 50m 时应采用热补偿装置。

（2）电缆桥架、托臂、池柱宜为专业产品，现场只需少量加工即可组装；现场制作桥架可采用 8 号槽钢支架，池柱由桥架厂家提供，用 2 条 M12 脚胀螺杆固定在水泥地面上。

（3）电缆桥架之间的连接螺杆螺母朝外，连接处要牢固可靠，不得松动；电缆桥架安装完毕不得有明显的起伏和弯曲现象；电缆桥架不得有断续现象，如必须断开则在断开处用 9mm² 铜导线将电缆桥架两端连接起来；所有焊接处补同色漆两道。

4. 电缆保护管敷设

电缆保护管内面清洁、无毛刺、管口光滑，埋地保护管防腐齐全。，保护管弯曲半径大于电缆外径 9 倍且弯曲处无裂缝、凹陷；当保护管长度大于 30m 或弯曲总角度大于 270°时，应加设中间接线盒。保护明设时，D≤50mm 时应采用螺纹连接，管路连接后应保证整个系统的电气连续性，保护管与现场仪表之间采用喷塑金属软管连接并做防水弯，进入箱盒时管头应设锁紧螺母；保护管进入室内时应加油麻密封。

15.6.3　线缆接线

1. 电缆预防性试验

高压电缆在敷设之前，先做耐压试验，耐压等级为直流 25kV，时间为 15min，无击穿现象为合格，方可敷设。做完终端头后再用前述相同的电压和时间进行电缆耐压试验。低压电力电缆可用 900V 摇表测量，电缆绝缘电阻不小于 1MΩ；控制电缆可用 500V 摇表测量，电缆绝缘电阻不小于 0.5MΩ。

2. 管路敷设

暗敷的钢管采用套管和管箍连接，套管采用电焊焊接，焊口不得有裂缝。管口应打扫毛刺，穿线时应加护口，所有管口应套丝，电气管道始端终端应焊有 M9×25mm 镀锌螺杆一个，所有钢管应用 φ6mm 的圆钢用电焊连接成一体并与接地线连接在一起，采用管箍连接管路时应加焊跨线。管子的弯曲半径应大于等于 9D，弯扁度小于等于 0.1D。

3. 防雷接地

(1) 接地极：接地极用镀锌∠50mm×50mm×5mm 角钢一端做成尖角加工而成，长 2.5m，打入地下，接地极顶部距地平 0.8m；接地极之间应用镀锌-40×4 的扁钢连接，连接处用电焊将扁钢焊在角钢的平面上，连接处要四面全焊满，焊后消除药皮涂沥青漆；扁钢与扁钢连接处用电焊焊接连，接长度不小于扁钢长度的 2 倍，焊后清除药皮涂沥青漆。

(2) 接地母线敷设：室内接地母线采用-40×4 镀锌扁钢，用扁钢作支架，支架间距不大于 900mm，转弯处支架间距为 300mm，过门处应加保护管保护；接地线连接处采用搭接焊，搭接长度不小于扁钢宽度的 2 倍，敷设高度 300mm；扁钢弯曲立弯采用热煨，弯曲半径不小于扁钢宽度的 2.5 倍。室内所有不带电的金属支架、设备基础都应和地连接。接地线应涂黑色油漆，接地螺杆的地方留出 20mm 的宽度不涂漆；接地线应水平和垂直敷设，在直线段上不应有高低起伏及弯曲现象。

4. 电缆敷设

高压电力电缆由高压间敷设到变压器室；电力电缆与控制电缆保持垂直距离不小于 400mm；电力电缆与控制电缆敷设在同一桥架内，应加隔板分开；电缆在转弯处应用电缆扎带固定，两端用电缆卡子固定；电缆的弯曲半径不得小于电缆外径的 9 倍；电缆敷设时应先编电缆敷设表，安排好电缆先后顺序，以免交叉；电缆敷设时不允许发生电缆来回交叉情况；电缆的两端、转弯处应挂电缆牌，电缆牌的内容、编号 1 电缆规格、型号、起终端。

5. 接线

所有服务导线应压接线端子，低压三相导线应标明相色；用校号器逐一校核导线，如有差错立即纠正，校好的线套好异型线号管；将导线调直后用扎带绑扎成束，固定在端子板两侧，然后由线束引出导线接至端子板；接至端子板的导线应有余量；绑扎的线束应美观，看不到交叉的导线；备用的导线不要切断，绑到线束最高处；控制电缆芯线一律用剥线钳剥线，不要使用其他工具以免伤了芯线，导线一定要接牢，不得有松动现象。

6. 电缆头包扎

电缆敷设完毕后应进行绝缘测试，绝缘电阻应大于 5MΩ，在绝缘测试合格后进行电缆头包扎。自控系统电缆头均采用干包形式制作时，使用的塑料带应干燥、清洁、无折皱、层间无空隙；抽出屏供接地时不应损坏其绝缘，电缆头应在 2/3 高度处设均压短路环。短路环线径视电缆头大小采用相应的保险丝制作；线路在盘内可设于线槽内也可明设，明设时线路应用绝缘扎带绑牢，扎带间距 90mm，电缆弯曲半径不小于其束把的 3 倍，盘内布线不得有接头且端子应按设计标号，编号应写明电缆与级线号。每个端子最多可接两根导线，导线连接后应有适当的余度。

15.7 沉砂池

15.7.1 平流式沉砂池

平流式矩形沉砂池（图 15-7）是城镇水厂常用形式，具有构造简单、处理效果较好的优点。平流式沉砂池由进水装置、出水装置、沉砂区和排泥装置组成，其上部是水流部分，水在其中以水平方向流动，下部是聚集沉砂的部分，通常其底部有 1～2 个贮砂斗，下接带闸阀的排砂管，用以排除沉砂。

平流式矩形沉砂池设计流速为 0.15～0.3m/s，停留时间应大于 30s；沉砂含水率为 60%，密度为 1.5t/m³，采用机械刮砂，重力或水力提升器排砂。

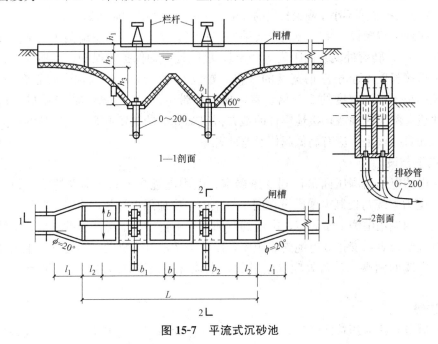

图 15-7 平流式沉砂池

15.7.2 曝气沉砂池

曝气沉砂池是在平流式沉砂池的侧墙上设置一排空气扩散器，使污水产生横向流动，形成螺旋形的旋转流态。曝气沉砂池（图 15-8）是一长形渠道，沿渠壁一侧的整个长度方向，距池底 60～90cm 处安设曝气装置，在其下部设集砂斗，池底有 $i=0.1-0.5$ 的坡度，以保证砂粒滑入。

由于曝气作用，废水中的有机颗粒经常处于悬浮状态，砂粒互相摩擦并承受曝气的剪切力，砂粒上附着的有机污染物能够去除，有利于取得较为纯净的砂粒。在旋流的离心力作用下，这些密度较大的砂粒被甩向外部沉入集砂槽，而密度较小的有机物随水流向前流动被带到下一处理单元；另外，在水中曝气可脱臭，改善水质，有利于后续处理，还可起到预曝气作用。

普通平流式沉砂池截留的沉砂中夹杂有 15% 的有机物，使沉砂的后续处理难度增加，采用曝气沉砂池，可在一定程度上克服此缺点。

曝气沉砂池从 20 世纪 50 年代开始使用，其特点为：

（1）沉砂中有机物含量低于 5%。

（2）由于池中设有曝气设备，它具有预曝气、脱臭、除泡作用以及加速污水中油类和浮渣的分离作用。

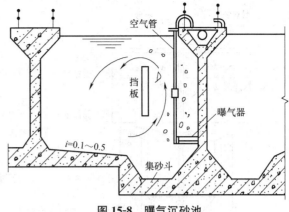

图 15-8 曝气沉砂池

优点：曝气沉砂池为后续的沉淀池、曝气池、污泥消化池的正常运行及对沉砂的最终处置提供了有利条件。

缺点：曝气作用要消耗能量，对生物脱氮除磷系统的厌氧段或缺氧段的运行存在不利影响。

曝气沉砂池形状应尽可能不产生死角和偏流，进水方向应与池中旋流方向一致，出水方向与进水方向垂直，并宜设置挡板，防止产生短流。

15.7.3 涡流式沉砂池

涡流式沉砂池中污水由池下部呈旋转方向流入，从池上部四周溢流流出，污水中的砂粒向下沉淀，达到去除的目的。涡流沉砂池分为旋流沉砂池、多尔沉砂池和钟式沉砂池。

1. 旋流沉砂池

旋流沉砂池利用水力涡流，使砂子和有机物分开，以达到除砂目的。污水从切线方向进入圆形沉砂池，进水渠道末端设一跌水堰，使可能沉淀在渠道底部的砂子向下滑入沉砂池；还设有一个挡板，使水流及砂子进入沉砂池时向池底流行，并加强附壁效应。在沉砂池中间设有可调速的桨板，使池内水流保持环流。桨板、挡板和进水水流组合在一起，在沉砂池内产生螺旋状环流，在重力作用下，使砂子沉下，并向池中心移动，由于越靠中心水流断面越小，水流速度逐渐加快，最后将沉砂落入砂斗；而较轻的有机物，则在沉砂池中间部分与砂子分离。池内的环流在池壁处向下，到池中间则向上，加上桨板的作用，有机物在池中心部位向上升起，并随着出水水流进入后续构筑物。旋流沉砂池分为气提式和泵提式两种，如图 15-9 所示。

2. 多尔沉砂池

多尔沉砂池，是一个浅的方形水池。在池的一边是与池壁平行的进水槽，并且在整个池壁上，等间距地设带有许多个导流板的进水口，它们能调节和保持水流的均匀分布，废水沿导流板流入沉砂池，并以一定的流速流动，以使砂粒沉淀，水流到对面的出水堰溢流排出。沉砂池底的砂粒用一台安装在转动轴上的刮砂机，从中心刮到边缘，进入集砂斗。

当旋转到排砂箱时，通过它收集沉砂，排入淘砂槽中，砂粒用往复式刮砂机或螺旋式输送器进行淘洗，以除去有机物。在刮砂机上装有桨板，用以产生反方向的水流，将从砂上冲洗下来的有机物带走，回流到沉砂池中，而淘净的砂及其他无机杂粒，由刮砂机提升排除。

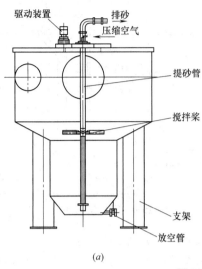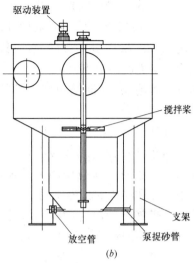

图 15-9 旋流沉砂池

(a) 气提式；(b) 泵提式

3. 钟式沉砂机

钟式沉砂机是一种利用机械控制水流流态与流速，加速砂粒的沉淀，并使有机物被水流带走的沉砂装置，沉砂池由流入口、流出口、沉砂区、砂斗及带变速箱的电动机、传动齿轮、砂提升管及排砂管组成（图 15-10）；污水由流入口沿切线方向流入沉砂区，利用电动机及传动装置带动转盘和斜坡式叶片转动，由于所受离心力的不同，把砂粒甩向池壁，掉入砂斗。有机物则被送回污水中。调整转速，可达到最佳沉砂效果。沉砂用压缩空气经沉砂提升管、沉砂排砂管清洗后排除，清洗水回流至沉砂区。

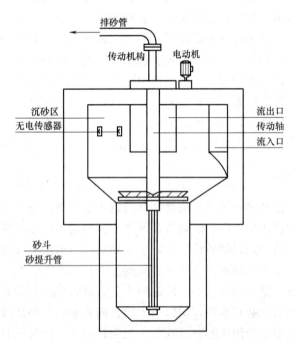

图 15-10 钟式沉砂机

15.7.4 施工工艺

1. 施工流程

污水处理厂沉砂池多采用钢筋混凝土结构，施工工艺流程：

基坑开挖→垫层混凝土→底板混凝土→第一次壁板混凝土→第二次壁板混凝土→顶板混凝土→施工"后浇带"→闭水试验→设备及管道安装。

2. 池底施工

（1）严禁扰动槽底土壤，如发生超挖，严禁用土回填，池底土基不得受水浸泡或受冻。

（2）水池底板位于地下水位以下时，施工前应验算施工阶段的抗浮稳定性，当不能满足抗浮要求时，必须采取抗浮措施。

（3）预埋在水池底板以下的管道及预埋件，应经验收合格后再进行下一道工序的施工。池壁处的预埋孔洞及预埋件，在浇筑混凝土前应复查其位置和尺寸。孔洞处的钢筋应尽量绕过，避免截断。

（4）平流式沉砂池的底板施工要注意底板的平整度和坡度，坡向排泥槽（斗）方向。

（5）测量有斜壁或斜底的圆形水池半径时，宜在水池中心设立测量支架或中心轴。

3. 池壁施工

池壁模板施工时要求模板必须支撑牢固，在施工荷载作用下不得有松动、跑模、下沉等现象，模板拼装必须严密，不得漏浆，模内必须洁净。凡有弧度的构件，其模板弧度必须符合设计要求和规范规定，不得后抹弧面。

4. 混凝土施工要点

首先对混凝土按接触面（施工缝处，而且达到一定强度后）进行人工剔凿，将施工缝处水泥浮浆去掉，然后混凝土中的石子，应"含七露三"，也就是 7 分石子含在混凝土中，3 分石子露在外面；剔凿（剁斧）后先用空气压缩机进行吹扫，然后用水冲洗。

浇筑前提前用水把混凝土结合面润湿，以保证结合面混凝土良好结合；并泵入与混凝土同强度的水泥砂浆，铺在混凝土接触面上，厚度为 20～40mm，以便上下混凝土接茬良好。

为了避免浇筑混凝土出现离析现象，混凝土自高处倾落的自由高度不应超过 2m，如果超过 2m，必须配有溜槽和串筒；混凝土一次浇筑的高度在 500mm 左右，按浇筑顺序依次布料。

混凝土的振捣，多采用插入式振捣棒，作用半径为（根据坍落度大小）350～500mm；振捣棒插点排列为交错式排列，插点距离不大于 $1.75R$（R 为作用半径）；振捣时应紧插慢拔，直至浇筑部位无气泡排出，表面泛浆为止。

施工缝留设位置应在混凝土浇筑前确定，宜留在结构受剪力较小且便于施工的部位，应留在池底以上池壁 500mm 以内及顶板以下 500mm 处。较复杂工程应按设计要求留设。

5. 施工缝

在浇筑混凝土前，施工缝应先铺 20～40mm 厚与混凝土同强度号水泥砂浆一层，浇筑时混凝土应仔细振密实，使新旧混凝土紧密结合；浇筑混凝土时应经常观察模板、支架、钢筋、预埋件和预留套管的情况，发现有变形、移位，应立即停止浇筑，并应在已浇筑混凝土凝结前修整完好。

15.8 储泥池、脱水房及干化厂

15.8.1 储泥池

（1）在城镇污水处理过程中会产生大量的污泥，污泥最终处置前必须进行处理，目的是降低有机质含量并减少水分，使最终处置的污泥便于运输和处置。不同的污水处理工艺产生的污泥特性不同，主要有初沉池污泥、剩余活性污泥、化学污泥及生物滤池的腐殖污泥。各污水处理厂根据污水处理工艺不同、实际条件不同，采用不同的污泥处理工艺。

目前，城镇污水处理厂污泥处理工艺流程：污泥→浓缩脱水（处理工艺）→污泥处置方式（土地利用、填埋、建材应用、焚烧）。

浓缩脱水（处理工艺）系统通常由储泥池、脱水机房和干化厂组成。

按规定，城镇污水处理厂新建、改建和扩建时，污泥处理处置设施应与污水处理设施同时规划、同时建设、同时投入运行。污泥处理必须满足污泥处置的要求，达不到规定要求的项目不能通过验收。

（2）储泥池是用于储存从初次沉淀池排出的沉淀物（初沉污泥）以及活性污泥系统中从二次沉淀池（或沉淀区）排出系统外的活性污泥。生化系统产生的剩余污泥，其中固体含量基本和二沉池内固体浓度相当，为保证底部污泥不沉，还需要设置曝气或搅拌设备。

另外，储泥池的作用是调节污泥进入污泥浓缩池的流量，使其均匀进泥。

如设计中只有储泥池，那么储泥池的污泥可直接利用气动隔膜泵或螺杆泵进入污泥脱水机房进行脱水处理，然后再进行稳定、干化或焚烧等处置过程。

（3）储泥池施工工艺及施工要点

储泥池多采用钢筋混凝土结构，主要施工工艺及施工要点见本书第 4 章相关内容。

15.8.2　脱水房

脱水房一般包括脱水间、泥库、配电控制室等几个功能区；脱水间的布置主要取决于污泥脱水设备的选择；脱水设备需根据污水处理工艺的要求、脱水污泥性质和当地的经济、技术条件进行选择。与脱水设备配套的设备有污泥进料泵、污泥切割机、泥饼输送设备、加药泵、絮凝剂制备系统等。污泥脱水机种类较多，主要有压滤机、离心机、叠螺机等几大类，其中压滤机分为带式压滤机和板框压滤机两种类型。常用脱水机特点如下：

图 15-11　离心脱水机

（1）离心脱水机如图 15-11 所示，目前国内只有为数不多的几个厂家可以生产小型离心脱水机。大型离心脱水机需进口，价格较高。其优点是：脱水污泥饼含水率低，可达 65%～80%；污泥回收率高，可达 95%以上；没有滤网，不堵塞；絮凝剂用量较少，冲洗用水量很少；占用空间小，安装基建费用低；污泥脱水是在全封闭的环境中进行，污泥散发恶臭气味很少，卫生条件较好；日常维护工作量较少。其缺点是：噪声大；如进泥浓度有变化需及时调节转速与速差；受污泥负荷波动的影响较大；对运行人员的素质要求较高；耗电量高，价格较高。

（2）带式压滤机如图 15-12 所示，其进入国内较早，国内有较多污水处理厂采用，且国内有较多生产企业。其优点是：脱水效果好，出泥含水率为 70%～80%；国产化高，价格低；受污泥负荷波动的影响小；能耗低，管理控制相对简单；对运转人员的素质要求不高。其缺点是：易堵塞，为了防止堵塞，需不断用水冲洗滤布，耗水量大；与离心脱水机相比絮凝剂投加量较大，须配套冲洗水泵和空压机，设备维护工作量较大，占用空间大；由于不能全封闭运行，卫生条件较差；带式压滤机已发展出浓缩和脱水一体的机型，可节省污泥浓缩占地面积。

图 15-12　带式压滤机

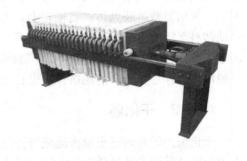

图 15-13　板框压滤机

（3）板框压滤机如图 15-13 所示，其国产化高。其优点是：价格便宜；出泥含水率低，可达 35%。缺点是：间歇式运行，占地面积大；维修频率高，设备操作和维护工作量大；不能全封闭运行，卫生条件较差。

（4）叠螺式脱水机如图 15-14 所示，它是近年来在国内出现的一种新型设备。其优点是：没有滤布，不易堵塞；耗电量低，耗水量少；噪声振动小，浓缩脱水一体化，占地面积小。其缺点是：价格偏贵，处理量小。

目前，国内使用较多、有较成熟运行经验的主要是离心脱水机、带式压滤机和带式浓缩、脱水一体机。

污泥经浓缩池浓缩后，出泥含水率一般为 97%～98%，污泥流动性下降，因此污泥进料泵一般选用单螺杆泵。

从脱水机出来的泥饼含水率进一步下降，一般为 70%～80%，流动性很差，常用的输送设备主要有螺旋输送机、皮带输送机和单螺杆泵等；其中螺旋输送机和皮带输送机均为敞开式的，污泥臭味易散

图 15-14　叠螺式脱水机

发到周围环境中，卫生条件较差；若采用螺杆泵通过管道将脱水机出泥输送到污泥料仓，可尽量减少污泥外露，污泥臭味散发较少，卫生条件较好。若采用离心脱水机，脱水机前须设污泥切割机；若采用压滤式脱水机，可不设污泥切割机。

剩余污泥在脱水前需加絮凝剂进行调理，以提高污泥的脱水效果。目前普遍采用的污泥絮凝剂为聚丙烯酰胺（简写 PAM）。其优点是投加量少，污泥量基本不变，调质效果较好。PAM 分为阴离子型和阳离子型，污泥调质常用阳离子型，按离子密度的高低又分为弱、中、强阳离子型三种。采用絮凝剂的类型和投加量须通过试验确定，一般投加量为 0.25～5.0kg/t 干固体泥。

由于絮凝剂投加量少，一般可选用成品一体式的溶解、配制系统。由于聚丙烯酰胺溶液黏滞性较大，因此加药泵一般也选用单螺杆泵。絮凝剂投加点应尽量靠近脱水机，污泥加药后立即进行混合反应，并进入脱水机，这样脱水效果较好。

由于脱水后污泥的出路和运输易受条件限制，造成不能及时外运，因此考虑在污水处理厂内设暂时存放场所，通常靠着脱水间设泥库。泥库一般有两种形式，一种是就地堆放泥饼，再用装载车装到污泥运输车上；另一种是设污泥料仓，泥饼输送至料仓，再由料仓自动卸料至污泥运输车上。污泥料仓可为封闭式，卫生条件较好，但存贮量较少；污泥堆场卫生条件较差，污泥恶臭影响范围较大。根据污泥出路和运输条件，考虑在白天运输，一般可按贮存一天生产的泥饼体积设计泥库。

15.8.3　干化场

干化场指的是通过土壤渗滤或自然蒸发，从泥渣中去除大部分含水量的处置设施。污泥干化场是利用天然条件对污泥进行脱水和干化处理的给水排水构筑物，最常用的是带滤床的天然干化场。在人工滤层干化床上，污泥的干化主要经历自由水的重力脱除和泥饼蒸发风干两个阶段。干化床的运行效果受很多因素的影响。归纳起来，内因如污泥比阻、压缩性系数、进泥浓度等对自由脱水影响显著；外因为气候条件，如蒸发量、降雨量等则控制蒸发风干的速度。而泥饼所应达到的含固率，则由干化泥饼的清运方式、污泥的最终处置方式决定。

（1）污泥干化场的构造

1）污泥干化场和居民点之间，应按有关卫生标准设置防护地带，当无具体规定时，一般可采用不小于 300m。

2）污泥干化场一般设人工排水层，如图 15-15 所示。

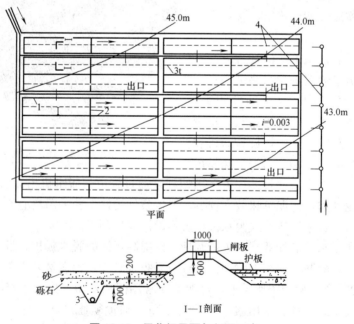

图 15-15　干化场平面与剖面示意
1—配泥槽；2—隔墙；3—DN75 排水管；4—渗水排水管线

3）人工排水层填料一般分为两层，层厚各为 0.2m，下层用粗矿渣、砾石、碎石或碎砖，上层用砂或细矿渣等。在填料下面敷设排水管，排水管采用直径 75mm 未上釉的陶土管，接口处不密封，每两排管中心间距 4～8m，坡度采用 0.0025～0.003。埋设深度由地面到管顶一般为 1.2m，排水总管直径为 125～150mm，坡度不小于 0.08。

4）当土壤容易渗透而有污染地下水的可能时，应做人工不透水层，并增加排水设施。人工不透水层可用 0.2～0.4m 厚的黏土做成，或用 0.1～0.15m 厚的黏土做成，或用 0.15～0.30m 厚的三七灰土做成，应根据具体情况选定。不透水层应有 0.01～0.02 的坡度坡向排水设施。

5）排入干化场的城市污泥含水率，一般按下列数据采用：

来自初次沉淀池 91%～97%；来自生物滤池后二次沉淀池 97%；来自消化池 97%；来自曝气池后二次沉淀池活性污泥 99.2%～99.6%。

（2）污泥干化场细部尺寸

围堤高度采用 0.5～1.0m，顶宽采用 0.5～0.7m；干化场块数不少于 3 块；宜有排出上层污泥水的设施。

（3）污泥干化场常用计算公式

污泥干化场常用计算公式见表 15-10 所示。

（4）污泥干化场一般采用砌筑结构或塘体结构，其施工工艺见本书相关部分内容。

污泥干化场常用计算公式 表 15-10

名　称		计算公式	符号说明
年污泥总量	从消化池排出的年污泥总量	$V=\dfrac{SN365}{1000\alpha}$(m³)	S—每人每日排出的污泥量，L/(人·d) N—设计人口数，人 α—由于分解，而使污泥缩减的系数，有排除污泥上清液设施时，$\alpha=1.6$
	从初次沉淀池排出的年污泥总量	$V=\dfrac{SN365}{1000}$(m³)	
干化场的有效面积		$F=\dfrac{V}{h}$(m²)	h—年污泥层高度，m
干化场总面积		$F'=(1.2\sim1.4)F$(m²)	1.2～1.4—考虑增加干化场围堤等所占面积的系数
每次排出的污泥量	初次沉淀池	$V'=\dfrac{SNT}{1000}$(m³)	T—相邻两次排泥的间隔天数，d 消化池一般为 1d
	消化池		
排放一次污泥所需干化场面积		$F_1=\dfrac{V'}{h_1}$(m²)	h_1—一次放入的污泥层高度，m；一般为 0.3～0.5m
每块区格的面积（最好等于 F 或 F 的倍数）		$F_0=bL$(m²)	b—区格的宽度，m；通常不大于 9m L—区格的长度，m；一般不超过 90m
污泥干化场的块数		$n=\dfrac{F}{F_0}$（块）	
冬季冻结期堆泥高度		$h'=\dfrac{V_1T'K_2}{FK_1}$(m)	V_1—每日排入干化场的污泥量(m³/d) T'——年中日平均气温低于－10℃的冻结天数 K_1—冬季冻结期间使用干化场面积的系数，$K_1=0.8$ K_2—污泥体积缩减系数，$K_2=0.75$
围堤高度		$H=h'+0.1$m	

注：表中年污泥总量，也可按去除污水中污染物质总量计算。

第16章　厂区工艺管道

16.1　施工工艺

16.1.1　组成与结构特点

（1）水厂内各种管道、沟槽、闸阀井、检查井等工艺管道是附属构筑物工程的重要组成部分。工艺管道包括构筑物连通管道、跨越管道，也包括管道附属的井室。由于水厂占地面积有限，厂区管（沟）道的布置非常紧凑，因而各种管线和沟道在平面上纵横交错，在空间上上下交叉；加上各种闸阀井、检查井、连接井的交叉布置，使得厂区工艺管道施工难度增加了。

（2）工艺管道

1）工艺管道是连接厂内构筑物的管道，具体可分为：给水管道，含原水、澄清水、滤后水、清水及配水管道等；排水管道，含雨水、污水、生产废水、滤池冲洗水、排空及溢流管道等；水厂自备水管线，生活用水、消防及冲洗水管等；加药管道，混凝剂、加氯管道、排泥管道；供热管道及燃气管道等。

2）工艺管道多采用预制管道，包括钢管、球墨铸铁管、玻璃钢管、聚乙烯管、钢筋混凝土管和预应力钢套筒管等。

3）构筑物排空（泥）管道应采用开槽敷设，埋设在构筑物底板下；进出水（泥）管道宜埋设在构筑物结构中或安装预埋在构筑物墙体的套管中。

4）为水厂远期发展和为水厂各构筑物检修用的跨越管、连通管通常采用桥架方式。

（3）工艺井（室）

1）管道附属井，又称为工艺井，包括阀门井、排气井、排水井、放水口、消火栓井、给水井、雨污水检查井、连接井、各种方沟检查井等，是为了满足管道设备的操作及检修、拆装更换而设置的。井室内部尺寸是为满足上述要求而选用的最小尺寸。

2）工艺井的位置、结构类型和构造尺寸等应按设计要求施工；工艺井的施工除应符合本章规定外，其砌筑结构、混凝土结构施工还应符合国家有关规范规定。

16.1.2　施工原则与要点

1. 施工原则

（1）在编制施工组织设计和选择施工方案时，要统筹安排构筑物和工艺管线施工顺序与衔接，尽量减少施工交叉矛盾，避免相互制约；为确保工程顺利实施，应编制工艺管道专项施工方案。

（2）应遵循"先地下、后地上，先深、后浅"的施工原则，统一部署、协调施工，以避免重复开挖、回填。

（3）先安排施工周期长或制约性强的管道；充分利用厂区构筑物的施工空间和技术性间歇，妥善安排管（沟）道的施工。

2. 施工要点

（1）在核准厂内管（沟）道的距离、深浅关系的基础上，现场平面布置方案应考虑施工先后顺序，选择开挖断面形式。当管（沟）之间的间距小、埋深不同的管道开挖断面，可根据现场条件与施工周期长短，来考虑合槽开挖（图 16-1）或分期施工。

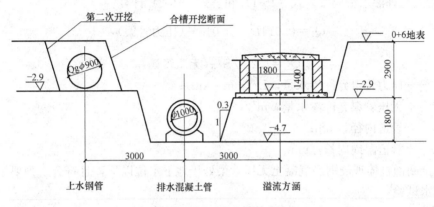

图 16-1　管道合槽施工

（2）当上、下层管（沟）道较近或由于交叉，管道地基下部原状土层被破坏时，应按照设计要求或规范规定采取地基处理或加固技术措施。

（3）对压力管道和闭水试验的管道，应事先安排分段试压（闭水）的位置和支撑方法。预先考虑管道冲洗的分段和冲洗口的做法，为水厂调试与运行做好准备工作。

（4）现浇混凝土薄壁结构或外形复杂的构筑物，连同工艺管道应采用预埋套管方式，以确保管道位置和高程的准确性。

（5）管廊（沟）与主体结构采用刚性连接，其变形缝设置应一致、贯通；与已浇筑结构衔接施工时，应调正预留钢筋、插筋；混凝土结合面应按施工缝要求处置。

（6）穿墙管道采用二次混凝土浇筑或灌浆施工时应密实不渗，宜选择流动性好、早强快凝的微膨胀混凝土或灌浆材料；穿墙部位施工，其接缝填料、止水措施应符合设计要求。

16.1.3　功能性试验

（1）管道功能性试验：

1）压力管道应按《给水排水管道工程施工及验收规范》GB 50268—2008 第 9.2 节的规定进行压力管道水压试验，试验分为预试验和主试验阶段；试验合格的判定依据分为允许压力降值和允许渗水量值，按设计要求确定；设计无要求时，应根据工程实际情况，选用其中一项值或同时采用两项值作为试验合格的最终判定依据。

2）无压管道应按《给水排水管道工程施工及验收规范》GB 50268—2008 第 9.3、9.4 节的规定进行管道的严密性试验，严密性试验分为闭水试验和闭气试验，按设计要求确定；设计无要求时，应根据工程实际情况，选择闭水试验或闭气试验进行管道功能性试验。

3）供热管道应按《城镇供热管网工程施工及验收规范》CJJ 28—2014 的有关规定进行功能性试验。

4）燃气管道应按《城镇燃气输配工程施工及验收规范》CJJ 33—2005 有关规定进行功能性试验。

（2）现浇混凝土管渠闭水试验

1）厂区管渠闭水试验，可分段进行。

2）管渠允许渗水量应按公式（16-1）和公式（16-2）计算：

$$Q_1 = 0.014 D_i = 0.014 \frac{S}{\pi} （压力管渠） \tag{16-1}$$

$$Q_2 = 1.25 \sqrt{S/\pi} （无压管渠） \tag{16-2}$$

式中　Q_1——压力管渠允许渗水量，L/(min·km)；

　　　Q_2——无压管渠允许渗水量，m^3/(24h·km)；

　　　D_i——管道内径，mm；

　　　S——管道湿周周长，mm。

（3）全断面整体现浇钢筋混凝土无压管渠处于地下水位以下，且符合下列要求时可不必进行闭水试验：

1）大口径（$D_i \geqslant 1500mm$）钢筋混凝土结构的无压管渠；

2）地下水位高于管道顶部；

3）管渠的混凝土强度、抗渗性能检验结果符合设计要求的防水等级标准；无设计要求时，不得有滴漏、线流现象。

16.1.4　沟槽回填

（1）回填应满足下列要求：

1）压力管道水压试验前，除接口外，管道两侧及管顶以上回填高度不应小于 0.5m；水压试验合格后，应及时回填沟槽的其余部分；

2）无压管道在闭水或闭气试验合格后应及时回填；

3）沟槽内砖、石、木块等杂物已清除干净；

4）保持降排水系统正常运行，沟槽内不得有积水；不得带水回填。

（2）管沟采用石灰土、砂、砂砾等材料回填时，其质量应符合设计要求或有关标准规定；采用土回填应符合下列要求：

1）槽底至管顶以上 500mm 范围内，土中不得含有机物、冻土以及大于 50mm 的砖、石等硬块；在抹带接口处、防腐绝缘层或电缆周围，应采用细粒土回填；

2）冬期回填时管顶以上 500mm 范围以外可均匀掺入冻土，其数量不得超过填土总体积的 15%，且冻块尺寸不得超过 90mm。

3）回填土的含水量，宜按土类和采用的压实工具控制在最佳含水率±2%范围内。

（3）管沟回填压实度应符合设计要求或《给水排水管道工程施工及验收规范》GB 50268—2008 的有关规定，保证地面上的道路和建筑物的散水和台阶不下沉。

（4）竣工前，管沟内部杂物必须清理干净，凡是能进人的一定要逐段清理；不能进人检查的，用水枪冲洗或机械等机具辅助清理。

16.2 工艺管道施工

16.2.1 埋地钢管安装

（1）管道安装应符合《工业金属管道工程施工规范》GB 50235—2010、《现场设备、工业管道焊接工程施工规范》GB 50236—2011 等规范的规定。管节的材料、规格、压力等级等应符合设计要求。

（2）管道安装前，管节应逐根测量、编号。宜选用管径相差最小的管节组对对接。下管前应先检查管节的内外防腐层，合格后方可下管。

（3）管节组成管段下管时，管段的长度、吊距，应根据管径、壁厚、外防腐层材料的种类及下管方法确定（图 16-2）。管节组对焊接时应先修口、清根，管端端面的坡口角度、钝边、间隙，应符合设计要求和规范规定；不得在对口间隙夹焊帮条或用加热法缩小间隙施焊。

（4）弯管起弯点至接口的距离不得小于管径，且不得小于 90mm。直线管段不宜采用长度小于 800mm 的短节拼接。

（5）钢管焊接

1）组合钢管固定口焊接及两管段间

图 16-2 组段下管

的闭合焊接，应在无阳光直照和气温较低时施焊；采用柔性接口代替闭合焊接时，应与设计方协商确定。

2）管道对接时，环向焊缝的检验应符合下列要求：

① 检查前应清除焊缝的渣皮、飞溅物；

② 应在无损检测前进行外观质量检查，并应符合表 16-1 的规定；

	钢管焊缝的外观质量　　　　　　　　　　　　　　　　表 16-1

项 目	技 术 要 求
外观	不得有熔化金属流到焊缝外未熔化的母材上，焊缝和热影响区表面不得有裂纹、气孔、弧坑和灰渣等缺陷；表面光顺、均匀、焊道与母材应平缓过渡
宽度	应焊出坡口边缘 2～3mm
表面余高	一、二类焊缝≤3mm，三类焊缝≤4mm
咬边	一、二类焊缝≤0.5mm，两侧咬边总长不得超过焊缝长度的 9%，且连续长不应大于 90mm；三类焊缝，深度≤1，长度不限
错边	应小于或等于 0.2t，且不应大于 2mm
未焊满	不允许

注：t 为壁厚，mm。

③ 无损检测方法应按设计要求选用；

④ 无损检测取样数量与质量应按设计要求执行；设计无要求时，压力管道的取样数量应不小于焊缝数量的 9%；

⑤ 不合格的焊缝应返修，返修次数不得超过 3 次。

(6) 钢管采用螺纹连接时，管节的切口断面应平整，偏差不得超过一扣；丝扣应光洁，不得有毛刺、乱扣、断扣，缺扣总长不得超过丝扣全长的 9%；接口紧固后宜露出 2～3 扣螺纹。

(7) 管道采用法兰连接时，应符合下列要求：

1) 法兰应与管道保持同心，两法兰间应平行；

2) 螺杆应使用相同规格，且安装方向应一致；螺杆应对称紧固，紧固好的螺杆应露出螺母之外；

3) 与法兰接口两侧相邻的第一至第二个刚性接口或焊接接口，待法兰螺杆紧固后方可施工；

4) 法兰接口埋入土中时，应采取防腐措施。

16.2.2 钢管内外防腐

(1) 管体的内外防腐层宜在工厂内完成，现场连接的补口按设计要求处理。

钢管、钢制零配件的防腐做法，要严格按设计要求的资料进行施工。钢件的防锈要坚持采用喷砂除锈的方法。预先做好涂料的操作，避免在管内作业。焊接接口处的除锈与防腐要在现场监督的情况下进行。凡能够预先完成的除锈与防腐，一定要在事先完成。特别注意不要漏掉每一个外露的钢件。

(2) 水泥砂浆内防腐层

1) 施工前应具备的条件

① 管道内壁的浮锈、氧化皮、焊渣、油污等，应彻底清除干净；焊缝突起高度不得大于防腐层设计厚度的 1/3；

② 现场施作内防腐的管道，应在管道试验、土方回填验收合格，且管道变形基本稳定后进行；

③内防腐层的材料质量应符合设计要求。

2) 内防腐层施工应符合下列要求：

① 水泥砂浆内防腐层可采用机械喷涂、人工抹压、拖筒或离心预制法施工；工厂预制时，在运输、安装、回填土过程中，不得损坏水泥砂浆内防腐层；

② 管道端点或施工中断时，应预留搭茬；

③ 水泥砂浆抗压强度符合设计要求，且不应低于 30MPa；

④ 采用人工抹压法施工时，应分层抹压；

⑤ 水泥砂浆内防腐层成型后，应立即将管道封堵，终凝后进行潮湿养护；普通硅酸盐水泥砂浆养护时间不应少于 7d，矿渣硅酸盐水泥砂浆不应少于 14d；通水前应继续封堵，保持湿润。

3）水泥砂浆内防腐层厚度应符合表 16-2 的规定。

内防腐层厚度要求 表 16-2

管　径 D_i (mm)	厚度(mm)		管　径 D_i (mm)	厚度(mm)	
	机械喷涂	手工涂抹		机械喷涂	手工涂抹
500～700	8	—	2000～2200	15	17
800～900	9	—	2400～2600	16	18
1000～1500	12	14	2600 以上	18	20
1600～1800	14	16			

（3）液体环氧涂料内防腐层应符合下列规定：

1）施工前具备的条件应符合下列规定：

① 宜采用喷（抛）射除锈，除锈等级应不低于《涂装前钢材表面锈蚀等级和除锈等级》GB/T 8923.1—2011 中规定的 Sa2 级；内表面经喷（抛）射处理后，应用清洁、干燥、无油的压缩空气将管道内部的砂粒、尘埃、锈粉等微尘清除干净；

② 管道内表面处理后，应在钢管两端 60～90mm 范围内涂刷硅酸锌或其他可焊性防锈涂料，干膜厚度为 20～40μm。

2）内防腐层的材料质量应符合设计要求。

3）内防腐层施工应符合下列规定：

① 应按涂料生产厂家产品说明书的规定配制涂料，不宜加稀释剂；

② 涂料使用前应搅拌均匀；

③ 宜采用高压无气喷涂工艺，在工艺条件受限时，可采用空气喷涂或挤涂工艺；

④ 调整好工艺参数且稳定后，方可正式涂敷；防腐层应平整、光滑，无流挂、无划痕等；涂敷过程中应随时监测湿膜厚度；

⑤ 环境相对湿度大于 85% 时，应对钢管除湿后方可作业；严禁在雨、雪、雾及风沙等气候条件下露天作业。

（4）埋地管道外防腐层应符合设计要求，其构造应符合表 16-3～表 16-5 的规定。

石油沥青涂料外防腐层构造 表 16-3

材料种类	普通级（三油二布）		加强级（四油三布）		特加强级（五油四布）	
	构　造	厚度(mm)	构　造	厚度(mm)	构　造	厚度(nun)
石油沥青涂料	(1)底料一层 (2)沥青(厚度≥1.5mm) (3)玻璃布一层 (4)沥青(厚度1.0～1.5mm) (5)玻璃布一层 (6)沥青(厚度1.0～1.5mm) (7)聚氯乙烯工业薄膜一层	≥4.0	(1)底料一层 (2)沥青(厚度≥1.5mm) (3)玻璃布一层 (4)沥青(厚度1.0～1.5mm) (5)玻璃布一层 (6)沥青(厚度1.0～1.5mm) (7)玻璃布一层 (8)沥青(厚度1.0～1.5mm) (9)聚氯乙烯工业薄膜一层	≥5.5	(1)底料一层 (2)沥青(厚度≥1.5mm) (3)玻璃布一层 (4)沥青(厚度1.0～1.5mm) (5)玻璃布一层 (6)沥青(厚度1.0～1.5mm) (7)玻璃布一层 (8)沥青(厚度1.0～1.5mm) (9)玻璃布一层 (10)沥青(厚度1.0～1.5mm) (11)聚氯乙烯工业薄膜一层	≥7.0

环氧煤沥青涂料外防腐层构造　　　　　　　　　　表 16-4

材料种类	普通级(三油)		加强级(四油一布)		特加强级(六油二布)	
	构造	厚度(mm)	构造	厚度(mm)	构造	厚度(mm)
环氧煤沥青涂料	(1)底料 (2)面料 (3)面料 (4)面料	≥0.3	(1)底料 (2)面料 (3)面料 (4)玻璃布 (5)面料 (6)面料	≥0.4	(1)底料 (2)面料 (3)面料 (4)玻璃布 (5)面料 (6)面料 (7)玻璃布 (8)面料 (9)面料	≥0.6

环氧树脂玻璃钢外防腐层构造　　　　　　　　　　表 16-5

材料种类	加强级	
	构造	厚度(mm)
环氧树脂玻璃钢	(1)底层树脂 (2)面层树脂 (3)玻璃布 (4)面层树脂 (5)玻璃布 (6)面层树脂 (7)面层树脂	≥3

(5) 石油沥青涂料外防腐层施工应符合下列规定：

1) 管节表面应符合的规定：涂底料前管体表面应清除油垢、灰渣、铁锈；人工除氧化皮、铁锈时，其质量标准应达 St3 级；喷砂或化学除锈时，其质量标准应达 Sa2.5 级；

2) 涂底料时基面应干燥，基面除锈后与涂底料的间隔时间不得超过 8h。涂刷应均匀、饱满，涂层不得有凝块、起泡现象，底料厚度宜为 0.1～0.2mm，管两端 150～250mm 范围内不得涂刷；

3) 沥青涂料熬制温度宜在 230℃左右，最高温度不得超过 250℃，熬制时间宜控制在 4～5h，每锅料应抽样检查，其性能应符合表 16-6 的规定；

石油沥青涂料性能　　　　　　　　　　表 16-6

项　　目	软化点(环球法)	针入度(25℃、90g)	延度(25℃)
性能指标	≥125℃	5～20(1/9mm)	≥9mm

注：软化点、针入度、延度的试验方法应符合国家相关标准规定。

4) 沥青涂料应涂刷在洁净、干燥的底料上，常温下刷沥青涂料时，应在涂底料后 24h 之内实施；沥青涂料涂刷温度以 200～230℃为宜；

5) 涂沥青后应立即缠绕玻璃布，玻璃布的压边宽度应为 20～30mm，接头搭接长度应为 90～150mm，各层搭接接头应相互错开，玻璃布的油浸透率应达到 95％以上，不得出现大于 50mm×50mm 的空白；管端或施工中断处应留出长 150～250mm 的缓坡型搭茬；

6) 包扎聚氯乙烯膜保护层作业时，不得有褶皱、脱壳现象；压边宽度应为 20～30mm，搭接长度应为 90～150mm；

7) 沟槽内管道接口处施工，应在焊接、试压合格后进行，接茬处应粘结牢固、严密。

（6）环氧煤沥青涂料外防腐层施工应符合下列规定：

1）管节表面应符合规范规定，焊接表面应光滑无刺、焊瘤、棱角；

2）应按产品说明书的规定配制涂料；

3）底料应在表面除锈合格后尽快涂刷，空气湿度过大时，应立即涂刷，涂刷应均匀，不得漏涂；管两端 90～150mm 范围内不涂刷，或在涂底料之前，在该部位涂刷可焊涂料或硅酸锌涂料，干膜厚度不应小于 $25\mu m$；

4）面料涂刷和包扎玻璃布，应在底料表面干后、固化前进行，底料与第一道面料涂刷的间隔时间不得超过 24h。

（7）雨期、冬期石油沥青及环氧煤沥青涂料外防腐层施工应符合下列规定：

1）环境温度低于 5℃时，不宜采用环氧煤沥青涂料；采用石油沥青涂料时，应采取冬期施工措施；环境温度低于 -15℃或相对湿度大于 85％时，未采取措施不得进行施工；

2）不得在雨、雾、雪或 5 级以上大风环境露天施工；

3）已涂刷石油沥青防腐层的管道，炎热天气下不宜直接受阳光照射；冬期气温等于或低于沥青涂料脆化温度时，不得起吊、运输和铺设；脆化温度试验应符合《石油沥青脆点测定法 弗拉斯法》GB/T 4510—2006 的规定。

（8）环氧树脂玻璃钢外防腐层施工应符合下列规定：

1）管节表面应符合的规定：涂底料前管体表面应清除油垢、灰渣、铁锈；人工除氧化皮、铁锈时，其质量标准应达 St3 级；喷砂或化学除锈时，其质量标准应达 Sa2.5 级；焊接表面应光滑无刺、焊瘤、棱角；

2）应按产品说明书的规定配制环氧树脂；

3）现场施工可采用手糊法，具体可分为间断法和连续法；

4）间断法作业，每次铺衬间断时应检查玻璃布衬层的质量，合格后再涂刷下一层；

5）连续法作业，连续铺衬到设计要求的层数或厚度，并应自然养护 24h 后，进行面层树脂的施工；

6）玻璃布除刷涂树脂外，还可采用玻璃布的树脂浸揉法；

7）环氧树脂玻璃钢的养护期不应少于 7d。

（9）外防腐层的外观、厚度、电火花试验、粘结力应符合设计要求，设计无要求时应符合表 16-7 的规定。

外防腐层的外观、厚度、电火花试验、粘结力的技术要求　　　表 16-7

材料种类	防腐等级	构造	厚度(mm)	外观	电火花试验		粘结力
石油沥青涂料	普通级	三油二布	≥4.0	外观均匀，无褶皱、空泡、凝块	16kV	用电火花检漏仪检查无打火花现象	以夹角为 45°～60°、边长为 40～50mm 的切口，从角尖端撕开防腐层；首层沥青层应 90％地粘附在管道的外表面
	加强级	四油三布	≥5.5		18kV		
	特加强级	五油四布	≥7.0		20kV		
环氧煤沥青涂料	普通级	三油	≥0.3		2kV		以小刀割开一舌形切口，用力撕开切口处的防腐层，管道表面仍为漆皮所覆盖，不得露出金属表面
	加强级	四油一布	≥0.4		2.5kV		
	特加强级	六油二布	≥0.6		3kV		
环氧树脂玻璃钢	加强级	—	≥3	外观平整光滑、色泽均匀，无脱层、起壳和固化不完全等缺陷	3～3.5kV		

注：聚氨酯（PU）外防腐涂层可按《给水排水构筑物工程施工及验收规范》GB 50141—2008 附录 H 选择。

（10）防腐管在下沟槽前应进行检验，检验不合格应修补至合格。沟槽内的管道，其补口防腐层经检验合格后方可回填。

16.2.3　埋地球墨铸铁管安装

（1）管节及管件的规格、尺寸公差、性能应符合国家有关标准规定和设计要求，进入施工现场时其外观质量应符合下列规定：

1）管节及管件表面不得有裂纹，不得有妨碍使用的凹凸不平的缺陷；

2）采用橡胶圈柔性接口的球墨铸铁管，承口的内工作面和插口的外工作面应光滑、轮廓清晰，不得有影响接口密封性的缺陷。

（2）管节及管件下沟槽前，应清除承口内部的油污、飞刺、铸砂及凹凸不平的铸瘤；柔性接口铸铁管及管件承口的内工作面、插口的外工作面应修整光滑，不得有沟槽、凸脊缺陷；有裂纹的管节及管件不得使用。

（3）沿直线安装管道时，宜选用管径公差组合最小的管节组对对接，确保接口的环向间隙均匀。

（4）采用滑入式或机械式柔性接口时，橡胶圈的质量、性能、细部尺寸应符合国家有关球墨铸铁管及管件标准的规定，并应符合下列规定：

1）材质应符合相关规范的规定；

2）应由管材厂配套供应；

3）外观应光滑平整，不得有裂缝、破损、气孔、重皮等缺陷；

4）每个橡胶圈的接头不得超过 2 个。

（5）橡胶圈安装经检验合格后，方可进行管道安装。

（6）安装滑入式橡胶圈接口时，推入深度应达到标记环，并复查与其相邻已安好的第一至第二个接口推入深度。

（7）安装机械式柔性接口时，应使插口与承口法兰压盖的轴线相重合；螺杆安装方向应一致，用扭矩扳手均匀、对称地紧固。

（8）管道沿曲线安装时，接口的允许转角应符合表 16-8 的规定。

表 16-8

管道沿曲线安装时接口的允许转角

管径 D_i(mm)	75~600	700~800	≥900
允许转角(°)	3	2	1

16.2.4　埋地预应力钢筒混凝土管安装

（1）管节及管件的规格、性能应符合国家有关标准的规定和设计要求，进入施工现场时其外观质量应符合下列规定：

1）内壁混凝土表面平整光洁；承插口钢环工作面光洁干净；内衬式管（简称衬筒管）内表面不应出现浮渣、露石和严重的浮浆；埋置式管（简称埋筒管）内表面不应出现气泡、孔洞、凹坑以及蜂窝、麻面等不密实的现象；

2）管内表面出现的环向裂缝或者螺旋状裂缝宽度不应大于 0.5mm（浮浆裂缝除外）；距离管的插口端 300mm 范围内出现的环向裂缝宽度不应大于 1.5mm；管内表面不得出现

长度大于 150mm 的纵向可见裂缝；

3）管端面混凝土不应有缺料、掉角、孔洞等缺陷。端面应齐平、光滑、并与轴线垂直。管端面垂直度的允许偏差应符合表 16-9 的规定；

管端面垂直度的允许偏差 表 16-9

管内径 D_i(mm)	600～1200	1400～3000	3200～4000
管端面垂直度的允许偏差(mm)	6	9	13

4）外保护层不得出现空鼓、裂缝及剥落现象；

5）橡胶圈应符合下列规定：

① 材质应符合相关规范的规定；

② 应由管材厂配套供应；

③ 外观应光滑平整，不得有裂缝、破损、气孔、重皮等缺陷；

④ 每个橡胶圈的接头不得超过 2 个。

（2）承插式橡胶圈柔性接口施工

1）清理管道承口内侧、插口外部凹槽等连接部位和橡胶圈；

2）将橡胶圈套入插口上的凹槽内，保证橡胶圈在凹槽内受力均匀、没有扭曲翻转现象；

3）用配套的润滑剂涂擦在承口内侧和橡胶圈上，检查涂覆是否完好；

4）在插口上按要求做好安装标记，以便检查插入是否到位；

5）接口安装时，将插口一次插入承口内，达到安装标记为止；

6）安装时接头和管端应保持清洁；

7）安装就位，放松紧管器具后进行下列检查：

① 复核管节的高程和中心线；

② 用特定钢尺插入承插口之间检查橡胶圈各部的环向位置，确认橡胶圈在同一深度；

③ 接口处、承口周围不应被胀裂；

④ 橡胶圈应无脱槽、挤出等现象；

⑤ 沿直线安装时，插口端面与承口底部的轴向间隙应大于 5mm，且不大于表 16-10 规定的数值。

管口间的最大轴向间隙 表 16-10

管内径 D_i (mm)	内衬式管（衬筒管）		埋置式管（埋筒管）	
	单胶圈（mm）	双胶圈（mm）	单胶圈（mm）	双胶圈（mm）
600～1200	15	—	—	—
1200～1400	—	25	—	—
1400～4000	—	—	25	25

（3）采用钢制管件连接时，管件应进行防腐处理。

16.2.5 埋地塑料管安装

（1）塑料管的仓储保管：管材要码放在平整、坚实的地基上；管子下部的垫木支点不少于三点，并均匀摆放以防管体变形；当顺直方向码放时，管子两侧要加木挡以防管子滚动散落；管材的码放高度应符合产品说明书要求。所码放的管材，上部要加覆盖层，以防阳光照射。

（2）直线敷设的管道，应按设计要求（根据温差、管线布置的情况），加设伸缩变形接头；构筑物内墙（壁）上布置的管道，其管支架做法与间距要满足设计要求。要避免因室内温度高和管身自重而引起的下垂变形。

（3）管接口及转换接口做法应符合设计要求和《给水排水管道工程施工及验收规范》GB 50268—2008 的规定。

16.2.6 钢管安装

（1）钢管管节的材料、规格、压力等级、加工质量应符合设计要求；管节表面应无斑疤、裂纹；管道安装前，管节应逐根测量、编号，宜选用管径相差最小的管节组对对接。

（2）钢管焊接

钢管焊接前先修口、清根，管端端面的坡口角度、钝边、间隙应符合规范规定，不得在对口间隙夹焊帮条或用加热法缩小间隙施焊；对口时使内壁齐平，当采用长 300mm 的直尺在接口内壁周围顺序贴靠测定错口偏差时，错口的允许偏差应为 0.2 倍壁厚，且不得大于 2mm。

检查前清除焊缝的渣皮、飞溅物；在油渗、水压试验前进行外观检查；管径大于或等于 800mm 时，逐口进行油渗检查，不合格的焊缝应铲除重焊；焊缝的外观质量应符合《给水排水管道工程施工及验收规范》GB 50268—2008 的规定；当有特殊要求，进行无损探伤检验时，取样数量与要求等级按设计要求执行；不合格的焊缝应返修，返修次数不得超过三次。

（3）管道法兰连接

法兰接口平行度允许偏差为法兰外径的 1.5%，且不应大于 2mm，螺孔中心允许偏差应为孔径的 5%；使用相同规格的螺杆，安装方向一致，螺杆应对称紧固，紧固好的螺杆露出螺母 2～3 扣螺纹；与法兰界面两侧相邻的第一至第二个刚性接口或焊接接口，待法兰螺杆紧固后方可施工；钢制管道安装允许偏差应符合表 16-11 的规定。

钢制管道安装允许偏差 表 16-11

项目	允许偏差(mm)	
	无压管道	压力管道
轴线位置	15	30
高程	±9	±20

16.3　工艺井室施工

16.3.1　施工要点

在施工前对图纸进行审查，尤其注意：井口与下部闸阀手轮位置的对应，以便开关；管道接口不得包覆在工艺井的结构内部；管道工艺井的基础（包括支墩侧基）应建在原状土上，当原状土地基松软或被扰动时，应按设计要求进行地基处理。

做好井室的防水，特别是井底集水坑和底板与井墙的施工缝处，以及管口管涵要按施工规范要求操作，以保证井内不积水和易于检修。

孔井盖的高度应与设计地面标高相适应，当井盖在道路或室内地坪时，应与上部地面等高。当在绿地上时，应高出设计地面 90～200mm。

人孔井盖不在路面上时，应按设计要求浇筑混凝土井圈。井圈混凝土应支设模板，使井圈混凝土起到真正保护井盖的作用。混凝土表面应抹光压实，并做好养护，不应该用土模和砖模。施工中应采取相应的技术措施，避免管道主体结构与工艺井之间产生过大差异沉降，而致使结构开裂、变形、破坏。

16.3.2　砌筑式井室

砌筑前砌块应充分湿润；砌筑砂浆配合比符合设计要求，现场拌制应拌和均匀、随用随拌；排水管道检查井内的流槽，宜与井壁同时进行砌筑。

砌块应垂直砌筑，需收口砌筑时，应按设计要求的位置设置钢筋混凝土梁进行收口；圆井采用砌块逐层砌筑收口，四面收口时每层收进不应大于 30mm，偏心收口时每层收进不应大于 50mm。

砌块砌筑时，铺浆应饱满，灰浆与砌块四周粘结紧密、不得漏浆，上下砌块应错缝砌筑；砌筑时应同时安装踏步，踏步安装后在砌筑砂浆未达到规定抗压强度前不得踩踏；内外井壁应采用水泥砂浆勾缝；有抹面要求时，抹面应分层压实。

16.3.3　预制装配式井室

预制构件及其配件经检验符合设计和安装要求；预制构件装配位置和尺寸正确，安装牢固；采用水泥砂浆接缝时，企口坐浆与竖缝灌浆应饱满，装配后的接缝砂浆凝结硬化期间应加强养护，并不得受外力碰撞或振动。

设有橡胶密封圈时，胶圈应安装稳固，止水严密可靠；设有预留短管的预制构件，其与管道的连接应按有关规定执行；底板与井室、井室与盖板之间的拼缝应用水泥砂浆填塞严密，抹角应光滑平整。

16.3.4　现浇混凝土井室

浇筑前，钢筋、模板工程经检验合格。模板宜采用钢制组合模板，采用木模时应设有箍筋；出入井室的管道应按设计要求固定在模板上。

井室应采用防腐踏步，踏步应安装牢固；在混凝土未达到规定抗压强度前不得踩踏。

混凝土配合比满足设计要求。混凝土坍落度应不大于 140mm，振捣密实，无漏振、走模、漏浆等现象。

浇筑完毕应及时进行保湿养护，有防水设计时养护时间不少于 14d。

16.3.5　井室与管道连接

（1）管道穿过井壁的施工应符合设计要求；设计无要求时应符合下列要求：

1）混凝土类管道、金属类无压管道，其管外壁与砌筑井壁洞圈之间为刚性连接时水泥砂浆应坐浆饱满、密实；

2）金属类压力管道，井壁洞圈应预设套管，管道外壁与套管的间隙应四周均匀一致，其间隙宜采用柔性或半柔性材料填嵌密实；

3）塑料管道宜采用中介层法与井壁洞圈连接；

4）对于现浇混凝土结构井室，井壁洞圈应振捣密实；

5）排水管道接入检查井时，管口外缘与井内壁平齐；接入管径大于 300mm 时，对于砌筑结构井室应砌砖圈加固；进入井的管端需凿毛，如图 16-3 所示。

（2）有支、连管接入的井室，应在井室施工的同时安装预留支、连管，预留管的管径、方向、高程应符合设计要求，管与井壁衔接处应严密；排水检查井的预留管管口宜采用低强度砂浆砌筑封口抹平。

图 16-3　井室与管道连接

（3）井室内部处理

1）预留孔、预埋件应符合设计和管道施工工艺要求；

2）排水检查井的流槽表面应平顺、圆滑、光洁，并与上下游管道底部接顺；

3）透气井及排水落水井、跌水井的工艺尺寸应按设计要求进行施工；

4）阀门井的井底与承口或法兰盘下缘以及井壁与承口或法兰盘外缘应留有安装作业空间，其尺寸应符合设计要求；

5）不开槽法施工的管道，工作井作为管道井室使用时，其洞口处理及井内布置应符合设计要求。

（4）井室施工达到设计高程后，应及时浇筑或安装井圈，井圈应以水泥砂浆坐浆并安放平稳。

（5）井盖的型号、材质应符合设计要求，设计无要求时，宜采用复合材料井盖，行业标志明显；行车道路上的井室必须使用重型井盖，装配稳固。

16.3.6　井室回填

（1）井室周围的回填，应与管道沟槽回填同时进行；不便同时进行时，应留台阶形接茬。

（2）井室周围回填压实时应沿井室中心对称进行，且不得漏夯。

（3）回填材料应符合设计要求，压实后应与井壁紧贴。

（4）路面范围内的井室周围，应采用石灰土、砂、砂砾等材料回填，其回填宽度不宜小于 400mm。

（5）回填压实度应满足设计要求和规范规定。

16.4　水厂输水钢管施工实例

16.4.1　工程概述

（1）某水厂新建厂区西侧 DN 2400mm 输水管道，沟槽深度 14m，采用明挖法施工，拉森式钢板桩直槽支护形式。施工时，先插打拉森式钢板桩，然后采用 1 台挖掘机进行开挖，土方随挖随弃，人工配合机械清理槽底。随土方开挖进行，施作钢板桩横向支撑。

（2）直槽护壁支护设计

拉森式钢板桩长 18m，宽 400mm；桩下端深入槽底以下 4m。横向支撑采用 $\phi300mm$ 钢管，上下分 3 层支撑。

第一层：位于地面以下 2m，水平纵向间距 8m；

第二层：位于地面以下 6m，水平纵向间距 8m；

第三层：位于地面以下 9m，水平纵向间距 8m。

（3）拉森式钢板桩系由带锁口或钳口的热轧型钢制成，在深基坑施工中被广泛用作支护结构。在道路污水管道深基坑不允许放坡开挖而进行垂直开挖时，采用拉森式 V 形钢板桩围护施工，最能有效地起到挡土（淤泥）和挡水（流砂）作用，其技术、经济效益良好。

拉森式钢板桩护壁施工如图 16-4 所示。

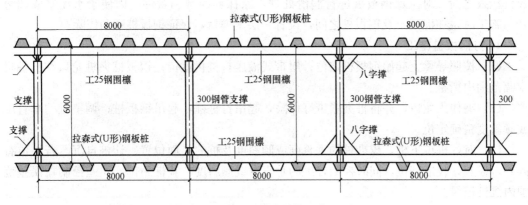

图 16-4 护壁结构示意

16.4.2 施工方案

1. 施工流程

测量放线→插打竖向钢板桩→沟槽开挖及支护→基底验收→浇筑垫层混凝土→下管排管→挖耳子→对口、修口→点焊、找直→焊接及检验→焊口防腐→管道胸腔以下绑扎钢筋、支搭模板→浇筑第一步包封混凝土→管道胸腔以上绑扎钢筋、支搭模板→浇筑第二步包封混凝土→安阀件、零件→沟槽回填、拆除钢板桩。

2. 拉森式钢板桩支护结构验算

（1）按等弯矩布置法确定横向支撑层数及间距

依现场施工条件近似计算求得：横向支撑层数 $n=3$，支撑间距 $h=2.0m$（悬臂端）、$h_1=2.0m$、$h_2=1.5m$、$h_3=1.5m$、$H=7.0m$。

（2）采用盾恩近似法计算钢板桩入土深度

基槽底以下的土容重不考虑浮力，即可求得钢板桩最小入土深度：$x=4.45m$，钢板桩最小长 16.0m。

（3）采用地基稳定验算法进行基槽底的隆起验算

采用常规法进行基槽底的管涌验算，计算结果均符合稳定性条件。

（4）地质勘查资料提供的参数

r、$\mathcal{C}$、c 按土层深度 15m 范围内的加权平均值计算：r 平均＝18kN/m³；$\mathcal{C}$ 平均＝16°；c 平均＝7.7kPa。

（5）土压力

按朗金土压力理论计算土、水压力。

土压力系数计算值为：$K_a=0.568$（$\sqrt{K_a}=0.754$）；$K_p=1.761$（$\sqrt{K_p}=1.327$）。

土压力强度计算值为：$e_0=6.8$kPa（地面 0m 处）；$e_1=73.6$kPa（地面下 7m 处）；$e_2=155.4$kPa（地面下 15m 处）。

（6）地面附加荷载

$q=12$kPa；选用 NKSP-IIA 型拉森式 V 形钢板桩作为活动支撑。

3. 机具定位

钢板桩放置在打桩机一侧，日本产日立 450 履带式液压打桩机根据打桩位置前进，钢板桩压入之前，对拉森钢板桩进行润滑处理，涂抹界面剂和黄油，以便于水泥浆隔离分开。施工时，在混凝土及钢板桩之间，设置一层木模板，保证钢板桩顺利拔除。

4. 打钢板桩施工

（1）按照导梁上起始钢板桩定位；履带式液压打桩机就位；钢板桩夹桩龙口在打桩机变幅范围内衔桩。

（2）夹住入龙口，并将桩夹紧带好保险，起吊打桩锤，起吊钢板桩；调整桩的垂直度或倾斜度精确定位。

（3）对好桩位下桩，校准桩的垂直度或倾斜度及桩的平面位置，让桩自沉。若桩位有误差，拔起，校准到位，同时控制好桩的垂直度或倾斜度，栽桩到位，误差控制在误差范围内沉桩记录。

（4）先轻锤轻击，待桩入土一定深度后，再重锤重击，直至设计高度；测量桩的偏位及标高。

（5）下一根钢板桩衔桩，夹住入龙口，并将桩夹紧带好保险，起吊钢板桩调，整桩的垂直度或倾斜度，对好拉森钢板桩小齿口；依次吊钢板桩、打钢板桩到位。

5. 拔除拉森钢板桩

管道施工完成后，养护至一定强度后，即可以开始拔桩，拔桩时要注意拔桩的速度及桩拔除后孔洞的处理，为了防止不均匀沉降而影响质量，计划对桩缝用高压旋喷桩进行灌浆处理，钢板桩拔除后及时清理外运，做到场地干净。

16.4.3 钢管进场验收

钢管除锈、防腐均在专业预制厂进行，进场时，有关人员对管材的质量证明资料和检验报告，管道外观质量进行逐根验收，并填写检查记录表。

钢管管节的材料、规格、压力等级、加工质量符合设计要求，管节表面无斑疤、裂纹、严重锈蚀等缺陷，焊缝按照有关规定进行复检。

外防腐层质量检验：外观涂层应均匀无褶皱、空泡、凝块；用电火花检漏仪检查无打火花现象。外防腐层的粘附性检查：以小刀割开一舌形切口，用力撕开切口处的防腐层，管道表面仍为漆皮所覆盖，不得露出金属表面。

水泥砂浆内防腐层应平整、无空鼓或脱落等缺陷；水泥砂浆内防腐层的材料、施工质量检验资料应齐全、有效。

16.4.4　管道安装

管道安装前，先依据施工方案将管节焊接成管段，减少槽内焊口。管节组对前应逐根测量、编号，选用管径相差最小的管组对对接。不同壁厚的管节对口时，管壁厚度相差不大于 3mm；不同管径的管节相连时，当两管径相差大于小管管径的 15% 时，用渐缩管连接，渐缩管的长度应不小于两管径差值的 2 倍，且应小于 200mm。

管道连接时，不得用强力对口、加偏垫或加多层垫等方法来消除接口端面的空隙、偏斜、错口或不同心等缺陷。管道对接焊口的组对做到内壁齐平，内壁错边量不超过壁厚的 9%，且不大于 2mm。

管道坡口加工采用等离子弧、氧乙炔焰等热加工方法。采用热加工方法加工坡口后，除去坡口表面的氧化皮、熔渣及影响接头质量的表面层，并将凹凸不平处打磨平整。

管道焊缝位置应符合：直管段上两对接焊口中心面间的距离，不小于 150mm；焊缝距离弯管（不包括压制、热推或中频弯管）起弯点不得小于管子外径；卷管的纵向焊缝置于易检修的位置，且不在底部；不在管道焊缝及边缘上开孔。在焊接和热处理过程中，将焊件垫置牢固。

钢管道安装允许偏差：轴线位置，30mm；高程，±20mm；水平管道平直度，$DN \leqslant$ 90mm 时，管子有效长度的 2‰，最大 50mm，$DN > 90$mm 时，管子有效长度的 3‰，最大 80mm。

现场下管和槽内送管，均采用胶轮吊车，对于支槽开挖，钢板支撑地段，采用定点集中下管，槽下使用龙门架水平运输。

龙门架组装各部尺寸、连接刚度、强度，尤其是四个吊点的位置精度必须满足施工方案要求。龙门架轨道安装确保位置准确，高程一致，轨道枕木坐落在坚实的基础上，管道起吊、就位所需尼龙吊带、导链提前准备，以确保安装顺利进行。

下管入槽时，注意保护好钢管的外防腐层，吊运钢管采用宽软吊带，轻吊、轻放，禁止在地上滚动和拖拉钢管；管道砂垫层中不得含有石块、碎砖等杂物。

现场焊缝施工人员必须具有焊工证，现场检验合格；焊缝需标注责任人员，X 射线检验合格方可进行回填。DN1200mm 管道在吊装至回填土过程中，在管道内用 90mm×90mm 的方木或直径不小于 20mm 的钢筋，每隔 2m 竖向支撑一道。回填时，严格控制钢管道竖向变形不大于规范规定和设计要求。

16.4.5　过路段处理

管道安装在垫层混凝土强度达到规定强度后进行。管道安放在预制混凝土 90° 弧形垫块上，垫块预制时，按照下层钢筋网所在位置、横向间距预留直径为 20mm 的孔洞，以保证包封混凝土钢筋网的整体性，每节管下垫块不少于六块；钢管焊接、探伤、试压，管口焊缝防腐后，进行钢筋绑扎。

钢筋绑扎前，将控制线投放在垫层上，并在垫层上弹线、布筋、绑筋。钢筋绑扎过程中，注意保护好管道防腐层。模板支搭在钢筋绑扎验收合格后进行。

现浇混凝土强度等级和抗渗等级按设计要求，提前进行试配。混凝土采用泵车分层浇筑，第一层可摊铺薄些，振捣时使一侧的混凝土从管下部涌向另一侧，使两侧混凝土相接成为一个整体，然后两侧缓慢浇筑，间歇两次，每次 30～40min，防止管道上浮和位移。

混凝土养护，采用覆盖湿麻袋片和塑料布，并经常洒水，保持湿润，养护时间不少于 7d。

16.4.6　管道水压试验

（1）按照施工方案划分试压段，试验压力按设计要求进行。

（2）管堵做法

1）钢管试压堵板为在管端焊接加肋钢板，铸铁管采用管件连接盖堵堵板，并根据试验时作用在管堵上的推力，安装试压后背。

2）管道串水时，随时排除管内气体，管道充满水后，应保持 0.2～0.3MPa 水压，充分浸泡不小于 48h，并对所有支墩、接口、后背、试压设备和管路进行检查修整。如无泄露及异常情况，再继续稳步升压至试验压力。

3）水压升至试验压力后，恒压 9min，经对接口、管身检查无破损及漏水现象，9min 降压不大于 0.05MPa 时，试压合格。

4）钢管管道在水压试验合格后，进行严密性试验。

16.5　雨水方涵工程施工实例

16.5.1　工程概述

（1）某新建水厂厂区雨、污水、溢流水采用分流式排放，进入厂外附近市政雨、污水干管排入护城河内。厂区新建雨水方涵自场内集水池起，沿厂区北部围墙外约 15m 处，向东穿越现况主干道后折向北约 270m 排入护城河；且在桩号 0+325 处接入厂区雨水及事故溢流水，新建厂外雨水方涵设计为 2.4m×1.5m（内尺寸），长度约 600m；全部为现浇钢筋混凝土结构，采用明挖放坡法施工。方涵断面及施工沟槽断面如图 16-5 所示；沟槽土层依次为人工填土层和砂土层，地下水位于现况地面下 4.0m 左右。

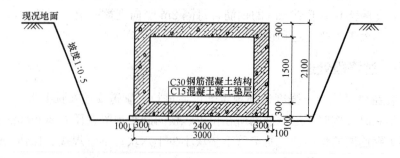

图 16-5　方涵断面及施工沟槽断面

（2）施工流程

地下管线坑探→测量放线→土方开挖→底板混凝土垫层→底板钢筋绑扎→底板混凝土浇筑→侧墙及中隔墙钢筋绑扎→侧墙模板支搭→浇筑侧墙及中隔墙混凝土→模板拆除→安装盖板→土方回填→路面恢复。方涵分两次浇筑，底板一次浇筑，侧墙、顶板一次浇筑。

（3）利用全站仪以坐标法确定方涵中心点位，其误差不得超过±9mm，为确保其中心点的精度，选择距方涵较近的测站，且起始方位的边长大于测站至方涵中心的距离。用水准仪测出方涵的原始地面标高，确定方涵的基槽开挖深度。以方涵中心点为基准点，做平行于施工中线和垂直于施工中线的纵横轴线，确定方涵的开挖边线。

（4）为保证现有地下管线的正常运行和工程安全施工，在施工前对现况管线进行详细调查；在调查基础上沿方涵施工中线和垂直施工中线挖探坑。在方涵沟槽开挖前，对沟槽开挖范围内现况管线进行标记和保护，保护方案征得权属单位同意。

（5）在方涵沟槽开挖前，依据坑探结果，开挖范围内现况直径800mm雨水管道、直径500mm污水管道均为管基、抹带接口刚性管道。保护措施：分别采用塑料管穿入现况管道导流至附近现况雨、污水井内；并在其顶部路面铺设钢板，以降低路面行车的荷载。

16.5.2 土方开挖

（1）根据现场条件，采用分段流水施工组织方式；采用1台挖掘机开挖，土方随挖随弃一侧，人工配合机械清理槽底；施工段为两个井距。考虑到现场填土层的土质变化，为保证沟槽侧壁的稳定性，基槽局部采取板木临时支撑。

（2）挖土机一次挖至槽底标高以上约200mm，留待人工清槽。因受现场条件制约，采取放坡开挖，边坡系数1：0.5。施工现场不具备存土条件，因此土方开挖时一侧堆弃的土方必须外运至附近的存土场；通常采用随挖、随运的方式，过路段采取夜间集中外运方式。槽边两侧施作500mm高砖砌挡墙，上接定型钢制围挡，围挡内设截水沟，防止地表水进入沟槽。

（3）机械开挖要确保沟槽边坡整齐，边坡采用人工修整，不允许挖土机超挖；过路段采取切割机先行将沥青面层切开，再用挖土机进行开挖方式；现场及时用水准仪监控开挖深度，使方涵基槽不超挖。

（4）人工清槽至设计标高后，由建设方组织有关人员验槽，且采取钎探的方式判断地基承载力；当地基承载力不满足设计要求（承载力为≥150kPa）时，由设计方给出地基加固处理设计。

（5）基槽验收合格后方可进行垫层施工，现场放出方涵底板、垫层的结构中线、边线或轴线（灰线），用90mm×90mm方木支模，并经监理验收合格后，浇筑C15垫层混凝土，厚度为90mm。

16.5.3 方涵施工

（1）钢筋加工与安装

1）钢筋加工在加工厂内进行，钢筋的表面应洁净，使用前将表面油渍、漆皮、鳞锈等清除干净，钢筋平直无局部弯折，成盘的钢筋和弯曲的钢筋均调直，采用冷拉方法调直钢筋时，Ⅰ级钢筋的冷拉率不宜大于 2%，Ⅱ级钢筋的冷拉率不宜大于 1%。

2) 钢筋绑扎时，先在地板上弹出底层钢筋的位置，按设计图纸要求进行绑扎，采用倒、顺扣、兜扣等方式进行绑扎；绑丝要扎紧、绑牢，不得有松动、折断、位移等现象，绑丝头弯回到主筋背后即背向模板。

3) 钢筋搭接采用绑扎或焊接，搭接焊时保证搭接长度满足规范要求。采用双面焊时，焊缝长度为不小于 $5d$；采用单面焊时，焊缝长度为不小于 $9d$。绑扎时Ⅱ级钢筋搭接长度不小于 $35d$。

4) 钢筋骨架的成型具有足够的刚度和稳定性，保证在浇筑混凝土时不致松散、移位、变形。

(2) 模板采用 18mm 厚木板拼装，支撑体系采用 $\phi48mm$ 钢管、50mm×50mm 方木及对拉螺杆进行支撑，每 5m 设一组剪刀撑。支撑体系安装牢固后，在支撑系统上搭一可移动浇筑混凝土平台，平台采用木板。

1) 模板加工

① 由施工人员依据设计图纸、模板施工方案，编制技术交底单，向操作人员做好交底。模板制作时，按结构几何尺寸设计加工制作图。对于比较复杂的部位放大样。

② 墙体模板拼接部位采用硬接缝，缝口用双面胶粘贴。对节点部位的模板裁切时应顺直、尺寸准确，裁切后模板的小侧边用漆封边。

③ 模板的所有接缝处严密不漏浆，模板接缝做成平缝、搭接缝或企口缝，转角处加嵌条或做成斜角。

④ 模板构造简单、装拆方便，且便于施工，符合混凝土的浇筑及养护等工艺要求；板块配置考虑混凝土外露面美观，确保构筑物外露表面模板平整、光洁、美观、清晰。

2) 模板安装

① 模板安装位置、轴线、标高、垂直度符合设计和规范要求。

② 导墙模板安装前，由测量员测定控制基准线，放好结构的轴线及导墙顶的控制线，并做好班前交底。二次墙体模板安装时，外墙体先安装内侧模板，用钢管及扣件和整体架子固定牢固，待墙体钢筋验收合格后，再安装另一侧模板，最后调整加固，对模板的偏差控制在规定允许范围之内。

③ 安装结构顶板、底模板及支架时，底板具有足够的承载能力，即底板强度达到设计要求。

④ 模板安装严格按照模板施工方案进行，模板拼缝处贴海绵条，不得突出模板面。墙体模板下口堵缝用海绵条粘在模板上，不得直接粘在混凝土表面。

3) 模板支架安装要点

① 模板及其支架具有足够的承载能力、刚度和稳定性，能可靠的承受混凝土浇筑的重量、侧压力及施工荷载；模板支撑牢固，并且保证有足够的支撑强度，避免在混凝土浇筑过程中出现跑模现象。

② 保证工程结构各部形状尺寸，以及相互位置的正确。顶板、墙模板施工前在竖向结构插筋上测设标高控制线，拉对角线检查板面高度。

③ 模板合模前清理干净，模板的拼接缝严密，并均匀涂刷合格的脱模剂，不得使用影响结构性能和妨碍装饰的隔离剂。且涂刷模板隔离剂时，不得污染钢筋及混凝土接茬

部位。

④ 在浇筑混凝土前，木模板浇水湿润，但模板内不可有积水。模板接缝处严密且不得漏浆，且不得有松动、跑模、下沉等现象。

4）施工缝处理

① 钢板止水带要保证居中放置，导墙浇筑混凝土面应控制在止水带 1/2 高度。

② 二次支模前，导墙顶面已硬化混凝土表面的水泥薄膜、松散混凝土及其软弱层全部凿出新茬，清理、冲洗干净，受污染的钢筋清刷干净后，再进行模板工序的施工。

（3）混凝土浇筑

1）工程主体结构混凝土采用 C30 预拌混凝土，混凝土总量为 5022m³。混凝土控制参数：

① 强度等级 C30。

② 混凝土坍落度为 180～200mm，根据施工季节的变化情况适当调整。

③ 浇筑混凝土时，根据试验计划进行现场取样并制作试件。

2）混凝土浇筑顺序及方法

① 底板、顶板混凝土浇筑时具体车位，根据现场的实际情况在确保安全的条件下适当调整。

② 混凝土浇筑按施工部位分为：底板混凝土浇筑；墙体与中隔墙混凝土连续浇筑。

③ 侧墙混凝土浇筑时，进行分层浇筑，每层浇筑厚度控制在 300～400mm。

④ 浇筑混凝土入模速度缓慢，入模后及时振捣使混凝土密实。

⑤ 混凝土振捣采用插入式振捣器分层振捣，要求振捣棒插入点的间距不超过振捣棒有效半径的 1.5 倍，与模板之间保持不小于 50mm 的距离，不可直接振捣模板，不可过振捣亦不可漏振。振捣至混凝土表面出现薄层水泥浆或表面不再下沉并且冒出气泡较小时，表明混凝土已振捣密实。混凝土浇筑完工后及时养护。

⑥ 混凝土在浇筑后的 12h 内，加以覆盖和洒水；对于干硬性混凝土、炎热天气浇筑的混凝土，在浇筑后立即加设棚罩，待收浆后再予以覆盖和洒水养护。覆盖时不得损伤或污染混凝土表面。

⑦ 混凝土养护时间不得少于 7d，根据空气的温度、湿度和水泥品种及掺用的外加剂等情况，酌情延长；对掺用缓凝型外加剂或有抗渗要求的混凝土不得少于 14d。

⑧ 保持混凝土表面经常处于湿润状态；当气温低于 5℃时，覆盖保温，不得向混凝土面上洒水。

（4）墙体模板拆除

1）墙体模板拆除时，混凝土强度满足 1.2MPa 的要求。以同条件养护试块试压结果为依据，每段测试两次。

2）墙体定型木模板拆除时，拆除顺序与模板安装顺序相反，先拆墙体外侧模板，后拆墙体内侧模板，首先拆下穿墙螺杆，再松开地脚螺杆，使模板向后倾斜与墙体脱开。如果模板与混凝土墙面吸附或粘结不能离开时，可用撬棍撬动模板下口，不得在墙上口撬模板，或用大锤砸模板。

3）拆除时，要求混凝土强度达到能够保证混凝土表面及棱角不因拆模而损坏即可，现场根据经验及实际情况确定拆模时间，拆除时保证混凝土表面不受损。

16.5.4　变形缝施工

（1）根据设计图纸，方涵结构连接部位设置变形缝，缝宽 30mm，每隔 25m 设一道。

（2）变形缝具体做法

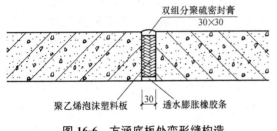

图 16-6　方涵底板处变形缝构造

1）底板处变形缝做法：在背水面安装透水膨胀橡胶条，中间嵌入聚乙烯泡沫塑料板，在迎水面抹 30mm×30mm 双组分聚硫密封膏（具体做法详见图 16-6）。

2）侧壁及顶板处变形缝做法：在背水面抹 30mm×30mm 双组分聚硫密封膏，中间嵌入聚乙烯泡沫塑料板，在迎水面抹 30mm×30mm 双组分聚硫密封膏（具体做法详见图 16-7）。

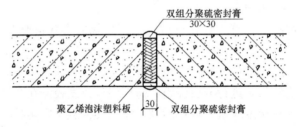

图 16-7　方涵侧壁及顶板处变形缝构造

16.5.5　方涵回填

（1）方涵设计要求，在现浇方涵顶部回填 500～800mm 土层，以满足厂区地面雨水径流要求。

（2）过社会道路段，现浇方涵顶部为道路结构层，回填作业要求满足《城镇道路工程施工与质量验收规范》CJJ 1—2008 的有关规定。

（3）厂区方涵段填土作业要求遵循《给水排水管道工程施工及验收规范》GB 50268—2008 的相关规定。

16.6　球墨铸铁输水管道施工实例

16.6.1　工程概述

（1）某新建水厂输配水管道长度约 12000m，大部分采用 DN1800mm、k＝9 级球墨铸铁管，部分管段采用钢管；管道沿护城河西岸绿地下穿 3 条城市主干道，进入城市新区。球墨铸铁管采用机械式（压兰式）K 型柔性接口连接，其管材（管及管件）由球墨铸铁直管、压兰、螺栓及橡胶圈组成，每根球墨铸铁管的有效长度为 6m。

（2）依据勘察报告，管道所处地层自下而上依次为：低液限粉土（填土）①层；杂色，稍湿，含云母、氧化铁、砖渣、灰渣和植物根等；房渣土①₁层：褐黄色，湿，多为砖块、瓦块、石块、灰渣和植物根等，局部为水泥地面和旧建筑基础。根据地质条件及周边现况管线情况，以及现场施工条件选用 1:0.75 的坡度；施工需考虑排除潜层滞水。

（3）施工组织：除下穿施工采用泥水平衡顶管机由专业分包公司施工外，其余路段采用 2 台反铲开挖（部分无法进行机械开挖的地段采用全人工开挖），人工配合的施工方法，自上而下分层开挖，沟槽放坡根据现场地质情况确定为 1:0.75，焊接工作坑工作面宽度根据现场实际情况确定。沟槽开挖时需在沟槽靠近河道护坡一侧密打木桩，以保证沟槽不塌方，木桩长为 5~6m，直径约 200mm。

（4）管道基础为砂石垫层：在已经开挖、整平的原土未被扰动的沟槽底部铺设 30mm 厚的砂垫层，要求均匀、密实。

（5）施工基本工艺流程如图 16-8 所示。

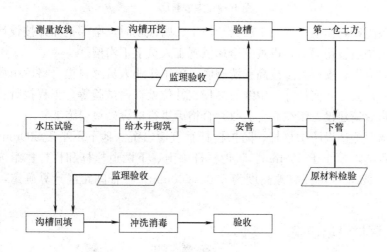

图 16-8 施工基本工艺流程

16.6.2 沟槽开挖

（1）开工前，对建设单位所交付的中线位置桩、水准基点桩、导线等测量资料进行检查、核对，作为永久桩点保护。为开槽方便每隔 150~200m 设置水准点，设在施工区以外便于引测和保护的地方。进行技术交底，说明所放给水井上口槽宽及放坡系数。然后用全站仪放出给水井位置及中线，并用白灰撒出上槽口线。放完线后填写报验单进行报验。

（2）开槽前先引测水准点，并控制槽底高程。开挖时做到及时复测高程和中心。开完槽后请监理验槽，验槽合格后施工人员组织砂石基础施工，砂垫层施工完后恢复管线中心线及井位，填写报验单请监理验线。验线合格后进行下部工序。沟槽断面如图 16-9 所示。

（3）开挖前向挖铲司机、测量员、施工人员进行技术、安全交底，对地下障碍物细心核查，必要时人工挖探坑，探明各种障碍物的走向、管径、结构尺寸、高程等项，距障碍物 1.5m 处，由人工开挖，并采取必要的保护措施。机械开挖时，有测量人员跟铲，随挖随测，防止出现槽底超挖。槽底原状土不得扰动，机械开挖时槽底预留 200~300mm 厚土层由人工开挖至设计高程，整平；槽底不得受水浸泡或受冻，槽底局部扰动或受水浸泡

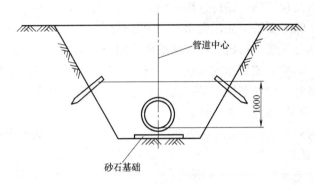

图 16-9　沟槽断面

时，采用天然级配砂石回填；槽底土层为杂填土、腐蚀土时，全部挖除并按设计要求进行地基处理；在沟槽边坡稳固后，设置安全梯供施工人员上下沟槽。

（4）挖槽完成后，安排人工按高程清槽底。施工作业人员经自检合格后由质检员进行验收，验收内容包括：几何尺寸、中线、高程、井位处钎探试验等。工程执行首件验收制度，当自检合格后请建设方组织联合验收，合格后进行铺设砂垫层施工。

（5）在沟槽两侧架设防护栏杆，防护栏杆垂直锤击沉入地下不小于 500mm 深。钢管离沟槽边沿的距离，不小于 500mm。防护栏杆由上、下两道栏杆和栏杆柱组成，上栏杆离地面高度为 1.2m，下栏杆离地高度为 500～600mm。栏杆间距经计算确定，且不得大于 2m。

16.6.3　管材进场检验

（1）管材（管及管件）进场后进行外观、规格、型号和防腐检验，检查其合格证和检验报告。质量符合有关规定。球墨铸铁管及管件外表面镀锌或喷涂沥青质的涂料，涂层表面光洁、均匀、粘附牢固，不得因气温变化而发生异常；管内水泥砂浆内衬附着力强、化学稳定性好，表面不得有裂纹，不得有妨碍施工的凹凸不平的缺陷。

（2）管材的尺寸公差，符合现行国家产品标准的规定；承口的内工作面和插口的外工作面光滑、轮廓清晰，不得有影响接口密封性的缺陷。

（3）压兰、螺栓检验：法兰盘表面要平整、无裂纹，密封面不得有砂眼及辐射状沟纹。

（4）橡胶圈应质地均匀、厚度一致、无皱纹；橡胶垫内径应等于法兰内径，其允许偏差：当管径≥200mm 时为＋5mm；橡胶圈外径与法兰密封面外缘相齐。

16.6.4　管道施工

1. 下管

（1）管材经过检验合格后，运至槽边，按设计要求沿沟槽一侧排管，核对管节、管件位置。管材下沟前，清除承口内部的油污、飞刺、铸砂及凹凸不平的铸瘤。

（2）吊装机械采用 20T 的汽车吊，辅以人工配合；管道吊装就位前应认真复核、确认砂垫层的标高、平整度，并做好隐蔽验收记录。

（3）吊装下管时使用专用吊带，专人指挥吊车作业，轻提轻放，防止磨损防腐层；专职测量人员随时检测并校核管道坐入砂垫层的轴线及标高偏差。

（4）管道对中采用中心线法或边线法，将球墨铸铁管吊入管沟内的管道砂砾垫层上，对接时仅作水平的滑动和就位。

（5）在直管的承口端及插口端挖工作坑以便栓紧螺丝作业；工作坑的开挖尺寸为1600mm×2000mm。

2. 安装

（1）清理插口外侧面，从直管插口算起240mm处，必须将砂子、油脂和其他杂质清除干净，并按要求涂上规定的油漆标记，安装胶圈处涂以润滑脂。

（2）清理承口与压兰，必须将砂土和其他杂物清除掉，将压兰装配在插口上，确认压兰朝向正确。

（3）清理胶圈，必须将砂土和其他杂物清理干净，将胶圈装在插口上并刷涂润滑脂；确认胶圈在正确方向，如图16-10所示。

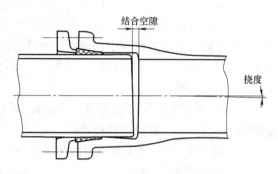

图 16-10　压兰与胶圈位置

（4）采用吊车将插口端球墨铸铁管与承口端球墨铸铁管吊平对正，上带法兰、胶圈，对接前在承口与插口的内壁和外壁及胶圈上均匀地涂抹一层食用油，利于插口管插进；插口外部及承口内部之间距离必须整个圆周均相等，而插口必须完全插入（间隙应按6～9mm控制），无节点处，以使任何一点间隙基本均匀，将胶圈推挤入承口与插口间的空隙，注意不可伤了胶圈；如果推入有困难，可用铁锤等工具轻轻敲打；不得用斧子或其他有尖角的工具敲打或推进胶圈（图16-11）。

图 16-11　推入胶圈

（5）对准压兰中心点，并使承口与压兰的螺栓对齐，螺栓方向一致；先穿入上下两端的螺栓，然后再处理左右两端的螺栓；同时应严格掌握好对接进尺深度，承口与插口周围间隙应均匀，密封胶圈的顶堵位置应在承口与插口之间，通过承口的固定法兰孔旋动插口的活动法兰，直至每个螺栓全部顺利通过两法兰间的螺孔，螺栓头必须保持在承口的一边，螺帽在插口的一边。

（6）轻轻地锁紧螺栓，把剩余的螺栓放入螺栓孔中再逐一锁紧；螺帽拧紧时成对方向拧紧，即按管道直径线为一拧紧组，拧紧的程度为两法兰间的密封胶圈的外露面呈半圆弧形即可。

（7）检查所有螺栓及螺母的松紧；机械接头的螺栓、螺母的扭矩参数见表 16-12；螺栓一定要和直管的轴径平行，压兰与管轴也必须成一正确角度，螺母也需与压兰表面平行。

机械接头的螺栓、螺母的扭矩参数　　　　　　　　表 16-12

尺寸	扭矩 kgm	管径(mm)	扳手规格
M24	14	700～800	35
M30	20	900～2600	46

3. 连接管注意事项

（1）沿直线安装管道时，选用管径相差最小的管节组对对接，接口的环向间隙均匀，承插口间的纵向间隙不小于 3mm。

（2）承口内胶圈的内表面涂抹润滑剂、插口外表面刷润滑剂，注意在规定部位涂抹，绝对不能抹在承口内。润滑剂严禁使用有毒物质及与胶圈材料有化学反应的材料。

（3）插口对承口找正，小于 8°弯头可找角施工，每个接口偏转角度小于 3°。接口检查时，用探尺插入承接口间隙中，确定胶圈位置。插口推入后一条白线露在外面。每个接口编号，记录检查。下管前清理管坑内杂物，然后在槽底面放管道中线，复核槽底标高。

（4）压兰与螺栓

1）如果螺栓或直管不够干净，或是有小石子之类的异物卡在螺栓和凸缘之间，将引起螺栓倾斜或弯曲，造成错误接合；

2）如果螺栓的 T 型头自承口的凸缘面凸起，表示螺栓没有正确锁好；

3）如果压兰和直管的轴径与另一支管轴不相符合，压兰就会碰到另一支管的凸缘面，会造成压兰倾斜，胶圈无法吻合；

4）如果压兰和直管的螺栓孔没有成一直线，螺栓就会倾斜或弯曲。注意：如果接合不当，需拆开重新组合。

16.6.5　阀门及附件安装

（1）管道安装后，及时砌筑各种井，砌筑时严格遵守有关操作规程，井室砌筑的同时安装塑钢踏步，在砂浆未达到规定强度前不得踩踏。

（2）管与井壁衔接处严密，管道支墩按标准图集中试验压力为 1.1MPa 的支墩类别、管顶覆土、地基承载力及支墩类型选用。

（3）排气阀等管件安装时，采用水平尺确保法兰盘平整、垂直；排气阀安装中心距法兰盘中心 150mm，管底距井底 300mm；如图 16-12 所示。

（4）安装带法兰的闸门或管件时，应防止闸门或其他管件与管线

图 16-12　阀门井

段产生拉应力。邻近法兰一侧或两侧的管线段的接口应将所有法兰螺栓拧紧后，再进行接口操作。

16.6.6 砖砌检查井

（1）砌筑施工应符合设计要求和规范规定。

（2）检查井安装

1）踏步：井室内的踏步在砌砖时用砂浆埋固，随砌随安，不得事后凿洞补装。踏步在砌筑砂浆未达到规定强度前不得踩踏。

2）井室勾缝：井室内壁勾缝，外壁用砂浆搓缝严实。

3）安装预制盖板：安装预制盖板在墙顶坐1∶3水泥砂浆，盖板下的井室最上一层砖须是丁砖。

4）井盖高程：井盖高程按设计路面高程砌筑，因此施工时，注意井盖高程的控制。

（3）支墩

管道附件下设支墩。凡图中绘有支墩但未标注支墩尺寸的，根据闸阀尺寸与设计人和监理工程师商定。支墩与管道附件底面之间填M7.5水泥砂浆。

（4）井盖

井盖与支座保证互换性。井盖座采用圆形，井座净开孔为800mm。

井盖表面有凸起的防滑花纹，凸起高度不小于3mm。井盖均朝向一侧。

井盖座根据需要，安装相应的锁定装置，同时保证专业检查人员检修时，井盖开启方便、灵活。

井盖与支座的接触面保证接触平稳，车辆经过时，不应有弹跳现象。井盖开启方向为近车方向。井盖与支座之间设置橡胶垫片，或采用其他减振消声措施，减小井盖振动，消除噪声。

井盖设置在路面时，井盖与路面高程齐平，允许偏差为±5mm；设置在绿化带等非通行场地时，井盖与路面高程的允许偏差为±20mm。

16.6.7 管道水压试验

（1）水压试验流程见图16-13。

（2）充水浸泡

管道串水后进行认真浸泡，管道注满后，保持0.2～0.3MPa水压充分浸泡，时间不小于48h。

（3）水压试验

浸泡完后，逐步升压至0.2MPa检查一次，无问题后再继续升压，接近1.0MPa时稳定一段时间检查，排气彻底干净，然后升至1.0MPa试验压力，恒压9min，落压不超过0.02MPa；对接口、管身检查无破损及漏水现象为水压试验合格。

（4）水压试验标准

试压标准：1MPa，选用0.4级精度，量程为1.5MPa，最小刻度为0.01MPa的压力表进行试压。

（5）严密性试验：渗水量不得超过1.95L/(min·km)。

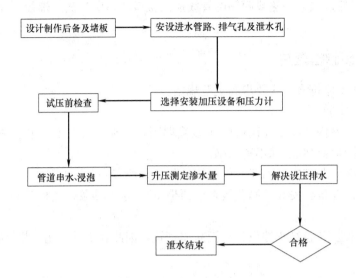

图 16-13   水压试验流程

第 17 章　设备安装工程

17.1　技术要求

17.1.1　安装准备

（1）在熟悉图纸和厂区设备电线基础上，编制设备安装方案。

（2）依据施工图纸、设备图纸、验收记录，配合土建进行管路、接地扁钢、铁构件及设备基础、孔洞的预留预埋、设备基础等项目的检验与交接验收；穿越各构筑物基础及池壁的部分与土建结构矛盾之处，进行协调处理。预留预埋按设计验收合格后，方能继续进行下道工序施工。

（3）设备的开箱与检验，依据：装箱单、说明书、图纸、质量保证资料。设备清点交接：逐件检查拍照并做好登记记录，办好交接手续、交接设备；交接记录内容：箱号、箱数及包装情况；设备的名称、型号和规格；装箱清单、设备技术文件，资料及专用工具；设备有无缺损，表面有无损坏和锈蚀等。

17.1.2　土建基础验收

设备安装单位对土建基础的标高和平整度进行测量，应符合设计要求，如有超差及时修正到满足设计要求为准。

安装前应对设备基础进行保护，调整标高和垂直度符合要求后固定地脚螺杆；灌浆应严格按照施工方案作业。

17.1.3　设备安装与调试

（1）试压、检验：进场验收依据有关规范标准进行第三方检验。

（2）吊装方案：主要内容包括组织体系、作业环境、计划进度、安全、质量措施；吊装设备的选择：设备的重量、几何尺寸。

（3）设备的找正、拆卸、清洗、装配；找中心、找标高、找水平与垂直；过盈配合装配、螺纹与销连结装配、轴承装配、传动机构装配（依据施工规范、图纸、说明书）。

（4）设备的检验、调整与试运转：转动机构的检验与调整；传动机构的检验与调整；运动变换机构的检验与调整。

（5）试压、试水、试运转。

17.2 设备安装工艺

17.2.1 离心泵安装

1. 安装技术要求

(1) 离心泵安装前应进行清洗和检查，清洗和检查应符合相关规范规定。

(2) 整体安装的泵，纵向安装水平偏差不应大于 0.9/900，横向安装水平偏差不应大于 0.20/900。并应在泵的进出口法兰面或其他水平面上进行测量，解体安装的泵纵向和横向安装水平偏差不应大于 0.05/900，并应在水平中分面、轴的外露部分、底座的水平加工面上进行测量。

(3) 泵体找正应符合下列要求：

1) 电动机轴与泵轴、电动机轴与变速器轴以联轴器连接时，两半联轴器的径向位移、端面间隙、轴线倾斜均应符合设备技术文件的要求，当无要求时，应符合《机械设备安装工程施工及验收通用规范》GB 50231—2009 和《风机、压缩机、泵安装工程施工及验收规范》GB 50275—2010 的规定；

2) 电动机与泵（或变速器）连接前，应先单独试验电机的转向，确认无误后再连接；

3) 电动机轴与泵轴找正、连接后，应盘车检查是否灵活；

4) 泵与管路连接后，应复核找正情况，如由于与管路连接而不正常时，应调整管路。

(4) 填料箱与泵轴间的间隙在圆周方向应均匀，并按样本规定的类型、尺寸和要求压入填料，填料压入后应盘动转子，转动灵活。

(5) 油箱内应注入规定润滑油到标定油位。

2. 检查和调试

(1) 泵调试前的检查应符合下列要求：

1) 电动机的转向应与泵的转向相符。

2) 各固定连接部位应无松动。

3) 各润滑部位加注润滑剂的规格应符合设备技术文件的规定，有预润滑要求的部位应按规定进行预润滑。

4) 各指示仪表、安全保护装置及电控装置均应灵敏、准确、可靠。

5) 盘车应灵活，无异常现象。

(2) 泵启动应符合下列要求：

1) 离心泵应打开吸入管路阀门，关闭排出管路阀门。

2) 泵的平衡盘冷却水管路应畅通，吸入管路应充满输送液体，并排尽空气，不得在无液体情况下启动。

3) 泵启动后应快速通过喘振区。

4) 转速正常后应打开出口管路的阀门，出口管路阀门的开启应缓慢，并将泵调节到设计工况，不得在性能曲线驼峰处运转。

(3) 泵调试时应符合下列要求：

1) 各固定连接部位不应有松动。

2）转子及各运动部件运转应正常，不得有异常声响和摩擦现象。

3）附属系统的运转应正常，管道连接应牢固无渗漏。

4）滑动轴承的温度不应大于 70℃，滚动轴承的温度不应大于 80℃。

5）各润滑点的润滑油温度及密封液和冷却水的温度均应符合设备技术文件的规定，润滑油不得有渗漏现象。

6）泵的安全保护和电控装置及各部分仪表均应灵敏、正确、可靠。

7）机械密封的泄漏量不应大于 5mL/h，填料密封的泄漏量不应大于表 17-1 的规定，且温升应正常。

填料密封的允许泄漏量 表 17-1

设计流量(m³/h)	≤50	50～90	90～300	300～900	>900
泄漏量(mL/min)	15	20	30	40	60

17.2.2 潜水泵安装

1. 安装要求

（1）潜水泵的安装顺序及技术要求，应以潜水泵厂家的安装手册为准。

（2）在安装前，制造厂为防止部件损坏而包装的防护粘贴，不得提早撕离。

（3）潜水泵的安装位置和标高应符合设计要求，平面位置偏差不得大于±9mm，标高偏差不得大于±20mm。

（4）潜水泵底座调整水平，其水平偏差不大于1/900。

（5）导杆安装必须垂直，如为双导杆，则必须平行，其垂直度偏差应小于1/900，全长内偏差不得大于4mm，平行偏差小于2mm。

（6）当潜水泵所用电缆较长时，应征求供货商意见后，承包商对电缆进行适当的固定，避免受到水流过度的冲击，引发故障。

（7）潜水泵出水法兰面必须与管道连接法兰面对齐，平直、紧密。

2. 检验和调试

（1）按上述安装要求进行检查。

（2）带负荷运行（根据池中容量可进行调整）检测水泵的流量、扬程及效率是否符合设计要求。

（3）运转时，应平稳，无异常声响和振动，电动机电流正常。

（4）检测电动机安全保护措施是否符合潜水泵技术要求。

17.2.3 往返刮泥机安装工艺

（1）以池壁的中心线作为一侧轨道中心线基准，根据设计尺寸和桥架驱动梁的实际距离，准确定出另一侧轨道中心线。复核检测轨道处高程，处理混凝土基面，准确放出螺栓孔位置。

（2）支架底板与安装线上的预埋钢板焊接，应保证底板中心在一条直线上（直线度不超出 10mm），两线的跨距的偏差不超出±10mm。

（3）敷设导轨，调整导轨使其直顺度、平整度和两条导轨间距离符合要求，将固定螺栓拧紧（当采用化学螺栓时应在厂家指导下使用）。焊接压板，完成轨道安装。

（4）以鱼尾板连接相邻两段钢轨，调整其高度及位置，导轨、直线度≤3mm，跨距的偏差≤±5mm，导轨顶面的标高偏差≤5mm，坡度≤1.5/1000；以压板分段固定，螺母紧固。

（5）工作桥安装

工作桥宜在池侧平地组装，按照装配图组装好吊装直接放在安装好的导轨上；大跨度的工作桥应分段组装，在池底沿跨度方向搭设脚手架，将分段工作桥连接，按设计要求保持一定的上拱，然后紧固螺栓。

（6）刮泥装置的安装

先将与工作桥对应的连接架进行组装，刮泥臂安装在连接架的下端，并与之固定；安装提升减速机，将滚筒固定在提升轴上，并将其与减速机连接，安装在桥的一侧并安装钢丝绳等附件；安装刮泥板，同时通过转动滚筒调节刮泥板的高度，使其距离地面0～10mm。

（7）刮泥机及其附属装置安装完毕应进行全面检查，合格后方可进行无负荷试运行，点动控制电动机。

17.2.4 旋转式刮泥机安装

1. 中心支座的安装

以池中心墩平台的基准中心作为支座中心，轴承座先在中心墩平台上定位，中心支座的旋转中心与池体中心应重合；调整支座的底座标高和水平，使支座轴心线垂直度偏差≤±1mm，标高误差≤＋10～0mm。确认后进行二次灌浆定位。

2. 固定集电环于中心支座中

电缆由中心进线管引入后，分别与相应线号的接线柱连接，集电环的静环与碳刷应具有可靠的接触。

3. 工作桥安装

池径较大，可分成三组即中间段、两侧工作桥（包括固定传动装置的端梁）安装；先安装工作桥中间段，与固定支座组装，组装固定后用方木将中间段垫平；再安装两侧工作桥及传动装置；中心支座、主梁、端梁安装固定后，调节端梁径向位置使滚轮与其运行轨迹相切，前后两滚轮轨迹应重合。

4. 传动装置、刮泥装置安装

先将对应连接架与工作桥连接牢固；安装刮泥臂，将刮泥臂连接于连接架的下端，并与之固定；在刮泥臂上安装刮泥板，使其距离地面0～10mm。

5. 池底二次抹平（抹水泥砂浆）

先对池底较大凸起进行清理和修整；再在粗糙的沉淀池底板上抹上细质水泥砂浆，并使用括平尺类似工具摊平；最后的抹光也是手工进行。池底与刮泥板保持相同的距离（约10mm），水泥池底完成抹平后，调节刮板上的橡胶和尼龙轮符合安装要求。

6. 浮渣斗等附件安装

浮渣斗的底部与预埋管连接，支架与池壁用膨胀螺栓焊接固定；集渣斗应水平放置并保证其标高尺寸高出液面30～50mm；清洗刷与出水槽侧壁接触力度合适，与槽底间隙适量；浮渣刮板支架安装在槽钢支架上，在安装刮泥板时按标高要求调整好后用螺栓固定。

出水堰板及浮渣板：将其按图纸要求与池壁用膨胀螺栓固定，将堰口调在同一标高上；浮渣收集耙：收集耙与主梁连接，调节其角度使其紧贴集渣斗运行。

7. 无负荷试运行

旋转式刮泥机及其附属装置安装完毕后检查，合格后方可无负荷试运行，点动控制电动机。

17.2.5 计量泵安装

（1）计量泵安装时，泵的外表应无损伤，密封应良好，杆塞式计量泵的卸荷装置和泵体流通，隔膜式计量泵的排气通道和过滤器应清洁干净。

（2）泵的纵向安装水平偏差不应大于 0.9/900，横向安装水平偏差不应大于 0.20/900，并应在泵的进出口法兰面或其他水平面上进行测量。

（3）泵试运转前应符合下列要求：

1）驱动机的转向应与泵的转向相符；

2）各连接螺杆不得有松动现象；

3）在调节机座内、安全补油阀组、泵缸腔内或液压隔膜腔内加注润滑油，均应符合设备技术文件的规定，液压隔膜式计量泵的液压腔内不得存有气体；

4）往复移动杆塞式计量泵的杆塞数次，不得有卡住现象，隔膜式计量泵的隔膜应密封良好；

5）杆塞式计量泵的行程调节机构动作应灵敏、可靠，卸荷装置应按设备技术文件的规定进行调压试验。

（4）泵试运转时应符合下列要求：

1）在进口和出口管路阀门全开并输送液体的情况下，运转时间不应少于 0.5h，运转中任意改变行程长度，其运转应平稳；

2）应按额定压差值的 25％、50％、75％、90％，逐级升压。在每一级排出压力下，运转时间不应少于 15min，最后应在额定排出压力下连续运转 1h，前一级压力运转未合格，不得进行后一级压力的运转；

3）运转中应无异常声响；

4）运转与调节机构工作应平稳；

5）润滑油温度不应高于 60℃，轴承温度不应高于 70℃；

6）隔膜式计量泵油腔安全阀的动作应灵敏、可靠，其开启压力应符合表 17-2 的规定。排放压力应为开启压力的 1.05～1.15 倍，回座压力应大于开启压力的 0.9 倍，自动补油阀应在大于或等于 80％真空度下动作，其动作应灵敏、可靠。

安全阀开启压力				表 17-2
泵最高排出压力 P(MPa)	0.2～1.0	1.3～4.0	5.0～8.0	9～20
安全阀开启压力 P_2(MPa)	$P+0.3$	$1.3P$	$1.2P$	$1.1P$

17.2.6 闸阀安装

1. 蝶阀安装要求

（1）安装前，清除蝶阀内部及与蝶阀相连的管道端部的垃圾、杂物，并清洗干净。

（2）安装时，介质流动的方向与阀体所示箭状方向一致。

（3）安装时，阀板停在关闭但不关紧的位置上或停在供货商要求的位置。

（4）开启位置按蝶板的旋转角度来确定。

（5）按厂家安装说明书进行安装，重量大的蝶阀，须设置牢固的基础。

2. 闸板阀的安装

（1）闸板阀的安装要根据供货商和制造厂家的技术要求进行，闸板框采用预埋或二次灌浆的方式安装。

（2）闸板阀必须按设计标高安装，偏差不得大于 ±5mm。

（3）门框底槽、侧槽的水平度和垂直度偏差不大于 1/900，且全程内偏差小于 2mm。

（4）门架上的启闭机中心与闸板推力螺母中心位于同一垂直线，偏差不得大于 1/900，且全程内偏差应小于 2mm。

（5）闸板阀密封表面必须平整贴密，渗漏量应符合国家有关要求。

3. 检验要求

（1）一般要求

1）安装精度必须符合各制造厂的安装要求，当无要求时应符合建设方技术要求；

2）各紧固件连接部位不得松动。

（2）蝶阀

1）蝶阀安装后，进行阀门的开、闭测试，阀门开启时应到位，关闭时应无渗漏现象；

2）蝶阀的阀瓣在需要的任何位置上都能锁定，能承受阀两侧压力差所产生的推力和水流的冲击。

（3）闸板阀

1）在无水条件下，至少进行 3 次闸板启闭试验，操作灵活，手动闸板手感轻便，电动闸板轻捷，螺杆旋合平稳，闸板无卡位，突跳现象；

2）在设计水位下，闸板启闭应轻巧自如，无突跳现象；

3）承包商协助供货商进行现场泄漏测试，在最大设计水位条件下，闸板的泄漏量不大于 1.2L/(min·m)（密封长度）。

17.2.7 鼓风机安装

（1）按鼓风机厂家提供的说明书和图纸，且在厂家指导下进行安装；鼓风机设备安装就位前，按设计图纸并依据建筑物的轴线、边缘线及标高线放出安装基准线；将设备基础表面的油污、泥土杂物及地脚螺栓预留孔内的杂物清除干净；整体安装的鼓风机，搬运和吊装的绳索不得捆绑在转子和机壳或轴承盖的吊环上。

（2）整体安装的鼓风机吊装时直接放置在基础上，用垫铁找平、找正，垫铁一般应放在地脚螺栓两侧，斜垫铁必须成对使用；设备安装好后同一组垫铁应点焊在一起，以免受力时松动；通过调节鼓风机地脚螺栓处的薄垫片，使鼓风机的水平度误差控制在 0.02～0.04mm/m 范围内。

（3）鼓风机安装在无减震器的支架上时，应垫上 4～5mm 厚的橡胶板，找平、找正后固定牢；鼓风机安装在有减震器的机座上时，地面要平整，各组减震器承受的荷载压缩量应均匀、不偏心，安装后采取保护措施，防止损坏。鼓风机的机轴必须保持水平，风机与电动机用联轴节连接时，两轴中心线应在同一直线上。

（4）鼓风机与电动机用三角皮带传动时应进行找正，安装时要求鼓风机轴与电动机轴相互平行，以鼓风机的皮带轮为基准，通过在两三角皮带轮端面拉线的方法，调整电动机机座使两个三角皮带轮的端面位于同一平面内，允许误差为 0.5mm；安装鼓风机与电动机的皮带轮时，操作者应紧密配合，防止将手碰伤。挂皮带时不要把手指伸入皮带轮内，以防发生事故。

（5）鼓风机与电动机的传动装置外露部分应安装防护罩，鼓风机的吸入口或吸入管直通大气时，应加装保护网或其他安全装置。

（6）鼓风机出口的接出风管应顺叶轮旋转方向接出弯管。在现场条件允许的情况下，应保证出口至弯管的距离大于或等于风口出口长边尺寸的 1.5～2.5 倍。如果受现场条件限制达不到要求，应在弯管内设导流叶片弥补；输送特殊介质的鼓风机转子和机壳内如涂有保护层，应严加保护，不得损坏。

（7）安装后，空载试车应运转平稳，转轴与机体无摩擦；负载试车仪表信号指示应正常，操作灵活，保护装置动作灵敏，无异常声响，径向振幅符合产品技术文件规定，无漏气、漏油现象。

17.2.8 微孔曝气器安装

（1）池底固定支座安装：在池底事先测放位置钻孔安装膨胀螺丝，用垫片和螺栓把支座底脚拧紧到膨胀螺丝上安装固定支座。

（2）将布气管固定支座的螺杆直接拧到膨胀螺丝里。

（3）以曝气器单元支托（管托）为定位点，从池底最高点开始调节曝气器高低，把支座拧到最低处，然后调节其他所有支座到同一高度。

（4）把下端的螺母拧到布气管固定支座螺杆上，然后把垫片和管托的下半部放在其上，提起布气管放到管托的下半部上；将曝气器单元靠近布气管放到曝气器单元固定底座上。用布气管固定支座的螺母调节布气管的高度。布气管整体水平，且与曝气器单元成直角相连。

（5）从布气管一端开始装起直到集水管；安装前清洗管腔，对曝气器单元进行外观检查，包括外观、大小、形状应一致，无破损、堵塞及其他肉眼可见的缺陷。曝气器单元按安装图所示安装到固定支座上（简单的摆放在固定支座上），用联结套管连接。曝气器单元安装时用水平尺和连通管调整所有曝气器上表面水平。

（6）曝气器安装：安装前检查螺杆和管道螺口间的 O 型垫圈在防止泄漏的位置上，小心的将曝气器底座拧到管道上，将其清洗干净。将支托盘装在曝气器底座上，橡胶膜片置于曝气器底座上，然后安装压盖。

（7）下落管上的法兰盘和布气管法兰盘连接到一起，紧固法兰盘时，确保布气管不移动。下落管用支托固定到池壁上，不使布气管和法兰盘受力。下落管顶端用延伸联接套管连接。

（8）系统安装完成后，按有关技术文件要求进行系统泄漏量测定。每组曝气器安装完毕后，进行清水调试。

17.2.9   起重机安装

1. 起重设备安装规定

（1）设备技术文件应齐全。

（2）按设备装箱单检查设备、材料及附件的型号、规格和数量，且符合设计和设备技术文件的要求，并附有出厂合格证书及必要的出厂试验记录。

（3）机电设备无变形、损伤和锈蚀，其中钢丝绳不得有锈蚀、损伤、弯折、打环、扭结、裂嘴和松散的现象。

（4）起重机的轨道基础、吊车梁和安装预埋件等的坐标位置、标高、跨度和水平度均须符合设计和安装的要求。

2. 起重机安装

（1）电动梁式起重机在吊装前，应按照《起重设备安装工程施工及验收规范》GB 50278—2010 的规定，对其跨度、上拱度、对角线及主梁旁弯度进行复查，确认是否满足规范要求。

（2）架设到轨道上以后，其车轮轮缘内侧与工字钢轨道翼缘间的间隙，宜为 3～5mm。

（3）电动葫芦车轮轮缘内侧与工字钢轨道翼缘间的间隙，应为 3～5mm。

3. 起重机试运转

（1）起重机试运转前，按下列要求进行检查：

1）电气系统、安全连锁装置、制动器、控制器、照明和信号系统等安装符合要求，其动作灵敏、准确。

2）钢丝绳与吊钩的固定应牢固。取物装置、滑轮组和卷筒上的缠绕应正确、可靠。

3）各润滑点和减速器所加的油、脂的性能、规格和数量应符合设备技术文件的规定。

4）盘动各运动机构的制动轮，使转动系统中最后一根轴（车轮轴、卷筒轴、池柱方轴、加料杆等）旋转一周，不得有阻滞现象。

（2）起重机的空负荷试运转须符合下列要求：

1）操纵机构的操作方向与起重机的各机构运转方向相符。

2）分别开动各机构的电动机，其运转应正常，大车和小车运行时不应卡轨，各制动器能准确、及时地动作，各限位开关及安全装置动作应准确、可靠。

3）当吊钩下放到最低位置时，卷筒上的钢丝绳的圈数不少于 2 圈。

4）用电缆导电时，放缆和收缆的速度应与相应的机构速度相协调，并能满足工作极限位置的要求。

5）空负荷试验的各项试验均不少于五次，且动作准确无误。

（3）起重机的静负荷试运转须符合下列要求：

1）起重机应停在厂房池柱处。

2）先开动起升机构，进行空负荷升降操作，并使小车在全行程上往返运行，此项空载试运转不应少于三次，应无异常现象。

3）将小车停在起重机的跨中，逐渐加负荷做起升试运转，直至加到额定负荷后，使小车在桥架全行程上往返运行数次，各部位应无异常现象，卸去负荷后，桥架结构应无异常现象。

4）将小车停在起重机的跨中，无冲击地起升额定重量的 1.25 倍的负荷，在离地面高度 90～200mm 处，悬吊停留时间不小于 9min，并无失稳现象，然后卸去负荷将小车开到跨端处。检查起重机桥架金属结构，应无裂纹、焊接开裂、油漆脱落及其他影响安全的损坏或松动等缺陷。

5）上一项试验不得超过三次，第三次应无永久变形，测量主梁的实际上拱度应符合《起重设备安装工程施工及验收规范》GB 50278—2010 的规定。

（4）起重机的动负荷试运转须符合下列要求：

1）各机构的动负荷试运转分别进行，当有联合动作试运转要求时，应按设备技术文件规定进行。

2）各机构的动负荷试运转，应在全行程上进行，起重量应为额定起重量的 1.1 倍，累计启动及运行时间不应小于 1h，各机构的动作应灵敏、平稳、可靠，安全保护、连锁装置和限位开关的动作准确、可靠。

（5）起重设备的调试和验收，必须会同当地主管部门共同进行。

（6）安装单位认为当土建工作进行到某一阶段安装起重设备最为合适，应提前 28d 向工程师提出并需经工程师批准。

17.2.10 搅拌机安装

（1）搅拌机安装时，其电动机定子温升限值应符合现行国家标准的规定。

（2）搅拌机应设置密封泄露保护装置，油箱水量不得超过油量的 9%。

（3）搅拌、推流装置升降导轨应垂直，固定牢固，沿导轨升降自如。

（4）搅拌、推流装置应设漏水、超载监测保护系统。

（5）搅拌机安装允许偏差和检验方法见表 17-3。

搅拌机安装允许偏差和检验方法　　　　　　　　表 17-3

项次	项目	允许偏差(mm)	检验方法
1	设备平面位置	20	尺量检查
2	设备标高	±20	用水平仪与直尺检查
3	导轨垂直度	1/900	用线坠与直尺检查
4	设备安装角	<9°	用放线法、量角器检查
5	沉淀池搅拌机轴中心	≤9	用线坠与直尺检查
6	搅拌机吊叶片下端摆动量	≤2	观察检查

（6）搅拌机轴安装允许偏差和检验方法见表 17-4。

搅拌机轴安装允许偏差和检验方法　　　　　　　　表 17-4

序号	项目	转数(r/min)	允许偏差		检验方法
			下端摆动量(mm)	桨叶对轴型直度(mm)	
1	桨式、框式和提升叶轮搅拌器	≤32	≤1.5	为桨板长度的 4/900，且≤5	仪表测量，观察，用线坠与直尺检查
2	推进式和圆盘平直叶涡轮式搅拌器	>32	≤1.0	—	
		90～400	≤0.75	—	

17.2.11　螺旋输送机安装

（1）螺旋输送机安装时，固定应牢固，并保证与落料口之间的连接正确。

（2）螺旋叶片和槽体应正常配合，无卡阻现象。

（3）传动应平稳，超载装置的动作应灵敏、可靠。

（4）密封罩和盖板不应有物料外溢。

（5）螺旋输送机安装允许偏差和检验方法见表 17-5。

螺旋输送机安装允许偏差和检验方法　　　　表 17-5

项次	项目	允许偏差（mm）	检验方法
1	设备平面位置	9	尺量检查
2	设备标高	+20、-9	用水平仪与直尺检查
3	螺旋槽直顺度	1/900，全长≤3	用钢丝与直尺检查
4	设备纵向水平度	1/900	用水平仪检查

17.2.12　加氯系统安装

（1）一体式加氯系统的安装调试应在供货商的指导配合下进行，施工控制标准应符合相应的安装检验标准；加氯系统和漏氯处理系统的验收应符合有关规定。

（2）设备在安装前，必须认真检查基础的位置和标高、建筑物轴线或边缘线和标高线，划出安装基准线；设备定位基准的面、线或点对安装基准线、平面位置和标高允许偏差，应符合表 17-6 的规定。

设备的平面位置和标高允许偏差　　　　表 17-6

项　目	允许偏差（mm）	
	平面位置	标高
与其他设备无机械联系的	±9	+2，-9
与其他设备有机械联系的	±2	±1

（3）加氯机安装

安装前，对加氯机进行外观质量检查，保证气体管道内无潮湿、无异物，如果有碰撞损伤，应修正合格，并清洗干净。用人力和机具将加氯机运输到基础上，调整标高和垂直度，符合要求后固定地脚螺杆，注意在搬运过程中防止对加氯机的碰撞和扭曲而造成损伤。根据加氯机地脚孔作标示后将设备移开、钻孔、放入涨钉，再将设备复位。

接着安装水射器和真空调节器，在安装前也要对水射器和真空调节器进行质量检查，确认合格后方可安装；安装完成后进行质量检查，如有问题及时调整，达到整体合格。

（4）漏泄回收装置安装

氯气是剧毒的气体，对人体、牲畜、植被及设备均有较强的毒性和强腐蚀性，一旦发生泄漏会对社会造成严重的影响。它是给水厂必须使用的产品原料，并且也是隐患，漏泄回收装置能将泄漏的氯气及时有效地吸收和转化为环境能够接受的物理物质——生成盐和水。

氯气回收装置由碱液箱、溶液罐和碱泵等组成，另设一台风机。

（5）溶液罐的安装

基础验收：基础标高、平整度达到设计要求，通过测量和调整使其为合格；

运输：人工搬运到指定设计位置，调整位置并找平固定；

要求：溶液罐距离墙的几何尺寸不小于 0.5m，碱泵不小于 0.8m，同道宽窄不小于 1m。

（6）吸收塔的安装

对吸收塔进行外观和内在的检查检验，吸收塔内充填有特种泡沫生成器。用机具将吸收塔吊运到溶液罐上部的塔座上，安装时及时测量垂直度，找正后进行固定，吊装塔体时必须采取措施防止塔体几何变形，保证安全无事故。

（7）碱泵的安装

按照设计要求进行泵基础混凝土的浇筑施工。安装前对基础进行检查，其必须达到设计要求。对碱泵开箱进行外观质量检查，合格后方能安装。将泵体和电动机安装在基础上，调整后固定、二次灌浆等，安装过程遵守《风机、压缩机、泵安装工程施工及验收规范》GB 50275—2010 的规定。

（8）风机的安装

对基础进行质量检查，符合设计要求后方可安装。对风机开箱进行检查确认风机的质量合格后方能安装。用人力将风机吊运到基础上，经调整合格后固定，安装过程按照安装规范进行。

（9）尾气排风管及其他管道的安装

按照设计位置将经过检查并合格的风管或管道安装上，安装后所有的管路连接必须严密、牢固，不能有漏气现象。

（10）电子秤的安装

必须安装在平整并有一定强度的硬质地面上，要求地面的承载力超过电子秤最大称重量的 1.5 倍；按照框架规定的膨胀螺杆孔进行准确定位，安装完框架后安装称体。拆除称台与框架底座的运输固定物，使称台恢复工作状态；接入显示仪表的连接信号电缆。

（11）自动切换装置的安装

首先对安装基础进行测量检查，必须符合设计要求；开箱对切换装置进行验收。用人力将切换柜安装到基础上，调整垂直水平后固定柜体。

（12）加药间的溶液罐

现场安装程序：基础检查、测量放线→溶药罐和溶液罐搬运到现场的基础上→找正固定→安装内部搅拌机→安装电机→单体试运转→联合试车→交付。

罐体安装：使用吊车和其他吊装工具将罐体搬运到基础上，抄平、找正、固定。搬运时采取措施防止划伤罐体和附件，保证不锈钢体表面的完好。清洗搅拌机的附件，运到罐内进行组装；安装电动机并接好动力电缆，达到送电条件。

17.2.13 膜系统部分设备安装

1. 膜系统安装流程

（1）检查膜池土建尺寸；安装调试起重机；安装进水总管、空气总管、过滤液总管、溢流堰板、膜架支架等；固定安装化学螺杆；试安装膜挂支架（过滤端、固定端）、喷射管支架、溢流堰板；试安装模拟挂架，检验膜池内的挂架支架是否符合要求；拆除膜池内的所有支架，拆除溢流堰板；膜池内部防腐。

（2）先安装进水总管、过滤液总管、空气总管、进水总管排泥阀等支架；再进行进水总管、过滤液总管、空气总管等的安装。

（3）膜系统安装

安装溢流堰板；固定挂架支架；安装喷射管支撑；安装喷射水平管；使用试装模拟挂架，随机检测膜池内的挂架支撑支架是否正确，水平度是否符合要求（含喷射管是否符合要求）；在墙壁与膜挂架支撑支架之间，二次灌浆（灌浆材料需与膜池防腐材料相匹配，环氧材料）；安装其他部件及膜挂架上部连接（无膜，需连接滤液软管）；程序测试及清水测试；安装膜组件；拆除测试堰板，安装可调堰板。

2. 化学螺杆安装

根据设计图纸所示的位置，采用水钻在池壁及基础上钻出预埋化学锚杆的孔洞。

（1）锚杆施工前，施工区域内的混凝土表面坚实、平整，不应有起砂、起壳、蜂窝、麻面、油污等影响锚固承载力的现象。

（2）彻底吹净锚孔内的碎渣和粉尘，并保证锚孔深度范围内基本干燥。

（3）锚杆安装前，彻底清除锚杆表面的附着物、浮锈和油污。

3. 膜池内部防腐

为防止膜化学清洗和清洗药液中和时对膜池及中和池内的钢筋混凝土结构产生腐蚀，故需要对膜池等给水排水构筑物的部分内壁进行防腐处理，防腐做法将在施工过程中与设计单位、设备厂家代表协商确定。

4. 膜挂架试装

膜挂架正式安装前，应先进行试装，试装的挂架由设备厂家提供；将试装的挂架依次安装在每个挂架的位置，挂架就位后，对锚固螺杆、支架等部件的位置、高程进行调整，以确保正式挂架安装后满足设备使用要求。

5. 安装前的检查及测试

膜池系统设备安装前，根据设备厂家提供的检查表的内容对系统所用的工艺管道、阀门、泵、公用系统以及水、电、气、排水系统等进行检查；对各种仪表、泵、加药系统、控制程序等进行测试。

膜池内的透过液收集软管连接完成，并且膜池内注满清水，水位高度为低于膜挂架支架 300mm。

6. 膜挂架安装技术要求

（1）记录膜组件图中挂架母管的序号；将挂架母管置于一平台表面检查定线，如有需要，以 30N·m 扭矩调整连接杆以确保挂架母管平直（用一直线或利用一平直的边缘校准）；如果在指定扭矩下，母管仍然弯曲，在扭矩容许范围内松开或拉紧以消除弯曲。

（2）用吊升设备或起重机起吊横梁起升膜挂架母管；一旦挂架母管正确降低至膜挂架组装维护平台，立刻将挂架用挂架支撑处的旋转挂架锁锁定；用吊升设备或起重机降低膜挂架上部连接至膜挂架组装维护平台。

（3）用提供的螺杆、垫圈和螺母固定导杆于挂架固定端（专用工具）。

（4）膜组件只有在即将放入膜池时才可从木箱中移出（安装膜组件时，要十分小心以避免损坏膜丝，整个膜挂架装置的绑紧布条只有在装入膜池前才可以拆除）。

（5）安装过程中应喷干净水以保持膜组件湿润；密封的容器中移出一个膜组件，拿出膜组件的质量检查单；记录膜组件要安装位置的序号。

（6）将4个池柱拧入膜组件顶部，拧入前在池柱上涂一些硅油脂；装入膜组件O型圈，确保O型圈固定于适当的位置；开始从固定端（导杆端）装入膜组件；确保膜柱在安装时，膜组件底部支托与膜组件相匹配；滑动膜组件提升装置沿着维护台滑到要安装膜组件的位置上；通过膜组件提升装置的杠杆，提升膜组件，膜组件顶部的池柱与挂架母管下部准确连接，同时也确保导杆插入膜组件底部卡箍中。

（7）安装好膜组件后，在膜组件的4个池柱上转入垫圈；涂抹少许硅油脂并拧上螺母；使用推荐扭力9N·m拧紧螺母保护膜组件，使其固定。注意：拧紧螺母，不能过猛；如果拧螺母的扭力超过9N·m，将会损坏膜组件。

（8）按照前面叙述的步骤安装剩下的膜组件；只有最后一支膜组件的安装有所不同——膜组件底部的支托应与相邻的膜组件匹配。

（9）膜组件安装过程中，定位板应安装在第二和第三个膜组件之间。安装定位板时，先将需要安装的定位板装在即将安装的膜组件底部的两个卡箍中间，再安装膜组件时，膜组件中间的两个卡箍互相扣在一起，将定位板固定在中间。

（10）安装向下导管支撑夹管到膜组件基础上；确保其方位与曝气管方位相同；安装时，用一个塑料小锤小心将支撑夹管插入膜组件基础相应的槽中；将软管套在向下布气管上并用管箍卡住，然后套在过滤母管上的插口上并用管箍卡住；最后将导管末端插入膜组件底部裙板的曝气连接孔处；小心去除绑定纤维膜的布条；提升布条去除时要防止损坏纤维膜，不能随意地拉拽布条来去除。

7. 现场组装的特殊工具

为确保挂架现场组装以及吊装时的质量，应采用设备厂家提供的特殊工具进行安装施工。

（1）安装维修小车

现场组装对于挂架的水平度有严格的要求，必须使用安装维护小车；小车的两端有专用于调整水平度的机构和锁紧机构；在将来的运行中，对于膜挂架的检修，必须使用这台专用工具。

（2）起吊杆

在安装维护小车上完成膜架组装后，需要用起吊杆将挂架吊起，并平稳地放入膜池中；起吊杆与膜挂架上部连接的端板配套，起吊过程中仍然要保持膜架的水平与稳定；起吊杆也是系统配套的组成部分。

8. 出水堰板安装

（1）沿出水堰板的安装位置周边搭设施工脚手架。

（2）依据图纸要求，设置出水堰板的安装起始点；为使出水堰板满足规范要求，可使用透明连通管控制安装高程。

（3）确定出水堰板的高程，并标划出压板安装的螺杆孔标高线及位置，用水钻在出水槽壁上打出膨胀螺杆孔。

（4）将堰板就位，堰板和槽壁之间垫橡胶垫；初步紧固膨胀螺杆；根据设计标高进行调整，误差在允许偏差范围之内时紧固螺杆；为使堰板满足设计要求，使用透明连通管控制安装高程。

17.3　电气设备安装

17.3.1　盘柜安装

（1）盘柜包括开关柜、控制柜、电容补偿柜。

（2）施工流程

设备开箱检查→二次搬运→基础型钢制作安装→盘柜就位固定→柜母线配制→柜二次回路接线→试验调整→送电、运行、验收。

（3）设备开箱检查

设备到达现场后，施工单位就应担负起保管的责任，设备应存放在室内，包装和密封应良好。在约定的时间内，安装单位和建设单位（有可能的话约上生产厂家）共同进行开箱验收检查，并填写开箱记录单备案。

（4）二次搬运

厂内二次搬运，用吊车和运输车进行，吊装时，柜体上有吊环时，吊索应穿过吊环；无吊环时，吊索应挂在四角主要承力结构处，不得将吊索挂在设备部件上吊装。吊索的绳长度应一致，以防受力不均匀使柜体变形或损坏部件。在搬运过程中应固定牢靠，相邻柜间应垫上纸板等软物，防止磕碰，避免组件、仪表及油漆损坏。

（5）基础型钢制作安装

1）按规范要求，落地式开关柜（盘）基础型钢采用9号槽钢制作，先将型钢矫正矫直，再按图纸要求预制加工好基础型钢，可在现场进行加工，随加工制作随安装预埋，预埋前应进行除锈防腐（刷防锈漆）。安装预埋方法采用焊接方法，即将基础型钢焊固在预埋铁上，焊接应牢固可靠。

2）安装基础型钢时，采用水平尺或水平仪找正找平，可在预埋铁上和基础型钢之间用薄钢板塞垫。基础型钢的水平度及不直度允许偏差应符合表17-7的要求。

基础型钢的水平度及不直度允许偏差　　　　　表17-7

项　　目	允许偏差（mm）	
不直度	每1m	1
	全长	5
水平度	每1m	1
	全长	5

3）基础型钢顶部高出室内抹平地面的高度，由设计确定，一般情况下，高压开关柜应与抹平地面相平（便于手车进出），低压配电柜高出室内抹平地面9mm。

4）基础型钢应可靠接地，用-40×4镀锌扁钢在每件基础型钢的两端与接地网焊接，焊接长度为扁钢宽度的2倍。

5）型钢预埋和接地线焊好后，外露部分刷防腐漆和面漆。

（6）盘柜就位固定

1）按图纸规定的顺序，将柜做好标记，采用人工或自制龙门吊的方法，将柜体放置到基础型钢上；为减轻柜的重量，柜中的小车、抽屉可先卸下，但一定要做好标记，待柜就位后，再将小车、抽屉安上；柜体安装应垂直平整，安装的允许偏差见表 17-8。

柜体安装的允许偏差　　　　　　　　表 17-8

项　　　　目		允许偏差（mm）
垂　直　度		1.5
水平度	相邻两柜顶部	2
	成列柜顶部	5
不平度	相邻两柜边	1
	成列柜面	5
柜间接缝		2

为保证柜体的垂直、水平、顺直，在柜体和基础型钢之间可用薄钢板垫平，薄钢板应垫在柜底固定螺杆的两侧；柜体找平找正后，应盘面一致，排列整齐，柜与柜之间用螺杆拧紧。

2）柜体采用螺杆固定。根据柜底固定螺孔的尺寸，在基础型钢上用电钻钻孔，低压柜钻 ϕ12.5mm 孔，高压柜钻 ϕ16.5mm 孔，分别用 M12、M16 镀锌螺杆固定。

3）柜体接地：柜的接地应良好，每台柜宜单独与基础型钢做接地连接，具体做法是在柜后面左下部的基础型钢上焊接地鼻子，用 9mm² 以上铜扁馈线与柜上的接地端子（或接地母排）可靠连接。

4）设备标签：所有装置，开关柜回路及组件设备均需加上卷标，卷标采用塑料板镀铬螺钉固定，黑底白字，危险标签采用红底白字。

（7）柜母线配制

成套开关柜、配电柜的母线，出厂时厂方已配制好，安装单位只进行装配、固定工作；也可请厂方人员来工地装配。

（8）柜二次回路接线

1）按成套柜的说明书和随柜图纸进行柜内二次回路的布线工作，布线方法应尽量与柜本身的布线方法一致；接线应按图施工，线芯无损伤，且标明端子号，接线应正确、牢固；

2）引入柜内的电缆应排列整齐，编号清晰，避免交叉，并固定牢固；不得使端子排和接线端子受力；

3）铠装电缆进入柜后，应将钢带切断，钢带端部应扎紧，并将钢带接地。

（9）试验调整

1）高压试验应由当地供电部门许可的试验单位进行，试验应符合《电气装置安装工程电气设备交接试验标准》GB 50150—2006 的有关规定，试验内容有：高压柜框架、母线、避雷器、高压瓷瓶、互感器、高压开关等；调整内容有：过电流继电器、时间继电器、信号继电器、机械连锁装置等；

2）低压试验主要内容为绝缘电阻测试和接地电阻测试，绝缘电阻和接地电阻应符合设计和规范的要求；

3）所有试验应做好记录，并接受建设方驻厂工程师和监理工程师检查。

（10）送电、运行、验收

1）模拟通电试验：接通临时控制和操作电源，分别模拟试验控制、连锁、操作继电保护和信号动作，应正确无误，灵敏、可靠；

2）经试验调整，并经有关部门检查后，即可送电试运行，试运行应分段分柜进行，一般分、合闸三次，同时检查指示、信号、电压、操作机构等有无问题、缺陷。当送电空载 24h 无异常现象后，方可进行负载试运行。

17.3.2　变压器安装

1. 施工顺序

设备开箱检查→变压器本体安装→母线及二次线安装→调整试验→试运行。

2. 设备开箱检查

建设、安装、监理单位与变压器厂家对变压器进行外观检查；主要检查内容有：铭牌、型号、规格与设计是否相符，附件、备件是否齐全；出厂合格证等技术文件是否齐全，外观有无机械损伤和锈蚀，瓷套管有无破损和裂纹等，并填写"设备开箱检查记录"表。

3. 变压器本体安装

（1）变压器的运输

变压器装卸宜采用非金属吊装带，运输过程中应固定绑扎牢固，不得对变压器产生碰击和强烈振动。

（2）变压器的安装就位

宜采用移动式龙门吊和倒链、滚杠，将变压器运至室内混凝土基础上就位。就位时，注意变压器的方向性；就位后，可作相适应的固定，同时检查变压器各部件的完好情况，箱式变压器应打开柜门进行全面的外观检查，用不小于 40mm×4mm 的镀锌扁钢，将变压器的接地螺杆与接地干线作可靠连接。

4. 母线及二次线安装

（1）按照设计要求和《电气装置安装工程母线装置施工及验收规范》GB 50149—2010 的规定施工。

（2）这里的二次线是指变压器在运行中的信号、报警等线路，应按图纸要求，将信号、报警等二次线路接至相应的高压柜、控制柜中。

5. 调整试验

变压器调整试验在变压器安装完毕且清理干净后进行，主要调整的项目有：检查分接头的变压比、检查接线组别、检查确定相位、检查调压切换装置、测量绕组和套管的绝缘电阻、吸收比、直流电阻、耐压试验等，上述检查和试验结果，应符合图纸和标准的要求；并做好相应的记录和验收。

6. 试运行

（1）变压器安装、调试、试验完毕且全部合格后，可申请试运行，在得到有关部门的检查、同意后，可进行试运行。

（2）变压器试运行前，应进行全面检查，确认其符合试运行条件时，方可试运行，检查项目有：

1）本体、冷却装置及所有附件应无缺陷；

2）变压器顶盖上无杂物，且干净无污物；

3）油漆完整、相色标志正确、轮子的制动装置牢固；

4）接地应良好、可靠；

5）分接头的位置应符合运行要求，相位及绕组的接线组别应符合并列运行要求；

6）测温、冷却等装置指示正确、运行正常；

7）各种试验、调整记录单齐全。

（3）变压器的送电从高压侧送入，一般冲击 3～5 次，每次间隔 9min，系空载冲击试验，冲击合格后可进行空载试运行。空载 24h 后，变压器若无异常情况，可带负荷试运行。

17.3.3　控制箱柜安装

（1）照明、动力、配电控制箱，动力、照明、控制箱（柜）的安装分为落地安装、挂墙明装、嵌墙安装、池柱安装等多种形式。

（2）落地安装的箱、柜，其安装方法和要求可参考本书第 18.4 节内容。

（3）嵌墙安装流程：箱体现场预埋→管路与箱体连接→盘面安装及二次接线→装盖板（贴脸与箱门）→池柱安装→检查、测试、试运行。

（4）箱体现场预埋

箱体解体后，应做好标记，并按其安装位置的先后顺序分别存放好，待安装时再对号入座。在土建主体施工达到配电箱的安装高度时，可将箱体埋入墙内，箱体要放置平正，用水平尺和吊锤检查其水平度及垂直度，箱体是否凸出墙面，应根据面板的安装方式确定；宽度超过 500mm 的配电箱，其顶部要安装混凝土过梁，箱体宽度超过 300mm 而不足 500mm 时，在顶部应设置钢筋砖过梁，$\phi6mm$ 以上钢筋，不少于 3 根，使箱体本身不受压。箱体周围用砂浆填实。

（5）管路与箱体连接

1）暗配钢管与铁制配电箱连接时，可以用焊接固定，管口露出箱体长度为 5mm 以下，并用跨接地线将钢管与箱体焊接牢固；

2）若钢管与铁制配电箱进行丝扣连接时，应先将管口套丝扣拧入底螺母，然后插入箱体内，再拧上锁紧螺母，露出 2～4 扣的长度拧上护圈帽，并焊好接地跨接线；

3）PVC 管进入配电箱时，先在箱内用砖顶住，管入箱长度应小于 5mm。多根管的入箱应保持顺直，长短一致；

4）箱体开孔使用专用开孔器，严禁开长孔和用电气焊开孔。

（6）盘面安装及二次接线

1）在管内穿线工程完成，并经验收合格后进行；

2）安装前必须清除箱内杂物，检查盘面安装的各种组件是否齐全、牢固，并整理好配管内的电源和负荷导线，引入引出线应有适当余量，以便检修；管内导线引入盘面时应理顺整齐，盘后的导线应成束，用尼龙抽带捆扎。多回路之间的导线不能有交叉错乱现象；

3）整理好的导线应按照设计图纸规定的相序一一对应或端子连接，开关上、下相序相色一致。盘面上的接线应整齐、美观、安全可靠；同一端子上的导线不应超过两根，固定螺钉应有平垫圈和弹簧垫圈；工作零线应经过总线（或零线端子板）采用螺杆连接。

（7）装盖板（贴脸与箱门）

配电箱面板四周边缘应紧贴墙面，不能凹进抹灰层，也不得凸出抹灰层。要在箱体预埋时调正调平，在订货时注明要可调节的面板；安装完后的箱门（或盘面）上应标明各开关、器具的用途和回路编号。

（8）配电箱安装的垂直度和盘面倾斜度允许偏差见表17-9。

配电箱安装的垂直度和盘面倾斜度允许偏差　　　　表 17-9

项　目		允许偏差（mm）	检验方法
垂直度	箱（盘、板）体高＜500mm	1.5	正、侧各测一点，吊线尺量检查
	箱（盘、板）体高≥500mm	3	
盘面倾斜度		＜1%	每测 1 点，吊线尺量检查

（9）挂墙安装的箱、盘，安装高度、位置应符合施工图要求，可用膨胀螺杆直接固定的墙上，其倾斜度和垂直度同上，固定应牢固无松动。与穿线钢管的连接采用螺扣连接，做法同上。特别注意的是应在管口丝口下方 5～9cm 处焊 ϕ8mm×15mm 镀锌接地螺杆，用接地扁馈线与箱体的接地螺杆可靠连接。

（10）池柱安装

按设计图纸要求，现场制作钢管或方钢池柱，在安装位置预埋穿线管，池柱与地面的安装应牢固、可靠。

（11）检查、测试、试运行

1）在配电、控制箱安装完毕后，应进行检查，检查内容有：

安装位置是否正确，规格型号是否符合设计图纸要求，安装是否牢固，接线是否正确可靠，箱内、外是否整洁，接地是否良好，垂直度及盘面倾斜度是否超标，回路标志是否齐全，室外的还要检查防雨设置是否可靠管用。测试内容主要是绝缘电阻和接地电阻的测试，绝缘电阻分进线和馈出，每一支路逐个测试，并填写测试记录。

2）安装完毕、测试合格，经建设方、监理同意后，进行通电试运行工作。试运行也应一个回路一个回路的进行，照明箱与灯具的试亮工作配合进行，动力箱、控制箱与设备的试运行配合进行，与设备配合试运行应按先辅机，后主机；先部件，后整体；先控制系统，后动力系统；先空载后负载；先单机后联动的方法进行。重要的、复杂的设备试运行应编制试运行方案，并由设备厂家来指导进行。

17.3.4　电缆线路安装

1. 电缆的检查

电缆到达现场后进行外观检查，检查内容有：型号、规格、长度是否符合设计及订货要求，外观有无压扁、扭曲、折裂等损伤，绝缘是否良好（外绝缘层不能破损），电缆封端是否严密，产品的技术文件（产品合格证和出厂试验报告）是否齐全。

2. 电缆通道的贯通

水厂工程室外电缆采用电缆沟内支架敷设、室内电缆采用桥架和穿电缆保护管等方法敷设，电缆通道的贯通是电缆敷设的首要施工项目。

（1）电缆支架制作、安装

1）电缆支架由角钢加工而成，加工的尺寸、层数见设计图纸。电缆支架加工制作时，钢材应平直，毛刺应磨光，焊接应牢固，无明显变形，主架上的固定孔应用钻床打孔，禁止用气焊切割。加工完成的电缆支架应进行防腐处理，一般刷两道防锈漆和两道面漆，面漆颜色宜用中灰（或请建设方制定颜色）。

2）电缆支架的接地采用 φ9mm 镀锌圆钢，焊接在主架的顶端，焊接长度为 40mm，两侧支架全焊，焊接应牢固，焊接点进行防腐（刷漆），两侧的接地线应与接地干线可靠连接。

（2）电缆桥架的订购与安装

1）电缆桥架的订购应选用厚度大于 2mm 的冷轧钢板制品，桥架应做热镀锌或喷塑防腐处理。安装桥架所用的池柱、托臂、连接板、镀锌螺杆等附件也一起由厂家配套供应，特别是弯通、三通、四通等特殊件，要准确计算数量，请厂家配套提供，减少现场的切割改制量。必要的现场改制，应用手工钢锯切割，其切割处应经平整处理，刷锌粉漆和面漆各一层。

2）桥架安装采用沿墙安装和吊装，沿墙安装采用膨胀螺杆固定托臂的方法，吊装采用工字钢池柱在预埋铁上焊固的方法，安装应牢固、顺直，为保证桥架的横平竖直，安装时应拉上小线或弹出水平线。

（3）电缆保护管的加工敷设

1）电缆保护管采用水煤气钢管，管口和内壁光滑，埋在地下的穿线管口应打喇叭口，进入箱内的管口应装护口，避免抽线时损伤电缆。保护管采用套管连接，套管长度大于保护管直径的 2 倍，焊接连接处和喇叭口处，都应防腐。保护管的弯曲采用液压弯管机进行，弯曲半径不小于管子外径的 9 倍；15mm、20mm 等小口径管子用人工弯管器弯管。

2）保护管按设计要求预埋，设计未提要求的按规范预埋，预埋的保护管应满足线缆顺畅的穿入穿出。管子较长或拐角较多时应加装接线盒，接线盒采用带密封板的镀锌钢材，并利用镀锌螺钉固定，不允许采用不能检修的接线盒。

3）保护管的管径应根据电缆直径决定，做到一管一缆，但同一回路的多根电缆可穿一根管内，其总截面应小于管截面的 40%，现浇混凝土内的保护管应与钢筋绑扎牢固。预埋钢管的两端应做临时封堵，防止杂物进入管内，影响穿线。

4）保护管的接地视现场具体情况，采用焊跨接线和焊接地螺杆的方法，实施时应符合规范要求。

3. 电缆敷设

（1）选定缆架的安放地点，一般安放在电缆馈出处（如变电站）。

1）大盘电缆用吊车、汽车进行二次搬运；距离近的和小盘电缆可用人工滚动搬运，滚动时，电缆两端应固定，线圈不能松动。

2）敷设前，应对电缆外观、型号、规格、截面长度再做一次检查和核对，同时摇测绝缘电阻，不合格的不能敷设。

3）敷设前，应排列出详细的敷设作业表，注明电缆的起始端、途径（桥架、支架、直埋保护管、保护管管径等）、几处挂标志牌、预留长度等等，使操作者心知肚明，减少敷设失误及不必要的交叉。

（2）采用人工敷设电缆时：先将电缆盘稳妥地架设在放线架上，电缆盘的高度以离开地面 90mm 为宜，电缆头从线盘的上方抽出，缓缓转动电缆盘，组织劳力采用行走敷设和传递敷设两种方法。敷设至终点，留出一定余量后，将电缆放置在作业表制定的支架、桥架上，并作必要的固定。在电缆的两端和沟内拐角处，挂设标志牌，标志牌采用塑料或金属板，规格宜统一，字迹应清晰不易脱落，标志牌用尼龙抽带悬挂在电缆端头处。

1）敷设时，先敷设截面大的、长的电缆，后敷设截面小的、短的电缆。

2）电缆在支架上的排列自上而下分别为高压、低压、控制，电缆桥架中也应分层或采用隔板隔开。截面大的动力电缆敷设时，电缆间应留有 35mm 的间隙。

（3）桥架内电缆敷设完毕，清理杂物，并盖上桥架盖板，电缆进出桥架，应从桥架下方引出。桥架与穿线钢管的连接，应采用开孔器开孔，穿线钢管套丝扣，用根母和锁母固定的方法，且不能影响桥架盖板的开启。

电缆在桥架内应尽量排列整齐，至设备点的电缆余量（约 1~1.5m）应放置在就近的桥架内。

4. 电缆头制作

（1）高压电缆和截面较大的动力电缆的终端头，采用热塑法，其他电缆采用干包法。

（2）电缆终端头制作，应由经过培训的熟悉工艺的电工进行，并严格遵守制作工艺规程。从开始剥切到制作完毕，必须连续进行，一次完成，尽量缩短芯线绝缘暴露时间。剥切外层绝缘层和钢带时，不得伤及芯线绝缘层；剥切芯线绝缘层时，不得伤及芯线。电缆芯线与线鼻子采用机械压接，线鼻子的规格应与芯线相符（截面较小和独股芯线可不用线鼻子）。电缆密封剂应密封每根导体的绝缘体，禁止任何水或潮气侵入。

热收缩用的热源，应用液化气，自下而上进行收缩，在收缩时火焰应不停地移动，并沿电缆周围烘烤，收缩后的管子表面，应光滑、无皱纹、气泡。干包法在包缠绝缘带时应注意清洁，绝缘带的搭接应均匀，层间无空隙和褶皱，中心空隙处应用绝缘物填充。

钢带铠装电缆作电缆终端头时，应用专用夹具或锡焊方法将钢带接地，电缆铠装钢带在端接过程中不允许松开。热塑完工后的电缆芯线，应加套相色标志环：A、B、C、N、PE 分别代表黄色、绿色、红色、浅蓝色、黄绿相间色。该五色应与原电缆的芯线颜色相符，如果原芯线未标颜色，则应用万用表测试电缆两端头，使两端头的相序颜色一致。

（3）若电缆太长，不可避免中间接头时，应征得建设方驻厂工程师书面同意，并决定接头的位置和形式，接头材料采用专业厂家生产的热塑中间接头或环氧树脂塑壳中间接头盒。

5. 电缆与设备的连接

（1）当电缆进入开关柜、配电柜、落地动力箱、控制箱时，每根电缆应采用合适的夹具固定。

（2）带铠装的电缆，其铠装接地线应与柜内的接地螺杆可靠连接。有一定数量的电缆进入设备时，应保证电缆由一个方向引入接线端子，并应排列整齐、对称。

（3）电缆终端头与电气设备连接时，上、下相色应一致，连接螺杆应自下而上或由里向外穿，弹簧垫应齐全，连接紧密可靠，每根电缆都应有固定点，使电缆接线端子与电气设备的连接点不受外力。对于旋转电机，为了得到所要求的旋转方向，可采用黄、绿、红相色胶带和套圈来鉴别接线端子的相序。

（4）引入开关柜和控制柜的控制电缆应排列整齐，避免交叉，接头牢固，编号清晰，不得使接线端子承受应力。强电和弱电回路应分别成束、分开排列。

17.3.5　防雷接地施工

1. 接地装置敷设

（1）接地系统应充分利用各构（建）筑物的基础结构钢筋作接地体，在构（建）筑物的基础钢筋绑扎时，选择不少于 2 根主筋（ϕ16mm 以上）与 150mm×150mm×8mm 预埋铁焊接，预埋铁应高出钢筋 3mm，使之贴近模板，待结构混凝土浇筑完毕并拆模后找出预埋铁，将接地装置的接地干线与之焊接，一组接地装置与结构钢筋的连接不少于两处。

（2）人工接地体（极）顶面的埋设深度应符合设计要求，当无要求时，埋设深度不应小于 0.7m。接地体可选用镀锌角钢、圆钢、水煤气管，垂直埋设，垂直接地体的间距不宜小于 5m。用 40mm×4mm 的镀锌扁钢作接地干线与所有接地体进行焊接，将各接地体连接为一个整体，扁钢与接地体的焊接应牢固，焊口长度及焊接质量应符合设计要求。焊接完成后，应对焊接处的焊渣和锈迹进行清理，并在焊接部位 90mm 范围内做防腐处理。接地线的连接应采用搭接焊，搭接长度不小于扁钢宽度的 2 倍，圆钢支架的 6 倍，焊口处应做防腐处理。接地线在穿过墙壁、楼板、地坪和道路时，应穿钢管保护，防止机械损伤。

（3）厂区各构（建）筑物的接地装置应通过电缆沟内的接地线进行连接，使之成为一个大的接地网，以降低接地电阻，提高接地可靠性。

2. 电气设备的接地

（1）电气设备的接地分为工作接地和保护接地两种，变压器中性点接地、避雷器接地为工作接地，这种接地应按设计要求选择接地线材料，专门敷设接地线直接与接地干线相连接。

（2）需要做保护接地的电气装置有：

1）电动机、变压器、电器、携带式或移动式用电器具的金属底座和外壳；

2）电气设备的传动装置；

3）屋内外配电装置的金属或钢筋混凝土构架；

4）配电、控制、保护用的屏、柜、箱及操作台等的金属框架和底座；

5）电缆的金属保护层，可触及的电缆金属保护管和穿线的钢管；

6）电缆桥架、支架、金属线槽；

7）起重机的工字钢轨道等。

3. 接地电阻测试

（1）用合格的接地电阻测量仪（接地摇表），测量接地电阻值，测量时应同时考虑季节的影响。接地电阻季节系数见表 17-10。

接地电阻季节系数　　　　　　　　　　　　表 17-10

月份	1	2	3	4	5	6
季节系数	1.05	1.05	1.00	1.60	1.90	2.00
月份	7	8	9	9	11	12
季节系数	2.20	2.55	1.60	1.55	1.55	1.35

（2）接地摇表所测的接地电阻值，乘以季节系数，所得结果即为实测接地电阻值。

（3）为了数值的正确性，9kV 站等重要场所可选 2～3 个测试点。

（4）测试应得到监理工程师和建设方代表的认可。

（5）测试后立即填写接地电阻测试记录表。

17.3.6　电动机电气安装

（1）电动机与机械设备整体进货，大部分是与机械设备配套的。

（2）电动机及设备运到现场后，应进行开箱检查：检查制造厂的技术文件是否齐全；设备规格是否符合设计要求；附件是否齐全；外观有无损坏。并填写"设备开箱检查记录"表。

（3）电动机安装时应检查：转动转子不得有碰卡声；轴承润滑脂情况正常（无轴承端盖者可不查）；电动机接线盒内引出端子是否压接良好，且编号齐全；潜水泵电动机的潜水电缆良好，封口严密，且长度够用。

（4）电动机的接线：电动机的接线盒内都设有接线端子板和接地螺杆，做动力电缆头时也已压接好线鼻子。相线 A、B、C 对应电动机接线端子 U、V、W，用镀锌螺杆连接（也有在端子板上备有螺杆），螺母应压紧压实。PE 线与接地螺杆紧密连接。

（5）电动机的测试

1）交流电动机的主要试验项目及内容

测量绕组的绝缘电阻和吸收比；测量绕组的直流电阻；定子绕组的直流耐压试验和泄漏电流测量；定子绕组的交流耐压试验；测量电动机启动设备的绝缘电阻；检查定子绕组极性及其连接的正确性（中性点未引出者，可不检查极性）；电动机空载转动检查和空载电流测量。

电压在 900V 以下，容量在 90kW 以下的电动机，可按上述部分项目试验。

2）电动机的测试应做好记录。填写测试记录表，并经建设方、监理检查认可。

（6）电动机试运行

1）电动机试运行前应进行下列检查：

① 建筑工程全部结束，现场清扫整理完毕；

② 电动机本体安装结束，试验合格；

③ 电动机的保护、控制、测量、信号等回路调试完毕，动作正常；

④ 电动机引出线相序正确，固定牢固，连接紧密；

⑤ 电动机外壳油漆应完整，接地良好；

⑥ 盘动电动机转子时应转动灵活，无碰卡现象；

⑦ 与电动机连体的机械设备安装完毕，转动灵活，试验合格。

2）电动机宜在空载情况下作第一次启动，空载运行时间为 2h，记录电动机的空载电流。

3）有固定转向要求的电动机，试车前必须检查电动机与电源的相序并应一致，第一次启动先作点动，检查电动机转向是否与设备要求的转向一致，若不一致，则应换相重新接线。

4）电动机在试运行中应做如下检查：

① 电动机的旋转方向符合要求、无杂音；

② 检查电动机各部温度，不应超过产品技术文件的规定；

③ 滑动轴承温度不应超过 60℃，滚动轴承温度不应超过 70℃；

④ 电动机振动的双倍振幅不应大于表 17-11 的规定。

电动机振动的双倍振幅 表 17-11

同步转速(r/min)	3000	1500	900	750 及以下
双倍振幅值(mm)	0.050	0.085	0.900	0.120

5）电动机的试运行应有建设方、监理、设备厂家等单位参加，试运行完成后应填写试运行记录表；并请各方签字认可。

17.3.7 起重机电气安装

1. 起重机本体电气安装

起重机本体的电气安装按照设备厂家提供的随机图纸和数据进行，首先要检查设备的完好性和附件、配件是否齐全；其次要检查设备原有的电气安装是否牢固，每个螺钉都要重新紧固；第三按照随机图纸进行安装的导线、滑线应正确无误；特别要注意限位开关的位置正确、动作无误，和单梁吊车行走电动机的转向同方向。

2. 起重机供电线路安装

（1）水厂工程起重机、电葫芦的供电，多采用安全滑触线和悬吊软电缆形式馈电，其安装用的零配件全部由厂家配套供应；安装时应按厂家说明书或请厂家派技术人员到工地指导安装。

（2）安全滑触线安装

安全滑触线的绝缘护套应完好，不得有裂纹及破损；安全滑触线的安装、连接应平直；支架安装应牢固，支架的距离为 2m，支架应焊固在工字钢轨道上；滑接器应沿滑接线全长可靠地接触，自由无阻地滑动。

（3）悬吊软电缆安装

一般软电缆吊挂多采用钢丝绳作吊索，吊索终端固定装置和拉紧装置的机械强度应符合要求，其最大承拉力应大于软电缆的重量所产生的拉力；吊索终端应设拉紧装置，调整量为 0.1～0.2m，悬吊装置的电缆夹应与软电缆可靠固定，间距不宜大于 2m，电缆夹滑轮在吊索上移动应灵活可靠，软电缆可移动距离应大于起重机可移动距离的 15%～20%，软电缆两端应分别与起重机和吊索终端张紧装置固定。

3. 起重机的调试、试运行

（1）起重机的调试主要是检查各部分的接线，摇测各回路的绝缘电阻，试验各电动机的转向，调试执行先两次后一次的原则。

（2）起重机的试运行分无负荷试运行、静负荷试运行和动负荷试运行。

1）无负荷试运行要求运行起升机构沿全程往返三次，应无异常现象；

2）静负荷试运行，应起吊 1.25 倍的额定负荷距地面高度 90～200mm，静载 9min，无异常现象；

3）动负荷试运行，应在 1.1 倍的额定载荷下分别启动运行，各部分应无异常现象；

4）静负荷和动负荷试运行应请北京市质量监督总站和市劳动局特种设备检验处共同进行。

（3）全部试运行完毕，并合格，市劳动局开出运行证后，起重机方可投入运行。

17.3.8 照明系统安装

（1）水厂工程主要水处理工艺构筑物内（机械加速澄清池、炭吸附池、膜处理车间）采用 LED 灯照明，其他生产性构筑物内采用工厂配照灯、壁灯等照明。

（2）管理楼、化验楼、宿舍楼、变配电室、中控室采用荧光灯为主的照明方式，并在上述建（构）筑物及主要生产性构筑物内设置应急照明灯；设置 EPS 电源为应急灯应急照明供电；厂区道路照明采用太阳能路灯。

（3）电线保护管、接线盒预埋

卧管施工应与土建施工紧密配合，紧跟土建施工的进度，避免落管丢盒。

照明系统多采用阻燃 PVC 管、塑料接线盒预埋，预埋管的路由和管径及开关盒、灯头盒的位置、高程应符合设计要求；施工质量应符合《建筑电气工程施工质量验收规范》GB 50303—2002 的规定。

在吊顶内敷设电线保护管应采用钢制线管以满足防火要求，可选择"套接紧定式钢制电线管"（JDG 管）敷设，施工质量应达到规范《套接紧定式钢导管电线管路施工及验收规程》CECS 120：2000 的要求。

卧管施工包括大型灯具、专用灯具的预埋件的预埋。

（4）管内穿线

照明系统选用铜芯绝缘导线；不同回路按设计要求选择导线截面，待建筑物粉刷结束后进行管内穿线，施工质量应满足上述规范要求。

（5）开关、插座、灯具安装

管内穿线完成后，应检查导线的截面、颜色是否符合设计及规范要求，检查无误后即可进行开关面板、插座面板和灯具的安装，安装接线除按工艺要求施工外，还要特别注意几个接线的要点：①开关应断开相线；②单相两孔插座面对插座的右孔或上孔接相线，左孔或下孔接零线，单相三孔插座右孔接相线，左孔接零线，上孔接 PE 线；③灯具的金属外壳接 PE 线。开关、插座、灯具的施工质量应符合上述规范的要求。

（6）LED 灯的安装

LED 灯是一种利用发光二极管作发光器件的高效节能的新型光源；其灯具电气元件的组成比一般灯具复杂，由于没有见到相关的安装技术标准，安装时除参照《建筑电气工程施工质量验收规范》GB 50303—2002 的规定外，还应按灯具说明书的技术要求施工。

（7）厂区道路太阳能路灯安装

太阳能路灯是利用太阳能光伏器件作电源的新型清洁能源照明设备，灯具电气元件组成复杂，是照明设备中安装技术要求较高的设备。

灯具到货后，除做一般检查外，还应对灯具内部短路、过载、反向放电、极性反接等保护元器件及回路进行检查，确保其功能齐全、有效。

蓄电池不得倒置，不得放在潮湿、阳光暴晒处。

灯具安装时应确保灯杆与基础固定稳固；地脚螺杆应有防松措施，灯具防水密封应良好，电池组件与灯架的连接应牢固，同时调节电池板的朝向与仰角，使其受光时间最长。

灯具的接线顺序应为：蓄电池→电池板→负载；拆线时，顺序相反。为确保照明的可靠性，太阳能路灯还配有交流备用电源，施工时应严格按照灯具的产品说明书要求进行接线。

灯具安装完毕后应按设计要求进行可靠接地。

17.4　采暖系统安装

17.4.1　干管安装

（1）水厂工程采用镀锌钢管，$DN50mm$ 以下采用丝扣连接，$DN50mm$ 以上采用焊接，阀门采用普通钢制球阀，散热器选用内腔无粘砂灰铸铁柱翼散热器或铜铝复合柱翼散热器。

（2）干管安装从新增系统开口接入，装管前要检查管腔并清理干净，变形缝或过墙、楼板处，必须先穿好钢套管。

（3）在原系统管道上开口时，原管道$\leqslant DN40mm$ 应在界面处拆除一段管路，保证分支口为丝扣连接，$\geqslant DN50mm$ 可直接在接口处焊接外丝弯头作为分支接口。

（4）各给水排水构筑物系统为双管水平串联，干管设于各给水排水构筑物梁下，放风阀设于散热器上，立管最高处设置自动放气阀，注意管道的坡向。

（5）摆正或安装好管道穿结构处的套管，填堵管洞，预留口处应加好临时管堵。

17.4.2　立管安装

（1）安装前先卸下阀门盖，有钢套管的应穿到管上，预留口平正，位置准确。

（2）检查立管的每个预留口、标高、方向、平圆弯等是否准确、平正，预留口必须加好临时丝堵。

（3）支管安装

1）检查散热器安装位置及立管预留口是否准确，量出支管尺寸和灯叉弯的大小尺寸；

2）配支管：按量出支管的尺寸减去灯叉弯的量；

3）检查支管坡度和平行距离尺寸，以及立管垂直度和散热器的位置是否符合规定要求。

（4）立、支管变径，不宜使用铸铁补芯，应使用变径管箍或焊接法，按设计或规定压力进行系统调压及冲洗，合格后办理验收手续，并将水泄净。

17.4.3　散热器安装

（1）散热器采用落地式和挂墙式安装，详见 91SB1 图集。

（2）散热器的型号、规格、质量及安装前的水压试验必须符合设计要求和施工规范的规定，并有出厂合格证（如单组水压试验设计无要求时，一般按生产厂家的试验压力进行试验，5min 不渗不漏为合格）。

（3）散热器等托架的安装应符合设计要求和施工规范规定，位置正确，埋设牢固，与散热器接触紧密。

（4）散热器系统的防腐应符合设计要求。

（5）采暖系统的运行调试，应在分系统完成试压及吹洗后进行，并应达到设计的各项要求。

第18章 仪表安装及测试

18.1 现场仪表安装

18.1.1 类型与组成

现场仪表为就地安装仪表和一次仪表。有压力元件、温度元件、超声波液位计、电磁流量计、气体质量流量计、MLSS 仪、SS 仪、DO 仪、泥水界面仪、变送器、液位仪表、传感器、调节阀、电磁阀、电动阀等。

18.1.2 工艺流程及技术要求

1. 准备工作

(1) 安装前首先认真检查仪表设备的型号、规格是否符合设计要求，说明书、合格证是否齐全。

(2) 仪表设备应安装在便于操作维修、安全、不易损坏的地方；避免安装在有振动、强磁场干扰和腐蚀性气体的地方。

(3) 仪表设备必须经调试确认合格后方可进行安装。

2. 安装技术要求

(1) 仪表设备应按规范和说明书要求安装，符合设计要求，安装位置正确，安装牢固、平直。

(2) 外壳上标有流量方向的仪表应与被测介质的实际流动方向一致，且在工艺管道吹扫后进行安装，以免损伤仪表设备。

(3) 对于压力测量仪表，当被测介质压力波动较大时，应加缓冲器。

(4) 检测黏性、颗粒、腐蚀性或易于汽化、液化介质的压力表应注意加隔离罐或吹洗装置。

(5) 压力表与被测量管道连接的丝扣应加垫片，对于高压压力表应加特制的金属垫。

(6) 对于双金属温度计的安装，其保护套的末端应超过工艺管道中心线 30～35mm。温度计操作盘面向易于操作人员观察的方向。

(7) 对于热电偶和热电阻的安装，保护套末端要超过管道中心线，安装时一定不要敲打，以免损坏内部瓷管或电阻丝。

(8) 在保护套管上焊连接件时，要先将内芯抽出，防止损伤瓷管与导线。

(9) 安装表面热电偶时，要保证测温表面与工艺设备或管道表面接触良好，以减小测量误差。应用卡子固定，注意在高压设备与管道上严禁焊接固定卡子。

(10) 安装时注意接线端子盒的方向要防止油、水浸入。

（11）安装压力式仪表时应将温包全部浸入被测介质中。要将毛细管敷设在角钢或保护管内，其固定处加软质垫。

（12）敷设毛细管时不许敲击或用力过大，毛细管的弯曲半径不得小于 50mm。

（13）毛细管不得敷设在过热、深冷、温度易变化和易受辐射的场所，否则应采取隔热措施。

（14）多余的毛细管应卷好并固定在仪表盘内，不得散露在外。

（15）节流装置必须在工艺管道吹洗后进行安装，并随工艺管道一起进行强度与气密性试压。并及时做好隐蔽工程记录。

（16）测量液位的浮筒不应安装在物料进口附近。外浮筒应垂直安装，应随同工艺设备一起进行强度及气密性试验。

（17）调节阀应垂直安装，其底座离地面不小于 200mm，阀膜上方 200mm 内应无障碍物。

（18）执行机构应固定在坚固的结构上，并应保证所有拉杆和边杆的连接处能自由旋转及配合适当。

执行机构安装完毕后，手动/自动操作位置都应试验合格。

控制室仪表有盘面安装仪表、盘后安装仪表和架装仪表。

（19）盘面安装仪表为显示、记录仪表，调节仪表，操作器，报警装置等。仪表安装在操作人员可以接近、易于观察记录、操作的位置、高度。

（20）盘后安装仪表和架装仪表为变送器、转换器及单元仪表等，仪表应安装在正常使用时操作人员不可接近的区域。

3. 安装成品保护

（1）在仪表到货检验、入库、现场安装的过程当中一定要注意轻拿轻放，防止磕碰跌落损坏仪表及影响精度。

（2）在仪表安装过程当中不要乱动仪表锁紧的调节部分，防止松脱导致仪表精度改变。

4. 自动化仪表调试作业条件

（1）仪表单体调试在仪表到货后，现场安装前，在检定期内进行，旨在消除出厂合格的仪表经过运输或存储后某些性能发生变化。

（2）单体调试的调试间应满足仪表调试的各种条件，如：环境、电源、气源等。具体按仪表说明书要求确定。

（3）系统调试是在整个系统安装工作完毕，投入使用之前进行。

（4）现场安装仪表的规格、型号、测量范围、安装位号应与施工图表相符。

5. 仪表单体调试

（1）选用标准仪表的精度等级必须高于被校仪表的精度等级，一般要求高两级。

（2）检查调校用的连接线路、管路应正确可靠。

（3）电源电压、气源压力、水源压力与被校仪表相符。

（4）通电预热达到热稳定时间后，给被检仪表施加（温度、压力、流量、液位等参数的）模拟量信号。

（5）对二次仪表依次施以 0%、25%、50%、75%、90% 的标准输入信号，通过标准检定仪器观察被检仪表输出值。其输出误差应在允许的范围之内。

（6）对二次仪表反行程施加 90%、75%、50%、25%、0% 的标准输入信号，检查其输出值，输出误差及偏差应在允许范围之内。

（7）对超差仪表要按说明书要求对可调节部分进行精度、线性度等调整，直到满足设计要求为止。

（8）仔细记录上下行程每一点输出值，认真填写检测报告单，做好原始记录。

（9）经过检验合格的仪表要由其他检定人员抽取第一次检定值的三点进行复检，确认无误后，在报告单上签字。将合格仪表分类摆放，做好标识。

经校验不合格的仪表，应报责任工程师确认，并恢复原包装，准备退货。

6. 主控制系统调试

（1）在接线柜端子处逐一施加压力、温度、流量、液位等参数的模拟信号和开关量信号。

（2）用万用表（四位半）测量控制柜的信号值、逻辑柜的开关值，应与所加信号相对应。

（3）在操作站观察输入信号显示值，应与输入信号量相对应。

（4）在操作站给定输出值，在端子柜输向现场端子处测量 4~20mA 信号与之对应值。处理上述工作中出现的组态或线路故障。

7. 联校要求

（1）按位号校对现场仪表和主控室接线柜的线路，确认无误后方可联机，并对现场供电。

（2）检查现场安装仪表的规格、型号、测量范围，应与施工图表相符。

（3）在现场按回路模拟温度、压力、流量、液位参数的变化量，使现场仪表输出 0%、50%、90% 信号，主控室二次仪表显示误差应在允许范围内。

（4）在主控室调节输出 0%、50%、90% 信号，现场人员检查各转换器、调节器应有相应的动作指示，其误差应在允许范围内。

上述试验完毕后，应进行系统无故障检查，考核时间为 72h。

8. 调试质量要求

（1）严格按规范和说明书要求，进行仪表的精度调整。

（2）对超差的仪表要进行精度、线性度、灵敏度等调整，仍不满足精度要求的为不合格仪表，应退货。

9. 成品保护

（1）在仪表到货检验、入库、单体检验、现场安装及联校的过程当中一定要注意轻拿轻放，防止磕碰跌落损坏仪表及影响精度。

（2）仪表经调试确认合格以后，要锁紧调节部分，防止松脱；并恢复包装，防止受振动影响精度。

18.2　电缆敷设安装

18.2.1　技术要求

电缆按照规格书的细节和认可的图纸来进行供货，承包商应根据实际需要提供相应的电缆；电缆应按照规格书的细节和认可的图纸来进行安装。自控仪表用电缆和电力电缆分开穿管、布线；为电缆提供适当的空间，使电缆之间的间距及弯曲半径大于最小允许值，并适于固定及接线。

电缆应便于维护及更换；电缆敷设工作，在保护管、电缆桥架及/或支持系统完成，并彻底清洁后进行；电缆在拉入保护管，放入电缆桥架和/或沟内固定于电缆托架前，电缆放适当长度；每根电缆挂电缆标志牌，每根电缆都有唯一的编号，且与现场标识符合。

电缆在放出后，立即安装，以免被来往车辆所损伤。任何一电缆从无摇架的卷筒中放出，或铺放于地面上者均按报废处理，并应更换。

电缆应用千斤顶、滚轮（轴）导向轨、绞车、把手及其他所需工具或材料来安装而不使其受损。任何一电缆有扭结或绝缘受损者，如果认为放线质量很差时，此电缆应予报废并更换。

所有自控仪表电缆应从有适当尺寸的摇架支持的滚筒上直接放到保护管或放到电缆支持系统上。安装自控仪表电缆所需的千斤顶、滚轮（轴）导向轨、绞车及其他设备应使它们在安装时所施加的力，不施加到电缆支持系统上。

在安装过程的所有场合和最后的定位中，均使电缆转弯半径大于制造商推荐的最小值。

18.2.2　电缆的固定件与标志

不在保护管中走的电缆固定在指定的电缆支持系统上，用来提供静态支持或支持电缆重量；采取适当措施来容纳电缆在工作时的热膨胀及冷收缩，或构筑物的晃动。

每一自控仪表的多芯电缆独立固定。

如果电缆的重量由支持系统所承受，每隔不超过 1.0m 应有一固定电缆的设施。如由固定件承受重量，则每隔不超过 600mm 应有一个固定件。

每一电缆组成控制和监视系统的一部分，牢固地在电缆两端标上电路标志。

18.2.3　电缆接入自控仪表盘

当电缆进入自控仪表盘、端子箱等时，每一电缆用适合电缆结构设计和尺寸的黄铜电缆压盖固定。

对于铠装的电缆，提供适当的压盖夹紧装置及铠装材料的接地。在接线时，电缆的铠装层不解开。

18.2.4　电缆的接线

自控仪表电缆在控制室外终结时，提供绝缘密封材料以防止潮气侵入导线或侵入到电缆的绝缘层之间。电缆的端点应经常保持密封。除接线时外，都用热缩型的密封帽来加以密封。

18.2.5　地下电缆

所有地下的自控仪表电缆都在重型硬聚氯乙烯（HD-UPVC）的保护管或钢管中走线，它的尺寸与电缆的要求相适应。电缆的断面面积在任何情况下不超过保护管的断面面积的三分之一。穿越道路下的电缆采用穿钢管。

所有的电缆，都应有 25% 的备用芯子。所有信号应在同一电缆中来和去。电源由交流或直流供电的信号，在分开的电缆中输送。

18.3 管线敷设及电缆桥架

18.3.1 安装工艺流程

暗管敷设：切管、套丝、测定箱盒位置→稳住箱盒→管路连接→配合现浇混凝土→配管→地线焊接。

明管敷设：预制加工管弯、支架→箱、盒测位→支、吊架固定→箱、盒固定→管路连接→跨接地线。

管内穿线：扫管→穿带线→放线与断线→导线与带线的绑扎→管口带护口→导线连接→线路绝缘摇测。

桥架安装：弹线定位→金属膨胀螺栓安装→螺栓固定支架与吊架→线槽安装→保护地线。

18.3.2 安装技术要求

1. 暗管敷设

暗配的电线管路宜沿最近的线路敷设并应减少弯曲，埋入墙或混凝土内的管子离表面的净距不应小于 15mm。

根据设计图纸和现场情况加工好各种盒、箱、管弯。钢管弯法：一般管径为 20mm 及以下时，用手扳弯管器；管径为 25mm 及以上时，使用液压弯管器。管子断口处应平齐不歪斜，刮锉光滑，无毛刺。管子套丝丝扣应干净清晰，不乱、不过长。

以土建弹出的水平线为基准，根据设计图纸要求确定盒、箱实际尺寸及位置，并将盒、箱固定牢固。

管路主要用管箍丝扣连接，套丝不得有乱扣现象。上好管箍后，管口应对严，外露丝应不多于 2 扣。套管连接宜用于暗配管，套管长度为连接管径的 1.5～3 倍。连接管口的对口处应在套管的中心，焊口应焊接牢固严密。

管路超过下列长度，应加装接线盒，其位置应便于穿线：无弯时，30m；有一个弯时，20m；有两个弯时，15m；有三个弯时，8m。

盒、箱开孔也应整齐并与管径相吻合，要求"一管、一孔"，不得开长孔。管口入盒、箱，暗配管可用跨接地线焊接固定在盒棱边上，严禁管口与敲落孔焊接，管口露出盒、箱应小于 5mm，有锁紧螺母者与锁紧螺母平，露出锁紧螺母的丝扣为 2～4 扣。

将堵好的盒子固定牢后敷管，管路每隔 1m 左右用铅丝绑扎牢。

用圆钢与跨接地线焊接，跨接地线两端焊接面不得小于该跨接线截面的 6 倍，焊缝均匀牢固，焊接处刷防腐漆。

2. 明管敷设

明配管弯曲半径一般不小于管外径的 6 倍，如有一个弯时应不小于管外径的 4 倍。

根据设计图纸首先测出盒箱与出线口的准确位置，然后按照安装标准的固定点间距要求确定支、吊架的具体位置，固定点的距离应均匀，管卡与终端、转弯中点、电气器具或箱盒边缘的距离为 150～500mm，钢管中间管卡的最大距离：$\phi15～20$mm 时为 1.5m，$\phi25～32$mm 时为 2m。

明制箱盒安装应牢固平整、开孔整齐，并与管径相吻合，要求一管一孔。钢管进入灯头盒、开关盒、接线盒及配电箱时，露出锁紧螺母的丝扣为 2～4 扣。

钢管与设备连接时，应将钢管敷设到设备内。如不能直接进入时，在干燥房间内，可在钢管出口处加保护软管引入设备；在潮湿的房间内，可采用防水软管或在管口处装设防水弯头再套绝缘软管保护，软管与钢管、软管与设备之间的连接应用软管接头连接，长度不宜超过 1m。钢管露出地面的管口距地面高度应不小于 200mm。

3. 管内穿线

相线、中性线及保护地线的颜色应加以区分，用淡蓝色导线作为中性线、用黄绿颜色相间的导线作为保护地线。

穿带线：带线一般采用 $\phi1.2～2.0$mm 的铁丝，将其头部弯成不封口的圆圈穿入管内。在管路较长或较多时，可以在敷设管路同时将带线一并穿好，穿线受阻时，应用两根带线在管路两端同时搅动，使两根铁丝的端头互相钩绞在一起，然后将带线拉出。

穿线前，钢管口上应先装上护口。管路较长、弯曲较多、穿线困难时，可往管内吹入适量的滑石粉润滑。两人穿线时，应配合协调好，一拉一送。

单股铜导线一般采用 LC 完全型压线帽连接，将导线绝缘层剥去 9～20mm，清除氧化物，按规格选用适当的压线帽，将芯线插入压线帽的压接管内，若填不实，可将芯线折回头，填满为止。芯线插到底后，导线绝缘应和压接管平齐，并包在帽壳内，用专用压接钳压实即可。

多股导线采用同规格的接本端子压接。削去导线的绝缘层，将芯线紧紧地绞在一起，清除套管、接线端子孔内氧化膜，将芯线插入，用压接钳压紧。导线外露部分应小于 1～2mm。

用 500V 兆欧表对线路的干线和支线进行绝缘摇测。在电气器具、设备未安装接线前摇测一次，确认绝缘摇测无误后再进行送电试运行。

4. 桥架安装

根据设置图纸确定进出线、盒、箱、柜等电气器具的安装位置，从始端到终端找好水平线或垂直线，用粉线袋沿墙壁、顶棚等处，沿线路的中心线弹线。按照设计图纸要求及施工验收规范规定，分匀挡距，并用笔标出具体位置。

5. 支架与吊架安装

支架与吊架所用钢材应平直，无扭曲。下料后长短偏差应在 5mm 范围内，切口处应无卷边、毛刺。

钢支架与吊架应安装牢固，无显著变形，焊缝均匀平整，焊缝长度应符合要求，不得出现裂纹、咬边、气孔、凹陷、漏焊、焊漏等缺陷，焊后应做好防腐处理。

支架与吊架的用料规格：角钢L40mm×40mm×4mm，吊杆直径 9mm。

固定支点间距一般不大于 1.5～2m。在进出接线盒、箱、柜、转角、转弯和变形缝两端及丁字接头的三端 500mm 以内应设置固定支持点。

支架与吊架距离上层楼板不应小于 150～200mm，距地面高度不应低于 90～150mm。

6. 线槽安装

线槽应平整，无扭曲变形，内壁无毛刺，附件齐全。线槽直线段连接采用连接板，用垫圈、弹簧垫圈、螺母紧固，接口缝隙严密平齐，槽盖装上后应平整，无翘角，出线口的位置准确。

线槽进行交叉、转弯、丁字连接时，应采用单通、二通、三通等进行变通连接，导线接头处应设置接线盒或将导线接头放在电气器具内。

线槽与盒、箱、柜等接茬时，进线和出线口等处应采用抱脚连接，并用螺丝紧固，末端应加装封堵。不允许将穿过墙壁的线槽与墙上的孔洞一起抹死。敷设在强、弱电竖井处的线槽在穿越楼板处要做防火处理（封堵防火堵料）。

7. 质量控制

主控项目：导线间和导线对地间的绝缘电阻值必须大于 0.5MΩ。

一般项目：管线敷设连接紧密，管口光滑、护口齐全；明配管及其支架平直牢固、排列整齐，管线弯曲处无明显皱折，油漆防腐完整；暗配管保护层厚度大于 15mm。盒（箱）设置正确，固定可靠，管线进入盒（箱）露出锁紧螺母的螺纹为 2～4 扣。

导线连接牢固，包扎严密，绝缘良好。在盒（箱）内导线有适当余量。

金属电线保护管及与盒（箱）的接地处理要连接紧密、牢固，接地线截面选用正确，需防腐的部分涂漆均匀无遗漏。

桥架敷设应固定牢靠，横平竖直，布置合理，盖板无翘角，接口严密整齐，拐角、转角、丁字连接正确严实，线槽内外无污染。

支架与吊架应布置合理，固定牢固、平整。

线路穿过梁、墙、楼板等处时，桥架不应被抹死在建筑物上。线槽与电气器具连接严密，导线无外露现象。

桥架水平或垂直敷设时，直线部分的平直度和垂直度允许偏差不超过 5mm。

8. 成品保护

配线工程安装完毕后，应将施工中造成的孔洞、沟槽修补完整。在管路敷设或配合预埋过程中，及时将敞口用管帽或木塞进行封口。

桥架的运输和堆放应符合有关规定，注意防潮防污。使用高凳时，注意不要碰坏建筑物和墙面及门窗。对于易发生受污生锈部位（如机房、电气竖井等）的桥架，应注意检查，发现防腐层破坏后及时处理，补刷防锈漆。

18.4　控制柜（盘、箱）安装

18.4.1　工艺流程与技术要求

设备开箱检查→设备搬运→柜（盘）稳装→柜（盘）二次线配线→试验调整→送电运行验收。

按照设备清单、施工图纸及设备技术资料，核对设备本体及附件物规格、型号；附件、备件齐全；产品合格证件、技术资料、说明书齐全；外观无损伤及变形，油漆完整；

柜内电气装置及元件、器件齐全，无损伤。做好检查记录。

按图纸要求预制加工基础型钢，并刷好防锈漆，用膨胀螺栓固定在所安装位置的混凝土楼面上，用水平尺找平、找正。在基础型钢内预留出接地扁钢端子。配电柜安装后，用接地线与柜内接地排连接好。

18.4.2　安装工艺

1. 柜（盘）稳装

依据施工图纸的布置，按顺序将柜放在基础型钢上，找平、找正，柜体与基础型钢固定，柜体与柜体、柜体与侧挡板均用镀锌螺丝连接。

2. 二次线连接

按原理图逐台检查柜上全部电气元件是否相符，其额定电压和控制操作电源电压必须一致。按图敷设柜与柜之间、柜与现场操作按钮之间的控制连接线，控制线校线后，将每根芯线连接在端子板上，一般一个端子压一根线，最多不能超过两根，多股线应涮锡，不准有断股。

3. 试验调整

将所有的接线端子螺丝再紧一次，用 500V 摇表在端子处测各回路绝缘电阻，其值必须大于 $0.5M\Omega$。将正式电源进线电缆拆掉，接上临时电源，按图纸要求，分别模拟试验控制、连锁、操作、继电保护和信号动作，正确无误，可靠灵敏，完成后拆除临时电源，将被拆除的正式电源复位。

18.4.3　通电运行与验收

1. 检验要求

在安装作业全部完毕，质量检查部门检查合格后，按程序送电；测量三相电压是否正常，空载运行 24h，若无异常现象，办理验收手续。

（1）主控项目

柜（盘）的试验结果必须符合施工规范规定，柜内的电气设备与导线和母线连接必须接触严密，应用力矩扳手紧固。

（2）一般项目

柜与基础型钢间连接紧密，固定牢靠，接地可靠；柜间接缝平整；盘面标志牌、标志框齐全，正确并清晰，油漆完整均匀，盘面清洁；柜内设备完整齐全，固定可靠，操作灵活准确；二次接线排列整齐，接线正确，固定牢靠，标志清晰、齐全；接地线截面选择正确，需防腐的支架部位涂漆均匀无遗漏，线路走向合理，单线系统图正确、清晰。

2. 成品保护

（1）设备在搬运和安装时应采取防振、防潮、防止框架变形和漆面受损等措施。

（2）设备运到现场后，暂不安装就位，应保持好其原有包装，存放在干燥的能避雨雪、风沙的场所。

安装过程中，要注意对已完工项目及设备配件的成品保护，防止磕碰，不得利用开关柜支撑脚手板。

18.5 电缆托架

18.5.1 技术要求

电缆托架安装时应符合设计要求或规范规定，托架应平行于建（构）筑物的主要线条；电缆托架整个直接固定于建（构）筑物上或固定于电镀的支架、吊挂件上等；托架或固定件宜采用专用生产的配件，现场加工时应符合设计要求。

所有电缆托架系统安装后，应每隔6m设置"控制电缆"的醒目标志。

18.5.2 托架和吊架

所有托架、吊架等现场加工时，应按照设计要求加工成可以承担每一项目的已知重量，再加上25％的备用量。

每一托架、吊架用标准软钢材制成诸如杆、管线、平槽钢等或其他已被验证的专业生产的配件。

所有型材应被切割，没有飞边、毛刺等。所有电焊工作应由熟练工人来进行，完成的电焊应无焊渣，并在油漆前磨到光滑程度。

在建筑物外面安装的所有托架和吊架以及有关联的附件应在制造完成后热浸镀锌（包括安装孔）。在安装时镀层如被破坏，及时修理。

18.5.3 固定

所有托架、吊架等直接固定于建（构）筑物的结构或专用基础上，未经许可不能固定于其他结构上。

在建（构）筑物或结构上做固定或附着时，应注意如下事项：

（1）在事先得到建设方书面同意的情况下，才可以用爆发动力工具做固定件的安装。

（2）尽可能避免在特殊的混凝土结构上做固定工作，诸如外部精修饰的、后张力的等。如果不能避免时，将全部技术数据及建议的固定设施的样品提交建设方做评价并取得他的同意。

（3）在一般的混凝土、砌筑结构或构件上作固定时，应采用尼龙或相似的固定件。地面上的螺栓应是金属扩张型或棘螺栓，用预浇筑或灌浆到地面的方法。

（4）在钢铁构件上作固定时，用专用夹紧工具。只有在事先得到建设方代表同意的情况下，才考虑用其他固定方法，例如焊接、钻孔等。在钢构件上钻孔时，只允许在构件的低应力区钻孔。

18.6 防感应雷系统

18.6.1 系统技术参数

水厂防感应雷系统的安装应符合设计要求和规范规定，技术参数见表18-1和表18-2。

在仪表自控的电源部分、信号部分的进线和出线加装合适的避雷器，并做好地网的等电位连接，以达到最佳的防雷效果。电源部分：在 UPS 前端每线加装避雷器，在 PLC 柜或服务器前安装第三级避雷器。

避雷器技术参数   表 18-1

	闪电冲击电流 $9/350(I_{max})$	75kA
电源第一级避雷器	电压保护等级($1.2/50\&I_{max}$)	≤3.5kV
	响应时间	≤90ns
	额定放电电流 $8/20$	20kA
电源第二级避雷器	最大放电电流 $8/20$	40kA
	电压保护等级 5kA	≤1kV
	响应时间	≤25ns
	额定电流	16A
电源第三级避雷器	额定放电电流 $8/20,L+N→PE$	3kA
	电压保护等级 L(N)→PE	≤1.5kV
	响应时间 L→N	≤25ns

在 PLC 的通信网络端口及 4～20mA 模拟量信号的设备进线和出线端口安装合适的防雷过电压保护装置。

信号部分参数（4～20mA 模拟量）   表 18-2

闪电冲击电流 $9/350$	5kA
响应时间	≤1ns

18.6.2　检测要求

（1）为确保避雷器在雷雨季节能够正常使用，在雷雨季节前夕对不易发现问题的避雷器（如：4～20mA 信号避雷器）进行检测，检测标准如下：

1）额定工作电压：8～12V；

2）输入功率：2W；

3）最大测试电压：190V；

4）测试电流：1mA。

（2）接地

严格按国家有关标准，做好各部分接地。根据系统要求，确定需要的接地电阻值。

设置独立的工作接地，保护接地接至电气系统接地≤4Ω；作接地和保护接地接至独立的工作接地≤4Ω；工作接地和保护接地接至电气系统接地≤4Ω。

（3）过电压保护装置

符合以下条件：应用方式——单相；每根最大能流（$8×20\mu s$）——25kA。

第 19 章　水厂调试及试运行

19.1　应具备条件及要求

19.1.1　准备工作

（1）土建工程（含满水试验和管道功能性试验）、附属工程已进行验收；

（2）工艺管线与设备安装完成，验收合格；

（3）自控系统安装完成，经模拟调试；

（4）调试、试运行方案获准，组织人员落实。

19.1.2　工作流程

现场设备安装→电缆管线敷设→程序编制及画面组态→单机调试及系统联调→负荷试车及验收。

（1）给水厂试运行可分为单体（机）调试、分系统（功能）调试和生产调度试运行出水三个阶段顺序进行。

（2）污水处理厂试运行可分为单体（机）调试、分系统（功能）调试（又称为清水联动调试）、污水调试、负荷试运行三（四）个阶段顺序进行。

（3）单体（机）调试的目的是验证设备在安装完成后，能够符合其相关技术规定，所有控制系统整体的运行通过测试。

（4）联动调试的目的在于对水厂整个设备、安装系统等进行测试，验证整个系统在设计负荷时运行达到设计要求。

（5）对试运行过程中发现的问题逐一解决，为正常运行奠定基础条件。

19.1.3　单体（机）调试

（1）调试项目

1）检验各构筑物中的细部结构尺寸、闭水情况，熟悉各部位功能；

2）测定单体构筑物及其设备性能；

3）检查各设备机组运转情况，并做好详细的检测记录；

4）对试车过程中发现的问题逐一分析解决。

（2）单体（机）调试可分为空载试验、负载试验，应顺序进行。

（3）应依据单体（机）功能制定检查重点，确定试运行和连续试运行时间。

19.1.4　分系统（功能）调试

（1）给水厂分系统（功能）调试基本流程：

配水系统→加药系统→絮凝沉淀澄清系统→滤膜系统→臭氧系统→投氯系统→出水配送系统→污泥处理系统→自动化系统。

（2）污水处理厂分系统（功能）调试基本流程：

进水提升过滤系统→加药系统－物理化学处理系统→生物化学处理系统→消毒系统→污泥处理系统→除臭系统→自动化系统。

19.1.5　联动调试与试运行

1. 联动调试

在确认系统具备必要条件的情况下，将原水引入水厂，依次对各工艺处理段中的联动设备单元及不同工艺处理段之间的联动设备单元进行联动调试。

通过调试确认相对独立的各组设备之间的联动动作是否符合设计要求。如果发现任何问题，应查找原因，及时维修直至运转完全正常后再开始系统调试。

2. 试运行（又称工艺调试或负荷运行）

水处理厂按照设计流程进行负荷运行，验证水厂运行能力、控制水平等各项指标是否达到设计要求和规范规定。

19.2　单体（机）调试

19.2.1　内容和步骤

（1）电气（仪器）操作控制系统及仪表的调整试验。

（2）润滑、液压、气（汽）动、冷却和加热系统的检查和调整试验。

（3）机械和各系统联合调整试验。

（4）空负荷试运转，应在上述（1）～（3）项调整试验合格后进行。

（5）电气及其操作控制系统调整试验要求：

1）按电气原理图和安装接线图进行，设备内部接线和外部接线应正确无误；

2）按电源的类型、等级和容量，检查或调试其断流容量、熔断器容量、过压、欠压、过流保护等，检查或调试内容均应符合其规定值；

3）按设备使用说明书有关电气系统调整方法和调试要求，用模拟操作检查其工艺动作、指示、讯号和连锁装置应正确、灵敏和可靠；

4）经上述1）～3）项检查或调整后，方可进行分系统的联合调整试验。

19.2.2　空载试验

（1）空载试验，又称为空负荷调试，应按设计要求和规范规定在设备安装合格后，方可进行。

（2）建设、监理、施工等有关人员共同进行试验。

（3）空载试验首先要保证电气设备的正常运行，并对设备的振动、响声、工作电流、电压、转速、温度、润滑冷却系统进行监视和测量，做好记录。

（4）应按说明书规定的空负荷调试的工作规范和操作程序，试验各运动机构的启动，其中对大功率机组，不得频繁启动，启动时间间隔应按有关规定执行；变速、换向、停机、制动和安全连锁等动作，均应正确、灵敏、可靠；其中连续运转时间和断续运转时间无规定时，应按各类设备安装验收规范的规定执行。

（5）空负荷试运转中，应进行下列项目检查，并应作实测记录。

1）技术文件要求测量的轴承振动和轴向窜动不应超过规定；

2）齿轮副、链条与链轮啮合应平稳，无不正常的噪声和磨损；

3）传动皮带不应打滑，平皮带跑偏量不应超过规定；

4）一般滑动轴承温升不应超过 35℃，最高温度不应超过 70℃；滚动轴承温升不应超过 40℃，最高温度不应超过 80℃；导轨温升不应超过 15℃，最高温度不应超过 90℃；

5）油箱油温最高不得超过 60℃；

6）润滑、液压、气（汽）动等各辅助系统的工作应正常，无渗漏现象；

7）各种仪表应工作正常。

（6）设计有要求时，应进行噪声测量，并应符合规定。

（7）空负荷试运转结束后及时进行善后工作：

1）切断电源和其他动力来源；

2）进行必要的放气、排水或排污及必要的防锈涂油；

3）对蓄能器和设备内有余压的部分进行卸压；

4）按各类设备安装规范的规定，对设备几何精度进行必要的复查和对各紧固部分进行复紧；

5）设备空负荷（或负荷）试运转后，应对润滑剂进行清理。

19.2.3 负载试验

（1）负载试验，又称为负荷试验；空载试验成功，经相关人员确认后进入单机负荷试验。

（2）对发现的问题，应找出原因，现场修复或调换直至运行完全正常为止。

（3）试验直到每个独立的系统都能按有关方面规定的时间连续正常运行，达到生产厂商关于设备安装及调节的要求为止。

（4）应以书面形式表明所有的设备系统都可以正常运转使用，系统及子系统都能实现其预定的功能。

19.3 分系统（功能）调试

19.3.1 应具备条件

（1）设备及其润滑、液压、气（汽）动、冷却、加热和电气及控制等系统，均应单独调试检查并符合要求。

（2）联合调试应按要求进行，不宜用模拟方法代替。

（3）联合调试应由部件开始至组件、至单机直至整机（成套设备），按说明书和生产操作程序进行，并应符合下列要求：

1) 各转动和移动部分，用手（或其他方式）盘动，应灵活，无卡滞现象；

2) 安全装置（安全连锁）、紧急停机和制动（大型关键设备无法进行此项试验者，可用仿真试验代替）、报警讯号等经试验均应正确、灵敏、可靠；

3) 各种手柄操作位置、按钮、控制显示和讯号等，应与实际动作及其运动方向相符；压力、温度、流量等仪表、仪器指示均应正确、灵敏、可靠；

4) 应按有关规定调整往复运动部件的行程、变速和限位；在整个行程上其运动应平稳，不应有振动、爬行和停滞现象；换向不得有不正常的声响；

5) 主运动和进给运动机构均应进行各级速度（低、中、高）的运转试验。其启动、运转、停止和制动，在手控、半自动化控制和自动控制下，均应正确、可靠、无异常现象。

19.3.2   准备工作

（1）设备及其附属装置、管路等均应全部施工完毕，施工记录及数据应齐全；其中设备的精平和几何精度经检验合格；润滑、液压、冷却、水、气（汽）、电气（仪器）控制等附属装置均应按系统检验完毕，并应符合试运转的要求。

（2）需要的能源、介质、材料、工机具、检测仪器、安全防护设施及用具等，均应符合试运转的要求。

（3）对大型、复杂和精密设备，应编制试运转方案或试运转操作规程。

（4）参加试运转的人员，应熟悉设备的构造、性能、设备技术文件，并应掌握操作规程及试运转操作。

（5）设备及周围环境应清扫干净，设备附近不得进行有粉尘的或噪声较大的作业。

19.3.3   试（充）水

（1）按设计工艺顺序向各单元进行充水试验。

（2）建（构）筑物尚未进行充水试验的，充水按照设计要求一般分三次完成，即 1/3、1/3、1/3 充水，每充水 1/3 后，暂停 3~8h，检查液面变动及建（构）筑物池体的渗漏和耐压情况。

特别注意：设计不受力的双侧均水位隔墙，充水应在两侧同时进行。

（3）已进行充水试验的建（构）筑物可一次充水至满负荷。充水试验的另一个作用是按设计水位高程要求，检查水路是否畅通，保证正常运行后满水量自流和安全超越功能，防止出现冒水和跑水现象发生。

19.3.4   联动调试

（1）在单体（机）调试符合设计要求的基础上，按设计工艺的顺序和设计参数及生产要求，将所有单体（机）设备和构筑物连续性地依次从头到尾进行清水联动试车。

（2）联动试车调试流程按设计图纸进行，如运行正常，经确认后方可进入生产联动调试。

（3）运行中如发现问题，应及时找出原因，现场修复至运行完全正常为止。

（4）在清水试车的同时应对构筑物的抗压、抗渗进行试验。

（5）对发现的问题采取相应的措施现场进行修复，直至满足设计要求为止。

（6）按照有关规定验收合格后进入联动调试。

19.4　试运行

19.4.1　工程项目验收

1. 土建项目验收

根据设计图纸，按工艺流程逐项检查，土建项目检查验收合格。

2. 设备安装验收

（1）设备安装符合设计要求后方可进行单体（机）调试；对所有阀门、仪器、仪表进行外观检查及手动开启，如有不灵活处，必须就地检修。

（2）对单项设备如搅拌机、鼓风机、电动闸阀等在单体（机）调试前安装完毕，并按照设计图纸和产品安装说明书检查其安装情况是否合乎要求，必须做到各自运转正常，为工程系统调试做好准备。

3. 电气系统验收

（1）电气装置安装施工及验收，应符合电气、消防等国家现行有关标准、规范的规定。

（2）电气工程验收时，应对下列项目进行检查：

漏电开关安装正确，动作正常；各回路的绝缘电阻应大于等于 $9M\Omega$；保护地线（PE线）与非带电金属部件连接应可靠；电气器件、设备的安装固定应牢固、平正；电器通电试验、灯具试亮及灯具控制性能良好；开关、插座、终端盒等器件外观良好，绝缘器件无裂，安装牢固、平正，安装方式符合规定；并列安装的开关、插座、终端盒的偏差，暗装开关、插座、终端盒的面板、盒周边的间隙符合规定；弱电系统功能齐全，满足使用要求，设备安装牢固、平正。

4. 自控系统验收

（1）自控系统必须安装完毕，配线竣工图中应标明暗管走向（包括高度）、导线截面积和规格型号。

（2）漏电开关、灯具、电气设备的安装使用说明书、合格证、保修卡等齐全。

（3）仪表、弱电系统的安装使用说明书、合格证、保修卡、调试记录等齐全。

5. 消防验收

安全消防等项目验收合格。

19.4.2　准备工作

（1）试运行方案应得到批准，且应包括下列内容：

1）内容与流程、进度计划；

2）组织形式与保证措施；

3）准备工作检查与技术安全交底；

4）应急方案与措施；

5）检修与问题处理。

（2）管道阀门检查

1）检查管道阀门安装情况是否与管道设计一致；

2）管道与阀门连接紧密程度；

3）检查跑、冒、滴、漏（关闭阀门时）；

4）进行阀门的开启、关闭，检查阀门的使用情况；

5）对电动阀先进行手动盘车，再通电进行试车。

（3）"三通"检查

根据设计图纸及工艺流程，检查水、电、气是否畅通无阻，即生产用水、排水管道、空气管路、照明等是否正常。

（4）试验组织健全、人员培训合格、操作规程基本齐备。

（5）分系统（功能）调试符合设计要求；生物处理系统运行正常；滤池反冲洗、加氯、加药系统可自动控制，自动化系统可实现中控室实施监测；化验室进入正常工作。

19.4.3　程序与要求

（1）试运行又称为生产联动调试，按照设计的工艺流程逐步增加进水量直至达到设计负荷，进行控制设备和运行设备协调，对全部设备进行综合调试。

（2）正式取样、化验、分析，得出各采样点水质分析指标后，确定水处理效果。

（3）依据水质检测结果反复调试工艺，确保在设计能力的条件下，达到国家饮用水卫生标准或排放标准。

（4）当总出水指标达到设计要求后，即完成调试任务。

附录1 净配水厂工程施工组织设计（摘要）

附1.1 工程概述

附1.1.1 工程概况

某城市拟建净配水厂一期设计供水能力 55 万 m^3/d，原水为地表水，分为 2 个系列，每个系列由水线及泥线组成。

水线包括：格栅间、提升泵房、预（主）臭氧接触池、机械加速澄清池、炭吸附池、超滤膜车间、清水池和配水泵房等构筑物。

泥线包括：排泥池、污泥提升泵房、浓缩池、脱水间等构筑物。

新建各种建（构）筑物数量多，使用功能各有不同，涉及建筑、结构、装修、设备、电气自动化、工艺管道、厂区管线及道路等多个专业，综合性强。

根据净配水厂建设施工特点及初步设计图纸、招标文件等资料，确定本工程的主要分项工程为：土方工程、地基与基础工程、钢筋工程、模板工程、混凝土工程、砌体工程、屋面工程、装饰装修工程、市政配套工程、电气及自动化工程、设备安装与调试、厂区综合管线及道路等。

附1.1.2 工程特点、重点与难点

1. 工程特点

工程体量大，工期紧，社会关注程度高。考虑原水受到轻度污染，因此处理工艺流程复杂、工艺设备先进、水质标准高。水厂分系列建设，单体构筑物多，且相对集中；平面布置紧凑，施工场地小。施工区域处于软弱地基，复合地基处理采用 CFG 桩。工程施工涉及多专业施工及配合，综合性强。

2. 工程重点

确保构筑物混凝土结构抗渗、防裂和耐久性达到要求，做到不渗不漏；确保构筑物混凝土结构高程、几何尺寸的精确度达到设备安装及水处理工艺要求；雨期深基坑安全施工。

3. 工程难点

水处理和调蓄构筑物，涉及大体积混凝土、超长设缝结构施工；施工方案应尽可能减少设施工缝，避免有害裂缝将是本工程的施工难点。

附1.1.3 工程难点与实施对策

1. 确保构筑物混凝土的抗渗、防裂和耐久性对策

构筑物依靠混凝土性能实现结构自防水，因此混凝土结构必须具有良好的内在质量，

还要具有良好的外观质量，确保构筑物混凝土的抗渗、防裂和耐久性达到要求。对于大型水池混凝土开裂，采取综合治理的方法：

（1）水池池壁等受温度、湿度、干缩应力较大的部位，水平分布钢筋的配筋率适当提高；留设竖向后浇带，分段施工。

（2）在施工措施方面，采取正确选择混凝土配合比设计；按规范规定控制原材料，掺用减水剂、加气剂、微膨胀剂；在允许范围内减低混凝土坍落度。对于超（规范规定）长、超高池壁结构，采取"设施工缝、分段、跳仓、限时补挡、加强养护"等方法，减少结构开裂，避免出现有害裂缝。

（3）对于大体积、大方量混凝土浇筑，编制专项施工方案；明确温控指标，做好现场监测及混凝土养护工作。对于混凝土裂缝的防治，从混凝土配合比、外掺剂、浇筑、振捣、养护等方面综合考虑，制定针对性措施。

2. 超长设缝结构施工对策

设计格栅间、集水池及提升泵房为组合式、集进水处理和变配电于一体的大型构筑物，提升泵房和集水池设缝间距均为50～55m。清水池根据工艺要求采用独立四格设置，单格清水池采用一道伸缩缝，设缝间距均为55～60m。为减少结构裂缝，避免出现有害裂缝，采取以下对策：

（1）降低地基对基础底板的约束，在底板与地基土之间设置中间夹砂的双层PE膜滑动层隔离措施，使得池体由于各种原因造成的伸缩变形尽可能释放，减少可能产生的结构附加应力。

（2）针对清水池池壁混凝土结构易产生结构裂缝的问题，在清水池池壁部位适时留设竖向后浇带，分段施工。

（3）为消除和降低施工期间材料干缩和水化热对混凝土开裂的影响，采用补偿收缩混凝土进行施工。

3. 构筑物测量高程和净尺寸的控制对策

水处理构筑物将有大量工艺设备在结构内进行安装，设备能否顺利安装、运行，将决定水处理工艺目标能否实现。另外，构筑物混凝土结构高程、几何尺寸的精确度，也将直接影响水处理效果。为保证水处理工艺目标顺利实现，拟采取以下对策：

（1）施工前编制测量专项方案，保证测量人员及设备满足施工需求。

（2）对大面积混凝土表面标高，采取分部位（垫层、底板、侧墙池槽、各层板结构）、分工序（基底、模板、钢筋、混凝土）控制，设标高控制轨，并坚持用水准仪校测调正（模板、控制轨）的方法，控制各部位的混凝土表面标高。

（3）对于精度要求较高的部位（进出水堰顶、布水孔、溢流孔、预留管道孔口、水池底板、轨道表面等），坚持用水准仪、毫米测尺测量校核，用微调螺栓调整标高等方法进行控制。

4. 雨期深基坑支护及开挖对策

本工程深基坑较多，且根据建设方对调蓄通水阶段目标的要求，将有多个深基坑必须在雨期进行支护、开挖。为保证施工安全，采取以下对策：

（1）在基坑土方施工前，需编制土方开挖专项施工方案，且通过专家论证。

（2）在雨期到来之际，施工现场、道路及设施必须做好有组织的排水。开挖土方自上

而下分层分段依次施工，底部随时做成一定的坡度，以利于泄水

（3）基坑土方开挖至锚索位置及时进行锚索及网喷施工，待锚索及网喷施工完成后，方可进行下一步土方开挖，确保基坑稳定。

（4）加强监控量测工作，对其测出数据进行比对、分析，如发现异常及时采取有效控制措施。

附 1.1.4　施工总体部署

依据合同约定和工程条件，本工程招标文件要求年内 6 月 30 日前，调蓄水使用的主要构筑物要全部完成，净配水厂具备调蓄条件；翌年 9 月 30 日前净配水厂主要构筑物和设备全部完成，具备通水运行条件；第三年 3 月 31 日投入正式运行。

附 1.2　基坑工程

附 1.2.1　土方施工

1. 基坑形式

建（构）筑物施工均涉及土方开挖作业，根据现场地质情况，以及各建（构）筑物的结构（基础）埋设深度，分为有支护开挖、无支护开挖两种方式。其中，格栅间、集水池、提升泵房基坑深度在 18.66m 左右，采用桩-锚支护形式。其余基坑如清水池大部分池体基础深度在 5m 左右，少部分吸水坑深度在 9m 左右；配水泵房基坑深度在 8m 左右；污泥处理池体基坑深度在 8m 左右；其他地上建（构）筑物基础深度较小，均采用明挖放坡法（无支护）施工。

2. 土方开挖

考虑厂区北侧河道改造工程正在实施，东侧拟建配水管线（$DN2200\text{mm}$ 配水管道）将与本工程同期施工，两侧均无法设置厂区出入口，只能在厂区西侧、南侧设置出入口。因此，厂区内各建（构）筑物的土方开挖方向均为由东向西进行开挖，出土马道均设在建（构）筑物西侧。施工时采用挖掘进行开挖，运输车外弃土方，人工配合机械清理基底。在开挖过程中，对基坑支护结构沉降及水平位移；周围地表及现况道路、沉降；现况管线差异沉降等进行严密监测，做到信息化施工，确保施工安全。

3. 厂区土方总体平衡

先期进行清水池及吸水井，配水泵房及变配电室，补氯加氨间，主配电室，主加氯、加酸、加碱间等构筑物及周边配套管线的开挖。期间将机械加速澄清池场地作为土方临时存放场，待清水池等构筑物结构施工、功能性试验完成后，进行基坑回填，并将构筑物四周厂区回填至规划标高。

附 1.2.2　围护结构施工

1. 围护结构技术参数

根据《建筑基坑支护技术规程》DB 11489—2007 进行分析判定，基坑侧壁安全等级为二级，重要性系数为 1.0。基坑围护结构剖面如附图 1-1 所示；围护桩间网喷混凝土如

附图 1-2 所示；深基坑桩-锚支护参数见附表 1-1。

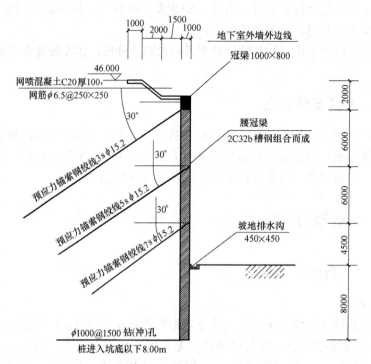

附图 1-1 基坑围护结构剖面

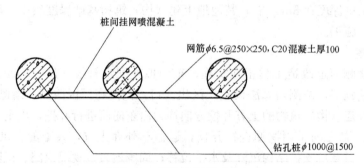

附图 1-2 围护桩间网喷混凝土

深基坑桩-锚支护参数 附表 1-1

项 目	部位	格栅间、集水池、提升泵房基坑
基坑深度(m)		18.66～12.66
支护形式		围护桩+预应力锚索
基坑侧壁安全等级		二级
重要性系数		1.0
围护桩	桩径(mm)	ϕ1000
	桩间距(mm)	1500
	桩长(m)	23.7

续表

项　目		部位	格栅间、集水池、提升泵房基坑
围护桩		数量（棵）	203
		强度等级	C30
冠梁		嵌固深度（m）	8
		断面尺寸（mm）	1000（宽）×800（厚）
		强度等级	C30
桩间挂网喷混凝土		喷混凝土厚度（mm）	100
		强度等级	C20
		钢筋网片	$\phi6.5@250mm×250mm$
预应力锚索	长度、直径	第一层（最上）	长 3m，直径 15.2mm
		第二层	长 5m，直径 15.2mm
		第三层（最下）	长 7m，直径 15.2mm
	水平夹角（斜向下）		30°

2. 灌注桩施工

（1）施工流程

施工准备→桩位放线→埋设护筒→钻机就位→钻进、掏渣→清孔→成孔检查→钻机移位→下钢筋笼→下导管→水下灌注混凝土→拆、拔护筒→下道工序。

（2）钻机选择

为保证钻孔灌注桩的施工质量、工期，结合本工程实际情况，选用 2 台旋挖钻机进行施工。

（3）测量放线及前期准备

根据测量控制桩点及图纸，定出桩孔平面位置及高程，进行复测，经监理方工程师校核无误后，方可进行施工。工程开工前，项目经理部组织有关人员参加设计交底，熟悉工程图和工程地质资料。施工前做好硬地坪和排水系统，并预先探明和消除桩位处的地下障碍物。

（4）设备安装

钻机就位前，将作业场地垫平填实，钻机按指定位置就位；钻机工作面坚实、平整、不塌陷，其标高高于设计桩顶标高 0.5m；钻机安装就位之后，精心调平，作业场地平整、坚实，保持清洁，设防滑措施，以确保施工中不发生倾斜、移位。

（5）埋设护筒及设置

护筒规格为 $\phi1200mm$，采用厚度 4mm 钢板制成。护筒坚实、不漏水，内壁平滑无任何凸起，为便于钻孔护筒长 2.3m，埋深 2m，护筒顶面高出现况地面 0.3m。以防止地面水流入孔内。在挖埋护筒时，挖埋直径比护筒直径大 0.4m，坑底深度与护筒底同高且平整。护筒内径比桩径大 200～300mm。护筒中心竖直线与桩中心线重合，除设计另有要求外，平面允许误差为 50mm，竖直线倾斜不得大于 1%，干处可实测定位，水域可依据导向架定位。

护筒固定在正确位置后，用黏土分层回填夯实，以保证其垂直度及防止泥浆流失、移位及掉落。

（6）成孔

护壁泥浆配比：水∶膨润土∶碱＝100∶（6～8）∶（0.5～1.0）；泥浆池设在基坑外侧，采用钢板焊接制成，保证焊口饱满，防止泥浆渗漏。

成孔施工：在施工第一根桩时，钻机慢速运转，掌握地层对钻机的影响情况，以确定在该地层条件下的钻进参数。旋挖钻机在开孔时慢速进行，至护筒底下 1.5m 时正常钻进。钻进过程中，不可进尺太快，保持泥浆面不得低于护筒顶 40cm。提钻时，及时向孔内补浆，以保证泥浆高度。在钻进过程中，经常检查钻头尺寸。成孔质量标准见附表 1-2。

成孔质量标准 附表 1-2

项 目	允 许 偏 差	检 验 方 法
钻孔中心位置	20mm	用 JJY 井径线
孔径	$-0.05d，+0.9d$	超声波测井仪
倾斜率	0.5‰	超声波测成井仪
孔深	比设计深度深 300～500mm	核定钻头和钻杆长度

施工过程中，如发现地质情况与原钻探资料不符，立即通知设计等单位并及时处理。

钻孔时的垂直度、孔径、孔深的控制：孔深的检测采用 4～6kg 锥形锤，系以测绳直接测深。孔形、孔径检测采用长度为 4～6 倍桩径、直径为桩外径的钢筋笼，系以钢丝绳，在钻孔中上下移动，如上下自如说明钻孔的孔径合格，且无弯孔现象。

清孔：在钻进到设计深度时，立即清孔，采用捞渣钻头捞渣，可一次或多次进行捞渣。

在清孔后，孔底沉渣不得大于设计要求（200mm），并将孔口处杂物清理干净，方可进行下步工序。

（7）钢筋笼制作及吊放

现场加工钢筋笼，制作允许偏差见附表 1-3。

钢筋笼制作允许偏差 附表 1-3

项 目	允许偏差（mm）
主筋间距	±10
箍筋间距或螺旋筋螺距	±20
钢筋笼直径	±10
钢筋笼长度	±50

起吊钢筋笼采用扁担起吊法，起吊点设在钢筋笼主筋与架立筋连接处，且吊点对称并一次性起吊。下放钢筋笼及钢筋笼连接时，有技术人员在场指导。现场测设护筒顶标高，准确计算吊筋长度，吊筋采用不小于 $\phi25mm$ 的钢筋制作，以控制钢筋笼的桩顶标高及钢筋笼上浮等问题。

（8）灌注混凝土

采用导管法灌注水下混凝土，导管直径 200mm，导管接头无漏水，密封圈完好无损。预拌混凝土要求：混凝土坍落度控制在（20±2）cm，石子采用 5～25mm 碎石，混凝土初凝时间控制在 6～8h，开盘鉴定在混凝土运输时随车附来。每批进场混凝土搅拌站附送级配单，现场仔细核对配合比组成情况，发现问题及时纠正、重拌。搅拌站后期附送混凝土质量证明单。每根桩的混凝土灌注做好坍落度试验，以及混凝土试块。

在灌注首批混凝土前，先在导管内吊挂隔水塞，隔水塞采用橡胶球胆塞。在灌注首批混凝土时，将混凝土全部灌入导管中，确保首批混凝土灌注量，导管下口至孔底的距离一般为 30～50cm。首批混凝土灌注正常后，连续不断灌注混凝土，严禁中途停工。在灌注过程中设专人量测导管的埋深，并适当提升和拆卸导管，拆下的导管立即冲洗干净。在灌注过程中，当导管内混凝土不满含有空气时，将后续的混凝土徐徐灌入漏斗和导管，不得将混凝土整斗从上面倾入管内，以免在导管内形成高压气囊，挤出管节间的橡胶垫而使导管漏水。

混凝土开始灌注时，初灌量满足规范要求。灌注混凝土过程中，严禁将导管提出混凝土面或埋入过深，测量混凝土面上升高度由机长或班长负责。混凝土连续灌注。

混凝土灌注过程中，导管埋入混凝土最小深度不得小于 3m。

3. 预应力锚索施工

(1) 设计参数

采用高强钢绞线作为预应力锚索，采用二次灌浆工艺（其中第二次为高压注浆），待浆体强度符合设计要求后，进行张拉锁定于型钢围檩之上。从上到下设 3 道锚索，在围护桩冠梁处设第一道预应力锚索，长 3m，直径 15.2mm；第二道锚索位于第一道以下 6m，长 5m，直径 15.2mm；第三道锚索位于第二道以下 6m，长 7m，直径 15.2mm。

锚索孔径为 150mm，下倾角度为 30°。钻孔前根据设计要求定出孔位，孔位允许偏差为 50mm，钻孔倾斜度允许偏差为 3‰，孔深允许偏差为 ±50mm，锚索成孔采用钻机打入，当遇到不明障碍物时及时报告并采取措施处理。锚索使用前调直、除锈、除油，自由段涂上黄油。灌浆材料采用 1：0.45 水泥净浆，水泥用 P.O.32.5R 普通硅酸盐水泥，加水泥用量 0.3% 的 FDN 高效减水剂，注意拌和均匀，随拌随用。

注浆前，先用清水将孔内清洗干净，注浆必须密实、饱满，当注浆开始返浓水泥浆时，用水泥纸袋或其他材料堵住孔口；第一次注浆要求达到孔中返出浓浆，当出现漏浆时及时补注；第二次注浆是在第一次注浆初凝后进行，注浆压力控制在 2.0MPa 以上。

在注浆体强度达到 15MPa 后，方可进行预应力锚索的张拉锁。锚索张拉锁定之后，方可开始下一层土体的开挖。

(2) 施工准备

锚杆施工前，在设计交底和现场勘察的基础上，编制完整的施工组织设计，包括施工平面图、剖面图、钻孔方法和设备选型、锚杆制作和安装、注浆设备、浆体制作和注浆方法、张拉锁定设备和方法、施工进度、劳动组织、质量保证和安全措施等。施工前认真检查原材料品种、型号、规格及锚杆各部件的质量，并具有原材料主要技术性能的检验报告。

(3) 施工工艺

锚杆采用 XU-60 型螺旋钻机干作业法成孔。BW250/50 型注浆泵二次灌浆，锚索采用 YC-60 型穿心式千斤顶张拉锁定。锚杆施工工艺流程如附图 1-3 所示。

(4) 施工技术措施

1) 钻孔用前述的锚杆钻机干作业法成孔，钻孔过程中保证位置正确，随时注意调整

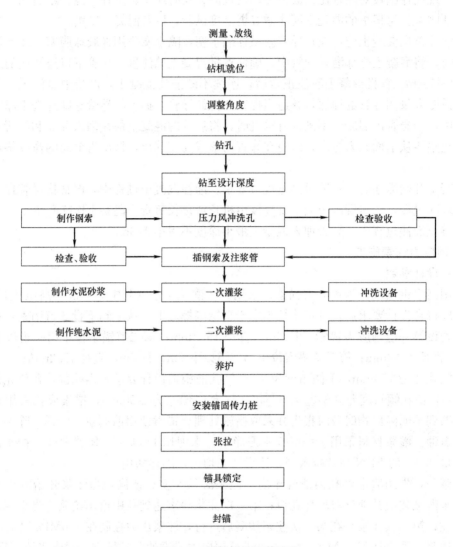

附图 1-3　锚杆施工工艺流程

好锚孔位置，防止高低参差不齐和相互交错。钻孔时根据同地层随时调节钻机回转速度。

2）锚杆钻孔符合下列要求：

钻孔前，根据设计要求定出孔位，作出标记；孔距水平方向允许偏差为±100mm，垂直方向允许偏差为±50mm；钻孔倾斜度允许偏差为 3％；孔深应超过锚杆设计长度 0.5～1.0m；如遇到容易塌孔的地段，可带护壁套管钻进。

3）成孔后立即进行清孔作业，采用空气压缩机风管冲洗，将孔内残渣废土清除干净。清孔后进行孔深、孔径、孔形检查，要求孔壁不得塌陷和扰动。

4）锚杆使用前检查各项性能，检查有无油污、锈蚀、断线等情况，如有不合格进行更换或处理。加工好的锚杆长度基本一致，偏差不得大于 5cm。端头焊一个锥形导向帽，一次和二次注浆管与锚杆一并安设，安设长度大于锚杆长度的 95％，且不得超深，以防外露长度不够。注浆管使用前，检查有无破裂堵塞，接口处处理牢固，防止压力加大时开裂跑浆。

5）锚索制作按施工图进行，并符合以下要求：

严格按设计长度下料，锚筋的长度允许误差为 50mm；组装前清除钢材表面的油污和膜锈；锚杆自由段裹以塑料布或套塑料管，并扎牢。

6）锚杆安装前检查导向帽、箍筋环、架管环及定位托架是否准确牢靠，锚杆自由段外涂上黄油。

加钢管，钢管长度不超过自由段，钢管靠锚固端需堵塞牢靠，避免注浆时浆液进入，从而减短自由段长度。

7）锚索的插放符合下列要求：

锚索插放之前检查锚索质量，确保符合设计要求；插放锚索时，避免锚索扭压和弯曲；注浆管与锚索一起放入钻孔，注浆管内端距孔底宜为 50～100mm，二次注浆管的出浆孔和端头密封，保证一次注浆时浆液不进入二次注浆管内；锚索插入孔内深度不小于锚杆长度的 95%，亦不得超深，以防外露长度不足。

8）注浆后自然养护不少于 7d，待强度达到设计强度的 75% 以上，方可进行张拉。在灌浆体硬化之前，不能承受外力或由外力引起的锚索移动。

（5）预应力张拉

按顺序对注浆强度达到设计要求的锚索进行预应力张拉，张拉时双指标控制，以油压表为主，以伸长量进行校核，并控制在-3%～+6% 之内。张拉前对张拉设备进行检查标定，校核千斤顶，检验锚具精度。张拉采用 YC-60 型穿心式千斤顶、SY-60 型高压油泵、OVM 锚具及其他辅助工具。

锚杆锚固前进行试拔检验，试拔最大拉力为设计轴向拉力的 1.1 倍，张拉力分 9 级逐级加荷，卸荷时按轴向拉力的 1/5 逐级卸荷。

正式张拉前取设计拉力值的 0.1～0.2 倍拉力进行预拉一次，使各部能接触紧密，锚杆体完整平直。预张拉后，直接张拉至设计拉力的 1.0～1.1 倍，持荷 9～15min，观察变化趋于稳定时卸荷至锁定荷载进行锁定，锁定荷载应符合设计给出的预定预拉力。如果发现有明显的预应力损失，进行补救张拉，张拉完后用混凝土或砂浆封锚。

（6）质量检验和监测

锚索的质量检验，除常规材质检验外，还应进行浆体强度检验和锚索抗拔力检验。

浆体强度检验试块数量每 30 根锚索不少于一组，每组试块数量砂浆为 3 块，水泥砂浆为 6 块。

锚索抗拔力检验在锚固体强度达到设计强度的 75% 以后进行，锚索抗拔力检验数量是锚杆总数的 5%，且不得少于最初施作的 3 根。检验锚索要具有代表性，并遵守随机抽样的原则。

抗拔力检验的规定：初始荷载取锚索设计轴向拉力值的 0.1 倍；每级加荷等级观测时间内，测读锚头位移不少于 3 次。

锚索承载力检验验收标准：在最大检验荷载作用下，锚头位移趋于稳定。

（7）监测

采用锚杆支护的重要工程，除对基坑周边进行位移监测外，还应对锚索预应力变化进行监测。监测锚杆数量不少于工程锚杆的 2%，且不得少于 3 根；监测锚杆要具有代表性。

预应力监测采用钢弦式压力盒、应变式压力盒或液压式压力盒等。

锚索监测时间不少于 6 个月；张拉锁定后最初 3d 每天测定一次，以后监测的时间间隔符合要求，必要时（如开挖出现突变征兆等）加密监测次数。

监测结果及时反馈给有关单位，必要时采取重复张拉适当放松或增加锚杆数量，确保基坑安全。

4. 冠梁施工

钻孔灌注桩顶均设置钢筋混凝土冠梁，将其连为一体，冠梁截面尺寸为 1000mm×800mm，混凝土强度等级 C30。冠梁施工安排在灌注桩施工完成后分阶段进行。具体施工工艺流程如附图 1-4 所示。

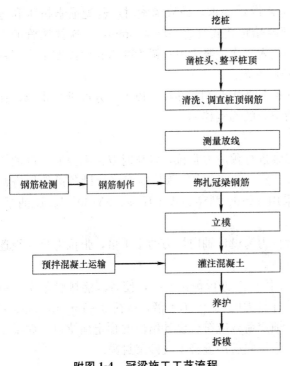

附图 1-4　冠梁施工工艺流程

冠梁施工前，测量人员放出开槽上口边线，机械开挖配合人工清槽，开挖至设计标高。凿除围护桩桩头，凿毛处理桩芯顶面混凝土，清除桩顶浮渣。

按设计绑扎钢筋，主筋与桩顶锚固焊接，以保证结构整体性。冠梁模板采用组合钢模板，扣背管采用 ϕ42mm 钢管，支撑木使用 50mm×50mm 方木，架设时注意确保钢模板牢固、可靠。冠梁混凝土浇筑一次浇筑长度不小于 30m，一次浇筑高度至设计标高，采用滚浆法向前浇筑。成活后，洒水养护不少于 7d。

附1.2.3　有围护基坑开挖

1. 土方开挖

基坑开挖严格按照分层、分段施工，且遵循"纵向分块，竖向分层，先锚后挖，水平推进"的原则施工。基坑由东向西进行开挖，竖向上分 3 层进行。上部土方采用大型挖掘机开挖、自卸运输车运土的形式，下部土方采用小型挖掘机开挖、人工配合清除；最后剩余的不能用挖掘机挖除的土方，只能采用垂直提升吊运的方法施工。土方开挖施工中兼顾预应力锚索及桩间喷射混凝土施工。

在桩顶冠梁环向封闭完成，且第一道预应力锚索施工完毕后方可进行土方开挖；土方开挖施工时，坑边 2m 范围内严禁堆放土方及重物。严禁挖土机械碰撞锚具、桩等结构。

土方开挖分层、分段进行。预应力锚索施工与土方开挖密切配合，在土方开挖到锚索设计标高下 0.5m 时，及时进行预应力锚索施工。基底预留 30cm 人工修底至设计基底标高。

2. 桩间喷射混凝土护壁

桩间挂网喷射混凝土支护厚度 100mm，喷射混凝土强度等级为 C20。土方开挖完成后，人工对开挖面进行修整，然后喷射混凝土厚 50mm，以保证凿桩挂网过程中土体稳定。

喷射混凝土完成后，按照一定的间距将膨胀螺栓打入围护桩桩体混凝土，膨胀螺栓水平间距 1.4m，竖向间距 1.2m，将钢筋网片与其焊接，网片之间绑扎搭接 250mm。

复喷混凝土，表面与桩体侧面齐平。桩间网喷混凝土支护，采用自下而上蛇形喷射，随挖随喷。挂网采用 $\phi6.5@250mm\times250mm$ 钢筋网片布设。

施工工艺流程：修理边坡→第一次喷混凝土→挂设钢筋网→打入膨胀螺栓→第二次喷混凝土。

喷射混凝土在开挖面暴露后立即进行，特别是位于砂层中的桩间部位更要及时喷射混凝土，以防止土体坍塌。喷射混凝土作业分段分片进行，采用自下而上蛇形喷射。

喷射混凝土分层进行，一次喷射厚度根据喷射部位和设计厚度而定。后喷一层应在先喷一层凝固后进行，若终凝后或间隔 1h 后喷射，受喷面用风水清洗干净。严格控制喷嘴与土体的距离和角度。喷嘴与受喷面垂直，有钢筋时角度适当放偏，喷嘴与土体距离控制在 0.6～1.2m 范围以内。喷射混凝土表面应密实、平整，无裂缝、脱落、漏喷、空鼓、渗漏水等现象。

3. 侧壁渗漏水处理

受基坑地层滞水层影响，在基坑开挖过程中侧壁会存在渗漏水情况。喷射混凝土的基面清理后，找出渗漏点与渗漏缝，采用速凝型"水不漏"对漏点进行处理。漏水点过大的地方采取插打导水管，进行引排水处理。施作 2cm 厚的防水砂浆抹面；对渗漏水部位施作聚合物水泥砂浆弹性处理；在渗水严重的地方插入导水管，将渗水引到集水坑中，最终对此导水管进行封堵。在槽底侧墙两侧采取留明沟（填满豆石）的方法进行排水。并在基坑侧壁漏水处插打导水管，将渗水汇集到排水沟内。

附 1.2.4　放坡基坑施工

根据《建筑基坑支护技术规程》DB11489—2007 的要求，以及现场水文地质情况，综合判定明挖槽放坡基坑侧壁安全等级为三级。明挖槽放坡基坑边坡坡度见附表 1-4，断面形式如附图 1-5 所示。

明挖槽放坡基坑边坡坡度　　　　　　　　　　　　附表 1-4

序号	项目 基坑 深度 H(m)	开挖 方法	基槽 边坡坡度	涉及的主要建(构)筑物
1	$0<H<5$	明挖放坡法	1:0.5～1:0.7	清水池、机械加速澄清池以及地面建筑物基础等
2	$5\leqslant H\leqslant9$	明挖分台阶放坡法	1:0.7～1:1	配水泵房基坑、污泥处理池体基坑、少部分吸水坑

1. 明挖基坑施工工艺流程

测量放线→土方开挖→人工清底→地基验收→CFG 施工→桩头处理、清理基底→中粗砂褥垫层施工→地基承载力检验。

2. 施工前准备

施工前进行挖、填方的平衡计算，综合考虑土方运距最短、运算最合理和各建（构）

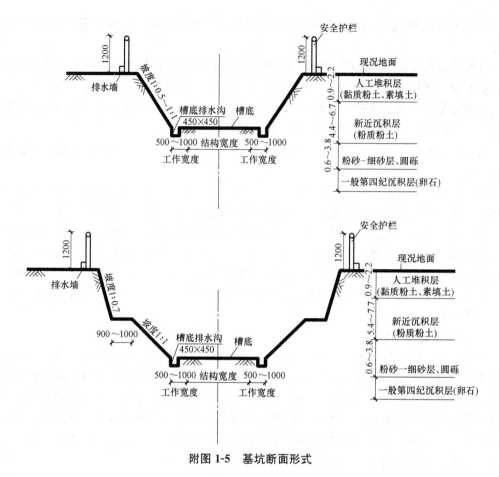

附图 1-5 基坑断面形式

筑物的合理施工顺序等，尽量做好土方平衡调配，减少重复挖运。平整场地的表面坡度，流水方向坡度≥0.2％。在基坑开挖前，对基坑边坡稳定性进行验算，并达到允许的安全系数。基坑开挖前，预见事故发生的可能性，施工前准备一定数量的应急材料，做好基坑抢险加固准备工作。基坑开挖引起流砂、涌水或围护结构变形过大或有失稳前兆时，立即停止施工，并采取确实有效的措施，确保施工安全、顺利进行。

3. 场地及坑内临时排水

基坑周围地面进行排水处理，沿基坑边砌筑高 20cm、宽 25cm 的挡水墙，防止地表水流入基坑内。

基坑内设置纵、横向盲沟排除基坑内渗水及雨水，渗水利用集水井集中抽排。集水井的设置，根据施工分段及水量大小妥善确定。雨季施工准备足够的抽水设备，集水井内配备潜水泵，将集水井内积水抽至坑外，经沉淀池沉淀达到三级排放标准后，有组织地排至市政管网。

4. 基坑开挖

土方开挖水平运输采用挖掘机传递，出土马道出土，除现场存留部分回填用土方外，其余外弃土方均外运。垂直输送主要采用液压加长臂挖掘机。

基坑做好上、下基坑的坡道，保证车辆行驶及施工人员通行安全。

基槽边上及马道附近，设置照明设施，保证施工安全进行，以确保土车运输顺利进行。

开挖过程中，由测量人员进行标高控制，严禁超挖。为保证基底平整，减少对基底原状土的扰动，当机械挖土至设计基底标高以上 30cm 时，采用人工开挖清底找平，局部洼坑用砂压实、填平。

基坑见底，中粗砂褥垫层施工完毕后，按《建筑地基基础工程施工质量验收规范》GB 50202—2002 的要求，及时进行地基承载力试验，并约请建设、监理、设计、地勘、质量监督站等单位进行验收，合格后方可进行下一步施工。

基坑开挖和结构施工期间，控制基坑周围一定范围内的施工堆载不得大于 20kPa/m²。

附 1.2.5　基坑施工监控量测

1. 监测项目

围护桩桩顶垂直位移；围护桩桩顶水平位移；土体深层水平位移；基坑周围地表沉降；基坑周边管线变形；地下水位。

2. 监测要求

（1）沉降基准点的选择

基坑开挖期间对周边环境影响范围一般为 2 倍的基坑开挖深度，本工程主要采取相对测量的方法，在远离施工区（大于 3 倍基坑开挖深度）的稳定区域设立 3~5 个水准基点，基准点间距大于 30m，基准点选在带基础建筑物底部或坚实的空旷区域，在此基础上建立水准测量控制网，必要时与建设单位提供的水准高程点进行联测，确定其水准高程。

每次测量前各基准点进行联测，看是否有变化，如果某一点有沉降进行及时修正，如果联测正常则进行正常测量。为了保证沉降观测的精度，水准观测时间尽量选择早上（温差变化小），在阳光下测量必须撑伞。由于工地现场情况复杂，线路测量时尽可能固定测站位置。本工程采用相对高程系，如有特殊要求，也可与建设单位提供的绝对高程水准点进行联测（采用绝对高程系）。

（2）测量仪器的检校

TOPCONAT-G2 水准仪、RTS632-全站仪、ZM 铟钢水准尺，使用时仪器鉴定证书必须在有效期内，按照规定，每年对使用的仪器进行鉴定，鉴定合格后方可使用。每天工作开始前检查标尺水泡、仪器气泡，发现异常停止工作检查仪器。改正合格后方可使用。

水准仪 i 角不得大于 $6''$；ZM 铟钢水准尺的精度为 0.01mm；测站高差观测中误差不大于 0.5mm；测量精度：高程测量误差≤1mm；水平位移±1mm。

3. 监测点布置

（1）桩顶水平位移、竖向沉降监测

用冲击钻将道钉打入支护结构冠梁顶，或在浇筑支护结构冠梁顶混凝土时将钢筋插入，见附图 1-6 所示。

沉降测量采用精密水准仪，通过联测稳定的高程基准点，建立固定的水准线路，计算各监测点的高程。水平位移测量采用视准线法，通过建立稳定的基准线，量测监测点相对于基准线的位移量。在整个围护结构冠梁顶上，每隔 15m 左右布设沉降位移点。

（2）周边地表（道路）变形及沉降监测

道路的变形主要是由基坑开挖引起的。主要表现为沉降及出现开裂。

裂缝监测：道路裂缝主要通过巡视发现，若有明显裂缝则通过卡尺量测，并做好记录，计算出变化量。

沉降监测：将钢筋打入土中或将测量钢钉直接固定在路面上，见附图 1-7，测量方法与墙顶沉降测量相同。在基坑外 5m 左右位置埋设地面沉降监测点，每 15m 左右设置 1点。并且设置与基坑垂直的地面沉降监测断面，每个断面沉降监测点间距为 5m。

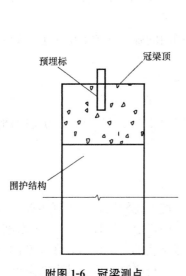

附图 1-6　冠梁测点

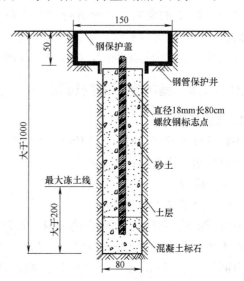

附图 1-7　混降监测点（单位：mm）

（3）深层水平位移监测

在围护桩施工结束后，在围护桩外侧土体中，用钻孔机钻孔至设计深度，埋设 PVC测斜管，每隔 15m 设置一个深层水平位移监测点，采用 CX-03A 型伺服加速度测斜仪，施测各点的水平位移。

（4）地下水位监测

在埋设测斜管的同时，用钻机钻孔埋设水位管，钻孔至设计埋深时，逐节放入 PVC水位管设置水位观测井。

（5）管线位移监测

水厂内地下管线沉降监测点应设在检查井内或钻孔埋置在所监测的管道顶上，沉降点形式如附图 1-7 所示。

4. 监测频率

监测工作自始至终要与施工的进度相结合，监测频率应满足施工工况及环境保护的要求，监测频率见附表 1-5，具体可根据需要及时调整加密。

监测频率　　　　　　　　　　　　　　　　　　　　　　附表 1-5

基坑类别	施工进程	基坑设计深度（m）			
		≤5	5～10	10～15	>15
二级	开挖深度（m） ≤5	1 次/2d	1 次/2d	1 次/2d	1 次/2d
	5～10	—	1 次/1d	1 次/1d	1 次/1d
	>10	—	—	2 次/1d	2 次/1d

续表

基坑类别	施工进程		基坑设计深度(m)			
			≤5	5~10	10~15	>15
二级	底板浇筑后 时间(d)	≤7	1次/2d	1次/2d	2次/1d	2次/1d
		7~14	1次/3d	1次/3d	1次/1d	1次/1d
		14~28	1次/7d	1次/5d	1次/2d	1次/1d
		>28	1次/9d	1次/9d	1次/3d	1次/3d

5. 警戒控制值

监测项目的报警值见附表 1-6。

监测项目的报警值

附表 1-6

序号	监测项目			基坑类别					
				二级			三级		
				绝对值(mm)	相对基坑深度 h 控制值	变化速率(mm/d)	绝对值(mm)	相对基坑深度 h 控制值	变化速率(mm/d)
1	围护桩顶水平位移			40~50	0.5%~0.7%	4~6	—	—	—
2	围护桩顶竖向位移			25~30	0.3%~0.5%	3~4	—	—	—
3	深层水平位移			70~75	0.6%~0.7%	4~6	—	—	—
4	地表沉降			50~60	—	4~6	60~80	—	8~10
5	地下水位			1000		500	1000		500
6	管线 位移	刚性 管道	压力	10~30		1~3	10~30		1~3
			非压力	10~40		3~5	10~40		3~5
		柔性管道		10~40		3~5	10~40		3~5

6. 监测成果资料及提交

（1）基坑施工期间，每次监测工作完成后，对各项测试数据用计算机进行计算分析，及时将有关监测数据及相应图表，打印送交有关各方（建设方、监理方等）分析使用。提交的成果资料有：

1）支护结构深层位移（测斜）监测成果表；基坑周围道路、地表的位移观测成果表；

2）地下水位变化监测成果表；基坑支护结构的位移监测成果表；

3）支撑抽力监测成果表；支撑立柱桩的沉降监测成果表。

（2）当基坑出现险情时及时预报，分析原因。

（3）施工结束、基坑土体部分回填后，基坑安全监测工作即可结束。基坑监测结束后，对所测资料进行全面的综合计算分析，提交基坑监测成果报告。

7. 技术措施

监测方案需经有关单位进行评审，评审通过才可执行。监测过程中，测点埋设、原始数据采集、数据处理、成果提交等所有过程，都必须严格执行监测工作操作程序，严格遵守国家及北京市的各项技术规程、规范。

现场监测仪器设备满足工程监测精度要求，并经国家法定计量部门检定。现场监测人员持证上岗。进场开展监测工作前，公司主管领导对项目部所有成员进行技术交底。

监测报表提交前，经现场监测人员自检，项目负责人复检，检核无误后方可提交。

项目部每周进行一次质量自检，公司每月进行一次质量抽检。同时接受现场建设方、监理方的一切监督。准时参加工地各项会议，积极加强与各参建单位的联系和沟通。监测现场所有来往文件，按规范格式做好书面签发记录。

附1.2.6　土方回填

1. 工前准备

（1）基坑回填在构筑物的地下部分验收（水池满水试验合格）后及时进行。

（2）回填材料符合设计要求或相关规范规定。

（3）回填前清除基坑内的杂物、建筑垃圾，并将积水排除干净。

2. 土方回填及质量要求

基坑内每层回填厚度及压实遍数，根据土质情况及所用机具，经过现场试验确定，各层厚度差不得超过 90mm。

基坑均匀回填、分层压实，其压实度符合附表 1-7 的规定。

回填土压实度 　　　　附表 1-7

检查项目	压实度（%）	检查频率		检查方法
		范　围	组数	
一般情况下	≥90	构筑物四周按 50 延米/层；大面积回填按 500m²/层	1（三点）	环刀法
地面有散水等	≥95		1（三点）	环刀法
铺设管道当年回填土上修路	≥93		1（三点）	环刀法
	≥95			

雨期经常检验回填土的含水量，随填、随压，防止松土淋雨；填土时基坑四周被破坏的土堤及排水沟及时修复。

冬期在道路或管道通过的部位不得回填冻土，其他部位可均匀掺入冻土，其数量不得超过填土总体积的 15%，且冻土的块径不得大于 150mm。

基坑回填后，保留原有的测量控制桩点和沉降观测桩点；并继续进行观测直至确认沉降趋于稳定，四周建（构）筑物安全为止。

基坑回填土表面略高于地面，整平，以利于排水。

附1.3　基础工程

附1.3.1　复合地基设计

1. 设计说明

根据本工程"初步设计说明书"中所述的水文地质条件，新近沉积地层中黏质粉土②层、粉质黏土③层只可作为传达室、车棚等小型建筑物的地基持力层。

对于大型水处理池体和大型建（构）筑物的独立柱基，这两层土土质相对较软，需采用 CFG 桩复合地基处理。CFG 桩桩径 400mm，桩间距 1.2～5 倍桩径不等，桩长 3.6～

13m。桩端穿透软弱土层，进入下卧层不小于 0.5m，使得复合地基承载力特征值达到 150～250kPa。根据不同建（构）筑物基础承载力和沉降变形要求，通过调整桩长满足设计要求。桩顶和基础之间设置 300mm 厚的中粗砂褥垫层。

CFG 桩（附图 1-8）施工随土方开挖依次展开，选用长螺旋钻孔泵送混凝土灌注方法施作。施工时长螺旋桩机钻孔至设计标高后，通过卷扬机上提钻杆取土，同时混凝土泵通过中空钻杆向孔内泵入流态混凝土成桩。

CFG 桩施工完毕，待桩体达到一定强度后，将桩头截断，施作厚度为 300mm 的中粗砂褥垫层，并进行静力压实。

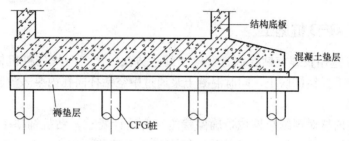

附图 1-8　CFG 桩地基处理示意

2. 设计参数与工程量

13 座建（构）筑物的基础采用 CFG 桩进行地基处理，CFG 桩长 3.6～13m；工程部位、工程量及相关参数见附表 1-8。

工程部位、工程量及相关参数　　　　　　　　　　　　　　附表 1-8

序号	构筑物名称	处理部位	桩径(mm)	桩长(m)	桩间距(m)	数量(棵)		褥垫层厚度(mm)
1	清水池	底板下基底		3.6	1.5×1.8	9594		
2	膜处理车间、设备间、紫外线、消毒室	底板下基底		8	1.8梅花形布置	1484		
3	机械加速澄清池	柱基下方		11	1.2～1.8	884	合计1331	
		走廊基础		11	1.8～2.0	225		
		底板下基础		8	1.8～2.0	222		
4	膜车间、变配电室	底板下基础		9	—	351		
5	进水井、预臭氧接触池	底板下基底	400	7.45	3～5倍桩径	32	合计304	中粗砂厚300
				11.39		176		
				12.35		48		
				8		48		
6	变配电室	柱基下方		8.2	1.80×1.75 1.65×1.75 1.45×1.75 1.20×1.75 1.20×1.75	321		
7	补氯加氨间			11	1.3(1.2)×1.5	208		
8	锅炉房	底板下基底		13	1.2梅花形布置、1.3×1.5	169		

序号	构筑物名称	处理部位	桩径(mm)	桩长(m)	桩间距(m)	数量(棵)	褥垫层厚度(mm)
9	导试净配水厂			10	3～5倍桩径	154	
10	化验楼			10	3～5倍桩径	154	
11	臭氧车间、配电室	底板下基底	400	13	1.2～1.4	148	中粗砂厚300
12	综合管理楼			10	3～5倍桩径	132	
13	附属变电室			11	1.2梅花形布置	75	

附1.3.2 CFG桩施工

CFG桩施工选用长螺旋钻孔泵送混凝土灌注方法。施工时螺旋桩机钻孔至设计标高后，通过卷扬机上提钻杆取土，同时混凝土泵通过中空钻杆向孔内泵入流态混凝土成桩。

1. 钻机就位

每棵桩就位前核对图纸与桩位，确保就位符合设计要求。钻机铺垫平稳，确保机身、钻杆垂直、稳定、牢固，钻头对准桩位。钻尖与桩点偏移不得大于9mm。垂直度控制在1‰以内。

2. 开钻、清泥

开钻前检查钻头上的楔形出料口是否闭合，严禁开口钻进，钻头直径控制在（400＋20)mm，钻尖接触地面时，下钻速度要慢，钻进速度为1.0～1.5m/min或根据试桩确定。

成孔过程中，一般不得反转和提升钻杆；如需反转或提升钻杆，将钻杆提升至地面，对钻尖开启门须重新清洗、调试、封口。

进入软硬层交界处时，保证钻杆垂直，缓慢进入，在含有砖块土层、杂填土层、软塑性土层钻进时，尽量减少钻杆晃动，以免孔径变化异常。钻进时注意电流变化状态，电流值超越操作规程时，及时提升排土，直至电流变化为正常状态。钻出的土随钻随清，钻至设计标高时，将钻杆周围土方清除干净。钻进过程中随时检查钻杆垂直度，确保钻杆垂直，并做好记录。施工垂直度偏差控制见附表1-9。

施工垂直度偏差控制   附表1-9

序号	基础形式	施工垂直度偏差控制
1	常规要求	≤1%
2	满堂红布桩基础	≤0.4倍桩径
3	条形基础	≤0.25倍桩径
4	单排布桩桩位偏差	≤60mm

3. 终孔

钻到设计标高后，由质量员进行终孔验收，经验收合格并做好记录后，进行压灌预拌混凝土作业。

4. 固定泵输送混凝土

固定泵与钻机距离一般控制在60m以内。混凝土泵送连续进行，当钻机移位时，固定泵内的混凝土连续搅拌。泵送混凝土时，保持斗内混凝土高度不得低于40cm。

5. 压灌成桩

成孔至设计深度后，开启定心钻尖，接着压入预拌混凝土，混凝土坍落度为 16～20cm，然后边压灌边提钻。

压灌混凝土的提钻速度根据桩径、输料系统管线长度、内径、单台搅拌机一次输料量、在孔中的灌入高度、供料速度等因素确定。压灌与钻杆提升配合好坏，将直接影响桩的质量。如钻杆提升慢，将造成活门难以打开，致使泵压过大，憋破胶管；如钻杆提升快，将使孔内产生负压，流砂涌入产生沉渣而削弱桩的承载力。

因此要求准确掌握提拔钻杆时间，混合料泵送量与拔管速度相配合，遇到饱和砂土或饱和粉土层，不得停泵待料；沉管灌注成桩施工拔管速度按匀速控制，拔管速度控制在 1.2～1.5m/min 左右，如遇淤泥或淤泥质土，拔管速度适当放慢。

施工桩桩顶标高高出设计桩桩顶标高不少于 0.5m。

冬期施工时混合料入孔温度不得低于 5℃，对桩头和桩间土采取保温措施。

成桩过程中，抽样做混合料试块，每台机械一天做一组（3 块）试块（边长 150mm 的立方体），标准养护，测定其立方体坑压强度

6. 桩间土开挖与桩头截取

（1）CFG 桩施工完毕，待桩体达到一定强度后（一般为 3～7d），方可进行开挖。开挖时，采用小型挖掘机配合人工进行开挖，开挖过程中配专人指挥，保证铲斗离桩边有一定安全距离，避免扰动桩间土和对设计桩顶标高以下的桩体产生损害。

（2）CFG 桩施工达到 28d 以后，当开挖到设计标高时进行桩头截取，使用专用混凝土切割机，将桩头截断。在清土和截桩时，要避免造成桩顶标高以下桩身断裂和扰动桩间土。

（3）施工质量检验

主要检查施工记录、混合料坍落度、桩数、桩位偏差、褥垫层厚度、夯填度和桩体试块抗压强度等。

水泥粉煤灰碎石桩地基竣工验收时，承载力检验采用复合地基载荷试验。

水泥粉煤灰碎石桩地基检验在桩身强度满足试验荷载条件，且在施工结束 28d 后进行。试验数量为总桩数的 0.5%～1%，且每个单体构筑物的试验数量不少于 3 点。

抽取不少于总桩数 10% 的桩进行低应变动力试验，检测桩身完整性。

附 1.3.3 褥垫层施工

中粗砂褥垫层厚度为 300mm，施工时虚铺厚度 $h = \Delta H / \lambda$。其中 λ 为夯填度，夯填度不得大于 0.90。经计算虚铺厚度为 333mm。

褥垫层铺设采用静力压实法，中粗砂虚铺完成后采用 20t 振动碾静力压实至设计厚度，对较干的中粗砂材料，虚铺后适当洒水再进行碾压。

附 1.4 钢筋工程

附 1.4.1 技术要求

钢筋工程的供货、运输和存放、加工制作、钢筋连接、现场绑扎、质量验收等方面，

严格按照《混凝土结构工程施工质量验收规范》GB 50204—2002（2010 版）、《给水排水构筑物工程施工及验收规范》GB 50141—2008 以及《混凝土结构工程施工规范》GB 506666—2011 的相关要求进行控制。

受现场有效使用面积制约，同时为确保钢筋加工操作规范、标准统一，本工程在场内设置一座专业化钢筋加工厂，对所需结构钢筋进行统一加工制作。

钢筋连接方式根据设计要求和施工条件选用。在满足设计要求的条件下，优先选择机械连接；不具备机械连接条件时，采用绑扎搭接连接。

钢筋机械连接应符合《钢筋机械连接技术规程》JGJ 107—2010 的有关规定。局部采用焊接连接时，应符合《钢筋焊接及验收规程》JGJ 18—2012）的有关规定。在施工现场，按这两个规程的有关规定，抽取钢筋机械连接接头、焊接接头试件做力学性能检验，其质量应符合国家现行有关标准的规定。

钢筋保护层厚度控制：符合《给水排水构筑物工程施工及验收规范》GB 50141—2008 的要求。

附 1.4.2 进场与储存

进场的钢筋原材料，具备出厂合格证。收料员认真核查产地、批号、规格是否与合格证相符，经确认无误后，方可收货进场。

钢筋进场按批检查验收，每验收批由同牌号、同炉罐号、同加工方法、同规格、同交货状态的钢筋组成。

在现场钢筋堆放场地，用方木摆放成长条墩，钢筋分规格放在条墩上。用标识牌对钢筋规格、产地、检验状态等进行标识，并设专人管理。钢筋堆放场要求地面平整坚实，防止钢筋变形。

附 1.4.3 钢筋加工

先由钢筋专职放样员按设计施工图和规范要求编制钢筋加工单，经项目总工程师审核，按复核后的钢筋加工料单制作。钢筋加工的形状、尺寸应符合设计要求。钢筋加工后，按照使用部位将其标识、分类堆放整齐，便于使用和管理。钢筋表面做到洁净，无损伤、油渍、漆污和铁锈等，带有粒状和片状锈的钢筋不得使用。

钢筋切断和弯曲时注意尺寸准确，弯曲后平面上没有翘曲、不平现象，钢筋弯曲点处不得有裂缝。对不同直径钢筋弯折，按照加工要求更换不同的芯轴。对于Ⅱ级钢筋不能反复弯折，钢筋加工的允许偏差应符合规定。

钢筋制作允许偏差、检验数量和方法如附表 1-10 所示。

钢筋制作允许偏差、检验数量和方法　　　　附表 1-10

序号	项　　目		允许偏差	检 查 数 量	检 验 方 法
1	受力钢筋顺长度方向全长的净尺寸		±10mm	按每工作班同一类型钢筋、同一加工设备抽检不少于 3 件	用钢尺量测
2	弯起钢筋折点位置		±20mm		
3	箍筋内净尺寸		±5mm		
4	箍筋弯钩尺寸	角度	135°		
		弯后平直部分	≥9d		

附 1.4.4　钢筋安装

依据施工方案确定钢筋绑扎顺序为：先绑扎底板钢筋，同时预留好池壁导墙的插筋和柱根的插筋；桩头筋应成 45°与底板钢筋连接。

池壁（墙）钢筋的绑扎顺序为：先绑扎迎土面钢筋，再绑扎背土面钢筋；先主结构，后附属结构；续接绑扎池壁、隔墙钢筋时，按设计长度下料安装。

顶板钢筋绑扎顺序：先绑扎纵横梁，后绑扎顶板钢筋；桩头筋应成 45°与底板钢筋连接。

1. 混凝土垫层

基坑开挖后，按相关地基规范与设计要求对地基进行检查验收。检查验收后，测放水池各部轴线控制桩与垫层模板外缘线。垫层混凝土的表面成型与高程控制要点：

垫层混凝土表面高程与平整度的精度，影响到上部结构的质量水平。为使垫层混凝土表面高程控制在标准（允许偏差±9mm）以内，首先控制垫层侧模板高程的误差值≤5mm（用水准仪测量）。为此，在垫层平面的中间部分，支设临时高程控制板，将整体大面积垫层分为若干条。其次，在分条浇筑垫层过程中，用平杠尺和抹子对混凝土表面整平。浇筑一条后，即拆除临时侧模，并继续浇筑下一条垫层，如此直到全部完成。

2. 准备工作

（1）核对半成品钢筋的规格、尺寸和数量等是否与料单相符，准备好绑扎用的绑丝、钢筋钩等绑扎工具和材料，并按各部位保护层的厚度，准备垫块，垫块平面尺寸为 50mm×50mm，水泥砂浆制作，垫块中埋入绑丝间隔绑扎。

（2）测量、弹放主筋线

当垫层混凝土强度达到 1.2N/mm² 后，开始测放轴线；用经纬仪将池壁、进出水口、柱的轴线控制点、底板、池壁与柱的内外边线投至垫层表面，并弹上墨线。

为检查垫层混凝土的表面高程和便于控制与调整底板上层钢筋的高度，用水准仪将垫层表面的高程实际误差值标注在垫层混凝土的表面。

3. 底板钢筋安装

（1）施工要点

弄清设计图纸中钢筋（底板、地梁、池壁、柱）节点交叉、尺寸关系；确定影响钢筋位置的主要控制线。影响质量的关键：保护层厚度、上下（内外）层排距、交叉结点关系、接头位置、固定方法、架立筋间距、垫层厚度与安放的位置。

（2）准备工作

1）研究图纸中钢筋（上下双向筋、池壁、梁柱节点、箍筋）的交叉（上下、内外）关系；

2）计算钢筋的下料尺寸与形状；确定影响主要钢筋位置的控制线；

3）确定底板筋、池壁竖向筋位置的支架与固定方法；

4）按轴线将底板、池壁与柱的钢筋控制线用墨线标在垫层混凝土上。

（3）钢筋绑扎

底层钢筋方格网按钢筋控制线绑扎后，安放架立筋（板凳筋、排架）；架立筋间距根据钢筋直径确定，一般为 60～120cm；架立筋的高度根据底板厚度、钢筋直径与保护层厚度计算确定；底层垫块放置位置与架立筋的位置相对应、不错位，以免受力后变形。

钢筋绑扎后，检查上下层间的排距与保护层厚度（偏差值＜±10mm）。池壁钢筋保护层厚度控制的关键在于：两根底板上层定位筋的位置的准确性；池壁筋的垂直度；池壁腋角吊模的尺寸控制。

4. 墙体、池壁钢筋绑扎

（1）施工要点

墙体、池壁钢筋绑扎的关键是：控制好钢筋的搭接长度与搭接关系；控制好竖向钢筋顶部的高度；控制好池壁内外层钢筋的净距尺寸；保持整体钢筋网的稳固。

（2）准备工作

按施工图纸核对各型号钢筋的直径、长度、成型尺寸。

为控制池壁竖向筋的上顶高度，在池壁根部腋角侧面上，测量高程控制线，标明到池顶上皮的高度，据此绑扎竖筋。

搭设内外脚手架，清除钢筋表面灰浆，整理埋筋。

（3）钢筋绑扎

重点控制好内外层钢筋的净尺寸，为此采用排架或板凳筋做法。无论采用哪种方法，均按照施工图保护层厚度要求，精心加工排架和砂浆垫块，误差值不大于±3mm。排架（支撑板凳）的间距不大于1000mm。砂浆垫块摆放位置，与钢筋排架支点相对应。绑丝扣向内侧弯曲，不占用保护层的厚度。

绑扎后的池壁钢筋，稳固不变形，竖向筋保持垂直，横向筋保持水平。特别注意池壁转角部位的垂直度与钢筋的保护层不超差，以保证模板安装顺利进行。

5. 柱钢筋绑扎

（1）工艺流程：弹柱子线→剔凿柱混凝土表面浮浆→修理柱子筋→套柱箍筋→搭接绑扎竖向受力筋→划箍筋间距线→绑扎箍筋。

（2）套柱箍筋：按图纸要求间距，计算好每根柱箍筋数量，先将箍筋套在下层伸出的搭接筋上，然后立柱子钢筋，在搭接长度内，绑扣不少于3个，绑扣要朝向柱中心。

（3）搭接绑扎竖向受力筋：柱子主筋立起后，绑扎接头的搭接长度、接头面积百分率符合设计要求。

（4）柱箍筋绑扎

按已划好的箍筋位置线，将已套好的箍筋往上移动，自上而下绑扎，宜采用缠扣绑扎。

箍筋与主筋要垂直，箍筋转角处及与主筋交点处均要绑扎，主筋与箍筋非转角部分的相交点成梅花形交错绑扎。

箍筋的弯钩叠合处，沿柱子竖筋交错布置，并绑扎牢固。

有抗震要求的地区，柱箍筋端头弯成135°，平直部分长度不小于10d（d为箍筋直径）。如箍筋采用90°搭接，搭接处焊接，焊缝长度单面焊缝不小于10d。

柱基、柱顶、梁柱交接处箍筋间距按设计要求加密。柱上下两端箍筋加密，加密区长度及加密区内箍筋间距符合设计图纸要求。如设计要求箍筋设拉筋时，拉筋钩住箍筋。

柱筋保护层厚度符合规范要求，柱筋外皮为25mm，垫块应绑在柱竖筋外皮上（或用塑料卡卡在外竖筋上），间距一般为 1000mm，以保证柱筋保护层厚度准确。当柱截面尺寸有变化时，柱在板内弯折，弯后的尺寸符合设计要求。

6. 顶板钢筋绑扎

钢筋绑扎在模板安装好后进行，纵向受力钢筋出现双层或多层排列时，两排钢筋之间每隔 900mm 垫直径 25mm 的短钢筋（垫铁），以保证钢筋间的净距离。箍筋的弯钩叠合处交错设置。

钢筋交叉点采用绑丝扎牢，配置的钢筋级别、直径、根数和间距符合设计要求，绑扎的钢筋网不得有变形、松脱现象。

上层钢筋网垫以足够的马凳，间距 1000mm，梅花形布置，以保证上层钢筋网位置准确，钢筋网片绑扎前先弹线，以保证钢筋顺直，间距均匀。

7. 梯步钢筋绑扎

（1）在梯步底板上划主筋和分布筋的位置线。

（2）根据设计图纸中主筋、分布筋的方向，先绑扎主筋后绑扎分布筋，每个交点均应绑扎。如有梯步梁时，先绑梁后绑板筋，板筋要锚固到梁内。

（3）底板筋绑完，待踏步模板吊绑支好后，再绑扎踏步钢筋。主筋接头数量和位置均符合设计和施工质量验收规范的规定。

8. 梁钢筋绑扎

（1）在梁侧模板上划出箍筋间距线，摆放箍筋。

（2）先穿主梁下部纵向受力钢筋及弯起钢筋，将箍筋按已划好的间距线逐个分开；穿次梁下部纵向受力钢筋及弯起钢筋，并套好箍筋；放主次梁的架立筋；隔一定间距将架立筋与箍筋绑扎牢固；调整箍筋间距使其符合设计要求，先绑架立筋，再绑主筋，主次梁同时配合进行。当梁高度超过 800mm 时放置在梁口面绑扎后入模。

（3）框架梁上部纵向钢筋贯穿中间节点，下部纵向钢筋伸入中间节点，锚固长度及伸过中心线的长度要符合设计要求。框架梁纵向钢筋在端节点内的锚固长度也要符合设计要求。

（4）绑梁上部纵向筋的箍筋，宜用套扣法绑扎。

（5）箍筋在叠合处的弯钩，在梁中交错绑扎，箍筋弯钩为 135°，平直部分长度为 10d；如做成封闭箍时，单面焊缝长度为 5d。

（6）梁端第一个箍筋，设置在距离柱节点边缘 50cm 处。梁端与柱交接处箍筋加密，其间距与加密区长度均符合设计要求。

（7）在主、次梁受力筋下均垫垫块（或塑料卡），保证保护层的厚度。受力筋为双排时，用短钢筋垫在两层钢筋之间，钢筋排距符合设计要求。

9. 钢筋连接

钢筋连接采用绑扎连接和机械连接两种方式。

（1）直螺纹连接

直径≥22mm 的受力钢筋，均考虑采用滚轧直螺纹连接。

直螺纹连接套，材质为Ⅰ级钢筋。直螺纹套丝机采用 SZ-50A 型。先用直螺纹套丝机将钢筋的连接端头加工成直螺纹，然后通过直螺纹连接套，用力矩扳手按规定的力矩值把钢筋和连接套拧紧在一起。

（2）连接质量控制

直螺纹连接钢筋接头强度达到钢材强度值，钢筋套丝质量符合要求，小端直径不得超过允许值，钢筋螺纹的完整丝扣不小于规定丝扣，接完的钢筋接头用油漆作标记，其外露丝扣不超过两个完整丝扣。

直螺纹接头均按规范要求，分批进行质量检查和验收，所有接头分批抽取试件进行力学试验，经检验合格后，方可进行下道工序施工。

10. 钢筋保护层厚度控制

结构混凝土中的钢筋位置，不仅对结构的受力性能有重大影响，还涉及结构耐久性的安全问题。对保护层厚度的规定是为了满足结构构件的耐久性要求和受力钢筋有效锚固的要求。如果钢筋混凝土保护层厚度过小，由于水处理构筑物处于露天及高湿度环境或处于冰融及轻微腐蚀环境中，大气对混凝土的碳化、水对钢筋的锈蚀以及冻融的影响，都会影响结构的使用寿命。

在《混凝土结构工程施工质量验收规范》GB 50204—2002（2010 版）中，对于梁、板类（也应包括水池池壁）上部纵向受力钢筋保护层厚度偏差的合格点率要求为 90% 以上，其最大误差值不超过允许误差值的 1.5 倍。

严格控制水处理构筑物结构混凝土的钢筋保护层厚度，是根据国内外长期的工程实践经验所确定。只有从思想上认识钢筋位置、保护层厚度在结构耐久性上起到的重要作用，才能在施工中从严要求。

对结构的厚度、节点构造、钢筋保护层厚度的尺寸关系，事先仔细的计算，并根据钢筋直径的大小与排列情况以及误差要求，确定钢筋支架与保护层垫块的尺寸和布置间距。

11. 细部安装与保护

钢筋绑扎过程中，根据设计图纸布设各种预埋管路、预埋铁件及预留孔洞，并对其位置进行复测，以确保定位准确性，而后采取有效措施（如焊连、支撑、加固等），将其牢固定位，以防止其在混凝土浇筑过程中变形移位。

钢筋接驳器的预埋：严格按照设计图纸预埋接驳器。预埋件及预留孔洞的处理：预埋件、预埋螺栓及插筋等，其埋入部分不得超过混凝土结构厚度的 3/4。

混凝土浇筑前，报请有关各方进行现场验收，对图复查，防止遗漏。浇筑底板、顶板混凝土时，在其上铺设临时通道，采用脚手管和木板支搭。浇筑混凝土时，设专人看护，发现钢筋位置出现位移时，及时调整。混凝土浇筑时，临时通道随浇筑随拆除。浇筑柱混凝土前，将柱与梁板接茬处的钢筋，用塑料布或塑料套管包扎好，以免浇筑混凝土时将钢筋污染。混凝土浇筑完毕后，将此包扎解掉，并清除钢筋上的混凝土浮浆。

附 1.4.5　施工质量控制

（1）钢筋按设计要求和施工规范绑扎完成后，施工方应进行自检、互检。自检评定合格后，报请监理等方进行隐蔽验收，经签证后进行下道工序施工。钢筋安装施工偏差控制见附表 1-11。

（2）变形缝止水带安装部位的钢筋预先制作成型，安装位置准确、尺寸正确、安装牢固。变形缝施工偏差按照附表 1-12 进行控制。

钢筋安装允许偏差 附表 1-11

检查项目		允许偏差（mm）	检查数量		检查方法
			范围	点数	
受力钢筋的间距		±10	每 5m	1	用钢尺量测
受力钢筋的排距		±5	每 5m	1	
钢筋弯起点位置		20	每 5m	1	
箍筋、横向钢筋间距	绑扎骨架	±20	每 5m	1	
	焊接骨架	±10	每 5m	1	
圆环钢筋同心度 （直径小于 3m 管状结构）		±10	每 3m	1	
焊接预埋件	中心线位置	3	每件	1	
	水平高差	±3	每件	1	
受力钢筋的保护层厚度	基础	0～+10	每 5m	4	
	柱、梁	0～+5	每柱、梁	4	
	板、墙、拱	0～+3	每 5m	1	

变形缝施工允许偏差 附表 1-12

检查项目		允许偏差（mm）	检查数量		检查方法
			范围	点数	
结构端面平整度		8	每处	1	用 2m 直尺配合塞尺量测
结构端面垂直度		2H/1000，且不大于 8	每处	1	用垂线量测
变形缝宽度		±3	每处每 2m	1	用钢尺量测
止水带长度		不小于设计要求	每根	1	用钢尺量测
止水带位置	结构端面	±5	每处	1	用钢尺量测
	止水带中心	±5	每 2m		
相邻错缝		±5	每处	4	用钢尺量测

注：H 为结构全高，mm。

附 1.5 模板工程

附 1.5.1 结构特点与模架设计

1. 构筑物结构特点

水处理构筑物的专业特点，决定了后期将有大量的专业设备需在结构内进行安装、调试，为使设备能够准确安装到位，对混凝土结构几何尺寸的精确度提出了较高标准。

而水处理构筑物结构的外形尺寸和外观质量，主要取决于模板的材料、构造方法及其支架的承载能力、刚度和稳定性，也取决于结构混凝土的总体施工方法和细部做法。为使构筑物混凝土结构外形尺寸、外观质量达到较高水平，必须对模板的构造进行专项设计。

本工程建（构）筑物，基本上分为三类：第一类，地下围护结构基坑内的水处理构筑物，如：格栅间、集水池、提升泵房；第二类，半地下放坡法基坑内的水处理构筑物，如：清水池、机械加速澄清池等；第三类：地上建筑框架构筑物，如：宿舍楼、办公楼等。

由于各建（构）筑物埋设深度、基坑支护形式，以及使用功能的不同，造成结构形式差别较大，需对不同建（构）筑物及不同部位，分别进行模板形式选择及设计。

2. 主要建（构）筑物结构尺寸及模板形式

主要建（构）筑物的结构尺寸及模板、支架形式见附表 1-13。

主要建（构）筑物结构尺寸及模板、支架形式　　　　　　附表 1-13

建（构）筑物名称	主要结构层高(m)		结构尺寸(mm)						模板及支架形式
	地下	地上	基础底板	外墙厚度	内墙厚度	楼板厚度	立柱截面	梁截面	
格栅间	−16.2	5.7	1200	800	800	150	600×600	300×600	1. 地下结构底板导墙采用建筑小钢模支搭 2. 地下结构外墙、隔墙采用木模板支搭(穿墙螺栓) 3. 地下结构顶板采用木模板及满堂红支架 4. 地上结构采用建筑模板支搭
集水池	−16.0	—	1200	800	800	150	800×800	300×700 300×1000 600×1200	
提升泵房	−16.5	11.9	1200	800	800	150	500×500 400×1400 500×800	300×300 300×600 300×400	
配电室	—	5.8	300	300	—	150	600×600	300×700	
机械加速澄清池	—	11.4	500	250	250	200	600×800	400×600	定制 2 套钢制专用模板
炭滤池	−6.45	5.4	400	800	450	200	400×600	3300×1100 250×500	采用建筑小钢模＋木模板＋满堂红支架
膜处理车间	−5.3	6.8	400	300	400	—	600×1200	800×1500	
清水池、吸水井	−11	—	1200	1000	500	200	450×450	400×900 300×600	1. 底板导墙采用建筑小钢模 2. 侧墙及隔墙采用建筑钢制大模板 3. 顶板采用木模板＋满堂红支架
其余地上建筑框架结构	—	1～3 层	—	—	—	—	—	—	建筑模板及满堂红支架

附 1.5.2　结构部位与模板支架组成

（1）底板侧模与导墙吊模支架组成如附图 1-9 所示。

（2）格栅间、集水池、提升泵房内集水坑模板如附图 1-10 所示。

采用小钢模板拼装施工，内用钢管＋U 托顶撑，对顶钢管间距 900mm，加两道斜撑。模板底部用钢丝网铺一道，防止底部混凝土上浮，钢丝网卷上集水坑、电梯井周边各 150mm。小钢模板底部用铁丝与底板上铁拉结（间距 300mm 拉结一道），以防止浇筑混凝土时模板上浮。

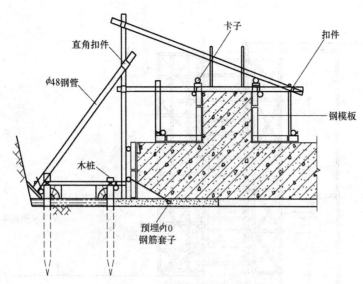

附图 1-9 底板侧模与导墙吊模

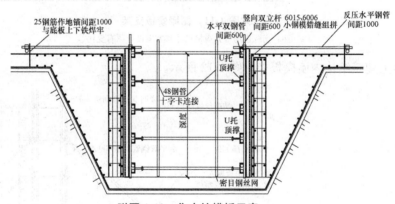

附图 1-10 集水坑模板示意

（3）外墙模板

1）地下结构侧墙模板如附图 1-11 所示。

侧墙模板采用双侧支模，墙体利用木模板，面板采用 18mm 厚酚醛覆膜胶合板；次龙骨采用 100mm×100mm 方木，间距 300mm；主龙骨采用 100mm×120mm 方木，间距 600mm；对拉螺栓 ϕ16@600mm×600mm。

2）地上建筑外墙组合小钢模如附图 1-12 所示。

外墙采用组合小钢模，外墙连墙柱采用定型钢模板，大模板做成平口螺栓孔与小钢模对应。与小模板通过螺栓连接。

（4）内墙模板

1）地下结构内墙双侧模板如附图 1-13 所示。

内墙模板采用双侧支模，模板采用 18mm 厚酚醛覆膜胶合板；主龙骨采用 120mm×100mm 方木，间距 600mm；次龙骨采用 100mm×100mm 方木，间距 250mm；穿墙螺栓 ϕ16@600mm×600mm，模板支架采用 ϕ48mm 钢管，确保模板的垂直度及平整度达到设计要求。

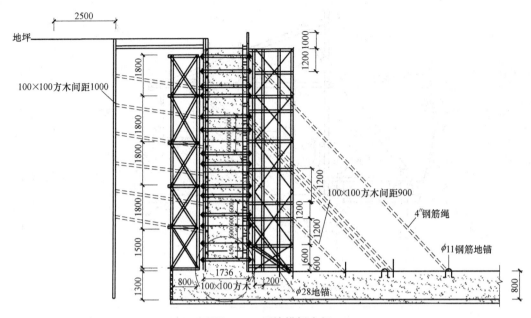

附图1-11　侧墙模板支架

注：实际进场木方规格尺寸与方案设计图有变化。

2）地上建筑结构内墙模板如附图1-12所示。

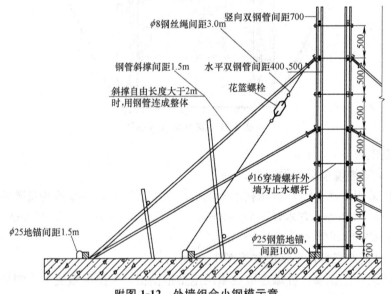

附图1-12　外墙组合小钢模示意

（5）顶板、梁模板支架如附图1-14所示。

本工程顶板模板及梁模板均采用12mm厚酚醛覆膜胶合板；进场方木为主龙骨采用100mm×100mm方木，间距600mm；次龙骨采用50mm×100mm方木，间距300mm；与附图1-14有差别；模板支架采用碗扣式脚手架。

梁模板与顶板模板、主次龙骨材料选择相同。当梁截面尺寸大于600mm×900mm时，在距梁下250mm处增加一道穿梁螺栓，螺栓直径为16mm，间距不大于500mm。

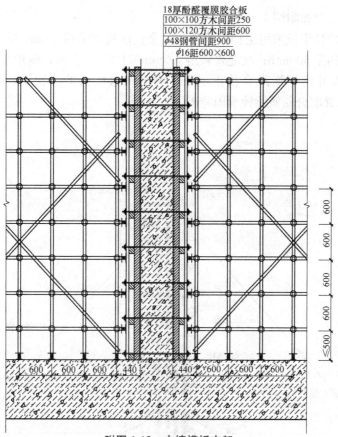

附图 1-13　内墙模板支架

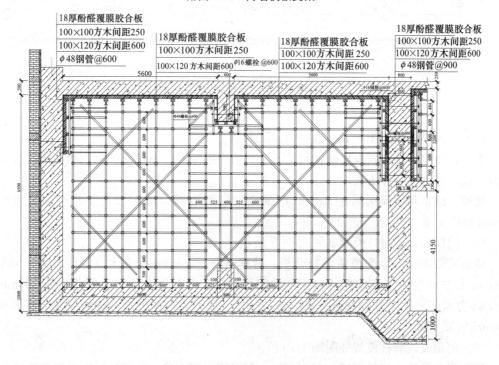

附图 1-14　板梁模架组成

（6）柱模板支架如附图 1-15 所示。

除清水池内的柱模板采用定型钢模外，其余柱模板均采用 18mm 厚酚醛覆膜胶合板；主龙骨为花梁，间距 600mm；次龙骨采用 100mm×100mm 方木，间距 250mm；支撑体系采用 ϕ48mm 钢管并由钢绳配合校正施工。为了确保模板整体稳定，在模板外侧加设 ϕ10mm 钢丝绳，并配合花篮螺栓紧固施工。

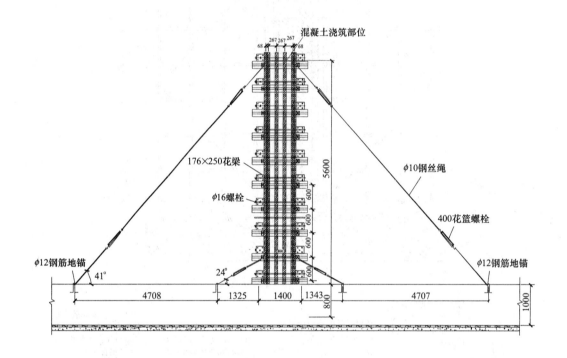

附图 1-15　柱模架示意

（7）楼梯模板如附图 1-16 和附图 1-17 所示。

本工程建筑物楼层较少且楼梯尺寸不一，采用定型模板不经济。均按照实际尺寸采用木胶合板、方木现场加工支设。

底模、踏步和侧模可采用 18mm 厚酚醛覆膜胶合板，加工成定型模板。支架采用 48mm 钢管支顶。

（8）门窗和设备洞口模架如附图 1-18 所示。

模板采用 18mm 厚酚醛覆膜胶合板，背楞 50mm×100mm 方木（原设计为 50mm×100mm 木方），立放。用木楞外包酚醛覆膜胶合板，角部用定型加工的角铁或 100mm×100mm 方木（原设计为 100mm×100mm 方木）。加工成定型模板，现场安装，支架采用 ϕ48mm 钢管支顶。

（9）阴角及附墙柱模架如附图 1-19 所示。

墙体阴角部位一侧使用模板钢支架，一侧采用钢管支撑，以解决模板支架相互冲突。

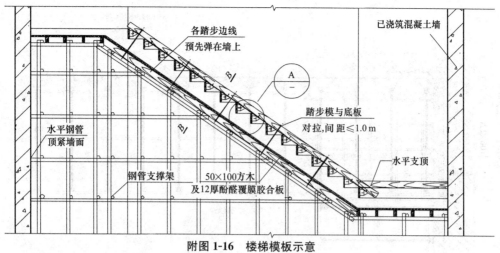

附图 1-16 楼梯模板示意

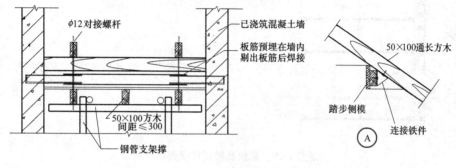

附图 1-17 细部图

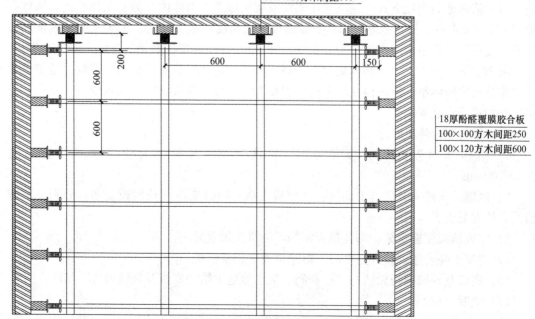

附图 1-18 门窗和设备洞口模架示意

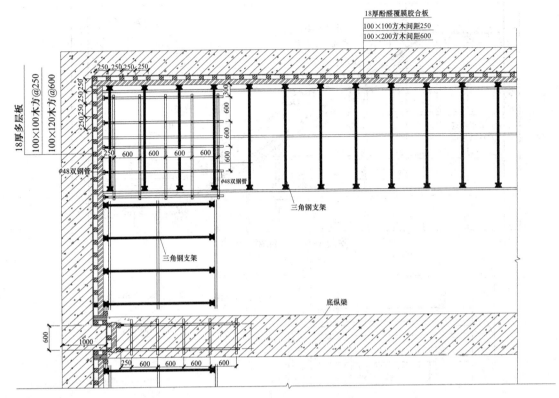

附图 1-19   阴角及附墙柱模架示意

附 1.5.3 清水池与澄清池模板支架

1. 清水池

（1）清水池为半地下式，基坑采用明挖放坡法施工，墙体内外侧有工作空间，墙体高度只有 5.7m 左右，池体内立柱形式、截面尺寸及高度一致。同时，由于 4 座清水池均设计有一变形缝，将单座清水池分为 2 个单元（仓），共计有 8 各单元（仓）。

考虑池壁、顶板混凝土结构抗渗、外观质量要求高，要尽量减少模板拼缝，池壁模板采用建筑大模板体系。池体内立柱采用定型加工钢模板。顶板底模采用木模板，支撑系统采用碗扣式满堂红支架。

（2）结构竖向施工顺序

1）结构竖向先浇筑底板及导墙、立柱基础，水平施工缝位于底板掖角上 200~300mm。

2）侧墙、立柱同时进行钢筋绑扎、模板支搭；同时支搭顶板模板支架；分别浇筑侧墙、立柱混凝土。

3）完成顶板模板支架；绑扎顶板钢筋，浇筑顶板混凝土。

4）混凝土强度达到设计强度后，拆除顶板支架及模板。

（3）底板及导墙模板做法与"格栅间、集水池地下结构底板及导墙做法"相同。

（4）池壁模板

选用 86 系列全钢定型大模板，定型大模板厚 86mm，面板使用 6mm 厚热轧钢板，四

周边框为 [8，内部纵肋（通长）使用 [8 槽钢，中心间距为 300mm。内部横肋为 L75mm×50mm×6mm 的角钢，中心间距为 550mm。水平背楞为 2 [9 槽钢，模板面板穿墙孔直径 32mm，穿墙孔水平间距一般为 900mm，最小间距为 300mm，最大间距为 1200mm。出缩边搭接尺寸为 20mm。

高模板（5.35m）竖向设置 6 道穿墙螺杆，间距分别为 200mm（距下口）、190mm、190mm、900mm、800mm、800mm；3.53m 高模板设 4 道穿墙螺杆，间距分别为 200mm（距下口）、190mm、190mm、800mm。本工程连墙柱宽度为 650mm、600mm，未设穿墙螺杆；当模板穿墙螺杆孔间距大于 900mm 时，采用钢管、U 托、方木进行加固。清水池池壁模板支搭如附图 1-20 所示。

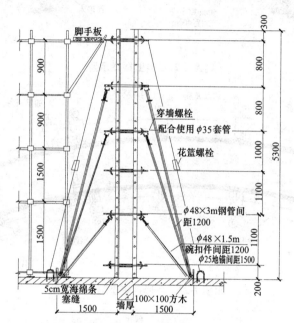

附图 1-20　清水池池壁模板支搭示意

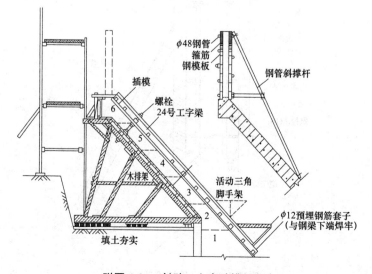

附图 1-21　斜壁、上直壁模架示意

（5）顶板模板做法与"格栅间、集水池地下顶板及梁做法"相同。

（6）除清水池内的柱模板外，其他模板坍采用定型钢模。

2. 机械加速澄清池

除最上端直臂采用木模板支搭外，其余部分加工 2 套钢制专用模板，详见附图 1-21～附图 1-24。

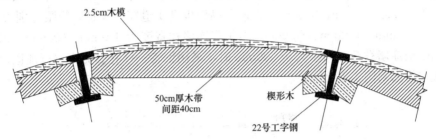

附图 1-22　斜壁插模示意

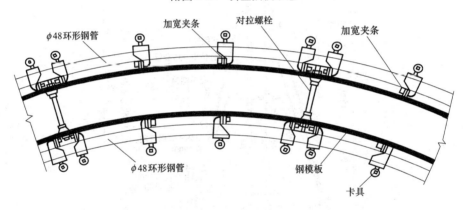

附图 1-23　环形直壁模架示意

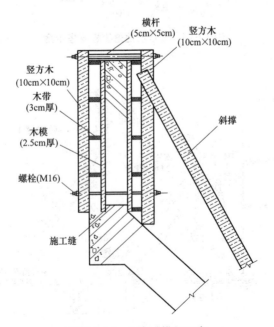

附图 1-24　上直壁模架示意

附 1.5.4　模板支架安装

1. 池壁模板

（1）模架形式

所有内墙均采用双侧支模，模板采用 18mm 厚酚醛覆膜胶合板；主龙骨采用120mm×100mm 方木，间距 600mm；次龙骨采用 100mm×100mm 方木，间距 250mm；若采用50mm×100mm 方木，间距不得大于 150mm。模板在加工厂制作成型，模板的高度，根据各楼层高度及混凝土浇筑高度进行加工制作，板面预留好螺栓孔，穿墙螺栓 $\phi16$@600mm×600mm，采用粗纹螺栓。

（2）穿墙螺栓设置形式

1）考虑到墙体混凝土抗渗要求高，如果将穿墙对拉螺栓永久浇筑在墙体结构内。实际施工中，当混凝土结构拆模时，由于应力释放易导致对拉螺栓上的止水钢环与混凝土脱离，导致墙体渗漏。一旦出现这种情况，处理极为困难。

因此，本工程结构墙体所用穿墙螺栓，均在对拉螺栓外设置套筒，浇筑在墙体结构内。混凝土浇筑完毕后，将对拉螺栓从套筒内抽出，然后使用纤维水泥，派专职作业队将对拉螺栓孔填塞严密，确保不渗不漏。

2）穿墙螺栓 $\phi16$@600mm×600mm，采用粗纹螺栓。为确保穿墙螺栓套筒顺利抽出，现场采取以下措施：

将 $\phi25$mm 软塑料管（流体管）截成比穿墙螺栓短 90mm 的短节，套在穿墙螺栓上。支模板时将套有软塑料管的穿墙螺栓安装就位。混凝土浇筑完毕，拆除模板后，先轻轻敲击穿墙螺栓一端，使之移动，接着用力将穿墙螺栓拔出，然后转动塑料管一端 2~3 圈，使之拧成麻花状后拔出。

（3）模架支搭

模板加工完成后由加工厂运至施工现场，再由塔吊吊至施工部位。模板就位前对模板的平整度、钢度及龙骨间距进行验收，同时在模板下粘贴海绵条，进行涂刷水质脱模剂，不得污染钢筋。在上述工序全部验收合格后模板就位安装。模板随就位随拼装，拼装在模板内侧进行，确保模板平整度。

模板全部就位及拼装完毕后，校核整体模板的平整度及垂直度，紧固穿墙螺栓，调至模板宽度小于墙体宽度在 3mm 之内，在混凝土浇筑时确保墙体截面尺寸。

模板支架采用 $\phi48$mm 钢管支架，在墙体两侧搭设三排脚手架，第一排立杆距墙不得大于 500mm，架宽 1200mm，扫地杆距地 250mm，横杆下部三道为 900mm，其上间距不得大于 1200mm。每道横杆必须与模板固定牢固，立杆下部应与预留地锚锁紧。确保模板的垂直度及平整度达到设计要求。

2. 顶板及梁模板安装

（1）安装顺序

碗扣式支架安装→安主次龙骨→铺模板→校正标高→安装埋件→预检→模板调整固定→再紧固、检查一次埋件→报监理方验收合格→浇筑混凝土。

（2）安装方法

顶板模板采用 18mm 厚酚醛覆膜胶合板；次龙骨采用 100mm×100mm 方木，间距

250mm；主龙骨采 100mm×120mm 方木，间距 600mm。支撑系统采用碗扣式支架，支撑立柱上下连接对正，主柱底下端垫木方；上下可调（U）托撑顶标高距立杆上下第一道横杆间距不大于 500mm。

当梁截面尺寸大于 900mm 时，距梁下皮 250mm 位置，横向间距 500mm 预留 ϕ16mm 螺栓，以加强梁侧模板的整体稳定。

在铺设顶板模板前，先进行模板支撑架验收，验收合格后，方可铺设顶板及梁模板。模板铺设时先铺设梁底主次龙骨，再铺设梁底模板及侧模。梁模板铺设时采用梁侧模＋梁底模做法。在梁模板安装完毕后再进行顶板模板铺设，顶板模板从边跨一侧开始安装，先安装第一排龙骨，临时固定后再安装第二排龙骨，依次逐排安装；调节可调螺栓高度，将龙骨找平。铺设多层板时，板与板之间采取硬拼缝，要求拼缝严密，缝隙小于 2mm；楼板铺完后，用水平仪测量模板标高，进行校正，标高校完后，将模板上面杂物清理干净；并及时进行验收。

本工程梁、板跨度大于等于 4m 时，按 2‰ 起拱，起拱圆滑、平缓，起拱时不得有明显折痕，顶板的四周不起拱，在顶板的中部起拱。

（3）施工要求

顶板支模前，在墙体上部弹线，将混凝土浮浆层剔除干净，露出石子，清除后的墙体标高要比顶板底标高高出 5mm。

顶板支模时，根据墙体上水平控制线控制顶板支模标高。顶板模板与墙体接触面贴海绵条，多层板与墙体挤紧，防止接缝不严而漏浆，同时避免海绵条露出模板表面。木模板与木模板间采用硬拼缝，保证拼缝严密，不漏浆，严禁在接缝上贴胶带纸。

顶板铺完后，用水准仪测量、校正模板标高，且满足起拱要求。在梁的一侧板端不封口，留作清扫口，待将模板内杂物清除干净后，再进行封堵。模板涂刷脱模剂时，不得污染梁、板钢筋及混凝土施工缝。

（4）安装质量标准

1）支撑牢固、稳定，刚度足够；

2）顶板面板铺设后，相邻板块的缝隙不得大于 1mm；

3）板面必须平整。模板施工允许偏差见附表 1-14。

模板施工允许偏差　　　　　　　　　　　　　　　　附表 1-14

序号	项目		允许偏差（mm）	检查方法
1	相邻两板表面高低差		2	靠尺、塞尺检查
2	表面平整度		3	2m 靠尺检查
3	模板上表面标高		±3	拉线、尺量
4	顶板上梁	梁底标高	±3	拉线、尺量
		梁位置	±3	拉线、尺量
5	板上预留洞口模板位置		±5	尺量

3. 柱模板安装

（1）安装顺序

上道工序验收合格→搭设脚手架→模板安装→检查对角线、垂直度和位置→安装柱箍→全面检查→整体固定→验收→相邻柱四周支架拉结固定。

（2）安装方法

1）柱模板采用 18mm 厚酚醛覆膜胶合板；次龙骨采用 90mm×90mm 方木，间距 250mm；主龙骨采用市政花梁，间距 600mm；支架采用钢管脚手架。支搭柱模时，其标高、位置要准确，搭设牢固，柱模根部用水泥砂浆堵严，防止跑浆，模板制作时在柱子下方留设 300mm×300mm 清扫口，待清扫完毕后封闭。

2）柱模板采用定型钢模板时，先进行大钢模的清理，涂刷脱模剂，脱模剂选用油质，然后将模板吊至施工部位。在模板就位前搭设模板支架，支架采用 φ48mm 钢管，以确保模板的整体稳固。同时将模板下混凝土面层清理干净并达到 1‰ 平整度，在模板范围满粘贴海绵条。上述工作施工完毕验收合格后大模板就位。安装穿墙螺栓及紧固模板，在紧固模板的同时用经纬仪校正模板垂直度，经验收达到施工规范要求后进行下道工序施工。为了确保柱子垂直无位移，在模板四边均加设钢丝绳配合花篮螺栓进行紧固。

（3）质量标准

1）模板支撑必须稳定、牢固、可靠，模板刚度足够；

2）模板标高、位置、截面尺寸准确，与图纸尺寸一致；

3）模板拼缝严密，模板间设置海绵条堵缝，避免漏浆情况。

柱模板安装允许偏差见附表 1-15。

柱模板安装允许偏差　　　　　　　　　　　附表 1-15

序号	项目		允许偏差(mm)	检查方法
1	柱轴线位置偏移		3	尺量检查
2	标高		3	用水准仪或拉线和尺量检查
3	垂直度		±3	用靠尺及塞尺检查
4	柱顶梁位置 （梁口留设）	梁底标高	±3	用水准仪或拉线和尺量检查
		梁尺寸	±3	尺量检查
5	截面方正		2	用靠尺及塞尺检查

4. 楼梯、预留洞口模板安装

（1）安装顺序

足尺放样、弹线→支搭楼梯底模→调整标高→绑楼梯钢筋→支搭踏步立面模板→预检。

（2）楼梯底板模板采用 18mm 厚酚醛覆膜胶合板；横向配制 50mm×100mm 方木作次龙骨，间距 250mm；纵向布置 100mm×100mm 方木作主龙骨，间距 600mm；支撑采用碗扣架加 U 型可调托。楼梯踏步立板采用定型木模板。支模时预先留出两跑之间踏步面做法尺寸，要求足尺放样，标高确定好，采用等分法确定楼梯踏步的宽和高。

（3）预留洞口模板采用 50mm×100mm 方木和 18mm 厚酚醛覆膜胶合板拼制，为便于脱模，角部用角钢加固。洞口下侧模板留设排气孔。洞口模板角部加设斜撑。

5. 墙体小钢模施工

（1）作业条件

1）防水导墙钢筋工程施工并验收完毕，办理工序交接、做好隐检记录。

2）预留洞口模板安装完毕，形状、尺寸、位置准确。

3）施工缝经处理合格。

4）楼板（底板）板面平整，且沿墙以间距 1500mm 埋设 ϕ25mm 地锚钢筋供模板校正、固定使用。

5）技术人员对小钢模排模，并经审核后，作为现场施工的依据。

6）材料、工具准备齐全，小钢模板清理干净并均匀涂刷油性脱模剂，脱模剂严禁使用废机油；测量放线人员提供墙体位置及模板控制线，并经验线合格。

（2）作业流程

1）按排板图，从墙角模开始，由两边向墙中顺序安装 60 系列和 9 系列小钢模板。

2）9 系列钢模板上按 400mm 设置穿墙螺栓孔，相邻模板边肋用 U 型卡连接，U 型卡满布。同时，U 型卡应正反交替安装。

3）赶到墙体中间时，模板间缝隙采用与模板同厚的方木条填堵，方木必须经刨光，并按照模板孔打眼，用 ϕ12mm 钢筋制作固定栓具。

4）小钢模板背后用 ϕ48mm×3.5mm 钢管做 2 排横向钢肋（次龙骨），竖向用双钢管作主龙骨，间距 600mm，再用"E"型卡及钩头螺栓紧固。

5）在模板背楞上用钢丝绳将模板与地锚拉结牢固，防止模板上浮，同时保证模板位置正确、垂直度符合要求。

（3）质量标准

模板支撑牢固可靠，U 型卡、穿墙螺栓、钢楞及拉结用钢丝绳按要求设置；模板截面尺寸准确，位置符合图纸及有关设计变更、洽商要求；模板清理干净，并均匀涂刷脱模剂；板间拼缝紧密，板板之间设置 1cm 海绵条保证拼缝严密、不漏浆。

墙体模板施工允许偏差见附表 1-16。

墙体模板施工允许偏差　　　　　　　　　　　　　　　附表 1-16

编号	项 目		允许偏差（mm）	检查方法
1	墙、轴线位移		3	尺检
2	标高		±5	
3	墙截面尺寸		+2，-5	
4	每层垂直		3	2m 靠尺及塞尺检查
5	相邻两板高低差		2	
6	表面平整度		5	
7	预留洞口	截面内部尺寸	+9，-0	尺检
		中心线位移	9	

6. 墙体全钢大模板施工

（1）作业条件

1）墙体钢筋施工完毕，经过验收并办理隐检、交验手续。

3）门窗洞口模板安装完毕，并经检查位置、形状准确无误。两侧用顶模撑按门窗洞口线校正并固定牢固可靠。门窗洞口模板及水电预留盒子的外侧四周贴好海绵条（紧贴外侧一周粘贴好），并刷好脱模剂。

3）顶模撑安装牢固、位置准确。顶模撑形状及固定方法：利用梯架筋上中下三道横向钢筋兼作顶模撑。顶模撑间距不大于 3.4m 且每道墙不少于两道墙间支撑。顶模撑顶端涂好防锈漆。

4）楼板板面弹出墙体 50cm 控制线及模板控制边线，并经验线合格，作为模板定位校核的依据。

5）楼板板面平整，且标高准确，墙边线 100cm 范围内必须用原浆找平压光。

6）墙体、楼板等已浇筑混凝土施工缝剔凿清理合格。

7）与下一分区交接部位施工缝，用钢丝网及专用施工缝模板拦挡完毕。

8）墙体大模板清理干净，均匀涂刷脱模剂，并经项目质检验收通过，准许吊装上楼使用。

（2）施工工艺流程

1）先立角模，定位，并用铁丝在上头绑扎，临时固定。

2）然后吊装墙体一面平面大模板，按墙体 50cm 线就位，调整大模板与大模板或大模板与角模的接缝。用铁丝与钢筋连接临时固定，待该侧大模板吊装完毕加固连接板，并用扁销上紧。

3）大模板穿墙螺栓加设硬塑套管，循环倒用。

4）立另一侧模板，根据墙体 50cm 线调整模板位置、模板垂直度及模板间接缝，并初步上穿墙螺杆；施工时要严查螺栓连接。

5）调紧角模，使角模紧贴大板，阳角与大板用 $\phi16mm×40mm$ 螺栓连接，竖向每 600mm 一道。角模与角模、大板与大板、大板与阴（阳）角模（肢长大于 600mm）之间，均用筑 $\phi16mm×40mm$ 螺栓连接。

6）连墙柱宽度小于 1000mm，加固不采用穿墙螺栓，利用螺栓在两侧大模板主龙骨上加固。

7）模板穿墙螺杆孔距大于 900mm 时，用钢管、U 托、方木等加固。

（3）墙体全钢大模板施工质量标准

大模板下口及大模板与角模接缝处要严实，不得漏浆。模板接缝最大宽度不得超过 1.5mm，模板与混凝土的接触面应清理干净；脱模剂涂刷均匀。墙体金钢大模板施工允许偏差见附表 1-16。

附 1.5.5　模板支架拆除

1. 拆模时间

墙体模板拆除要根据现场同条件养护试块的强度确定，当试块完全凝固并且已经达到一定强度时由各段负责人通知施工人员进行模板的拆除工作，竖向结构混凝土强度必须达到 1.2MPa 后方可拆除模板。拆模时间要求见附表 1-17。

拆模时间要求　　　　　　　　　　　　附表 1-17

结构类型	结构跨度（m）	占设计的混凝土强度值的百分比（%）
板	≤8	75
	>8	100
悬臂构件	≤2	75
	>2	100

在冬期施工情况下，拆模完成后，立即对混凝土用塑料薄膜和草帘被进行保温养护，达到混凝土受冻临界强度 4.0MPa。

2. 模板拆除

小钢模板拆除顺序：先拆除模板支撑，再拆除 U 型卡，自上而下依次拆除每道墙上的平模和角模。地下一层墙体有接高的部位，留住最上层小钢模不拆，向上继续接高。

大模板拆除顺序与安装模板顺序相反，先外部墙后内部墙，先拆除外部墙外侧模板，再拆除内侧模板，先大模板后角模。内墙首先拆下穿墙螺栓，再松开地脚螺栓，使模板向后倾斜与墙体脱开。

大模板拆除工艺：先拆除上口卡子，然后松开穿墙螺杆，轻轻敲打螺杆梢头使螺杆退出，再将模板上吊环挂在塔吊挂钩上，松掉斜支撑，将大模板吊出，放置在下面模板区内。外墙螺杆锥形螺母必须设计专用拆卸工具进行拆除，以便周转使用。

门窗洞口模板在墙体模板拆除结束后拆除，先松动四周固定用的角钢，再将各面模板轻轻振出拆除，严禁直接用撬棍从混凝土与模板接缝位置撬动洞口模板，以防拆除时洞口的阳角被破坏，跨度大于 900mm 的洞口，拆模后要加支撑回顶。

角模的拆除：角模的两侧都是混凝土墙面，吸附力较大，当角模被混凝土握裹时，先将模板外表的混凝土剔除，用撬棍从下部撬动，将角模脱出。

脱模后准备起吊的大模板，再一次检查穿墙螺栓是否全部拆完，确认无障碍后再吊离。各种类型模板必须分区、分类型整齐码放，搭设钢管架子作为支架，及时派专人用腻子刀、砂轮抛光机进行模板清理和涂刷脱模剂。

附1.5.6　施工质量控制

给水排水构筑物现浇混凝土结构施工允许偏差见附表 1-18。

<table>
<tr><td colspan="6" align="center">给水排水构筑物现浇混凝土结构施工允许偏差　　　　　　　　附表 1-18</td></tr>
<tr><td colspan="2" rowspan="2" align="center">检查项目</td><td rowspan="2" align="center">允许偏差
（mm）</td><td colspan="2" align="center">检查数量</td><td rowspan="2" align="center">检查方法</td></tr>
<tr><td align="center">范围</td><td align="center">点数</td></tr>
<tr><td align="center">轴线位移</td><td align="center">池壁、柱、梁</td><td align="center">8</td><td align="center">每池壁、柱、梁</td><td align="center">2</td><td align="center">用经纬仪测量纵横轴线各计 1 点</td></tr>
<tr><td rowspan="4" align="center">高程</td><td align="center">池壁顶</td><td rowspan="4" align="center">±10</td><td align="center">每 9m</td><td align="center">1</td><td rowspan="4" align="center">用水准仪测量</td></tr>
<tr><td align="center">底板顶</td><td align="center">每 25m²</td><td align="center">1</td></tr>
<tr><td align="center">顶板</td><td align="center">每 25m²</td><td align="center">1</td></tr>
<tr><td align="center">柱、梁</td><td align="center">每柱、梁</td><td align="center">1</td></tr>
<tr><td rowspan="3" align="center">平面尺寸
（池体长、宽或直径）</td><td align="center">$L \leqslant 20m$</td><td align="center">±20</td><td rowspan="3" align="center">长、宽各 2；
直径各 4</td><td rowspan="3"></td><td rowspan="3" align="center">用钢尺量测</td></tr>
<tr><td align="center">$20m < L \leqslant 50m$</td><td align="center">$±L/1000$</td></tr>
<tr><td align="center">$L > 50m$</td><td align="center">±50</td></tr>
<tr><td rowspan="4" align="center">截面尺寸</td><td align="center">池壁</td><td rowspan="3" align="center">+10，−5</td><td align="center">每 9m</td><td align="center">1</td><td rowspan="3" align="center">用钢尺量测</td></tr>
<tr><td align="center">底板</td><td align="center">每 9m</td><td align="center">1</td></tr>
<tr><td align="center">柱、梁</td><td align="center">每柱、梁</td><td align="center">1</td></tr>
<tr><td align="center">孔、洞、槽内净空</td><td align="center">±10</td><td align="center">每孔、洞、槽</td><td align="center">1</td><td align="center">用钢尺量测</td></tr>
<tr><td rowspan="2" align="center">表面平整度</td><td align="center">一般平面</td><td align="center">8</td><td align="center">每 25m²</td><td align="center">1</td><td align="center">用 2m 直尺配合塞尺检查</td></tr>
<tr><td align="center">轮轨面</td><td align="center">5</td><td align="center">每 9m</td><td align="center">1</td><td align="center">用水准仪测量</td></tr>
</table>

续表

检查项目		允许偏差（mm）	检查数量		检查方法
			范围	点数	
墙面垂直度	$H \leqslant 5m$	8	每10m	1	用垂线检查
	$5m < H \leqslant 20m$	$1.5H/1000$	每10m	1	
中心线位置偏移	预埋件、预埋管	5	每件	1	用钢尺量测
	预留洞	9	每洞	1	
	水槽	±5	每10m	2	用经纬仪测量纵横轴线各计1点
坡度		0.15	每10m	1	用水准仪测量

注：1. H 为池壁全高，L 为池体的长、宽或直径；
　　2. 检查轴线、中心线位置时，沿纵、横两个方向测量，并取其中的较大值。

附 1.6　混凝土工程

附 1.6.1　混凝土工程特点

本工程需建设 26 座水处理建（构）筑物，涉及大量构筑物混凝土施工。所需混凝土总量共计 12.86 万 m^3。特别是在清水池施工中，结构底板、池壁均涉及大方量、大体积混凝土施工。主要构筑物混凝土工程量见附表 1-19。

主要构筑物混凝土工程量 附表 1-19

序号	构筑物名称	混凝土浇筑总量（万 m^3）	强度与抗渗等级	一次浇筑混凝土最大方量（m^3）
1	格栅间、集水池、提升泵房	1.89	C30、P6	1250（清水池 1／8 底板）
2	机械加速澄清池	2.56		
3	清水池	2.98		
4	臭氧接触池、炭滤池、膜处理车间、设备间、紫外消毒室	3.85		

由于构筑物混凝土结构外部不设外防水层，只依靠结构自防水实现"不渗不漏"的目标，对混凝土的内在质量要求高。同时，水处理构筑物的专业特点，决定了后期将有大量的专业设备需在结构内进行安装、调试，为使设备能够准确安装到位，对混凝土结构几何尺寸的精确度提出了更高标准。

由于建设方对阶段工期的要求，导致清水池混凝土结构将不可避免的涉及冬期施工，也使得冬期施工措施必须做到精细、完备，确保万无一失。

因此，必须从混凝土配比、制备、运输、现场浇筑施工组织、冬雨期施工措施、混凝土养护、成品保护等每个环节进行认真筹划、准备，制定针对性措施，确保混凝土内外质量均达到建设方要求。

（1）混凝土配合比

混凝土配合比及拌制除符合《混凝土结构工程施工质量验收规范》GB 50204—2002

（2010 版）、《给水排水构筑物工程施工及验收规范》GB 50141—2008 及《混凝土结构工程施工规范》GB 50666—2011 的相关规定外，还要符合《混凝土外加剂应用技术规范》GB 50119—2013、《混凝土外加剂应用技术规程》DBJ01—61—2002 中对于外加剂的规定：用于防水设计的部位时，混凝土外加剂必须进行检测，符合相应标准和规范要求。如：含有六价铬盐、亚硝酸盐等有害成分的早强剂严禁用于通常的防水构筑物。硝铵类严禁用于办公、居住等建筑工程。

（2）选择实力强、信誉好的混凝土生产厂家，通过运用联营的方式，使搅拌站能够按照净配水厂建设施工的特点，实现专业供料、专业配比、固定设备生产、运输，最大程度的保证混凝土质量。

（3）大体积混凝土施工

1）本工程在格栅间、集水池、提升泵房、清水池、机械加速澄清池等构筑物的施工中，均涉及大体积混凝土施工。本工程大体积混凝土浇筑采用推移式连续浇筑施工方法。严格按《大体积混凝土施工规范》GB 50496—2009 的要求进行施工及质量控制。

以清水池单仓底板混凝土浇筑为例，施工中采用固定泵＋布料杆进行底板混凝土浇筑。如附图 1-25 所示。

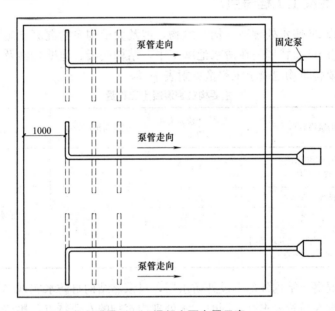

附图 1-25　混凝土泵布置示意

施工前编制专项施工组织设计，内容包括：大体积混凝土浇筑体温度应力和收缩应力计算；施工阶段主要抗裂措施和温控指标；原材料优选、配合比设计、制备与运输计划；主要施工设备和现场平面布置；温控监测设备和测试布置图；混凝土浇筑顺序和施工进度计划；混凝土保温和保湿养护方法；主要应急保障措施；特殊部位和特殊气候条件下的施工措施。并对作业工人进行专业培训，逐级进行技术交底，同时建立严格的岗位责任制和交接班制度。

2）温控指标符合下列规定：

① 混凝土浇筑体在入模温度基础上的温升值不大于 50℃；

② 混凝土浇筑体的里表温差（不含混凝土收缩的当量温度）不大于 25℃；

③ 混凝土浇筑体的降温速率不大于 2.0℃/d。

3）温控施工现场监测

混凝土的测温监控设备，按《大体积混凝土施工规范》GB 50496—2009 的有关规定配置和布设，标定调试正常，保温用材料齐备，并派专人负责测温作业管理。

（4）特殊气候条件下混凝土施工

1）炎热天气浇筑混凝土时，采用遮盖、洒水等降低混凝土原材料温度的措施，混凝土入模温度控制在 25℃ 以下。混凝土浇筑后，及时进行保湿保温养护；条件许可时，避开高温段浇筑混凝土。

2）冬期浇筑混凝土时，严格执行《建筑工程冬期施工规程》JGJ/T 104—2011 的相关规定。采用热水拌和、加热骨料等提高混凝土原材料温度的措施，混凝土入模温度不低于 5℃。混凝土浇筑后，及时进行保温保湿养护。

3）雨雪天不浇筑混凝土。当需施工时，采取确保混凝土质量的措施。浇筑过程中突遇大雨或大雪天气时，及时在结构合理部位留设施工缝，并尽快中止混凝土浇筑；对已浇筑还未硬化的混凝土立即进行覆盖，严禁雨水直接冲刷新浇筑的混凝土。

4）大风天气浇筑混凝土时，在作业面采取挡风措施，并增加混凝土表面的抹压次数，及时覆盖塑料薄膜和保温材料。

（5）混凝土养护

大体积混凝土进行保温保湿养护，在每次混凝土浇筑完毕后，除按照普通混凝土进行常规养护外，还按温控技术措施的要求进行保温养护。

在混凝土浇筑完毕初凝前，立即进行喷雾养护工作。

在保温养护中，对混凝土浇筑体的里表温差和降温速率进行现场监测，当实测结果不满足温控指标要求时，及时调整保温养护措施。

（6）高度重视混凝土细部结构，如封堵螺栓孔、墙体施工缝处防渗漏、穿墙管四周防渗漏等部位的处理，确保结构不渗不漏。

附 1.6.2　混凝土施工

1. 混凝土配合比

（1）本工程防水混凝土强度等级 C30，抗渗等级 S6。在施工中加强管理，严格施工工艺，对混凝土施工进行全过程控制。

（2）水泥、砂子、石子、水和外加剂的质量要求

水泥：根据设计要求，混凝土碱含量（Na_2O）不超过 $3kg/m^3$，最大水胶比 0.45，混凝土的最小水泥用量 $320kg/m^3$，最大氯离子含量 0.1%。

石子：采用质地坚硬、附着物少的优质石子，粒径级配 0.5～2.5，最大粒径不宜大于 30mm，含泥量不大于 1%，泥块含量不大于 0.5%，所含泥土不呈块状或包裹在石子表面，吸水率不大于 1.5%，坚固性重量损失率小于 8%。

砂子：采用符合《普通混凝土用砂、石质量及检验方法标准》的河砂（中砂），含泥量不大于 3%，泥块含量不大于 1%，云母含量不大于 1.0%，坚固性重量损失率小于 8%。

水：不含有害物质的洁净水。

外加剂：外加剂必须有质量合格证明资料，通径试验确定。

（3）严格控制水胶比：水胶比是对抗渗性起决定作用的因素，增大水胶比，混凝土的密实度降低，相对渗透系数就显著增大，因此须严格控制水胶比，水胶比不大于0.45。

2. 混凝土浇筑

（1）本工程地下结构的大面积底板混凝土：采用混凝土固定泵进行浇筑，局部辅以混凝土汽车泵进行浇筑；地下、地上结构的墙体、立柱：采用混凝土汽车泵进行浇筑；地下、地上结构顶板：采用混凝土固定泵进行浇筑，局部辅以混凝土汽车泵进行浇筑。

泵送混凝土的供应，根据技术要求、施工进度、运输条件以及混凝土浇筑量等因素编制供应方案。混凝土供应过程中加强通信联络、调度，确保连续均衡供料。

混凝土在运输、输送和浇筑过程中，不得加水。

（2）泵送混凝土的运输

1）混凝土搅拌运输车的施工现场行驶道路，符合下列规定：

① 设置环形车道，并满足重车行驶要求；

② 车辆出入口处，设交通安全指挥人员；

③ 夜间施工时，现场交通出入口和运输道路上有良好照明，危险区域设安全标志。

2）混凝土搅拌运输车装料前，排净拌管内积水。

3）泵送混凝土的运输延续时间，符合《预拌混凝土》GB/T 14902—2012的有关规定。

4）混凝土搅拌运输车向混凝土泵卸料时，符合下列规定：

① 为了使混凝土拌和均匀，卸料前高速旋转拌筒；

② 配合泵送过程均匀反向旋转拌筒向集料斗内卸料；集料斗内的混凝土满足最小集料量的要求；

③ 搅拌运输车中断卸料阶段，保持拌筒低速转动；

④ 泵送混凝土卸料作业，由具备相应能力的专职人员操作。

3. 大体积混凝土浇筑

（1）混凝土供应及浇筑设备准备

大体积混凝土的供应能力，满足混凝土连续施工的需要，不低于单位时间所需量的1.2倍。

用于大体积混凝土施工的设备，在浇筑混凝土前进行全面的检修和试运转，其性能和数量满足大体积混凝土连续浇筑的需要。

（2）技术准备

混凝土的测温监控设备，按照有关规定配置和布设，标定调试正常，保温用材料齐备，并派专人负责测温作业管理。

大体积混凝土施工前，对工人进行专业培训，并逐级进行技术交底，同时建立严格的岗位责任制和交接班制度。

（3）池底板混凝土浇筑

混凝土浇筑从低处开始，沿长边方向自一端向另一端进行。

混凝土整体推移式连续浇筑，尽量减少间歇时间。并在前层混凝土初凝之前，将次层混凝土浇筑完毕。层间最长的间歇时间不大于混凝土的初凝时间。混凝土的初凝时间通过试验确定。当层间间歇时间超过混凝土的初凝时间时，层面按施工缝处理。

浇筑段接茬间歇时间，当气温小于 25℃时，不超过 2.5h。为此，对底板混凝土的浇筑，根据底板厚度和混凝土的供应与浇筑能力，来确定浇筑宽度和分层厚度，以保证间歇时间不超过规定的要求。

混凝土浇筑层厚度，根据所用振捣器的作用深度及混凝土的和易性确定，整体连续浇筑时为 300～500mm。

底板混凝土的坍落度：当采用掺外加剂的泵送混凝土时，其坍落度不宜大于 120mm；当采用吊斗灌注、机械振捣时，在浇筑地点混凝土的坍落度选用 50～70mm。

池壁腋角吊模部分的混凝土浇筑，在底板平面混凝土浇筑 30min 后进行，防止腋角部分的混凝土由吊模下部底板面压出后造成蜂窝麻面。为保证池壁腋角部分的混凝土密实，在混凝土初凝前进行二次振捣，压实混凝土表面，同时对腋角吊模的根部混凝土表面整平。

底板表面的整平与压实；设置底板混凝土表面高程控制轨；在稳固的底板钢筋排架上，安装临时控制轨；在浇筑底板混凝土时，用杠尺对混凝土表面整平。

混凝土浇筑完成后，视气温及混凝土的硬化情况适时覆盖并洒水养护。养护时间不少于规定的 14d。特别是池壁的施工缝部位，覆盖严密，洒水养护。

大体积混凝土浇筑，及时清除混凝土表面的泌水，进行二次抹压处理。

（4）池壁混凝土浇筑

竖向浇筑时，混凝土自由倾落高度的控制：针对泵送混凝土时，泵管能否顺利进入墙体内，且管口距浇筑最低点的距离能否达到要求。

混凝土浇筑平台与池壁模板连成一体时，保证池壁模板整体稳固，避免模板振动变形而影响混凝土的硬化。

掺外加剂的泵送混凝土的坍落度不宜大于 120mm。

混凝土供应、运输、浇灌、振捣等各个环节协调一致，保证池壁混凝土连续浇筑不间断。

池壁混凝土分层连续浇筑，每层混凝土的浇筑厚度不超过 400mm，沿池壁高度均匀摊铺；并严格控制竖向浇筑速度不超过 0.8～1.0m/h。

池壁转角、进出水口、洞口是配筋较密集难操作的部位，按照混凝土捣固的难易程度，划分小组的浇筑长度。

插入式振捣器的移动间距不大于 300mm，振捣棒插入到下一层混凝土内 50～100mm，使下一层未凝固的混凝土受到二次振捣。

每层混凝土的浇筑间歇时间不大于 1h。

用溜筒灌注混凝土的自由下落高度（从溜嘴）不大于 2m。

浇筑混凝土时，将混凝土直接运送到浇筑部位，避免混凝土横向流动。

池壁混凝土浇到顶部暂停 0.5～1.0h，待混凝土下沉收缩后再作二次振捣，以消除因沉降而产生的顶部裂缝。

（5）柱混凝土

柱身混凝土浇筑一次到顶，浇前施工缝充分湿润，铺垫与混凝土配比相同的水泥砂浆。混凝土坍落度不宜大于 80mm，分层（不超过 400mm）浇筑与振捣。为使混凝土沉实，浇到柱帽底部时，暂停二次振捣，待全部浇完后，再作二次振捣。

（6）池顶板混凝土浇筑

顶板混凝土的准备工作中，最重要的一点是对顶板钢筋的保护，铺设操作脚手板，禁止踩踏钢筋。

顶板混凝土的浇筑顺序：从较短的一侧开始分条浇筑，先浇低处。分条宽度根据混凝土的供应量与接茬的间歇时间决定。

顶板混凝土的养护：初期采取覆盖、洒水养护。1d 后沿池顶板周边围土充水养护，不少于 14d。

顶板强度达到设计要求的拆模强度时，准许拆除支架。

顶板支架的搭设与拆除过程中，有足够的斜向支撑，以保持其稳定。拆除时，先下后上，逐层拆除，随拆随运，按指定地点码放整齐。

（7）温控指标符合下列规定：

1）混凝土浇筑体在入模温度基础上的温升值不大于 50℃；

2）混凝土浇筑体的里表温差（不含混凝土收缩的当量温度）不大于 25℃；

3）混凝土浇筑体的降温速率不大于 2.0℃/d。

（8）温控施工现场监测

1）混凝土的测温监控设备，按《大体积混凝土施工规范》GB 50496—2009 的有关规定配置和布设，标定调试正常，保温用材料齐备，并派专人负责测温作业管理。

2）大体积混凝土浇筑体里表温差、降温速率及环境温度的测试，在混凝土浇筑后，每昼夜不少于 4 次；入模温度的测量，每台班不少于 2 次。

3）监测点的布置范围，以所选混凝土浇筑体平面图对称轴线的半条轴线为测试区，在测试区内监测点按平面分层布置。在测试区内，监测点的位置与数量，根据混凝土浇筑体内温度场的分布情况及温控的要求确定。在每条测试轴线上，监测点位不少于 4 处，根据结构的几何尺寸布置。沿混凝土浇筑体厚度方向，布置外表、底面和中心温度测点，其余测点按测点间距不大于 600mm 布置。

混凝土浇筑体的外表温度，为混凝土外表以内 50mm 处的温度。混凝土浇筑体底面的温度，为混凝土浇筑体底面上 50mm 处的温度。

4. 特殊气候条件下施工措施

（1）炎热天气浇筑混凝土时，采用遮盖、洒水等降低混凝土原材料温度的措施，混凝土入模温度控制在 28℃以下。混凝土浇筑后，及时进行保湿保温养护；条件许可时，避开高温段浇筑混凝土。

（2）冬期浇筑混凝土时，采用热水拌和、加热骨料等提高混凝土原材料温度的措施，混凝土入模温度不低于 5℃。混凝土浇筑后，及时进行保温保湿养护。

（3）大风天气浇筑混凝土时，在作业面采取挡风措施，并增加混凝土表面的抹压次数，及时覆盖塑料薄膜和保温材料。

（4）雨雪天不浇筑混凝土。当需施工时，采取确保混凝土质量的措施。

浇筑过程中突遇大雨或大雪天气时，及时在结构合理部位留设施工缝，并尽快中止混凝土浇筑；对已浇筑还未硬化的混凝土立即进行覆盖，严禁雨水直接冲刷新浇筑的混凝土。

5. 混凝土养护

大体积混凝土要进行保温保湿养护，在每次混凝土浇筑完毕后，除按照普通混凝土进行常规养护外，还要按温控技术措施的要求进行保温养护。

设专人负责保温养护工作，做好测试记录；保湿养护的持续时间不得小于 14d，并经常检查塑料薄膜或养护剂涂层的完整情况，保持混凝土表面湿润。

保温覆盖层的拆除分层逐步进行，当混凝土的表面温度与环境最大温差小于 20℃时，可全部拆除。在混凝土浇筑完毕初凝前，立即进行喷雾养护工作。将塑料薄膜、麻袋、阻燃保温被等，作为保温材料覆盖混凝土和模板，必要时，搭设挡风保温棚或遮阳降温棚。在保温养护中，对混凝土浇筑体的里表温差和降温速率进行现场监测，当实测结果不满足温控指标要求时，及时调整保温养护措施。

附 1.6.3　塑性裂缝防治

1. 裂缝特征及产生原因

塑性裂缝又分为塑性沉降裂缝和早期干缩裂缝。在泵送施工的构筑物混凝土结构中，特别是底板、墙等表面系数大的结构中，经常出现这种裂缝。裂缝为断续的水平裂缝，裂缝中部较宽、两端较窄、呈棱形。经常发生在底板结构上表面、池壁上表面、结构变截面等地方。

塑性沉降裂缝产生的主要原因：混凝土在初凝前，处于一种自由状态，虽经性捣密实，里面的大部分空隙被排除，但混凝土内部骨料在自重作用下仍会缓慢下沉，特别当流动性过大和流动性不足或者不均匀，在凝结硬化前没有沉实或者沉实不够，当混凝土沉陷时受到钢筋、模板抑制以及模板移动、基础沉陷等时。裂缝在混凝土浇筑后 1~3h 出现，裂缝的深度通常达到钢筋上表面。

早期干缩裂缝大多出现在较薄的结构、大风天或者夏季炎热施工的底板结构表面。这种裂缝出现较早，一般在混凝土初凝之前就已经开始发生。若不加以处理和养护，局部裂缝将会贯穿整个结构。

2. 防止措施

（1）要严格控制混凝土单位用水量，在满足泵送和浇筑要求时，尽可能减少坍落度，一般坍落度控制在 120mm。

（2）掺加适量、质量良好的泵送剂和掺合料，必须采用Ⅱ级以上粉煤灰，尽可能使用Ⅰ级粉煤灰。

（3）混凝土浇筑时，下料不宜太快，防止堆积或振捣不充分。

（4）混凝土振捣密实，时间以 9~15s/次为宜，在变截面处宜分层浇筑、振捣。在混凝土浇筑 1~1.5h 后，混凝土尚未凝结之前，对混凝土进行二次振捣，表面压实抹光。

（5）在炎热的夏季和大风天气，为防止水分激烈蒸发，形成内外硬化不均和异常收缩引起裂缝，采取缓凝和覆盖措施。

3. 温度裂缝防治

（1）温度裂缝特征和产生原因

温度裂缝主要出现在大体积混凝土底板和池壁施工中，夏季炎热天气和冬期施工容易出现。这种裂缝表现为内部裂缝和表面裂缝，裂缝出现在混凝土浇筑后的 3～5d，初期出现的裂缝很细，随着时间的推移而继续扩大，甚至达到贯穿的情况，其宽度最大可达 1～3mm。

水泥水化过程中产生大量的热量，使混凝土内部温度升高，水泥水化热在 1～3d 可放出热量的 50％。根据实测，混凝土内部的最高温度大约发生在浇筑后的 1～3d，墙体结构内部温度 55～70℃，厚大基础内部最高温度可达 80℃以上。因为混凝土内部和表面的散热条件不同，形成内外温差，造成温度变形和温度应力。温度应力和内外温差成正比。当这种温度应力超过混凝土的抗拉强度时，就会产生裂缝。

（2）防治措施

混凝土内部的温度与混凝土厚度及水泥品种、用量有关。混凝土越厚，水泥用量越大，水化热越高的水泥，其内部温度越高，形成温度应力越大，产生裂缝的可能性越大。

对于大体积混凝土，其形成的温度应力与其结构尺寸相关，在一定尺寸范围内，混凝土结构尺寸越大，温度应力也越大，因而引起裂缝的危险性也越大，这就是大体积混凝土易产生温度裂缝的主要原因。因此防止大体积混凝土出现温度裂缝最根本的措施就是控制混凝土内部和表面的温度差。

1）混凝土原材料和配合比的选用

① 水泥品种选择和水泥用量控制。

大体积钢筋混凝土产生裂缝的主要原因是水泥水化热的大量积聚，使混凝土出现早期升温和后期降温，产生内部和表面的温差。减少温差的措施是选用低热矿渣硅酸盐水泥或掺用混合材较多的普通硅酸盐水泥。再有，充分利用混凝土后期强度，以减少水泥用量。根据大量试验研究和工程实践表明，每立方米混凝土的水泥用量增减 9kg，其水化热将使混凝土的温度相应升高或降低 1℃。

② 掺加掺合料。

混凝土中掺入一定数量优质的粉煤灰后，不但能代替部分水泥，而且由于粉煤灰颗粒呈球状具有滚珠效应，起到润滑作用，可改善混凝土拌和物的流动性、黏聚性和保水性，并且能够补充泵送混凝土中粒径在 0.315mm 以下的细集料达到占 15％ 的要求，从而改善可泵性。同时，依照大体积混凝土所具有的强度特点，初期处于较高温度条件下，强度增长较快、较高，但是后期强度增长缓慢。掺加粉煤灰后，其中的活性 Al_2O_3、SiO_2 与水泥水化析出的 CaO 作用，形成新的水化产物，填充孔隙、增加密实度，从而改善了混凝土的后期强度。

特别重要的效果是掺加粉煤灰之后，可以降低混凝土中水泥水化热，减少绝热条件下的温度升高。

③ 掺加外加剂。

掺加具有减水、增塑、缓凝、引气的泵送剂，改善混凝土拌和物的流动性、黏聚性和保水性。由于其减水作用和分散作用，在降低用水量和提高强度的同时，还可以降低水化热，推迟放热峰值出现的时间，从而减少温度裂缝。

④ 选用质量优良的粗细集料。

粗集料：优先选用天然连续级配的石子，使混凝土具有较好的可泵性，减少用水量及水泥用量，进而减少水化热。

细集料：以采用级配良好的中砂为宜。实践证明，采用细度模数 2.8 的中砂比采用细度模数 2.3 的中砂，可减少用水量 20～25kg/m³，可降低水泥用量 28～35kg/m³，从而降低了水泥水化热、混凝土温升和收缩。

2）泵送混凝土施工工艺改进

① 控制混凝土浇筑温度。

为了降低混凝土的总温升，减少大体积混凝土结构工程的内外温差，控制混凝土的浇筑温度也是一个重要措施。一般认为，混凝土结构工程施工浇筑温度不得超过 28℃。

为了降低混凝土的浇筑温度，最有效的方法是降低原料温度。混凝土中石子比热较小，但每立方米混凝土中石子所占重量最大，所以最直接的办法是降低石子温度。在气温较高时，为了防止太阳直接照射，在砂石堆场搭设简易遮阳棚，必要时向集料喷水，拌制混凝土时加冰块冷却。除此之外，搅拌运输车罐体、泵送管道保温、冷却也是必要的措施。

② 改进工艺。

振动工艺：对已浇筑的混凝土，在终凝前进行二次振动，排除混凝土因泌水，在石子、水平钢筋下部形成的孔隙水分，提高粘结力和抗拉强度，并减少内部裂缝与气孔，提高抗裂性。

3）混凝土振捣

在进行净水处理厂构筑物混凝土浇筑时，采用插入式振捣棒进行振捣，在制定混凝土浇筑方案时，对于下棒方式、下棒间距、振捣深度等做特别强调。

下棒方式：对于基础或顶板混凝土以选择交错式（也称梅花式）下棒为宜；对于侧墙混凝土以选择一字式（也称行列式）下棒为宜。

下棒间距：根据不同规格的振捣棒本身性能确定，原则上不大于振捣作用半径的 1.5 倍（一般为 400～600mm）。

振捣深度：采用分层浇筑时，在振捣上一层时，振捣棒至少深入下层 50mm，振捣时，一直振到混凝土不再下沉、无明显气泡、顶面平坦一致后，振捣棒方可拔出；拔出时缓慢进行，以免过急在混凝土内部形成棒窝，影响结构质量。

混凝土的二次振捣：对于各种类型的构筑物在浇筑混凝土时，实施二次振捣，能够使已振捣过的混凝土充分下沉、减少气泡、增加密实度，有利于提高抗渗漏、抗冻性能。

4）养护工艺

为了严格控制大体积混凝土的内外温差，确保混凝土质量，减少裂缝，养护是一个十分重要和关键的工序，必须切实做好。

混凝土养护主要是保持适当的温度和湿度条件。保温能减少混凝土表面的热扩散，降低混凝土表层的温差，防止表面裂缝产生。由于散热时间延长，混凝土强度和松弛作用得到充分发挥，使混凝土总温差产生的拉应力小于混凝土的抗拉强度，防止了贯穿裂缝的产生。

浇筑时间不长的混凝土，仍然处于凝结、硬化过程，水泥水化速度较快，适宜的潮湿条件可防止混凝土表面脱水而产生收缩裂缝。同时在潮湿条件下，可使水泥的水分充分、完全，从而提高混凝土抗拉强度。

4. 收缩裂缝防治

（1）产生原因

包括水泥水化后的自收缩和混凝土随时间的失水引起的收缩，这是引起有害裂缝（贯通裂缝）的主要原因。混凝土的收缩主要发生在浇筑完毕 90d 内，多数在 14～28d 内收缩超过极限拉伸值时就发生开裂。

（2）防治措施

利用膨胀混凝土的膨胀可以起到有效地补偿收缩作用，十余年来在我国得到了很快地发展，在水处理厂钢筋混凝土结构施工中得到了广泛应用。

附 1.6.4　超长设缝混凝土结构施工

1. 超长设缝混凝土结构概述

本工程格栅间、集水池及提升泵房，为组合式集进水处理和变配电于一体的大型构筑物。其中集水池为完全地下式，顶板覆土 3.5m 左右，局部地面上为变配电室。提升泵房和集水池设缝间距均为 50～55m。

清水池根据工艺要求采用独立四格设置，单格清水池采用一道伸缩缝，缝两侧单元分别采用一道钢筋混凝土导流墙作为剪力墙起到平衡池壁刚度抗震作用。单元内部顶板为无梁楼盖体系，底板为倒无梁楼盖体系，顶板与池壁之间整体可靠连接。设缝间距均为 55～60m。在清水池底板结构施工中，最大施工单元尺寸 58m×57m，面积 3306m^2，混凝土厚度 400mm。

受水处理工艺限制，格栅间、集水池及提升泵房和清水池伸缩缝超过规范规定的 30m 间距，属超长设缝结构，加之工程工期较长。因此，施工期间必须采取特殊措施，以提高池体的抗裂性能。

2. 结构出现裂缝的原因

池体混凝土收缩裂缝是由于混凝土的收缩变形受到约束引起的。混凝土收缩的原因如下：

（1）混凝土在空气中结硬时，体积会收缩；在水中结硬时，体积会膨胀。在空气中结硬时，普通混凝土的收缩应变值一般可达 2×9^{-5}～2×9^{-4}。

（2）混凝土温度的变化也会引起其体积的收缩与膨胀：

1）混凝土绝热温升：水泥水化放热引起混凝土温度升高。较厚结构混凝土的最初阶段，水泥水化放热可使混凝土的温度达 20～30℃。当温度达到最高温度后，随着热量的散发，其温度将由最高温度降到一个稳定的温度场。如果浇筑温度高于稳定温度场的温度，其温差就会对混凝土产生拉应力。

2）气温变化：混凝土浇筑期大气温度变化以及结构运用期（冬期、夏季）水温的变化，都会影响混凝土的温度。

当上述温度、干燥引起混凝土的收缩受到基层和侧向的约束时，会引起初应力。当其拉应力值超过混凝土抗拉强度时，结构混凝土就会在抗拉强度最薄弱界面出现早期裂缝，随着温度、湿度不断变化，裂缝数量会逐渐增多，裂缝宽度增大。

3. 超长设缝结构的防裂措施

（1）设计措施：降低地基对基础底板的约束，底板与地基土之间设置中间夹砂的双层

PE膜滑动层隔离措施，使得池体由于各种原因造成的伸缩变形尽可能释放，减少可能产生的结构附加应力。

（2）针对清水池池壁混凝土结构易产生结构裂缝的问题，同建设方、设计方进行协商、沟通，对设计图纸进行深化，在清水池池壁部位适时留设竖向后浇带，分段施工。

（3）施工措施：为消除和降低施工期间材料干缩和水化热对混凝土开裂的影响，采取现浇混凝土中掺加补偿收缩外加剂的措施。

4. 补偿收缩混凝土限制膨胀率

限制膨胀率的设计取值符合附表1-20的规定。使用限制膨胀率大于0.06的混凝土时，预先进行试验研究。

限制膨胀率的设计取值　　　　　　　　　　　　　　　　　　　附表 1-20

结构部位	限制膨胀率（%）
板、梁结构	≥0.015
墙体结构	≥0.020

根据《补偿收缩混凝土应用技术规程》JGJ/T 178—2009中的相关规定：当板式结构长度 $L \leqslant 60m$ 时，可以采用补偿收缩混凝土进行连续浇筑。

5. 补偿收缩混凝土原材料选择

（1）水泥符合《通用硅酸盐水泥》GB 175—2007或《中热硅酸盐水泥低热硅酸盐水泥低热矿渣硅酸盐水泥》GB 200—2003的规定。

（2）膨胀剂的品种和性能符合《混凝土膨胀剂》GB 23439—2009的规定。膨胀剂单独存放，并不得受潮。当膨胀剂在存放过程中发生结块、胀袋现象时，进行品质复验。

（3）外加剂和矿物掺合料的选择符合下列规定：

减水剂、缓凝剂、泵送剂、防冻剂等混凝土外加剂分别符合《混凝土外加剂》GB 8076—2008、《混凝土外加剂应用技术规范》GB 50119—2004等的规定。

粉煤灰符合《用于水泥和混凝土中的粉煤灰》GB/T 1596—2005的规定，不得使用高钙粉煤灰。

（4）骨料符合《普通混凝土用砂、石质量及检验方法标准》JGJ 52—2006的规定。轻骨料符合《轻集料及其试验方法　第1部分：轻集料》GB/T 17431.1—2010的规定。

（5）拌和水符合《混凝土用水标准》JGJ 63—2006的规定。

6. 补偿收缩混凝土配合比

（1）补偿收缩混凝土的配合比设计，满足设计所需要的强度、膨胀性能、抗渗性、耐久性等技术指标和施工工作性要求。配合比设计符合《普通混凝土配合比设计规程》JGJ 55—2011的规定。使用的膨胀剂品种根据工程要求和施工要求事先进行选择。

（2）膨胀剂掺量根据设计要求的限制膨胀率，并采用实际工程使用的材料，经过混凝土配合比试验后确定。配合比试验的限制膨胀率值比设计值高0.005，试验时，每立方米混凝土膨胀剂用量可按照附表1-21选取。

每立方米混凝土膨胀剂用量　　　　　　　　　　　　　　　　　附表 1-21

用　途	混凝土膨胀剂用量（kg/m³）
用于补偿混凝土收缩	30～50

（3）补偿收缩混凝土的水胶比不宜大于 0.50。

（4）单位胶凝材料用量符合《混凝土外加剂应用技术规范》GB 50119—2013 的规定，且补偿收缩混凝土单位胶凝材料用量不宜小于 $300kg/m^3$，用于膨胀加强带和工程接缝填充部位的补偿收缩混凝土，单位胶凝材料用量不宜小于 $350kg/m^3$。

（5）有耐久性要求的补偿收缩混凝土，其配合比设计符合《混凝土结构耐久性设计规范》GB/T 50476—2008 的规定。

7. 补偿收缩混凝土运输

（1）补偿收缩混凝土宜在预拌混凝土厂生产，并符合《混凝土质量控制标准》GB 50164—2011 的有关规定。

（2）补偿收缩混凝土的各种原材料，采用专用计量设备进行准确计量。计量设备定期检验，使用前进行零点校核。原材料每盘称量的允许偏差符合附表 1-22 的规定。

原材料每盘称量的允许偏差　　　　　　　　　　　　　　　　附表 1-22

材料名称	允许偏差（质量%）
水泥、膨胀剂、矿物掺合料	±2
粗、细骨料	±3
水、外加剂	±2

（3）补偿收缩混凝土搅拌均匀。对预拌补偿混凝土，其搅拌时间与普通混凝土的搅拌时间相同，现场拌制的补偿收缩混凝土的搅拌时间比普通混凝土的搅拌时间延长 30s 以上。

8. 补偿收缩混凝土浇筑

（1）当施工中因遇到雨、雪、冰雹需留施工缝时，对新浇筑混凝土部分立即用塑料薄膜覆盖；当出现混凝土已硬化的情况时，先在其上铺设 30～50mm 厚的同配合比无粗骨料的膨胀水泥砂浆，再浇筑混凝土。

（2）水平构件在终凝前采用机械或人工的方式，对混凝土表面进行三次抹压。

9. 补偿收缩混凝土养护

（1）补偿收缩混凝土浇筑完成后，及时对暴露在大气中的混凝土表面进行潮湿养护，养护期不得少于 14d。对水平构件，常温施工时，采取覆盖塑料薄膜并定时洒水、铺湿麻袋等方式。底板采取直接蓄水养护方式。墙体浇筑完成后，在顶端设多孔淋水管，达到脱模强度后，松动对拉螺栓，使墙体外侧与模板之间有 2～3mm 的缝隙，确保上部淋水进入模板与墙壁间。

（2）在冬期施工时，构件拆模时间延至 7d 以上，表层不得直接洒水，采用塑料薄膜保水，薄膜上部再覆盖岩棉被等保温材料。

（3）已浇筑完混凝土的地下室，在进入冬期施工前完成回填工作。

（4）当采用保温养护、加热养护、蒸汽养护或其他快速养护等特殊养护方式时，养护制度通过试验确定。

附1.6.5 混凝土碱骨料反应防治

（1）碱骨料反应及其分类

碱骨料反应是指混凝土中的碱和环境中可能渗入到碱与混凝土集料（砂、石）中的碱活性矿物成分，在混凝土固化后缓慢发生化学反应，产生的胶凝物质因吸收水分后发生膨胀，最终导致混凝土从内向外延伸和损坏的现象。碱骨料反应一般包括碱-硅酸盐反应和碱-碳酸盐反应两种形式。

碱-硅酸盐反应是指水泥中或其他来源的碱与骨料中的活性 SiO_2 发生化学反应并导致砂浆或混凝土产生异常膨胀，代号为 ASR。

碱-碳酸盐反应是指水泥中或其他来源的碱与活性白云质骨料中的白云石晶体发生化学反应并导致砂浆或混凝土产生异常膨胀，代号为 ACR。

混凝土碱含量是指混凝土中等当量氧化钠的含量，以 kg/m^3 计；混凝土原材料的碱含量是指原材料中等当量氧化钠的含量，以重量百分率计。等当量氧化钠含量是指氧化钠与 0.658 倍的氧化钾之和。

（2）构筑物碱骨料反应控制

1）在净水处理厂工程中，构筑物混凝土综合碱量严格按有潮湿环境重要工程结构控制，每立方米混凝土最大碱含量不得大于 3kg。

2）无论是预拌混凝土搅拌站，还是现场搅拌站，所用砂、石优先选择 A 种非碱活性集料（膨胀量小于或等于 0.02），控制使用低碱活性集料（膨胀量大于 0.02，且小于或等于 0.06），不使用碱活性集料（膨胀量大于 0.06，且小于或等于 0.1）和高碱活性集料（膨胀量大于 0.1）。采用低碱水泥（水泥中碱含量不大于 0.60）。

3）委托法定检测单位对配制混凝土所用的水泥、外加剂、掺合料进行碱含量检测，对砂石进行集料活性检测，对混凝土进行单方碱含量检测，不符合要求的材料不得用于构筑物工程中。

4）严格要求预拌混凝土生产单位及时提供水泥、外加剂、掺合料碱含量报告，砂石碱活性检测报告，单方混凝土碱含量评估报告。

（3）混凝土原材料碱含量检测、混凝土碱含量计算，按照《预防混凝土碱骨料反应技术规范》GB/T 50733—2011 的相关要求执行。

附 1.6.6 混凝土结构细部处理

1. 封堵穿墙螺栓孔

穿墙螺栓的软塑料管拔出后，形成的通孔采用纤维水泥封堵。纤维水泥配比为纤维料∶水泥∶水＝25∶60∶（15～20）（重量比），其中水泥强度等级不低于 32.5MPa，优选普通硅酸盐水泥。封堵时由两人一组，分别站在墙体内外两侧，同时向螺栓孔内填入配置好的纤维水泥，随填随用手锤击打筑 $\phi18mm$ 圆钢制成的专用錾子予以密实，螺栓孔填满后，用铁抹子将孔口与墙面压平。

在封堵穿墙螺栓孔前，对螺栓孔的部位、数量进行编号、列表，编制专业工艺做法及作业指导书；配备专业工具；安排专业孔洞封堵作业队进行螺栓孔封堵作业，确保穿墙螺栓孔不渗不漏。

2. 墙体施工缝处防渗漏

施工时从止水材料选择、界面处理、防止漏浆、混凝土布放等方面采取必要措施。

（1）界面凿毛处理

在前一次混凝土浇筑完毕，其抗压强度不小于 2.5N/mm² 时，对施工缝混凝土界面进行凿毛。凿毛依据"两凿两吹"的操作步骤进行：即先用錾子将施工缝混凝土界面通凿一遍，凿掉浆皮，露出新茬，用空压机将凿下的混凝土渣吹净，然后再将漏凿的地方仔细补凿，在模板合拢前将整个混凝土界面认真吹干净。

（2）贴堵浆条

下一次支模板前，在施工缝下部（水平施工缝）或外部（竖向施工缝）30mm 处，用胶粘剂粘贴海绵条或厚度不大于 3mm 的聚苯乙烯板条，防止浇筑混凝土时出现漏浆现象。

（3）界面润湿和铺水泥砂浆

在浇筑下次混凝土前 1～2h，施工缝界面采用清水充分润湿，在润湿过程中发现局部积水时，用空压机吹干净。在浇筑下次混凝土时，先在施工缝界面处铺撒一层厚 15～30mm、与欲浇筑混凝土强度等级相同的水泥砂浆，为防止铺撒最后水泥砂浆量不够情况出现，在计算水泥砂浆用量时做出 20%～30% 的余量。

（4）混凝土布放

为防止混凝土布放时产生离析现象，当混凝土自由下落高度大于 2m 时，每隔 2.5～3m 设置溜管，溜管采用 1mm 厚薄钢板制成，其上端呈喇叭口形。溜管管身直径 120～180mm。布放第一层混凝土时，沿墙长方向由一端向另一端顺序进行。布放厚度以 150～200mm 为好。过薄不易使混凝土中骨料与砂浆充分融合，进而造成局部骨料不足，易使施工缝附近形成裂缝；过厚使振捣操作困难，难以让工人掌握振捣手感，造成过振或漏振。

（5）止水带采购

采购橡胶止水带前实地考察，优选证照齐全、管理制度完善、试验设施良好的厂家订货。每一批止水带到工地后，取样给权威检验部门复试。硬度、拉伸强度、撕裂强度等各项技术指标均合格者方可使用。

（6）止水带安装

在止水带安装前，质量员对要使用的止水带进行检查，发现有裂缝、空洞者不得使用。止水带安装由专人操作。

安装止水带时严禁在带面任何部位钉钉子或穿钢丝。

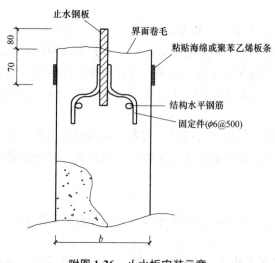

附图 1-26　止水板安装示意

基础变形缝模板支完后，将预留的墙体部分止水带卷起，用绑绳吊挂于距地面至少 2m 以上位置，以防止被钢筋扎坏或过往车辆、施工设备轧坏。如附图 1-26 所示。

（7）混凝土浇筑

基础止水带处混凝土浇筑时，布放止水带下侧混凝土时，先轻轻将带面向上翻起，让混凝土铺至比止水带底平面高出 30mm 左右后，再用插入式振捣器认真振捣。振捣完毕，以混凝土面高出止水带底 5mm 为宜，然后将带面向下翻转铺平，布放上面的混凝土。

侧墙止水带处混凝土浇筑时，布放的混凝土厚度每层不大于 400mm，不得直接砸在止水带上。振捣由两人分别站在带面内外侧同时进行，随振捣随观察止水带是否有移位，如有移位及时调整。

基础止水带处混凝土浇筑完毕模板拆除后，外露的止水带带面钉专用木盒加以保护，以防止被人踩坏或被模板等砸坏。

3. 填塞阻水材料

（1）施工基面的清理

将变形缝与水接触面施工后残留的垃圾杂物清除干净，用空压机将浮灰处理干净，如遇有油污等物质则必须用溶剂（如甲苯、丙酮等）清洗；如基面有起砂或高低不平等现象，重新抹上水泥浆进行修整，并达到规定的水泥砂浆强度等级；如基面潮湿，用喷灯烤干施工界面后，用钢丝刷刷一遍，以清除烘烤后掉下的水泥屑及灰尘。基层表面达到清洁、干燥、无尘、无油污、无潮湿方可施胶。

（2）聚硫密封膏的配制

将聚硫密封膏 A 组分和固化剂 B 组分以 10：1～1.2（重量比）的比例严格计量，将两组分充分搅拌混合均匀，人工搅拌时间不少于 8min。用手提电钻或手枪钻搅拌不少于 5min，以采用机械搅拌方法为宜，搅拌时间只能多不能少，否则搅拌不均匀造成局部固化不完全而达不到密封防水效果。B 组分根据气温作适量调整，一般夏季用 1 份，冬季用 1.2 份，春秋季用 1.1 份。配制好的材料在 2h 内用完，否则，慢慢固化变稠造成施工困难和降低性能。

（3）施工界面的防护

为了使施工面周围整齐美观及防止污染周边，在变形缝两侧粘贴隔离带，材料使用牛皮纸、玻璃胶带等。

（4）施胶

用油灰刀将配置好的聚硫密封膏，在变形缝两侧先涂刷一层，然后将聚硫密封膏嵌入缝中到规定厚度，对于狭窄的缝和特殊部位用油灰刀难以施工时，可将搅拌好的聚硫密封膏用施胶挤出枪打入施工部位内。操作时，尽量防止夹带进气泡。

（5）保护

施工完毕后对接缝进行全面检查，及时修补孔洞，将界面隔离带揭去。特别注意聚硫密封膏固化前的保护，避免在充分固化前遇水或受其他损坏。

4. 避免穿墙套管（预埋件）四周渗漏

（1）套管加工

所有套管必须加钢制止水环，止水环要由管工严格根据套管外周壁的弧度放样切割，焊止水环由专业电焊工操作，止水环与套管外周壁相接处两侧必须满焊。如止水环由两块以上拼接而成时，其块与块间必须焊接紧密。

1）预埋铁件和穿壁套管防水做法见附表 1-23。

2）穿墙套管必须加设止水环，止水环规格见附表 1-24。

（2）混凝土浇筑

布放混凝土的起始点和结束点避开套管位置。在套管处布放混凝土时，首先让混凝土从套管两侧流入。当浇筑至套管下部 300mm 时，一边从套管一侧布放混凝土，一边由两

预埋铁件和穿壁套管防水做法

附表 1-23

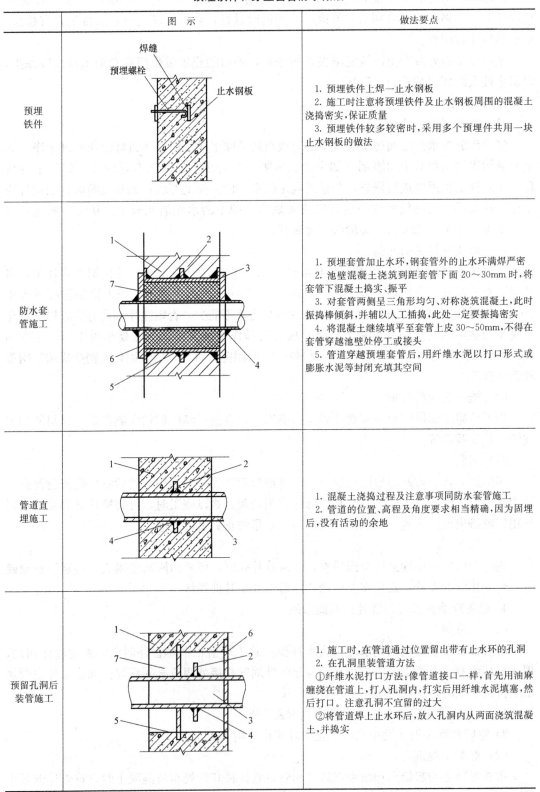

	图　示	做法要点
预埋铁件	焊缝 预埋螺栓 止水钢板	1. 预埋铁件上焊一止水钢板 2. 施工时注意将预埋铁件及止水钢板周围的混凝土浇捣密实，保证质量 3. 预埋铁件较多较密时，采用多个预埋件共用一块止水钢板的做法
防水套管施工	1　2 3 7 6　4 5	1. 预埋套管加止水环，钢套管外的止水环满焊严密 2. 池壁混凝土浇筑到距套管下面 20～30mm 时，将套管下混凝土捣实、振平 3. 对套管两侧呈三角形均匀、对称浇筑混凝土，此时振捣棒倾斜，并辅以人工插捣，此处一定要振捣密实 4. 将混凝土继续填平至套管上皮 30～50mm，不得在套管穿越池壁处停工或接头 5. 管道穿越预埋套管后，用纤维水泥以打口形式或膨胀水泥等封闭充填其空间
管道直埋施工	1　2 4　3	1. 混凝土浇捣过程及注意事项同防水套管施工 2. 管道的位置、高程及角度要求相当精确，因为固埋后，没有活动的余地
预留孔洞后装管施工	1　6 7　2 5　3 4	1. 施工时，在管道通过位置留出带有止水环的孔洞 2. 在孔洞里装管道方法 ①纤维水泥打口方法：像管道接口一样，首先用油麻缠绕在管道上，打入孔洞内，打实后用纤维水泥填塞，然后打口。注意孔洞不宜留的过大 ②将管道焊上止水环后，放入孔洞内从两面浇筑混凝土，并捣实

注：1—池壁；2—止水环；3—管道；4—焊缝；5—套管；6—钢板；7—填料。

止水环规格　　　　　　　　　　　　　　　　附表 1-24

套管直径 mm	筑 50	筑 75	筑 90	筑 125	筑 150	筑 200	筑 250	筑 300	筑 350
止水环厚度(mm)	10	10	10	10	10	10	10	15	15
止水环高度(mm)	55	55	60	60	60	60	60	60	70

套管直径(mm)	筑 400	筑 450	筑 500	筑 600	筑 700	筑 800	筑 1000	筑 1000	
止水环厚度(mm)	15	15	15	15	15	15	15	15	
止水环高度(mm)	70	70	70	70	70	70	70	70	

名工人在套管两侧，用插入式振捣器同时振捣混凝土，直至混凝土从套管另一侧翻出（附图 1-27）。

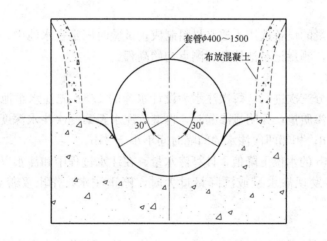

附图 1-27　套管浇筑

（3）套管与穿墙管之间填止水材料

套管与穿墙管之间填放的止水材料既不宜是水泥砂浆类刚性物质，也不宜是密封膏类柔性物质。这是因为，由于气温变化原因，套管与穿墙管之间常存在着伸缩位移，如采用刚性止水材料，极易因套管与穿墙管之间的伸缩位移被拉碎；如采用柔性止水材料，因其与钢制品粘结强度有限，当套管与穿墙管之间出现伸缩位移时易导致套管和穿墙管脱开。实践证明，套管和穿墙管之间填放纤维水泥作止水材料是比较理想的。

填放纤维水泥像填堵穿墙螺栓孔一样，两人分别站在套管两侧，首先用木楔将穿墙管按设计位置固定于套管内，然后向套管和穿墙管之间填放配置好的纤维水泥（纤维料、水泥、水的重量比为 25：60：15），边填放边用錾子击打使之密实，先取出套管两侧的木楔，再取出套管上下的木楔，将木楔孔用纤维水泥填充并使之密实。用铁抹子抹平，最后湿润养护 7d 以上。

附1.6.7   水池满水试验

1. 技术要求

池体结构混凝土的抗压强度、抗渗强度等级达到设计要求；现浇钢筋混凝土水池外回填土以前；进水、出水、排空、溢流、连通管道的安装及其穿墙管口的堵塞已经完成，且经验算能安全承受试验压力；池体抗浮稳定性满足设计要求；池体内清理洁净，水池内外壁的缺陷修补完毕；试验用水、充气和排水系统准备就绪，经检查充水、充气及排水闸门严密不渗漏；各项保证试验安全的措施已满足要求；试验所需的各种仪器设备为合格产品，并经具有合法资质的相关部门检验合格。

2. 满水试验前准备

选择洁净、充足的水源；注水和放水系统设施及安全措施准备完毕；有盖池体顶部的通气孔、人孔盖已安装完毕，必要的防护设施和照明等标志已配备齐全；安装水位观测标尺，标定水位测针。

现场测定蒸发量的设备选用不透水材料制成，试验时固定在水池中；对水池进行沉降观测，选定观测点，测量记录池体各观测点初始高程。

3. 池体内注水

向池体内注水分三次进行，每次注水为设计水深的1/3；先注水至池壁底部施工缝以上，检查底板的抗渗质量，无明显渗漏时，再继续注水至第一次注水深度；注水时水位上升速度不超过2m/d；相邻两次注水的间隔时间不小于24h。

每次注水读24h的水位下降值，计算渗水量。在注水过程中和注水以后，对池体做外观和沉降量检测；发现渗水量或沉降量过大时，停止注水，作出妥善处理后方可继续注水。

4. 水位观测

利用水位标尺测针观测、记录注水时的水位值；注水至设计水深进行水量测定时，采用水位测针测定水位，水位测针的读数精确度达到1/10mm；注水至设计水深24h后，开始测读水位测针的初读数；测读水位的初读数和末读数之间的间隔时间不少于24h；测定时间连续。测定的渗水量符合标准时，连续测定两次以上；测定的渗水量超过允许标准，而以后的渗水量逐渐减少时，继续延长观测；延长观测时间至渗水量符合标准为止。

5. 蒸发量测定

池体有盖时蒸发量忽略不计；池体无盖时，必须进行蒸发量测定；每次测定水池中水位时，同时测定水箱中的水位。

6. 渗水量计算

水池渗水量按本书第10章规定计算。

7. 满水试验合格标准

水池渗水量计算按池壁（不含内隔墙）和池底的浸湿面积计算；钢筋混凝土结构水池渗水量$\leq 2L/(m^2 \cdot d)$。

本工程在满足质量合格的基础上，明确提出创优目标：确保市级优质工程，争创国家优质工程。因此力争将满水试验合格标准提高到：钢筋混凝土结构水池渗水量$\leq 1L/(m^2 \cdot d)$。

附 1.7　砌体结构工程

附 1.7.1　施工方法

建（构）筑物分为地下结构、地面建筑结构。地下结构中的砌体，如清水池中的砖砌导流墙，采用 MU9 非黏土实心砖（页岩砖）、M7.5 水泥砂浆砌筑。地面建筑物中的填充墙，采用加气混凝土砌块（密度不低于 7.0kN/m³）以及 M5.0 水泥砂浆砌筑。

混凝土结构施工完毕、验收合格、水池满水试验完成后，将混凝土结构基面清理干净，按照砌筑要求，进行砌体结构砌筑。

对于地面建筑中的填充墙，浇筑混凝土条带基础。同时，按照设计图纸及相关图集要求，预留门窗、洞口，设置过梁及构造柱。

对于清水池内导流墙等地下结构内的砌筑，以池内立柱作为构造柱，水池池底板及立柱上植筋，砌筑 240mm 厚的导流墙，并采用 1：1 水泥砂浆勾缝。

施工时，随墙体砌筑，向上支搭施工脚手架，待墙体砌筑完毕后，再逐层拆除。所有砌筑砂浆均采用预拌砂浆，砌筑施工符合《预拌砂浆应用技术规程》JGJ/T 223—2010、《蒸压加气混凝土建筑应用技术规程》JGJ/T 17—2008、《砌体结构工程施工质量验收规范》GB 50203—2011 的相关规定。

附 1.7.2　施工流程

混凝土基面清扫→墙体位置放线→验线→支搭混凝土条带基础模板→浇筑混凝土条带基础→砌块洒水润湿→制备砂浆→砌块排列→砌块砌筑及墙体拉结筋→校正→植筋及构造柱钢筋绑扎→混凝土灌芯（构造柱混凝土）→混凝土过梁、圈梁→砌块砌筑及封顶→房间墙体验收→墙体抹面。

1. 施工准备

建筑主体结构完成后，经监理方单位及相关人员验收合格后，方可进行设备及管理用房砌筑施工。

砌筑前认真学习施工图纸，了解施工现场情况，编制专项施工方案。对所有参加施工的人员进行入场教育，对所有操作人员做好技术交底、安全交底工作。

认真做好测量仪器的检测，根据设计图纸平面控制网测放出控制点和施工具体桩位，复核建筑内的轴线、标高。

砌筑前仔细审核建筑、结构图纸、设计交底及设计变更、洽商等文件。同时与设备安装专业单位进行配合，根据设计图纸，确定可砌筑施工范围及可施工高度，提前预留设备管线安装位置及大型设备运输通道，待设备安装完成后进行封砌。

提前对使用的混凝土、拌和砂浆、砌块、钢筋等原材料进行进场复试，并按照要求进行材料报验。

本工程采用蒸压（合格品）加气混凝土砌块，强度等级不低于 A5.0，干密度等级 B06。砌块的品种、规格、强度等级符合设计要求。进场后按照品种、规格分别码放整齐，堆置高度不得超过 2m。并有出厂质量证明文件、试验报告单。蒸压加气混凝土砌块进厂后进行覆盖，避免雨淋。

砌筑砂浆为干拌砂浆，强度等级为 M7.5。材料进场前由厂家提供材料合格证、检验报告、材料复试报告，进场使用前进行复试，复试合格后方可使用。

2. 测量放线

测量人员根据设计图纸中的平面控制网，测放出控制点及桩位，测放结果经校核后，填写报验单，上报监理方，经监理方验收合格后方可使用。

砌筑施工前，先用全站仪测放好隔断墙身的轴线，并利用墨斗弹出墙身线、轴线，再弹出门窗、预留洞口的位置线，经验线，结构尺寸符合设计图纸的要求后，进入下道工序。

3. 条带基础

对于压加气混凝土砌体，其墙体根部用混凝土做出高于室内地面的条带基础。

4. 砌筑施工

砌筑前，将结构地面的浮浆残渣清理干净，根据房间的平面、立面图，按照墙体的结构尺寸进行弹线。皮数杆尽可能在墙体的两端或转角处，并拉通线。

在墙体转角处设置皮数杆，皮数杆采用 30mm×40mm 木料制作，皮数杆上标注门窗洞口、木砖、拉结筋圈梁、过梁的尺寸标高、砌块皮数及砌块高度，并在相对砌块上边线间拉水准线，依水准砌筑。皮数杆的间距为 15m，转角处距墙皮 50mm 位置设置皮数杆。皮数杆垂直、牢固，标高经复核，符合设计图纸的要求后，方可进入下道工序。

砌块就位与校正：砌块砌筑前 2d 冲去浮尘及杂质，适量洒水润湿后方可吊、运就位。砌筑就位时先远后近、先下后上、先外后内，每层开始时，从转角处或定位砌块处开始，吊砌一皮、校正一皮，墙皮拉线控制砌体标高和墙面平整度。

砌筑时，预先试排砌块，并优先使用整体砌块。需要断开砌块时，使用手锯、切割机等工具锯裁整齐，并保护好砌块的棱角，锯裁砌块的长度不小于砌块总长的 1/3。长度 ≤150mm 的砌块不得使用。

蒸压加气混凝土砌块砌筑时，在砌筑面上适量洒水，并采用专用工具进行砌筑施工。

砌筑墙体同时砌起，不留斜槎，每天砌筑高度不超过 1.8m。转角及交接处同时砌筑，不留直槎，应留成斜槎，斜槎高不大于 1.2m。

上下皮灰缝错开搭砌，搭砌长度不小于砌块总长的 1/3。当搭砌长度小于 150mm 时，即形成所为的通缝，竖向通缝不大于 2 皮砌块。

蒸压加气混凝土砌块墙的灰缝横平竖直，砂浆饱满，水平灰缝砂浆饱满度不小于 80；垂直灰缝砂浆饱满度不小于 80。水平灰缝厚度宜为 15mm；竖向灰缝宽度宜为 20mm。砌筑灰缝厚度大于 20mm 时使用细石混凝土铺密实。

蒸压加气混凝土砌块墙的转角处，使纵横墙的砌块相互搭砌，分皮咬槎，隔皮砌块露端面。蒸压加气混凝土砌块墙的 T 字交接处，使横墙砌块隔皮露端面，并坐中于纵墙砌块。

砌块墙体连续砌完，不留接槎。如必须留槎时要留成斜槎，或在门窗洞口侧边间断。

墙体砌至接近结构内梁、板底时，留一定空隙，待墙体砌筑完成并至少间隔 7d 后，再将其补砌挤紧。

附 1.7.3 施工质量控制

（1）砌体砌筑工程质量控制标准见附表 1-25。

砌体砌筑工程质量控制标准   附表 1-25

序号	项　目		允许偏差值(mm) (结构长城杯标准)	检查方法
1	轴线位移		10	尺量检查
	垂直度	≤3m	5	用 2m 托线板或吊线、尺检查
		>3m	10	
2	表面平整度		8	用 2m 靠尺、塞尺检查
3	门窗洞口高度、宽度		±5	拉线、尺量检查
4	预留构造柱截面(宽度、深度)		±10	尺量检查

（2）砌体的砂浆饱满度及检验方法见附表 1-26

砌体的砂浆饱满度及检验方法   附表 1-26

砌体分类	灰缝	饱满度及要求(%)	检查方法
蒸压加气混凝土砌块	水平	≥90	用百格网检查块材底面砂浆的粘结痕迹面积
	垂直	≥80	

（3）抹灰的允许偏差和检验方法见附表 1-27。

抹灰的允许偏差和检验方法   附表 1-27

序号	项目	允许偏差(mm)	检验方法
1	垂直度	3	用 2m 靠尺板检查
2	表面平整度	2	用 2m 靠尺板及塞尺检查
3	阴阳角垂直	2	用 2m 靠尺板检查
4	阴阳角方正	3	用 20cm 方尺及楔形塞尺检查

附 1.8 屋面工程

附 1.8.1 屋面结构

（1）本水厂建筑屋面做法：08BJ1-1 平屋面 6，XPS 改厚 70（$K<0.43$）。

平屋面、不上人；有架空层、保温层、防水层，Ⅱ级防水（耐用设计 15 年）；重量 $3.76kN/m^2$。钢结构复合彩板屋面，根据厂家产品确定，保温层传热系数 $K≤0.45$。

坡屋面：08BJ1-1 坡屋-13G-PU，挤塑聚苯板保温厚 65，$K<0.43$。

（2）建筑物屋面结构形式与工程量见附表 1-28。

建筑物屋面结构形式与工程量   附表 1-28

序号	构筑物名称	项目名称	工程量(m²)
1	补氯加氨间	屋面卷材防水	457.45
		屋面保温	457.45

序号	构筑物名称	项目名称	工程量（m²）
2	臭氧车间、变配电室	屋面保温	366.03
3	粉末活性炭投加车间	屋面卷材防水	372.56
		屋面保温	372.56
4	附属用房变配电室	屋面卷材防水	129.13
		屋面保温	129.13
5	锅炉房	屋面卷材防水	361.02
		屋面保温	361.02
6	化验楼、导试水场	瓦屋面	1234.54
		屋面保温	1234.54
7	加药间	屋面卷材防水	571.06
		屋面保温	372.56
8	宿舍楼	瓦屋面	664.98
		屋面保温	664.98
9	污泥处理车间	型材屋面	1244.15
		屋面卷材防水	324.80
		屋面保温	324.80
10	综合管理楼	瓦屋面	536.59
		屋面保温	536.59
11	主配电室	屋面卷材防水	807.90
		屋面保温	807.90
12	主加氯、加酸、碱间	屋面卷材防水	653.65
		屋面保温	653.65
13	臭氧接触池、炭吸附池、设备间、膜处理车间、紫外消毒间	型材屋面	5674.06
		屋面卷材防水	6143.12
		屋面保温	6143.12
14	进水井、格栅间、集水池、提升泵房	屋面卷材防水	279.92
		屋面卷材防水	737.70
		屋面卷材防水	869.53
15	进水井、预臭氧接触池	屋面卷材防水	827.66
		屋面保温	827.66
16	机械加速澄清车间	保温隔热屋面	2325.60
17	配水泵房、变配电室	屋面卷材防水	1207.00
		屋面卷材防水	279.92

施工中按照《屋面工程技术规范》GB 50345—2012、《屋面工程质量验收规范》GB 50207—2012 的相关规定进行控制。

（3）机械加速澄清车间、炭吸附池、膜处理车间、污泥处理车间屋盖：采用螺栓球节点网架结构屋盖体系。螺栓球节点网架，结构形式为正放四角锥，上弦支承。网架制作、安装执行《空间网格结构技术规程》JGJ 7—2010 的相关规定。

附 1.8.2　普通屋面施工

1. 轻质材料找坡

（1）工艺流程：基层清理验收→拉水平线→设控制坡度的标准塌饼→细部处理→铺贴加气块碎块→刮平压实→铺无纺布。

（2）出屋面管洞封堵验收（蓄水试验）合格后，根据设计排水坡度要求抄平，做标准塌饼。

（3）找坡施工前，先将基面清理干净，使找坡与基层结合紧密。

（4）找坡施工时，根据塌饼铺贴蒸压加气混凝土块碎块，刮平拍实。最薄 40mm 厚加气碎块混凝土找 2 坡，厚度超过 120mm 时，先铺干加气碎块振压拍实，再铺 50mm 厚加气碎块混凝土。

2. 找平层施工

（1）工艺流程：基层整平验收→拉坡度线→设控制厚度的标准塌饼→嵌分格条→细部处理→铺填砂浆→刮平抹压→养护。

（2）找坡后，根据设计要求和排水坡度抄平，拉坡度线，做标准塌饼（找平层平均厚度）。每隔 6m 拉线嵌刨光的梯形截面木条（上口宽 25mm，下口宽 20mm）。找坡坡度≥2%，天沟纵向找坡不宜小于 1%。

（3）找平层施工前，先在找坡层上铺一道无纺布，使找平层砂浆水分不至于很快损失掉。

（4）找平层大面积施工前，先将基层与突出屋面结构（女儿墙、上人孔、出入口、反梁等）及管道的交接处和基层的转角处找平层，均做成圆弧形，圆弧半径≥50mm。横式水落口与直式水落口周围找平层，做成略低的凹坑（保证水落口周围 500mm 范围内坡度不小于 5%）。

（5）找平层采用 DS 砂浆，随拌随用，一个分格缝内的砂浆一次铺足，不留施工缝。

（6）找平层施工时，根据灰饼做软冲筋，随即满铺砂浆，刮平拍实。最后平整、压光。

（7）砂浆终凝前取出嵌缝木条，注意不能损坏棱角。

（8）找平层施工完后，注意养护，根据天气情况采取一些必要养护措施，如洒水等。

3. 防水卷材施工

（1）施工工艺流程：基层清理→附加层施工→卷材与基层表面涂胶→卷材铺贴→卷材收头粘结→卷材接头密封→蓄水试验→保温层铺贴保护层。

（2）基层清理：施工卷材防水层前，将已验收合格的防水涂料表面清扫干净。

（3）附加层施工：阴阳角、管根、水落口等部位，先做附加层。

（4）卷材与基层表面涂胶

卷材表面涂胶：将卷材铺展在干净的基层上，用长把深刷蘸 CX-404 胶滚涂均匀，留出格接部位不涂胶，边头部位空出 10mm。

涂刷胶粘剂厚度均匀，不得有漏底或凝聚块类物质存在；卷材涂胶后 10～20min 静置干燥，当指触不粘手时，用原卷材筒将刷胶面向外卷起来，卷时端头平整，卷劲一致，直径不得一头大，一头小，并防止卷入砂粒和杂物，保持洁净。

基层表面涂胶：已涂底胶干燥后，用长把深刷蘸 CX-404 胶在其表面涂刷，不得在一处反复涂刷，防止粘起底胶或形成凝聚块，细部位置可用毛刷均匀涂刷，静置晾干即可铺贴卷材。

（5）卷材铺贴：卷材及基层已涂的胶基本干燥后（手触不粘，一般 20min 左右），即可进行铺贴卷材施工。卷材的层数、厚度符合设计要求。

卷材平行屋脊从檐口处往上铺贴，双向流水坡度卷材搭接顺流水方向，长边及端头的搭接宽度：如空铺、点粘、条粘时，均为 90mm；满粘法均为 80mm，且端头接茬错开 250mm。

卷材从流水坡度的下坡开始，按卷材规格弹出基准线铺贴，并使卷材的长向与流水坡向垂直。注意卷材配制应尽量减少阴阳角处的接头。

铺贴平面与立面相连接的卷材，自下而上进行，使卷材紧贴阴阳角，铺展时对卷材不可拉得过紧；且不得有褶皱、空鼓等现象。

防水层蓄水试验：卷材防水层施工后，经隐蔽工程验收，确认做法符合设计要求，做蓄水试验，确认不渗漏水，方可施工保温层和保护层。

（6）质量标准

1）主控项目

卷材和胶结材料的品种、牌号及配合比，符合设计要求和有关技术规范、标准的规定。

卷材防水层及其变形缝、檐口、泛水、水落口等处的细部做法，符合设计要求和屋面工程技术规范规定。

屋面卷材防水层严禁有渗漏现象。

2）一般项目

铺贴卷材防水层的基层符合排水要求，平整洁净，阴阳角处呈圆弧形或钝角；防水层无积水现象。

卷材防水层铺贴和搭接、收头，符合设计要求和屋面工程技术规范的规定，且粘结牢固，无空裂、损伤、滑移、翘边、起泡、褶皱等缺陷。

4. 挤塑聚苯板保温层施工

（1）工艺流程：基层清理验收→拉坡度线→设控制厚度的标准塌饼→铺设保温层→检查验收→做保护层。

（2）铺设挤塑聚苯板之前，将防水层上的垃圾扫干净，基层平整、干燥。

（3）在验收合格的基层上，铺设挤塑聚苯板。挤塑聚苯板铺设时采用空铺法，接缝尽量严密且相互错开。铺贴顺序：先细部，后大面积。

（4）铺贴挤塑聚苯板时，在分格缝处断开 20mm；且在板四周边缘铺至距女儿墙 20cm 左右处，不得直接伸至女儿墙边。板接缝处用胶带贴严。

（5）粘贴胶采用粘贴挤塑聚苯板的专用胶。对专用胶要求：

1）保水性佳，可工作时间长，适合于大面积涂布。

2）粘着效果好，抗垂流性强。

3）优异的抗渗性能，适合于墙面及地面的加强防水层。

4）优异的抗裂性，防止粉刷表面龟裂。

5) 优异的附着性，防止涂层产生空鼓、起壳现象。

6) 施工简便，加入标准水量和搅拌均匀即可施工。

7) 彻底改变现场掺配抹灰料的落后工艺，保证施工品质，前后一致，工地现场清洁干燥。

5. 细石混凝土保护层施工

（1）卷材防水层经检查合格后，立即进行保护层施工。在细石混凝土保护层施工前，在防水层上铺设一道隔离层。

（2）支设好分格缝的木条，绑扎焊接钢筋网片 φ4@200mm 双向，下垫砂浆垫块，浇筑细石混凝土。振捣采用铁辊滚压或人工拍实。振实后随即用刮尺按排水坡度刮平，终凝前用铁抹子压光。

（3）保护层大面积施工前，基层与突出屋面结构及管道的交接处和基层的转角处找平层，均做成圆弧形，圆弧半径≥50mm。

（4）终凝前取出嵌缝木条，注意不能损坏棱角。

（5）保护层施工完后，立即进行养护，用草袋、锯末覆盖后浇水养护，养护时间不少于 14d，养护期间保证覆盖材料的湿润，并禁止人员在屋面踩踏或在上面继续施工。分格缝用油膏嵌缝。

附 1.8.3　网架结构施工

1. 网架材质、防腐及面积

网架螺栓球节点采用 45 号钢，套管采用 Q235B 钢或 20 号钢；高强螺栓采用 40Cr 钢；网架杆件、支座、支托等除特殊工程或说明外均采用 Q235B 钢。

网架和彩钢板防腐层由底层、增强层、耐候层组成。先在钢结构表面均匀喷涂一层不饱和聚酯树脂胶料作为底层，然后铺贴环氧玻璃布（三油二布）作为增强层，最后再均匀喷涂一层不饱和聚酯树脂胶料作为耐候层。固化后的防腐层总厚度不宜小于 1.2cm。

每组网架投影面积 672.32m²，共 2 组。

2. 栓球加工

（1）工艺流程

圆钢加热→锻造毛坯→正火处理→加工定位螺纹孔及其平面→加工各螺纹孔及其平面→打加工工号→打球号。

为保证加工质量和精度，将由专业厂家加工螺栓球毛坯，并经正火处理、检验合格后方可进行下一道工序。

（2）位孔螺纹孔及其平面的加工

位孔指在图纸给出的螺栓球放置状态下与图纸平面相垂直的孔。其余孔与该孔中心汇交于球心，在图纸平面内水平方向旋转一定角度，垂直该平面方向旋转一定角度。由专业厂家统一进行加工。

（3）加工工号及球号

螺栓球加工完成之后，立即打上加工工号及球号，以便追溯检查、修整及装配和安装。

依据施工区域的划分，对球进行不同色环的标识，同一区域的球按所在的行列线位置进行编号标识，编号标识与色环的色彩相统一，便于包装运输及安装查找及对安装位置正确性的确认。

3. 架杆件制作

（1）架杆件由专业钢结构加工单位制作完成。为保证钢管加工尺寸精度，采用管子割断坡口机对钢管进行加工。钢管加工完毕并除锈后与经检验合格的端部零件（螺栓、锥头、封头、套筒）进行组装。

工艺流程：

材料验收→排版、号料→下料（坡口加工）→与封板（或锥头）组装→焊接→尺寸及焊缝检验→除锈→涂漆→检查→编号→成品包装。

（2）标识

杆件制作完成之后，立即打上加工工号及杆件号，以便追溯检查、修整及装配和安装。

依据施工区域的划分，对杆件进行不同色环的标识。同一区域的杆件按所在的行列线位置进行编号标识，编号标识与色环的色彩相统一，便于包装运输及安装查找及对安装位置正确性的确认。

（3）杆件制作完毕后，按图纸设计要求进行喷砂除锈及涂装，除锈等级符合 Sa2.5 级的要求，除锈及涂装时注意保护构件的标识标志，以便查找及安装。

4. 支座及节点制作工艺

（1）支座制作工艺流程

支座的肋板和底板下料→支座底板钻孔→支座肋板与底板、支座肋板与肋板、螺栓球与肋板和底板组对及焊接→除锈→防腐油漆。

（2）排版：放样前先根据垫板尺寸要求进行排版，节约原材料。

（3）划线号料：根据排版图在钢板上划线放样，在切割线和刨边线打上样冲眼。测量用钢尺、钢卷尺等测量仪器，经鉴定合格并在有效期内。

（4）切割：支座的肋板和底板切割，采用数控火焰切割机进行，以保证尺寸精度。

（5）焊接

支座肋板与底板、支座肋板与肋板以及螺栓球与肋板的焊接采用 CO_2 气体保护焊，焊接材料为药芯焊丝 E71T-1，并且采用厚板焊接工艺进行焊接，且焊前进行预热，焊缝缓慢冷却。

5. 安装方法

本工程网架结构采用分条安装法。将空间网格结构分成条状单元在高空连成整体时，分条结构单元具有足够刚度并保证自身的几何不变形，否则采取临时加固措施。在分条之间的合拢处，采用安装螺栓或其他临时定位等措施。合拢时用千斤顶或其他方法将网格单元顶升至设计标高，然后连接。

（1）网架结构安装前准备工作

1）复测轴线、标高，清理基座。

2）准备好全套网架安装施工技术文件。

3）网架进场时，所有支承网架结构的柱的垂直度等，符合相关规范及设计要求。

4）事先准备好施工道路、材料堆放场地和工具房等临时设施。

　　5）网架进场前，事先复测柱顶标高和纵、横向平面轴线尺寸，如不符合安装要求，采取相应措施整改（整改措施应事先征得建设方、设计方、监理方的同意）以保证全部支座的最大相对高差≤9mm，纵、横向轴线偏差≤9mm，经复验确认合格后方可进场安装。

　　（2）满堂施工脚手架

　　满堂施工脚手架采用钢管和扣件搭设，搭设高度为网架下弦轴线下25cm。

　　满堂施工脚手架搭设前，在脚手架竖杆钢管的根部衬垫木板，脚手架钢管立杆纵横向间距小于1.5m，水平横杆排距小于1.8m，脚手架顶层水平杆在一个方向上的间距控制为0.5m左右，并满铺脚手板。

　　为保证满堂施工脚手架在使用过程中，各个方向上的刚度和稳定性，在前、后、左、右四个侧立面和上、下平面内均设置剪刀斜撑，竖向斜支撑与水平面的夹角控制为45°左右。

　　脚手架临边设置栏杆或安全网，搭设施工人员、检查人员上下脚手架的人行跑道。

　　（3）网架散件的现场水平运输和垂直运输

　　网架散件的现场水平运输采取人力手推车运输方式。

　　网架散件的现场垂直运输采用卷扬机运输到脚手平台上。

　　（4）网架安装落位注意事项

　　落位前检查可调节临时支座或千斤顶的下降行程量是否符合该点挠度值的要求，计算千斤顶行程时，考虑由于支座下沉引起行程增大的值，据此余留足够的行程余留量（大于50mm）。关键临时支座点增设备用千斤顶，以备应急使用。

　　落位过程中"精心组织、精心施工"，编制专门的"落位责任制"，设专人负责并分区把关；整个落位过程在总负责人统一指挥下进行工作。操作人员明确岗位职责，上岗后按指定位置"对号入座"。发现问题及时报告，统一处理。

　　用千斤顶落位时，千斤顶每次下降时间间隔大于10min为宜，以确保结构各杆件之间内力的调整与重分布。

　　落位后按设计要求固定支座，并做好记录，提供"验收"技术文件。同时继续检测网架挠度值，直至全部设计荷载上满为止。

　　6. 现场涂装

　　（1）刷涂法施工工艺

　　1）操作基本要点

　　① 使用漆刷时，采用直握方法，用腕力进行操作。

　　② 涂刷时蘸少量涂料，刷毛浸入漆的部分为毛长的1/3～1/2。

　　③ 涂料干燥较慢时，按涂覆、抹平和修饰三道工序进行。

　　④ 对于干燥较快的涂料，从被涂物一边按照一定的顺序，快速连续的刷平与修饰，不宜反复涂刷。

　　2）涂装中注意事项

　　① 对涂料名称、型号、颜色进行检查，确认是否与设计要求相符。

　　② 检查制施工时严禁烟火，施工期间避免日晒雨淋。库房附近杜绝火源，并要有明显的"严禁烟火"标志牌和灭火器材。

③ 遇雨天或构件表面结露现象，不施工或延长施工间隔时间。

④ 涂料储存于通风干燥的库房内，温度一般控制在 5～35℃，按原桶密封保管。

⑤ 施工前对照日期，看其是否超过贮存期，如超过贮存期，进行检验，质量合格仍可使用，否则禁止使用。

⑥ 现场涂装前，彻底清除涂装件表面上的油、泥、灰尘等污物。一般可用水冲、布擦或溶剂清洗等方法。保证构件清洁、干燥、车间底漆未受损坏。

⑦ 涂装时全面均匀，不起泡、流淌。油漆涂装后，漆膜如发现有龟裂、起皱等现象时，将漆膜刮除或以砂纸研磨后，重新补漆。

⑧ 油漆涂装后，如发现有起泡、凹陷洞孔、剥离生锈或针孔锈等现象时，将漆膜刮除并经表面处理后，再按规定涂装时间隔层次予以补漆。

3）涂装修补

运输、安装过程中涂层如有破损，视损伤程度的不同，采取相应的修补方式，对拼装焊接的部位清除焊渣，进行表面处理达到要求后，用同种涂料补涂。

涂装结束，结构安装前后，经自检或检查员发现涂层缺陷，找出产生原因，及时修补，其方法和要求与完好的涂层部分一样。修补涂装时，将底材处理到原来的要求，用同样的漆进行修补，并达到原来的膜厚要求。

（2）涂装验收

涂装完成后，检查人员按施工规范要求，对构件上任意五个分布点进行膜厚检查，其五个点之平均值不得低于规定值的 95%，而且其中任何一点膜厚值不得低于规定值的 80%。并将所测值填写在膜厚记录表中送工程监理方检查确认。

附 1.9 装饰装修工程

附 1.9.1 装饰装修设计

厂区所有建筑物装饰装修做法见附表 1-29；外墙均以淡灰色为主色调，辅以蓝灰色装饰性色带及蓝灰色槽钢装饰线条，坡屋面配蓝灰色小波瓦。

建筑物装饰装修做法　　　　　　　　　　　附表 1-29

序号	项目		做 法
1	地面做法	管理用房	普通房间:地砖地面:地 12;地砖踢脚 $H=150$;踢 3D(蒸压加气混凝土砌块墙面)
			管理楼大堂等:花岗岩地面:地 16;花岗岩踢脚:踢 4C2
			卫生间:地砖防水地面:地 12F
		生产用房	主要生产建筑:耐磨环氧地面(经济型):地 4A;水泥踢脚:踢 2D(涂体面涂层)
			料棚、设备间、车库、仓库:耐磨混凝土地面:地 9;水泥踢脚:踢 2D
			加氯、加药、加氨间:耐酸砖地面:地 66C
2	楼面做法	管理用房	普通房间:地砖楼面:楼 12B(无垫层,39mm 厚);重量 0.65kN/m²;地砖踢脚 $H=150$;踢 3D(蒸压加气混凝土砌块墙面)

序号	项目		做　法
2	楼面 做法	管理用房	管理楼大堂及楼梯间等：花岗岩楼面：楼 16A（50mm 厚）；重量 1.16kN/m²；花岗岩踢脚：踢 4C2
			卫生间：地砖防水楼面：楼 12F-1（最薄 70mm 厚，加找坡 1）；重量 1.64kN/m²
		生产用房	主要生产建筑：耐磨环氧楼面（经济型）：楼 4A-1（50mm 厚）；重量 1.2kN/m²；水泥踢脚：踢 2D（涂体面涂层）
			料棚、设备间、车库、仓库：耐磨混凝土楼面：楼 9A（50mm 厚）；重量 1.2kN/m²；水泥踢脚：踢 2D
			加氯、加药、加氨间：耐酸砖楼面：楼 56C（45mm 厚）；重量 1.15kN/m²
3	内墙		普通房间：涂料墙面：内墙 3D2，内涂 1（合成树脂乳液涂料）
			卫生间：薄型面砖墙面（防水）：内墙 9D-f2
4	墙裙		涂料墙裙：裙 1D2，内涂 1（合成树脂乳液涂料）
			面砖墙裙：裙 2D2，$H=1500$mm
5	外墙		管理楼外墙：外墙 53m，面砖：硬泡聚氨酯厚度 $d=45$mm
			其他单体外墙：外墙 70 涂料饰面：硬泡聚氨酯厚度 $d=45$mm，局部为外墙
6	顶棚	不吊顶	刷涂料顶棚：棚 2B，内涂 1（合成树脂乳液涂料）
		吊顶	卫生间吊顶：棚 8A，铝条板吊顶
			会议室、控制室吊顶：棚 20B，铝方板吊顶
7	散水 08BJ1-1		混凝土散水：散 1
8	坡道 08BJ1-1		细石混凝土坡道面层凹线处理：坡 5B
9	台阶 08BJ1-1		管理楼：开凹槽花岗岩石板台阶：台 4B
			其他：剁斧石台阶：台 2B

　　施工中严格执行《建筑工程施工质量验收统一标准》GB 50300—2013、《建筑装饰装修工程质量验收规范》GB 50210—2001、《民用建筑工程室内环境污染控制规范》GB 50325—2010（2013 版）的相关规定。

附 1.9.2　吊顶施工

1. 施工工艺流程

弹线→钻孔固定膨胀螺栓→安装吊杆→安装龙骨→安装铝条板→安装不锈钢收边线。

2. 施工要点

（1）弹线

根据图纸要求和现场实际情况，在墙上划出标高线，并在墙面四周弹出水平线。

（2）钻孔固定膨胀螺栓

主龙骨吊顶点按 1.2m×1.2m 间距钻孔固定膨胀螺栓，膨胀螺栓不小于 M9。

（3）安装吊杆

安装 ϕ6mm 吊杆，吊杆和焊接处均需刷两道防锈漆，吊杆螺纹部分长度不小于 30mm。

（4）安装龙骨

根据吊顶高度先在墙上放线，安装主龙骨和次龙骨，基本定位后再调节吊挂抄平下皮（起拱量为 $L/200$），安装垂直吊挂件夹紧。

（5）安装铝条板

安装铝条板前，对吊顶的大灯具等采取局部加强措施。

铝条板用自攻螺钉固定。沿铝条板周边螺钉间距不大于 200mm，中间部分螺钉间距不大于 300mm，螺钉与板边缘的距离为 9～16mm，离切割边至少 15mm。螺帽略埋入板内，但不得损坏板面。

安装铝条板时，从板的中部向板的四边固定。钉头略埋入板内，钉眼用铝条腻子抹平。

铝条板的接缝，按设计要求进行板缝处理。

（6）安装不锈钢收边线

铝条板安装完毕，并经质量员检验合格后，安装 90mm 高不锈钢收边线。

（7）注意事项

吊顶施工中注意工种间的配合，避免返工拆装损坏龙骨及板材；吊顶上的风口、灯具、烟感探头、喷洒头等在吊顶就位后安装，也可留出周围吊顶板，待上述设备安装后再行安装。

3. 质量检验标准

（1）主控项目

1）钢骨架和罩面板的材质、品种、式样、规格符合设计要求。

2）轻钢骨架的吊杆、大、中、小龙骨安装位置正确，连接牢固。

3）罩面板无脱层、翘曲、折裂、缺棱掉角等缺陷，安装牢固，无松动。

（2）一般项目

1）整面轻钢骨架顺直、无弯曲、无变形；吊挂件、连接件符合产品组合要求。

2）罩面板表面平整、洁净、颜色一致，无污染、反锈等缺陷。

3）允许偏差在装饰规范规定之内。

附 1.9.3　地面装饰施工

1. 混凝土地面

（1）施工准备

室内墙面已弹好 +50cm 水平线。穿过楼板的立管已做完，管洞堵塞密实。埋在地面的电管已做完隐检手续。门框已安装完，并已做好保护，在门框内侧钉木板或铁皮。

施工完的结构办完验收手续，门口处高于楼板面的砖层剔凿平整。

（2）操作工艺

基层处理：在刷浆前将基层表面凿毛，清扫干净，用碱水将油污刷掉，最后用清水将基层冲洗干净。

洒水湿润：在抹面层前 1d，对基层表面进行洒水湿润。

刷素水泥浆：在铺设细石混凝土面层前，在已湿润的基层上刷一道素水泥浆，随刷随铺细石混凝土。

冲筋贴灰饼：小房间在房间四周根据标高线做出灰饼，大房间冲筋（间距 1.5m）；冲筋和灰饼均采用细石混凝土制作，随后铺细石混凝土。

浇筑细石混凝土：细石混凝土面层的强度等级按设计要求做试配；每 $500m^2$ 制作一组试块，如不够 $500m^2$ 也制作一组试块。

细石混凝土地面施工缝留在房间门口中间。

撒水泥砂子干面：砂子先过 3mm 筛子后，用铁丝拌成干面（水泥：砂＝1：1），均匀撒在细石混凝土面层上，待灰面吸水后用长刮杠刮平，随即用木抹子搓平。

第一遍抹压：用铁抹子轻轻抹压一遍直到出浆为止。

第二遍抹压：当面层砂浆初凝后，地面面层上有脚印但走上去不下陷时，用铁抹子进行第二遍抹压，把凹坑、砂眼填实抹平，注不得漏压。

第三遍抹压：在面层砂浆终凝前，即人踩上去稍有脚印，用铁抹子压光无抹痕时，用铁抹子进行第三遍压光，此遍用力抹压，把所有抹纹压平压光，达到面层表面密实光洁。

养护：面层抹压完 24h 后进行浇水养护，每天不少于 2 次，养护时间不少于 7d，养护期间房间封闭，禁止进入。

2. 楼地面贴地砖

（1）基层清理

检查基层平整度和标高是否符合设计要求，偏差较大的事先凿平修补清扫干净。

（2）找平、弹线

用 1：3 水泥砂浆找平，卫生间按设计要求做出排水坡度、留设好地漏、排水沟等，按地砖规格、房间尺寸统一规划铺贴方法，做到房间周边大小一致。

（3）铺贴地砖

按地面标高留出地砖厚度标准点。铺贴地砖时，先在底灰上撒一层薄薄的素水泥，并洒水湿润，然后用水泥浆涂抹地砖背面 1.5～2mm，由前往后逐块逐行铺贴，并随铺随用橡胶锤轻轻锤击，用竹签划缝，棉布拭净，第二天再嵌缝或勾缝。其做法同墙面砖，同时做好产品保护，严禁随意踩踏。

（4）嵌缝

水泥浆结合层终凝后，用白水泥浆或普通水泥浆嵌缝。

（5）质量要求

1）块材板面颜色一致，表面平整、无裂纹、掉角等缺陷，品种、质量符合设计要求。

2）面层与基层的结合牢固，无空鼓。

3）色泽一致，接缝均匀，周边顺直。

4）有坡度的地面，坡度符合设计要求，不倒泛水，无积水，与地漏结合处严密。

（6）质量标准

1）主控项目

① 原材料符合图纸设计要求。

② 面层与下一层结合牢固，无空鼓、裂纹。

③ 面层表面的坡度符合设计要求，不倒泛水、无积水；与地漏、管道结合处严密牢固，无渗漏。

2）一般项目

① 砖面层表面洁净、图案清晰、色泽一致、接缝平整、深浅一致、周边顺直。板块

无裂纹、缺楞、掉角等缺陷。

② 面层邻接下的镶边用料及尺寸符合设计要求，边角整齐光滑。

③ 踢脚线表面洁净、高度一致、结合牢固，出墙厚度一致。

④ 楼梯踏步和台阶板块的缝隙宽度一致、齿角整齐；楼层梯段相邻踏步高度差不大于 10mm；防滑条顺直。

⑤ 在管根或埋件部位套裁，砖与管或埋件结合严密。

（7）成品保护

施工时注意对定位、定高的标准杆、尺、线的保护，不得触动、移位。

对所覆盖的隐蔽工程有可靠保护措施，不得因浇筑砂浆造成漏水、堵塞、破坏或降低等级。

砖面层完工后在养护过程中进行遮盖和拦挡，保持湿润，避免受侵害。当水泥砂浆结合层强度达到设计要求后，方可正常使用。

后续工程在砖面上施工时，进行遮盖、支垫，严禁直接在砖面上动火、焊接、和灰、调漆、支铁梯、搭脚手架等；进行上述工作时，采取可靠保护措施。

附 1.9.4 外墙面装饰施工

1. 涂料墙面

（1）施工工艺流程：基层清理→基层修补→滚涂底漆→滚涂第一遍面漆→滚第二遍面漆→修补。

（2）基层清理、修补

基层应平整、清洁、无浮砂、无起壳。混凝土及抹灰面层的含水率在 10% 以下，pH 值小于 9，通常新抹的基层在通风状况良好的情况下，夏季干燥 10d，冬季干燥 20d 以上。

用铲刀或钢丝刷除去浮浆和附着的杂物。起壳部位铲除后重新抹面。

基层上较大的缺陷（孔洞、蜂窝、麻面、微裂等），采用外墙专用腻子找补明显不平之处，干后抄平。较大的裂缝用手提砂轮切割成"V"型再进行修补。基层表面的突起部分用锤子敲掉。油污先用溶液洗，再用清水洗净。

（3）滚涂底漆

将底涂料搅拌均匀，按产品技术要求进行稀释，用滚筒均匀涂刷一遍，严禁漏刷。

（4）滚涂面漆

在基层符合要求后才能施工。施工段按每一步架高分层施工，做完一层拆一层，滚涂时，间距必须满足要求。

订货前详细计算面积及用量，争取每种颜色的涂料一次订够，万一需补充时与样板色一样。包装桶上标明色号。

在滚涂施工前，将脚手架上竹片全部拆除，防止在滚涂过程中污染墙面；注意上下两层脚手架之间部位，不能将抹灰重叠部位与滚涂重叠部位放在一个位置上，两者错开；在滚涂上下层接缝部位时，避免出现一条深一条浅，或一条条挂灰横向不均匀现象。滚涂的面积较大时做分格缝，将涂料按部位放在分格缝上装饰效果容易均匀一致。

在滚涂前 24h，滚涂后 12h 内不受雨淋，因为所选涂料均为水性，在未成膜前不能遇水。

最低施工温度为 5℃，最高温度不超过 40℃。否则涂料会变稀易产生流淌、气泡、皱皮甚至破裂现象，出现颜色不匀，而且气温过高，水分急剧蒸发，会严重影响涂料膜附着能力。

成品保护：在进行滚涂施工时，采取保护措施，防止涂料对周围环境的污染，涂料成膜固化后的清洗困难，对门窗框、窗套、线条、玻璃、塑料管道等部位用纸带、塑料薄膜、旧报纸等将它们遮挡或全包起来，防止涂料对它们腐蚀或形成疵点。阴阳角、接头部位或曲线的边杠线角处，在滚涂一面时对另一面进行保护性遮挡。为了防止涂料渗透，滚涂后及时拆除遮挡纸和薄膜。

在拆架之前，对外墙涂料层进行全面检查，请监理方工程师进行验收，对不符合要求的墙面及时进行整改，经验收合格后方可拆除外架子。

2. 面砖墙面

（1）施工工艺流程：施工准备→基层清理→找平层→基层弹线→选砖→排砖→大面积铺贴→细部处理→嵌缝→擦洗→成品保护→验收。

（2）弹线分格

在找平层上，用粉线弹出饰面砖分格线。弹线前根据镶贴墙面长、宽尺寸（找平后的精确尺寸），将纵、横面砖的皮数划出皮数杆，定出水平标准水平线。

1）对要求面砖贴到顶的墙面，先弹出顶棚边或龙骨下标高线。按饰面砖上口镶贴伸入吊顶线内 25mm 计算，确定面砖铺贴上口线，然后从上往下按整块饰面砖的尺寸分划到最下面的饰面砖。当最下面的砖高度小于半块砖时，重新分划，使最下一层面砖高度大于半块，重新排饰面砖出现的超出尺寸，可伸入到吊顶内。

2）弹竖向线：最好从墙面一侧端部开始，以便将不足模数的面砖贴于阴角或阳角处。

（3）选砖

选砖是保证饰面砖镶贴质量的关键工序。为保证镶贴质量，在镶贴前按颜色的深浅不同进行挑选归类，然后再对其几何尺寸大小分选。

（4）铺贴

1）饰面砖结合层用砂浆的配制

水泥砂浆：配合比为 1：3 的水泥砂浆。在贴面水泥砂浆中最好加入聚乙烯醇缩甲醛（即 97 胶），其配合比（重量比）为：水泥：砂：水：97 胶＝1：2.5：0.44：0.03。

2）大面积铺贴

大面积铺贴顺序：自下而上，从阳角开始水平方向逐一铺贴，以弹好的地面水平线为基准，嵌上直靠尺或八字形靠尺条，第一排饰面砖下口紧靠直靠尺上沿，保证基准平直。

镶贴时，用铲刀在砖背面刮满界面粘结砂浆，再准确镶嵌贴面位置，然后用铲刀木柄轻轻敲击饰面砖表面，使其落实镶贴牢固，并将挤出的砂浆刮净。饰面砖界面粘结砂浆厚度大于 5mm，但不超过 8mm。

在镶贴中，随贴、随敲击、随用靠尺检查表面平整垂直度。

（5）嵌缝

饰面砖铺贴完毕 24h 后，用棉纱头蘸水将砖面灰浆拭净。同时用与饰面砖颜色相同的水泥（彩色面砖加同色颜料）嵌缝。嵌缝后用纱头蘸水过细擦拭干净。

附 1.9.5 内墙面装饰施工

1. 内墙抹灰

抹灰前先找好规矩，即四角规方、横线找平、立线吊直、弹出准线。

中级抹灰：先用托线板检查墙面平整垂直程度，大致决定抹灰厚度（最薄处一般不小于 7mm），再在墙上角各做一个标准灰饼（用打底砂浆或 1∶3 水泥砂浆），大小 5cm 见方，厚度由墙面平整垂直决定，然后根据这两个灰饼用托线或线锤挂垂直做墙面下角两个标准灰饼，厚度以垂直为准，再用钉子钉在左右灰饼附近墙缝里，栓上小线挂好通线，并根据小线位置每隔 1.2~1.5m 上下加做若干标准灰饼，待灰饼稍干后，在上下灰饼之间抹上宽约 9cm 的砂浆冲筋，用木杠刮平，厚度与灰饼相平，等稍干后可进行底层抹灰。

室内墙面、柱面的阳角和门洞口的阳角，一般用 1∶2 水泥砂浆抹出护角，护角高度不应低于 2m，每侧宽度不小于 50mm。其做法是根据灰饼厚度抹灰，然后粘好八字靠尺，并找方吊直，用 1∶2 水泥砂浆分层抹平，待砂浆稍干后，再捋出小圆角。

基层为混凝土时，抹灰前先刮界面剂材料一道。

墙面采用水泥混合砂浆面层，面层注意接槎。

室内纸筋灰或麻刀灰罩面，在底子灰 5~6 成干时进行，底子灰如过于干燥先浇水润湿，罩面分两遍压实赶光。

墙面阳角抹灰时，先将靠尺在墙角的一面用线锤找直，然后在墙角的另一面顺靠尺抹上砂浆。

室内墙裙、踢脚板一般要比罩面灰墙面凸出 3~5mm，根据高度尺寸弹上线，把八字靠尺靠在线上用铁抹子切齐，修边清理。

密集管道背后的墙面抹灰，在管道安装前进行，抹灰面接槎顺平。

外墙窗台、窗楣、雨篷、阳台、压顶和突出腰线等，上面做流水坡度，下面做滴水线或滴水槽。滴水槽的深度和宽度均不小于 10mm，并整齐一致。

2. 顶棚抹灰

钢筋混凝土楼板顶棚抹灰前，用清水润湿并刷素水泥浆一道。

抹灰前在四周墙上弹出水平线，以墙上水平线为依据，先抹顶棚四周，圈边找平。

顶棚表面顺平，并压光压实，不应有抹纹和气泡、接槎不平等现象，顶棚与墙面相交的阴角成一条直线。

3. 内墙涂料

基层处理：将基层上的浮尘、杂质等清理干净。

配制腻子：按重量比进行腻子配制，腻子配比为滑石粉∶胶水∶水 = 70∶24.5∶(0~5.5)。

接缝处理：扫尽缝中浮尘，用小灰刀将腻子嵌入缝内与板缝取平。待上述腻子凝固后，刮约 1mm 厚腻子并粘玻璃纤维（牛皮纸）接缝带，再用开刀从上往下沿一个方向压、刮平，使多余腻子从接缝带挤出。

第一遍满刮腻子：用钢抹刀或大灰刀刮腻子，将接缝带埋入腻子中，本遍腻子将石膏板之楔形棱边填满找平；随后整个饰面满刮腻子，填平刮光。

磨平：腻子达到一定硬度时，用砂纸打磨平整。

复补腻子：整个饰面复补腻子，填平刮光。

磨平：腻子达到一定硬度时，再次用砂纸打磨平整。

再次复补腻子：局部复补腻子，填平刮光。

磨平：腻子达到一定硬度时，再次用砂纸局部打磨平整。

刷底漆：将一定量洁净自来水掺入底漆，混合均匀后，在饰面上均匀涂刷一道饰面底漆。

刷第一遍乳胶漆：乳胶漆可用长毛辊或羊排笔刷涂。待饰面上底漆干后，均匀涂刷第一遍水泥漆。

刷第二遍乳胶漆：待第一遍乳胶漆干后（至少间隔 2h），再刷第二遍乳胶漆。第一遍与第二遍涂刷方向相互垂直。

黏度大时，用洁净自来水调稀。切忌与有机溶剂和石灰水混合。

4. 质量检验标准

选用乳胶漆的品种、型号、颜色、图案和性能符合设计要求。乳胶漆涂饰均匀、粘结牢固，不得漏涂、透底、起皮和掉粉。

乳胶漆的基层处理应符合：

(1) 新建筑物的混凝土或抹灰层基层，在涂饰前先涂刷抗碱封闭底漆。

(2) 混凝土或抹灰层基层涂刷溶剂型涂料时，含水率不得大于 6%；涂刷乳液型涂料时，含水率不得大于 8%。

(3) 基层腻子平整、坚实、牢固，无粉化、起皮和裂缝；内墙腻子的粘结强度符合规定。

(4) 卫生间墙面使用耐水腻子。

内墙面装饰施工质量标准见附表 1-30。

施工质量标准　　　　　　　　　　　　　　　　　　　　　　　　附表 1-30

序号	项 目	中级装饰	高级装饰
1	颜色	均匀一致	均匀一致
2	泛碱、咬色	少量轻微	不允许
3	流坠、疙瘩	少量轻微	不允许
4	砂眼、刷痕	少量轻微砂	无砂眼、无刷眼、刷纹通顺

附 1.9.6　门窗工程施工

1. 铝合金门窗安装

(1) 施工工艺流程

划线定位→铝合金窗的披水安装→防腐处理→铝合金门窗的安装就位→铝合金门窗的固定→门窗框与墙体间缝隙的处理→门窗扇及门窗玻璃的安装→安装五金配件。

(2) 划线定位

根据设计图纸中门窗的安装位置、尺寸和标高，依据门窗中线向两边量出门窗边线。若为多层建筑时，以顶层门窗边线为准，用线坠或经纬仪将门窗边线下引，并在各层门窗口处划线标记，对个别不直的门窗口边进行剔凿处理。

门窗的水平位置，以楼层室内＋50cm 的水平线为准向上反量出窗下皮标高，弹线找直。每一层保持窗下皮标高一致。

（3）铝合金窗的披水安装

按施工图纸要求，将披水固定在铝合金窗上，且保证位置正确、安装牢固。

（4）防腐处理

门窗框四周外表面的防腐处理，设计有要求时，按设计要求处理；设计没有要求时，涂刷防腐涂料或粘贴塑料薄膜进行保护。

安装铝合金门窗时，如果采用连接铁件固定，则连接铁件、固定件等安装用金属零件不能生锈。否则必须进行防腐处理，以免产生电化学反应，腐蚀铝合金门窗。

（5）铝合金门窗的安装就位

根据划好的门窗定位线，安装铝合金门窗框。并及时调整好门窗框的水平、垂直及对角线长度等，使其符合质量标准，然后用木楔临时固定。

（6）铝合金门窗的固定

当墙体上预埋有铁件时，直接把铝合金的铁脚与墙体上的预埋铁件焊牢，焊接处需做防锈处理。

当墙体上没有预埋铁件时，用金属膨胀螺栓或塑料膨胀螺栓将铝合金门窗的铁脚固定到墙上。

当墙体上没有预埋铁件时，也可用电钻在墙上打 80mm 深、直径为 0～7mm 的孔，插入 L 型 80mm×50mm 的直径 6mm 钢筋。在长的一端粘涂 98 胶水泥浆，然后打入孔中。待 98 胶水泥浆终凝后，再将铝合金门窗的铁脚与埋置的 ϕ6mm 钢筋焊牢。

（7）门窗框与墙体间缝隙的处理

铝合金门窗安装固定后，先进行隐蔽工程验收，合格后及时处理门窗框与墙体之间的缝隙。

（8）门窗扇及门窗玻璃的安装

门窗扇和门窗玻璃在洞口墙体表面装饰完工验收后安装。

推拉门窗在门窗框安装固定后，将配好玻璃的门窗扇整体安入框内滑槽，调整好与扇的缝隙即可。

平开门窗在框与扇格架组装上墙、安装固定好后再安玻璃，即先调整好框与扇的缝隙，再将玻璃安入扇并调整好位置，最后镶嵌密封条及密封胶。

地弹簧门在门框及地弹簧主机入地安装固定后再安门扇。先将玻璃嵌入门扇格架并一起入框就位，调整好框扇缝隙，最后填嵌门扇玻璃的密封条及密封胶。

（9）安装五金配件

五金配件与门窗连接用镀锌螺钉。安装的五金配件应结实牢固，使用灵活。

（10）质量检验标准

1）主控项目

金属门窗的品种、类型、规格、性能、开启方向、安装位置、连接方式及铝合金门窗的型材壁厚符合设计要求。金属门窗的防腐处理及嵌缝、密封处理符合设计要求。

金属门窗安装牢固，并开关灵活、关闭严密，无倒翘。推拉门窗扇有防脱落措施。

金属门窗配件的型号、规格、数量符合设计要求，安装牢固，位置正确，功能满足使用要求。

2）一般项目

金属门窗表面洁净、平整、光滑、色泽一致，无锈蚀。大面无划痕、碰伤。漆膜与保护层顺接。

铝合金门窗推拉门窗扇开关力不大于 90N。

金属门窗框与墙体之间的缝隙填嵌饱满，并采用密封胶密封。密封胶表面光滑、顺直、无裂纹。

金属门窗扇的橡胶密封条或毛毡密封条安装完好，不得脱槽。

有排水孔的金属门窗，排水孔畅通，位置和数量符合规范规定。

（11）成品保护

铝合金门窗装入洞口临时固定后，检查四周边框和中间框架是否用规定的保护胶纸和塑料薄膜封贴包扎好，再进行门窗框与墙体之间缝隙的填嵌和洞口墙体表面装饰施工，以防止水泥砂浆、灰水、喷涂材料等污染损坏铝合金门窗表面。在室内外湿作业未完成前，不能破坏门窗表面的保护材料。

采取措施，防止焊接作业时电焊火花损坏周围的铝合金门窗型材、玻璃。

严禁在安装好的铝合金门窗上安放脚手架，悬挂重物。经常出入的门洞口，及时保护好门框，严禁施工人员踩踏、碰擦铝合金门窗。

交工前撕去保护胶纸时，轻轻剥离，不得划破、剥花铝合金表面氧化膜。

2. 普通钢门安装

钢门安装前，按设计图纸要求核对钢门的型号、规格、数量是否符合要求，拼樘构件、五金零件、安装铁脚和紧固零件的品种、规格、数量是否正确和齐全。

钢门安装前，逐樘进行检查，如发现钢门框变形，校正修复后方可进行安装。

按照设计图纸要求，在门洞处弹出水平和垂直控制线，以确定钢门的安装位置、尺寸和标高。

检查门洞内预埋铁件的位置、尺寸、数量是否符合钢门安装的要求，发现问题及时修整或补凿洞口。

安装钢门时，按图纸分清门的开启方向是内开还是外开，单扇门是左手开启还是右手开启。然后按图纸要求的规格、型号将钢门运到安装洞口处，并靠放稳当。

在搬运钢门时严禁抛、摔，起吊时，选择平稳牢固的着力点。

将钢门樘对号入座，放入预留门洞中，并按墙厚居中位置或图纸标注距外墙皮的尺寸进行立樘。当钢门框按规定位置大体放正后，在门框四角或能受力的部位用木楔进行临时固定。

按照门窗安装的水平控制线、垂直控制线和进身线，对已就位立樘的钢门进行边调整、边支垫，随时用托线板和水平尺校正钢门樘的水平度和垂直度，直至上、下、左、右、前、后六个方向的位置准确，达到安装横平竖直、高低一致、进出统一，符合要求为止。定位后用木楔塞紧固定。并打开门扇，据 1 根与门框内净间距相同长度的木板条，在门框中部支撑。

钢门定位固定后，按照孔洞的位置装好铁脚。先将上框的焊接铁脚与过梁中的预埋铁件焊牢，再把两侧的铁脚插入墙体结构的预留孔洞中，以备堵孔固定。

将预留孔洞清扫干净，浇水湿润，然后用水泥砂浆塞入孔洞内，捣实、抹平，并及时洒水养护 3d，在养护期内不得碰撞、振动钢门。当孔洞内的水泥砂浆达到规定的强度后，方可将四周安设的木楔和木撑取出，并用水泥砂浆将四周缝隙嵌填严实。

3. 防火门安装

安装钢制防火门前，核对门洞口的高、宽尺寸，使其符合钢门框安装的尺寸要求。

在钢门框槽口内浇灌细石混凝土，先浇灌一侧，待其达到一定强度后，翻转钢门框，浇灌另一侧槽口内的细石混凝土，最后灌注上框槽口内的混凝土。

按照设计要求，在门洞口内弹出钢门框的位置线和水平线。

按门洞口上弹出的控制线，将钢门框放入门洞口内，并用木楔进行临时固定。然后按线调整门框的位置，经核实无误后，将木楔塞紧，把门框固定。

用焊接方法，将钢门框上的连接件与门洞口的预埋件焊接牢固，最后方可进行封边、收口等抹灰处理。

安装防火门时，先把合页临时固定在钢门窗的合页槽中，然后将钢门扇塞入钢门框内，将合页的另一页嵌入钢门框上的合页槽内，调整后拧紧螺钉。

钢制防火门扇安装完后，要求开闭灵活，无反弹、翘曲、走扇、关闭不严等缺陷。

4. 卷帘门安装

导轨安装时，先进行找直、吊正，槽口尺寸准确，上下保持一致，对应槽口在同一平面内，然后用连接件将其与洞口内的预埋件焊牢。

安装卷筒前先找好尺寸，并使卷筒轴保持水平，注意与导轨之间的距离两端保持一致，临时固定后进行检查，并进行必要的调整、校正，无误后再与支架预埋件用电焊焊牢。

卷筒防护罩的尺寸大小，与门窗的宽度和门窗页片卷起后的尺寸相适应，保证卷筒将门窗的页片卷满后与防护罩仍保持一定的距离，不得相互碰撞。经检查无误后，再与防护罩预埋件焊牢。页片嵌入导轨或中柱的深度符合相关规定。

附 1.10　设备安装

附 1.10.1　搅拌机安装

搅拌机安装时，其电动机定子温升限值，应符合现行国家标准的规定；搅拌机应设置密封泄漏保护装置，油箱水量不得超过油量的 10%；搅拌、推流装置升降导轨应垂直，固定牢固，沿导轨升降自如；搅拌、推流装置应设漏水、超载监测保护系统；搅拌机安装允许偏差和检验方法见附表 1-31；搅拌机轴安装允许偏差和检验方法见附表 1-32。

搅拌机安装允许偏差和检验方法　　　　　　　　　　　　　　附表 1-31

序号	项　　目	允许偏差(mm)	检验方法
1	设备平面位置	20	尺量检查
2	设备标高	±20	用水平仪与直尺检查
3	导轨垂直度	1/1000	用线坠与直尺检查
4	设备安装角	< 10	用放线法、量角器检查
5	消化池搅拌机轴中心	≤10	用线坠与直尺检查
6	搅拌机叶片下端摆动量	≤2	观察检查

搅拌机轴安装允许偏差和检验方法

附表 1-32

序号	项 目	允许偏差			检验方法
		转数(r/min)	下端摆动量(mm)	桨叶对轴型直度(mm)	
1	桨式、框式和提升叶轮搅拌器	≤32	≤1.5	为桨板长度的4/1000,且不大于5	仪表测量观察、用线坠与直尺检查
		>32	≤1.0		
2	推进式和圆盘平直叶涡轮式搅拌器	100~400	≤0.75	—	
				—	

附1.10.2 螺旋输送机安装

螺旋输送机安装时,应固定牢固,并保证与落料口之间的正确连接;螺旋叶片和槽体应正常配合,无卡阻现象;传动应平稳,超载装置的动作应灵敏可靠;密封罩和盖板不应有物料外溢;螺旋输送机安装允许偏差和检验方法见附表 1-33。

螺旋输送机安装允许偏差和检验方法

附表 1-33

序号	项 目	允许偏差(mm)	检验方法
1	设备平面位置	10	尺量检查
2	设备标高	+20,-10	用水平仪与直尺检查
3	螺旋槽直顺度	1/1000,全长≤3	用钢丝与直尺检查
4	设备纵向水平度	1/1000	用水平仪检查

附1.10.3 加氯机系统安装

(1) 加氯系统采用流量比例控制全真空加氯系统,全系统的安装、调试均在供货商的指导下进行,执行供货商规定的安装检验标准;漏氯处理系统由漏氯检测仪、轴流风机共同完成。设备安装、调试均在供货商的指导下进行;加氯系统和漏氯处理系统的验收除建设方、工程师认可外,还需由当地劳动主管部门认可。

(2) 设备安装

1) 设备在安装前,必须认真检查基础的位置和标高,依据建筑物轴线或边缘线和标高线,划出安装基准线。

2) 将基础表面和地脚螺栓预留孔中的油污、泥土、积水等清除干净。

3) 设备的平面位置和标高对安装基准线的允许偏差,应符合附表 1-34 的规定。

设备的平面位置和标高对安装基准线的允许偏差

附表 1-34

项 目	允许偏差(mm)	
	平面位置	标 高
与其他设备无机械联系的	±10	+2,-10
与其他设备有机械联系的	±2	±1

附 1.11 调试及试运行

附1.11.1 准备工作

(1) 设备及其附属装置、管路等均全部施工完毕,施工记录及数据应齐全。其中,设备的精平和几何精度经检验合格；润滑、液压、冷却、水、气（汽）、电气（仪器）控制等附属装置，均按系统检验完毕，并符合试运行的要求。

（2）需要的能源、介质、材料、工机具、检测仪器、安全防护设施及用具等，均符合试运行的要求。

（3）对大型、复杂和精密设备，编制试运行方案或试运行操作规程。

（4）参加试运行的人员，熟悉设备的构造、性能、设备技术文件，并掌握操作规程及试运行操作。

（5）设备及周围环境清扫干净，设备附近不得进行有粉尘的或噪声较大的作业。

（6）设备试运行包括的内容和步骤：

1）电气（仪器）操纵控制系统及仪表的调整试验；

2）润滑、液压、气（汽）动、冷却和加热系统的检查和调整试验；

3）机械和各系统联合调整试验；

4）空负荷试运行，在上述 1）～3）项调整试验合格后进行。

附 1.11.2　电气及其操作控制系统调整试验要求

（1）按电气原理图和安装接线图进行，设备内部接线和外部接线正确无误。

（2）按电源的类型、等级和容量，检查或调试其断流容量、熔断器容量、过压、欠压、过流保护等，检查或调试内容均符合其规定值。

（3）按设备使用说明书有关电气系统调整方法和调试要求，用模拟操作检查其工艺动作、指示、讯号和连锁装置是否正确、灵敏和可靠。

（4）经上述（1）～（3）项检查或调整后，方可进行电气及其操作控制系统的联合调整试验。

附 1.11.3　机械和各系统联合调试要求

（1）设备及其润滑、液压、气（汽）动、冷却、加热和电气及其控制等系统，均单独调试检查并符合要求。

（2）联合调试按要求进行，不宜用模拟方法代替。

（3）联合调试由部件开始至组件、至单机直至整机（成套设备），按说明书和生产操作程序进行，并符合下列要求：

1）各转动和移动部分，用手（或其他方式）盘动，灵活且无卡滞现象；

2）安全装置（安全连锁）、紧急停机和制动（大型关键设备无法进行此项试验者，可用仿真试验代替）、报警讯号等经试验均正确、灵敏、可靠；

3）各种手柄操作位置、按钮、控制显示和讯号等，与实际动作及其运动方向相符；压力、温度、流量等仪表、仪器指示均正确、灵敏、可靠；

4）按有关规定调整往复运动部件的行程、变速和限位；在整个行程上其运动平稳，不应有振动、爬行和停滞现象；换向不得有不正常的声响；

5）主运动和进给运动机构，均进行各级速度（低、中、高）的运转试验。其启动、运转、停止和制动，在手控、半自动化控制和自动控制下，均应正确、可靠、无异常现象。

附 1.11.4 设备空负荷试运转要求

（1）机械和各系统联合调试合格后，方可进行空负荷试运转。

（2）按说明书规定的空负荷试验的工作规范和操作程序，试验各运动机构的启动，其中对大功率机组，不得频繁启动，启动时间间隔按有关规定执行；变速、换向、停机、制动和安全连锁等动作，均正确、灵敏、可靠。其中连续运转时间和断续运转时间无规定时，按各类设备安装验收规范的规定执行。

（3）空负荷试运转中，进行下列各项检查，并作实测记录：

1）技术文件要求测量的轴承振动和轴的窜动不超过规定；

2）齿轮副、链条与链轮啮合平稳，无不正常的噪声和磨损；

3）传动皮带不打滑，平皮带跑偏量不超过规定。

（4）一般滑动轴承温升不超过 35℃，最高温度不超过 70℃；滚动轴承温升不超过 40℃，最高温度不超过 80℃；导轨温升不超过 15℃，最高温度不超过 90℃。

（5）油箱油温最高不得超过 60℃。

（6）润滑、液压、气（汽）动等各辅助系统的工作正常，无渗漏现象。

（7）各种仪表工作正常。

（8）有必要和有条件时，可进行噪声测量，并符合规定。

附 1.11.5 空负荷试运转后的工作

（1）切断电源和其他动力来源。

（2）进行必要的放气、排水或排污及必要的防锈涂油。

（3）对蓄能器和设备内有余压的部分进行卸压。

（4）按各类设备安装规范的规定，对设备几何精度进行必要的复查；各紧固部分进行复紧。

（5）设备空负荷（或负荷）试运转后，对润滑剂的清洁度进行检查，清洗过滤器；必要时更换新油（剂）。

（6）拆除调试中临时的装置；装好试运转中拆卸的部件或附属装置。

（7）清理现场及整理试运转的各项记录。

附录 2　污水处理厂改造工程施工组织设计（摘要）

附 2.1　工程概述

附 2.1.1　工程概况

某污水处理厂位于城市南郊，流域范围包括城市西南郊和南郊地区；工程项目为在现况污水处理厂预留空地内新建再生水处理体系。再生水厂（第一标段）工程规模为 60 万 m³/d，处理后的出水主要用作景观环境用水、城市用水和工业用水。

附 2.1.2　设计标准

（1）设计使用年限：凡属新建项目均按 50 年，凡属既有结构改造加固项目按 30 年。本工程建（构）筑物安全等级为二级。混凝土结构的环境类别：室内干燥环境为一类，室内潮湿环境为二 a 类，地下部分及露天环境为二 b 类。地基基础设计等级为丙级。

（2）工程所在场地抗震设防烈度为 8 度，设计基本地震加速值为 0.2g，设计地震分组为第一组，建筑物场地类别为 Ⅲ 类。主要水处理建（构）筑物的建筑抗震设防类别为乙类，包括综合楼（含中控室、化验室）、变配电室、曝气生物滤池等主要建（构）筑物，其余建（构）筑物为丙类。

（3）除综合办公楼按乙类公共建筑考虑节能措施外，其他基础设施类建筑以及为生产服务的服务类建筑，仅需对个别人员比较集中的房间采取适当的建筑节能措施。

（4）火灾危险性分类：臭氧制备车间为乙类（无爆炸危险），其余建（构）筑物通常为丁、戊类；甲乙类有爆炸危险的厂房按规范要求采取泄压措施。建筑物的耐火等级均为二级。

（5）建筑屋面防水等级为 Ⅱ 级，防水层合理使用年限为 15 年。无人员长期活动的地下室防水等级为 Ⅲ 级。

（6）本工程水处理构筑物钢筋混凝土结构构件裂缝控制标准均为≤0.22mm，建筑结构裂缝控制标准为≤0.3mm。

附 2.1.3　新建建（构）筑物设计参数

再生水厂工程新建建（构）筑物设计规模见附表 2-1；结构形式及基础类型见附表 2-2。

附 2.1.4　工程重点和难点分析

再生水厂工程具有典型的给水排水构筑物工程特点，除工期长、现浇混凝土量大、建筑物及构筑物繁多、工艺管线复杂外，还具有以下特点：

再生水厂工程新建建（构）筑物设计规模　　　　　　附表 2-1

序号	名　称	占地面积（m²）	建筑面积（m²）	层数		高度(m)		
				地下	地上	地下	地上	总高
1	膜过滤车间(一)	3790.5	3476	1	1	8.45	12.9	21.35
2	膜过滤车间(二)	6693.8	6360.2	1	1	9	11.9	20.9
3	臭氧制备间(二)	371.1	328.8	0	1	3	6	9
4	臭氧接触池(二)	797	73.1	1	0	9.1	0	9.1
5	液氧储罐区(二)	94	23.4	0	0	2.8	0	2.8
6	次氯酸钠加氯设施(二)	248.7	148	0	1	2.5	6.15	8.65
7	清水池	3002.3	0	1	0	7.8	0	7.8
8	景观及市政输水泵房	2271.9	194.4	1	2	9.2	9.6	18.8
9	新建分变电室(二)	589.7	978	1	3	3.5	12.9	16.4
10	新建分变电室(三)	482.5	926	1	3	3.5	11.9	15.4
11	新建分变电室(四)	0	444.1	0	1	0	6.9	6.9
12	热泵车间(二)	239.5	408.7	0	2	0	8.4	8.4
13	新建综合办公楼	833.8	4263.2	1	6	4.8	24	28.8
14	大门门道	0	183	0	2	0	11.9	11.9
15	厂区管线及市政管线							

新建建（构）筑物结构形式及基础类型　　　　　　附表 2-2

序号	构筑物名称	结构形式	基础形式	地基处理
1	生物滤池	钢筋混凝土整体结构	筏形基础	局部肥槽级配砂石回填
2	膜过滤车间(一)下部结构(含渠道、泵间、水池、滤布滤池)	钢筋混凝土整体结构	筏形基础	局部肥槽级配砂石回填
3	新建分变电室(二)	上部框架结构下部局部钢筋混凝土整体结构	筏形基础及柱下条形基础	
4	膜过滤车间(二)下部结构(含渠道、泵间、水池、滤布车间)	上部框排架结构下部钢筋混凝土整体结构	筏板基础	局部肥槽级配砂石回填
5	新建分变电室(三)	上部框架结构下部局部钢筋混凝土整体夹层	筏形基础及柱下条形基础	
6	清水池	钢筋混凝土整体结构	筏板基础	与臭氧接触池相邻处基地回填级配砂石
7	景观及市政输水泵房	上部框排架结构下部钢筋混凝土整体结构	筏形基础	
8	热泵车间(二)	框架结构(下部为水池)	筏形基础	
9	臭氧制备间(二)	钢筋混凝土框架结构	独立基础	
10	臭氧接触池(二)	钢筋混凝土整体结构	筏形基础	
11	次氯酸钠加氯设施(二)	砖混结构加轻钢棚子	条形基础	与接触池(二)相邻肥槽回填级配砂石
12	液氧储罐区(二)	砖混结构	条形基础	换填 0.5m 级配砂石
13	综合办公楼	钢筋混凝土框架结构	筏形基础	换填 0.5m 级配砂石
14	门楼	轻钢结构	独立基础	
15	臭氧制备间(一)	钢筋混凝土框架结构	独立基础	与接触池(一)相邻肥槽回填级配砂石
16	臭氧接触池(一)	钢筋混凝土整体结构	筏形基础	

（1）所包含单体构筑物数量多，各单位工程体量相差比较悬殊。

（2）工艺设备对土建的要求很高，结构施工应在满足国家规范标准的基础上，满足工艺、设备、电气、自控仪表等设备对土建的特殊要求。

（3）构筑物需进行满水试验，建筑物需进行屋面防水渗漏试验；工艺管线需进行水压试验；主要设备需进行调试、试运行等。施工必须精益求精，以达到工程质量目标。

（4）清水池、景观及市政输水泵房、臭氧接触池（二）、膜过滤车间（一）、（二）等单体构筑物基坑平均深度超过 6m，依据有关规定属于深基坑，且要经历雨期施工；因此基坑围护是重点施工内容。

（5）清水池、景观及市政输水泵房、臭氧接触池（二）、膜过滤车间（一）、（二）等单体构筑物底板、池壁结构的长度较大；池壁高，厚度较小，属于薄壁高墙结构；结构设计中在池底板、池壁均设有多道变形缝，后浇带。

（6）抗渗防裂的施工技术措施

现浇混凝土总量约 3.9 万 m^3，其中抗渗混凝土的浇筑量较多。土建施工的重点就是混凝土结构的施工，由于本工程场地面积大，大体量的混凝土的水平运输是保证混凝土施工质量的重点。

本工程的主要单位工程为贮水构筑物，对混凝土的抗渗、抗腐蚀及耐久性有较高的要求，因此对结构混凝土的原材料选择、配合比设计、加工、运输、浇筑及养护都提出了较高的要求。

附 2.1.5　技术质量控制要点

1. 池壁施工

池体的内外池壁厚度均在 300～700mm 之间，高度最高为 10m 左右，属于薄壁高墙。因此池壁模板的支设与混凝土的浇筑是施工的重点和难点。

2. 变形缝与加强带施工

清水池、景观及市政输水泵房、臭氧接触池（二）、膜过滤车间（一）、（二）还设置有多道膨胀加强带。变形缝与加强带处的施工处理是抗渗混凝土施工的薄弱环节，该处模板的支设、止水带的埋置、混凝土的浇捣、变形缝密封油膏的施工、加强带混凝土的浇筑顺序安排等技术环节的处理质量直接影响池体的防水抗渗能力及外观质量。

3. 满水试验

本工程中清水池、景观及市政输水泵房、臭氧接触池（二）、膜过滤车间（一）、（二）等单位工程需做满水试验。由于池体容量大，满水试验所需水量巨大。试验用水的灌注、排放问题需引起重视。

4. 土建施工与工艺设备安装的配合

由于本工程的土建与工艺设备安装之间的配合非常关键。需对两者的施工内容、施工工艺要求等有深入的了解。特别是，土建施工对工艺设备安装的基本程序、工艺设备安装对土建施工的要求必须熟知。在土建施工阶段，工艺设备人员提前介入，对土建施工的预留、预埋进行监督检查；在工艺设备安装阶段，土建施工为工艺设备安装提供必要的技术支持与物资帮助。

5. 施工交叉作业多

本工程中主要构筑物分别具有面积大、结构复杂、施工层次多的特点，同时管线施工、设备安装要与土建结构施工配合进行，施工过程中合理划分施工顺序，组织好交叉作业是确保工程按期完成的重要内容。

6. 雨期施工

本工程施工的内容包括再生水厂厂区内建筑物、构筑物施工及厂区各类综合管线、道路、电力、自控等，施工周期长，包含两个雨季、一个冬季，季节性施工影响大。

附 2.1.6　混凝土施工技术要点

（1）模板支架是确保混凝土结构成型质量及精度的重要措施，是给水排水构筑物工程的重点控制项目之一。

根据结构特点分析，水处理工程墙体多、预留孔洞多、预埋管件多，且结构混凝土要求达到清水混凝土标准，因此，必须将模板方案作为重点，以确保混凝土成型质量和精度，为设备安装工程精度提供前提保障。

（2）混凝土浇筑

池体混凝土工程抗渗、防裂及大体积浇筑都将成为本工程重点控制项目。

结构尺寸大，施工中必须采取可靠措施来保证大型池体的混凝土质量，防止出现温度裂缝，满足池体满水试验要求，施工难度较高。

本工程池体结构混凝土均为防渗混凝土，大型现浇钢筋混凝土水池池壁裂缝控制对混凝土及外加剂等质量要求严格。

对于底板等大体积混凝土施工，必须从混凝土的配合比设计、搅拌、运输、浇筑及养护的全过程进行严格控制，同时合理留设施工缝，做好施工缝处理，确保结构的耐久性，满足使用功能需要。

附 2.2　施工方案及技术措施

附 2.2.1　现有设施拆除

1. 现场准备

现有的电热锅炉房、车库、门卫、停车场、篮球场、部分景观及水榭亭台及管线需拆除。施工前，要认真检查影响拆除工程安全施工的各种管线的切断、迁移工作是否完毕，确认安全后方可施工。清理被拆除建筑物倒塌范围内的物资、设备，不能搬迁的须妥善加以防护。

疏通运输道路，接通施工中临时用水、电源。切断将要被拆的水、电、煤气管道等。在拆除危险区域设置警戒标志。工地固定场所设置标牌——文明施工牌。在拆除工程施工现场醒目位置应设安全警示标志牌，采取可靠防护措施，实行封闭施工。

2. 施工工艺

拆除主要采用重型夯击机进行打凿，然后采用挖掘机挖除，局部采用冲击钻打凿。建筑垃圾集中堆放，统一晚上运走。运土杂料的汽车进出场应严格按市城管办的有关规定办理手续，对出场车辆一律冲洗清理车轮车身。施工时注意防噪、降尘措施。

施工影响范围内的建筑物和有关管线的保护措施：

（1）相邻建筑物、构筑物应事先检查，采取必要的技术措施，并实施全过程动态管理；

（2）相邻管线必须经管线管理单位采取管线切断、移位或其他保护措施；

（3）开工前察看施工现场是否存在高压架空线，拆除施工的机械设备、设施作业时，必须与高压架空线保持安全距离。

3. 施工安全注意事项

（1）对部分拆除的同一建筑物或构筑物进行拆除前，应先划出施工区域，并设置维护栏杆，并由专人进行指挥作业，对保留部分采取必要的加固措施。

（2）禁止立体交叉方式拆房施工。砌体和简易结构房屋等需倾覆拆除的，倾覆物与相邻建筑物、构筑物之间的距离必须达到被拆除物体高度的 1.5 倍以上。

（3）必须采取相应措施确保作业人员在脚手架或稳固的结构上操作，被拆除的构件应有安全的放置场所。对只进行部分拆除的建筑，必须先将保留部分加固，再进行分离拆除。

（4）施工中必须由专人负责监测被拆除建（构）筑物的结构状态，并应做好记录。当发现有不稳定状态的趋势时，必须停止作业，采取有效措施，消除隐患。

（5）拆卸下来的各种材料应及时清理，分类堆放在指定场所，上层建筑垃圾应设立串筒倾倒，不得随意从高处下抛，并及时清运。拆除施工应分段进行，不得垂直交叉作业。作业面的孔洞应封闭。

（6）楼板上严禁多人聚集或堆放材料。

（7）拆除横梁时，在确保其下落有效控制时，方可切断两端的钢筋，逐端缓慢放下。

（8）拆除柱子时，应沿柱子底部剔凿出钢筋，使用手动倒链定向牵引，采用气焊切割柱子三面钢筋，保留牵引方向正面的钢筋。

（9）拆除管道及容器时，必须查清其残留物的种类、化学性质，采取相应措施后，方可进行拆除施工。

附 2.2.2　土方工程

1. 土方开挖工程

膜过滤车间（一）、（二）、臭氧接触池（二）、清水池、景观及市政输水泵房设有基坑支护及隔水处理，施工方案需要等专家论证后方可作为施工依据。本节为自然放坡基坑的开挖方案。

土方开挖前，要根据开挖的尺寸撒出灰线，开挖面积要考虑放坡的要求及支模工作面的因素。采用自然放坡、局部加支护的措施，基坑按 1∶1 放坡，支模工作面按 800～900mm 留设。

施工为雨期时，土方工程施工，要采取良好的排水措施，达到开挖条件时再进行挖土施工。

土方机械的选型及配备要满足施工进度及开挖形式的需求。机械的选型为：膜过滤车间（一）、（二）、臭氧接触池（二）、清水池、景观及市政输水泵房等土方开挖施工使用大型挖掘机，并配备自卸汽车运土。其余建（构）筑物基坑开挖使用小型挖掘机。

为了缩短工期及提高工效，必须合理安排土方的开挖方向及挖掘机械的行走路线。开挖时，顺着长边方向自西端向东端方向推进，为后续的工作插入进行施工创造条件。

土方开挖时挖至设计基底以上 30cm。挖土时，配合人工清理基底预留的土方和修理边坡，采用小推车把土运至机械挖到的地方，使土方尽量多的运出场外。

土方运至指定地点，现场在远期预留部位要留足土质符合回填要求的回填土。

临边防护的做法综合考虑安全、防汛的需要，在基坑上口线 50cm 以外设置。其余部位设置排水沟，另设钢管栏杆作围护。挡水墙部位用 φ48mm 钢管作防护栏杆。栏杆高 1.2m，立柱间距 3m，立柱夯入土层 0.6m 以上。水平方向架设两排钢管。临边防护的具体做法如附图 2-1 所示。

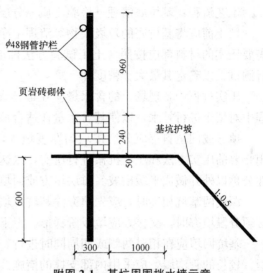

附图 2-1　基坑周围挡水墙示意

基坑排水措施：基坑开挖好以后，在基坑四周挖一上口宽 500mm，下口宽 300mm，深 300mm 的排水明沟；基坑四周间隔一段距离设置截面 600mm × 600mm，深 900mm 的集水坑，坑壁采用机砖砌筑。每个集水坑设置一台污水泵，随时将集水坑内的积水泵出基坑。

在基坑开挖过程中，如遇不明地下障碍物，或地基出现与勘探不符现象，及时与建设、监理单位有关人员联系，征求设计单位意见，确定适当的处理方案并经实施后，进行下道工序施工。

以上工作完成后，施工单位及时邀请建设、设计、勘探、监理单位共同对地基进行验收，符合要求后进行下道工序施工。

2. 土方回填

基础施工结束以后，先清除基坑内的杂物和淤泥再进行回填。回填时自下而上分层进行，并清除杂草等有机杂物，用轻型压实设备夯压。

（1）材料要求

除非另外批准或指定，回填材料粒径不得超过 75mm，不含建筑垃圾、有机物质和其他不适合回填的物质，并且能够按照规定的压实方法和压实密度进行压实。

紧靠永久性工程 0.5m 以内的回填料应不含公称粒径 50mm 以上的砾石、卵石、岩石碎片或其他类似物质。

厂区绿化区域内，地表以下 50cm 内的土壤都应回填或置换成适合草皮、树木生长的土壤。

（2）主要机具

有木夯、平板振动夯、振动碾、手推车、筛子、木耙、铁锹、2m 靠尺、胶皮管、小线和木折尺等。

（3）作业条件

回填前，应对基础进行检查验收，并要办好隐检手续。其基础混凝土强度达到规定要求后，方可进行回填。房心和管沟的回填，应在完成上下水管道的安装或管沟墙间加固后再进行。并将沟槽、地坪上的积水和有机物等清理干净。

施工前，应抄平做好水平标志，如在基坑或管沟边坡上，每隔 3m 钉上高程橛，室内和散水的边墙上弹水平线或在地墙上钉上标高控制木桩。

（4）操作工艺

工艺流程：基坑底清理→检验土质→分层铺土、耙平→夯打密实→找平验收。

填土前应将基坑底的垃圾杂物等清理干净。填土的摊铺不能造成填方材料分层。每种需要压实的材料都应按照《土工试验方法标准》GB/T 50123—1999（2007 版）的要求进行测试，以确定其最大干密度。

压实过程中，现场土的含水量应在最佳含水量的±3%范围内。如果需要，在压实过程中对填土进行补水，以使其含水量在适合该填土和所用的压实方法的取值范围内。

填方或回填料都应分层按均匀厚度填入，每层厚度不超过 300mm，填方和回填应使用必要的压实方法和压实机械进行压实，以达到规定的压实度。填方及回填层应填至永久性公称以外并做成平缓横坡。每层填方或回填料应由同一个来源的借土构成。

深浅两基坑相连时，应先填夯深基坑；填至浅基坑标高时，再与浅基坑一起填夯。如必须分段填夯时，交接处应填成阶梯形。上下层错缝距离不小于 1.0m。

基坑回填应在相对两侧或四周同时进行。基础墙两侧标高不可相差太多，以免把墙挤歪，较长的管沟墙，应采用内部支撑的措施。

回填房心及管沟时，为防止管道中心线位移或损坏管道，应用人工先在管子两侧填土夯实；并应由管道两边同时进行，直至管顶 0.5m 以上时，在不损坏管道的情况下，方可采用蛙式打夯机夯实。在抹带接口处、防腐绝缘层或电缆周围，应回填细料。

回填土每层填实后，应按规范规定进行环刀取样，测出干土的质量密度，达到要求后，再进行上一层的铺土。填土全部完成后，应进行表面拉线找平，凡高出允许偏差的地方，及时依线铲平，凡低于标准高的地方应补土夯实。

（5）质量检验标准

基底处理、回填的土料必须符合设计要求或施工规范的规定。

每层压实完成后均要进行检验，检验方法应符合《建筑地基处理技术规范》JGJ 79—2012、《土工试验方法标准》GB/T 50123—1999（2007 版）或其他等同规范的要求。

（6）成品保护

施工时，应注意保护定位桩、轴线桩、标高桩，防止碰撞位移。

夜间施工时，应合理安排施工顺序，设有足够的照明设施，防止铺填超厚，严禁汽车直接倒土入槽。

基础或管沟的现浇混凝土应达到一定强度，不致因填土而受损坏时方可回填。

附 2.2.3 钢筋工程

1. 钢筋采购与检验

根据初步设计文件，本工程所用钢筋的类别主要为：HPB235、HRB335、HRB400 三种类型。所有预埋钢板及型钢一律选普通碳素钢（Q235B）；钢筋性能与取样要求见附表

2-3～附表 2-5。

钢筋先按照图纸和规范要求抽出钢筋用量，分出规格和型号，由物资部负责采购并运到现场，钢筋采购严格按质量保证手册及程序文件和物资采购管理办法来执行。

钢筋应有出厂质量证明书或试验报告单一式两份，随料到达。尽量是原件，若使用复印件，须加盖材料专用章，注明原件存放地、复印人、复印时间。材料员收到后，验收货与证是否符合，若符合，则在质量证明书右上角，写明进货时间和数量，作原材料登记台账，然后交资料员存档。

钢筋力学性能检查项目 　　　　　　　　　　　　　　附表 2-3

| 品种 | | 牌号 | 符号 | 公称直径（mm） | 屈服点 σ_s（MPa） | 抗拉强度 σ_b（MPa） | 伸长率 δ（%） | 冷弯试验 | |
外形	强度等级代号				不小于			弯曲角度	弯心直径
光圆	HPB235	A3	ϕ	6.5～9	235	375	22	180°	d
变形	HRB335	20MnSi	ϕ	8～25	335	59	16	180°	$3d$

热轧钢筋的化学成分 　　　　　　　　　　　　　　附表 2-4

| 品种 | | 牌号 | 符号 | 化学成分 | | | | | |
| 外形 | 强度等级代号 | | | C | Si | Mn | Nb | P | S |
								不大于	
光圆	HPB235	A3	ϕ	0.14～0.22	0.3	0.3～0.65	—	0.045	0.050
变形	HRB335	20MnSi	ϕ	0.17～0.25	0.4～0.8	1.20～1.60	—	0.045	0.045

钢筋进场后，从每批钢筋中抽取 5% 进行外观检查。钢筋表面不得有裂纹、结疤和折叠。钢筋表面允许有凸块，但不得超过横肋的高度，钢筋表面上其他缺陷的深度和高度不得大于所在尺寸的允许偏差。钢筋每 1m 弯曲度不应大于 4mm。

每批由同一牌号、同一炉罐号、同一规格、同一交货状态的钢筋组成，重量不大于 60t，取样 1 组。

热轧带肋钢筋取样数量和方法 　　　　　　　　　　　附表 2-5

检验项目	取样数量（每批）	取样方法
拉力	2 根	任取 2 根钢筋切取，离端部 50cm
冷弯	2 根	任取 2 根钢筋切取，离端部 50cm

钢筋取样和送样，要有监理公司的监理人员在场，填好报表，然后监理人员跟随试验员到有资格的试验室去送试。在拉力试验中，如有 1 根达不到屈服点、抗拉强度和伸长率这三者中任一项规定值，应从同一批中重新取双倍试样复试。如仍有 1 根达不到规定值，则不论这个指标在第一次试验中是否合格，该批钢筋判定为不合格品。

钢筋运到本工作区域的加工厂后，必须严格按分批同等级、牌号、规格、长度分别挂牌堆放，不得混淆。存放钢筋的场地要进行平整夯实，并设有排水坡度，四周挖设排水沟，以利汇水，堆放时，钢筋下面要垫以垫木，离地面不宜小于 20cm，以防钢筋锈蚀和污染。

2. 钢筋加工

做配料单之前，要先充分读懂图纸的设计总说明和具体要求，然后按照各构件的具体配筋、跨度、截面和构件之间的相互关系来确定钢筋的接头位置、下料长度、钢筋的排放，需要注意的是，直条钢筋出厂长度只有 9m，配料时不能超过这个长度，配料单经工长和技术人员审核后，进行钢筋的下料和成型。盘条钢筋先行用卷扬机拉伸调直后，用钢筋钳剪段；一般钢筋断料使用钢筋切断机；钢筋成型使用直螺纹套丝机；钢筋搭接使用交流电焊机。

现场设置钢筋加工场，统一加工厂区全部建（构）筑物的钢筋；钢筋加工单，应按建（构）筑物部位分级编号，并实行分级审核制度，加工前要有专人再次进行核对，确实无误后方可下料加工；钢筋加工时，对任一部位、规格、形状、尺寸的编号钢筋，必须先行制作样板筋，经质检人员验收合格后，方可依照样板筋批量加工生产。加工过程中，随时进行检查，以避免出现较大误差；钢筋加工成型后，钢筋半成品要分部、分层、分段、分部位和构件名称，按号码顺序堆放，同一部位或同一构件的钢筋要放在一起，并按加工单编号挂牌标识并分类码放整齐（下部支垫，离地不小于 300mm，以防水泡，较长时间存放应加以覆盖），标识上注明构件名称、部位、钢筋型号、尺寸、直径和根数。加工厂与绑扎作业班组之间，必须建立严格的交接、点验手续，以免使用部位或编号混淆。

钢筋的表面应洁净。油渍、漆污和用锤敲击时剥落的浮皮、铁锈等应在使用前清除干净。在焊接前，焊点处的水锈应清除干净。如在除锈过程中发现钢筋表面的氧化铁皮鳞落现象严重并已损伤钢筋截面，或在除锈后钢筋表面有严重的麻坑、斑点伤蚀截面时，应降级使用或剔除不用。

采用卷扬机调直时，其调直冷拉率：一级钢不宜大于 4%；如钢筋无弯钩要求，其调直冷拉率可适当放宽，不大于 6%。

将同规格钢筋根据不同长度长短搭配，统筹排料；一般应先断长料，后断短料，减少短头，减少损耗。

断料时应避免用短尺量长料，防止在量料中产生累计误差，宜在工作台上标出尺寸刻度线并设置控制断料尺寸的挡板。

钢筋切断机的刀片，应由工具钢热处理制成。安装刀片时，螺丝要紧固，刀口要密合（间隙不大于 0.5mm）；固定刀片与冲切刀片刀口的距离：对直径 ≤20mm 的钢筋宜重叠 1~2mm，对直径 >20mm 的钢筋宜留 5mm 左右。

在切断过程中，如发现钢筋有劈裂、缩头或严重的弯头等现象必须切除；如发现钢筋的硬度与该钢种有较大的出入，应及时向有关人员反映，查明情况。

钢筋的断口不得有马蹄形或起弯等现象，钢筋的长度应力求准确，其允许偏差为 ±9mm 左右。

Ⅰ级钢筋末端需做 180°弯钩，其圆弧弯曲直径不应小于钢筋直径的 2.5 倍，Ⅲ级钢筋弯曲时不小于钢筋直径的 5 倍。

（1）弯曲成型工艺

钢筋弯曲关键是划线，钢筋弯曲前，对形状复杂的钢筋根据钢筋料牌上标明的尺寸，用石笔将各弯曲点位置划出。并根据不同的弯曲角度扣除弯曲调整值，其扣法是从相邻长度中各扣一半；钢筋端部带半圆弯钩时，该段长度划线时增加 0.5d；划线工作宜从钢筋中线开始向两边进行；两边不对称的钢筋，也可从一端开始划线，如划到另一端有出入时，则应重新进行调整。

（2）质量检验要求：钢筋形状正确，平面上没有翘曲不平现象；钢筋末端弯钩的净空直径不小于钢筋直径的 2.5 倍；钢筋弯曲点处不得有裂缝，Ⅲ级钢筋不能弯过头再弯回来。

钢筋弯曲成型后的允许偏差：全长±9mm，弯起钢筋起弯点位移±20mm，弯起钢筋的弯起高度±5mm，箍筋边长±5mm。

（3）钢筋连接：钢筋直径<16mm 时，优先采用搭接接头；钢筋直径≥16mm 时，采用等强直螺纹连接钢筋接头。

3. 钢筋安装

根据结构设计情况及施工缝位置，以膜过滤车间（一）为例，钢筋的绑扎顺序为：底板与池壁预留插筋→池壁→顶板、走道板（含板下梁）。

（1）底板

底板钢筋按变形缝和后浇带的划分板块及施工段划分的施工顺序，分块绑扎。底板钢筋绑扎的关键为：成型后的整体刚度满足浇筑混凝土过程不变形；各部位保护层的准确；预留上部插筋的准确、牢固。绑扎前量测垫层误差并标识，使用仪器投放结构范围及控制部位的基准线。钢筋绑扎在底板外侧模支搭完毕后进行。绑扎工作按放线→绑扎定位钢筋→补档绑齐的顺序进行。

底层筋绑扎后，按 800mm×800mm 间距，布设垫块，在排架筋下部，垫块要适当加密。绑扎上层钢筋之前，先按间距 900mm 安放马凳筋。马凳筋样式如附图 2-2 所示。

钢筋的绑扎固定与连接：底板钢筋均为 HRB335 级钢，钢筋连接采用绑扎接头，其相邻的钢筋接头应错开 35d，搭接长度不小于 42d；在同一截面的搭接钢筋截面，受拉区不超过 25%，受压区不超过 50%，搭接接头的绑扣

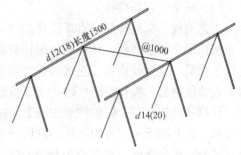

附图 2-2　马凳筋摆放示意

不少于三道；钢筋的绑扣，中间部分可跳一绑一，周边三道及与预埋筋连接处要全部绑扎，所有的绑扣丝头，要做到下层筋朝上，上层筋向下。

池壁预留插筋绑扎过程要与底板筋连接牢固，按照测量投放的基准线排放绑扎钢筋位置时，应在满足质量误差标准的前提下，适当考虑池壁模板穿墙对拉螺栓的位置；池壁预留插筋的长度，视不同池壁高度，分别采取一次预留到位与留出规定连接长度的形式，以尽量减少钢筋接头，同一截面钢筋搭接截面为 50%，且内外交错绑扎，预留钢筋按其间距、位置绑扎完毕后，要采取临时支撑措施防止移位、变形。

（2）池壁

池壁钢筋绑扎的关键是控制好钢筋的搭接位置与搭接长度、钢筋的垂直度与保护层厚度、竖向钢筋顶部的高度。

绑扎前，首先测设高程控制线，支搭内外脚手架，清理预留筋表面灰浆，调整预留筋的垂直度与倾斜度。

内外层钢筋净距使用 ϕ8mm 的"∽"型水平连接钢筋固定，纵横间距为 500～600mm，以确保钢筋的排距准确。对于变截面的池壁，应特别注意固定筋加工的精度及安

放的位置，绑扎过程的绑扣丝头应向内侧弯曲，不占用保护层的厚度。

工艺管道预留洞口处的钢筋绑扎，应按设计要求执行。当洞口＜300mm 时，受力主筋弯曲绕行；当洞口＞300mm 时，钢筋距洞边 25mm 处切断，加绑洞口加固筋，其加固筋位置、间距、直径、长度等按设计给定的洞口加固筋详图实施。

对于池壁顶有顶板或走道板的结构部位池壁钢筋绑扎的同时，需同时绑扎上部结构的预埋钢筋。

绑扎后的池壁钢筋，应稳固不变形，竖向筋保持垂直，横向筋保持水平，特别要注意池壁转角处的垂直度与钢筋保护层不超差；绑扎后的钢筋成品如不立即进行下步模板工序，应视高度适当采取临时支撑措施。

（3）走道板

走道板钢筋一般较细、保护层较薄，钢筋的层间距要采用钢筋板凳控制，纵横间距 60～80cm，对于梁板结构，先绑扎梁筋后板筋，梁筋的搭接处应位于梁跨的 1/4～1/3 且错开搭接；由于走道板钢筋绑扎后抵抗变形能力差，要特别注意对钢筋成品的保护。对于下步工序人员行走或搬运材料，应架设临时木制走道板或避开行走，以防踩踏钢筋造成过大变形。

（4）框架柱钢筋绑扎

工艺流程：套柱箍筋→直螺纹连接竖向主筋→划箍筋间距线→绑箍筋。

按照图纸要求间距，计算好每根柱箍筋数量，先将箍筋套在下层伸出的主筋上，然后立柱子钢筋，直螺纹连接。连接时，传用钢筋定位卡（是附图 2-3 所位连接筋）钢筋上端由 2 人扶住钢筋，绑扣要向柱内，便于箍筋向上移动。

柱箍筋绑扎：在立好的柱子主筋上，用粉笔划出箍筋间距线，然后将已套好的箍筋往上移动，自上而下采用缠扣绑扎。箍筋与主筋要垂直，箍筋转角与主筋交点均要绑扎，主筋与箍筋非转角部分的相交点成梅花交错绑扎。箍筋弯钩叠合处要沿柱子主筋交错布置绑扎。

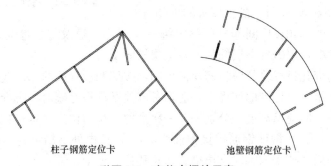

柱子钢筋定位卡　　　　　　　池壁钢筋定位卡

附图 2-3　定位卡摆放示意

（5）梁筋绑扎

1）绑扎前须核查梁号、配筋是否正确，弄清支座、交叉点等处节点构造。

2）在纵筋上面划线确定箍筋位置及根数。第一道箍筋距支座边缘或节点边缘 5cm；箍筋的接头（弯钩叠合处）应交错布置在两根架立钢筋上，其余同柱。

3）主筋就位后分段架起（梁深超过臂长者应将柱箍筋同时架起），套入箍筋，支座处应给主筋留出伸缩余地。

4）按先支座后跨中顺序绑扎，注意截面控制；框架接点处钢筋穿插十分稠密时，应特别注意梁顶面主筋间的净距要有 30mm，以利浇筑混凝土。

5）绑扎完毕后，梁底放好垫块，抽掉支撑，将钢筋笼就位，垫块垫在主筋下面，主次梁节点下应设垫块。

6）深梁应留出一侧模板，将钢筋绑扎完后再封模。

7）次梁主筋应在主梁主筋之上，主梁主筋拉通。

8）有多排受力筋时，应采用下垫、上吊的措施保证其位置准确。

9）钢筋搭接时应保证搭接长度，且牢固绑扎（至少三点），不同直径钢筋搭接时其搭接长度按小直径钢筋计算。

10）直径 25mm 的三级钢筋可以到工作面上再进行连接，先连接再就位。

（6）板钢筋绑扎

1）在模板上按间距要求均匀等分划线，第一道距支座 5cm。

2）穿插底筋，短边底筋在下，搭接范围内绑扎牢固。

3）按间距等分划线后，绑扎板负筋，先绑扎主梁方向，再绑扎次梁方向，分布筋在受力筋之下，可先将其分段绑扎固定，再绑扎受力筋，板负筋弯钩朝下，注意负筋网片与梁筋固定，最后放柱筋预留插筋。

4）加设垫块和马凳，支撑间距为 1m×1m。

5）等安装工程预埋完毕后，其他工程人员出场，安排少量人员将板筋全面整理一遍。

6）注意上部的负筋，要防止被踩下，特别是雨篷、挑檐、阳台等悬臂板，要严格控制负筋位置，以免拆模后断裂。

7）梁板筋绑扎时应防止水电管线将钢筋抬起或压下。

4. 保护层控制

根据设计及施工规范的要求安放垫块。垫块采用预制加工，加工应提前进行，采用与结构混凝土同配比的细骨料混凝土或高标号砂浆，为保证加工精度，使用不同规格的专用模具，制作要在专用预制加工间内进行，加工后认真养护，其养护期不少于 7d，确保在使用时达到所规定的强度。为保证在施工缝部位池壁的插筋位置准确，在浇筑池壁混凝土时，在模板上口设工具式水平"梯形架"，对池壁钢筋骨架增加两片水平焊接钢筋定位架。

设计的钢筋保护层为：

贮水构筑物内侧及底板下侧 40mm；贮水构筑物壁板外侧 35mm；贮水构筑物内部梁、柱 40mm；非贮水构筑物 35mm；建筑结构梁、板 25mm，20mm（外露梁板增加 5mm）；独立柱、框架柱 30mm。

5. 钢筋质量检验要求和质量保证措施

（1）质量检验要求

钢筋材质符合规范要求，钢筋表面应干净，无任何损伤，且不带有任何油脂、铁皮和铁锈。下料尺寸准确，绑扎间距均匀，按规定绑扎好保护层垫块；钢筋位置应在允许偏差范围内；对于闪光对焊接头，要求无横向裂缝，与电极接触处钢筋表面无明显烧伤，钢筋弯折不大于 4°，接头处轴线偏移尺寸不大于钢筋直径的 0.1 倍，同时不大于 2mm，接头拉伸及弯曲试验应符合要求。

钢筋型号、规格、大小、数量、位置、间距、形状、尺寸、搭接长度、接头设置必须符合设计要求及构造、规范要求，严禁错漏。

绑扎成品应均匀、规整、满足截面尺寸及对保护层厚度要求；绑扎牢固，无松脱、漏扣现象；质量检验标准见"钢筋绑扎（焊接）分项工程质量评定表"及"钢筋焊接接头分项工程质量评定表"。

（2）质量保证措施

不合格钢筋（锈蚀、伤残、接头不合格等）不得绑扎；放样、下料、制作、成品堆放、转运应清晰有序，绑扎时对号入座，以免错乱，配料单和料牌应严格校核；形式复杂的结构部位，应研究逐根钢筋穿插到位的顺序。

底板为双向主筋的钢筋网，须将全部钢筋相交点绑扎，相邻绑扎点的铁丝扣成八字形，以免网片变形；加强自检、互检，出现问题及时整改、返工。

6. 安全措施

拉直钢筋时，卡头要卡牢，地锚要牢固，冷拉线两端必须装置防护设施，冷拉时严禁在冷拉线两端站人或跨越，以免触到正在冷拉调直的钢筋。展开盘圆钢筋要卡牢，防止回弹，切断时要先用脚踩牢。断料时，工具要牢固，切长钢筋应有专人扶住，切短钢筋须用套管或钳子夹料。机械断料须经运转正常后进行，操作人的手与刀口距离不得小于 15cm。

用弯曲机弯曲长钢筋时应有专人扶住，并站在钢筋弯曲的外侧，调头弯曲要防止碰撞到人和物。

在施工现场绑扎安装时，应站在脚手架上进行，不得站在墙上和钢筋架上，柱筋骨架应有临时支撑支牢，防止倾倒。高层外檐施工时，应挂好安全带和安全网。

使用机具时，应注意安全用电。焊机必须接地，焊接导线及焊接钳接导线处都应可靠地绝缘。焊工严格按操作规范施工。

7. 验收

钢筋工程完工后，首先班组长进行自检、互检，再和专业工长一起进行检验，再由项目总工程师组织监理公司及建设方进行钢筋隐蔽验收，验收合格后，方能进入下道工序的施工。

附 2.2.4　模板支架工程

1. 水池模板

为了保证混凝土的施工质量，本工程模板主要采用竹胶板和木模板，以达到清水混凝土的效果。支撑体系采用木方、扣件式脚手架，对拉螺栓部位采用双排钢管固定。主要构筑物模板周转次数不超过三次，模板周转过程中如果出现边角损坏，必须进行处理才能再次使用，不能保证混凝土表面质量的模板要弃用。

（1）主要施工部位的模板施工安装顺序

测量放线、定点→组装模板→调高程、找直、支撑固定→安装止水带、缝板、止水条→底板钢筋绑扎→池壁预留台吊模安装。

在垫层混凝土表面，使用仪器投放模板安装的基准线，以此安放模板、支撑固定，其模板垂直度采用水平尺贴靠调整。模板安装后使用水准仪调整检测顶面高程，调整固定后的模板下部缝隙，用水泥砂浆封堵。

（2）结构变形缝

变形缝是保证结构正常使用，防止渗漏的关键部位，变形缝的安装是设缝结构模板安装的重要环节。根据结构设缝的位置、平面尺寸、竖向尺寸，确定止水带的加工长度及形式，外加工要满足安装底板止水带时将竖向伸缩缝部分一次到位，现场粘结只用于水平方向，对预理的止水带，安装前要采取可靠的封闭保护措施。止水带使用前要认真检查其质量，安装时中心应对正伸缩缝中心，模板的安装应与橡胶止水带的安装同步，安装固定方法如附图 2-4 所示。

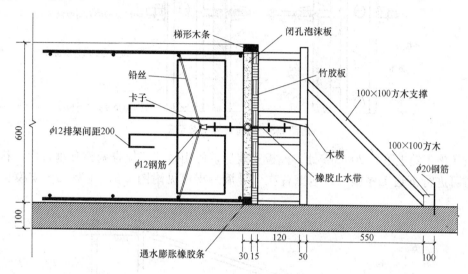

附图 2-4 止水带安装示意

2. 池壁模板施工

池壁模板应支搭牢固、稳定，模板的垂直度误差不大于 6mm，断面尺寸不超过规定的±4mm，池壁平整度误差不超过 5mm。安装技术要求：

按结构尺寸及混凝土浇筑层次高度确定模板尺寸，模板要在木材加工间提前加工，现场安装固定就位；拼装纵、横板缝时，缝间要夹密封条，密封条与板面平齐，以防漏浆。对于一次浇筑的池壁，模板直接坐落在底板上；对于水泵房等分层浇筑的池壁，利用下层的穿墙螺栓，连接固定上部的支撑花梁，达到固定上部模板的目的。池壁模板在钢筋绑扎及各种预埋管、预埋件安装固定完毕后进行安装，池壁预留台混凝土表面与模板之间加密封条，以防止漏浆。

模板先安装一侧，然后再安装另一侧，以便于穿墙螺栓（内拉杆）的安装。支搭高度同一结构严格按统一的施工缝位置控制，以保证同一结构施工缝在同一水平面上。

池壁模板采用穿墙对拉螺栓固定，以抵抗浇筑混凝土时产生的侧压力，对拉螺栓水平间距为 600mm，竖向间距控制在 600mm 以内。竹胶板后背的方木及 ϕ48mm 钢管间距最大不超过 40cm。为便于对拉螺栓的拆除，采用内外拉杆形式，内拉杆中部加焊 4mm 厚止水环，内外拉杆连接为橡胶锥形螺母，见附图 2-5。外拉杆长度为一常数，内拉杆长度则由结构厚度决定，事先应根据使用部位的结构厚度等计算下料加工。

施工缝止水钢板安装，在池外壁钢筋绑扎的过程中将止水钢板用短钢筋点焊固定，保

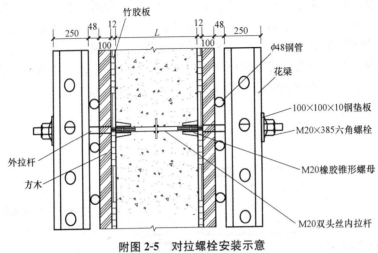

附图 2-5 对拉螺栓安装示意

证放置于施工缝上下各 200mm 处。模板安装后，使用经纬仪检查调整其垂直度，符合要求后方可进行下道工序施工。池壁首次（导墙）支模见附图 2-6；池壁二次支模见附图 2-7。

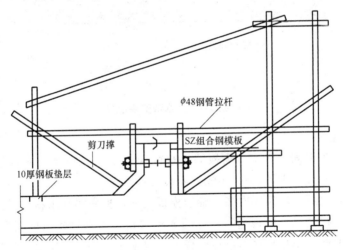

附图 2-6 池壁导墙次支模

3. 流水渠、走道板、框架梁、顶板模板

支架采用碗扣式脚手架及底部、顶部可调托撑插接组成。支架柱网布置根据结构设计及浇筑混凝土过程的荷载，按每根立柱轴向力不大于 2.5kN 控制，间距为 1.2m×1.2m，横杆上、下间距为 0.6～1.2m，斜撑杆按节间隔一装一，支架底部铺设 5cm 厚木板。沟渠、走道板底模安装前，使用水准仪检查调整支架顶部木梁高程，合格后铺设表面模板。

（1）墙体模板

墙体模板使用前预先将面板与次龙骨按照设计尺寸加工成整体。多层板在进行面板与次龙骨连接加工时，次龙骨整体向面板一侧偏移 20mm，使面板一侧突出次龙骨，另一侧凹进次龙骨，形成子母口。模板子母口留设时注意方向的一致性。墙体模板接缝做法见附图 2-8。

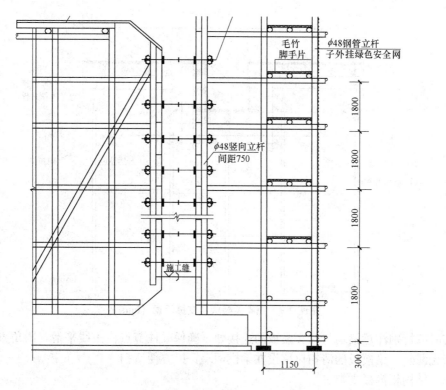

附图 2-7 池壁二次支模

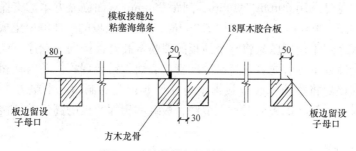

附图 2-8 墙体模板接缝做法示意

（2）框架梁模板。

框架梁模板采用覆膜木胶合板＋方木现场散拼，梁的底模与侧模均采用 15mm 厚覆膜木胶合板；主龙骨采用 90mm×90mm 方木，间距 900mm；次龙骨选用 50mm×90mm 双面刨光方木，梁底三根，梁侧每边四根。支撑体系选用碗扣架体系，立杆间距 600mm，横杆步距 1200mm。为便于梁的起拱，采用侧模包底模的支立方式，安装模板前先用小白线拉出梁轴（边）线和水平线，按设计标高调整立杆及龙骨的高度后安装底模，并拉通线，吊线锤调平找直。轴跨大于 4m，按 1‰～3‰ 起拱。起拱时按起拱高度逐一调整梁底可调顶托。梁侧模、梁底模按图纸尺寸进行现场加工，由塔吊运至作业面组合拼装，然后加横楞并利用碗扣架支撑体系将梁两侧夹紧，如附图 2-9 所示。

待梁钢筋绑扎完毕检查合格后，清理杂物安装梁侧模，梁底模与侧模接槎贴海绵条防漏浆。侧模安装完成后，校正梁中线、标高、截面尺寸，并将梁模内杂物清理干净。梁模

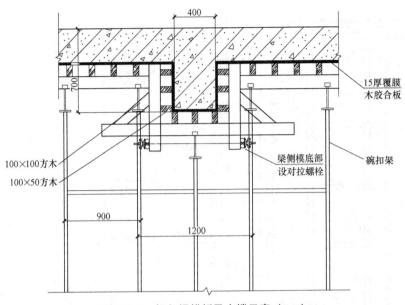

附图 2-9　框架梁模板及支撑示意（mm）

板安装时应特别注意梁端与柱头模板的连接处，确保梁柱节点模角线平滑，阴角方正，接缝严密无漏浆。梁模板的清扫口留设在梁模两端，以方便清扫。

（3）结构板模板支架

采用覆膜木胶合板＋方木龙骨现场散拼。主龙骨采用 90mm×90mm、间距 900mm 单面刨光方木，次龙骨选用 50mm×90mm、间距 250mm 双面刨光方木。支撑体系选用碗扣架体系，立杆间距 900mm，横杆步距 1200mm。为保证顶板的整体混凝土成型效果，采用硬拼法，板与板之间不使用胶条将整个顶板的覆膜木胶合板按同一顺序、同一方向对缝平铺，必须保证接缝处下方有龙骨，且拼缝严密，表面无错台现象。若与柱相交，则不刻意躲开柱头，只在该处将覆膜木胶合板锯出与柱尺寸相应的洞口，下垫方木作为柱头的龙骨。顶板布板时要尽量考虑板的对称、节约、板缝和相邻两板的高低差。楼板支撑见附图2-10。

4. 模板施工注意事项

（1）混凝土浇筑前认真复核模板位置，认真检查池壁模板垂直度、平整度及标高，准确检查预留孔洞位置及尺寸是否准确无误，模板支撑是否牢靠，接缝是否严密。所有模板在使用前都要涂刷脱模剂，拼缝应粘贴密封条。混凝土施工时安排木工看模，出现问题及时处理。在混凝土施工前，应清除模板内部的一切垃圾，尤其是木屑和锯屑，凡与混凝土接触的面板都应清理干净。

（2）模板及其支架拆除时的混凝土强度，应符合设计要求；如设计无要求，应符合以下要求：侧模，在混凝土强度能保证其表面及棱角不因拆除模板而受损坏时；梁板底模，在混凝土强度达到设计强度时，方可拆除。

（3）部分混凝土池体表面为保证设备运行的需要，对成型混凝土表面的垂直度、水平度要求高，将根据工艺要求，控制模板的允许偏差。保证成型效果满足精度要求。

5. 模板施工质量控制

（1）模板施工前由模板施工技术员缩绘出结构平面布置图及施工点剖面图、结点大样图

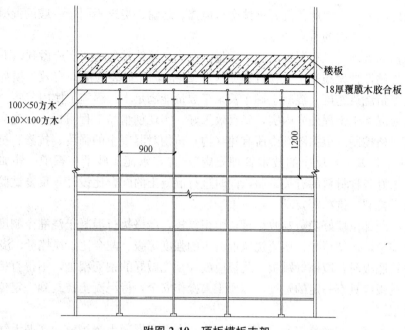

楼板
18厚覆膜木胶合板
100×50方木
100×100方木
900
1200

附图 2-10 顶板模板支架

分发各班组。施工技术交底，并在施工过程中随时监督检查。设置专人控制轴线、标高。

（2）模板完工后要实行自检、互检和专检，先由班组自检，修理后由模板技术负责人检查，消除因操作不当和加固不牢而可能发生的隐患。最后由监理工程师验收合格后方可进入下一道工序施工。加强对重点部位的检查，如结构变形部位、楼梯、预埋件、预留孔洞的模板要进行重点检查。

（3）模板块在装、拆、运时，均用手传递，要轻拿轻放，严禁摔、扔、敲、砸。每次拆下的模板，应对板面认真清理。模板块的木胶合板面、边缘孔眼，均应涂刷防水涂料，使用前认真涂刷隔离剂。每次施工完成都要将模板表面清理干净，满刷脱模剂。

（4）各种连接件、支承件、加固配件必须安装牢固，无松动现象。模板拼缝严密。各种预埋件、预留孔洞位置要准确，固定要牢固。

（5）安装允许偏差见附表 2-6。

现浇结构模板安装允许偏差   附表 2-6

序号	项目	容许偏差(mm)	检查方法
1	轴线位置	5	用经纬仪或尺量
2	标高(模板上表面)	±5	用水准仪或尺量
3	截面内部轮廓尺寸	+4，−5	尺量
4	每层垂直度	6	2m 托线板
5	表面平整度	5	用2m 长靠尺
6	预埋管预留孔中心线位移	3	尺量

附 2.2.5 混凝土工程

1. 准备工作

本工程混凝土施工质量要求较高，混凝土要达到抗渗、抗冻、抗裂、抗腐蚀及严格控制碱集料反应的要求，因此其混凝土试配、搅拌、运输、浇筑不同于一般的混凝土施工操作程序。这是施工控制的重点和难点。

为保证污水处理厂工程混凝土施工质量，在商品搅拌站的选择上应做到以下几点：

（1）搅拌站搅拌设施齐全（搅拌机不少于 2 台），计量装置准确有效。搅拌能力满足本工程最大方量浇筑速度。混凝土罐车及泵车数量能满足本工程施工使用需要。

（2）为使混凝土工程外光内实，感官效果好，实现创精品工程目标，首先应对原材料的质量进行严格控制。根据图纸中所有建（构）筑物对混凝土的强度、抗渗、抗冻要求和"预防混凝土工程碱集料反应的技术管理规定"，选定水泥、砂子、石子、外加剂等原材料，并及时做好各种材料的有关试验，同时进行混凝土的配合比设计。反复试验以满足混凝土的抗渗、抗裂、抗冻等要求。

（3）对隐蔽部位填好隐蔽验收记录，组织复核，严格执行混凝土浇灌令制度。填写混凝土搅拌通知单，通知搅拌站所要浇筑混凝土的强度等级、配合比、搅拌量、浇筑时间。

（4）浇筑底板时，应铺好跳板，跳板应放在预先做好的钢筋架上，不得直接铺放在钢筋网片上。跳板应具有一定的宽度，方便工人操作安全，待混凝土浇筑到一定位置，随浇随撤掉钢筋架。

（5）对气象部门加强预测预报的联系工作，在每次混凝土浇筑前，掌握天气的变化情况，尽量避开风雨天气，以确保混凝土的浇筑质量。

2. 混凝土浇筑

（1）制定浇筑方案

厂区各构筑物结构尺寸、基坑形式、基坑深度都不尽相同，构筑物的底板、池壁混凝土的浇筑需根据其自身的特点和所处位置环境的不同，制定相应的具体浇筑方案。

清水池、景观及市政输水泵房、臭氧接触池、膜过滤车间（一）、（二）的基础面积大、混凝土方量也大，基础和池壁被后浇带和变形缝分割成若干单元仓，混凝土浇筑时跳仓进行。基础、池壁混凝土浇筑时采用混凝土泵车浇筑，现场具体操作时，测算出混凝土的供应、运输时间，根据混凝土的方量确定出泵车的数量，泵车浇筑时的停放位置及浇筑过程中泵车挪车的路线。

底板混凝土浇筑时，当底板厚度大于 400mm 时，分层浇筑混凝土，每层厚度不得大于 400mm，当分层浇筑时，分层间呈阶梯状顺序布放混凝土，并及时振捣。

（2）布料入模

墙体混凝土布放时，当混凝土自由下落高度大于 4m 时，在墙上隔适当距离设一个下灰溜筒，由溜筒下灰。布放混凝土时严格控制每小时布放成型混凝土高度不大于 0.5m，且保证现场每台泵车处有一罐车混凝土备用，以防止出现因混凝土供应中断而人为造成出现相邻两层接茬超时现象。

质检人员测定混凝土初凝时间，指导、控制混凝土浇筑布放速度，做到先浇筑混凝土和后浇筑混凝土两层接茬在混凝土初凝之前完成。

泵送混凝土施工常见故障及排除对策见附表 2-7。

3. 混凝土振捣

混凝土振捣要做到"快插慢拔"，上下振捣均匀，在上下层混凝土接缝处，振捣棒应插入下层混凝土 50mm 左右，每一点振捣应以混凝土表面水平不再显著下沉，不再出现气

泵送混凝土施工常见故障及排除对策　　　　　　　　　附表 2-7

序号	现　象	原因分析	对　策
1	混凝土拌和物坍落度太小，易出现泌水、漏浆、离析导致堵管	1. 砂石含水量未测准,导致水的计量出现误差 2. 原配合比不适应材料变化 3. 搅拌机量水装置出现故障 4. 硫化剂用量过大	1. 重新测定砂石含水量,并调整加水量 2. 调整混凝土配合比 3. 修理、校正搅拌机水量装置 4. 减少外加剂掺量,对已拌好的拌和物可加适量水泥拌匀后喂料
2	混凝土拌和物坍落度太小,造成输送困难乃至堵塞	1. 砂石含水量未测准,导致水的计量出现误差 2. 原配合比不适应材料变化 3. 搅拌机量水装置出现故障 4. 减水剂掺量不足	1. 重新测定砂石含水量,并调整加水量 2. 调整混凝土配合比 3. 校正搅拌机量水装置 4. 适当增加外加剂用量,对已拌好的拌合物可加入与混凝土同配合比的砂浆或高效减水剂,拌匀后喂料,不可加水
3	混凝土拌和物和易性差,如分层、露石等	1. 材料变化引起原配合比不适应 2. 砂率偏小 3. 混凝土中 0.15mm 以下的细粉含量偏小	1. 调整混凝土配合比 2. 适当增大砂率 3. 可加入磨细粉煤灰或沸石矿粉等

泡,并呈现浮浆为准。

对于预埋件周边混凝土振捣时,应避免碰撞预埋件,应辅以人工振捣确保预埋件周边混凝土振捣密实。

底板混凝土浇筑时振动器插点要均匀排列,可采用"行列式"或"交错式"的次序移动,但不能混用。下棒间距不得大于 450mm,墙体混凝土采用一字式下棒,下棒间距不大于 400mm。底板混凝土施工时,为促进混凝土更加密实,保证施工质量,应对混凝土进行二次振捣,使混凝土更加密实。底板振捣器插点排列如附图 2-11 所示。

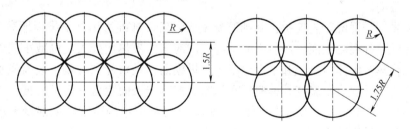

附图 2-11　底板振捣器插点排列

浇筑要分层并连续进行,每层厚度 250~350mm,上层混凝土在下层混凝土初凝前浇筑完成,确保上下层混凝土之间不形成冷缝。浇筑池壁混凝土时,一般一次到顶,采用串筒、溜槽下料,使混凝土自由下落高度不超过 2m,浇筑时要派专人观察模板与支撑、钢筋、预埋件和预留孔洞的情况,防止变形移位。

4. 混凝土成活

清水池、景观及市政输水泵房、臭氧接触池、膜过滤车间(一)、(二)底板混凝土浇筑时,混凝土底板顶面高程、坡度和平整度,对设备安装有很大影响,因此,必须严格控制。

各构筑物基面混凝土刮平后,用木抹找平,再采用电动压光机压实赶光,并在混凝土终凝前实施二次赶光压实。

5. 混凝土养护

混凝土浇筑完毕后，及时采取有效的养护措施。底板、池壁采用覆盖塑料薄膜上盖草帘浇水养护，养护不少于 14d，加强部位的混凝土养护时间不少于 28d。覆盖浇水养护应在混凝土浇筑完毕后 12h 以内进行。在冬施期间，立即覆盖防火草帘进行保温养护，防火草帘的层数根据当天的气温决定。

6. 酷暑期混凝土施工

根据施工计划安排及某市的气候特征，必须做好酷暑期的混凝土施工。在酷暑期进行混凝土施工，虽然混凝土强度增长较快，可以缩短工期和加速模板的周转，然而高气温环境对混凝土也有不利的一面，最主要的是夏季气温比较高，混凝土入模温度也高，水化反应速度加快，水化热产生加快，初期造成混凝土内部温度增长加快，远远超出冬施或常温时温度的增长，混凝土的内部温度可达 40~50℃，混凝土的热增长量大，在混凝土强度增长期间，水化热散去后，混凝土开始冷缩，由于温升大，冷缩也大，对于有约束的混凝土更容易出现温度裂缝；其次在高温干燥日子里，混凝土表面水分蒸发快，容易出现表面干缩裂缝和失水现象。

酷暑期混凝土浇筑技术措施：

（1）混凝土浇筑前，地基或模板洒水，以降低地基或模板的表面温度，同时墙体混凝土安排夜间或低温天气浇筑。

（2）酷暑期间混凝土按不同气温组配加入缓凝减水剂，使混凝土终凝时间不少于 4h。这样：①在保证相邻浇筑的两层混凝土在终凝前接茬的前提下，尽量做到延长混凝土层与层之间的间隔浇筑时间，以使下层先浇筑的混凝土有足够的时间散发热量。②可使水化反应速度减慢，水化热产生峰值下降，使混凝土温升变缓，混凝土温度峰值下降，从而避免产生混凝土裂缝。

（3）酷暑期加强混凝土养护：基础混凝土成活后，基础边用黏土袋围堰灌 50~90mm 深水，以保证基础混凝土面不产生干缩裂缝，同时水的散热比较大，可减小混凝土温度梯度和吸收水化热。墙体混凝土和平台混凝土，拆模前在模板外和混凝土表面浇水，用水的蒸发带走热量降低混凝土温度。拆模后在暴露的混凝土表面覆盖一层草帘被并浇水养护不少于 14d，防止日光暴晒混凝土表面使其失水，又可利用水的蒸发降低混凝土水化热引起的混凝土温升，最终减小混凝土温度收缩应力。

（4）混凝土浇筑前做热工计算。浇筑前采取措施，以确保有约束的混凝土不产生温度收缩裂缝。

（5）酷暑期高温下进行混凝土施工，应充分重视酷暑期中的高气温高蒸发等特殊环境条件对施工的影响，除必须遵照国家标准有关条款施工以外，还应根据现场实际情况，采取行之有效的保证工程质量的技术措施。

（6）混凝土配合比设计中，考虑因高气温高蒸发引起拌和物的坍落度损失，适当增加用水量。为避免混凝土强度下降，还应添加适量的高效减水剂，有时还应添加避免混凝土速凝的缓凝剂，但需预先在试验室做强度、性能试验。掺加任何外加剂都不应增加水泥的水化热。

（7）混凝土接触的地基和模板，在施工前洒水，以降低表面温度。如使用模板，洒水湿润和降温不得引起变形。

（8）酷暑期昼夜的温差大，混凝土施工尽可能安排在夜间进行，必须事先妥善安排好人员、物资，以及照明等，做好施工准备。

（9）对酷暑期施工中的大体积混凝土，事先做好水泥水化热导致混凝土内部升温的热工估算。

（10）混凝土施工后立即在模板外围覆以草帘子等材料，并洒水养护；对于裸露的混凝土表面覆盖麻布洒水，以保证混凝土在高气温下或在干热风吹刮中，表面不发生因失水过多而引起的干燥收缩裂缝。

（11）在有关规范、规定允许下，按时拆去侧模板，如发现混凝土表面出现裂缝，应及时组织调查研究。应先用小应变非破损检验法了解混凝土的质量情况，并用现场同条件养护的试块验证混凝土的抗压强度。

7. 混凝土裂缝的防治

（1）大面积混凝土构筑物如施工不当极易出现温度裂缝、干缩裂缝和应力裂缝，这些裂缝对于将长期浸泡于污水中的构筑物本身来说是非常不利的，轻者将造成钢筋锈蚀，缩短使用寿命；重者将直接影响构筑物使用功能。因此必须采用有效措施预防温度裂缝出现。加强科技投入，与科研单位、有关混凝土搅拌站一起，选用纤维混凝土，优化混凝土配比，采用水化热低的水泥品种，选用合理粒径的砂石。依据室外温度、材料情况、浇筑面积、浇筑厚度确定各浇筑时间内合理的入模温度。

膜过滤车间（二）是本工程容积最大的混凝土构筑物，故应采取相应措施作好混凝土浇筑施工工作。混凝土浇筑前，计算出每次所需混凝土方量，实际测试出最早初凝时间、最迟终凝时间，制定详细的浇筑方案，确定混凝土的浇筑速度，向搅拌站提出每小时混凝土的最小搅拌方量，以保证混凝土的接茬时间。

（2）混凝土浇筑过程中的漏浆问题

池壁混凝土浇筑前，先用空压机将模板内杂物吹扫干净，非冬施期间将工作缝与将欲浇筑混凝土接触面用清水润湿，然后铺 $50 \sim 90$mm 厚与待浇筑混凝土强度相同的水泥砂浆。

在支侧墙模板前，在侧墙与基础工作缝以下 30mm 处，粘贴海绵胶条，防止浇筑混凝土时出现漏浆现象。

8. 加强带施工

本工程中，膜池间及膜池设备间为了在施工中克服由于温度、收缩而可能产生的有害裂缝而设置了加强带。施工前，在加强带两侧各挂设 ϕ5mm、网格尺寸为 9mm 左右的钢丝网，绑扎焊接要牢固，目的是阻止带外混凝土流入加强带，钢丝网垂直布置在上下层（或内外层）钢筋之间，并绑扎在钢筋上。

（1）膨胀混凝土拌制方法

在搅拌膨胀剂时，应预先与技术人员协商好，严格按配合比投料，各方人员共同监督，不得偷工减料，严格控制水胶比、坍落度，在施工现场不得随意加水。为保证膨胀混凝土搅拌均匀，使混凝土各部分膨胀均匀，搅拌时间要比一般混凝土延长半分钟以上。

浇筑前准备：检查加强带是否按要求设置，施工前检查加强带宽度、加强筋配置是否合适，钢丝网是否绑扎牢固。

（2）混凝土浇筑

按膨胀带分割成的区段分区浇筑，沿一端阶梯式推进，膨胀加强带采取同步浇筑。但带内、带外混凝土一定要分清楚，不要把带外混凝土浇到带中。混凝土振捣必须密实，不能漏振，也不要过振，其他浇捣方法同一般混凝土。加强带后浇方式：浇筑完各区混凝土后，即接着浇筑加强带，但需按施工缝处理后再浇筑。

（3）施工缝处理

应尽量少留施工缝，保持混凝土整体性，提高防水性能。如因机械故障或其他原因不得不留施工缝，需经处理后再接着浇筑混凝土。凿除松动的石子和砂浆，清理干净。用水充分湿润后，在表面铺上内掺膨胀剂的 1∶2 砂浆，厚度为 20～25mm，然后继续浇筑。

（4）膨胀混凝土养护

膨胀混凝土浇筑完成，在混凝土初凝后、终凝前，为有效消除表面的干燥裂缝和沉缩裂缝，可进行二次抹压。养护至关重要，最后的养护工作一定要派专人负责，混凝土终凝后要经常浇水养护，保持充分湿润，若温度大于 25℃太阳猛烈时，需要加盖草席或麻袋保湿养护，养护期不少于 14d，特别是加强带和侧墙更要注意淋水养护。

（5）膨胀混凝土质量检验

按普通混凝土施工规则，做入模坍落度试验，以控制混凝土水胶比。根据现场气温，输送时间可适当调整。在现场制作抗压强度试件，数量依据混凝土量和不同部位而定，由施工单位试验室负责，要做好详细记录，作为验收依据，编写施工报告。

附 2.2.6 防水施工

本工程防水做法主要有以下两种：热熔性聚酯胎 SBS 改性沥青防水卷材和三元乙丙橡胶防水卷材及环氧涂料。

1. 热熔性聚酯胎 SBS 改性沥青防水卷材施工

（1）准备工作

卷材、汽油、冷底子油均为易燃物，应存于现场专用封闭库房，由项目部安全员定期检查，库房外门口应备有专用灭火器。本工程防水卷材部分为 SBS 改性沥青防水卷材，采用热融、满粘法施工。

为确保防水基层牢固不开裂，其直接由垫层混凝土原浆压光，防水基层必须保证清洁、平整、牢固、干燥，无起砂、空鼓、开裂现象，阴阳角处抹成圆角，圆角半径 $R=50mm$，基层含水率不宜大于 9%（选取 1m 见方的卷材平铺于基层上，静置 4h，掀开后卷材及基底均无水印即可）。

（2）施工工艺流程

混凝土垫层原浆收光→基层清理→刷冷底子油→铺贴附加层→铺贴第一层卷材→铺贴第二层卷材→豆石混凝土保护法。

冷底子油刷完后，在防水基层上按卷材铺贴方向放出卷材位置线，第一道卷材位置线间距 600mm。其余各道间距 900mm。

一幅卷材施工需要两人操作，一人戴厚手扑子推压卷材，另一人提喷灯烘烤卷材。

铺贴时先将卷材开卷摆齐对正，薄膜面向下，检查长短边搭接长度无误后，重新由一端卷起 1～2m，然后按原虚贴位置慢慢展开卷材，用喷灯烘烤卷材底面，当卷材烘烤至薄膜熔化，卷材底有光泽，发黑，有一层薄的熔融层时，使底层压紧粘住。卷材定位后，再将另一端卷起，按上述方法继续进行铺贴。上下层卷材不得垂直铺贴。

在卷与卷的接茬处，搭接宽度长边 100mm、短边 100mm。上、下两层和相邻两层的接缝应错开 1/3 幅宽，且两层卷材不能垂直铺贴。

烘烤时，应均匀加热，当加热面变成流态而产生一个小波浪时，则证明加热已经足够，应特别小心，烘烤时间不宜过长，以免烧损胎基，加热铺贴推压时，以卷材边缘溢出少许沥青热熔胶为宜，随即刮封接口使接缝粘结严密。

质量保证资料管理规定：各种质量保证资料的管理必须与施工同步进行，不得后补，以保证资料的完整、真实、整齐。质检员会同技术部门定期进行资料检查，质量记录资料必须统一，格式要标准化，严格按照有关规定整理和填写资料。

（3）卷材防水施工质量检验要求

防水基层必须保证清洁、平整、牢固、干燥，无起砂、空鼓、开裂现象，阴阳角处抹成圆角，圆角半径 $R=50mm$。

基层含水率不宜大于 10%（选取 1m 见方的卷材平铺于基层上，静置 4h，掀开后卷材及基底均无水印即可）。

基层表面平整度用 2m 长直尺检查，基层与直尺间的最大空隙不应超过 5mm，且每米长度内不得超过一处，空隙仅允许平缓变化。

（4）卷材铺贴要求

冷底子油应均匀涂刷，无漏涂。卷材搭接、错茬应符合本方案要求，粘贴牢固、紧密、接缝封严。无损伤和空鼓现象。

2. 三元乙丙橡胶防水卷材施工

（1）主要技术性能：抗拉断裂强度 $\geqslant 7MPa$；断裂伸长率 $>450\%$；低温冷脆温度 $-40℃$ 以下；不透水性（$MPa\times min$）$>0.3\times 30$。

聚氨酯底胶：用来作基层处理剂（相当于涂刷冷底子油），材料分甲、乙两组分，甲组分为黄褐色胶体，乙组分为黑色胶体。

CX-404 胶：用于卷材与基层粘贴，为黄色浑浊胶体。

丁基胶粘剂：用于卷材接缝，分 A、B 两组分，A 组分为黄浊胶体，B 组分为黑色胶体。使用时按 1∶1 的比例混合搅拌均匀。

聚氨酯涂膜材料：用于处理接缝增补密封，材料分甲、乙两组分，甲组分为褐色胶体，乙组分为黑色胶体。

聚氨酯嵌缝膏：用于卷材收头处密封。

二甲苯：用于浸洗刷工具。

乙酸乙酯：用于擦洗手。

（2）作业条件

铺贴防水层的基层表面应平整光滑，必须将基层表面的异物、砂浆疙瘩和其他尘土杂物清除干净，不得有空鼓、开裂及起砂、脱皮等缺陷。

基层应保持干燥、含水率应不大于 9%；阴阳角处应做成圆弧形。

防水层所用材料多属易燃品，存放和操作应隔绝火源，做好防火工作。

（3）工艺流程

基层清理→聚氨酯底胶配制→涂刷聚氨酯底胶→特殊部位进行增补处理（附加层）→

卷材粘贴面涂胶→基层表面涂胶→铺贴防水卷材作保护层。

基层清理：施工前将验收不合格的基层上杂物、尘土清扫干净。

聚氨酯底胶配制：聚氨酯材料按甲∶乙＝1∶3（重量比）的比例配合，搅拌均匀即可进行涂刷施工。

涂刷聚氨酯底胶：在大面积涂刷施工前，先在阴角、管根等复杂部位均匀涂刷一遍；然后用长把滚刷大面积顺序涂刷，涂刷底胶厚度要均匀一致，不得有露底现象。涂刷的底胶经 4h 干燥，手摸不粘时，即可进行下道工序施工。

特殊部位进行增补处理：

增补剂涂膜：聚氨酯涂膜防水材料分甲、乙两组分，按甲∶乙＝1∶1.5 的重量比配合搅拌均匀，即可在地面、墙体的管根、伸缩缝、阴阳角部位均匀涂刷一层，其作为特殊防水薄弱部位的附加层，涂膜固化后即可进行下道工序施工。

附加层施工：设计要求特殊部位，如阴阳角、管根，可用三元乙丙卷材铺贴一层处理。铺贴前在基层面上排尺弹线，作为掌握铺贴的标准线，使其铺设平直。

卷材粘贴面涂胶：将卷材铺展在干净的基层上，用长把滚刷蘸 CX-404 胶涂匀，应留出搭接部位不涂胶。晾胶至胶基本干燥不粘手。

基层表面涂胶：底胶干燥后，在清理干净的基层面上，用长把滚刷蘸 CX-404 胶均匀涂刷，涂刷面不宜过大，然后晾胶。

卷材粘贴：在基层面及卷材粘贴面已涂刷好 CX-404 胶的前提下，将卷材用直径 30mm、长 1.5m 的圆心棒（圆木或塑料管）卷好，由两人抬至铺设端头，注意用线控制，位置要正确，粘结固定端头，然后沿弹好的标准线向另一端铺贴，操作时卷材不要拉太紧，并注意方向沿标准线进行，以保证卷材搭接宽度。卷材不得在阴阳角处接头，接头处应间隔错开。

操作中排气：每铺完一张卷材，应立即用干净的滚刷从卷材的一端开始横向用力滚压一遍，以便将空气排出。

滚压：排出空气后，为使卷材粘结牢固，应用外包橡皮的铁辊滚压一遍。

接头处理：卷材搭接的长边与端头的短边 90mm 范围，用丁基胶粘剂粘结；将甲、乙组分按 1∶1 的重量比配合搅拌均匀，用毛刷蘸丁基胶粘剂，涂于搭接卷材的两个面，待其干燥 15～30min 即可进行压合，挤出空气，不许有皱折，然后用铁辊滚压一遍。凡遇有卷材重叠三层的部位，必须用聚氯酯嵌缝膏填密封严。

收头处理：防水层周边用聚氨酯嵌缝，并在其上涂刷一层聚氨酯涂膜。

（4）保护层

防水层做完后，应按设计要求做好保护层，一般平面为水泥砂浆或细石混凝土保护层；立面为砌筑保护墙或抹水泥砂浆保护层，外做防水层的可贴有一定厚度的板块保护层。抹砂浆的保护层应在卷材铺贴时，表面涂刷聚氨酯涂膜稀撒石碴，以利于保护砂浆层粘结。防水层施工不得在雨、风天气进行，施工的环境温度不得低于 5℃。

卷材收头处压于女儿墙预留的 20mm×60mm 的凹槽内并用油膏嵌缝严密，全部铺贴完后用油膏将收头处封严。

（5）质量检验

1）主控项目

卷材与胶结材料必须符合设计和施工及验收规范的规定。检查产品出厂合格证、试验资料的技术性能指标，现场取样试验。

卷材防水层及变形缝、预埋管根等细部特殊部位做法，必须经工程验收，使其符合设计要求和施工及验收规范的规定。

2）一般项目

卷材防水层的基层应牢固、平整，阴阳角处呈圆弧形或钝角，表面洁净；底胶涂刷均匀，无漏涂、透底。检查隐蔽工程验收记录；卷材防水层的铺贴构造和搭接、收头粘贴牢固严密，无损伤、空鼓等缺陷。卷材防水层的保护层应符合设计要求的做法。

已铺贴好的卷材防水层，加强保护措施，从管理上保证其不受损坏。

穿过墙体的管根，施工中不得碰撞变位。接头处卷材搭接不良：接头搭接形式以及长边、短边的搭接宽度偏小，接头处的粘结不密实，有空鼓、接槎损坏；操作应按程序弹标准线，使其与卷材规格相符，施工中齐线铺贴，使其卷材搭接长边不小于 90mm，短边不小于 150mm。

空鼓：铺贴卷材的基层潮湿，不平整、不洁净，易产生基层与卷材间空鼓；卷材铺设空气排除不彻底，也可使卷材间空鼓。注意施工时基层应充分干燥，卷材铺设层间不能窝住空气。刮大风时不宜施工，因为在晾胶时易粘上砂尘而造成空鼓。

管根处防水层粘贴不良：在这种部位施工应仔细操作、清理应干净，铺贴卷材不得有张嘴、翘边、褶皱等问题。

转角处渗漏水：转角处不易操作，面积较大。施工时注意留槎位置，保护好留槎卷材，使搭接宽度满足规定。

附 2.2.7　砌筑工程

1. 砌筑前的准备工作

所用材料品种、强度等级必须符合设计要求，所有进场砌块均应有材料的出厂合格证及检验资料，并经现场随机抽样检测合格。材料堆放场地要压实平整，利于排水，应保证砌块干净，避免粘上黏土、脏物。放好墙体位置、门窗洞口等位置线，经验线符合设计图纸要求，并预检合格。基础施工前，在建筑物的主要轴线部位设置龙门板，并标明基础轴线的宽度、墙体轴线的厚度，并用准线和线坠将轴线和基础底宽放到基础垫层上，并需校核后使用。根据设计要求，砖规格和灰缝厚度用方木制作皮数杆标明竖向构造变化，如防潮层、门窗洞口、楼板等，施工前依据操作需要，找好标高，立好皮数杆。

施工前应提前 1～2d 浇水湿润，普通砖含水率应为 9%～15%。基础垫层要达到一定强度，如垫层表面不平，高差超过 30mm 处应用 C15 细石混凝土找平后砌筑，不能仅用砂浆找平。

砂浆配合比委托有资质的试验室进行试配，经试验室确定，并经项目监理批准后用于工程。砂浆所用水泥的强度等级不应低于 32.5 级，水泥用量不小于 200kg/m³。

2. 施工要点

（1）砂浆

砂浆采用机械拌制，自投料完起，搅拌时间不能少于 2min，砂浆应搅拌均匀，色泽一致，具有保水性和一定的稠度。砂浆应随拌随用，必须在拌和完毕后 3h 内使用完毕。

砂浆拌成后和使用时，均应置于不吸水、不漏水的容器中。如砂浆出现泌水现象，需在砌筑前再次拌和。

（2）砖基础

砌筑前，在垫层转角处、交接处及高低处立好皮数杆，并要进行抄平。砌筑时，先在转角及交接处砌五皮砖，再在其间拉准线砌中间部分，第一皮砖以基础底宽线为准砌筑。

特殊情况下可留置斜槎，斜槎长度应不小于斜槎高度。基础底标高不同处，应从低处砌起，并由高处向低处搭接。大放脚最下一皮砖和墙基的最上一皮砖应为丁砌。水平灰缝及竖向灰缝的宽度控制在 10mm 左右，不宜小于 8mm，也不宜大于 12mm，水平灰缝的砂浆饱和度不得小于 80%。

砖基础中的洞口、管道、沟槽和预埋件等，应于砌筑时正确留出或预埋，宽度超过 300mm 的洞口，设置过梁。砖基础砌完后，应在其两侧同时回填土，并分层夯实。

（3）普通砖墙

在砖墙交接与转角处立皮数杆，皮数杆间距不宜超过 15m，两皮数杆间拉准线，依准线逐皮砌筑，其中第一皮砖按墙身边线砌筑。砌筑操作方法采用"三一"法，即"一铲灰，一块砖，一揉挤"的方法。

砖墙水平、竖向灰缝宜为 10mm，水平灰缝砂浆饱满度不小于 80%，竖缝采用挤浆法，不得出现透明缝。砖墙转角与交接处应同时砌筑，如不能同时砌筑要留斜槎，斜槎的长度应不小于墙高的 2/3，杜绝留直槎。

砌筑采用一顺一丁砌筑形式，承重墙最上一皮砖和梁或梁垫下面也应整砌丁砖。砖墙与构造柱交接处，要留设马牙槎并埋设 2ϕ6mm 拉结筋，每根拉结筋埋入砖墙长度不少于 500mm。

（4）填充墙

砌体填充墙主要采用加气混凝土砌块。砌筑前，先将楼、地面基层水泥浮浆及施工垃圾清理干净，然后弹出楼层轴线及墙身边线，经复核办理相关手续。根据标高控制线及窗台、窗顶标高，预排出砖砌块的皮数线，皮数线可标在框架柱上，并标出拉结筋、圈梁、过梁、墙梁的尺寸、标高，经复核报监理验收。

做好构造柱钢筋绑扎和水电管线的预留预埋工作。砌筑前，墙底部应砌烧结普通砖或多孔砖，或现浇混凝土坎台，其高度不得小于 200mm。框架柱、剪力墙侧面等结构部位按要求预埋拉墙筋。

砌筑前应先排好砌块，优先使用整体砌块，必须断开砌块时，应使用手锯、切割机等工具锯裁整齐，并保护好砌块的棱角；砌块运输、装卸过程中，严禁抛掷和倾倒，防止损坏棱角边。在砌筑前，应对砌块进行充分浇水湿润。

砌块墙的转角处，应隔皮纵、横墙砌块相互搭砌；竖向灰缝宽度和水平灰缝宽度分别为 20mm 和 15mm；灰缝应横平竖直、砂浆饱满，正反手墙面均宜勾缝。在构造柱、结构柱、剪力墙处按要求设置拉墙筋。

砌体在转角处及纵横墙交接处，应同时砌筑，当不能同时砌筑时，应留成斜槎。砌体每天的砌筑高度不应超过 1.8m。

砌筑时，应向砌筑面适量浇水湿润，砌筑砂浆有良好的保水性，并且砌筑砂浆的铺设长度不应大于 2m，避免砂浆失水过快引起灰缝干裂；砌筑过程中应经常检查墙体的垂直平整度，在砂浆初凝前用小木槌进行修正。

砌至梁底或板底 200mm 左右处，应停止砌筑，闲置 7d 以上，或采取顶部挤压法 4d 以上，待墙体完全干缩稳定后，再用普通烧结砖或多孔砖进行斜砌挤紧，防止上部砌体因砂浆收缩而干裂。

3. 质量检验标准

砌筑工程质量检验标准见附表 2-8。

砌筑工程质量检验标准 附表 2-8

序号	项目			允许偏差 （mm）	检验方法
1	轴线位置			10	经纬仪、水平仪检查，并检查施工记录
2	基础楼面标高			±15	
3	垂直度	每楼层		5	吊线检查
		全高	10m 以下	10	经纬仪或吊线检查
			10m 以上	20	
4	表面平整度	清水墙		5	直尺和塞尺检查
		混水墙		8	
5	水平灰缝 平直度	清水墙		7	10m 长拉线和尺量检查
		混水墙		10	
6	门窗洞口宽度			+10，−5	尺量检查

附 2.2.8 装饰工程

1. 墙面施工要求

本工程内墙面做法主要有：涂料墙面、面砖墙面；顶棚做法主要有：无机涂料面水泥砂浆顶棚、PVC 板及矿棉板吊顶；外墙面做法主要有：涂料墙面。

由于装饰阶段多工种交叉作业较多，施工时要精心布置，遵循以下几个原则施工：

（1）外墙装饰施工一般应自上而下进行。（2）室内装饰工程，应待屋面防水构筑物施工完工后，并不致被其他工序损坏和污染的条件下进行。（3）室内吊顶、顶棚应待室内楼地面湿作业完工后进行。（4）吊顶、顶棚等工程，应待钢木门窗框，暗装的管道、电线管预制混凝土板灌缝完工后进行。（5）样板间制度：样板间达到满意后，组织交流经验，然后推广。与设备安装相互配合，合理穿插作业，确保工程质量。

2. 无机涂料墙面

结构验收合格，允许进入装饰阶段；安装穿墙管道，墙内电线管安装完毕；检查门、窗框位置正确无误，与墙体连接处已用泡沫剂、1:3 水泥砂浆填塞密实；样板间已验收通过。

（1）准备工作

所用材料必须有出厂合格证，水泥必须有复试报告。机具准备：各种机具如搅拌机、手推车、抹子、灰桶等备齐，脚手架搭设牢固。

（2）流程

墙面清理→墙面湿润→吊直、套方、抹灰饼、冲筋→刷浆、钉钢板网→水泥砂浆打底扫毛→水泥砂浆找平→第一遍满刮腻子→打第一遍砂纸→第二遍满刮腻子→打第二遍砂纸→刷无机涂料。

（3）施工工艺

将基层表面的灰尘、污垢和油渍等清除干净；在施工前 1d 将墙面浇水湿润，施工前再略微浇水润湿墙体。

吊线锤检查墙体垂直度和平直度，检查房间阴阳角的方正，根据现场情况找规矩，确定抹灰厚度和灰饼的位置，打点贴灰饼，之后冲筋，用靠尺找好垂直与平整。

根据要求用掺 97 胶的水泥浆对墙面进行拉毛处理，同时按要求在相应的内墙上钉好钢板网；根据做好的冲筋，用 1∶2.5 的水泥砂浆打底、刮平、扫毛，厚度 9mm。

待打底砂浆 7～8 成干后，用 5mm 厚 1∶2 的水泥砂浆找平；待上层砂浆硬化干燥后，满刮腻子一遍，待其干燥后打砂纸一遍，之后再满刮腻子一遍、打砂纸一遍。

刷无机涂料一遍，待其干燥后打砂纸一遍，之后再刷一遍无机涂料。注意刷无机涂料时不得漏涂、透底，应尽量均匀。

（4）施工要点

认真进行墙面清理、湿润工作，确保砂浆与墙体粘结牢固。

砂浆的配合比和稠度经检查合格后方可使用。

砂浆应控制在初凝前使用。

做水泥护角：在打底灰之前，室内门洞口阳角用高一等级的水泥砂浆在每边做 5cm 宽的水泥护角，待其硬化后抹灰抹平，最后抹成小圆角。

（5）常见质量通病应对措施

防止墙面的空鼓、裂缝：抹灰前认真清理墙面，洒水湿润，按要求洒 97 胶素水泥浆，按要求钉设钢板网；抹灰时，每遍不能太厚，严格按设计厚度施工，每遍之间的时间间隔不能太短。

防止面层有抹纹：抹罩面灰前底层湿度应符合规范要求，过干时，罩面灰水分会很快被吸收，压光较困难；若浇的浮水过多，抹罩面灰时，水浮在灰层表面，压光后容易出现抹纹。

为防止踢脚线上口出墙厚度不一致，施工时应认真按要求吊垂直，拉线找平、找方。

阴角不顺直：操作时，必须用横杠检查底灰是否平整，修整后方可罩面。

（6）质量控制

装饰项目允许偏差见附表 2-9。

装饰项目允许偏差

附表 2-9

序号	项目	允许偏差（mm）	检验方法
1	表面平整	4	用 2m 直尺和楔形塞尺检查
2	阴阳角垂直	4	用 2m 托线板和尺检查
3	立面垂直	5	
4	阴阳角方正	4	用 200mm 方尺检查
5	分格条平直	3	拉 5m 线和尺检查

3. 面砖墙面

（1）工艺流程

基层处理→选砖、排砖、弹线→挂线、安垫尺→铺贴面砖→勾缝、擦缝→擦洗表面。

（2）施工工艺

基层处理：将砖墙用水湿透后，用9mm厚1：3水泥砂浆打底抹平，隔天浇水养护。

选砖、排砖、弹线：派专人进行选砖后，按镶贴面纵横尺寸计算纵横皮数，一般从阳角或门窗边开始，阳角处应贴整砖，非整砖留在阴角，但不得出现窄条砖。

挂线、安垫尺：在每面墙的两端用线锤吊线，然后依此贴竖向定向瓷砖带，逐排挂线。为控制第一行瓷砖的平直和位置，在其下口处安好垫尺。

铺贴面砖：铺贴前，将瓷砖用水浸泡2h后阴干，在基层上刷素水泥浆一道，然后用1：2建筑胶水泥砂浆粘贴瓷砖。

铺贴顺序：先贴整体大面，后贴零星部位，自下而上逐排铺贴。

勾缝、擦缝：在粘贴灰浆凝固后，用白水泥勾缝后擦缝。

擦洗表面：将整个墙面用干净棉砂擦干净。

（3）质量通病预防

空鼓：砖墙未湿透，打底砂浆与砖墙未粘结上；瓷砖未预先用水泡，造成瓷砖与砂浆之间未粘结上等。预防措施：砌砖提前一天洒水浸透，瓷砖提前一天放入水中浸泡。

色差：通过选砖把有色差的砖挑出。

错缝：通过拉通线来纠正。

（4）施工质量控制

面砖墙面施工允许偏差见附表2-10。

面砖墙面施工允许偏差

附表 2-10

序号	项目	允许偏差(mm)	检查方法
1	立面垂直	2	用2m托线板检查
2	表面平整	2	用2m靠尺和楔形塞尺检查
3	阳角方正	2	用200mm方尺检查
4	接缝平直	2	拉5m线检查,不足5m拉通线检查
5	墙裙上口平直	2	
6	接缝高低	0.5	用直尺和楔形塞尺检查
7	接缝宽度	0.5	用尺检查

4. 无机涂料顶棚

（1）工艺流程

基层处理→四周抄标高、弹线→刷掺胶素水泥浆→水泥石灰膏砂浆打底→水泥石灰膏砂浆找平→刷无机涂料。

（2）施工工艺

基层处理：认真清理基层灰尘、污物。

四周抄标高、弹线：打底前，在四周墙壁上用水管抄平并弹线，以便控制砂浆厚度和平整度。

刷掺胶素水泥浆：刷掺胶素水泥浆一道。

水泥石灰膏砂浆打底：用5mm厚1：2.5水泥砂浆打底扫毛。

水泥石灰膏砂浆找平：待底层砂浆7～8成干后，再用3mm厚1：2水泥砂浆找平。

刷无机涂料：刷无机涂料两道。

（3）质量通病预防

空鼓裂缝：原因是基层清理不干净，抹灰前浇水不透，也可能是由于砂浆配合比不当，底层砂浆与楼板粘结不牢，产生空鼓、裂缝。所以在基层清理时必须认真将模板隔离剂、木丝、油毡等杂物清理干净，抹灰前 1d 顶板应喷水湿润，抹灰时再洒水一遍。

5. PVC 板及矿棉板吊顶

（1）工艺流程

测量放线→顶板钻孔定位→主龙骨的安装和调平→次龙骨的安装→PVC 板及矿棉板的安装→整体微调平调直。

（2）施工工艺

在结构基层上，按设计要求弹线，确定龙骨及吊点位置。主龙骨端部或接长部位要增设吊点。

在墙面和柱面上，按吊顶高度要弹出标高线，同时在上方施工高度处弹出主龙骨标高线，沿标高线固定角铝（边龙骨），角铝的底面与标高线齐平。

吊点位置按工艺要求设置吊杆。

将大龙骨与吊杆连接固定，然后按标高线调整大龙骨的标高，使其在同一水平面上。

按装饰板材的尺寸在大龙骨底部弹线，用挂件固定次龙骨，并使其固定严密，不得有松动，为防止大龙骨向一边倾斜，吊挂件安装方向应交错进行。

PVC 及矿棉板吊顶，应从一个方向依次安装。

（3）质量要求

1）吊顶工程所用材料的品种、规格、颜色以及基层构造、固定方法等，应符合设计要求。

2）罩面板与龙骨应连接紧密，表面应平整，不得有污染、折裂、缺裂掉角、锤伤等缺陷，接缝应均匀一致，粘贴的罩面不得有脱落。

3）搁置的罩面板，不得有漏、透、翘角现象。

附 2.2.9　脚手架工程

1. 架体材料要求

依据本工程实际情况，脚手架采用扣件式支架搭设。在结构施工时，按脚手架措施方案列出计划，配备脚手架所用 $\phi48mm \times 3.5mm$ 钢管及扣件等工具，脚手架搭设前联系好符合要求的脚手板、安全网等防护材料。

（1）钢管

钢管采用 $\phi48mm \times 3.5mm$ 焊管，材质为 Q235-A 级，钢管的长度不得超过 6500mm（最大质量≤25kg）。新钢管表面应平直光滑，不应有裂缝、结疤、分层、错位、硬弯、毛刺、压痕和深的划道。旧钢管应检查其锈蚀深度，检查时在锈蚀严重的钢管中抽取三根，在每根锈蚀的部位横向截断取样检查，当锈蚀深度超过附表 2-11 规定的数值时，不得使用。钢管变形不得超过表 2-11 规定的数值。

（2）扣件

新扣件的生产许可证、测试报告和产品质量合格证资料应齐全。旧扣件应检查其外观，对有裂缝、变形的禁止使用，出现滑丝的螺栓必须更换。新旧扣件均应进行防锈处理。

（3）脚手板

采用竹串片脚手板（墙体用）及木胶合板脚手板（作业层）两种。规格：1830mm×915mm×20mm，两侧用铁钉固定在70mm×50mm的方木上。

钢管的允许偏差

附表 2-11

序号	项目		允许偏差 △(mm)	示意图	检查工具
1	钢管尺寸（mm）	外径 48	−0.5	—	游标卡尺
2		壁厚 3.5	−0.3	—	
3	切斜偏差		1.7		塞尺 拐角尺
4	锈蚀深度		≤0.3		游标卡尺
5	端部弯曲 L≤1.5m		≤5		钢板尺
6	立杆弯曲	3m<L≤4m	≤12		钢板尺
		4m<L≤6.5m	≤20		
7	水平杆、斜杆弯曲 L≤6.5m		≤30		

2. 脚手架搭设顺序

材料准备及检查→地基处理→定位放线→竖立杆→扫地杆（先纵后横，横在纵下）→第一步横杆第一步纵杆→第 X 步横杆第 X 步纵杆（先纵后横，横在纵上）→设置连墙件、剪刀撑。

（1）每根立杆底部设置面积≥0.15m² 的木垫板，垫板宽度 20cm，厚度≥50mm，长度≥4m，每块垫板上可立不少于 3 根立杆，垫板的垫设方向一致。

脚手架设置纵、横扫地杆。纵向扫地杆采用直角扣件固定在距垫板上皮≤200mm 处的立杆上。横向扫地杆采用直角扣件固定在紧靠纵向扫地杆下方的立杆上。

当立杆基础不在同一高度上时，应将高处的纵向扫地杆向低处延长不少于两跨与立杆固定，高底差≤1m。靠边坡上方的立杆轴线到边坡的距离≥500mm。

立杆接长除顶层顶步可采用搭接外，其余各层各步采用对接扣件连接。对接时，对接扣件应交错布置：两根相邻立杆的接头不应设置在同步内，同步内隔一根立杆的两个相隔接头在高度方向错开的距离不宜小于 500mm；各接头中心至主节点的距离不宜大于步距的 1/3。

搭接时，搭接长度不应小于 1m，采用不少于 2 个旋转扣件固定，端部扣件盖板的边缘至杆端距离不应小于 90mm。开始搭设立杆时，应每隔 6 跨设置一根抛撑，直至连墙件安装稳固后，方可根据情况拆除。

当搭至有连墙件的构造点时，在搭设完该处的立杆、纵向水平杆、横向水平杆后，应立即设置连墙件；立杆顶端宜高出女儿墙上皮 1m，高出檐口上皮 1.5m。

（2）纵向水平杆

纵向水平杆设置在立杆内侧，横向水平杆的下部与立杆用直角扣件固定，其长度≥3 跨。纵向水平杆应作为横向水平杆的支座，用直角扣件固定在立杆上。纵向水平杆既可对接，也可搭接。对接时：对接扣件交错布置，两根相邻纵向水平杆的接头不得设置在同步或同跨内，不同步或不同跨两个相邻接头错开的距离≥500mm；各接头中心至主节点的距离≤1/3 跨。搭接时：搭接长度≥1m，等间距设置 3 个旋转扣件固定，端部扣件盖板边缘至杆端≥90mm。在封闭型脚手架的同一步中，纵向水平杆应四周交圈，用直角扣件与内外角部立杆固定。纵向水平杆对接、搭接构造如附图 2-12 所示。

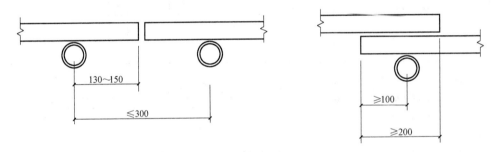

附图 2-12　纵向水平杆对接、搭接构造

（3）横向水平杆

主接点必须设置一根横向水平杆，用直角扣件扣接且严禁拆除。主接点处两个直角扣件的中心距不应大于 150mm。作业层上非主节点处的横向水平杆，宜根据支承脚手板的需要等间距设置，最大间距不应大于纵距的 1/2；双排脚手架横向水平杆的靠墙一端至装饰面的距离不应大于 90mm。

（4）脚手板

脚手板应满铺，离开墙面 120～150mm；脚手板的探头应用直径 3.2mm 的镀锌钢丝固定在支承杆件上；在拐角、斜道平台口处的脚手板，应与横向水平杆可靠连接，防止滑动；自顶层作业层的脚手板往下计，宜每隔 12m 满铺一层脚手板。

（5）剪刀撑

剪刀撑的宽度≥6m，且应≥4 跨，双排架的剪刀撑在外侧立面的两端各设置一道；中间按脚手架长度均匀设置，之间的净距≤15m；各道剪刀撑由底至顶连续设置；满堂红模板支架四边与中间每隔 4 排支架立杆设置一道纵向剪刀撑，由底至顶连续设置。对高于 4m 的模板支架，其两端与中间每隔 4 排立杆从顶层开始向下每隔 2 步设置一道水平剪刀撑。剪刀撑跨越立杆的最多根数见附表 2-12。

剪刀撑跨越立杆的最多根数

剪刀撑斜杆与地面的倾角	45°	50°	60°
剪刀撑跨越立杆的最多根数	7	6	5

剪刀撑、横向斜撑应随立杆、纵向和横向水平杆等同步搭设，各底层斜杆下端均必须支承在垫块或垫板上。

（6）作业层的栏杆和挡脚板设置如附图 2-13 所示。

栏杆和挡脚板均应搭设在外立杆的内侧；上栏杆的上皮高度应为 1.2m；挡脚板高度不小于 180mm；中栏杆应居中设置。

3. 脚手架搭设注意事项

先搭设脚手架的立杆和大横杆，采用小横杆临时固定，竖杆不少于三根。立杆和大横杆要长短搭配，接头位置互相错开。搭设一步架高后进行立杆、大横杆的校正调直，立杆用线锤校正垂直度，大横杆应拉线调直并校正水平。

在校正调直后紧固接头扣件，铺设脚手板及安全网，每搭设一步铺设一次；随着结构层施工，逐层设置连接撑，并按要求搭设斜杆和剪刀撑。

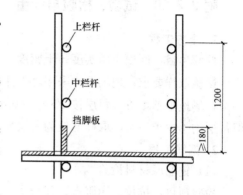

附图 2-13　作业层的栏杆
和挡脚板设置示意

外架采用钢管脚手架从地面往上搭设。基坑土回填夯实后，放上小木板，脚手架立杆再支撑在其上，保证支撑点牢固平衡。脚手架的立杆间距 1.50m，横杆间距 0.90m，各排搭设步距 1.8m，并每隔 7 根立杆设剪刀撑（立杆），每层脚手架上分层铺设脚手板，在脚手架的外侧四周挂好安全防护网，防止高空物体掉落伤人，每隔 7m（水平）×4m（竖轴）距离，采用一拉一顶固紧脚手架，拉固用 $\phi8mm$ 钢筋。支顶用钢管，脚手架工程搭设要及时逐层跟上，保持高出结构高度 1.8m 以上。并在第二层脚手架的四周搭设安全斜挡板，防止高空物体掉落而击伤下面的施工作业人员。

地下建筑物底板以上 2.0m 的侧墙模板安装，池内侧要搭设门式架，池外侧要搭双排钢管外架。搭设方法与上述相同。

地下建筑物内面防水抹灰采用门式架和满堂红架，外面防水抹灰同样搭设落地式双排钢管脚手架，搭设方式与上面要求相同，外面防水抹灰完成后，及时拆除，进行回填。

所用构件均应满足要求，无裂纹、锈蚀、变形等；架体搭设所用材料要进行可靠传递，不得随意乱抛，施工人员系好安全带；六级以上大风和雨天不进行外脚手架搭设，并应对外架进行检查和加固；搭好架体使用过程中严禁随意拆卸，并且架体上严禁堆放材料；安全网每点都必须绑扎，上下左右要调直，所有绑扎头都朝向架外，以免挂拆伤人。建立严格完善的验收和检查制度。

4. 脚手架拆除

脚手架拆除，先划定安全范围，设置警戒线，并安排专人在警戒线上进行看护，禁止非作业人员进入，工长要向拆脚手架的施工人员进行书面交底工作，并由交底接受人签字。

脚手架拆除顺序应从上而下，按层逐步拆除，原则上应先拆后搭的杆件，剪刀撑、拉杆不准一次性全部拆除。

参加搭拆的作业人员，一律不准酒后作业，思想集中，不准擅自离开工作岗位。

拆除的构件应用吊具吊下或人工吊下，严禁抛掷，拆除扣件及时分类堆放，以便运输经营。

附 2.2.10　试验、检验与计量

1. 土方工程

检验项目：回填土压实度、干密度、含水率等。

试验取样要求：现场取样采用环刀法取样，基土和室内填土，每层按 $90\sim500\text{m}^2$ 取样一组；场地平整填方，每层按 $400\sim900\text{m}^2$ 取样一组；基坑和管沟每 $20\sim50\text{m}$ 取样一组，但每层均不少于一组，取样部位为每层压实后的下半部。

2. 钢筋工程

（1）钢筋原材料检验

检验项目：抗拉、屈服点、伸长率、冷弯等。

热轧钢筋：分批检验进场钢筋，每批由同一截面尺寸和同一炉号钢筋组成，重量不大于 60t。每批钢筋任选两根进行检验。

冷轧带肋钢筋：分批检验进场钢筋，每批由同一级别、同一规格、同一炉号的冷轧带肋钢筋组成，重量不大于 50t。每批在钢筋任一端截去 500mm 后取两个试样进行检验。

（2）钢筋接头检验

检验项目：抗拉强度（电弧焊焊接接头）、弯曲变形性能（直螺纹连接接头）等。

电弧焊焊接接头：同一批材料的同一等级、同一型号、同一规格接头，以 300 个接头为一检验批，不足 300 个也作为一个检验批。每批在结构工程中随机截取 3 个试件进行检验。

直螺纹连接接头：以 300 个接头为一检验批，不足 300 个也作为一个检验批。每批在结构工程中随机截取 3 个试件进行检验。

3. 混凝土工程

（1）在浇筑地点随机取样，并符合下列规定：

每 100 盘，但不超过 100m^3 的同配合比的混凝土，至少留置一组标养试件。每一工作班的同配合比不足 100 盘时，至少留置一组标养试件。抗渗混凝土取样：连续浇筑混凝土量每 500m^3 应留置一组抗渗试块，且每项工程不得少于两组。

（2）混凝土试件的制作

混凝土试件应在浇筑地点取样后立即制作，每组由三块试件组成，用边长为 150mm 的立方体试模制作，在温度为 (20 ± 5)℃情况下静置 $1\sim2\text{d}$ 后拆模，在标养室养护 28d。

抗渗混凝土试件应在浇筑地点制作，每组由六块试件组成，用直径 $175\sim185\text{mm}$、高 150mm 的圆柱体试模制作，其中一组应在标养室养护，另一组在现场情况下养护，试件养护期不得少于 28d。

4. 钢结构工程

（1）检验项目：钢材及焊接材料复验、高强度螺栓预拉力、扭矩系数复验、摩擦面抗滑移系数复验、网架节点承载力试验。

（2）试验取样要求

钢材及焊接材料复验：对规范列出的六种情况按验收批进行复验；高强度螺栓预拉力、扭矩系数复验：每批随机抽取 8 套连接副进行复验；摩擦面抗滑移系数复验：以钢结构制造批为单位进行。制造批按分部工程划分规定的工程量每 2000t 为一批，不足的视为一批。选用两种及两种以上表面处理工艺时，每种表面处理工艺应单独检验。每批三组试件；网架节点承载力试验：当设计有要求时，按设计规格的球和匹配的钢管焊接成试件，在万能试验机上进行轴心拉、压承载力试验，每项试验做三个试件。

5. 砌筑工程

（1）砌体

检验项目：抗压、密度、干燥收缩、抗冻等。

试验取样要求：同一标号、同一厂家不得超过 500m³ 为一批，随机抽取六块。

（2）砌筑砂浆

检验项目：稠度、抗压强度。

试验取样要求：每 250m³ 砌体中的各种强度等级的砂浆，每台搅拌机应至少制作一组试块，砂浆等级或配合比变更时，还应制作试块。

砂浆试样在搅拌站出料口随机取样制作，一组试样从同一盘砂浆中取样制作，每组由六块试块组成，用边长为 70.7mm 的立方体试模制作，在温度为（20±5）℃情况下静置 1～2d 后拆模，在标养室养护 28d。

6. 面砖

检验项目：外墙砖抗拉拔试验。

7. 构筑物防水工程

（1）防水卷材

检验项目：拉伸性能、耐热性、柔性、不透水性等。

试验取样要求：同一品种、同一标号和同一等级的卷材，不超过 1000 卷抽取 1 卷，切除距外缘卷头 250mm 后，顺纵向截取 500mm 长两块。

（2）防水涂料

检验项目：固体含量、拉伸强度、断裂延伸率、柔性、不透水性等。

试验取样要求：同一规格、同一品种的防水涂料，每 10t 为一批，不足 10t 按一批抽检，使用取样器取出 2kg 混匀。

8. 蓄水构筑物的满水试验方案

本工程中清水池、景观及市政输水泵房、臭氧接触池、膜过滤车间（一）、（二）等构筑物需进行满水试验。

（1）满水试验条件

池体混凝土达到设计强度；后浇带完成并达到设计强度；变形缝部位的双组分聚硫密封膏施工完毕；池体外土方回填之前。

（2）准备工作

将池内清理干净，修补池体缺陷；临时封堵预留洞口，预埋管口及进出水口等，确保不渗漏；设置水位观测标尺，标定水位测量计；准备现场测定蒸发量的设备：直径50mm，高300mm的敞口钢板水箱；采用管井降水抽出的清水作为水源，必要时以施工用水作补充，保证供水充足，同时做好充水和放水系统设施的准备工作。

（3）试验步骤及检查测定方法

向池内充水分三次进行，第一次充水高度为设计水深的1/3，第二次充水至设计水深的2/3，第三次充水至设计水深，充水水位上升速度不宜超过2m/h，相邻两次充水的间隔时间，不应小于24h。

每次充水后测读24h的水位下降值，计算渗水量，并对水池做外观检查，当发现渗水量过大时，应停止充水，处理后才可继续。

充水至设计水深后与开始进行渗水量测定的间隔时间不少于24h；测试水位的初读数与末读数之间的间隔时间为24h。

充水时的水位可用水位标尺测定；充水至设计水深进行渗水量测定时，应采用水位测针和千分表测定水位，读数精度应达0.1mm。

蒸发量测定：将水箱固定在待测定水池中，水箱中水深20cm，在测定水池中水位的同时，测定水箱中的水位。

按公式计算渗水量并做好记录。当试验合格后，用水泵将池中的水抽出排入厂区内雨水管网。

附2.3 专项施工方案

附2.3.1 基坑支护施工

1. 基坑支护形式

依据单体构筑物基础埋置深度，支护形式可分为两种类型，见附表2-13；个别单位工程还需要进行基坑支护及隔水处理。

单体构筑物基础埋深与基坑支护形式 附表2-13

单体构筑物名称	基础埋深(m)	支护形式
膜过滤车间（一）	8.45	混凝土护壁桩
膜过滤车间（二）	9.00	混凝土护壁桩
景观及市政输水泵房	10.20	混凝土护壁桩
清水池	7.80	混凝土护壁桩
臭氧接触池（二）	9.10	混凝土护壁桩
臭氧制备间（二）	3.00	自然放坡
次氯酸钠加氯设施（二）	2.50	自然放坡
新建分变电室（二）	3.50	自然放坡
新建分变电室（三）和大门门道	3.50	自然放坡
新建综合办公楼	4.80	自然放坡
液氧储罐区（二）	2.80	自然放坡

根据现场水文地质勘察报告，基坑可不考虑降水，基坑应设集水坑。

2. 土钉墙施工工艺

（1）土钉墙施工工艺流程如附图 2-14 所示。

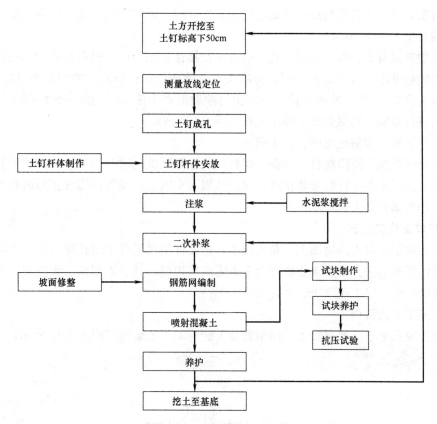

附图 2-14　土钉墙施工工艺流程

（2）技术要求

边坡修整：土方开挖至土钉设计标高下 0.3m 后，应人工及时修整坡面。坡面平整度允许偏差±20mm。

成孔：采用洛阳铲人工成孔，两人一组。成孔过程中注意控制倾角及孔径，成孔后对孔深、孔径、倾角进行检查验收，做好施工记录及隐检记录。土钉墙成孔施工允许偏差见附表 2-14。

土钉墙成孔施工允许偏差　　　　　　　　　　　　　　　附表 2-14

序号	项　　目	允许偏差
1	土钉孔深	±50mm
2	土钉孔径	±5mm
3	土钉孔距	±100mm
4	土钉成孔倾角	±20%（倾角）

土钉杆体制作安放：按设计要求制作土钉杆体，钢筋焊接满足双面焊 $5d$，单面焊 $9d$，并按设计要求加焊定位支架，钢筋保护层厚度应大于 25mm。

注浆：按设计要求水胶比搅拌水泥浆，注浆时，注浆管应插至孔底，在一次注浆完成

2.0h 内进行二次补浆，并将孔口封堵。

钢筋网片制作与安装：钢筋网片按设计要求制作，网片规格 $\phi 6.5@200mm \times 200mm$，网节点采用点焊或绑扎，网片搭接长度不少于 300mm。网片外侧按设计要求加焊加强筋。

土钉头焊接：土钉钢筋按设计要求焊接在钢筋网片的加强钢筋上，加强钢筋与土钉钢筋的焊接长度不小于 200mm。

面层喷射混凝土：喷射混凝土施工过程中严格计量配合比，喷射作业应分段进行，同一分段内喷射顺序应自下而上，喷射时喷头与受喷面应保持垂直。喷射射距 0.8~1.5m，喷射混凝土终凝 2h 后应喷水养护。每层土钉喷射混凝土施工时，做一组混凝土试块，标养 28d 后进行检验。喷射混凝土厚度允许偏差±10mm。

（3）含水粉土层防止流砂、流土措施

施工中严格执行间隔跳打，间隔一根桩，防止两根桩同时对相同土体产生干扰；在含水量较大的土层施工锚杆时带浆钻进，保证孔周围土内水不流失；锚杆张拉时将产生裂隙并出水，用玻璃胶将裂隙封堵。

3. 护坡桩施工工艺

本工程地层主要为粉质黏土、黏质粉土，护坡桩的施工可采用长螺旋成孔中心压灌混凝土后插钢筋笼工法。采用该法成桩由于不需泥浆护壁，具有无泥皮、无沉渣、无泥浆污染、工作噪声低、施工速度快、无桩底虚土等特点。

（1）施工工艺流程

长螺旋成孔中心压灌混凝土后插钢筋笼工法施工工艺流程如附图 2-15 所示。

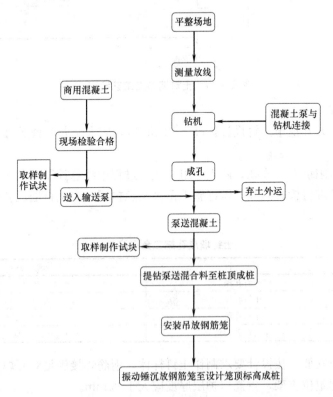

附图 2-15 长螺旋成孔中心压灌混凝土后插钢筋笼工法施工工艺流程

（2）施工技术要点

按施工设计图纸现场确定施工范围，采用全站仪根据施工控制网测放桩位。为保证桩位点不扰动丢失，用 $\phi22mm$ 钢筋在桩位上打入地下至少 300mm，拔出后投入白灰，并插入 $\phi8mm$ 盘条拴红布条注明桩号作明显标识。每台钻机施工开始后，根据白灰桩位使钻机就位。桩位放完后，经现场监理复核、签字认可后方可用于施工。

长螺旋成孔中心压灌混凝土后插钢筋笼工法施工示意如附图 2-16 所示。

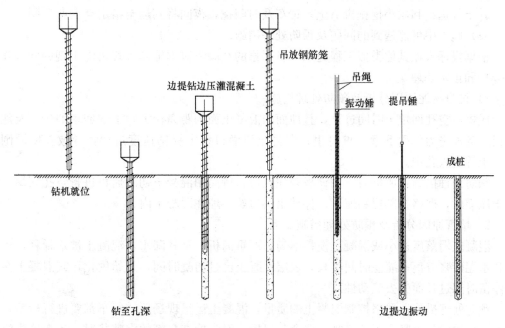

附图 2-16　长螺旋成孔中心压灌混凝土后插钢筋笼工法施工示意

钻机就位：钻机就位时，必须保证平稳，不发生倾斜、位移。

钻孔：采用跳打方式，测量人员根据场地平整度分片区测定多点标高，取平均值作为该区孔口标高，控制钻孔深度，钻至设计深度后，原地空转清土。

压灌混凝土：采用混凝土输送泵通过输送管经钻具中心压入孔内，压灌混凝土前先稍提钻具，保证钻门依靠自重完全打开，然后压灌混凝土，保证混凝土埋钻具至少 0.5m；之后边提升钻具边压入混凝土，施工时要特别注意钻具的提升速度与压入的混凝土量相适应，提钻速度应按匀速控制，提管速度应控制在 $1.2\sim1.5m/min$ 左右，遇饱和砂土或粉土层，不得停泵待料，同时放慢提钻速度，如遇淤泥土或淤泥质土，提钻速度也应适当放慢。

制作钢筋笼：钢筋笼要按图示尺寸加工，间距、型号、根数要符合要求，焊接要达到要求。搭接的钢筋长度为 $5d$（双面焊），在同一截面的接头数不得多于主筋总根数的 50%，接头间距不得小于 1500mm。

起吊钢筋笼：利用小挖掘机与人工配合将钢筋笼穿入振动管，防止钢筋笼变形，钢筋笼起吊过程采用吊车与小挖掘机配合，吊车主卷扬吊振动锤头，副卷扬吊钢筋笼预设吊点，小挖掘机吊振动管底部，主卷扬起吊，小挖掘机将笼底吊离地面，起吊过程中主要为振动管受力，避免了钢筋笼受力变形。

　　下放钢筋笼：用专门的吊车进行钢筋笼的吊装工作，下钢筋笼须将其对准孔位、吊直、扶稳，先利用钢筋笼及振动锤（含杆）自重缓慢下沉，待钢筋笼停止下沉，开启振动锤，下钢筋笼至设计标高，现场施工技术人员严格控制笼顶标高。

　　提升振动锤：振动锤提起过程中边提边振动，按匀速控制，振动锤提出后，采用人工或机械方式将桩顶空余段补足，振捣。

　　清理虚土：采用小型挖掘机配合人工进行虚土清理，回填钻孔至地平。

　　弃土外运：利用小挖掘机清土，铲车及时归拢，夜间将其运至指定弃土点。

　　（3）施工中可能遇到的问题及预防处理措施

　　根据投标人在其他类似工程施工中所积累的经验，对本桩基工程可能出现的问题作如下分析和预防处理。

　　1）桩身夹泥原因分析及预防处理措施

　　成桩后空孔回填土时间过早，且地面与混凝土面的距离较大，上部回填的砖石及泥团在很大的冲击力作用下砸入桩身里；混凝土压灌过程中提钻速度过快，导致孔壁周围的砂、土等流入孔中。

　　预防处理措施：成桩后，用铁板盖住孔口，待商用混凝土初凝后再进行空孔回填；混凝土压灌时，严格控制提钻速度，保持出料口始终埋在混凝土内。

　　2）堵管原因分析及预防处理措施

　　混凝土坍落度过小或混凝土搅拌不匀，严重离析；泵管漏水，混凝土被水稀释，粗骨料和水泥砂浆分离；灌注时间过长，表层混凝土已过初凝时间，开始硬化，或混凝土在管内停留时间过长而失去流动性。

　　预防处理措施：严格控制混凝土的质量，混凝土运至现场后，每车都要进行检验，对于不合格的混凝土坚决不予接收，严令其退场。经常检查泵管的完整状况，各个接头位置的密封状况，做到及时更换及时维修，施工过程中使用密封良好的快速接头，遇到堵管及时打开接头通管。

　　3）断桩原因分析及预防处理措施

　　因操作不当造成提升钻具过高，以致底部脱离混凝土层面，孔壁流砂涌入孔内；出现堵管而未能及时排除；灌注中断过久，表层混凝土失去流动性，而继续灌注的混凝土顶破表层而上升，将有浮浆泥渣的表层覆盖包裹，形成断桩；灌入的混凝土质量低劣。

　　预防处理措施：严格控制提钻速度，在流砂层位，提钻速度要相应减慢；出现堵管时应迅速处理、排除；保证灌注的连续，当现场混凝土不足以完成一根桩的灌注时，不予强行灌注；对断桩应以预防为主。灌注前要对各作业环节认真检查，制定有效的预防措施。灌注中，严格遵守操作规程，保证灌注作业连续紧凑，重视混凝土面的准确探测，绘制混凝土灌注曲线，正确指导钻具的提升，提升应匀速平稳，控制灌注时间在适当的范围内。如灌入混凝土量不够，应先将钻具重新钻进至设计深度再重新灌注；若灌入量较多，断桩位置较深，断桩承受荷载不大时，可采取钻孔至断桩部位先清洗再钻孔压浆补救，断桩承受荷载较大时，可采取插入钢筋束灌浆制作锚固桩的措施。

　　4）钢筋笼错位原因分析及预防处理措施

　　钢筋笼固定不当或提管时挂住钢筋笼，导致钢筋笼下落或上升；钢筋笼在孔口下放时未上下对正、对中，定位筋数量不足或桩孔超径严重，使钢筋笼偏向一边；钢筋笼下插时未保持垂直，导致钢筋笼倾斜。

　　预防处理措施：钢筋笼下插完成后，拔管时速度不可以过快，发现钢筋笼有上升趋势时向下插管再重新拔管；钢筋笼起吊后一定要保证钢筋笼对准桩中心。

　　（4）技术质量要求

　　1）定位放线

　　由建设单位提供建筑物定位轴线，经双方核查无误后，根据建设单位提供的建筑物定位轴线，由专职测量人员按护坡桩平面图准确无误地将桩位放样到现场。现场桩位放样采用插木制短棍加白灰点作为护坡桩桩位标识。桩位放样允许误差为 20mm。经建设单位、监理单位及设计人员共同检验桩位合格并签字后，可进行下道工序施工。

　　2）钻孔

　　成孔前严格复核测量基线、水准点及桩位，由桩中心向四边引出四个桩心控制点，施工前由技术人员负责检查桩位，并对钻机就位进行验收，验收后方可开始钻进。调整钻机垂直度，成孔设备就位时必须平正、稳固，以免造成成孔的偏斜，然后测量定位、护筒安放。成孔质量标准见附表 2-15。

成孔质量标准　　　　　　　　　　　　　　　　　　　　　附表 2-15

序　号	内　　容	质量标准
1	孔径允许偏差	+50mm
2	孔深允许偏差	+300mm
3	垂直度允许偏差	<0.5%
4	孔底沉渣厚度	≤50mm
5	桩位水平偏差	≤$d/6$ 且不大于 50mm

　　3）钢筋笼安装

　　钢筋笼在运输吊放过程中严禁高起高落，以防弯曲变形。钢筋笼在基坑中间制作，制作完毕后需要运至孔口，运输采用牵引"炮车"，运输时设专人看护，直接运到已成孔孔位旁。钢筋笼吊装采用一台 25t 吊用 3 个吊点起吊（主、副卷扬配合），钢筋笼下放前，应先焊上钢筋笼吊筋，确保笼顶标高满足设计要求。

　　钢筋笼入孔时，应对准孔位，缓慢轻放，避免碰撞孔壁，下笼过程中如遇阻力，不得强行下放，待查明原因后继续下笼。

　　根据《建筑地基基础工程施工质量验收规范》GB 50202—2002 的规定，钢筋笼制作允许偏差见附表 2-16。

钢筋笼制作允许偏差　　　　　　　　　　　　　　　　　　附表 2-16

序　号	项　目	允许偏差（mm）
1	主筋间距	±10
2	螺旋筋螺距	±20
3	钢筋笼直径	±10
4	钢筋笼长度	±100
5	主筋保护层厚度	±20

　　4）混凝土浇筑

　　采用商用混凝土，混凝土强度等级 C25，坍落度 180～220mm，扩散度 340～380mm。开始浇筑前，应先检查孔底沉渣厚度，不符合要求时应通过钻机重新清孔，符合规定并经监理下达浇筑命令后半小时内必须灌注混凝土；浇筑时，应保证钻头底部距孔底 0.3～0.5m，且应保证混凝土的储备量，使钻头底第一次埋入混凝土面以下 0.8m 以上，应避免钻头露出混凝土面，导致桩身夹土；浇筑过程中最好在地泵投料口放置一隔筛，以避免大团块堵管，导致断桩；浇筑的桩顶标高不得偏低；混凝土浇筑结束后，起拔钻杆应缓缓上提，拔出混凝土面时应反复插，避免过快，以防桩头出现空洞及夹泥。桩头混凝土超灌注量应满足合同技术要求，以确保桩顶混凝土等级符合设计要求。

4. 桩顶冠梁施工工艺

（1）桩顶冠梁施工工艺流程如附图 2-17 所示。

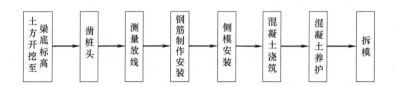

附图 2-17　桩顶冠梁施工工艺流程

（2）技术要求

1）凿桩头及清土

凿除桩顶浮浆及多余桩身混凝土，并剔除桩主筋上残余混凝土，保证主筋伸入冠梁的长度满足设计要求，如不能满足要求，可焊接同规格、强度等级的钢筋。采用搭接焊时，焊接长度单面焊不小于 $9d$，双面焊不小于 $5d$。

人工清理梁下地表和坑壁表面，做到平整、无虚土。

2）安装侧模

模板的接缝不应漏浆，模板内不应有积水。

模板与混凝土的接触面应清理干净并涂刷隔离剂，不能采用影响结构性能的隔离剂。模板安装允许偏差见附表 2-17。

模板安装允许偏差　　　　　　　　　　　　　　　　　　附表 2-17

序　　号	项　　目	允许偏差（mm）
1	轴线位置	5
2	截面内部尺寸	+4，-5
3	表面平整度	5

3）钢筋安装

根据《混凝土结构工程施工质量验收规范》GB 50204—2002（2010 年）的规定，钢筋安装位置允许偏差见附表 2-18。

钢筋安装位置允许偏差　　　　　　　　　　　　　　　　附表 2-18

序　　号	项　　目	允许偏差（mm）
1	绑扎钢筋骨架	长：±10；宽、高：±5
2	受力筋间距	±10
3	受力筋排距	±5
4	绑扎箍筋间距	±20
5	钢筋保护层厚度	±10

主筋接头采用双面搭接焊或直螺纹连接，且接头应相互错开 35d。绑扎搭接点应结合梁的受力特点错开放置，接头每截面不超过 50%。施工中钢筋保护层厚度应符合设计要求。

4）混凝土浇筑

采用强度等级 C25 的商用混凝土，灌注前检查混凝土的坍落度，满足技术要求方可灌注。

混凝土运输、浇筑、间歇的累计时间不应超过混凝土的初凝时间，冠梁混凝土应连续浇筑，一次完成。如需多次浇筑，浇筑前应对交接缝进行处理，交接面应凿毛、清理干净，并用水润湿。

5）混凝土养护

混凝土浇筑完毕后 12h 以内对混凝土加以覆盖并保湿养护。混凝土浇水养护的时间：对采用普通硅酸盐水泥或矿渣硅酸盐水泥拌制的混凝土，不得少于 7d；对采用缓凝型外加剂的混凝土不得少于 14d。浇水次数应能保持混凝土处于湿润状态。

5. 锚杆施工工艺

（1）锚杆钻进、二次压力注浆工艺流程如附图 2-18 所示。

（2）技术要求

锚杆成孔施工允许偏差见附表 2-19。

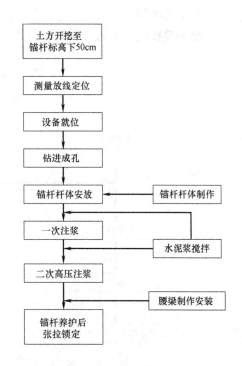

附图 2-18　锚杆钻进、二次
压力注浆工艺流程

锚杆成孔施工允许偏差　　　　　　　　　　　附表 2-19

序　　号	项　　目	允　许　偏　差
1	锚杆孔径	±5mm
2	锚杆孔距	±90mm
3	锚杆成孔倾角	±20%（倾角）

锚杆杆体安放：锚杆杆体制作时应比设计长出 1.0~1.5m，以满足锁定需要。定位骨架间距 1.5~2.0m，钢绞线用铁丝均匀捆于骨架周围，二次注浆管固定于定位骨架中心。在锚杆自由段，钢绞线上满涂黄油，以塑料套管包裹，以保证钢绞线与水泥浆体无粘结。将制作好的杆体及二次注浆管缓慢放入锚杆孔内。

一次注浆：水泥采用 P.O42.5 普通硅酸盐水泥，水胶比 0.5，清孔完毕后将一次注浆管插至孔底，用高压泵进行一次注浆。注浆应慢速连续，直至钻孔内的水及杂质被完全置换出孔口，孔口流出水泥浓浆为止，随即将一次注浆管拔出。

二次高压注浆：一次注浆完成 12h 后进行二次高压注浆，注浆压力保持在 1.0~2.0MPa。

锚杆张拉锁定：当锚杆腰梁安装完毕和锚固体强度达到 15MPa 后，对锚杆进行张拉、锁定。锚杆张拉采用 600kN 级穿心千斤顶，张拉设备在锚杆张拉前须经计量部门进行标定，锁定荷载 250～500kN。

6. 高压旋喷桩施工工艺

（1）工艺流程

高压旋喷桩施工工艺流程如附图 2-19 所示。

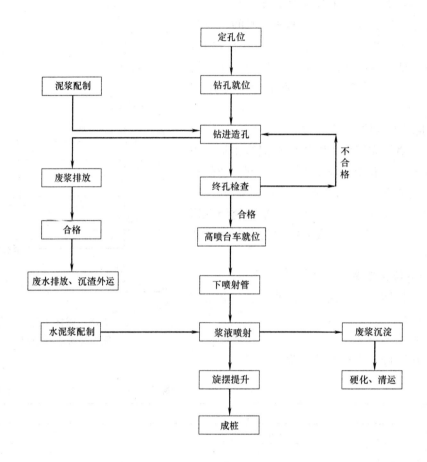

附图 2-19　高压旋喷桩施工工艺流程

（2）施工方法和技术要求

1）施工准备

① 桩位放样：施工前用全站仪测定旋喷桩施工的控制点，钉桩标记，经过复测验线合格后，用钢尺和测线实地布设桩位，并用竹签钉紧，一桩一签，其误差不大于 20mm，在高喷灌浆轴线拐弯处应设固定桩，同时在施工轴线 5～10m 范围内设控制桩。

② 修建排污和灰浆拌制系统：旋喷桩施工过程中将会产生 10%～20% 的返浆量，基坑内设置沉淀池，将废浆液引入沉淀池中，沉淀后的清水根据场地条件可进行无公害排放。沉淀的泥土则在开挖基坑下部土方时一并运走。沉淀和排污统一纳入全场污水处理系统。

灰浆拌制系统主要设置在基坑附近，便于作业，主要由灰浆拌制设备、灰浆储存设备、灰浆输送设备组成，灰浆池设在基坑内。

③ 钻机就位：钻机就位后，对桩机进行调平、对中，调整桩机的垂直度，保证钻杆与桩位一致，偏差应在 9mm 以内，钻孔垂直度误差小于 1.5%；钻孔前应调试空压机、泥浆泵，使设备运转正常；校验钻杆长度，并用红油漆在钻塔旁标注深度线，保证孔底标高满足设计深度。

在孔中直接进行喷射时，钻孔孔径应大于喷射管直径 20mm，成孔深度比设计孔深超钻 500mm。

2) 成孔作业

把钻机移至钻孔位置，对准孔位用水平尺掌握机台水平、立轴垂直、垫牢机架，钻机的垂直度满足精度要求，经技术人员检测合格后方可开钻。如发现钻机倾斜，则停机找平后再开钻。钻进过程中，遇到异常情况及时查明原因，采取相应措施，对地层变化、颗粒大小、硬度等要详细记录，钻孔结束后，由技术人员进行质量检查，合格后方可移位进行下一个孔的钻进。

将喷射台车移至成孔处，先在地面进行浆、气试喷，检查各项工艺参数符合设计要求后将喷射管下至设计深度，经现场质检人员检查认可后方可进行高喷灌浆施工，喷射过程中如遇特殊情况，如浆压过高或喷嘴堵塞等，应将喷射管提出地面进行处理，处理好后再进行施工。

采用 PO32.5 矿渣硅酸盐水泥搅拌制浆，水泥应新鲜无结块，通过 0.08mm 方孔筛的筛余量为≤5%，每批次进场水泥必须有生产厂家产品合格证，并根据有关规定进行抽查检验。

按设计配比进行浆液拌制，在制浆过程中应随时测量浆液比重，每孔高喷灌浆结束后要统计该孔的材料用量。浆液用高速搅拌机拌制，拌制浆液必须连续均匀，搅拌时间不小于 30s，一次搅拌使用时间亦控制在 4h 以内。

当喷射管下至设计深度，开始送入符合要求的浆、气，待注入浆液冒出孔口时，按设计的提升方式及速度自下而上提升，直至提升到设计的终喷高程。

喷射过程中，应随时检查各环节的运行情况，并根据具体情况采取下列措施：

① 接、卸、换管要快，防止塌孔和堵嘴；喷射因故障中断，应酌情处理。

② 因机械故障，要尽力缩短中断时间，及早恢复灌浆；如中断时间超过 1h，要采取补救措施；恢复喷射时，喷射管要多下至少 0.3m，保证凝结体的连续性。

③ 喷射结束后，随即在喷射孔内进行静压充填灌浆，直到浆面不再下沉为止，保证高喷防渗墙固结后墙顶标高，回灌浆液一般采用邻孔高喷冒浆静压充填。

施工中钻孔、高喷灌浆的各道工序应详细、及时、准确记录，所有记录需按要求使用统一表格。

附 2.3.2　混凝土浇筑施工

1. 底板大面积混凝土浇筑施工

（1）技术措施

控制温度和收缩裂缝的技术措施；事先计算混凝土水化热，为有效控制做好准备；控制好混凝土入模温度；加强施工中的温度控制（控制分层厚度、测温和保温）；改善约束条件，消减温度应力。

（2）分层浇筑与振捣

底板混凝土浇筑量大，为了使浇筑过程中不出现冷缝，通过时间计算，按 1∶(5～6)的坡度斜向推进，推进层厚度 0.4～0.5m。由于泵送混凝土坍落度大，混凝土斜坡摊铺较长，故混凝土振捣由坡脚和坡顶同时向坡中进行，振捣棒必须插入下层内 50～90mm，使层间不形成混凝土缝，结合紧密成为一体。

预先在底板四周外模上留设汇水孔，浇筑过程中混凝土的泌水要及时处理，以免造成粗骨料下沉、混凝土表面水泥砂浆过厚致使混凝土强度不均和产生收缩裂缝。

（3）混凝土温度控制

根据混凝土温度应力和收缩应力的分析，必须严格控制各项温度指标在允许范围内才不使混凝土产生裂缝。

控制指标：混凝土内外温差不大于 25℃；降温速度不大于 1.5～2℃/d；控制混凝土出罐和入模温度（按规范要求）。

（4）加掺合料及附加剂：掺粉煤灰，替换部分水泥，减少水泥用量，降低水化热；掺减水剂，减小水胶比，防止水泥干缩。

（5）混凝土养护

在通过降低大体积混凝土内外温差和减慢降温速度来达到降低块体自约束力和提高混凝土抗拉强度，以承受外约束力时的抗裂能力方面，混凝土的养护是非常重要的。混凝土表面压平后，在表面覆盖一层塑料薄膜进行养护，防止混凝土暴露，混凝土与环境温差小于 20℃时再安排拆除薄膜。养护过程设专人负责。

2. 膨胀加强带施工

工程池体平面尺寸大，为了在现浇钢筋混凝土结构施工过程中，克服由于温度、混凝土收缩而产生有害裂缝设置了膨胀加强带。膨胀加强带混凝土需根据设计要求与池体其他混凝土同步浇筑，将整个结构连成整体。

（1）膨胀加强带留设方法

根据本工程的特点，施工时，膨胀加强带处的模板按设计要求采用钢板网（一种新型的永久性模板）。钢板网采用薄形钢板经加工成为单向 U 型密肋骨架和单向立体网格的模板。具有力学性能好、自重轻、操作简单等优点，对止水带无影响。施工时，对施工缝的处理简单，能保证新旧混凝土结合密实。

（2）膨胀加强带的钢板网模板保护

膨胀加强带部位的模板与钢筋尽可能一起焊接，保证钢板网模板的牢固程度。同时要合理安排膨胀加强带的施工进度，基本做到与其他混凝土同步。减少钢板网模板的挤压变形程度。

（3）膨胀加强带混凝土浇筑

施工时，要认真清理底板及施工缝部位的夹渣、浮浆及灰尘等杂质，并用水冲洗干净。钢筋要进行除锈、调直工作。膨胀加强带的混凝土也分两次施工，底板及底板面向上50cm 池壁一次施工，剩余池壁一次施工。

膨胀加强带部位的混凝土要添加较原先浇筑的混凝土增加 5％左右的膨胀剂（按配合比要求），并且浇筑混凝土的强度等级要比其他部位混凝土结构强度等级提高一级。

膨胀加强带部位的混凝土浇筑以后,要对混凝土充分养护,养护时间为 28d。底板、池壁采用铺设草帘子及塑料薄膜洒水养护。

3. 变形缝施工

由于本工程的生物池池体平面尺寸较大,为防止混凝土收缩及干缩变形和大面积地基不均匀沉降的影响,设计中在池体纵向设置变形缝,缝内设橡胶止水带,用闭孔型聚乙烯泡沫塑料板及双组分聚硫密封膏填塞密实。

止水带原材料检验标准为《高分子防水材料 第 2 部分:止水带》GB 18173.2—2002。

(1) 施工方法

伸缩缝两侧混凝土分成两次浇筑,严禁连同伸缩缝将相邻两单元仓一次浇筑完成。一侧单元仓混凝土浇筑完成后,必须经项目部质检员检查预埋止水带无损伤,方可进行下一仓浇筑。

(2) 橡胶止水带安装要求

橡胶止水带在进货时就严把质量关,消除施工隐患。每批进场的止水带,由项目部工程技术部委托专门检测单位进行试验。施工时由熟练技工安装,在安装前由施工员安排施工人员从料库领取,领取时由施工员做认真检查,确认无问题后方可使用。

(3) 橡胶止水带接头做法及就位固定

根据结构设缝位置、平面尺寸、竖向尺寸,确定止水带的加工长度及形式,橡胶止水带接头由止水带生产厂家定做,现场接头由经过专门培训的专业人员采用电热法粘结,现场粘结只用于水平方向。施工完毕应保证橡胶止水带能够结构交圈。止水带就位后,使用专门设计的止水带 U 字状钢筋固定夹,将其边缘夹紧后与结构钢筋绑牢,防止在混凝土浇筑时止水带发生偏移。

(4) 变形缝支模和止水带保护

各个构筑物的变形缝设置的位置不同,每个构筑物底板、墙体所设计的模板、模数也不尽相同,变形缝支模时依据各个构筑物设计的支模图进行。止水带做到顺直居中,封端模板牢固不变形。

底板变形缝模板支完后,将部分墙体的止水带卷起,用绳绑扎吊挂于距地面至少 2m 以上位置,以防止人为的损坏,影响防水效果。

底板及侧墙变形缝处止水带安装就位,模板支完后,由项目技术负责人组织隐蔽验收。

(5) 变形缝与水接触面处理方法

浇筑混凝土前,在底板变形缝顶面安放宽 30mm、高 20mm 木板条。浇筑完混凝土,在强度能保证其表面及模板不因拆除木板条而损坏时,将该橡胶板取出,以形成整齐的凹槽,方便密封膏施工,保证其质量。通过木板条的使用,预留出的凹槽整齐方正,无变形或者出现深浅不一现象,而且橡胶板两侧的清理工作容易操作,与直接埋放聚苯板的方法相比工程效果更显著,施工质量更加稳定。

(6) 封填密封膏

构筑物结构施工完毕后统一进行变形缝与水接触面的处理,处理时先用特制钢丝刷将变形缝凹槽两侧混凝土刷出新茬,用空压机吹干净,然后进行密封膏防水层施工,施工过程中随时用"皮老虎"吹净凹槽内尘土，清理干净后在凹槽侧立面粘贴塑料胶条防止污染墙体，胶条要顺直、平行。按照密封膏的说明书按一定配比进行机械搅拌，搅拌均匀的密封膏在规定时间内用完，施工过程中随搅拌随使用。密封膏通过专用密封膏压力枪压入凹槽内，对已压入凹槽内的密封膏使用腻子刀整平压实，在混凝土表面处密封膏微凸出 5mm 左右，宽度比缝宽每边大 9mm 左右，并与混凝土粘结牢固。待密封膏凝固成型后，将两侧塑料胶条撕掉。

在底板最下部的变形缝处必须安放遇水膨胀橡胶条，防止地下水渗入变形缝内，从而发生渗漏现象，影响施工质量。

4. 施工缝施工

（1）构筑物施工缝留设方法

受混凝土施工工艺所限，施工过程中预留施工缝是不可避免的。施工缝若处理不妥当，对构筑物的外观以及构筑物日后的正常运行有着重大的影响。

为保证构筑物池壁混凝土施工质量，不渗漏、外形美观，池体施工缝尽量设置在水平方向上。内池壁水平工作缝设止水凹槽，凹槽上口宽 60mm，下口宽 30mm，深 60mm，该凹槽通过预埋梯形木条形成，同时放置 20mm×30mm 止水胶条。

（2）施工缝处混凝土凿毛方法

底板混凝土浇筑完毕，具有一定强度后才能对水平施工缝进行凿毛处理，先用錾子将施工缝混凝土面通凿一遍，凿掉浆皮，密实度较差的混凝土，露出新的密实的混凝土接茬，再用空压机吹净凿下的混凝土渣，以上工作直至经有关人员检验合格为止。

（3）施工缝部位防止漏浆措施

池壁施工缝以上的模板安装过程中容易造成模板下端与池壁有缝隙，由此导致浇筑混凝土时混凝土浆会从缝隙处渗漏出来，造成混凝土漏浆现象，严重时可形成蜂窝麻面的混凝土质量通病。

为防止这种现象发生，在支池壁模板前，施工缝以下 30mm 处，粘贴双面胶条，安装模板时模板下沿部分与双面胶条贴紧。

（4）池壁混凝土浇筑前准备工作

池壁混凝土浇筑前，除先用空压机将模板内杂物吹扫干净外，非冬施期间还要将施工缝与欲浇混凝土接触面用清水润湿，然后铺 50～100mm 与欲浇混凝土配比相同的水泥砂浆。

5. 混凝土结构抗渗性能、抗裂措施

（1）提高混凝土结构抗渗性能保证措施

生物池、粗细格栅间及臭氧接触池、清水池等均为储水构筑物，防渗性能要求高。施工过程中要通过提高混凝土自身抗渗性能及采取预防施工缺陷造成渗漏两方面措施来达到提高混凝土构筑物抗渗性能的要求。

（2）提高混凝土自身抗渗性能

严格按照设计规范要求及混凝土抗渗标准，设计混凝土配合比，水胶比控制在允许范围内。优先选用抗渗性能好的普通硅酸盐水泥，严格把好集料的质量关，优先选用级配优良的集料，含泥量控制在≤1%，最大粒径不大于 30mm。

为了减少早期裂缝及提高混凝土的抗渗性能，要添加 3%～6% 的高效抗裂减水剂，构筑物一般部位的掺入量为水泥用量的 3%，用于膨胀加强带部位的掺入量为水泥用量的 6%。

浇筑混凝土时，加强混凝土振捣力度，养护期间保持足够温度和湿度的养护环境以提高水泥的水化程度。严格按照混凝土防裂、防腐保证措施进行施工，以提高构筑物整体防渗能力。

（3）预防施工缺陷造成渗漏保证措施

构筑物施工过程中因接缝处理不当、对拉螺栓和穿墙管及钢筋、垫块绑丝安设不合理、混凝土浇筑振捣不符合要求等都会造成渗漏，预防措施如下：

加强接缝处理。对于施工缝，关键是保证施工缝部位混凝土的密实和接缝质量，对于储水构筑物来说，还要加设止水钢板或设置止水凹槽提高抗渗性能，止水钢板要采取可靠固定方法，确保其安设牢固，位置准确，浇筑混凝土过程中要注意对其进行保护，施工缝下部混凝土浇筑要确保振捣密实。上部混凝土浇筑过程中加强缝面处理，在浇筑前对混凝土表面进行凿毛、清理干净，并洒水湿润，浇筑上层混凝土时，先铺设 50～100mm 厚与混凝土同强度的水泥砂浆接槎。

对于伸缩缝，严格控制止水带的质量和各项性能指标，止水带要严格按照设计图纸规定进行安设，设置横向固定筋，同时采用纵向固定筋和专用卡扣，使用绑丝将止水带两端固定，消除止水带在混凝土浇筑过程中的竖向移位和变形。在混凝土浇筑过程中，要安排专人在此部位加细操作，保证该部位混凝土浇筑密实，伸缩缝处的表面处理，严格按照设计要求填充伸缩缝两端聚硫胶封水层，应选用优质聚硫胶，填充均匀、密实。

（4）对拉螺栓、穿墙管、钢筋和垫块绑丝防渗保证措施

构筑物穿墙管量大，管径不一，同时对拉螺栓数量更是巨大。施工过程中要严格按照设计、规范要求，在对拉螺栓、穿墙管中部焊制止水环。对于对拉螺栓，选用高强材料，在条件允许的条件下尽量拉大螺栓间距，减少螺栓用量，选用高强橡胶锥形螺母，增强对拉螺栓的防渗能力。在浇筑前，应彻底清除墙内所有管、栓、环表面的杂物，确保混凝土与之结合紧密。管径较大的穿墙管下三角 120°范围内混凝土浇筑时，先从一侧下料，进行振捣，待混凝土流动至另一侧后，两侧同时浇筑，对管周围混凝土要加强振捣，确保管周围混凝土密实。

对钢筋绑扎和保护层垫块严格控制绑丝端头的朝向，一律朝向结构体内侧。

6. 混凝土结构防裂缝措施

本工程中主要构筑物都为钢筋混凝土结构，对防锈蚀和耐久性要求很高，而所处环境又比较复杂是本工程混凝土构筑物的主要特点。由于施工工期贯穿四季，温度、湿度变化较大，特别是构筑物底板厚度为 500～1000mm，属大体积混凝土结构，容易出现因混凝土本身性能和施工因素造成的结构裂缝。采取如下预防措施：

（1）温度裂缝的预防措施

混凝土搅拌过程：采用掺加掺合料等措施降低水泥水化热；采取掺加缓凝剂措施，延缓水化热峰值的发生时间。

混凝土浇筑过程：浇筑混凝土主要掌握和控制入模温度，浇筑时减小分层厚度、增加层次以利散热和降温。对于厚大的结构工程，在施工前制定专项混凝土温度检测和相应降温措施，施工过程中应设专人看管，及时调整。对于板类结构，要注意掌握好表面赶光压

实的时间。

养护过程：主要做好温控工作，重点控制混凝土内部与表面的温差和混凝土表面与周围环境的温差，安排专人进行测温，掌握混凝土内部温度增长规律，在厚大底板、墙体截面变化处和墙板交接处设测温点，采用自动温度巡检仪进行测温。养护时，用浇水、湿麻袋片覆盖等措施控制结构表面和内部混凝土在适当的温度和湿度范围内，结构表面与外界环境温差应控制在 20℃ 以内。

（2）混凝土塑性裂缝与干缩裂缝的预防措施

混凝土的塑性裂缝主要发生在混凝土初凝前，由于混凝土内部骨料下沉受到钢筋、模板抑制而在浇筑后 1～3h 出现裂缝。干缩裂缝对于板类结构来说因炎热多风使水分蒸发过快、泌水率小于表面蒸发率，引起混凝土表面失水过多而发生裂缝；对于墙柱类结构，一般因早期养护不及时，混凝土失水造成裂缝。

混凝土的材料选择和配制：严格控制原材料的质量，选用合适的水泥品种和强度等级，良好的粗细集料，以及合格的外加剂，严格按照配合比计量，控制水胶比和单方用量，并搅拌均匀。同时应严格按不同结构要求，选取不同坍落度值，如各构筑物底板混凝土坍落度一般应控制在 120～140mm。

混凝土浇筑时，必须正确掌握和控制振捣技术。浇筑时控制布料速度，分层厚度均匀一致，池壁浇筑混凝土时要特别注意控制速度，下料要防止一点或几点集中堆集。混凝土振捣要密实，不得漏振并防止过振。对于池壁、柱等竖向结构，要在浇筑后 40～60min 内混凝土尚未凝结前进行二次振捣；对于板类结构，要注意在混凝土终凝前掌握好表面赶光压实的时间；对于墙类结构控制拆模时间。

预防塑性干裂缝的关键工序是混凝土构件的养护。进行二次压实抹光后，12h 之内应及时遮盖进行湿养，使其保持湿润不小于 7d。

7. 薄壁高墙施工质量控制

构筑物浇筑质量直接影响全工程的总体质量。而就本工程中构筑物的一些薄壁高墙，施工难度相对较大，在此作为专项问题通过分析研究制定了如下控制措施。

施工过程中严格按照设计图纸、技术规范要求合理划分施工缝，控制钢筋绑扎精度，特别是严格控制钢筋的层间距和保护层厚度，保护层垫块要布设均匀，纵横间距不大于 70cm。支搭模板时，应严格控制模板的位置尺寸和垂直度，加强模板的支撑牢固强度和刚度。

薄壁高墙的混凝土施工，混凝土坍落度易控制在 140～160mm 范围内，要控制浇筑速度并加强二次振捣。

严格控制混凝土浇筑力度，做到丝丝紧扣，严谨细致，无漏振、无过振。

附 2.3.3 厂区管线施工

厂区管道众多，主要包括：电气管线、工艺管线、气体管线、雨水管线、污水管线、给水管线、再生水管线、供热管线等。管材种类多，管材本身强度、刚度不同，对于基础质量要求较高。由于本工程厂区管线具有排列密、交叉多的特点。因此在厂区市政管线施工阶段，应合理安排施工部位和步序，在平面交通上尽量避免各施工队伍相互干扰，避免重复和交叉造成窝工。

由于下层管线的施工、地下构筑物的施工而造成大部分管道基础受到扰动需处理，必须合理安排、精心组织施工，保证交叉管线先下后上进行施工。下部管线回填时，一方面要严格按规范要求进行分层回填，控制分层厚度，确保回填密实度；另一方面要对上部管道基础一定范围进行处理。处理措施根据实际情况确定方案。

1. 管线施工要点

（1）管线开工前组织施工管理人员认真熟悉图纸及安装标准，编制施工方案，组织施工测量，做好施工交底工作，做好工、料、机的准备工作，邀请设计及有关单位到施工现场进行设计交底。

管线施工遵循先深后浅、先无压管后有压管、先大管后小管的施工顺序。全部管线施工完成后，方可进行道路施工。

总体管线施工安排是：先进行雨污水管线施工，再进行其他管线施工；特别注意各管线交叉点位置，核对高程和位置，如有冲突及时汇报设计方做相应调整。

管线施工顺序为：测量放线、沟槽开挖与回填、管基施工、管道安装、管道功能性试验。

（2）沟槽边坡：当沟槽深度＜3m时，沟槽边坡一般为1∶0.33（雨季按1∶0.5放坡）；当沟槽深度＞3m而＜5m时，沟槽边坡一般为1∶0.5（雨季按1∶0.67放坡）；当沟槽深度＞5m时，根据土质情况，加大放坡坡度，或采用土钉墙护坡，并制定专项边坡支护方案，请专家评审合格后，依据方案进行沟槽开挖施工。

沟槽开挖一般采用机械开挖，对于深度小于1.2m的沟槽采用人工开挖，土方部分暂存于沟槽上部不进行施工作业的一侧，其余均外弃。管道一侧的工作面宽度规定见附表2-20。

管道一侧的工作面宽度 附表2-20

非金属管道	
管结构的外缘宽度(mm)	工作面宽度(mm)
$D \leqslant 500$	400
$500 < D \leqslant 900$	500
$900 < D \leqslant 1500$	600
$1600 < D \leqslant 2500$	800
金属管道	
管结构的外缘宽度(mm)	工作面宽度(mm)
$D \leqslant 500$	300
$500 < D \leqslant 900$	400
$900 < D \leqslant 1500$	600
$1600 < D \leqslant 2500$	800

（3）沟槽回填

回填土以就地取材为主，以接近最佳含水量为原则，回填前应将土中含有的碎砖、石块及大于9cm的硬土块筛除，但不得回填腐殖土及杂填土。

沟槽两侧同时对称回填，高差不超过30cm，确保管道和构筑物不发生位移；管顶以上50cm范围内，采用小型夯具，如木夯夯实，不得使用压路机压实；填土达0.5m以上时，方可使用碾压机械。

在原有地下管道下面回填时，要与有关单位联系，研究切实可行的夯实方法，或采取必要的加固措施，以防原有管道下沉。

回填土虚铺厚度：振动压路机≤40cm，压路机 20～30cm，动力夯实机 20～25cm，木夯≤20cm。填土夯实应夯夯相连，确保无漏夯。压路机压实时，碾压轮重叠宽度大于 20cm。

密实度要求不低于下列数值：胸腔填土 95%，管顶以上 25cm 范围内压实度控制为 87%。当管道位于路基范围内时，其他部位的压实度按照路基的最低压实度控制。城市支路按路槽底以下深度 0～80cm，92%；80～150cm，90%；>150cm，90%控制。城市次干路按路槽底以下深度 0～80cm，95%；80～150cm，92%；>150cm，90%控制。采用重型击实标准。

2. 供热管线施工

（1）供热管道采用二管制，按直埋方式施工。供热管道由工厂统一加工，按设计要求采用聚乙烯外套聚氨酯预制保温层，外加防水保护层，焊口处保温由保温厂家现场完成，以确保工程质量。管材为无缝钢管，管道补偿采用直埋自导向外压式波纹管膨胀节，并按管道不同受力情况，安装固定支架。除阀门采用法兰连接外，管道其他接口均采用焊接。

（2）施工工艺流程

测量放线→开挖沟槽→铺砂垫层→安管与焊接→固定口除锈、防腐、保温→胸腔还砂→回填土夯实→分段试压→检查井施工→设备安装→总试压→冲洗→勾头→试运行。

（3）砂基础施工

沟底要求是自然土层，如果是松土回填的，须进行处理，以防止管子产生不均匀下沉，使管子受力不均匀。对于松土层要夯实，要求严格夯实心土，处理完的沟底再铺 150mm 厚黄砂。

砂砾垫层基础应按设计要求在槽底铺设设计要求厚度的砂砾垫层，并用机具压实，其压实度应达到振动台试验法干密度的 85%～90%。压实后整平，吊中心线，并在估计垫层预沉量的前提下复核垫层高程。

（4）下管对口

下管前检查其外观质量，钢管的钢号、直径、壁厚均要符合设计要求，无明显腐蚀、无多级重皮和延展现象，表面凹陷不得超过 1mm 且应有制造厂家的合格证书，说明国家标准的检测项目和结果。

热机钢管一般为 V 型坡口，要求进场的管材直接打好口，根据壁厚坡口角度为 55°～65°，钝边 0～3mm，圆度适中，管子端面与管中心线垂直，允许偏差 1mm，对口前必须先修口，坡口用角磨机打磨。

采用吊车下管，使用尼龙吊带，下管时派专人指挥，轻起轻放以免破坏防腐层或管口。吊车把钢管下到槽内，然后对口，对口前清扫管腔，采用导链调整钢管对口位置，钢管对口接头间隙 0～3mm，对口错口允许偏差不大于 1mm，注意对口时两管的螺旋焊缝错开环向距离不小于 300mm，经检查符合要求后进行点焊，沿管环向间距点焊长度必须符合《城镇供热管网工程施工及验收规范》CJJ 28—2014 的规定，根部必须焊透，且不得在管道焊缝端部点焊，对于焊工与焊口都需编号，焊接时按号填写焊接记录。管道安装中线偏差不大于 15mm，高程偏差不超过 10mm。

（5）钢管焊接

焊工必须经过培训后持证上岗，上岗前做焊接试件，试件经机械性能试验合格，即抗拉强度不得小于 38kg/mm² 或不小于钢材的极限强度；电焊试件的弯曲角度不得小于 120°。为确保施工质量，管道焊接采用氩弧焊打底。

焊条采用 E43 焊条。焊条在保管和运输中，不得遭受损伤、沾伤和潮湿，现场配干燥桶，受潮的焊条按厂家的技术要求烘干。焊条涂料均匀、坚固，无明显裂纹或成片剥落现象。施焊时电弧容易打火，燃烧熔化均匀，熔化金属无气孔、夹渣和裂纹。无金属和熔渣的过大飞溅，熔渣均匀盖住熔化金属，冷却后易于除掉。性能不好的焊条要及时更换。

管道接口的焊接严格遵守焊接操作顺序和方法，防止受热集中而产生内应力，V 型坡口分 3 层焊接，第一层 3～4mm，焊缝根部必须均匀焊透，每层焊缝厚度为焊条直径的 0.8～1.2 倍，各层引弧点和熄弧点均错开，每道焊缝焊完后，清除熔渣，如有气孔、夹渣、裂纹、焊瘤等缺陷，将焊接缺陷铲除，重新补焊。

焊缝外观要求：焊缝表面光洁平整、宽窄均匀整齐，根部焊透，高度不低于钢管表面，并与管外壁圆滑过渡；加强面高出管外壁 2～3mm，宽度焊出坡口边缘 2～3mm；焊口咬边深度小于 0.5mm，且每道焊缝的咬边长度不大于焊缝总长的 9%。

（6）设备及附件安装

所用阀门必须有制造厂家的产品合格证和工程所在地阀门检验部门的检验合格证明。阀门应放在原有包装中运输、保管，安装时再摘下保护盘。阀门及钢管附件严格按施工图位置安装。安装进口阀门所用焊条必须使用 J506 或 J507 型焊条，宜采用直流焊机。

阀门必须在与阀门轴成 ±60° 角的范围内安装，禁止垂直安装。焊接阀门时用气体保护焊打底，焊机地线必须搭在焊口同侧钢管上，禁止搭在阀体上。焊接蝶阀时阀板必须全部关闭且在密封处注满黄油，以防焊渣落在密封面及阀板上。焊接球阀时阀门全开，必须用湿布将阀体包住，以降温保护密封面，同时在密封处注满黄油，以防焊渣落在球面上。

阀门安装前按照设计要求核对型号，阀门外观检验无缺陷，开关灵活，清除阀门口的密封物和其他杂物后进行安装。阀门应在关闭状态下安装。法兰连接采用统一规格的螺栓，安装方向一致，紧固螺栓时对称均匀进行，松紧适度，紧固后丝扣外露长度不超过 2～3 倍螺距，需要垫圈调整时，每个螺栓只能用一个垫圈。

波纹管补偿器安装与管道同心，不得有偏心现象；按照介质流向标志准确安装，绝对禁止逆向安装和禁止介质在补偿器内逆向流动，安装时禁止对补偿器施加外力和强制变形。

（7）拍片

焊接完毕后，焊口要进行 X 射线无损检测，直埋过路管线焊口采取 90% 拍片检测，以二级片以上为合格，有不合格的焊口必须重新焊接，焊缝返工后重新进行表面质量及 90% 拍片检测。

（8）试压

管道必须在供热检查井、固定支架四周回填完毕后，才能进行水压试验。管道做水压试验时，管段上的阀门应全部打开，试验管段与非试验管段连接处应隔断；试验压力为工作压力的1.5倍，即1.5MPa。

试压时，压力先升至试验压力1.5MPa，观测9min，如果压力下降不大于0.005MPa，然后把压力降至工作压力做外观检查，用1kg重的小锤在焊缝周围对焊缝逐个进行敲打检查，以不漏为合格。

1）管道试验前应符合下列要求：

① 管道工程的施工质量符合设计要求及本规范的有关规定；管道支座、吊架已安装调整完毕，固定支座的混凝土及填充物已达到设计强度。

② 焊接质量的外观检查和无损检验合格，焊缝及应检查的部位尚未涂漆和保温。

③ 试验用的临时加固装置已安装完毕，经检查确认安全可靠。

④ 试验用的压力表已校验，精度不低于1.5级。表的满刻度值应达到试验压力的1.5倍，数量不少于2块。

⑤ 地下检查室、地沟及直埋管道的沟槽中有可靠的排水系统，被试压管道及设备无被水淹的可能。试验现场已清理完毕，对被试压管道和设备的检查不受影响。

⑥ 试验方案已经过审查并得到批准。已选择好水源及排水出处。

2）管道水压试验应符合下列要求：

被试验管道上的安全阀、爆破片已拆除，加盲板处有明显的标记并作了记录，阀门全开，填料密实；管道中的空气已排净；升压应缓慢、均匀；环境温度低于5℃时，应有防冻措施；地沟管道与直埋管道已安装了排除试验用水的设施。

试验管道与运行中的管道已用堵板隔断，试验压力所产生的推力不会影响正在运行管道的正常运行。堵板应经计算，并焊接可靠。

3）水压试验要求：

"上"水：一般应尽量由低处进水，管道里充满水后，尽量利用自来水的压力"顶"一下，而后开泵加压；试验过程中，除了按规定对管口进行锤击外，不得对管道有其他振动。

管道试验过程中，应视情况多次开启跑风阀放气；试验时，如有焊口漏水，应先降压后将渗漏处焊缝剔净，清理干净后重新焊接。严禁用錾捻方法进行修理；雨季试验时，当一段试压合格，而无条件继续安装时，不可排放管道内的水，以防漂管；如必须放水时，放水后应有防漂措施，并用两层麻布及铅丝将管口扎紧，防止淤泥进入管内。

（9）保温施工

钢管成品带直埋敷设保温管，只需在焊接接头处用聚乙烯发泡剂填充密实，即形成完整的保温层。另外，管子在作固定支架处，保温材料接口处各管段保温材料横断面应用环氧树脂刷四边，做隔断保护层以防接口处漏水使保温失效。

管子焊接段保温采用硬质聚氨酯泡沫塑料灌注法施工，硬质聚氨酯泡沫塑料敷设在被保温物体表面，泡沫塑料易于贴在金属、木材、水泥、砖等表面，不需要支撑物，表面形成整体，没有接缝，质量好，施工效率高。

3. 电气管道施工

电气工程为穿镀锌钢管埋地敷设和电缆沟内支架敷射，电气配管选用SC50镀锌钢管，电缆沟结构为砖砌1.2m×1.2m，预制混凝土盖板，电缆沟支架采用L40mm×4mm和L30mm×4mm热镀锌角铁。电气配线HYV-30（2×0.5）长90m，HYV-9（2×0.5）长

600m，接地装置采用40mm×4mm扁铁，长520m。

（1）电缆敷设的安装工艺流程

准备工作→挖土敷设保护管（砌筑电缆沟）→连接接地→管内穿缆和中间头连接→检测。

电缆头制作、安装工艺流程：遥测电缆绝缘→剥电缆铠甲、打卡子→焊接地线→包缠电缆、套电缆终端头套→压电缆芯线接线鼻子，与设备连接。

钢管敷设（暗敷）安装工艺流程：弹线定位→挖土砌电缆井→钢管敷设→扫管穿带线。

电缆沟施工工艺流程：沟槽开挖→混凝土垫层→测量放线→砌砖→混凝土压顶→盖板安装。

接地安装工艺流程：接地极→接地干线→设备及钢架钢管接地→检测。

（2）电缆沟施工

1）砌筑材料要求

非黏土砖：采用标准砖240mm×115mm×53mm，抗压强度达到设计要求，外观要求不得有弯曲、缺棱、掉角、裂纹等，同时要求内部组织坚实，不得夹带石灰等爆裂性矿物质，不得夹有欠火砖、酥砖及螺纹砖，出厂必须有合格证。并经现场抽样试验合格后方可使用。

砂：采用细度模数2.3以上的中砂，使用前要求过筛，将大于5mm的卵石筛除，以利砌筑粉刷。

水泥：采用32.5强度等级普通硅酸盐水泥。

水：一般饮用水及不含油、酸、盐类有机物的自然水或地下水。

2）沟槽开挖

采用机械挖土，人工配合。混凝土垫层浇筑采用人工运至沟底摊铺，平板振动器整平振实，待混凝土强度达到5MPa后方可进行下道工序施工。

3）电缆沟砌筑

砌筑之前，先根据设计图纸进行尺寸及标高控制，然后落脚砌筑；砌筑前黄砂过筛，砖块清理，并在砌前几小时用水充分湿润，以利粘结；错缝砌筑灰缝一般不得大于1cm，同时不得小于0.7cm，座浆要饱满，灰缝灌浆绝对禁止用水冲灌。水泥砂浆要现拌现用，拌好的水泥砂浆不得放置时间过长，禁止将已初凝的水泥砂浆加水拌和继续使用。砌筑、砖刷砂浆不得使用混合砂浆；电缆沟角砖应砌成齿形互相衔接，以增强墙身牢固；预埋铁件应随砌随安，铁件与电缆沟内壁齐平，其尺寸、方向、标高应符合设计要求，铁件与电缆沟壁衔接处应严密，不得渗水。

电缆沟粉刷：电缆沟外部应随砌随抹密实，以便次日电缆沟外回填；电缆沟基础应同时进行，混凝土基础浇捣12h之内沟槽不得有积水；电缆沟在0℃以下砌筑时，砖上之冰雪必须清除干净，收工或停砌时，应在砌体上用稻草或草袋避盖，以免受冻。

混凝土压顶浇筑采用商品混凝土，模板采用九夹板，混凝土以翻斗车运输，插入式振捣器振捣。振捣必须密实，避免漏振。浇筑时要派专人值班进行检查，发现漏浆和模板移位马上采取措施。混凝土达到一定强度后先拆侧模。混凝土初凝后上覆盖草包洒水养护，保证养护期7d以上。

电缆沟盖板采用厂家预制，盖板座砌筑牢固、砂浆饱满。

4）电缆沟质量标准

电缆沟壁必须互相垂直，不得有通缝，必须保证灰浆饱满，灰缝平整，抹面须压光，不得有空鼓、裂缝等现象；电缆沟内应平顺圆滑，不得有建筑垃圾等杂物。

砂浆的强度等级必须符合设计要求，配合比正确；电缆沟盖板尺寸、留孔位置应正确，压墙缝应整齐。

（3）钢管安装

埋入地下的钢管不宜穿过设备基础，当穿过建筑物基础时，应加保护管。镀锌管子煨弯时，应使用定型煨弯器，操作时，先将管子需要弯曲部位的前段放在弯管器内，管子的焊缝放在弯曲方向的背面或旁边，弯曲时逐渐向后方移动弯管器，使管子弯成所需要的弯曲半径。管径大于 25mm 的管子，应采用分离式液压弯管器、电动顶管机进行弯管。

钢管与设备连接时，应采用金属软管连接，金属软管用管卡固定，其固定间距不应大于 1m，不得利用金属软管作为接地导体。

（4）电缆敷设

电缆敷设前应根据设计图纸绘制"电缆敷设图"。图中应包括电缆的根数、各类电缆的排列、放置顺序，以及与各种管道交叉位置。同时应对运到现场的电缆进行核算，弄清每盘电缆的长度，确定中间接头的位置。按线路的具体情况，配置电缆长度，避免造成浪费。电缆金属保护壳应可靠接地，电缆起始端应有一定的预留长度并挂标志牌标识。

（5）接地装置

接地线的连接应按设计图纸及规范要求进行施工。接地体（线）之间应保证有可靠的电气连接，应采用焊接，焊接必须牢固。接地线之间的连接及接地线与电气装置的连接，应采用搭接焊。搭接焊的长度：扁钢或角钢应不小于其宽度的 2 倍，而且应有三边以上的焊接；圆钢应不小于其直径的 6 倍，并应两面焊接；镀锌圆钢与镀锌钢连接时，其长度为圆钢直径的 6 倍。

扁钢与钢管（或角钢）焊接时，为了连接可靠，除应在其接触两侧进行焊接外，还应焊上由钢带弯成的弧形（或直角形）卡子，或直接由钢带本身弯成弧形（或直角形）与钢管（或角钢）焊接。钢带距钢管（或角钢）顶部应有约 90mm 的距离。当利用建筑物内钢筋作为接地导体时，连接处应保证有可靠的接触，全长不能中断。金属结构的连接处应以截面不小于 90mm² 的钢带焊连起来，金属结构物之间的接头及其焊口、焊接连接的焊缝应平整、饱满，无明显气孔、咬肉的缺陷，焊接完毕后应涂樟丹。

（6）接地体间的扁钢敷设

扁钢敷设前应调直，然后将扁钢与接地体用电焊焊接，扁钢应侧放，扁钢与钢管连接的位置距接地体最高点约 90mm。焊接时应将扁钢拉直，焊接好后清除药皮，刷沥青做防腐处理，并将接地线引出至需要位置，留有足够的连接长度，以待使用。

电气设备与接地线的连接一般采用焊接和螺丝连接两种。需要移动的设备（如变压器）宜采用螺丝连接。如电气设备装在金属结构上而有可靠的金属接触时，接地线或接零线可直接焊在金属构架上。电气设备的外壳上一般都有专用接地螺丝。接地线采用螺丝连接时，应将螺丝卸下，将设备与接地线的接触面擦净至发出金属光泽，接地线端部挂上焊锡,并涂中性凡士林油。然后接入螺丝,将螺母拧紧。在有振动的地方,所有接地螺丝都须加垫弹簧圈以防振松。接地线如为扁钢,其孔眼应用手电钻或钻床钻孔,不得用气焊割孔。所有电气设备都需单独埋设接地分支线,不可将电气设备串联接地。

4. 井室施工

(1) 混凝土现浇检查井

井室结构混凝土分两次浇筑:第一次浇筑底板及"导墙";第二次浇筑墙体及顶板。

底板混凝土浇筑:从一端向另一端推进,一次浇筑至设计厚度,然后再浇筑"导墙"混凝土。

侧墙混凝土浇筑:每层的厚度不大于 500mm,且各立墙模内混凝土的高度差不大于 300mm。时间间隔不小于 1.5h。混凝土浇筑连续进行,上层混凝土的浇筑在下层混凝土初凝之前进行。导墙混凝土强度达到设计强度的 70% 以上时,对导墙表面进行凿毛处理。在墙体模板支搭完毕后,清理落入模内的所有杂物,对施工缝进行高压空气"吹仓"。混凝土浇筑前,先用清水湿润混凝土界面,再浇筑一层 15~30mm 厚的同等级强度的水泥砂浆,以利混凝土界面衔接。

保证检查井、闸井位置和高程与设计图纸一致,混凝土浇筑完成后,在井内砌筑流槽与上下管道顺接。井混凝土与管道基础相接时,应将管道基础及管子端头凿毛清洗干净,以便于结合牢固。

(2) 砖砌检查井

砌筑水泥砂浆采用水泥强度为 M10,非黏土砖强度为 M15。砌筑砂浆有良好的和易性和保水性,砂浆拌和物的密度不小于 1900kg/m³,分层度不大于 30mm,稠度为 70~90mm。水泥砂浆中水泥的含量不小于 200kg/m³。

水泥砂浆采用机械搅拌,自投料完,搅拌时间不得少于 2min。砂浆随拌随用,在拌和完毕后 3h 内使用完。拌成后和使用时,均置于不吸水、不漏水的容器中。在砌筑前如出现泌水现象,应重新拌和。

严格按设计井型施工。井口在路面上时其高度与路面齐平;若井口在绿地中则应高出地面 0.1m。检查井施工严格按照《北京市给水排水管道工程施工技术规程》DBJ 01-47—2000 的有关要求进行。

混凝土基础验收合格后,抗压强度达到 1.2N/mm²,基础面处理平整和洒水润湿后,砌筑检查井。工程所用主要材料符合设计要求的种类和标号;砂浆随拌随用,常温下,必须在 4h 内使用完毕;气温达 30℃ 以上时,必须在 3h 内使用完毕。常温下砌砖,对砖提前 0.5~1d 浇水润湿。将墙身中心轴线放在基础上,并根据此墙身中心轴线弹出纵横墙边线。立皮数杆控制每皮砖砌筑的竖向尺寸,并使铺灰、砌砖的厚度均匀,保证砖皮水平。

铺灰砌筑应横平竖直、砂浆饱满和厚薄均匀、上下错缝、内外搭砌、接槎牢固。随时用托线板检查墙身垂直度,用水平尺检查砖皮的水平度。圆形井砌筑时随时检测直径尺寸。

井室砌筑的同时安装踏步,位置应准确。踏步安装后,在砌筑砂浆未达到规定抗压强度前不得踩踏。

检查井接入圆管的管口与井内壁平齐,当接入圆管的管径大于 300mm 时,砌砖拱加固。

砌筑检查井内壁采用水泥砂浆勾缝，有抹面要求时，抹面分层压实。

检查井砌筑至规定高程后，及时安装浇筑井圈，盖好井盖。检查井流槽与检查井井壁同时砌筑。

检查井在道路上的井盖采用重型铸铁井盖，在绿地里的井盖可采用轻型井盖。井盖的正面标识符合发包人的要求，且无厂商标志。检查井内踏步采用经热处理过的球墨铸铁踏步，踏步规格和尺寸符合设计图纸要求。

5. 管道功能性试验

压力管道水压试验：再生水管、给水管、供热管道等施工完毕，进行水压试验。

无压管道严密性试验：污水管道进行闭水试验。

管道冲洗和消毒：给水管道和再生水管道进行冲洗和消毒。

试验标准与设计、监理、建设单位共同商定。

（1）再生水管、给水管、供热管道水压试验

打压时在管道最高点设置排气孔，上水试验压力按图纸要求。打压至要求后稳压 9min 内压力下降不超过 0.05MPa 为合格。

压力试验符合相关规范要求，并且：池间连接管压力为 0.06～0.08MPa，试验压力为 0.12MPa；配水泵房再生水出水管工作压力为 0.5～0.55MPa，试验压力为 1.0～1.05MPa；给水管工作压力为 0.3MPa，采用球墨铸铁管试验压力为 0.6MPa，采用 PE 管试验压力为 0.8MPa；曝气用气体管工作压力为 0.075MPa，气体试验压力为 0.2MPa，液体试验压力为 0.4MPa，在试压前必须用空气吹扫，然后进行强度试验，合格后再进行严密性试验。

试压时先把所有敞口封堵，将水从下游缓慢注入，在试验管段的上游管顶及管段中的凸起点设置排气阀或排气孔，将管道内的气体排除。水泵、压力计安装在试验段下游的端部与管道轴线相垂直的支管上。注满水浸泡一定时间后，将水压升至试验压力，保持恒压 9min，期间检查接口和管身，如有渗漏，卸压后方可修补，直至试验合格为止。在打压时沿线派专人检查管口处是否有漏水现象，如发现异常及时处理。

（2）污水管道闭水试验

污水管道闭水试验控制点：试验管段按井距分隔，带井试验；管道及检查井外观质量验收合格，质检资料齐全；管道两端砌砖封堵，用 1∶2 水泥砂浆抹面，必须养护 3～4d 达到一定强度后，再向闭水段的检查井内注水，注水的试验水位，应为试验段上游管内顶以上 2m，如井高不足 2m，将水灌至上游井室高度，注水过程中同时检查管堵、管带、井身，无漏水和严重渗水，再浸泡管和井 1～2d 后进行闭水试验；将水灌至规定的水位，开始记录，对渗水量的测定时间应不少于 30min，根据井内水面的下降值计算渗水量，渗水量不超过规定允许的渗水量即为合格。

（3）消毒、冲洗

对于给水管、再生水管，在打压试验合格后应进行消毒、冲洗，做法：管道第一次冲洗用清洁水冲洗至出水口水样浊度小于 3NTU 为止，冲洗流速大于 1.0m/s；管道第二次冲洗在第一次冲洗后进行，在消毒前制备漂白粉溶液，选择合适位置分别加入漂白粉溶液；在放水口放出的水的游离氯含量为 20mg/L 以上时，即可关闸；泡管消毒 24h，然后即可进行冲洗。对于与设备相连的工艺管应进行水冲洗。

附 2.4　设备安装方案

附 2.4.1　格栅机安装

1. 安装前的准备工作

（1）检查设备的规格、性能是否符合图纸及标书要求，检查设备说明书、合格证及设备试验报告是否齐全。

（2）检查设备外表如框架、栅条等是否受损变形，零件是否齐全完好。

（3）复测土建工程的标高是否满足设计图纸要求，实测各部分数据是否与格栅框架外形尺寸及角度相符，以及检查所有的预埋件留孔是否符合安装要求。不得在尺寸不符的情况下强行安装，造成设备变形损坏。格栅安装的底部渠道应大致水平，误差大时可设临时支撑。

2. 设备安装

格栅吊装时应平稳，防止碰撞变形。并移至安装位置初步定位，设备平面位置偏差应不大于 20mm，水平度偏差应小于 2/900mm。

检查格栅底部支架是否平直，如有弯曲，校正平直。将格栅底支架螺栓固定在渠底部，将格栅吊放到侧支架上，前框架伸入侧支架的导向板中。安装格栅侧支架于渠道边缘。支架可用焊接或螺栓连接来固定格栅框架。

格栅框架与渠侧壁之间用基础螺栓固定，平台上的钢架机座与平台之间用不锈钢螺栓固定。

用观察和拉线方法检查整个格栅片表面的平面度，并作调整。

格栅的安装角度符合设计图纸要求，其角度偏差小于 ±0.5°。

复测上述内容符合要求，则视格栅机安装工程完毕。安装完毕，设备或导流板两侧与池壁的间隙应用橡胶板进行封堵，但操作时不能使格栅产生歪斜。

设备试运转可采用颗粒物或纤维物进行荷载试验，导渣槽排渣顺利，无栅渣停滞现象。

附 2.4.2　螺旋输送机安装

无轴螺旋输送机的形式为无轴螺旋推送物料，其结构设计能保证物料流通，无堵塞。螺旋槽内设有耐磨内衬，并易于更换。

无轴螺旋输送机应按设计位置定出中心线后，再进行安装和固定。安装时应牢固、稳定。

无轴螺旋输送机安装后，接渣斗高程偏差小于 ±5mm，接渣斗中心线应与出渣口中心线重合，偏差小于 ±2mm。

螺旋轴的支承轴承能够防水、防尘、耐磨和自动润滑。驱动装置在轴方向上可调，调节距离至少为 50mm。旋转部位应润滑良好、密封可靠、不允许漏油。

电动机电流不应超过额定电流。空载运行 2h 后，轴承温升不应超过 20℃。

负荷运行时必须使物料流向畅通、无阻塞。输送螺旋运行平稳、无卡滞现象。

附 2.4.3　除砂机安装

按照《机械设备安装工程施工及验收通用规范》GB 50231—2009 和经审批的图纸进行设备安装及检验。

1. 除砂机安装检验内容

车轮轨距偏差不大于 2mm；轨道顶面相对标高差不大于 5mm，平面度误差不大于 0.4/1000；接头高差不大于 0.5mm，端面错位不大于 1mm；轨道接头间隙，夏季安装时为 2~3mm。

安装时注意撇渣装置逆水流撇渣，当逆水流行驶时，撇渣耙应下降刮集浮渣并送至沉砂池起端的渣槽；当顺水流行驶时，撇渣耙应提升、离开液面，以防浮渣逆行。

吸砂机所有的电力及控制信号均由安装在滑轨上的扁平电缆提供，电缆夹在滑轨悬架内滑行，并具备足够的预留芯数。

除砂机行走及刮板运行平稳，无卡滞现象；车挡的位置应按设备终端位置定位安装。

所有过载保护装置及限位开关应灵活可靠。

电动机、减速机及各轴承按使用说明书要求加注润滑油、脂，运转中不得有异常声响、振动和温升。电动机电流不得超过额定值，温度不得超过 80℃。空池试运行时间不应少于 8h，运行平稳，无卡滞现象，设备运转的部件不得与池内任何部位接触。空池运转一切调试正常后，方可通水运行。

会同建设单位、监理单位、供货厂家代表选择 1 台机械进行检测，并通过给设备强行加载与短路，检验设备的过载保护装置的灵活性、可靠性。如果在测试过程中发现一些故障，排除故障后，再重新进行测试。负荷运行试验时间不应少于 72h。

2. 砂水分离器

安装必须严格按照厂家技术文件进行。

管路应可靠固定。箱体、管路、阀门均不允许有泄漏。

相邻机壳法兰面的连接应平整，其间隙不大于 0.5mm，机壳内表面接头处错位不大于 1.5mm。机壳法兰之间宜采用石棉垫调整机壳和螺旋体长度的积累误差。

螺旋输砂槽各中间轴承应可靠地固定在机壳上，相邻螺旋体连接后，螺旋体转动应平稳、灵活，不得有卡阻现象，宜在轴承底座与机壳间加垫片调整螺旋体轴线的直线度偏差。螺旋输砂槽应有足够的强度和刚度，无渗漏。整体结构由型钢支撑固定在混凝土基础上。

砂水分离槽的安装高程必须符合图纸要求，并注意坡度和方向。

机壳连接处出料口与漏斗的连接法兰应互相平行，并使用弹性连接，连接应紧密，不应有间隙。

砂水分离器安装后空运转 2h 后，轴承温升应小于 30℃，负荷试运转时卸料应正常，无卡滞现象。砂水分离器分离效果应满足设计要求。

附 2.4.4　栅渣压榨机安装

1. 安装前的准备工作

检查设备的规格、性能是否符合图纸及标书要求，检查设备说明书、合格证及设备试验报告是否齐全。检查设备外表如机架、螺旋体等是否受损变形,零部件是否齐全完好。

复测土建工程的标高是否满足设计图纸要求,实测栅渣压榨机的外形及机架安装位置尺寸是否符合设计要求。

2. 设备安装

螺旋压榨机的初步就位应与螺旋输送机的出料口中心位置对中,设备的轴心线和设计中心线的位置偏差小于±5mm。

压榨机的进料与输送机的出料口位置应对中,检查输送机的出料是否准确落入压榨机的进料斗内。

进、出料口(管)的连接牢固、整齐,所有法兰连接处应无渗漏现象发生。

定位准确后,机架用膨胀螺栓与基础平台紧固。

螺旋压榨机的叶片转向应准确。

螺旋压榨机的废水回流管引至格栅井,管螺纹处无渗漏现象发生。

附 2.4.5 细格栅安装

1. 安装前的准备工作

检查设备的规格、性能是否符合图纸及标书要求,检查设备说明书、合格证及设备试验报告是否齐全。

检查设备外表如框架、动栅片、定栅片等是否受损变形,零部件是否齐全完好。

复测土建工程的标高是否满足设计图纸要求,实测各部分数据是否与格栅框架外形尺寸及角度相符,以及检查所有的预埋件留孔是否符合安装要求。

安装前要对格栅进行试组装,调整好安装位置,检查设备的尺寸是否与渠道配套,对运输过程中造成的移位需重新调整,同时检查螺栓是否紧固到位。

2. 设备安装

首先安装侧支架,侧支架水平度安装误差±0.5mm,垂直度安装误差±1mm。

转鼓式机械细格栅全部采用设备用不锈钢材料制成,并经酸液钝化处理,安装时为防止外表面损坏,其防护粘贴纸不得提前撕离。

设备安装采用整体吊装的方式进行,设备就位后再按厂家技术文件要求调整倾斜角度。

设备上部机架与基础平台的基础螺栓(或膨胀螺栓)连接应牢靠。

安装底支架,使底支架牢固固定在渠底结构上。

通电试车时,先进行干槽运行,转鼓式格栅机应运转正常,无异常声响,无卡阻现象。

负荷运行时电动机电流不应超过额定电流。转鼓和输送螺旋运行灵活、平稳、无卡滞现象,制动可靠。旋转部位应润滑良好、密封可靠、不允许漏油。空载运行 2h 后,轴承温升不应超过 20℃。

附 2.4.6 鼓风机安装

1. 基础放线及处理

根据土建轴线标记,按图纸要求,复核基础坐标及尺寸。其中基础中心线与厂房轴线允许偏差小于 20mm；基础顶标高允许偏差小于 9mm；同一机座各减震器处的混凝土顶面高程允许偏差不大于 2mm；基础结构外形尺寸允许偏差±9mm；相邻各基础中心线允许偏差±9mm。

安装前划出鼓风机机体中心线、电动机中心线、进出口管中心线等。

根据基础上红三角标高标志，设定各安装标高，标高由水准仪标定。

铲削 20～30mm 基础疏松表面，露出硬质混凝土层以放置临时垫铁。

清除基础表面油污，地脚螺栓孔内杂物和积水清除干净。

2. 鼓风机就位、初平

根据鼓风机（主机）的重量，结合现场实际条件，选用合适的起重吊车吊运鼓风机（主机）。

对照基础中心线，使主机处于中心位置，放下主机，调整临时垫铁，完成初平。

3. 地脚螺栓灌浆

将地脚螺栓孔 24h 充水，保持孔壁湿润，用 CGM 高强无收缩灌浆料灌浆。

彻底除去孔底积水，确认孔内无异物后，向孔内灌浆，边倒边搅动，确保地脚螺栓垂直，灌浆高度比混凝土面低 20～30mm，固化 72h。

4. 无垫铁安装

采用无垫铁安装技术，设备重量完全由二次灌浆层承担，并传给基础。

鼓风机水平度调节：调节底座上顶丝，使鼓风机、电动机中心线与标记线对正，用水平仪检查电动机、传动机构、鼓风机的水平度，将底座螺栓旁垫铜皮进行调节，使其纵向和横向水平度均符合要求。

5. 联轴节（器）找正

联轴节找正前，彻底除去留存在轴承上、轴承座内、轴支承内件的除锈油并重新组装，确认轴承和轴表面无裂痕后，根据标记把联轴节下端向心轴承安装到轴径上，调节水平度直到下端向心式轴承、推力轴承和壳体配合面间隙为 0.2～0.5mm，手动转轴应无异常声响。

以传动机构为基础进行电动机和鼓风机的联轴节找正，测量其径向跳动量和联轴节间距，调整电动机和鼓风机，使这些数值控制在允许值之内。

6. 辅助设备安装

待主机就位后，辅助设备整体吊运就位，安装隔声罩，彻底清理油箱和水箱，进行油洗和水洗。

使用消音－过滤器支架的调节机构调整箱体的高度，确保箱体出风口中心与机器进风口中心在同一轴线上，其允许偏差小于 9mm。

调整消音－过滤器与鼓风机的距离，使箱体出风口端面与机器进风口端面平行，且两者之间留 3～7mm 的间隙，两端面平行度偏差小于 1mm，调节好后再固定消音－过滤器。

伸缩节安装时注意两端管道上的法兰中心应在同一轴线上，允许偏差 2mm；法兰连接时应保持平行，其偏差不大于法兰外径的 1.5‰，且不大于 1mm，不得用强紧螺栓的方法消除倾斜；伸缩节两端管道上的法兰间距等于伸缩节长度加 2 倍垫片厚度，偏差小于 5mm；伸缩节安装完后不应承载、受扭，并应及时苫盖。

7. 调试

（1）检查仪表、电源电压、频率、定子的绝缘、接地、油箱内液面是否符合要求。

（2）压力、温度、压差等继电保护是否调整到位。

（3）检查各连接部件不得松动，且无泄漏现象。

（4）关闭进风格栅，开启旁通阀使排风与大气相连。启动油泵，并调节润滑系统使其正常工作。

（5）启动鼓风机运行 30min，并观察油温、油压、各摩擦部位的温升，如机组无异常声响，振动正常，可再运行 2h。

（6）小负荷运转时间不少于 8h，连续负荷运行不少于 24h，观察各仪表指示灯是否正常。滑动轴承最高温升小于 35℃，最高温度小于 70℃；滚动轴承最高温升小于 40℃，最高温度小于 80℃。

附 2.4.7　空气过滤器安装

过滤器为自动卷帘式，驱动电动机根据过滤空气的压力差自动推进滤带。过滤器有上、下两个介质箱。上方介质箱装有干净的过滤介质，含尘介质在下方介质箱中被压缩。过滤介质在自动推进系统的控制下前进，保持稳定连续的除尘效果。滤带为化纤卷材，厚度约为 9mm。滤带可重复使用。滤带两侧应有保护板。

1. 安装

按照《机械设备安装工程施工及验收通用规范》GB 50231—2009 和《现场设备、工业管道焊接工程施工规范》GB 50236—2011 进行设备安装及检验。

（1）滤材安装要规整，滤材装好后，压料栏的压紧螺栓要调节适度。

（2）箱体四周与墙壁的接触面应垫有橡胶密封垫。

2. 检验与调试

按照《机械设备安装工程施工及验收通用规范》GB 50231—2009 第 7 章的要求进行辅助设备的运行试验。

（1）压差计的水阻力应保持在 0～35mmH₂O。

（2）滤材无破损。

（3）过滤器应运行平稳，无卡滞现象。

（4）自动推进系统的运行应准确可靠。

附 2.4.8　除臭系统安装

按照《机械设备安装工程施工及验收通用规范》GB 50231—2009、《现场设备、工业管道焊接工程施工规范》GB 50236—2011 和《风机、压缩机、泵安装工程施工及验收规范》GB 50275—2010 进行设备安装及检验。

（1）系统设备的安装应在供货商的指导下进行。

（2）安装位置和标高应符合设计要求，平面位置（纵、横轴线）允许偏差小于±20mm。

（3）电气控制装置应考虑防雨措施。

（4）所有管路、阀门均不允许有泄漏。

（5）风机的安装应符合《风机、压缩机、原安装工程施工及验收规范》GB 50275—

2010 第 3.3.1～3.3.12 条的要求。

（6）风机应进行运转试验，测量轴承温升和振动应符合：

1）在轴承表面测得的轴承温度不得高于环境温度 40℃；

2）振动速度有效值不得超过 6.3mm/s。

附 2.4.9 曝气系统安装

曝气器装置到场后，检查是否带有对曝气器及其橡胶膜由权威机构测试的报告及酸洗装置的合格证明。

1. 安装步骤

安装时务必使曝气器列成直线，即曝气器位于同一水平，系统防漏安装前池底必须仔细清理。

一旦安装支架的高度调好后，开始安装分区管、曝气器单元和集水管，按序从分区管到集水管。

最后，安装清洗软管和将曝气器组与落差立管相连。

2. 安装前进行尺寸测量

在固定安装支架前，把多余的材料从池内移出，清理池底以便于测量和确定支架固定点位置。

3. 底部支架的安装

每组曝气器支架的安装位置在钻孔图上表达。为了使曝气器的使用效率达到最大，曝气器组与池壁间的距离，每一面都必须均匀。同一组内的曝气管间距离应一致，其水平位置偏差不超过 9mm。曝气管应水平，高程偏差不超过 3mm。通常池的尺寸不能用来确定固定点的位置，而是由落差立管的位置来确定固定点的位置。如果几组一起安装在同一池内，各组的布局安装要作为一个整体。

一旦曝气器组的位置暂时确定，应用装在池底的膨胀钉的固定孔作为记号。膨胀钉按图示装在一条直线上这很重要，否则，管道将易受侧向力的作用而导致管道在使用过程中发生变形。

在做好的打膨胀钉的标记处钻孔。使用高压空气去除孔内的碎屑，将钉塞入孔内与池底平面相平。用工具敲击它使之固定在相应的位置，另使工具的肩部打击在插杆的顶部。

一旦膨胀钉固定好，把垫片和螺钉扎牢。务必使支架底部的池底清洁和水平。

将安装支架的螺杆直接旋进膨胀套。

在完工的曝气器组内各个曝气头的高度偏差，必须在 ±3mm 以内。各池内曝气器的高度必须尽可能一致。最简单的调节曝气器高度的方法是利用支管架调节。曝气器的高压调节从池底的最高点开始，在此往下拧动支架到其最低处，而后调节其他支架至与它相同的高度。

安装曝气单元从分区管到集水管，每组的集水管不能等到其他的零部件固定后才安装。将曝气单元安装于管架上，用允许热膨胀的连接套连接。务必使所有曝气器的上表面都保持水平。直到集水管装好后，紧固底部安装支架上扣带，安装曝气单元时，必须保证管内是清洁的。安装连接套前，将锁紧环插入套底端的槽内，当安装好连接套后，拧紧锁紧环。当安装分区管与曝气单元相连的连接套时，锁紧环必须对着分区管，其他连接套的锁紧环对着集水管，完全安装好曝气单元时，可调显示线位于单元边缘，表示单元边缘相隔大约 20mm。使用皂质润滑剂润滑连接套的密封圈。

所有的曝气单元连接好后安装集水管。此时，单元依然搁在安装支架上，这样连接套可以提供某些窜动量，长集水管由几根组成，都是由连接套互相连接。

使用扣带以使曝气单元固定安装在支架上，扣带的安装与拆卸有专用工具，请不要重复使用，而是更换它。

最后检查分区管的准直，固定支架的上半部，用上半部支架的螺母拧紧它们。

在曝气系统与落差立管相连前，使用高压空气清除供气管和落差立管内的杂物。为避免杂物进入池底的管系内，关闭与分区管相连的法兰接口。清理好管系后，连接落差立管法兰和分区管法兰，紧固法兰时，务必不能使分区管移动。落差立管必须固定在池壁上或池底作为支撑以保证分区管和它的法兰不易受任何荷载；另外，落差立管的上部顶端必须装有连接套，这样允许热膨胀以避免由于膨胀引起的移位传递到曝气组。

将软管与排污接口器相连。管道的另一端必须装有一个阀门，固定于水平面上，管的开角必须在 40°以上。排水管沿池壁固定时其固定支架间距最大为 80cm，两端头距离不大于 30cm。安装结束后，进行系统的泄漏测试。宜向曝气池中注入清水，并确保液面高出曝气器 1m。

曝气系统安装完毕要进行泄漏试验，以保证不泄漏。试验要用清水并供气。

注水至压盖一半处，曝气器顶部要保持在水面之上，重点检查连接套管、底座和布气管间的结合处、压盖的下边缘、集水管和布气管。

注水至低于曝气器 5cm 处，检查曝气器并调整所有曝气器的上表面都保持水平。

注水至高于曝气器 5cm 处，重点检查支托盘和底座的连接处、压盖及上一步骤检查部位。注水至水面高于下落管法兰盘 9cm 处，检查整个布气管、下落管与布气管的结合部、排水管及其连接。以上各步骤均不允许有气泡浮出。

曝气器在进行泄漏试验和试运行时，每个曝气器的最大允许空气流量为 $4.0\text{m}^3/\text{h}$，供气正常时，整个曝气系统应均匀曝气。所有管路系统、阀门均不允许有任何泄漏。曝气头不允许有堵塞现象。

附 2.5　给水排水、暖通、空调安装工程

附 2.5.1　给水、排水管道施工

1. 管材与附件

给水水源由自来水管网供给，给水管采用衬塑钢管，螺纹连接。生活排水为污废水合流，排水经化粪池处理后排入室外厂区污水管网。厨房排水经隔油池处理后排入化粪池。污水管道采用 PVC-U 管，承插粘结。消火栓系统给水连接在室外厂区消火栓管网，室内采用薄型单栓 SN65，衬胶水龙带 25m，水枪选用 19mm 水枪。每室内设手提式磷酸胺盐干粉灭火器，放置于专业柜内。

2. 施工流程

给水排水构筑物施工流程如附图 2-20 所示。

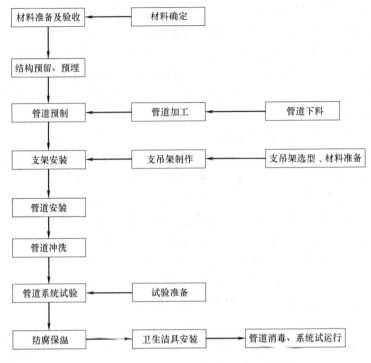

附图 2-20　给水排水构筑物施工流程

3. 配合土建预埋

根据设计要求，小于 300mm 孔洞由本专业负责配合土建预留预埋的要求。为保证预留预埋施工质量，现场派专人组成预留预埋小组，负责工程预留预埋工作。

大管径穿墙及楼板孔洞由土建专业预留，本专业技术人员负责配合结构在现场认真校对。

管道穿地下层外墙均采用刚性防水套管，套管必须一次浇固于墙内，管道立管穿楼板采用木框或圆形钢模。

4. 施工原则

在与土建专业搭接施工中，按"先地下后地上，先土建后暖卫安装，先隐蔽部分后明露部分"等施工程序，组织穿插性的现场安装流水施工。

在现场施工中，遵循"先设备后管道安装，先安装后试验（试运转），先支架后管道，先主干管后支管，先试验后防腐保温"等施工顺序，组织与土建施工的穿插性小流水施工。

在明确施工流向时应考虑到同时保证平面和立面的施工质量，进行安全施工，要与建筑主导工种的施工顺序相适应，并且注意施工最后阶段的收尾调试工作。

5. 主要施工方法

（1）本工程套管数量比较多，管径也不相同，其中主要的是钢套管，在加工时，我们根据国标图集，查出与要求的管径相应的套管直径和翼环的宽度，翼环和套管焊接的焊脚高度，根据土建图查出套管的长度，然后进行套管加工。由于套管管径较大，长度较小，在焊接过程中比较容易发生热变形，我们在套管内临时焊接一个十字支撑，防止变形。套管加工完成后，清除套管外层的泥巴或铁锈后，内层用防腐涂料涂洒一遍，放在阴凉处风干后即可作为预埋用了。

　　在土建单位绑扎钢筋时，我们就可以对套管进行定位了。根据图纸尺寸先用皮尺定出套管的横向位置，再用水准仪定出套管的纵向位置（标高），位置确定后用汽车吊对套管进行吊装就位，土建单位对套管边进行加钢固定。钢筋绑扎完成后，套管固定不动，进行混凝土浇筑。

　　在进行管道支架选择时，根据管路敷设空间的结构情况、管内流通的介质种类、管道重量、热位移补偿、设备接口不受力、管道减振、保温空间及垫木厚度等因素选择固定支架、滑动支架或吊架。

　　（2）生活给水管道

　　钢管切割：钢管采用砂轮切割机和螺纹套丝切割机进行切割。管子切口质量应符合下列要求：切口平整，不得有裂纹、重皮。毛刺、凹凸、缩口、熔渣、铁屑等应予以清除。

　　管螺纹加工采用机械套丝切割机，其要求和注意事项如下：

　　1）根据管子的直径选择相应的板牙和板牙头，并按板牙上的序号，依次装入对应的板牙头。

　　2）加工较长的管子时，用辅助料架作支撑，高度可适当调整。在套丝过程中保证套丝机油路畅通，随时注入润滑油。为保证套丝质量，螺纹应端正，光滑完整，无毛刺，乱丝、断丝、缺丝长度不得超过螺纹总长度的9％。

　　3）使用电动切割螺纹机时，应用水溶性切削液进行冷却，用标准螺纹规进行检验，用刮削器或铰刀斜切内衬层管端，去除切割产生的毛刺，斜切量为塑管厚度的1/2。

　　4）钢管螺纹填料选用聚四氟乙烯生料带与铅油麻丝配合使用，用管钳拧紧螺纹。

　　螺纹连接注意事项：

　　1）螺纹连接时，在管端螺纹外面敷上填料，用手拧入2～3扣，再用管子钳一次装紧，不得倒回，装紧后应留有螺尾。

　　2）管道连接后，将挤到螺纹外面的填料清除掉，填料不得挤入管腔，以免阻塞管路。

　　3）各种填料在螺纹里只能使用一次，若螺纹拆卸，重新装紧时，应更换填料。

　　4）用管钳将管子拧紧后，管子外表破损和外露的螺纹，要进行修补防锈处理。

　　管材和管件的连接采用承插式胶粘剂粘结，胶粘剂必须标有生产厂名称、生产日期和使用期限，并必须有出厂合格证和使用说明书，管材、管件和胶粘剂应由同一生产厂家供应。

　　管材和管件在运输、装卸和搬运时应小心轻放，不得抛、摔、滚、拖，也不得烈日暴晒，应分规格装箱运输。管材和管件储存在温度不超过40℃的库房内，库房应有良好的通风条件，管材应分规格水平堆放在平整的地面上。

　　伸缩节的设置：立管及非埋地管都应设置伸缩节。当层高 $H \leqslant 4m$ 时，立管上每层应设置一个伸缩节，当层高 $H > 4m$ 时应根据计算确定；悬吊横干管上伸缩节的设置数量应结合支撑情况确定。悬吊横支管上伸缩节之间的最大间距不宜超过4m，超过4m时应根据管道设计伸缩量和伸缩节最大允许伸缩量计算确定。管道设计伸缩量不应大于附表2-21中伸缩节最大允许伸缩量。为了使立管连接支管处位移最小，伸缩节应尽量设在靠近水流汇合管件处。为了控制管道的膨胀方向，两个伸缩节之间必须设置一个固定支撑。

伸缩节最大允许伸缩量 附表 2-21

管径(mm)	40	90	100	125	160
最大允许伸缩量(mm)	15	20	20	20	25

管道支承种类：管道支承分滑动支承和固定支承两种，悬吊在楼板下的横支管上，若连接有穿越楼板的卫生器具排水竖向支管时，可视为一个滑动支承；明装立管穿越楼板应有严格的防漏水措施，采用细石混凝土补洞，分层填实后可以形成固定支承。

管道支承间距：立管管径为 50mm 时，不得大于 1.2m；管径大于或等于 75mm 时，不得大于 2m，横管直线管段支承件间距见附表 2-22。

横管直线管段支承件的间距 附表 2-22

管径(mm)	40	90	100	125	160
间距(mm)	15	20	20	20	25

立管滑动支承与固定支承的设置：固定支承每层设置一个，以控制立管膨胀方向，分层支承管道的自重。当层高 $H<4$m 时，层间设滑动支承一个；当层高 $H>4$m 时，层间设滑动支承两个。

立管底部宜设支墩或采用牢固的固定措施。

管道支承件的内壁应光洁，滑动支承件与管道之间应留有微隙，若内壁不够光洁，则应衬垫一层柔性材料；固定支承件的内壁和管身外壁之间应夹一层橡胶软垫，安装时应将扁钢制成的 U 型卡用螺栓拧紧固定。

（3）PE 管道的安装

管材和管件的内、外壁应光滑平整，无气泡、裂口、裂纹、砂孔、脱皮、毛刺和明显的裂纹；管壁颜色一致，无色泽不均、严重缩形和分解变色线；管材和管件不应含有可见杂质；管材的端面应切割平整，并垂直于管材中心线；管件应完整、无缺陷、无变形；合模缝浇口应平整、无开裂，管材宜采用白色或灰色。

室内明敷的管道，宜在墙面粉刷层（或饰面层）完成后进行安装，安装前应配合土建正确预留孔洞或预埋套管。

室内暗敷的管道，应在内墙面、楼（地）面饰面施工前进行安装，安装暂停时，敞开的管口应临时封堵。

管道安装时，不得有轴向扭曲，穿墙或穿楼板时，不宜强制校正。管道与其他金属管道平行敷设时，管道之间应有不小于 100mm 的静保护距离，且聚丙烯管道宜在金属管道内侧；管道不得敷设在热水管或蒸汽管的上方，且平面位置应错开；与其他管道交叉时，应采取相应的保护措施。

管道敷设在地坪面层下时，应按设计图纸的要求准确定位，如现场施工时有变更，应做好图示记录。

（4）UPV-C 排水管道安装

根据加工草图量好管道尺寸，进行断管。断口要平齐，用铣刀或刮刀除掉断口内外飞刺，外棱铣出 15°。粘结前应对承插口先插入试验，不得全部插入，一般为承口的 3/4 深度。试插合格后，用棉布将承插口需粘结部位的水分、灰尘擦拭干净。如有油污用丙酮除掉。用毛刷涂抹粘结剂，先涂抹承口，再涂抹插口，随即用力垂直插入，插入粘结时将插口稍作转动，粘结剂分布均匀。粘牢后立即将溢出的粘结剂擦拭干净。多口粘结时应注意预留口方向。

温度较低时，粘结的凝固时间为2~3min。粘结场所应通风良好，远离明火。

排水塑料管道支吊架最大间距见附表2-23。

排水塑料管道支吊架最大间距 附表2-23

管径(mm)	50	75	100	125
横管(m)	1.2	1.5	2.0	2.0

排水管道上的吊钩应固定在承重结构上。水平管道支、吊架类型及安装间距见附表2-24。

水平管道支、吊架类型及安装间距 附表2-24

支、吊架类型	管道材质	支、吊架间距	
圆钢吊架	硬聚氯乙烯管	$DN \leqslant 15mm$,吊架间距$<1.0m$	$DN \geqslant 90mm$,吊架间距$<2.0m$

(5) 消火栓镀锌钢管安装

本工程消火栓管道采用热镀锌钢管，卡箍连接。卡箍连接是一种快捷高效的管道安装方式。安装前使用专用的压槽机，在管道的一端滚压出一圈2.5mm深的沟槽，沟槽的宽度是个定值，不需考虑。将管道的两端对接后，在管道外边套上一个专用的橡胶圈，两边的搭接要相等。将两半卡箍扣住橡胶圈，卡箍的凸缘正好卡进管端压出的沟槽里，拧紧卡箍两侧的螺栓即可。

管道的端面一定要与管身成90°，无毛刺，管端50mm范围内光滑整洁。

操作人员一定要掌握压槽机的使用方法。

为使密封圈易于安装，可以先在管道的外面涂一薄层洗涤灵液，作为润滑剂。

管道的安装顺序：管道压槽→管架安装→管道吊装→接头涂润滑剂→安装密封圈→卡箍安装。

因为卡箍连接具有一定的柔性，所以每隔15m要安装一个固定支架。

具体操作工艺及工序要求如下：

1) 检查管端：管道至开槽的外部必须无刻痕、凸起或滚轮印记，保证衬垫的严密性，然后装好衬垫。

2) 润滑：使用一薄层润滑剂或硅润滑剂涂于衬垫凸缘和衬垫的外侧。

3) 连接外端和应用外壳：把管端集合在一起，在槽之间对准衬垫中心，衬垫部分不应延伸到任何一个槽中，然后，用一个螺母和一个拆下的螺栓，在衬垫上变动外壳，并进入两管的槽口中。

4) 插入螺栓：插入剩下的螺栓，使螺母容易上紧，保证螺母栓头进入外壳的凹凸中。

5) 上紧螺栓：轮流地上紧螺母，并在角螺栓与垫片之间保持均匀的金属接触，安全地上紧，保证一个刚性的结合。

(6) 消火栓安装

在消火栓安装前，做水压试验和密封性试验。

消火栓安装时，其栓口与墙面保持垂直，距地面1.1m，允许偏差20mm。消火栓阀中心距箱侧面 140mm，距箱后内表面 90mm，允许偏差 5mm。

栓体与阀门安装后，将相应的水枪、水龙带、卷盘等配件装在指定的位置上。

（7）阀门的安装

阀门安装前必须进行强度和严密性试验，试验应在每批（同一牌号、同一型号、同一规格）数量中抽查 9%，且不少于一个。对于安装在主干管上起切断作用的闭路阀门应逐个做强度及严密性试验。

阀门的强度试验应符合设计及技术规范的要求，如无具体要求时，阀门的强度试验压力应为公称压力的 1.5 倍，严密性试验压力应为公称压力的 1.1 倍；试验压力在试验持续时间内应保持不变，且壳体填料及阀瓣密封面无渗漏。阀门安装应进出口方向正确、连接牢固、紧密、启闭灵活、有效，安装朝向合理，便于操作维修，表面洁净。

（8）卫生洁具安装要求

在选好卫生设备及给水、排水附件的型号，明确安装尺寸后，正确预留卫生间的给水、排水管口位置，便于卫生设备安装时镶接管道。

卫生设备安装前，对瓷质器具、铜质附件进行检查，不得有结疤、裂纹、砂眼等现象，外观光滑，各个连接口与管道部件的直径吻合，承插接口处插入长度合适。

地漏安装配合地面饰面施工同时进行，其余卫生设备在墙、地面饰面施工完成后进行安装。

卫生设备的搬运应轻拿轻放，防止碰坏。堆放平稳整齐，地面洁净无积水。铜质附件应保存于干燥洁净的库房。

瓷质卫生器具安装时，应防止损伤瓷面。用金属螺栓、木螺钉紧固于瓷面时，应有软垫片（铅板垫片、硬胶垫圈或石棉垫圈）。拧紧时不得用力过猛。

（9）管道水压试验

给水管道、消防管道均做水压试验，试验压力按设计系统试压要求；严密性试验为工作压力状态下的充水试验。试压前做详细的试压方案，经甲方及监理审核认可后实施。

水压试验的操作程序：首先进行管口封闭，然后接通试压泵，在系统最高处设置放气阀，在最不利点处设置压力表，开动试压泵向系统内充水，打开系统最高点放空阀，直至出水时关闭，用试压泵加压，当压力升至试验压力时停止加压进行检查，9min 压力降不超过 0.02MPa，降至工作压力后进行外观检查不渗不漏为合格。

（10）消毒冲洗

给水管道冲洗后，在投入运行前，应用含 20～30mg/L 游离氯的水进行消毒，含氯水在管中灌满留置 24h 以上，消毒完毕后用饮用水冲洗置换，符合生活饮用水标准要求后方可投入使用。

管道冲洗：生活给水管道在安装完成后须进行水冲洗。冲洗采用饮用水，以管内可能达到的最大流量或不小于 1.5m/s 流速进行，以进出口水的色度、洁净度目测一致为合格，冲洗后应将水排尽。

（11）通水与通球试验

埋地排水管、雨水管在隐蔽前做灌水试验：满水试验 15min 后，再灌满持续 5min，液面不降为合格。雨水管灌水高度为到每根立管上部的雨水斗。排水管安装完毕后应做通水、通球试验。通水试验时，排水系统按给水系统的 1/3 配水点同时开放，检查各排水点是否畅通，接口处有无渗漏。

排水主立管及水平干管均应做通球试验，通球球径不小于排水管道管径的 2/3，通球率必须达到 90%。通球试验按自上而下的顺序进行，以不堵为合格。胶球从排水立管顶端投入，注入一定水量于管内，使球能顺利流出为合格。通球过程如遇堵塞，应查明位置进行疏通，直到通球无阻为止。

附 2.5.2　暖通、空调安装

1. 暖通系统安装

（1）采暖供水由一期厂区提供，供回水温度为 50℃/45℃，散热器采用内腔无砂板型铸铁四柱 760。空调系统冷源由厂区水源热泵提供，供回水温度为 7℃/12℃，空调采用盘管加新风系统，吊顶内安装风机盘管，设前后风箱，送风采用散流器，回风采用普通百叶风口。施工流程如附图 2-21 所示。

（2）风管及配件制作安装

1）施工准备

施工前技术人员必须认真熟悉图纸和有关资料，对工艺流程、压力、温度等技术参数和使用的材料及附件的材质、型号、规格了解清楚，做到心中有数。

施工人员必须全面熟悉施工程序、施工方法、质量标准、操作规程和安全技术要求，并在施工中严格执行。

所有材料附件必须符合设计和国家现行产品标准，并应具有出厂合格证及材料质量保证等有关资料证明。

2）风管安装

风管与设备间的连接及风管穿过防火分区时，须设防火软管以满足系统的承压要求。

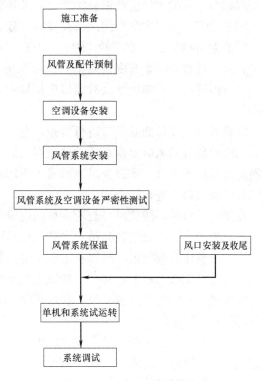

附图 2-21　暖通系统安装流程

风管安装前必须将风管内部擦拭干净，施工中必须保证风管内部清洁，严防施工垃圾落入风管。

柔性软管长度宜为 150～300mm，安装时必须松紧适度，不漏风。

可伸缩性金属或非金属软风管的长度不宜超过 2m，并不得有死弯或塌凹。

阀部件必须在安装前进行功能检查，活动部件灵活有效。安装后采取保护措施，保证其外部美观，阀门开启灵活、关闭严密。

空调器与风机盘管等设备安装前须验收，如有明显外部变形的不允许安装使用。

3）风管支、吊架安装

全部采用镀锌钢材，并由标准化工厂制作。吊架的固定一般采用膨胀螺栓，吊杆采用全螺纹镀锌圆钢，托底采用镀锌"C"型型材。安装时，对于非保温风管，其槽面朝风管面；对于保温风管，其打孔面朝风管面。托底与吊杆连接处必须放置专用垫片。

支、吊架间距：风管大边尺寸＜400mm，支、吊架间距为≥400mm，且不大于 3m；大边尺寸≤1250mm 且≥400mm，间距为 2.6m；大边尺寸＞1250mm，间距为 2.3m。

悬吊的风管与部件应设置防止摆动的固定点。

为避免噪声和振动沿着管道向围护结构传递，各种传动设备的进出口管均应设柔性连接管，风管的支、吊架及风道穿过围护结构处，均应有弹性材料垫层，在风管穿过围护结构处，其孔洞四周的缝隙应用纤维填充密实。

为便于现场对设备减振基础进行平衡调整，减振器应带有可调整的校平螺栓。

4）风口安装

风口与风管的连接应严密、牢固，与装饰面紧贴，风口表面应平整，不变形。

同一厅室、房间内的相同风口高度应一致，排列应整齐。

明装无吊顶风口，水平度偏差不大于 10mm；风口水平安装水平度偏差不大于 3/1000；风口垂直安装垂直度偏差不大于 2/1000。

风口到货后，对照图纸核对风口规格尺寸，按系统分开堆放，做好标识，以免安装时弄错。

安装风口前要仔细对风口进行检查，看风口有无损坏、表面有无划痕等缺陷。凡是有调节、旋转部分的风口要检查活动件是否灵活，叶片是否平直，与边框有无摩擦。对有过滤网的可开启式风口，要检查过滤网有无损坏，开启百叶是否能开关自如。风口安装后应对风口活动件再次进行检查。

在安装风口时，注意风口与所在房间内线条一致。尤其当风管暗装时，风口要服从房间线条。吸顶安装的散流器与吊顶平齐。风口安装要确保牢固可靠。

为增强整体装饰效果，风口及散流器的安装采用内固定法：从风口侧面用自攻螺钉将其固定在龙骨架或木框上，必要时加设角钢支框。

成排风口安装时要用水平尺、卷尺等保证其水平度及位置，并用拉线法保证同一排风口/散流器的直线度。

外墙百叶风口安装时，必须设置防虫网。防止飞虫通过风管进入室内，同时防止飞鸟通过风管进入风机，造成风机叶片的损伤。

（3）风管严密性检验

风管安装完毕后应根据《通风与空调工程施工质量验收规范》GB 50243—2002 中第 6.2.8 条划分的管内工作压力等级进行漏光或漏风检测，具体按 GB 50243—2002 中的附录 A 执行，漏风量检测应符合 GB 50243—2002 中第 4.2.5 条的相应规定。

2. 空调管道系统安装

空调管道系统安装流程如附图 2-22 所示。

（1）空调供回水系统管道安装

安装顺序：一般先总管、后支立管或平面支管，然后再与空调设备连接；机房管道安装，先支架后管道；无缝钢管安装前必须先做好除锈、油漆防腐工作。

管道气割修口和开制三通时应避免铁屑、铁块等异物进入管内。暂停施工时，应将管道开口处、朝天敞口处及时封堵住，切实做好管道防堵工作。

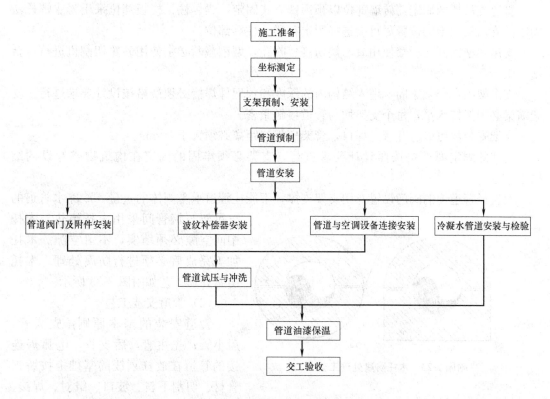

附图 2-22　空调管道系统安装流程

管道连接时，不得强力对口，尤其与传动设备连接部分当松开螺栓时，对口部分应处于正确的位置。

管道上的对接焊口或法兰接口必须避免与支、吊架重合。水平管段上的阀件，手轮应朝上安装，只有在特殊情况下，不能朝上安装时，方可朝下或朝侧面安装。管道上的仪表取源部件的开孔和焊接应在管道安装前进行。

焊缝表面的焊渣必须清理干净，进行外观质量检查，看是否有气孔、裂纹、夹杂等焊接缺陷。如存在缺陷必须及时进行返修，并做好返修记录。

管道穿越楼板与隔墙时应设置套管，有防水要求，应设置钢性防水套管，应比管道口径大两档。并应保证套管内保温层的厚度以利保温。管道焊缝与阀门仪表等附件的设置不得紧贴墙壁、楼板和支架。

空调水系统总管应设置承重支架，以增强管道安装时支架的钢度与强度，避免在管道系统运行时由于重力和热膨胀力产生的管道变形，确保管道的安装质量符合验收标准。

应按设计要求合理设置放气和排水装置。管道支、吊架的最大间距控制见附表 2-25。

管道支、吊架的最大间距 附表 2-25

公称直径(mm)	<25	32~50	65~90	125~150	200~250	>250
支、吊架的最大间距(m)	2.5	3.0	4.5	5.5	6.0	6.0

管道支吊架制作前，确定管架标高、位置及支吊架形式，同时与其他专业对图，在条件允许的情况下，尽可能地采用共用支架。

管道支吊架的固定：砖墙部位以预埋铁方式固定，梁、柱、楼板部位采用膨胀螺栓法固定。支吊架固定的位置尽可能选择固定在梁、柱等部位。

支吊架型钢开孔严禁使用氧乙炔切割、吹孔，型钢截断必须使用砂轮切割机进行，台钻钻眼。

支吊架固定必须牢固，埋入结构内的深度和预埋件焊接必须严格按设计要求进行。支架横梁必须保持水平，每个支架均与管道接触紧密。

支架安装尽可能避开管道焊口，管架离焊口距离必须大于 50mm。

支架的固定要严格按照设计要求进行，支架必须牢固的固定在构筑物或专设的结构上。

大直径管道上的阀门设置专用支架支撑，不能让管道承受阀体的重量。冷冻水管道的支吊架与钢管间采用木托绝热，木托中间空隙必须填实，不留空隙。木托加工完成后必须进行防腐处理。木托防腐处理工艺如附图 2-23 所示。

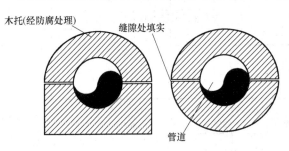

附图 2-23　木托防腐处理工艺

（2）管道安装工艺

管道安装的基本原则：先大管，后小管；先主管，后支管；电弧焊连接的管道在放样划线的基础上按矫正管材、切割下料、坡口、组对、焊接、清理焊渣等工序进行施工；螺纹连接的管道按矫正管材、切割下料、套丝、连接、清理填料等工序进行施工。

管道焊接施工工序（附图 2-24）：

1）坡口加工及清理：无缝钢管和螺旋焊管的切割坡口一般采用氧乙炔焰气割，气割完成后，用锉刀清除干净管口氧化铁，用磨光机将影响焊接质量的凹凸不平处削磨平整。小直径管道尽量采用砂轮切割机和手提式电动切管机进行切割，然后用磨光机进行管口坡口。管道坡口采用 V 型坡口，坡口用机械加工或砂轮机打磨，做到光滑、平整。将坡口两侧

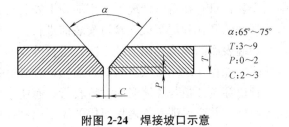

附图 2-24　焊接坡口示意

α：65°～75°
T：3～9
P：0～2
C：2～3

20mm 范围内油污、铁锈和水分去除，且保证露出金属光泽，保证坡口表面不得有裂纹、夹层等缺陷，并清除坡口内外侧污物。

2）焊前管口组对：管口组对采用专用的组对工具，以确保管子的平直度和对口平齐度。管道对接焊口的组对必须做到内壁齐平，管子组对点固，应由焊接同一管子的焊工进行，点固用的焊条或焊丝应与正式焊接所用的相同，点焊长度为 10～15mm，高度为 2～4mm，且应超过管壁厚的 2/3；管道焊缝表面不得有裂缝、气孔、夹渣等缺陷；管子、管件组对点固时，应保持焊接区域不受恶劣环境条件（风、雨）的影响。

焊接施工必须严格按焊接作业指导书的规定进行；焊接设备使用前必须进行安全性能与使用性能试验，不合格设备严禁进入施工现场；焊接过程中做好自检与互检工作，做好

焊接质量的过程控制。

管道焊接采用手工电弧焊。焊接中注意引弧和收弧质量，收弧处确保弧坑填满，防止弧坑火口裂纹，多层焊做到层间接头错开。每条焊缝尽可能做到一次焊完，因故被迫中断时，及时采取防裂措施，确认无裂纹后方可继续施焊。

管道连接时，不得强力对口，尤其与设备连接部分当松开螺栓时，对口部分应处于正确的位置。

管道上的对接焊口或法兰接口必须避免与支、吊架重合。水平管段上的阀件，手轮应朝上安装，只有在特殊情况下，不能朝上安装时，方可朝下或朝侧面安装。

焊缝表面的焊渣必须清理干净，进行外观质量检查，看是否有气孔、裂纹、夹杂等焊接缺陷。如存在缺陷必须及时进行返修，并做好返修记录。

焊缝及时作防腐处理。

镀锌钢管 $DN \leqslant 25mm$ 均采用机械套丝，管子套丝后螺纹应规整，如有短线或缺丝，不得大于螺纹全扣数的 9%。

管道采用螺纹连接时，在管子的外端与管件或阀件的内螺纹之间加适当填料，填料一般采用油麻丝和白厚漆或生料带；安装螺纹零件时，应按旋紧方向一次装好，不得倒回。安装后，露出 2～3 牙螺纹，并清除剩余填料。

管道连接后，把挤到螺纹外面的填料清理干净，填料不得挤入管腔，以免阻塞管路，同时对裸露螺纹部分进行防腐处理。

(3) 阀门及法兰安装

螺纹或法兰连接的阀门，必须在关闭情况下进行安装，同时根据介质流向确定阀门安装方向。水平管段上的阀门，手轮应朝上安装，特殊情况下，也可水平安装。

阀门与法兰一起安装时，如属水平管道，其螺栓孔应分布在垂直中心的左右；如属垂直管道，其螺栓孔应分布于最方便操作的地方。

阀门与法兰组对时，严禁用槌或其他工具敲击其密封面或阀件，焊接时应防止引弧损坏法兰密封面。

阀门的操作机构和传动装置应动作灵活，指示准确，无卡滞现象。

阀门的安装高度和位置应便于检修，高度一般为 1.2m，当阀门中心与地面距离达 1.8m 时，宜集中布置。管道上阀门手轮的净间距不应小于 90mm。

调节阀应垂直安装在水平管道上，两侧设置隔断阀，并设旁通管。在管道压力试验前宜先设置相同长度的临时短管，压力试验合格后正式安装。

阀门安装完毕后，应妥善保护，不得任意开闭阀门，如交叉作业时，应加防护罩。

法兰连接应保持同轴性，其螺栓孔中心偏差不得超过孔径的 5%，并保证螺栓自由牵引。

法兰连接应使用同一规格的螺栓，安装方向一致，螺栓应对称，用力均匀，松紧适度。

(4) 波纹补偿器安装

对采购进场的补偿器均应进行全面的核对检验。补偿器的型号、压力等级和波纹补偿能力等技术参数均应满足设计要求。

无论是钢管焊接还是法兰连接形式的补偿器，通常采用后安装的方法，待管道安装好，导向支架与固定支架安装定位后，再安装补偿器，以确保补偿器的同心度不受影响。

波纹补偿器上的临时固定装置，在管道试压结束后才能拆除或调整（约束固定装置必须按照厂商提供产品的要求，拆除或调整）。

（5）管道与机组、设备连接安装

管道与空调、泵类设备连接时，应采取隔振措施。一般采用橡胶软接头或波纹软管接头，法兰连接或丝扣连接。管道与软接头、设备之间的连接，应在不受应力作用的影响下安装定位，严禁强行对口，确保隔振软接头安装达到施工验收规范的要求。

与空调、泵类设备连接时，必须对设备采取可靠的保护措施，在设备与管道连接前，应在连接法兰间加设由石棉纸板做成的瞎眼状封堵。防止在施工中，焊渣、小铁块、垃圾等异物进入设备，造成隐患，损坏设备。

与设备隔振软接头连接的管道均应由支吊架固定。确保管道与设备连接的施工质量达到设计与验收规范的要求。

（6）凝结水管道安装与检验

冷凝水管道采用镀锌钢管，丝扣连接。安装时，管道坡度、坡向、支架的间距和位置应符合设计要求。有条件时应尽量加大空调器滴水盘与冷凝水管的高差，减少管道变向转弯敷设，确保冷凝水管道畅通。

管道安装结束后，应做好管道通水试验。在试验前要清除空调器滴水盘内的垃圾异物，在通水试验时必须逐只检查空调器的滴水盘，不得有倒坡现象，灌水量宜为滴水盘高度的 2/3，一次排放，畅通为合格。

加强吊顶内与管道井内的管道检验，管道及支吊架安装良好，冷凝水管无被碰移位现象，管道与空调器滴水盘的连接软管无弯曲折瘪、脱落现象，管道保温完好。安装质量完全符合设计与施工验收规范的要求。

（7）管道试压与冲洗

试压前，管道施工技术人员必须熟悉设计要求、工艺流程、压力和输送介质、温度等技术参数。根据空调水管道的施工顺序、进度和施工方法来选定管道试压顺序和循环清洗方法，编制出相应完善的施工方案，来指导施工全过程。

管道试压应按施工进程分区、分段进行，待系统施工完毕后最后进行系统试压工作。试压前，被试压管道已施工完毕，管道、支吊架、阀门等附件安装经系统完整性检查都已符合规范验收要求。试压试验与循环清洗工作，应严格按照设计要求和施工验收规范进行。

当系统循环运行清洗合格后，及时将系统进满水，放尽各管路系统及空调器内的空气，正常运转 2h 无异常情况，即可投入系统负荷调试工作。

（8）管道油漆保温

为了减少散热损失，避免由于冷凝造成的滴漏，满足工艺要求，空调供回水管道、冷凝水管道与设备均应保温。保温材料的强度、密度、导热系数、耐热性能、吸水率及品种、规格均应符合设计要求。并且应根据制造商提供的产品合格证书或分析检验报告，对进场的产品进行检验，检查合格后方可使用。

管道保温工作，应在管道试压验收合格后进行。如果要求先做保温，应将管道的连接口、焊缝处留出，待管道试压工作完成后，再完成连接口、焊缝处的保温工作。

阀门及法兰的保温采用管材保温,所有接缝处必须用自熄布包裹严密。管道三通保温同阀门保温。

3. 设备安装

(1) 水源热泵机组安装

水源热泵机组安装流程如附图 2-25 所示。

水源热泵机组安装前,应进行开箱检查,核对设备名称、型号、数量是否符合施工图纸的要求,检查外表有无损伤、锈蚀,随机附件、资料是否齐全,并做好开箱记录。并形成验收文字记录。参加人员为甲方、监理、施工单位和厂商单位的代表。

基础检查验收:根据土建提供的有关设备基础的资料,检查基础的纵、横向中心基准线、标高及基准点是否符合设计要求。同时按照相关规范中的有关规定进行基础外观检查,检查基础外形有无裂缝、空洞、露筋和掉角等现象,对达不到要求的地方,通知土建专业进行处理。验收过程要填写"设备基础验收记录",并经有关人员会签。基础验收完成后,对基础表面及预留孔内杂物进行清除,灌浆处的基础表面应凿成麻面,以保证灌浆质量。

设备就位前,应按施工图纸和有关建筑物的轴线或边缘线和标高线,划定安装的基准线。设备就位、找正调平:按照规范要求对设备找正调平。有减振要求的应安装减振装置,减振器必须认真找平与校正,以保证基座四周的静态下沉度基本一致。橡胶隔振垫应保持清洁、硬度一致。吊装运输就位后,做好设备的保护工作。

水源热泵机组的纵、横向安装水平偏差均不应大于 $1/900$,并应在底座或与底座平行的加工面上测量。

(2) 风机安装

设土建固定基础时,应先校正基础的标高和水平度,各组隔振器承受荷载的压缩量必须均匀,不得偏心。隔振器安装完毕后,在其使用前采取防止位移及过载等保护措施。各部分的尺寸应符合设计要求。

风机进出口管上应设 150～250mm 长的软接头,与风管间应采用法兰连接。

风机悬挂安装时,使用的隔振支吊架必须安装牢固。隔振支吊架的结构形式和外形尺寸应符合设计或设备技术文件的规定。隔振支吊架的焊接必须按《钢结构工程施工质量验收规范》GB 50205—2001 中的有关规定进行。焊接后必须校正。根据建设方要求,吊式风机安装无预埋吊件时,采用固定装置,确保设备安装安全、可靠,运行正常。

吊装式空调机组视设备的具体情况分别考虑吊架的形式。对重量较小的机组采用 A 型

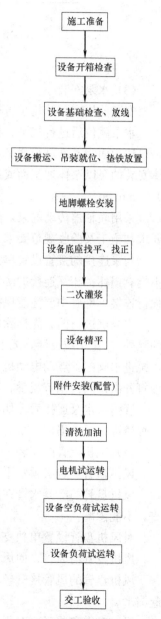

附图 2-25 水源热泵机组
安装流程

吊架，重量较大的机组采用 B 型吊架，如附图 2-26 所示。

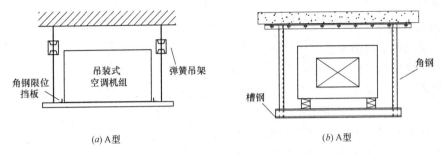

附图 2-26　空调机组吊装示意

（3）水泵安装

安装前检查泵叶轮是否有阻滞、卡涩现象，声音是否正常。

水泵就位后进行找平、找正。通过调整垫铁，使之符合下列要求：整体安装的泵以进出口法兰面为基准进行找平，水平度允许偏差纵向为 0.05mm/m，横向为 0.9mm/m；解体安装的泵以泵体加工面或进出口法兰面为基准进行找平，纵、横向的水平度允许偏差为 0.05mm/m。

采用联轴器传动的泵，两轴的对中偏差及两半联轴器两端面间隙要符合泵的技术文件要求和施工及验收规范要求。

与泵连接的接管设置单独的支架。接管与水泵连接前，管路必须清洁；密封面和螺纹不能有损坏；相互连接的法兰端面或螺纹轴心必须平行、对中，不得用法兰螺栓或管接头强行连接。配管中要注意保护密封面，以保证连接处的气密性。

水泵试进行前，先拆除联轴器的螺栓，使电动机与机械分离（不可拆除的或不需拆除的除外），盘车应灵活，无卡阻现象。检查完毕后，再重新连接联轴器并进行校对。打开水泵进水阀门，点动电动机。叶轮正常后再正式启动电动机，待水泵出口压力稳定后，缓慢打开出口阀门调节流量。水泵在额定负荷下运行 4h 后，无异常现象为合格。

管路与水泵连接后，如在管路上进行焊接和气割，必须拆下管路或采取必要措施，防止焊渣进入泵内损坏水泵。

（4）风机盘管的安装

风机盘管安装必须水平，以防冷凝水外溢。

风机盘管的冷凝水管在安装时注意不得压扁、折弯，保证冷凝水排出通畅；接管要平直，不能渗漏。

对风机盘管设置单独支吊架进行固定，并便于拆卸和维修。

风机盘管与风管、回风箱及风口的连接处必须严密。

风机盘管的风管接管较长时，设置固定支架，以防止风机盘管晃动和拉裂盘管接管引起漏水。

风机盘管安装后要对集水盘进行清理，清理完后用塑料薄膜封闭，以防止杂物（如风机盘管的保温棉）掉入集水盘使其发生堵塞。

风机盘管下方禁止安装电线管、水管等管线，以免妨碍风机盘管的维护与检修。

盘管若采用吊式安装，则应采用不小于 φ8mm 的圆钢作吊杆，吊杆下端自攻螺丝长度不小于 90mm，以便于调整吊装高度，吊杆的固定点应采用 M8 的金属膨胀螺栓。

风机盘管安装应注意凝结水畅通程度，安装后应逐个进行灌水检验，每台风机盘管灌水 2L 后，能排水畅通，无外泄。

（5）设备的单机试运转

按出厂技术文件和规范要求进行试运转工作，设备试运转前，对设备及其附属装置进行全面检查，符合要求后方可进行试运转。

相关的电气、管道或其他专业的安装工程已结束，电气假动作已完成，试运转准备工作就绪，现场已清理完毕，人员组织已落实。

试运转前必须检查电动机转向、润滑部位的油脂等情况，直至符合要求。有关保护装置应安全可靠，工作正常。

试运转时，附属系统运转正常，压力、流量、温度等均符合设备随机技术文件的规定。

严格按顺序进行试运转，即先无负荷试运转，后负荷试运转；先从部件开始，由部件至组件，由组件到单台设备试运转，然后进行联动试运转。泵必须带负荷试运转。运转中不应有不正常的声音，密封部位不得有泄漏；各固件不得有松动；轴承温升符合设备随机技术文件的规定。

4. 空调水系统调试

管道的冲洗：空调水管采用自来水进行管道冲洗。冲洗前，根据现场情况，编制试压、冲洗作业指导书，明确水源、排放点等关键环节。

供回水系统调试：在整个空调系统调试前，先进行各单机设备的试运转验收。循环水泵等设备运行前应进行完整性检查、加油、清洗，确保设备能投入正常运行，对循环泵应事先做好单机试运行。

系统空载循环运转：系统进水时先把各层面的分支管阀门全部关闭，当总水管进水时打开全部放空阀，尽可能把空气放尽，总水管灌满后再依次把各楼层供水阀门打开，水全部灌满后将系统内空气放净，再打开回水阀门，经检验合格后开启水泵进行系统空载循环试运转。

按季节进行带冷源的正常联合试运转，时间不应少于 8h，然后配合电气与通风专业进行各室内空气温度、相对温度的测定和调整，并检查各管线的振动情况，调整防振支架直至最佳状态。

冷凝水管灌水试验：空调系统冷凝水管安装完成后必须先进行灌水试验。灌水试验前先根据各系统的实际情况确定管路的注水点，一般设置在系统高处，系统灌水前，先将管路排放点的管口进行封堵，再往系统内缓慢注水，同时派人沿管路进行巡视，看是否出现渗漏或较低处的风机盘管是否冒水。系统满水 15min 后，再灌满延续 5min，以液面不下降为合格。

5. 空调通风系统调试

系统调试是对工程质量进行体验的过程，也是使系统功能正常发挥的调整过程。主要包括：设备单机试运转及调试；系统联动试运转；无生产负荷系统联合试运转的测定和调整；带生产负荷的综合效能试验的测定和调整。

系统调试是一项非常重要而又烦琐的工作，在具体实施时包括空调系统各环节以及电气线路检查、风机性能测定、系统风量测定和调整及室内空气参数的测定和调整等一系列工作，目的是使各环节的风量、风压、温湿度、噪声、冷热量指标达到设计和使用要求。

（1）设备单机试运转及调试

通风机、新风机的风机叶轮旋转方向正确，运行平稳，无异常振动与声音，其电动机运行功率值应符合设备技术文件的规定，产生的噪声不宜超过产品性能说明书的规定值。

（2）系统联动试运转

系统联动试运转时，设备及主要部件的联动应协调、动作正确，并无异常现象。

（3）无生产负荷系统联合试运转的测定和调整

通风机风量、风压及转速的测定调整：通风机风量、风压的测定，一般采用皮托管一微压计测定，风速小的系统亦可采用热球风速仪测定风速（一般空调系统只把风机出口管上所测得的风量作为风机风量）。风机风量一般应比空调系统的总风量稍大，如果测定结果比设计要求风量小得多，则查明原因。

通风机、空调器与环境控制点噪声应符合设计、规范要求。

附 2.5.3　电气设备和电器安装工程

1. 工程内容

本工程电气设备和电器部分主要包括各建筑物、构筑物的照明系统、防雷接地系统、电话及共用电视系统、辅助动力系统等。

供电系统采用树干式供电，照明采用普通荧光灯、工厂灯、吸顶灯、防潮灯等，防雷采用屋面 $\phi 12mm$ 镀锌圆钢避雷带，接地采用 $40mm \times 4mm$ 镀锌扁钢和 $\phi 18mm$ 镀锌圆钢接地极。

变配电室主要设备包括：动力配电箱、照明配电箱、低压交流异步电动机、交流异步电动机、电视监控设备、低压开关柜、可编程控制屏等。

2. 施工工艺流程

（1）电气施工工艺流程

施工准备→预留预埋→基础型钢及支吊架预制安装→电缆沟及直埋电缆沟划线开挖→变压器、高、低压开关柜安装→桥架敷设→管路敷设→电缆敷设及管内穿线→电动机检查接线→接地→电气调试。

（2）变配电室施工工艺流程

下预埋铁→基础型钢及支吊架预制安装→变配电室内线槽安装→设备开箱检查→设备搬运→变压器、高、低压开关柜安装→母线连接→地线连接→高压电缆敷设→二次控制电缆敷设→低压电缆敷设→二次控制电缆敷设→高、低压接线→高压设备耐压试验→高压模拟试验、调整→低压检查、试验→送电运行验收。

3. 主要施工方法及技术要求

（1）施工准备

熟悉图纸，了解厂区的分区设备，制定线路的走向，使厂区分散的供电线路布置最优化。核实图中选用设备材料，准备施工机具，制定施工计划，根据工期安排及进度要求合理配备专业劳动力，提出设备材料的进场、采购计划。

（2）预留预埋

施工人员配合土建按图进行管路、接地扁钢、铁构件及设备基础、孔洞的预留预埋。其中穿越各构筑物基础及池壁的部分要及时预埋，与土建结构矛盾之处，由技术人员进行协调处理，不得随意损伤建筑钢筋，同时请现场质检人员验收。预留预埋按设计验收合格后，方能继续进行下道工序施工。

（3）基础型钢及支吊架预制安装

1）基础型钢制作安装

施工时按图纸要求预制加工型钢架。

将有弯的型钢调直，然后按图纸要求预制加工基础型钢架，并刷好防锈漆。

按施工图纸所标位置，将预制好的基础型钢架放在预留铁件上，用水准仪或水平尺找平、找正。找平过程中，需用垫片的地方，最多不能超过三片。然后将基础型钢架、预埋铁件、垫片用电焊焊牢。基础型钢安装允许偏差见附表 2-26。

基础型钢安装允许偏差　　附表 2-26

序　　号	项　　目		允许偏差(mm)
1	不直度	每米	1
		全长	5
2	水平度	每米	1
		全长	5

基础型钢与地线连接：基础型钢安装完毕后，将等电位端子箱扁钢分别引入室内与基础型钢的两端焊牢，焊接长度为扁钢宽度的 2 倍，然后将基础型钢刷两遍灰漆。

2）支吊架制作、安装

用专业切割机下料，不得用气焊吹割，除去毛刺，做好打角组对，点焊调直、调平、搭面、三面满焊，焊后立即清除焊渣。

所有支吊架均刷防锈漆两遍，面漆一遍。

支吊架安装采用适配的膨胀螺栓固定。

3）电缆沟及直埋电缆沟划线开挖

根据设计图纸供电的电缆走向来布置厂区内从低压柜到设备的电缆的长度，及采用电缆沟或直埋的方向、数量、位置。统一布置，制定开挖计划。

（4）变压器安装

1）变压器一般在土建工程竣工后进行安装。安装过程中，应注意以下几点：

① 变压器基础应水平，箱底支架的纵横中心线与基础中心线的偏差不应大于 9mm；

② 检查变压器合格后，才可进行变压器就位；

③ 变压器就位后，应用可拆卸的制动装置将变压器固定。变压器基础及固定装置应做好防腐；

④ 变压器套管导电杆与外部母线连接时应接触良好。在变压器上施工，应使用工具袋，避免一切小零部件坠入变压器内部；

⑤ 变压器宽面推进室内时，低压侧应向室外；

⑥ 变压器的低压中性线和箱体必须有良好的接地。变压器基础轨道亦应和接地干线可靠连接。为便于检修试验，箱体接地应用螺栓拧紧；

⑦ 安装变压器前先用兆欧表测量线圈间及线圈与箱体间的绝缘电阻，绝缘不良时必须进行干燥；

⑧ 干式变压器施工完毕，应采取遮盖保护措施，严禁土建进入变压器室进行施工。

2) 变压器安装完成后，做以下检查：

① 变压器本体、冷却装置及所有附件均无缺陷；

② 轮子的制动装置牢固；

③ 油漆完整，相色标志正确，接地可靠；

④ 变压器顶盖上无遗留杂物；

⑤ 变压器的相位及线圈的接线组别符合运行要求；

⑥ 冷却装置运行正常。

(5) 高、低压开关柜安装

开关柜运到现场后，组织开箱进行检查，检查有无变形、掉漆现象，仪表部件是否齐全，备品备件、说明书等有无缺损，并做好开箱记录。

根据施工图纸的布置，按顺序将柜放在基础槽钢上。成列柜逐台找正，以柜面为标准。

就位找正后，按柜规定螺孔尺寸进行固定或焊接固定（柜、箱与基础型钢间采用点焊，不能焊死）。柜（盘）安装允许偏差见附表 2-27。

柜（盘）安装允许偏差　　　　　　　　　　附表 2-27

序号	项　　目		允许偏差(mm)
1	垂直度	每　米	1.5
2	水平度	相邻两柜顶部	2
		成列柜顶部	5
3	不平度	相邻两柜面、成列柜面	1
4	柜间缝隙	—	2

1) 按设计图纸的布置顺序将柜放在基础型钢上，单独柜（盘）只找柜面和侧面的垂直度。成列柜（盘）各台就位后，先找正两端的柜，再在从柜下至上 2/3 高的位置绷上小线，逐台号眼、钻眼、找正，低压柜钻 $\phi12.2mm$ 孔，高压柜钻 $\phi16.2mm$ 孔，分别用 M12、M16 镀锌螺丝固定。柜找正时采用 0.5mm 铁片进行调整，每处垫片最多不能超过三片。

2) 柜（盘）就位，找正、找平后，柜体与基础型钢固定。柜体与柜体、柜体与侧挡板均用镀锌螺丝连接。

3) 配电柜本体及柜内设备与各构件间连接应牢固。柜本体应有明显、可靠的接地装置，装有电器的可开启的柜门应用裸铜软导线与接地的金属构架做可靠的连接。每台柜（盘）单独与接地干线连接。

4) 成排布置的配电柜的长度超过 6m 时，柜后的通道应有两个通向本室或其他房间的出口，并应布置在通道的两端。

5) 配电柜安装在振动场所时应采取防振措施。

6) 配电柜的漆层应完整、无损伤，固定电器的支架等均应刷漆。安装于同一室内且经常监视的柜，其颜色应协调一致。

7）手车式开关柜的安装应符合下列要求：

① 手车推拉应灵活轻便，无卡阻碰撞现象；

② 动、静触头的中心线应一致，触头接触应紧密，二次回路辅助开关的切换接点应动作准确，接触可靠；

③ 机械闭锁装置应动作准确、可靠；

④ 安全隔离板应开启灵活，随手车的进出而动作；

⑤ 手车与柜体间的接地触头应接触紧密，当手车推入柜内时，其他接地触头应比主触头先接触，拉出时程序相反。

8）抽屉式配电柜的安装应符合下列要求：

① 抽屉推拉灵活轻便，无卡阻、碰撞现象；

② 动触头与静触头的中心线一致，触头接触紧密；

③ 抽屉的机械连锁或电气连锁装置动作正确、可靠，保证断路器分闸后，隔离触头才能分开；

④ 抽屉与柜体间的接地触头接触紧密；当抽屉推入时，抽屉的接地触头比主触头先接触，拉出时程序相反。

9）母线连接要求

母线连接用的紧固件应采用符合国家标准的镀锌螺栓、螺母和平垫圈、弹簧垫圈。

母线采用螺栓连接时平置母线的连接螺栓应由下往上穿，其余情况下螺母置于维护侧，平置垫圈应选用专用厚垫圈，并配齐弹簧垫圈。螺栓、平垫圈及弹簧垫圈必须用镀锌件。螺栓长度应考虑在螺栓紧固后丝扣能露出螺母外 2～3 扣。

母线的接触面应连接紧密，连接螺栓应用力矩扳手紧固，其紧固力矩值应符合规范要求。

母线安装应平整美观，安装时水平段：两支持点高度误差不大于 3mm，全长不大于 9mm；垂直段：两支持点垂直误差不大于 2mm，全长不大于 5mm；母线平行部分的间距应均匀一致，误差不大于 5mm。

母线安装完毕后，应做绝缘测试，高压母线还要做耐压试验，低压母线可用 500V 摇表摇测，绝缘电阻不小于 0.5MΩ

（6）封闭母线安装

封闭母线在安装前应仔细检查，看规格、型号、品种、附件、质量是否符合设计要求，组装前逐段进行绝缘测试，其绝缘电阻值不小于 0.5MΩ。安装完毕后，再进行一次绝缘摇测，其绝缘电阻值不小于 0.5MΩ，方为合格。

成套供应的封闭式母线各段应标志清晰，附件齐全，外壳无变形，内部无损伤。螺栓固定的母线搭接面应平整，其镀银层不应有麻面、起皮及未覆盖部分。

支座必须安装牢固，母线应按分段图、相序、编号、方向和标志正确放置，每相外壳的纵向间隙应分配均匀。安装时母线与外壳间应同心，其误差不得超过 5mm，段与段连接时，两相邻段母线及外壳应对准，连接后不应使母线及外壳受到机械应力。

封闭插接母线外壳连接，按设计和产品技术文件选定的保护系统进行安装，地线跨接板连接应牢固，防止松动，严禁焊接。封闭插接母线外壳两端应与保护地线连接。

（7）配电箱安装

配电箱安装须符合以下规定：位置正确，部件齐全，箱体开孔合适，切口整齐，暗式配电箱箱盖紧贴墙面；零线经汇流排（零线端子）连接，无铰接现象；油漆完整，盘内外清洁，箱盖、开关灵活，回路编号齐全，结线整齐，PE 线安装明显牢固。

明装配电箱（盘）安装可采用铆固螺丝将其固定在混凝土墙或砖墙上（砌体墙应预埋支架）。先用电锤或冲击钻在划好线的位置上钻孔，其孔径应刚好将铆固螺丝的胀管部分埋入墙内，并胀固牢，胀管端面应和墙平，然后进行配电箱（盘）安装。

暗装配电箱（盘）安装根据预留孔洞尺寸先将箱体找好标高及水平尺寸，并将箱体固定好，然后用水泥砂浆填实周边，并抹平齐，待墙面完成后再安装盘面和贴脸。如箱底与墙平齐时，应在外墙固定金属网后再做墙面抹灰。不得在箱底板上抹灰。安装墙面要求平整，周边间隙均匀对称，贴脸（门）平正，不歪斜，螺丝垂直受力均匀。

1）导线与器具连接应符合以下规定：

① 连接牢固紧密，不伤线芯。采用螺栓连接时，在同一端子上导线不超过两根，防松垫圈等配件齐全。

② 电气设备、器具和非带电金属部件的接地（接零）支线敷设需连接紧密、牢固，接地（接零）线截面选用正确，需防腐的部分涂漆均匀无遗漏。线路走向合理，色标准确，涂刷后不污染设备和建筑物。

2）配电箱安装允许偏差如下：

① 配电箱体高 50cm 以下，允许偏差 15mm；

② 配电箱体高 50cm 以上，允许偏差 30mm。

（8）母线槽、桥架及线槽安装

1）母线槽安装

母线进场后应核对其规格、数量、说明书、合格证、铭牌、导体截面等是否符合设计要求；敷设前应检查敷设全长上是否有障碍物，检查线路上土建标高、尺寸结构是否符合要求，装饰工程是否结束，门窗是否齐全；母线与外壳应同心，误差不超过 5mm，连接后不应使母线及外壳受到应力；连接螺栓采用力矩扳手紧固，保证各结合面连接紧密，紧固力矩应符合产品要求；接地支线连接紧密、牢固；安装完成后应及时进行绝缘测试。

2）桥架及线槽安装

桥架安装应横平竖直，整齐美观，距离一致，固定牢固。同一水平面内水平度偏差不超过 5mm，直线度偏差不超过 5mm。

桥架的所有断口、开孔实行冷加工。桥架与钢管连接用锁母固定，管口设护口。桥架须用搭接片连接，螺母朝外，确保一个系统的桥架连成一体。

线槽直线段连接应采用连接板，用垫圈、弹簧垫圈、螺母紧固，接茬处应缝隙严密平齐。螺母必须在线槽壁外侧。线槽进行交叉、转弯、丁字连接时，应采用单通、二通、三通、四通或平面二通、平面三通等进行变通连接，导线接头处应设置接线盒或将导线接头放在电气器具内。线槽与盒、箱、柜等接茬时，进线和出线口等处应采用抱脚连接，并用螺丝紧固，末端应加装封堵。

建筑物的表面如有坡度时，线槽应随其变化坡度。待线槽全部敷设完毕后，应在配线之前进行调整检查。确认合格后，再进行槽内配线。

保护地线应根据设计图纸要求敷设在线槽内一侧，接地跨接线不小于 4mm²；并且需要加平垫和弹簧垫圈，用螺母压接牢固。金属线槽每段的跨接地线应不少于两处与接地干线连通。

(9) 管路敷设

1) 暗管敷设基本要求

现浇混凝土内配管，先将各层水平线和墙厚线弹好，配合土建施工。

在底层钢筋绑扎好后，上层钢筋未绑扎前，根据施工图纸尺寸、位置进行配管。

敷设于多尘和潮湿场所的电线管路、管口、管子连接处均作密封处理。

暗配的电线管路宜沿最近的线路敷设并应减少弯曲；埋入墙或混凝土内的管子，离表面的净距不应小于 15mm。

进入落地式配电柜的电线管路，排列应整齐，管口应高出基础面不小于 50mm。

埋入地下的电线管路不宜穿过设备基础，在穿过设备基础时，应加保护管。

预制加工：根据设计图纸，加工好各种盒、箱、管弯。钢管煨弯可采用冷煨法。

冷煨法：一般管径为 20mm 时，用手扳煨管器，先将管子插入煨管器，逐步煨出所需弯度；管径为 25mm 及以上时，使用液压煨管器，即先将管子放入模具，然后扳动煨管器，煨出所需弯度，弯扁度不应大于管外径的 1/9。

管子切断：常用钢锯、无齿锯、砂轮锯进行切管。将需要切断的管子长度量准确，放在压力钳口内卡牢固，断口处平齐不歪斜，管口刮铣光滑，无毛刺，管内铁屑除净。UPV-C 管可用钢锯锯断。

管子套丝：采用套丝板、套管机，根据管外径选择相应板牙。将管子用压力钳压紧牢固，再把绞板套在管端，均匀用力不得过猛，随套随浇冷却液，丝扣不乱不过长，清除渣屑，丝扣干净清晰。管径为 20mm 时，应分两板套成；管径在 25mm 及以上时，应分三板套成。

测定盒、箱位置：根据设计图纸要求确定盒、箱轴线位置，注意避开设备及暖气的位置。以土建弹出的水平线为基准，挂线找平，标出盒、箱实际尺寸位置。

稳注盒、箱：稳注盒、箱要求灰浆饱满，平整牢固，坐标正确。现浇混凝土板墙固定盒、箱加支铁固定，盒、箱底距外墙面小于 3cm 时，需加金属固定后再抹灰，防止空裂。

管路连接：

管箍丝扣连接。套丝不得有乱扣现象，管箍必须使用通丝管箍。上好管箍后，管口应对严，外露丝应不多于 2 扣。

套管连接宜用于暗配管，套管长度为连接管径的 2.2 倍；连接管口的对口处应在套管的中心，焊口应焊接牢固严密。

管路超过下列长度，应加装接线盒，其位置应便于穿线。无弯时，30mm；有一个弯时，20mm；有两个弯时，15mm；有三个弯时，8mm。

电线管路敷设跨过变形缝做法：变形缝两侧各预埋一个接线箱，先把管的一端固定在接线箱上，另一侧接线箱底部的垂直方向开长孔，孔的长宽度尺寸不小于被接入管直径的 2 倍。电线管跨越变形缝亦可采用金属软管连接，两侧连接好补偿跨接地线。

电线管路与其他管道最小距离见"建筑安装分项工程施工工艺规程"第四分册第 7 页表 1.4.5-2。

盒、箱开孔应整齐并与管径相吻合，要求一管一孔，不得开长孔。铁制盒、箱严禁用电、气焊开孔，并应刷防锈漆。如用定型盒、箱，其敲落孔大而管径小时，可用铁皮垫圈垫严或用砂浆加石膏补平齐，不得露洞。

管口入盒、箱，暗配管可用跨接地线焊接固定在盒棱边上，管口不宜与敲落孔焊接，管口露出盒、箱应小于 5mm。有锁紧螺母者与锁紧螺母平，露出锁紧螺母的丝扣为 2～4 扣。两根以上管入盒、箱要长短一致，间距均匀，排列整齐。

暗管敷设方式：砖墙、加气混凝土墙、空心砖墙配合砌墙配管时，该管最好放在墙中心；管口向上者要堵好。为使盒子平整，标高准确，可将管先立至距盒 200mm 左右处，然后将盒子稳好，再接短管。短管入盒、箱端可不套丝，可用跨接线焊接固定，管口与盒、箱里口平。往上引管有吊顶时，管上端应煨成 90°弯直进吊顶内。由顶板向下引管不宜过长，等砌隔墙时，先稳盒后接短管。

地线连接：管路作整体接地连接。穿过建筑物变形缝时，应有接地补偿装置，采用跨接方法连接。跨接地线两端双面焊接，焊接面不得小于该跨接线截面的 6 倍，焊缝均匀牢固，焊接处要清除药皮，刷防腐漆。

2）明管敷设

基本要求：配合土建结构安装好预埋件。配合土建内装修，油漆、浆活完成后进行明配管。采用铆固螺丝安装时，必须在土建抹灰完成后进行。根据设计图纸加工支架、吊架、抱箍等铁件以及各种盒、箱、弯管。明管敷设工艺与暗管敷设工艺相同处见相关部分。

管弯、支架、吊架预制加工：明配管弯曲半径一般不小于管外径的 6 倍。如有一个弯时，可不小于管外径的 4 倍，加工方法可采用冷煨法。支架、吊架应按设计图纸要求进行加工。支架、吊架的规格设计无规定时，应不小于以下规定：扁铁支架 30mm×3mm；角钢支架 25mm×25mm×3mm。

根据设计图纸首先测出盒、箱与出线口等的准确位置。测量时最好使用自制尺杆。因车间内顶照明、墙面插座、坑内照明、插座直线度要求较高，必须使用钢丝绷线。

根据测定的盒、箱位置，把管路的垂直、水平走向弹出线来，按照安装标准规定间距尺寸要求，计算确定支架、吊架的具体位置。

固定点的距离应均匀，管卡与终端、转弯中点、电气器具或接线盒边缘的距离为 150～300mm，见附表 2-28。

中间管卡最大距离 附表 2-28

钢管名称	钢管公称直径(mm)			
	20	25～30	40～50	65～90
厚壁钢管	1500	2000	2500	3500
薄壁钢管	900	1500	2000	

盒、箱固定：由地面引出管路至明盘、箱时，需在盘、箱下侧 90～150mm 处加稳固支架，将管固定在支架上。盒、箱安装应牢固平整，开孔整齐并与管径吻合。要求一管一孔不得开长孔。铁制盒、箱严禁用电气焊开孔。

水平或垂直敷设明配管允许偏差值，管路在 2m 以内时为 3mm，全长不应超过管子内径的 1/2。

检查管路是否畅通，内侧有无毛刺，镀锌层或防锈漆是不是完整无损，管子不顺直者应调直。

敷设时，先将管卡一端的螺丝拧进一半，然后将管敷设在管卡内，逐个拧牢。使用铁支架时，可将钢管固定在支架上，不允许钢管焊接在其他管道上。

管路连接应采用丝扣连接。

钢管与设备连接时，应将钢管敷设到设备内，如不能直接进入时，应符合下列要求：

① 在干燥房屋内，可在钢管出口处加保护软管引入设备，管口应包扎严密。

② 在室外或潮湿房间内，可在管口处装设防水弯头，由防水弯头引出的导线应套绝缘保护软管，经弯成防水弧度后再引入设备。

③ 管口距地面高度 300mm。

④ 埋入土层内的钢管，应刷沥青包缠玻璃丝布后，再刷沥青油。或应采用水泥砂浆全面保护。

⑤ 明配管跨接地线，应采用专用接地线卡连接。

⑥ 管路敷设应保证畅通，刷好防锈漆、调合漆、无遗漏。

吊顶内、护墙内管路敷设，其操作工艺及要求：材质、固定参照明配管工艺；连接、弯度、走向等可参照暗敷工艺要求施工，接线盒可使用暗盒。

金属软管引入设备时，应符合下列要求：

① 金属软管与钢管或设备连接时，应采用金属软管接头连接，长度不宜超过 1m。

② 金属软管用管卡固定，其固定间距不应大于 1m。

③ 不得利用金属软管作为接地导体。

（10）电缆敷设及管内穿线

1）电缆敷设

施工前应对电缆进行详细检查；规格、型号、截面、电压等级均符合设计要求。检查桥架、配管标高走向，测量每根电缆实际需用长度，然后进行配盘。电缆敷设前进行绝缘摇测或耐压试验。

9kV 电缆事先做耐压和泄露试验，试验标准应符合国家和供电部门规定。敷设前仍需用 2.5kV 摇表测量绝缘电阻，其最低不应小于 400MΩ。1kV 以下电缆，用 1kV 摇表测线间及对地的绝缘电阻，其值应不低于 9MΩ。控制电缆用 500V 摇表测量，其电阻不小于 0.5MΩ。

电缆采用集中敷设，原则是由远到近、由大到小。敷设时要有专人指挥，用力均匀、速度适当，防止电缆划伤和拉伤。电缆沿支架敷设时，应单层敷设，排列整齐，不得有交叉，拐弯处应以最大截面电缆允许弯曲半径为准。

同等级电压的电缆沿沟内支架水平敷设时，水平净距不得小于 35mm。垂直敷设时，支架距离不得大于 1.5m。

电缆沟中动力、信号电缆分层布置，支架上电缆敷设按高压、低压、弱电顺序自上而下分层敷设。电缆沿桥架敷设时，单层敷设，排列整齐，不得有交叉，拐弯处以最大截面电缆允许弯曲半径为准。

电缆在沟内敷设留有适量的蛇形弯，电缆的两端、过管处、垂直位差处均留有适当的余度。电缆穿过基础时装套管。敷设完后将套管用防火材料堵死。电缆埋设时每根电缆按电缆一览表在始、终端处、埋设管道进出口处和电缆转弯处亦要安装电缆标志桩，以易于鉴别及寻找电缆走向。

2）配电室高压二次控制电缆敷设

按设计原理图敷设柜与柜之间、柜与变压器、直流屏、操作台之间的控制电缆连接线。

引进盘柜的电缆应排列整齐，避免交叉，用固定体固定牢固。不应使所接的端子板受到机械应力。铠装电缆的钢带不允许进入柜、盘内；铠装钢带切断处的端部应紧扎牢固。当采用屏蔽电缆时，其屏蔽层应接地。柜内二次配线要求横平竖直，排列整齐，回路编号清晰，齐全，采用标准端子头编号，且每个端子螺丝上接线不超过两根。多股线应涮锡，不准有断股现象。

9kV 电缆头制作要求：采用热缩电缆头制作要求封闭严密，填料饱满，无气泡、裂纹，芯线连接紧密。电缆头的半导体带、屏蔽带包缠不超越应力锥中间最大处，锥体度匀称，表面光滑。电缆头制作完毕外型应美观、光滑、无皱折，并固定牢靠，相序正确。

1kV 电缆头制作：包缠电缆，套电缆终端头套；剥去电缆统包绝缘层，将电缆头套下部先套入电缆。根据电缆头的型号尺寸，按照电缆头套长度和内径，用塑料带采用半叠法包缠电缆。塑料带包缠应紧密，形状呈枣核状。将电缆头套上部套上，与下部对接，封严。

电缆芯线接线鼻子压接：从芯线端头量出长度为线鼻子的深度，另加 5mm，剥去电缆芯线绝缘，并清除芯线上氧化层。将芯线插入接线鼻子内，用压线钳子压紧接线鼻子，压接应在两道以上。根据不同的相位，使用黄、绿、红、淡蓝、黄/绿双色塑料带分别包缠电缆各芯线至接线鼻子的压接部位。将做好终端头的电缆，固定在预先做好的电缆头支架上，并将芯线分开。根据接线端子的型号选用螺栓，将电缆接线端子压接在设备上，注意应使螺栓由下向上或从内向外穿，平垫和弹簧垫应安装齐全。电缆头制作完毕后，按要求做耐压试验，泄漏电流和绝缘电阻必须符合规范规定，同时做好记录。

3）管内穿线

基本要求：选线应按设计图纸的要求进行。相线、中性线、保护地线应用颜色区别。相线用黄、绿、红，中性线用淡蓝色，保护地线用黄、绿间隔的双色线。

管内配线：管内穿带线，穿带线也是检查管路是否畅通，管路走向及盒、箱的位置是否符合设计要求。带线一般采用 $\phi 1.2 \sim 2.0$mm（18 号～9 号）铁丝。先将铁丝一端弯成不封口的圆圈，送入管内，在管的两端应留有 9～15cm 的余量。在管路较长或转弯较多时，可以在敷设管路的同时将带线一并穿好。

穿带线受阻时，应用两根铁丝同时搅动，使两根铁丝的端头互相钩绞在一起，然后将带线接出。清扫管路的目的是清除管路中的灰尘、泥水等杂物。可将布条的两端牢固地绑扎在带线上，两人来回拉动带线，将管内杂物清除干净。

放线前应根据施工图纸对导线的规格、型号进行核对。放线时导线应置于放线架上或放在线车上。

接线盒、开关盒及插销盒内导线的预留长度应为 15cm。配电箱内导线的预留长度应为配电箱体周长的 1/2。共用导线在分支处，可不剪断导线而直接穿过。

当导线根数较少时，例如 2～3 根导线，可将导线前端的绝缘层削去，然后将芯线直接插入带线的盘圈内并折回压实，绑扎牢固。使绑扎处形成一个平滑的维形过渡部位。

当导线根数较多或导线截面较大时，可将导线前端的绝缘层削去，然后将芯线斜错排列在带线上，用绑线缠绕绑扎牢固。使绑扎接头处形成一个平滑的锥形过渡部位，便于穿线。

钢管（电线管）在穿线前，应首先检查各个管口的护口是否齐整，如有遗漏或破损，均应补齐和更换。

当管路较长或转弯较多时，要在穿线的同时往管内吹入适量的滑石粉。两人穿线时，应配合协调，一拉一送。

4）穿线时应注意的问题

同一交流回路的导线必须穿于同一管内。不同回路、不同电压和交流与直流的导线，不得穿入同一管内，但以下几种情况除外：标称电压为 50V 以下的回路；同一设备或同一流水作业线设备的电力回路和无特殊防干扰要求的控制回路。导线在变形缝处，补偿装置应活动自如。导线应留有一定的余度。穿入管内的绝缘导线，不准接头、不准有局部绝缘破损及死弯。导线外径总截面不应超过管内面积的 40%。

导线接头不能增加电阻值。受力导线不能降低原机械强度、不能降低原绝缘强度。单芯线并接头：导线绝缘层并齐合拢。在距绝缘层约 12mm 处用其中一根芯线在其连接端缠绕 5～7 圈后剪断，把余头并齐折回压在缠绕线上进行涮锡处理，包绝缘层。

不同直径导线接头：如果是独根（导线截面小于 2.5mm^2）或多芯软线时，则应先进行涮锡处理。再将细线在粗线上距离绝缘层 15mm 处交叉，并将线端部向粗导线（独根）端缠绕 5～7 圈，将粗导线端折回压在细线上，最后再做涮锡处理，包绝缘层。

套管压接：套管压接法是运用机械冷态压接的简单原理，用相应的模具在一定压力下将套在导线两端的连接套管压在两端导线上，使导线与连接管间形成金属互相渗透，两者成为一体构成导电通路。要保证冷压接头的可靠性，主要取决于影响质量的三个重点：连接管形状、尺寸和材料；压模的形状、尺寸；导线表面氧化膜处理。具体做法如下：先把绝缘层剥掉，清除导线氧化膜。当采用圆形套管时，将要连接的铝芯线分别从铝套管的两端插入，各插到套管一半处；当采用椭圆形套管时，应使两线对接后，线头分别露出套管两端 4mm；然后用压接钳和压模压接，压接模数的深度应与套管尺寸相对应。

接线端子压接：多股导线可采用与导线同材质且规格相应的接线端子。削去导线的绝缘层，不要碰伤芯线，将芯线紧紧地绞在一起，清除接线端子内的污物，将芯线插入，用压接钳压紧 2～3 道，导线外露部分应小于 1～2mm，并用绝缘材料包缠好。

（11）电动机检查接线

1）电动机进行检查接线前，需仔细认真地熟悉图纸，明确设备启动方式及接线方法，并对电动机进行绝缘测试。

2）从电动机接线盒查看接线方式，Y 接或 △ 接，以及其他接线方式。供电电压要求接线应牢固可靠。

3）电动机外壳保护接地必须接触良好。

（12）防雷与接地

室外人工接地体应按图纸位置及时敷设，所有埋入土中的接地极的焊口均应做好防腐处理。利用桩基础作避雷接地极时，每个柱子基础承台预留接地钢板，预制柱子在标高－1.55m 处预留钢板。待预制柱子就位后用扁钢搭接焊，全部焊通成电气通路，焊接要牢固可靠、质量良好、不夹渣"咬肉"、焊缝饱满、均匀，焊接后清除焊渣。

各种接地焊接的搭接长度应符合施工验收规范规定。圆钢应焊连双面，扁钢至少焊接三个楞边。防雷引下线应利用结构柱内两根大于 $\phi16mm$ 的主筋竖向焊接，上端伸出女儿墙 0.15m，并与屋顶避雷带焊接；下端与结构基础钢筋焊接。结构施工过程中应做好标识，防止错接。

屋顶避雷带采用 $\phi12mm$ 镀锌圆钢，其支持卡间距不应超过 1m，转角处两侧的支持卡距弯曲中心点距离不大于 0.5m，弯曲半径不小于圆钢直径的 9 倍。

接地极敷设时应按照图纸及规范施工，保证质量，并及时填写平面示意图及摇测记录，由专职电气质量员会同监理及时验收认可，实测接地电阻达不到设计要求时，应补打地极。

建筑物屋面各种金属物，均应与避雷带可靠连接。

等电位端子箱，与室外接地极连通。所有进出建筑屋的金属管道、结构的基础钢筋、金属钢架、金属门窗、PE 线等都要与等电位端子箱相连接，连接线采用镀锌扁钢暗敷设，具体做法详见设计要求及《等电位联结安装》97SD567。等电位连接支线用不小于 $\phi6mm$ 的圆钢搭接焊。

等电位连接线和端子板宜采用铜质材料，不允许采用无机械保护的铝线。局部场所内最大 PE 线截面不允许采用无机械保护的铝线。等电位连接线选取规格见附表 2-29。

等电位连接线选取规格　　　　　　　　　　　　　附表 2-29

类别取值	总等电位连接线	局部等电位连接线	辅助等电位连接线	
一般值	不小于 0.5×进线 PE 线截面	不小于 0.5×PE 线截面	两电气设备外露导电部分间、电气设备与装置外可导电部分间	1×较小 PE 线截面 0.5×PE 线截面
最小值	6mm² 铜线或相同电导值导线　热镀锌钢圆钢 $\phi9mm$ 扁钢 25mm×4mm		有机械保护时	2.5mm² 铜线或 4mm² 铝线
			无机械保护时	4mm² 铜线
			热镀锌钢　圆钢 $\phi8mm$ 扁钢 20mm×4mm	
最大值	25mm² 铜线或相同电导值导线		—	

注：等电位连接端子板的截面不得小于所接等电位连接线的截面。

等电位连接一般分为焊接和端子板压接两种，主要根据被连接部件的形状和结构形式采用不同的安装方法，或根据图纸及结构要求进行安装。

管状结构一般采用抱箍螺丝紧接方法，抱箍与管道接触处的表面须刮拭干净，二者接触严紧，抱箍内径等于管道外径，其大小依管道大小而定。

连接板应光滑无污垢，压接严密，尽量减少接触电阻，施工完后需测试导电的连续性，导电不良的连接处需做跨接线。对于热水管、空调管、采暖管并列安装的两根以上管体，也可采用直接跨接的办法相连。

水表两端应使用两个抱箍，相接后和等电位相接，煤气管道接头处应按设计特殊要求进行安装。

门窗金属构件的等电位连接应在窗框定位后，墙面装饰层或抹灰层施工之前进行。

等电位连接可直接用 $\phi9mm$ 钢筋与固定金属门框的铁板、搭接板直接焊接，焊接长度不应小于 90mm。如果设备带有等电位连接点，可使用螺栓压接或焊接。

等电位连接安装完毕后应刷防护漆，做好防腐处理。具体施工请参考《等电位联结安装》97SD567。

扁钢的搭接长度应不小于其宽度的 2 倍，3 面施焊（当扁钢宽度不同时，搭接长度以宽的为准）。

圆钢的搭接长度应不小于其直径的 6 倍，双面施焊（当圆钢直径不同时，搭接长度以直径大的为准）。

圆钢与扁钢连接时，其搭接长度应不小于圆钢直径的 6 倍。

扁钢与钢管（或角钢）焊接时，除应在其接触部位两侧进行焊接外，还应将由扁钢弯成的弧形面（或直角形）与钢管（或角钢）焊接。

等电位连接的螺栓、垫圈、螺母等应进行过热镀锌处理。

等电位连接线应有黄、绿相间的色标；在等电位连接端子板上应刷黄色底漆并标以黑色记号，其符号为"▽"。

对于暗敷的等电位连接线及其连接处，电气施工人员应作隐检记录及检测报告，并在竣工图上注明实际走向和部位。

等电位连接安装完毕应进行导通性测试，测试用电源可采用空载电压为 4～24V 的直流或交流电源，测试电流不应小于 0.2A，当测得的等电位连接端子板与等电位连接范围内的金属管道等金属体末端之间的电阻不超过 3Ω，可认为等电位连接是有效的，如不合格应做跨接线，使用后定期做测试。

打人工接地极时要检查土壤是否符合要求，如不符合要求要换土。接地极埋深 0.8m，间距 5m，应垂直设置。

接地的隐蔽工程要有检测报告、摇测记录、隐检记录等有关手续。

（13）灯具、开关、插座安装

1）器具检查

根据灯具的安装场所检查灯具是否符合要求，有腐蚀性气体及特别潮湿的场所应采用封闭式灯具，灯具的各部位应做好防腐处理；除开敞式外，其他各类灯具的灯泡容量在90W 及以上者均应采用瓷灯口。

灯内配线应符合设计要求及有关规定；穿入灯箱的导线在分支连接处不得承受额外应力和磨损，多股软线的端头需盘圈、涮锡；使用螺灯口时，相线必须压在灯芯柱上。应急灯必须灵敏可靠；事故照明灯具应有特殊标志。

2）开关、插座检查

开关、插座的规格、型号符合设计要求，并有合格证；开关、插座的表面光滑整洁、无碎裂、滑伤，装饰帽齐全。

3）管吊式日光灯安装

根据灯具的安装高度，将短管制作好，将导线穿入短管内，并引入灯箱，在灯箱的进线孔处应套上护口或橡胶圈以保护导线，压入灯箱内的端子板（瓷接头）内。将灯具导线和灯头盒中甩出的电源线连接，并用粘塑料带和黑胶布分层包扎紧密。理顺接头扣于法兰盘内，法兰盘（吊盒）的中心应与接线盒中心对正，用螺丝将其拧牢固。将灯具的反光板用机螺丝固定在灯箱上，调整好灯脚，最后将灯管装好。

4）壁灯的安装：先根据灯具的外形选择合适的木台或木板，把灯具摆放在上面，四周留出的余量要对称，然后用电钻在木板上开好出线孔和安装孔，在灯具的底板上也开好安装孔，将灯具的灯头线从木台（板）的出线孔中甩出，在墙壁上的灯头盒内接头，并包扎严密，将接头塞入盒内。把木台或木板对正灯头盒，贴紧墙面，可用机螺丝将木台直接固定在盒子耳朵上，如为木板应该用胀管固定。调整木台或木板，使其平整不歪斜，再用木螺丝将灯具拧在木台或木板上，最后配好灯泡、灯罩。安装在室外的壁灯应打好泄水孔，木台与墙面之间应加胶垫。

5）金属卤化物灯安装：根据灯具的安装高度，将短管制作好，将导线穿入短管内，并引入灯头，在灯头的进线孔处应套上护口或橡胶圈以保护导线，压入灯箱内的端子板（瓷接头）内。将灯具导线和灯头盒中甩出的电源线连接，并用粘塑料带和黑胶布分层包扎紧密。理顺接头扣于法兰盘内，法兰盘（吊盒）的中心应与接线盒中心对正，用螺丝将其拧牢固。最后将灯管装好，如灯管距离灯罩较近，还应考虑隔热措施。

6）高杆灯安装

现场采用 5t 手动葫芦对灯具进行拼装；灯盘升降机构安装就位后，应保证升降的全程稳固、安全、顺畅，各项技术参数符合厂家及设计要求；灯具安装应牢固，灯盘上电缆线拉紧固定良好，接线紧密牢固，绝缘良好；灯杆就位用 25t 汽车起重机吊装，垂直允许偏差不超过 ±40mm；控制箱的低压电器安装前切实做好包装、堆放的防潮措施，并收集相关合格证、说明书、试验记录。安装时遵守《电气装置安装工程低压电器施工及验收规范》GB 50254—1996、《电气装置安装工程电气设备交接试验标准》GB 50150—2006 的规定及设计方和厂家要求。

开关安装距地面 1.3m，插座安装距地面 0.3m（卫生间距地面 1.3m）。

单相两孔插座，面对插座的右孔或上孔与相线相连，左孔或下孔与零线相连；单相三孔插座，面对插座的右孔与相线相连，左孔与零线相连。

单相三孔、三相四孔及三相五孔插座的接地（PE）或接零（PEN）线接在上孔。插座的接地端子不与零线端子连接。同一场所的三相插座，接线的相序一致。

接地（PE）或接零（PEN）线在插座间不串联连接。

通电试运行：灯具、配电箱安装完毕，各支路绝缘电阻摇测合格后，方允许通电试运行。通电后应仔细检查和巡视，检查灯具的控制是否灵活、准确；开关与灯具控制顺序相应，如果发现问题必须先断电，然后查找原因进行修复。

（14）滑触线安装

1）基本要求

① 各种型钢、辅助母线、断电器、集电器等应符合设计要求。

② 支架安装位置应与结构相对应，终端支架距离滑接线末端不应大于 800mm。当起重机位于终端时，集电器离末端不小于 200mm。

③ 轨道跨越变形缝或长度超过 50m 时应设置补偿装置，变形缝两端加支架，不得在建筑物的伸缩缝和起重机的轨道梁接头处安装支架。

④ 滑接线距离地面不小于 3.5m，与管道的距离不小于 1m，滑接线应采用正装方式

安装。

⑤ 支架按选好的型号加工，不允许气焊切割及扩孔，钻孔直径不得大于螺栓直径 1.5mm。

2）质量要求

① 型钢支架安装水平误差不大于 1mm，水平总误差不大于 10mm，垂直误差不大于 2/900。

② 滑接线单根全长不直度小于 2mm，严禁有扭曲、变形、凹陷等缺陷。

③ 滑接线中心线与起重机轨道中心线平行误差不大于 10mm。

④ 伸缩缝两端支架距离伸缩缝不大于 150mm。

（15）电气调试

1）准备工作

检查调试所用的仪表、仪器、工具、材料及各种记录表格是否齐全，并指定专人填写。

与调试安装有关的工作均已完毕，并经检验合格达到调试要求。所调设备的设计图纸、合格证、产品说明书、安装记录等资料齐全。与调试有关的机械、管道、通风、仪表、自控等设备和连锁装置等均已安装调整完毕，并符合使用条件。现场照明设施完善、灯光明亮。

参加调试人员分工完毕，责任明确，岗位清楚。

校对干、支线电缆是否与系统图相符，并检查所有电气设备和线路的绝缘情况，应符合规范要求。

对控制、保护和信号系统进行空操作，检查所有设备如开关的动触头、继电器可动部分动作是否灵活可靠；位置开关、限位开关接触是否良好；热继电整定值是否符合规定要求。

电动机在空载运行前，应手动盘车，检查转动是否灵活、有无异常声响。

送电前应先制定操作程序，送电时应有专业人员监护，无论送电或停电，均严格执行操作规程。

对已送电的盘、箱、柜应挂"有电"的指示牌。

设备启动后，试运人员要坚守岗位，密切注意仪表指示、电动机的转速、声音、温升及继电保护开关、接触器等器件是否正常，随时准备出现意外情况而紧急停车。

电动机应在空载下进行试运行，空载运行良好后，再带负荷试运行。

对带有限位保护的设备，应用点动方式进行初试，在接近限位前停车，改用手动，手动调好后再用电动方式检查。

调试中如果继电保护装置动作，应尽快查明原因，不得随意增大整定值，不准强行送电。

所有调试记录、报告均应经过有关责任人审校同意并签字。

对所有送电设备按照规范要求运行，合格后交甲方使用。

2）电力变压器的调试

用数字微欧计或直流（单）双臂电桥在各接头的所有位置上测量绕组连同套管的直流电阻，各项测得的相互差值要小于平均值的 4%，线间测得值的相互差小于平均值的 2%，也可将测得的直流电阻与同温度下产品出厂实测数值比较，其相应变化不大于 2%。

采用自动变比测试仪或双电压表法测量变压器各分接头的变压比并计算比差，其值与制造厂铭牌数据相比，无明显差别。

采用结线组别测试仪或直流电压感应法检查变压器三相结线组别应与变压器的铭牌及顶盖上的标记相符。

用 2500V 兆欧表分别测量变压器高压对低压及地、高压对地、低压对地的绕组连同套管的绝缘电阻值。绝缘电阻与出厂值进行比较，在同温度下不低于出厂值的 70%。

3）变压器冲击合闸试验

在变压器耐压试验合格后，送电前，在不具备从高压侧送电的条件下，可从低压侧对变压器进行冲击试验，观察电流表的冲击电流，听变压器运行的声音，以判断变压器是否存在内部故障，冲击合闸一般为三次，每次的冲击电流要基本相同。

4）变压器送电试运行

变压器第一次投入试运行时，全电压冲击合闸，由高压侧投入，观察变压器冲击电流，听变压器声音。

变压器冲击进行 3～5 次，每次冲击间隔时间为 3～5min，冲击时电流不引起保护装置误动作。

变压器试运行中，注意其空载电流，一、二次电压，绕组温度等有无变化，变化情况如何，并做好详细记录。空载运行 24h，若无异常情况，方可投入负荷运行。

5）高低压开关柜及现场控制柜内二次回路检验

将所有的接线端子螺丝紧固。

高压设备的耐压试验：高压试验应由当地供电部门许可的试验单位进行。试验标准符合国家规范、当地供电部门及产品技术资料的要求。试验项目由试验室确定。

二次控制回路的调试：依据图纸检查所有电气设备的一、二次接线。并对二次接线的绝缘电阻进行摇测，测量导线对地、缆芯间或相邻导线之间的绝缘电阻。其电阻值不低于 $1M\Omega$。二次小线回路如有晶体管、集成电路、电子元件时，该部位的检查不准使用摇表和试铃测试，应使用万用表测试回路是否接通。

将柜内的控制、操作电源回路熔断器上端相线拆掉，接通临时电源。

模拟试验：按图纸要求，分别模拟试验控制、连锁、操作、继电保护和信号动作，应正确无误，灵敏可靠。

拆除临时电源，将被拆除的电源线复位。

低压用 500V 兆欧表检查各小母线绝缘电阻，其值不小于 $0.5M\Omega$。用万用表检查各回路线路接线是否正确。

用临时电源对各回路及系统进行通电试验，按照设计要求，分别模拟控制回路、连锁系统、操作回路、信号回路及保护回路动作试验，各种动作及信号情况正确无误，灵敏可靠。

（16）整组动作试验

在高压柜各单体试验和现场电气设备试验合格，二次线路检查无误的前提下，在主回路不带电的情况下，送上各种操作、控制、信号电源，对电流保护系统和电压保护系统、各种接地保护系统加入相应的信号，进行整组动作试验，各系统动作、显示信号与设计相符。

1）电动机试运转

用 900V 兆欧表测量电动机绕组的绝缘电阻。低压交流电动机及泵类电动机在常温下绝缘电阻不低于 0.5MΩ。

电动机启动前，先将与电动机相连的机械设备拆除，对难以拆除的机械，要尽量减小电动机的负载。用钳型电流表或盘柜上的电流表测量并记录电动机的启动电流和空载电流。电动机启动后，应用硬木棍或电子丝刀靠在电动机有关部位听电动机内部声音，如果异常立即停机。用转速表测量转速，在额定电压下测得的转速与铭牌规定的转速相符。电动机空载运行 2h，运行一段时间后，用手触摸或用测温仪测量电动机轴承定子绕组等部位的温度，检查电动机温升是否正常，用测振仪器测量电动机的振动，检查其是否符合有关要求。电动机空载运行 2h 后，若各方面均无异常现象，即可认为其合格。

电动机的负荷运行与设备试运转同时进行。

2）电动机连锁调试

对于各低压回路电动机系统及连锁系统，在主回路不带电的情况下，进行控制动作试验，动作情况满足设计要求。

3）送电试运行

在高低压开关柜的各单体试验、系统试验及手、自动试验均正常后，母线系统绝缘合格，交流耐压试验无异常的前提下，方可对高低压柜进行送电运行。在送电前编制详细的送电方案，成立相应的送电小组，编写送电操作单，做好送电安全防护等工作。送电空载运行 24 后，若无异常现象，送配电柜及系统方可办理验收。

附 2.6 仪表及自控系统安装

附 2.6.1 安装工艺与技术要求

1. 工程内容

根据污水处理厂的工艺情况合理分布进行自动化控制。自动控制系统的主要管理功能包括：对现场设备及水质进行自动监测，发现异常后立即报告，并根据要求运行相应设备。

按照生产需要和实现自动控制的程序，结合工艺布置，本工程的主要仪表除了常见的温度、压力、液位和流量检测仪表外，还有电磁流量计、变送器、液位计、溶解氧仪、pH 计等仪表。介质有污水、水、气体、污泥等。

2. 施工顺序

施工准备→预留预埋→盘柜基础、支架制作安装→保护管敷设→控制柜安装→桥架安装→仪表单校→现场仪表安装→电缆敷设→校接线→单体调试→联动试运行。

3. 主要施工方法及技术要求

自控部分的预留预埋，盘柜基础，支架制作安装，保护管敷设，控制柜安装，桥架安装均参照电气方案有关部分施工。

（1）施工前的准备工作

仪表自控系统的安装调试是一门专业性很强的工作，将挑选优秀的工程技术人员进场施工，熟悉施工图纸、仪表设备说明书及技术资料，充分理解掌握设计意图和全部技术要求，及时向建设单位和设计单位提出疑问和合理化建议，参加技术交底会。在项目工程师预先消化施工技术文件的基础上会审施工图，编写出材料分析单，提出关键部位的质量控制要求和安装调试的注意事项，明确施工工艺、安装标准及检查标准。

在充分消化施工图纸的基础上，制定本工程的工程项目实施计划，如施工进度计划、施工设备计划、劳务计划、资金需用计划、主辅材及设备供应计划等。

（2）自控仪表设备安装技术要求

设备现场开箱检查时，土建单位将派工程技术人员会同建设单位及有关方面人员一起进行开箱检查，严格按照施工图纸及有关合同核对产品的型号、规格、铭牌参数、厂家、数量及产品合格证书，做好检查记录，发现问题后及时配合建设单位做好更换或索赔工作。

安装前认真消化施工图纸及仪表设备的技术资料，对每台仪表设备进行单体校验和性能检查，如耐压、绝缘、尺寸偏差等，向建设单位通报并配合其工作。

现场仪表严格按照施工图纸、产品说明书及有关的技术标准进行安装。户外变送器位于仪表保护箱内，保护箱为不锈钢材质，并带观察窗，户内仪表靠墙安装，仪表设备安装可在工艺设备安装量完成 70%～80% 后开始进行。首先进行取源部件的安装，特别是工艺管道上的取源部件的安装，如取源接头、取压接头及测量元件等。取源点、取压点及流量检测元件的安装位置满足设计要求，不影响工艺管道、设备的吹扫、冲洗及试压工作。

仪表属于精密贵重的测量设备，施工时要注意仪表设备（含传感器、变送器）的安全，选择恰当的安装时间。仪表设备整体安装前首先做好准备工作，如配电缆保护管、仪表支架制作安装、安装仪表保护箱等工作。在工艺设备安装、土建专业的工作基本结束后，现场人员比较有序的情况下，仪表自控系统或工艺系统联动调试前进行仪表设备安装。

隐蔽工程、接地工程均要认真做好施工及测试记录，接地体埋设深度和接地电阻值必须严格遵从设计要求，接地线连接紧密、焊缝平整、防腐良好。隐蔽工程隐蔽前，及时通知建设单位、监理单位进行验收检查，验收合格后方可进行隐蔽。

（3）线缆与接线

电缆敷设前必须进行绝缘电阻测试，并将结果记录保存。自控仪表电缆与电气共用电缆沟或桥架，共用电缆沟处自控电缆沿自控专用桥架敷设，最下层为自控仪表专用，共用桥架时中间用隔板隔离，防止电磁干扰。屏蔽电缆的敷设要保证屏蔽层不受损坏，屏蔽层单端接地且接地良好。

补偿导线应穿保护管或在汇线槽内敷设，不应直接埋地敷设。

当补偿导线和测量仪表之间不采用切换开关或冷端温度补偿器时，宜将补偿导线直接和仪表连接。当补偿导线进行中间和终端接线时，严禁接错极性。补偿导线不应与其他线路在同一根保护管内敷设。电线宜穿保护管敷设。

补偿导线和电线穿管前应清扫保护管，穿管时不应损伤导线。

仪表信号线路、仪表供电线路、安全连锁线路、本质安全型仪表线路以及有特殊要求的仪表信号线路，应分别采用各自的保护管。

电缆敷设中的隐蔽工程，必须有完整的记录。电缆两端必须挂标志牌。电缆敷设及接线时留有余量，接线时芯线上套有号码管，多芯电缆备用芯线要进行接地。

附 2.6.2　取源部件安装

（1）技术要求

取源部件的安装，应在工艺设备制造或工艺管道预制、安装的同时进行。安装取源部件的开孔与焊接工作，必须在工艺管道或设备的防腐、衬里、吹扫和压力试验前进行。

在高压、合金钢、有色金属的工艺管道和设备上开孔时，应采用机械加工的方法。

在砌体和混凝土浇筑体上安装的取源部件应在砌筑或浇筑的同时埋入，当无法做到时，应预留安装孔。安装取源部件不宜在焊缝及其边缘上开孔及焊接。

取源阀门应按《工业金属管道工程施工规范》GB 50235—2010 的规定检验合格后，才能安装。取源阀门与工艺设备或管道的连接不宜采用卡套式接头。

温度取源部件的安装位置应选在介质温度变化灵敏和具有代表性的地方，不宜选在阀门等阻力部件的附近和介质流束呈死角处以及振动较大的地方。热电偶取源部件的安装位置，宜远离强磁场。

（2）温度取源部件在工艺管道上的安装

与工艺管道垂直安装时，取源部件轴线应与工艺管道轴线垂直相交。在工艺管道的拐弯处安装时，宜逆着介质流向，取源部件轴线应与工艺管道轴线相重合。与工艺管道倾斜安装时，宜逆着介质流向，取源部件轴线应与工艺管道轴线相交。

设计要求取源部件安装在扩大管上时，扩大管的安装应符合《工业金属管道工程施工规范》GB 50235—2010 中关于异径管安装的规定。

压力取源部件的安装位置应选在介质流束稳定的地方。压力取源部件与温度取源部件在同一管段上时，应安装在温度取源部件的上游侧。压力取源部件的端部不应超出工艺设备或管道的内壁。

测量带有灰尘、固体颗粒或沉淀物等浑浊介质的压力时，取源部件应倾斜向上安装。在水平的工艺管道上宜顺流束成锐角安装。当测量温度高于 60℃的液体、蒸汽和可凝性气体的压力时，就地安装的压力表的取源部件应带有环形或 U 型冷凝弯。

（3）压力取源部件在水平和倾斜的工艺管道上安装

取压口方位应符合：测量气体压力时，在工艺管道的上半部；测量液体压力时，在工艺管道的下半部与工艺管道的水平中心线成 0°～45°夹角的范围内。

安装节流件所规定的最小直管段，其内表面应清洁、无凹坑。在节流件的上游侧安装温度计时，温度计与节流件间的直管距离应符合：当温度计套管直径小于或等于 0.03 倍工艺管道内径时，不小于 5（或 3）倍工艺管道内径；当温度计套管的直径在 0.03～0.13 倍工艺管道内径之间时，不小于 20（或 9）倍工艺管道内径。

在节流件的下游侧安装温度计时，温度计与节流件间的直管距离不应小于 5 倍工艺管道内径。夹紧节流件用的法兰的安装应符合：法兰与工艺管道焊接后管口与法兰密封面应平齐；法兰面应与工艺管道轴线相垂直，垂直度允许偏差为 1°；法兰应与工艺管道同轴；采用对焊法兰时，法兰内径必须与工艺管道内径相等。

物位取源部件的安装位置，应选在物位变化灵敏，且不使检测元件受到物料冲击的地方。内浮筒液面计及浮球液面计采用导向管或其他导向装置时，导向管或导向装置必须垂直安装；并应保证导向管内液流畅通。

安装浮球液位报警器用的法兰与工艺设备之间连接管的长度，应保证浮球能在全量程范围内自由活动。

分析取源部件的安装位置，应选在压力稳定、灵敏反映真实成分、具有代表性的被分析介质的地方。

在水平和倾斜的工艺管道上安装的分析取源部件，分析取源口方位应符合下列规定：测量气体时，在工艺管道的上半部；测量液体时，在工艺管道的下半部与工艺管道的水平中心线成 0°～45°夹角的范围内。

被分析的气体内含有固体或液体杂质时，取源部件的轴线与水平线之间的仰角应大于 15°。

附 2.6.3　仪表设备的安装

1. 就地安装仪表的安装

位置应符合：光线充足，操作和维修方便；不宜安装在振动、潮湿、易受机械损伤、有强磁场干扰、高温、温度变化剧烈和有腐蚀性气体的地方。仪表的中心距地面的高度宜为 1.2～1.5m。就地安装的显示仪表应安装在手动操作阀门时便于观察仪表示值的位置。

仪表安装前应外观完整、附件齐全，并按设计要求检查其型号、规格及材质。

仪表安装时不应敲击及振动，安装后应牢固、平正。

设计要求脱脂的仪表，应经脱脂检查合格后方可安装。直接安装在工艺管道上的仪表，宜在工艺管道吹扫后压力试验前安装，当必须与工艺管道同时安装时，在工艺管道吹扫时应将仪表拆下。仪表外壳上箭头的指向应与被测介质的流向一致。

仪表与工艺管道连接时，仪表上法兰的轴线应与工艺管道轴线一致，固定时应使其受力均匀。直接安装在工艺设备或管道上的仪表安装完毕，应随同工艺系统一起进行压力试验。

仪表及电气设备上接线盒的引入口不应朝上，以避免油、水及灰尘进入盒内，当不可避免时，应采取密封措施。仪表和电气设备标志牌上的文字及端子编号等，应书写正确、清楚。

2. 仪表及电气设备的接线

接线前应校线并标号。剥绝缘层时不应损伤芯线。多股芯线端头宜烫锡或采用接线片。采用接线片时，电线与接线片的连接应压接或焊接，连接处应均匀牢固、导电良好。锡焊时应使用无腐蚀性焊药。

电缆（线）与端子的连接处应固定牢固，并留有适当的余度。接线应正确，排列应整齐、美观。仪表及电气设备易受振动影响时，接线端子上应加弹簧垫圈。线路补偿电阻应安装牢固，拆装方便，其电阻值允许误差为 ±0.1Ω。

压力式温度计的温包必须全部浸入被测介质中，毛细管的敷设应有保护措施，其弯曲半径不应小于 50mm，周围温度变化剧烈时应采取隔热措施。

测量低压的压力表或变送器的安装高度，宜与取压点的高度一致。

就地安装的压力表不应固定在振动较大的工艺设备或管道上。

3. 流量仪表孔板和喷咀的安装

孔板或喷咀安装前应进行外观检查，孔板的入口和喷咀的出口边缘应无毛刺和圆角，并按《流量测量节流装置的设计安装和使用》的规定复验其加工尺寸。

安装前进行清洗时不应损伤节流件。

孔板的锐边或喷咀的曲面侧应迎着被测介质的流向。在水平和倾斜的工艺管道上安装的孔板或喷咀，若有排泄孔时，排泄孔的位置对液体介质应在工艺管道的正上方，对气体及蒸汽介质应在工艺管道的正下方。

孔板或喷咀与工艺管道的同轴度及垂直度，应符合规范要求；环室上有"＋"号的一侧应在被测介质流向的上游侧，当用箭头标明流向时，箭头的指向应与被测介质的流向一致。

垫片的内径不应小于工艺管道的内径。差压计或差压变送器正、负压室与测量管路的连接必须正确。

电磁流量计的安装应符合：流量计、被测介质及工艺管道三者之间应连成等电位，并应接地。

在垂直的工艺管道上安装时，被测介质的流向应自下而上，在水平和倾斜的工艺管道上安装时，两个测量电极不应在工艺管道的正上方和正下方位置。

口径大于 300mm 时，应有专用的支架支撑。分析仪表预处理装置应单独安装，并宜靠近传送器。

被分析样品的排放管应直接与排放总管连接，总管应引至室外安全场所，其集液处应有排液装置。

4. 调节阀、执行机构和电磁阀

阀体上箭头的指向应与介质流动方向一致。安装用螺纹连接的小口径调节阀时，必须装有可拆卸的活动连接件。

执行机构应固定牢固，操作手轮应处在便于操作的位置；执行机构的机械传动应灵活，无松动和卡涩现象；执行机构连杆的长度应能调节，并应保证调节机构在全开到全关的范围内动作灵活、平稳。

当调节机构能随同工艺管道产生热位移时，执行机构的安装方式应能保证其和调节机构的相对位置保持不变。

气动及液动执行机构的信号管应有足够的伸缩余度，不应妨碍执行机构的动作。

液动执行机构的安装位置应低于调节器。当必须高于调节器时，两者间最大的高度差不应超过 9m，且管路的集气处应有排气阀，靠近调节器处应有逆止阀或自动切断阀。

电磁阀在安装前应按安装使用说明书的规定检查线圈与阀体间的绝缘电阻。

5. 模块安装

模块安装后首先离线检查备用电源是否正常。并离线检查程序，逐一检查模块功能，设定其他控制功能。

检查 I/O 接口，检查各路、各类信号是否正确传输，要特别注意高电压的窜入（如 220VAC 信号），以免损坏模板。并根据实际情况作适当调整，必须有 30% 的备用点数，以备今后扩展用。

上位机安装到位，检查网络连接情况、上下位之间的通信情况、网络总线的安装及保护情况。

每个单项工程完工之后，均按有关标准自检，及时做好施工测试、自检记录，同步制作竣工文件及竣工图，为工程验收做好准备。

附 2.6.4 关键自控设备仪表的安装

1. 安装调试技术要求

污水处理厂选用的仪表自控设备，除了常见的温度、压力、液位和流量检测仪表外，还有溶解氧仪、pH 计等水质仪表。常规仪表的安装、调试严格按照仪表安装、调试说明书、施工图纸及相关规范图册进行，按工艺自控设计要求选准取压点、取样点、检测点，搞好取源（压）部件、取压管的安装。对于水质仪表及电磁流量计，因安装调试较常规仪表复杂，安装调试时要严格按照产品说明书及有关规范，由经验丰富的技术人员进行。

（1）电磁流量计安装调试

流量是污水处理厂主要工艺参数，是工艺系统关键调节参数。安装时注意以下内容：

1）本子项流量计为一体型电磁流量计，安装位置要考虑直管段要求。

2）首先根据仪表安装说明书、施工图及有关施工标准，测量确定流量计安装位置，保证前后直管段前 5D 后 3D（D 为工艺管道的直径）。

3）在管段上气割截下短管，其长度为流量计本体长度、柔口、短管、法兰尺寸及调整尺寸之和。

4）安装流量计时要特别注意介质流向与流量计方向一致，并调整好流量计、短管与工艺管道的水平标高，使其基本在同一轴线，再初步收紧柔口。

5）从上游到下游依次收紧法兰垫片和柔口，使流量计与管道同轴度达到最佳。

6）将流量计法兰与工艺管道法兰用导线相连并与变送器接地端一起并入专用接地体上，并要保证测得的接地电阻小于 4Ω，这样，使被测介质、传感器与工艺管道为等电位体，符合测量电路和设计要求，使仪表能可靠稳定的工作，提高测量精度，不受外界寄生电势的干扰。施工中，将信号电缆与动力电缆分开，提高仪表系统的抗干扰能力。

7）传感器连接时，要做好电缆入口密封，防止水进入接线盒而导致短路等事故发生，信号电缆不能有中间接头，屏蔽线要根据要求单端接地。

8）进行静态调校时，在认真阅读理解仪表资料基础上，参照出厂测试报告和标定值，进行零点检查，检验输入输出情况，根据工艺参数设定测量范围及输出信号等参数。

9）动态调试时，全厂已投入运行，此时要检查传感器的输出和显示信号，调整零点和增益。

（2）水质仪表安装

水质仪表如液位计、溶解氧仪、pH 计等，仅需要将测量介质引到仪表传感器或将探头浸入被测介质中，但在安装过程中仍需要注意以下几点：

1）仪表传感器要尽可能靠近取样点或是最能灵敏反应介质真实成分的地方，取样管采用小口径管，尽量缩短从取样点流到传感器的滞后时间。

2）取样管是检测仪表专用管，尽量不分叉和转弯，以保障水压稳定，有利于检测仪表显示值稳定。

3）仪表安装环境要保证良好的采光、通风，避免阳光的直接照射，不受异常振动和冲击，要排除受到水、油、化学物资油辐射或热源辐射的可能性。

4）水质仪表传感器的进、出水口要用软管连接，不要用钢管硬性连接，以免损坏探头且不利于日常维护。

5）安装过程要轻拿轻放，严禁碰撞探头。

6）传感器至变送器用与仪表配套的专用电缆连接，中间不能有接头。

（3）溶解氧仪的安装

溶解氧传感器与沉入式管在插入连接时要小心，以避免探头损伤。

安装时要注意溶解氧探头的安装高度及与池壁的垂直度，以防误测。

溶解氧变送器与溶解氧传感器之间的连接要严格按照产品说明书及图纸接线图接线。

（4）液位计的安装

安装时与水面垂直，液位计要牢固地固定在支架上，调试时注意设计图纸给定的最低水位。

2. 仪表的单校及标定

（1）准备工作

被校仪表外观及封印应完好，附件齐全，表内零件无脱落和损坏，铭牌清楚完整，型号、规格及材质符合设计要求。

被校仪表在调校前，应按下列规定进行性能试验：

1）电动仪表在通电前应先检查其电气开关的操作是否灵活、可靠。

2）电气线路的绝缘电阻值，应符合国家仪表专业标准或仪表安装使用说明书的规定。

3）被校仪表的阻尼特性及指针移动速度，应符合国家仪表专业标准或仪表安装使用说明书的规定。

（2）仪表的指示和记录部分要求

1）面板和刻度盘整洁清晰；指针移动平稳，无摩擦、跳动和卡针现象。

2）记录机构的划线或打印点清晰，没有断线、漏打、乱打现象。

3）记录纸上打印点的号码（或颜色）与切换开关及接线端子板上标志的输入信号的编号相一致。报警器应进行报警动作性能试验。电动执行器、气动执行器及气动薄膜调节阀应进行全行程时间试验。

（3）调节阀

应按《工业自动化仪表工程施工及验收规范》GB 50093 的规定进行阀体强度试验。有小信号切除装置的开方器及开方计算器，应进行小信号切除性能试验。调节器应进行手动和自动操作的双向切换试验，具有软手动功能的电动调节器还应进行下列试验：

软手动时，快速及慢速两个位置输出指示仪表走完全行程所需时间的试验。软手动输出为 4.960V（19.8mA）时的输出保持特性试验。软、硬手动操作的双向切换试验。

（4）被校仪表或调节器应进行下列项目的精确度调校：

1）被校仪表应进行死区（即灵敏限）、正行程和反行程基本误差及回差调校。

2）被校调节器应按下列要求进行：

① 手动操作误差试验。

② 电动调节器的闭环跟踪误差调校；气动调节器的控制点偏差调校。

③ 比例带、积分时间、微分时间刻度误差试验。

④ 当有附加机构时，应进行附加机构的动作误差调校。

3. 自动控制系统安装

（1）自动控制系统安装前，做以下准备：

1）自动控制柜在厂家已通过出厂测试验收，并达到了合同要求。

2）现场准备已经完成，机房已按要求整修好；供电系统已按要求设好，UPS 已安装好，且测试供电正常；接地系统已按要求做好，接地电阻达到设计要求；所有现场信号线已通过电缆管铺设至机房，自动控制柜安装完毕。

（2）自动控制柜已运至现场。并按下列顺序安装：设备开箱验收→设备安装就位加电测试→系统接地→系统调试→系统测试和验收。

会同建设单位、监理单位及生产厂商进行设备开箱验收，仔细阅读"设备装箱清单"。

先检查箱子数量及标记是否正确；检查包装箱的外表是否有压、挤、碰过的损伤，主要检查运输和装卸过程中是否按要求进行操作，并做好检查记录；依次打开各包装箱，检查各箱内容是否与"设备装箱清单"一致，并检查各设备部件有无损伤，做好记录；做好开箱验收报告，报告中记录参加人、开箱日期、验收地点、开箱过程及详细记录，最后各方签字。

（3）设备安装就位和加电测试

1）自动控制柜安装就位之前，先做下列检查：

① 安装位置是否符合要求，地面是否结实，安装固定装置与设备是否配套。

② 电源供电子站是否符合要求。

③ 接地是否符合要求。

2）将自动控制的各设备（操作员站、工程师站、控制站）分别就位，在就位过程中，要仔细阅读厂家提供的"操作站、机柜平面布置图"，核实每站的编号和其在图中的位置，并按要求就位。就位之后，核实各设备的接地设施，分别按要求进行接地，并检查各设备的供电接线端子和电源分配盘是否正确，按要求接电源；将操作站的外设单元按要求接上电源。然后进行以下工作：

① 检查控制站内各内部电源的开关是否均处于"关"位置，将各内部电源接上。

② 仔细检查上述各电源、地线是否连接正确，然后将控制后各模板插入相应机笼插槽内。

③ 将各机柜内部的信号电缆接上。

④ 按要求连上网络通信电缆。

3）对上述工作检查无误后可进行 下工作：

① 检查各操作站主机、打印机等外设电源开关是否处于"关"位置；检查控制站内的各电源开关是否处于"关"位置。

② 打开设备的供电总开关，然后逐个打开各设备的电源，对各个设备加电，检查是否正常。

③ 启动系统硬件测试程序进行系统自检，检查所有硬件是否正常。

④ 硬件检查正常后，启动系统软件，检查实时数据库的下载、操作员站的所有功能、控制站的运行、中控站的运行是否正常。

（4）系统接线

在进行接线之前，接线人员认真阅读"系统控制采集测点清单"和"信号端子接线端"，仔细确认每一信号的性质，传感器或变送器的类型、开关量的通断，负载的性质，仔细对照各机柜以及机柜内各端子板的位置，确认各接线端子的位置，然后开始按下列程序接线：

　　1）确认各控制站的电源已断开，确认各现场信号线均处于断电状态；

　　2）确认各端子的开关均处于断开状态；

　　3）按照要求接好所有的现场信号线；

　　4）仔细检查现场接线的正确性：对照"信号端子接线图"和各信号线上的标签，检查信号线的正确性（有无错位、正负极是否正确、连接是否紧固）；在与计算机 I/O 断开的条件下，对各现场信号的现场仪表加电，要测出仪表输出最小、最大时的端子测量值，对于开关量信号，要测出仪表输出最小、最大时的端子电平，检查每一路的信号、量程和开关负载是否正确，并做好记录。

　　在接线过程中，除确保接线正确之外，还要注意尽量合理布线，防止柜外走线、槽内走线不规则、混乱情况，而且机柜内的走线要工整、美观，每对端子的紧固力度大小合适。

　　（5）接地系统

　　在正常情况下不带电但有可能接触到危险电压的裸露金属部件，均应做保护接地。

　　保护接地可接到电气工程低压电气设备的保护接地网上，连接应牢固可靠，不应串联接地。

　　保护接地的接地电阻值应符合设计要求。

　　在建筑物上安装的汇线槽及电缆（线）保护管，当设计未规定只能一点接地时，可以多点接地。

　　信号回路接地与屏蔽接地可共用一个单独的接地极。

　　同一信号回路或同一线路的屏蔽层，只能有一个接地点。接地电阻值应符合设计要求。

　　信号回路的接地点应在显示仪表侧，当采用接地型热电偶和检测部分已接地的仪表时，不应再在显示仪表侧接地。

　　屏蔽电缆（线）屏蔽层的接地应符合规范规定；同一线路的屏蔽层应具有可靠的电气连续性。

　　当有防干扰要求时，多芯电缆中的备用芯线应在一点接地。屏蔽电缆的备用芯线与电缆屏蔽层，应在同一侧接地。

　　仪表盘（箱、架）内的保护接地、信号回路接地、屏蔽接地和本质安全型仪表系统接地，应分别接到各自的接地母线上；各接地母线、总干线、分干线之间，应彼此绝缘。

　　自控仪表接地系统，等电位连接。如不能达到设计要求，适当增加接地极。

　　控制室内所有自控系统设备应采用一点接地的方式，由自动控制柜引出的电缆，其屏蔽层和铠装层均在自动控制柜侧单端接地。

　　现场设备所有正常情况下不带电的金属外露部分均须良好接地。

附 2.7　调试与试运行

附 2.7.1　工作内容与准备

调试之前，做好充分的准备工作，调试人员对整个系统的工艺要求及软件全面了解，以便在调试过程中对控制过程是否正确及出现错误信息作出判断和处理。

1. 单机调试

设备安装完毕后，进行单机调试。调试前，将不参与运转的系统、设备仪表等接线临时拆除，各种设备进入运行状态。检测包括：仪表验收、工作电流、控制功能、系统功能。

2. 联动调试

在单机调试通过并获得监理工程师认可后，做好联动调试准备，并提前通知建设单位和监理单位。

联动调试以污水作为介质，调试时间各为连续正常运行 48h，调试期间测试项目包括：

（1）现场环境条件测试：机房条件包括温度、湿度、防静电、防电磁干扰等方面系统电源测试，接地电阻测试。

（2）信号处理测试：选若干代表性信号，检查处理精度是否符合要求。

（3）系统功能测试：对系统声、光、报警功能测试。

（4）控制性能测试：测试每个控制回路的有效性、正确性及稳定性。

自控调试在手动调试完成后进行，按照工艺要求，输入相关的工艺控制参数，根据程序编制的控制方案逐步检测动作情况。

3. 试运行

联动调试中发现的影响设备运行的全部缺陷已修正，经监理工程师批准之后，根据建设单位指定的时间，对设备试运行 7d。

在试运行阶段，对设备及其部件至少进行每天 24h 连续 7d 的运行性能的检测工作。

运行检测包括对各个生产构筑物的运行概况及污水处理后出水水质检测，对整个污水处理厂工艺流程的自动运行检测，以证实是否已全部达到或超过设计指标。

附 2.7.2　调试及试运行技术要求

1. 应具备条件

（1）系统调试应在工艺试运行前且具备下列条件后进行：

1）仪表系统安装完毕，管道清扫及压力试验合格，电缆（线）绝缘检查合格，附加电阻配制符合要求；

2）电源、气源和液压源已符合仪表运行的要求。

（2）检测系统的调试应符合下列规定：

1）在系统的信号发生端（即变送器或检测元件处）输入模拟信号，检查系统的误差，其值不应超过系统内各单元仪表允许基本误差平方和的平方根值；

2）当系统的误差超过上述规定时，应单独调校系统内各单元仪表及检查线路或管路。

（3）调节系统的调试应符合下列规定：

1）按照设计的规定，检查并确定调节器及执行器的动作方向。

2）在系统的信号发生端，给调节器输入模拟信号，检查其基本误差、软手动时的输出保持特性和比例、积分、微分动作以及自动和手动操作的双向切换性能。

3）用手动操作机构的输出信号，检查执行器从始点到终点的全行程动作。如有阀门定位器时，则应连同阀门定位器一起检查。

（4）报警系统的调试应符合下列要求：

1）系统内的报警给定器及仪表、电气设备内的报警机构，应按设计要求的给定值进行整定。

2）在系统的信号发生端输入模拟信号，检查其音响和灯光信号是否符合设计要求。

（5）连锁系统的调试应符合下列要求：

1）系统内的报警给定器及仪表、电气设备内的报警机构的整定及试验，应符合规范规定。

2）连锁系统除应进行分项试验外，还应进行整套联动试验。

在设备安装、管道水压试验、电气及自控仪表工程验收合格后，根据计划安排进行调试工作。施工前编制详细的施工方案，包括：单机调试、联动调试、试运行及质量保证期的工作，调试所需的水、电、化学药剂等材料采购进场。方案提前报建设单位、监理单位、厂家等相关单位讨论批准。调试期间，项目部成立由参与施工的各专业班长及技师组成的调试检测班，以设备专业为主，其他专业配合，统一行动。

设备调试前对设备安装进行全面检查，以确定设备是否已准确就位，螺栓是否紧固，与供电电缆及其他设备的连接是否准确，是否有遗漏，连接管道及设备内部是否已清除了杂物等等。做好书面记录，并报工程师审查。在全面检查完成并通过监理工程师审查批准后，方能开始调试。

2. 调试步骤

调试步骤一般分为先辅机后主机、先部件后整机、先空载后带载、先单机后联动。凡上一步骤未符合要求的，必须抓紧整改，达到要求后，方可进行下一步骤。首次启动时先用点动，判断有无碰擦及转向错误，待确认无误后方可正式启动。

大型设备调试前编制调试方案，报建设单位工程师、监理工程师、供货方审查批准。联动调试及试运行必须编制调试方案，调试方案包括：准备工作、调试内容、调试步骤、操作方式、人员及岗位配置、可能的应急措施等。调试方案均提前报请监理审查，经批准后方可进行调试工作。在准备工作中，配齐足够的工具、材料、各种油料、动力、工作物料，并确保安全防护设施齐全可靠。

在调试全过程中，对设备的振动、响声、工作电流、电压、转速、温度等进行监视和测量，并做好记录。滚动轴承的工作温度不得超过 70℃；滑动轴承的工作温度不得超过 60℃；温升小于 35℃。

参加调试的人员，必须了解设备结构、性能，掌握操作程序和方法。同时具有安全知识和事故应急处理的能力，熟悉调试过程和自己的岗位职责。在调试期间，还要对建设单位的有关人员进行培训，以帮助他们在工程移交后能独立进行操作和维护。

3. 单机调试

（1）通用要求

1）监理代表进行一般检查来校核安装的正确性和工作质量。

2）开关装置、配电设备和高压装置的试验符合当地供电局的要求。将全面协调及保护的研究措施提交并征求监理工程师的意见。

3）对于一般电气设备，要对设备的功能性、继电器的设定、接地的连续性、地线环路电阻、旋转方向、运行时的电流和绝缘等进行检查。

4）进口设备及国产主要设备在供货商指导参与下进行调试。

（2）检查内容

1）检查仪器仪表回路的完整性、功能性，并予以校准。

2）证明自动控制柜和计算机及通信器件均能正常操作。

3）检查所有设备在最大工作压力（或接近）时对水、润滑油和空气的密封度。

4）对机械和管道的所有固定配置的适当性和安全性进行检查。

5）检查防湿保护、防锈保护、防虫害，以防设备与建筑物结构出现密封不严而导致漏水等无法预见的危险。

6）调试前，将不参与运转的系统、设备仪表及管道附件等加以隔断或拆卸。

7）设备的转动部分，先用手工盘动，同时检查润滑系统、冷却系统是否先行开启，待其工作正常后，方可启动设备。

8）根据布线规划对电气设备的安装进行检测，安装检测的合格证书中要附有对每一电路的整套检测结果。

（3）单机调试的内容

1）空载调试

调试时进行以下方面的检查：运行温度、振动和应力。

空载调试以每台设备能正常连续运转 2h 为准（除非另有说明）。

泵不允许进行空载调试。

2）负载调试

调试时进行以下方面的核查：仪表的标准、工作电流、控制环路的功能、系统的功能、无液体泄漏。

荷载调试以每台设备能正常运转 4h 为准（除非另有说明）。

在单机调试期间，要对设备的性能进行检查，如果现场设备允许，将设备在现场的功能与出厂技术资料相比较，并做好记录。

调试标准和参数严格符合有关的技术文件和技术规范要求。

4. 调试结束后的工作

（1）断开电源和其他动力源。

（2）消除压力和负荷（如放水、放气）；检查设备有无异常变化，检查各处紧固件。

（3）安装好因调试而预留未装的或调试时拆下的部件和附属装置。

（4）整理记录、填写调试报告，清理现场。

附 2.7.3 联动调试与试运行

1. 联动调试

在单机调试完成并通过建设单位及监理单位验收后，立即开始联动调试的准备工作，并提前通知建设单位和监理单位。

在建设单位和监理单位同意的日期，由建设单位和监理单位、施工单位及各供货单位人员参与进行联动调试。联动调试以污水作为介质进行调试。调试时间以正常连续运转48h 为准。

联动调试要对全部设备，包括供配电设备、自控仪表检测设备等进行检测。在流量不足的情况下，多台设备可交替试运行，但每台设备正常运行时间不得少于 12h。

联动调试中自控系统的控制程序软件由设备供货商提供并负责调试。

在水源条件许可下调试时间各为连续正常运行 48h。

调试过程及结果做好详细记录，并以工作报告形式送建设单位及监理单位。

2. 试运行

当联动调试中发现的影响设备运行的全部缺陷已修正，经监理单位批准后，在建设单位指定的时间对设备试运行 7d。

在试运行期间，由于设备额外的调整或修正，运行可以中断。一旦这些调整和修正结束后，要再运行 7d。当试运行成功地连续运行 7d 后，运行检测才能进行。

在试运行阶段，在建设单位操作人员协助下，对设备及其部件至少进行每天 24h 连续 7d 的运行性能检测工作。

参 考 文 献

[1] 北京市政建设集团有限责任公司. GB 50141—2008 给水排水构筑物工程施工及验收规范 [S]. 北京：中国建筑工业出版社，2009.

[2] 北京市政建设集团有限责任公司. GB 50268—2008 给水排水管道工程施工及检收规范 [S]. 北京：中国建筑工业出版社，2009.

[3] 上海市政工程设计研究总院. GB 50014—2006（2011 年版）室外排水设计规范 [S]. 北京：中国建筑工业出版社，2012.

[4] 北京市政建设集团有限责任公司企业标准. 给水排水构筑物工程施工技术规程. 北京：中国建筑工业出版社，2013.

[5] 北京市政建设集团有限责任公司企业标准. 给水排水构筑物工程施工工艺规程. 北京：中国建筑工业出版社，2014.

[6] 孙连溪. 实用给水排水工程施工手册 [M]. 北京：中国建筑工业出版社，2006.

[7] 全国一级注册建造师资格考试用书编写委员会. 市政公用工程管理与实务 [M]. 北京：中国建筑工业出版社，2014

[8] 张勤，李俊奇. 水工程施工 [M]. 北京：中国建筑工业出版社，2005.

[9] 《给水排水设计手册》第三版编委会. 建筑给水排水 [M]. 北京：中国建筑工业出版社，2012